Computational Intelligence

Reihe herausgegeben von
Wolfgang Bibel, Scheidegg, Deutschland
Rudolf Kruse, Magdeburg, Deutschland
Bernhard Nebel, Freiburg, Deutschland

Die Reihe Computational Intelligence wird herausgegeben von Prof. Dr. Wolfgang Bibel, Prof. Dr. Rudolf Kruse und Prof. Dr. Bernhard Nebel.

Aus den Kinderschuhen der „Künstlichen Intelligenz" entwachsen bietet die Reihe breitgefächertes Wissen von den Grundlagen bis in die Anwendung, herausgegeben von namhaften Vertretern ihres Faches.

Computational Intelligence hat das weitgesteckte Ziel, das Verständnis und die Realisierung intelligenten Verhaltens voranzutreiben. Die Bücher der Reihe behandeln Themen aus den Gebieten wie z.B. Künstliche Intelligenz, Softcomputing, Robotik, Neuro- und Kognitionswissenschaften. Es geht sowohl um die Grundlagen (in Verbindung mit Mathematik, Informatik, Ingenieurs- und Wirtschaftswissenschaften, Biologie und Psychologie) wie auch um Anwendungen (z.B. Hardware, Software, Webtechnologie, Marketing, Vertrieb, Entscheidungsfindung). Hierzu bietet die Reihe Lehrbücher, Handbücher und solche Werke, die maßgebliche Themengebiete kompetent, umfassend und aktuell repräsentieren.

Herausgegeben von

Prof. Dr. Wolfgang Bibel
Technische Universität Darmstadt

Prof. Dr. Rudolf Kruse
Otto-von Guericke-Universität Magdeburg

Prof. Dr. Bernhard Nebel
Albert-Ludwigs-Universität Freiburg

Weitere Bände in der Reihe http://www.springer.com/series/12572

Christoph Beierle · Gabriele Kern-Isberner

Methoden wissensbasierter Systeme

Grundlagen, Algorithmen, Anwendungen

6., überarbeitete Auflage

 Springer Vieweg

Christoph Beierle
Fakultät für Mathematik und Informatik
FernUniversität Hagen
Hagen, Deutschland

Gabriele Kern-Isberner
Fakultät für Informatik
Technische Universität Dortmund
Dortmund, Deutschland

Ergänzendes Material zu diesem Buch finden Sie auf https://www.springer.com/978-3-658-27084-1

ISSN 2522-0519   ISSN 2522-0527   (electronic)
Computational Intelligence
ISBN 978-3-658-27083-4   ISBN 978-3-658-27084-1   (eBook)
https://doi.org/10.1007/978-3-658-27084-1

Die Deutsche Nationalbibliothek verzeichnet diese Publikation in der Deutschen Nationalbibliografie; detaillierte bibliografische Daten sind im Internet über http://dnb.d-nb.de abrufbar.

Springer Vieweg

Springer Vieweg ist ein Imprint der eingetragenen Gesellschaft Springer Fachmedien Wiesbaden GmbH und ist ein Teil von Springer Nature.
Die Anschrift der Gesellschaft ist: Abraham-Lincoln-Str. 46, 65189 Wiesbaden, Germany

für

Christian

Vorwort zur 1. Auflage

Die Frage nach Notwendigkeit und Möglichkeiten der Künstlichen Intelligenz (KI) wird durch wissensbasierte Systeme in pragmatischer Form beantwortet. Ungezählte intelligente Computersysteme sind weltweit im Einsatz, wobei die Spanne von autonom agierenden Robotern über entscheidungsunterstützende Systeme bis hin zu intelligenten Assistenten reicht. Ungeachtet ihrer vielfältigen Erscheinungsformen und Anwendungsgebiete haben alle wissensbasierten Systeme eine gemeinsame Kernstruktur, nämlich *Wissensbasis und Inferenzkomponente* – Wissen muss adäquat dargestellt und verarbeitet werden, und die Behandlung dieses zentralen Problems steht auch im Mittelpunkt dieses Buches. Hier steht eine breite Palette an Methoden zur Verfügung, und wir werden eine Reihe wichtiger Repräsentations- und Inferenzformen vorstellen, auf ihre spezifischen Eigenheiten eingehen, Stärken und Schwächen aufzeigen und mögliche Anwendungsgebiete durch Beispiele illustrieren. Auf diese Weise wollen wir ein grundlegendes und kritisches Verständnis für die Arbeitsweise wissensbasierter Systeme vermitteln, das für Implementierer und Wissensingenieure wichtige Voraussetzung für ihre Arbeit ist, von dem aber auch der "einfache" Benutzer profitiert.

Immer noch wird das allgemeine Bild wissensbasierter Systeme geprägt von hochfliegenden Erwartungen und unterschwelligen Ängsten. Dabei zeigen die bisherigen Erfahrungen ganz deutlich, dass die Vorstellung eines *general problem solvers*, also einer allwissenden und omnipotenten Maschine, unrealistisch ist, und auch *Expertensysteme* konnten kompetente Fachleute nicht verdrängen. Intuition und Kreativität, zwei herausragende Leistungen menschlichen Denkens, lassen sich nicht einfach implementieren. In einem begrenzten und klar definierten Aufgabenbereich können intelligente Computersysteme jedoch wertvolle Hilfe leisten und von wirklichem Nutzen sein. Dabei wuchs in den letzten Jahren stetig das Interesse an interaktionsfreudigen Systemen, die menschliche und maschinelle Fähigkeiten geschickt kombinieren. Auch im Hinblick auf eine solche aktive Einbeziehung des Benutzers ist es wichtig, Wissensrepräsentation und Inferenz verständlich und transparent zu gestalten und die Vorzüge ebenso wie die Grenzen der gewählten Methoden genau zu kennen.

Neben der Perspektive möglichen wirtschaftlichen Nutzens erklärt sicherlich auch die Faszination, die von der Beschäftigung mit menschlicher und maschineller Intelligenz ausgeht, das besondere Interesse an wissensbasierten Systemen.

Nach einer allgemeinen Einführung in das Gebiet der wissensbasierten Systeme gehen wir auf Fragen der *Wissensrepräsentation und Inferenz* (mit schwerpunktmäßiger Behandlung der klassischen Logiken) ein. *Regelbasierte Systeme* sind sozusagen die Grundform eines wissensbasierten Systems und werden daher in einem eigenen Kapitel behandelt. *Maschinelles Lernen* ist ein Teilgebiet, das gerade in letzter Zeit mit Anwendungen im Bereich des *Data Mining* an Bedeutung gewonnen hat. Eine Alternative zur regelbasierten Wissensrepräsentation bietet das in jüngster Zeit ebenfalls recht erfolgreiche fallbasierte Schließen (*case-based reason-*

ing). Das *Planen* von Handlungsabläufen ist insbesondere für autonom agierende Agenten unerläßlich.

Von den meisten Systemen erwartet man zufriedenstellendes Verhalten auch bei unvollständiger Information. Dies führt auf das Problem des *nichtmonotonen Schließens*, mit dem oft der Begriff der *Default-* oder *Standard-Regel* verbunden wird. Zur flexiblen Anpassung an sich verändernde Umgebungen werden insbesondere *truth maintenance*-Verfahren benötigt. Ganz andere Möglichkeiten bieten die *quantitativen Verfahren*. Hier stellen wir unter anderem die Methode der *Bayesschen Netze* vor, die gerade in den letzten Jahren im Bereich des *probabilistischen Schließens* neue, effiziente Möglichkeiten eröffnet und in vielen Anwendungen, etwa in der Medizin oder in Steuerungssystemen, große Bedeutung erlangt hat.

Das Buch präsentiert damit ein breites Spektrum anspruchsvoller Ansätze zur Wissensrepräsentation und Inferenz. Der gemeinsame Bezugspunkt aller vorgestellten Methoden ist eine logikbasierte Vorgehensweise. Dabei wurde durchgängig eine vollständige und modulare Darstellung gewählt, so dass das Buch, das sich an Leser mit Grundkenntnissen in der Informatik richtet, zum Studium einer grundlegenden und umfassenden Methodik der Wissensrepräsentation und Inferenz ebenso einlädt wie zum Erlernen einzelner Methoden.

Der Lehrbuchcharakter des Buches, das sich sowohl zum Selbststudium als auch als Grundlage oder Begleittext zu einer entsprechenden Vorlesung eignet, wird auch dadurch unterstützt, dass jedes Kapitel des Buches eine Reihe von *Selbsttestaufgaben* enthält. Diese Aufgaben sind an den Stellen im Text eingebettet, an denen der Leser sie beim Studium des jeweiligen Kapitels bearbeiten sollte, um den präsentierten Stoff zu vertiefen und den eigenen Lernfortschritt bestmöglich überprüfen zu können. Darüberhinaus bieten wir zu diesem Buch einen Online-Service unter der Adresse

```
http://www.fernuni-hagen.de/pi8/wbs
```

an; insbesondere stehen dort zu jeder Selbsttestaufgabe des Buches ausführliche Lösungshinweise zur Verfügung.

Dieses Buch basiert auf einer überarbeiteten und erweiterten Version unseres Kurses "Wissensbasierte Systeme", der an der FernUniversität Hagen im Fachbereich Informatik angeboten wird. Viele Personen haben uns bei seiner Erstellung tatkräftig unterstützt; ihnen allen sind wir zu Dank verpflichtet.

Dr. Manfred Widera setzte sich wiederholt und kritisch mit den Inhalten von Buch und Kurs auseinander, machte uns auf Fehler und Ungereimtheiten aufmerksam und gab wertvolle Anregungen. Der Kurs ermunterte eine Reihe von Betreuern und Studenten zu konstruktiver Kritik. Für Korrektur- und Verbesserungsvorschläge danken wir insbesondere Katharina Pieper, Benjamin Köhnen, André Platzer, Achim Walter Hassel, Peter Zessin, Dr. Barbara Messing und Marija Kulaš. Dr. Jan Freudenberg erwies sich nicht nur als aktiver Leser und Kritiker des Kurstextes, sondern stand uns auch bei der "Proteinklassifikation" (*6. Auflage:* Abschnitt 13.7.1) mit Rat und Tat zur Seite. Auch für andere Anwendungsbeispiele nahmen wir die "Erste Hilfe" einschlägiger Fachleute in Anspruch: Dr. Robert Meisen und Dr. Peter Terhoeven erklärten uns viele wichtige Dinge im Zusammenhang mit

"Herzerkrankungen bei Neugeborenen" (*6. Auflage:* Abschnitt 13.7.2), und Dr. Helmut Devos beriet uns in Sachen "Suchterkrankungen und psychische Störungen" (*6. Auflage:* Abschnitt 13.7.3). Von den anonymen Gutachtern des Buches erhielten wir wertvolle Anregungen zur Darstellung und für die Themenauswahl. Unserer besonderer Dank gilt außerdem Prof. Dr. Gerd Brewka, dessen gezielte Kritik uns veranlasste, wichtige Aspekte und Probleme klarer herauszustellen. So gerieten wir auf regennasser Straße nicht ins Schleudern, und auch der Delphin Flipper landete (scheinbar) korrekt im Karpfenteich.

Auch bei der Gestaltung des Buches legten mehrere Leute mit Hand an: Petra Boshoff leistete im Kampf mit unseren LATEX-Makros und anderen Widrigkeiten unermüdliche Editierarbeit. Jens Fisseler erstellte fast alle Graphiken dieses Buches in jeder gewünschten Version und Größe. Manfred Widera war außerdem ein kompetenter Ratgeber in allen System- und LATEX-Fragen. Silja Isberner verbesserte mit ihren Cartoons schließlich den künstlerischen Gesamteindruck des Werkes.

Ferner möchten wir allen danken, die das Erscheinen dieses Buches unterstützt haben, insbesondere Dr. Klockenbusch vom Vieweg-Verlag sowie den Herausgebern dieser Reihe, Prof. Dr. Bibel und Prof. Dr. Kruse.

Besonders bedanken wir uns bei unseren Familien, die bei der Erstellung des Buches oft auf uns verzichten mussten. Hätten sie nicht so viel Verständnis und Ermunterung für uns und unsere Arbeit gehabt, gäbe es dieses Buch nicht.

Hagen,   Christoph Beierle und Gabriele Kern-Isberner
Dezember 2000

Vorwort zur 5., überarbeiteten und erweiterten Auflage

Der Bereich der *Argumentation* hat als Teildisziplin der Philosophie eine lange Tradition, und vielfältige Argumentationsformen sind Teil des wissenschaftlichen und auch des alltäglichen Lebens. In zahllosen Situationen, in denen etwas entschieden werden muss, ist Argumentation eine wesentliche Hilfe bei der Entscheidungsfindung, und seit einigen Jahren gehört die Argumentation auch zu den wichtigsten Themen der Wissensrepräsentationsforschung. Das Erscheinen der fünften Auflage dieses Buches haben wir daher dazu genutzt, das Themenspektrum dieses Lehrbuchs um den aktuellen Bereich der Argumentation zu erweitern.

Dieses Themengebiet hat auch enge Beziehungen zu den beiden anderen Themen, die wir seit Erscheinen der ersten Auflage mit in das Buch aufgenommen haben. Dies ist zum einen *logisches Programmieren*, ein Gebiet von hohem praktischen und theoretischen Potential, wobei wir das logische Programmieren aber nicht nur in seiner klassischen Form behandeln, sondern auch erweiterte logische Programme mit der Semantik der *Antwortmengen*, einen der modernsten und effizientesten Ansätze unter den nichtmonotonen Formalismen. Zum anderen ist es das Konzept des *Agenten*, das wie kaum ein anderes Paradigma die Entwicklung der Künstlichen Intelligenz in den letzten Jahren beeinflusst und vorangetrieben hat. Aus dem Blickwinkel unseres Buches heraus konzentrieren wir uns dabei auf die

Wissenskomponente eines Agenten, in der Methoden und Prozesse zur Repräsentation und intelligenten Verarbeitung von Informationen umgesetzt werden. Darüber hinaus wurden alle Themenbereiche des Buches überarbeitet und aktualisiert. Für die Selbsttestaufgaben, deren Anzahl wir nochmals erhöht haben, stehen ausführliche Lösungshinweise im erweiterten Online-Service zu diesem Buch weiterhin unter der Adresse `http://www.fernuni-hagen.de/pi8/wbs` zur Verfügung.

Der modulare, in sich geschlossene Charakter des Buches wurde aufrechterhalten. So können nach den grundlegenden Kapiteln 1 – 3 die folgenden Kapitel relativ unabhängig von den anderen bearbeitet werden. In den Anhängen A und B haben wir die wichtigsten Begriffe zur Probabilistik und zur Graphentheorie zusammengestellt, soweit sie in diesem Buch für die Themengebiete *Maschinelles Lernen* und *Quantitative Methoden* benötigt werden. Damit ergeben sich im Wesentlichen die folgenden Abhängigkeiten zwischen den einzelnen Kapiteln:

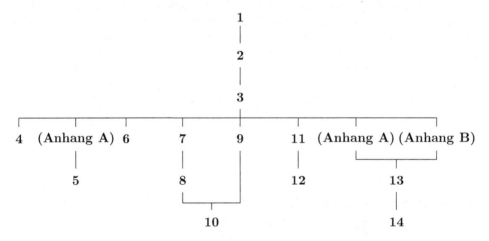

Die Mithilfe vieler Personen, die wir in dem Vorwort zur ersten Auflage namentlich erwähnt haben, ging auch in die Gestaltung der weiteren Auflagen ein. So erhielten wir zusätzliche, wertvolle Hinweise von Brigitta Meier, Prof. Dr. Pfalzgraf, Matthias Kleine und weiteren engagierten Nutzern und Lesern des Buches. Dem Verlag Springer Vieweg danken wir für die angenehme und konstruktive Zusammenarbeit. Im Vorwort zu früheren Auflagen hatten wir Katharina Pieper, die sich mit großer Sorgfalt um sprachliche und inhaltliche Korrektheit des Manuskripts kümmerte, und Dr. Barbara Messing, die Phantasie und Engagement bei der Konzipierung vieler ansprechender Aufgaben bewies, sowie Petra Boshoff, Dr. Manfred Widera, Dr. Jens Fisseler, Silja Isberner und René Ramacher besonders erwähnt. Ihnen allen sei an dieser Stelle noch einmal herzlich gedankt.

Dieses Buch gäbe es nicht ohne die stetige Unterstützung, das Verständnis und den Rückhalt unserer Familien; ihnen möchten wir deshalb an dieser Stelle wiederum ganz besonders danken.

Hagen und Dortmund,   Christoph Beierle und Gabriele Kern-Isberner
Juni 2014

Vorwort zur 6., überarbeiteten und verbesserten Auflage

Für die nun vorliegende 6. Auflage haben wir den gesamten Text noch einmal duch-gesehen und verbessert. Neu hinzugekommen sind viele zusätzliche, motivierende Selbsttestaufgaben mit praktischem Anwendungshintergrund.

Ausführliche Lösungshinweise zu allen bisherigen und neu hinzugekommenen Selbsttestaufgaben werden im erweiterten Online-Service zum Buch angeboten, der weiterhin unter der Adresse

```
http://www.fernuni-hagen.de/pi8/wbs
```

zu finden ist.

Die in der 6. Auflage neu hinzugekommenen Selbsttestaufgaben wurden maß-geblich von Daan Apeldoorn, Tanja Bock, Dr. Christian Eichhorn, Diana Howey, Daniela Huvermann, Dr. Patrick Krümpelmann, Bianca Ruland, Dr. Matthias Thimm und Marco Wilhelm erstellt; ihnen allen danken wir für ihre Ideenvielfalt und ihren Einsatz bei der Erstellung dieser Aufgaben. Zu Dank verpflichtet sind wir weiterhin allen, die uns Kommentare und Hinweise zur vorherigen Auflage ge-geben haben. Von Daan Apeldoorn, Roman Borschel, Michael Eckhardt, Dr. Marc Finthammer, Ilhan Gören, Steven Kutsch, Niklas Peter, Sebastian Rombach, Kai Sauerwald und vielen weiteren engagierten Nutzern und Lesern dieses Buches ha-ben wir wertvolle Hinweise erhalten. Harald Beck hat uns viele nützliche und de-taillierte Hinweise zu dem Algorithmus für die Arbeit mit Justification-based Truth Maintenance-Systemen gegeben und uns auf aktuelle Forschungsarbeiten zur Ver-arbeitung von Datenströmen aufmerksam gemacht, in deren Rahmen ein Verfahren zur inkrementellen Modell-Erweiterung auf der Basis des in diesem Buch vorgestell-ten JTMS-Algorithmus entwickelt wurde. Dem Verlag Springer Vieweg danken wir einmal mehr für die konstruktive Unterstützung bei der Vorbereitung der neuen Auflage.

Unserer besonderer Dank gilt wiederum unseren Familien für ihr Verständnis, ihre Unterstützung und die Kraft, die sie uns geben.

Hagen und Dortmund,   Christoph Beierle und Gabriele Kern-Isberner
Mai 2019

Inhaltsverzeichnis

1 Einleitung

1.1 Über dieses Buch

Mittlerweile sind weltweit unzählige wissensbasierte Systeme im Einsatz, und eine ebenso große Zahl von Systemen befindet sich wahrscheinlich zur Zeit in der Entwicklung – Computersysteme steuern und kontrollieren Prozesse, übernehmen Wartungsaufgaben und Fehlerdiagnosen, Roboter befördern Hauspost und kommunizieren dabei mit ihrer Umgebung, entscheidungsunterstützende Systeme helfen bei der Analyse komplexer Zusammenhänge (z.B. in der Wirtschaft und bei Banken), medizinische Diagnosesysteme beraten den behandelnden Arzt und unterbreiten Therapievorschläge, Expertensysteme nutzt man zu Konfigurations- und Planungsaufgaben, tutorielle Systeme werden zur Schulung insbesondere in mit hohem Risiko verbundenen Bereichen (z.B. Flugsimulation und Chirurgie) eingesetzt u.v.a.m. Die Menge der Programmierumgebungen, Tools und System-Shells, die bei der Entwicklung solcher wissensbasierter Systeme wertvolle Hilfestellung leisten können, scheint ebenso unüberschaubar, und die rasante Entwicklung im allgemeinen Soft- und Hardware-Bereich macht die Orientierung auf diesem Gebiet nicht einfacher.

Trotz der enormen Fluktuation im Systembereich kann man sich aber klarmachen, dass die allgemeine Aufgabenstellung eines wissensbasierten Systems von erstaunlicher Konstanz ist: Immer geht es darum, intelligentes Denken und Handeln in einem bestimmten Bereich zu simulieren, und immer muss zu diesem Zweck Wissen dargestellt und verarbeitet werden. Die Behandlung dieses Problems steht nicht nur am Anfang des Entwicklungsprozesses eines Systems, sondern von seiner Lösung hängt auch in entscheidendem Maße die Qualität des resultierenden Systems ab. Denn es gibt hier nicht einfach *die* beste Methode, vielmehr gilt es, aus den vielen existierenden Ansätzen diejenige auszuwählen, die optimal zum zukünftigen Einsatzbereich des Systems passt.

Aus diesem Grunde nutzen wir die Themen *Wissensrepräsentation und Inferenz* als relativ(!) zeitlosen Dreh- und Angelpunkt dieses Buches. Wir verfolgen dabei einen logikbasierten Ansatz, wobei wir über die klassischen Logiken hinausgehend auch die für Anwendungen und Modellierung besonders interessanten nichtmonotonen und quantitativen Ansätze betrachten. Somit wollen wir ein grundlegendes Verständnis wichtiger Repräsentationsformen und der zugehörigen Inferenzmechanismen vermitteln und deren mögliche Einsatzbereiche als Kern eines wissensbasierten Systems durch kleine, überschaubare Beispiele illustrieren. Darüber hinaus werden wir natürlich auch Realisierungen in existierenden Systemen ansprechen. Ohne ein solches Verständnis ist eine erfolgreiche Konzipierung und Implementierung eines Systems nicht möglich – wie soll das System dem Benutzer seine Schlussfolgerungen erklären, wenn dieser Punkt nicht einmal seinem Erschaffer hinreichend klar ist?

In diesem Sinne sind wissensbasierte Systeme gewissermaßen *"theories at work"*

© Springer Fachmedien Wiesbaden GmbH, ein Teil von Springer Nature 2019
C. Beierle und G. Kern-Isberner, *Methoden wissensbasierter Systeme*,
Computational Intelligence, https://doi.org/10.1007/978-3-658-27084-1_1

– *Theorien bei der Arbeit*, und jenseits eines wirtschaftlichen Nutzens stellen sie ein wichtiges Bindeglied zwischen Grundlagen und Praxis der Künstlichen Intelligenz dar. Das Feedback aus Erfahrungen mit bereits eingesetzten Systemen und Prototypen liefert nicht nur wichtige Erkenntnisse für die Weiterentwicklung wissensbasierter Systeme, sondern manchmal auch Impulse für neue theoretische Ansätze und Paradigmen, die ihre Umsetzung wieder in neuen Systemen suchen.

1.2   Themenbereiche des Buches

Das Gebiet der wissensbasierten Systeme hat sich zu einem der bedeutendsten Teilgebiete der Künstlichen Intelligenz entwickelt. Andererseits spielen für den Bereich der wissensbasierten Systeme wiederum viele Aspekte aktueller KI-Forschung eine wichtige Rolle. Indem wir im Folgenden die Inhalte der einzelnen Kapitel des Buches kurz vorstellen, geben wir einen Überblick über die Aspekte, die für die Entwicklung wissensbasierter Systeme besonders relevant sind und auf die wir im Rahmen dieses Buches näher eingehen werden.

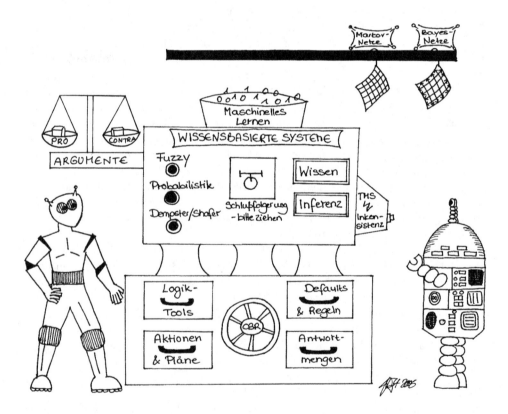

Wissensbasierte Systeme im Überblick

Zunächst geben wir einen ersten Überblick über das Gebiet der wissensbasierten Systeme. Neben ersten Beispielen gehen wir auf die Geschichte der wissensbasierten Systeme ein, stellen das für diese Geschichte so wichtige medizinische Expertensystem MYCIN vor und beschreiben den generellen Aufbau eines wissensbasierten Systems.

Logikbasierte Wissensrepräsentation und Inferenz

Wie schon erwähnt, ist das Gebiet der Wissensrepräsentation von zentraler Bedeutung für ein wissensbasiertes System. Untrennbar damit verbunden ist die Frage der Inferenzmöglichkeiten. In dem Kapitel "Wissensrepräsentation und Inferenz" werden wir einen Überblick über die Wissensrepräsentationsmöglichkeiten und zugehörigen Inferenzmechanismen geben, die für wissensbasierte Systeme eingesetzt werden können. Nach einer allgemeinen Einführung in logische Grundlagen stellen wir mit der Aussagenlogik und der Prädikatenlogik die beiden am besten untersuchten Logiken vor; Kenntnisse in diesen klassischen Logiken sind Voraussetzung für weiterführende Wissensrepräsentations- und Inferenzmöglichkeiten, auf die wir dann in späteren Kapiteln noch eingehen werden.

Regelbasierte Systeme

Zu den ältesten und bewährtesten Formen der Wissensrepräsentation in Computersystemen gehören die sog. *Wenn-dann-Regeln*. Einerseits stellen sie Wissen in einer gut verständlichen Weise dar, andererseits lassen sich (deterministische) Regeln mit Hilfe der klassischen Logik adäquat verarbeiten. Die regelbasierten Systeme fundieren also auf gut verstandenen und erprobten Techniken mit Tradition. Auch heute noch werden sie in klar strukturierten Bereichen, bei denen es lediglich auf 0-1-Entscheidungen ankommt, eingesetzt. Deshalb, und wegen der fundamentalen Bedeutung, die (allgemeine) Regeln für die Wissensrepräsentation in Systemen besitzen, widmen wir ihnen ein eigenes Kapitel.

Maschinelles Lernen

Eine besondere Eigenheit intelligenten Verhaltens ist die Lernfähigkeit. Menschen lernen aus Erfahrungen, aus Beispielen, aus Versuchen, durch Unterweisung, aus Büchern usw. Schon sehr lange hat man versucht, verschiedene Formen menschlichen Lernens zu modellieren und dies für den Einsatz in wissensbasierten Systemen auszunutzen. Neben einer allgemeinen Einführung in das Gebiet stellen wir das auch kommerziell sehr erfolgreiche Gebiet des Lernens von Entscheidungsbäumen sowie das Konzeptlernen vor. Besonderes Interesse findet derzeit in vielen Bereichen das sog. Data Mining und die automatische Wissensfindung in Datenbeständen. Ein klassisches Anwendungsgebiet ist beispielsweise die Warenkorbanalyse, die regelhaftes Wissen über das Einkaufsverhalten generiert.

Fallbasiertes Schließen

Nach anfänglich großen Erfolgen der Expertensysteme und noch größeren Erwartungen, die aber nicht immer erfüllt werden konnten, ist in den letzten Jahren versucht worden, das zentrale Problem der Wissensrepräsentation und -verarbeitung mit einem neuen Ansatz zu lösen. Die zentrale Idee dabei ist, sich eine Falldatenbasis aufzubauen, in der Problemstellungen zusammen mit Lösungen als Paare abgelegt sind. Konfrontiert mit einer Problemsituation, die genau so schon einmal aufgetreten ist, muss man lediglich die Situation unter den vorliegenden Fällen wiederfinden und die dort abgespeicherte Lösung anwenden. Ist die Problemsituation aber neu, so versucht man, die Lösung eines möglichst ähnlichen Falls entsprechend anzupassen.

Nichtmonotones Schließen

Eine Eigenheit der klassischen Logik ist, dass mit der Hinzugewinnung neuen Wissens die Menge der daraus ableitbaren Schlussfolgerungen monoton wächst. Dass dies in der Realität nicht immer so ist, kann man sich am folgenden Beispiel klarmachen: Wenn man weiß, dass Tweety ein Tier ist, schließt man daraus, dass Tweety ein Lebewesen ist. Wenn man zusätzlich erfährt, dass Tweety ein Vogel ist, schlussfolgert man außerdem, dass Tweety fliegen kann. Wenn dann noch die Information gegeben wird, dass Tweety ein Königspinguin ist, kann man weiterhin schließen, dass er sich bei niedrigen Temperaturen wohlfühlt. Aber Vorsicht: Jetzt muss man, nachdem das *zusätzliche* Wissen, dass Tweety ein Pinguin ist, zur Verfügung steht, den zuvor gemachten Schluss, dass Tweety fliegen kann, wieder zurücknehmen.

Ist denn dann nicht der Schluss, dass Tweety fliegen kann, von vornherein falsch gewesen? Dieser Standpunkt lässt sich wohl kaum vertreten: In unserem Allgemeinwissen ist es ja eine durchaus akzeptierte Regel, dass Vögel (normalerweise) fliegen können. Dass es dazu auch Ausnahmen gibt, berücksichtigen wir üblicherweise erst dann, wenn wir wissen, dass eine Ausnahme vorliegt.

Derartige Schlussweisen, unter denen zuvor gemachte Schlüsse aufgrund zusätzlichen Wissens wieder zurückgenommen werden müssen, heißen *nichtmonoton*. Wegen der besonderen Bedeutung dieser Form der Inferenz für die Modellierung menschlichen Schließens im Allgemeinen und für wissensbasierte Systeme im Besonderen werden wir uns in mehreren Kapiteln ausführlich mit der Methodik des nichtmonotonen Schließens beschäftigen. Dabei stellen wir zum einen die eher operationalen Ansätze der Truth Maintenance-Systeme vor und gehen zum anderen schwerpunktmäßig auf Default-Logiken ein. Ferner zeigen wir, dass auch das logische Programmieren einen Rahmen zur Verfügung stellt, der sehr gut für die Behandlung nichtmonotoner Problemstellungen geeignet ist.

Logisches Programmieren

Das Themengebiet des logischen Programmierens bietet eine deklarative, logische Umgebung für die regelbasierte Wissensrepräsentation und Inferenz und nimmt dabei eine zentrale Mittlerposition zwischen klassisch-logischen und nichtmonotonen Formalismen ein. Ein logisches Programm besteht aus einer Menge von (prädikatenlogischen) Regeln und Fakten, die in ihrer einfachsten Form nur Information positiver Art repräsentieren können und eine eindeutige logische Bedeutung haben. Erweiterungen der Syntax logischer Programme ermöglichen jedoch auch die Berücksichtigung negativer und unvollständiger Information. Die Wissensverarbeitung erfolgt in einer Kombination klassisch-logischer Methoden mit Ideen aus nichtmonotonen Logiken und liefert als Resultat sog. *Antwortmengen*, die mögliche Lösungen des betrachteten Problems darstellen.

Argumentation

Historisch gesehen ist Argumentation eine Teildisziplin der Philosophie, die sich mit der Analyse von Diskursen und mit Rhetorik beschäftigt. Die Bedeutung von Argumentation für Wissensrepräsentation und -verarbeitung und für die Modellierung menschlichen Schließens ist darin begründet, dass Argumentation eine der fundamentalsten Formen des *Commonsense Reasoning* ist.

Es gibt daher eine Reihe von Gründen, sich bei der Untersuchung von Methoden wissensbasierter Systeme mit Argumentation zu beschäftigen. So sind Typen von Alltagsinferenzen für die Modellierung realer Szenarien und für die Mensch-Maschine-Interaktion ebenso wichtig wie Alltagswissen. Weiterhin ermöglicht Argumentation nichtmonotone Inferenzen, und insbesondere für Multiagentensysteme stellt Argumentation eine natürliche Basis für die Gestaltung von Kommunikationen und Verhandlungen dar. Eine argumentative Architektur eines wissensbasierten Systems erlaubt besonders überzeugende Erklärungen und kann damit eine gute Akzeptanz sichern.

Aktionen und Planen

Wie das Schlussfolgern und das Lernen ist das zielgerichtete Planen etwas, in dem sich intelligentes Verhalten in besonderer Weise manifestiert. Während es aber beim Schließen darum geht festzustellen, ob ein bestimmter Sachverhalt vorliegt oder nicht, ist das Ziel des Planens ein anderes. Gegeben sei ein vorliegender Zustand und die Beschreibung eines erwünschten Zielzustands. Die Planungsaktivität besteht dann darin, eine Folge von Aktionen zu erstellen, deren Ausführung den vorliegende Zustand in einen Zustand überführt, in der die Zielbeschreibung zutrifft.

Der Situationskalkül liefert traditionell die logischen Grundlagen des Planens und wird auch heute noch vielfach verwendet. Ferner stellen wir das klassische STRIPS-Planungssystem vor und zeigen, wie es einen Lösungsansatz für das fundamentale Rahmenproblem liefert. Eine modernere und elegantere Methode zur Erstellung von Plänen bieten die Antwortmengen des logischen Programmierens.

Agenten

Das Paradigma des Agenten als ein integriertes, in seine Umgebung eingebettetes und mit ihr kommunizierendes System hat in den letzten Jahren entscheidend dazu beigetragen, unterschiedliche Forschungsrichtungen der KI zusammenzuführen und zu fokussieren.

Aus dem Blickwinkel unseres Buches heraus konzentrieren uns im Wesentlichen auf die Wissenskomponente eines Agenten, in der Methoden und Prozesse zur Repräsentation und intelligenten Verarbeitung von Informationen umgesetzt werden. Diese Komponente spielt eine zentrale Rolle für das überlegte Handeln eines Agenten, für seine Robustheit, Flexibilität und Autonomie, da er auf der Basis des aktuellen Wissens und möglicher Schlussfolgerungen seine Entscheidungen trifft.

Einsatz- und Leistungsfähigkeit eines Agenten hängen jedoch natürlich ebenso von der Qualität seiner anderen Komponenten und von seiner Gesamtarchitektur ab. Wir stellen daher den (maschinellen) Agenten als Gesamtkonzept vor, in dem die in diesem Buch behandelten Methoden prinzipiell zur Anwendung kommen können. So sind z.B. die in dem Kapitel *Aktionen und Planen* entwickelten Ansätze geradezu prädestiniert für den Einsatz in der Roboter- und Agentenwelt. Aber auch die verschiedenen Varianten des logischen und plausiblen Schlussfolgerns, die wir in diesem Buch ausführlich besprechen, stellen Basismethoden oder mögliche Ansätze für die Gestaltung und Implementation der Wissenskomponente eines Agenten dar.

Quantitative Methoden

Bereits in dem Expertensystem MYCIN [32], das oft als Urvater aller wissensbasierten Systeme angegeben wird, spielte die Darstellung und Verarbeitung unsicheren Wissens eine zentrale Rolle. So gelten viele Schlussregeln im Bereich der Medizin nur bis zu einem gewissen Grad: Es gibt zwar charakteristische Schmerzsymptome für eine Blinddarmentzündung, aber nicht in allen Fällen ist tatsächlich eine Blinddarmentzündung die Ursache. In MYCIN und in vielen anderen Systemen wird versucht, derartige Unsicherheiten oder Vagheiten in dem verwendeten Wissen mit sog. Sicherheitsfaktoren oder Wahrscheinlichkeitswerten, die Wissenselementen und Regeln zugeordnet werden, in den Griff zu bekommen. Dabei sind natürlich entsprechende Inferenzmechanismen notwendig, die diese numerischen Werte verarbeiten. In zwei Kapiteln gehen wir mit Markov-Graphen und Bayesschen Netzen auf Probabilistische Netzwerke und auf alternative Ansätze wie Dempster-Shafer Theorie, Fuzzy-Logik und Possibilistik ein.

Grundlagen: Logik, Wahrscheinlichkeit und Graphentheorie

Logik ist für das Verständnis dieses Buches von zentraler Bedeutung; klassisch-logische Systeme werden deshalb bereits im Rahmen von *Wissensrepräsentation und Inferenz* ausführlich behandelt. Für das Verständnis einiger Kapitel des Buches benötigt man außerdem noch Kenntnisse in den Bereichen *Wahrscheinlichkeit und Information* und *Graphentheorie*. Die Grundlagen dafür werden in zwei Anhängen bereitgestellt.

Anwendungen wissensbasierter Systeme findet man heute in vielen Bereichen. Als Hauptanwendungsgebiete lassen sich Aufgabenstellungen in der Diagnostik sowie in der Planung und Konstruktion ausmachen. Durch das gesamte Buch hindurch werden entsprechende Hinweise und Beispiele aus Bereichen wie Medizin- und Bioinformatik oder Operations Research die Handhabung und Praxisrelevanz der behandelten Methoden illustrieren. Außerdem widmen wir ganze Unterabschnitte der Vorstellung komplexerer Anwendungsszenarien wie beispielsweise der Warenkorbanalyse, der medizinischen Diagnose und der Proteinklassifikation.

2 Wissensbasierte Systeme im Überblick

Nach ersten Beispielen für wissensbasierte Systeme gehen wir auf die Unterscheidung zwischen Expertensystemen und wissensbasierten Systemen ein. Angaben zu der Geschichte des Gebietes werden ergänzt durch die Vorstellung des für die Geschichte so wichtigen medizinischen Expertensystems MYCIN. Danach beschreiben wir den generellen Aufbau eines wissensbasierten Systems; dieser generelle Aufbau lässt sich schon recht gut an dem MYCIN-System erkennen.

2.1 Beispiele für wissensbasierte Systeme

2.1.1 Geldabheben am Automaten

Zur Einführung wollen wir ein Beispiel für ein kleines regelbasiertes Expertensystem vorstellen. Dabei geht es um einen Geldautomaten einer Bank, an dem ein Kunde Bargeld von seinem Bankkonto abheben kann. Dazu benötigt er eine Bankkarte, die er in den Automaten schiebt und die von dem Automaten auf Gültigkeit hin überprüft wird. Daraufhin wird der Kunde von dem Automaten aufgefordert, seine persönliche Identifikationsnummer (PIN) über eine Tastatur einzugeben. Falls die Nummer nicht korrekt ist, hat der Benutzer noch eine gewisse Anzahl von Versuchen, die richtige Nummer einzugeben. Geschieht dies erfolgreich, muss der gewünschte Betrag, der abgehoben werden soll, eingegeben werden. Die Auszahlung soll aber nur erfolgen, wenn ein Maximalbetrag, der an einem Tag abgehoben werden darf, nicht überschritten wird und der Kontostand ausreichend ist. Unternimmt ein Kunde mehr als die erlaubte Anzahl von Versuchen, seine PIN einzugeben, so wird die Karte nicht zurückgegeben.

Die folgende Tabelle gibt die aufgetretenen Parameter und ihre möglichen Werte an.

Parameter	mögliche Werte
Karte	{gültig, ungültig}
PIN	{richtig, falsch}
Versuche	{überschritten, nicht überschritten}
Kontostand	{ausreichend, nicht ausreichend}
Betrag	{$\leq$ Maximalbetrag, $>$ Maximalbetrag}
Auszahlung	{soll erfolgen, soll nicht erfolgen}
Kartenrückgabe	{ja, nein}

In praktisch jeder Programmiersprache könnte man nun – vermutlich sogar recht einfach – ein Programm schreiben, das die Überprüfungstätigkeit unseres

© Springer Fachmedien Wiesbaden GmbH, ein Teil von Springer Nature 2019
C. Beierle und G. Kern-Isberner, *Methoden wissensbasierter Systeme*,
Computational Intelligence, https://doi.org/10.1007/978-3-658-27084-1_2

Geldautomaten realisiert. Typischerweise würden in einem solchen Programm in der einen oder anderen Weise die verbal angegebenen Bedingungen in einer bestimmten Art und Weise überprüft. Vermutlich wird das Programm auch eine gewisse Verquickung programmtechnischer Aspekte mit der Logik der Aufgabenstellung aufweisen, z.B. die explizite oder implizite Festlegung der Reihenfolge der Überprüfungen einzelner Bedingungen.

Zentraler Punkt eines wissensbasierten Systems ist es aber, das problembezogene Wissen möglichst direkt zu repräsentieren und die eigentliche Verarbeitung von dieser Wissensdarstellung getrennt zu halten. Ein Ansatz für eine derartige direkte Wissensdarstellung ist die Verwendung von Regeln. Im Folgenden wollen wir daher für unser Beispiel Regeln angeben, nach denen der Geldautomat vorgehen soll. Offensichtlich soll eine Auszahlung erfolgen, wenn die Karte gültig ist, der PIN-Code richtig ist, die Anzahl der erlaubten Versuche und der Maximalbetrag nicht überschritten werden und der Kontostand ausreichend ist. Dies wird durch die folgende Regel ausgedrückt:

if

Karte	$=$	gültig	**and**
PIN	$=$	richtig	**and**
Versuche	$=$	nicht überschritten	**and**
Betrag	$\leq$	Maximalbetrag	**and**
Kontostand	$=$	ausreichend	

then

Auszahlung	$=$	soll erfolgen	**and**
Kartenrückgabe	$=$	ja	

Auf der anderen Seite soll eine Auszahlung z. B. nicht erfolgen, wenn der eingegebene PIN-Code falsch ist. Dies kann durch die folgende Regel ausgedrückt werden:

if

PIN	$=$	falsch

then

Auszahlung	$=$	soll nicht erfolgen

In Abbildung 2.1 sind neben diesen beiden Regeln noch vier weitere Regeln angeführt, die das Verhalten des Geldautomaten beschreiben. Diese Regeln in Abbildung 2.1 bilden bereits den Kern unseres kleinen wissensbasierten Systems.

Das in der verbalen Beschreibung angegebene Wissen über die Funktionalität des Geldautomaten ist mehr oder weniger direkt in diesen Regeln repräsentiert. Die Angabe dieses regelhaften Wissens erfolgt ohne eine Verzahnung mit programmiersprachlichen Spezifika wie z.B. Kontrollflussinformationen.[1]

Dies illustriert die deutliche Trennung zwischen der Darstellung des Wissens, auf das wir uns stützen (Regeln für das Verhalten des Geldautomaten), und der Verarbeitung dieses Wissens (Verarbeitung der Regeln).

---

[1] In der Tat haben wir bisher gar nichts dazu gesagt, wie diese Regeln verarbeitet werden sollen!

GA-1:   **if**

    Karte   = gültig   **and**
    PIN   = richtig   **and**
    Versuche   = nicht überschritten **and**
    Betrag $\leq$ Maximalbetrag   **and**
    Kontostand = ausreichend

   then

    Auszahlung   = soll erfolgen **and**
    Kartenrückgabe = ja

GA-2:   **if**

    Karte = ungültig

   then

    Auszahlung = soll nicht erfolgen

GA-3:   **if**

    PIN = falsch

   then

    Auszahlung = soll nicht erfolgen

GA-4:   **if**

    Versuche = überschritten

   then

    Auszahlung   = soll nicht erfolgen **and**
    Kartenrückgabe = nein

GA-5:   **if**

    Betrag > Maximalbetrag

   then

    Auszahlung = soll nicht erfolgen

GA-6:   **if**

    Kontostand = nicht ausreichend

   then

    Auszahlung = soll nicht erfolgen

Abbildung 2.1   Regeln für einen Geldautomaten

2.1.2 Medizinische Diagnose

Einer der bedeutensten Anwendungsbereiche für wissensbasierte Systeme ist der
Bereich der Medizin. Insbesondere für das Gebiet der Diagnose werden wissensbasierte Methoden eingesetzt. Zur Illustration betrachten wir ein Beispiel, in dem es
um eine bestimmte Krankheit D und drei verschiedene Symptome S_1, S_2, S_3, die in
Zusammenhang mit dieser Krankheit gebracht werden, geht. Insgesamt gibt es 16
verschiedene Kombinationen des Auftretens von D und S_1, S_2, S_3. Wenn wir mit 1

D	S_1	S_2	S_3	Häufigkeit	D	S_1	S_2	S_3	Häufigkeit
1	1	1	1	5	0	1	1	1	4
1	1	1	0	8	0	1	1	0	0
1	1	0	1	6	0	1	0	1	3
1	1	0	0	12	0	1	0	0	3
1	0	1	1	4	0	0	1	1	6
1	0	1	0	6	0	0	1	0	4
1	0	0	1	1	0	0	0	1	5
1	0	0	0	18	0	0	0	0	15

Abbildung 2.2 Häufigkeitsverteilung einer Krankheit D und von drei Symptomen S_1, S_2, S_3

das Vorhandensein und mit 0 das Nichtvorliegen von D bzw. eines der Symptome S_1, S_2, S_3 markieren, so könnte eine Häufigkeitsverteilung so wie in Abbildung 2.2 angegeben aussehen.

Ein wissensbasiertes System kann dabei helfen, die folgenden Fragestellungen zu beantworten [41]:

1. Wie können medizinische Informationen, die gesammelt, organisiert und gespeichert werden müssen, abgerufen werden und wie können sie ergänzt werden? Ein wissensbasiertes System kann dafür benutzt werden, eine entsprechende Datenbasis zu durchsuchen und die gewünschte Information zu präsentieren.

2. Wie kann man aus Erfahrung lernen? Wie kann das medizinische Wissen, das in dem wissensbasierten System repräsentiert ist, auf den neuesten Stand gebracht werden, z.B. wenn die Anzahl der untersuchten Patienten ansteigt?

3. Angenommen, bei einem Patienten werden bestimmte Symptome beobachtet. Wie entscheidet man, welche Krankheit bzw. welche Krankheiten der Patient am wahrscheinlichsten hat?

4. Wie sehen die Zusammenhänge zwischen der Menge der (in der Regel ja nicht beobachtbaren) Krankheiten und der Menge der beobachtbaren Symptome aus? Welches Modell bzw. welche Modelle können verwendet werden, um diese Zusammenhänge zu beschreiben?

5. Falls die vorliegende Menge der beobachteten Symptome nicht ausreicht, um eine Krankheit mit einer gegebenen Sicherheit zu diagnostizieren: Welche zusätzlichen Informationen sollten in Erfahrung gebracht werden? Das kann z.B. bedeuten: Welche zusätzlichen Symptome sollten identifiziert oder welche zusätzlichen medizinischen Tests sollten durchgeführt werden?

6. Welchen Wert hat jede dieser einzelnen zusätzlichen Informationen? In welchem Maße trägt also jedes der zusätzlichen Symptome bzw. jeder der zusätzlichen Tests dazu bei, eine (sicherere) Diagnose zu treffen? Um wieviel ist die Diagnose dann sicherer als vorher?

2.2 Wissensbasierte Systeme und Expertensysteme

Der wichtigste Aspekt eines wissensbasierten Systems ist die Trennung zwischen der Darstellung des Wissens über den betreffenden Problembereich (Wissensbasis) und der Verarbeitung dieses Wissens (Wissensverarbeitung). Während in der Wissensbasis spezifisches Wissen über den Anwendungsbereich zu finden ist, stellt die Wissensverarbeitung eine anwendungsunabhängige Problemlösungskomponente dar. Im Gegensatz zu klassischen Programmieransätzen können damit u.a. die folgenden Aspekte realisiert werden:

- klare Trennung zwischen Problembeschreibung und Problemlösung

- Wissen über den Anwendungsbereich ist direkt ausdrückbar

Die Unterscheidung der Herkunft der Art des in der Wissensbasis vorhandenen Wissens wird in [187] als einfaches Kriterium gewertet, um zwischen einem *Expertensystem* und allgemeiner einem *wissensbasierten System* zu unterscheiden. Expertensysteme sind demnach gerade spezielle wissensbasierte Systeme, bei denen das Wissen letztlich von Experten stammt. Da nach diesem Kriterium viele der derzeit existierenden wissensbasierten Systeme Expertensysteme sind, werden wir im Folgenden darauf eingehen, welche Eigenschaften man menschlichen Experten zuschreibt und was man von einem Expertensystem erwartet.

2.3 Eigenschaften von Experten und Expertensystemen

Wenn man Expertensysteme als wissensbasierte Systeme definiert, deren Wissen von menschlichen Experten stammt, muss man sich nach deren speziellen Eigenschaften fragen. [74] führt die folgenden Stärken und Schwächen menschlicher Experten an:

- Experten besitzen überdurchschnittliche Fähigkeiten, Probleme in einem speziellen Gebiet zufrieden stellend zu lösen, selbst wenn diese Probleme keine eindeutige Lösung besitzen oder neu auftreten.

- Experten verwenden heuristisches Wissen, um spezielle Probleme zu lösen, und verwerten ihre Erfahrungen.

- Experten haben Allgemeinwissen.

- Sie handeln oft intuitiv richtig, können dann aber ihre Entscheidung nicht begründen.

- Sie können Probleme unter Verwendung von unvollständigem und unsicherem Wissen lösen.

- Experten sind selten und teuer.

- Ihre Leistungsfähigkeit ist nicht konstant, sondern kann nach Tagesverfassung schwanken.

- Ein Experte allein ist oft nicht ausreichend (z.B. in gutachterlichen Fragen).

- Expertenwissen kann verloren gehen.

Als wichtigen, weiteren Punkt, der z.T. indirekt daraus folgt, wollen wir noch explizit hinzufügen:

- Expertenwissen kann oft nicht als solches weitergegeben werden.

Als Experten können wir eine Person bezeichnen, die durch lange Fachausbildung und umfassende praktische Erfahrungen über besonderes Wissen verfügt. Gegenüber reinem Fachwissen ist Expertenwissen anders strukturiert und qualitativ unterschiedlich bezüglich Inhalt, Quantität, Abstraktion und Verknüpfung von Sachverhalten und Lösungsschritten.

Während es verschiedene Definitionen für den Begriff "Expertensystem" gibt, referieren die meisten von ihnen in der ein oder anderen Form auf den Begriff des "menschlichen Experten". So gibt es bei vielen Autoren Definitionen, die im Wesentlichen auf die folgende Definition hinauslaufen:

> *"Ein Expertensystem ist ein Computersystem (Hardware und Software), das in einem gegebenen Spezialisierungsbereich menschliche Experten in Bezug auf ihr Wissen und ihre Schlussfolgerungsfähigkeit nachbildet."*

Natürlich erwartet man von einem Expertensystem, dass es bestimmte Eigenschaften hat. Je nach Anwendungsgebiet und Einsatz des Systems werden diese Eigenschaften differieren. [74] listet die folgenden wünschenswerten Eigenschaften von Expertensystemen auf:

- Anwendung des Wissens eines oder mehrerer Experten zur Lösung von Problemen in einem bestimmten Anwendungsbereich

- explizite, möglichst deklarative Darstellung des Expertenwissens

- Unterstützung des Wissenstransfers vom Experten zum System

- leichte Wartbarkeit und Erweiterbarkeit des im System enthaltenen Wissens

- Darstellung des Wissens in einer leicht lesbaren Form

- Verwendung unsicheren Wissens (Sowohl Expertenwissen wie auch Wissen über einen gegebenen Fall ist oft mit Unsicherheiten behaftet.)

- möglichst natürliche und anschauliche Benutzerschnittstelle

- Begründung und Erklärung der Ergebnisse

- klare Trennung von Faktenwissen und Problemlösungsheuristiken

- Wiederverwendbarkeit von einmal erworbenem Wissen in verwandten Problembereichen

Die Autoren verweisen in [74] allerdings darauf, dass von den derzeitigen Systemen diese Eigenschaften nur teilweise erfüllt werden. Inwieweit ein System aber diese Eigenschaften erfüllt, kann als Gradmesser für die Güte des Systems angesehen werden.

2.4 Zur Geschichte wissensbasierter Systeme

Als "Geburtsstunde der Künstlichen Intelligenz" wird ein Workshop in Dartmouth im Sommer des Jahres 1956 angesehen. Die Systeme, die bis Ende der sechziger Jahre entwickelt wurden, gingen alle in der Regel von einem allgemeinen Problemlösungsansatz aus, in dem elementare Ableitungsschritte miteinander verkettet wurden, die aber nur sehr wenig oder gar keine Informationen über den betreffenden Anwendungsbereich benutzten.

Es stellte sich jedoch heraus, dass solche Ansätze in komplexen Anwendungsbereichen nur schwache Ergebnisse erzielten. Daher setzte sich die Erkenntnis durch, dass der einzige Weg zu besseren Erfolgen darin besteht, mehr Wissen über den Problembereich zu verwenden, um größere Ableitungsschritte zur Lösung von in dem gegebenen Anwendungsbereich typischen Teilproblemen zu ermöglichen. Dies markierte den Beginn der Entwicklung wissensbasierter Systeme.

Das erste System, das erfolgreich intensiv Wissen in der Form einer großen Anzahl von Regeln aus einem spezifischen Anwendungsbereich einsetzte, war DENDRAL [33]. DENDRAL ist ein System zur Interpretation von Massenspektrogrammen, bei dem Molekül-Struktur-Formeln bestimmt werden. Bei Chemikern besteht ein übliches Vorgehen darin, nach bekannten Mustern von Spitzen in dem Massenspektrogramm zu suchen, die auf gemeinsame Teilstrukturen hindeuten. Ohne auf die Details eingehen zu wollen, geben wir ein Beispiel für eine entsprechende Regel zur Erkennung einer Ketogruppe als Teilstruktur eines Moleküls an [200]:

> **if**   there are two peaks at x_1 and x_2 such that
>   (a) $x_1 + x_2 = $ M $ + 28$ (M is the mass of the whole molecule)
>   (b) x_1 - 28 is a high peak
>   (c) x_2 - 28 is a high peak
>   (d) at least one of x_1 and x_2 is high
> **then**   there is a ketone subgroup

In der Folge wurde das medizinische Expertensystem MYCIN entwickelt. MYCIN dient der Diagnose von bakteriellen Infektionskrankheiten und liefert einen entsprechenden Therapievorschlag für die Verabreichung von Antibiotika. Im Gegensatz zu DENDRAL konnten die Regeln des MYCIN-Sytems aber nicht aus einem allgemeinen theoretischen Modell für den Anwendungsbereich abgeleitet werden. Stattdessen mussten die Regeln durch Befragen menschlicher Experten gewonnen werden, wobei diese Experten ihr Wissen aus Erfahrungen zogen. Ein weiterer Unterschied zu DENDRAL besteht darin, dass die Regeln die Unsicherheiten, mit denen medizinisches Wissen oft behaftet ist, widerspiegeln mussten. Wegen der herausragenden Bedeutung, die MYCIN für die Geschichte der wissensbasierten Systeme erlangt hat, werden wir im folgenden Abschnitt dieses System noch ausführlicher vorstellen.

Eine mathematisch fundierte Methode zur Darstellung unsicherer Regeln liefert die Verwendung von Wahrscheinlichkeiten. PROSPECTOR ist ein derartiges probabilistisches System zur Erkennung geologischer Formationen. Es erlangte einige Berühmtheit dadurch, dass es Probebohrungen in einer Gegend vorschlug, in der sie tatsächlich sehr erfolgreich waren.

Während die ersten Ansätze zur automatischen Verarbeitung natürlicher Sprache im Prinzip rein muster-orientiert waren, stellte sich bald auch in diesem Bereich die Bedeutung bereichsspezifischen Wissens heraus. Ein bekanntes System zum Sprachverstehen aus der Anfangszeit der wissensbasierten Systeme ist das SHRDLU-System von T. Winograd [243], das sich auf eine einfache "Klötzchenwelt" (engl. *blocks world*) bezog. Ein anderes frühes System zur Verarbeitung natürlicher Sprache ist das LUNAR-System [245], das Fragen zu Gesteinsbrocken der Apollomission in natürlicher Sprache entgegennimmt.

Das erste kommerziell erfolgreiche Expertensystem war R1 (später XCON genannt), das in Kooperation mit der Digital Equipment Corporation entwickelt wurde [152, 153]. Es enthält mehrere tausend Regeln zur Konfiguration von Rechenanlagen für DEC-Kunden.

Heute sind weltweit mehrere tausend Expertensysteme im Einsatz. Einen Überblick auch über die Situation im deutschsprachigen Raum vor einigen Jahren gibt z.B. [156]; aktuelle Informationen sind regelmäßig in der Zeitschrift *KI*, dem Mitteilungsorgan des Fachbereichs 1 "Künstliche Intelligenz" der Gesellschaft für Informatik e.V. (GI), zu finden.

2.5 Das medizinische Diagnosesystem MYCIN

MYCIN entstand in den 70er Jahren als ein Konsultationssystem zur Diagnose und Therapie von Infektionskrankheiten durch Antibiotika. Nach der ersten Euphorie angesichts der revolutionären und segensreichen Wirkungen der Sulfonamide und des Penicillins bei der Bekämpfung gefährlicher Infektionskrankheiten war zu jener Zeit auch das Problem eines vorschnellen und unkritischen Einsatzes von Antibiotika offensichtlich geworden. So hatte die verschwenderische, z.T. sogar prophylaktische Gabe dieser Medikamente zur Entstehung neuer, resistenter Bakterienstämme und zur Veränderung typischer Krankheitsverläufe geführt. Damit war die Frage aufgeworfen, ob durch diesen Missbrauch nicht die Behandlung von Infektionskrankheiten ernsthaft erschwert wurde, ja, ob letztendlich nicht sogar – global gesehen – die Konsequenzen dieser leichtfertigen Verschreibungspraxis schlimmer waren als die zu behandelnden Krankheiten selber.

Anfang der siebziger Jahre forderten alarmierende Studien einen gezielteren Einsatz von Antibiotika. Das Problem ließ sich aber nicht einfach nur durch eine quantitative Beschränkung lösen. Es gibt kein Super-Antibiotikum, das gegen alle bakteriellen Erreger gleich gut wirkt. Die Bestimmung des Erregertypus ist denn auch eine der wichtigsten Voraussetzungen für eine erfolgreiche Antibiotikatherapie. Weiter müssen der bisherige Krankheitsverlauf sowie die Krankengeschichte und Dispositionen des Patienten berücksichtigt werden. Außerdem sollen Labordaten Eingang in die Diagnose finden bzw. es muss erst einmal entschieden werden, welche Laboruntersuchungen überhaupt sinnvollerweise erhoben werden sollten. Dazu kommt noch ein Zeitproblem: Bei akuten Krankheitsverläufen kann oft nicht abgewartet werden, bis alle erforderlichen Daten vorliegen. Hier muss aufgrund der Symptome und der Erfahrung eine Therapie eingeleitet werden.

Insgesamt ergibt sich ein Entscheidungsproblem von einer solchen Komplexität, dass ein nicht-spezialisierter Mediziner häufig mit einer wirklich adäquaten oder sogar optimalen Lösung – und genau darauf kommt es an – überfordert ist. Andererseits erschien es angesichts des flächendeckenden Einsatzes von Antibiotika wünschenswert, das entsprechende Spezialwissen möglichst vielen Ärzten zugänglich zu machen.

Aus dieser Intention heraus entstand MYCIN. Der Name wurde entsprechend dem gemeinsamen Suffix vieler Antibiotika gewählt. An seiner Konzeption und Realisation arbeiteten Computerwissenschaftler und Mediziner gemeinsam. Bruce G. Buchanan und Edward H. Shortliffe, die als die Väter von MYCIN gelten, beschreiben 1973 die Zielsetzungen ihres noch in den Kinderschuhen steckenden Projekts folgendermaßen [32]:

For the past year and a half the Divisions of Clinical Pharmacology and Infectious Disease plus members of the Department of Computer Science have collaborated on initial development of a computer-based system (termed MYCIN) that will be capable of using both clinical data and judgmental decisions regarding infectious disease therapy. The proposed research involves development and acceptable implementation of the following:

- *CONSULTATION PROGRAM. The central component of the MYCIN system is an interactive computer program to provide physicians with consultative advice regarding an appropriate choice of antimicrobial therapy as determined from data available from the microbiology and clinical chemistry laboratories and from direct clinical observations entered by the physician in response to computer-generated questions;*

- *INTERACTIVE EXPLANATION CAPABILITIES. Another important component of the system permits the consultation program to explain its knowledge of infectious disease therapy and to justify specific therapeutic recommendations;*

- *COMPUTER ACQUISITION OF JUDGMENTAL KNOWLEDGE. The third aspect of this work seeks to permit experts in the field of infectious disease therapy to teach the MYCIN system the therapeutic decision rules that they find useful in their clinical practice.*

MYCIN's Aufgabenperspektive lag eindeutig im medizinischen Bereich, doch zu seiner Realisierung waren die Behandlung und Bewältigung einer Reihe grundsätzlicher Probleme bei der Konzipierung wissensbasierter Systeme notwendig:

- Das Herzstück des Systems sollte ein *interaktives entscheidungsunterstützendes Programm* sein. Interaktion bedeutete die Führung eines Frage-Antwort-Dialogs zwischen Benutzer und System. D.h. MYCIN sollte in der Lage sein, auf Fragen zu antworten, aber auch selbst passende Fragen zu generieren.

- Außer den Erkenntnissen aufgrund subjektiver Beurteilungen, die im interaktiven Dialog eingegeben werden, sollte das System auch Labordaten verarbeiten können.

- MYCIN sollte in der Lage sein, sein gespeichertes Wissen darzulegen und seine Schlussfolgerungen zu erklären (*Erklärungskomponente*).

- Schließlich sollte die Möglichkeit bestehen, neues Wissen in das System einzugeben und damit seine Leistungsfähigkeit kontinuierlich zu steigern (*Wissensakquisition*).

- Dies erforderte eine *modulare Wissensrepräsentationsform*: Die Eingabe neuen Wissens sollte nicht eine Umstrukturierung der ganzen Wissensbasis nach sich ziehen.

Bis zu jenem Zeitpunkt gab es noch kein anderes System, das eine derart komplexe Wissensbasis so klar von der Inferenzkomponente trennte. Buchanan, Shortliffe und ihre Mitarbeiter mussten Pionierarbeit leisten. Die Inferenzkomponente von MYCIN wurde später zu einer bereichsunabhängigen System-Shell EMYCIN ausgebaut.

Im Anfangsstadium von MYCIN erwies es sich als außerordentlich nützlich, dass Shortliffe frühzeitig einen einfachen Prototyp implementierte, mit dem man Erfahrungen sammeln konnte. Dieses Ur-System wurde sukzessive ausgebaut und den gesteigerten Anforderungen angepasst. Auch hier erwies sich die Modularität der Wissensbasis als sehr vorteilhaft.

MYCIN erzielte eine hohe Trefferquote bei der Diagnose bakterieller Infektionen und machte gezielte Therapievorschläge. Dennoch wurde das System nie so breit eingesetzt wie ursprünglich geplant. Trotz nachgewiesener Erfolge war die Akzeptanz dem System gegenüber nicht sonderlich groß. Hier muss man sicherlich berücksichtigen, dass an eine fast selbstverständliche Präsenz von Computern im Alltagsleben, so wie wir es heute kennen, in den siebziger Jahren nicht zu denken war. Gerade im sensiblen Bereich der medizinischen Diagnose mochte die grundsätzliche Bereitschaft fehlen, einem anonymen und kaum verstandenen System zu vertrauen.

Wenn denn also MYCIN für die Medizin nicht die Bedeutung erlangte, wie seine Väter es sich gewünscht hätten, so brachte doch die damit verbundene Forschungsarbeit für die Computerwissenschaftler wichtige Erkenntnisse und Erfahrungen. MYCIN war ein Meilenstein in der Entwicklung wissensbasierter Systeme. Zwar eröffnen heute graphische Benutzeroberflächen, Menüoptionen und multimediale Fähigkeiten ganz neue Perspektiven insbesondere für die gesamte Interaktion zwischen Benutzer und System, doch haben sich die grundsätzlichen Probleme und Anforderungen bei der Konzipierung wissensbasierter Systeme kaum geändert. Die Art und Weise, wie man in MYCIN modulares Wissen und transparente Inferenz mit Benutzerfreundlichkeit und Erklärungsfähigkeit kombinierte, lässt es auch heute noch als gutes und interessantes Beispiel eines wissensbasierten Systems erscheinen. Im Rahmen des Kapitels *Regelbasierte Systeme* werden wir noch ein wenig ausführlicher auf die Behandlung der zentralen Fragen Wissensrepräsentation und Inferenz in MYCIN eingehen.

2.6 Aufbau und Entwicklung wissensbasierter Systeme

2.6.1 Architektur eines wissensbasierten Systems

Wie schon erwähnt, ist der wichtigste Aspekt eines wissensbasierten Systems die Trennung zwischen der Darstellung des Wissens über den betreffenden Problembereich (Wissensbasis) und der Verarbeitung dieses Wissens (Wissensverarbeitung):

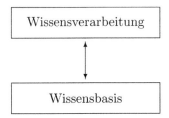

Es stellt sich sofort die Frage, wie das Wissen in der Wissensbasis ausgedrückt werden soll. Von der Art und Weise, wie das Wissen repräsentiert wird, hängt dann natürlich auch die Art der Wissensverarbeitung ab. Da wir auf diese Problematik später noch genauer eingehen werden, sollen hier zwei kurze Illustrationen genügen.

In dem Beispiel des Geldautomaten aus Abschnitt 2.1.1 hatten wir if-then-Regeln als Wissensdarstellung gewählt. Für die Wissensverarbeitung benötigt man dann einen entsprechenden Regelinterpreter.

Wählt man andererseits für die Wissensdarstellung die klassische Prädikatenlogik 1. Stufe, so kann man darin ebenfalls Wissen über den angesprochenen Problembereich repräsentieren, ohne auf die Verarbeitung eingehen zu müssen. Weiterhin kann in diesem Fall ein automatisches Beweissystem für die Prädikatenlogik 1. Stufe als Problemlösungskomponente für die Wissensverarbeitung dienen; dieses automatische Beweissystem ist sicherlich auch unabhängig von einer aktuellen Problembeschreibung. (Später werden wir sehen, dass klassische Logiken allein oft nicht für die Wissensdarstellung und -verarbeitung in wissensbasierten Systemen ausreichen.)

Der Inhalt der Wissensbasis kann noch weiter unterteilt werden in verschiedene Arten von Wissen:

- *Fallspezifisches Wissen*: Dies ist die spezifischste Art von Wissen, das sich nur auf den gerade betrachteten Problemfall bezieht. Das sind z.B. Fakten, die aufgrund von Beobachtungen oder Untersuchungsergebnissen vorliegen. Solche Fakten werden oft auch *evidentielles Wissen* oder *Evidenz* genannt.

- *Regelhaftes Wissen*: Damit bezeichnen wir den eigentlichen Kern der Wissensbasis, der z.B. enthalten kann:

  - *Bereichsbezogenes Wissen*: Diese Art von Wissen bezieht sich auf den gesamten Bereich, aus dem die Fälle, die das wissensbasierte System bearbeiten kann, genommen sind. Das kann sowohl theoretisches Fachwissen als auch Erfahrungswissen sein. Es handelt sich hierbei also schon um generisches Wissen.

  - *Allgemeinwissen*: Hierbei kann es sich z.B. um generelle Problemlösungsheuristiken oder Optimierungsregeln oder auch um allgemeines Wissen über Objekte und Beziehungen in der realen Welt handeln.

Die verschiedenen Arten von Wissen in einem wissensbasierten System können dabei in sehr unterschiedlichem Umfang auftreten. Ein hochspezialisiertes System

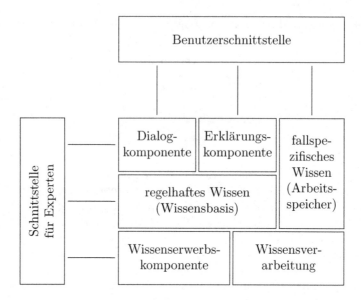

Abbildung 2.3 Schematischer Aufbau eines Expertensystems

könnte z.B. über sehr wenig oder gar kein Allgemeinwissen verfügen, während ein anderes System gerade daraufhin ausgelegt sein kann, gewöhnliches Alltagswissen zu beherrschen. Diese zuletzt genannte Zielrichtung wird etwa im CYC-Projekt [135] verfolgt.

Weitere Komponenten eines wissensbasierten Systems ergeben sich aus der Anforderung, dass die Wissensbasis natürlich erst einmal aufgebaut werden muss. Dafür und für die Arbeit mit dem System müssen darüber hinaus entsprechende Schnittstellen zur Verfügung gestellt werden. Der schematische Aufbau eines Expertensystems, wie er in Abbildung 2.3 angegeben ist, weist die folgenden Systemkomponenten auf:

- die *Wissensbasis*, die das (permanente) regelhafte Wissen, und den *Arbeitsspeicher*, der das (temporäre) fallspezifische Wissen enthält;

- die von der Wissensbasis getrennte *Wissensverarbeitungskomponente*;

- die *Wissenserwerbskomponente*, die den Aufbau der Wissensbasis unterstützt;

- die *Erklärungskomponente*, da bei Schlussfolgerungen, die durch das System gemacht werden, nicht nur die Resultate präsentiert werden sollen. Auf Anforderung hin soll es auch möglich sein, eine Erklärung zu generieren, die aufzeigt, wie die Schlussfolgerung zustande gekommen ist;

- eine *Dialogkomponente* für die Kommunikation mit dem Expertensystem. Dabei unterscheidet man typischerweise zwischen einer Schnittstelle für Experten des jeweiligen Bereichs für Aufbau und Entwicklung, und einer Benutzerschnittstelle für die Anwender des Systems.

2.6.2 Entwicklung eines wissensbasierten Systems

Die Entwicklung eines wissensbasierten Systems kann man zu einem großen Teil als eine komplexe Software Engineering-Aufgabe ansehen, wobei allerdings einige Besonderheiten zu beachten sind. So sind in [41] acht Schritte für die Entwicklung eines Expertensystems angegeben, die wir hier für den Fall der wissensbasierten Systeme verallgemeinern wollen:

1. *Problembeschreibung*: Der erste Schritt besteht sicherlich darin, das zu lösende Problem zu definieren. Wie im Software Engineering ist dieser Schritt entscheidend für die gesamte weitere Entwicklung, da hier die Funktionalität des zu entwickelnden Systems festgelegt wird.

2. *Wissensquellen*: Da sich ein wissensbasiertes System in der Regel auf einen speziellen Bereich (oder auch auf mehrere) bezieht, muss festgelegt werden, aus welchen Quellen das notwendige Wissen für den betreffenden Bereich gewonnen werden soll. Als Quellen kommen z.B. Datenbanken, Bücher oder menschliche Experten in Frage.

3. *Design*: In diesem Schritt wird z.B. festgelegt, welche Strukturen für die Wissensdarstellung benötigt werden, welche Arten von Inferenzen geleistet werden müssen, wie die Erklärungskomponente arbeiten soll, wie die Benutzerschnittstelle aufgebaut sein soll usw.

4. *Entwicklungswerkzeug*: In Abhängigkeit von den bisherigen Festlegungen kommen evtl. verschiedene Entwicklungswerkzeuge in Betracht. Wenn allerdings kein Werkzeug die Anforderungen ausreichend erfüllt, muss unter Umständen auf eine niedrigere Ebene, wie die der Programmiersprachen, zurückgegriffen werden.

5. *Entwicklung eines Prototypen*: Gerade für die Erstellung eines wissensbasierten Systems ist die frühzeitige Erstellung eines ausführbaren Prototyps ("Rapid Prototyping") von großer Bedeutung. Oft lässt sich erst anhand eines solchen Prototyps entscheiden, ob die ursprünglich geforderte Funktionalität tatsächlich den Anforderungen genügt, die man bei der Arbeit mit dem System an eben dieses System stellt.

6. *Testen des Prototyps*: Diese Phase ist offensichtlich eng mit der vorherigen verzahnt. Es soll sichergestellt werden, dass der Prototyp alle gewünschten Tests besteht.

7. *Verfeinerung und Generalisicrung*: In diesem Schritt können z.B. untergeordnete Aspekte, die bisher nicht berücksichtigt wurden, realisiert werden, oder neue Möglichkeiten, die sich erst im Laufe der Systementwicklung ergeben haben, hinzugefügt werden.

8. *Wartung und Pflege*: Auftretende Fehler müssen beseitigt werden, das System muss neuen Entwicklungen angepasst werden usw.

Wie auch in neueren Ansätzen zum Software Engineering sind diese acht Schritte nicht isoliert voneinander zu sehen. Zwischen ihnen gibt es zahlreiche Zyklen, da es oft erforderlich sein kann, zu einer früheren Phase zurückzukehren.

3 Logikbasierte Wissensrepräsentation und Inferenz

In diesem Kapitel werden wir auf die Grundlagen logikbasierter Ansätze zur Wissensrepräsentation und -inferenz eingehen. Neben einem allgemeinen Überblick werden wir dabei insbesondere die charakteristischen Eigenschaften klassisch-logischer Systeme herausarbeiten, die zum einen den Kern vieler Repräsentationssprachen bilden und zum anderen als Referenzobjekt zur Beurteilung von semantischer Fundierung, Ausdrucksstärke etc. solcher Sprachen dienen.

3.1 Formen der Inferenz

3.1.1 Menschliches Schließen und Inferenz

Kernstück eines wissensbasierten Systems ist eine Wissensbasis. Diese muss in irgendeiner Form in dem System repräsentiert sein. Allerdings nützt die Repräsentation alleine noch nichts; entscheidend ist vielmehr, welche Schlussfolgerungen aus der Wissensbasis gezogen werden und damit, welches beobachtbare Verhalten das System zeigt.

Diese Fähigkeit, Schlussfolgerungen aus vorhandenem Wissen ziehen zu können, ist ein ganz zentraler Aspekt intelligenten Verhaltens (vgl. [24]). Wenn wir Menschen nicht ständig aufgrund unseres Wissens und der Informationen, die wir laufend aus unserer Umgebung aufnehmen, Schlussfolgerungen ziehen würden, könnten wir die einfachsten Dinge unseres alltäglichen Lebens nicht bewältigen. So können wir schlussfolgern, dass ein Gegenstand, den wir in den Händen halten, zu Boden fallen wird, wenn wir ihn loslassen, dass die Straße nass ist, wenn es regnet. Außerdem können wir folgern, dass das Kind vielleicht eine Blinddarmentzündung hat, wenn es über starke Bauchschmerzen klagt, dass es morgen in Hagen mit ziemlicher Sicherheit nicht schneien wird, wenn heute der 5. Juni ist, usw.

Wir wollen daher zunächst die Situation des menschlichen Schließens in einer abstrakten Form charakterisieren, um daraus einen Überblick über verschiedene Inferenzformen zu gewinnen. Ganz allgemein gesprochen handelt es sich darum, aus gegebenem Wissen W neues Wissen B abzuleiten. Ist B nun eine Folgerung von W, so sind W und B durch eine *Inferenzrelation* R miteinander verbunden:

$$(W, B) \in R$$

Wenn wir jemandem mitteilen, dass es draußen regnet, so wird er z.B. daraus schließen, dass die Straße nass ist. Bezeichnet W_{Regen} das Wissen bzgl. Regen und B_{nass} das Wissen, dass die Straße nass ist, so gilt also $(W_{Regen}, B_{nass}) \in R$. Bezeichnet andererseits $B_{grün}$ das Wissen, dass die Ampel grün ist, so würden wir

© Springer Fachmedien Wiesbaden GmbH, ein Teil von Springer Nature 2019
C. Beierle und G. Kern-Isberner, *Methoden wissensbasierter Systeme*,
Computational Intelligence, https://doi.org/10.1007/978-3-658-27084-1_3

$(W_{Regen}, B_{grün}) \notin R$ erwarten, da es sich dabei *nicht* um eine sinnvolle Schlussfolgerung handelt, weil unsere Welt so angelegt ist, dass eine Ampel bei Regen nicht zwingend auf grün geschaltet ist.

Wollen wir die Inferenzrelation R in einem Computersystem nachbilden, so müssen wir zunächst die Sachverhalte des betrachteten Weltausschnitts darstellen. Denn untrennbar mit der Frage der Inferenz von Wissen ist die Frage der Repräsentation von Wissen verknüpft. Jede Art von Schlussfolgerung können wir nur auf einer (formalen) Repräsentation vornehmen, nicht etwa direkt auf den Objekten der realen Welt. Im weitesten Sinne müssen also alle Sachverhalte und Regeln, alles vorgegebene wie auch alles neu zu erschließende Wissen syntaktisch repräsentiert sein. In diesem Sinne wird Inferenz verstanden als Relation zwischen (der Repräsentation von) vorgegebenem Wissen und (der Repräsentation von) neu abzuleitendem Wissen.

Für jegliche Art der Wissensrepräsentation können wir daher die beiden folgenden Aspekte unterscheiden:

- Die **Syntax** einer Wissensrepräsentationssprache legt fest, wie die Sätze dieser Sprache aufgebaut sind.

- Die **Semantik** bestimmt, auf welche Begriffe der zu repräsentierenden Welt sich die Sätze beziehen. Erst mit einer solchen semantischen Beziehung erlangen die Sätze der Repräsentationssprache eine Bedeutung, die zum Beispiel festlegt, ob ein Satz der Sprache in einer gegebenen Welt eine wahre Begebenheit bezeichnet oder nicht.

Als einfaches Beispiel zur Illustration dieser beiden Aspekte diene die Sprache der arithmetischen Ausdrücke. Wenn x und y Ausdrücke sind, die Zahlen bezeichnen, dann ist $x \geq y$ ein Satz der Sprache über Zahlen. Die Semantik der Sprache legt zum Beispiel fest, dass der Satz $x \geq y$ wahr ist, wenn $\geq$ die "größer-als"-Relation auf Zahlen und der Wert von x größer oder gleich dem Wert von y ist, andernfalls ist er falsch.

Mit den soeben gemachten Überlegungen können wir den informell gebrauchten Begriff der Inferenzrelation R bereits etwas präzisieren. Wenn wir uns darauf einlassen, dass sowohl W als auch B durch syntaktische Elemente (z.B. durch logische Formeln) repräsentiert werden, so ist R eine binäre Relation auf der syntaktischen Ebene. Mit den gegebenen Bezeichnungen können wir dann sagen, dass R das menschliche Schließen modelliert, wenn die folgende Bedingung erfüllt ist:

> $(W, B) \in R$ gilt genau dann,
> wenn aus *Semantik*(W) der Mensch *Semantik*(B) schließt.

In Abhängigkeit davon, ob W oder B gegeben sind, können bei der Relation R unterschiedliche Perspektiven eine Rolle spielen:

1. Ist W gegeben, so kann mittels der Relation R die Beobachtung B prognostiziert werden.

2. Ist B gegeben, so kann W als Erklärung von B genommen werden.

3. Sind sowohl W als auch B gegeben, so liefert die Relation R einen Test, ob W und B in Folgerungsbeziehung zueinander stehen.

Zur Illustration sei etwa W das Wissen "Immer wenn es regnet, ist die Straße nass. Es regnet draußen." und B das Wissen "Die Straße ist nass".

Aufgabe der Wissensrepräsentation ist es zum einen, eine geeignete *Repräsentation* für W und B zu finden; zum anderen muss die Relation R entsprechend charakterisiert werden.

Da wir im Rahmen eines wissensbasierten Systems an einer Mechanisierung der Relation R interessiert sind, werden außerdem *Algorithmen* benötigt, die die oben genannten Fragestellungen beantworten und die unterschiedlichen Richtungen der Inferenz berücksichtigen:

- Prognosen B treffen (bei gegebenem W)

- Erklärungen W finden (bei gegebenem B)

- Testen, ob B logisch aus W folgt (bei gegebenem W, B)

Wollen wir also das menschliche Schließen nachbilden, so besteht die Hauptaufgabe darin, die Inferenzrelation R zu charakterisieren. So einfach sich dieser Gedankengang auch nachvollziehen lässt, so schwierig ist es, ihn zu realisieren. Neben anderen Schwierigkeiten wollen wir hier die folgenden Probleme nennen (vgl. auch [20]):

Eine erste Schwierigkeit besteht darin, eine Situation der realen Welt durch eine Formel W umfassend (oder *vollständig*) zu beschreiben. Zur Illustration betrachten wir folgendes Beispiel: Eine Situation, in der ein Vogel vorkommt, sei durch W beschrieben. Als Mensch werden wir ohne weiteres schließen, dass dieser Vogel etwa bei drohender Gefahr wegfliegen wird. Erhalten wir aber die zusätzliche Information, dass die Flügel des Tieres gebrochen sind, so werden wir diesen Schluss nicht mehr ziehen. Ebenso werden wir bei der Information, dass es sich bei dem Tier um einen Pinguin handelt, die Schlussfolgerung des Fliegenkönnens nicht mehr vornehmen.

Des Weiteren könnte man sich noch viele andere Gründe vorstellen, warum der Vogel im konkreten Fall *nicht* fliegen könnte. Trotzdem schließen wir als Mensch, dass der Vogel "normalerweise" fliegen kann. Wie aber ist dieser "Normalfall" vollständig zu beschreiben? Ist unsere "Weltbeschreibung" W wirklich vollständig, wenn sie in dem gegebenen Beispiel nicht explizit alle möglichen Ursachen des Nichtfliegenkönnens ausschließt? Das Problem, alle Vorbedingungen, die die Schlussfolgerung unter allen erdenklichen Umständen garantieren, vollständig anzuführen (was in der Regel gar nicht möglich ist!), wird das *Qualifikationsproblem* genannt. Auf das Schließen unter Berücksichtigung der "Normalität" werden wir im Folgenden noch näher eingehen.

Ein weiteres Problem liegt in der Charakterisierung der Relation R. Dies wird insbesondere durch das gerade skizzierte Qualifikationsproblem verstärkt. Des Weiteren wird die Beschreibung von R davon abhängen, ob in W (oder in B) z. B. unpräzise Angaben ("ein großer Mann"), probabilistische Aussagen ("mit der Wahrscheinlichkeit 0.9 hat das Kind eine Blinddarmentzündung") oder etwa spezifisches räumliches Wissen ("nördlich von Hagen") enthalten ist.

Aus diesen unterschiedlichen Dimensionen, der Vielfältigkeit der möglichen Beschreibungen und den unterschiedlichen Richtungen bzgl. der Inferenzrelation ergibt sich eine große Zahl von Variationsmöglichkeiten hinsichtlich der Inferenzproblemstellung.

3.1.2 Charakterisierung der Inferenzrelation nach Peirce

Die klassische Aufteilung der Inferenz in Deduktion, Induktion und Abduktion geht auf C. S. Peirce [94] zurück. Diese Aufteilung soll an einem kleinen Beispiel erläutert werden:

1. **Deduktion**
   Aus dem Wissen, dass zum Starten eines Autos eine aufgeladene Batterie notwendig ist und dass bei einem gegebenen Auto die Batterie leer ist, kann man schließen, dass der Wagen nicht gestartet werden kann. Diese Art von Schließen nennt man *deduktives* Schließen.

2. **Induktion**
   Andererseits könnte man aus der wiederholten Beobachtung, dass ein Auto nicht startet und die Batterie leer ist, die Regel ableiten, dass ein Auto, das eine leere Batterie hat, nicht gestartet werden kann. Diese Art der Inferenz von regelhaftem Wissen nennt man *induktives* Schließen.

3. **Abduktion**
   Eine dritte Art der Schlussfolgerung wird angewendet, wenn man aus dem Wissen, dass ein Auto mit leerer Batterie nicht gestartet werden kann und dass sich ein gegebener Wagen nicht starten lässt, schließt, dass die Batterie leer ist. Diese Art von Schlussfolgerung, die nach einer Erklärung für Beobachtungen sucht, nennt man auch *abduktives* Schließen.

Der Begriff der Deduktion ist mit der Vorstellung verbunden, dass es sich bei den hier getroffenen Schlussfolgerungen stets um korrekte Schlussfolgerungen handelt, dass das neu abgeleitete Wissen also stets wahr ist. In der Regel schließt man von einem allgemeineren Fall auf einen speziellen Fall. (Im Beispiel: von dem regelhaften Wissen, das für alle Autos gilt, auf etwas, das für ein konkretes Auto zutrifft.)

Bei der Induktion macht man sich die Vorstellung zu Eigen, dass man regelhaftes Wissen aus einzelnen Sachverhalten erschließt. Hierbei gibt man allerdings die Vorstellung auf, dass das neu abgeleitete Wissen stets auch wahr ist. So könnte eine induktiv abgeleitete Regel zwar mit allen beobachteten Sachverhalten, aus denen die Regel inferiert wurde, übereinstimmen, trotzdem im Allgemeinen aber nicht zutreffen. (Im Beispiel: ein konkretes Auto kann vielleicht auch ohne Batterie gestartet werden.) Induktives Schließen hat in vielen beobachtenden Wissenschaften eine herausragende Bedeutung. Über die Bedeutung der Induktion schreibt Poundstone [185]:

> *Wir bedienen uns der Induktion, weil sie die einzige Methode ist,*
> *weiträumig anwendbare Tatsachen über die wirkliche Welt zu erschlie-*
> *ßen. Ohne sie hätten wir nichts als Trillionen von Einzelerfahrungen,*
> *von denen jede so isoliert und bedeutungslos wäre wie Konfettischnipsel.*
> *[...] Das Zusammenspiel von Induktion und Deduktion ist die Grund-*
> *lage der wissenschaftlichen Methode.*

Abduktion ist nach Peirce das Erschließen eines Sachverhalts aus einer vorliegenden Beobachtung aufgrund regelhaften Wissens. Auch Abduktion ist im alltäglichen menschlichen Schlussfolgern als Suche nach Erklärungen weit verbreitet; sämt-
liche Diagnoseverfahren in Medizin oder Technik basieren im Prinzip auf Abduktion.
Wie die Induktion unterscheidet sich Abduktion aber auch darin von Deduktion,
dass das abgeleitete Wissen nicht notwendigerweise wahr ist. Es wird zwar eine
mögliche Erklärung gefunden; der beobachtete Sachverhalt könnte aber eben doch
eine andere Ursache haben.

Über die Dreiteilung der Inferenz nach Peirce hinaus kann man außerdem noch
viele weitere Dimensionen der Inferenz unterscheiden. So hatten wir in Abschnitt
3.1.1 z.B. schon Schließen bei vagen und probabilistischen Angaben oder Schließen
unter Berücksichtigung von "Normalität" erwähnt. Ein Beispiel für einen unsicheren
Schluss ist:

> Wenn der Patient Fieber hat, hat er meistens eine Entzündung.
> Der Patient hat Fieber.
> Also hat der Patient vermutlich eine Entzündung.

Es handelt sich bei dem verwendeten Wissen um unsicheres Wissen insofern, als
dass die Schlussfolgerung zwar plausibel, aber nicht zwingend ist.

Sich nur auf Schlussfolgerungen einzuschränken, die notwendigerweise korrekt sind, ist in vielen Situationen nicht nur für uns Menschen, sondern auch für
ein wissensbasiertes System nicht praktikabel; eine pragmatische Anforderung an
Schlussfolgerungen ist daher die Forderung nach ihrer *Plausibilität*. Während es aber
recht gut möglich ist, exakt zu definieren, wann ein Schluss auf jeden Fall formal
korrekt ist, entzieht sich die Definition der Plausibilität einer eindeutigen mathematischen Definition; stattdessen gibt es verschiedene Ansätze zu ihrer Modellierung.
In diesem Kapitel werden wir definieren, wann logische Schlussfolgerungen notwendigerweise korrekt sind; in späteren Kapiteln werden wir Konzepte zur Behandlung
von Plausibilität vorstellen, die nicht eine mathematisch formale Korrektheit voraussetzen.

Bevor wir weitere konkrete Beispiele für Inferenzen angeben, führen wir noch
folgende Notation ein:

> Bedingung-1
> Bedingung-2
>
> ...
> ──────────────
> Schlussfolgerung

Oberhalb des Striches sind die *Prämissen* und unterhalb des Striches ist die *Kon-*
klusion der Inferenz angegeben. Dabei ist zu beachten, dass nur die tatsächlich
angegebenen Bedingungen als Grundlage für den Schluss verwendet werden dürfen.

Selbsttestaufgabe 3.1 (Schlussfolgerungen) Um welche Inferenzart (gemäß der Charakterisierung von Pierce) handelt es sich bei den folgenden Schlussfolgerungen am ehesten? Welche der folgenden Schlussfolgerungen würden Sie als zwingend gültig ansehen? Welche Schlussfolgerung ist nicht zwingend, aber plausibel?

1. Hasen haben lange Ohren.
   Max hat lange Ohren.
   ───────────────────
   Max ist ein Hase.

2. Vögel können fliegen.
   Max ist ein Vogel.
   ───────────────────
   Max kann fliegen.

3. Wenn eine Wahl bevorsteht, werden keine Steuern erhöht.
   Die Mehrwertsteuer ist eine Steuer.
   Es steht eine Wahl bevor.
   ───────────────────
   Die Mehrwertsteuer wird nicht erhöht.

4. Wenn ich 100 m unter 10 Sek. laufe, fahre ich nächstes Jahr zu den Weltmeisterschaften.
   ───────────────────
   Wenn ich 100 m nicht unter 10 Sek. laufe, fahre ich nächstes Jahr nicht zu den Weltmeisterschaften.

5. Wenn es regnet, ist die Straße nass.
   ───────────────────
   Wenn die Straße nicht nass ist, regnet es folglich nicht.

6. Max ist ein Hund, Max bellt, er beißt aber nicht.
   Peter ist ein Hund, Peter bellt, er beißt aber nicht.
   Moritz ist ein Hund, Moritz bellt, er beißt aber nicht.
   ───────────────────
   Hunde, die bellen, beißen nicht.

7. Peter hat hohes Fieber.
   ───────────────────
   Peter kann nicht zur Schule gehen.

8. Autos fahren auf Autobahnen.
   Auf den Autobahnen sind oft Staus, weil zu viele Autos dort unterwegs sind.
   ───────────────────
   Wir benötigen mehr Autobahnen.

9. Die Schutzimpfung gegen Keuchhusten verursacht keine Komplikationen.
   Die Schutzimpfung gegen Tetanus verursacht keine Komplikationen.
   Die Schutzimpfung gegen Röteln verursacht keine Komplikationen.
   Die Schutzimpfung gegen Diphterie verursacht keine Komplikationen.
   ───────────────────
   Schutzimpfungen verursachen keine Komplikationen.

10. Masern verursachen meistens Fieber.
    Peter hat Masern.
    ───────────────────
    Peter hat Fieber.

11. Keuchhusten verursacht meistens kein Fieber.
     Peter hat kein Fieber.
     _____
     Peter hat wohl Keuchhusten.

12. Einseitiger Schnupfen wird bei Kindern immer durch einen Fremdkörper
     in der Nase ausgelöst.
     Peter ist ein Kind und hat einseitigen Schnupfen.
     _____
     Peter hat einen Fremdkörper in der Nase.   ■

3.1.3 Deduktives Schließen

Die einzige Form des sicheren Schließens ist das deduktive Schließen. Als grundlegende Aufgabe einer Inferenzprozedur für die Deduktion kann man die Modellierung eines *logischen Folgerungsoperators* bezeichnen. Die Inferenzprozedur darf
aber nicht beliebige Schlussfolgerungen ableiten, sondern nur solche, die auch auf
der semantischen Ebene notwendig gültige Schlussfolgerungen sind. Gilt dies, so
arbeitet die Inferenzprozedur korrekt. Eine Folge von Schritten einer korrekten Inferenzprozedur, die B aus W ableitet, ist ein *Beweis*.

Beispiel 3.2 (deduktiver Schluss) Die folgende Schlussfolgerung ist ein Beispiel
für einen zwingend korrekten Schluss, wie man ihn von der Art her aus dem Ma-
thematikunterrricht kennt:

$$\frac{\text{Blutgruppe(Hans)} = \text{Blutgruppe(Peter)}}{\text{Blutgruppe(Peter)} = \text{Blutgruppe(Karl)}}$$
$$\text{Blutgruppe(Hans)} = \text{Blutgruppe(Karl)} \qquad \square$$

In [200] wird die Suche nach einem Beweis mit der sprichwörtlichen Suche nach
einer Nadel im Heuhaufen illustriert. Die Folgerungen aus W bilden den Heuhaufen, und B stellt die Nadel dar. Die logische Folgerung entspricht der Nadel im
Heuhaufen, ein Beweis dem Finden der Nadel.

Ist der Heuhaufen endlich, kann man sich immer eine (wenn auch arbeitsin-
tensive!) Methode vorstellen, die Nadel auch tatsächlich zu finden. Dies betrifft die
Frage nach der Vollständigkeit des Verfahrens. Eine Inferenzprozedur ist vollständig,
wenn sie einen Beweis für jede semantische Folgerung findet. Für viele Wissensbasen
W ist der "Heuhaufen" der semantischen Folgerungen allerdings unendlich, und die
Frage nach der Vollständigkeit einer Inferenzprozedur ist ein wichtiger Aspekt.

Üblicherweise wird *Inferenz* als allgemeiner Begriff zur Beschreibung des Prozesses aufgefasst, mit dem Schlussfolgerungen erreicht werden. Eine im obigen Sinne korrekte Inferenzprozedur im Kontext einer Logik wird dagegen *Deduktion* oder
auch *logische Inferenz* genannt.

3.1.4 Unsicheres Schließen

Bei der Abduktion und bei der Induktion haben wir bereits darauf hingewiesen, dass
es sich hierbei – im Unterschied zur Deduktion – nicht um notwendigerweise korrekte
Schlussweisen handelt: Erklärungen und aufgestellte Hypothesen sind zunächst oft

nur Vermutungen, die der Überprüfung bedürfen und manchmal auch nachgebessert oder sogar gänzlich revidiert werden müssen.

Dies führt uns auf die Problematik des sog. *nichtmonotonen Schließens (non-monotonic reasoning)*, das manchmal auch als *revidierbares Schließen (defeasible reasoning)* bezeichnet wird und ein grundsätzliches Charakteristikum menschlicher Inferenz darstellt.

In klassisch-deduktiven Kalkülen ist es nicht möglich, Schlussfolgerungen zurückzunehmen. Was einmal bewiesen worden ist, beruht nun unumstößlich auf objektiv richtigen Aussagen und korrekten Deduktionsschritten. Auch bei neuer, zusätzlicher Information ändert sich daran nichts, möglicherweise können jedoch nun *mehr* Aussagen abgeleitet werden, d.h. die Menge der beweisbaren Aussagen *wächst monoton* an.

Menschen werden jedoch im Alltag ständig mit dem Problem unvollständiger, möglicherweise sogar falscher Information konfrontiert, die verarbeitet werden muss. Ja, es wird geradezu als eine besondere Intelligenzleistung angesehen, wenn man auch unter schwierigen Bedingungen sein Wissen flexibel und erfolgreich anwenden kann. Um dieses Verhalten in einem wissensbasierten System simulieren zu können, muss man nicht-klassische Wissensrepräsentations- und Inferenzformen heranziehen. Diese gestatten die Ableitung *vorläufiger Schlussfolgerungen* auf der Basis *subjektiv richtiger* Annahmen und unter Verwendung *meistens gültiger* Schlussregeln. Hier kann nun eine zusätzliche Information durchaus dazu führen, dass eine schon gezogene Schlussfolgerung wieder zurückgenommen wird, ohne dass allerdings die bisherige Annahme definitiv falsch sein muss oder die Schlussregel selbst in Zweifel gezogen wird.

Ein klassisches Beispiel ist die Aussage "Vögel können fliegen". Diese Aussage ist sicherlich Bestandteil unseres Allgemeinwissens, nicht nur, weil viele Vögel, die wir täglich sehen, tatsächlich fliegen, sondern auch, weil die *Fähigkeit zu fliegen* als geradezu charakteristisch für Vögel angesehen wird ("... fliegen wie ein Vogel"). So folgern wir auch für den Vogel Tweety, dass er fliegen kann. Wenn wir jedoch erfahren, dass es sich bei Tweety um einen Pinguin handelt, so revidieren wir unseren Schluss und folgern nun vielmehr, dass er *nicht* fliegen kann.

Eine Möglichkeit, die Richtigkeit unserer Schlussfolgerungen graduell abzustufen, liegt in der Verwendung von Wahrscheinlichkeiten: "Wenn die Sonne scheint, ist das Wetter *wahrscheinlich* schön". *Wahrscheinlichkeit* ist ein sehr intuitiver Begriff, der in der Formulierung von Alltagswissen häufig benutzt wird, um eine naheliegende, aber nicht ganz sichere (wahr-scheinliche) Aussage zu kennzeichnen. Oft verwenden wir auch Prozentzahlen, um die Sicherheit der Aussage entsprechend zu quantifizieren: "... zu 99 % sicher". *Probabilistisches Schließen* hat zum Ziel, diese Variante des Alltagsschließens zu formalisieren. Es beruht auf der mathematischen Wahrscheinlichkeitstheorie, die den konsistenten Umgang mit Wahrscheinlichkeiten regelt.

Einen anderen Ansatz verfolgt die *Fuzzy-Logik*. Ähnlich wie die probabilistischen Logiken liefert sie graduelle Aussagen unter Verwendung reeller Zahlen aus dem Einheitsintervall, doch die Bedeutung einer solchen Gradzahl ist nicht die einer Wahrscheinlichkeit. Vielmehr geht es in der Fuzzy-Logik um die Beschreibung sog. *vager Prädikate*, das sind Prädikate, bei denen die Abgrenzung zwischen wahr und

falsch nicht nur schwer fällt, sondern auch zu unangemessenen Schlussfolgerungen
führen kann. Ein typisches Beispiel ist hier das Prädikat "groß". Ein 1,85 m großer
Mann ist sicherlich groß, auch einen Mann von 1,80 m würde man noch als groß
bezeichnen – aber ist ein Mann mit der Körpergröße 1,79 m nun schon "nicht groß",
also klein? Die Fuzzy-Logik modelliert in solchen Fällen graduelle Abstufungen und
arbeitet mit Regeln der Form "je mehr ... desto höher", die dem menschlichen
Verständnis nachempfunden sind. Insbesondere im Bereich Steuern und Regeln lässt
sich so eine gute Simulation menschlicher Verhaltensweisen realisieren.

Weitere Ansätze für die Quantifizierung von Unsicherheit bieten Sicherheitsfaktoren, Plausibilitätsgrade etc.

3.2   Logische Systeme

Logiken bieten einen Rahmen, in dem Inferenzrelationen formalisiert werden
können. In einer Logik sind sowohl Syntax als auch Semantik (vgl. Abbildung 3.1)
mathematisch präzise definiert; Beispiele dafür sind die Aussagenlogik und die
Prädikatenlogik erster Stufe, auf die wir später in diesem Kapitel noch genauer
eingehen werden. Auf einer abstrakten Ebene können wir ein *logisches System* als
durch vier Komponenten gegeben ansehen, die wir auch in den Überlegungen des
vorangegangenen Abschnitts wiederfinden können. In den folgenden vier Unterab-
schnitten gehen wir auf diese vier Komponenten ein.

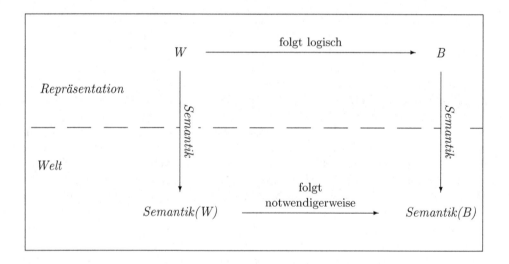

Abbildung 3.1 Syntaktische und semantische Ebene

3.2.1 Signaturen

Um die Elemente einer Wissensbasis formalisieren zu können, benötigen wir ein Vokabular. Im Kontext von arithmetischem Wissen könnte ein solches Vokabular z.B. die Symbole $0, 1, a, +, -, \leq$ enthalten, im medizinischen Umfeld treten vielleicht die Namen *Blutdruck*, *Druckschmerz*, *LeukozytenAnz*, *Sympt_1* auf, weitere Namen könnten z.B. *kann_fliegen*, *soll_erfolgen*, *Ausgabe* sein.

Eine *Signatur* ist eine Menge von derartigen Namen. Oft sind diese Namen in einer Signatur Symbole, die mit einer bestimmten Stelligkeit versehen sind, so dass man daraus komplexere Namen bilden kann. Bei zweistelligem '+' und einstelligem *LeukozytenAnz* ergibt sich damit z.B. $+(2,3)$ oder *LeukozytenAnz(P)*. Darüber hinaus sind die Namen oft noch weiter unterteilt in verschiedene Klassen, z.B. Funktionssymbole, Prädikatensymbole etc. Eine gegebene Signatur werden wir in der Regel mit Σ bezeichnen.

Beispiel 3.3 (Signaturen in Aussagen- und Prädikatenlogik) Im logischen System der Aussagenlogik ist eine Signatur eine Menge von (nullstelligen) Namen, die *Aussagenvariable* genannt werden. So ist etwa

$$\Sigma_{AL} = \{\textit{Fieber, Krank, Arbeitsunfähig}\}$$

eine aussagenlogische Signatur, die drei verschiedene Aussagenvariablen zur Verfügung stellt.

Im logischen System der Prädikatenlogik erster Stufe besteht eine Signatur aus null- und mehrstelligen Funktions- und Prädikatensymbolen. So ist z.B. die Signatur Σ_{PL}, die die beiden nullstelligen Funktionssymbole *Max* und *Moritz* und das zweistellige Prädikatensymbol *Großvater* zur Verfügung stellt, eine Signatur der Prädikatenlogik 1. Stufe. $\square$

Ein logisches System stellt eine *Menge von Signaturen* zur Verfügung. Wenn man eine Wissensbasis W damit aufbauen will, legt man zuerst eine Signatur fest und damit die Namen, die in W auftreten können.

Beachten Sie aber, dass wir uns bisher auf der rein syntaktischen Ebene bewegen. Aus Sicht des logischen Systems ist es völlig willkürlich, welche Dinge der uns umgebenden Welt wir mit den Zeichenketten *Fieber* oder *Großvater* in Verbindung bringen. Solange wir nur Signaturen betrachten, beschäftigen wir uns nur mit Zeichen und nicht mit möglichen Assoziationen.

3.2.2 Formeln

Für jede Signatur Σ eines logischen Systems stellt dieses System eine Menge von Formeln zur Verfügung. Die Formeln ermöglichen es, Dinge über die zu repräsentierende Welt auszudrücken. Von den Formeln nehmen wir an, dass sie nach bestimmten Regeln *wohlgeformt* sind (*well-formed formula*). Oft sind Formeln rekursiv aufgebaut, so dass man aus sog. *atomaren Formeln* mit logischen Verknüpfungsoperatoren, den sog. *Junktoren*, schrittweise komplexere Formeln aufbauen kann. Die meisten Logiken stellen binäre Verknüpfungsoperatoren zur Verfügung, die zwei Formeln als *Konjunktion* ("und") bzw. *Disjunktion* ("oder") miteinander verbinden:

$$F_1 \wedge F_2 \quad (\text{"}F_1 \text{ und } F_2\text{"})$$
$$F_1 \vee F_2 \quad (\text{"}F_1 \text{ oder } F_2\text{"})$$

Ein häufiger binärer Junktor ist auch die *Implikation* ("wenn ... dann ..."):

$$F_1 \to F_2 \quad (\text{"wenn } F_1, \text{ dann } F_2\text{"})$$

In den klassischen Logiken wie Aussagen- und Prädikatenlogik wird die Implikation *materiale Implikation* genannt und mit

$$F_1 \Rightarrow F_2$$

bezeichnet. (Auf die semantische Bedeutung von $\to$ und $\Rightarrow$ und der anderen Junktoren gehen wir erst später in Abschnitt 3.2.4 ein.) Ein ebenfalls in vielen Logiken verwendeter Operator ist die *Negation* ("nicht"):

$$\neg F \quad (\text{"nicht } F\text{"})$$

Beispiel 3.4 (Formeln in Aussagen- und Prädikatenlogik) In der Aussagenlogik ist jede aussagenlogische Variable eine atomare Formel. Komplexere Formeln werden z.B. mit $\neg, \wedge, \vee, \Rightarrow$ gebildet. Für die aussagenlogische Signatur aus Beispiel 3.3 sind

Fieber, Arbeitsunfähig, Fieber $\wedge$ Krank, Fieber $\Rightarrow$ Krank, Krank $\Rightarrow$ Arbeitsunfähig

Formeln über Σ_{AL}. In der Prädikatenlogik sind neben den Formeln der Aussagenlogik insbesondere auch Individuenvariablen und Quantifizierungen über diesen Individuenvariablen möglich, z.B.:

$$\forall x \, \forall y \, \forall z \, \text{Vater}(x, y) \wedge \text{Vater}(y, z) \Rightarrow \text{Großvater}(x, z)$$

("Für alle x, y und z gilt: wenn *Vater*(x, y) gilt und *Vater*(y, z) gilt, dann gilt auch *Großvater*(x, z).")   □

In einem logischen System bezeichnen wir für eine Signatur Σ mit *Formel*(Σ) die Menge der Formeln, die man in diesem System über Σ bilden kann.

Auch hier wieder der Hinweis, dass wir uns bisher weiterhin auf der rein syntaktischen Ebene bewegen! Ebensowenig wie wir bisher der Zeichenkette *Großvater* eine Bedeutung zugewiesen haben, haben wir bis jetzt gesagt, wie etwa die Zeichen $\wedge$ und $\Rightarrow$ genau zu interpretieren sind. Bisher sind Formeln nichts weiter als syntaktische Entitäten.

Allerdings können wir jetzt schon definieren, was eine *Wissensbasis* ist, die mit einem logischen System aufgebaut ist:

Für eine gegebene Signatur Σ ist eine Wissensbasis W eine Menge von Formeln über Σ, d.h. $W \subseteq \text{Formel}(\Sigma)$.

Was eine solche Wissensbasis bedeutet, können wir aber erst sagen, wenn wir auch die semantische Ebene des logischen Systems berücksichtigen.

3.2.3 Interpretationen

Während die ersten beiden Komponenten eines logischen Systems, Signaturen und Formeln, die syntaktische Ebene bilden, betrachten wir nun die semantische Ebene. Wie schon in allgemeiner Form in Abschnitt 3.1.1 beschrieben, müssen wir eine Verbindung zwischen den syntaktischen Elementen einer Wissensbasis und den Objekten der repräsentierten Welt herstellen. In diesem Abschnitt betrachten wir die semantische Bedeutung einer Signatur.

Im einfachen Fall der Aussagenlogik steht jede Aussagenvariable für eine *Aussage*. Beispiele für Aussagen sind etwa *"es regnet"* oder *"Klaus hat Fieber"*. Eine Aussage ist dabei eine sprachliche Form, die entweder wahr oder falsch sein kann, aber nicht beides gleichzeitig. Diese Zweiwertigkeit ist charakteristisch für die Aussagenlogik (und die gesamte klassische Logik), d.h. es gibt keine anderen *Wahrheitswerte* als *wahr* und *falsch*; im Folgenden verwenden wir meist die Bezeichnungen *true* und *false*. Daher gibt es für jede Aussagenvariable A zwei mögliche Interpretationen:

1. Die Aussage, für die A steht, ist wahr.

2. Die Aussage, für die A steht, ist falsch.

Aus Sicht der Logik ist es dabei unerheblich, für welche Aussage A steht, wichtig ist nur, ob A wahr oder falsch ist.

Die Verbindung zwischen einer aussagenlogischen Signatur Σ und der semantischen Ebene der Aussagen wird dadurch hergestellt, dass man jeder Aussagenvariablen aus Σ einen Wahrheitswert zuordnet. Eine solche Zuordnung wird in der Aussagenlogik *Belegung* genannt.

Beispiel 3.5 (Belegungen in der Aussagenlogik) Für die aussagenlogische Signatur Σ_{AL} aus Beispiel 3.3 geben wir zwei verschiedene Belegungen an:

$$
\begin{array}{llcl}
\text{Belegung } I_1: & I_1(\textit{Fieber}) & = & \textit{true} \\
& I_1(\textit{Krank}) & = & \textit{true} \\
& I_1(\textit{Arbeitsunfähig}) & = & \textit{true} \\[2mm]
\text{Belegung } I_2: & I_2(\textit{Fieber}) & = & \textit{true} \\
& I_2(\textit{Krank}) & = & \textit{true} \\
& I_2(\textit{Arbeitsunfähig}) & = & \textit{false} \quad \square
\end{array}
$$

Diese Beispiele sollen auch deutlich machen, dass die Namen, die in einer Signatur auftreten, für uns Menschen zwar gewisse Bedeutungen haben, dass aber im Prinzip die Zuordnung zwischen syntaktischen Namen und der Welt frei gewählt werden kann. Schließlich mag für uns Menschen die Zeichenkette *Fieber* eine bestimmte Bedeutung haben; die Inferenzmaschine eines wissensbasierten Systems kennt aber wohl kaum unsere Assoziationen! Für die Aussagenlogik ist lediglich relevant, ob die Aussage wahr oder falsch ist.

Während wir in der Aussagenlogik die Zuordnung zwischen Syntax (in Form einer Signatur) und Semantik Belegung nennen, sprechen wir bei allgemeinen logischen Systemen von *Interpretationen*. Eine Σ-Interpretation einer Signatur ist also die Zuordnung von Namen der Signatur Σ zu den Elementen und ihren Beziehungen innerhalb der Welt, gibt somit den vorher willkürlichen Namen erst ihre Bedeutung in der Welt (vgl. Abbildung 3.1). Für ein logisches System bezeichnen wir mit $Int(\Sigma)$ die Menge aller $(\Sigma\text{-})$Interpretationen der Signatur Σ.

3.2.4 Erfüllungsrelation

Nachdem wir Signaturen und zu jeder Signatur Σ die Mengen $Formel(\Sigma)$ und $Int(\Sigma)$ eingeführt haben, stellen wir nun die entscheidende Verbindung zwischen der syntaktischen Ebene der Formeln und der semantischen Ebene der Interpretationen her. Diese Verbindung besagt, wann eine Formel in einer Interpretation gilt, oder anders ausgedrückt, ob eine Formel F in einer Interpretation I wahr oder falsch ist.

Beispiel 3.6 (Erfüllungsrelation in der Aussagenlogik) In der Belegung I_1 aus Beispiel 3.5 gilt $I_1(Fieber) = true$. Daher sagen wir, dass die Belegung (oder Interpretation) I_1 die Formel $Fieber$ erfüllt. Wir notieren dies mit

$$I_1 \models_{\Sigma_{AL}} Fieber.$$

Um sagen zu können, ob I_1 auch zusammengesetzte Formeln wie $Fieber \wedge Arbeitsunfähig$ erfüllt, müssen wir zunächst die Semantik der zusammengesetzten Formel definieren. Da wir die Semantik der einzelnen Formeln $Fieber$ und $Arbeitsunfähig$ bereits kennen, reicht es aus, die Bedeutung von "$\wedge$" als eine Funktion anzugeben, die zwei Wahrheitswerte auf einen Wahrheitswert abbildet. Eine solche Interpretation eines Junktors nennen wir *wahrheitsfunktional*. In der Aussagenlogik (und in den anderen wahrheitsfunktionalen Logiken) ist das für die Konjunktion "$\wedge$" die zweistellige Funktion, die genau dann den Wahrheitswert *true* liefert, wenn sowohl das erste als auch das zweite Argument *true* ist, und *false* sonst. Daher haben wir

$$I_1 \models_{\Sigma_{AL}} Fieber \wedge Arbeitsunfähig.$$

Die Belegung I_2 aus Beispiel 3.5 erfüllt dagegen *nicht* die Formel $Fieber \wedge Arbeitsunfähig$, was wir notieren mit

$$I_2 \not\models_{\Sigma_{AL}} Fieber \wedge Arbeitsunfähig. \qquad \square$$

Jedes logische System stellt eine solche *Erfüllungsrelation* (engl. *satisfaction relation*)

$$\models_\Sigma \; \subseteq \; Int(\Sigma) \times Formel(\Sigma)$$

für jede seiner Signaturen Σ zur Verfügung. Abbildung 3.2 illustriert noch einmal diese Zusammenhänge.

Beachten Sie, dass die Erfüllungsrelation $\models_\Sigma$ hier zwischen Interpretationen und Formeln definiert ist. Wir können nun diese Relation auf eine Relation zwischen Σ-Formeln übertragen, die wir – weil in der Logik so üblich – wiederum mit $\models_\Sigma$ bezeichnen. Auf der Basis der Erfüllungsrelation ist damit die *logische Folgerung* mit Bezug auf die Menge aller Interpretationen wie folgt definiert:

> Aus F folgt logisch G (geschrieben $F \models_\Sigma G$) genau dann, wenn jede Interpretation, die F erfüllt, auch G erfüllt.

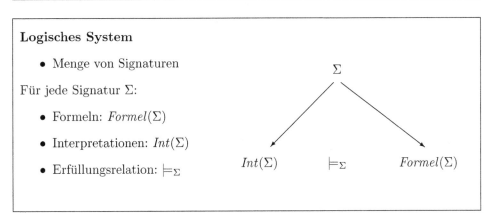

Logisches System

- Menge von Signaturen

Für jede Signatur Σ:

- Formeln: $Formel(\Sigma)$

- Interpretationen: $Int(\Sigma)$

- Erfüllungsrelation: $\models_\Sigma$

Abbildung 3.2 Komponenten eines logischen Systems

Beispiel 3.7 (Logische Folgerung in der Aussagenlogik) Mit den Bezeichnungen aus Beispiel 3.4 ist *Fieber* $\wedge$ *Krank* $\models_\Sigma$ *Fieber* eine logische Folgerung in der Aussagenlogik: In jeder Interpretation, in der *Fieber* $\wedge$ *Krank* wahr ist, ist auch *Fieber* wahr. Allerdings ist *Fieber* $\wedge$ *Krank* $\models_\Sigma$ *Arbeitsunfähig keine* logische Folgerung! Als Gegenbeispiel genügt die Interpretation I_2 aus Beispiel 3.5, die *Fieber* $\wedge$ *Krank* erfüllt, die Formel *Arbeitsunfähig* aber nicht erfüllt.[1]   □

Damit haben wir den Rahmen für ein logisches System abgesteckt. Natürlich steckt in der Ausarbeitung der einzelnen Komponenten noch sehr viel mehr an Details und Feinheiten als dieser Überblick deutlich machen kann. Ganz wesentlich für die Definition der Erfüllungsrelation ist z.B. die Festlegung der Bedeutung der logischen Junktoren $\wedge, \vee, \rightarrow, \Rightarrow$ etc. Für die Konjunktion $\wedge$ haben wir die Bedeutung in der Aussagenlogik in den obigen Beispielen bereits benutzt. Problematischer ist die Bedeutung der "wenn-dann"-Verknüpfung. In der klassischen Logik, in der wir die Implikation mit $\Rightarrow$ bezeichnen, ist $A \Rightarrow B$ immer dann wahr, wenn A wahr und B wahr ist oder wenn A falsch ist. Aus einer falschen Aussage kann also alles geschlossen werden, ohne dass die Schlussfolgerung dadurch falsch wird. In einer Welt, in der es keine blauen Ampeln gibt, ist die Implikation

"die Ampel ist blau" $\Rightarrow$ "es regnet"

damit *immer* wahr, und zwar unabhängig davon, ob es regnet oder nicht. In nichtklassischen Logiken werden auch andere Interpretationen der Implikation angewandt (vgl. die Kapitel über "Nichtmonotones Schließen" und "Quantitative Methoden").

---

[1] Nanu – wenn jemand krank ist und Fieber hat, dann ist er doch arbeitsunfähig – warum handelt es sich denn in dem Beispiel nicht um eine logische Folgerung? Überlegen Sie einmal selbst, wo der Haken liegt – wir kommen auf dieses Beispiel später noch einmal zurück!

3.3   Eigenschaften klassisch-logischer Systeme

Im Folgenden nehmen wir an, dass ein logisches System mit Signaturen Σ, Formeln $Formel(\Sigma)$, Interpretationen $Int(\Sigma)$ und einer Erfüllungsrelation $\models_\Sigma$ gegeben ist. Wir geben einige Definitionen und Eigenschaften an, die für die klassischen Logiken gelten, also insbesondere für die Aussagen- und die Prädikatenlogik.

Unter Prädikatenlogik verstehen wir (wie üblich) die Prädikatenlogik 1. Stufe ($PL1$, engl. *first order logic, FOL*). Auf diese beiden Logiken wird in den Abschnitten 3.4 und 3.5 noch näher eingegangen. In diesem Abschnitt wollen wir zunächst eine allgemeine Sicht auf klassisch-logische Systeme vermitteln.

3.3.1   Erfüllungsrelation und Wahrheitsfunktionalität

Wie schon erwähnt, sind die klassischen Logiken zweiwertig. Mit $BOOL = \{true, false\}$ bezeichnen wir die Menge der Wahrheitswerte. Oft werden die Wahrheitswerte auch anders dargestellt, z.B. $\{Wahr, Falsch\}$ oder $\{1, 0\}$.

Definition 3.8 (Wahrheitswertefunktion) In einer klassischen Logik ist für jede Interpretation I eine *Wahrheitswertefunktion*

$$[\![\_]\!]_I : \; Formel(\Sigma) \to BOOL$$

definiert. $[\![F]\!]_I$ ist der *Wahrheitswert von F unter der Interpretation I*. □

Diese Funktion interpretiert die üblichen Junktoren *wahrheitsfunktional*, d.h. jeder Junktor wird durch eine entsprechende Funktion interpretiert, die Wahrheitswerte auf Wahrheitswerte abbildet. Dabei gelten die folgenden Bedingungen:

Definition 3.9 (klassisch-logische Interpretation) Die Wahrheitswertefunktion $[\![\_]\!]_I$ interpretiert die Junktoren $\neg, \wedge, \vee, \Rightarrow, \Leftrightarrow$ *klassisch-logisch* (oder: *wahrheitsfunktional*), wenn gilt:

$$[\![\neg F]\!]_I \quad = \quad \begin{cases} true & \text{falls } [\![F]\!]_I = false \\ false & \text{sonst} \end{cases}$$

$$[\![F_1 \wedge F_2]\!]_I \quad = \quad \begin{cases} true & \text{falls } [\![F_1]\!]_I = true \text{ und } [\![F_2]\!]_I = true \\ false & \text{sonst} \end{cases}$$

$$[\![F_1 \vee F_2]\!]_I \quad = \quad \begin{cases} true & \text{falls } [\![F_1]\!]_I = true \text{ oder } [\![F_2]\!]_I = true \\ false & \text{sonst} \end{cases}$$

$$[\![F_1 \Rightarrow F_2]\!]_I \quad = \quad \begin{cases} true & \text{falls } [\![\neg F_1]\!]_I = true \text{ oder } [\![F_2]\!]_I = true \\ false & \text{sonst} \end{cases}$$

$$[\![F_1 \Leftrightarrow F_2]\!]_I \quad = \quad \begin{cases} true & \text{falls } [\![F_1]\!]_I = [\![F_2]\!]_I \\ false & \text{sonst} \end{cases}$$

□

Die Erfüllungsrelation wird mit Hilfe der Wahrheitswertefunktion definiert: Eine Interpretation I erfüllt eine Formel F genau dann, wenn ihr Wahrheitswert in I wahr ist.

Definition 3.10 (Erfüllungsrelation) Für $I \in Int(\Sigma)$ und $F \in Formel(\Sigma)$ gilt:

$$I \models_\Sigma F \quad \text{gdw.} \quad [\![F]\!]_I = true \qquad \square$$

3.3.2 Modelle und logische Folgerung

Definition 3.11 (Modell) Sei $F \in Formel(\Sigma)$ eine Σ-Formel und $I \in Int(\Sigma)$ eine Σ-Interpretation. Für "I erfüllt F", geschrieben $I \models_\Sigma F$, sagen wir auch

- "F gilt in I",

- "F ist wahr für I" oder

- "I ist ein *(Σ-)Modell* von F".

Die Menge $Mod_\Sigma(F) \subseteq Int(\Sigma)$ bezeichnet die Menge aller Σ-Modelle von F. Die Bezeichnungen $I \models_\Sigma FM$ und $Mod_\Sigma(FM)$ verwenden wir auch, wenn FM eine Menge von Formeln ist. Dabei gilt

$$I \models_\Sigma FM \quad \text{gdw.} \quad I \models_\Sigma F \text{ für jedes } F \in FM. \qquad \square$$

Besonders interessant sind solche Formeln, die für alle möglichen Interpretationen, d.h. in allen denkbaren Welten, wahr sind. Beispielsweise ist

> "Die Ampel ist grün oder die Ampel ist nicht grün"

für jede mögliche Interpretation wahr. (Jede Formel der Art $A \vee \neg A$ ist in allen möglichen Interpretationen wahr.) Derartige Formeln heißen allgemeingültig.

Definition 3.12 (erfüllbar, unerfüllbar, allgemeingültig, falsifizierbar)
Eine Formel F ist

- *erfüllbar* (konsistent, Konsistenz) gdw. $Mod_\Sigma(F) \neq \emptyset$, d.h., wenn sie von wenigstens einer Interpretation erfüllt wird.

- *unerfüllbar* (widersprüchlich, inkonsistent, Kontradiktion) gdw. $Mod_\Sigma(F) = \emptyset$, d.h., wenn sie von keiner Interpretation erfüllt wird.

- *allgemeingültig* (Tautologie) gdw. $Mod_\Sigma(F) = Int(\Sigma)$, d.h., wenn sie von jeder Interpretation erfüllt wird.

- *falsifizierbar* gdw. $Mod_\Sigma(F) \neq Int(\Sigma)$, d.h., wenn sie von wenigstens einer Interpretation nicht erfüllt (d.h. falsifiziert) wird.

Wie zuvor werden diese Begriffe in analoger Weise auch für Formelmengen verwendet. $\qquad \square$

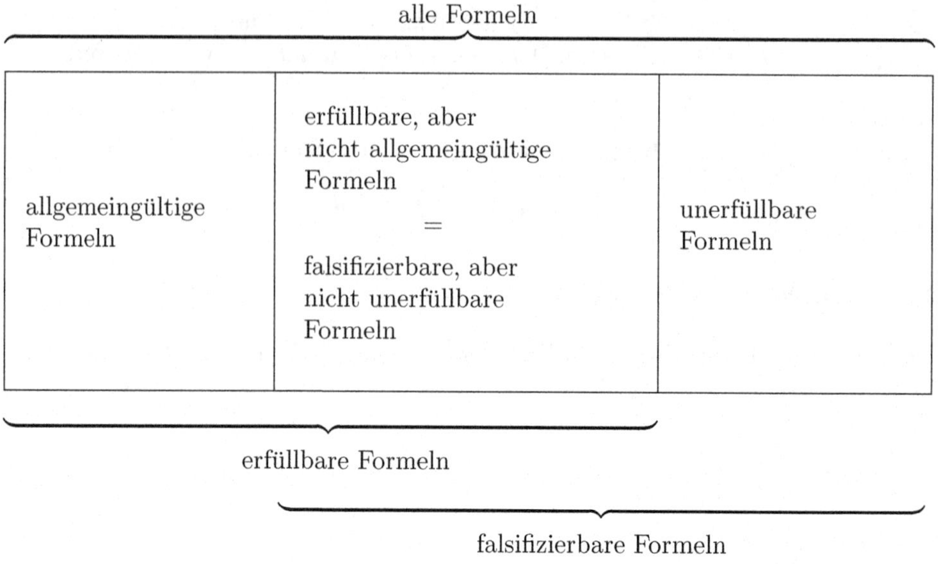

alle Formeln

allgemeingültige Formeln	erfüllbare, aber nicht allgemeingültige Formeln = falsifizierbare, aber nicht unerfüllbare Formeln	unerfüllbare Formeln

erfüllbare Formeln

falsifizierbare Formeln

Abbildung 3.3 Klassifizierung von Formeln

In Abbildung 3.3 ist die Klassifizierung der Formeln aus Definition 3.12 schematisch dargestellt. Es gelten die folgenden Beziehungen:

- Eine Formel ist genau dann allgemeingültig, wenn sie nicht falsifizierbar ist.

- Eine Formel ist genau dann unerfüllbar, wenn sie nicht erfüllbar ist.

Für die Aussagenlogik und für geschlossene Formeln[2] der Prädikatenlogik 1. Stufe gelten bezüglich der Negation darüber hinaus die folgenden Beziehungen:

- Eine Formel ist genau dann allgemeingültig, wenn ihre Negation unerfüllbar ist.

- Eine Formel ist genau dann erfüllbar, wenn ihre Negation falsifizierbar ist.

Man beachte also, dass aus einer allgemeingültigen Formel durch Negation eine unerfüllbare Formel wird; aus einer erfüllbaren, aber nicht allgemeingültigen Formel wird durch Negation hingegen wieder eine erfüllbare, aber nicht allgemeingültige Formel.

Selbsttestaufgabe 3.13 (Erfüllbarkeit) Geben Sie bei jedem der nachfolgenden Ausdrücke an (mit Begründung bzw. Beweis), ob er unerfüllbar, erfüllbar oder allgemeingültig ist:

1.) $P \Rightarrow P$ 3.) $\neg P \Rightarrow P$ 5.) $P \Rightarrow (Q \Rightarrow P)$

2.) $P \Rightarrow \neg P$ 4.) $P \Leftrightarrow \neg P$ ∎

---

[2] Eine Formel heißt *geschlossen*, wenn alle darin auftretenden Variablen durch Quantoren eingeführt wurden.

In Abschnitt 3.2.4 hatten wir bereits über die Erfüllungsrelation und den Zu-sammenhang zur logischen Folgerung gesprochen. Die folgende Definition führt den Begriff der logischen Folgerung für Formeln und auch für Formelmengen ein.

Definition 3.14 (klassisch-logische Folgerung) Die Relation

$$\models_\Sigma \ \subseteq \ Formel(\Sigma) \times Formel(\Sigma)$$

ist definiert durch

$$F \models_\Sigma G \quad \text{gdw.} \quad Mod_\Sigma(F) \subseteq Mod_\Sigma(G)$$

wobei F und G Formeln sind. Für $F \models_\Sigma G$ sagen wir "aus F folgt (logisch) G" oder auch "aus F folgt semantisch G". Wir erweitern $\models_\Sigma$, indem wir für F und G auch Formelmengen zulassen. □

Da für die leere Formelmenge $Mod_\Sigma(\emptyset) = Int(\Sigma)$ gilt, ist eine Formel F offen-sichtlich genau dann allgemeingültig, wenn sie aus der leeren Menge von Formeln folgt; statt $\emptyset \models_\Sigma F$ schreiben wir dann auch $\models_\Sigma F$. Zur Vereinfachung unserer No-tation werden wir im Folgenden statt $\models_\Sigma$ einfach $\models$ schreiben, wenn die betreffende Signatur aus dem Kontext heraus klar ist; also z. B.

$$\models F \quad \text{gdw.} \quad F \text{ ist allgemeingültig.}$$

Ebenso werden wir den Index Σ in *Mod(F)* etc. weglassen. Falls $F \models G$ *nicht* gilt, so schreiben wir dafür $F \not\models G$.

Mit der Relation $\models$ können wir nun eine Funktion definieren, die jeder Formel-menge $\mathcal{F}$ die Menge aller Formeln zuordnet, die logisch aus $\mathcal{F}$ folgen.

Definition 3.15 (klassisch-logische Inferenzoperation) Die Funktion

$$Cn \quad : \quad 2^{Formel(\Sigma)} \to 2^{Formel(\Sigma)}$$
$$Cn(\mathcal{F}) \quad := \quad \{G \in Formel(\Sigma) \mid \mathcal{F} \models G\}$$

heißt *klassisch-logische Inferenzoperation.* □

Für eine einzelne Formel F werden wir anstelle von $Cn(\{F\})$ oft auch einfach $Cn(F)$ schreiben.

Definition 3.16 (deduktiv abgeschlossen, Theorie) Eine Formelmenge $\mathcal{F} \subseteq Formel(\Sigma)$ mit

$$Cn(\mathcal{F}) \quad = \quad \mathcal{F}$$

heißt *(deduktiv) abgeschlossen.* Formelmengen $\mathcal{F}$ bzw. ihr deduktiv abgeschlossenes Pendant $Cn(\mathcal{F})$ werden auch als *Theorien* bezeichnet. □

Eine (deduktiv abgeschlossene) Theorie ist daher ein *Fixpunkt* des Operators Cn.

Für aussagenlogische Formeln und für geschlossene PL1-Formeln gilt die fol-gende fundamentale Beziehung zwischen logischer Folgerung und Implikation, die es gestattet, die logische Folgerung auf den Begriff der Allgemeingültigkeit zurück-zuführen:

Theorem 3.17 (Deduktionstheorem) $F \models G$ gdw. $\models F \Rightarrow G$

Beachten Sie aber bitte, dass auf der rechten Seite des Deduktionstheorems $\models F \Rightarrow G$ und *nicht* $F \Rightarrow G$ steht! Während $\models F \Rightarrow G$ die Allgemeingültigkeit der Implikation ausdrückt, ist $F \Rightarrow G$ eine syntaktische Formel, über die nichts weiter gesagt ist, die also insbesondere in verschiedenen Interpretationen wahr oder falsch sein kann.

Selbsttestaufgabe 3.18 (Inferenzoperation) Benutzen Sie das Deduktionstheorem, um für aussagenlogische Formeln F und G zu zeigen:

$$Cn(F \vee G) = Cn(F) \cap Cn(G) \qquad \blacksquare$$

3.3.3   Inferenzregeln und Kalküle

Wenn wir voraussetzen, dass wir Syntax und Semantik eines logischen Systems bereits definiert haben, so können wir eine solche Logik um einen *Kalkül* erweitern. Ein Kalkül besteht aus einer Menge von logischen *Axiomen* und *Inferenzregeln* (siehe z.B. [19, 21]). Die Axiome sind entweder eine Menge von elementaren Tautologien (*positiver* Kalkül) oder eine Menge von elementaren Widersprüchen (*negativer* Kalkül). Die Inferenzregeln eines Kalküls bilden eine Menge von Vorschriften, nach denen aus Formeln weitere Formeln abgeleitet werden können. Inferenzregeln werden üblicherweise wie folgt notiert:

$$\frac{F_1, \quad \ldots, \quad F_n}{F}$$

Eine solche Regel besagt, dass aus den Formeln $F_1, \ldots, F_n$ die Formel F abgeleitet werden kann. Um diese Regel anwenden zu können, muss lediglich das Vorhandensein von Formeln überprüft werden, die syntaktisch mit den Formeln $F_1, \ldots, F_n$ übereinstimmen. $F_1, \ldots, F_n$ sind die *Bedingungen* und F ist die *Schlussfolgerung* der Regel. Ein Beispiel für eine Inferenzregel ist der *modus ponens*:

$$\frac{F, \quad F \Rightarrow G}{G} \qquad \textbf{(MP)}$$

Diese Regel besagt, dass man bei Vorliegen von Formeln F und $F \Rightarrow G$ die Formel G ableiten kann. Die Inferenzregel des *modus tollens* ist eine Umkehrung des *modus ponens*

$$\frac{F \Rightarrow G, \quad \neg G}{\neg F} \qquad \textbf{(MT)}$$

Die $\wedge$-Einführung besagt, dass aus der Gültigkeit von zwei Formeln deren Konjunktion geschlossen werden kann:

$$\frac{F, \quad G}{F \wedge G} \qquad (\wedge\textbf{-Einf})$$

Umgekehrt kann mittels $\wedge$-Elimination aus einer Konjunktion auf ein Konjunktionsglied geschlossen werden:

$$\frac{F \wedge G}{F} \qquad (\wedge\text{-Elim})$$

Ist eine Formel F aus den Formeln $F_1, \ldots, F_n$ durch eine Folge von Anwendungen von Inferenzregeln eines Kalküls K ableitbar, so schreiben wir dafür

$$F_1, \ldots, F_n \;\vdash\; F$$

wobei wir manchmal auch den Index K (wie in $\vdash_K$) verwenden.

Beispiel 3.19 (Ableitung, modus ponens) Mit der Inferenzregel *modus ponens* kann man aus der Formelmenge aus Beispiel 3.4

$$Fieber, \; Fieber \Rightarrow Krank, \; Krank \Rightarrow Arbeitsunfähig$$

in einem Ableitungsschritt die Formel *Krank* ableiten:

$$\frac{Fieber, \quad Fieber \Rightarrow Krank}{Krank}$$

Zusammen mit der abgeleiteten Formel kann man in einem weiteren Ableitungsschritt die Formel *Arbeitsunfähig* ableiten:

$$\frac{Krank, \quad Krank \Rightarrow Arbeitsunfähig}{Arbeitsunfähig}$$

Damit erhalten wir:

$$\{ \, Fieber, \; Fieber \Rightarrow Krank, \; Krank \Rightarrow Arbeitsunfähig \, \} \;\vdash\; Arbeitsunfähig \qquad \square$$

Selbsttestaufgabe 3.20 (Logisches Folgern) Beschreiben Sie umgangssprachlich die Unterschiede zwischen den folgenden Aussagen. Worin unterscheiden sie sich?

$$1) \; P \Rightarrow Q \qquad\qquad 2) \; P \models Q \qquad\qquad 3) \; P \vdash Q \qquad\qquad \blacksquare$$

3.3.4 Korrektheit und Vollständigkeit von Kalkülen

Zweck eines Kalküls K ist es also, eine syntaktische Ableitungsrelation $\vdash$ zwischen Formeln (bzw. Formelmengen) zu definieren. Diese Relation $\vdash$ soll die semantische Folgerungsrelation $\models$ möglichst gut nachbilden:

Ein Kalkül ist **korrekt**, wenn alle dadurch definierten Ableitungen auch semantische Folgerungen sind, d.h. wenn für beliebige Formeln F und G gilt

$$F \vdash G \text{ impliziert } F \models G$$

Ein Kalkül ist **vollständig**, wenn dadurch alle semantischen Folgerungen abgeleitet werden können, d.h. wenn für beliebige Formeln F und G gilt

$$F \models G \text{ impliziert } F \vdash G$$

Diese beiden wichtigsten Eigenschaften einer Ableitungsrelation, Korrektheit und Vollständigkeit, können also kurz und prägnant durch

$$\models \quad \text{gdw.} \quad \vdash$$

ausgedrückt werden; manchmal wird dies auch symbolisch durch

$$\models \quad \equiv \quad \vdash$$

dargestellt.

3.3.5   Logisches Folgern durch Widerspruch

Ein vollständiger Kalkül muss also alle semantischen Folgerungen ableiten können. Andererseits gilt in vielen Logiken (insbesondere in der Aussagenlogik und in der Prädikatenlogik 1. Stufe) das Theorem des "Logischen Folgerns durch Widerspruch". Dieses Theorem besagt, dass sich die semantische Folgerbarkeit auf die Unerfüllbarkeit einer Formel(menge) zurückführen lässt.

Theorem 3.21 (Logisches Folgern durch Widerspruch) *Seien F, G aussagenlogische Formeln oder geschlossene PL1-Formeln. Dann gilt:*

- *F ist allgemeingültig gdw. $\neg F$ ist unerfüllbar.*

- *$F \models G$ gdw. $\neg(F \Rightarrow G)$ ist unerfüllbar.*

- *$F \models G$ gdw. $F \wedge \neg G$ ist unerfüllbar.*

Viele Deduktionsverfahren – wie etwa das Resolutionsverfahren, s. Abschnitt 3.6, – basieren auf diesem Prinzip, eine logische Folgerung auf die Unerfüllbarkeit einer Formel(menge) zurückzuführen: Um zu zeigen, dass aus einer gegebenen Formelmenge F die Formel G logisch folgt ($F \models G$), wird die zu zeigende Formel G negiert und zur Ausgangsmenge F hinzugefügt. Ist die resultierende Formel $F \wedge \neg G$ unerfüllbar, so folgt G logisch aus F.

Es gibt Kalküle, die die Unerfüllbarkeit einer Formelmenge durch die Ableitung eines Widerspruchs zeigen. Ist R nun ein solcher, so genannter *negativer Testkalkül* (wie z.B. der noch zu besprechende Resolutionskalkül), so soll die Ableitungsrelation $\vdash_R$ aus den unerfüllbaren Formeln gerade einen elementaren Widerspruch ableiten. Im Resolutionskalkül wird ein solcher elementarer Widerspruch durch $\square$ dargestellt.

Anstatt nun die oben definierte Vollständigkeit von R zu verlangen, reicht es aus, dass man mit R aus jeder unerfüllbaren Formel einen elementaren Widerspruch ableiten kann. Diese Eigenschaft wird *Widerlegungsvollständigkeit* (engl. *refutation completeness*) genannt. Ist R korrekt und widerlegungsvollständig, so gilt also

$$F \models G \quad \text{gdw.} \quad F \wedge \neg G \vdash_R \square$$

3.3.6 Entscheidbarkeitsresultate

Mit den Begriffen der Korrektheit und Vollständigkeit haben wir die wichtigste Charakterisierung von Kalkülen festgelegt. Eine ganz andere Frage ist, ob es zu einer gegebenen Logik überhaupt Kalküle mit diesen Eigenschaften gibt. Dies hängt natürlich von der Art der Logik ab. Ob es etwa einen Algorithmus gibt, der die Frage nach der Erfüllbarkeit oder Gültigkeit von Formeln einer Logik beantwortet, hängt davon ab, ob diese Fragestellung für die gegebene Logik überhaupt entscheidbar ist.

Für eine beliebige Menge M gilt:

M ist *entscheidbar*	gdw.	es gibt einen Algorithmus, der für jedes x angibt, ob $x \in M$ oder $x \notin M$ gilt.
M ist *unentscheidbar*	gdw.	M ist nicht entscheidbar.
M ist *semi-entscheidbar* (*rekursiv aufzählbar*)	gdw.	es gibt einen Algorithmus, der für jedes x aus der Menge M angibt, dass $x \in M$ gilt. (Insbesondere muss der Algorithmus für ein x nicht aus M nicht unbedingt terminieren!)

Dabei bedeutet "Algorithmus" z.B. Turing-Maschine, Markov-Algorithmus etc.

Ist F eine Formel in einer gegebenen Logik, so interessiert man sich in erster Linie für ihre Zugehörigkeit zu einer der in Abbildung 3.3 skizzierten Mengen. Die Aussagenlogik (also der Spezialfall von PL1, in der keine Funktionssymbole, keine Quantoren und keine Individuenvariablen und damit nur null-stellige Prädikatensymbole auftreten) ist entscheidbar. D.h. es gibt Algorithmen, die für jede aussagenlogische Formel entscheiden, ob sie allgemeingültig, erfüllbar, falsifizierbar oder unerfüllbar ist. Beispielsweise lassen sich diese Fragen mit der Methode der Wahrheitstafeln (s. Abschnitt 3.4.4) beantworten.

Das Allgemeingültigkeitsproblem der Prädikatenlogik 1. Stufe ist allerdings unentscheidbar; d.h. die Menge der allgemeingültigen PL1-Formeln ist nicht entscheidbar. Damit reißt die Kette der negativen Resultate zunächst nicht ab, denn auch die anderen in Abbildung 3.3 skizzierten drei Teilmengen der PL1-Formeln sind nicht entscheidbar, wie folgende Überlegungen zeigen:

1. Die Menge der unerfüllbaren PL1-Formeln ist unentscheidbar. (Wenn die Frage "Ist F unerfüllbar?" entscheidbar wäre, hätten wir auch ein Entscheidungsverfahren für das Allgemeingültigkeitsproblem, da die Fragestellung "Ist $\neg F$ unerfüllbar?" äquivalent zur Frage "Ist F allgemeingültig?" ist. Ein Entscheidungsverfahren für das Unerfüllbarkeitsproblem würde also ein Entscheidungsverfahren für das Allgemeingültigkeitsproblem implizieren.)

2. Die Menge der falsifizierbaren PL1-Formeln ist unentscheidbar. (Wenn diese Menge entscheidbar wäre, würde dies wie folgt ein Entscheidungsverfahren für das Allgemeingültigkeitsproblem implizieren: Die Frage "Ist F allgemeingültig?" würde mit "ja" (bzw. mit "nein") beantwortet, falls die Frage "Ist F falsifizierbar?" verneint (bzw. bejaht) wird.)

3. Die Menge der erfüllbaren PL1-Formeln ist unentscheidbar. (Dies folgt analog zu der Überlegung unter 2., da die Komplementärmenge der unerfüllbaren Formeln unentscheidbar ist.)

Als positive Ergebnisse haben wir:

- Die Menge der allgemeingültigen PL1-Formeln ist semi-entscheidbar (rekursiv aufzählbar).

- Die Menge der unerfüllbaren PL1-Formeln ist semi-entscheidbar.

Für die jeweils komplementären Formelmengen gilt dies aber nicht:

- Die Menge der falsifizierbaren PL1-Formeln ist nicht rekursiv aufzählbar.

- Die Menge der erfüllbaren PL1-Formeln ist nicht rekursiv aufzählbar.

Da wir das Problem der semantischen Folgerung auf das Gültigkeitsproblem oder auch auf das Unerfüllbarkeitsproblem zurückführen können, bedeutet dies, dass *die Frage, ob in der Prädikatenlogik 1. Stufe eine semantische Folgerung $F \models G$ gilt, nur semi-entscheidbar, aber nicht entscheidbar ist.*

3.4 Logische Grundlagen: Aussagenlogik

In diesem Abschnitt wollen wir die Grundlagen der klassischen Aussagenlogik kurz zusammenfassen, wobei wir die Terminologie benutzen, wie wir sie für allgemeine logische Systeme eingeführt haben.

3.4.1 Syntax

Definition 3.22 (Aussagenlogische Signatur) Eine *aussagenlogische Signatur* Σ ist eine Menge von Bezeichnern, genannt *Aussagenvariablen*.   □

Definition 3.23 (Aussagenlogische Formeln) Für eine aussagenlogische Signatur Σ wird die Menge *Formel*(Σ) der aussagenlogischen Formeln wie folgt gebildet:

1. Eine *atomare Formel* ist eine aussagenlogische Formel, die nur aus einer Aussagenvariablen besteht.

2. Falls A und B aussagenlogische Formeln sind, dann sind auch die folgenden Konstrukte aussagenlogische Formeln, wobei die darin auftretenden Operationssymbole ¬, ∧ etc. *Junktoren* heißen:

$(\neg A)$	Negation	"nicht A"
$(A \wedge B)$	Konjunktion	"A und B"
$(A \vee B)$	Disjunktion	"A oder B"
$(A \Rightarrow B)$	Implikation	"wenn A, dann B"
$(A \Leftrightarrow B)$	Koimplikation, Äquivalenz	"A genau dann, wenn B" □

Um Klammern in Formeln einzusparen, vereinbaren wir die folgenden Bindungs-prioritäten:

$$\neg, \; \wedge, \; \vee, \; \Rightarrow, \; \Leftrightarrow$$

D.h. $\neg$ bindet stärker als $\wedge$, $\wedge$ bindet stärker als $\vee$ usw.[3] Damit kann zum Beispiel die Formel $(((\neg A) \wedge B) \Rightarrow ((\neg A) \vee B))$ vereinfacht als $\neg A \wedge B \Rightarrow \neg A \vee B$ geschrieben werden.

Selbsttestaufgabe 3.24 (Haustier 1) Herr Meier will sich ein Haustier anschaffen und beschließt, zur Entscheidungsfindung die Mittel der Aussagenlogik einzusetzen. Dazu macht er folgende Überlegungen:

1. Es sollte nur ein Hund (H), eine Katze (K) oder ein Hamster (M) sein.

2. Für Besitzer wertvoller Möbel (W) ist es nicht sinnvoll, eine Katze anzuschaffen, da diese die Möbel zerkratzen könnte.

3. Die Anschaffung eines Hundes verlangt nach einem freistehenden Haus (F), damit sich kein Nachbar durch das Bellen gestört fühlt.

Herr Meier vermutet nun:

4. Für einen Besitzer wertvoller Möbel ohne freistehendes Haus kommt nur ein Hamster in Frage.

Repräsentieren Sie die gemachten Aussagen sowie die Vermutung von Herrn Meier in aussagenlogischen Formeln unter Verwendung der im Text angegebenen Abkürzungen für die Aussagenvariablen. ■

Selbsttestaufgabe 3.25 (Computer) Modellieren Sie die folgenden umgangssprachlichen Aussagen in aussagenlogischen Formeln:

• Wenn die Grafikkarte defekt ist, gibt es kein Bild.

• Wenn der Monitor defekt ist, gibt es kein Bild.

• Wenn der Lüfter defekt ist, funktioniert das Netzteil nicht.

• Wenn das Netzteil nicht funktioniert, läuft die CPU nicht.

• Wenn der Prozessor defekt ist, läuft die CPU nicht.

• Wenn die Festplatte defekt ist, läuft die CPU nicht.

• Wenn der Rechner funktioniert, muss die CPU laufen, die Tastatur muss funktionieren und es muss ein Bild vorhanden sein.

• Wenn jemand mit dem Rechner arbeitet, muss der Rechner laufen. ■

3.4.2 Semantik

Definition 3.26 ((aussagenlogische) Interpretation, Belegung) Sei Σ eine aussagenlogische Signatur. Dann ist eine Abbildung $I : \Sigma \rightarrow BOOL$ eine *(aussagenlogische) Interpretation* (oder *Belegung*) für Σ. $Int(\Sigma)$ ist die Menge aller Σ-Interpretationen. □

---

[3] Ebenfalls gebräuchlich ist die Vereinbarung, dass $\neg$ stärker als $\wedge$ und $\wedge$ stärker als $\Rightarrow$ bindet, dass aber die Junktoren $\wedge$ und $\vee$ (bzw. $\Rightarrow$ und $\Leftrightarrow$) die gleiche Bindungspriorität haben.

Das heißt insbesondere, dass eine Aussagenvariable durch eine Belegung beliebig interpretiert werden kann. Die Semantik der komplexeren aussagenlogischen Formeln ergibt sich dann aus der klassisch-logischen Bedeutung der Junktoren.

Definition 3.27 (Wahrheitswert einer aussagenlogischen Formel) Sei I eine aussagenlogische Interpretation für Σ. Für eine aussagenlogische Formel A ist ihr *Wahrheitswert* $[\![A]\!]_I$ *unter der Interpretation* I gegeben durch die Funktion

$$[\![\_]\!]_I : \ Formel(\Sigma) \to BOOL$$

für die

$$[\![A]\!]_I \ = \ I(A) \qquad \text{falls } A \text{ eine atomare Formel ist}$$

gilt und die die Junktoren gemäß Definition 3.9 interpretiert.   □

Beachten Sie, dass mit der obigen Definition die Wahrheitswertefunktion vollständig definiert ist und die Begriffe aus Abschnitt 3.3 wie Erfüllungsrelation, Modell, allgemeingültig, logische Folgerung etc. direkt für die Aussagenlogik zur Verfügung stehen.

Selbsttestaufgabe 3.28 (erfüllbar, allgemeingültig) Zeigen Sie, dass gilt:

1. $A \wedge \neg A$ ist unerfüllbar.

2. $A \vee \neg A$ ist allgemeingültig.

3. $A \vee B$ ist sowohl erfüllbar als auch falsifizierbar.   ■

Selbsttestaufgabe 3.29 (Modell einer Formelmenge) Konstruieren Sie drei Formeln über einer Signatur, welche die Aussagenvariablen P und Q enthält, so dass je zwei dieser Formeln gleichzeitig erfüllbar sind, alle drei jedoch nicht. ■

Beispiel 3.30 (Logische Folgerung) Aus $Q \wedge R$ folgt Q, da offensichtlich jedes Modell, das $Q \wedge R$ erfüllt, auch Q erfüllt. Andererseits folgt aus $Q \vee R$ *nicht* Q, da ein Modell zwar $Q \vee R$, aber gleichzeitig auch $\neg Q$ erfüllen kann.   □

Eine übliche Methode zur Definition der Semantik der Aussagenlogik ist die Verwendung von sog. *Wahrheitstafeln*. So entspricht die in der obigen Definition angegebene Behandlung der Junktoren genau den Wahrheitstafeln, die wir in Abbildung 3.4 angegeben haben.

Selbsttestaufgabe 3.31 (Wahrheitstafel) Überprüfen Sie anhand einer Wahrheitstafel, ob der folgende Ausdruck allgemeingültig ist:

$$F_1 := (p \wedge \neg q) \vee (q \wedge \neg r) \vee (r \wedge \neg p) \Leftrightarrow p \vee q \vee r$$ ■

Selbsttestaufgabe 3.32 (Haustier 2) Handelt es sich bei der Vermutung Herrn Meiers in Selbsttestaufgabe 3.24 um eine logische Folgerung aus seinen vorigen Überlegungen? Begründen Sie Ihre Antwort.   ■

P	Q	$P \wedge Q$
0	0	0
0	1	0
1	0	0
1	1	1

P	Q	$P \vee Q$
0	0	0
0	1	1
1	0	1
1	1	1

P	$\neg P$
0	1
1	0

P	Q	$P \Rightarrow Q$
0	0	1
0	1	1
1	0	0
1	1	1

P	Q	$P \Leftrightarrow Q$
0	0	1
0	1	0
1	0	0
1	1	1

Abbildung 3.4 Wahrheitstafeln für die Aussagenlogik

3.4.3 Äquivalenzen und Normalformen

Die Menge der aussagenlogischen Formeln ist reich an Redundanzen. So werden z.B. die Formeln A und $A \vee A$ sicherlich von genau den gleichen Interpretationen erfüllt. In vielen Situationen werden aber sog. Normalformen benötigt, die eine gewisse Standarddarstellung für Formeln sind.

Definition 3.33 (Semantische Äquivalenz) Zwei Formeln F und G sind *(semantisch) äquivalent*, geschrieben $F \equiv G$, falls für alle Interpretationen I gilt

$$[\![F]\!]_I = [\![G]\!]_I \qquad \square$$

Da Formeln beliebig verschachtelt sein können, wird in Inferenzsystemen oft zunächst versucht, diese Formeln in semantisch äquivalente, technisch aber einfacher zu handhabende Formeln zu transformieren. Der folgende Satz liefert die Basis dafür.

Theorem 3.34 (Semantische Ersetzbarkeit) *Seien F und G äquivalente Formeln. Sei H eine Formel mit mindestens einem Vorkommen der Teilformel F. Dann ist H äquivalent zu einer Formel H', die aus H dadurch gewonnen ist, dass (irgend)ein Vorkommen von F durch G ersetzt worden ist.*

Das Theorem 3.34 besagt, dass man durch Austausch semantisch äquivalenter Teilformeln wieder eine semantisch äquivalente Formel erhält. Das folgende Theorem listet die gebräuchlichsten Äquivalenzen auf, die sich alle auf Basis der Wahrheitstafeln aus Abbildung 3.4 ableiten lassen.

Theorem 3.35 (Äquivalenzen für die Aussagenlogik) *Es gelten:*

1. $\begin{aligned} F \wedge F &\equiv F \\ F \vee F &\equiv F \end{aligned}$ $\qquad\qquad\qquad$ *(Idempotenz)*

2. $\begin{aligned} F \wedge G &\equiv G \wedge F \\ F \vee G &\equiv G \vee F \end{aligned}$ $\qquad\qquad\qquad$ *(Kommutativität)*

3. $\begin{aligned} (F \wedge G) \wedge H &\equiv F \wedge (G \wedge H) \\ (F \vee G) \vee H &\equiv F \vee (G \vee H) \end{aligned}$ $\qquad$ *(Assoziativität)*

4. $\begin{aligned} F \wedge (F \vee G) &\equiv F \\ F \vee (F \wedge G) &\equiv F \end{aligned}$ $\qquad\qquad\qquad$ *(Absorption)*

5. $\begin{aligned} F \wedge (G \vee H) &\equiv (F \wedge G) \vee (F \wedge H) \\ F \vee (G \wedge H) &\equiv (F \vee G) \wedge (F \vee H) \end{aligned}$ $\qquad$ *(Distributivität)*

6. $\neg\neg F \equiv F$ $\qquad\qquad\qquad\qquad\qquad$ *(Doppelnegation)*

7. $\begin{aligned} \neg(F \wedge G) &\equiv \neg F \vee \neg G \\ \neg(F \vee G) &\equiv \neg F \wedge \neg G \end{aligned}$ $\qquad$ *(de Morgansche Regeln)*

8. $\left.\begin{aligned} F \vee G &\equiv F \\ F \wedge G &\equiv G \end{aligned}\right\}$ *falls F allgemeingültig* $\qquad$ *(Tautologieregeln)*

9. $\left.\begin{aligned} F \vee G &\equiv G \\ F \wedge G &\equiv F \end{aligned}\right\}$ *falls F unerfüllbar* $\qquad$ *(Unerfüllbarkeitsregeln)*

10. $F \Rightarrow G \equiv \neg G \Rightarrow \neg F$ $\qquad\qquad\qquad$ *(Kontraposition)*

11. $F \Rightarrow G \equiv \neg F \vee G$ $\qquad\qquad\qquad\qquad$ *(Implikation)*

12. $F \Leftrightarrow G \equiv (F \Rightarrow G) \wedge (G \Rightarrow F)$ $\qquad\qquad$ *(Koimplikation)*

Mit den in Theorem 3.35 angegebenen Transformationen lässt sich jede aussagenlogische Formel semantisch äquivalent transformieren, so dass darin als Junktoren nur noch Konjunktion, Disjunktion und Negation auftreten, wobei die Negation dabei nur unmittelbar vor Atomen auftritt. Dass dies gilt, kann man sich daran klarmachen, dass man mit (12.) und (11.) nacheinander alle Koimplikationen und Implikationen eliminieren und mit den de Morganschen Regeln (7.) und der Elimination der Doppelnegation (6.) das Negationszeichen ganz "nach innen" ziehen kann. Auf weitere Normalisierungen werden wir im Zusammenhang mit der Prädikatenlogik 1. Stufe eingehen (Abschnitt 3.5.6).

Selbsttestaufgabe 3.36 (Implikation und Assoziativität) Zeigen Sie, dass die Formeln $(A \Rightarrow B) \Rightarrow C$ und $A \Rightarrow (B \Rightarrow C)$ nicht äquivalent sind. $\qquad$ ■

Daher ist die Zeichenkette "$A \Rightarrow B \Rightarrow C$" *keine* korrekt gebildete Formel; wegen der Assoziativität der Konjunktion schreibt man aber z.B. oft ohne Klammern $A \wedge B \wedge C$.

Selbsttestaufgabe 3.37 (Klassische Aussagenlogik und Cn) Es seien A und B zwei aussagenlogische Formeln. Entscheiden Sie für jede der folgenden 12 Aussagen, ob sie jeweils wahr oder falsch ist, und geben Sie eine kurze Begründung an:

$A \wedge (A \vee B)$	$\in Cn(A \wedge B)$	$A \quad\ \in Cn(A \vee B)$	$A \quad\ \in Cn(A \Rightarrow B)$
$A \vee B$	$\in Cn(A \wedge B)$	$A \wedge B \in Cn(A \vee B)$	$\neg A \quad\ \in Cn(A \Rightarrow B)$
$(\neg A \vee B) \wedge A$	$\in Cn(A \wedge B)$	$\neg A \quad\ \in Cn(A \vee B)$	$A \wedge \neg B \in Cn(A \Rightarrow B)$
$\neg A \Rightarrow B$	$\in Cn(A \wedge B)$	$A \Rightarrow B \in Cn(A \vee B)$	$\neg A \vee A \in Cn(A \Rightarrow B)$

$\blacksquare$

Selbsttestaufgabe 3.38 (Klassische Aussagenlogik und Cn) Es sei die folgende Menge aussagenlogischer Formeln gegeben:

$$\mathcal{F} = Cn(\{A, \neg B, A \vee B \Rightarrow C, \neg D \Rightarrow B, E \vee \neg D, A \vee \neg F\}).$$

1. Gilt $\neg F \in \mathcal{F}$? Begründen Sie Ihre Antwort.

2. Ist $\neg D$ konsistent mit $\mathcal{F}$? Begründen Sie Ihre Antwort. $\blacksquare$

3.4.4 Wahrheitstafeln und Ableitungen in der Aussagenlogik

Für die Aussagenlogik stehen verschiedene Inferenzverfahren zur Verfügung. Die bekannteste Methode basiert auf den schon besprochenen Wahrheitstafeln.

Beispiel 3.39 (Wahrheitstafeln) Um die Allgemeingültigkeit der Formel $(P \Rightarrow Q) \Leftrightarrow (\neg P \vee Q)$ zu überprüfen, legen wir für die einzelnen Komponenten der Formel entsprechende Spalten in einer Wahrheitstafel an. Es ergibt sich folgende Tabelle:

P	Q	$P \Rightarrow Q$	$\neg P$	$\neg P \vee Q$	$(P \Rightarrow Q) \Leftrightarrow (\neg P \vee Q)$
0	0	1	1	1	1
0	1	1	1	1	1
1	0	0	0	0	1
1	1	1	0	1	1

In der letzten Spalte steht an jeder Stelle eine 1. Da der Wahrheitswert der Formel damit für *jede* Belegung der beteiligten atomaren Aussagen P und Q wahr ist, handelt es sich bei der Formel $(P \Rightarrow Q) \Leftrightarrow (\neg P \vee Q)$ um eine Tautologie. $\square$

Das Verfahren der Wahrheitstafeln bildet ein einfaches Entscheidungsverfahren, eine aussagenlogische Formel auf Allgemeingültigkeit hin zu überprüfen. Allerdings wächst der Aufwand exponentiell mit der Anzahl der in einer Formel auftretenden Variablen: Für eine Formel mit n atomaren Formeln müssen 2^n Zeilen der Wahrheitstafel berechnet werden.

Selbsttestaufgabe 3.40 (Wahrheitstafeln) Untersuchen Sie mit Hilfe von Wahrheitstafeln, für welche Interpretationen die folgenden Paare von Formeln den gleichen Wahrheitswert haben:

1. $\neg(P \wedge Q) \Leftrightarrow R$ und $P \wedge Q \wedge R$

2. $(\neg P \vee Q) \Leftrightarrow R$ und $(\neg(\neg P \vee Q) \vee R) \wedge ((P \Rightarrow Q) \vee \neg R)$ $\blacksquare$

Neben der Wahrheitstafelmethode stehen die aussagenlogischen Inferenzregeln der klassisch-logischen Systeme für Ableitungen in der Aussagenlogik zur Verfügung (vgl. Abschnitt 3.3.3), wobei auch das Beweisverfahren durch Herleitung eines Widerspruchs möglich ist (Abschnitt 3.3.5). Auf die aussagenlogische Variante des Resolutionsverfahrens werden wir in Abschnitt 3.6 eingehen.

3.5 Logische Grundlagen: Prädikatenlogik 1. Stufe

Während wir die wichtigsten Aspekte der Aussagenlogik im letzten Abschnitt formal definiert haben, wollen wir nun die Prädikatenlogik 1. Stufe (PL1) ebenfalls kurz vorstellen. Wesentliche Eigenschaften von PL1 haben wir ja bereits im Rahmen allgemeiner logischer Systeme angegeben; im Folgenden benutzen wir wieder die in Abschnitt 3.2 eingeführte Sprechweise und erläutern, wie PL1 die Aussagenlogik erweitert. Dabei definieren wir nicht, wie sonst eher üblich, erst die gesamte Syntax und dann die Semantik von PL1, sondern geben zu den jeweiligen syntaktischen Einheiten unmittelbar auch ihre semantische Bedeutung mit an.

3.5.1 Signaturen und Interpretationen

In der Prädikatenlogik 1. Stufe können wir nicht nur einfache Aussagen repräsentieren. Die Welten, die wir hier beschreiben können, können enthalten:

- Objekte, z.B.: Menschen, Zahlen, Farben

- Funktionen auf den Objekten, z.B.: Nachfolger, Leukozytenanzahl der Blutprobe, ...

- Aussagen (wie in der Aussagenlogik)

- Eigenschaften von Objekten, z.B.: groß, gelb, negativ

- Relationen zwischen den Objekten, z.B.: Großvater von, kleiner als

Eine Signatur Σ der Prädikatenlogik 1. Stufe stellt ein entsprechendes Vokabular zur Verfügung.

Definition 3.41 (Signatur) Eine (PL1-)Signatur $\Sigma = (Func, Pred)$ besteht aus einer Menge *Func* von Funktionssymbolen und einer Menge *Pred* von Prädikatensymbolen. Dabei hat jedes Symbol $s \in Func \cup Pred$ eine feste Stelligkeit ≥ 0. Ein Funktionssymbol mit der Stelligkeit 0 heißt *Konstante*. Generell setzen wir für jede PL1-Signatur voraus, dass es mindestens eine Konstante gibt.   □

Anmerkung: Im Folgenden verwenden wir häufig die Notation $<name>/<arity>$ als Bezeichnung für ein Funktions- oder Prädikatensymbol $<name>$, wobei $<arity>$ die Stelligkeit (Anzahl der Argumente) des Symbols angibt, also z.B. Primzahl/1, Bruder/2, teilerfremd/2.

Eine Σ-*Interpretation* weist den Namen einer Signatur Σ Bedeutungen über einer Menge von Objekten zu:

- Das *Universum U*, auch *Trägermenge* genannt, ist eine beliebige, nichtleere Menge. Sie enthält alle Objekte der Interpretation.

Den Funktions- und Prädikatensymbolen in Σ weist eine Interpretation Funktionen bzw. Relationen über dem Universum wie folgt zu:

- Nullstellige Funktionssymbole werden durch Objekte oder *Individuen* der betrachteten Welt – d.h. durch Elemente des Universums U – interpretiert. Während für jede Konstante einer Signatur eine Interpretation angegeben werden muss, kann es sein, dass verschiedene Konstanten durch dasselbe Objekt interpretiert werden. So können die beiden Konstanten *Max* und *Moritz* in einer Interpretation zwei verschiedene Personen (d.h. zwei verschiedene Elemente aus U), in einer anderen aber dieselbe Person (d.h. dasselbe Element aus U) bezeichnen.

- Ein- oder mehrstellige Funktionssymbole werden durch *Funktionen* interpretiert. Das einstellige Funktionssymbol *nf* könnte etwa durch die Nachfolgerfunktion auf den natürlichen Zahlen interpretiert werden und *Leukos* durch eine Funktion, die zu einer Blutprobe deren Leukozytenanzahl liefert.

- Nullstellige Prädikatensymbole werden wie *Aussagenvariablen* in der Aussagenlogik interpretiert. Ist *Fieber* ein nullstelliges Prädikatensymbol, so weist eine Interpretation ihr einen Wahrheitswert zu.[4]

- Einstellige Prädikatensymbole werden durch Teilmengen des Universums[5] interpretiert. Das einstellige Prädikatensymbol *gelb* kann z.B. durch die Menge aller Dinge interpretiert werden, denen die *Eigenschaft*, gelb zu sein, zukommen soll. Ein einstelliges Prädikatensymbol *Teichbewohner* kann durch die Menge aller Lebewesen, die die Eigenschaft besitzen, in einem Teich zu leben, interpretiert werden.

- Mehrstellige Prädikatensymbole werden durch *Relationen* entsprechender Stelligkeit über dem Universum U interpretiert. Ein binäres Prädikatensymbol *Großvater* kann z.B. durch die Großvater-von-Beziehung interpretiert werden, *Bruder* durch die Bruder-von-Beziehung und $<$ durch die kleiner-als-Beziehung auf den natürlichen Zahlen.

Definition 3.42 (Interpretation) Sei $\Sigma = (Func, Pred)$ eine Signatur. Eine Σ-*Interpretation* $I = (U_I, Func_I, Pred_I)$ besteht aus

- einer nichtleeren Menge U_I, genannt *Trägermenge* (engl. *carrier set*) (oder: Universum, Individuenbereich, Diskursbereich, Domäne)

- einer Menge $Func_I$ von Funktionen

$$Func_I = \{f_I : \underbrace{U_I \times \ldots \times U_I}_{n\text{-mal}} \to U_I \mid f \in Func \text{ mit der Stelligkeit } n\}$$

---

[4] Ein Wahrheitswert entspricht genau einer *nullstelligen* Relation über U, da es genau zwei solche Relationen gibt: die leere Relation und die Relation, die nur das leere Tupel enthält.
[5] Eine Teilmenge von U entspricht genau einer *einstelligen* Relation über U.

- einer Menge $Pred_I$ von Relationen

$$Pred_I = \{p_I \subseteq \underbrace{U_I \times \ldots \times U_I}_{n\text{-mal}} \mid p \in Pred \text{ mit der Stelligkeit } n\}$$

Die Menge der Σ-Interpretationen wird mit $Int(\Sigma)$ bezeichnet.   □

Beispiel 3.43 (Interpretationen in PL1) Gegeben sei die PL1-Signatur aus Beispiel 3.3 mit den beiden Konstanten $Max/0$ und $Moritz/0$ und dem Prädikatensymbol $Großvater/2$, wobei wir zunächst sogar noch offen lassen, ob $Großvater(x, y)$ für "Großvater von x ist y" oder für "x ist Großvater von y" steht. Wir geben drei verschiedene Interpretationen I_1, I_2, I_3 an:

$$
\begin{aligned}
\text{Universum } U_{I_1} &= \{ \textit{ich, mein\_Lieblingsopa} \} \\
I_1(Max) &= \textit{ich} \\
I_1(Moritz) &= \textit{mein\_Lieblingsopa} \\
I_1(Großvater) &= \{ (\textit{ich, mein\_Lieblingsopa}) \}
\end{aligned}
$$

Dabei bedeutet die letzte Zeile: "Das Paar $(\textit{ich, mein\_Lieblingsopa})$ ist (das einzige) Element der Relation, mit der in der Interpretation I_1 das Prädikatensymbol *Großvater* interpretiert wird".

$$
\begin{aligned}
\text{Universum } U_{I_2} &= \{ \textit{ich, mein\_Lieblingsopa} \} \\
I_2(Max) &= \textit{mein\_Lieblingsopa} \\
I_2(Moritz) &= \textit{ich} \\
I_2(Großvater) &= \{ (\textit{ich, mein\_Lieblingsopa}) \}
\end{aligned}
$$

In der Interpretation I_2 haben wir also dasselbe Universum und dieselbe Relation wie bei I_1, nur die Konstanten sind andersherum belegt.

Als ungewöhnliche (im Sinne von "der Intuition widersprechende"), aber erlaubte Möglichkeit hier auch die folgende Interpretation I_3:

$$
\begin{aligned}
\text{Universum } U_{I_3} &= \{ \textit{ich} \} \\
I_3(Max) &= \textit{ich} \\
I_3(Moritz) &= \textit{ich} \\
I_3(Großvater) &= \{ (\textit{ich, ich}) \}
\end{aligned}
$$
□

Selbsttestaufgabe 3.44 (Interpretationen in PL1) Konstruieren Sie zwei verschiedene Interpretationen der Signatur Σ_1, die die drei Funktionssymbole $a/0$, $b/0$, $nf/1$ und das Prädikatensymbol $LT/2$ enthält.   ■

3.5.2 Terme und Termauswertung

Im Gegensatz zur Aussagenlogik können wir in PL1 Terme bilden. Ein Term ist ein funktionaler Ausdruck, der mit den Funktionssymbolen einer Signatur wie üblich gebildet wird und durch Objekte des Universums interpretiert wird.

Definition 3.45 (Terme) Die Menge $Term_\Sigma(V)$ der *Terme* über einer Signatur $\Sigma = (Func, Pred)$ und einer Menge V von Variablen ist die kleinste Menge, die die folgenden Elemente gemäß (1) - (3) enthält:

    (1) x falls $x \in V$

    (2) c falls $c \in Func$ und c hat die Stelligkeit 0

    (3) $f(t_1, \ldots, t_n)$ falls $f \in Func$ mit der Stelligkeit $n > 0$
                                      und $t_1, \ldots, t_n \in Term_\Sigma(V)$

Ein *Grundterm* über Σ ist ein Element aus $Term_\Sigma(\emptyset)$, d.h. ein Term ohne Variablen. $Term_\Sigma =_{\text{def}} Term_\Sigma(\emptyset)$ bezeichnet die Menge der Grundterme.   □

Notation: Besonders bei den üblichen mathematischen Funktionssymbolen wird meist statt der Präfixschreibweise die gewohnte Infixnotation verwendet, also z.B. $t_1 + t_2$ anstelle von $+(t_1, t_2)$. Variablen werden wir im gesamten Rest dieses Kapitels immer mit x, y, z, u oder v bezeichnen (evtl. indiziert), während z.B. a, b, c immer Konstanten bezeichnen.

Da eine Σ-Interpretation zwar den in einem Term auftretenden Funktionssymbolen eine Funktion zuordnet, aber nichts über die evtl. auftretenden (freien) Variablen sagt, führen wir den Begriff der Variablenbelegung ein.

Definition 3.46 (Variablenbelegung) Sei $I = (U_I, Func_I, Pred_I)$ eine Σ-Interpretation und V eine Menge von Variablen. Eine *Variablenbelegung* (engl. *variable assignment*) ist eine Funktion $\alpha : V \to U_I$.   □

Definition 3.47 (Termauswertung) Gegeben sei ein Term $t \in Term_\Sigma(V)$, eine Σ-Interpretation I und eine Variablenbelegung $\alpha : V \to U_I$. Die *Termauswertung von t in I unter α* (oder: *Wert von t in I unter α*), geschrieben $[\![t]\!]_{I,\alpha}$, ist gegeben durch eine Funktion

$$[\![\_]\!]_{I,\alpha} : Term_\Sigma(V) \to U_I$$

und ist definiert durch

$$[\![x]\!]_{I,\alpha} = \alpha(x)$$
$$[\![f(t_1, \ldots, t_n)]\!]_{I,\alpha} = f_I([\![t_1]\!]_{I,\alpha}, \ldots, [\![t_n]\!]_{I,\alpha})$$

wobei x eine Variable und f ein n-stelliges ($n \geq 0$) Funktionssymbol ist.   □

So wird der Term *Max* in der Interpretation I_1 aus Beispiel 3.43 zu *ich* und in der Interpretation I_2 zu *mein_Lieblingsopa* ausgewertet.

Selbsttestaufgabe 3.48 (Termauswertung in PL1) Welches Element des Universums liefert jeweils der Term *nf(nf(b))* in den beiden Interpretationen aus der Selbsttestaufgabe 3.44?   ■

3.5.3   Formeln und Formelauswertung

Definition 3.49 (atomare Formel, Atom) Eine *atomare Formel* (oder *Atom*) über einer Signatur $\Sigma = (Func, Pred)$ und einer Menge V von Variablen wird wie folgt gebildet:

(1) p falls $p \in Pred$ und p hat die Stelligkeit 0

(2) $p(t_1, \ldots, t_n)$ falls $p \in Pred$ mit der Stelligkeit $n > 0$
                   und $t_1, \ldots, t_n \in Term_\Sigma(V)$ □

Mit Hilfe der Termauswertung können wir nun auch jeder atomaren Formel einen Wahrheitswert zuweisen.

Definition 3.50 (Wahrheitswert atomarer Formeln unter α) In einer Interpretation I ist der Wahrheitswert einer atomaren Formel $p(t_1, \ldots, t_n)$ unter einer Variablenbelegung α *true* genau dann, wenn die Auswertung der Terme $t_1, \ldots, t_n$ in I unter α ein Tupel von Elementen des Universums liefert, das in der Relation p_I, die p in I zugeordnet wird, enthalten ist:

$$[\![p(t_1, \ldots, t_n)]\!]_{I,\alpha} = true \quad \text{gdw.} \quad ([\![t_1]\!]_{I,\alpha}, \ldots, [\![t_n]\!]_{I,\alpha}) \in p_I \qquad \square$$

So wird die atomare Formel *Großvater(Max, Moritz)* in der Interpretation I_1 aus Beispiel 3.43 zu *true* und in der Interpretation I_2 zu *false* ausgewertet.

Selbsttestaufgabe 3.51 (Wahrheitswerte atomarer Formeln in PL1)
Welchen Wahrheitswert hat jeweils die atomare Formel $LT(b, nf(nf(b)))$ in den beiden Interpretationen aus der Selbsttestaufgabe 3.44?   ∎

Die Junktoren $\neg, \wedge, \vee, \Rightarrow, \Leftrightarrow$ der Aussagenlogik werden auch in PL1 benutzt, um komplexe Formeln zu bilden. Die charakteristischste Eigenschaft von PL1 ist jedoch die Möglichkeit, Aussagen über Mengen von Objekten ausdrücken zu können, ohne diese Objekte einzeln aufzählen zu müssen. Dafür stellt PL1 zwei Quantoren – den *Allquantor* $\forall$ und den *Existenzquantor* $\exists$ – zur Verfügung:

$\forall x F$ "Für alle x gilt F"
$\exists x F$ "Es gibt ein x, für das F gilt"

Definition 3.52 (Formeln) Die Menge *Formel$_\Sigma$(V)* der Formeln über einer Signatur $\Sigma = (Func, Pred)$ und einer Menge V von Variablen ist die kleinste Menge, die die folgenden Elemente gemäß (1) - (3) enthält:

(1) P, falls P ein Atom über Σ und V ist
(2) $(\neg F)$, $(F_1 \wedge F_2)$, $(F_1 \vee F_2)$, $(F_1 \Rightarrow F_2)$, $(F_1 \Leftrightarrow F_2)$
(3) $(\exists x F)$, $(\forall x F)$

wobei $x \in V$ und $F, F_1, F_2 \in Formel_\Sigma(V)$ sind. Ein *Literal* ist ein Atom A oder ein negiertes Atom $\neg A$, wobei A als *positives* Literal und $\neg A$ als *negatives* Literal bezeichnet wird. Ein *Ausdruck* über Σ (und V) ist ein Term oder eine Formel über Σ (und V). Eine Formel ohne Variablen heißt *Grundatom*, *Grundliteral* bzw. *Grundformel*.   □

Eine Formel gemäß Definition 3.52 heißt *wohlgeformt* (engl. *well-formed formula*).

Die Bindungsprioritäten, die wir zum Einsparen von Klammern bereits für die Aussagenlogik eingeführt hatten (Seite 43), erweitern wir so, dass die Junktoren stärker binden als die Quantoren und $\forall$ stärker bindet als $\exists$.

Selbsttestaufgabe 3.53 (Darstellung in PL1) Stellen Sie die Prämissen und Konklusionen der Schlussfolgerungen 1 - 7 aus Selbsttestaufgabe 3.1 (Seite 25) unter Verwendung geeigneter Funktions- und Prädikatensymbole als PL1-Formeln dar. ∎

Wird eine Formel mit Junktoren gebildet, die auch in der Aussagenlogik verwendet werden, so ist ihr Wahrheitswert unter einer Variablenbelegung α definiert durch die klassisch-logische, wahrheitsfunktionale Interpretation, wie sie in Definition 3.9 (Seite 34) angegeben ist.

Eine allquantifizierte Formel erhält den Wahrheitswert *true*, wenn für die quantifizierte Variable *jedes* Element des Universums eingesetzt werden kann und die Formel dann jeweils *true* liefert. Für eine existentiell quantifizierte Formel wird lediglich die Existenz mindestens *eines* "passenden" Elements aus dem Universum verlangt.

Definition 3.54 (Wahrheitswert einer quantifizierten Formel unter α)
Gegeben sei eine quantifizierte Formel $F \in Formel_\Sigma(V)$, eine Σ-Interpretation I und eine Variablenbelegung $\alpha : V \rightarrow U_I$. Der *Wahrheitswert von F in I unter α* (oder: *Wert von F in I unter α*), geschrieben $[\![F]\!]_{I,\alpha}$, ist definiert durch

$$[\![\forall x G]\!]_{I,\alpha} \quad = \quad true \quad \text{gdw. für jedes } a \in U_I \text{ gilt } [\![G]\!]_{I,\alpha_{x/a}} = true$$

$$[\![\exists x G]\!]_{I,\alpha} \quad = \quad true \quad \text{gdw. es gibt ein } a \in U_I \text{ mit } [\![G]\!]_{I,\alpha_{x/a}} = true$$

wobei $\alpha_{x/a} : V \rightarrow U_I$ die *Modifikation von α an der Stelle x zu a* ist. D.h. $\alpha_{x/a}$ bildet die Variable x auf a ab und stimmt ansonsten mit α überein.   □

Jedes Vorkommen einer Variablen x in einer Formel F ist entweder *frei* oder *gebunden*. Tritt x in F in einer Teilformel der Form $\forall x\, G$ oder $\exists x\, G$ auf, so ist dieses Auftreten von x in F ein gebundenes Vorkommen. Tritt dagegen x in einer Formel ohne einen umgebenden Quantor auf, so ist dieses Auftreten von x ein freies Auftreten.

Wichtig ist in diesem Zusammenhang, dass man durch Variablenumbenennungen jede Formel in eine äquivalente Formel überführen kann, in der keine Variable sowohl gebunden als auch frei auftritt. Ebenso kann man immer erreichen, dass in einer Formel keine zwei Quantoren dieselbe Variable einführen. Wir werden auf solche Umformungen zu sprechen kommen, wenn wir den Begriff der Äquivalenz auch für prädikatenlogische Formeln definiert haben (Abschnitt 3.5.4).

Definition 3.55 (geschlossene Formel, Allabschluss) Eine Formel F heißt *geschlossen*, wenn keine Variable frei in F auftritt. Wenn $x_1, \ldots, x_n$ die in einer Formel F frei auftretenden Variablen sind, dann heißt $\forall x_1 \ldots \forall x_n F$ der *Allabschluss* von F.   □

Beispiel 3.56 (Formeln) Sei x eine Variable, a eine Konstante. In den Formeln

$$
\begin{array}{ll}
(1) & P(x) \Rightarrow Q(x) \\
(2) & \forall x\, P(x) \Rightarrow Q(x) \\
(3) & P(x) \lor (\exists x\, Q(x)) \\
(4) & \forall x\, (P(x) \lor (\exists x\, Q(x))) \\
(5) & P(a) \Rightarrow Q(a)
\end{array}
$$

tritt die Variable x in (1) nur frei, in (2) und (4) nur gebunden und in (3) sowohl frei als auch gebunden auf. (2) ist der Allabschluss von (1), und (4) ist der Allabschluss von (3). (5) ist eine Grundformel, (1) - (4) sind keine Grundformeln.   □

Hat eine PL1-Signatur Σ_0 nur nullstellige Prädikatensymbole, entspricht die Definition des Wahrheitswertes einer Formel F in einer Interpretation I genau dem Wahrheitswert, der ihr als aussagenlogische Formel zugeordnet würde, und zwar *unabhängig* von einer Belegung α, da keine Variablen in den Formeln auftreten können.

Auch der Wahrheitswert einer geschlossenen Formel F in einer Interpretation I unter einer Belegung α ist vollständig unabhängig von α, d.h. für geschlossenes F gilt für beliebige α, α':

$$[\![F]\!]_{I,\alpha} = [\![F]\!]_{I,\alpha'}$$

Um den Wahrheitswert einer beliebigen Formel F von einer konkreten Variablenbelegung α unabhängig zu machen, wird festgelegt, dass die in F frei auftretenden Variablen wie allquantifizierte Variablen behandelt werden, d.h. F wird wie der Allabschluss von F behandelt.

Definition 3.57 (Wahrheitswert einer Formel) Für $F \in \text{Formel}_\Sigma(V)$ und eine Σ-Interpretation I ist der *Wahrheitswert von F in I*, geschrieben $[\![F]\!]_I$, gegeben durch die Funktion

$$[\![\text{-}]\!]_I : \text{Formel}_\Sigma(V) \to BOOL$$

mit

$$[\![F]\!]_I = true \quad \text{gdw.} \quad [\![F]\!]_{I,\alpha} = true \quad \text{für jede Variablenbelegung } \alpha : V \to U_I \quad □$$

Beispiel 3.58 (Wahrheitswert einer allquantifizierten Formel) Eine Interpretation I_1, in der alle Elemente des Universums, die gleichzeitig die Eigenschaften *Hund(x)* und *Bellen(x)* erfüllen, nicht die Eigenschaft *Beißen(x)* haben (vgl. Selbsttestaufgabe 3.53(6)), erfüllt die Formel

$$\forall x \ Hund(x) \wedge Bellen(x) \ \Rightarrow \ \neg Beißen(x) \qquad\qquad (*)$$

Eine solche Interpretation I_1 könnte zum Beispiel das Universum

$$U_{I_1} = \{Aibo, \ Bello, \ Pluto, \ Rex, \ Rocky, \ Tim, \ Struppi\}$$

haben und als Interpretation der drei einstelligen Prädikate *Hund*, *Bellen* und *Beißen* die Mengen

$$Hund_{I_1} = \{Bello, \ Pluto, \ Rex, \ Rocky, \ Struppi\},$$
$$Bellen_{I_1} = \{Aibo, \ Bello, \ Pluto, \ Struppi\} \ und$$
$$Beißen_{I_1} = \{Aibo, \ Rex, \ Rocky\}.$$

Dann gilt nämlich für alle $e \in U_{I_1}$ und Variablenbelegungen α mit $\alpha(x) = e$, für die

$$[\![Hund(x)]\!]_{I_1,\alpha} = true \ und \ [\![Bellen(x)]\!]_{I_1,\alpha} = true$$

gilt, auch $[\![\neg Beißen(x)]\!]_{I_1,\alpha} = true$, da aus

$$\alpha(x) = e \in Hund_{I_1} \ \ und \ \ \alpha(x) = e \in Bellen_{I_1}$$

auch $\alpha(x) = e \notin Beißen_{I_1}$ folgt. Andererseits genügt es, in einer Interpretation I_2 ein einzelnes Element des Universums anzugeben, das gleichzeitig die Eigenschaften *Hund(x)*, *Bellen(x)* und *Beißen(x)* erfüllt, um aufzuzeigen, dass I_2 die obige Formel (∗) *nicht* erfüllt, d.h., dass der Wahrheitswert von (∗) in I_2 *false* ist. Eine solche Interpretation I_2 erhalten wir aus I_1, wenn $Beißen_{I_2} = \{Aibo, Rex, Rocky, Pluto\}$ gilt und ansonsten I_2 mit I_1 übereinstimmt. Für die Variablenbelegung α mit $\alpha(x) =$ *Pluto* gilt jetzt nämlich

$$[\![Hund(x)]\!]_{I_2,\alpha} = true \ \ und \ \ [\![Bellen(x)]\!]_{I_2,\alpha} = true$$

aber $[\![\neg Beißen(x)]\!]_{I_2,\alpha} = false$, da

$$\alpha(x) = Pluto \in Hund_{I_2} \ \ und \ \ \alpha(x) = Pluto \in Bellen_{I_2}$$

aber auch $\alpha(x) = Pluto \in Beißen_{I_2}$. □

Selbsttestaufgabe 3.59 (Wahrheitswerte quantifizierter Formeln)

1. Deuten Sie die folgenden Formeln umgangssprachlich:

   - $\forall x \exists y \ Großvater(x,y)$
   - $\exists y \forall x \ Großvater(x,y)$

2. Gegeben seien die Signatur und die drei Interpretationen aus Beispiel 3.43. Welchen Wahrheitswert haben in den drei Interpretationen I_1, I_2 und I_3 jeweils die folgenden Formeln:

   (a) $Großvater(Max, Moritz)$
   (b) $\forall x \exists y \ Großvater(x,y)$
   (c) $\exists y \forall x \ Großvater(x,y)$ ∎

Beachten Sie, dass mit der Festlegung der Wahrheitswertefunktion der allgemeine Rahmen der klassisch-logischen Systeme, wie wir ihn in Abschnitt 3.3 vorgestellt haben, genutzt werden kann. Das bedeutet u.a., dass die Begriffe wie Erfüllungsrelation, Modell, allgemeingültig, inkonsistent, logische Folgerung etc. damit auch für PL1 zur Verfügung stehen.

3.5.4 Äquivalenzen

Analog zur Aussagenlogik können wir auch in PL1-Formeln Teilformeln durch andere, semantisch äquivalente ersetzen, ohne dass sich der logische Status der Formeln ändert. Jetzt müssen wir fordern, dass die ersetzte und die ersetzende Teilformel nicht nur in allen Interpretationen, sondern auch unter allen Belegungen den jeweils gleichen Wahrheitswert liefern. Das Ersetzbarkeitstheorem der Aussagenlogik (Theorem 3.34) gilt damit in analoger Weise auch für die Prädikatenlogik.

Zusätzlich zu den in Theorem 3.35 (Seite 46) aufgeführten Äquivalenzen, die auch für die Prädikatenlogik 1. Stufe gelten, gelten die folgenden Äquivalenzen, die sich auf das Auftreten von Quantoren beziehen:

Theorem 3.60 (Äquivalenzen für PL1-Formeln) *Es gelten:*

1.1 $\quad \neg \forall x\, F \;\equiv\; \exists x\, \neg F$

1.2 $\quad \neg \exists x\, F \;\equiv\; \forall x\, \neg F$

2.1 $\quad (\forall x\, F) \wedge G \;\equiv\; \forall x(F \wedge G)$

2.2 $\quad (\forall x\, F) \vee G \;\equiv\; \forall x(F \vee G)$

2.3 $\quad (\exists x\, F) \wedge G \;\equiv\; \exists x(F \wedge G)$

2.4 $\quad (\exists x\, F) \vee G \;\equiv\; \exists x(F \vee G)$

$\left.\begin{array}{l}\\ \\ \\ \\\end{array}\right\}$ *falls x nicht frei in G vorkommt*

3.1 $\quad (\forall x\, F) \wedge (\forall x\, G) \;\equiv\; \forall x(F \wedge G)$

3.2 $\quad (\exists x\, F) \vee (\exists x\, G) \;\equiv\; \exists x(F \vee G)$

4.1 $\quad \forall x \forall y\, F \;\equiv\; \forall y \forall x\, F$

4.2 $\quad \exists x \exists y\, F \;\equiv\; \exists y \exists x\, F$

5.1 $\quad \forall x\, F \;\equiv\; \forall y\, F\,[x/y]$

5.2 $\quad \exists x\, F \;\equiv\; \exists y\, F\,[x/y]$

$\left.\begin{array}{l}\\ \\\end{array}\right\}$ *falls y nicht in F vorkommt*   *(gebundenes Umbenennen)*

Die verwendete Notation $F\,[x/y]$ bezeichnet die Formel, die aus F entsteht, wenn man alle freien Vorkommen von x in F durch y ersetzt.

Im Folgenden wollen wir etwas näher auf die einzelnen Äquivalenzen in Theorem 3.60 eingehen und auf ihre jeweilige Bedeutung hinweisen.

Die unter (1) aufgeführten Äquivalenzen stellen die Quantoren in Beziehung zueinander. Ein negierter, allquantifizierter Satz wie "Nicht alle Studenten haben eine Matrikelnummer" ist äquivalent zu dem existentiell quantifizierten Satz "Es gibt einen Studenten, der keine Matrikelnummer hat". Tatsächlich käme man daher mit nur einem der beiden Quantoren aus, da man jeden der beiden immer durch den anderen ausdrücken kann. Die folgenden Äquivalenzen folgen unmittelbar aus den in Theorem 3.60 angegebenen:

$$\forall x\, F \;\equiv\; \neg \exists x\, \neg F$$
$$\exists x\, F \;\equiv\; \neg \forall x\, \neg F$$

Insbesondere gestatten es diese Äquivalenzen, eine Negation vor einem Quantor in die quantifizierte Aussage "hineinzuziehen", so dass das Negationszeichen nur unmittelbar vor den Atomen steht.

Selbsttestaufgabe 3.61 (Umformung) Wandeln Sie die folgende Formel F semantisch äquivalent so um, dass das Negationszeichen $\neg$ nur unmittelbar vor Atomen steht:

$$F =_{\text{def}} \neg(P(x) \Rightarrow \neg \forall y\, Q(y)) \vee R(z) \qquad \blacksquare$$

Die Äquivalenzen unter (2.) in Theorem 3.60 erlauben es, einen Quantor in einer Teilformel, die Teil einer Konjunktion oder einer Disjunktion ist, "nach außen" zu ziehen, falls die quantifizierte Variable in dem anderen Teil nicht auftritt.

Die Äquivalenzen unter (3.) sollten Sie besonders beachten. Die Äquivalenz (3.1) drückt aus, dass der Allquantor mit der Konjunktion "verträglich ist". Intuitiv kann man sich das dadurch klarmachen, dass man eine Formel $\forall x\ P$ als eine Abkürzung für eine (im Allgemeinen unendliche) Formel der Art

$$P[x/c_1] \wedge P[x/c_2] \wedge P[x/c_3] \wedge \ldots$$

ansieht, wobei $c_1, c_2, c_3, \ldots$ genau alle Objekte des Universums bezeichnen. Dual dazu kann man eine Formel $\exists x\ P$ als Abkürzung für eine Formel der Art

$$P[x/c_1] \vee P[x/c_2] \vee P[x/c_3] \vee \ldots$$

ansehen, woraus deutlich wird, dass der Existenzquantor wie in der Äquivalenz (3.2) mit der Disjunktion verträglich ist. Ebenso wichtig wie die beiden gerade genannten Äquivalenzen sind die folgenden Nichtäquivalenzen:

$$(\forall x\ F) \vee (\forall x\ G) \quad \not\equiv \quad \forall x(F \vee G)$$
$$(\exists x\ F) \wedge (\exists x\ G) \quad \not\equiv \quad \exists x(F \wedge G)$$

Selbsttestaufgabe 3.62 (Quantorenunverträglichkeit) Konstruieren Sie ausgehend von den oben gemachten Analogien Interpretationen, die aufzeigen, dass der Allquantor nicht mit der Disjunktion und der Existenzquantor nicht mit der Konjunktion verträglich ist.   ∎

Die Äquivalenzen unter (4.) in Theorem 3.60 geben an, dass aufeinander folgende, *gleiche* Quantoren vertauscht werden können. Auch hier ist wieder zu beachten, dass es eine ganz ähnlich aussehende Nichtäquivalenz gibt. Bei *verschiedenen* Quantoren ist nämlich die Reihenfolge extrem wichtig:

$$\forall x\ \exists y\ F \quad \not\equiv \quad \exists y\ \forall x\ F$$

Beispiel 3.63 (Quantorenreihenfolge) Ein klassisches Beispiel dafür liefert das Prädikat Lieben(x,y), das für "x liebt y" steht. Damit haben wir die offensichtlich unterschiedlichen Aussagen:

$\forall$x $\exists$y Lieben(x,y) : "Jeder liebt jemanden."
$\exists$y $\forall$x Lieben(x,y) : "Es gibt jemanden, den jeder liebt."

In Abbildung 3.5 sind mögliche Interpretationen zu diesen Formeln skizziert.   □

Um Formeln dieser Art besser auseinander zu halten, ist es günstig, Klammern zu setzen, die die Strukturierung der Formeln unterstreichen, wie in $\forall x\ (\exists y\ F)$ bzw. $\exists y\ (\forall x\ F)$.

Die Äquivalenzen unter (5.) in Theorem 3.60 gestatten es, eine quantifizierte Variable zu ersetzen. Damit kann man erreichen, dass keine Variable mehrfach gebunden oder sowohl gebunden als auch frei auftritt (vgl. Abschnitt 3.5.6).

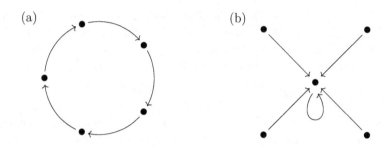

Abbildung 3.5 Mögliche Interpretationen zu (a) $\forall x\ \exists y$ Lieben(x, y) und zu
(b) $\exists y\ \forall x$ Lieben(x, y).

3.5.5 Ableitungen in der Prädikatenlogik 1. Stufe

Im Folgenden gehen wir auf die wichtigsten Inferenzregeln für die Prädikatenlogik
1. Stufe ein. Vollständige Kalküle für PL1 sind in vielen Büchern über die Prädikatenlogik zu finden (z.B. [19, 21]). Zunächst gilt die Beobachtung, dass die allgemeinen Inferenzregeln für klassisch-logische Systeme (vgl. Abschnitt 3.3.3) natürlich
auch für PL1 gelten. Besonders charakteristisch für die Prädikatenlogik sind jedoch
Inferenzregeln für quantifizierte Formeln. Die $\forall$-*Instantiierungsregel* ("Für alle"-
Instantiierungsregel) der Prädikatenlogik besagt, dass man aus einer Formel mit
einer allquantifizierten Variablen eine Instanz dieser Formel ableitet, indem man
die Variable durch einen beliebigen variablenfreien Term t ersetzt:

$$\frac{\forall x\ F}{F[x/t]} \qquad\qquad (\forall\text{-Inst})$$

Dabei entsteht $F[x/t]$ aus F, indem man jedes freie Auftreten von x in F durch t
ersetzt.[6]

Stellt man sich vor, dass die Konstanten $c_1, c_2, c_3, \ldots$ alle Objekte des
Universums bezeichnen, so kann man durch wiederholte Anwendung der $\forall$-
Instantiierungsregel aus $\forall x\ F$ jede Formel $F[x/c_i]$ ableiten; somit kann man auch
die (im Allgemeinen unendliche) Konjunktion

$$F[x/c_1] \wedge F[x/c_2] \wedge F[x/c_3] \wedge \ldots$$

ableiten (vgl. die Äquivalenzen unter (3.) in Theorem 3.60 und die Diskussion dazu!).

Dual zu diesen Überlegungen steht eine Formel $\exists x\ F$ für die (im Allgemeinen
unendliche) Disjunktion

$$F[x/c_1] \vee F[x/c_2] \vee F[x/c_3] \vee \ldots$$

Allerdings können wir nicht wissen, welches c_i wir für x einsetzen dürfen. Daraus
ergibt sich die $\exists$-*Instantiierungsregel* ("Es gibt"-Instantiierungsregel):

---

[6] Tatsächlich darf t sogar Variablen enthalten. Dann gilt jedoch noch eine kleine technische Einschränkung, um Konflikte zwischen den Variablen in t und den Variablen in F zu vermeiden
(t darf keine Variable enthalten, die in F gebunden ist); hierauf wollen wir aber nicht weiter
eingehen.

$$\frac{\exists x \ F}{F[x/c]} \qquad \text{($\exists$-Inst)}$$

wobei c eine *neue* Konstante ist, die bisher noch nicht benutzt wurde (dies entspricht also einer impliziten Signaturerweiterung um die Konstante c). Die Idee dieser Inferenzregel ist die folgende: Eine Formel $\exists x \ P(x)$ ist genau dann in einer Interpretation I erfüllbar, wenn wir ein Element e des Universums von I finden, so dass $e \in P_I$ gilt. Wenn wir c gerade durch dieses e interpretieren, erfüllt I wegen $[\![c]\!]_I = e$ auch die Formel $P(c)$. Essentiell ist dabei, dass c eine *neue* Konstante ist, über die wir bisher folglich noch keinerlei Annahmen gemacht oder abgeleitet haben. Alles, was die $\exists$-Instantiierungsregel macht, ist also, dass für das Objekt, dessen Existenz durch $\exists x \ F$ sichergestellt ist, ein Name vergeben wird; wie dieser Name interpretiert wird, bleibt dabei völlig offen.[7]

Wir wollen nun ein bekanntes Beispiel mit Hilfe der eingeführten Inferenzregeln beweisen.

Beispiel 3.64 (Politiker) Wir nehmen einmal an, dass Politiker niemanden mögen, der knauserig ist, dass jeder Politiker eine Firma mag und dass es überhaupt Politiker gibt. Zu zeigen ist, dass aus diesen Annahmen folgt, dass es eine Firma gibt, die nicht knauserig ist. Die Annahmen können wir durch die drei folgenden PL1-Formeln ausdrücken:

(1) $\forall$x Politiker(x) $\Rightarrow$ ($\forall$y Knauserig(y) $\Rightarrow$ ¬Mag(x,y))
(2) $\forall$x Politiker(x) $\Rightarrow$ $\exists$y Firma(y) $\wedge$ Mag(x,y)
(3) $\exists$x Politiker(x)

Daraus können wir folgende Formeln ableiten, wobei wir rechts angeben, auf welche Formeln welche Inferenzregel (vgl. Abschnitt 3.3.3) angewandt wurde:

(4)	Politiker(NN)	3, $\exists$-Inst
(5)	Politiker(NN) $\Rightarrow$ $\exists$y Firma(y) $\wedge$ Mag(NN,y)	2, $\forall$-Inst
(6)	$\exists$y Firma(y) $\wedge$ Mag(NN,y)	4,5, MP
(7)	Firma(AG) $\wedge$ Mag(NN,AG)	6, $\exists$-Inst
(8)	Firma(AG)	7, $\wedge$-Elim
(9)	Mag(NN,AG)	7, $\wedge$-Elim
(10)	Politiker(NN) $\Rightarrow$ ($\forall$y Knauserig(y) $\Rightarrow$ ¬Mag(NN,y))	1, $\forall$-Inst
(11)	$\forall$y Knauserig(y) $\Rightarrow$ ¬Mag(NN,y)	4,10, MP
(12)	Knauserig(AG) $\Rightarrow$ ¬Mag(NN,AG)	11, $\forall$-Inst
(13)	¬Knauserig(AG)	9,12, MT
(14)	Firma(AG) $\wedge$ ¬Knauserig(AG)	8,13, $\wedge$-Einf

Beachten Sie die Anwendungen der Instantiierungsregeln. In (4) wurde die *neue* Konstante NN eingesetzt. Da wir für (5) wegen der $\forall$-Instantiierung beliebige zulässige Terme einsetzen können, können wir insbesondere auch die Konstante NN einsetzen. Entsprechend wurde sowohl für (7) als auch für (12) die Konstante AG gewählt.

---

[7] Tatsächlich könnten wir auch hier etwas großzügiger sein und anstelle einer neuen Konstanten c einen Term $f(x_1, \ldots, x_n)$ zulassen, wobei f ein neues Funktionssymbol und $x_1, \ldots, x_n$ die in F frei auftretenden Variablen sind; auch hierauf wollen wir hier aber nicht weiter eingehen.

Die abgeleitete Formel (14) besagt, dass das mit AG bezeichnete Objekt eine Firma ist, die nicht knauserig ist. Damit ist noch nicht gesagt, welche bestimmte Firma dies sein mag; nur die Existenz einer solchen Firma haben wir mit der Ableitung bewiesen.   □

Bei Ableitungen in PL1 sind in der Praxis, wie auch schon bei der Aussagenlogik gesagt, nicht nur die Inferenzregeln, sondern auch die entsprechenden Äquivalenzen von Bedeutung. So haben wir im obigen Beispiel für die Herleitung der Formel (13) mittels *modus tollens* implizit von der Äquivalenz

$$\neg\neg\mathtt{Mag(NN, AG)} \quad \equiv \quad \mathtt{Mag(NN, AG)}$$

Gebrauch gemacht.

Ein entscheidender Aspekt bei einer Ableitung wie in Beispiel 3.64 ist, dass diese vollständig mechanisch ablaufen kann. Jede Schlussfolgerung folgt aus den Voraussetzungen und den vorangegangenen Schlussfolgerungen aufgrund einer rein syntaktisch definierten Anwendung einer Inferenzregel. Natürlich gibt es neben den im Beispiel gewählten Ableitungsschritten noch eine große Anzahl von anderen möglichen Ableitungsschritten. Das Finden von Strategien zur intelligenten Auswahl dieser Schritte, um (möglichst schnell) am Ziel anzugelangen, ist eines der Hauptprobleme bei der Realisierung automatischer Beweissysteme (vgl. z.B. [19, 21]).

Selbsttestaufgabe 3.65 (Steuern) Gegeben sei die Formelmenge

$Wahl\_steht\_bevor \Rightarrow (\forall x \ Steuer(x) \Rightarrow wird\_nicht\_erhöht(x))$
$Steuer(Mehrwertsteuer)$
$Wahl\_steht\_bevor$

(vgl. Selbsttestaufgabe 3.1(3)). Leiten Sie daraus die Formel

$wird\_nicht\_erhöht(Mehrwertsteuer)$

mit Hilfe der oben angegebenen Ableitungsregeln ab.   ∎

3.5.6 Normalformen

Im Folgenden zeigen wir auf, wie sich mit den in Theorem 3.60 angegebenen Transformationen jede PL1-Formel F in eine äquivalente Formel F' transformieren lässt, so dass in F' alle Quantoren außen stehen. Eine Formel, in der alle Quantoren außen stehen, wird *Pränexform* genannt. Eine Pränexform, die als Junktor nur noch Konjunktion, Disjunktion und Negation enthält, wobei die Negation dabei nur unmittelbar vor Atomen auftritt, nennen wir *verneinungstechnische Normalform*.

Durch das folgende Verfahren können wir jede PL1-Formel in eine äquivalente Formel in verneinungstechnischer Normalform überführen:

1. Der erste Schritt, eine Formel in Pränexform zu überführen, besteht darin, eine bereinigte Form zu erstellen. Dabei heißt eine Formel *bereinigt*, sofern in ihr keine Variable sowohl frei als auch gebunden auftritt und sofern hinter allen vorkommenden Quantoren verschiedene Variablen stehen. Eine bereinigte Form einer PL1-Formel erhalten wir durch Anwendung der unter (5.) in Theorem 3.60 angegebenen Transformationen, d.h. durch geeignete Umbenennung von Variablen.

2. Mit Hilfe der Äquivalenzen (11) und (12) in Theorem 3.35 lassen sich die Junktoren $\Rightarrow$ und $\Leftrightarrow$ vollständig beseitigen. Danach muss Schritt 1 gegebenenfalls wiederholt werden, da die Auflösung von $\Leftrightarrow$ zu einer nicht bereinigten Form führen kann.

3. Mit den de Morganschen Gesetzen und dem Satz von der doppelten Negation (Äquivalenzen (6) und (7) in Theorem 3.35) wird das Negationszeichen ganz nach "innen" geschoben, so dass es nur noch unmittelbar vor Atomen auftritt.

4. Die Regeln unter (2.) und (3.) in Theorem 3.60 erlauben es, alle Quantoren ganz nach außen zu schieben.

Selbsttestaufgabe 3.66 (Pränexform) Bilden Sie eine Pränexform zu der Formel $(\neg \exists x\, P(x)) \Rightarrow (\neg \exists x\, Q(x))$. ∎

Selbsttestaufgabe 3.67 (Normalform) Überführen Sie die Formel

$$C =_{\text{def}} \exists z\,((\neg \exists x(P(x,z) \lor \forall y\, Q(x,f(y)))) \lor \forall y\, P(g(z,y),z))$$

in eine verneinungstechnische Normalform. ∎

Für die (prädikatenlogische Variante der) Resolution (s. Abschnitt 3.6) müssen wir die Formeln noch weiter vereinfachen. Existenzquantoren werden durch *Skolemisierung* eliminiert. Tritt ein Existenzquantor nicht im Geltungsbereich eines Allquantors auf, wird der Existenzquantor einfach weggelassen und alle Auftreten der quantifizierten Variablen werden durch eine *neue* Konstante – eine sog. *Skolemkonstante* – ersetzt. Ist c eine neue Konstante, so ist z.B. $P(c)$ die Skolemisierung von $\exists x P(x)$.

Tritt dagegen $\exists x$ im Geltungsbereich der allquantifizierten Variablen $y_1, \ldots, y_n$ auf, so werden alle Auftreten von x durch den Term $f(y_1, \ldots, y_n)$ ersetzt. Dabei muss f ein *neues* Funktionssymbol sein; f wird auch *Skolemfunktion* genannt (vgl. z.B. [85]). Ist f ein neues Funktionssymbol, so ist z.B. $\forall y\, P(f(y),y)$ die Skolemisierung von $\forall y\, \exists x\, P(x,y)$. Die folgende Tabelle gibt weitere Beispiele zur Skolemisierung an, wobei c, c', f, g jeweils neue Skolemkonstanten bzw. Skolemfunktionen sind:

Formel	skolemisierte Formel
$\exists x\, \exists v\, \forall y\, P(y,x,v)$	$\forall y\, P(y,c,c')$
$\exists x\, \forall y\, \exists v\, P(y,x,v)$	$\forall y\, P(y,c,f(y))$
$\forall y\, \exists x\, \exists v\, P(y,x,v)$	$\forall y\, P(y,g(y),f(y))$
$\forall y_1 \forall y_2 \exists x\, P(x,y_1) \lor Q(x,y_2)$	$\forall y_1 \forall y_2\, P(f(y_1,y_2),y_1) \lor Q(f(y_1,y_2),y_2)$

Die vollständige Skolemisierung einer Formel F entfernt alle Existenzquantoren aus F und liefert eine Formel F', die *erfüllbarkeitsäquivalent* zu F ist, d.h. F ist erfüllbar genau dann, wenn F' erfüllbar ist. Die beiden folgenden Schritte schließen nun an die vier obigen an:

5. Alle Existenzquantoren werden durch Skolemisierung entfernt.

6. Da alle auftretenden Variablen jetzt allquantifiziert sind, können alle Allquantoren weggelassen werden.

Die so erhaltene Formel enthält nur noch Literale und die Junktoren $\land$ und $\lor$. Mithilfe der de Morganschen Regeln (Theorem 3.35) können die folgenden Normalformen erzeugt werden.

Definition 3.68 (disjunktive und konjunktive Normalform) Eine Formel F ist in *disjunktiver Normalform (DNF)*, wenn sie von der Form

$$K_1 \lor \ldots \lor K_n$$

ist, wobei die K_i Konjunktionen von Literalen sind. F ist in *konjunktiver Normalform (KNF)*, wenn sie von der Form

$$D_1 \land \ldots \land D_n$$

ist, wobei die D_i Disjunktionen von Literalen sind. $\qquad\qquad\square$

Da die Junktoren $\lor$ und $\land$ assoziativ, kommutativ und idempotent sind, ist die Reihenfolge der Elemente in einer Disjunktion bzw. einer Konjunktion irrelevant, und jedes mehrfache Auftreten eines Elements kann eliminiert werden. Genau diese Eigenschaften leistet gerade die Mengendarstellung, bei der z.B. eine Disjunktion von Literalen $L_1 \lor \ldots \lor L_n$ dargestellt wird als Menge $\{L_1, \ldots, L_n\}$.

Definition 3.69 (Klausel, Klauselform) Die Mengendarstellung der konjunktiven Normalform heißt *Klauselform*. Eine KNF-Formel

$$(L_{1,1} \lor L_{1,2} \lor \ldots \lor L_{1,n_1}) \land \ldots \land (L_{m,1} \lor \ldots \lor L_{m,n_m})$$

wird in Klauselform also als

$$\{\{L_{1,1}, L_{1,2}, \ldots, L_{1,n_1}\}, \ldots, \{L_{m,1}, \ldots, L_{m,n_m}\}\}$$

geschrieben. Die inneren Mengen von Literalen $\{L_{i,1}, L_{i,2}, \ldots, L_{i,n_i}\}$ werden als *Klauseln* bezeichnet; die gesamte Menge der Klauseln heißt *Klauselmenge*.[8] $\qquad\square$

Zu jeder aussagenlogischen Formel gibt es also auch eine äquivalente Formel in Klauselform. Durch die angegebenen Umformungsschritte können wir darüber hinaus jede PL1-Formel in eine erfüllbarkeitsäquivalente Formel in Klauselform überführen. Dies ist eine der Grundlagen für das Resolutionsverfahren (Abschnitt 3.6).

Selbsttestaufgabe 3.70 (Haustier 3) Repräsentieren Sie die Formeln aus Selbsttestaufgabe 3.24 in Klauselform. $\qquad\qquad\blacksquare$

---

[8] Zur Beachtung: In einer Klauselform sind die Literale innerhalb einer Klausel implizit *disjunktiv* verknüpft, während die Klauseln *konjunktiv* verknüpft sind! Da die Variablen in einer Klauselform implizit allquantifiziert sind, können gemäß Theorem 3.60 die Variablen in einer Klausel umbenannt werden, ohne dass sich die Sematik der Klauselform ändert.

Selbsttestaufgabe 3.71 (Normalform) Überführen Sie die Formel

$$\neg(\neg(A \Rightarrow (B \vee C)) \Rightarrow ((B \wedge C) \Rightarrow A))$$

zunächst in konjunktive Normalform und dann in Klauselform.   ∎

Selbsttestaufgabe 3.72 (Klauselform) Überführen Sie die Formel

$$(\forall x \; Mensch(x) \Rightarrow sich\text{-}irren(x)) \wedge Mensch(Max) \wedge \neg(\exists y \; sich\text{-}irren(y))$$

in Klauselform.   ∎

Selbsttestaufgabe 3.73 (Normalformen) Überführen Sie die Formel

$$\exists y(\neg P(y) \vee R(y)) \Leftrightarrow \forall y S(y)$$

in Pränexform, verneinungstechnische Normalform, DNF und KNF.   ∎

Selbsttestaufgabe 3.74 (Normalformen und Cn)

1. Sei $\mathcal{F}$ eine Formelmenge und A eine Formel. Zeigen Sie: Gilt $\mathcal{F} \models A$, so ist $Cn(\mathcal{F} \cup \{A\}) = Cn(\mathcal{F})$.

2. Zeigen Sie: Für zwei Formeln A und B ist

$$Cn(\{A, B\}) = Cn(\{A \wedge B\}) = Cn(\{A, A \Rightarrow B\}) = Cn(\{A, A \Rightarrow B, B\}).$$

3. Vereinfachen Sie bis zu einer Cn-Menge über einer disjunktiven Normalform:

$$Cn(\{A \vee G, B \Rightarrow A, B \vee (G \wedge \neg G), \neg C \Rightarrow D, E \vee \neg F, F\}).$$

∎

3.5.7   Unifikation

Neben der Klauseldarstellung ist das Gleichmachen von Termen durch Instantiierung von Variablen eine weitere essentielle Grundlage für die Resolution.

Definition 3.75 (Substitution) Eine *Substitution* σ ist eine (totale) Funktion

$$\sigma : Term_\Sigma(V) \;\rightarrow\; Term_\Sigma(V)$$

die Terme auf Terme abbildet, so dass die Homomorphiebedingung

$$\sigma(f(t_1, \ldots, t_n)) = f(\sigma(t_1), \ldots, \sigma(t_n))$$

für jeden Term $f(t_1, \ldots, t_n)$, $n \geq 0$, gilt und so dass σ eingeschränkt auf V fast überall[9] die Identität ist. Die Menge $dom(\sigma) = \{x \in V \mid \sigma(x) \neq x\}$ ist der *Definitionsbereich* (engl. *domain*) von σ.   □

---

[9] Zur Erinnerung: "fast überall" bedeutet "alle bis auf endlich viele".

Jede Substitution σ kann eindeutig durch eine endliche Menge von (Variable, Term)-Paaren $\{x_1/t_1, \ldots, x_n/t_n\}$ *repräsentiert* werden, wobei $dom(\sigma) = \{x_1, \ldots, x_n\}$ und $\sigma(x_i) = t_i$ gilt.

Die *Anwendung einer Substitution* σ auf einen Term t ist nun einfach die normale Funktionsanwendung $\sigma(t)$, da wir hier Substitutionen direkt als Abbildung von Termen auf Terme eingeführt haben. $\sigma(t)$ heißt *Instanz* des Terms t; falls $\sigma(t)$ keine Variablen enthält, so heißt $\sigma(t)$ *Grundinstanz* von t. Für $\sigma = \{x_1/t_1, \ldots, x_n/t_n\}$ erhält man $\sigma(t)$, indem man alle Auftreten der Variablen x_i in t (für $i = 1, \ldots, n$) simultan durch t_i ersetzt. Für die Substitution $\sigma = \{x/g(v), y/b\}$ gilt zum Beispiel $\sigma(f(x, y, z)) = f(g(v), b, z)$ und $\sigma(h(x, x)) = h(g(v), g(v))$.

Für die *Komposition* $\rho \circ \sigma$ von zwei Substitutionen σ und ρ gilt $\rho \circ \sigma(t) = \rho(\sigma(t))$; $id = \{ \}$ ist die *identische* oder *leere* Substitution, für die $id(t) = t$ für jeden Term t gilt. Eine *Variablenumbenennung* ist eine Substitution, die alle Variablen in ihrem Definitionsbereich injektiv auf Variablen abbildet. Beispielsweise ist $\rho = \{x/v, y/w\}$ eine Variablenumbenennung.

Bei der Unifikation werden Terme durch Variableneinsetzungen gleich gemacht.

Definition 3.76 (Unifikator) Eine Substitution σ heißt *Unifikator* der Terme s und t, wenn $\sigma(s) = \sigma(t)$ gilt; in diesem Fall sind s und t *unifizierbar*.   □

Die Begriffe der Substitution und Unifikation können von Termen direkt auf Formeln und Formelmengen übertragen werden. Insbesondere bei der Resolution werden wir von der Unifikation von Literalen mit demselben Prädikatensymbol sprechen.

Die Terme $f(x, b)$ und $f(a, c)$ sind nicht unifizierbar, ebensowenig $f(x)$ und $f(g(x))$.

Die Substitutionen $\sigma = \{x/b, y/a, z/g(a, a)\}$ und $\mu = \{x/b, z/g(a, y)\}$ sind zwei Unifikatoren von $t_1 = f(x, g(a, y))$ und $t_2 = f(b, z)$. Allerdings ist μ allgemeiner als σ insofern, als dass in σ die Variable y unnötigerweise instantiiert wird und $\sigma(z)$ spezifischer ist als $\mu(z)$ (d.h. $\sigma(z)$ entsteht aus $\mu(z)$ durch Instanzenbildung). Es gilt offensichtlich $\sigma = \sigma' \circ \mu$ mit $\sigma' = \{y/a\}$.

Definition 3.77 (allgemeinster Unifikator, mgu) Ein Unifikator μ von s und t heißt *allgemeinster Unifikator* (engl. *most general unifier*, mgu) wenn es zu jedem Unifikator σ von s und t eine Substitution σ' mit $\sigma = \sigma' \circ \mu$ gibt.   □

Im vorangegangenen Beispiel ist μ ein allgemeinster Unifikator. Man kann zeigen, dass es für unifizierbare Terme auch immer einen allgemeinsten Unifikator gibt. Da jeder allgemeinste Unifikator bis auf Variablenumbenennung eindeutig bestimmt ist, spricht man auch von *dem* allgemeinsten Unifikator von zwei Termen.

Bei der Unifikation zweier Literale $P(t_1, \ldots, t_n)$ und $P(s_1, \ldots, s_n)$ kann man wie folgt vorgehen: Wir suchen die erste Stelle in beiden Literalen, an denen sich die beiden unterscheiden. Dies seien t_{k_i} und s_{k_j} (Unterterme von den t_k bzw. s_k). Ist keine der beiden Terme eine Variable, dann sind die Literale nicht unifizierbar. Ist einer dieser Terme eine Variable, etwa $t_{k_i} = x$, dann untersuchen wir, ob diese Variable in s_{k_j} vorkommt. Wenn ja, dann sind die Literale nicht unifizierbar. Wenn nein, ersetzen wir überall in beiden Literalen x durch s_{k_j}. Mit dem Ergebnis verfahren wir wie beschrieben, bis entweder beide Literale gleich sind oder sich als nicht unifizierbar erwiesen haben.

Selbsttestaufgabe 3.78 (Unifikation) Welche der folgenden Literalpaare sind unifizierbar? Bestimmen Sie gegebenenfalls den allgemeinsten Unifikator! (x, y, z sind wie üblich Variablen, a ist eine Konstante.)

1. $\{P(x, y, y), \quad P(y, z, a)\}$
2. $\{P(x, y, y), \quad P(f(y), y, x)\}$
3. $\{P(f(x), a, x), \quad P(f(g(y))), z, z)\}$ ∎

Selbsttestaufgabe 3.79 (Unifikation) Bestimmen Sie in jedem der folgenden Fälle, ob die Substitution σ ein Unifikator bzw. sogar ein allgemeinster Unifikator der Terme t und t' ist:

1. $t = f(a, y, g(z))$, $t' = f(x, f(f(a)), g(f(b)))$, $\sigma = \{x/a, y/f(f(a)), z/f(b)\}$
2. $t = f(y, g(z))$, $t' = f(x, g(f(b)))$, $\sigma = \{x/a, y/a, z/f(b)\}$
3. $t = f(y, y, g(z))$, $t' = f(x, f(f(a)), g(f(b)))$, $\sigma = \{x/a, y/f(f(a)), z/f(b)\}$

Sind t und t' in den folgenden Fällen unifizierbar? Bestimmen Sie einen allgemeinsten Unifikator bzw. begründen Sie, warum es keinen solchen gibt:

1. $t = g(f(x), z)$, $t' = g(y, f(a))$
2. $t = g(f(x), z)$, $t' = h(y, f(a))$
3. $t = h(f(a), f(z), g(a))$, $t' = h(y, f(g(b)), g(y))$ ∎

3.6 Der Resolutionskalkül

Wie schon in Abschnitt 3.3.5 erwähnt, geht es im Resolutionskalkül nicht direkt um das Ableiten einer Formel G aus einer Formel(menge) F. Vielmehr muss hier die zu beweisende Formel G negiert zu F hinzugefügt und anschließend die Unerfüllbarkeit von $F \wedge \neg\, G$ gezeigt werden. Gelingt dies, so ist damit die logische Folgerung $F \models G$ bewiesen.

Der Resolutionskalkül arbeitet im Gegensatz z.B. zu der Methode der Wahrheitstafeln nicht auf beliebigen Formeln, sondern auf Formeln in Klauselform (vgl. Def. 3.69). Der Resolutionskalkül (für die Aussagenlogik) hat nur eine einzige Inferenzregel, die Resolutionsregel.[10] Die (aussagenlogische Variante der) *Resolutionsregel* ist:

$$\frac{\{L, K_1, \ldots, K_n\}}{\{K_1, \ldots, K_n, M_1, \ldots, M_m\}}$$

Dabei heißen die Klauseln $\{L, K_1, \ldots, K_n\}$ und $\{\neg L, M_1, \ldots, M_m\}$ *Elternklauseln*, die abgeleitete Klausel $\{K_1, \ldots, K_n, M_1, \ldots, M_m\}$ heißt *Resolvente*, und die Literale L und $\neg L$ sind die *Resolutionsliterale*.

---

[10] Für PL1 wird auch noch die so genannte *Faktorisierung* benötigt (vgl. Seite 66).

Ziel der Resolution ist es, einen elementaren Widerspruch abzuleiten, der der *leeren Klausel* { } entspricht. Im Resolutionskalkül wird die leere Klausel meistens durch □ repräsentiert. Jede abgeleitete Resolvente kann wieder als Elternklausel für einen neuen Resolutionsschritt verwendet werden. Gelingt es, aus einer Klauselmenge $\mathcal{K}$ die leere Klausel abzuleiten, so ist $\mathcal{K}$ unerfüllbar. Umgekehrt gibt es für jede unerfüllbare Klauselmenge $\mathcal{K}$ eine Resolutionsableitung der leeren Klausel aus $\mathcal{K}$. Dies bedeutet, dass der Resolutionskalkül *korrekt* und *widerlegungsvollständig* ist.

Graphisch stellen wir einen Resolutionsschritt so dar, dass wir die Resolvente mit den darüber stehenden Elternklauseln durch Kanten miteinander verbinden und dabei die Resolutionsliterale durch Unterstreichen markieren. Z.B. stellen

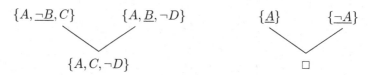

zwei Resolutionsschritte dar. Der rechts dargestellte Resolutionsschritt leitet die leere Klausel □ ab; daraus folgt, dass die Klauselmenge $\{\{A\}, \{\neg A\}\}$ (die ja $A \wedge \neg A$ repräsentiert) unerfüllbar ist.

Selbsttestaufgabe 3.80 (Haustier 4) Beweisen Sie mittels Resolution, dass die Vermutung von Herrn Meier eine logische Folgerung aus seinen drei Überlegungen ist (vgl. Selbsttestaufgaben 3.24, 3.32 und 3.70). ■

Die prädikatenlogische Version der Resolution berücksichtigt, dass die Literale in der Klauseldarstellung einer PL1-Formel Terme mit Variablen enthalten können. Statt Resolutionsliterale L und $\neg L$ mit identischem L zu verlangen, wird von zwei Literalen L und $\neg L'$ ausgegangen, so dass L und L' unifizierbar sind. Die (volle) *Resolutionsregel* lautet damit

$$\frac{\begin{array}{l}\{L, K_1, \ldots, K_n\} \\ \{\neg L', M_1, \ldots, M_m\} \qquad \sigma(L) \ = \ \sigma(L')\end{array}}{\{\sigma(K_1), \ldots, \sigma(K_n), \ \sigma(M_1), \ldots, \sigma(M_m)\}}$$

wobei σ allgemeinster Unifikator von L und L' ist. Dabei ist zu beachten, dass die beiden Elternklauseln eines Resolutionsschrittes keine gemeinsamen Variablen haben. Dies kann immer leicht dadurch erreicht werden, dass vor einem Resolutionsschritt gegebenenfalls *Variablenumbenennungen* in den Elternklauseln vorgenommen werden (vgl. die Anmerkungen in der Fußnote zu Definition 3.69).

Während in der Aussagenlogik das mehrfache Auftreten derselben atomaren Formel wie z.B. in $A \vee A$ automatisch durch die Verwendung der Mengenschreibweise in der Klauselform eliminiert wird, wird für die Widerlegungsvollständigkeit der Resolution in PL1 noch die folgende *Faktorisierungsregel* benötigt

$$\frac{\{L, L', K_1, \ldots, K_n\} \qquad \sigma(L) \ = \ \sigma(L')}{\{\sigma(L), \sigma(K_1), \ldots, \sigma(K_n)\}}$$

wobei σ allgemeinster Unifikator von L und L' ist. Alternativ kann man die Resolutionsregel auch so erweitern, dass die Faktorisierung dort gleich mit berücksichtigt wird.

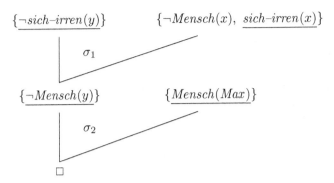

Abbildung 3.6 Resolutionsableitung mit $\sigma_1 = \{x/y\}$ und $\sigma_2 = \{y/Max\}$

Beispiel 3.81 (Resolution) Wir wollen die Folgerung

$$(\forall x \; Mensch(x) \Rightarrow sich\text{-}irren(x)) \wedge Mensch(Max) \models \exists y \; sich\text{-}irren(y)$$

mittels Resolution beweisen. Die Klauseldarstellung der Prämisse und der negierten Schlussfolgerung ist

$$\{\{\neg Mensch(x), \; sich\text{-}irren(x)\}, \{Mensch(Max)\}, \{\neg sich\text{-}irren(y)\}\}.$$

Die in Abbildung 3.6 angegebene Resolutionsableitung ist in diesem Fall eine so genannte SLD-Resolutionsableitung, wie sie dem logischen Programmieren zugrunde liegt (z. B. [227, 206]). Sie liefert nicht nur einen Beweis, sondern mit der Komposition $\sigma_2 \circ \sigma_1$ der verwendeten Unifikatoren auch eine Belegung $\sigma_2 \circ \sigma_1(y) = Max$ für die existenzquantifizierte Variable y, für die die instantiierte Schlussfolgerung gilt. Um $\exists y \; sich\text{-}irren(y)$ als gültige Schlussfolgerung zu zeigen, haben wir also mittels (SLD-)Resolution einen konstruktiven Nachweis geführt und $sich\text{-}irren(Max)$ als Schlussfolgerung bewiesen.   □

Selbsttestaufgabe 3.82 (Diätplan) Robert und Sabine unterhalten sich über ein neues Diätkonzept:

"Das ist ja unmöglich mit dieser Baukasten-Diät!", seufzt Robert. "Eigentlich darf ich ja essen, was ich will..." "Klingt doch verlockend", meint seine Freundin Sabine. "Auf den ersten Blick schon", sagt Robert, "aber wenn ich einen Apfel esse, muss ich auch einen Salzhering nehmen. Wegen der Mineralien. Esse ich eine Banane, muss ich eine Scheibe Knäckebrot hinterher essen – oder ich lasse den Salzhering liegen. Aber wenn ich ein Tortenstück esse, darf ich kein Knäckebrot nehmen – zu viele Kohlenhydrate." "Die nehmen es aber genau", findet Sabine. "Ja, und das ist noch längst nicht alles. Wenn ich einen Apfel esse, soll ich auch ein Tortenstück nehmen. Und wenn ich keinen Milchreis esse, soll ich eine Banane nehmen." "Worauf hättest du denn Hunger?", fragt Sabine. "Ich nehme auf jeden Fall einen Apfel. Keinen Milchreis – den vertrage ich nicht." "Pack den Diätplan weg", sagt Sabine, "er ist wirklich unmöglich."

Hat Sabine Recht? Stellen Sie die relevanten Informationen dieses Gesprächs in einer aussagenlogischen Formel dar, überführen Sie diese in Klauselform und zeigen Sie mit Resolution, dass Robert den Diätplan nicht einhalten kann, wenn er einen Apfel, aber keinen Milchreis isst.   ∎

Selbsttestaufgabe 3.83 (Trainingsprogramm) Statt eine unmögliche Diät zu halten, beschließt Robert, an einer Fitness-Akademie zu studieren, und ist nun mit der Kurszusammenstellung beschäftigt. Sein Fitnesscoach macht die folgenden Angaben:

Wenn Sie das Lauftraining (L) buchen, dann sollten Sie auch den Kurs im Kraftraum (K) belegen oder das Hanteltraining (H). Wenn Sie den Schwimmkurs (S) nicht besuchen, können Sie auch nicht am Aqua-Jogging (A) teilnehmen. Schwimmen und Hanteltraining sind in diesem Semester nicht gleichzeitig buchbar. Wollen Sie Tennis (T) spielen, dann brauchen Sie sowohl das Lauftraining als auch den Aqua-Jogging-Kurs.

"Wenn ich Tennis spielen will, muss ich also auch in den Kraftraum...", sagt Robert.

1. Stellen Sie die Aussagen des Coachs und die Aussage von Robert als aussagenlogische Formeln und in Klauselform dar.

2. Leiten Sie durch Resolution die Aussage von Robert ab.   ∎

3.7   Erweiterungen

Während bei der Aussagenlogik im Vergleich zur Prädikatenlogik 1. Stufe u. a. die Quantoren fehlen, erlaubt man bei der *Prädikatenlogik 2. Stufe* auch Quantifizierungen über Funktions- und Prädikatenvariablen. Ein prominentes Beispiel für eine Formel, die nicht mehr in PL1 ausdrückbar ist, ist das Induktionsaxiom der Peano-Axiome für die natürlichen Zahlen:

$$\forall P \ (P(0) \wedge (\forall x \ P(x) \Rightarrow P(x+1))) \ \Rightarrow \ \forall x \ P(x)$$

Diese Formel der Prädikatenlogik 2. Stufe enthält eine Quantifizierung über die Prädikatenvariable P. Durch diese Möglichkeit der Quantifizierung über Prädikatenvariablen ist die Prädikatenlogik 2. Stufe ausdrucksmächtiger als PL1 (so lassen sich durch die Peano-Axiome die natürlichen Zahlen – bis auf Isomorphie – eindeutig beschreiben; in PL1 ist das nicht möglich).

Allerdings gelten viele PL1-Eigenschaften in der Prädikatenlogik 2. Stufe nicht mehr. So sind viele der Fragestellungen, die in PL1 noch entscheidbar oder semientscheidbar sind, in der Prädikatenlogik 2. Stufe bereits unentscheidbar. Während in vielen Ansätzen zur logikbasierten Wissensrepräsentation aus diesem Grund die Prädikatenlogik 2. Stufe vermieden wird, ist sie für die Behandlung nichtmonotonen Schließens mittels der sog. *Zirkumskription* (siehe z.B. [147]) von Bedeutung.

Eine wichtige Einschränkung der Prädikatenlogik 1. Stufe ist die *Hornklausel-logik*, die zwar weniger ausdrucksstark als PL1 ist, aber günstigere Berechnungsei-genschaften aufweist und die die Grundlage für das logische Programmieren (z.B. Prolog) bildet (vgl. [227, 206]).

Eine häufig benutzte Art der Prädikatenlogik ergibt sich aus der Verwendung von *Sorten*. In der Mathematik ist es z.B. üblich, sich bei Schlussfolgerungen auf natürliche, ganze oder reelle Zahlen, Vektoren oder Matrizen zu beziehen; in der Biologie werden Pflanzen und Tiere in vielerlei Kategorien aufgeteilt. Insbesondere benutzt der Mensch offensichtlich die Informationen, die durch derartige Taxonomi-en ausgedrückt werden, bei seinen Schlussfolgerungen. Ein Beispiel, dass dies auch in automatischen Beweissystemen ausgenutzt werden kann, ist Schuberts Steamroller [239]. Dabei handelt es sich um ein logisches Rätsel, in dem die essentielle Infor-mation in einer taxonomischen Hierarchie von Tieren (Füchse, Vögel, Fleischfresser etc.) ausgedrückt wird.

In der Sortenlogik (vgl. z.B. [240]) erhalten alle Funktions- und Prädikaten-symbole Tupel von Sorten als Stelligkeiten, und alle Variablen sind jeweils einer bestimmten Sorte zugeordnet, die eine Teilmenge des Universums denotiert. Bei der Bildung von Termen und Formeln müssen die Sorten der Argumente mit den ge-forderten Sorten übereinstimmen. Ist z.B. *alter* ein zweistelliges Prädikatensymbol mit der Stelligkeit (*person, nat*), so ist *alter*(*Peter*, 23) nur dann ein wohlgeformtes Literal, wenn *Peter* von der Sorte *person* und 23 von der Sorte *nat* ist. Des Weiteren erhält man sortierte Quantifizierungen der Art

$$\forall x : person \; \exists y : nat \quad alter(x, y)$$

Sind Sorten in einer Logik hierarchisch angeordnet, so spricht man von einer *ord-nungssortierten Logik* (*order-sorted logic*); solche Logiken werden ebenfalls für die Wissensrepräsentation eingesetzt. Weiterhin spielen Sorten besonders in Program-miersprachen in Form von Typsystemen eine große Rolle.

Sehr viel ausdrucksstärkere Taxonomien als mit einfachen Sorten können in ei-ner sog. *terminologischen Logik* definiert werden, die den Konzeptsprachen zugrun-de liegt. Die mit Abstand wichtigste Konzeptsprache ist KL-ONE [23]. Die beiden charakteristischsten Eigenschaften von KL-ONE sind zum einen die Definition und Verfeinerung von Konzepten und zum anderen auf der operationalen Seite die Klas-sifizierung eines Konzepts in einer Konzepthierarchie. Die Bedeutung von KL-ONE lässt sich auch daran erkennen, dass es eine ganze Familie von KL-ONE-verwandten Sprachen gibt [244].

Eine vollständige Abhandlung logikbasierter Wissensrepräsentations- und Infe-renzformalismen würde bei weitem den Rahmen dieses Buches sprengen. Als weite-ren Einstieg in diese Thematik verweisen wir daher auf die umfangreiche Literatur. Im deutschsprachigen Raum sind dies z.B. [20] oder die entsprechenden Kapitel in [90].

3.8　Wie kommt der Delphin in den Karpfenteich?

In den vorangegangenen Abschnitten haben wir ausgeführt, wie Wissen durch Logik formal repräsentiert und für maschinelle Inferenzen genutzt werden kann. Voraussetzung für die Effektivität dieses Vorgehens ist jedoch eine richtige Handhabung logischer Methoden. In diesem Abschnitt wollen wir durch ein Beispiel verdeutlichen, welche Probleme bei einem allzu lockeren Umgang mit logischen Formalismen auftreten können.

Selbsttestaufgabe 3.84 (Allgemeingültigkeit) Zeigen Sie, dass die Formel

$$F =_{\text{def}} (\neg(A \Rightarrow (B \vee C)) \Rightarrow ((B \wedge C) \Rightarrow A)$$

allgemeingültig ist

1. durch Umformung in eine disjunktive Normalform und

2. mit Hilfe einer Wahrheitstafel.　　　　　　　　　　　　　　　■

Die obige Formel F ist also für alle Aussagen A, B, C wahr, unabhängig davon, ob die Aussagen selbst wahr oder falsch sind.

Beispiel 3.85 (Delphin) Wir wollen dies überprüfen, indem wir Aussagen über Flipper, den Delphin, formulieren:

$$A \quad : \quad \text{Er ist ein Delphin}$$
$$B \quad : \quad \text{Er ist ein Fisch}$$
$$C \quad : \quad \text{Er ist ein Teichbewohner}$$

Offensichtlich ist A wahr, während B und C falsch sind. D.h. die Formelmenge $\{A, \neg B, \neg C\}$ beschreibt unseren Delphin im Hinblick auf die drei Prädikate. Aus dieser Formelmenge $\{A, \neg B, \neg C\}$ können wir nun wegen

$$A \wedge \neg B \wedge \neg C \quad \equiv \quad \neg(\neg A \vee B \vee C) \quad \equiv \quad \neg(A \Rightarrow (B \vee C))$$

die Formel

$$\neg(A \Rightarrow (B \vee C))$$

ableiten. Zusammen mit der allgemeingültigen Formel F aus Aufgabe 3.84 wenden wir nun die Ableitungsregel *modus ponens* an:

$$\frac{(\neg(A \Rightarrow (B \vee C)) \Rightarrow ((B \wedge C) \Rightarrow A)}{\neg(A \Rightarrow (B \vee C))}{(B \wedge C) \Rightarrow A}$$

Mit der so abgeleiteten Formel $(B \wedge C) \Rightarrow A$ haben wir also die Aussage

> Aussage (1):
> *Wenn er ein Fisch und ein Teichbewohner ist, dann ist er ein Delphin.*

bewiesen – ?!   □

Natürlich kann man dieses Beispiel nicht einfach unkommentiert im Raume stehen lassen. Wir haben eine Formel bewiesen, deren natürlich-sprachliche Umsetzung nicht nur höchst unintuitiv ist, sondern schlichtweg falsch: Karl, der Karpfen, ist ein Fisch und lebt im Teich, aber er ist auch bei großzügiger Auslegung definitiv *kein Delphin*! Was also ist falsch?

Die Ursache des Dilemmas liegt *nicht* bei der Logik – alle obigen Ableitungsschritte sind korrekt –, sondern vielmehr in der Art und Weise, wie wir mit Logiken umgehen, um Wissen zu repräsentieren und Schlussfolgerungen zu ziehen. Formulieren wir doch die unselige Folgerung einmal so, wie sie eigentlich auch gemeint ist:

> Aussage (2):
> *Wenn Flipper ein Fisch und ein Teichbewohner ist, dann ist Flipper ein Delphin.*

Diese Aussage kann man schon eher akzeptieren, schließlich ist wenigstens die Aussage im Folgerungsteil wahr. (Auf Karl, den Karpfen, passt nämlich die betrachtete Beschreibung nicht.) Doch ganz glücklich sind wir auch mit dieser Aussage nicht, denn sie ist insgesamt wahr, obwohl ihre Bedingung falsch ist. Intuitiv erwarten wir jedoch von einer "Wenn ... dann ..."-Aussage, dass sie einen Zusammenhang herstellt zwischen Bedingungsteil und Folgerungsteil. Genau das leistet die materiale (klassische) Implikation nicht, sie abstrahiert im Gegenteil von jeder inhaltlichen Bedeutung (daher *material*), und ihr Wahrheitswert bestimmt sich ausschließlich aus den Wahrheitswerten ihrer Komponenten, sie wird also wahrheitsfunktional interpretiert (vgl. Definition 3.9). Wenigstens lässt sich aber nun einsehen, dass wir tatsächlich eine formal richtige Aussage über Flipper abgeleitet haben.

Worin liegt denn dann der entscheidende Unterschied zwischen Aussage (1) und Aussage (2)? In Aussage (1) haben wir statt des Namens "Flipper" das Personalpronomen "er" verwendet, welches unserem intuitiven Verständnis nach auch ein *beliebiges* Individuum – eben auch Karl, den Karpfen – repräsentieren kann. Wir interpretieren Aussage (1) also im Grunde genommen nicht als aussagenlogische, sondern als prädikatenlogische Formel:

$$\forall x \quad Fisch(x) \land Teichbewohner(x) \Rightarrow Delphin(x).$$

Die prädikatenlogische Version der Formel F aus Selbsttestaufgabe 3.84 ist aber gar nicht allgemeingültig, und die obige Beweiskette bricht zusammen:

Selbsttestaufgabe 3.86 (Falsifizierbarkeit) Geben Sie eine Interpretation an, in der die Formel

$$(\neg(\forall x\ A(x) \Rightarrow (B(x) \lor C(x)))) \Rightarrow (\forall y\ (B(y) \land C(y)) \Rightarrow A(y))$$

nicht gültig ist.   ■

Nicht die Logik spielte uns also hier einen Streich, sondern stillschweigende sprachliche Konventionen und Assoziationen, mit denen man sich unweigerlich auseinandersetzen muss. Vor diesem Hintergrund erfordert der Prozess der adäquaten Wissensrepräsentation Sorgfalt und fundierte Logikkenntnisse ebenso wie die Fähigkeit zur Selbstkritik, denn nicht selten enthüllen elementare Beispiele wie das obige Schwachpunkte der gewählten Repräsentationsform. Letzteres ist übrigens der Grund dafür, dass man auch im Zusammenhang mit komplexen Systemen immer wieder auf solche trivial erscheinenden Aussagen wie "Vögel fliegen, Tweety, der Pinguin, aber nicht" zurückgreift.

4 Regelbasierte Systeme

In Kapitel 2 haben wir bereits ein *regelbasiertes System* kennengelernt: den Geldautomaten. Wir führten einige *Regeln* an, die die Bewilligung einer Auszahlung gestatten oder verweigern. Damit der Geldautomat korrekt arbeitet, muss ein *Regelinterpreter* die Anwendung der Regeln steuern.

Die Aussagen- oder Prädikatenlogik stellt das Rüstzeug bereit, das zum grundlegenden Verständnis regelbasierter Systeme nötig ist.

4.1 Was sind Regeln?

Regeln sind *formalisierte Konditionalsätze* der Form

$$\text{Wenn } (\textbf{if}) \ A \text{ dann } (\textbf{then}) \ B \tag{4.1}$$

mit der Bedeutung

Wenn	A wahr (erfüllt, bewiesen) ist,
dann	schließe, dass auch B wahr ist.

wobei A und B Aussagen sind. Die Formel im "Wenn"-Teil einer Regel (also A in (4.1)) wird als *Prämisse* oder *Antezedenz* der Regel bezeichnet, während die Formel im "Dann"-Teil (also B in (4.1)) *Konklusion* oder *Konsequenz* genannt wird. Wenn die Prämisse einer Regel erfüllt ist, die Regel also angewendet werden kann, so sagt man auch, *die Regel feuert*. Gilt die Regel (4.1) immer, also ohne Ausnahme, so spricht man auch von einer *deterministischen Regel*. Insbesondere in einem formalen Kontext werden wir auch manchmal die Schreibweise $A \rightarrow B$ für eine Regel " **if** A **then** B " verwenden.

Neben Regeln als formalisierte Konditionalsätze, die man im Rahmen der klassischen Logik interpretieren kann, gibt es noch andere Arten von Regeln. Wenn die Konsequenz einer Regel mit einer Aktion verbunden ist, erhält man eine sog. *Produktionsregel*:

$$\textit{Wenn der Druck (zu) hoch ist, dann öffne das Ventil.} \tag{4.2}$$

Solche Regeln werden gerne in Produktionssystemen zur Steuerung eingesetzt. In diesem Kapitel werden wir aber nicht weiter auf Produktionsregeln eingehen. Da die Konklusion einer Produktionsregel keine (logische) Aussage, sondern eine Aktion ist, können die im Folgenden vorgestellten Verfahren nicht ohne Weiteres auf Produktionsregeln übertragen werden. Mit Aktionen werden wir uns in Kapitel 11 beschäftigen.

© Springer Fachmedien Wiesbaden GmbH, ein Teil von Springer Nature 2019
C. Beierle und G. Kern-Isberner, *Methoden wissensbasierter Systeme*,
Computational Intelligence, https://doi.org/10.1007/978-3-658-27084-1_4

Regeln stellen einen außerordentlich guten Kompromiss zwischen Verständlichkeit der Wissensdarstellung und formalen Ansprüchen dar. Konditionalsätze wurden von Menschen schon in vorchristlichen Zeiten benutzt, um Handlungsanweisung oder Prognosen für die Zukunft auszudrücken. Jaynes berichtet in seinem Artikel "The Origin of Consciousness in the Breakdown of the Bicameral Mind" von tausenden babylonischen Tafeln, die das Alltagsleben der Menschen regeln sollten und zu diesem Zweck auch eine Reihe von "Wenn ... dann ..."-Sätzen benutzten. Man kann also davon ausgehen, dass Regeln dem Benutzer hinreichend vertraut sind. Andererseits lässt sich ein Großteil des Expertenwissens in der Form solcher Regeln repräsentieren. In den Kognitionswissenschaften werden Regeln sogar als elementare Bestandteile informationsverarbeitender Prozesse angesehen.

Die Verwendung von Regeln in der Wissensbasis eines Systems realisiert also eines der vorrangigen Ziele bei der Konzipierung von Expertensystemen, nämlich die Nähe zum menschlichen Denken.

Häufig legt man bei der Modellierung der Wissensbasis außerdem Wert auf eine *möglichst einfache syntaktische Form* der Regeln. Dies ermöglicht einerseits eine effizientere Abarbeitung der Regeln, andererseits verbessert es die Übersichtlichkeit der Wirkung einzelner Regeln, kommt also System und Benutzer zugute. Im Allgemeinen stellt man an die Form der Regeln die folgenden beiden *Bedingungen*:

- Die Verknüpfung $\lor$ (*oder*) darf nicht in der Prämisse einer Regel auftreten;

- die Konklusion einer Regel soll nur aus *einem* Literal, also einem positiven oder negierten Atom, bestehen.

Regeln, die diesen beiden Bedingungen nicht genügen, müssen im Bedarfsfalle also vereinfacht werden. Hierbei kommt die klassische Logik mittels der Äquivalenz (4.3) zum Einsatz.

Beispiel 4.1 Prämisse und Konklusion einer allgemeinen Regel "**if** A **then** B" können durchaus komplexe Formeln sein, wie z.B. in

> *Wenn es morgen regnet oder schneit, gehen wir ins Kino oder bleiben zu Hause.*

Diese Regel verletzt beide obigen Bedingungen. Aus ihr können aber offensichtlich die folgenden vier Regeln gewonnen werden:

> *Wenn es morgen regnet und wir nicht ins Kino gehen, dann bleiben wir zu Hause.*
>
> *Wenn es morgen regnet und wir nicht zu Hause bleiben, dann gehen wir ins Kino.*
>
> *Wenn es morgen schneit und wir nicht ins Kino gehen, dann bleiben wir zu Hause.*
>
> *Wenn es morgen schneit und wir nicht zu Hause bleiben, dann gehen wir ins Kino.*

Nun erfüllt jede Regel die gestellten Anforderungen, wobei allerdings *einer* komplexen Regel *vier* vereinfachte Regeln entsprechen. □

In Rahmen der klassischen Logik werden (deterministische) Regeln durch die (materiale) Implikation repräsentiert

$$A \Rightarrow B \quad \equiv \quad \neg A \vee B \tag{4.3}$$

Üblicherweise arbeiten regelbasierte Systeme mit deterministischen Regeln in einer klassisch-logischen Umgebung. Wir wollen uns hier auf die Betrachtung des aussagenlogischen Falles beschränken.

Im Allgemeinen lässt sich unter Verwendung der Distributivgesetze und der de Morganschen Regeln (Theorem 3.35) immer erreichen, dass die Prämisse A einer Regel "if A then B" eine Disjunktion von Konjunktionen K_i (von Literalen) ist und die Konklusion B eine Konjunktion von Disjunktionen D_j (von Literalen) ist (vgl. Definition 3.68). Durch (wiederholte) Anwendung der folgenden beiden Schritte kann man komplexere Regeln in syntaktisch einfachere Regeln transformieren:

Regelumformungen:

1. Ersetze die Regel

$$\textbf{if } K_1 \vee \ldots \vee K_n \textbf{ then } D_1 \wedge \ldots \wedge D_m$$

   durch die $n \cdot m$ Regeln

$$\textbf{if } K_i \textbf{ then } D_j , \quad i \in \{1, \ldots, n\}, \ j \in \{1, \ldots, m\}.$$

2. Ersetze die Regel

$$\textbf{if } K \textbf{ then } L_1 \vee \ldots \vee L_p$$

   (wobei K eine Konjunktion von Literalen ist) durch die p Regeln

$$\textbf{if } K \wedge (\bigwedge_{k \neq k_0} \neg L_k) \textbf{ then } L_{k_0} , \quad k_0 \in \{1, \ldots, p\}.$$

Der zweite Umformungsschritt nutzt aus, dass $K \Rightarrow L_1 \vee \ldots \vee L_p$ aufgrund von (4.3) logisch äquivalent zu $K \wedge (\bigwedge_{k \neq k_0} \neg L_k) \Rightarrow L_{k_0}$ für beliebige $k_0 \in \{1, \ldots, p\}$ ist.

Die Beschränkung auf syntaktisch einfache Regeln vergrößert zwar die Zahl der Regeln, dank ihrer simplen Struktur lassen sie sich jedoch viel schneller auswerten. Außer diesen Effizienzgründen sprechen auch Modellierungsgründe für eine solche Beschränkung: Regeln, die den obigen beiden Bedingungen genügen, präzisieren das darzustellende Wissen besonders gut und helfen somit, Inkonsistenzen zu vermeiden (s. Abschnitt 4.4).

Beachten Sie, dass solche Regelumformungen auf der Basis klassisch-logischer Äquivalenzen allerdings nicht ganz unproblematisch sind. So entsprechen zwar die Regeln

$$\textbf{if } A \textbf{ then } B \qquad \text{und} \qquad \textbf{if } \neg B \textbf{ then } \neg A$$

beide der klassisch-logischen Formel $\neg A \vee B$, ermöglichen aber gegebenenfalls wegen ihrer unterschiedlichen Richtung, wie wir sehen werden, in Abhängigkeit von den verwendeten Inferenzverfahren unterschiedliche Ableitungen. Des Weiteren sind zum Beispiel in der disjunktiven Logikprogrammierung, auf die wir später noch genauer eingehen werden (Abschnitt 9.10), Disjunktionen in der Konklusion einer Regel explizit erlaubt und können auch nicht durch eine wie oben angegebene Regelumformung beseitigt werden.

Beispiel 4.2 (Geldautomat) Im Geldautomaten-Beispiel (Abschnitt 2.1.1) hatten wir sechs Regeln GA-1,..., GA-6 angegeben, die das Verhalten des Geldautomaten beschreiben sollen (vgl. Abbildung 2.1). Alternativ könnten wir von den beiden folgenden grundlegenden Regeln R1 und R2 ausgehen, die festlegen, wann eine Auszahlung erfolgen soll und dass die Karte bei Überschreiten der erlaubten PIN-Eingabeversuche nicht zurückgegeben werden soll:

R1:   **if**

Karte	=	gültig	**and**
PIN	=	richtig	**and**
Versuche	=	nicht überschritten	**and**
Betrag	$\leq$	Maximalbetrag	**and**
Kontostand	=	ausreichend	

   then

   Auszahlung   =   soll erfolgen

R2:   **if**

   Versuche   =   überschritten

   then

   Kartenrückgabe   =   nein

Genau genommen handelt es sich bei diesen Regeln R1 und R2 jedoch um Äquivalenz-Regeln: Die Auszahlung soll *genau dann* erfolgen, wenn keine der Voraussetzungen verletzt ist, und die Karte soll *genau dann* einbehalten werden, wenn die Anzahl der zulässigen Versuche überschritten ist. Daher müssen wir die Regelbasis noch um die Gegenstücke zu R1 und R2 erweitern:

R1':   **if**

   Auszahlung   =   soll erfolgen

   then

Karte	=	gültig	**and**
PIN	=	richtig	**and**
Versuche	=	nicht überschritten	**and**
Betrag	$\leq$	Maximalbetrag	**and**
Kontostand	=	ausreichend	

R2':   **if**

   Kartenrückgabe   =   nein

   then

   Versuche   =   überschritten

Elementare logische Umformungen führen zu den zu R1' und R2' logisch äquivalenten Regeln

R1": **if**

Karte	=	ungültig	**or**
PIN	=	falsch	**or**
Versuche	=	überschritten	**or**
Betrag	>	Maximalbetrag	**or**
Kontostand	=	nicht ausreichend	

    then

Auszahlung	=	soll nicht erfolgen

R2": **if**

Versuche	=	nicht überschritten

    then

Kartenrückgabe	=	ja

Formen wir nun die Regelmenge $\{R1, R2, R1", R2"\}$ entsprechend den obigen Anweisungen um, so erhalten wir gerade die Regeln $\{GA\text{-}1', \ldots, GA\text{-}8'\}$ in Abbildung 4.1. $\qquad\square$

Selbsttestaufgabe 4.3 (Regelumformungen 1) Zeigen Sie, dass sich die Regeln $\{GA\text{-}1', \ldots, GA\text{-}8'\}$ aus der obigen Regelmenge $\{R1, R2, R1", R2"\}$ durch Umformung ergeben. $\qquad\blacksquare$

Selbsttestaufgabe 4.4 (Regelumformungen 2) Wenden Sie die Umformungsregeln auf die Geldautomatenregeln $\{GA\text{-}1, \ldots, GA\text{-}6\}$ aus Abbildung 2.1 an. Vergleichen Sie das Ergebnis mit der Regelmenge $\{GA\text{-}1', \ldots, GA\text{-}8'\}$ aus Abbildung 4.1. Was stellen Sie fest? $\qquad\blacksquare$

4.2 Die Wissensbasis eines regelbasierten Systems

Durch den Ausdruck (4.1) haben wir eine formale Vorstellung von einer Regel gewonnen. In dieser abstrakten Form repräsentiert eine Regel aber noch kein Wissen, denn weder die Prämisse A noch die Konklusion B wurden näher spezifiziert.

Die Wissensbasis eines regelbasierten Systems enthält also zunächst einmal *Objekte* und deren Beschreibungen mittels einer (im Allgemeinen) endlichen Menge diskreter *Werte*. Regeln repräsentieren Zusammenhänge zwischen Objekten oder Mengen von Objekten. Sie haben die Form (4.1), wobei A und B Aussagen über die Objekte sind.

So spiegelt die Regel R2 in Beispiel 4.2 einen Zusammenhang wider zwischen den Objekten "Versuche" (mit den Werten {überschritten, nicht überschritten}) und "Kartenrückgabe" (mit den Werten {ja, nein}).

GA-1':   **if**

Karte	= gültig	**and**
PIN	= richtig	**and**
Versuche	= nicht überschritten	**and**
Betrag	$\leq$ Maximalbetrag	**and**
Kontostand	= ausreichend	

     then

        Auszahlung   = soll erfolgen

GA-2':   **if**

        Karte = ungültig

     then

        Auszahlung = soll nicht erfolgen

GA-3':   **if**

        PIN = falsch

     then

        Auszahlung = soll nicht erfolgen

GA-4':   **if**

        Versuche = überschritten

     then

        Auszahlung = soll nicht erfolgen

GA-5':   **if**

        Betrag > Maximalbetrag

     then

        Auszahlung = soll nicht erfolgen

GA-6':   **if**

        Kontostand = nicht ausreichend

     then

        Auszahlung = soll nicht erfolgen

GA-7':   **if**

        Versuche   = nicht überschritten

     then

        Kartenrückgabe = ja

GA-8':   **if**

        Versuche   = überschritten

     then

        Kartenrückgabe = nein

Abbildung 4.1 Die aus den Regeln $\{R1, R2, R1", R2"\}$ gewonnenen, syntaktisch vereinfachten Regeln

Objekte und Regeln zusammen bilden das *abstrakte Wissen* der Wissensbasis. Wird das regelbasierte System auf einen speziellen Fall angewandt, so kommt noch das *konkrete Wissen* (*fallspezifisches Wissen*) hinzu, in dem sowohl *unmittelbare Beobachtungen* oder Befunde als auch *abgeleitetes Wissen* über die aktuelle Situation gespeichert sind. Im Zusammenhang mit fallspezifischem Wissen benutzt man oft den Begriff der *Evidenz*, um zu betonen, dass für ein Faktum stichhaltige Anhaltspunkte oder konkrete Beweise vorliegen. Manchmal wird auch das beobachtbare Wissen selbst als "Evidenz" bezeichnet (vgl. Abschnitt 2.6.1).

Beispiel 4.5 (Geldautomat) Kehren wir noch einmal zum Geldautomaten zurück. Das abstrakte Wissen besteht hier aus den folgenden Objekten und ihren möglichen Werten und aus den in Abbildung 2.1 bzw. Abbildung 4.1 aufgeführten Regeln:

Parameter	mögliche Werte
Karte	{gültig, ungültig}
PIN	{richtig, falsch}
Versuche	{überschritten, nicht überschritten}
Kontostand	{ausreichend, nicht ausreichend}
Betrag	{$\leq$ Maximalbetrag, $>$ Maximalbetrag}
Auszahlung	{soll erfolgen, soll nicht erfolgen}
Kartenrückgabe	{ja, nein}

Nun tritt der Kunde Franz Habenichts an den Geldautomaten und möchte Geld abheben. Herr Habenichts besitzt eine gültige Karte, die eingegebene PIN ist gleich beim ersten Versuch in Ordnung, und der Betrag, den er abheben will, übersteigt nicht den Maximalbetrag. Leider deckt sein Kontostand – auch bei Inanspruchnahme eines Überziehungskredites – nicht die angeforderte Summe. Das beobachtbare (evidentielle) Wissen im Fall "Franz Habenichts" wird also repräsentiert durch

$$
\begin{aligned}
\text{Karte} &= \text{gültig} \\
\text{PIN} &= \text{richtig} \\
\text{Versuche} &= \text{nicht überschritten} \\
\text{Betrag} &\leq \text{Maximalbetrag} \\
\text{Kontostand} &= \text{nicht ausreichend}
\end{aligned}
$$

Mithilfe der Regel GA-6' kann hieraus offensichtlich

$$
\text{Auszahlung} \quad = \quad \text{soll nicht erfolgen}
$$

abgeleitet werden. Beobachtbare und abgeleitete Fakten machen gemeinsam das konkrete Wissen im Fall "Franz Habenichts" aus. □

In diesem Beispiel war intuitiv klar, dass und warum im vorliegenden Fall die Auszahlung verweigert wurde. Im nächsten Abschnitt werden wir uns ausführlich mit den Schlussfolgerungen in regelbasierten Systemen beschäftigen.

4.3 Inferenz in einem regelbasierten System

Die grundlegende Inferenzregel in einem regelbasierten System ist der *modus ponens*:

$$
\begin{array}{ll}
\textbf{if } A \textbf{ then } B & \text{(Regel)} \\
A \text{ wahr} & \text{(Faktum)} \\
\hline
B \text{ wahr} & \text{(Schlussfolgerung)}
\end{array}
$$

Die Regel ist dabei Teil des abstrakten Wissens, während das Faktum im Allgemeinen auf Beobachtungen basiert, also Teil des konkreten Wissens ist.

Beispiel 4.6 Der Inferenzprozess im obigen Geldautomaten-Beispiel lässt sich also formal wie folgt darstellen:

$$
\begin{array}{ll}
\textbf{if } \text{Kontostand} = \text{nicht ausreichend} & \text{(Regel GA-6')} \\
\quad\textbf{then } \text{Auszahlung} = \text{soll nicht erfolgen} & \\
\text{Kontostand} = \text{nicht ausreichend} & \text{(Faktum)} \\
\hline
\text{Auszahlung} = \text{soll nicht erfolgen} &
\end{array}
$$
$\qquad\qquad\square$

Der *modus ponens* benutzt jeweils *eine* Regel zur Inferenz. Damit sind aber die Möglichkeiten zur Ableitung von Wissen noch längst nicht erschöpft. Die eigentliche Leistung eines regelbasierten Systems zeigt sich in seiner Fähigkeit, komplexe Information durch die *Verkettung von Regeln*, die wir durch *Regelnetzwerke* visualisieren, zu verarbeiten. Dabei spielt die Richtung des Inferenzprozesses eine große Rolle; man unterscheidet *Vorwärtsverkettung (forward chaining)* bzw. *datengetriebene Inferenz (data-driven inference)* und *Rückwärtsverkettung (backward chaining)* bzw. *zielorientierte Inferenz (goal-oriented inference)*.

4.3.1 Regelnetzwerke

Da das Geldautomaten-Beispiel nicht die Möglichkeit der Regelverkettung bietet, wollen wir die verschiedenen Arten der Inferenz an einem komplexeren abstrakten Beispiel illustrieren.

Beispiel 4.7 Unsere Wissensbasis enthalte die

$\quad$ *Objekte:* $\quad A, B, C, D, E, F, G, H, I, J, K, L, M,$

jeweils mit den Werten $\{$*true*, *false*$\}$, und die folgenden

$$
\begin{array}{llll}
\textit{Regeln:} & R1: & \textbf{if } A \wedge B \ \textbf{then } H & \\
& R2: & \textbf{if } C \vee D \ \textbf{then } I & \left\{ \begin{array}{ll} R2a: & \textbf{if } C \textbf{ then } I \\ R2b: & \textbf{if } D \textbf{ then } I \end{array} \right. \\
& R3: & \textbf{if } E \wedge F \wedge G \textbf{ then } J & \\
& R4: & \textbf{if } H \vee I \ \textbf{then } K & \left\{ \begin{array}{ll} R4a: & \textbf{if } H \textbf{ then } K \\ R4b: & \textbf{if } I \textbf{ then } K \end{array} \right. \\
& R5: & \textbf{if } I \wedge J \ \textbf{then } L & \\
& R6: & \textbf{if } K \wedge L \ \textbf{then } M &
\end{array}
$$

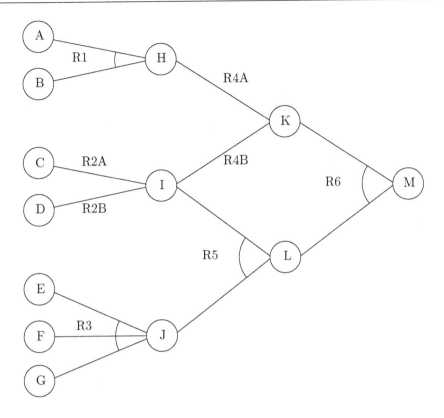

Abbildung 4.2 Regelnetzwerk eines regelbasierten Systems; die Kreisbögen symbolisieren konjunktive Verknüpfungen.

Da die Regeln R2 und R4 in der Prämisse eine Disjunktion enthalten, wurden sie jeweils in zwei Regeln einfacher syntaktischer Bauart aufgespalten (vgl. Abschnitt 4.1). $\qquad\Box$

Abbildung 4.2 zeigt das zugehörige Regelnetzwerk, das eine graphische Repräsentation der Regeln aus Beispiel 4.7 darstellt. Dieses Regelnetzwerk könnte z.B. einen Fertigungsprozess veranschaulichen, wobei $A, \ldots, G$ Rohstoffe sind, $H, \ldots, L$ als Zwischenprodukte entstehen und M das Endprodukt darstellt. Dabei werden auch alternative Fertigungsmöglichkeiten berücksichtigt: So werden C und D als Substitute bei der Fertigung von I verwendet, ebenso H und I bei der Fertigung von K. Allerdings berücksichtigt das Regelwerk keinerlei zeitliche Faktoren, ebenso gibt es keine Prioritäten bzgl. der Ausführung von Regeln, die z.B. beim Einsatz der Substitute im Hinblick auf Qualitätsanforderungen oder Produktionskosten entstehen könnten.

Für die Darstellung der Inferenz spielt jedoch die konkrete Bedeutung der Regeln keine Rolle.

Selbsttestaufgabe 4.8 (Kreditvergabe 1) Die Kreditvergabe in der "Eckbank" in Kantenhausen verläuft nach den folgenden Regeln:

Wer einen Kredit (KR) wünscht, sollte vertrauenswürdig (V) und finanzstark (F) sein oder zugleich finanzstark (F) sein und eine Sicherheit (S) vorzuweisen haben. Dabei gilt: Wer mehr als zehn Jahre Kunde (KU) der Eckbank ist und in dieser Zeit nicht negativ aufgefallen ist (NN), gilt als vertrauenswürdig. Beamte im höheren Dienst (BD) – dazu gehören beispielsweise Professoren (P) – gelten als finanzstark, dasselbe gilt für Angestellte mit regelmäßigem Einkommen über 2500 Euro (RE), deren Konto eine regelmäßige Deckung aufweist (D). Ein Kredit gilt als sicher, wenn er für eine Immobilie (I) verwendet wird oder ein Bürge (BG) zur Verfügung steht.

Formalisieren Sie die Regeln für die Kreditvergabe unter Verwendung der in Klammern angegebenen Variablen und stellen Sie sie in einem Regelnetzwerk (analog zu Abb. 4.2) dar.   ∎

Bemerkung. Obwohl Elemente der klassischen Logik wesentlich in Wissensrepräsentation und Inferenz regelbasierter Systeme eingehen, gibt es doch einen entscheidenden Unterschied zur klassischen Logik: Regeln sind *gerichtet*, d.h. sie können nur dann angewandt werden (*feuern*), wenn ihre Prämisse erfüllt ist. Obwohl wir schon mehrfach klassisch-logische Äquivalenzen ausgenutzt haben, muss man sich klarmachen, dass die beiden Regeln

$$\textbf{if } A \textbf{ then } B \qquad \text{und} \qquad \textbf{if } \neg B \textbf{ then } \neg A$$

zwar dieselbe klassisch-logische Entsprechung haben, nämlich $\neg A \vee B$. Als Elemente einer Regelbasis können sie jedoch zu völlig unterschiedlichen Ableitungen führen. Solange nur der *modus ponens* als Inferenzregel verwandt wird, feuert bei Vorliegen des Faktums A nur die erste Regel, bei Vorliegen des Faktums $\neg B$ hingegen nur die zweite. Legt man auf die Erhaltung der klassisch-logischen Äquivalenz Wert, so gibt es zwei Möglichkeiten zur Abhilfe: Entweder nimmt man beide Regeln in die Wissensbasis auf, oder man implementiert zusätzlich zum *modus ponens* den *modus tollens*:

if A **then** B	(Regel)
B falsch	(Faktum)
A falsch	(Schlussfolgerung)

In beiden Fällen muss man auf Einhaltung eventuell vorhandener Einschränkungen bezüglich der syntaktischen Struktur von Regeln achten und gegebenenfalls entsprechende Anpassungen vornehmen.

Selbsttestaufgabe 4.9 (modus tollens) Mit welcher der in Kapitel 3 vorgestellten Äquivalenzen lässt sich der *modus tollens* am einfachsten aus dem *modus ponens* gewinnen?   ∎

Unterscheiden Sie jedoch klar zwischen den verschiedenen *Ableitungsmodi* und den in den folgenden beiden Abschnitten vorzustellenden Strategien der Vorwärts- und Rückwärtsverkettung von Regeln. Wir werden uns hier auf die Verwendung des *modus ponens* beschränken.

Datengetriebene Inferenz:

Eingabe: Eine Regelbasis RB (Objekte und Regeln),
eine Menge $\mathcal{F}$ von Fakten.

Ausgabe: Die Menge der gefolgerten Fakten.

1. Sei $\mathcal{F}$ die Menge der gegebenen (evidentiellen) Fakten.

2. Für jede Regel **if** A **then** B der Regelbasis RB überprüfe:
Ist A erfüllt, so schließe auf B;
$\mathcal{F} := \mathcal{F} \cup \{B\}$

3. Wiederhole Schritt 2, bis $\mathcal{F}$ nicht mehr vergrößert werden kann.

Abbildung 4.3 Algorithmus zur datengetriebenen Inferenz

4.3.2 Datengetriebene Inferenz (Vorwärtsverkettung)

Bei der Vorwärtsverkettung werden Regeln in gewohnter Weise transitiv miteinander verknüpft. Das bekannte fallspezifische Wissen wird als Ausgangspunkt für den Schlussfolgerungsprozess genommen (daher die Bezeichnung *data-driven = datengetrieben*). Aus erfüllten Prämissen wird auf die Wahrheit der Konklusionen geschlossen, und diese abgeleiteten Fakten gehen erneut als faktisches Wissen in den Inferenzprozess ein. Dieses Verfahren endet, wenn keine neuen Fakten mehr abgeleitet werden können.

Ein entsprechender Algorithmus kann wie in Abbildung 4.3 angegeben formuliert werden.

Beispiel 4.10 Wir benutzen das Regelnetzwerk aus Beispiel 4.7. Gegeben seien, wie in Abbildung 4.4 dargestellt, die Fakten

$$\mathcal{F} = \{H, C, E, F, G\}$$

Da ihre Prämissen erfüllt sind, feuern die Regeln R2a, R4a und R3. Damit vergrößert sich $\mathcal{F}$ zu

$$\mathcal{F} := \{H, C, E, F, G\} \cup \{I, J, K\}$$

Die abgeleiteten Fakten werden also gemeinsam mit den evidentiellen Fakten als konkretes Wissen gespeichert. In einem weiteren Durchlauf feuern nun auch die Regeln R4b und R5, was zur Aufnahme von L in $\mathcal{F}$ führt. Damit kann nun auch Regel R6 feuern, und wir erhalten als endgültige Faktenmenge

$$\mathcal{F} := \{H, C, E, F, G, I, J, K\} \cup \{L, M\} \qquad \square$$

Selbsttestaufgabe 4.11 (Vorwärtsverkettung) Wenden Sie die Technik der Vorwärtsverkettung auf das Regelwerk aus Beispiel 4.7 bei der gegebenen evidentiellen Faktenmenge $\mathcal{F} = \{A, D, E, F, G\}$ an. ∎

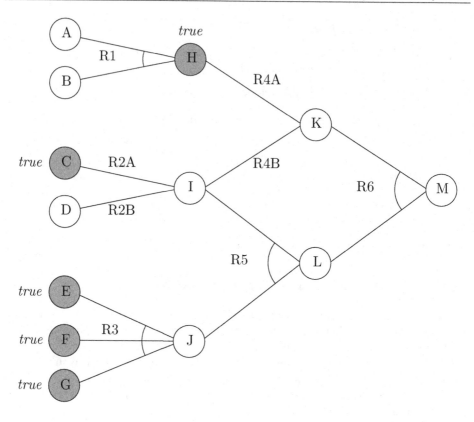

Abbildung 4.4 Instantiiertes Regelnetzwerk; die Werte der schattierten Knoten sind bekannt (wie angegeben).

Selbsttestaufgabe 4.12 (Kreditvergabe 2) Wir gehen von der Situation in Selbsttestaufgabe 4.8 aus. Welcher der beiden folgenden Kunden bekommt einen Kredit? Instantiieren Sie Ihr Regelnetzwerk analog zu Abbildung 4.4 und beschreiben Sie die Arbeitsweise bei der Vorwärtsverkettung.

1. Peter Hansen ist schon seit 15 Jahren Kunde bei der Eckbank. Er hat sich nie unkorrekt verhalten und würde niemals sein Konto überziehen. Sein monatliches Gehalt von 2800 Euro geht regelmäßig auf sein Girokonto bei der Eckbank ein. Seit kurzem hat er eine Freundin, der er zum Geburtstag eine Weltreise schenken will. Dafür beantragt er einen Kredit. Seine Mutter bürgt für ihn.

2. Olivia Hölzer ist Professorin. Sie arbeitet neuerdings in Kantenhausen und hat seit kurzem ein Konto bei der Eckbank. Sie möchte für sich und ihre Familie ein Haus kaufen und fragt deshalb nach einem Kredit. ∎

4.3.3   Zielorientierte Inferenz (Rückwärtsverkettung)

Die Vorwärtsverkettung ist sicherlich nützlich, wenn man einen Überblick über den allgemeinen Zustand eines Systems erhalten will. Oft ist man aber nur am Zustand ganz bestimmter Knoten (z.B. des Endknotens M) interessiert. Für diesen Fall bietet sich die *rückwärtsgerichtete Inferenz* oder *Rückwärtsverkettung* an.

Auch der Rückwärtsverkettung liegt das Prinzip der transitiven Verknüpfung von Regeln zugrunde. Hierbei geht man jedoch nicht von den gegebenen Daten aus, sondern von einem Zielobjekt, über dessen Zustand der Benutzer Informationen wünscht. Das System durchsucht dann die Regelbasis nach geeigneten Regeln, die also das Zielobjekt in der Konklusion enthalten. Die Objekte der Prämissen werden zu Zwischenzielen.

Bevor wir einen allgemeinen Algorithmus skizzieren und ihn auf das Regelwerk des Beispiels 4.7 anwenden, wollen wir die Idee an einem kleinen, trivialen Beispiel illustrieren.

Beispiel 4.13 Die Wissensbasis enthalte die (zweiwertigen) Objekte $O1, O2, O3$ und die Regeln

> *Regel 1:*   **if** $O1$ **then** $O2$
>
> *Regel 2:*   **if** $O2$ **then** $O3$

Wir wollen den Zustand des Zielobjektes $O3$ in Erfahrung bringen. Aufgrund von Regel 2 wissen wir, dass $O3$ wahr ist, wenn $O2$ wahr ist. Dieses wiederum ist erfüllt (Regel 1), wenn $O1$ wahr ist. Nun sucht das System gezielt nach Informationen über $O1$. □

Das allgemeine Vorgehen wird durch den Algorithmus in Abbildung 4.5 beschrieben. Dabei gehen wir davon aus, dass alle Regeln in Normalform vorliegen, und notieren eine Regel **if** $p_1 \wedge \ldots \wedge p_m$ **then** q als $p_1 \wedge \ldots \wedge p_m \to q$. Die zielorientierte Inferenz ist dann wie in Abbildung 4.5 durch den Aufruf BACKCHAIN($[q_1, \ldots, q_n]$) definiert, wobei $[q_1, \ldots, q_n]$ die gegebene Liste von Zielen ist und BACKCHAIN rekursiv wie in den Zeilen (1) bis (10) in Abbildung 4.5 definiert ist.

Zu Beginn des Verfahrens besteht die Zielliste aus der Liste der angegebenen Zielobjekte; ist nur ein einzelnes Zielobjekt q_1 angegeben, also aus der Liste $[q_1]$. Ist diese Liste leer, liefert BACKCHAIN als Rückgabewert *yes*. Andernfalls sei q_1 das erste Element der Liste der Zielobjekte. Ist q_1 in der Faktenmenge $\mathcal{F}$ enthalten, wird BACKCHAIN mit der Restliste ohne q_1 aufgerufen. Andernfalls wird die Regelbasis RB gezielt nach Regeln durchsucht, die das Zielobjekt in der Konklusion enthalten. Findet es solche Regeln, so versucht das Verfahren, sie gezielt anzuwenden, indem für eine solche Regel BACKCHAIN rekursiv aufgerufen wird, wobei anstelle von q_1 die Prämissen der Regel als neue Ziele in die Liste der Zielobjekte aufgenommen werden. Ist für keine der Regeln mit q_1 als Konklusion dieser Aufruf erfolgreich, so kann dieses Zielobjekt nicht abgeleitet werden und BACKCHAIN liefert als Ergebnis *no* zurück. Beachten Sie aber, dass, sofern nicht weitere Vorkehrungen getroffen werden, BACKCHAIN bei rekursiven Regeln eventuell nicht terminiert, z.B. bei der Regelmenge $\{p \to q,\ q \to p\}$ und der Anfrage $[p]$.

Zielorientierte Inferenz:

Eingabe: Eine Regelbasis RB (Objekte und Regeln),
eine (evidentielle) Faktenmenge $\mathcal{F}$,
eine Liste von Zielen (atomaren Anfragen) $[q_1, \ldots, q_n]$

Ausgabe: *yes*, falls alle q_i ableitbar sind, sonst *no*

BACKCHAIN($[q_1, \ldots, q_n]$)

wobei BACKCHAIN wie folgt rekursiv definiert ist:

BACKCHAIN($[q_1, \ldots, q_n]$)   (1)
   if $n = 0$ **then return**(*yes*);   (2)
   if $q_1 \in \mathcal{F}$ (3)
     then return(BACKCHAIN($[q_2, \ldots, q_n]$))   (4)
     else for each Regel $p_1 \wedge \ldots \wedge p_m \to q$ aus RB mit $q_1 = q$ (5)
      do if BACKCHAIN($[p_1, \ldots, p_m, q_2, \ldots, q_n]$) $= yes$ (6)
       then return(*yes*)   (7)
     endfor   (8)
   endif   (9)
   return(*no*)   (10)

Abbildung 4.5 Algorithmus zur zielorientierten Inferenz

Beispiel 4.14 Wir wenden den Algorithmus zur zielorientierten Inferenz aus Abbildung 4.5 auf die Regelbasis aus Beispiel 4.7 und die Faktenmenge $\mathcal{F} = \{H, C, E, F, G\}$ an. Als Liste der Zielobjekte sei $[M]$ gegeben. Wenn in der **for**-Schleife in Zeile (5) die Regeln in der Reihenfolge ihrer Nummerierung ausgewählt werden, werden bei der zielorientierten Inferenz die Regeln *R6*, *R4a*, *R5*, *R2a*, *R3* (in dieser Reihenfolge) angewandt, um das Ursprungsziel abzuleiten. □

Selbsttestaufgabe 4.15 (Zielorientierte Inferenz) Vollziehen Sie mit Hilfe des Algorithmus in Abbildung 4.5 die Ableitung in Beispiel 4.14 nach. Geben Sie dabei in der zeitlichen Reihenfolge des Auftretens an:

- jeden Aufruf von BACKCHAIN mit dem jeweiligen Parameter;
- alle in der **for**-Schleife in Frage kommenden Regeln und welche davon als jeweils nächste ausgewählt wird;
- jeden Aufruf von **return**.

Gehen Sie dabei wie in Beispiel 4.14 davon aus, dass die Regeln gemäß ihrer Nummerierung geordnet sind und in der **for**-Schleife in BACKCHAIN in dieser Reihenfolge ausgewählt werden. ■

Selbsttestaufgabe 4.16 (Kreditvergabe 3) Bearbeiten Sie analog zu Selbsttestaufgabe 4.15 die Fragestellungen zur Kreditvergabe aus Selbsttestaufgabe 4.12 mittels zielorientierter Inferenz. Gehen Sie dabei von der dort verwendeten Reihenfolge der Regeln aus. ■

Während wir uns in diesem Kapitel auf aussagenlogische Regelsysteme beschränken, treten im allgemeinen prädikatenlogischen Fall Regeln mit Variablen auf. Ein Algorithmus zur Rückwärtsverkettung, wie er z.B. in [200] zu finden ist, muss hierbei das jeweils zu lösende Teilziel mit den Konklusionen einer passenden Regel unifizieren. Wie beim logischen Programmieren erhält man als Ergebnis im Erfolgsfall eine Substitution, die die Variablen des ursprünglichen Ziels geeignet instantiiert. Beim logischen Programmieren wird die zielorientierte Inferenz durch die sog. SLD-Resolution realisiert, auf die wir in Kapitel 9 noch genauer eingehen werden.

4.4 Das Problem der Widersprüchlichkeit

Im Zusammenhang mit syntaktisch einfachen Regeln (s. Abschnitt 4.1) haben wir auch schon das Problem angesprochen, dass die Regelbasis zu widersprüchlichen Ableitungen führen kann, sobald man auch Negation in den Fakten oder in der Konklusion von Regeln erlaubt. Dieses Phänomen tritt in der Praxis häufiger auf als vielleicht vermutet. Experten benutzen zur Ableitung ihrer Schlüsse oft unausgesprochene Annahmen oder übersehen, dass Regeln auch Ausnahmen haben können.

Beispiel 4.17 Man betrachte die aus den folgenden beiden Regeln bestehende Wissensbasis:

$$\textbf{if } V \textbf{ then } F$$

$$\textbf{if } V \wedge P \textbf{ then } \neg F$$

Sind in einem konkreten Fall V und P wahr, so zieht das System zwei Schlüsse, nämlich F und $\neg F$, die sich widersprechen. Um sich zu verdeutlichen, wie leicht solche Widersprüchlichkeiten auftreten können, stelle man sich unter V, P, F nur die folgenden Objekte vor: *Vögel, Pinguine* und *Fliegen können.*   □

Regelbasen können in zweierlei Hinsicht widersprüchlich sein:

- Die Regelbasis ist klassisch-logisch inkonsistent, d.h. es gibt keine Belegung der Objekte mit Werten, so dass alle Regeln erfüllt sind.

- Die Regelbasis führt zu widersprüchlichen Ableitungen (wie im obigen Beispiel).

Dabei tritt der zweite Fall sehr viel häufiger ein als der erste. Der Unterschied zwischen beiden ist, dass durch die Anwendung des Regelwerkes auf bestimmte Situationen Variablen *instantiiert* werden, also gewisse Werte zugewiesen bekommen. Dies entspricht einer Vergrößerung der klassisch-logischen Formelmenge, die zu Inkonsistenzen führen kann. Im obigen Beispiel ist die Formel- bzw. Regelmenge $\{\textbf{ if } V \textbf{ then } F, \textbf{ if } V \wedge P \textbf{ then } \neg F\}$ nicht inkonsistent, wohl aber die Menge $\{\textbf{ if } V \textbf{ then } F, \textbf{ if } V \wedge P \textbf{ then } \neg F, V \wedge P\}$.

Eine *Konsistenzüberprüfung* sollte den Benutzer daher schon beim Aufbau der Regelbasis auf solche Unstimmigkeiten hinweisen, z.B. durch Aufzeigen der im Konflikt befindlichen Regeln oder durch entsprechende Einschränkungen der Wertebereiche der Objektvariablen. Solche aufgespürten Widersprüchlichkeiten haben auch eine wichtige *Warnfunktion* und helfen dabei, die Regelbasis zu verbessern. Eine rechtzeitige Überprüfung kann evtl. folgenschweres Fehlverhalten des Systems verhindern.

Selbsttestaufgabe 4.18 (Konsistenzprüfung) Überprüfen Sie, ob die folgende Regelbasis über den Objekten A, B, C, D zu widersprüchlichen Ableitungen führt:

Regel 1:	**if** A **then** C	Regel 3: **if** C **then** D
Regel 2:	**if** B **then** C	Regel 4: **if** A **then** $\neg D$ ∎

4.5 Die Erklärungskomponente

Regelbasierte Systeme verfügen im Allgemeinen über eine gute Erklärungsfähigkeit, indem sie die zur Schlussfolgerung herangezogenen Regeln auflisten und so eine Argumentationskette nachbilden.

Beispiel 4.19 Wir benutzen Beispiel 4.10. Die Erklärungskomponente könnte hier die folgende Ausgabe generieren:

Gegebene Fakten: H, C, E, F, G

Schlussfolgerungen: – I wegen Regel R2a
                     – K wegen Regel R4a
                     – J wegen Regel R3
                     – L wegen Regel R5
                     – M wegen Regel R6   □

Im Abschnitt 4.7 werden wir ansprechen, wie auch bei einem komplexeren regelbasierten System wie MYCIN zufriedenstellende Erklärungen durch eine analoge Vorgehensweise generiert werden können. Zunächst wollen wir jedoch im folgenden Abschnitt ein kleines regelbasiertes System zur Verkehrssteuerung vorstellen.

4.6 Signalsteuerung im Eisenbahnverkehr durch Regeln

Im dem folgenden Beispiel geht es um die Steuerung von Signalen im Eisenbahnverkehr. Während dabei der Zeitfaktor natürlich eine entscheidende Rolle spielt, lassen wir diesen zur Vereinfachung hier aber außer Acht, da wir bei der folgenden Illustration von einer Momentaufnahme ausgehen.

Betrachten wir die Gleisanlage in Abbildung 4.6 mit vier Bahnhöfen $B1, \ldots, B4$, vier Signalen $S_1, \ldots, S_4$ und den vier Weichensignalen $WS_1, \ldots, WS_4$. Alle aufgezeigten Strecken (auch die Bahnhöfe) sind lediglich eingleisig. Durch geeignete Signalsteuerung soll ein gefahrloser Bahnverkehr gewährleistet werden. Wir haben es hier also mit den folgenden Objekten zu tun:

Objekte	mögliche Werte
S_1, S_2, S_3, S_4	{rot, grün}
WS_1, WS_2, WS_3, WS_4	{rot, grün}
$B1, B2, B3, B4$	{frei, belegt}

Wenden wir uns nun den Regeln zu: Damit es nicht zu Zusammenstößen auf der Strecke kommt, darf immer nur höchstens eines der Bahnhofssignale S_i auf "grün"

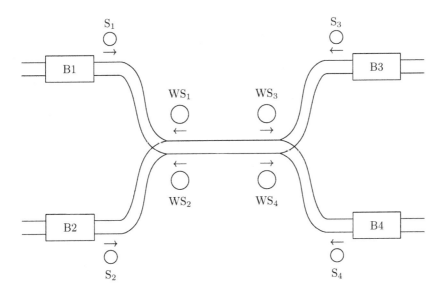

Abbildung 4.6 Gleisanlage mit vier Bahnhöfen

stehen. Diese Überlegung liefert die ersten zwölf Regeln:

R1:   **if** $S_1 = $ grün   **then** $S_2 = $ rot

R2:   **if** $S_1 = $ grün   **then** $S_3 = $ rot

R3:   **if** $S_1 = $ grün   **then** $S_4 = $ rot

R4:   **if** $S_2 = $ grün   **then** $S_1 = $ rot

R5:   **if** $S_2 = $ grün   **then** $S_3 = $ rot

R6:   **if** $S_2 = $ grün   **then** $S_4 = $ rot

R7:   **if** $S_3 = $ grün   **then** $S_1 = $ rot

R8:   **if** $S_3 = $ grün   **then** $S_2 = $ rot

R9:   **if** $S_3 = $ grün   **then** $S_4 = $ rot

R10:   **if** $S_4 = $ grün   **then** $S_1 = $ rot

R11:   **if** $S_4 = $ grün   **then** $S_2 = $ rot

R12:   **if** $S_4 = $ grün   **then** $S_3 = $ rot

Weiterhin soll in einen belegten Bahnhof kein Zug einfahren können:

R13:   **if** $B1 = $ belegt   **then** $WS_1 = $ rot

R14:   **if** $B2 = $ belegt   **then** $WS_2 = $ rot

R15:   **if** $B3 = $ belegt   **then** $WS_3 = $ rot

R16:   **if** $B4 = $ belegt   **then** $WS_4 = $ rot

Außerdem soll sichergestellt werden, dass der mittlere Teil der Strecke nicht durch wartende Züge blockiert wird:

R17:   **if** $WS_1 = rot\land WS_2 = $rot   **then** $S_3 = $rot

R18:   **if** $WS_1 = rot\land WS_2 = $rot   **then** $S_4 = $rot

R19:   **if** $WS_3 = rot\land WS_4 = $rot   **then** $S_1 = $rot

R20:   **if** $WS_3 = rot\land WS_4 = $rot   **then** $S_2 = $rot

WS_1 und WS_2 bzw. WS_3 und WS_4 sind Weichensignale, d.h. es kann höchstens eine der beiden zugehörigen Strecken freigegeben werden. Dies wird durch die folgenden Regeln sichergestellt:

R21:   **if** $WS_1 = $ grün   **then** $WS_2 = $ rot

R22:   **if** $WS_2 = $ grün   **then** $WS_1 = $ rot

R23:   **if** $WS_3 = $ grün   **then** $WS_4 = $ rot

R24:   **if** $WS_4 = $ grün   **then** $WS_3 = $ rot

Diese 24 Regeln sollen für unser einfaches Beispiel genügen.

Wir wollen nun verschiedene Situationen durchspielen und die Funktionsweise unserer Regelmenge studieren. Nehmen wir zunächst an, die Bahnhöfe $B1$ und $B3$ seien belegt:

$$\mathcal{F}_1: \quad B1 = \text{belegt}$$
$$B3 = \text{belegt}$$

Mit Hilfe der Regelbasis erhalten wir die folgenden abgeleiteten Aussagen über die Gleisanlage (die erklärenden Regeln sind in Klammern aufgeführt):

$$\mathcal{C}_1: \quad WS_1 = \text{rot} \quad (R13)$$
$$WS_3 = \text{rot} \quad (R15)$$

Nun fahre auch noch ein Zug in Bahnhof $B2$ ein:

$$\mathcal{F}_2: \quad B1 = \text{belegt}$$
$$B3 = \text{belegt}$$
$$B2 = \text{belegt}$$

Das beeinflusst die Stellung des Weichensignals WS_2 und damit auch die Signale S_3 und S_4. Als abgeleitete Aussagen erhalten wir:

$$\mathcal{C}_2: \quad WS_1 = \text{rot} \quad (R13)$$
$$WS_3 = \text{rot} \quad (R15)$$
$$WS_2 = \text{rot} \quad (R14)$$
$$S_3 \quad = \text{rot} \quad (R17)$$
$$S_4 \quad = \text{rot} \quad (R18)$$

In dieser Situation werde nun die Fahrt für den Zug in Bahnhof $B1$ freigegeben, d.h. Signal S_1 wird auf *grün* gestellt:

$$\mathcal{F}_3: \quad B1 = \text{belegt}$$
$$B3 = \text{belegt}$$
$$B2 = \text{belegt}$$
$$S_1 \quad = \text{grün}$$

Die Gleisanlage befindet sich daraufhin in einem Zustand mit den folgenden Schlussfolgerungen:

$$\mathcal{C}_3: \quad WS_1 = \text{rot} \quad (R13)$$
$$WS_3 = \text{rot} \quad (R15)$$
$$WS_2 = \text{rot} \quad (R14)$$
$$S_3 \quad = \text{rot} \quad (R17 \text{ und } R2)$$
$$S_4 \quad = \text{rot} \quad (R18 \text{ und } R3)$$
$$S_2 \quad = \text{rot} \quad (R1)$$

Insbesondere sehen wir, dass die Menge der Schlussfolgerungen *monoton* mit der Faktenmenge wächst, ein Umstand, der in der Allgemeingültigkeit der Regeln begründet ist. In vielen Problembereichen jedoch kann diese strenge Gültigkeit der Regeln nicht garantiert werden, und man ist gezwungen, bereits gezogene Schlussfolgerungen wieder zu *revidieren*, was zu einem *nichtmonotonen* Ableitungsverhalten führt. Wir werden uns in den Kapiteln 7 und 8 näher damit beschäftigen.

4.7 MYCIN – ein verallgemeinertes regelbasiertes System

Schon eines der ersten wissensbasierten Systeme überhaupt, das medizinische Diagnose-System MYCIN (vgl. Kapitel 2), setzte sich mit dem Problem der Repräsentation und Verarbeitung *unsicheren Wissens* auseinander. Im medizinischen Bereich – wie auch in den meisten Einsatzgebieten wissensbasierter Systeme – geht es um die Modellierung erkennbarer, aber nicht allgemeingültiger Zusammenhänge, die untereinander verwoben sind.

Am Anfang von MYCIN stand wie üblich die Frage der Wissensrepräsentation. Semantische Netze erwiesen sich als ungeeignet für die Repräsentation derart komplexer Zusammenhänge, wie man sie in der Medizin vorfindet. Man entschied sich daher für Regeln, deren Gültigkeit mit einem *Sicherheitsfaktor (certainty factor)*, d.i. eine reelle Zahl zwischen -1 und $+1$, quantifiziert wurde. Eine typische MYCIN-Regel hatte also die in Abbildung 4.7 gezeigte Form.

RULE035

PREMISE: ($AND (SAME CNTXT GRAM GRAMNEG)
                 (SAME CNTXT MORPH ROD)
                 (SAME CNTXT AIR ANAEROBIC))
ACTION: (CONCLUDE CNTXT IDENTITY BACTEROIDES TALLY .6)

IF: 1) The gram stain of the organism is gramneg, and
      2) The morphology of the organism is rod, and
      3) The aerobicity of the organism is anaerobic
THEN: There is suggestive evidence (.6) that the identity
       of the organism is bacteroides

Abbildung 4.7 Eine MYCIN-Regel

Sicherheitsfaktoren drücken allgemein den *Grad des Glaubens (degree of belief)* an eine Hypothese aus. Der Sicherheitsfaktor einer Regel $A \to B$, bezeichnet mit $CF(A \to B)$, gibt an, wie sicher die Konklusion B ist, wenn die Prämisse A wahr ist: Wenn A B unterstützt, also sicherer macht, so ist $CF(A \to B) > 0$. Liefert A hingegen Evidenz gegen B, so ist $CF(A \to B) < 0$. $CF(A \to B) = 1$ (bzw. $= -1$) bedeutet, dass B definitiv wahr (bzw. falsch) ist, wenn A vorliegt. $CF(A \to B) = 0$ drückt eine indifferente Haltung aus. Auch die Sicherheit von Fakten kann entsprechend mit Sicherheitsfaktoren quantifiziert werden.

Die Inferenzkomponente von MYCIN arbeitet prinzipiell wie ein rückwärtsverkettender Regelinterpreter, wobei allerdings die Sicherheitsfaktoren der an einer Ableitung beteiligten Regeln und Fakten in geeigneter Weise verknüpft werden müssen. Das Ziel einer Anfrage ist nun nicht mehr einfach die Aussage, ob ein Zielobjekt wahr ist oder nicht, sondern wir erwarten als Antwort die Angabe eines Faktors für die Sicherheit des Zielobjekts. Um dies zu klären, überprüft MYCIN entweder bereits vorliegende Erkenntnisse (z.B. Labordaten) oder formuliert eine entsprechende Frage an den Benutzer. Auf diese Weise sammelt es Evidenzen, um das gegebene Ziel zu beweisen.

Um die Propagation von Sicherheitsfaktoren zu erklären, betrachten wir ein abstraktes Beispiel (aus [238]), das alle wichtigen Kombinationen illustriert:

Beispiel 4.20 (Regeln mit Sicherheitsfaktoren) Es seien die Aussagen $A, B, \ldots, F$ gegeben; Abbildung 4.8 zeigt dazu Regeln und Sicherheitsfaktoren. □

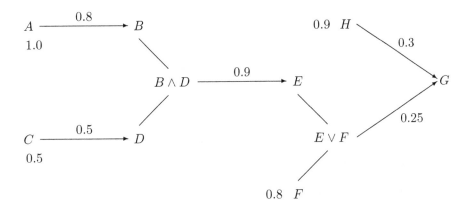

Abbildung 4.8 Regelnetzwerk mit Sicherheitsfaktoren

Um aus diesen Angaben den Sicherheitsfaktor von G berechnen zu können, müssen Propagationsregeln der folgenden Art zur Verfügung gestellt werden:

- Berechnung des Sicherheitsfaktors einer Konjunktion (z.B. $B \wedge D$) aus den Sicherheitsfaktoren der Konjunkte (B, D);

- Berechnung des Sicherheitsfaktors einer Disjunktion (z.B. $E \vee F$) aus den Sicherheitsfaktoren der Disjunkte (E, F);

- Berechnung des Sicherheitsfaktors einer Hypothese (z.B. D) aus dem Sicherheitsfaktor einer Regel $(C \to D)$ und dem Sicherheitsfaktor der Regelprämisse (C);

- Berechnung des Sicherheitsfaktors einer Hypothese (z.B. G), die als Konklusion mehrerer Regeln auftritt $(H \to G, (E \vee F) \to G)$.

Im Zusammenhang mit Sicherheitsfaktoren legen wir die folgenden Notationen fest:

- $CF(A \to B) \in [-1, 1]$ bezeichnet den *Sicherheitsfaktor einer Regel* $A \to B$;

- $CF[B, \{A\}]$ bezeichnet den *Sicherheitsfaktor der Konklusion* B auf der Basis der Sicherheitsfaktoren der Regel $A \to B$ und der Prämisse A;

- allgemein ist $CF[B, \{A_1, \ldots, A_n\}]$ der *Sicherheitsfaktor von* B auf der Basis der n Regeln $A_1 \to B$, $\ldots$, $A_n \to B$ und der n Prämissen $A_1, \ldots, A_n$;

- $CF[B]$ repräsentiert schließlich den *Gesamtsicherheitsfaktor von* B bzgl. der Regelbasis, d.h.

$$CF[B] := CF[B, \{A \mid A \to B \text{ gehört zur Regelbasis}\}].$$

In MYCIN wurden nun die folgenden *Propagationsregeln* implementiert:

1. *Konjunktion:*
$$CF[A \wedge B] = \min\{CF[A], CF[B]\}$$

2. *Disjunktion:*
$$CF[A \vee B] = \max\{CF[A], CF[B]\}$$

3. *serielle Kombination:*
$$CF[B, \{A\}] = CF(A \to B) \cdot \max\{0, CF[A]\}$$

4. *parallele Kombination:* Für $n > 1$ ist
$$CF[B, \{A_1, \ldots, A_n\}] = f(CF[B, \{A_1, \ldots, A_{n-1}\}], CF[B, \{A_n\}]),$$

wobei die Funktion $f : [-1, 1] \times [-1, 1] \to [-1, 1]$ folgendermaßen definiert ist:

$$f(x, y) := \begin{cases} x + y - xy & \text{wenn } x, y > 0 \\ x + y + xy & \text{wenn } x, y < 0 \\ \frac{x+y}{1-\min\{|x|,|y|\}} & \text{sonst} \end{cases}$$

Die unter 4. aufgeführte Funktion f ist nicht definiert für $x \cdot y = -1$, d.h. wenn $x = 1$ und $y = -1$ (oder umgekehrt) ist. Als *Konsistenzbedingung* an die Regelbasis von MYCIN forderte man folglich, dass es keine Aussage A und keine Teilmengen Γ, Δ von Hypothesen gibt, so dass $CF[A, \Gamma] = 1$ und $CF[A, \Delta] = -1$ ist.

f ist kommutativ ($f(x, y) = f(y, x)$) und assoziativ ($f(x, f(y, z)) = f(f(x, y), z)$), so dass bei der Parallelkombination die Reihenfolge der berücksichtigten Regeln keine Rolle spielt.

Es mag verwundern, dass bei der seriellen Kombination der Faktor $\max\{0, CF[A]\}$ verwendet wird, statt einfach $CF[A]$ zu nehmen. Hier sollte verhindert werden, dass Evidenz *gegen* A sich mittels $A \to B$ auf die Sicherheit von B auswirken kann.

Beispiel 4.21 (Fortsetzung) Wir wollen im obigen Beispiel 4.20 aus den Angaben die Sicherheitsfaktoren von B, D und E berechnen:

$$\begin{aligned} CF[B] &= CF[B, \{A\}] = 0.8 \cdot 1.0 = 0.8 \\ CF[D] &= CF[D, \{C\}] = 0.5 \cdot 0.5 = 0.25 \\ CF[B \wedge D] &= \min\{0.8, 0.25\} = 0.25 \\ CF[E] &= CF[E, \{B \wedge D\}] = 0.9 \cdot 0.25 = 0.225 \end{aligned}$$

$\square$

Selbsttestaufgabe 4.22 (Sicherheitsfaktoren) Berechnen Sie in Beispiel 4.20 den Sicherheitsfaktor von G. $\blacksquare$

Selbsttestaufgabe 4.23 (Mord) Dieter P., Inhaber einer großen Baufirma, wurde in seinem Arbeitszimmer tot aufgefunden. Obwohl er mit seiner eigenen Pistole erschossen wurde, sieht alles nach einem Mord aus. Es gibt drei Hauptverdächtige:

- Albert, der ehemalige Prokurist der Firma, den Dieter P. vor einigen Wochen wegen Unregelmäßigkeiten in der Geschäftsführung fristlos entlassen hatte. Die Spurensicherung fand am Tatort Indizien, die Alberts Anwesenheit am Mordtage belegen.

- Bruno, der Bruder von Dieter P.; Bruno ist ein notorischer Spieler und einziger Erbe des Ermordeten. Auf der Tatwaffe wurden Brunos halbverwischte Fingerabdrücke gefunden. Er erklärt dies damit, dass er sich hin und wieder die Pistole von seinem Bruder ausgeliehen habe.

- Carlos, Teilhaber von Dieter P.; Zeugen berichteten einigermaßen glaubwürdig, dass es in letzter Zeit gehäuft zu Auseinandersetzungen zwischen ihm und Dieter P. gekommen sei. Außerdem glaubt die Sekretärin von Dieter P., Carlos zur Tatzeit in der Firma gesehen zu haben, obwohl er angeblich auf Dienstreise war.

Alle drei bestreiten vehement die Tat. Bestimmen Sie mit Hilfe der MYCIN-Propagationsregeln für alle Verdächtigen den Faktor, mit dem auf der Basis der vorliegenden Anhaltspunkte ihre Täterschaft als sicher erscheint, indem Sie die folgenden Regeln im MYCIN-Stil verwenden (die Zahl in eckigen Klammern hinter einer Regel gibt jeweils den Sicherheitsfaktor der Regel an):

$$
\begin{aligned}
\textit{Entlassen} &\rightarrow \textit{Rache [0.7]} \\
\textit{Bruder} &\rightarrow \textit{Erbe [1.0]} \\
\textit{Spieler} &\rightarrow \textit{hat\_Spielschulden [0.5]} \\
\textit{hat\_Spielschulden} &\rightarrow \textit{hat\_Geldprobleme [1.0]} \\
\textit{Zeuge\_Streit} &\rightarrow \textit{Streit [1.0]} \\
\textit{Rache} &\rightarrow \textit{hat\_Motiv [0.6]} \\
\textit{Erbe} \wedge \textit{hat\_Geldprobleme} &\rightarrow \textit{hat\_Motiv [0.9]} \\
\textit{Streit} &\rightarrow \textit{hat\_Motiv [0.6]} \\
\textit{hat\_Motiv} &\rightarrow \textit{ist\_Täter [0.9]} \\
\textit{Fingerabdrücke} &\rightarrow \textit{ist\_Täter [0.9]} \\
\textit{Zeuge\_Firma} &\rightarrow \textit{ist\_Täter [0.8]} \\
\textit{Spuren} &\rightarrow \textit{ist\_Täter [0.7]}
\end{aligned}
$$

Bewerten Sie die Sicherheit der Aussage über die Streitereien zwischen Dieter und Carlos mit einem Faktor von 0.8, diejenige über die Anwesenheit von Carlos in der Firma zur fraglichen Zeit mit einem Faktor von 0.5. Alle anderen Evidenzen dürfen Sie als sicher voraussetzen.   ∎

Die Verwendung von Sicherheitsfaktoren ist lediglich eine heuristische Methode zur Repräsentation und Verarbeitung quantifizierter Unsicherheiten, die sich theoretisch (etwa auf der Basis von Wahrscheinlichkeiten) nicht fundieren ließ (vgl. [238]). Dennoch erwies sie sich als recht leistungsstark und erfolgreich.

Nach diesen Einblicken in Wissensbasis und Inferenzkomponente, also dem "Innenleben von MYCIN", kehren wir nun zurück auf die Benutzeroberfläche des Systems. Die Abbildungen 4.9 und 4.10 geben Dialoge zwischen Benutzer und System wieder. Sie zeigen Ausschnitte aus dem Protokoll einer typischen Konsultationssitzung des MYCIN-Systems, wie sie in dem Buch von Buchanan und Shortliffe [32] zu finden sind.

1) Patient's name: (first-last)
** **FRED BRAUN**
2) Sex: *(Questions 1-3 request*
** **M**   *background patient data.)*
3) Age:
** **55**
4) Are there any cultures for Fred Braun which may be related to
   the present illness, and from which organisms have been grown
   successfully in the microbiology laboratory?
** **Y**

—— CULTURE-1 ——

5) From what site was the specimen for CULTURE-1 taken?
** **BLOD**
=BLOOD   *(System corrects typing error.)*
6) Please give the date and time when CULTURE-1 was obtained.
   (mo/da/yr time)
** **JUN 20, 1977**
The first organism isolated from the blood culture of 20-JUN-77
(CULTURE-1) will be referred to as:

—— ORGANISM-1 ——

7) Enter the laboratory-reported identity of ORGANISM-1:
** **UNKNOWN**   *(Typically identity is not yet known.)*
8) The stain (gram or Ziehl-Neelsen acid-fast) of ORGANISM-1:
** **NEG**   *(Preliminary lab results give some clues.)*
9) Is ORGANISM-1 rod or coccus (etc.):
** **ROD**
10) What is the form of the individual organisms (e. g. lancet-
    shaped for cocci, fusiform for rods, etc.)?
** **FUSIFORM**

      (. . . more questions follow in order to gather sufficient information
      to infer the identity and signifance of the infecting organisms. . .)

23) What is the suspected portal of entry of the gramneg rod from the
    blood culture of 20-JUN-77 (ORGANISM-1) into this sterile site?
** **GI (6)**   *(User indicates the uncertainty of his response.)*
24) Is Fred Braun a burn patient?
** **N**
25) Is Fred Braun a compromised host (e. g. alcoholic,
    sickle-cell-disease, immunosuppressed)?
** **N**
26) Is Fred Braun febrile?
** **Y**

Abbildung 4.9 Auszüge einer MYCIN Konsultation (nach [32]) (Die kursiv gedruckten
Kommentare wurden zum besseren Verständnis hinzugefügt.)

> *(... after 50-60 questions, MYCIN prints the diagnostic hypothesis on which therapy will be based...)*

My therapy recommendations will be designed to treat for organisms that are either very likely or, although less likely, would have a signifcant effect on therapy selection if they were present. It is important to cover for the following probable infection(s) and associated organism(s):

INFECTION-1 is BACTEREMIA

⟨ITEM-1⟩ E.COLI [ORGANISM-1]
⟨ITEM-2⟩ KLEBSIELLA [ORGANISM-1]
⟨ITEM-3⟩ ENTEROBACTER [ORGANISM-1]
⟨ITEM-4⟩ KLEBSIELLA-PNEUMONIAE [ORGANISM-1]

> *(... questions follow to evaluate possible therapy choices, and finally MYCIN prints its therapy recommendations...)*

[REC1] My preferred therapy recommendation is as follows:
   In order to cover for items ⟨1 2 3 4⟩:
      Give: GENTAMICIN   *(One drug covers 4 possible identities.)*
      Dose: 119 mg (6.0 ml) q8h IV for 10 days [calculated on basis of 1.7 mg/kg]
      Comments: Modify dose in renal failure.

Abbildung 4.10 Auszüge einer MYCIN Konsultation (Forts.)

Der Erklärungskomponente wurde bei der Entwicklung von MYCIN große Aufmerksamkeit geschenkt: Das *QA-Modul (Question Answering Module)* beantwortet einfache Fragen in englischer Sprache bzgl. der Schlussfolgerungen des Systems oder über allgemeine Zusammenhänge. Die Benutzung des QA-Moduls schließt sich automatisch an eine Konsultation an, kann aber auch während einer Konsultation bei Bedarf aufgerufen werden (vgl. [32]).

Außerdem gab es in MYCIN den sog. *Reasoning status checker*, der während einer Konsultation die aktuelle Argumentationskette transparent machte bzw. die vom System gestellten Fragen motivierte. Der Reasoning status checker wurde durch die Fragen "HOW" und "WHY" aufgerufen (vgl. [32]).

4.8 Modularität und Effizienz regelbasierter Systeme

Im "idealen" regelbasierten System wird jede Regel als eine *Wissenseinheit* (im Englischen manchmal etwas derb, aber recht anschaulich als "chunk of knowledge" bezeichnet) betrachtet, also unabhängig von der übrigen Wissensbasis. Insbesondere spielt die Reihenfolge der Regeln keine Rolle. So erzielt man eine volle Modularität des Wissens, und neu akquiriertes Wissen kann einfach an die Wissensbasis "angehängt" werden.

Beispiel 4.24 (Geldautomat) Als Beispiel betrachten wir noch einmal die Regelmenge für den Geldautomaten, wie wir sie in Abbildung 4.1 angegeben haben. Es soll noch zusätzlich berücksichtigt werden, dass die Auszahlung von dem Bargeldvorrat im Automaten abhängt. Wir müssen dann lediglich die Bedingung

$$\text{Betrag} \ \leq \ \text{Vorrat}$$

zum Bedingungsteil der Regel GA-1' hinzufügen und

GA-9': **if**
$$\text{Betrag} \ > \ \text{Vorrat}$$
    then
$$\text{Auszahlung} \ = \ \text{soll nicht erfolgen}$$

als zusätzliche Regel mit in die Regelmenge aufnehmen.   □

Allerdings bedingt die Unstrukturiertheit des Wissens ein nicht zu unterschätzendes Such- und Effizienzproblem, das schon bei MYCIN klar zu Tage trat: Da hier die Mehrheit der Regeln unsicherer Natur war, genügte es nicht, *eine* passende Regel zu finden. Vielmehr mussten *alle* in Frage kommenden Regeln herausgesucht und für die Evidenzbestimmung zur Verfügung gestellt werden. Diese Suche versuchte man später effektiver zu gestalten, indem man z.B. zunächst nach entsprechenden sicheren Regeln fahndete, die alle unsicheren Evidenzen überlagern.

Im Allgemeinen gibt es mehrere Methoden, um die Effizienz eines regelbasierten Systems zu verbessern. So kann man z.B. die Regeln nach der Häufigkeit ihrer Anwendung sortieren und immer zuerst die meist benutzten, also Erfolg versprechenden Regeln ausprobieren. Alternativ können feste Prioritäten bei der Suche gesetzt werden, oder man teilt die Regeln in Klassen ein und durchsucht in Abhängigkeit von der Fragestellung bestimmte Klassen zuerst.

4.9 Ausblick

Heute wird der Begriff *regelbasiertes System* meistens nur noch für Systeme verwandt, die mit deterministischen Regeln arbeiten. Solche *regelbasierten Systeme im engeren Sinn* bieten sich für klar strukturierte Problembereiche (wie z.B. die Verkehrssteuerung o.Ä.) an. Regeln in einer allgemeinen, nicht-deterministischen Form zur Repräsentation generischen Wissens bilden jedoch die Grundlage für einen Großteil der existierenden wissensbasierten Systeme. Zu ihrer Darstellung und/oder Verarbeitung sind nicht-klassische Formalismen notwendig. Im Rahmen dieses Buches werden wir in den Kapiteln über *nichtmonotones Schließen* näher darauf eingehen, und auch bei den *quantitativen Methoden* spielt der Begriff der Regel eine wichtige Rolle, wie das MYCIN-Beispiel schon zeigte.

5 Maschinelles Lernen

Ähnlich wie es grundlegende Schwierigkeiten gibt, den Begriff der *künstlichen Intelligenz* exakt zu definieren, gilt dies auch für den Begriff des *maschinellen Lernens*. Beide Begriffe stehen nämlich in einem ähnlichen Verhältnis zueinander, wie dies auch die Begriffe der *Intelligenz* und des *Lernens* tun. Intelligentes Verhalten wird oft eng mit der Fähigkeit des Lernens verknüpft; in der Tat spielt bei der Entwicklung der Intelligenz beim Menschen die Lernfähigkeit eine ganz entscheidende Rolle.

In diesem Kapitel gehen wir zunächst auf die Problematik einer Definition des Begriffs Lernen ein und klassifizieren die verschiedenen Ansätze zum maschinellen Lernen. Den Schwerpunkt dieses Kapitels bilden dann induktive Lernverfahren: das sehr erfolgreiche Gebiet des Lernens von Entscheidungsbäumen und das allgemeinere Gebiet des Lernens von Konzepten. Beim Lernen von Konzepten stellen wir insbesondere das Lernverfahren mit Versionenräumen vor, das einen guten Rahmen darstellt, in dem viele grundlegende Problemstellungen des induktiven Lernens verdeutlicht werden können. Weiterhin gehen wir mit den Themen *Data Mining* und *Wissensfindung in Datenbeständen* auf einen Bereich ein, der aktuell in vielen Anwendungsgebieten besonderes Interesse findet.

5.1 Definition des Lernens

Verschiedene Definitionen für (maschinelles) Lernen wurden vorgeschlagen und diskutiert. Zunächst betrachten wir die folgende Definition:

> *Learning denotes changes in the system that are adaptive in the sense that they enable the system to do the same task or tasks drawn from the same population more efficiently and more effectively the next time* [215].

Diese Charakterisierung umfasst allerdings auch Veränderungen, die offensichtlich nichts mit Lernen zu tun haben. Sieht man die schnellere Abarbeitung einer arithmetischen Berechnung als eine Verbesserung an, so wäre streng genommen nach der obigen Definition bereits die Verwendung eines schneller getakteten Prozessors, der die arithmetischen Berechnungen nach demselben Schema, aber in kürzerer Zeit durchführt, eine Lernleistung. Eine zweite Definition ist die folgende:

> *The study and computer modeling of learning processes in their multiple manifestations constitutes the subject matter of machine learning* [39].

Diese Definition vermeidet zwar die soeben angesprochenen Defizite, umgeht aber die Problematik einer eigentlichen Definition des maschinellen Lernens dadurch,

© Springer Fachmedien Wiesbaden GmbH, ein Teil von Springer Nature 2019
C. Beierle und G. Kern-Isberner, *Methoden wissensbasierter Systeme*,
Computational Intelligence, https://doi.org/10.1007/978-3-658-27084-1_5

dass direkt auf "Lernprozesse in verschiedenen Ausprägungen" referiert wird. Aus dem Kontext der Arbeit [39] geht aber deutlich hervor, dass hierbei nicht nur die adäquate Modellierung menschlicher Lernprozesse gemeint ist, sondern eben auch Lernprogramme, die völlig andere Ansätze verfolgen.

Gelerntes Wissen muss in der ein oder anderen Form repräsentiert werden, um für eine spätere Verwendung zur Verfügung zu stehen. Dieser Repräsentationsaspekt wird in der folgenden Charakterisierung des Lernens hervorgehoben:

> *Learning is constructing or modifying representations of what is being experienced* [159].

Als zentraler Aspekt des Lernens wird hierbei also die Konstruktion einer Repräsentation gesehen. Durch das Lernen erzielte Performanzverbesserung wird als Konsequenz angesehen, die jedoch in engem Zusammenhang mit den Zielen des Lernenden steht. In den meisten praktischen Situationen wird aber die Beurteilung des Lernerfolges von dem Maß der Performanzverbesserung abhängen, da der direkte Zugriff und vor allem eine Beurteilung der Güte einer Repräsentation oft schwierig oder gar nicht möglich ist.

Während bei menschlichem Handeln normalerweise gleichzeitig Lernen stattfindet, das zur Performanzsteigerung bei der ausgeführten Handlung führen kann, sind Computerprogramme typischerweise nicht in der Lage, aus Erfahrung ihr eigenes Handeln zu verbessern. Gerade dies ist aber das Ziel des maschinellen Lernens:

> *Research in machine learning has been concerned with building computer programs able to construct new knowledge or to improve already possessed knowledge by using input information* [161].

Während es keine allgemein akzeptierte Definition des maschinellen Lernens gibt, kann man aber in allen Lernsystemen eine grundlegende Unterscheidung treffen, nämlich die Unterscheidung zwischen dem eigentlichen Lernsystem und dem Performanzelement.

In Abbildung 5.1 ist ein allgemeines Lernmodell schematisch dargestellt. Das *Performanzelement* interagiert mit der Umgebung und wird durch das vorhandene Wissen gesteuert. Das *Lernelement* nimmt Erfahrungen und Beobachtungen aus der Umgebung auf und erzeugt und modifiziert Wissen. Hinzu kommen noch zwei weitere Komponenten: Ein *Kritikelement* ist dafür verantwortlich, dem Lernelement mitzuteilen, wie erfolgreich es ist. Ein *Problemgenerator* schließlich erzeugt Aufgaben, die zu neuen und informativen Erfahrungen führen sollen.

5.2   Klassifikation der Ansätze zum maschinellen Lernen

Es gibt sehr unterschiedliche Ansätze für das maschinelle Lernen. Um diese verschiedenen Ansätze besser beurteilen und miteinander in Beziehung setzen zu können, ist es hilfreich, sie unter geeigneten Blickwinkeln zu klassifizieren. In [39] werden Systeme zum maschinellen Lernen entlang dreier verschiedener Dimensionen klassifiziert:

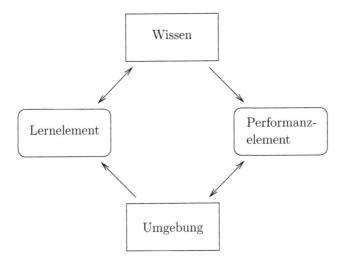

Abbildung 5.1 Schema eines allgemeinen Lernmodells

- Klassifikation gemäß der zugrunde liegenden *Lernstrategie*: Dabei wird unterschieden, wieviel Information bereits vorgegeben wird und in welchem Maße das Lernsystem eigene Inferenzen durchführt;

- Klassifikation gemäß der benutzten *Repräsentation von Wissen*, welches das System erlernt;

- Klassifikation gemäß dem *Anwendungsbereich* des Lernsystems.

Da ein einzelnes System eine Kombination verschiedener Lernstrategien verwenden kann, gleichzeitig auf verschiedene Repräsentationsformen zurückgreifen und auf mehrere Anwendungsbereiche angewandt werden kann, ist die Klassifikation eines solchen Systems entlang der genannten drei Dimensionen natürlich nicht immer eindeutig.

5.2.1 Klassifikation gemäß der benutzten Lernstrategie

Wie sehr sich Lernstrategien in Bezug auf die notwendigen Inferenzfähigkeiten unterscheiden, kann man sich an einem Beispiel deutlich machen.

Auf der einen Seite nehmen wir ein Computersystem, dessen Wissen direkt vom Entwickler programmiert wird. Dabei wächst das Wissen des Systems an, ohne dass es selbst überhaupt irgendwelche Schlussfolgerungen zieht. Wenn auf der anderen Seite durch eigene Experimente, Beobachtungen und die Verwendung bereits vorhandenen Wissens unabhängig von Vorgaben selbständig neue Theorien und Konzepte entwickelt werden, so ist dafür eine ausgeprägte Fähigkeit für das Ziehen von Schlussfolgerungen notwendig. Im Spektrum zwischen diesen beiden Extremen liegt etwa ein Student, wenn er auf der Grundlage von ausgearbeiteten Beispielen ein analoges Problem löst. Dabei sind zwar Inferenzen notwendig, aber in sehr viel geringerem Umfang als bei der Lösung eines ganz neuen Problems, für das es bisher keine Lösungshinweise gibt.

Generell könnte man sagen, dass mit dem Aufwand, den der Lernende betreiben muss, der Aufwand des Lehrenden abnimmt. Die folgende Hierarchie ist entlang dieser Linie organisiert: Der Aufwand des Lernenden nimmt mit den einzelnen Stufen immer mehr zu, während umgekehrt der Aufwand, der in die Aufbereitung des Materials für den Lernenden gesteckt wird, abnimmt.

- **Direkte Eingabe neuen Wissens und Auswendiglernen**
  Hierbei ist keinerlei Inferenz oder eine andere Art der Wissenstransformation auf Seiten des Lernenden erforderlich. Im Kontext von Computersystemen kann man als Beispiele nennen:

  - Lernen durch das Speichern von gegebenen Daten und Fakten, ohne dass Schlussfolgerungen aus den eingegebenen Daten gezogen werden. Diese Situation liegt etwa bei einfachen Datenbanksystemen vor.

  - Lernen durch direkte Programmierung oder durch direkte Modifikation von außen.

- **Lernen durch Anweisungen**
  Bei dieser Form des Lernens wird aufbereitetes Wissen vorgegeben. Der Lernende muss dieses Wissen aufnehmen und intern verarbeiten. Zusammen mit zuvor bereits vorhandenem Wissen muss er dann in der Lage sein, dieses Wissen effektiv zu verwenden. Während hierfür bereits gewisse Schlussfolgerungen auf Seiten des Lernenden notwendig sind, ist es Aufgabe der Lehrenden, die Anweisungen so aufzuarbeiten, dass das Wissen des Lernenden schrittweise erweitert werden kann.

- **Lernen durch Deduktion**
  Bei dieser Art des Lernens, die in den letzten Jahren an Bedeutung gewonnen hat, geht es darum, aus vorhandenem Wissen mittels deduktiver Schlussweisen neues Wissen abzuleiten. Dieses Wissen kann dann z.B. dazu genutzt werden, das vorhandene Wissen effektiver oder effizienter zu organisieren.

- **Lernen durch Analogie**
  Beim Lernen durch Analogie werden neue Fakten und Fähigkeiten dadurch erlernt, dass man vorhandenes Wissen an neue Situationen anpasst. Vorausgesetzt wird dabei, dass man für ähnliche Situationen bereits Problemlösungen kennt. Hierbei wird bereits eine ausgeprägtere Fähigkeit für Schlussfolgerungen als beim Lernen durch Anweisungen verlangt: Es müssen Fakten und Fähigkeiten aus dem vorhandenen Wissen herausgefunden werden, die in signifikanten Aspekten mit der gegebenen neuen Situation übereinstimmen. Weiterhin muss das so ausgewählte Wissen transformiert und an die neue Situation angepasst werden. Schließlich muss dieses neue Wissen entsprechend abgelegt werden, damit es für spätere Verwendungen wieder zur Verfügung steht.

- **Lernen aus Beispielen**

  Beim Lernen aus Beispielen ist es Aufgabe des Lernenden, eine allgemeine Konzeptbeschreibung zu erstellen, die alle vorher gegebenen Beispiele umfasst und evtl. vorhandene Gegenbeispiele ausschließt. Für diese Art des Lernens sind größere Schlussfolgerungsfähigkeiten notwendig als beim Lernen durch Analogie, da man nicht auf bereits vorhandene Konzepte aufsetzen kann, aus denen man das neue Konzept entwickeln könnte. Lernen aus Beispielen kann danach unterteilt werden, woher die Beispiele kommen:

  — Wenn die Beispiele *von einem Lehrenden* vorgegeben werden, kennt dieser Lehrer das Konzept und kann die Beispiele so auswählen, dass sie möglichst nützlich sind. Wenn dabei noch der Wissenszustand des Lernenden berücksichtigt wird, kann die Auswahl der Beispiele so optimiert werden, dass der Lernerfolg möglichst schnell erreicht wird.

  — Die Beispiele können auch *vom Lernenden selbst* stammen. In diesem Fall generiert der Lernende Beispiele, die Parameter enthalten, von denen er glaubt, dass sie für das zu erlernende Konzept relevant sind, und zwar auf der Basis dessen, was er bisher bereits als Hypothese für das Konzept entwickelt hat. In diesem Fall muss natürlich von außen (durch einen Lehrer oder die Umgebung) die Information geliefert werden, ob es sich bei dem jeweils vom Lernenden generierten Beispiel um ein positives Beispiel für das zu erlernende Konzept oder um ein Gegenbeispiel handelt.

  — Als dritte Möglichkeit können die Beispiele auch *aus der Umgebung* stammen, also weder vom Lernenden noch vom Lehrenden bestimmt sein. Hierbei handelt es sich folglich um Zufallsbeobachtungen, da man von keinem systematischen Prozess der Beispielgenerierung sprechen kann. Auch in diesem Fall muss dem Lernenden in der ein oder anderen Form mitgeteilt werden, ob es sich um ein positives Beispiel oder um ein Gegenbeispiel handelt.

Eine andere Möglichkeit der Klassifizierung des Lernens durch Beispiele ergibt sich, wenn man berücksichtigt, ob die Beispiele, die dem Lernenden zur Verfügung stehen, alles positive Beispiele sind oder ob dabei auch Gegenbeispiele zu finden sind:

— *Nur positive Beispiele verfügbar:*
Während positive Beispiele Instanzen des zu erlernenden Konzepts darstellen, liefern sie keine Informationen darüber, ob das abgeleitete Konzept evtl. zu allgemein ist. Da keine Gegenbeispiele zur Verfügung stehen, die dies verhindern könnten, wird oft versucht, durch gewisse Minimalitätskriterien das abgeleitete Konzept einzuschränken.

— *Positive und negative Beispiele verfügbar:*
Diese Lernsituation ist die üblichste beim Lernen aus Beispielen. Die positiven Beispiele sorgen dafür, dass das abgeleitete Konzept allgemein genug ist, während die negativen Beispiele verhindern, dass das Konzept zu allgemein wird. Das erlernte Konzept muss so allgemein sein, dass

alle positiven Beispiele umfasst werden, gleichzeitig aber auch genügend speziell sein, so dass keines der negativen Beispiele mit erfasst wird.

Eine weitere Unterscheidung des Lernens aus Beispielen ergibt sich daraus, ob alle Beispiele gleichzeitig präsentiert werden oder nicht:

– *Alle Beispiele gleichzeitig:*
  In diesem Fall stehen sofort von Anfang an alle Informationen zur Verfügung. Jede Hypothese kann sofort auf Richtigkeit überprüft werden.

– *Beispiele sind inkrementell gegeben:*
  Sind die Beispiele in einer inkrementellen Folge verfügbar, so muss der Lernende eine Hypothese (oder eine Folge von Hypothesen) aufstellen, die mit den bisherigen positiven Beispielen konsistent ist und keines der bisher zur Verfügung stehenden Gegenbeispiele umfasst. Diese Hypothese muss anhand der nachfolgenden Beispiele überprüft und gegebenenfalls verfeinert werden. Dieser inkrementelle Ansatz ähnelt eher dem menschlichen Lernen als der Ansatz, in dem alle Beispiele gleichzeitig gegeben werden. Stammen die Beispiele von einem Lehrenden, so kann dieser die Beispiele so anordnen, dass zunächst die wesentlichsten Aspekte des Konzepts erlernt werden, und nicht so wichtige Details erst einmal außer Acht lassen.

• **Lernen aus Beobachtungen und durch Entdeckungen**
  Bei dieser Form des Lernens handelt es sich um die anspruchsvollste Form, und zwar um eine generelle Ausprägung des induktiven Lernens. Ein wesentlicher Aspekt dabei ist, dass hier keinerlei Steuerung mehr durch einen Lehrenden stattfindet. Der Lernende wird auch nicht mit einem Satz von Instanzen eines bestimmten Konzepts konfrontiert, noch hat er eine Informationsquelle zur Verfügung, die von ihm generierte Beispiele als positive oder negative Beispiele eines gegebenen Konzepts klassifizieren könnte. Darüber hinaus können die gemachten Beobachtungen mehrere verschiedene Konzepte umfassen, die alle mehr oder weniger gleichzeitig erlernt werden müssen. Aufgrund dieser Überlegungen wird deutlich, dass diese Form des Lernens aus Beobachtungen und Entdeckungen größere Anforderungen bezüglich der Inferenzfähigkeiten des Lernenden stellt als die bisher angegebenen Formen.

Das Lernen aus Beobachtungen und Entdeckungen kann noch weiter dahingehend klassifiziert werden, in welchem Ausmaß Interaktion mit der Umgebung stattfindet:

– *Passive Beobachtungen:*
  Hierbei entwickelt der Lernende aufgrund seiner Beobachtungen der Umgebung Konzepte, die diese Beobachtungen umfassen.

– *Aktive Experimente:*
  Hierbei beeinflusst der Lernende gezielt seine Umgebung, um die Einflüsse seiner Experimente auf die Umgebung beobachten zu können. Die Auswahl der Experimente kann rein zufällig erfolgen, nach allgemeinen Gesichtspunkten angeordnet oder z.B. durch theoretische Überlegungen

geleitet sein. Mit dem Erwerb von Wissen können neue Theorien aufgestellt werden. Gezielte Experimente dienen dazu, diese Hypothesen zu bestätigen oder zu widerlegen.

5.2.2 Klassifikation gemäß dem gelernten Typ von Wissen

Es gibt unterschiedliche Formen des Wissens, das gelernt werden kann: Beschreibungen von Objekten, Problemlösungsheuristiken, Taxonomien für einen bestimmten Bereich usw. Im Bereich des maschinellen Lernens geben Carbonell et al. [39] eine Klassifikation für den Typ des Wissens an, der in den verschiedenen Systemen des maschinellen Lernens auftritt. Diese Klassifikation enthält u.a. die folgenden Wissensarten:

1. **Parameter in algebraischen Ausdrücken:**
   Gegeben sei ein algebraischer Ausdruck. Die Lernaufgabe besteht nun darin, numerische Parameter oder Koeffizienten in diesem Ausdruck so zu adjustieren, dass ein gewünschtes Verhalten erreicht wird. Als Beispiel kann man sich das Adjustieren von Schwellwerten in technischen Systemen vorstellen.

2. **Entscheidungsbäume:**
   Einige Systeme generieren Entscheidungsbäume, um zwischen Elementen einer Klasse zu unterscheiden. Die Knoten in dem Entscheidungsbaum entsprechen ausgewählten Attributen der Objekte, und die Kanten entsprechen gegebenen alternativen Werten dieser Attribute. Blätter in dem Entscheidungsbaum entsprechen der Menge der Objekte, die der gleichen Unterklasse zugeordnet werden.

3. **Formale Grammatiken:**
   Um eine (formale) Sprache zu beschreiben, benutzt man in der Regel eine Grammatik. Ausgehend von Beispielausdrücken der Sprache wird eine formale Grammatik erlernt. Mögliche Repräsentationen für eine solche formale Grammatik sind reguläre Ausdrücke, endliche Automaten, Regeln einer kontext-freien Grammatik oder Transformationsregeln.

4. **Regeln:**
   Eine Regel (z.B. Produktions- oder Assoziationsregel) ist von der Form

$$\text{if } C \text{ then } A$$

wobei C eine Menge von Bedingungen und A eine Aussage ist (vgl. Kapitel 4). Falls alle Bedingungen in einer solchen Regel erfüllt sind, wird auf A geschlossen. Regeln werden in vielen Systemen des maschinellen Lernens als Formalismus zur Wissensrepräsentation eingesetzt. Es gibt vier Basisoperationen, mit denen derartige Regeln erzeugt und verfeinert werden können.

- *Erzeugung:*
  Eine neue Regel wird von dem System generiert oder aus der Umgebung aufgenommen.

- *Verallgemeinerung:*
  Bedingungen aus dem Bedingungteil einer Regel werden fallen gelassen
  oder gelockert, so dass die Regel auf eine größere Anzahl von Situationen
  anwendbar ist.

- *Spezialisierung:*
  Zusätzliche Bedingungen werden dem Bedingungteil einer Regel hinzugefügt oder vorhandene Bedingungen verschärft, so dass die Regel nur
  noch auf eine kleinere Anzahl von Situationen anwendbar ist.

- *Komposition:*
  Eine oder mehrere Regeln, die sequentiell angewandt wurden, werden
  zu einer einzelnen Regel zusammengefasst, wobei dadurch nicht mehr
  notwendige Bedingungen und Folgerungen eliminiert werden.

5. **Ausdrücke basierend auf formaler Logik:**
   Derartige Ausdrücke sind in lernenden Systemen sowohl für die Beschreibung
   einzelner Objekte als auch für die Bildung des zu erlernenden Konzepts verwendet worden. Komponenten dieser Ausdrücke könnten z.B. Aussagen, beliebige Prädikate, Variablen über endlichen Wertebereichen oder logische Ausdrücke sein.

6. **Begriffshierarchien:**
   Die Formalisierung von Wissen involviert in fast allen Fällen Begriffe, die
   zueinander in bestimmter Beziehung stehen. So werden Objekte eines Bereichs
   Begriffskategorien zugeordnet, die oft hierarchisch strukturiert sind. Gelernt
   werden sollen derartige Begriffshierarchien oder Taxonomien.

Darüber hinaus werden auch noch weitere Typen für das zu lernende Wissen unterschieden, z. B. Graphen und Netzwerke, Schemata und Computerprogramme.

5.2.3   Klassifikation gemäß dem Anwendungsbereich

Systeme des maschinellen Lernens werden heute in sehr vielen Bereichen eingesetzt.
Die Einsetzfelder reichen von der Landwirtschaft über Spielprogramme und medizinische Diagnose bis hin zur Spracherkennung. Auf eine nähere Klassifikation anhand
dieser Anwendungsgebiete wollen wir hier nicht eingehen.

5.3   Erlernen von Entscheidungsbäumen

Wie in der Einleitung zu diesem Kapitel schon erwähnt, wollen wir den weiteren
Schwerpunkt auf das induktive Lernen legen. Das Lernen von Entscheidungsbäumen
ist nicht nur eine der einfachsten Formen induktiven Lernens, sondern auch eine der
erfolgreichsten in der Praxis (vgl. z.B. [189, 200]).

5.3.1   Entscheidungsbäume

Ein Entscheidungsbaum liefert zu Objekten, die durch Mengen von Attribut/Wert-Paaren beschrieben sind, jeweils eine Entscheidung, welcher Klasse das betreffende Objekt zuzuordnen ist. Der Einfachheit halber werden wir uns hier nur mit Entscheidungsbäumen beschäftigen, die zu einer "Ja/Nein"- Klassifikation führen, so dass die Ausgabe eines Entscheidungsbaumes also immer eine "Ja/Nein"-Entscheidung ist. Ein solcher Entscheidungsbaum repräsentiert daher eine boolesche Funktion:

- Die Blätter des Baumes sind mit dem Wahrheitswert markiert, der als Ergebnis der Funktion zurückgeliefert werden soll, wenn das Blatt erreicht wird.

- Die inneren Knoten des Baumes sind mit einem Attribut markiert. Eine solche Markierung a repräsentiert eine Abfrage, welchen Wert das betrachtete Objekt für das Attribut a hat.

- Die von einem mit a markierten Knoten ausgehenden Kanten sind mit den zu a möglichen Attributwerten markiert.

Ein neues Objekt wird mit Hilfe eines Entscheidungsbaumes klassifiziert, indem man ausgehend von der Wurzel jeweils die den Knoten zugeordneten Attribute überprüft. Man folgt von jedem Knoten aus der Kante, deren Markierung dem von dem Objekt erfüllten Wert entspricht, bis man einen Blattknoten erreicht. Der dem Blattknoten zugeordnete Wert entspricht der Klasse, dem das Objekt zugeordnet wird.

Beispiel 5.1 (Kino 1) In diesem Beispiel geht es um Situationen, in denen man einen Kinobesuch erwägt. Dabei wird angenommen, dass man bereits einen bestimmten Film ins Auge gefasst hat, und dass man geklärt hat, mit wem man eventuell ins Kino gehen möchte. Die Entscheidung für oder gegen den Kinobesuch wird dann in der Regel von dem ausgewählten Film selbst abhängen, der durch Attribute wie Attraktivität, Qualität von Schauspielern und Regisseur, Kategorie usw. beschrieben werden kann. Doch auch andere Faktoren spielen eine Rolle, beispielsweise der Preis einer Kinokarte oder ob man Wartezeit in Kauf nehmen muss. Wichtig kann auch die Wetterlage sein und in welcher Gesellschaft man sich den Film ansehen wird. Die Objekte, die nach der Entscheidung "Kino – ja oder nein?" klassifiziert werden sollen, sind in diesem Beispiel Situationen, die mit den folgenden 10 Attributen beschrieben werden:

1. *Attraktivität:* handelt es sich um einen Blockbuster (*hoch*), um einen Film mittlerer Attraktivität (*mittel*) oder um einen weniger attraktiven Film (*gering*)
2. *Preis:* Kinokarte mit normalem Preisniveau (€) oder mit Zuschlag (€€)
3. *Loge:* sind noch Logenplätze verfügbar (*ja*) oder nicht (*nein*)
4. *Wetter:* ist das Wetter sehr schön (*schön*), durchschnittlich (*mittel*) oder schlecht (*schlecht*)
5. *Warten:* muss man Wartezeit in Kauf nehmen (*ja*) oder nicht (*nein*)

6.	*Besetzung:*	Besetzung und Regisseur des Films können gut bis sehr gut *(top)* oder eher mittelmäßig *(mittel)* sein
7.	*Kategorie:*	hier werden die Kategorien *Action (AC)*, *Komödie (KO)*, *Drama (DR)* und *Science Fiction (SF)* unterschieden
8.	*Reservierung:*	*ja*, falls man eine Reservierung vorgenommen hat, sonst *nein*
9.	*Land:*	handelt es sich um eine *nationale (N)* oder *internationale (I)* Produktion
10.	*Gruppe:*	Zusammensetzung der Gruppe, mit denen man den Kinobesuch plant: mit *Freunden (F)*, als *Paar (P)* oder *allein (A)*

Ein möglicher Entscheidungsbaum, der alle mit den obigen Attributen beschriebenen Situationen klassifiziert, ist in Abbildung 5.2 angegeben. Die grau unterlegten Blattknoten enthalten die Klassifikation ("ja" oder "nein" bzgl. der Frage "Kino – ja oder nein?") des Objekts, mit dem man diesen Blattknoten erreicht. An den Kanten sind die möglichen Werte des jeweiligen Attributes notiert. Da einige der Attribute (z.B. *Warten*) zweiwertig sind, können die Bezeichnungen {*ja*, *nein*} auch als Kantenmarkierungen auftreten.

Man beachte, dass dieser Entscheidungsbaum die Attribute *Preis*, *Loge* und *Reservierung* nicht enthält: Für die Entscheidung, ob man ins Kino gehen soll, werden diese Attribute hier offensichtlich als irrelevant angesehen.   □

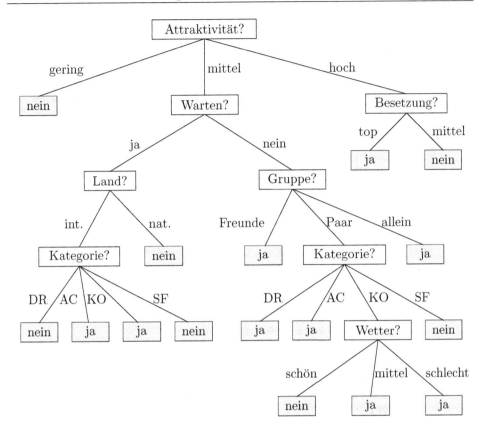

Abbildung 5.2 Ein möglicher Entscheidungsbaum für das Kinoproblem

5.3.2 Erzeugung von Regeln aus Entscheidungsbäumen

Entscheidungsbäume können als Quelle für die Erzeugung von Regeln in einem wissensbasierten System dienen. Jeder Pfad von der Wurzel zu einem Blattknoten entspricht einer logischen Formel in der Form einer **if-then**-Regel. Aus dem Entscheidungsbaum für das Kinoproblem in Abbildung 5.2 können z.B. direkt die Regeln

> **if** *Attraktivität = hoch* **and** *Besetzung = top* **then** *Kinobesuch = ja*

> **if** *Attraktivität = mittel* **and** *Warten = ja* **and** *Land = national*
> **then** *Kinobesuch = nein*

erzeugt werden. In Abschnitt 5.3.4 werden wir Beispiele dafür angeben, wie maschinell erlernte Entscheidungsbäume erfolgreich für die Entwicklung der Wissensbasis eines wissensbasierten Systems eingesetzt wurden.

| Bei- | Attribute | | | | | | | | | Kino- |
spiel	Attr.	Preis	Loge	Wetter	Warten	Bes.	Kat.	Land	Res.	Gruppe	besuch?
X_1	hoch	€€	ja	schlecht	ja	top	AC	int.	ja	Freunde	ja
X_2	mittel	€	ja	mittel	nein	mittel	KO	int.	nein	Paar	ja
X_3	mittel	€	nein	mittel	ja	mittel	DR	int.	nein	Freunde	nein
X_4	gering	€	ja	mittel	ja	mittel	SF	int.	nein	allein	nein
X_5	mittel	€	ja	mittel	nein	mittel	DR	int.	nein	Paar	ja
X_6	hoch	€€	ja	schön	nein	top	SF	int.	ja	Freunde	ja
X_7	mittel	€	ja	schlecht	nein	mittel	KO	nat.	nein	Freunde	ja
X_8	mittel	€	nein	schlecht	ja	mittel	AC	int.	nein	Freunde	ja
X_9	gering	€	ja	schön	nein	mittel	KO	nat.	nein	Freunde	nein
X_{10}	mittel	€	ja	schön	nein	mittel	KO	int.	nein	Paar	nein
X_{11}	hoch	€	ja	mittel	ja	top	DR	int.	nein	Paar	ja
X_{12}	mittel	€	nein	schlecht	ja	mittel	AC	nat.	nein	allein	nein
X_{13}	hoch	€€	ja	mittel	ja	mittel	SF	int.	nein	allein	nein
X_{14}	mittel	€	ja	schön	ja	top	DR	int.	ja	Freunde	nein
X_{15}	mittel	€	ja	schlecht	nein	mittel	AC	int.	nein	Paar	ja

Abbildung 5.3 Beispiele für das Kinoproblem

5.3.3 Generieren von Entscheidungsbäumen

Ein Lernverfahren für Entscheidungsbäume generiert aus einer Menge von Beispielen (genannt *Trainingsmenge*) einen Entscheidungsbaum. Ein *Beispiel* besteht dabei aus einer Menge von Attribut/Wert-Paaren zusammen mit der Klassifikation, d.h., ob es sich um ein positives oder um ein negatives Beispiel handelt.

Beispiel 5.2 (Kino 2) In Abbildung 5.3 sind 15 Beispiele für das Kino-Problem angegeben, wobei es acht positive und sieben negative Beispiele gibt.   □

Um aus einer Trainingsmenge einen Entscheidungsbaum zu generieren, könnte man folgenden trivialen Ansatz wählen: Man konstruiert einen Baum derart, dass für jedes Beispiel ein entsprechender Pfad von der Wurzel zu einem Knoten besteht. Jedes Beispiel aus der Trainingsmenge wird dann durch den so generierten Entscheidungsbaum genau wieder so klassifiziert wie in der Trainingsmenge angegeben.

Das Problem mit diesem trivialen Ansatz ist aber, dass wir davon keine sinnvolle Generalisierung auf andere Fälle erwarten können: Die gegebenen Beobachtungen werden im Prinzip nur gespeichert, aber es wird kein Muster aus den Beispielen extrahiert, von dem man erwarten könnte, dass es auf neue Situationen verallgemeinert werden könnte (sog. *overfitting*). Gerade ein solches Muster ist aber eine Möglichkeit, eine größere Menge von Beispielen kompakt zu beschreiben. Ziel des Lernens ist es daher, einen Entscheidungsbaum zu generieren, der nicht nur die Beispiele der gegebenen Trainingsmenge korrekt klassifiziert, sondern der auch möglichst kompakt ist.

Dieser Überlegung liegt ein generelles Prinzip des induktiven Lernens zugrunde, das *Occam's Razor*[1] genannt wird:

> *Bevorzuge die einfachste Hypothese, die*
> *konsistent mit allen Beobachtungen ist.*

Auf Entscheidungsbäume übertragen kann man sich Occam's Razor wie folgt klarmachen: Man kann sicherlich davon ausgehen, dass es sehr viel weniger kleine, kompakte Entscheidungsbäume als große, komplexe gibt. Die Chance, dass irgendein kleiner Entscheidungsbaum mit wenigen Knoten, der insgesamt sehr viele falsche Entscheidungen trifft, zufälligerweise mit allen Beispielen konsistent ist, ist daher sehr gering. Im Allgemeinen ist folglich ein kleiner Entscheidungsbaum, der konsistent mit allen Beispielen ist, eher korrekt als ein großer, komplexer Entscheidungsbaum.

Auf die Problematik, einen kleinsten Entscheidungsbaum zu finden, wollen wir hier nicht eingehen; es gibt aber eine recht erfolgreiche Heuristik, kleine Entscheidungsbäume zu generieren. Die Idee dabei ist, das *wichtigste* Attribut zuerst zu testen, wobei das wichtigste Attribut dasjenige sein soll, das am meisten zur Differenzierung der aktuellen Beispielmenge beiträgt.

Beispiel 5.3 (Kino 3) Wir betrachten wieder die fünfzehn Trainingsbeispiele aus dem Kinoproblem. Abbildung 5.4(a) zeigt, dass das Attribut *Gruppe* die Trainingsmenge so aufteilt, dass bei einem der drei möglichen Werte (*allein*) die Klassifizierung von insgesamt drei Trainingsbeispielen bereits vollständig vorgenommen werden kann; bei den Werten *Freunde* und *Paar* sind weitere Tests notwendig.

Andererseits ist in Abbildung 5.4(b) dargestellt, dass das Attribut *Kategorie* für den ersten Test nicht gut geeignet ist, da bei allen vier möglichen Werten weitere Tests notwendig sind und folglich kein einziges Trainingsbeispiel mit nur einem Test klassifiziert werden kann.

Abbildung 5.4(c) zeigt, wie die für den Wert *Paar* des Attributs *Gruppe* übrig gebliebene Beispielmenge $E_{Paar} = \{X_2, X_5, X_{10}, X_{11}, X_{15}\}$ durch Abfrage des Attributs *Wetter* weiter aufgeteilt und endgültig klassifiziert wird.

Abbildung 5.5 illustriert, wie die Beispielmenge E_{Paar} durch Abfrage des Attributs *Kategorie* aufgeteilt wird. Beachten Sie, dass für den Attributwert *SF* hier weder positive noch negative Beispiele vorhanden sind.   □

Die Auswahl des nächsten Attributs erfolgt gemäß dem *Kardinalitätskriterium*, wenn man als Grad für die Wichtigkeit eines Attributs die Anzahl der Beispiele nimmt, die damit endgültig klassifiziert werden. In Beispiel 5.3 ist das Attribut *Gruppe* für die Auswahl der ersten Attribut nach dem Kardinalitätskriterium damit wichtiger als das Attribut *Kategorie*. In Abschnitt 5.3.5 werden wir ein Verfahren vorstellen, wie man die Wichtigkeit eines Attributs mit Hilfe des erzielten Informationsgewinns bestimmen kann.

Selbsttestaufgabe 5.4 (Attributauswahl) Gegeben sei der in Abbildung 5.4(c) gegebene Teil eines Entscheidungsbaumes für das Kinoproblem. Wir betrachten die Beispielmenge $E = \{X_1, X_3, X_6, X_7, X_8, X_9, X_{14}\}$, die für den Wert *Freunde* des Attributs *Gruppe* übrig geblieben ist.

---

[1] William of Occam, engl. Philosoph, ca. 1285-1349

(a)
+: X1,X2,X5,X6,X7,X8,X11,X15
−: X3,X4,X9,X10,X12,X13,X14

Gruppe?

Freunde   allein   Paar
+: X1,X6,X7,X8   +:   +: X2,X5,X11,X15
−: X3,X9,X14   −: X4,X12,X13   −: X10

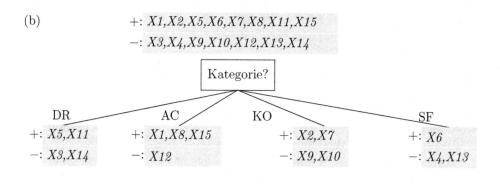

(b)
+: X1,X2,X5,X6,X7,X8,X11,X15
−: X3,X4,X9,X10,X12,X13,X14

Kategorie?

DR   AC   KO   SF
+: X5,X11   +: X1,X8,X15   +: X2,X7   +: X6
−: X3,X14   −: X12   −: X9,X10   −: X4,X13

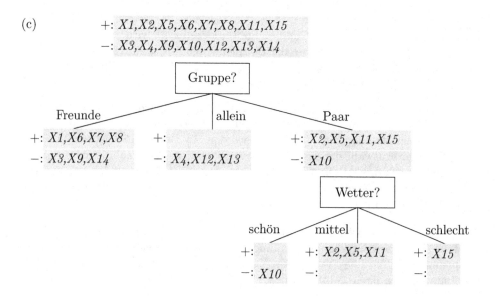

(c)
+: X1,X2,X5,X6,X7,X8,X11,X15
−: X3,X4,X9,X10,X12,X13,X14

Gruppe?

Freunde   allein   Paar
+: X1,X6,X7,X8   +:   +: X2,X5,X11,X15
−: X3,X9,X14   −: X4,X12,X13   −: X10

Wetter?

schön   mittel   schlecht
+:   +: X2,X5,X11   +: X15
−: X10   −:   −:

Abbildung 5.4 Attributauswahl für das Kinoproblem

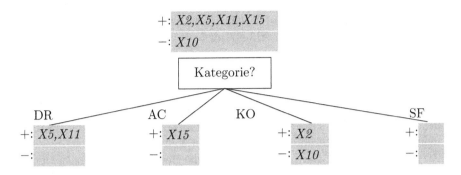

Abbildung 5.5 Aufteilung der Beispielmenge $\{X_2, X_5, X_{10}, X_{11}, X_{15}\}$ des Kinoproblems durch das Attribut *Kategorie*

1. Geben Sie analog zu Abbildung 5.4(c) für jedes übrig gebliebene Attribut a an, wie E durch a als nächstes zu testendes Attribut aufgeteilt würde.

2. Welches Attribut ist gemäß dem Kardinalitätskriterium das wichtigste? ∎

Selbsttestaufgabe 5.4 macht deutlich, dass die *Wichtigkeit eines Attributs* ein relativer Begriff ist und sehr stark von der aktuellen Beispielmenge, die noch zu klassifizieren ist, abhängt. So ist das Attribut *Kategorie* als erste Abfrage für die gesamte Beispielmenge $\{X_1, \ldots, X_{15}\}$ ziemlich nutzlos, wie dies in Abbildung 5.4(b) illustriert ist. Andererseits hat gerade dieses Attribut für die übrig gebliebene Beispielmenge $\{X_1, X_3, X_6, X_7, X_8, X_9, X_{14}\}$ unter allen übrig gebliebenen Attributen gemäß Selbsttestaufgabe 5.4 die größte Wichtigkeit.

Nachdem das erste Attribut als Markierung des Wurzelknotens des zu generierenden Entscheidungsbaumes ausgewählt worden ist, erhalten wir für jede der durch die verschiedenen Attributwerte bestimmten Teilmengen der Trainingsmenge wieder eine Instanz des Lernproblems für Entscheidungsbäume. Dabei gibt es jeweils weniger Trainingsbeispiele und eine um ein Attribut verringerte Attributmenge. Es sind vier Fälle für diese rekursiven Lernprobleminstanzen zu unterscheiden.

1. Falls die Menge der Beispiele leer ist, bedeutet dies, dass kein Beispiel mit der entsprechenden Attribut-Werte-Kombination in der ursprünglichen Trainingsmenge vorhanden war. In diesem Fall könnte man eine Defaultklassifikation angeben; im Folgenden nehmen wir an, dass als Defaultwert diejenige Klassifikation – bezeichnet durch *MajorityVal(E)* – genommen wird, die auf die Mehrzahl der Beispiele E an dem Elternknoten gegeben ist. Dieser Fall tritt in Abbildung 5.5 bei dem Attributwert *Kategorie = SF* auf. Da die Beispielmenge $E = \{X_2, X_5, X_{10}, X_{11}, X_{15}\}$ an den Elternknoten vier positive Beispiele und nur ein negatives Beispiel enthält, ist *MajorityVal(E) = ja*, und dies würde als Defaultklassifikation für den Attributwert *Kategorie = SF* an dieser Stelle ausgegeben.
(Für den Fall, dass E genauso viele positive wie negative Beispiele enthält, könnte man vereinbaren, dass *MajorityVal(E)* eine positive Klassifikation liefert.)

2. Falls alle Beispiele die gleiche Klassifikation aus {*ja, nein*} haben, wird diese Klassifikation ausgegeben. In Abbildung 5.4(c) wird dies durch den Fall für *allein* illustriert.

3. Falls die Attributmenge leer ist, es aber noch sowohl positive als auch negative Beispiele gibt, tritt folgendes Problem auf: In der ursprünglichen Trainingsmenge gibt es Beispiele mit genau denselben Attributwerten, aber unterschiedlicher Klassifikation. Dies kann bedeuten, dass einige Beispiele der Trainingsmenge falsch sind; es könnte aber auch der Fall sein, dass noch zusätzliche Attribute eingeführt werden müssten, um die Beispiele zu unterscheiden und damit die Situation vollständiger beschreiben zu können. Im Folgenden werden wir vereinfachend annehmen, dass in einem solchen Fall der Algorithmus mit einer Fehlermeldung abbricht.

4. Falls es noch sowohl positive als auch negative Beispiele in E und eine nicht leere Attributmenge A gibt, wählen wir das beste Attribut $a \in A$ gemäß seiner Wichtigkeit aus. Das Verfahren DT in Abbildung 5.6 abstrahiert durch den Aufruf der (hier noch nicht weiter spezifizierten) Funktion *ChooseAttribut(A, E)* gerade von dieser kritischen Auswahl. Die Beispiele in E werden gemäß den möglichen Attributwerten von a aufgeteilt, um rekursiv einen Entscheidungsbaum für das entsprechende Teilproblem zu generieren. Abbildung 5.4(c) zeigt, wie das Attribut *Wetter* dazu benutzt wird, eine der noch verbliebenen Beispielmengen weiter aufzuteilen.

Der vollständige Lernalgorithmus DT zum Generieren von Entscheidungsbäumen ist in Abbildung 5.6 angegeben.

Selbsttestaufgabe 5.5 (Lernen von Entscheidungsbäumen) Wenden   Sie den Lernalgorithmus DT für Entscheidungsbäume auf die Trainingsmenge für das Kinoproblem (Abbildung 5.3) an. Wählen Sie dabei wie in Abbildung 5.4(c) als erstes Attribut *Gruppe* und danach *Wetter* für die *Paar*-Beispiele. Verwenden Sie für die weitere Attributauswahl wie in Selbsttestaufgabe 5.4 das Kardinalitätskriterium.

1. Welchen Entscheidungsbaum erhalten Sie?

2. Vergleichen Sie den von DT generierten Entscheidungsbaum mit dem Entscheidungsbaum aus Abbildung 5.2. Welcher Baum ist einfacher? Werden alle Beispiele aus der Trainingsmenge $\{X_1, \ldots, X_{15}\}$ von beiden Bäumen gleich klassifiziert?

3. Konstruieren Sie, falls möglich, ein Beispiel, das von beiden Bäumen unterschiedlich klassifiziert wird.   ■

Selbsttestaufgabe 5.6 (Feuerwerk) Ein Händler möchte die Erfahrungen aus den diesjährigen Verkaufszahlen nutzen, um sein Angebot an Feuerwerkskörpern in den darauffolgenden Jahren besser an die Wünsche seiner Kunden anpassen zu können. Dazu ordnet er jeden Feuerwerkskörper aus seinem diesjährigen Angebot in die Kategorien **P** (Preis), **L** (Lautstärke) und **F** (Farbkomposition) ein und ermittelt zudem, ob er mit den Verkaufszahlen dieses Feuerwerkskörpers zufrieden

---

function $DT(E, A, default)$

Eingabe: E Menge von Beispielen

A Menge von Attributen

$default$ Default-Klassifikation

Ausgabe: Entscheidungsbaum

if $E = \emptyset$

  then   **return** $default$

  else if alle Elemente in E haben die gleiche Klassifikation $c \in \{ja,\ nein\}$

          then   **return** c

          else if $A = \emptyset$

                  then Fehler "gleiche Beispiele mit unterschiedlicher
                          Klassifikation"

                  else $a := ChooseAttribute(A, E)$
                          $T :=$ neuer Entscheidungsbaum
                          mit Wurzelmarkierung a
                          for each Attributwert w_i von a **do**
                              $E_i := \{e \in E \mid a(e) = w_i\}$
                              $T_i := DT(E_i, A \backslash \{a\}, MajorityVal(E))$
                              hänge an den Wurzelknoten von T
                              eine neue Kante mit Markierung w_i
                              und Unterbaum T_i an
                          end
                          return T

Abbildung 5.6 Verfahren DT zur Generierung von Entscheidungsbäumen

war. Um für das nächste Jahr Rückschlüsse ziehen zu können, welche Arten von Feuerwerkskörpern von den Kunden bevorzugt gekauft werden, möchte er einen Entscheidungsbaum konstruieren, mit dessen Hilfe er abschätzen kann, ob sich ein Feuerwerkskörper gut verkaufen lässt. Er ermittelt dazu die folgende Beispielmenge. Dabei bedeutet die Klassifikation +, dass der Händler mit den Verkaufszahlen des entsprechenden Feuerwerkskörpers zufrieden ist, und die Klassifikation −, dass er damit nicht zufrieden ist.

Feuerwerkskörper	**P**	**F**	**L**	**Klassifikation**
X1	günstig	einfarbig	keine	-
X2	günstig	bunt	niedrig	+
X3	mittel	einfarbig	hoch	+
X4	mittel	einfarbig	keine	-
X5	teuer	bunt	hoch	+
X6	teuer	bunt	niedrig	+
X7	günstig	einfarbig	niedrig	-
X8	mittel	einfarbig	niedrig	+
X9	teuer	einfarbig	niedrig	-

Konstruieren Sie auf Basis der gegebenen Beispiele des Händlers einen Entscheidungsbaum nach dem Kardinalitätskriterium. Wenn das Kardinalitätskriterium kein eindeutiges Ergebnis liefert, so wählen Sie das jeweilige Attribut gemäß der alphabetischen Reihenfolge.   ■

Selbsttestaufgabe 5.7 (Entlassung) Entlassungswelle in einer großen Firma: Aus heiterem Himmel bekommen Angestellte ihre Kündigung oder werden an andere Arbeitsplätze versetzt. Im Betriebsrat grübelt man, welche Empfehlungen die kürzlich angeheuerte Unternehmensberatung der Unternehmensführung gegeben haben mag. Folgende Daten über die Entlassungen wurden bisher gesammelt:

Pers.-Nr.	Abteilung	Firmenzu-gehörigkeit	Alter	Tätigkeit	**Klass.**
1	EDV	kurz	jung	Sachbearbeiter	+
2	EDV	kurz	jung	Führungsposition	-
3	EDV	kurz	älter	Führungsposition	+
4	EDV	lang	älter	Sachbearbeiter	-
5	Kundenbetreuung	kurz	jung	Führungsposition	+
6	Kundenbetreuung	lang	älter	Führungsposition	+
7	Kundenbetreuung	kurz	jung	Sachbearbeiter	-
8	Marketing	kurz	jung	Sachbearbeiter	-
9	Marketing	lang	jung	Führungsposition	-
10	Marketing	lang	älter	Sachbearbeiter	+

"Kurze" Firmenzugehörigkeit heißt hier "weniger als 5 Jahre", "jung" bedeutet "jünger als 35". Die Klassifizierung "+" bedeutet, dass eine Kündigung oder Versetzung ausgesprochen wurde.[2]

1. Bestimmen Sie einen Entscheidungsbaum zur Klassifizierung der Kündigungen/Versetzungen. Gehen Sie bei der Attributauswahl (Abteilung, Firmenzugehörigkeit, Alter, Tätigkeit) nach dem Kardinalitätskriterium vor; gibt es mehrere Attribute mit derselben Anzahl eindeutig klassifizierter Beispiele, gilt die Reihenfolge der Attribute in der Tabelle (von links nach rechts).

2. Bestimmen Sie die entsprechenden Entscheidungsregeln.

3. Interpretieren Sie das Ergebnis: Wie könnte der Rat der Unternehmungsberatung gelautet haben?

4. Jemand behauptet, der Unternehmensberatung käme es auf die Abteilungen gar nicht an, sie wollte sowieso nur "gewisse Leute loswerden" oder sich profilieren. Können Sie diese Behauptung widerlegen?

5. Welcher Entscheidungsbaum wäre entstanden, wenn man die Reihenfolge der Attribute in der Tabelle umgekehrt hätte, die Attribut-Auswahlvorschrift jedoch beibehalten hätte? Wie würde die entsprechende Interpretation dann lauten? ■

---

[2] Kündigung und Versetzung sind hier gleichermaßen als "mit + klassifiziert" zu betrachten, die Option "Versetzung" soll das Beispiel nur etwas sozial verträglicher machen.

5.3.4   Bewertung des Lernerfolges und Anwendungen

In der vorigen Selbsttestaufgabe haben wir ein Beispiel dafür gesehen, dass ein von DT generierter Entscheidungsbaum zwar alle Beispiele der gegebenen Trainingsmenge korrekt klassifiziert, aber andere Beispiele falsch klassifiziert, wenn man als Korrektheitsmaßstab einen zuvor gegebenen Entscheidungsbaum zugrunde legt. Man kann den Lernerfolg von DT verbessern, indem man mehr Beispiele in die Trainingsmenge aufnimmt, insbesondere solche, die zuvor falsch klassifiziert wurden. Eine Methode, den Lernerfolg von DT zu bewerten, ist, neben der Trainingsmenge noch eine separate Menge von Beispielen, genannt *Testmenge*, zu haben. Je mehr Beispiele der Testmenge von dem generierten Entscheidungsbaum korrekt klassifiziert werden, desto höher ist der Lernerfolg zu bewerten.

In [162] wird von einer Anwendung des Entscheidungsbaumlernens berichtet, bei dem es um die Entwicklung eines regelbasierten Expertensystems GASOIL für den Entwurf von Trennungsanlagen für Gas und Öl geht. Mit ca. 2500 Regeln eines der zu seiner Zeit größten kommerziellen Expertensysteme wären etwa 10 Personenjahre notwendig gewesen, um es von Hand zu entwickeln. Durch die Anwendung des Entscheidungsbaumlernens auf eine Datenbank mit Beispielen für existierende Entwürfe wurde das System in nur 100 Personentagen entwickelt. Es soll besser als menschliche Experten sein und seiner Betreiberfirma BP viele Millionen Dollar Ersparnis eingebracht haben.

In [203] wird das Entscheidungsbaumlernen für die Aufgabe eingesetzt, eine Cessna auf einem Flugsimulator zu fliegen. Dazu wurde eine Datensammlung aufgebaut, indem man drei erfahrene Piloten einen bestimmten Flug jeweils 30mal durchführen ließ. Die einzelnen Aktionen der Piloten wurden in Beispielsätzen festgehalten, wobei jedes Beispiel mehr als zwanzig Attributwerte zur Beschreibung der Zustandsvariablen und die durch den Piloten ausgeführte Aktion umfasste. Auf diese Weise erhielt man 90000 Beispiele, aus denen ein Entscheidungsbaum mit dem Lernverfahren C4.5 [189] generiert wurde, das wir im nächsten Abschnitt noch genauer vorstellen werden. Dieser Entscheidungsbaum wurde in ein C-Programm konvertiert. Die Verwendung des C-Programms als Kontrollprogramm für den Flugsimulator führte zu dem erstaunlichen Ergebnis, dass es teilweise sogar *besser* abschnitt als die Piloten, von denen die Beispieldaten stammten. Eine Erklärung für dieses Phänomen ist, dass der Generalisierungsprozess beim Entscheidungsbaumlernen gelegentliche Ungenauigkeiten und Fehler, die bei Menschen auftreten, eliminiert.

5.3.5   Die induktiven Lernverfahren ID3 und C4.5

Die auf dem in Abbildung 5.6 angegebenen Verfahren DT basierenden Lernalgorithmen heißen "Top-Down Induction of Decision Trees" (TDIDT). Durch den schrittweisen Aufbau des Entscheidungsbaumes wird die dadurch repräsentierte Klassifikation schrittweise entwickelt.

Der Kern eines TDIDT-Verfahrens ist die Attributauswahl, die wir im vorigen Abschnitt nur beispielhaft und unter Verwendung des Kardinalitätskriteriums illustriert hatten. Wie bereits erwähnt, abstrahiert der Aufruf der Funktion *Choose-Attribut(A, E)* in dem Verfahren DT (Abbildung 5.6) von dieser kritischen Auswahl.

Das Ziel bei der Attributauswahl ist es, den Entscheidungsbaum möglichst klein zu halten. Ein ideales Attribut wäre daher eines, das die noch verbleibenden Beispiele genau in positive und negative Beispielmengen aufteilt. Gemessen an diesem Ideal ist das Prädikat *Gruppe* in dem Kinobeispiel für den ersten Test schon ziemlich gut, während das Attribut *Kategorie* eher nutzlos ist (vgl. Abbildung 5.4(a) und (b)).

Das Entscheidungsbaumlernsystem ID3 [188, 189] formalisiert diese Idee von "ziemlich guten" und "eher nutzlosen" Attributen durch die Berücksichtigung des *Informationsgewinns* der Attribute. ID3 und seine Weiterentwicklung C4.5 sind die etabliertesten TDIDT-Verfahren und gehören zu den bekanntesten maschinellen Lernsystemen überhaupt. Verschiedene industrielle Anwendungen von ID3 sind in [119] beschrieben.

Die mit einem Ereignis verbundene Information wird logarithmisch (üblicherweise zur Basis 2) aus seiner Wahrscheinlichkeit berechnet (s. Abschnitt A.7 im Anhang). Den *mittleren Informationsgehalt* $H(P)$ einer Wahrscheinlichkeitsverteilung $P = (p_1, \ldots, p_n)$ bezeichnet man als die *Entropie von P*:

$$H(P) = - \sum_{i=1}^{n} p_i \log_2 p_i \tag{5.1}$$

Beim maschinellen Lernen kommt es in der Regel nur darauf an, ob das entsprechende Beispiel ein positives oder ein negatives ist. Wenn wir eine Beispielmenge mit k Beispielen haben, so nehmen wir an, dass die Auswahl eines beliebigen Beispiels aus dieser Menge gemäß einer Gleichverteilung erfolgt. D.h. die Wahrscheinlichkeiten sind durch relative Häufigkeiten bestimmt. Die Wahrscheinlichkeit, ein bestimmtes Beispiel e_i aus einer Menge $\{e_1, \ldots, e_k\}$ auszuwählen, ist damit $\frac{1}{k}$, und die Wahrscheinlichkeit, aus der Menge $\{e_1, \ldots, e_k\}$ eines von l vorgegebenen Beispielen ($l \leq k$) auszuwählen, ist

$$\sum_{i=1}^{l} \frac{1}{k} = \frac{l}{k}$$

Die Wahrscheinlichkeit, aus einer Menge mit p positiven und n negativen Beispielen ein positives auszuwählen, ist also $\dfrac{p}{p+n}$. Der Informationsgehalt $I(E)$ der Antwort auf die Frage, ob es sich bei einem beliebigen Beispiel aus einer Trainingsmenge E mit p positiven und n negativen Beispielen um ein positives oder ein negatives Beispiel handelt, ist daher

$$I(E) := H\left(\frac{p}{p+n}; \frac{n}{p+n}\right) = -\frac{p}{p+n} \log_2 \frac{p}{p+n} - \frac{n}{p+n} \log_2 \frac{n}{p+n} \; bit$$

Selbsttestaufgabe 5.8 (Informationsgehalt, Entropie) Wie groß ist der Informationsgehalt der Antwort auf die Frage, ob es sich bei einem beliebigen Beispiel aus der Trainingsmenge des Kinoproblems (Abbildung 5.3) um ein positives oder negatives Beispiel handelt? ∎

Bei der Attributauswahl soll nun berücksichtigt werden, welchen Informationsgewinn man erhält, wenn man den Wert eines Attributs kennt. Dazu stellen wir fest, wieviel Information wir *nach* dem Test eines Attributs a noch benötigen. Jedes Attribut a teilt die Trainingsmenge E in Teilmengen $E_1, \ldots, E_k$ auf, wobei k die Anzahl der verschiedenen Werte $w_1, \ldots, w_k$ ist, die a annehmen kann (vgl. die *for each*-Anweisung im Algorithmus DT in Abbildung 5.6). Jede Teilmenge E_i habe p_i positive und n_i negative Beispiele. Wenn wir $a = w_i$ wissen, benötigen wir also noch

$$I(E_i) = H(\frac{p_i}{p_i + n_i}; \frac{n_i}{p_i + n_i})\ bit$$

an Information. Da für ein beliebiges Beispiel aus E mit Attributwert $a = w_i$ die Wahrscheinlichkeit $\dfrac{p_i + n_i}{p + n}$ beträgt, ist der mittlere Informationsgehalt der Antwort (ob es sich um ein positives oder negatives Beispiel handelt), *nachdem* wir das Attribut a getestet haben, die folgende *bedingte mittlere Information*:

$$I(E \mid a\ \text{bekannt}) = \sum_{i=1}^{k} P(a = w_i) \cdot I(E_i)$$

$$= \sum_{i=1}^{k} \frac{p_i + n_i}{p + n} \cdot H(\frac{p_i}{p_i + n_i}; \frac{n_i}{p_i + n_i})\ bit$$

Der *Informationsgewinn* (*information gain*) durch das Attribut a ist nun als Differenz zwischen der ursprünglichen Information und der Restinformation definiert:

$$gain(a) = I(E) - I(E \mid a\ \text{bekannt})$$

gain(a) ist also nichts anderes als die *gegenseitige Information* zwischen dem Attribut a und der Ausprägung *positiv/negativ* (vgl. Gleichung (A.16) auf S. 521).

Das Lernsystem ID3 wählt als nächstes zu testendes Attribut a dasjenige aus, bei dem *gain(a)* maximal ist.

Beispiel 5.9 (Attributauswahl und Informationsgewinn) Für das Kinoproblem haben wir für die Wurzel des Entscheidungsbaumes (vgl. Abbildung 5.4):

$$
\begin{aligned}
gain(Gruppe) \quad &= \quad I(E) - I(E \mid Gruppe\ \text{bekannt}) \\
&\approx \quad 0.9968 - [\tfrac{7}{15}H(\tfrac{4}{7}; \tfrac{3}{7}) + \tfrac{5}{15}H(\tfrac{4}{5}; \tfrac{1}{5}) + \tfrac{3}{15}H(1; 0)] \\
&\approx \quad 0.2964\ bit
\end{aligned}
$$

$$
\begin{aligned}
gain(Kategorie) \quad &= \quad I(E) - I(E \mid Kategorie\ \text{bekannt}) \\
&\approx \quad 0.9968 - [\tfrac{4}{15}H(\tfrac{3}{4}; \tfrac{1}{4}) + \tfrac{4}{15}H(\tfrac{1}{2}; \tfrac{1}{2}) + \tfrac{4}{15}H(\tfrac{1}{2}; \tfrac{1}{2}) + \tfrac{3}{15}H(\tfrac{1}{3}; \tfrac{2}{3})] \\
&\approx \quad 0.0634\ bit
\end{aligned}
$$

Die Einschätzung, dass es sich bei *Kategorie* um eine ziemlich unsinnige erste Attributwahl handelt, wird also durch das mathematische Modell des Informationsgewinns bestätigt. Führt man die Berechnung von *gain(a)* auch für die anderen Attribute durch, so zeigt sich, dass *gain(Gruppe)* maximal ist und daher von ID3 als erstes Attribut ausgewählt würde. □

Selbsttestaufgabe 5.10 (Informationsgewinn) Bestimmen Sie für alle 10 Attribute im Kinoproblem den Informationsgewinn und überzeugen Sie sich, dass *Gruppe* wirklich optimal ist.   ∎

Beachten Sie aber nochmals den schon zuvor bei der informellen Diskussion des Begriffs *Wichtigkeit* eines Attributs gegebenen Hinweis, dass es sich bei dem Informationsgewinn eines Attributs um eine relative Größe handelt, die in Abhängigkeit von der jeweils aktuellen Beispielmenge drastisch variieren kann.

Selbsttestaufgabe 5.11 (Informationsgewinn) Gegeben sei die Beispielmenge $E_{Rest} = \{X_1, X_3, X_6, X_7, X_8, X_9, X_{14}\}$, die in dem Kinobeispiel in Abbildung 5.4(c) noch zu klassifizieren ist. Bestimmen Sie den jeweiligen Informationsgewinn, wenn man als nächstes Attribut *Attraktivität* bzw. *Kategorie* abfragt.   ∎

Mit dieser Art der Attributwahl ist das System ID3 sehr erfolgreich. Der (absolute) Informationsgewinn $gain(a)$ hat allerdings den Nachteil, dass er Attribute mit zahlreichen Werten bevorzugt, was im Extremfall zu unsinnigen Ergebnissen führen kann. Man nehme einmal an, bei einer medizinischen Diagnose werde als eines der Attribute die persönliche Identifikationsnummer *(PIN)* eines Patienten benutzt. Dieses Attribut hat soviele Werte, n, wie es Patienten in der Datei gibt, und partitioniert daher die Beispielmenge, E, in eben soviele Teilmengen mit je einem Element. In diesem Fall ist die bedingte mittlere Information

$$I(E \mid PIN \text{ bekannt}) = \sum_{i=1}^{n} \frac{1}{n} H(0; 1) = 0 \; bit$$

der Informationsgewinn also maximal. Für die Diagnose selbst jedoch ist das Attribut *PIN* nutzlos.

Quinlan's verbessertes System C4.5 [189] benutzt statt des absoluten Informationsgewinns einen normierten Informationsgewinn

$$gain \; ratio(a) = \frac{gain(\text{a})}{split \; info(a)}$$

wobei *split info*(a) die Entropie des Attributes a ist

$$split \; info(a) = H(a) = - \sum_{i=1}^{k} P(a = w_i) \log_2 P(a = w_i)$$

(vgl. die Gleichung (A.14), S. 520) und wir annehmen, dass *split info*$(a) \neq 0$ ist. Ist nämlich *split info*$(a) = 0$, so kommt die Variable in der Beispielmenge nur mit einem Wert vor, trägt also nichts zur Entscheidungsfindung bei.

Im obigen Fall ist die durch *PIN* induzierte Verteilung eine Gleichverteilung ($k = n$ und $P(PIN = w_i) = \frac{1}{n}$), also ist der Normierungsfaktor $H(PIN) = \log_2 n$ und damit maximal (vgl. Proposition A.39, S. 520, im Anhang). Das System C4.5 wählt als nächstes Attribut dasjenige mit dem maximalen *gain ratio*-Wert aus (*gain ratio*-Kriterium).

Selbsttestaufgabe 5.12 (gain ratio) Berechnen Sie im Kinobeispiel (Abbildung 5.3) *gain ratio*(a) auf der Basis der gesamten Beispielmenge für die Attribute *Attraktivität*, *Wetter* und *Gruppe* und entscheiden Sie, welches dieser drei Attribute sich nach dem *gain ratio*-Kriterium am besten als nächstes Attribut eignet. ■

Um die Auswahl noch weiter zu verbessern, können absoluter und normierter Informationsgewinn kombiniert werden: Man maximiert dann *gain ratio*(a) unter der Nebenbedingung, dass *gain*(a) über einem gewissen Schwellenwert liegt (vgl. [189]). Es werden aber auch andere statistische Verfahren eingesetzt (vgl. [163]).

Selbsttestaufgabe 5.13 (Auftragsmanagement) Die Informatikerin und Web-Designerin Dörte Nett wird von Aufträgen überhäuft und muss einige ablehnen. In einer Tabelle protokolliert sie, welche Aufträge sie bekommen hat, aus welchem Bereich sie kamen, wie hoch der Aufwand war, ob die Sache interessant war, was sie für ein Bauchgefühl dabei hatte und ob sie den Auftrag letztlich angenommen hat.

Kd. Nr.	Bereich	Aufwand	Attraktivität	Bauchgefühl	**Klass.**
1	Handwerker	groß	gering	gut	-
2	Handwerker	gering	gering	neutral	-
3	Handwerker	mittel	mittel	gut	+
4	Handwerker	mittel	mittel	schlecht	-
5	Beratungsnetz	mittel	hoch	neutral	+
6	Beratungsnetz	gering	mittel	neutral	-
7	Beratungsnetz	groß	mittel	schlecht	+
8	Beratungsnetz	mittel	gering	gut	+
9	Online-Shop	groß	hoch	schlecht	-
10	Online-Shop	mittel	mittel	schlecht	-
11	Online-Shop	mittel	gering	gut	+
12	Online-Shop	groß	hoch	gut	+

1. Bestimmen Sie einen Entscheidungsbaum zur Klassifizierung der Entscheidungen. Wählen Sie die Attribute nach dem *gain ratio* - Kriterium aus.

2. Bestimmen Sie die entsprechenden Entscheidungsregeln.

3. Benutzen Sie die Aussagenvariablen

bh	Bereich = Handwerker	*ao*	Aufwand = groß
bb	Bereich = Beratungsnetz	*am*	Aufwand = mittel
bo	Bereich = Online-Shop	*ag*	Aufwand = gering
atg	Attraktivität = gering	*gg*	Gefühl = gut
atm	Attraktivität = mittel	*gn*	Gefühl = neutral
ath	Attraktivität = hoch	*gs*	Gefühl = schlecht

um eine aussagenlogische Formel zu konstruieren, die den *positiven* Entscheidungen entspricht. Würden beispielsweise alle Aufträge angenommen, die aus dem Bereich „Handwerker" kommen und kein schlechtes Gefühl hinterlassen, dann entspräche dies der Formel $bh \wedge \neg gs$.

Geben Sie eine solche Formel an, die dem von Ihnen konstruierten Entscheidungsbaum entspricht. Hätten Sie auch direkt aus der Tabelle eine solche Formel konstruieren können?   ∎

5.4 Lernen von Konzepten

Während wir uns im vorigen Abschnitt mit dem Erlernen von Entscheidungsbäumen beschäftigt haben, betrachten wir nun das Problem, allgemeinere Konzepte zu lernen. Tatsächlich besteht ein Großteil menschlichen Lernens darin, Konzepte zu lernen wie etwa "Auto", "Säugetier", "Funktion", "Stetigkeit" usw. Jedes derartige Konzept beschreibt eine spezifische Teilmenge von Objekten, Ereignissen etc. über einer größeren Menge, z.B. die Teilmenge aller Tiere, die Säugetiere sind, oder die Teilmenge aller Relationen, die linkstotal und rechtseindeutig sind. Da jede Teilmenge durch ihre charakteristische Funktion beschrieben werden kann, kann man Konzepte auch mit booleschen Funktionen identifizieren, die auf den entsprechenden Obermengen definiert sind. So entspricht das Konzept "(totale) Funktion" der charakteristischen Funktion, die auf der Menge der Relationen definiert ist und deren Wert für linkstotale und rechtseindeutige Relationen *true* und für jede andere Relation *false* ist.

In diesem Abschnitt beschäftigen wir uns damit, aus einer Menge von Beispielen, die als positive Instanzen oder negative Gegenbeispiele für ein zu erlernendes Konzept c markiert sind, automatisch eine allgemeine Definition von c zu generieren. Die Vorgehensweise, die wir dabei verfolgen werden, besteht darin, das Lernen des Konzepts als einen Suchvorgang in dem Raum aller möglichen Hypothesen aufzufassen.

Viele der Beispiele, die wir zur Illustration angeben werden, könnten auch für das Entscheidungsbaumlernen verwendet werden. Die hier vorgestellten Begriffe und Verfahren bieten aber einen Rahmen, auch sehr viel komplexere Darstellungen wie etwa allgemeinere logische Beschreibungen zu lernen.

5.4.1 Eine Konzeptlernaufgabe

Zur Illustration für das Konzeptlernen verwenden wir das folgende Beispiel:

Beispiel 5.14 (Sportsendungen 1) Es soll das Konzept

"Sportsendungen, die sich Paul Trops im Fernsehen anschaut"

gelernt werden. Wie beim Lernen von Entscheidungsbäumen gehen wir auch hier von einer Menge von Trainingsbeispielen aus. In Abbildung 5.7 ist eine Menge von Sportsendungen beschrieben, wobei jede Sportsendung durch eine Menge von Attributen repräsentiert ist. Die Spalte *Anschauen* gibt an, ob Paul Trops sich diese Sportsendung anschaut (Klassifikation +) oder nicht (Klassifikation −). Die Lernaufgabe besteht darin, den Wert von *Anschauen* auf der Basis der anderen Attributwerte zu bestimmen.

Beispiel	Attribute					Anschauen
	Sport	Art	Ort	Ebene	Tag	
X_1	Fußball	Mannschaft	draußen	national	Samstag	+
X_2	Hockey	Mannschaft	draußen	national	Samstag	+
X_3	Bodenturnen	Einzel	drinnen	Welt	Samstag	−
X_4	Handball	Mannschaft	drinnen	national	Samstag	+
X_5	Zehnkampf	Einzel	draußen	Welt	Sonntag	−

Abbildung 5.7 Beispiele für Sportsendungen

Nachdem wir die Sprache, in der die Trainingsbeispiele gegeben sind, festgelegt haben, müssen wir noch sagen, in welcher Sprache das Konzept gelernt werden soll. Wir benötigen also eine Repräsentation, in der der Lernende seine Hypothesen über das Konzept ausdrücken kann. Wir gehen zunächst von einer einfachen Repräsentation aus, in der jede Hypothese aus einer Konjunktion von sog. *Constraints* bzgl. der Attributwerte besteht. Jede Hypothese besteht aus einem Vektor von fünf Constraints, die die Werte der fünf Attribute *Sport*, *Art*, *Ort*, *Ebene* und *Tag* einschränken. Für jedes Attribut gibt die Hypothese einen der drei folgenden Fälle an:

- "?" zeigt an, dass jeder Attributwert akzeptabel ist.

- Ein bestimmter Attributwert (z.B. *Zehnkampf*) spezifiziert, dass nur dieser Wert akzeptabel ist.

- "∅" zeigt an, dass kein Wert akzeptabel ist.

Wenn ein Beispiel e alle Constraints einer Hypothese h erfüllt, dann klassifiziert h dieses e als ein positives Beispiel, was wir mit $h(e) = 1$ notieren. Beispielsweise wird die Hypothese, dass Paul nur Sportsendungen über Fußballspiele auf nationaler Ebene anschaut, durch den Vektor

$$\langle \; \textit{Fußball} \,, \; ?, \; ?, \; \textit{national}, \; ? \; \rangle$$

repräsentiert. Die allgemeinste Hypothese wird durch

$$\langle \; ?, \; ?, \; ?, \; ?, \; ? \; \rangle$$

repräsentiert und besagt, dass jede Sportsendung ein positives Beispiel ist, während die speziellste Hypothese

$$\langle \; \emptyset, \; \emptyset, \; \emptyset, \; \emptyset, \; \emptyset \; \rangle$$

besagt, dass *keine* Sportsendung ein positives Beispiel ist. □

Zusammenfassend kann man also sagen, dass im obigen Beispiel die Lernaufgabe darin besteht, eine Beschreibung der Sportsendungen zu finden, für die *Anschauen* = + gilt. Die Beschreibung dieser Menge soll durch eine Konjunktion von Constraints über den Attributen der Beispielinstanzen erfolgen.

5.4.2   Allgemeine Problemstellung

Nachdem wir ein konkretes Beispiel für eine Konzeptlernaufgabe kennengelernt haben, wollen wir nun die allgemeine Problemstellung genauer definieren. Wie schon erwähnt, teilt ein Konzept eine gegebene Obermenge in zwei disjunkte Klassen auf: die Elemente, die das Konzept erfüllen, und diejenigen, die das Konzept nicht erfüllen.

Definition 5.15 (Konzept, Beispiel, Instanz) Ein *Konzept* c ist eine einstellige Funktion

$$c : M \rightarrow \{0, 1\}$$

über einer *Grundmenge* M; die Elemente von M heißen *Beispiele*. Für ein Beispiel $x \in M$ gilt:

- x *gehört zum Konzept* c (x ist ein *positives Beispiel für* c, x ist eine *Instanz* von c, x *erfüllt* c, c *deckt* x *ab*) gdw. $c(x) = 1$;

- x gehört *nicht* zum Konzept c (x ist ein *negatives Beispiel für* c, x erfüllt c *nicht*) gdw. $c(x) = 0$.

Die Menge aller positiven Beispiele für c wird auch *Extension* von c genannt.   □

Abbildung 5.8 zeigt die schematische Darstellung eines Konzepts c und seiner Extension.

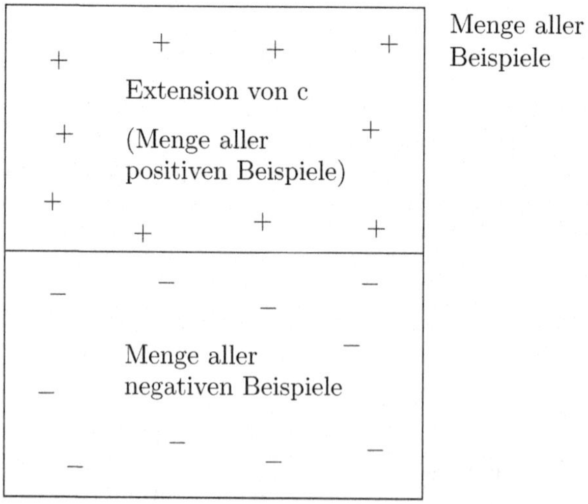

Abbildung 5.8   Schematische Darstellung der Extension eines Konzepts c

Aus einer gegebenen Menge von bereits als positiv und negativ klassifizierten Beispielen soll ein Konzept gelernt werden, das zu diesen gegebenen Beispielen "passt":

Definition 5.16 (Vollständigkeit und Konsistenz von Konzepten) Sei
$B \subseteq M$ eine Menge von positiven und negativen Beispielen und c ein Konzept.

- c ist *vollständig* bzgl. B gdw. für alle $b \in B$ gilt: Wenn b ein positives Beispiel
  aus B ist, dann ist $c(b) = 1$. D.h., b gehört zum Konzept c und somit werden
  alle positiven Beispiele aus B von c abgedeckt.

- c ist *korrekt* bzgl. B gdw. für alle $b \in B$ gilt: Wenn b ein negatives Beispiel
  aus B ist, dann ist $c(b) = 0$. D.h., b gehört nicht zum Konzept c und somit
  wird kein negatives Beispiel aus B von c abgedeckt.

- c ist *konsistent* bzgl. B gdw. c ist vollständig und korrekt bzgl. B.   □

Damit können wir eine Konzeptlernaufgabe wie in Abbildung 5.9 skizziert darstellen.

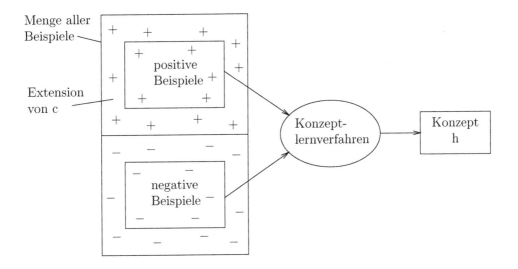

Abbildung 5.9 Schematische Darstellung einer Konzeptlernaufgabe

Ein Konzeptlernverfahren erhält also für ein zu erlernendes Konzept c eine
Menge von positiven und negativen Beispielen und liefert ein Konzept h. h muss
vollständig und korrekt bzgl. der gegebenen Beispielmenge sein. Darüber hinaus
soll h aber nicht nur für die gegebene Beispielmenge, sondern auf der gesamten
Grundmenge aller Beispiele mit c übereinstimmen. Beim Lernen von Konzepten
aus Beispielen handelt es sich also immer um *induktives* Lernen, und die völlige
Übereinstimmung des gelernten Konzepts h mit c kann nicht garantiert werden.

Ähnlich wie beim Lernen von Entscheidungsbäumen wollen wir aber auch hier
Kriterien zur Beurteilung des Lernerfolges angeben. Die Güte des gelernten Konzepts h lässt sich mit folgenden Bewertungsfunktionen messen:

- Die *Güte der Klassifikation* lässt sich als Prozentsatz der richtig klassifizierten
  Elemente der gesamten Grundmenge ausdrücken.

- Unter der Annahme, dass jede Fehlklassifikation Kosten verursacht, kann man die *Kosten der Fehlklassifikationen* als Summe der Kosten aller Fehlklassifikationen über der gesamten Grundmenge berechnen.

5.4.3 Repräsentation von Beispielen und Konzepten

Die allgemeine Darstellung des Konzeptlernproblems im vorigen Abschnitt abstrahiert noch von einem wesentlichen Aspekt: Sowohl die Beispiele als auch die gelernten Konzepte müssen repräsentiert werden. Wir nehmen daher an, dass für ein Konzeptlernproblem zwei Sprachen zur Verfügung stehen:

Die Beobachtungen, die das Lernprogramm als Eingabe erhält, sind in einer *Beispielsprache* beschrieben. Die gelernten Generalisierungen entsprechen Mengen von Beispielen und werden von dem Lernprogramm in einer *Konzeptsprache* (oder *Generalisierungssprache*) ausgegeben. Da das Lernprogramm Hypothesen über das zu erlernende Konzept bildet und diese Hypothesen in der Konzeptsprache repräsentiert, wird die Konzeptsprache auch *Hypothesensprache* genannt.

Definition 5.17 (Konzeptlernproblem) Ein *Konzeptlernproblem* hat die folgenden Komponenten:

1. eine *Beispielsprache* L_E (*l*anguage for *e*xamples), in der Beispiele beschrieben werden;

2. eine *Konzeptsprache* L_C (*l*anguage for *c*oncepts), in der Konzepte beschrieben werden. Jede Konzeptbeschreibung $h \in L_C$ definiert eine Abbildung[3]

$$h : \ L_E \to \{0, 1\},$$

   die ein Konzept über der Grundmenge L_E ist (vgl. Definition 5.15);

3. ein zu erlernendes *Zielkonzept* c, für das wir eine formale Konzeptbeschreibung in L_C suchen;

4. eine Menge $P \subseteq L_E$ von positiven Beispielen für das zu erlernende Konzept, d.h., für alle $p \in P$ gilt $c(p) = 1$;

5. eine Menge $N \subseteq L_E$ von negativen Beispielen, die von dem zu erlernenden Konzept nicht erfasst werden sollen, d.h., für alle $n \in N$ gilt $c(n) = 0$.

Das **Ziel** des Konzeptlernproblems ist: Bestimme ein Konzept $h \in L_C$, auch *Hypothese* genannt, so dass $h(e) = c(e)$ für alle Beispiele $e \in L_E$ ist.   □

Diese Definition eines Konzeptlernproblems ist natürlich in gewisser Hinsicht idealisierend. So dürfen P und N z.B. keine Fehler enthalten, und wir nehmen an, dass L_C genügend mächtig ist, das gesuchte Konzept auch tatsächlich ausdrücken zu können.

---

[3] Eigentlich müssten wir hier und auch im Folgenden zwischen einer *Konzeptbeschreibung* und der dadurch definierten Abbildung in die Menge $\{0, 1\}$ unterscheiden. Da wir jedoch nur sehr einfache Konzeptsprachen betrachten werden, verzichten wir darauf und sprechen oft nur von Konzept, auch wenn es genauer Konzeptbeschreibung heißen müsste.

Beispiel 5.18 (Sportsendungen 2) In dem Sportsendungenbeispiel 5.14 haben wir mit der Notation aus Definition 5.17 folgende Situation:

1. Die Beispielsprache ist gegeben durch die Menge aller 5-Tupel der möglichen Attributwerte für die Attribute *Sport*, *Art*, *Ort*, *Ebene* und *Tag*. So gilt etwa

$$e_1 = \langle Hockey,\ Mannschaft,\ draußen,\ Welt,\ Mittwoch \rangle \in L_E$$

2. Die Konzeptsprache ist die Menge aller 5-Tupel von Constraints über den möglichen Attributwerten für die genannten fünf Attribute. So gilt etwa

$$h_1 = \langle ?,\ Mannschaft,\ ?,\ Europa,\ ? \rangle \in L_C$$

   Für die durch h_1 definierte Abbildung $h_1 : L_E \to \{0,1\}$ gilt $h_1(e) = 1$ genau dann, wenn *Art = Mannschaft* und *Ebene = Europa* ist, wobei die übrigen Attribute *Sport*, *Ort* und *Tag* beliebige Werte annehmen können.

3. Für das zu erlernende Konzept

$$c : L_E \to \{0,1\}$$

   gilt $c(e) = 1$ genau dann, wenn "Paul Trops sich die durch e beschriebene Sportsendung im Fernsehen anschaut."

4. Abbildung 5.7 beschreibt eine Trainingsmenge in Tabellenform. Die Spalte *Anschauen* enthält die Klassifikation des Beispiels.

$$P = \{X_1, X_2, X_4\}$$

   ist die Menge der positiven Beispiele.

5. Entsprechend ist
$$N = \{X_3, X_5\}$$

   die Menge der negativen Beispiele.   □

5.4.4 Lernen von Konzepten als Suchproblem

Das Lernen von Konzepten kann man als Suchproblem auffassen, wobei der Suchraum die Menge aller Hypothesen ist, die gebildet werden können. Hieraus wird deutlich, dass die Wahl der Konzeptsprache L_C, in der ja die Hypothesen ausgedrückt werden, von großer Bedeutung ist.

Um die Größe des Suchraums zu verdeutlichen, betrachten wir wieder das Sportsendungenbeispiel 5.14. Die Anzahl der möglichen verschiedenen Instanzen ergibt sich aus der Anzahl der Attribute und ihrer möglichen Werte. Wenn wir annehmen, dass *Sport* sechs verschiedene Werte, *Ebene* drei, *Tag* sieben und die Attribute *Art* und *Ort* jeweils zwei verschiedene Werte annehmen können, gibt es $6 \cdot 3 \cdot 7 \cdot 2 \cdot 2 = 504$ unterschiedliche Instanzen. Da in jeder Hypothese neben den konkreten Attributwerten als Constraints jeweils noch "?" und "∅" auftreten können, gibt es $8 \cdot 5 \cdot 9 \cdot 4 \cdot 4 = 5760$ *syntaktisch unterschiedliche* Hypothesen. Da jede Hypothese, die (einmal oder mehrmals) das Constraint $\emptyset$ enthält, die leere Menge als Extension hat, sind alle diese Hypothesen in diesem Sinne semantisch äquivalent. Berücksichtigt man diesen Aspekt, so gibt es $1 + (7 \cdot 4 \cdot 8 \cdot 3 \cdot 3) = 2017$ *semantisch verschiedene* Hypothesen. Der Hypothesensuchraum in dem Sportsendungenbeispiel ist damit immer noch relativ klein; realistischere Konzeptlernaufgaben haben oft um Größenordnungen umfangreichere oder sogar unendliche Hypothesenräume. Um den Hypothesensuchraum zu strukturieren, wurde von Mitchell [165, 166] eine partielle Ordnung auf der Menge der Hypothesen vorgeschlagen.

Definition 5.19 ("Spezieller-als"-Relation) Seien $h_1, h_2 : L_E \to \{0, 1\}$ zwei Konzepte.

1. h_1 ist *spezieller oder gleich* h_2, geschrieben $h_1 \leq h_2$, gdw.

$$\forall e \in L_E \ (h_1(e) = 1 \ \Rightarrow \ h_2(e) = 1)$$

2. h_1 ist (echt) *spezieller als* h_2, geschrieben $h_1 < h_2$, gdw.

$$h_1 \leq h_2 \quad \text{und} \quad h_2 \not\leq h_1$$

Für $h_1 \leq h_2$ (bzw. $h_1 < h_2$) sagen wir auch, dass h_2 *allgemeiner oder gleich* h_1 (bzw., dass h_2 (echt) *allgemeiner als* h_1) ist. $\qquad\square$

Die "Spezieller-als"-Beziehung bezieht sich immer auf die Elemente der Grundmenge, also die Menge aller Beispiele: Ein Konzept h_1 ist spezieller als h_2 genau dann, wenn die Extension von h_1 eine Teilmenge der Extension von h_2 ist. Daran kann man sich leicht klarmachen, dass $\leq$ eine partielle Ordnungsrelation (d.h. eine reflexive, transitive und antisymmetrische Relation) auf der Menge der Konzepte ist.

Beispiel 5.20 ("Spezieller-als"-Relation) Ein Ausschnitt aus der partiell geordneten Menge der Konzepte aus Beispiel 5.18 ist in Abbildung 5.10 angegeben. Es gelten die Beziehungen

$$h_1 \leq h_2$$
$$h_3 \leq h_2$$

Die Konzepte h_1 und h_3 sind aber nicht miteinander bzgl. der "Spezieller-als"-Relation vergleichbar; es gilt weder $h_1 \leq h_3$ noch $h_3 \leq h_1$. $\qquad\square$

Man beachte, dass die "Spezieller-als"-Relation unabhängig von einer konkreten Beispiel- oder Konzeptsprache formuliert ist; durch diese generelle Definition besteht die Möglichkeit, die durch diese Relation gegebene Strukturierung in *allen* Konzeptlernsituationen zu verwenden.

Der Suchraum eines Konzeptlernproblems ist die Menge aller Konzepte. Verschiedene Lernsysteme unterscheiden sich dadurch, wie sie diesen Suchraum durchsuchen. Wir wollen die folgenden prinzipiellen Vorgehensweisen skizzieren, wobei wir davon ausgehen, dass die Beispiele inkrementell zur Verfügung gestellt werden:

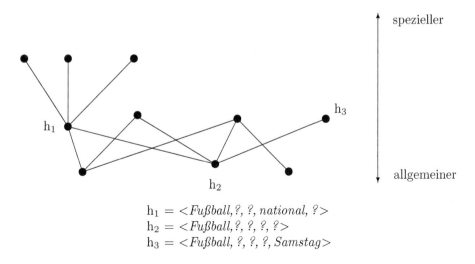

$$h_1 = <Fußball, ?, ?, national, ?>$$
$$h_2 = <Fußball, ?, ?, ?, ?>$$
$$h_3 = <Fußball, ?, ?, ?, Samstag>$$

Abbildung 5.10 Ausschnitt aus einer partiell geordneten Konzeptsprache

1. **Kandidaten-Eliminations-Methode:**
   Eine (theoretische) Möglichkeit besteht darin, als initialen Hypothesenraum H die Menge L_C, d.h. *alle* ausdrückbaren Konzepte, zu nehmen. Bei jedem neuen Beispiel e werden dann aus H alle Hypothesen entfernt, die nicht mit der vorgegebenen Klassifikation von e übereinstimmen.

2. **Suchrichtung speziell → allgemein:**
   Eine zweite Möglichkeit besteht darin, die "Spezieller-als"-Relation auf der Menge L_C auszunutzen. Als initiale Hypothese h wird die speziellste Hypothese aus L_C genommen. Diese Hypothese h wird dann schrittweise bei jedem neuen positiven Beispiel e, das noch nicht von h abgedeckt wird, gerade soweit verallgemeinert, dass e mit abgedeckt wird. Als Ergebnis erhält man eine speziellste Hypothese (von evtl. mehreren), die konsistent mit den gegebenen Beispielen ist.

3. **Suchrichtung allgemein → speziell:**
   Statt wie im vorigen Punkt vom Speziellen zum Allgemeinen zu suchen, kann man die Suchrichtung auch herumdrehen und mit der allgemeinsten Hypothese als initialer Hypothese beginnen. Bei jedem neuen negativen Beispiel e, das fälschlicherweise von h mit abgedeckt wird, muss h gerade so weit spezialisiert werden, dass e nicht mehr von h abgedeckt wird. Als Ergebnis erhält man eine allgemeinste Hypothese (von evtl. mehreren), die konsistent mit den angegebenen Beispielen ist.

Bei den beiden zuletzt skizzierten Vorgehensweisen kann man noch weiter unterscheiden, ob man bei auftretenden Alternativen der Hypothesenauswahl Breitensuche oder Tiefensuche mit Backtracking verwendet. Es gibt eine ganze Reihe verschiedener Lernsysteme, die die skizzierten Varianten des Durchsuchens eines

Hypothesenraumes realisieren.

Anstatt auf einzelne Varianten genauer einzugehen, wollen wir ein Verfahren vorstellen, das beide Suchrichtungen gleichzeitig betreibt und als Ausgabe eine Repräsentation *aller* Hypothesen liefert, die konsistent mit der Trainingsmenge sind.

5.4.5 Versionenräume

Die Grundidee des Versionenraumverfahrens ist es, nicht einzelne Hypothesen auszuwählen und bei späteren Widersprüchen die getroffene Auswahl zurückzunehmen, sondern zu jedem Zeitpunkt die Menge *aller* bis dahin noch möglichen Hypothesen zu repräsentieren.

Definition 5.21 (Versionenraum) Sei B eine Menge von Trainingsbeispielen. Dann ist die Menge

$$V_B = \{h \in L_C \mid h \text{ ist korrekt und vollständig bzgl. } B\}$$

der *Versionenraum* bzgl. der Beispielmenge B. □

Bei einem Konzeptlernproblem besteht vor der Bearbeitung des ersten Trainingsbeispiels der aktuelle Versionenraum aus der Menge L_C aller Hypothesen. Die prinzipielle Möglichkeit, diesen Suchraum zu repräsentieren und schrittweise bei jedem neuen Beispiel alle inkorrekten und alle unvollständigen Hypothesen zu eliminieren, hatten wir oben *Kandidaten-Eliminations-Methode* genannt. Das Versionenraum-Lernverfahren arbeitet nach diesem Prinzip, wobei die einzelnen Hypothesen aber nicht direkt, sondern in kompakterer Form repräsentiert werden. Ähnlich wie man z.B. die Menge aller reellen Zahlen zwischen 1 und 2 durch Angabe der Intervallgrenzen [1,2] repräsentieren kann, wird der Versionenraum durch zwei Begrenzungsmengen repräsentiert: die speziellsten und die allgemeinsten Hypothesen.

Beispiel 5.22 (Versionenraum und Begrenzungsmengen) Abbildung 5.11 zeigt einen Versionenraum für das Sportsendungenbeispiel 5.14. Die (einelementige) Menge S enthält die speziellste Hypothese des Versionenraumes, und die zweielementige Menge G enthält die beiden allgemeinsten Hypothesen. Die Pfeile deuten die "Allgemeiner-als"-Beziehung zwischen Konzepten an. Der hier gezeigte Versionenraum enthält sechs verschiedene Hypothesen. Er kann aber durch die beiden Mengen S und G repräsentiert werden, da es möglich ist, alle Hypothesen, die bzgl. der "Allgemeiner-als"-Relation zwischen den Mengen S und G liegen, aus S und G zu generieren und aufzuzählen. □

Selbsttestaufgabe 5.23 (Korrektheit und Vollständigkeit) Für welche Teilmenge der Trainingsbeispiele aus Abbildung 5.7 ist die Hypothese ⟨ *?, Mannschaft, ?, national, Samstag* ⟩ aus der Menge S (vgl. Abbildung 5.11) korrekt und vollständig? ∎

Für jede Menge von Beispielen können wir die Begrenzungsmengen wie folgt definieren:

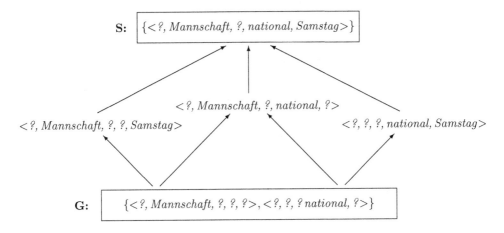

Abbildung 5.11 Ein Versionenraum mit den Begrenzungsmengen S und G

Definition 5.24 (speziellste und allgemeinste Generalisierung)
Ein Konzept h ist eine *speziellste Generalisierung* einer Beispielmenge B gdw.

1. h ist vollständig und korrekt bzgl. B;

2. es gibt kein Konzept h', das vollständig und korrekt bzgl. B ist und für das $h' < h$ gilt.

Eine Hypothese ist eine *allgemeinste Generalisierung* von B gdw.

1. h ist vollständig und korrekt bzgl. B;

2. es gibt kein Konzept h', das vollständig und korrekt bzgl. B ist und für das $h < h'$ gilt. □

Als obere und untere Schranke eines Versionenraums für eine Beispielmenge B können wir nun die Menge S der speziellsten und die Menge G der allgemeinsten Generalisierungen nehmen. Abbildung 5.12 stellt einen solchen Versionenraum mit den Mengen S und G schematisch dar.

Das folgende Theorem präzisiert diese Darstellung: Der Versionenraum enthält genau die Hypothesen, die in S, G oder "zwischen" S und G liegen.

Theorem 5.25 (Repräsentationstheorem für Versionenräume) *Sei B eine Menge von Beispielen und*

$$S = \{h \in L_C \mid h \text{ ist speziellste Generalisierung von } B\}$$
$$G = \{h \in L_C \mid h \text{ ist allgemeinste Generalisierung von } B\}$$

Für den Versionenraum V_B gilt:

$$V_B = \{h \in L_C \mid \exists\, s \in S\ \exists\, g \in G\ (s \leq h \leq g)\}$$

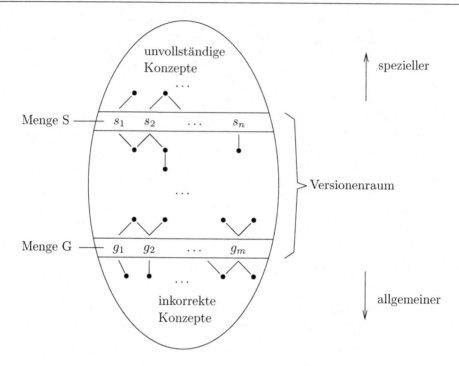

Abbildung 5.12 Versionenraum mit den Begrenzungsmengen S und G

Hervorzuheben ist bei diesem Theorem, dass es für alle Konzeptlernprobleme gilt, da es nur entsprechend allgemeine Voraussetzungen formuliert. Es nimmt aber auch keinen direkten Bezug auf das zu erlernende Konzept eines Konzeptlernproblems, sondern lediglich auf eine Menge von Beispielen für dieses Konzept.

5.4.6 Das Versionenraum-Lernverfahren

Das Versionenraum-Lernverfahren ist ein inkrementelles Lernverfahren. Wenn B die Menge der bisher verarbeiteten Beispiele ist, repräsentieren S und G den Versionenraum V_B. Für jedes neue Beispiel e müssen S und G überprüft und gegebenenfalls angepasst werden.

Für eine Hypothese $h \in S \cup G$, die mit e übereinstimmt – d.h. es gilt $h(e) = 1$, falls e ein positives Beispiel ist, und $h(e) = 0$, falls e ein negatives Beispiel ist, – brauchen wir nichts zu tun. Wenn h nicht mit e übereinstimmt, können zwei Fälle auftreten:

1. e ist für h *fälschlicherweise negativ*, d.h. $h(e) = 0$, obwohl e ein positives Beispiel ist.

2. e ist für h *fälschlicherweise positiv*, d.h. $h(e) = 1$, obwohl e ein negatives Beispiel ist.

Tritt einer dieser beiden Fälle für eine Hypothese in den Begrenzungsmengen S oder G auf, gehen wir für jede Hypothese $s \in S$ und jede Hypothese $g \in G$ wie folgt vor:

1. e ist für s fälschlicherweise positiv: Das bedeutet, dass s zu allgemein ist. Da S aber nur speziellste Hypothesen enthält, können wir s nicht weiter spezialisieren, ohne die Vollständigkeit zu verlieren. s muss also aus S entfernt werden.

2. e ist für s fälschlicherweise negativ: Das bedeutet, dass s zu speziell ist und soweit verallgemeinert werden muss, dass e mit abgedeckt wird.

3. e ist für g fälschlicherweise positiv: Das bedeutet, dass g zu allgemein ist und soweit spezialisiert werden muss, dass e nicht mehr mit abgedeckt wird.

4. e ist für g fälschlicherweise negativ: Das bedeutet, dass g zu speziell ist. Da G aber nur allgemeinste Hypothesen enthält, können wir g nicht weiter verallgemeinern, ohne die Korrektheit zu verlieren. g muss also aus G entfernt werden.

In Abbildung 5.13 ist der vollständige Algorithmus VS für das Versionenraum-Lernverfahren angegeben, der insbesondere diese vier Punkte realisiert. Im nächsten Abschnitt werden wir VS anhand eines ausführlichen Beispiels erläutern.

Beachten Sie, dass das Ersetzen einer Hypothese $s \in S$ durch eine Menge von minimalen Verallgemeinerungen immer so erfolgt, dass jede neue Hypothese h' in S immer noch spezieller oder gleich einer Hypothese aus G ist; entsprechendes gilt umgekehrt auch für G.

Selbsttestaufgabe 5.26 (*VS* und Begrenzungsmengen) Begründen   Sie, warum im Algorithmus VS nach der Bearbeitung eines Beispiels wieder gilt, dass es zu jeder Hypothese $s \in S$ ein $g_s \in G$ mit $s \leq g_s$ und zu jeder Hypothese $g \in G$ ein $s_g \in S$ mit $s_g \leq g$ gibt. Formulieren Sie dazu eine Invariante $Inv(S, G)$ und zeigen Sie, dass $Inv(S_{post}, G_{post})$ aus $Inv(S_{pre}, G_{pre})$ folgt, wenn S_{pre}, G_{pre} die Begrenzungsmengen *vor* und S_{post}, G_{post} die Begrenzungsmengen *nach* der Bearbeitung eines Beispiels e sind. Gilt auch $Inv(S_{init}, G_{init})$, wenn S_{init}, G_{init} die Begrenzungsmengen sind, die sich bei der Initialisierung in VS ergeben? ■

Die Terminierung von VS ist sichergestellt. Wenn VS terminiert, liegt eine der folgenden drei Situationen vor:

1. S ist leer und/oder G ist leer. In diesem Fall ist der Versionenraum ebenfalls zur leeren Menge kollabiert. Das bedeutet, dass es keine konsistente Hypothese für die Trainingsbeispiele in dem vorgegebenen Hypothesenraum L_C gibt.

2. S und G sind identische einelementige Mengen: $S = G = \{h\}$. Das bedeutet, dass die Hypothese h das einzige Konzept aus L_C ist, das konsistent bzgl. der Trainingsmenge ist.

3. Alle Beispiele sind bearbeitet, S und G sind beide nicht leer und enthalten unterschiedliche Hypothesen. In diesem Fall sind alle in dem durch S und G bestimmten Versionenraum liegenden Hypothesen konsistent bzgl. der Trainingsmenge.

function *VS*

     Eingabe: Konzeptlernaufgabe mit den Sprachen L_E und L_C
                     und Folge von Trainingsbeispielen
     Ausgabe: Versionenraumrepräsentation aller Konzepte, die vollständig
                     und korrekt bzgl. der eingegebenen Beispiele sind

Initialisiere S zu der Menge der speziellsten Hypothesen aus L_C
Initialisiere G zu der Menge der allgemeinsten Hypothesen aus L_C

for each neues Trainingsbeispiel e **do**

- **if** e ist ein positives Beispiel **then**
  - entferne aus G alle Hypothesen g mit $g(e) = 0$
  - **for each** $h \in S$ mit $h(e) = 0$ **do**
    - entferne h aus S
    - füge zu S alle Hypothesen h' hinzu mit:
      - h' ist *minimale Verallgemeinerung von h bzgl. e* und
      - es gibt eine Hypothese $g \in G$ mit $h' \leq g$
  - entferne aus S jede Hypothese, die (echt) allgemeiner als eine andere Hypothese in S ist

- **if** e ist ein negatives Beispiel **then**
  - entferne aus S alle Hypothesen s mit $s(e) = 1$
  - **for each** $h \in G$ mit $h(e) = 1$ **do**
    - entferne h aus G
    - füge zu G alle Hypothesen h' hinzu mit:
      - h' ist *minimale Spezialisierung von h bzgl. e* und
      - es gibt eine Hypothese $s \in S$ mit $s \leq h'$
  - entferne aus G jede Hypothese, die (echt) spezieller als eine andere Hypothese in G ist

Abbildung 5.13   Versionenraum-Lernverfahren *VS*

Der Algorithmus für das Versionenraum-Lernverfahren abstrahiert noch von einigen Aspekten wie z.B. der Bestimmung einer minimalen Verallgemeinerung einer Hypothese h bzgl. eines (positiven) Beispiels e. Dabei ist die Hypothese h zu speziell und muss verallgemeinert werden, allerdings nur "so weit wie notwendig", dass e gerade noch mit abgedeckt wird. Die genaue Spezifikation dieser Operationen hängt natürlich von der konkreten Repräsentation von Beispielen und Konzepten ab. Das Verfahren in Abbildung 5.13 ist aber so für jede Konzeptlernaufgabe verwendbar.

5.4.7   Anwendungsbeispiel

Wir wenden das Versionenraum-Lernverfahren auf die Trainingsbeispiele aus Abbildung 5.7 an. Als Initialisierung für S erhalten wir $S_0 = \{\langle \emptyset, \emptyset, \emptyset, \emptyset, \emptyset \rangle\}$ und für

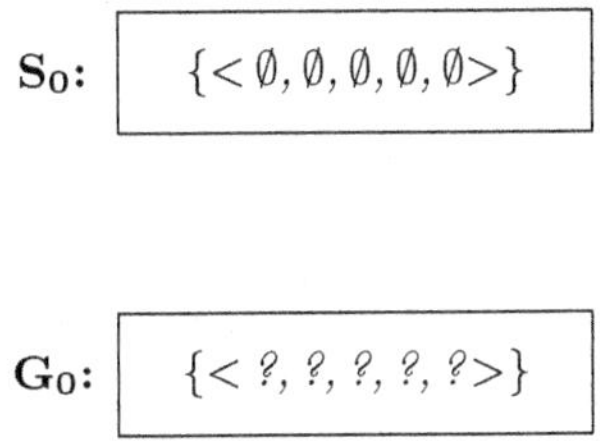

S₀: $\{<\emptyset, \emptyset, \emptyset, \emptyset, \emptyset>\}$

G₀: $\{<?, ?, ?, ?, ?>\}$

Abbildung 5.14 Begrenzungsmengen S und G nach der Initialisierung

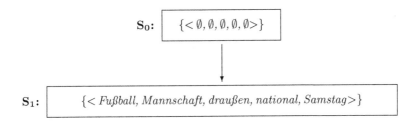

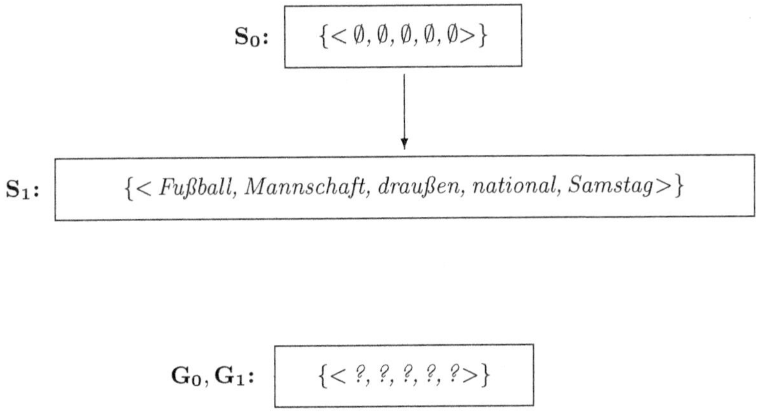

S₀: $\{<\emptyset, \emptyset, \emptyset, \emptyset, \emptyset>\}$

S₁: $\{< Fußball, Mannschaft, draußen, national, Samstag>\}$

G₀, G₁: $\{<?, ?, ?, ?, ?>\}$

Trainingsbeispiel:

$X_1 = <$Fußball, Mannschaft, draußen, national, Samstag$>$, Anschauen $= +$

Abbildung 5.15 Begrenzungsmengen S und G nach der Bearbeitung von X_1

G dual dazu $G_0 = \{\langle\,?,\,?,\,?,\,?,\,?\rangle\}$ (vgl. Abbildung 5.14). Diese beiden Begrenzungsmengen umfassen den gesamten Versionenraum $V_\emptyset = L_C$.

Wenn das erste Trainingsbeispiel X_1 bearbeitet wird, wird festgestellt, dass die Hypothese in S_0 zu speziell ist, da X_1 nicht abgedeckt wird. Die (einzige) minimale Verallgemeinerung der "leeren" Hypothese $\langle \emptyset, \emptyset, \emptyset, \emptyset, \emptyset \rangle$, die X_1 mit abdeckt, ist die Hypothese

$$s_1 = \langle\ Fußball,\ Mannschaft,\ draußen,\ national,\ Samstag\ \rangle$$

S muss daher so zu S_1 geändert werden, dass S_1 gerade die Hypothese s_1 enthält. G_0 muss aufgrund des Beispiels X_1 nicht geändert werden; es ist daher $G_1 = G_0$ (vgl. Abbildung 5.15).

Das zweite Trainingsbeispiel X_2 wird von der Hypothese s_1 in S_1 nicht mit abgedeckt. s_1 ist daher zu speziell und wird zu

$$s_2 = \langle\ ?,\ Mannschaft,\ draußen,\ national,\ Samstag\ \rangle$$

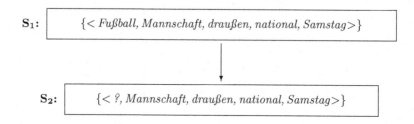

Trainingsbeispiel:

$X_2 = <Hockey, Mannschaft, draußen, national, Samstag>$, $Anschauen = +$

Abbildung 5.16 Begrenzungsmengen S und G nach der Bearbeitung von X_2

verallgemeinert. G_1 muss bei X_2 nicht geändert werden, so dass $G_2 = G_1$ ist (vgl. Abbildung 5.16).

Das dritte Trainingsbeispiel X_3 ist negativ. Da es von der Hypothese in S_2 nicht mit abgedeckt wird, bleibt die Begrenzungsmenge $S_3 = S_2$ unverändert. Da X_3 aber von der in G_2 enthaltenen Hypothese $h_0 = \langle\ ?,\ ?,\ ?,\ ?,\ ?\ \rangle$ fälschlicherweise mit abgedeckt wird, muss diese Hypothese soweit spezialisiert werden, dass X_3 nicht mehr mit abgedeckt wird. Wie in Abbildung 5.17 gezeigt, enthält die resultierende Begrenzungsmenge G_3 drei verschiedene minimale Spezialisierungen von h_0, die X_3 nicht mehr mit abdecken.

Selbsttestaufgabe 5.27 (Versionenraumlernen) Eine weitere minimale Spezialisierung von h_0 bzgl. X_3, die X_3 ausschließt, ist die Hypothese

$$h = \langle\ Fußball,\ ?,\ ?,\ ?,\ ?\ \rangle$$

Warum ist diese Hypothese nicht in G_3 enthalten? Welche Stelle im Algorithmus VS verhindert, dass h in G_3 enthalten ist?   ■

Wir können also die beiden folgenden dualen Beobachtungen machen:

- Jede Hypothese, die allgemeiner oder gleich einer Hypothese aus S ist, deckt alle bisherigen positiven Beispiele ab.

- Jede Hypothese, die spezieller oder gleich einer Hypothese aus G ist, deckt keines der bisherigen negativen Beispiele ab.

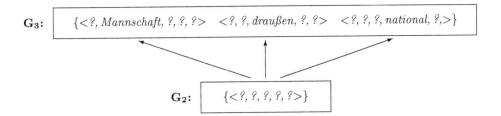

S₂, S₃: $\quad \{< ?, \textit{Mannschaft, draußen, national, Samstag} >\}$

G₃: $\quad \{< ?, \textit{Mannschaft}, ?, ?, ? > \quad < ?, ?, \textit{draußen}, ?, ? > \quad < ?, ?, ?, \textit{national}, ?, >\}$

G₂: $\quad \{< ?, ?, ?, ?, ? >\}$

Trainingsbeispiel:

$X_3 = < Bodenturnen, Einzel, drinnen, Welt, Samstag >, \quad Anschauen = -$

Abbildung 5.17 Begrenzungsmengen S und G nach der Bearbeitung von X_3

Das vierte Trainingsbeispiel X_4 ist positiv. Die in S_3 enthaltene Hypothese $\langle\, ?, \textit{Mannschaft, draußen, national, Samstag}\, \rangle$ muss weiter zu

$$\langle\, ?, \textit{Mannschaft, ?, national, Samstag}\, \rangle$$

verallgemeinert werden, damit X_4 ebenfalls mit abgedeckt wird. G_4 entsteht aus G_3 durch Entfernen der Hypothese $\langle\, ?, ?, \textit{draußen}, ?, ?\, \rangle$. Abbildung 5.18 zeigt die resultierenden neuen Begrenzungsmengen S_4 und G_4.

Selbsttestaufgabe 5.28 (Versionenraumlernen) Warum muss die Hypothese $\langle\, ?, ?, \textit{draußen}, ?, ?\, \rangle$ aus G_3 entfernt werden ? Welche Stelle im Algorithmus VS ist dafür verantwortlich ? $\qquad\qquad\blacksquare$

Das fünfte Trainingsbeispiel X_5 ist negativ. Da es von keiner der Hypothesen in S_4 oder G_4 mit abgedeckt wird, liegt es außerhalb des durch S_4 und G_4 erzeugten Versionenraums. Für die sich ergebenden neuen Grenzen gilt $S_5 = S_4$ und $G_5 = G_4$.

Der komplette von VS erzeugte Versionenraum nach Bearbeitung der fünf Trainingsbeispiele ist zusammen mit den erhaltenen Begrenzungsmengen S_5 und G_5 in Abbildung 5.19 angegeben. Die in S_5 enthaltene speziellste Hypothese besagt: "Paul Trops schaut sich alle Sportsendungen über Mannschaftssportarten an, die samstags auf nationaler Ebene stattfinden." Die beiden allgemeinsten Hypothesen in G_5 lassen sich durch "Paul schaut sich alle Sportsendungen über Mannschaftssport an" und durch "Paul schaut sich alle Sportsendungen über Sport auf nationaler Ebene an" verbalisieren.

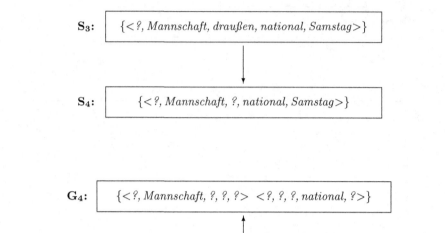

S_3: $\{<?, Mannschaft, draußen, national, Samstag>\}$

S_4: $\{<?, Mannschaft, ?, national, Samstag>\}$

G_4: $\{<?, Mannschaft, ?, ?, ?> \ <?, ?, ?, national, ?>\}$

G_3: $\{<?, Mannschaft, ?, ?, ?> \quad <?, ?, draußen, ?, ?> \quad <?, ?, ?, national, ?,>\}$

Trainingsbeispiel:

$X_4 = <Handball, Mannschaft, drinnen, national, \ Samstag>, \ Anschauen = +$

Abbildung 5.18 Begrenzungsmengen S und G nach der Bearbeitung von X_4

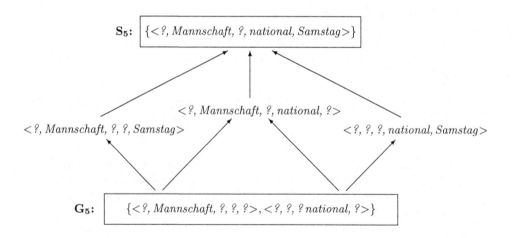

S_5: $\{<?, Mannschaft, ?, national, Samstag>\}$

$<?, Mannschaft, ?, national, ?>$

$<?, Mannschaft, ?, ?, Samstag>$

$<?, ?, ?, national, Samstag>$

G_5: $\{<?, Mannschaft, ?, ?, ?>, <?, ?, ? national, ?>\}$

Abbildung 5.19 Der von VS erzeugte Versionenraum

Selbsttestaufgabe 5.29 (CD-ROM-Produktion) Aus den folgenden Daten soll das Konzept erfolgreicher (mit "+" klassifizierter) CD-ROM-Produktionen bestimmt werden:

Label	Zielgruppe	Typ	Anspruch	Technik	Redaktion	Klass.
X_1	Kinder	Spiel	***	Tom	Karin	+
X_2	Jugendliche	Spiel	***	Tom	Karin	+
X_3	Kinder	Spiel	**	Tom	Vivian	-
X_4	Erwachsene	Spiel	*	Tom	Karin	+
X_5	Kinder	Infotainment	**	Tom	Karin	+
X_6	Erwachsene	Infotainment	***	Mike	Karin	-

1. Wenden Sie das Versionenraum-Lernverfahren an, um aus diesen Beispielen das Konzept "erfolgreiche CD-ROM-Produktion" zu bestimmen. Begründen Sie jede Veränderung der Mengen S_i und G_i.

2. Welches Ergebnis erhalten Sie, wenn Sie X_6 durch X_6' bzw. durch X_6'' ersetzen?

Label	Zielgruppe	Typ	Anspruch	Technik	Redaktion	Klass.
X_6'	Jugendliche	Infotainment	**	Tom	Karin	-
X_6''	Jugendliche	Infotainment	**	Mike	Vivian	+

∎

5.4.8 Eigenschaften des Versionenraum-Lernverfahrens

Solange der gelernte Hypothesenraum noch mehrere Elemente enthält, ist das Zielkonzept noch nicht eindeutig bestimmt. Wird ein zusätzliches Trainingsbeispiel eingegeben, wird der Versionenraum weiter eingeschränkt, falls durch das neue Beispiel ein Konzept im bisherigen Versionenraum unvollständig oder inkorrekt wird. Sobald die Begrenzungsmengen S und G einelementig und identisch sind, ist ein eindeutiges Zielkonzept gelernt worden. Das Versionenraum-Lernverfahren benötigt jedoch zwei Voraussetzungen, unter denen der gelernte Versionenraum gegen eine Hypothese konvergiert, die das zu erlernende Zielkonzept vollständig und korrekt beschreibt:

1. Die Trainingsmenge enthält keine Fehler.

2. Es gibt eine Konzeptbeschreibung h, *die in dem Hypothesenraum L_C liegt* und die das Zielkonzept vollständig und korrekt beschreibt.

Die Trainingsmenge enthält einen Fehler, wenn ein eigentlich positives Beispiel e dem Lernverfahren als negatives Beispiel präsentiert wird. Der Effekt ist wie folgt: Aus dem Versionenraum werden alle Hypothesen entfernt, die e mit abdecken. Damit wird aber auf jeden Fall auch das korrekte Zielkonzept aus dem Versionenraum entfernt, da dieses ja e abdecken muss. In dualer Weise führt auch ein negatives Beispiel, das versehentlich als positiv präsentiert wird, dazu, dass das korrekte Zielkonzept nicht mehr gefunden werden kann. Wenn genügend viele Trainingsbeispiele vorhanden sind, wird ein solches fehlerhaftes Beispiel zur Entdeckung des Fehlers führen, da der Versionenraum schließlich zur leeren Menge kollabieren wird. Allerdings kann das Kollabieren des Versionenraums auch daran liegen, dass zwar alle Trainingsbeispiele korrekt sind, das Zielkonzept aber gar nicht in der Beschreibungssprache L_C ausgedrückt werden kann.

Beispiel 5.30 (im Hypothesenraum nicht ausdrückbare Konzepte) Im Rahmen des Sportsendungenproblems sei die folgende Trainingsmenge gegeben:

Beispiel	*Attribute*					*Anschauen*
	Sport	*Art*	*Ort*	*Ebene*	*Tag*	
X_1	Fußball	Mannschaft	draußen	national	Samstag	+
X_2	Fußball	Mannschaft	draußen	Europa	Samstag	+
X_3	Fußball	Mannschaft	draußen	Welt	Samstag	−

Es gibt *keine* Hypothese, die konsistent bzgl. dieser drei Beispiele ist *und die in dem Hypothesenraum L_C des Sportsendungenbeispiels repräsentiert werden kann.* Dies kann man sich wie folgt klarmachen: Die speziellste Hypothese, die konsistent mit den ersten beiden Beispielen X_1 und X_2 ist, ist

$$h = \langle \text{ Fußball, Mannschaft, draußen, ?, Samstag} \rangle$$

Diese Hypothese h ist aber bereits zu allgemein, da sie das dritte Beispiel X_3 fälschlicherweise mit abdeckt.   □

Das im vorigen Beispiel aufgetretene Problem ist, dass in der Konzeptsprache L_C des Sportsendungenbeispiels Disjunktionen wie

$$Ebene = national \ \lor \ Ebene = Europa$$

nicht ausgedrückt werden können. Die *induktive Hypothese (inductive bias)*, mit dem wir in diesem Fall das Lernsystem ausgestattet haben, ist, dass nur konjunktive Hypothesen berücksichtigt werden sollen.

Allerdings kann man zeigen, dass für jedes induktive Konzeptlernverfahren irgendeine induktive Hypothese notwendig ist, um überhaupt ein Lernverhalten zu erzielen, das über die Klassifikation der vorgegebenen Trainingsbeispiele hinausgeht. Implizit steckt diese induktive Hypothese in der Annahme, dass das Zielkonzept in dem Hypothesenraum L_C ausgedrückt werden kann. Diese und weitere Eigenschaften des Konzeptlernens werden ausführlich in [166] diskutiert.

5.4.9 Konzeptlernen mit Merkmalsbäumen

In dem Sportsendungenbeispiel 5.14 sind in den Konzeptbeschreibungen als Attributwerte nur konkrete Attributwerte oder aber "?" zugelassen. So führt die Generalisierung der Attributwerte

$$Ebene = national \ \lor \ Ebene = Europa$$

im Beispiel des vorigen Abschnitts bereits zu dem allgemeinen Constraint "?".
Merkmalsbäume sind ein Hilfsmittel, Attributwerte hierarchisch zu strukturieren,
um nicht beim Zusammentreffen zweier unterschiedlicher Werte gleich zum allge-
meinsten Constraint verallgemeinern zu müssen. In diesem Abschnitt werden wir
Merkmalsbäume anhand eines Beispiels darstellen, das auch illustriert, wie mit dem
Versionenraum-Lernverfahren allgemeinere Konzeptbeschreibungen gelernt werden
können. Zum anderen liefert dieses Beispiel eine Illustration, wie die beim Algorith-
mus *VS* benötigten Operationen der minimalen Spezialisierung (bzw. minimalen
Verallgemeinerung) einer Hypothese *h* bzgl. eines negativen (bzw. eines positiven)
Trainingsbeispiels in einem anderen Rahmen realisiert werden.

Wir betrachten ein Konzeptlernproblem, bei dem es um ein Konzept geht,
das sich auf bestimmte Obstsorten und mögliche Konservierungsarten bezieht. Für
"Obst" und "Konservierung" gibt es zwei Merkmalsbäume, die in Abbildung 5.20
angegeben sind.

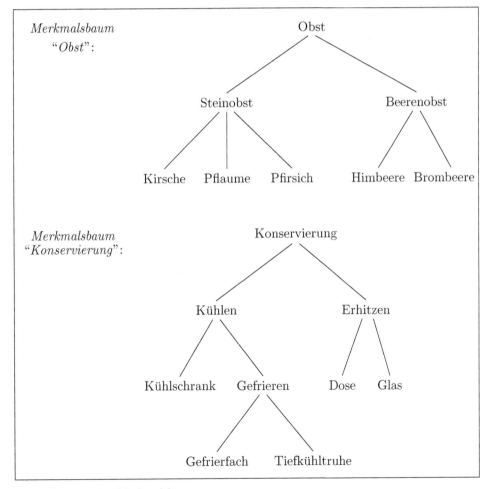

Abbildung 5.20 Merkmalsbäume

Die *Beispielsprache* enthält alle Paare (a, b) mit

$$a \in \{Kirsche,\ Pflaume,\ Pfirsich,\ Himbeere,\ Brombeere\}$$
$$b \in \{Kühlschrank,\ Gefrierfach,\ Tiefkühltruhe,\ Dose,\ Glas\}$$

Die möglichen Werte von a und b sind also genau die Blätter der Merkmalsbäume.

Die *Konzeptsprache* enthält alle Paare $[A, B]$, wobei A und B Merkmale aus den Merkmalsbäumen in Abbildung 5.20 sind. A muss ein Knoten aus dem Baum für "Obst" und B ein Knoten aus dem Baum für "Konservierung" in Abbildung 5.20 sein. Konzeptbeschreibungen sind also etwa:

$$[Steinobst,\ Glas]$$
$$[Obst,\ Kühlen]$$
$$[Pfirsich,\ Dose]$$

Die durch eine solche Konzeptbeschreibung gegebene Abbildung

$$[A, B] : Beispielsprache \to \{0, 1\}$$

ist wie folgt für jedes Beispiel (a, b) definiert: $[A, B]$ angewendet auf (a, b) ergibt 1 genau dann, wenn gilt:

1. A liegt in dem Merkmalsbaum "Obst" über a oder ist gleich a;

2. B liegt in dem Merkmalsbaum "Konservierung" über b oder ist gleich b.

Beispielsweise liefert die Konzeptbeschreibung

$$[Steinobst,\ Glas]$$

angewandt auf das Beispiel

$$(Kirsche,\ Glas)$$

als Wert 1; das Beispiel wird also von dem Konzept abgedeckt. Dieselbe Konzeptbeschreibung angewandt auf das Beispiel $(Himbeere,\ Dose)$ liefert dagegen den Wert 0.

Als einzige weitere Konzeptbeschreibung gibt es nur noch $[\emptyset, \emptyset]$, deren Extension die leere Menge ist.

Wir wenden nun das Versionenraum-Lernverfahren *VS* auf die Trainingsbeispiele aus Abbildung 5.21 an.

Nr.	Beispiel	Klassifikation
X_1	(Himbeere, Kühlschrank)	–
X_2	(Kirsche, Glas)	+

Abbildung 5.21 Trainingsmenge für Obstkonservierung

Als Initialisierung für S erhalten wir

$$S_0 = \{[\emptyset,\ \emptyset]\}$$

und für G

$$G_0 = \{[Obst, Konservierung]\}$$

Diese beiden Begrenzungsmengen umfassen den gesamten Versionenraum aller Hypothesen.

Das erste Trainingsbeispiel ist das negative Beispiel

$$X_1 = (Himbeere, Kühlschrank)$$

Die Menge $S_0 = S_1$ muss nicht verändert werden. Die allgemeinste Hypothese $g_0 = [Obst, Konservierung]$ in G_0, die alle Beispiele abdeckt, muss spezialisiert werden. Es gibt vier verschiedene minimale Spezialisierungen von g_0 bzgl. X_1, die X_1 nicht mehr mit abdecken:

$$
\begin{aligned}
h_1 &= [Steinobst, Konservierung] \\
h_2 &= [Brombeere, Konservierung] \\
h_3 &= [Obst, Erhitzen] \\
h_4 &= [Obst, Gefrieren]
\end{aligned}
$$

Hinweis: Machen Sie sich bitte klar, dass die Hypothesen $\{h_1, h_2, h_3, h_4\}$ tatsächlich das Trainingsbeispiel nicht mit abdecken. Überzeugen Sie sich bitte außerdem davon, dass alle anderen Hypothesen mit dieser Eigenschaft spezieller als eine der Hypothesen $\{h_1, h_2, h_3, h_4\}$ sind, wenn sie wie gefordert g_0 spezialisieren. Aus diesen beiden Beobachtungen folgt, dass diese vier Hypothesen die Menge der minimalen Spezialisierungen von g_0 bzgl. X_1 bilden.

Da alle Hypothesen $h' \in \{h_1, h_2, h_3, h_4\}$ allgemeiner als die in S_0 enthaltene Hypothese sind, werden alle vier Hypothesen in die neue Begrenzungsmenge aufgenommen. Damit erhalten wir nach Bearbeitung des ersten Trainingsbeispiels die in Abbildung 5.22 dargestellte Situation.

S_0, S_1: $\{[\emptyset, \emptyset]\}$

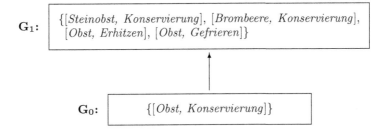

G_1: $\{[Steinobst, Konservierung], [Brombeere, Konservierung], [Obst, Erhitzen], [Obst, Gefrieren]\}$

G_0: $\{[Obst, Konservierung]\}$

Trainingsbeispiel: $X_1 = (Himbeere, Kühlschrank)$, *Klassifikation* $= -$

Abbildung 5.22 Begrenzungsmengen S und G nach der Bearbeitung von X_1

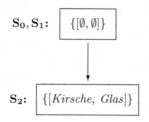

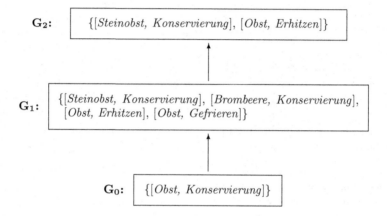

Trainingsbeispiel: $X_2 = (Kirsche,\ Glas)$, $Klassifikation = +$

Abbildung 5.23 Begrenzungsmengen S und G nach der Bearbeitung von X_2

Das zweite Trainingsbeispiel ist das positive Beispiel

$$X_2 = (Kirsche,\ Glas)$$

Die Begrenzungsmenge S_2 entsteht aus S_1, indem die darin enthaltene leere Hypothese zu

$$s_2 = [Kirsche,\ Glas]$$

verallgemeinert wird.

Gemäß dem Algorithmus VS müssen aus der Begrenzungsmenge G_1 alle Hypothesen entfernt werden, die nicht allgemeiner sind als eine der Hypothesen in S_2. Die folgende Tabelle gibt den Stand der betreffenden "Allgemeiner-als"-Beziehungen an:

$$
\begin{aligned}
h_1 &= [Steinobst,\ Konservierung] & \geq & \quad s_2 \\
h_2 &= [Brombeere,\ Konservierung] & \ngeq & \quad s_2 \\
h_3 &= [Obst,\ Erhitzen] & \geq & \quad s_2 \\
h_4 &= [Obst,\ Gefrieren] & \ngeq & \quad s_2
\end{aligned}
$$

Hinweis: Machen Sie sich bitte auch hier klar, warum die in der Tabelle angegebenen Beziehungen gelten!

Die Hypothesen $\{h_2, h_4\}$ müssen also aus G_1 entfernt werden. Damit erhalten wir nach Bearbeitung des zweiten Trainingsbeispiels die in Abbildung 5.23 dargestellte Situation. Der komplette von VS erzeugte Versionenraum nach Bearbeitung der beiden Trainingsbeispiele wird damit durch die beiden Begrenzungsmengen S_2 und G_2 aufgespannt.

5.5 Data Mining und Wissensfindung in Daten

5.5.1 KDD – Knowledge Discovery in Databases

Data Mining und *Wissensfindung in Daten (knowledge discovery in databases, KDD)* sind Oberbegriffe für die Automatisierung der Analyse von Daten. Beide Bezeichnungen werden fast synonym gebraucht, wobei Data Mining meist auf den eigentlichen Prozess der Datenanalyse abstellt, während mit Knowledge Discovery im Allgemeinen der gesamte Vorgang der Wissensfindung gemeint ist, der außer der Analyse auch noch die Vorbereitung und Bereinigung der Daten und die Interpretation der Resultate umfasst. Knowledge Discovery wird oft auch benutzt für die Suche nach komplexen, tiefliegenden Wissensstrukturen z. B. im wissenschaftlichen Bereich. Wir werden in der Regel den allgemeineren Term *Knowledge Discovery* bzw. kurz *KDD* verwenden.

Data Mining und Knowledge Discovery haben sich seit Beginn der neunziger Jahre zu einem zentralen Forschungsthema in der Künstlichen Intelligenz entwickelt und erfreuen sich eines großen Interesses auf breiter Basis. Dafür gibt es mehrere Gründe:

- Ein Problem bei der Entwicklung wissensbasierter Systeme ist seit jeher die arbeits- und zeitintensive Phase der Wissensakquisition. Die Erstellung einer modelladäquaten Wissensbasis erfordert im Allgemeinen die Zusammenarbeit möglichst mehrerer Experten des behandelten Bereichs mit Systementwicklern. Hierbei treten nicht selten Konsistenzprobleme auf. So kombiniert man gerne Expertenwissen mit Dateninformationen, wobei bei der konventionellen Datenanalyse letztere zur Konsolidierung des subjektiven Wissens verwendet werden. Die weitergehende Idee des Knowledge Discovery kann den gesamten Prozess der Wissensakquisition erheblich beschleunigen und verbessern, indem vorliegende Daten aktiv und gründlich auf substantielles und relevantes Wissen hin überprüft werden. Die extrahierte Information kann dann den menschlichen Experten zur Validierung und Ergänzung vorgelegt werden.

- Immer mehr Vorgänge des alltäglichen, wirtschaftlichen und wissenschaftlichen Lebens werden automatisiert und digitalisiert. Dabei fallen immense Mengen von Daten an, die in der Regel nur als passiver Wissensspeicher genutzt werden. Das darin verborgene implizite Wissen um bereichsspezifische Zusammenhänge macht die Daten zu einem wertvollen "Rohstoff", zu einer Quelle wichtiger Informationen, die nur darauf warten, durch entsprechende Verfahren "zu Tage gefördert" zu werden (daher die Parallele zum Bergbau, *mining*). Eine manuelle Datenanalyse wird wegen der rapide anwachsenden

Menge gespeicherter Objekte und der ebenfalls zunehmenden Anzahl betrachteter Attribute so gut wie unmöglich.

- Wert und Nutzen "guter" Information werden immer deutlicher erkannt. Insbesondere im wirtschaftlichen Bereich setzt man große Erwartungen in Data Mining und Knowledge Discovery, die helfen sollen, kritische Märkte besser zu analysieren, Wettbewerbsvorteile zu verschaffen und Kundenprofile zu erstellen.

- Schließlich ist es der Reiz der Aufgabe an sich, der Knowledge Discovery für KI-Wissenschaftler attraktiv macht. Digitalen Daten ihre Geheimnisse zu entlocken ist eine Herausforderung, die darauf abzielt, kreatives intelligentes Verhalten zu simulieren und zu automatisieren.

Genauer versteht man unter Knowledge Discovery den Prozess, *neues, nützliches und interessantes Wissen* aus Daten herauszufiltern und *in verständlicher Form* zu präsentieren. Alle in dieser Umschreibung verwendeten Attribute sind höchst intensional und kontextabhängig und bedürfen einer genaueren Spezifikation:

- *neues Wissen:* Hier sind meist implizite, bisher unbekannte Erkenntnisse gemeint. Data Mining-Verfahren erzeugen in der Regel sehr viele Informationen. Der Anspruch, das Wissen solle wirklich neu sein, erfordert zum Beispiel den Abgleich gefundener Information mit schon gespeichertem Wissen.

- *nützliches und interessantes Wissen:* Das entdeckte Wissen soll im behandelten Kontext relevant sein. Im ökonomischen Bereich wird man daher den KDD-Prozess meist durch betriebswirtschaftliche Parameter wie Umsatz, Gewinn usw. steuern. Bei wissenschaftlichem KDD kommen eher qualitative Gütekriterien wie Spezifität und Generalität zum Einsatz.

- *in verständlicher Form:* Die neue, nützliche und interessante Information muss dem Benutzer auch als solche präsentiert werden. D. h., der Benutzer soll auf Anhieb den Wert des KDD-Ergebnisses erkennen können. Dies verlangt die Aufbereitung gefundener Information in lesbarer und anschaulicher Weise.

Alle diese Forderungen sollten nicht isoliert, sondern im Verbund miteinander gesehen werden. Sie definieren darüber hinaus nicht nur Rahmenbedingungen für das Ergebnis des KDD-Prozesses, sondern beeinflussen auch ganz wesentlich das Konzept des Prozesses selbst und die Form des zu findenden Wissens. Ein weiterer wichtiger Aspekt beim KDD ist die Fähigkeit zur Interaktion: Großer Wert wird auf die Verständlichkeit der vermittelten Ergebnisse gelegt. Darüber hinaus soll der Benutzer einerseits in den KDD-Prozess eingreifen können, andererseits soll das System auch aus den Eingaben des Benutzers lernen.

Knowledge Discovery ist ein multidisziplinärer Vorgang, der Ergebnisse und Techniken zahlreicher anderer Gebiete der Informatik und Mathematik wie z. B. Datenbanken, maschinelles Lernen, Mustererkennung, Datenvisualisierung, unsicheres Schließen und Statistik mit einbezieht. Allgemein orientieren sich Forschung und Entwicklung im Knowledge Discovery-Bereich stark an menschlichen Vorgaben und

Vorbildern. Einen guten Überblick über das Gebiet des KDD verschaffen [68], [66] und [167].

Bevor wir auf die Vorgänge der Wissensfindung und des Data Mining im Besonderen eingehen, wollen wir einige typische Einsatzbereiche, Fragestellungen und Anwendungen für KDD auflisten:

- *Produktion*: Informationen zur Prozessoptimierung und Fehleranalyse;

- *Ökonomie*: Warenkorbanalyse; Katalog-Design; Supermarkt Layout;

- *Bankenwesen*: Aufdeckung von Kreditkartenmissbrauch, Bonitätsanalyse und Devisenkursprognose;

- *(Electronic) Commerce*: Kundenprofile, Auswahl möglicher Kunden (Zielgruppen), Kundensegmentierung;

- *Internet*: Suchen nach relevanter Information (web mining);

- *Wissenschaft*: Gewinnung wichtiger Informationen über beobachtete Phänomene, Finden kausaler Zusammenhänge;

- *Geologie*: Auffinden verdächtiger seismographischer Strukturen, z.B. zur Vorhersage von Erdbeben.

5.5.2   Der KDD-Prozess

Data Mining, d. h. das Auffinden von Mustern in Daten, ist der interessanteste und wichtigste Teil des KDD-Prozesses. Sein Erfolg hängt jedoch wesentlich von dem Umfeld ab, in dem er durchgeführt wird, also z. B. von der Qualität der Daten und von der Genauigkeit der Aufgabenstellung. Der gesamte KDD-Prozess umfasst daher die folgenden Schritte:

1. *Hintergrundwissen und Zielsetzung:* Relevantes, bereichsspezifisches Wissen wird zur Verfügung gestellt, und die Ziele des durchzuführenden Knowledge Discovery sollten definiert werden.

2. *Datenauswahl:* Eine Menge von Daten wird als Untersuchungsobjekt festgelegt, außerdem erfolgt gegebenenfalls eine Vorauswahl der betrachteten Variablen.

3. *Datenbereinigung:* Ausreißer müssen aus der Datenbasis entfernt, Rauscheffekte herausgefiltert werden. Außerdem werden Datentypen festgelegt, und die Behandlung fehlender Daten muss geklärt werden.

4. *Datenreduktion und -projektion:* Die vorbehandelte Datenmenge wird noch einmal komprimiert durch Reduktion oder Transformation der behandelten Variablen.

5. *Modellfunktionalität:* Welchem Zweck dient das Data Mining? Hier unterscheidet man zwischen Klassifikation, Clustering, Regressionsanalyse u.a.m. (s.u. Abschnitt 5.5.3).

6. *Verfahrenswahl:* Bestimmung eines Data Mining-Verfahrens, das zu den untersuchten Daten und der Zielvorgabe des gesamten KDD-Prozesses passt.

7. *Data Mining:* der eigentliche Data Mining-Prozess, bei dem das ausgewählte Verfahren auf die behandelte Datenmenge angewandt wird, um interessante Informationen z. B. in Form von Klassifikationsregeln oder Clustern zu extrahieren.

8. *Interpretation:* Die im Data Mining-Schritt gewonnene Information wird aufbereitet, indem z. B. redundante Information entfernt wird, und schließlich dem Benutzer in verständlicher Form (evtl. durch Visualisierung) präsentiert.

Diese Schritte werden, wenn nötig, mehrfach durchlaufen, bis ein den Anforderungen entsprechendes, möglichst gutes Gesamtergebnis zustande gekommen ist. Dem KDD-Prozess schließt sich eine Phase an, in der die neuen Erkenntnisse in das bisherige Wissenssystem eingearbeitet werden, wobei mögliche Konflikte gelöst werden müssen. Ferner ist zu überlegen, ob und welche Entscheidungsprozesse und Handlungen auf der Basis der gewonnenen Information in Gang gesetzt werden sollten.

Der folgende Abschnitt wird sich mit dem Herzstück des Knowledge Discovery, mit dem Data Mining-Vorgang, beschäftigen.

5.5.3 Data Mining

Ziel des Data Mining ist es, interessante Muster, Strukturen, Abhängigkeiten usw. aus Daten zu extrahieren. Entsprechende Verfahren existieren bereits in der Mustererkennung und dem maschinellen Lernen. Beispielsweise sind die in den Abschnitten 5.3 und 5.4 vorgestellten Verfahren zum Lernen von Entscheidungsbäumen und Konzepten in einem Data Mining-Prozess einsetzbar. Auch in der Statistik und in der Theorie der Datenbanken findet man geeignete Ansätze. Von Data Mining-Algorithmen erwartet man insbesondere, dass sie auch auf großen Datenmengen arbeiten können. Die Skalierbarkeit der Verfahren ist neben der Benutzerfreundlichkeit und der praktischen Einsetzbarkeit ein wichtiges Gütekriterium [67].

Bei Data Mining-Algorithmen lassen sich als wesentliche Bestandteile die Komponenten *Modell, Präferenz- oder Gütekriterien* und *Suchalgorithmus* unterscheiden.

Das *Modell* legt fest, in welcher Form gefundene Erkenntnisse repräsentiert werden und welchem Zweck sie dienen. Mögliche *Repräsentationsformen* sind z. B. Entscheidungsbäume, Klassifikationsregeln, beispielbasierte Formen wie beim fallbasierten Schließen, graphische Darstellungen sowie komplexere Repräsentationen wie neuronale und Bayessche Netzwerke. Zu den verbreitetsten Einsatzgebieten für Data Mining gehören:

- *Klassifikation:* Ein Objekt wird einer oder mehreren vordefinierten Kategorien zugeordnet.

- *Clustering:* Ein Objekt wird einer oder mehreren Klassen bzw. *Clustern* zugeordnet, wobei im Unterschied zur Klassifikation diese Klassen nicht vorgegeben sind, sondern ebenfalls aus den Daten bestimmt werden müssen. Clustering zielt darauf ab, natürliche Gruppierungen von Daten zu finden. Bei vielen Verfahren muss allerdings die Zahl der möglichen Cluster vorgegeben werden. Das im IBM-Tool *Intelligent Miner* implementierte *Demographische Clustering* hingegen passt die Anzahl der Cluster dynamisch den Daten an (vgl. [123], S. 84).

- *Modellierung von Abhängigkeiten:* Hierbei werden lokale Abhängigkeiten zwischen Variablen etabliert. Bei quantitativen Methoden wird überdies die Stärke der Abhängigkeiten auf einer numerischen Skala angegeben.

- *Assoziationen* sind Zusammenhänge zwischen mehreren Merkmalen und werden meist durch *Assoziationsregeln* (*"80 % der Kunden, die Bier und Sekt kaufen, kaufen auch Kartoffelchips"*) repräsentiert.

- *Sequenzanalyse* beschreibt Muster in sequentiellen Daten, um Regelmäßigkeiten und Trends transparent zu machen (z. B. Zeitreihenanalyse).

Präferenz- und Gütekriterien steuern die Anpassung des Modells bzw. seiner Parameter an die gegebenen Daten einerseits und an die Zielsetzung des gesamten KDD-Prozesses andererseits. Üblicherweise wird die Güte eines Modells durch ein passendes Maß quantifiziert und während des Prozesses optimiert. Ein typisches solches Maß ist die *maximum likelihood*, die die Wahrscheinlichkeit eines Modells bei gegebener Datenbasis misst (s. auch Kapitel 13.5).

Bei den *Suchalgorithmen* unterscheidet man zwei Typen: Die *Parametersuche* sucht bei gegebenem Modell nach den besten Parametern, während die *Modellsuche* den Raum aller betrachteten Modelle durchsucht. Die Präferenz- und Gütekriterien werden üblicherweise in die Suchalgorithmen eingebettet.

Die meisten der beim Data Mining verwendeten Modelle sind nicht KDD-spezifisch, sondern stammen aus verwandten Gebieten wie der statistischen Datenanalyse und dem maschinellen Lernen. Einige dieser Methoden werden im Hinblick auf Data Mining in [123] ausführlicher behandelt. Wir wollen uns im folgenden Abschnitt näher mit einem Ansatz beschäftigen, der als ein besonders typisches KDD-Problem gesehen werden kann, nämlich mit dem Aufdecken von Assoziationen. Zum einen lassen sich mit entsprechenden Verfahren auch große Datenbestände durchforsten, was die Forderung nach Effizienz und Skalierbarkeit befriedigt. Zum anderen repräsentieren Assoziationsregeln Zusammenhänge in leicht verständlicher und anschaulicher Form, wobei keinerlei Modellannahmen eingehen. Die schwache Modellstruktur macht Assoziationen für statistische Verfahren uninteressant, begründet jedoch gerade ihre besondere Rolle im KDD als Träger "neuer Information".

5.5.4 Assoziationsregeln

Assoziationsregeln beschreiben gewisse Zusammenhänge und Regelmäßigkeiten zwischen verschiedenen Dingen wie z. B. den Artikeln eines Warenhauses oder sozioökonomischen Merkmalen. Diese Zusammenhänge sind ganz allgemeiner Art, also nicht notwendig kausaler Natur, und beruhen auf Beobachtungen. Es wird jedoch unterstellt, dass sich in ihnen implizite strukturelle Abhängigkeiten manifestieren. Der typische Anwendungsbereich für Assoziationsregeln ist die Verkaufsdatenanalyse, sie können jedoch auch z. B. zur Diagnose genutzt werden (im medizinischen Bereich repräsentieren sie beispielsweise Zusammenhänge zwischen Symptomen und Krankheiten) und kommen allgemein bei der Entscheidungsunterstützung zur Geltung.

Die (konkreten oder abstrakten) Dinge, deren Beziehungen zueinander beschrieben werden sollen, heißen *Items*. Sei $\mathcal{I} = \{i_1, i_2, \ldots\}$ eine (endliche) Menge solcher Items. Eine beliebige Teilmenge $X \subseteq \mathcal{I}$ wird *Itemmenge* genannt. Eine *k-Itemmenge* ist eine Itemmenge mit k Elementen.

Eine *Transaktion* $t \subseteq \mathcal{I}$ ist eine Itemmenge. Die Datenbasis $\mathcal{D} = \{t_1, t_2, \ldots\}$ bestehe aus einer Menge solcher Transaktionen. Der *Support* einer Itemmenge X ist der (relative) Anteil aller Transaktionen aus $\mathcal{D}$, die X enthalten:

$$support(X) = \frac{|\{t \in \mathcal{D} \mid X \subseteq t\}|}{|\mathcal{D}|}$$

Beispiel 5.31 Bei der Verkaufsdatenanalyse eines Supermarktes sind Items typischerweise die Artikel aus dem Sortiment des Marktes, und die Transaktionen entsprechen den dort getätigten Einkäufen von Kunden. Die Datenbasis $\mathcal{D}$ besteht dann aus allen Verkaufstransaktionen innerhalb eines bestimmten Zeitraums. Der Support der Itemmenge $\{Milch\}$ beispielsweise kann 0.40 betragen, d. h. 40 % aller Kunden kaufen bei ihrem Einkauf auch Milch ein. □

Eine *Assoziationsregel* hat die Form

$$X \rightarrow Y$$

wobei X und Y disjunkte Itemmengen sind mit $X, Y \subseteq \mathcal{I}$ und $X \cap Y = \emptyset$. Man sagt, eine Transaktion t *erfüllt* eine solche Regel $X \rightarrow Y$, wenn $X \cup Y \subseteq t$, wenn also t alle in der Regel vorkommenden Items enthält.

Zwei wichtige einer Assoziationsregel zugeordnete Größen sind *Support* und *Konfidenz*. Der *Support von* $X \rightarrow Y$ ist der Support der Itemmenge $X \cup Y$:

$$support(X \rightarrow Y) = support(X \cup Y)$$

Die *Konfidenz von* $X \rightarrow Y$ ist der (relative) Anteil derjenigen X enthaltenden Transaktionen, die auch Y enthalten:

$$
\begin{aligned}
confidence(X \rightarrow Y) &= \frac{|\{t \in \mathcal{D} \mid (X \cup Y) \subseteq t\}|}{|\{t \in \mathcal{D} \mid X \subseteq t\}|} \\
&= \frac{support(X \rightarrow Y)}{support(X)}
\end{aligned}
$$

Support und Konfidenz (s. auch [22]) sind also nichts anderes als (bedingte) relative Häufigkeiten bzw. (bedingte) Wahrscheinlichkeiten (vgl. Abschnitt A.3 im Anhang).

Die Mengenschreibweise in Prämisse und Konklusion einer Assoziationsregel bedeutet die konjunktive Verknüpfung der beteiligten Elemente. So garantiert bereits die Syntax einer Assoziationsregel ein gewisses Maß an Relevanz und Interessantheit, im Gegensatz zu Regeln, die beliebige logische Ausdrücke zulassen und oft schwer zu durchschauen sind. Support und Konfidenz sind zusätzliche Parameter, an denen die Relevanz einer Regel beurteilt wird. Typischerweise (insbesondere im wirtschaftlichen Bereich) soll beides relativ hoch sein, so dass sich die klassische Suche nach Assoziationsregeln folgendermaßen beschreiben lässt:

> Finde alle Assoziationsregeln, die in der betrachteten Datenbasis mit einem Support von mindestens *minsupp* und einer Konfidenz von mindestens *minconf* gelten, wobei *minsupp* und *minconf* benutzerdefinierte Werte sind.

Dieses Problem wird in zwei Teilprobleme aufgespalten:

- Finde alle Itemmengen, deren Support über der *minsupp*-Schwelle liegt; diese Itemmengen werden *häufige Itemmengen* (*frequent itemsets*) oder *große Itemmengen* (*large itemsets*) genannt.

- Finde in jeder häufigen Itemmenge I alle Assoziationsregeln $I' \rightarrow (I - I')$ mit $I' \subset I$, deren Konfidenz mindestens *minconf* beträgt.

Die wesentliche Schwierigkeit besteht in der Lösung des ersten Teilproblems. Enthält die Menge $\mathcal{I}$ insgesamt n Items, so sind theoretisch 2^n Itemmengen auf ihre Häufigkeit hin zu untersuchen, was im Allgemeinen natürlich nicht praktikabel ist. Der in [2] vorgestellte Apriori-*Algorithmus* sucht geschickt nach solchen Itemmengen, indem er sich Folgendes zunutze macht:

Alle Teilmengen einer häufigen Itemmenge sind ebenfalls häufig, und alle Obermengen einer nicht häufigen Itemmenge sind ebenfalls nicht häufig.

Dies ist klar, denn für zwei Itemmengen I_1, I_2 mit $I_1 \subseteq I_2$ gilt natürlich: $support(I_2) \leq support(I_1)$. Der Apriori-Algorithmus bestimmt also zunächst die einelementigen häufigen Itemmengen und sucht in jedem weiteren Durchlauf in den Obermengen von häufigen Itemmengen nach weiteren häufigen Itemmengen. Werden keine häufigen Itemmengen mit einer bestimmten Anzahl von Elementen mehr gefunden, so bricht der Algorithmus ab.

Abbildung 5.24 zeigt den Apriori-Algorithmus. Dabei bezeichnet L_k die Menge der häufigen k-Itemmengen. C_k ist die Menge aller im AprioriGen-Algorithmus (s. Abbildung 5.25) erzeugten Kandidatenmengen für häufige k-Itemmengen. Deren tatsächliche Häufigkeit wird im Apriori-Algorithmus berechnet, um aus C_k die häufigen k-Itemmengen herauszufiltern.

Wir erläutern zunächst den Ablauf des Apriori-Algorithmus. Im ersten Durchlauf bestimmt der Algorithmus die Menge L_1 der häufigen 1-Itemmengen, indem er einfach zählt, wie oft jedes Item in den Transaktionen aus $\mathcal{D}$ vorkommt. Jede weitere, k-te Iteration ($k \geq 2$) besteht aus drei Schritten: Im ersten Schritt werden aus den im $(k-1)$-Durchlauf bestimmten häufigen Itemmengen, L_{k-1}, mittels AprioriGen die Kandidaten-Itemmengen, C_k, berechnet. Im zweiten Schritt (for-Schleife in Apriori) wird für jede Kandidatenmenge $c \in C_k$ in dem Zähler $c.count$

$Apriori(\mathcal{D})$

Eingabe: Datenbasis $\mathcal{D}$
Ausgabe: Menge häufiger Itemmengen

   $L_1 := \{$häufige 1-Itemmengen$\}$
   $k := 2$
   while $L_{k-1} \neq \emptyset$ **do**
      $C_k := \texttt{AprioriGen}(L_{k-1})$ *% neue Kandidatenmengen*
      for all Transaktionen $t \in \mathcal{D}$ **do**
         $C_t := \{c \in C_k \mid c \subseteq t\}$ *% in t enthaltene Kandidatenmengen*
         for all Kandidaten $c \in C_t$ **do**
            $c.count := c.count + 1$
         end for
      end for
      $L_k := \{c \in C_k \mid c.count \geq |\mathcal{D}| \cdot minsupp\}$
      $k := k + 1$
   end while
   return $\bigcup_k L_k$

Abbildung 5.24   Der `Apriori`-Algorithmus

die Anzahl der Transaktionen $t \in \mathcal{D}$ gezählt, die c enthalten. Für jede Transaktion $t \in \mathcal{D}$ werden dazu zunächst die in t enthaltenen Kandidatenmengen C_t bestimmt. Im dritten Schritt werden in L_k alle diejenigen Kandidatenmengen $c \in C_k$ aufgenommen, deren Support in $\mathcal{D}$ größer als *minsupp* ist (d.h. $c.count \geq |\mathcal{D}| \cdot minsupp$). Als Ergebnis liefert `Apriori` schließlich die Vereinigung aller L_k.

Der Algorithmus benötigt m Iterationen, wobei m die Kardinalität der größten häufigen Itemmengen ist. Seine Ausgabe ist die Menge aller häufigen Itemmengen, d.h. die Menge aller Itemmengen I mit $support(I) \geq minsupp$.

Der Kandidaten-Algorithmus `AprioriGen` nutzt aus, dass jede Teilmenge einer häufigen Itemmenge wieder häufig sein muss, insbesondere, dass also jede $(k-1)$-Teilmenge einer Menge aus L_k in L_{k-1} enthalten sein muss. Zwei häufige $(k-1)$-Itemmengen $p, q \in L_{k-1}$, die in genau $(k-2)$ Elementen übereinstimmen, werden vereinigt und ergeben so eine neue k-Itemmenge. Aus der so gewonnenen Menge möglicher Kandidaten werden dann durch den anschließenden *Teilmengencheck* noch diejenigen Mengen entfernt, deren $(k-1)$-Teilmengen nicht alle in L_{k-1} liegen.

Da *alle* $(k-1)$-Teilmengen häufig sein müssen, können wir bereits bei der Erzeugung der k-Itemmengen eine weitere Einschränkung vornehmen: Der Algorithmus `AprioriGen` in Abbildung 5.25 nimmt an, dass alle Items lexikographisch geordnet sind, und zwei häufige $(k-1)$-Itemmengen werden nur dann für die Erzeugung einer k-Itemmenge verwendet, wenn die gemäß dieser Ordnung ersten $k-2$ Elemente $e_1, e_2, \ldots, e_{k-2}$ in beiden Mengen gleich sind und die Mengen sich daher nur im jeweils gößten Element unterscheiden.

$AprioriGen(L_{k-1})$

Eingabe: Menge häufiger $(k-1)$-Itemmengen L_{k-1}
Ausgabe: Obermenge der Menge häufiger k-Itemmengen

$C_k := \emptyset$
for all $p, q \in L_{k-1}$ mit $p \neq q$ **do**
  if die ersten $k-2$ Elemente von p und q sind gleich,   % *Items sind geordnet:*
    $p = \{e_1, \ldots, e_{k-2}, e_p\}$,   % $e_1 < e_2 < \cdots < e_{k-2} < e_p$
    $q = \{e_1, \ldots, e_{k-2}, e_q\}$ % $e_1 < e_2 < \cdots < e_{k-2} < e_q$
    und $e_p < e_q$ **then**
      $C_k := C_k \cup \{\{e_1, \ldots, e_{k-2}, e_p, e_q\}\}$
  end if
end for
for all $c \in C_k$ **do**
  for all $(k-1)$-Teilmengen s von c **do**   % *Teilmengencheck*
    if $s \notin L_{k-1}$ **then**
      $C_k := C_k \setminus \{c\}$
    end if
  end for
end for
return C_k

Abbildung 5.25 Der `AprioriGen`-Algorithmus

Beispiel 5.32 Nehmen wir an, die Items seien durch Großbuchstaben gekennzeichnet und alphabetisch geordnet, und L_3 enthalte die Mengen $\{A, B, C\}$, $\{A, B, D\}$, $\{A, C, D\}$, $\{A, C, E\}$, $\{B, C, D\}$. Durch geeignete Vereinigungen entstehen zunächst die Kandidatenmengen $\{A, B, C, D\}$, $\{A, C, D, E\}$ in C_4. Hieraus wird die Itemmenge $\{A, C, D, E\}$ wieder entfernt, weil die Teilmenge $\{A, D, E\}$ nicht in L_3 enthalten ist. Nach Ablauf des Algorithmus `AprioriGen` ist also $C_4 = \{\{A, B, C, D\}\}$.

Beachten Sie, dass die Menge $\{A, B, C, E\}$ von `AprioriGen` erst gar nicht als Kandidatenmenge betrachtet wird. Zwar könnte $\{A, B, C, E\}$ durch Vereinigung der beiden in L_3 enthaltenenen Mengen $\{A, B, C\}$ und $\{A, C, E\}$ gebildet werden, aber $\{A, B, C\}$ und $\{A, C, E\}$ stimmen nicht - wie von `AprioriGen` verlangt - in den ersten zwei kleinsten Elementen überein. Durch den Teilmengencheck müsste $\{A, B, C, E\}$ wieder entfernt werden, da die Teilmenge ohne das kleinste Element, also die Menge $\{B, C, E\}$, nicht in L_3 enthalten ist. □

Sowohl im `Apriori`- als auch im `AprioriGen`-Algorithmus müssen Teilmengen überprüft werden. Um diese Tests effizient durchzuführen, werden die Kandidatenmengen in einem Hash-Baum abgelegt (s. [2]).

Schließlich müssen aus den häufigen Itemmengen noch die gesuchten Assoziationsregeln mit einer Konfidenz $\geq minconf$ bestimmt werden. Ähnlich wie bei der Erzeugung häufiger Itemmengen nutzt man dabei gewisse Teilmengenbeziehungen aus. Beträgt nämlich für Itemmengen X, Y mit $Y \subset X$ die Konfidenz einer Regel $(X - Y) \to Y$ mindestens $minconf$, so gilt dies auch für jede Regel der Form $(X - Y') \to Y'$, wobei $Y' \subseteq Y$ eine Teilmenge von Y ist (s. Aufgabe 5.33). Folglich erzeugt man aus einer häufigen Itemmenge X zunächst alle Assoziationsregeln, deren Konklusion nur ein Item enthält. Mit Hilfe des `AprioriGen`-Algorithmus werden dann die Konklusionen elementweise erweitert: Ist H_m eine Menge von m-Item-Konklusionen einer häufigen Itemmenge X, so setze $H_{m+1} := $ `AprioriGen`(H_m). Für alle Konklusionen $h_{m+1} \in H_{m+1}$ überprüft man nun die Konfidenz der Regel $(X - h_{m+1}) \to h_{m+1}$. Liegt sie über der Schwelle $minconf$, so wird die Regel ausgegeben, andernfalls wird h_{m+1} aus H_{m+1} entfernt (vgl. [2]).

Selbsttestaufgabe 5.33 (Assoziationsregeln) Seien X, Y, Y' Itemmengen mit $Y' \subseteq Y \subset X$. Zeigen Sie, dass dann gilt:

$$confidence((X - Y') \to Y') \geq confidence((X - Y) \to Y) \qquad \blacksquare$$

Bei jedem Iterationsschritt des `Apriori`-Algorithmus muss die Datenbasis durchsucht werden, was zu einem ungünstigen Laufzeitverhalten führen kann. Eine Weiterentwicklung dieses Algorithmus ist der `AprioriTid`-Algorithmus, der die Datenbasis selbst nach dem ersten Durchlauf nicht mehr benötigt, allerdings mehr Speicherplatz belegt. Eine Kombination aus beiden Algorithmen ist der `AprioriHybrid`-Algorithmus, der die Vorteile beider Ansätze vereint (s. [2]).

Oftmals bieten sich in natürlicher Weise Hierarchien an, um die enorme Zahl verschiedener Items (beispielsweise die Artikel in einem Warenhaus) zu strukturieren: Eine Jeans der Marke XY *ist-eine* Jeans *ist-eine* Hose *ist-ein* Kleidungsstück. Interessant sind dann Assoziationsregeln, deren Items auf unterschiedlichen Stufen dieser Hierarchie angesiedelt sind (wobei der Support einer solchen Regel mit abnehmender Stufung natürlich immer besser wird): *In 40 % aller Transaktionen, bei denen eine Hose gekauft wird, wird auch eine Bluse oder ein T-Shirt gekauft.* Solche Assoziationsregeln werden *verallgemeinerte Assoziationsregeln* genannt; sie können mit ähnlichen, erweiterten Verfahren gefunden werden (s. [225]).

Das beschriebene Vorgehen zum Auffinden von Assoziationsregeln mit vorgegebenem Support und Konfidenz ist vollständig, da systematisch alle häufigen Itemmengen erzeugt und nach Regeln durchsucht werden. Ein Problem ist dabei allerdings die große Anzahl ausgegebener Regeln, was die Frage nach der tatsächlichen *statistischen Signifikanz* der Regeln aufwirft. Hier zeigten Megiddo und Srikant [154], dass durch die Parameter Support und Konfidenz auch die Signifikanz der ausgegebenen Regeln in überzeugender Weise gesichert werden kann.

Selbsttestaufgabe 5.34 (`AprioriGen`-Algorithmus) Betrachten Sie das Beispiel 5.32 mit der Menge

$$L_3 := \{\{A, B, C\}, \{A, B, D\}, \{A, C, D\}, \{A, C, E\}, \{B, C, D\}\}$$

häufiger 3-Itemmengen. Welche Stelle im `AprioriGen`-Algorithmus verhindert, dass $\{A, B, C, E\}$ in C_4 enthalten ist, obwohl diese Menge ja auch als vierelementige Vereinigung zweier Mengen aus L_3 zu gewinnen ist? Warum ist es nicht notwendig, die Menge $\{A, B, C, E\}$ als potentielle häufige 4-Item-Menge heranzuziehen? $\qquad \blacksquare$

5.5.5 Warenkorbanalyse

Die Warenkorbanalyse ist das ideale Einsatzszenario für Assoziationsregeln: Eine Modellbildung ist meistens nicht nötig, die Regeln können isoliert betrachtet werden. Durch die Nutzung der Strichcode-Technologie und die Einführung von Scanner-Kassen steht eine Unmenge von Daten über Transaktionen zur Verfügung. Wir wollen im Folgenden an einem überschaubaren Beispiel die in Absatz 5.5.4 beschriebene Methodik zur Aufdeckung von Assoziationsregeln erläutern.

Label	Artikel	t_1	t_2	t_3	t_4	t_5	t_6	t_7	t_8	t_9	t_{10}	support
A	Seife	•				•		•		•		0.4
B	Shampoo	•	•	•	•		•		•	•	•	0.8
C	Haarspülung			•	•	•		•		•	•	0.6
D	Duschgel	•			•			•	•	•	•	0.6
E	Zahnpasta	•		•		•		•				0.4
F	Zahnbürste			•	•							0.2
G	Haarfärbemittel		•		•				•			0.3
H	Haargel		•									0.1
J	Deodorant			•	•	•	•	•	•			0.6
K	Parfüm						•		•			0.2
L	Kosmetikartikel		•		•		•		•		•	0.5

Abbildung 5.26 Einkaufstransaktionen in einem Drogeriemarkt

Die in der Tabelle in Abbildung 5.26 aufgelisteten Transaktionen $t_1, t_2, \ldots, t_{10}$ könnten in einem Drogeriemarkt getätigt worden sein. In den Spalten ist abzulesen, welche der 11 Artikel bei jeder Transaktion gekauft worden sind, und aus den Zeilen ist zu ersehen, in welcher Transaktion ein Artikel gekauft worden ist. Ganz rechts ist der Support des jeweiligen Artikels – bzw. der entsprechenden 1-Itemmenge – verzeichnet. Der Einfachheit halber wurde jeder Artikel mit einem Label versehen, das wir im Folgenden durchgängig benutzen.

Wir wollen aus dieser Datenbasis alle Assoziationsregeln herausrechnen, die mit einem Support von mindestens 0.4 und einer Konfidenz von mindestens 0.7 erfüllt sind (in realen Anwendungen wird *minsupp* in der Regel sehr viel kleiner gewählt, oft < 1%):

$$minsupp = 0.4, \quad minconf = 0.7$$

Zunächst bestimmen wir die häufigen Itemmengen. Aus Abbildung 5.26 sind sofort die häufigen 1-Itemmengen abzulesen:

$$L_1 = \{\{A\}, \{B\}, \{C\}, \{D\}, \{E\}, \{J\}, \{L\}\}$$

Zur Berechnung der Menge C_2 bilden wir alle paarweisen Kombinationen aus Mengen in L_1 und bestimmen deren Support. Das Ergebnis ist in der Tabelle in Abbildung 5.27 zu sehen.

C_2-Menge	Support	C_2-Menge	Support	C_2-Menge	Support
{A,B}	0.2	{B,D}	0.5	{C,L}	0.4
{A,C}	0.1	{B,E}	0.2	{D,E}	0.2
{A,D}	0.3	{B,J}	0.4	{D,J}	0.3
{A,E}	0.3	{B,L}	0.5	{D,L}	0.3
{A,J}	0.2	{C,D}	0.3	{E,J}	0.3
{A,L}	0.0	{C,E}	0.1	{E,L}	0.0
{B,C}	0.6	{C,J}	0.4	{J,L}	0.3

Abbildung 5.27 Die Mengen aus C_2 mit Support

Die im `AprioriGen`-Algorithmus enthaltene Aussortierung durch Überprüfung aller 1-Teilmengen kommt hier nicht zum Einsatz, da per Konstruktion alle 1-Teilmengen in L_1 enthalten sind. Damit sind die häufigen 2-Itemmengen die folgenden:

$$L_2 = \{\{B,C\}, \{B,D\}, \{B,J\}, \{B,L\}, \{C,J\}, \{C,L\}\}$$

Bei der Berechnung von C_3 hingegen führt der Teilmengencheck zu einer deutlichen Reduzierung der Kandidatenmengen: Bei nur 2 der möglichen 7 Kombinationen liegen alle 2-Teilmengen in L_2 (s. Abbildung 5.28).

C_3 vor Teilmengencheck	C_3 nach Teilmengencheck	Support
{B,C,D}	{B,C,J}	0.4
{B,C,J}	{B,C,L}	0.4
{B,C,L}		
{B,D,J}		
{B,D,L}		
{B,J,L}		
{C,J,L}		

Abbildung 5.28 Die Mengen aus C_3 mit Support

Damit ist

$$L_3 = \{\{B,C,J\}, \{B,C,L\}\}.$$

Die einzig mögliche weitere Kombination $\{B,C,J,L\}$ ist nicht häufig, da (z. B.) $\{C,J,L\}$ nicht in L_3 enthalten ist; folglich ist $C_4 = L_4 = \emptyset$.

Die gesuchten Assoziationsregeln werden aus den häufigen Itemmengen gebildet. Es bezeichne H_m die Menge der m-Item-Konklusionen der jeweils betrachteten häufigen Itemmenge. Der Deutlichkeit halber benutzen wir für die Regeln die suggestivere konjunktive Schreibweise (also z. B. $AB \rightarrow C$ statt $\{A,B\} \rightarrow \{C\}$) und sparen damit die Mengenklammern ein.

Wir beginnen mit L_2. Hier sind nur Assoziationsregeln mit jeweils einem Item in Prämisse und Konklusion sinnvoll. Abbildung 5.29 zeigt alle entsprechenden Regeln und deren (gerundete) Konfidenz.

Regel	Konfidenz	Regel	Konfidenz
B → C	0.75	C → B	1.00
B → D	0.63	D → B	0.83
B → J	0.50	J → B	0.67
B → L	0.63	L → B	1.00
C → J	0.67	J → C	0.67
C → L	0.67	L → C	0.80

Abbildung 5.29 Aus L_2 gebildete Assoziationsregeln

Regel		Support	Konfidenz
Shampoo	→ Haarspülung	0.6	0.75
Haarspülung	→ Shampoo	0.6	1.00
Duschgel	→ Shampoo	0.5	0.83
Kosmetik	→ Shampoo	0.5	1.00
Kosmetik	→ Haarspülung	0.4	0.80
Shampoo, Deodorant	→ Haarspülung	0.4	1.00
Haarspülung, Deodorant	→ Shampoo	0.4	1.00
Shampoo, Kosmetik	→ Haarspülung	0.4	0.80
Haarspülung, Kosmetik	→ Shampoo	0.4	1.00
Kosmetik	→ Shampoo, Haarspülung	0.4	0.80

Abbildung 5.30 Ausgegebene Assoziationsregeln

Nur fünf dieser Regeln erfüllen die Konfidenzbedingung und werden in die Ausgabeliste in Abbildung 5.30 aufgenommen.

L_3 enthält die beiden Mengen

$$l_{3.1} = \{B, C, J\} \quad \text{und} \quad l_{3.2} = \{B, C, L\}.$$

Wir untersuchen zunächst $l_{3.1} = \{B, C, J\}$. Hier ist $H_1 = \{\{B\}, \{C\}, \{J\}\}$, und aus $l_{3.1}$ entstehen die Regeln (die Konfidenz ist jeweils in Klammern angegeben):

$$BC \to J \; [0.67], \quad BJ \to C \; [1.00], \quad CJ \to B \; [1.00]$$

Nur die letzten beiden sind gemäß dem vorgegebenen Konfidenzkriterium relevant. Die Konklusion J der ersten Regel wird aus H_1 entfernt, und man erhält $H_2 = \mathtt{AprioriGen}(H_1) = \{\{B\}, \{C\}\}$. Als einzige Regel wird dann $J \to BC \; [0.67]$ erzeugt, die allerdings nicht das Konfidenzkriterium erfüllt. Beachten Sie, dass die auch möglichen Regeln $C \to BJ$ und $B \to CJ$ durch die Beschneidung von H_1 erst gar nicht gebildet werden.

Aus $l_{3.2} = \{B, C, L\}$ erhält man die Regeln

$$BC \to L \; [0.67], \quad BL \to C \; [0.8], \quad CL \to B \; [1.00]$$

und durch Erweiterung der Konklusion noch

$$L \to BC \ [0.8]$$

die ebenfalls ausgegeben wird. Abbildung 5.30 enthält die komplette Liste ausgegebener Regeln.

Die folgende Selbsttestaufgabe behandelt ein anderes Beispiel zum Thema Konsumverhalten.

Selbsttestaufgabe 5.35 (Werbeagentur) Stellen wir uns das folgende Szenario vor: Eine Werbeagentur analysiert zur zielgerichteten Platzierung von Produktinformation das Fernsehverhalten einer ausgewählten Zuschauergruppe, die viel Zeit vor dem Fernseher verbringt. Unter anderem ergeben sich dabei die folgenden Daten:

$L.$	Sendung	z_1	z_2	z_3	z_4	z_5	z_6	z_7	z_8	z_9	z_{10}	z_{11}	z_{12}
s_1	Wer will Millionen?	•	•					•		•	•		
s_2	Quiz mit Dirk Plauer			•		•	•	•				•	•
s_3	Quiz-Express		•			•		•			•		
s_4	Birkenallee	•						•				•	•
s_5	Gut Josepha			•		•	•	•				•	•
s_6	Gutes Bier, schlechtes B.	•	•	•				•		•	•	•	
s_7	Bettina Schläfer				•	•				•			
s_8	Nora am Abend			•		•	•		•	•	•		
s_9	Olli-G.-Show			•		•	•			•		•	

1. Bestimmen Sie aus den so gegebenen Daten alle Assoziationsregeln mit $minsupp = 0.4$ und $minconf = 0.8$.

2. Fassen Sie die Sendungen nach Typ zusammen:

   - Quizsendungen ($s_1 - s_3$)
   - Serien ($s_4 - s_6$)
   - Talkshows ($s_7 - s_9$)

   Erstellen Sie eine neue Datenbasis, basierend auf diesen Produktgruppen und den Transaktionen $z_1, \ldots z_{12}$, und bestimmen Sie die Assoziationsregeln wie in Teil 1.

3. Fassen Sie die Fernsehsendungen nach dem Kriterium "ausstrahlende Sendeanstalt" zusammen:

   - FUN-TV strahlt s_1, s_6, s_7, s_9 aus
   - s_2, s_4, s_5 gehören zum Repertoire der ZARF
   - s_3, s_8 stehen bei SAT im Programm

   Bestimmen Sie wiederum die Assoziationsregeln mit den oben angegebenen Schwellenwerten.

4. Falls Sie von der Agentur mit der Analyse der Daten beauftragt worden wären – was hätten Sie in Ihren Abschlussbericht geschrieben?

5. Angenommen, Sie wären beim Data Mining auf die folgende Assoziationsregel mit hoher Konfidenz gestoßen:

$$ZARF\_18\_Uhr\_Krimi \rightarrow Gebissträger$$

Können Sie daraus schließen, dass es den Zähnen schadet, vor 20 Uhr Krimis zu schauen? Haben Sie eine alternative Erklärung? ∎

Selbsttestaufgabe 5.36 (Data Mining in Wörtern) In der folgenden Tabelle sind die Vorkommen von Buchstaben und Buchstabenfolgen in einigen Wörtern aufgeführt.

Kürzel	Eigenschaft	entspannend	verreisen	dadurch	gedehnt	erneut
E	enthält ein e	•	•		•	•
D	enthält d	•		•	•	
R	enthält r		•	•		•
N	enthält n	•	•		•	•
EuR	enthält e und r		•			•
EuN	enthält e und n	•	•		•	•
ER	enthält er		•			•
EN	enthält en	•	•			

Kürzel	Eigenschaft	wieder	endlich	Rest	zuletzt	nicht
E	enthält ein e	•	•	•	•	
D	enthält d	•	•			
R	enthält r	•		•		
N	enthält n		•			•
EuR	enthält e und r	•		•		
EuN	enthält e und n		•			
ER	enthält er	•				
EN	enthält en		•			

Bestimmen Sie aus den gegebenen Daten mit Hilfe des Apriori-Algorithmus alle Assoziationsregeln der Form $X \rightarrow Y$ mit $minsupp = 0.4$ und $minconf = 0.8$. ∎

Selbsttestaufgabe 5.37 (Data Mining - Restaurant) Die Betreiber des italienischen Feinschmecker-Restaurants $D'Angelo$ möchten mehr über das Kundenverhalten beim Antipasti-Buffet erfahren. Dazu wollen sie den $Apriori$-Algorithmus verwenden. Gegeben seien die folgenden 10 Bestellungen bzw. Transaktionen:

Label	Speise	t_1	t_2	t_3	t_4	t_5	t_6	t_7	t_8	t_9	t_{10}
A	marinierte Sardinen	●			●			●			●
B	geräucherter Schwertfisch						●			●	
C	schwarze Kräuter-Oliven				●					●	●
D	mit Mandeln gefüllte Oliven	●				●					
E	Manzanilla Oliven					●		●			●
F	gratinierte Miesmuscheln	●	●		●				●	●	
G	Parmaschinken mit Melone						●		●		
H	Vitello tonnato	●				●					
I	Carpaccio	●				●					
J	gefüllte Peperoni	●		●	●					●	●

1. Bestimmen Sie aus der gegebenen Datenbasis mit dem *Apriori*-Algorithmus alle Assoziationsregeln mit einem Support von mindestens 0.4 und einer Konfidenz von mindestens 0.82, d.h., $minsupp = 0.4$ und $minconf = 0.82$.

2. Fassen Sie in obiger Datenbasis folgende Produkte zu Produktgruppen zusammen:

   - Fisch (Labels A und B)
   - Oliven (Labels C bis E)
   - Fleisch (Labels G bis I)

   Erstellen Sie eine neue Datenbasis mit den Transaktionen t_1 bis t_{10} basierend auf diesen Produktgruppen und den übrigen Produkten und bestimmen Sie alle Assoziationsregeln mit $minsupp = 0.4$ und $minconf = 0.82$ und verwenden Sie dafür wiederum den *Apriori*-Algorithmus. ∎

Selbsttestaufgabe 5.38 (Data Mining - Makler) Ein Maklerin möchte auf ihrem Online-Portal Interessenten Wohnungen mit bestimmten Merkmalen gezielt anbieten. Zu diesem Zweck sollen die Suchanfragen vorheriger Interessenten ausgewertet werden. Betrachten Sie die folgende Tabelle mit sieben Merkmalen (A - G) und fünf Suchanfragen (t_1 - t_5):

Label	Merkmal	t_1	t_2	t_3	t_4	t_5
A	Balkon	●	●	●	●	
B	Loft			●		
C	Altbau	●	●		●	●
D	Einbauküche		●		●	●
E	Innenstadtnähe	●				●
F	Garage / Stellplatz	●		●	●	●
G	Keller	●			●	

1. Berechnen Sie den Support der aufgelisteten Merkmale.

2. Bestimmen Sie mit Hilfe des Apriori-Algorithmus die häufigen Itemmengen zu $minsupp = 0.5$.

3. Ermitteln Sie alle Assoziationsregeln mit 2 Items und $minconf = 0.6$. ∎

6 Fallbasiertes Schließen

6.1 Motivation

Mit den regelbasierten Systemen haben wir eine wichtige Grundform wissensbasierter Systeme kennengelernt. Ihre Bedeutung verdanken sie nicht zuletzt dem Umstand, dass *Regeln* in besonderem Maße als Repräsentanten von Wissen akzeptiert und geschätzt werden. Regeln drücken *generisches Wissen* aus, also allgemeines, vom speziellen Kontext abstrahierendes Wissen.

Durch den Prozess der Wissensakquisition wird eine Regelbasis aufgebaut. Dieser Prozess kann meistens nur zu einem geringen Teil durch Techniken des maschinellen Lernens automatisiert werden. Je anspruchsvoller die Konzeption eines Systems ist, je leistungsfähiger es arbeiten soll, umso mehr wird man auf eine Wissensakquisition "von Hand" angewiesen sein. Dies jedoch ist arbeitsintensiv und zeitraubend. Außerdem setzt es einen wohlverstandenen und formalisierbaren Problembereich voraus – was gar nicht immer der Fall ist. Schließlich muss jedes *real world system* sich auch in der realen Welt behaupten, und die erweist sich oft genug als unvorhersehbar und schwach strukturiert.

Wenn auch ein großer und wichtiger Teil unseres Wissens sich als *Regelbasis* formalisieren lässt, und *Schließen* oft als Verkettung geeigneter Regeln verstanden wird, so ist damit menschliche Intelligenz doch nicht erschöpfend dargestellt. Als ebenso wichtig – im alltäglichen Leben wie auch in fachlichen Domänen – erweist sich unser *Erfahrungswissen*, also Wissen, das mit *konkreten Beispielen und Situationen* verbunden ist. Genau diesen Ansatz verfolgt das *fallbasierte Schließen (case-based reasoning*, abgekürzt *CBR*). Hier besteht die primäre Wissensbasis nicht aus generischen Regeln, sondern aus einer Sammlung von *Fällen (cases)*, in denen spezifische frühere Erfahrungen gespeichert sind. Neue Probleme, mit denen das System konfrontiert wird, werden dadurch gelöst, dass der relevanteste Fall aus der Falldatensammlung herausgesucht wird und dessen Lösung in geeigneter Form auf das neue Problem übertragen wird. In CBR-Systemen ist Schließen also kein *regelbasierter*, sondern ein *erinnerungsbasierter Prozess*.

Auch hier sei wieder die Nähe zum menschlichen Denken betont. Beide Wissensformen, Regeln und Erinnerungen bzw. Erfahrungen, spielen in der Psychologie eine bedeutende Rolle, wobei der Einsatzbereich der letzteren besonders umfassend ist: Erfahrungen beeinflussen das Denken und Handeln von Kindern ebenso wie die Entscheidungsfindung von Experten. Beispiele (zitiert aus [133]) illustrieren dies in lebensnaher Weise:

> *A father taking his two-year-old son on a walk reaches an intersection and asks where they should turn. The child picks a direction, the direction they turned at that intersection the day before to go to the supermarket. The child explains: "I have a memory: Buy donut."*

© Springer Fachmedien Wiesbaden GmbH, ein Teil von Springer Nature 2019
C. Beierle und G. Kern-Isberner, *Methoden wissensbasierter Systeme*,
Computational Intelligence, https://doi.org/10.1007/978-3-658-27084-1_6

Another Vietnam?

Recently, [this question has] been asked in discussions over a deeper U.S. involvement around the world – in Bosnia, in Somalia, in Haiti.
> – *Ed Timms,* Dallas Morning News

Windows 95: Microsoft's Vietnam?
> – *Headline on the* IN Jersey *Web page*

Ein anderes, naiv-dümmliches Beispiel zeigt aber auch die Gefahren und Probleme des fallbasierten Schließens:

"Käpt'n, Käpt'n, wir haben Wasser im Boot!" – "Dann zieh' doch den Stöpsel 'raus, damit es ablaufen kann!" :–(

Auch wenn bei diesem zweiten Beispiel ein Vergleich mit "ähnlichen" Fällen – z.B. Badewanne, oder ein Boot mit Wasser *auf dem Trockenen* – in die Irre führt – ein zweites Mal wird man dem "guten Rat" wohl kaum folgen.

Insgesamt profitieren wir in enormem und entscheidendem Maße von unseren Erfahrungen. Fallbasiertes Schließen ist der formale Ansatz, diesen allgegenwärtigen und erfolgreichen Denkprozess im Rechner darzustellen. Ein Beispiel soll helfen, Möglichkeiten und Aufgaben des fallbasierten Schließens genauer einzuschätzen:

Beispiel 6.1 (Sommermenü) Eine Gastgeberin plant ein Essen für ihre Freunde, zu denen Vegetarier[1] ebenso gehören wie Leute, die am liebsten Steak und Beilagen essen. Außerdem reagiert einer ihrer Freunde allergisch auf Milchprodukte, und da ist noch Anne, eine liebe, aber in Essensangelegenheiten problematische Freundin. Es ist Sommer, und frische Tomaten bieten sich als Grundlage eines Mahles an. Bevor unsere fiktive Gastgeberin das Menü definitiv plant, erinnert sie sich:

Gute Erfahrungen bei Vegetariern hat sie mit einem schmackhaften Tomaten-Pie (gefüllt mit Tomaten, Mozzarella-Käse, Dijon-Senf, Basilikum und Pfeffer) gemacht. Allerdings wird der Milchallergiker den Käse nicht vertragen. Sie könnte statt Mozzarella auch Tofu nehmen, hat aber keine rechte Vorstellung, wie der Pie dann wohl schmecken wird.

Also disponiert die Gastgeberin um. Jetzt, im Sommer, könnte sie auch gegrillten Fisch zur Hauptspeise machen. Doch da fällt ihr ein, dass Anne beim letzten Mal keinen gegrillten Fisch essen mochte. Statt dessen musste sie in letzter Minute mit Hot Dogs improvisieren, und dies möchte sie nun vermeiden. Doch grundsätzlich erscheint ihr Fisch immer noch als eine gute Lösung. Also überlegt sie, ob es nicht eine Art Fisch gibt, den auch Anne essen würde. Einmal, so überlegt sie, sah sie Anne in einem Restaurant den exotischen Fisch *mahi-mahi* essen. Sie schließt daraus, dass Anne vermutlich den typischen Fischgeschmack nicht mag, wohl aber einen Fisch akzeptieren würde, der mehr wie Fleisch denn wie Fisch schmecken würde. Als Alternative fällt ihr Schwertfisch ein, dessen Geschmack ähnlich dem des Geflügels ist, und Geflügel, so weiß sie, isst Anne.   □

Im nächsten Abschnitt wollen wir die verschiedenen Aspekte des fallbasierten Schließens anhand dieses Beispiels erläutern.

---

[1] Hier verstehen wir unter Vegetariern Leute, die konsequent auf Fleisch verzichten, wohl aber Fisch, Eier, Käse usw. essen.

6.2 Fallbasiertes Schließen und CBR-Systeme

6.2.1 Grundzüge des fallbasierten Schließens

Unsere fiktive Gastgeberin im obigen Beispiel nutzt also ihre Erinnerung an bereits erlebte Situationen, um ein neues Problem zu lösen, und zwar in mehrfacher Hinsicht:

- um eine neue Aufgabe zu bewältigen (ein Hauptgericht soll festgelegt werden);

- um eine Lösung an eine neue Situation anzupassen (Käse soll durch Tofu ersetzt werden);

- um vor falschen Entscheidungen zu warnen (Anne wird vermutlich keinen oder nicht jede Art von Fisch essen);

- um eine Situation zu analysieren (Woran lag es, dass Anne den Fisch nicht aß? Wird sie wohl Schwertfisch essen?).

Das fallbasierte Schließen beruht auf zwei grundsätzlichen Annahmen über die Geschehnisse in der Welt:

1. *Ähnliche Probleme haben ähnliche Lösungen.*

   Folglich liefern Lösungen bereits bewältigter Probleme einen guten Ausgangspunkt für die Behandlung eines neuen Problems.

2. Jedes Problem ist anders, aber *der Typ der Aufgabenstellung wiederholt sich.*

   Wenn wir zum wiederholten Male mit einem Problemtypus konfrontiert werden, finden wir im Allgemeinen leichter und schneller eine Lösung als beim ersten Mal.

Damit lässt sich das *Grundkonzept des fallbasierten Schließens* kurz und knapp in der Form

> *Erinnern ist nützlich, und Erfahrungen dürfen genutzt werden*

wiedergeben. Bei aller Unvorhersehbarkeit der realen Ereignisse liefern diese beiden gedanklichen Prinzipien doch ein Muster, an dem wir uns orientieren. Auch wenn wir die Regeln, nach denen Dinge funktionieren, nicht genau kennen, verlassen wir uns auf eine gewisse *Regelmäßigkeit der Welt*. Unabhängig davon, ob diese Annahme nun richtig ist oder nicht, bleibt uns oft gar nichts anderes übrig, als unsere Erfahrung zu Rate zu ziehen. Und aus Erfahrung (auch aus Fehlschlägen) lernen wir – fallbasiertes Schließen und Lernen sind also eng miteinander verknüpft.

Fassen wir die *Vorteile einer fallbasierten Vorgehensweise* zusammen:

- Problemlösungen können relativ schnell präsentiert werden, ohne dass sie jedesmal wieder mühsam und zeitraubend aus allgemeinen Gesetzmäßigkeiten hergeleitet werden müssen.

- Problemlösungen können präsentiert werden in Bereichen, in denen solche allgemeinen Regeln nicht oder nur unzureichend bekannt sind.

- Problemlösungen können evaluiert werden, auch wenn eine algorithmische Methode fehlt.

- Vor dem Hintergrund einer Falldatensammlung (*Fallbasis*) lassen sich auch schwach strukturierte und vage Konzepte interpretieren.

- Wichtige Teile einer Aufgabenstellung lassen sich leichter identifizieren und gezielt behandeln, indem man die wesentlichen Charakteristika eines Problems herausstellt.

- Beispiele können auf Besonderheiten und Schwierigkeiten eines Problems aufmerksam machen und vor Fehlschlägen warnen.

- Auch komplexe Aufgabenstellungen können behandelt werden, denn gespeicherte Fälle beinhalten bereits Lösungen zu ähnlichen, komplexen Problemen.

Fallbasiertes Schließen bietet also die Möglichkeit, Problemlösen, Interpretation und Lernen in *einem* Denkmodell zu vereinen.

6.2.2 CBR-Systeme

Im letzten Abschnitt haben wir das fallbasierte Schließen noch recht allgemein und vielfach aus menschlich-kognitiver Sicht dargestellt. Was bedeutet das für die Konzeption eines CBR-Systems? Wie wirken sich die Besonderheiten (Vorteile) des fallbasierten Schließens in einem Computersystem aus, und welchen Anforderungen kann/soll ein solches System genügen?

Das Herzstück eines CBR-Systems stellt die *Falldatensammlung* (*Fallbasis*) dar. Die darin gespeicherten *Fallbeispiele* (*Fälle*) werden zu verschiedenen Zwecken genutzt:

- *Fälle liefern einen passenden Kontext, um eine neue Situation zu verstehen und zu interpretieren.*

  Durch den Vergleich mit anderen Beispielen lässt sich eine neue Situation leichter in einen Gesamtzusammenhang einordnen. Das ist wichtig, um eine gestellte Aufgabe in angemessener Weise zu bewältigen.

- *Bereits gelöste Fälle zeigen Lösungsmöglichkeiten für neue Probleme auf.*

  Auf diese Weise können Näherungslösungen gefunden werden, die dann noch an die neue Situation angepasst werden müssen. Manchmal werden auch verschiedene geeignete Näherungslösungen miteinander verschmolzen, um eine neue Lösung zu generieren.

- *Vor dem Hintergrund einer Fallbasis lassen sich vorgeschlagene Lösungen evaluieren und kritisieren.*

  Die Ergebnisse einer vorgeschlagenen Lösung können hypothetisch ausgewertet werden, indem man Fälle mit ähnlichen Lösungen aufruft und untersucht, ob deren Resultate in irgendeiner Weise für die aktuelle Situation relevant sind.

Die Fallbasis kann in verschiedener Weise aufgebaut werden. Auch hier ist das Wissen von Fachleuten in der Regel von großer Bedeutung. Sie liefern die Beschreibung behandelter Beispiele und sollten an der Auswahl geeigneter Fälle beteiligt werden. Die Techniken des Wissenserwerbs (z.B. Interviews) kommen hier ebenso zum Einsatz wie in anderen wissensbasierten Systemen, wobei allerdings eine fallbasierte Konzeption gewisse Erleichterungen verschafft:

- Experten sind nun nicht mehr gezwungen, ihr Wissen auf die Grundlage allgemeiner Regeln zu stellen. Vielmehr liefern sie ganze *Episoden*, die ihre Fähigkeiten *implizit* dokumentieren. Dadurch lässt sich nicht nur intuitives Wissen oft besonders gut erfassen – die Kooperationsbereitschaft der Fachleute ist im Allgemeinen auch wesentlich besser. Man denke nur daran, wie gerne und intensiv Experten untereinander ihre Erfahrungen anhand von Beispielen ("Berichte von der Front") austauschen.

  Auch hier wird im Allgemeinen ein Wissensingenieur benötigt, um diese Beispiele in geeigneter Form in eine maschinenlesbare Struktur zu bringen. Steht diese Struktur jedoch einmal zur Verfügung, so kann die Wissensakquisition oft durch den Experten selbst vorgenommen werden.

- Bereits vorhandene und gespeicherte Computerberichte können als "Fälle" in die Wissensbasis aufgenommen werden.

- Schließlich wird durch die Bearbeitung und Speicherung neuer Fälle die Wissensbasis ständig erweitert – das System lernt automatisch und kontinuierlich.

Normalerweise wird die Leistungsfähigkeit eines CBR-Systems natürlich umso besser, je größer seine Fallbasis ist. Doch auch auf der Basis relativ kleiner Falldatensammlungen lassen sich durchaus gute Ergebnisse erzielen. Wichtig ist, dass die Fallbasis mit einer Sammlung *repräsentativer Fälle (seed cases)* startet.

Die Qualität eines CBR-Systems hängt im Wesentlichen von den folgenden Punkten ab:

- von seiner *Erfahrung*, also vom Umfang der Fallbasis;

- von seiner Fähigkeit, neue Situationen mit gespeicherten Fällen geschickt *in Verbindung* zu bringen;

- von seiner Fähigkeit, alte Lösungen an neue Probleme *anzupassen*;

- von der Art und Weise, wie neue Lösungen *evaluiert* und bei Bedarf *korrigiert* werden;

- von der geschickten und passenden *Integration* neuer Erfahrungen in die Fallbasis.

Ein wesentlicher Pluspunkt fallbasierter Systeme ist ihre *gute Erklärungsfähigkeit*. Vom System vorgeschlagene Lösungen lassen sich durch Referenz auf frühere Situationen begründen. Solche Beispiele – positiver wie auch negativer Art – besitzen eine große Überzeugungskraft. Dies führt oft zu einer hohen Akzeptanz fallbasierter Systeme.

6.2.3   Anwendungsgebiete des fallbasierten Schließens

Erfahrungsbasiertes Schließen und Lernen ist in praktisch allen Fach- und Lebens-
bereichen anzutreffen. In einigen Gebieten spielt das in Fällen gespeicherte Wissen
jedoch eine besonders große Rolle:

Eines der professionellsten und wichtigsten Beispiele für das fallbasierte Schließen ist die *Rechtssprechung*, wo oft explizit nach der Sachlage früherer, vergleichba-
rer Fälle argumentiert wird. Das Studium *juristischer Fälle* ist quasi das "täglich'
Brot" angehender Anwälte und Richter.

In der *Medizin* wird automatisch mit jedem Patienten ein *"Fall"* assoziiert.
Insbesondere dann, wenn die vorliegenden Symptome in ihrer Kombination eher
ungewöhnlich erscheinen und eine Diagnose sich dem Lehrbuchwissen entzieht, bekommt dieser Einzelfall eine besondere Bedeutung. Der behandelnde Arzt wird
später bei Bedarf auf diese spezielle Erfahrung zurückgreifen und vielleicht sogar
diesen *"Fall"* als Lehrstück anderen Kollegen vorstellen.

Eine neuerliche, sehr erfolgreiche Anwendungsdomäne von CBR-Techniken ist
der *elektronische Handel (e-commerce)*. Sie bieten eine ausgezeichnete Basis für die
Realisierung virtueller Verkaufsagenten, deren Aufgabe es ist, den Kundenwünschen
entsprechende Produkte aus dem Angebot herauszusuchen, sie eventuell zu modifizieren und dann dem Kunden online anzubieten (vgl. [49]). In diesem Umfeld wird
das fallbasierte Schließen auch zum Verstehen natürlicher, geschriebener Sprache
eingesetzt (*textual CBR*), um dem Kunden die Formulierung seiner Wünsche in
eigenen Worten zu ermöglichen (vgl. [164]).

Überall da, wo es auf den tatsächlichen Erfolg einer Entscheidung ankommt und
wissenschaftliche Aspekte eine untergeordnete Rolle spielen, also z.B. im *Geschäfts-
management* und auch in der *Politik*, kommt man ohne die Berücksichtigung früherer Erfahrungen nicht aus.

Schließlich sei hier noch einmal betont, dass eine fallbasierte Vorgehensweise
sich insbesondere in Bereichen anbietet, die nur unzureichend durch allgemeine Regeln strukturiert sind und in denen Erfahrungen eine besondere Rolle spielen. Ein
herausragendes Beispiel ist hier das CBR-System CLAVIER (vgl. [121], Kap. 2), das
zur Bestückung eines Autoklavs (Druckerhitzer) mit Flugzeugteilen bei der Firma
Lockheed eingesetzt wurde. Über die optimale Vorgehensweise gibt es hier keine allgemeinen Regeln, die Autoklav-Bestückung ist eine sogenannte "Black art", und nur
wenige Experten besitzen die erforderliche Erfahrung, um sie mit befriedigendem
Erfolg vornehmen zu können. Andererseits hatte man schon seit einiger Zeit erfolgreiche Autoklav-Ladungen im Rechner gespeichert, so dass eine Ausgangs-Fallbasis
vorlag, auf der R. Barletta und D. Hennessy ihr System CLAVIER aufbauen konnten. CLAVIER ist eines jener Systeme, die die Vorteile des fallbasierten Schließens
in beeindruckender (und finanziell erfolgreicher) Manier zur Geltung brachten und
damit dem CBR-Zweig zu durchschlagendem Erfolg verhalfen.

6.2.4   Fallbasiertes Schließen im Vergleich mit anderen Methoden

Das fallbasierte Schließen weist eine nahe Verwandtschaft zum *Analogieschließen*
auf: CBR-Systeme lösen neue Probleme und interpretieren neue Situationen durch

Bezugnahme auf frühere *analoge* Fälle. Unterschiede lassen sich allerdings in der Ausrichtung beider Schlussweisen feststellen: Während das Analogieschließen sich mehr um abstraktes Wissen und strukturelle Ähnlichkeiten bemüht, zielt das fallbasierte Schließen auf Beziehungen zwischen spezifischen Episoden ab und ist pragmatisch orientiert (wie *nützlich* ist ein früherer Fall für die Lösung einer neuen Aufgabe?).

Auch *induktives Schließen* verwendet Sammlungen von Beispielen. Sein Ziel ist jedoch die Ableitung *allgemeiner Gesetzmäßigkeiten*, während fallbasiertes Schließen Konzepte und Kontexte immer an *Einzelfällen* festmacht. Dabei sind die Grenzen durchaus fließend: Auch CBR-Systeme kennen *repräsentative Fälle*, die Verallgemeinerungen darstellen, und fallbasierte Klassifikation lässt sich als eine Form induktiven Konzeptlernens betrachten. Wichtig zur Unterscheidung beider Schlussweisen ist auch hier die entsprechende Zielsetzung: Induktives Schließen ist *abstrahierend*, während fallbasiertes Schließen sich am *konkreten* Fall orientiert.

Speicherung und Selektierung von Fällen sind zentrale Aspekte eines CBR-Systems. In welcher Beziehung steht also die CBR-Methode zu *Datenbanken* und *informationssuchenden Systemen (information retrieval systems)*?

Natürlich stellen Datenbanken oft eine wichtige *Informationsquelle* für CBR-Systeme dar. Im Hinblick auf *Informationssuche* nehmen CBR-Systeme eine sehr viel aktivere Position ein als informationssuchende Systeme und herkömmliche Datenbanken. Bei diesen bleibt die Formulierung der richtigen Anfrage nämlich dem Benutzer überlassen. Ein CBR-System hingegen startet meistens mit einer allgemeinen, z.T. unvollständigen Situationsbeschreibung und bestimmt dann die für die Suche entscheidenden Schlüsselwörter selbst, indem es z.B. Fachwissen benutzt. Die situationsbeurteilenden und problembeschreibenden Prozesse in CBR-Systemen machen hier den wesentlichen Unterschied aus. Außerdem stellen Datenbank- und Informationssysteme auf den *exakten Abgleich* ab, während CBR-Systeme *möglichst ähnliche* Fälle heraussuchen. Schließlich ist die mögliche, selbständige Anpassung von Lösungen ein völlig neues Element beim fallbasierten Schließen.

6.2.5 Die Grundtypen fallbasierten Schließens

Grob unterscheidet man zwei Arten von CBR-Aufgaben: *problemlösendes* und *interpretatives* CBR.

Das Ziel des *problemlösenden CBR* ist, die Lösung eines ähnlichen, früheren Problems als *Lösung eines neuen Problems* vorzuschlagen und evtl. anzupassen. So generiert z.B. ein fallbasierter Planer einen neuen Plan, indem er einen gespeicherten Plan mit ähnlicher Zielsetzung selektiert, die Unterschiede zwischen alter und neuer Situation herausarbeitet und den gefundenen Plan entsprechend modifiziert.

Beim *interpretativen CBR* steht nicht die Lösung eines Problems im Mittelpunkt des Geschehens, sondern die *adäquate und differenzierte Beurteilung einer Situation*. Zu diesem Zweck werden ähnliche Fälle aus der Fallbasis herausgesucht und mit der neuen Situation verglichen. Dabei werden die festgestellten Unterschiede dahin gehend untersucht, ob sie entscheidend für die Einschätzung der neuen Situation sind oder nicht. Eine wichtige Anwendung interpretativen fallbasierten Schließens stellt die Beurteilung von Rechtsfällen dar; allgemein wird es z.B. zu

Klassifikationszwecken eingesetzt.

Dem problemlösenden und dem interpretativen CBR liegen ganz ähnliche Prozesse zugrunde. Lediglich die Adaption von Lösungen bleibt dem problemlösenden CBR vorbehalten. Manchmal findet man auch die Unterteilung in *analytische CBR-Aufgaben* wie Diagnose, Klassifikation u.a. und *synthetische CBR-Aufgaben*, also Planung, Konfiguration u.a. Wir werden im Folgenden den Ablauf eines CBR-Zyklus im Gesamtzusammenhang schildern, bevor wir auf seine einzelnen Komponenten und Prozesse eingehen.

6.3   Der CBR-Zyklus

Fallbasiertes Schließen ist ein in hohem Maße integrativer Vorgang. Die Art und Weise, wie Fälle repräsentiert und indiziert werden, hängt davon ab, zu welchem Zweck sie später genutzt werden sollen. Die einzelnen Komponenten eines CBR-Systems lassen sich also nicht beschreiben, ohne den Gesamtzusammenhang und den Ablauf des Geschehens wenigstens im Überblick zu kennen.

Der *CBR-Zyklus* umfasst prinzipiell die folgenden vier Schritte:

1. *Selektierung (RETRIEVE)* des ähnlichsten Falls oder der ähnlichsten Fälle;

2. *Wiederverwendung (REUSE)* des in den gefundenen Fällen gespeicherten Wissens, um die Aufgabenstellung zu lösen;

3. *Überprüfung (REVISE)* der vorgeschlagenen Lösung;

4. *Aufnahme (RETAIN)* des neuen Falls in die Fallbasis durch Integration.

Abbildung 6.1 illustriert diesen Ablauf. Die Beschreibung eines Problems definiert einen *neuen Fall.* Zu diesem neuen Fall wird ein geeigneter Fall (evtl. auch mehrere) aus der Fallbasis herausgesucht (RETRIEVE). Dieser wird mit dem neuen Fall abgeglichen, und es wird eine Lösung für das aktuelle Problem generiert (REUSE). Diese vorgeschlagene Lösung muss allerdings noch ausgetestet werden (REVISE), indem man z.B. ihre Anwendung simuliert oder sie auf der Basis früherer Fälle überprüft. Auch ein Experte oder Benutzer kann diese Evaluation vornehmen. Erweist sich die Lösung als falsch oder unpassend, so muss sie korrigiert werden. Schließlich erhält man einen neuen gelösten Fall, der in die Fallbasis integriert wird (RETAIN). Auch wichtige Schritte des Problemlösungsvorgangs (also z.B. die Korrektur einer fehlgeschlagenen Lösung) können als neue Erfahrungen in der Fallbasis gespeichert werden.

Wie aus Abbildung 6.1 deutlich wird, besteht die Wissensbasis allerdings nicht nur aus einer Sammlung von Fällen, sondern enthält auch *allgemeines* (meistens bereichsabhängiges) *Wissen.* Dies kann z.B. modellbasiertes Wissen oder auch regelbasiertes Wissen sein. Zusammen mit dem in den Fällen gespeicherten, *spezifischen Wissen* liefert es die Information, die zur adäquaten Problembehandlung nötig ist. Dabei können Umfang und Bedeutung des allgemeinen Wissens sehr unterschiedlich ausfallen: Einige CBR-Systeme benutzen ein sehr starkes und ausdrucksfähiges

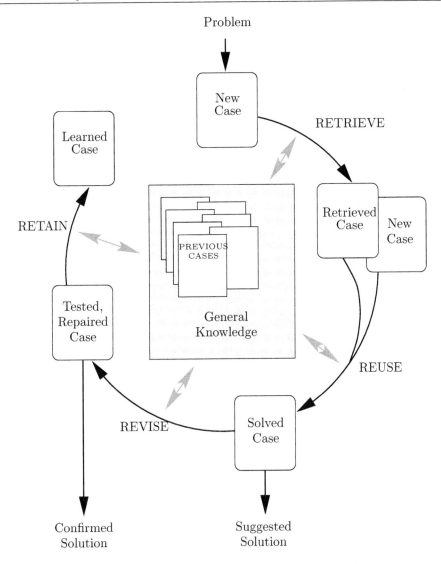

Abbildung 6.1 Schematische Darstellung des CBR-Zyklus (nach [1])

Hintergrundwissen, andere Systeme greifen im Wesentlichen nur auf die Fallbasis
zurück.

Abbildung 6.1 verdeutlicht den Weg, den ein neuer Fall in einem CBR-System
durchläuft. In Abschnitt 6.2.5 haben wir bereits die beiden Aufgabentypen vorgestellt, zu denen fallbasierte Systeme genutzt werden: problemlösendes und interpretatives CBR. Beide Arten ordnen sich dem Grundschema von Abbildung 6.1
unter, unterscheiden sich aber in der REUSE-Phase: Beim *problemlösenden CBR*
wird auf der Basis der herausgesuchten Fälle eine *Näherungslösung vorgeschlagen*

und adaptiert. Beim *interpretativen CBR* wird eine *näherungsweise Interpretation vorgeschlagen und begründet.*

Dieser Unterschied muss zwar berücksichtigt werden, doch sind die Grenzen hier fließend. Auch bei der interpretativen Version geht es letztendlich darum, eine Aufgabenstellung zu lösen, und das problemlösende CBR benutzt in mehreren Phasen interpretative Prozesse (s. die Ausführungen im Rest dieses Abschnitts). Eine durchgängige Differenzierung würde außerdem zu einer unnötigen Zergliederung einer Methode führen, bei der gerade integrative Aspekte und Ähnlichkeiten eine große Rolle spielen. Meistens wird schon aus dem Kontext ersichtlich sein, um welchen CBR-Typus es sich handelt; bei Bedarf werden wir explizit darauf hinweisen.

Die Vorstellung der einzelnen, am CBR-Zyklus beteiligten Prozesse füllt nicht nur das Schema der Abbildung 6.1 mit Leben, sondern baut auch ein Gerüst auf, an dem sich die folgenden Abschnitte orientieren.

Der gesamte Vorgang des fallbasierten Schließens startet immer damit, dass zu einem neuen Problem passende Fälle aus der Fallbasis herausgesucht werden (*Retrieve*). Dieser Schritt untergliedert sich in zwei Phasen: Zunächst wird die Fallbasis nach Fällen durchsucht, die überhaupt für eine Problemlösung in Frage kommen (*Grobsuche*). Aus den so rekrutierten Fällen werden die vielversprechendsten herausgefiltert (*Feinsuche*). Die Umsetzung dieses so einleuchtend und einfach erscheinenden Prozesses in einem maschinellen System wirft mehrere Probleme auf:

Wie soll der Computer erkennen, ob zwei Fälle zueinander passen (*matching problem*)? Wie soll er ihre *Ähnlichkeit (similarity)* beurteilen? Wenn zwei Fälle die gleichen *Oberflächen-Merkmale (surface features)* aufweisen, ist das nicht sonderlich schwer: In unserem Beispiel 6.1 sind das Merkmale wie *Sommer-Menü* und *vegetarische Gäste*. Sie sind direkt beobachtbar und leicht wiederzuerkennen. Oft ist es aber so, dass Fälle sehr unterschiedliche Merkmalsausprägungen besitzen, auf einer abstrakteren Ebene jedoch ähnliche Strukturen aufweisen, wie im folgenden Beispiel.

Beispiel 6.2 (Fußball und Schach) Vergleichen wir die Spiele *Fußball* und *Schach*, so scheinen sie auf den ersten Blick nur wenig gemeinsam zu haben:

	Fußball	Schach
Spielart	Feldspiel	Brettspiel
Spielfiguren	Menschen	künstl. Figuren
beteiligte Spieler	Mannschaften	Individuen

Auf einer strategischen Ebene lassen sich jedoch eine Reihe von Parallelen herausarbeiten: Bei beiden Spielen stehen sich zwei Gegner gegenüber, jeder will gewinnen, was nur möglich ist, wenn der andere verliert. Beide Spiele finden auf einer Art Feld statt (Brett oder Rasen), und bei beiden müssen eigene und gegnerische Spielzüge bedacht werden.   □

Das Fußball-Schach-Beispiel macht deutlich, dass fallbasiertes Schließen mehr ist als nur ein simpler, quantitativer Abgleich von Merkmalen. Es muss zuerst einmal ein geeignetes *Vokabular* zur Verfügung gestellt werden, um Fälle in einer angemessenen Weise vergleichen und *indizieren* zu können (*Indexvokabular*). Hierzu wird in der Regel eine Menge Fachwissen benötigt.

Um die Beurteilung neuer Fälle jedoch vom Experten unabhängig zu machen, muss ein Computersystem in der Lage sein, aus oberflächlichen Situationsbeschreibungen detaillierte und abstraktere *Situationsanalysen* abzuleiten. Zur Beurteilung der Kreditfähigkeit eines Bankkunden ist weniger die absolute Höhe seiner Einnahmen und Ausgaben entscheidend als vielmehr der *Unterschied* zwischen beiden. Bei kriegerischen Auseinandersetzungen ist es das *Verhältnis* der militärischen Stärke beider Gegner, das für eine Beurteilung berücksichtigt werden muss. Besonders wichtig ist eine genaue Situationsanalyse in *Rechtsfällen*: Bei der Beurteilung eines Strafmaßes spielen in der Regel die Namen der beteiligten Personen keine Rolle, auch die Tatwaffe ist von untergeordneter Bedeutung. Wichtig sind vielmehr die Motive des Delinquenten und das Ausmaß an Gewalt, das sich in seiner Tat zeigt. Eine solche Situationsanalyse ist ein *interpretativer* Prozess.

Schließlich benötigt man zur Durchführung einer effizienten Suche auch geeignete Algorithmen, die oft eine besondere *Organisation der Fallbasis* erfordern.

Hat man nun – im Idealfall – einen "besten" Fall aus der Fallbasis herausgesucht (im Allgemeinen können es auch mehrere sein), so besteht der nächste Schritt darin, eine *Näherungslösung (ballpark solution)* (bzw. eine näherungsweise Interpretation) zu erstellen. Im Normalfall wird dies einfach die Lösung bzw. Interpretation des alten Falles sein. Zu beachten ist hierbei allerdings, dass diese vorgeschlagene Lösung bereits wichtige Weichen für die Anpassung an das neue Problem stellt. Bei der Diagnose von Krankheiten (im Wesentlichen ein Klassifikations-, also Interpretationsproblem) erfahren z.B. die Symptome im Kontext möglicher Krankheiten oft eine ganz andere Gewichtung. Von der Festlegung einer Näherungslösung kann also ganz wesentlich die endgültige Lösung abhängen.

In problemlösenden CBR-Systemen wird diese durch *Adaption* der Näherungslösung an die neue Problemsituation bestimmt. Hierzu muss das System nicht nur wissen, *wie* es angleichen soll, sondern auch, *was* es angleichen soll, d.h. welche Komponenten der Lösung von der Adaption betroffen sind. Um das herauszufinden, richtet man sein Augenmerk (bzw. das des Systems) auf Unterschiede zwischen alten Lösungen und neuen Vorgaben. Zur Ergründung von Inkonsistenzen, die dabei aufgedeckt werden, setzt man manchmal sog. *Buchhaltungsverfahren* ein, also Verfahren, die Zustände eines Systems und Übergänge zwischen ihnen moderieren. Im Kapitel über nichtmonotones Schließen werden wir in den *Truth Maintenance-Systemen (TMS)* einen wichtigen Typus eines solchen Buchhaltungsverfahrens kennenlernen. Zur Durchführung der Adaption benötigt man eine geeignete *Adaptionsstrategie*. Diese können sich an Heuristiken orientieren, auf allgemeinen Methoden basieren oder fachspezifisches Wissen benutzen. Im interpretativen Kontext wird in dieser Phase versucht, eine Begründung für die näherungsweise Interpretation zu konstruieren, indem man einen Abgleich der neuen Situation mit früheren Fällen vornimmt.

Es schließt sich die Phase der kritisierenden *Revision* der vorgeschlagenen Lösung oder Interpretation an. Hierzu werden noch einmal Fälle aus der Fallbasis herausgesucht, wobei jetzt allerdings die provisorische Lösung das entscheidende Suchkriterium liefert. Wichtig ist auch festzustellen, ob in einer ähnlichen Situation die Lösung fehlgeschlagen ist. Findet man konkrete Anhaltspunkte für eine solche Fehlleistung auch beim aktuellen Fall, so muss unter Umständen der gesamte

Prozess des fallbasierten Schließens noch einmal neu gestartet werden. Manchmal genügt es jedoch, eine entsprechende Korrektur oder Adaption (die dann *Reparatur* genannt wird) vorzunehmen. Die Lösung kann auch einer Simulation oder hypothetischen Tests unterworfen werden. Auch in dieser Phase gehen also wieder interpretative Methoden ein.

Hat das System endlich eine solide Lösung gefunden, so kommt der für Benutzer und System entscheidende Schritt: Die Lösung muss sich in der realen Welt bewähren. Manchmal nimmt auch ein Experte diese Evaluation vor. Das *Resultat* dieses Einsatzes – Bestätigung oder Fehlschlag – wird ebenfalls in die Fallbeschreibung aufgenommen. Im Falle eines Fehlschlags ist es wichtig, eine entsprechende Analyse durchzuführen, die das anormale Verhalten erklärt und Möglichkeiten der Vermeidung eines solchen Fehlers aufzeigt.

Schließlich steht ein neuer, gelöster Fall zur Verfügung, der in die Fallbasis aufgenommen wird (*Retain* oder *Update*). Hierbei muss eine geeignete Indizierung und Einordnung des Falles in die Struktur der Fallbasis vorgenommen werden. Hier begegnet man wieder ähnlichen Fragestellungen wie beim Indizierungs- und Suchproblem zu Anfang des CBR-Prozesses. Tatsächlich gibt es eine Reihe von Parallelen zwischen *Retrieve* und *Update*, denn schließlich sollte man einen Fall am besten da abspeichern, wo man ihn auch suchen würde. Manchmal führt ein neuer Fall auch zu einer Modifikation von Indexvokabular und/oder Organisation der Fallbasis.

Die obige Schilderung umfasst einen vollständigen CBR-Prozess, der jedoch nicht von allen Systemen in genau dieser Form durchlaufen wird. Viele CBR-Systeme binden den Benutzer mehr oder weniger stark interaktiv in den Problemlösungsprozess mit ein, so dass z.B. die Schritte *Situationsanalyse*, *Adaption* oder *kritisierende Revision* vereinfacht bzw. vom System ganz ausgelassen werden.

Es sollte aber grundsätzlich klar geworden sein,

- dass fallbasiertes Schließen eine komplexe und vielschichtige Methodik ist, die sich mit einer Reihe von Problemen auseinander setzen muss;

- dass Teile des CBR-Zyklus mehrfach durchlaufen werden und bei Bedarf sogar der ganze Prozess neu gestartet werden muss;

- dass fallbasiertes Schließen innerhalb der KI nicht isoliert dasteht, sondern durchaus auch andere Methoden (Datenbanken, Suchmethoden, regelbasiertes Schließen, Modelle u.a.) integrieren kann bzw. benötigt.

6.4 Die Repräsentation von Fällen

Cases come in many shapes and sizes.

J. Kolodner, [121], S. 9

Die *Fälle*, die ein CBR-System benutzt, sind nicht einfach bloße Auflistungen von Merkmalen, sondern dienen bestimmten *Zwecken*:

- Ein Fall soll Wissen in einem bestimmten Kontext repräsentieren;

- ein Fall kann Erfahrungen dokumentieren, die von der Norm abweichen oder die einen anderen Verlauf nahmen als erwartet;

- ein Fall soll dabei helfen, ein gewisses Ziel zu erreichen;

- ein Fall kann ein warnendes Beispiel liefern.

Ein Fall repräsentiert Wissen also in einer *operationalen* Art und Weise. Die obigen Aspekte werden in der folgenden Definition eines Falles zusammengefasst:

> Ein *Fall* repräsentiert *Wissen im Kontext* und dokumentiert eine Erfahrung, die eine wichtige *Aussage* bzw. *Lehre* im Hinblick auf gewisse Ziele beinhaltet.

Damit setzt sich ein Fall im Wesentlichen aus zwei Bestandteilen zusammen: der *Aussage*, die seinen *Inhalt* bestimmt, und dem zugehörigen *Kontext*, nach dem sich seine *Indizierung* richtet. Die Indizierung liefert die geeigneten Schlüsselworte, unter denen ein Fall später nutzbringend angesprochen werden kann. Sie ist für das fallbasierte Schließen natürlich von großer Wichtigkeit und wird in einem eigenen Abschnitt (siehe Abschnitt 6.5) behandelt.

In diesem Abschnitt wollen wir uns mit dem *Inhalt* von Fällen beschäftigen und das Prinzip der Fallrepräsentation durch Beispiele illustrieren. Dabei werden wir uns von folgenden Fragestellungen leiten lassen:

- Aus welchen Komponenten kann/soll ein Fall bestehen?

- Welche Art von Wissen soll ein Fall beinhalten?

- Welche Formalismen und Methoden bieten sich für die Repräsentation von Fällen an?

6.4.1 Die Komponenten eines Falles

Offensichtlich sind zwei Dinge zur Repräsentation eines Falles notwendig und wesentlich, nämlich einmal die *Beschreibung des Problems* bzw. die *Beschreibung der Situation*, die zu interpretieren ist. (Natürlich muss auch eine Problembeschreibung die für das Problem relevanten Aspekte der aktuellen Situation mit einbeziehen.) Da man bei der Beschreibung eines Falles auch immer an seine zukünftige Verwendung denken sollte, ist es wichtig, in die Problem- bzw. Situationsbeschreibung auch die aktuellen *Aufgaben* und *Ziele* aufzunehmen. Zweitens sollte ein Fall eine *Beschreibung der gefundenen Lösung* enthalten. Zusätzlich können hier auch Hinweise zum Lösungsweg und Begründungen aufgelistet werden.

Neben diesen beiden Komponenten erweist sich die Aufnahme des *Resultates* der Anwendung der Lösung, also das *Feedback* aus der realen Welt, als dritte Komponente in die Fallbeschreibung meistens als überaus nützlich. Nur so lassen sich erfolgreiche Lösungen von Irrtümern unterscheiden, und nur so können Fälle auch eine *Warnfunktion* ausüben. Hat eine vorgeschlagene Lösung nicht zum erwarteten Resultat geführt, so sollte eine entsprechende Analyse, die eine Erklärung für den Fehlschlag liefert, erfolgen und festgehalten werden.

Fassen wir zusammen: Ein Fall setzt sich potentiell zusammen aus

- Problem- bzw. Situationsbeschreibung,

- Lösung und

- Resultat.

Diese drei Komponenten stellen einen Rahmen für die Fallrepräsentation dar, der allerdings nicht immer vollständig ausgefüllt sein muss. Umfasst die Fallbeschreibung *Problem* und *Lösung*, so können Fälle zur Ableitung neuer Lösungen benutzt werden. Fälle mit *Situationsbeschreibung* und *Resultat* liefern wertvolle Hinweise zur Evaluation neuer Situationen. Doch erst, wenn alle drei Komponenten vertreten sind, können Fälle zur Evaluation vorgeschlagener Lösungen herangezogen werden und mögliche Probleme vorwegnehmen. Fallbeschreibungen sind in der Regel also recht umfangreich. Eine Konzentration auf die einzelnen Komponenten macht eine Orientierung einfacher.

6.4.2 Problem- und Situationsbeschreibung

Nach diesen allgemeinen Überlegungen ist es nun an der Zeit, den Fällen anhand von Beispielen ein konkreteres Aussehen zu geben. Wir beginnen mit einem Beispiel aus der Domäne von CHEF, einem fallbasierten *Planer*, dessen Aufgabe die Kreation von Kochrezepten ist (vgl. [121]).

Beispiel 6.3 (Kochrezept 1) Es soll ein Kochrezept ausgearbeitet werden, das Rindfleisch und Broccoli verwendet. Das Gericht soll würzig schmecken und in der Pfanne zubereitet werden.   □

In dieser Aufgabenstellung lassen sich mehrere Aspekte unterscheiden. Das *Ziel* ist, ein Rezept zu kreieren, an das bestimmte *Bedingungen* (*constraints*) gestellt werden: Das resultierende Gericht soll Rindfleisch und Broccoli enthalten, würzig schmecken und ein Pfannengericht sein. Was nun noch fehlt, ist eine Beschreibung der *Ausgangssituation*, also z.B. welche Zutaten vorrätig sind, wieviele Kochplatten zur Verfügung stehen und wieviel Zeit die Zubereitung des Gerichts höchstens in Anspruch nehmen darf. Eine vollständige *Problembeschreibung* für das obige Beispiel könnte also folgendermaßen aussehen:

Beispiel 6.4 (Kochrezept 2)

Ziel: kreiere Kochrezept

Bedingungen:
    Zutat: Broccoli
    Zutat: Rindfleisch
    Geschmack: würzig
    Zubereitungsart: Pfannengericht

Ausgangssituation:
    vorrätig: Broccoli
    vorrätig: Rindfleisch
    eingefroren: Rindfleisch
    nicht vorrätig: rote Paprika
    vorrätig: Ingwer
    vorrätig: Schalotten
    verfügbare Zeit: 2 Stunden
    verfügbares Geld: 20 Euro

□

Bei *Problemlösungsaufgaben* (wie im obigen Kochrezept-Beispiel) liegt der Schwerpunkt der Problembeschreibung meistens auf der Formulierung der Ziele und der Bedingungen, die an diese Ziele gestellt werden. Die Beschreibung der Ausgangssituation kann relativ flach ausfallen. Anders ist es, wenn es um eine *Interpretationsaufgabe* geht. Hier rückt die Situationsbeschreibung in den Mittelpunkt. Sie sollte detailliert sein, Nuancen erfassen und vielleicht auch sogar Erwartungen wiedergeben.

MEDIATOR ist ein sehr frühes CBR-System, dessen Aufgabe es ist, (einfache) Streitfälle zu lösen. Das Hauptproblem dabei liegt in der korrekten Erfassung der Streitsituation.

Beispiel 6.5 (Orangen-Streit) Zwei Schwestern streiten sich um dieselbe (letzte) Orange. Das *Ziel* besteht in der Lösung dieses Streites. *Bedingungen* hierzu gibt es keine (möglich wäre hier z.B., eine Kompromisslösung oder eine Alles-oder-nichts-Lösung zu fordern). Die *Situationsbeschreibung* sollte wiedergeben, dass zwei Disputanten (*schwester1* und *schwester2*) an dem Streit beteiligt sind und dass zwischen diesen beiden die Schwestern-Relation besteht. Das Streitobjekt ist ein- und dieselbe Orange, *orange1*, die beide – so wird vermutet bzw. erwartet – essen wollen. Eine Situationsbeschreibung für MEDIATOR könnte also wie folgt aussehen:

Ziel: löse Streitfall
Bedingungen: keine
Situationsbeschreibung:
      Disputanten: schwester1, schwester2; Schwestern(schwester1, schwester2)
      Streitobjekt: orange1
      Streit:
      ausgesprochene Ziele:
            Ziel(schwester1, Besitz(schwester1, orange1))
            Ziel(schwester2, Besitz(schwester2, orange1))
      vermutete Ziele:
            Ziel(schwester1, Essen(schwester1, Frucht(orange1)))
            Ziel(schwester2, Essen(schwester2, Frucht(orange1)))   □

Selbsttestaufgabe 6.6 (Problembeschreibung) Erstellen Sie eine Problembeschreibung für das in Beispiel 6.1 (Seite 162) beschriebene Sommermenü-Beispiel.
      ■

6.4.3 Die Repräsentation von Lösungen

Wie die Lösung eines Problems auszusehen hat, wird meistens schon mit der Formulierung eines *Ziels* festgelegt. Im Kochrezept-Beispiel 6.3 ist die Lösung das fertige Rezept, im Orangen-Beispiel 6.5 könnte es die Anweisung sein, die Orange zu teilen und beiden Schwestern je eine Hälfte zu geben. Rund um die fertige Lösung selbst sind aber oft noch eine ganze Reihe von Aspekten von Interesse:

- *Lösungsschritte*: Wie wurde die Lösung gefunden? Welcher Argumentationskette folgt sie? Hier sollten vollzogene Inferenzschritte angegeben werden.

Ein gutes Beispiel liefert der allgemein übliche Mathematik-Unterricht. Die bloße Aussage über das Ergebnis einer Aufgabe nützt dem Schüler wenig, wenn er nicht auch den Lösungsweg kennt. Hier stellen zuvor gerechnete Aufgaben *Fälle* dar, an denen man sich bei neuen Aufgaben orientiert. Die Lösung selbst ist hierbei sogar von untergeordneter Bedeutung.

- *Begründungen*: Welche Entscheidungen liegen der Lösung zugrunde und wie wurden sie begründet?

Im Sommermenü-Beispiel 6.1 wäre eine solche *Entscheidung*, Käse durch Tofu zu ersetzen, und sie würde *begründet* durch die Anwesenheit eines Milchallergikers. Die zahlreichen und sehr verschiedenen Neigungen der Gäste (*Begründung*) könnten auch zu der *Entscheidung* führen, mehrere Hauptgerichte anzubieten.

Weiterhin könnte die Lösung mit Hinweisen angereichert werden, warum andere mögliche Lösungen nicht gewählt wurden oder sogar als unakzeptabel eingestuft wurden. Auch Erwartungen, die mit dem Ausgang der Lösung verknüpft sind, können vermerkt werden (vgl. hierzu das Orangen-Beispiel 6.5).

6.4.4 Das Resultat eines Falles

Werden nur Problembeschreibung und vorgeschlagene Lösung in die Repräsentation eines Falles aufgenommen, so macht das CBR-System keine Unterschiede bzgl. der *Qualität* von Lösungen – es benutzt gute wie schlechte Lösungen gleichermaßen zur Behandlung neuer Fälle. Um dieses (sicherlich unerwünschte) Systemverhalten zu korrigieren, kann man mit dem *Resultat* eines Falles dokumentieren, wie sich die vorgeschlagene Lösung in der realen Welt bewährt. Auch hier können wieder mehrere Aspekte berücksichtigt werden:

- Das *Feedback* der Lösung bzw. der *Ausgang* des Falles: Was geschah faktisch, als die Lösung angewandt wurde?

Handelte es sich bei der vorgeschlagenen Lösung beispielsweise um den Bauplan eines Gebäudes, so könnte man Ereignisse bzw. Probleme während der Bauphase notieren. Auch die Reaktionen der Menschen, die in diesem Gebäude leben oder arbeiten, liefern wichtige Rückmeldungen.

- *Erfüllung von Zielen*: In welcher Hinsicht und in welcher Weise wurden gesteckte Ziele erreicht? Konnten sich Erwartungen, die mit der Lösung verknüpft wurden, erfüllen?

Wurde der Streit der Schwestern im Orangen-Disput (s. Beispiel 6.5) wirklich durch die Teilung der Orange beigelegt? Aßen beide Mädchen ihre Orangenhälfte?

- *Erfolg oder Fehlschlag?* Wurde die Lösung letztendlich als Erfolg oder als Fehlschlag eingestuft?

Noch einmal zum Orangen-Beispiel: Angenommen, die Schwestern verwenden ihre jeweilige Apfelsinenhälfte in unterschiedlicher Weise. Ein Mädchen isst das Fruchtfleisch, das andere Mädchen aber braucht nur die abgeriebene Schale zum Backen (hierbei werden auch formulierte Erwartungen verletzt). Möglicherweise sind beide Mädchen leidlich zufrieden, so dass das offizielle Ziel "Beilegung des Streits" sogar erfüllt ist. Dennoch müsste die vorgeschlagenen Lösung "Teilung der Orange in zwei gleiche Hälften" in diesem Fall als Fehlschlag gewertet werden. Optimal wäre es gewesen, der einen Schwester die Schale und der anderen das Fruchtfleisch zu geben.

Damit werden schon weitere Aspekte des Resultates eines Falles angesprochen:

- *Erklärung*: Wie konnte es zum Fehlschlag kommen?

- *Korrektur*: Was kann man tun, um einen Irrtum zu korrigieren?

- *Vermeidung*: Was hätte man tun können, um den Fehlschlag zu verhindern?

Das Orangen-Beispiel, so banal und alltäglich es erscheint, findet sich in seiner Struktur in vielen realen und durchaus dramatischen Konflikten wieder, nämlich immer dann, wenn zwei Parteien Anspruch auf dieselbe Sache erheben. Mit MEDIATOR wurden der Panama-Konflikt (die USA und Panama meldeten beide Rechte auf den Panama-Kanal an) und der Konflikt zwischen Israel und Ägypten um die Sinai-Halbinsel durchgespielt. Natürlich ist es abwegig anzunehmen, Probleme solcher Größenordnung ließen sich mit einem Computersystem lösen. Aber CBR-Systeme können durchaus nützliche Hinweise bei der Analyse ähnlicher Probleme geben.

Eine ganze Reihe von CBR-Systemen dokumentiert ihre Resultate gar nicht oder zumindest nicht in dieser ausführlichen Weise. Sie lösen das zu Beginn dieses Abschnitts angesprochene *Qualitätsproblem* derart, dass sie nur erfolgreiche Lösungen in die Fallbeschreibung aufnehmen. Auch hier gibt wieder die Zielsetzung des Systems einen entsprechenden Rahmen vor.

Man sollte jedoch nicht übersehen, dass es ohne die Spezifikation von Resultaten, also ohne die Gegenüberstellung von vorgeschlagener Lösung und tatsächlicher Realisierung, nicht möglich ist, *vor Fehlschlägen zu warnen* oder auch auf *besonders erfolgreiche Lösungen*, bei denen Ziele und Erwartungen weit übertroffen wurden, hinzuweisen. In dieser dritten Komponente der Fallbeschreibung liegt also ein ganz besonderes *Lernpotential*.

6.4.5 Methoden der Fallrepräsentation

Nachdem wir eine ganze Reihe von Aspekten, die bei der Fallrepräsentation Berücksichtigung finden sollten, angesprochen haben, drängt sich nun die Frage auf, *wie* die Fülle an Information, die mit einem bestimmten Fall verbunden sein kann, mit formalen Methoden darzustellen sei.

Im Prinzip lässt sich die gesamte Methodenpalette, die in der KI zur Wissensrepräsentation zur Verfügung steht, auch für die Repräsentation von Fällen nutzen, also z.B. Prädikaten- und Aussagenlogik, Regeln, Frames, Semantische Netze u.v.a.m. Allerdings sollte man Formalismen nur da einsetzen, wo sie auch sinnvoll sind. Maschinenlesbare Darstellungen entsprechen zwar den Anforderungen des

Systems, nicht immer aber auch dem Verständnis eines menschlichen Benutzers. Kolodner berichtet in [121], S. 160f und S. 555, über ihre Erfahrungen mit ARCHIE, einem CBR-System, das Architekten bei der Planung von Büroräumen helfen sollte. In der ersten Version dieses Systems wurde durchgängig eine formale und symbolische Darstellung benutzt. Dies erschwerte nicht nur dem Benutzer das Verständnis der Fälle (hier also Baupläne), sondern machte auch eine aufwendige und komplizierte Aufbereitung der Fälle notwendig. In ARCHIE-2 hingegen orientierte man sich an den Bedürfnissen und Sichtweisen der Benutzer: Während in ARCHIE die kleine, abstrakte Skizze des Bürobereichs in der Fallrepräsentation links unten in die Ecke gedrängt wurde und tabellarische Auflistungen den weitaus größten Teil des Falles ausmachten, wurde diese Skizze in ARCHIE-2 größer und detaillierter in den Mittelpunkt des Geschehens gerückt. Es wurden Kommentare angebracht, und Erläuterungen in natürlicher Sprache gaben wichtige Hinweise zur Gestaltung der Büroräume. Dies führte zu einer besseren Akzeptanz und Effektivität des Systems.

Auch bei der Wahl des Darstellungsformalismus ist also die Gesamtkonzeption und der Einsatzbereich des Systems in Betracht zu ziehen. Soll der Benutzer interaktiv in den CBR-Prozess mit eingebunden werden, so muss die Fallrepräsentation auch seinem Verständnis angepasst werden. Arbeitet das System hingegen weitgehend autonom, so muss den formalen, maschinenlesbaren Darstellungen der Vorzug gegeben werden. In diesem Fall werden Fälle oft durch Attribut-Werte-Paare oder durch Tupel von Werten repräsentiert. Eine ganze Reihe von Beispielen bringt [121].

Eine Aufgabe, die allerdings in jedem CBR-System vom Rechner durchgeführt wird, ist das Heraussuchen von Fällen aus der Falldatensammlung. Dabei orientiert sich das System an der *Indizierung* der Fälle, die folglich nach formalen Kriterien vorgenommen werden muss. Mit diesem wichtigen Thema beschäftigt sich der nächste Abschnitt.

6.5   Die Indizierung von Fällen

Die Indizes eines Falles lassen sich mit denen eines Buches in einer Bücherei vergleichen. Sie enthalten alle wichtigen Angaben, die geeignet sind, ihn von anderen Fällen zu unterscheiden. Fallsuchalgorithmen benutzen die Indizierung der Fälle, um diejenigen zu selektieren, die zu der aktuellen Aufgabe des Systems passen. Das *Indizierungsproblem* besteht nun darin sicherzustellen, dass ein relevanter Fall auch tatsächlich bei der Suche angesprochen wird. Um dieses Problem systematisch zu lösen, sind zwei Schritte notwendig:

- Es muss ein *Indexvokabular* zur Verfügung gestellt werden, das einen festen Rahmen für die Beurteilung und Klassifizierung von Fällen bereitstellt.

- Jeder Fall der Fallbasis wird durch eine geeignete Index-Kombination gekennzeichnet.

6.5.1   Das Indexvokabular

Die Merkmale, die zur Indizierung von Fällen benutzt werden, gehören zu den Begriffen, die auch bei der formalen Fallbeschreibung zum Einsatz kommen (*Deskriptoren*). In der Regel ist jedoch die Beschreibung eines Falles sehr viel ausführlicher als seine Indizierung. Diejenigen Merkmale, die ins Indexvokabular aufgenommen werden, müssen in besonderer Weise geeignet sein, relevante Kennzeichen eines Falles herauszufiltern, wobei Relevanz hier sowohl im Hinblick auf *fachliche Aspekte* als auch auf die *Aufgaben des Systems* zu sehen ist.

Dabei ist eine zeitliche Diskrepanz zu überwinden. Fälle werden zu dem Zeitpunkt indiziert, zu dem sie in die Datenbasis aufgenommen werden, aber erst zu einem späteren Zeitpunkt durch den Suchalgorithmus wieder angesprochen. Damit muss eine Indizierung die Nützlichkeit eines Falles für zukünftige Aufgaben *prognostizieren* können. Die Schwierigkeit besteht natürlich darin, die volle Bandbreite möglicher Aufgaben abzudecken. Sinnvoll ist hier eine Betrachtung darüber, zu welchem Zweck Fälle vom System tatsächlich genutzt werden: Sollen sie Lösungen vorschlagen? Sollen sie auf Fehlschläge hinweisen? Werden sie benutzt, um Ergebnisse zu planen? Für jedes CBR-System sind die Merkmale am wertvollsten, die sich auf tatsächlich wahrgenommene Aufgaben beziehen. Es ist allerdings offensichtlich, dass die Festlegung eines vollständigen Vokabulars, das *alle* zukünftigen Situationen abdeckt, unmöglich ist. Statt dessen begnügt man sich mit einem Vokabular, das adäquat und hinreichend ausdrucksstark ist, und behält sich die Möglichkeit späterer Erweiterungen vor.

Damit unterscheidet sich die Indizierung im Bereich des fallbasierten Schließens grundsätzlich von den traditionell in Datenbank- und Information Retrieval-Systemen verwendeten Ansätzen. Während dort Indizes dazu benutzt werden, eine Partitionierung der Datenmenge in möglichst gleich große Teile zu garantieren, ist die Indizierung hier auf einen *Zweck* hin ausgerichtet.

Im Allgemeinen besteht ein Indexvokabular aus zwei Teilen, nämlich aus einer Menge von *Merkmalen* oder *Attributen* und aus *Wertemengen*, die diesen Attributen zugeordnet sind. Ein Attribut-Wert-Paar wird auch *Deskriptor* genannt. Die Feinkörnigkeit der Werterepräsentation hängt dabei ab von dem Maßstab an Ähnlichkeit, der an die Fälle zum Vergleich angelegt wird.

Da die Schlüsselworte bei der Fallselektion auf den beschreibenden Strukturen der Fachsprache basieren, ist es wichtig, das Indexvokabular darauf abzustimmen. Daraus ergeben sich folgende Anforderung an Indizierung und Vokabular:

- Zum Indizieren sollten Konzepte verwendet werden, die der Terminologie des zu behandelnden Gebiets folgen.

- Das Indexvokabular sollte die Begriffe vorwegnehmen, die bei einer Fallselektion benutzt werden.

- Beim Indizieren sollten auch die Umstände einer Fallselektion vorweggenommen werden, d.h. der entsprechende Aufgabenkontext.

Außerdem sollten "gute" Indizes auch nach folgenden Gesichtspunkten gewählt werden:

- Indizes sollten *hinreichend abstrakt* sein, um zu einer Vielzahl zukünftiger Situationen zu passen;

- Indizes sollten *hinreichend konkret* sein, um eine leichte Identifizierbarkeit in zukünftigen Situationen zu gewährleisten.

Um all diesen Ansprüchen zu genügen, ist es oft notwendig, sorgfältige Situationsanalysen vorzunehmen. Oberflächliche Faktensammlungen eignen sich selten für die Beschreibung eines Falles und noch weniger für seine Indizierung.

Beispiel 6.7 (Rechtsfall) Der folgende Rechtsfall wurde vom CBR-System JUDGE [121] behandelt:

> John schlug Joe auf die Nase. Joe schlug zurück, und John ging zu Boden. Als John wieder aufstand, hatte er ein Messer in der Hand, mit dem er auf Joe losging. Joe zog sein Gewehr hervor und erschoss John.

Die bloße Abfolge des Geschehens lässt vieles ungesagt. Der Streit eskalierte, aus einer Prügelei wurde eine Messerstecherei, schließlich fiel der tödliche Schuss. Joe handelte, zumindest teilweise, in Notwehr. John hatte den Streit begonnen. Vielleicht flößte der wütende John Joe Angst ein, und dieser verteidigte sich. Wir könnten Spekulationen über die Ursache von John's Wutanfall anstellen – wie hatte Joe ihn provoziert?

Keiner dieser Aspekte wird in der nüchternen Fallbeschreibung explizit angesprochen, obwohl jeder von ihnen für die Urteilsfindung ebenso wichtig sein könnte wie für eine spätere Referenz. Daher sollten sie in die Indizierung des Falles eingehen, und nicht etwa die Namen der Beteiligten.   □

Wir wollen unsere Überlegungen in einem schrittweisen Verfahren zur Wahl eines Indexvokabulars zusammenfassen:

1. Sammlung einer repräsentativen Menge von Fällen, repräsentativ im Hinblick auf die zu lösenden Probleme, die auftretenden Kontexte, die zugehörigen Lösungen und die Resultate der Lösungen;

2. Identifizierung der Besonderheiten eines jeden Falles bzw. der Lehren, die sich aus ihm ziehen lassen;

3. Charakterisierung der Situationen, in denen jeder Fall seine in 2. bestimmten Besonderheiten zur Geltung bringen könnte;

4. Formulierung von Indizes, die jeden Fall in jeder der unter 3. genannten Situationen ansprechen, wobei die Forderungen sowohl nach ausreichender Abstraktion als auch nach ausreichender Konkretisierung zu beachten sind;

5. Bildung des Indexvokabulars aus den verwendeten Begriffen, wobei zunächst die Merkmale extrahiert und anschließend die Wertebereiche für jedes Merkmal festgelegt werden.

6.5.2 Die Kennzeichnung eines Falles durch Indizes

Mit dem Indexvokabular liegt eine Art *Checkliste* zur Indizierung von Fällen vor, in der alle als wichtig erkannten Indizierungsmerkmale zusammengefasst sind. Die Kennzeichnung eines Falles wird nun durch Kombinationen von Merkmalen vorgenommen. Jede solche Kombination charakterisiert den Fall in einer bestimmten Hinsicht und stellt einen Index dar. Um die Charakteristika eines Falles herauszuheben und ihn damit leichter von anderen unterscheiden zu können (was bei der Selektionsphase sehr wichtig ist), wird man evtl. in die Indizes nur diejenigen Deskriptoren aufnehmen, deren Werte von besonderer Bedeutung sind. Das Nichtvorkommen eines Deskriptors in einem Index drückt also dann eine gewisse *Normalität* bzw. *Irrelevanz* aus.

Die Indizierung ist ein sehr komplexer Prozess, da es um die Identifizierung relevanter Information geht: Welche spezifische Aussage enthält ein Fall? Was macht ihn bemerkenswert oder besonders erfolgreich (*credit assignment*)? Woran lag es, dass die vorgeschlagene Lösung fehlschlug (*blame assignment*)? Diese Erkenntnisse kann eine Maschine wohl kaum erbringen. Folglich wird die Indizierung oftmals von Hand vorgenommen. Eine Möglichkeit, diesen Prozess wenigstens teilweise zu automatisieren, besteht darin, das vom Experten spezifizierte Indexvokabular bzw. einen Teil daraus explizit als Checkliste vom Rechner abarbeiten zu lassen, wobei er nur diejenigen Beschreibungsmerkmale in die Indizes aufnimmt, die er als "ungewöhnlich" identifiziert.

Wir wollen nun in informeller Weise ein schrittweises Indizierungsverfahren skizzieren und es an einem Beispiel erläutern:

1. Bestimmung der relevanten Aspekte eines Falles im Hinblick auf die vom System zu behandelnden Aufgaben;

2. Bestimmung der näheren Umstände, unter denen der Fall für die einzelnen Aufgaben von Interesse ist;

3. Übertragung dieser Umstände in das Vokabular des Systems, um sie identifizierbar zu machen;

4. Bearbeitung der Beschreibungen, um sie so breit anwendbar wie möglich zu machen.

Die ersten beiden Schritte beziehen sich auf die Lehren, die man aus einem Fall ziehen kann, bzw. auf die Umstände, in denen sie anwendbar sind. Im 3. Schritt werden diese Umstände formal umgesetzt. Schritt 4 ist ein Generalisierungsschritt.

Beispiel 6.8 (Sommermenü 2) Wir gehen von der folgenden möglichen Problem- und Lösungsbeschreibung[2] des in Beispiel 6.1 geschilderten Falles aus:

Problem: Zwanzig Leute kommen zum Dinner; es ist Sommer und Tomatenzeit; geplant ist ein vegetarisches Mahl; eine Person reagiert allergisch auf Milchprodukte.

---

[2] Beachten Sie, dass auch andere Problem- und Lösungsbeschreibungen möglich sind.

Lösung: Es wurden Tomaten-Pies aus Tomaten und Käse serviert; dabei wurde in einem der Pies Tofu-Käseersatz statt Käse verwendet, um den Milchallergiker in der Runde zu berücksichtigen.

Dieser Fall lässt sich in zweierlei Hinsicht verwenden (*Schritt 1*):

1. Er nennt Erfolgsbedingungen, wenn die Aufgabe darin besteht, ein vegetarisches Hauptgericht mit Tomaten auszusuchen: *Wähle einen Tomaten-Pie für ein Essen mit Vegetariern im Sommer.*

2. Er nennt Erfolgsbedingungen, wenn die Aufgabe darin besteht, ein Hauptgericht mit Käse an die besonderen Bedürnisse eines Milchallergikers anzupassen: *Wenn man ein Gericht, das Käse enthält, für jemanden modifizieren will, der keine Milchprodukte isst, so wähle Tofu statt Käse.*

Die beiden Aufgaben, für die der obige Fall als nützlich erkannt wurde, sind also diejenigen, eine *Lösung zu finden* und *eine Adaption durchzuführen*.

In *Schritt 2* müssen nun für jede der angesprochenen Aufgaben die näheren Umstände bestimmt werden, in denen der obige Fall sich als nützlich erweisen kann.

- Wenn der Fall benutzt wird für die *Konstruktion einer Lösung*, dann sind folgende Umstände relevant:

  - das Ziel besteht darin, ein Hauptgericht bzw. ein vegetarisches Gericht bzw. ein Gericht mit Tomaten auszusuchen;
  - das Ziel besteht darin, ein Hauptgericht bzw. ein vegetarisches Gericht bzw. ein Gericht im Sommer auszusuchen.

- Wenn der Fall benutzt wird für die *Adaption einer Lösung*, ist folgender Umstand relevant:

  - das Hauptgericht enthält Käse als Zutat, ein Gast oder mehrere Gäste sind Milchallergiker und das Ziel besteht darin, diese Gäste zu berücksichtigen.

Natürlich spezifizieren unterschiedliche Leute auf unterschiedliche Weise die besagten Umstände.

Im nächsten *Schritt 3* soll die Darstellung formalisiert werden, d.h., die Beschreibungen der Umstände werden in das Vokabular des Systems übertragen, um sie formal identifizierbar zu machen. Das Indexvokabular für einen Menü-Planer könnte aus folgenden Merkmalen bestehen:

aktives Ziel	*Gerichte*
Gäste	*Salat*
Gastgeber	*Hauptgericht*
Küche (im Sinne von Kochkultur)	*Beilagen*
Zutaten	*Getränke*
Zubereitungsart	*Dessert*
	Dessert-Getränk
	Einschränkungen (constraints)
	Jahreszeit
	Ergebnisse

Einige dieser Begriffe weisen Unterstrukturen auf. So könnte ein Gericht z.B. mehrere optionale Merkmale haben:

Küche, Geschmack, Beschaffenheit, Zutaten, Zubereitungsart, Jahreszeit, Einschränkungen

Wir geben nun Indizes an, die den in Schritt 2 gemachten Überlegungen folgen. Damit erhalten wir drei Indizes für unseren Fall, je einen für jede Situation, in der er sich als nützlich erweisen kann:

Index_1   *Aktives Ziel*: Auswahl eines Hauptgerichts
   Gerichte:
     Hauptgericht:
       Einschränkungen: vegetarisch
       Zutaten: Tomaten

Index_2   *Aktives Ziel*: Auswahl eines Hauptgerichts
   Gerichte:
     Hauptgericht:
       Einschränkungen: vegetarisch
       Jahreszeit: Sommer

Index_3   *Aktives Ziel*: Adaption eines Hauptgerichts
   Gerichte:
     Hauptgericht:
       Einschränkungen: keine Milch
       Zutaten: Käse

Im letzten *Schritt 4* werden nun passende Verallgemeinerungen von Deskriptoren oder ihren Werten vorgenommen. So ist z.B. ein *Hauptgericht* insbesondere ein *Gericht*, und *Tomate* gehört zu den *Salatgemüsen* bzw. zu den *Gemüsen*. Auch das Ziel *Auswahl eines Hauptgerichts* lässt sich generalisieren zu *Zusammenstellung einer Menüfolge*, wobei das *Hauptgericht* nun als eines der *Gerichte* des Menüs erscheint. Die neuen Indizes beziehen sich dann auf das gesamte Menü, nicht nur auf die Hauptgerichte unter der Voraussetzung, dass Tomaten-Pies serviert werden. Der dritte Index lässt sich allgemeiner als eine Adaption eines beliebigen *Gerichts* (nicht nur eines *Hauptgerichts*) mit Käse auf die Bedürfnisse von Milchallergikern auffassen. Die so generalisierten Indizes haben nun folgende Form:

Index_4   *Aktives Ziel*: Zusammenstellung eines Menüs
   Gerichte:
     Einschränkungen: vegetarisch
     Zutaten: Gemüse

Index_5   *Aktives Ziel*: Zusammenstellung eines Menüs
   Gerichte:
     Einschränkungen: vegetarisch
     Jahreszeit: Sommer

Index_6   *Aktives Ziel*: Adaption eines Gerichts
   Gerichte:
     Einschränkungen: keine Milch
     Zutaten: Käse   □

6.6   Suche nach geeigneten Fällen

Die Selektion geeigneter Fälle aus der Fallbasis stellt *die* zentrale und charakteristische Aufgabe eines CBR-Systems dar. Sie wird von *allen* CBR-Systemen wahrgenommen und beeinflusst ganz wesentlich die Qualität des gesamten Systems. Eine erfolgreiche Suche nach "ähnlichsten" Fällen erfordert die simultane Bewältigung zweier Probleme:

- *Suchproblem*: Die Fallbasis muss effektiv durchsucht werden;

- *Ähnlichkeitsproblem*: Zur Beurteilung der Ähnlichkeit von Fällen muss es eine Art *Ähnlichkeitsmaß* geben.

Während Suchprobleme in vielen KI-Disziplinen eine große Rolle spielen, wurzelt das Ähnlichkeitsproblem tief in der Grundidee des fallbasierten Schließens, ähnliche Aufgaben hätten auch ähnliche Lösungen. Von der Wahl eines geeigneten Ähnlichkeitsmaßes hängt die Leistungsfähigkeit des CBR-Systems ab. Zu beachten ist hierbei, dass Ähnlichkeit kein absoluter Begriff ist, sondern relativ zum Kontext bzw. zur Aufgabenstellung zu sehen ist.

Beispiel 6.9 (Sommermenü 3)   Eine Gastgeberin plant ein Menü für eine Gruppe von Gästen, unter denen sich mehrere Vegetarier, ein Milchallergiker, eine ganze Reihe unproblematischer Esser und ihre Freundin Anne befinden. Weil es gerade Tomatenzeit ist, möchte sie Tomaten verwenden.
Nehmen wir nun an, die Fallbasis enthalte die folgenden Fälle:

Menü1: Es war Sommer; das Menü sollte leicht und schnell zuzubereiten sein; es gab u.a. gegrillten Fisch; Anne war unter den Gästen; Anne mochte nicht essen, weil sie keinen gegrillten Fisch mag.

Menü2: Es war Sommer; Vegetarier befanden sich unter den Gästen; Tomaten sollten verwendet werden, und das Menü sollte leicht zuzubereiten sein; Tomaten-Pie wurde serviert.

Menü3: Es war Sommer; die Gäste waren unproblematische Esser; gegrillte Hot Dogs und Hamburger wurden angeboten.

Menü4: Elana, eine Milchallergikerin, kam zu einer Dinner-Party; es wurden verschiedene Pizzas angeboten; damit auch Elana essen konnte, wurden einige Pizza-Stücke mit Tofu statt mit Käse zubereitet.

Es ist schwer zu sagen, welcher dieser vier Fälle nun am besten geeignet ist, um auf die neue Situation angewendet zu werden. Erst wenn wir mögliche *Aufgabenstellungen* in Betracht ziehen, kristallisieren sich Ähnlichkeiten klarer heraus. Erwägt die Gastgeberin, gegrillten Fisch zu servieren und möchte nun dieses Vorhaben evaluieren, so sollte sie unbedingt Menü1 beachten. Hat sie sich hingegen schon für Tomaten-Pie entschieden, ist aber noch unentschlossen wegen des Milchallergikers, so ist Menü4 eine gute Hilfe.   □

CBR–Eintopf

Ziel: kreiere Kochrezept
Bedingungen:
  Zutat: Tomaten
  Zutat: Orange
  Zutat: Fußball
  Verträglichkeit: bekömmlich
  Zubereitungsart: Eintopf
Ausgangssituation:
  vorrätig: Tomaten
  vorrätig: Orange
  vorrätig: Fußball
  nicht vorrätig: rote Paprika
  nicht vorrätig: Porree
  vorrätig: Schalotten

Wie so oft beim fallbasierten Schließen ist es auch hier wieder der mit einem Fall verbundene *Zweck*, der zur Orientierung genutzt wird. Bei der Bestimmung der Indizes hatten wir diesen Punkt als *aktives Ziel* bezeichnet (vgl. Abschnitt 6.5.2). Den Indizes fällt also bei der Selektion geeigneter Fälle eine tragende Rolle zu: Sie geben Zielsetzung und Kontext eines Falles wieder und identifizieren seine *wichtigen* Merkmale. Denn offensichtlich sind einige Deskriptoren zur Bestimmung der Ähnlichkeit zweier Fälle wesentlicher als andere (jeweils abhängig vom Kontext der Suche).

Damit ein solcher Abgleich zwischen dem neuen Fall und alten Fällen erfolgen kann, muss auch der neue Fall neben einer Situationsbeschreibung mit der Angabe einer Zielsetzung versehen sein. Doch das alleine genügt in der Regel noch nicht. Die aktuelle Situation muss *analysiert* werden, d.h. die Problem- bzw. Situationsbeschreibung muss dem allgemeinen Indexvokabular angepasst werden. Damit wird quasi eine *provisorische Indizierung* des neuen Falles vorgenommen. Provisorisch deswegen, weil der Fall noch nicht abgeschlossen ist und weil jeder neue Fall auch neue Aspekte mit sich bringt. Die endgültigen Indizes eines Falles werden erst dann festgelegt, wenn er in die Fallbasis eingeordnet wird (RETAIN-Phase). Eine solche *Situationsanalyse* ist ein komplexer und schwieriger Vorgang und wird meistens durch den Benutzer erfolgen. In jedem Fall sollte er aber durch den Benutzer *kontrolliert* werden.

Demnach kann man sich den (idealen) Fallselektionsprozess wie folgt vorstellen:

- Das System leitet die Beschreibung der neuen Situation und das aktuelle Ziel an den Selektierer weiter.

- Die neue Situation wird analysiert. Prozeduren zur Situationsbeurteilung entwickeln eine formale Situationsbeschreibung, indem sie eine passende Indizierung auf der Basis der Falldatensammlung vornehmen.

- Der (neue) Fall und die errechnete Indizierung werden als Ausgangspunkt für die Suche genommen. Bei der Suche werden Matching-Prozeduren aufgerufen, die entweder den Grad der Übereinstimmung zwischen der neuen Situation und Fällen der Datenbank errechnen oder den Grad der Übereinstimmung im Hinblick auf einzelne Dimensionen bestimmen.

- Der Algorithmus gibt eine Liste von Fällen mit hinreichend großer Übereinstimmung aus. Jeder von ihnen ist als irgendwie nützlich eingestuft worden.

- Rangordnungsverfahren analysieren nun diese Liste von Fällen, um diejenigen mit dem größten Nutzungspotential zu ermitteln.

- Die besten Fälle werden an das System zurückgegeben.

Ein ähnlicher Prozess läuft ab, wenn neue Fälle in die Datenbank aufgenommen werden sollen (*memory update*). Prozeduren zur Situationsbeurteilung bestimmen eine adäquate Indizierung des neuen Falles. Einfügungsalgorithmen benutzen diese Indizierung, um den Fall an die richtige Stelle innerhalb der Falldatenstruktur einzupassen. Dabei gehen sie im Prinzip genauso vor wie die Selektionsalgorithmen: Sie fügen den neuen Fall dort ein, wo er "gut" oder "am besten" passt. Falls erforderlich, wird auch eine Umstrukturierung vorgenommen.

In den folgenden beiden Abschnitten werden wir uns eingehender mit den Problemen der Suche und der Ähnlichkeitsbestimmung befassen. Bei der Behandlung des Suchproblems wird die *Organisation der Fallbasis* im Mittelpunkt stehen, während Ähnlichkeiten zwischen Fällen durch *vergleichende Verfahren* festgestellt und eingestuft werden.

Selbsttestaufgabe 6.10 (Reisebüro) Das Reisebüro CBR – *Centrum für Besondere Reiseberatung* möchte seinen Kundenservice verbessern, indem es ein fallbasiertes Computersystem benutzt. Die Erfahrungen seiner Kunden sollen als Fälle in die Fallbasis eingegeben werden und bei späteren Reiseberatungen herangezogen werden können. Folgende Urlaubsberichte, die sich aus dem Gespräch dreier Kundinnen ergaben, stehen bereits zur Verfügung:

Urlaub_1: "Unseren letzten Urlaub verbrachten wir auf Mallorca. Der Flug war sehr angenehm, und das Hotel wirklich erstklassig – es war ja auch alles andere als billig –, aber ich muss sagen, es hat uns nicht gefallen. Wir suchten Erholung, aber es war leider Hauptsaison, die ganze Insel wimmelte von Touristen, und an Ruhe war nicht zu denken!"

Urlaub_2: "Wir haben das bunte Treiben richtig genossen. Wir waren auch auf einer spanischen Insel, auf Ibiza, ebenfalls in der Hauptsaison, und wir waren wirklich zufrieden. Jeden Tag konnte man etwas anderes unternehmen, und abends tummelten wir uns im Nachtleben. Zugegeben, das Flugzeug, mit dem wir reisten, war nicht mehr das neueste, und das Hotel war auch nicht das, was man unter einem Luxushotel versteht. Aber die Reise hat uns nicht viel gekostet und jede Menge neuer Erlebnisse beschert."

Urlaub_3: "Also, wenn Sie Ruhe und Erholung suchen, dann gibt es nichts Besseres als Finnland! Selbst in der Hauptsaison fühlt man sich dort nicht von anderen Touristen bedrängt, das Land ist ja so groß und bietet so viel unberührte Natur. Wir fuhren mit dem eigenen Auto dorthin und wohnten in einem kleinen Ferienhaus direkt an einem See. Das Haus war nicht ganz billig, aber Ruderboot und Sauna waren im Preis eingeschlossen. Ich muss sagen, das war Erholung pur! Wir waren begeistert!"

1. Entwickeln Sie auf der Basis dieser drei Fälle ein Index-Vokabular für das CBR-Reisebüro.

2. Geben Sie für jeden der drei Fälle eine formale Beschreibung mit Hilfe dieses Index-Vokabulars an.

3. Welche Indizierung würden Sie für jeden der drei Fälle wählen? Begründen Sie Ihre Indizierungen! ∎

6.7 Organisationsformen der Fallbasis

Im einfachsten Fall besteht die Fallbasis aus einer Liste, einem Feld oder einer seriellen Datei, weist also keinerlei tiefere Strukturen auf (*flache Fallbasis*). Die Suchalgorithmen durchlaufen in der Retrieval-Phase *alle* Fälle, überprüfen sie auf Ähnlichkeit und geben die am besten geeigneten Fälle aus.

Ein *serieller Suchalgorithmus* bei flacher Fallbasis hat also die folgende Form:

Eingabe: Eine flache Fallbasis; ein neuer Fall.

Ausgabe: Diejenigen Fälle der Fallbasis, die am besten
               zu dem neuen Fall passen.

Vergleiche jeden Fall in der Fallbasis mit dem neuen Fall;

gib diejenigen Fälle der Fallbasis aus, die dem neuen Fall am ähnlichsten sind.

Diese flache Organisationsform bietet zwei *Vorteile*:

- die besten Fälle werden auf jeden Fall gefunden, denn immer wird die ganze Fallbasis durchsucht;

- die Aufnahme neuer Fälle in die Fallbasis ist unproblematisch, sie werden einfach angehängt.

Ein wesentlicher *Nachteil* liegt jedoch auf der Hand:

- Die Suche ist ineffektiv und aufwendig.

Für große Fallbasen ist eine völlig flache Struktur daher im Allgemeinen indiskutabel.

Um die Vorteile einer seriellen Fallbasis weiterhin zu nutzen und andererseits die Suche effektiver zu gestalten, greift man häufig zu einer Methode, die im Bereich der Datenbanken als *invertierte Indizierung (inverted indices)* bekannt ist: Jedes Merkmal, das zum Indexvokabular gehört, verweist auf diejenigen Fälle, in deren Indizes es enthalten ist. Zur Bestimmung der Ähnlichkeit werden nur die Fälle in die engere Auswahl gezogen, die zu den Indizes des neuen Falls gehören. Durch Einbringung dieser minimalen Struktur erreicht man in vielen Fällen eine vernünftige Reduzierung des Suchraums. Allerdings hängt der Erfolg dieser Methode von der Wahl der Index-Merkmale ab: Ist das Indexvokabular zu allgemein, so werden zu viele Fälle rekrutiert; ist es zu speziell, besteht die Gefahr, dass interessante Fälle ausgelassen werden, da sie nicht genau passen. Im Unterschied zur konventionellen Datenbanksuche geht es in CBR-Systemen nicht um einen vollständigen Abgleich, sondern lediglich um einen *Teilabgleich (partial matching)* – Ähnlichkeit, nicht Identität, ist gefragt, und dazu ist es oft notwendig, von weniger wichtigen Merkmalen zu abstrahieren.

Ist die Fallbasis jedoch sehr groß, so wird man es nicht bei dieser seichten Strukturierung belassen wollen, da sowohl Suche als auch Ähnlichkeitsbestimmung mit der Vielzahl der Fälle überfordert sind. Statt dessen wird man die Fallbasis *hierarchisch* organisieren. Eine Möglichkeit hierzu besteht darin, gemeinsame Merkmale von Fällen herauszufiltern und entlang dieser Gemeinsamkeiten sukzessive ein *Netzwerk* aufzubauen. (Andere Verfahren orientieren sich demgegenüber eher an den *Unterschieden* zwischen Fällen, vgl. [121], Kap. 8.)

Damit begegnen wir hier einer ähnlichen Aufgabenstellung wie beim Maschinellen Lernen (vgl. Kapitel 5), und tatsächlich lassen sich die durch Verfahren des maschinellen Lernens aufgebauten Hierarchien (wie z.B. Merkmalsbäume) zur Organisation von Fallbasen gut verwenden. Die Idee dazu ist folgende: Fälle werden entsprechend ihrer Verwandtschaft in *Gruppen* zusammengefasst. Gilt es nun, passende Fälle zu einem neuen Fall zu selektieren, so wird die geeignetste dieser Gruppen ausgemacht und nur die zugehörigen Fälle werden durchsucht. Hierarchien bilden sich, wenn Gruppen rekursiv in Untergruppen aufgespalten werden. Die inneren Knoten dieser Hierarchien sind (abstrakte) Merkmale, die alle unter ihnen liegenden Fälle besitzen. Die Blattknoten bestehen aus Fällen oder Mengen ähnlicher Fälle.

Die Selektion von Fällen in einer solchen hierarchischen Fallbasis beginnt mit einer Breitensuche: Der neue Fall wird mit den Knoten auf der höchsten Hierarchiestufe verglichen, und der geeignetste dieser Knoten wird ausgewählt. Handelt es sich hierbei um einen Fall oder um eine Menge von Fällen, so werden diese zurückgegeben. Anderenfalls wiederholt sich das Verfahren rekursiv, bis es die Blätter des Hierarchie-Baums, also die Fälle, erreicht.

Informell lässt sich der *Suchalgorithmus in einer hierarchischen Fallbasis* so beschreiben:

Eingabe: Eine hierarchische Fallbasis; ein neuer Fall.

Ausgabe: Diejenigen Fälle der Fallbasis, die am besten
                zu dem neuen Fall passen.

Setze $N :=$ Wurzel der Hierarchie;
repeat until N ist ein Blattknoten
    Finde den Knoten unter N, der am besten zum neuen Fall passt;
return N.

Die Nachteile einer hierarchischen Organisation der Fallbasis – z.B.

- eine Hierarchie benötigt mehr Speicherplatz als flache Strukturen;

- die Integration neuer Fälle erfordert mehr Sorgfalt –

werden in der Regel durch den Vorteil der verbesserten Effektivität mehr als aufgewogen.

Um eine Merkmalshierarchie zu optimieren, kann man beim Aufbau der Hierarchie die Merkmale nach ihrer Relevanz anordnen (*prioritized network*). Liegen wichtige Merkmale auf hohen Hierarchiestufen, so wird sichergestellt, dass der Abgleich diese besonders relevanten Aspekte zuerst berücksichtigt und die Suche daher gezielt und erfolgreich verläuft. Anderenfalls kann es passieren, dass nicht-optimale Fälle selektiert werden.

6.8   Die Bestimmung der Ähnlichkeit

Ähnlichkeit ist ein zentraler (und schon vielfach strapazierter) Begriff im Bereich des fallbasierten Schließens. Bisher, so scheint es, haben wir "um den heißen Brei" herumgeredet: Wie lassen sich Ähnlichkeiten denn nun konkret bestimmen? Der springende Punkt hier ist, dass zur Bestimmung der Ähnlichkeit zwar gewisse Berechnungen ausgeführt werden, Ähnlichkeit sich aber nur schwer auf den Vergleich *quantitativer Werte* reduzieren lässt. Fast immer müssen auch *qualitative Aspekte* berücksichtigt werden, was z.B. durch unterschiedliche Gewichtungen oder Abstraktionen zum Ausdruck gebracht werden kann. Formeln zur Berechnung der Ähnlichkeit sollten also nicht blindlings angewandt werden. Immer muss vorher geprüft werden, ob die entsprechende Formel dem gestellten Problem und den gespeicherten Fällen gerecht wird.

Die im vorigen Abschnitt besprochenen Suchalgorithmen führen eine *Grobsuche* durch: Sie suchen aus der Fallbasis diejenigen Fälle heraus, die überhaupt für eine Ähnlichkeitsuntersuchung in Betracht kommen (z.B. mittels invertierter Indizierung oder mit Hilfe hierarchischer Strukturen). Jeder als relevant erkannte Fall der Fallbasis wird mit dem neuen Fall verglichen.

Es gibt eine Reihe von *Ähnlichkeitsmaßen*, die zu diesem Zweck angewendet werden können. Sie berechnen einen numerischen Wert, der die Ähnlichkeit zwischen beiden Fällen ausdrückt. Der oder die *ähnlichsten* Fälle, also diejenigen mit dem höchsten *Ähnlichkeitswert*, werden schließlich selektiert und entweder dem Benutzer präsentiert oder zwecks Lösungsadaption weitergeleitet. Wir werden im Folgenden einige dieser Ähnlichkeitsmaße vorstellen. Zu diesem Zweck benutzen wir eine formale Repräsentation der Fälle, bestehend aus Attribut-Wert-Paaren. Legen wir eine Reihenfolge der Deskriptoren fest, so entspricht also jedem Fall $\mathbf{x}$ ein Tupel

$$\mathbf{x} = (x_1, \ldots, x_n)$$

wobei jedes x_i aus dem Wertebereich des i-ten Merkmals stammt. Hierbei wird manchmal angenommen, dass alle x_i reelle Zahlen sind, was man durch geeignete Codierung stets erreichen kann.

Die Grundidee der meisten im fallbasierten Schließen verwendeten Ähnlichkeitsmaße besteht darin, dass sich die (Gesamt-)Ähnlichkeit zweier Fälle durch einen Abgleich der einzelnen Merkmale bestimmen lässt:

$$\mathbf{sim}(\mathbf{x}, \mathbf{y}) = function(sim_1(x_1, y_1), \ldots, sim_n(x_n, y_n)) \tag{6.1}$$

wobei $\mathbf{x} = (x_1, \ldots, x_n)$, $\mathbf{y} = (y_1, \ldots, y_n)$ zwei Fälle repräsentieren und die sim_i reelle Funktionen sind, die jeweils die Ähnlichkeit zwischen verschiedenen Werten eines Merkmals bestimmen. Durch die Wahl verschiedener solcher Ähnlichkeitsfunktionen ist es möglich, die spezifischen Eigenheiten der Merkmale zu berücksichtigen. Allerdings sollte darauf geachtet werden, dass die resultierenden einzelnen Ähnlichkeiten auf einer für alle Deskriptoren verbindlichen Skala gemessen und interpretiert werden, d.h. ein Ähnlichkeitswert von z.B. 0.9 auf einer Skala von 0 bis 1 sollte für *alle* Merkmale bedeuten *"sehr ähnlich"*.

6.8.1 Die Hamming-Ähnlichkeit

Wir beginnen mit einem recht einfachen und groben Ähnlichkeitsmaß, das für zweiwertige Merkmale aber eine sehr fundamentale Bedeutung hat und auf der *Hamming-Distanz* basiert.

Wir nehmen zunächst an, dass alle unsere Attribute zweiwertig sind, also durch Werte wie *wahr, falsch; ja, nein; Frau, Mann* etc. beschrieben werden können. Wir vereinbaren $x_i, y_i \in \{0, 1\}$ mit einer entsprechenden Interpretation der Werte. Die *Hamming-Distanz* zweier Fälle $\mathbf{x}, \mathbf{y}$ ist dann definiert durch

$$dist_H(\mathbf{x}, \mathbf{y}) = \sum_{i=1}^{n} |x_i - y_i|$$

Stimmen $\mathbf{x}$ und $\mathbf{y}$ in allen Komponenten überein, so ist der Hamming-Abstand zwischen ihnen 0, sind sie vollkommen verschieden (d.h. $x_i \neq y_i$ für alle i), so beträgt der Hamming-Abstand zwischen ihnen n, ist also maximal. Um daraus ein Ähnlichkeitsmaß zu gewinnen, das Werte zwischen 0 und 1 annimmt, bilden wir

$$\mathbf{sim}_H(\mathbf{x}, \mathbf{y}) = 1 - \frac{dist_H(\mathbf{x}, \mathbf{y})}{n}$$

$$= 1 - \frac{\sum_{i=1}^{n} |x_i - y_i|}{n} \tag{6.2}$$

Beispiel 6.11 (Kino 1) Das Kino-Beispiel aus dem Kapitel "Maschinelles Lernen" (s. Abschnitt 5.3) lässt sich auch fallbasiert behandeln: Jeder Kinobesuch entspricht einem Fall, der durch die Attribute *Attraktivität, Preis, Loge, Wetter, Warten, Besetzung, Kategorie, Reservierung, Land* und *Gruppe* beschrieben bzw. indiziert ist. Die *Lösung* besteht aus der Antwort auf die Frage, ob man sich den entsprechenden Film ansehen soll oder nicht.

Um der Bedingung der Zweiwertigkeit zu genügen, müssen einige der Attributwerte vergröbert werden; bei anderen geben wir explizit die binäre Codierung an:

Attraktivität	hoch (1), gering/mittel (0)
Wetter	gut (1), schlecht (0)
Kategorie	Action/Komödie (1), Drama/Science Fiction (0)
Land	national (1), international (0)
Gruppe	≥ 3 Leute (1), ≤ 2 Leute (0)

Für die übrigen Merkmale behalten wir das übliche *Ja*=1/*Nein*=0-Schema bei. Entsprechend modifiziert könnten sich die 15 Fälle $\mathbf{x}_1, \ldots, \mathbf{x}_{15}$ aus Abbildung 5.3 in Kapitel 5.3 folgendermaßen präsentieren:

Fall	*Attr.*	*Preis*	*Loge*	*Wetter*	*Warten*	*Bes.*	*Kat.*	*Land*	*Res.*	*Gruppe*	*Kino-besuch?*
$\mathbf{x}_1$	1	0	1	0	1	1	1	0	1	1	ja
$\mathbf{x}_2$	0	1	1	0	0	0	1	0	0	0	ja
$\mathbf{x}_3$	0	1	0	0	1	0	0	0	0	1	nein
$\mathbf{x}_4$	0	1	1	0	1	0	0	0	0	0	nein
$\mathbf{x}_5$	0	1	1	0	0	0	0	0	0	0	ja
$\mathbf{x}_6$	1	0	1	1	0	1	0	0	1	1	ja
$\mathbf{x}_7$	0	1	1	0	0	0	1	1	0	1	ja
$\mathbf{x}_8$	0	1	0	0	1	0	1	0	0	1	ja
$\mathbf{x}_9$	0	1	1	1	0	0	1	1	0	1	nein
$\mathbf{x}_{10}$	0	1	1	1	0	0	1	0	0	0	nein
$\mathbf{x}_{11}$	1	1	1	0	1	1	0	0	0	0	ja
$\mathbf{x}_{12}$	0	1	0	0	1	0	1	1	0	0	nein
$\mathbf{x}_{13}$	1	0	1	0	1	0	0	0	0	0	nein
$\mathbf{x}_{14}$	0	1	1	1	1	1	0	0	1	1	nein
$\mathbf{x}_{15}$	0	1	1	0	0	0	1	0	0	0	ja

Ein neuer Fall $\mathbf{y}$ habe die folgenden Attributwerte:

Fall	*Attr.*	*Preis*	*Loge*	*Wetter*	*Warten*	*Bes.*	*Kat.*	*Land*	*Res.*	*Gruppe*	*Kino?*
$\mathbf{y}$	0	0	0	1	1	1	1	0	0	0	???

Die Ähnlichkeit zwischen $\mathbf{y}$ und $\mathbf{x}_1$ lässt sich dann beispielsweise wie folgt bestimmen:

$$\mathbf{sim}_H(\mathbf{y}, \mathbf{x}_1) = 1 - \frac{1}{10} \sum_{i=1}^{10} |x_{1i} - y_i|$$

$$= 1 - \frac{1}{10} \cdot 5$$

$$= 0.5$$

$\square$

Selbsttestaufgabe 6.12 (Ähnlichkeit) Berechnen Sie alle Ähnlichkeitswerte im obigen Beispiel zwischen $\mathbf{y}$ und den Fällen $\mathbf{x}_1, \ldots, \mathbf{x}_{15}$. Welche Fälle der Fallbasis $\{\mathbf{x}_1, \ldots, \mathbf{x}_{15}\}$ sind dem neuen Fall $\mathbf{y}$ am ähnlichsten? $\blacksquare$

6.8.2 Die gewichtete Hamming-Ähnlichkeit

Beim Lernen von Entscheidungsbäumen hatten wir allerdings bereits das Problem angesprochen, dass einige Attribute für die Entscheidung bzw. für die Beurteilung einer Situation (wie es beim fallbasierten Schließen erforderlich ist) wichtiger sein können als andere. Eine solche *Priorisierung* lässt sich bei der Ähnlichkeitsbemessung durch unterschiedliche *Gewichte*, die man den Attributen zuordnet, realisieren.

Die Formel (6.2) für die Hamming-Ähnlichkeit lässt sich auch in der Form

$$\mathbf{sim}_H(\mathbf{x}, \mathbf{y}) = \frac{n - \sum_{i=1}^{n} |x_i - y_i|}{n}$$

$$= \frac{\sum_{i=1}^{n}(1 - |x_i - y_i|)}{n}$$

schreiben. Die Summanden $1 - |x_i - y_i|$ messen jeweils die Ähnlichkeiten der Attributwerte, wobei jede Ähnlichkeit mit demselben Gewicht, nämlich 1, in die Berechnung eingeht. Das lässt sich durch die Einführung nichtnegativer Gewichtsfaktoren w_i verallgemeinern, und man erhält eine *gewichtete Hamming-Ähnlichkeit* mit Hilfe der Formel

$$\mathbf{sim}_H^w(\mathbf{x}, \mathbf{y}) = \frac{\sum_{i=1}^{n} w_i(1 - |x_i - y_i|)}{\sum_{i=1}^{n} w_i} \qquad (w_i \geq 0) \qquad (6.3)$$

wiederum für binäre Attribute. Der Faktor $\frac{1}{\sum_{i=1}^{n} w_i}$ dient der Normierung, so dass wie bisher $0 \leq \mathbf{sim}_H^w(\mathbf{x}, \mathbf{y}) \leq 1$ gilt. Der Gewichtsfaktor w_i drückt aus, wie stark der Ähnlichkeitswert des i-ten Merkmalswerts die Gesamtähnlichkeit beeinflussen soll. Er beruht nicht selten auf subjektiven Einschätzungen, also auf Expertenwissen.

Für Berechnungen ist es oft günstiger, Formel (6.3) in eine (6.2) ähnliche Form zu bringen:

$$\text{sim}_H^w(\mathbf{x}, \mathbf{y}) = \frac{\sum_{i=1}^n w_i(1 - |x_i - y_i|)}{\sum_{i=1}^n w_i}$$

$$= \frac{\sum_{i=1}^n w_i - \sum_{i=1}^n w_i|x_i - y_i|}{\sum_{i=1}^n w_i}$$

$$= 1 - \frac{\sum_{i=1}^n w_i|x_i - y_i|}{\sum_{i=1}^n w_i}$$

$$= 1 - \frac{\sum_{i : x_i \neq y_i} w_i}{\sum_{i=1}^n w_i} \tag{6.4}$$

Wir wollen dies am Kino-Beispiel ausprobieren.

Beispiel 6.13 (Kino 2) Die Attribute *Gruppe* und *Wetter* hatten sich beim Entscheidungsbaumlernen als sehr aussagekräftig herausgestellt, während die Aspekte *Reservierung* und *Preis* sehr wenig Einfluss auf die Entscheidung "Kino-Besuch – ja oder nein?" hatten. Durch eine entsprechende Gewichtung fließen diese Überlegungen in die folgende Ähnlichkeitsbemessung mit ein, wobei zwischen den übrigen Merkmalen nicht mehr weiter differenziert wird:

Merkmal	w_i	Merkmal	w_i
Gruppe	1	Wetter	1
Attraktivität	0.5	Besetzung	0.5
Loge	0.5	Kategorie	0.5
Warten	0.5	Land	0.5
Preis	0	Reservierung	0

Die Summe aller Gewichte errechnet sich zu $\sum_{i=1}^{10} w_i = 5$. Damit ist

$$\text{sim}_H^w(\mathbf{x}_1, \mathbf{y}) = 1 - \frac{1}{5}(0.5 + 0.5 + 1 + 1)$$
$$= 1 - 0.6$$
$$= 0.4 \qquad \square$$

Selbsttestaufgabe 6.14 (Ähnlichkeit) Berechnen Sie auf der Basis des Ähnlichkeitsmaßes (6.3) bzw. (6.4) nun erneut die Ähnlichkeitswerte im Kino-Beispiel. Welcher Fall bzw. welche Fälle würden nun als ähnlichste(r) selektiert? ∎

6.8.3 Verallgemeinerte Ähnlichkeiten

Die gewichtete Hamming-Ähnlichkeit (6.3) lässt sich nun leicht verallgemeinern, um die Ähnlichkeit nicht nur binärer Merkmale, sondern von Merkmalen mit beliebigen Attributwerten beurteilen zu können. Ein Ähnlichkeitsmaß der Form (6.1) kann allgemein realisiert werden in der Form

$$\mathbf{sim(x, y)} = \frac{\sum_{i=1}^{n} w_i \, sim_i(x_i, y_i)}{\sum_{i=1}^{n} w_i} \tag{6.5}$$

als gewichtete Summe der Ähnlichkeitswerte bzgl. einzelner Merkmale. Zur Festlegung der Funktionen sim_i bieten sich bei reellen Attributwerten normierte Differenzen an (*quantitative Ähnlichkeitsbestimmung*), es werden aber auch Ähnlichkeitswerte aufgrund von Klasseneinteilungen (*qualitative Ähnlichkeitsbestimmung*) festgelegt oder sogar subjektiv beurteilt. Mit Hilfe eines solchen Ähnlichkeitsmaßes soll das folgende Beispiel behandelt werden:

Beispiel 6.15 (Fußball) Ein Fußballverein hat einen neuen Spieler erworben. Die Ablösesumme steht fest, aber für die Festsetzung des Gehalts hat sich der Verein noch einen Spielraum ausbedungen. Um das Mannschaftsklima nicht durch finanzielle Diskrepanzen zu belasten, möchte nun der Trainer das Gehalt des neuen Spielers an die Gehälter der anderen Mannschaftsmitglieder anpassen. Er vergleicht also den Neuzugang mit allen übrigen Spielern. Auf der Basis des Gehalts des so gefundenen ähnlichsten Spielers soll auch das Gehalt des neuen Spielers bemessen werden.

Die *Fälle*, die der Trainer zu betrachten hat, sind also die *Spieler*, wobei seine *Fallbasis* aus den Beschreibungen der bereits etablierten Mannschaftsmitglieder besteht und der *neue Spieler* auch einen *neuen Fall* darstellt. Zur Beschreibung bzw. Indizierung der Spieler werden die folgenden *Merkmale* verwendet:

Name	(Zeichenkette)
Position	{Stürmer, Mittelfeld, Abwehr, Torwart}
Alter	(natürliche Zahl)
Anzahl Spiele	(natürliche Zahl)
Gewicht	(Dezimalzahl)
Größe	(Dezimalzahl)
Jahresgehalt	(in Geldeinheiten)
Titel	{ohne, WM, EM}
erzielte Tore	(natürliche Zahl)
Teamgeist	(Note zwischen 1 und 6)
Technik	(Note zwischen 1 und 6)
Zweikampf	(Note zwischen 1 und 6)
Kopfball	(Note zwischen 1 und 6)
Torgefährlichkeit	(Note zwischen 1 und 6)
Kondition	(Note zwischen 1 und 6)
Takt. Flexibilität	(Note zwischen 1 und 6)
Standardsituationen	(Note zwischen 1 und 6)
Nervenstärke	(Note zwischen 1 und 6)

Die Tabelle in Abbildung 6.2 enthält die Beschreibung des neuen Spielers, *Hans Neumann*, sowie die Beschreibungen dreier weiterer Spieler (*Jürgen Klicker, Erik Mittland, Carlos Lizero*) als *repräsentative Fälle* der Fallbasis.

Um Formel (6.5) anwenden zu können, müssen

- die Funktionen sim_i und

- die Gewichte w_i

Name	J. Klicker	E. Mittland	C. Lizero	H. Neumann
Position	Stürmer	Mittelfeld	Abwehr	Mittelfeld
Alter	34	27	25	26
Anzahl Spiele	108	52	38	31
Gewicht	76	63	80	80
Größe	1.80	1.72	1.85	1.85
Jahresgehalt	$***$	$**$	$***$	???
Titel	EM	–	WM	WM
erzielte Tore	46	2	4	8
Teamgeist	1.5	3.5	2.5	2.0
Technik	4.0	2.5	2.0	1.5
Zweikampf	2.5	2.0	1.5	2.0
Kopfball	2.0	3.0	2.0	2.5
Torgefährlichkeit	1.5	3.5	3.0	2.5
Kondition	1.5	1.5	2.5	1.5
Takt. Flexibilität	3.0	4.0	2.0	1.5
Standardsituationen	2.0	3.5	3.5	1.5
Nervenstärke	2.0	4.0	2.5	2.0

Abbildung 6.2 Beschreibungen der Fußballspieler

für jedes Merkmal bestimmt werden.

Name spielt für das Weitere keine Rolle. Ebenso bleibt das Attribut *Jahresgehalt* unberücksichtigt, da dessen Bestimmung gerade das Ziel des CBR-Prozesses ist. Bei den Merkmalen *Position, Alter, Anzahl Spiele, Gewicht, Größe* und *erzielte Tore* wird eine subjektive Bewertung der Ähnlichkeit vorgenommen. Beispielsweise bewerten wir bei dem Merkmal *Alter* das Alter von H. Neumann (26 Jahre) als maximal ähnlich sowohl zu dem Alter von E. Mittland (25 Jahre) als auch zu dem Alter von C. Lizero (27 Jahre), während wir bei dem Alter von J. Klicker (34 Jahre) nur eine Ähnlichkeit von 0.4 sehen. Für das Merkmal *Titel* verwenden wir die Funktion:

$$sim_{Titel}(x_{Titel}, y_{Titel}) = \begin{cases} 1 & \text{falls} \quad x_{Titel} = y_{Titel} \\ 0.5 & \text{falls} \quad x_{Titel} \neq y_{Titel}, \; x_{Titel}, y_{Titel} \in \{WM, EM\} \\ 0 & \text{sonst} \end{cases}$$

Die Werte der restlichen Attribute sind Noten zwischen 1 und 6. Da die maximale Distanz der Noten 5 beträgt, lässt sich deren Ähnlichkeit quantitativ bestimmen durch:

$$sim(Note_1, Note_2) = 1 - \frac{|Note_1 - Note_2|}{5}$$

In Abbildung 6.3 sind die Ähnlichkeiten bzgl. aller Merkmale zwischen Hans Neumann und seinen drei Mannschaftskollegen aufgelistet, außerdem die Gewichtungen w_i der Merkmale. Auch letztere sind subjektive Schätzwerte, die durchaus von Trainer zu Trainer variieren können.

Die Aufsummierung der Gewichte ergibt den Normierungsfaktor $\sum_i w_i = 8.2$. Die Ähnlichkeit zwischen *J. Klicker* und *H. Neumann* ergibt sich dann rechnerisch

Name	w_i	J. Klicker	E. Mittland	C. Lizero
Position	0.8	0.5	1.0	0.5
Alter	0.4	0.4	1.0	1.0
Anzahl Spiele	0.4	0.2	0.6	0.9
Gewicht	0	0.8	0.2	1.0
Größe	0	0.9	0.6	1.0
Titel	0.2	0.5	0	1.0
erzielte Tore	0.6	0.1	0.6	0.8
Teamgeist	0.6	0.9	0.7	0.9
Technik	1.0	0.5	0.8	0.9
Zweikampf	0.8	0.9	1.0	0.9
Kopfball	0.8	0.9	0.9	0.9
Torgefährlichkeit	0.8	0.8	0.8	0.9
Kondition	0.4	1.0	1.0	0.8
Takt. Flexibilität	0.4	0.7	0.5	0.9
Standardsituationen	0.8	0.9	0.6	0.6
Nervenstärke	0.2	1.0	0.6	0.9

Abbildung 6.3 Ähnlichkeiten der Fußballspieler zu H. Neumann

zu

$$\textbf{sim}(J.\,Klicker,\ H.\,Neumann) = \frac{1}{8.2} \cdot (0.5 \cdot 0.8 + 0.4 \cdot 0.4 + 0.2 \cdot 0.4 +$$
$$+0.5 \cdot 0.2 + 0.1 \cdot 0.6 + 0.9 \cdot 0.6 + 0.5 \cdot 1.0 + 0.9 \cdot 0.8 + 0.9 \cdot 0.8 +$$
$$+0.8 \cdot 0.8 + 1.0 \cdot 0.4 + 0.7 \cdot 0.4 + 0.9 \cdot 0.8 + 1.0 \cdot 0.2)$$
$$\approx 0.67$$

und es gilt:

$$\textbf{sim}(E.\,Mittland,\ H.\,Neumann) \ \approx \ 0.78$$
$$\textbf{sim}(C.\,Lizero,\ H.\,Neumann) \ \approx \ 0.83$$

Carlos Lizero ist seinem neuen Teamkameraden also am ähnlichsten.   □

Die Ähnlichkeitsbeurteilung in diesem Fußball-Beispiel ließe sich noch in zweierlei Hinsicht verbessern:

1. Statt der *absoluten* Torzahl sollte man passenderweise die relative Torzahl *Anzahl Tore pro Spiel* wählen. Solche Relativierungen bieten sich in vielen Bereichen an und sind Sache der Situationsanalyse.

2. Die Gewichtungen der einzelnen Attribute sollte *kontextabhängig* erfolgen, wobei der Kontext durch die Position des Spielers bestimmt wird. Für Stürmer könnte man beispielsweise das Gewicht der Merkmale *erzielte Tore* und *Torgefährlichkeit* heraufsetzen, für Mittelfeldspieler ist eine *taktische Flexibilität* wichtig, und Abwehrspieler sollten *zweikampfstark* sein. Dies ließe sich durch mehrere Sätze von Gewichtsfaktoren realisieren, die in Abhängigkeit vom Kontext ausgewählt würden.

Selbsttestaufgabe 6.16 (Nährwerte) Betrachten Sie die folgenden Nährwerttabellen [126]:

Obst

Attribute	Einheit	ω_i	Apfel	Apfelsine	Aprikose	Banane	Papaya
Kalorien	kcal	1.0	50	44	47	81	14
Fett	g	0.5	0.6	0.2	0.2	0.2	0.13
Kohlenhydrate	g	0.5	10.1	9.4	10.0	18.8	2.4
Calcium	mg	0.3	7.3	42.0	17.0	8.0	23.3
Magnesium	mg	0.2	*	14.0	9.3	36.0	40.0
Vitamin C	mg	0.5	12.0	50.0	10.0	11.3	70.0

Gemüse

Attribute	Einh.	ω_i	Artischocke	Aubergine	Broccoli	Tomate	Zucchini
Kalorien	kcal	1	49	21	24	17	19
Fett	g	0.5	0.1	0.2	0.2	0.2	0.4
Kohlenhydr.	g	0.5	9.5	3.5	2.0	2.9	2.2
Calcium	mg	0.3	53.0	12.0	113.0	13	30.0
Magnesium	mg	0.2	26.0	10.0	24.0	20.0	*
Vitamin C	mg	0.5	8.0	5.0	110.0	24.0	16.0

Die Werte beziehen sich jeweils auf 100 Gramm; * bedeutet, dass keine Werte zur Verfügung stehen. Benutzen Sie die verallgemeinerte Hammingähnlichkeit mit den in der Tabelle angegebenen Gewichten, um die folgenden Fragen zu beantworten:

1. Welchem Obst sind Tomaten in Bezug auf diese Nährwerttabelle am ehesten vergleichbar?

2. Welchem Gemüse entspricht die Aprikose am ehesten?

Hierbei sei

$$sim_i(x_i, y_i) = 1 - \frac{|x_i - y_i|}{x_i + y_i}$$

für alle in der Tabelle angegebenen Attribute. Ist der Wert eines Attributs für ein Nahrungsmittel nicht angegeben, soll es beim Berechnen der Ähnlichkeit nicht berücksichtigt werden. ∎

6.8.4 Beispiel: Ähnlichkeiten im PATDEX/2 - System

PATDEX – bzw. sein verbesserter Nachfolger PATDEX/2 – ist ein CBR-System zur technischen Fehlerdiagnose, das in das wissensbasierte Diagnose-System MOLTKE eingebettet ist (vgl. z.B. [196]). Das PATDEX-Ähnlichkeitsmaß, das wir in diesem Abschnitt vorstellen wollen,

- realisiert kontextabhängige Gewichtsfaktoren,

- verarbeitet auch unvollständige Fallbeschreibungen,

- basiert auf *"hinreichender"* Ähnlichkeit.

Zwei Attributwerte x_i, y_i werden dabei als *hinreichend ähnlich* angesehen, wenn für den zugehörigen Ähnlichkeitswert $1 \geq sim_i(x_i, y_i) > 1 - \delta_i$ gilt, wobei $\delta_i > 0$ ist. $1 - \delta_i$ stellt also einen *Schwellenwert* für die Ähnlichkeit dar, der für jedes Merkmal festgelegt werden kann.

Die Fälle der Fallbasis von PATDEX sind Tupel $\mathbf{x} = (x_1, \ldots, x_n; D_j)$, wobei jedes x_i das entsprechende Attribut bzw. Symptom A_i beschreibt und $D_j \in \{D_1, \ldots, D_m\}$ die (bestätigte) Diagnose des Falles $\mathbf{x}$ ist. Bei der Diagnose handelt es sich also im Wesentlichen um eine Klassifikationsaufgabe, bei der die Diagnosen $D_1, \ldots, D_m$ die möglichen und verschiedenen Klassen darstellen. Da Symptome oft mehr oder weniger typisch für eine bestimmte Diagnose sind, wird für jedes Attribut-Diagnose-Paar (A_i, D_j) ein Gewichtsfaktor $w_{ij} = w_i(D_j)$ bestimmt, der die Relevanz des Symptoms A_i für die Diagnose D_j ausdrückt. Alle diese Relevanzfaktoren werden in der *Relevanzmatrix*

$$R = \begin{pmatrix} & \begin{array}{c|cccc} & D_1 & D_2 & \cdots & D_m \\ \hline A_1 & w_{11} & w_{12} & \cdots & w_{1m} \\ A_2 & w_{21} & w_{22} & \cdots & w_{2m} \\ \vdots & \vdots & \vdots & \ddots & \vdots \\ A_n & w_{n1} & w_{n2} & \cdots & w_{nm} \end{array} \end{pmatrix}$$

zusammengefasst. Hierbei wird

$$\sum_{i=1}^{n} w_{ij} = 1$$

für alle $j \in \{1, \ldots, m\}$ aus Normierungsgründen gefordert.

Um auch unvollständige Fallbeschreibungen bearbeiten zu können, wird für jedes Attribut A_i der Wertebereich um den Wert $unbekannt^{(i)}$ erweitert. Man könnte die Definition von sim_i erweitern durch $sim_i(x_i, y_i) = 0$, wenn $x_i = unbekannt^{(i)}$ oder $y_i = unbekannt^{(i)}$ ist; dies wird im Folgenden aber nicht benötigt.

Der Kontext zur Berechnung der Ähnlichkeit zwischen einem neuen Fall $\mathbf{y}$ und einem Fall $\mathbf{x}$ der Fallbasis wird hier durch den bereits behandelten Fall bzw. durch die zugehörige Diagnose bestimmt. Sei also

$$\begin{aligned} \mathbf{x} &= (x_1, \ldots, x_n; D_j) \\ \mathbf{y} &= (y_1, \ldots, y_n; ???) \end{aligned}$$

Zu diesen beiden Fällen definieren wir die folgenden Indexmengen:

- $\mathcal{E} := \{i \mid x_i, y_i \neq unbekannt^{(i)}, sim_i(x_i, y_i) > 1 - \delta_i\}$ (hinreichend ähnliche (*Equal*) Attributwerte);

- $\mathcal{C} := \{i \mid x_i, y_i \neq unbekannt^{(i)}, sim_i(x_i, y_i) \leq 1 - \delta_i\}$ (signifikant unterschiedliche (*Conflicting*) Attributwerte);

- $\mathcal{U} := \{i \mid y_i = unbekannt^{(i)}\}$ (unbekannte (*Unknown*) Attributwerte des neuen Falls);

- $\mathcal{A} := \{i \mid x_i = unbekannt^{(i)} \wedge y_i \text{ ist abnormal}\}$ (abnormale (*Abnormal*) Attributwerte des neuen Falls).

Das Wissen, ob ein Attributwert Ausdruck eines normalen Systemverhaltens oder *abnormal* und damit gegebenenfalls als ein Hinweis auf ein ernstes Problem zu sehen ist, ist vom jeweiligen Anwendungsbereich abhängig.

Bei der Berechnung der folgenden Größen E, C und U wird auf die Relevanzfaktoren zurückgegriffen, wobei die Diagnose D_j des Vergleichsfalls entscheidend ist:

$$E \quad := \quad \sum_{i \in \mathcal{E}} w_{ij} \, sim_i(x_i, y_i)$$

$$C \quad := \quad \sum_{i \in \mathcal{C}} w_{ij}(1 - sim_i(x_i, y_i))$$

$$U \quad := \quad \sum_{i \in \mathcal{U}} w_{ij}$$

$$A \quad := \quad |\mathcal{A}|$$

Die abnormalen Merkmalswerte des neuen Falls verdienen besondere Beachtung und werden daher mit dem maximalen Gewicht, also mit 1, versehen.

Die Ähnlichkeit zwischen $\mathbf{x}$ und $\mathbf{y}$ berechnet sich schließlich zu

$$\mathbf{sim}(\mathbf{x}, \mathbf{y}) = \frac{\alpha E}{\alpha E + \beta C + \eta U + \gamma A} \tag{6.6}$$

wobei $\alpha, \beta, \gamma, \eta > 0$ sind; in der Praxis haben sich die Werte $\alpha = 1, \beta = 2, \gamma = 1, \eta = 1/2$ bewährt.

Beispiel 6.17 (PATDEX) Stellen wir uns ein kleines wissensbasiertes Diagnosesystem vor, dessen Aufgabe es ist, eine Krankheit anhand dreier Symptome A_1, A_2, A_3 zu diagnostizieren oder auszuschließen. Als mögliche Diagnosen kommen dann $D_1 =$ "die Krankheit liegt vor" und $D_2 =$ "die Krankheit liegt nicht vor" in Frage. Als Relevanzmatrix sei

$$R = \begin{pmatrix} & D_1 & D_2 \\ A_1 & \frac{4}{15} & \frac{1}{3} \\ A_2 & \frac{1}{3} & \frac{2}{9} \\ A_3 & \frac{2}{5} & \frac{4}{9} \end{pmatrix}$$

gegeben, und die Fallbasis bestehe aus 3 Fällen:

$$\mathbf{x}_1 \quad = \quad (1, 1, 1; D_1)$$
$$\mathbf{x}_2 \quad = \quad (0, 1, 0; D_2)$$
$$\mathbf{x}_3 \quad = \quad (0, 1, 1; D_1)$$

Ein neuer Fall liege in der Form

$$\mathbf{y} = (1, ?, 1; ??)$$

vor, wobei ? bedeutet, dass der entsprechende Attributwert nicht bekannt ist. Wir wollen die Ähnlichkeiten zwischen dem neuen Fall und jedem Fall der Fallbasis auf der Basis des PATDEX-Ähnlichkeitsmaßes (6.6) berechnen. Da es sich um binäre Attributwerte handelt, bestimmen wir die Ähnlichkeit sim_i der einzelnen Komponenten $i = 1, 2, 3$ mit Hilfe der Hamming-Distanz. Wir erhalten für $\mathbf{x}_1$:

$$\begin{aligned}
\mathcal{E}_1 &= \{1, 3\} \\
\mathcal{C}_1 &= \emptyset \\
\mathcal{U} &= \{2\} \\
\mathcal{A} &= \emptyset
\end{aligned}$$

also

$$\begin{aligned}
E_1 &= w_{11} + w_{31} = \frac{4}{15} + \frac{2}{5} = \frac{2}{3} \\
C_1 &= 0 \\
U_1 &= w_{21} = \frac{1}{3} \\
A &= 0
\end{aligned}$$

Damit ist

$$\begin{aligned}
\mathbf{sim}(\mathbf{x}_1, \mathbf{y}) &= \frac{E_1}{E_1 + 2C_1 + \frac{1}{2}U_1 + A} \\
&= \frac{\frac{2}{3}}{\frac{2}{3} + \frac{1}{6}} = \frac{4}{5}
\end{aligned}$$

$\square$

Selbsttestaufgabe 6.18 (Ähnlichkeit im PATDEX/2-System) Bestimmen Sie wie im obigen Beispiel auch die Ähnlichkeiten $\mathbf{sim}(\mathbf{x}_2, \mathbf{y})$ und $\mathbf{sim}(\mathbf{x}_3, \mathbf{y})$. $\blacksquare$

6.8.5   Andere Ähnlichkeitsbestimmungen

Ganz andere Wege beschreiten Systeme, die *Erklärungen* oder *Abstraktionshierarchien* zur Bestimmung der Ähnlichkeit verwenden. Hier werden Fälle z.B. als ähnlich angesehen, die eine ähnliche Erklärung haben. Bei Abstraktionshierarchien lässt sich der Abstand, den zwei Fälle gemäß dem zugehörigen Hierarchiegraphen haben, zur Definition eines Ähnlichkeitsmaßes benutzen (vgl. [121], Kapitel 9).

Eine operationale und zweckmäßige, aber auch sehr aufwendige Methode zur Ähnlichkeitsbestimmung ist die, Ähnlichkeit auf der Basis der Adaptionsfähigkeit zu bemessen. Demnach ist ein Fall dem neuen Fall *besonders ähnlich*, wenn seine adaptierte Lösung eine *besonders gute* Lösung für den neuen Fall darstellen würde (*"similarity is adaptability"*, vgl. [18, 139]).

6.9   Adaption

Ist nun nach der Retrieval-Phase der einem neuen Fall ähnlichste Fall herausgesucht, so steht mit der Lösung des alten Falls eine mögliche Lösung des aktuellen

Problems zur Verfügung. Bei rein interpretativen CBR-Aufgaben (wie z.B. Klassifikation oder Diagnose) ist damit schon die endgültige Lösung gefunden (die allerdings noch evaluiert werden sollte), da die Klasseneinteilung nicht variabel ist. In unserem Kino-Beispiel sind diese Klassen z.B. gegeben durch die Alternative "*Kinobesuch – ja oder nein?*", und man würde hier die Entscheidung des ähnlichsten Falles übernehmen. In der Diagnose geht man ähnlich vor.

Oftmals jedoch passen vorgeschlagene Lösungen nicht ganz zur Problembeschreibung des neuen Falls. Eine vollständige Gleichheit zwischen alten und neuen Situationen kann nicht erwartet werden, jede neue Situation birgt in der Regel auch neue Aspekte. Daher müssen Lösungen alter, ähnlicher Fälle an die neue Situation angepasst, *adaptiert*, werden. *Adaption* bezeichnet also den

> *Vorgang, eine (vorgeschlagene) Lösung, die sich als nicht ganz richtig für eine (gegebene) Problembeschreibung erweist, so zu manipulieren, dass sie besser zu dem Problem passt.*

Wurden mehrere Fälle als ähnlichste Fälle rekrutiert, so müssen auch mehrere Lösungsansätze berücksichtigt werden.

Adaption kann z.B. einfach darin bestehen, eine Komponente der Lösung gegen eine andere auszutauschen, kann aber auch komplexe Umstrukturierungen der Lösung bedeuten. Oft wird sie schon während der Formulierung der Lösung ausgeführt, manchmal wird sie aufgrund einer negativen Rückmeldung nötig (in diesem Fall wird sie als *Korrektur* oder *Reparatur* bezeichnet).

Grob lassen sich vier *Formen der Adaption* unterscheiden:

- etwas Neues wird in die alte Lösung eingefügt;

- etwas wird aus der alten Lösung entfernt;

- eine Komponente wird gegen eine andere ausgetauscht;

- ein Teil der alten Lösung wird transformiert.

Kolodner [121], Kapitel 11, nennt u.a. die folgenden *Adaptionsmethoden*, die wir kurz erläutern wollen:

- Substitutionsmethoden

  – Reinstantiierung

  – Lokale Suche

  – Parameteranpassung

  – Fallbasierte Substitution

- Transformationsmethoden

  – Common-sense Transformation

  – Modellbasierte Transformation

- Spezielle Adaption und Verbesserung

- Derivationswiederholung

6.9.1   Substitutionsmethoden

Die vier Substitutionsmethoden ersetzen Bestandteile der alten Lösung durch Teile, die besser zur neuen Situation passen. Dabei wird bzw. werden eine oder mehrere Lösungskomponente(n) komplett ausgetauscht oder die zugehörigen Werte werden variiert.

Reinstantiierung:
Reinstantiierung (*reinstantiation*) wird angewendet, wenn offensichtlich die Rahmenbedingungen für alte und neue Situation übereinstimmen, einander entsprechende Komponenten bzw. *Rollen* jedoch mit anderen Objekten besetzt sind. Dann wird die alte Lösung mit den neuen Objekten instantiiert.

Beispiel 6.19 (Kochrezept) Das CBR-System CHEF (vgl. [121]) erfand neue Rezepte, indem es Rezepte für ähnliche (gespeicherte) Gerichte selektierte und adaptierte. So kreierte CHEF ein Hähnchen-und-Erbsen-Gericht mittels Reinstantiierung eines Rezeptes mit Rindfleisch und Broccoli, indem es die Objekte "Rindfleisch" und "Broccoli" im ganzen Rezept durch "Hähnchen" und "Erbsen" ersetzte. □

Beispiel 6.20 (Katastrophenplanung) Das CBR-System DIAL (vgl. [134]) zur Katastrophenschutzplanung (*disaster response planning for natural and man-made disasters*) wurde mit dem Problem konfrontiert, einen Katastrophenschutzplan für eine Grundschule zu entwerfen. In seiner Fallbasis befanden sich jedoch nur Pläne für Industriebetriebe. Diese Katastrophenschutzpläne sahen als einen Punkt vor, die Gewerkschaften der Arbeiter von dem Unfall zu informieren. Schüler haben jedoch keine Gewerkschaften. Dieser Teil der Lösung wurde als nicht passend identifiziert, und durch die Analyse der jeweiligen Rollen wurden im Falle der Grundschule die *Eltern der Kinder* als diejenigen Personen herausgefunden, die informiert werden sollten. Die Adaption bestand hier also in der Substitution von *Gewerkschaften* durch *Eltern*. □

Lokale Suche:
Ähnlich wie bei der Reinstantiierung werden hier Teile der alten Lösung durch neue Objekte ersetzt. Die Änderung betrifft allerdings nicht komplette Rollen wie bei der Reinstantiierung, sondern nur kleinere Teile einer Lösung. Dabei werden Hilfsstrukturen wie z.B. semantische Netze oder Abstraktionshierarchien benutzt, um einen passenden Ersatz für einen Wert einer alten Lösung zu suchen, der sich als nicht geeignet für die neue Situation erweist.

Beispiel 6.21 Die Aufgabe bestehe darin, zu einem Menü ein Dessert mit Früchten auszuwählen, und Orangen würden ausgezeichnet zur Menüfolge passen. Orangen sind aber, jahreszeitlich bedingt, nicht erhältlich. Lokale Suchverfahren könnten nun z.B. das semantische Netz für Nahrungsmittel durchsuchen, um einen passenden Ersatz für Orangen zu finden. □

Sowohl bei der Reinstantiierung als auch bei der Methode der lokalen Suche spielen Abstraktion und der umgekehrte Prozess der Spezialisierung (*refinement*) eine große Rolle.

Parameteranpassung:
Die Parameteranpassung modifiziert numerische Parameter von Lösungen adäquat, indem es Unterschiede in der Input-Spezifikation zu Unterschieden im Output in Beziehung setzt. Eine einfache Form der Parameteranpassung ist z.B. bei Kochrezepten die Mengenanpassung. Auf einer abstrakteren Ebene benutzt z.B. JUDGE (vgl. Beispiel 6.7) Parameteranpassung, um für weniger gewalttätige Delikte weniger lange Gefängnisstrafen zu verhängen.

Fallbasierte Substitution:
Die fallbasierte Substitution benutzt andere Fälle, um Substitutionen vorzuschlagen. Erweist sich z.B. in einem Menü eine Lasagne als ungeeignet, so wird ein Menüplaner in der Falldatensammlung nach anderen italienischen Gerichten mit einer Pasta als Hauptgang fahnden. Das System CLAVIER, das zur Bestückung eines Autoklaven eingesetzt wurde (s. Abschnitt 6.2.3), benutzt fallbasierte Adaption, um unpassende Teile gegen geeignetere auszutauschen.

Selbsttestaufgabe 6.22 (Adaption) Das Beispiel 6.1 werde einem Menü-Planer als neuer Fall in der folgenden Weise präsentiert:

> Ungefähr zwanzig Leute werden bei Jan zum Dinner erwartet. Zu den Gästen zählen Elana, eine Vegetarierin, die allergisch auf Milch reagiert, aber Fisch mag, Nat und Mike, die am liebsten Gegrilltes mit Beilagen mögen, und Anne.
>
> Das Menü soll unkompliziert und preiswert sein, und es sollen die Tomaten aus dem Garten verwendet werden.
>
> Es ist Sommer.

Nehmen wir an, der Menü-Planer habe folgenden Fall selektiert:

> Das KI-Forschungsteam war bei Chris zum Dinner eingeladen. Es waren ungefähr 30 Gäste. Das Menü sollte unkompliziert und preiswert sein. Chris servierte Antipasti, Lasagne, Broccoli und Eiskrem als Dessert.
>
> Es war Sommer.
>
> Es herrschte eine zwanglose Atmosphäre.

Beschreiben Sie, welche Adaptionen (Substitutionen) nötig sind, um das vorgeschlagene Menü an die neue Situation anzupassen.   ■

6.9.2 Andere Adaptionsmethoden

Substitutionsmethoden können nur angewandt werden, wenn sich auf irgendeine Weise ein passendes Substitut finden lässt. Werden jedoch z.B. neue Rahmenbedingungen an eine Lösung gestellt, so muss die vorgeschlagene Lösung als Ganzes analysiert und *transformiert* werden (*Transformationsmethoden*). Dabei kann sich auch die Struktur der Lösung verändern, insbesondere können – im Gegensatz zur Substitution – Komponenten weggelassen oder hinzugefügt werden. Ein solcher Fall kann z.B. bei einem Menüplaner dann eintreten, wenn sich zum ersten Mal Gäste aus einer ganz anderen Ess- und Kochkultur angesagt haben und die gesamte Zusammensetzung eines Menüs auf diese neue Situation abgestellt werden muss.

Bei der *Commonsense Transformation* werden Heuristiken, die auf Allgemeinwissen basieren, der Adaption zugrunde gelegt. Zu den meistverwandten gehört hier die Strategie, sekundäre, d.h. als nicht-essentiell eingestufte Komponenten der Lösung zu entfernen (*delete secondary component*). Für Milchallergiker wird man z.B. den Käse auf dem sonst geeigneten Auflauf weglassen. Eine *Modellbasierte Transformation* wird durch ein kausales Modell gesteuert und z.B. in Diagnose oder Planung benutzt.

Unter den Begriff *Spezielle Adaptions- und Verbesserungsmethoden* fallen Heuristiken, die bereichsspezifische und strukturmodifizierende Adaptionen vornehmen und sich keiner der übrigen Methoden zuordnen lassen. Diese Heuristiken sind entsprechend mit den Situationen indiziert, in denen sie anwendbar sind. Insbesondere gehören hierzu Methoden, um fehlgeschlagene Lösungen zu korrigieren.

Eine weitere wichtige Adaptionsmethode ist die *Derivationswiederholung* (*derivational replay*). Sie folgt der Ableitung einer alten Lösung, um eine neue Lösung zu finden. Ein klassisches Beispiel liefert hier wieder der Mathematikunterricht. Um die gesuchte Lösung der neuen Aufgabenstellung anzupassen, vollziehen wir den Lösungsweg einer vergleichbaren Aufgabe nach und rechnen dabei mit den neuen Werten. Dies lässt sich auch auf Teile einer Lösung anwenden. Man stellt also fest, auf welchem Wege das nichtpassende Element der vorgeschlagenen Lösung bestimmt wurde und folgt dann erneut diesem Wege, allerdings nun unter den durch die neue Situation gegebenen Bedingungen. Die Derivationswiederholung stellt, ebenso wie die fallbasierte Substitution, eine fallbasierte Adaptionsmethode dar.

Beispiel 6.23 Ein Menüplaner wählte einst eine Menüfolge mit Orangen als Dessert. Diese Wahl war das Ergebnis eines Auswahlprozesses, der auf jahreszeitlich verfügbare Obstsorten abstellte, und damals war Winter. Er kann nun, im Sommer, seine alte Menüfolge adaptieren und z.B. Erdbeeren als Dessert wählen.   □

6.10   Wie ein fallbasiertes System lernt

Jedes fallbasierte System lernt zunächst einmal durch die Aufnahme und Integration neuer Fälle in seine Fallbasis. Diese Form des Lernens ist also fester Bestandteil des CBR-Prozesses. Besondere Lernsituationen entstehen, wenn

- das CBR-System mit einem ungewöhnlichen Fall konfrontiert wird und/oder

- eine vorgeschlagene Lösung fehlschlägt.

CBR-Systeme, die mit kreativen Adaptionsheuristiken und ausgefeilten Erklärungsfähigkeiten ausgestattet sind, können in solchen Fällen ihre Fallbasis nicht nur quantitativ vergrößern, sondern auch ihren Erfahrungshorizont erweitern. Wie bereits mehrfach angedeutet, liefern besonders Fehlschläge – so unerwünscht sie auch sein mögen – wertvolle Informationen. Dabei kann es notwendig sein, die Indizierung der Fälle zu überprüfen und evtl. eine Reindizierung vorzunehmen.

Weiterhin kann ein CBR-System lernen, indem es die Aufnahme neuer Fälle in die Fallbasis nach Aspekten der Effektivität steuert. Wird unkontrolliert jeder neue Fall aufgenommen, so kann es sein, dass die Effektivität des Systems leidet, ohne dass es die Fähigkeit wirklich neuer Schlussfolgerungen dazugewinnt.

Beispiel 6.24 (Diagnose) Das CBR-System IVY (vgl. z.B. [121]), das Leberkrankheiten anhand von Röntgenbildern diagnostiziert, nimmt nur solche Fälle in die Fallbasis auf, die es als nützlich für die Verbesserung seiner Fähigkeiten erkennt. Dabei geht es folgendermaßen vor: Kann das System bei einem Fall keine eindeutige Diagnose stellen, sondern nur mehrere Krankheiten als mögliche Diagnosen angeben, so erzeugt es selbst ein Ziel, zwischen diesen Diagnosen differenzieren zu können. Jeder neue Fall, der neue Information zur Differentialdiagnose liefert, wird als signifikante Erweiterung erkannt und in die Fallbasis aufgenommen. □

Darüber hinaus gibt es noch zahlreiche andere Arten, wie CBR-Systeme ihre Fähigkeiten verbessern, also "lernen" können. Das PATDEX-System (vgl. Abschnitt 6.8.4) lernt z.B. durch Optimierung der Relevanzfaktoren, die es in seinen Ähnlichkeitsmaßen verwendet. CBR-Systeme, die induktive Lernmethoden zum Aufbau komplexer Strukturen für die Fallbasis verwenden, lernen mit jedem neuen Fall auch darin enthaltenes generisches Wissen, das sich in den gelernten Hierarchien widerspiegelt.

6.11 Abschließende Bemerkungen und weiterführende Literatur

Das fallbasierte Schließen entstand in jüngerer Zeit als eine ganz neue, vielversprechende Methode zur Simulation menschlicher Schlussfolgerungen. Der ersten Euphorie und den ersten durchschlagenden Erfolgen, z.B. mit dem System CLAVIER, folgte eine Phase der Ernüchterung und der realistischeren Betrachtungsweise. Das fallbasierte Schließen muss im Prinzip mit allen Problemstellungen fertigwerden, mit denen sich auch andere KI-Methoden konfrontiert sehen, z.B. mit der immer essentiellen Frage "Wie identifiziert man überhaupt *wesentliche* Merkmale und Beziehungen?" In [145] berichten einige der Beteiligten am Projekt CLAVIER skeptisch und auch ein wenig enttäuscht von ihren Erfahrungen mit der Konzeption des Diagnose-Systems CABER, in dem sich die Realisation eines adäquaten CBR-Prozesses als sehr viel schwieriger erwies als erwartet. Insbesondere stellten sie fest, dass vorliegende Datenbanken nicht einfach als Fallbasen übernommen werden konnten, sondern mühevoll aufbereitet werden mussten (*"cases don't come for free"*) – Wissensakquisition kann auch in fallbasierten Systemen ein Problem sein.

Ein wenig umstritten ist weiterhin die Position der Adaption im CBR-Prozess. Während einige in der Adaption eine wesentliche Herausforderung des fallbasierten Schließens sehen (vgl. z.B. [134]), meinen andere, ein CBR-System solle sich auf das intelligente Auffinden ähnlicher Fälle konzentrieren und die Adaption dem (menschlichen) Benutzer überlassen (*"adaptation is for users"*, vgl. [145]). Einig sind sich beide Gruppen allerdings darin, dass die Adaption eines der schwierigsten Probleme des fallbasierten Schließens darstellt.

Zweifellos und unumstritten besteht ein wichtiger Anwendungsbereich von CBR-Systemen in der Verwendung als *kollektives Informations- und Erfahrungsmedium (corporate information system)* in großen Unternehmen. Jeder Mitarbeiter stellt sein Wissen und seine Erfahrung als Fall in einer Fallbasis dar, die allen Mitarbeitern zur Einsicht zu Verfügung steht (vgl. [118]). Andere Möglichkeiten industrieller Anwendungen von CBR-Systemen werden in [17] aufgezeigt. Eine weiterer, aktueller Anwendungsbereich mit sowohl großen Chancen als auch neuen Herausforderungen für das fallbasierte Schließen ist das World Wide Web, und darin insbesondere die umfangreichen Erfahrungen, die einzelne Personen im WWW mit anderen teilen ([181, 182]).

Weitergehende, ausführliche Informationen zu den Grundlagen und zentralen Methoden des fallbasierten Schließens sind in dem Buch von Richter und Weber [195] zu finden; in [195] wird darüber hinaus u.a. auf weiterführende Konzepte wie den Umgang mit Unsicherheit und Wahrscheinlichkeiten im CBR eingegangen, und es werden Techniken und Werkzeuge für viele verschiedene Anwendungen, wie sie sich z.B. beim Arbeiten mit Texten, Bildern oder Sensordaten ergeben, vorgestellt.

Man vergleicht fallbasiertes Schließen gerne mit dem Prinzip *"Learning by doing"* – hier spielt Erfahrung die tragende Rolle, nicht generisches Wissen. Allerdings darf man dabei nicht übersehen, dass Lernen durch Nachahmen und Ausprobieren sehr teuer sein kann – Fehlentscheidungen können verheerende Folgen haben (s. unser anfängliches "Wasser im Schiff"-Beispiel). Angemessener erscheint es, fallbasiertes Schließen nicht als *konkurrierend*, sondern als *komplementär* zu den anderen Formen der Inferenz (regelbasiertes Schließen, modellbasiertes Schließen usw.) zu sehen. Fälle repräsentieren integrativ komplexe Muster (*large-scale patterns*), während Regeln z.B. modular kleine Wissenseinheiten (*small chunks of knowledge*) wiedergeben – darin sehen viele keinen unüberbrückbaren Gegensatz, sondern eine wertvolle Ergänzungsmöglichkeit. Die Aufweichung der scharfen Abgrenzung zu anderen KI-Methoden ist auch darin zu sehen, dass man im CBR-Lager verstärkt versucht, Abstraktionen und Dekompositionen einzubauen – Konzepte, die die ursprüngliche Vorstellung eines Falles als "konkrete und integrative Erfahrung" verallgemeinern. CBR-Systeme werden daher nicht nur als eigenständige Systeme, sondern auch als integrierte Komponenten komplexerer Systeme ihre hilfreichen Dienste verrichten.

7 Truth Maintenance-Systeme

7.1 Die Rolle des nichtmonotonen Schließens in der KI

. . . oder "Nobody is perfect"!

Schon der Name "Nichtmonotone Logik(en)" mag Unbehagen einflößen. Man ist froh, endlich die formalen Hürden klassischer Logik genommen zu haben, hat ihre Formalismen verinnerlicht und weiß vielleicht sogar ihre Klarheit und verlässliche Stärke zu schätzen – wozu sich also nun mit einem Thema beschäftigen, das wie eine abstruse und höchst artifizielle Spielart der "normalen" Logik klingt?

Um die Denk- und Schlussweisen der Aussagen- und Prädikatenlogik nachzuvollziehen, ist es notwendig, Gedankengänge zu disziplinieren und sie formalen Gesetzmäßigkeiten anzupassen. Alles hat eine klar abgrenzbare Bedeutung, Dinge stehen in einem festen, formalisierbaren Verhältnis zueinander, und auf der Basis dieser Annahmen lassen sich mit Hilfe der Deduktion unverrückbare Schlüsse aus gegebenem Wissen ziehen (letzteres begründet die *Monotonie* der klassischen Logik; s. auch den folgenden Abschnitt).

Bedauerlicherweise präsentiert sich uns die reale Welt Tag für Tag ganz anders: Es passieren Ereignisse, mit denen wir nicht gerechnet haben, die wir also auch nicht in unsere Erwägungen mit einbezogen haben. Zusammenhänge sind oft derart komplex, dass sie sich kaum befriedigend formalisieren lassen, geschweige denn, dass sie einem offensichtlichen, streng logischen Gesetz zu gehorchen scheinen. Wie beschreibt man überdies z.B. das Prädikat "groß" klar und unzweideutig durch Angabe aller "großen Elemente"? Ein Auto ist groß im Verhältnis zu einem Skateboard, aber klein, wenn es mit einem Ozeandampfer verglichen wird. Hinzu kommt, dass alles den normalen Veränderungen in der Zeit unterliegt: Der Schnee von gestern ist heute schon geschmolzen, aus Kindern werden Erwachsene, und die Zustände maschineller und sozialer Systeme verändern sich kontinuierlich.

Unser Wissen ist nicht das, was es im Kontext klassischer Logik sein sollte, nämlich vollständig – wir sind nicht allwissend. Folglich ist unser Alltagsleben geprägt von Schlussfolgerungen, die wir auf der Basis *unvollständiger Information* ziehen. Manchmal irren wir uns auch in unseren Annahmen und ziehen daraus falsche Schlüsse, ohne dass dabei unser gesamtes Weltbild kollabiert. Als Gründe für diese *Unvollkommenheit des Wissens* lassen sich z.B. folgende Punkte anführen:

- Manche Dinge wissen wir nicht, weil wir sie nie gelernt oder schon wieder vergessen haben; einiges ist generell unbekannt, zu anderen Informationen haben wir vielleicht keinen Zugang. Oft fehlt uns auch die Zeit, um genügend Information zu beschaffen, und wir müssen auf der Basis des Wenigen, das wir wissen, unverzüglich Entscheidungen treffen.

© Springer Fachmedien Wiesbaden GmbH, ein Teil von Springer Nature 2019
C. Beierle und G. Kern-Isberner, *Methoden wissensbasierter Systeme*,
Computational Intelligence, https://doi.org/10.1007/978-3-658-27084-1_7

- Es ist schlichtweg unmöglich, eine reale Situation im logischen Sinne vollständig zu beschreiben. Ebensowenig lassen sich alle nur erdenklichen Ausnahmen zu einer Regel im allgemeinen Sinne anführen. Und selbst wenn dies (in einem begrenzten Rahmen) realisierbar wäre, so würde doch die Überprüfung aller dieser Details viel zu lange dauern.

- In vielen Dingen abstrahieren wir daher von unwichtig erscheinenden Aspekten und konzentrieren uns auf das Wesentliche. Unvollständige Information kann also auch sinnvoll und beabsichtigt sein.

- Wir können Situationsmerkmale übersehen oder falsch wahrnehmen.

- Über Dinge, die in der Zukunft liegen, können wir nur spekulieren.

- Natürliche Sprache ist oft kontextabhängig und selten ganz eindeutig. Hier sind wir auf unsere Fähigkeit angewiesen, Dinge im Zusammenhang zu interpretieren. Missverständnisse können dabei allerdings nie ganz ausgeschlossen werden.

Dennoch macht uns Menschen die Handhabung unvollständiger Information kaum Schwierigkeiten, wir benutzen sie im Gegenteil recht erfolgreich, um Entscheidungen zu treffen oder um uns zu orientieren. Ja, es wird sogar (zu Recht!) als eine besondere Intelligenzleistung angesehen, wenn man sein Wissen und seine Fähigkeiten auch unter schwierigen, vielleicht sogar widersprüchlichen Bedingungen zur Geltung bringen und ein Problem lösen kann.

Menschen sind also hervorragende "nichtmonotone Schlussfolgerer", und aus diesem Blickwinkel betrachtet sollten wir also eher die nichtmonotonen Logiken als "normal" empfinden. Woran liegt es dann, dass das Image nichtmonotoner Logiken nach wie vor das eines schwer zu begreifenden Beiwerks ist?

G. Antoniou beschreibt in seinem Buch *"Nonmonotonic reasoning"* [4] dieses Dilemma sehr treffend:

> *Try to explain what a default rule is and everybody will understand because everybody has come across them; try to explain that an extension is a solution of the [fixpoint] equation $\Lambda_T(E) = E$, and most people will flee in panic!*

Wir haben dieses Buch so aufgebaut, dass Sie (hoffentlich!) an diesem Punkt nicht ebenfalls in Panik geraten, sondern neugierig genug geworden sind, um sich auf die Herausforderungen der nichtmonotonen Logik einzulassen. Insbesondere werden wir versuchen, Sie davon zu überzeugen, dass eine sog. Default-Regel wirklich etwas Alltägliches ist (z.B. *Vögel können normalerweise fliegen*) und dass die obige Fixpunkt-Gleichung vielleicht kompliziert, aber durchaus sinnvoll ist. Wir werden auch einen konstruktiven Weg zur Berechnung einer Extension, i.e. eine gewisse Menge mit einer Default-Theorie konsistenter Formeln, beschreiten. Und unser Start in das Gebiet des nichtmonotonen Schließens wird mit der Vorstellung sog. *Truth Maintenance-Systeme* auch recht systemorientiert und algorithmisch ausfallen.

Bei aller angestrebten Praxisnähe werden wir jedoch nicht umhin kommen, Dinge sehr formal zu beschreiben und auch Beweise zu führen. Denn wenn man mittlerweile auch schon verstanden hat, worum es geht, und Menschen ohnehin ein sehr gutes, intuitives Gefühl für nichtmonotone Sichtweisen haben, so besteht doch der einzige Weg, einer Maschine nichtmonotones Schließen beizubringen, darin, dieses korrekt zu formalisieren. Und wie üblich gibt es auch hier nicht *die* omnipotente nichtmonotone Logik, sondern eine Fülle von Varianten, deren Eigenheiten man kennen und verstehen muss, um sie sinnvoll und nutzbringend einzusetzen. Schließlich wird man sich auch nur dann als KI-Experte im Bereich wissensbasierter Systeme (sowohl in der Theorie als auch bei Implementationen) behaupten können, wenn man in der Lage ist, neue Probleme mit (bekannten) Methoden anzugehen und Modifikationen durchzuführen. Dazu ist es jedoch notwendig, fundamentale theoretische Zusammenhänge zu kennen.

7.2 Monotone vs. nichtmonotone Logik

In Kapitel 3 haben wir die beiden wichtigsten Vertreter der *monotonen* (oder auch *klassischen*) Logiken kennengelernt, nämlich die Aussagen- und die Prädikatenlogik. Wir haben uns dort aber auch schon Gedanken über allgemeine *logische Systeme* gemacht und eine *logische Folgerung* als eine Relation $\models$ zwischen Formeln F, G bzw. Mengen von Formeln $\mathcal{F}, \mathcal{G}$ beschrieben:

$$\mathcal{F} \models \mathcal{G} \quad \text{gdw.} \quad Mod(\mathcal{F}) \subseteq Mod(\mathcal{G})$$

$\mathcal{G}$ folgt also logisch aus $\mathcal{F}$, wenn alle Modelle von $\mathcal{F}$ auch Modelle von $\mathcal{G}$ sind. Unter Benutzung dieser Folgerungsrelation hatten wir in Kapitel 3 die *Folgerungs-operation Cn* (*consequence operation*) auf der Menge aller Formeln 2^{Form} (wobei $Form := Formel(\Sigma)$ die Menge aller Formeln zu einer gegebenen Signatur Σ ist) definiert:

$$Cn \quad : \quad 2^{Form} \to 2^{Form}$$
$$Cn(\mathcal{F}) \quad = \quad \{G \in Form \mid \mathcal{F} \models G\}$$

Eine Formelmenge $\mathcal{F}$ wird als *deduktiv abgeschlossen* bezeichnet, wenn

$$Cn(\mathcal{F}) = \mathcal{F} \tag{7.1}$$

gilt, wenn also die Anwendung des Operators Cn zu keinen neuen Erkenntnissen mehr führt. Eine (deduktiv abgeschlossene) Theorie ist folglich nach Gleichung (7.1) ein *Fixpunkt* des Operators Cn. Auch in der klassischen Logik begegnen wir also in natürlicher Weise dem Fixpunkt-Gedanken, der für die Default-Logik so wichtig ist.

Da die klassisch-logische Folgerungsrelation immer *alle* Modelle, d.h. alle erdenklichen Möglichkeiten, mit einbezieht, ist Cn *monoton*, d.h.

$$\text{aus} \quad \mathcal{F} \subseteq \mathcal{H} \quad \text{folgt} \quad Cn(\mathcal{F}) \subseteq Cn(\mathcal{H}) \tag{7.2}$$

Die Theoreme (das sind die ableitbaren Schlussfolgerungen) einer Formelmenge sind also stets eine Teilmenge der Theoreme einer beliebigen Erweiterung dieser Formelmenge. Einmal Bewiesenes behält seine Gültigkeit auch im Lichte neuer Information. Monotone Logiken lassen also nur eine *Erweiterung*, keine *Revidierung* des Wissens zu.

Selbsttestaufgabe 7.1 (Monotonie klassischer Logiken) Beweisen Sie die Monotonie-Eigenschaft (7.2).   ∎

Die Zielsetzung nichtmonotoner Logiken besteht demgegenüber darin, *revidierbares Schließen (defeasible reasoning)* zu ermöglichen. Sie erlauben es also, Schlussfolgerungen, die sich als falsch oder unpassend herausgestellt haben, zurückzunehmen und statt dessen alternative Schlussfolgerungen abzuleiten. Zu diesem Zweck werden formale Methoden bereitgestellt, die ein intelligentes System dazu befähigen, unvollständige und/oder wechselnde Informationen zu verarbeiten. Um die Bezeichnung als "Logik" zu rechtfertigen, müssen diese Methoden auf klaren Prinzipien basieren und nicht etwa in nebulösen Heuristiken begründet sein.

Damit werden Unterschiede, aber auch Parallelen zwischen monotonen und nichtmonotonen Logiken deutlich. Gemeinsam ist beiden die Absicht, menschliches Denken und Schließen in einer *klaren und "vernünftigen" Weise* zu formalisieren, wobei die klassischen, monotonen Logiken sich in einem idealisierten Rahmen der Allwissenheit bewegen. Sie repräsentieren daher einen Grenzfall menschlichen Schließens und damit auch einen Prüfstein, an dem sich nichtklassische Logiken messen lassen müssen.

McDermott und Doyle beschreiben in ihrer frühen Arbeit [151] die Aufgabe ihrer *"Nichtmonotonen Logik"* zwischen Spekulationen und Rigidität:

> *The purpose of non-monotonic inference rules is not to add certain knowledge where there is none, but rather to guide the selection of tentatively held beliefs in the hope that fruitful investigations and good guesses will result. This means that one should not a priori expect nonmonotonic rules to derive valid conclusions independent of the monotonic rules. Rather one should expect to be led to a set of beliefs which while perhaps eventually shown incorrect will meanwhile coherently guide investigations.*

Tatsächlich basieren viele nichtmonotone Logiken auf der Aussagen- oder Prädikatenlogik und benutzen auch klassische Schlussweisen. Allerdings haben wir es hier nicht mehr mit einer monotonen Konsequenzoperation Cn zu tun, sondern mit einer allgemeineren *Inferenzoperation*

$$C : 2^{Form} \rightarrow 2^{Form}$$

zwischen Mengen von Formeln. Dabei repräsentiert nun *Form* die Formeln einer allgemeinen logischen Sprache, die normalerweise die aussagen- oder prädikatenlogische Sprache enthält.

Zu der Inferenzoperation C gehört die *Inferenzrelation* $\mid\!\sim$ auf *Form*, die definiert wird durch

$$\mathcal{F} \mathrel{\vert\!\sim} \mathcal{G} \quad \text{gdw.} \quad \mathcal{G} \subseteq C(\mathcal{F})$$

und die nichtmonotone Ableitungen repräsentiert. Wenn wir eine spezielle nicht-monotone Logik (z.B. die Default-Logik) behandeln, werden wir in der Regel das Symbol $\vert\!\sim$ mit einem entsprechenden Subskript versehen.

Man muss unterscheiden zwischen *nichtmonotonen Ableitungen*, die durch eine nichtmonotone Inferenzrelation realisiert werden, und sog. *nichtmonotonen Regeln*. Bei letzteren handelt es sich um verallgemeinerte Regeln, die nur unter gewissen Bedingungen angewandt werden dürfen und gemeinsam mit entsprechenden Infe-renzmethoden, z.B. dem *modus ponens*, nichtmonotones Schließen ermöglichen.

7.3   Truth Maintenance-Systeme

In Kapitel 4 hatten wir regelbasierte Systeme kennengelernt und Inferenzbeziehun-gen in den zugehörigen Regelnetzwerken studiert. Dabei hatten wir allerdings einen recht statischen Standpunkt eingenommen, oder wir achteten darauf, dass neue In-formation (wie im Bahnhof-Beispiel in Abschnitt 4.6) die Menge der Folgerungen nur *monoton* anwachsen ließ, da es keine Konflikte zwischen altem und neuem Wis-sen gab. Doch selbst für einfache Szenarien ist das eine unrealistische Annahme, wie das folgende Beispiel zeigt.

Beispiel 7.2 (Lampe 1) Stellen wir uns einen einfachen Schaltkreis mit einem Schalter und einer Lichtquelle vor. Die Lampe soll brennen, wenn der Schalter ge-schlossen ist, es sei denn, der seltene Fall, dass das Kabel defekt ist, tritt ein. Zur Modellierung könnte man sich ein simples regelbasiertes System mit den Objekten *Schalter, Kabel, Lampe*, den Zuständen

$$
\begin{array}{lll}
\textit{Schalter} & s & = \text{``Schalter ist geschlossen''} \\
 & \neg s & = \text{``Schalter ist offen''} \\
\textit{Kabel} & k & = \text{``Kabel ist in Ordnung''} \\
 & \neg k & = \text{``Kabel ist defekt''} \\
\textit{Lampe} & l & = \text{``Lampe ist an''} \\
 & \neg l & = \text{``Lampe ist aus''}
\end{array}
$$

und den Regeln

$$
\begin{array}{rcl}
s & \to & l \\
s \wedge \neg k & \to & \neg l
\end{array}
$$

vorstellen. Im Normalfall funktioniert das System: Man betätigt den Schalter, und das Licht geht an. Das evidentielle Wissen lässt sich also durch die Faktenmen-ge $\mathcal{F}_1 = \{s\}$ beschreiben, und abgeleitet wird l. Nun stellen wir fest, dass ein Kabelbruch vorliegt. Realisieren wir diese Modifikation des Systems einfach durch ein Hinzufügen des neuen Faktums zur bisherigen evidentiellen Faktenmenge, so erhalten wir $\mathcal{F}_2 = \{s, \neg k\}$, aus der mit den obigen Regeln die widersprüchliche Faktenmenge $\{s, \neg k, l, \neg l\}$ abgeleitet werden kann! $\qquad\square$

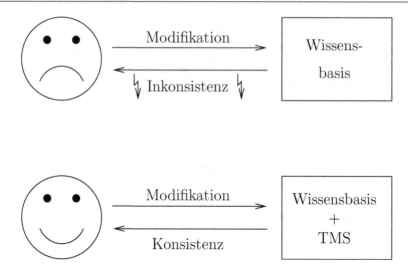

Abbildung 7.1 Aufgabe eines Truth Maintenance-Systems

Intuitiv ist klar, worin das Problem liegt und wie es zu beheben wäre. Eine Hinzunahme der neuen Information $\neg k$ müsste zu einer Inaktivierung der ersten, allgemeineren Regel $s \rightarrow l$ und zu einer Rücknahme ihrer Folgerung l führen, da die Folgerungen beider Regeln nicht miteinander verträglich sind. Dies lässt sich aber mit einem einfachen regelbasierten System nicht bewerkstelligen. Als Alternative bieten sich hier die *Truth Maintenance-Systeme* (abgekürzt *TMS*, vgl. auch Abbildung 7.1) an, die Arbeiten der geforderten Art erledigen. Sie verwalten Abhängigkeiten zwischen Aussagen oder Daten und führen bei Vorliegen neuer Information ein maschinelles System von einem Zustand in einen anderen über, wobei die Konsistenz ("truth") erhalten bleibt (sofern überhaupt möglich). Insbesondere veranlassen sie die Rücknahme von Aussagen, die in Konflikt mit der neuen Information stehen.

Man unterscheidet grob zwei verschiedene Arten von Truth Maintenance-Systemen: die *Justification-based Truth Maintenance-Systeme (JTMS)* und die *Assumption-based Truth Maintenance-Systeme (ATMS)*. Die Arbeitsweise eines JTMS wird in [56] ausführlich dargestellt. Wie der Name schon sagt, darf hier ohne eine entsprechende Begründung (*justification*) nichts geglaubt oder akzeptiert werden. Das JTMS ermöglicht eine erste Begegnung mit nichtmonotonen Regeln auf einer recht konkreten und operationalen Ebene. Demgegenüber berechnet und verwaltet ein ATMS Mengen von Annahmen (*assumptions*), unter denen eine Aussage ableitbar ist. Die Idee des ATMS geht auf de Kleer [50, 51, 52] zurück. Ein TMS ist immer mit einer Inferenzkomponente gekoppelt, die klassisch-deduktive Schlussfolgerungen vollzieht. Die Aufgabe eines TMS besteht primär darin, konsistente Modelle (JTMS) bzw. konsistente Kontexte (ATMS) zur Verfügung zu stellen. Wir werden beide TMS-Typen vorstellen, wobei wir das JTMS ausführlicher besprechen, da hier die Dynamik eines Zustands- bzw. Modellwechsels transparenter wird.

7.4 Justification-based Truth Maintenance-Systeme – JTMS

7.4.1 In's und Out's – die Grundbegriffe eines JTMS

Ein Justification-based Truth Maintenance-System (JTMS) benutzt zur Wissensrepräsentation ein Truth Maintenance-Netzwerk, das aus Knoten und Begründungen besteht. Die Knoten repräsentieren Aussagen, und die Begründungen haben die Funktion von Regeln. Sie beschreiben also Zusammenhänge zwischen Aussagen und werden gebraucht, um aus vorhandenem Wissen neues Wissen zu gewinnen. Im Unterschied zu klassischen regelbasierten Systemen ist es in einem JTMS jedoch auch möglich, auf der Basis von Nichtwissen neue Erkenntnisse abzuleiten.

Wir beginnen mit einer Reihe von Definitionen zur formalen Einführung eines JTMS:

Definition 7.3 (Truth Maintenance-Netzwerk) Ein *Truth Maintenance-Netzwerk (truth maintenance network)*, abgekürzt *TMN*, ist ein Paar $\mathcal{T} = (N, \mathcal{J})$, wobei N eine (endliche) Menge von *Knoten (nodes)* ist und $\mathcal{J}$ die Menge der *Begründungen (justifications)* repräsentiert. Eine Begründung $J \in \mathcal{J}$ hat dabei die Form

$$J = \langle I|O \to n \rangle$$

wobei $I, O \subseteq N$ sind und n ebenfalls ein Knoten aus N ist. I wird *in-Liste* genannt und enthält die *in*-Knoten, während O entsprechend als *out-Liste* bezeichnet wird und aus den *out*-Knoten besteht. n heißt die *Konsequenz (consequence)* der Begründung $\langle I|O \to n \rangle$. Ist n Konsequenz einer leeren Begründung $\langle \emptyset|\emptyset \to n \rangle$, so wird n *Prämisse* genannt.

Für einen Knoten $n \in N$ bezeichne $\mathcal{J}(n)$ die Menge aller Begründungen von n, d.h. die Menge aller Begründungen in $\mathcal{J}$ mit Konsequenz n.

Eine Begründung $\langle I|O \to n \rangle$ mit $O = \emptyset$ wird auch als *monotone Begründung* bezeichnet, während man im Falle $O \neq \emptyset$ von einer *nichtmonotonen Begründung* spricht. □

Die Knoten eines TM-Netzwerks repräsentieren Aussagen, die akzeptiert, geglaubt oder gewusst werden oder nicht. Im Folgenden benutzen wir in diesem Zusammenhang die Formulierung "akzeptiert" und gehen nicht weiter auf epistemologische Hintergründe ein. Die Prämissen sind diejenigen Aussagen, die ohne weitere Angabe von Gründen als wahr akzeptiert werden. Um einen beliebigen Knoten n durch eine Begründung $\langle I|O \to n \rangle$ als akzeptiert zu etablieren, müssen die Knoten der *in*-Liste I akzeptiert werden, während keiner der Knoten der *out*-Liste O akzeptiert werden darf. Durch die Angabe von *out*-Knoten können Schlussfolgerungen also gezielt unterbunden werden, was – je nach Status der *out*-Knoten – zu einem nichtmonotonen Ableitungsverhalten führt.

Ein TMN kann graphisch dargestellt werden, indem man Knoten durch Rechtecke und Begründungen durch Kreise repräsentiert und diese entsprechend den Begründungen durch Kanten verbindet. Die Kanten werden dabei mit + oder – markiert, je nachdem, ob ein Knoten als *in*- oder als *out*-Knoten in die Begründung

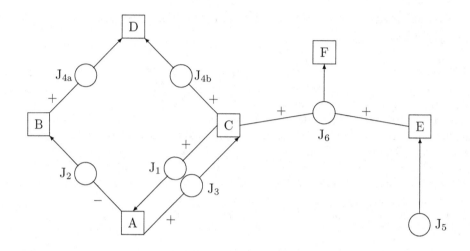

Abbildung 7.2 Truth Maintenance-Netzwerk zu Beispiel 7.4

eingeht.

Wir wollen dies anhand eines Beispiels illustrieren:

Beispiel 7.4 (JTMS 1) Sei $\mathcal{T} = (N, \mathcal{J})$ ein TMN mit Knotenmenge $N = \{A, B, C, D, E, F\}$ und der folgenden Menge $\mathcal{J}$ von Begründungen:

$$
\begin{aligned}
\mathcal{J}: \quad J_1 &= \langle C | \emptyset \to A \rangle \\
J_2 &= \langle \emptyset | A \to B \rangle \\
J_3 &= \langle A | \emptyset \to C \rangle \\
J_{4a} &= \langle B | \emptyset \to D \rangle \\
J_{4b} &= \langle C | \emptyset \to D \rangle \\
J_5 &= \langle \emptyset | \emptyset \to E \rangle \\
J_6 &= \langle C, E | \emptyset \to F \rangle
\end{aligned}
$$

Die Regeln J_1, J_3, J_{4a}, J_{4b} und J_6 mit leerer *out*-Liste entsprechen Regeln in einem regelbasierten System. J_{4a} und J_{4b} sind beides Begründungen zum Knoten D, repräsentieren gemeinsam also eine Regel der Form $B \vee C \to D$. E ist eine Prämisse. J_2 ist eine nichtmonotone Begründung und bedeutet: "Wenn angenommen werden kann, dass A nicht gilt, so folgere B." Das Diagramm in Abbildung 7.2 veranschaulicht dieses TM-Netzwerk.   □

Selbsttestaufgabe 7.5 (Lampe 2) Modellieren Sie zu dem Problem in Beispiel 7.2 ein passendes TMN und stellen Sie es graphisch dar.   ■

Das Ziel eines JTMS zu einem gegebenen Netzwerk ist die Etablierung eines (Wissens-)Status (*belief state*) bezüglich der Knoten in N, der mit den gegebenen Prämissen und Begründungen konsistent ist, d.h. nicht zu Widersprüchen führt. Dieser Status wird durch ein *Modell* beschrieben, das alle akzeptierten Aussagen enthält.

Definition 7.6 (Modell) Ein *Modell bzgl. eines TMN* ist eine Menge von Knoten $M \subseteq N$. Die Knoten in M werden als *in*-Knoten bezeichnet, die anderen Knoten in N sind *out*. □

Bemerkungen:

1. Ein Knoten $n \in N$ *repräsentiert* eine Aussage, wird aber nicht mit ihr *identifiziert*. Demzufolge macht es keinen Sinn, einen Knoten logisch zu negieren. Tatsächlich müssen in einem klassischen JTMS eine Aussage und ihre Negation, sofern man beide explizit betrachten will, durch *zwei* Knoten repräsentiert werden. Knoten repräsentieren Aussagen also in einem elementaren Sinn. Knotenmengen besitzen jedoch keine innere logische Struktur, d.h., zwischen Knoten können keine logischen Abhängigkeiten bestehen, auch wenn diese zwischen den zugehörigen Aussagen existieren.

2. Ein Modell ist eine Menge von Knoten, die *in* sind; die Knoten der Komplementmenge in N sind automatisch *out*.

3. Beachten Sie den Unterschied zwischen den *Kennzeichnungen in* und *out* und den *logischen Begriffen true* und *false*: Wenn ein Knoten *in* ist, so wird die zugehörige Aussage *akzeptiert*, im logischen Sinne also als *wahr* angenommen. Dann kann nicht auch die Negation dieser Aussage in einem konsistenten Modell wahr sein, d.h., falls die Negation durch einen (anderen) Knoten repräsentiert wird, so muss dieser der *out*-Menge angehören. Umgekehrt bedeutet die *out*-Kennzeichnung eines Knotens aber *nicht*, dass die zugehörige Aussage *definitiv falsch* ist, sondern nur, dass es keine hinreichenden Gründe gibt, um sie zu akzeptieren. Daher ist die Negation der Aussage nicht unbedingt wahr, muss also nicht automatisch Element der *in*-Menge sein. Sind beide zu einer Aussage und ihrer Negation gehörigen Knoten *out*, so drückt dies *Nichtwissen* bzgl. dieser Aussage aus. Dies erlaubt eine Unterscheidung zwischen dem logischen Begriff der Wahrheit und dem epistemologischen Zustand des begründeten Glaubens.

Definition 7.7 (Gültigkeit von Begründungen) Es sei M ein Modell eines TMN. Eine Begründung $\langle I|O \to n \rangle$ heißt *gültig in M*, wenn $I \subseteq M$ und $O \cap M = \emptyset$ ist. □

Eine leere Begründung $\langle \emptyset|\emptyset \to n \rangle$ (d.h. n ist Prämisse) ist in jedem Modell gültig.

Ein JTMS operiert skeptisch: Nichts soll ohne explizite Begründung geglaubt werden. Ein erster Ansatz, um dies zu formalisieren, ist die Forderung, dass jeder Knoten eines Modells M entweder eine Prämisse oder eine Konsequenz einer in M gültigen Begründung ist. Das folgende Beispiel zeigt, dass dies nicht ausreicht, um Behauptungen eine wirklich stabile Basis zu geben:

Beispiel 7.8 Betrachte das in Abbildung 7.3 skizzierte TM-Netzwerk

$$\mathcal{T} : (N = \{a, b\}, \mathcal{J} = \{\langle a|\emptyset \to b \rangle, \langle b|\emptyset \to a \rangle\})$$

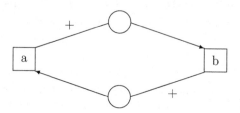

Abbildung 7.3 Diagramm zu Beispiel 7.8

Nehmen wir als Modell die Knotenmenge $M = \{a, b\}$, so ist die obige Forderung zwar erfüllt, aber die Behauptungen a und b stützen sich lediglich gegenseitig. □

Um solche *zirkulären Begründungen* auszuschließen, benötigt man den stärkeren Begriff der *Fundiertheit*:

Definition 7.9 (Fundiertheit) Eine Knotenmenge M heißt *fundiert* (*founded* oder *grounded*) bzgl. $\mathcal{T}$, wenn es eine vollständige Ordnung $n_1 < \ldots < n_k$ der Elemente in M gibt, so dass für jedes $n_j \in M$ gilt: es gibt eine in M gültige Begründung $\langle I|O \to n_j \rangle \in \mathcal{J}$ von n_j derart, dass $I \subseteq \{n_1, \ldots, n_{j-1}\}$. Eine solche Begründung wird *stützende Begründung (supporting justification) für* n_j genannt.
□

Auf diese Weise schließt man zirkuläre Begründungen aus. Im obigen Beispiel 7.8 ist die Knotenmenge $M = \{a, b\}$ nicht fundiert. Beachten Sie, dass es mehrere Ordnungen auf M geben kann, die die Fundiertheit von M etablieren. Ebenso kann es mehrere stützende Begründungen für einen Knoten geben.

Selbsttestaufgabe 7.10 (fundierte Modelle) Besitzt das TMN $\mathcal{T}_1 = (\{A\}, \langle \emptyset|A \to A\rangle)$ ein nichtleeres fundiertes Modell? Bestimmen Sie alle fundierten Modelle zu dem TMN $\mathcal{T}_2 = (\{A, B\}, \{\langle \emptyset|B \to A\rangle, \langle \emptyset|A \to B\rangle\})$ ∎

Eine weitere Bedingung, die man üblicherweise an einen "vernünftigen" Wissensstatus und damit an ein Modell stellt, ist die der *Abgeschlossenheit*:

Definition 7.11 (Abgeschlossenheit) Eine Knotenmenge M heißt *abgeschlossen (bzgl.* $\mathcal{T}$ *)*, wenn jede Konsequenz einer in M gültigen Begründung darin enthalten ist, d.h. wenn gilt: für jede in M gültige Begründung $\langle I|O \to n\rangle \in \mathcal{J}$ ist $n \in M$.
□

Insbesondere sind alle Prämissen Elemente eines abgeschlossenen Modells.
Damit können wir nun endlich erklären, welche Knotenmengen geeignet sind, tatsächlich Wissenszustände zu repräsentieren:

Definition 7.12 (zulässiges Modell) Sei $\mathcal{T} = (N, \mathcal{J})$ ein TM-Netzwerk, sei $M \subseteq N$. M heißt *zulässiges Modell (admissible model)* (bzgl. $\mathcal{T}$), wenn M fundiert und abgeschlossen bzgl. $\mathcal{T}$ ist.
□

Beachten Sie, dass ein zulässiges Modell M zwar alle Konsequenzen gültiger Begründungen enthalten muss, dass aber nicht alle Begründungen aus $\mathcal{J}$ in M gültig sein müssen.

Beispiel 7.13 (JTMS 2) Wir wollen alle zulässigen Modelle M des TMN in Beispiel 7.4 ermitteln. M muss insbesondere abgeschlossen sein, also die Prämisse E enthalten: $E \in M$. Nun kann man zwei Fälle unterscheiden, je nachdem, ob A *in* oder *out* ist:

Ist $A \in M$, so muss auch $C \in M$ sein (wegen J_3) und damit auch $D \in M$ (wegen J_{4b}). Wegen J_6 liegt auch F in M, bisher also $\{E, A, C, D, F\} \subset M$. Da M auch fundiert sein muss, kann B nicht zu M gehören, denn die einzige Begründung, die B als Konsequenz enthält, ist J_2, und die ist nicht gültig in M (da A *in* ist). Als ersten Kandidaten für ein zulässiges Modell erhalten wir also $M = \{E, A, C, D, F\}$. Nun ist M zwar (nach Konstruktion) abgeschlossen, aber nicht fundiert, denn A und C stützen sich nur gegenseitig.

Bleibt also nur die Möglichkeit $A \notin M$, also A ist *out*. Damit ist J_2 gültig in M und daher $B \in M$. Es folgt $D \in M$ (wegen J_{4a}). Das Modell $M = \{E, B, D\}$ erweist sich nun tatsächlich als abgeschlossen und fundiert (s. die folgende Selbsttestaufgabe). Es ist damit das einzige zulässige Modell des betrachteten TMN. □

Selbsttestaufgabe 7.14 (Abgeschlossenheit und Fundiertheit) Zeigen Sie, dass $M = \{E, B, D\}$ im obigen Beispiel abgeschlossen und fundiert ist. ∎

Die Forderung der Fundiertheit verhindert zwar, dass sich zwei *in*-Knoten gegenseitig stützen. Es ist aber möglich, dass zwei Knoten ihren *in*-Zustand auf dem *out*-Zustand des jeweils anderen begründen, wie das folgende Beispiel zeigt (vgl. Selbsttestaufgabe 7.10):

Beispiel 7.15 (zulässiges Modell) Das TM-Netzwerk

$$\mathcal{T}_2 : (N = \{A, B\}, \ \mathcal{J} = \{\langle \emptyset | A \rightarrow B \rangle, \langle \emptyset | B \rightarrow A \rangle\})$$

hat zwei zulässige Modelle, nämlich $M_1 = \{A\}$ und $M_2 = \{B\}$. □

Selbsttestaufgabe 7.16 (Lampe 3) Bestimmen Sie alle zulässigen Modelle zu dem TMN aus Selbsttestaufgabe 7.5, wenn man zusätzlich noch voraussetzt, dass der Schalter geschlossen ist. ∎

Es gibt effiziente Verfahren, um alle zulässigen Modelle zu einem TMN zu bestimmen. Junker und Konolige [111] geben einen rekursiven Algorithmus hierzu an. McDermott [150] beschreibt ein Verfahren, bei dem die Bestimmung eines zulässigen Modells auf die Lösung eines Booleschen Gleichungssystems zurückgeführt wird. Es ist auch möglich, sich der in Abschnitt 8.1 beschriebenen Prozedur zur Bestimmung einer Default-Theorie zu bedienen, da JTMS und Default-Logik eng miteinander verwandt sind (vgl. [111]). Ebenso kann man Truth Maintenance-Netzwerke als logische Programme ausdrücken und zulässige Modells als so genannte *Antwortmengen* berechnen (s. Kapitel 9, insbesondere Abschnitt 9.9). Wir wollen an dieser Stelle nicht näher auf Details der Berechnung eingehen, sondern uns auf die dynamischen Aspekte eines Zustands*wechsels* konzentrieren. Dies ist das Thema des nächsten Abschnitts.

7.4.2   Der JTMS-Algorithmus

Die eigentliche Aufgabe eines JTMS-Verfahrens ist das Etablieren eines neuen zulässigen Systemzustands, wenn durch neue Informationen der bisherige Status unhaltbar geworden ist. Im obigen Beispiel könnte z.B. nun der Knoten A als Prämisse in das System eingefügt werden, oder man wäre nicht mehr länger bereit, Aussage B ohne Aussage C zu akzeptieren.

Das JTMS-Verfahren versucht, aus einem gegebenen zulässigen Modell und zusätzlichen Begründungen ein neues zulässiges Modell zu bestimmen. Um den von neuer Information induzierten Übergang zu vollziehen, ist es notwendig, die Abhängigkeitsstrukturen der Knoten innerhalb eines Modells genauer zu analysieren und sichtbar zu machen. Insbesondere ist es wichtig herauszustellen, worauf sich die Etablierung der in-Knoten stützt. Zu diesem Zweck führen wir einige Begriffe und Notationen ein.

Wir nehmen im Folgenden an, dass M ein zulässiges Modell eines TMN $T = (N, \mathcal{J})$ ist, also einen (Anfangs)Status des Truth Maintenance-Netzwerks beschreibt, und es werde eine entsprechende Ordnung der Elemente von M als gegeben angenommen.

Für jedes $n_j \in M$ werde eine stützende Begründung ausgewählt und mit $SJ(n_j)$ bezeichnet (im Folgenden als *die* stützende Begründung verwendet).

Als *stützende Knoten*, $Supp(n)$, eines $n \in N$ werden diejenigen Knoten bezeichnet, die den Status von n im Modell M begründen. Hierbei muss man grundsätzlich unterscheiden, ob n den Status in oder out hat. Ist n in mit der stützenden Begründung $SJ(n) = \langle I|O \to n \rangle$, so ist $Supp(n) = I \cup O$. Ist hingegen n out, so enthält $Supp(n)$ je einen Knoten von jeder Begründung $J \in \mathcal{J}(n)$, wobei für jedes $J \in \mathcal{J}(n)$ entweder ein out-Knoten der in-Liste oder ein in-Knoten der out-Liste gewählt wird.

Die stützenden Knoten eines in-Knoten $n \in M$ werden auch als *Antezedenzen* von n, $Ant(n)$, bezeichnet.

In umgekehrter Schließrichtung sind die *Konsequenzen eines Knoten* n, $Cons(n)$, interessant: Das sind diejenigen Knoten, die n in einer ihrer Begründungen erwähnen. Die *betroffenen Konsequenzen* von n (*affected consequences*), $ACons(n)$, sind ferner diejenigen Konsequenzen, die n in der Menge ihrer stützenden Knoten enthalten. $ACons(n)$ enthält also diejenigen Knoten, die bei einem Statuswechsel von n ebenfalls mit einem Statuswechel reagieren könnten.

Wir wollen diese Begriffe am obigen Beispiel illustrieren.

Beispiel 7.17 (JTMS 3) Im Beispiel 7.13 mit $M = \{E, B, D\}$ besteht die Menge $\mathcal{J}(D)$ der Begründungen von D aus den beiden Begründungen J_{4a} und J_{4b}, wobei $SJ(D) = J_{4a}$ die (einzige) stützende Begründung ist. Die Menge $Supp(D)$ der stützenden Knoten von D ist damit $Supp(D) = \{B\}$.

Die Menge der stützenden Knoten des Knotens B besteht nur aus dem Knoten A, $Supp(B) = \{A\}$, d.h. A ist die einzige Antezedenz von B. Der stützende Knoten von F ist C: $Supp(F) = \{C\}$ (beachten Sie, dass F out ist).

A hat die Konsequenzen B und C: $Cons(A) = \{B, C\}$, während C die Konsequenzen A, D und F besitzt. Von diesen sind aber nur A und F auch betroffene Konsequenzen, d.h. $Cons(C) = \{A, D, F\}$ und $ACons(C) = \{A, F\}$. □

Um die Änderungen eines zulässigen Modells, die durch das Hinzufügen von Begründungen verursacht werden, nachvollziehen zu können, ist es notwendig, nicht nur die unmittelbaren Konsequenzen oder stützenden Knoten zu überprüfen, sondern auch die Konsequenzen der Konsequenzen bzw. die stützenden Knoten der stützenden Knoten etc. Zu diesem Zweck betrachtet man den transitiven Abschluss der obigen Begriffe.

Die *Vorfahren (ancestors)*, $Supp^*(n)$, eines Knotens n ist der transitive Abschluss der stützenden Knoten von n, während die *Fundamente (foundations)* von n, $Ant^*(n)$, der transitive Abschluss der Antezedenzen von n ist.

Die *Auswirkungen (repercussions)*, $ACons^*(n)$, eines Knotens n bezeichnet den transitiven Abschluss der betroffenen Konsequenzen von n.

Beispiel 7.18 (JTMS 4) So besitzt im obigen Beispiel D die Vorfahren A, B, C und die Fundamente A, B. Ferner enthalten die beiden Knoten A und C in der Menge ihrer Auswirkungen alle Knoten des Netzes bis auf die Prämisse E.

In den folgenden Tabellen listen wir den *Status* der Knoten, die Begründungen $J(n)$, die stützenden Begründungen $SJ(n)$, die stützenden Knoten $Supp(n)$ (und gegebenenfalls die Antezedenzen $Ant(n)$), die Vorfahren $Supp^*(n)$, die Fundamente $Ant^*(n)$, die Konsequenzen $Cons(n)$, die betroffenen Konsequenzen $ACons(n)$ und die Auswirkungen $ACons^*(n)$ aller Knoten des obigen Beispiels auf.

n	Status	$\mathcal{J}(n)$	$SJ(n)$	$Supp(n)$	$Supp^*(n)$
A	*out*	J_1	*(undef.)*	C	C, A
B	*in*	J_2	J_2	A	A, C
C	*out*	J_3	*(undef.)*	A	A, C
D	*in*	J_{4a}, J_{4b}	J_{4a}	B	B, A, C
E	*in*	J_5	J_5	$--$	$--$
F	*out*	J_6	*(undef.)*	C	C, A

n	$Ant(n)$	$Ant^*(n)$	$Cons(n)$	$ACons(n)$	$ACons^*(n)$
A	*(undef.)*	*(undef.)*	B, C	B, C	B, C, D, A, F
B	A	A	D	D	D
C	*(undef.)*	*(undef.)*	A, D, F	A, F	A, F, B, C, D
D	B	B, A	$--$	$--$	$--$
E	$--$	$--$	F	$--$	$--$
F	*(undef.)*	*(undef.)*	$--$	$--$	$--$

□

Aus technischen Gründen legen wir noch Folgendes fest:

Definition 7.19 Eine Begründung heißt *fundiert gültig*, wenn jeder Knoten der *in*-Liste *in* und jeder Knoten der *out*-Liste *out* ist; sie ist *fundiert ungültig*, wenn ein Knoten der *in*-Liste *out* oder ein Knoten der *out*-Liste *in* ist.

Eine Begründung heißt *nicht-fundiert gültig*, wenn jeder Knoten der *in*-Liste *in* ist und kein Knoten der *out*-Liste *in* ist. Trifft für eine Begründung keiner dieser drei Fälle zu, so ist sie *nicht-fundiert ungültig*.   □

Während der Ausführung des Algorithmus – und nur dann! – kann es vorkommen, dass ein Knoten den Status $Label(n) = unknown$ erhält. So kann z.B. ein *out*-Knoten einer nicht-fundiert gültigen Begründung (s. obige Definition 7.19) das Label *unknown* haben.

Nun haben wir das nötige Repertoire an Begriffen bereitgestellt, das gebraucht wird, um den Algorithmus eines TM-Verfahrens zu formalisieren. Dieser wird jedes Mal angestoßen, wenn eine neue Begründung der Menge $\mathcal{J}$ hinzugefügt wird und damit eventuelle Statuswechsel von Knoten notwendig werden. Der TM-Algorithmus sucht, ausgehend von einem gegebenen zulässigen Modell, ein neues zulässiges Modell bzgl. der erweiterten Menge an Begründungen.

Der Einfachheit und Übersichtlichkeit halber werden wir das Hinzufügen eines Elementes zu einer Menge durch eine +-Operation beschreiben. $Label(n)$ bezeichnet den Status eines Knotens n, also *in, out* oder *unknown*. Kommentarzeilen werden durch ein % eingeleitet. Weiterhin werden wir die beiden folgenden Prozeduren für den Statuswechsel eines Knoten verwenden:

$$change\_node\_to\_in(n, Supp, J)$$
$$Label(n) := in;$$
$$Supp(n) := Supp;$$
$$SJ(n) \quad := J$$

$$change\_node\_to\_out(n)$$
$$Label(n) := out;$$
Bestimme $Supp(n)$ entsprechend;
% wie auf Seite 218 angegeben

Algorithmus JTMS-Verfahren

Eingabe: Ein TM-Netzwerk $\mathcal{T} = (N, \mathcal{J})$;
ein zulässiges Modell M bzgl. $\mathcal{T}$;
eine neue Begründung $J_0 = \langle I_0 | O_0 \rightarrow n_0 \rangle$.

Ausgabe: Ein zulässiges Modell[1] M' bzgl. des TM-Netzwerks
$\mathcal{T}' = (N, \mathcal{J} \cup \{J_0\})$;
(evtl. die Angabe aller vorgenommenen Statuswechsel von Knoten).

1. % Hinzufügen von J_0, aktualisieren von $Cons(n)$
    $\mathcal{J} := \mathcal{J} + J_0$;
    $\mathcal{J}(n_0) := \mathcal{J}(n_0) + J_0$;
    for $n \in I_0 \cup O_0$ **do**
        $Cons(n) := Cons(n) + n_0$;
    if $Label(n_0) = in$ **then** HALT.
    if J_0 ungültig in M
        then $Supp(n_0) := Supp(n_0) + n'$; HALT.

---

[1] Für bestimmte pathologische TM-Netzwerke mit sog. *odd loops* kann es passieren, dass der Algorithmus nicht terminiert oder ein nicht zulässiges Modell als Ergebnis liefert (vgl. Seite 222).

(wobei n' *out*-Knoten aus I_0 oder *in*-Knoten aus O_0)

2. % Überprüfe $ACons(n_0)$
    if $ACons(n_0) = \emptyset$
        then $change\_node\_to\_in(n_0, I_0 \cup O_0, J_0)$;
            füge n_0 als größtes Element an M an: $M := M + n_0$; HALT.

3. % Es gilt $Label(n_0) = out$
    % J_0 ist gültig in M
    % $ACons(n_0) \neq \emptyset$
    $L := ACons^*(n_0) + n_0$;
    Speichere den Support-Status aller Knoten $n \in L$ in L_{old} ab;
    Markiere jeden Knoten in L mit *unknown*;

4. for $n \in L$ do (4A)

4A. if $Label(n) = unknown$ then
        % Untersuche Begründungen aus $\mathcal{J}(n)$ auf fundierte (Un)Gültigkeit
        if es gibt eine fundiert gültige Begründung $J' = \langle I'|O' \rightarrow n \rangle \in \mathcal{J}(n)$
            then $change\_node\_to\_in(n, I' \cup O', J')$;
                Wende (4A) auf alle Konsequenzen von n
                mit Status *unknown* an;
        else
            if es gibt nur fundiert ungültige Begründungen in $\mathcal{J}(n)$
                then $change\_node\_to\_out(n)$;
                    Wende (4A) auf alle Konsequenzen von n
                    mit Status *unknown* an;
            else Bestimmung des Status von n
                wird vorerst aufgeschoben (s. (5))
            endif
        endif
    endif

5. for $n \in L$ do (5A)

5A. if $Label(n) = unknown$ then
        % Untersuche Begründungen aus $\mathcal{J}(n)$ auf nicht-fundierte (Un)Gültigkeit
        if es gibt eine nicht-fundiert gültige Begründung $J' = \langle I'|O' \rightarrow n \rangle \in \mathcal{J}(n)$
            then
                if $ACons(n) \neq \emptyset$
                    then for $n' \in ACons(n) + n$ do
                        $Label(n') := unknown$;
                        wende (5A) auf n' an;
                    else $change\_node\_to\_in(n, I' \cup O', J')$;
                        % *unknown* wird wie *out* behandelt
                        for $n' \in O'$ do
                            if $Label(n') = unknown$
                                then $Label(n') := out$;
                        for $n' \in Cons(n)$, $Label(n') = unknown$ do (5A)
                endif
        else alle Begründungen von n sind nicht-fundiert ungültig;
            % insbesondere gibt es in jeder Begründung $J \in \mathcal{J}(n)$

% einen Knoten der *in*-Liste mit Label *unknown*
for $J = \langle I' \mid 0' \rightarrow n \rangle \in \mathcal{J}(n)$ **do**
    wähle $n' \in I'$ mit $Label(n') = unknown$;
    change_node_to_out(n');
    change_node_to_out(n);
    for $n' \in Cons(n)$, $Label(n') = unknown$, **do** (5A);
  endif
endif

Damit steht ein Verfahren zur Verfügung, welches nach Hinzufügen einer Begründung (also auch nach Hinzufügen einer Prämisse) ein neues zulässiges Modell sucht.

Zunächst werden die Mengen $\mathcal{J}(n_0)$ und $Cons(n)$ für die in $I_0 \cup O_0$ vorkommenden Knoten aktualisiert. Ist die Konsequenz der neuen Begründung schon *in*, so ist nichts mehr zu tun. Auch wenn die neue Begründung im alten Modell ungültig ist, ändert sich kaum etwas. Der eigentliche TM-Algorithmus wird gestartet, wenn die Begründung gültig ist, der Knoten aber *out*. Gibt es keine betroffenen Konsequenzen der neuen Konsequenz (Schritt 2), so ist die Bestimmung des neuen Modells kein Problem: Die neue Konsequenz wird einfach als größtes Element in das Modell aufgenommen. Anderenfalls müssen alle Auswirkungen der neuen Konsequenz aktualisiert werden. Zu diesem Zweck bekommen alle diese Knoten erst einmal das Label *unknown* (Schritt 3).

In Schritt 4 wird dann ihr neuer Status bestimmt: Gibt es eine fundiert gültige Begründung eines solchen Knotens bzw. nur fundiert ungültige Begründungen, so wird ihm der Status *in* bzw. *out* zugewiesen. Hier muss man allerdings genau zwischen fundiert gültig und nicht-fundiert gültig unterscheiden (s. Definition 7.19): Bei nicht-fundiert gültigen Begründungen können Knoten der *out*-Liste auch den Status *unknown* haben; in Schritt (5A) wird dieser dann ebenso behandelt wie der *out*-Status. Die fundiert gültigen Begründungen sorgen in direkter Weise dafür, dass das resultierende Modell fundiert ist. Bei nicht-fundiert gültigen Begründungen wird erst sorgfältig geprüft, ob keine zirkulären Abhängigkeiten vorliegen.

Schritt 5 wird allerdings nur dann durchlaufen, wenn es nach Abarbeitung von Schritt 4 noch Knoten mit unbekanntem Label gibt. Nur dann, wenn schließlich alle Begründungen eines solchen Knotens n auch nicht-fundiert ungültig sind, es also keinerlei Basis für einen begründeten Glauben gibt, bekommt der Knoten das Label *out*. Die von n abhängigen Knotenmengen müssen noch aktualisiert und evtl. weiterhin überprüft werden.

Es gibt pathologische TM-Netzwerke, bei denen dieser Algorithmus in Schritt 5 nicht terminiert oder ein nicht zulässiges Modell liefert. Dies sind Netzwerke, die Schlussfolgerungen zulassen, in denen der Glaube an eine Aussage letztendlich gerade durch das Fehlen dieses Glaubens begründet werden soll, z.B. auf Grund von Begründungen des Typs $\langle \emptyset | n \rightarrow n \rangle$. Solche Paradoxien werden als *odd loops* bezeichnet und müssen ausgeschlossen werden (s. [150]).

Bevor wir den Algorithmus an Beispielen illustrieren, wollen wir noch eine wichtige Ergänzung des bisherigen Rahmens vorstellen, nämlich die Möglichkeit, explizit Widersprüche zu codieren. Zu diesem Zweck erweitern wir die Definition eines TM-Netzwerks um eine Menge $N_\perp$ von Widerspruchsknoten: $\mathcal{T} = (N, N_\perp, \mathcal{J})$. Ebenso müssen wir den Begriff eines *zulässigen Modells* anpassen: $M \subseteq N$ ist zulässig, wenn M zulässig im herkömmlichen Sinne ist und darüber hinaus gilt $M \cap N_\perp = \emptyset$. Ein Modell kann also nur zulässig sein, wenn kein Widerspruchsknoten *in* ist.

Widerspruchsknoten werden in das System aufgenommen, um

- logische Widersprüche zu codieren: $\langle n, \neg n | \emptyset \to n_\perp \rangle$;

- einen Knoten aus der Menge der akzeptierten Knoten herauszunehmen (Retraktion von n durch Hinzufügen der Begründung $\langle n | \emptyset \to n_\perp \rangle$);

- unerwünschte Konstellationen auszuschließen.

Konstellationen von Knoten, die zu Widersprüchen führen, werden als *nogoods* bezeichnet; manchmal werden auch die Widerspruchsknoten selbst *nogood-Knoten* genannt.

Die Prozedur *dependency directed backtracking (DDB) (abhängigkeitenorientiertes Rücksetzen)* wird immer dann aufgerufen, wenn nach Abschluss des oben beschriebenen TM-Verfahrens festgestellt wird, dass ein Widerspruchsknoten *in* ist. Daher muss der obige Algorithmus um eine entsprechende Abfrage erweitert werden. Außerdem beendet man in der Regel das TM-Verfahren mit der Auflistung aller Änderungen:

Algorithmus JTMS-Verfahren (Fortsetzung):

6. $M' := \{n \in N | Label(n) = in\}$
   for $n \in N$ **do**
       if n ist Widerspruchsknoten und n ist *in* **then** DDB;
7. **for** $n \in L$ **do**
       Vergleiche den aktuellen Status von n mit dem anfänglichen,
       in Schritt (3) in L_{old} abgespeicherten Status
       und gib alle Änderungen aus.

Damit ist der vollständige JTMS-Algorithmus aufgelistet. Wir wollen die Beschreibung des DDB-Algorithmus bis zur Seite 225 zurückstellen und erst einmal an einem einfachen Beispiel (bei dem keine Widerspruchsknoten nötig sind) die Wirkung des JTMS-Algorithmus nachvollziehen.

Beispiel 7.20 (JTMS 5) Wir machen mit Beispiel 7.4 weiter. Das aktuelle Modell sei das in Beispiel 7.13 bestimmte $M = \{E, B, D\}$. Als neue Begründung fügen wir die Prämisse A hinzu, also

$$J_0 = \langle \emptyset | \emptyset \to A \rangle$$
$$n_0 = A, I_0 = O_0 = \emptyset$$

Wir starten den JTMS-Algorithmus:

(1) $\mathcal{J} := \mathcal{J} + J_0$
$\mathcal{J}(A) := \{J_1, J_0\}$
A *out* in M
J_0 gültig in M
(2) $ACons(A) = \{B, C\}$
(3) $L := ACons^*(A) + A = \{A, B, C, D, F\}$
$L_{old} := \{A : out, B : in, C : out, D : in, F : out\}$
% E ist unverändert *in*
$Label(A) = unknown$
$Label(B) = unknown$
$Label(C) = unknown$
$Label(D) = unknown$
$Label(F) = unknown$
(4) $n^{(1)} = A$

J_0 ist fundiert gültig
$SJ(A) := J_0$
$Supp(A) := \emptyset$
$\underline{Label(A) := in}$
$Cons(A) = \{B, C\}$, beide haben den Status *unknown*
$n^{(11)} = B$

$\mathcal{J}(B) = \{J_2\}$
J_2 ist fundiert ungültig, da A *in* ist
$\underline{Label(B) := out}$
$Supp(B) = \{A\}$
$Cons(B) = \{D\}$
$n^{(111)} = D$

$\mathcal{J}(D) = \{J_{4a}, J_{4b}\}$
J_{4a} fundiert ungültig
J_{4b} weder fundiert gültig noch fundiert ungültig,
da $Label(C) = unknown$
Bestimmung des Status von D wird aufgeschoben

$n^{(12)} = C$

$\mathcal{J}(C) = \{J_3\}$
J_3 ist fundiert gültig
$SJ(C) = J_3$
$Supp(C) = \{A\}$
$\underline{Label(C) = in}$
$Cons(C) = \{A, D, F\}$
$n^{(121)} = D$

$\mathcal{J}(D) = \{J_{4a}, J_{4b}\}$
J_{4b} fundiert gültig
$SJ(D) = J_{4b}$
$Supp(D) = \{C\}$
$\underline{Label(D) = in}$
$Cons(D) = \emptyset$
$n^{(122)} = F$

$$\mathcal{J}(F) = \{J_6\}$$
J_6 fundiert gültig
$$SJ(F) = J_6$$
$$Supp(F) = \{C, E\}$$
$$\underline{Label(F) = in}$$
$$\overline{Cons(F) = \emptyset}$$

Mittlerweile sind die Label von A, B, C, D, F bekannt.

(6)   Das neue Modell ist $M' = \{A, C, D, E, F\}$.
        Widerspruchsknoten existieren nicht.

(7)   Die Knoten A, B, C, F haben ihren Status gewechselt.   □

Nun erklären sich auch die Bezeichnungen *monotone* und *nichtmonotone* Begründung (vgl. Definition 7.3): Ist die stützende Begründung eines Knotens eine monotone Begründung (d.h. besitzt eine leere *out*-Liste), so wird der Knoten bei Hinzunahme faktischer Information (Prämissen) seinen Status nicht ändern, so lange auch die *in*-Knoten seiner stützenden Begründung ihren Status beibehalten. Anders verhält es sich, wenn die stützende Begründung nichtmonoton ist, also eine nichtleere *out*-Liste hat. In diesem Fall kann – auch bei gleichbleibendem Status der *in*-Knoten – durch den Statuswechsel eines *out*-Knotens auch der Knoten selbst seinen Status ändern.

Knoten, deren stützende Begründungen nichtmonotoner Natur sind, haben also einen weniger soliden Status und werden demzufolge manchmal auch als die *Annahmen* eines Modells bezeichnet. In Beispiel 7.4 ist der Knoten B die einzige Annahme.

Kommen wir nun zur Vorstellung des DDB-Algorithmus. Er wird, wie bereits gesagt, gestartet, wenn das System feststellt, dass ein Widerspruchsknoten $n_\perp$ *in* ist. In diesem Verfahren wird die Menge $MaxAnn(n_\perp)$ der *maximalen Annahmen* des Widerspruchsknotens benötigt. Dazu bestimmt man zunächst einmal die Fundamente $Ant^*(n_\perp)$ des Widerspruchsknotens, also den transitiven Abschluss der Antezedenzen von $n_\perp$, und betrachtet dort nur die Annahmen. Eine Annahme n_A ist genau dann in $MaxAnn(n_\perp)$ enthalten, wenn $n_A \in Ant^*(n_\perp)$ ist und es keine andere Annahme $n_B \in Ant^*(n_\perp)$ gibt derart, dass $n_A \in Ant^*(n_B)$ ist. Weiterhin sei $\mathcal{J}_\perp$ die Menge der stützenden Begründungen der Knoten in $MaxAnn(n_\perp)$.

Prozedur Dependency Directed Backtracking – DDB

Eingabe: Ein TM-Netzwerk;
        ein zulässiges Modell M;
        ein Widerspruchsknoten $n_\perp$ mit Status *in*.

Ausgabe: Ein zulässiges Modell bzgl. eines erweiterten TM-Netzwerks oder Meldung eines unlösbaren Widerspruchs.[2]

1. Bestimme die Menge $MaxAnn(n_\perp)$ der maximalen Annahmen von $n_\perp$. Ist $MaxAnn(n_\perp) = \emptyset$, so liegt ein unlösbarer Widerspruch vor; HALT.

---

[2] Da dieser Algorithmus den JTMS-Algorithmus verwendet, gelten auch hier die Einschränkungen bzgl. *odd loops* (vgl. Seite 222).

2. Wähle eine der maximalen Annahmen $n_A \in MaxAnn(n_\perp)$;
   wähle einen (out-) Knoten n^* in der out-Liste der stützenden Begründung
   von n_A.

3. Füge eine neue Begründung der Form $\langle I_\perp | O_\perp \rightarrow n^* \rangle$ hinzu, wobei
   $I_\perp$ = Vereinigung der in-Listen von $\mathcal{J}_\perp$ und
   $O_\perp$ = (Vereinigung der out-Listen von $\mathcal{J}_\perp$) $- \{n^*\}$.
   Dann ist $I_\perp \subseteq M$ und $O_\perp \cap M = \emptyset$, also $\langle I_\perp | O_\perp \rightarrow n^* \rangle$ gültig in M.

4. Starte JTMS-Prozedur, Schritte $1 - 5$ (n^* wird in, damit werden die Grundlagen der aktuellen stützenden Begründung von $n_\perp$ ungültig), und ermittle
   ein neues Modell M'.

5. Ist der Status des Widerspruchsknotens $n_\perp$ auch im neuen Modell in, so wende
   DDB auf M' und das erweiterte Netzwerk an.

6. Ist schließlich der Status von $n_\perp$ out, so ist das DDB erfolgreich abgeschlossen;
   HALT.
   Anderenfalls liegt ein unlösbarer Widerspruch vor; HALT.

Dies ist der ursprüngliche DDB-Algorithmus, wie er von Doyle in [56] vorgestellt
wurde. Unter dem Schlagwort *dependency directed backtracking* wird manchmal generell auch jedes Rücksetzungs-Verfahren verstanden, das logischen Abhängigkeiten
folgt (im Gegensatz zum einfacheren *chronologischen Backtracking*).

Selbsttestaufgabe 7.21 (Widerspruchsknoten und DDB) Man stelle sich
vor, im obigen Beispiel 7.13 solle die Aussage B nicht länger ohne die Aussage C
akzeptiert werden. Formulieren Sie mit Hilfe eines Widerspruchsknotens die hinzu-
zufügende Begründung und ermitteln Sie mittels JTMS und DDB ein neues Modell
und überprüfen Sie dieses auf Zulässigkeit. Zeichnen Sie das Diagramm des erweiterten TMN.   ∎

Bemerkung.[3] Bitte beachten Sie, dass der DDB-Algorithmus ein zulässiges Modell
zu einem doppelt erweiterten TM-Netzwerk erzeugt. D.h., DBB startet nach dem
Aufruf in JTMS(6) ja bereits auf dem um J_0 erweiterten TM-Netzwerk $\mathcal{T}'$ und
erweitert dieses in Schritt (3) noch einmal um eine Begründung J_0' zu einem TM-
Netzwerk $\mathcal{T}''$, zu dem dann ein zulässiges Modell M'' gefunden wird. M'' muss
aber kein zulässiges Modell von $\mathcal{T}$ sein! So ist in der Selbsttestaufgabe 7.21 das
final bestimmte Modell $M'' = \{A, C, D, E, F\}$ zwar ein zulässiges Modell von $\mathcal{T}''$,
aber nicht von $\mathcal{T}$ aus Beispiel 7.4, da die Knoten A und C sich dort nur gegenseitig
stützen und nicht über die anderen Knoten begründet werden können.

7.4.3 Anwendungsbeispiele

Wir haben den Begriff eines Truth Maintenance-Netzwerks und sowohl das JTMS-
als auch das DDB-Verfahren bisher nur an sehr formalen Beispielen illustriert. Dies

---

[3] Harald Beck (TU Wien) bat uns, diesen wichtigen Punkt noch einmal herauszustellen.

geschah teilweise aus Gründen der Vereinfachung, teilweise aber auch, um eine klare Unterscheidung zwischen *Knoten* und *logischer Aussage* zu machen (vgl. die Bemerkungen auf S. 215).

Bevor wir auf einige kleine Beispiele eingehen, die gut nachvollziehbar illustrieren sollen, wie die Verwendung der TM-Techniken eine gegenüber der klassischen Logik erweiterte Wissensrepräsentation und -verarbeitung ermöglicht, wollen wir auf eine bedeutendere Anwendung hinweisen, die die Relevanz des JTMS-Ansatzes auch für aktuelle Forschungen schön aufzeigt. Harald Beck (TU Wien) berichtete über Forschungsarbeiten zum *Stream Reasoning* zur Verarbeitung von Datenströmen [11], in deren Rahmen ein Algorithmus zur inkrementellen Modell-Erweiterung auf der Basis des in diesem Buch vorgestellten JTMS-Algorithmus entwickelt wurde [10].

Für unsere kleineren Illustrationen beginnen wir mit Tweety, dem berühmtesten Vogel der nichtmonotonen Logiken.

Beispiel 7.22 (Tweety 1) Es geht (wieder einmal) um die Modellierung der Aussage *"Vögel können im Allgemeinen fliegen, aber Tweety der Pinguin nicht, da Pinguine zwar Vögel sind, aber nicht fliegen können"*.

Nehmen wir an, wir hätten zunächst nur die Information, dass Tweety ein Vogel ist. Unser TM-Netzwerk besitzt also die Knoten

$$
\begin{array}{rcl}
V & : & \text{Vogel sein} \\
P & : & \text{Pinguin sein} \\
F & : & \text{fliegen können} \\
\overline{F} & : & \text{nicht fliegen können} \\
n_{\perp} & : & \text{Widerspruchsknoten}
\end{array}
$$

und (zunächst) die Begründungen

$$
\begin{array}{rcl}
J_0 & : & \langle P | \emptyset \rightarrow \overline{F} \rangle \\
J_1 & : & \langle P | \emptyset \rightarrow V \rangle \\
J_2 & : & \langle V | P \rightarrow F \rangle \\
J_3 & : & \langle F, \overline{F} | \emptyset \rightarrow n_{\perp} \rangle \\
J_4 & : & \langle \emptyset | \emptyset \rightarrow V \rangle
\end{array}
$$

In Abbildung 7.4 ist dieses TMN graphisch dargestellt. Zu diesem TMN gibt es nur ein zulässiges Modell, nämlich $M = \{V, F\}$ – aus der Information, dass Tweety ein Vogel ist, können wir (unsicher, da F eine Annahme ist) folgern, dass er auch fliegen kann. In dieser Situation gibt es keinen begründeten Hinweis darauf, dass Tweety ein Pinguin ist, also können weder J_0 noch J_1 angewandt werden.

Nun werde die Begründung

$$
J_5 : \langle \emptyset | \emptyset \rightarrow P \rangle
$$

hinzugefügt, d.h. es ist offenkundig geworden, dass Tweety ein Pinguin ist. Das JTMS-Verfahren etabliert nun das neue Modell $M' = \{V, P, \overline{F}\}$ – die Annahme F wurde zurückgezogen, und statt dessen ließ sich $\overline{F}$ begründen. Tweety kann also gleichzeitig als Vogel und als Pinguin repräsentiert werden, und es kann korrekt gefolgert werden, dass er nicht fliegen kann.

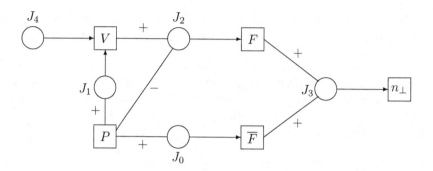

Abbildung 7.4 Truth Maintenance-Netzwerk zu Beispiel 7.22

Allerdings ist das obige TMN nicht sonderlich befriedigend, da es zwar auf Tweety passt, jedoch jedem Strauß oder Kiwi weiterhin die Flugfähigkeit bescheinigt. Anstatt nun diese Ausnahmen – und viele andere denkbare – auch mit in die Begründung J_2 mit aufzunehmen, modifiziert man das TMN in der Art, dass zwar immer dann, wenn es keinen Grund gibt, an der Flugfähigkeit eines Vogels zu zweifeln, dieser auch als fliegender Vogel eingestuft wird, andererseits die Berücksichtigung von Ausnahmen in modularer Weise möglich ist: Statt J_2 wählt man die allgemeinere Begründung

$$J_2' \quad : \quad \langle V | \overline{F} \to F \rangle$$

mit der Bedeutung: Solange ein Vogel nicht explizit als "nicht fliegend" ausgewiesen wird, können wir annehmen, dass er fliegt. Jede Begründung der Form J_0 für Strauße, Kiwis und ähnliche Exoten unterbindet dann diese Folgerung.   □

Selbsttestaufgabe 7.23 (Tweety)

1. Vollziehen Sie im Tweety-Beispiel mit Hilfe des JTMS-Algorithmus den Modellwechsel von M zu M' bei Hinzunahme von J_5.

2. Ist es auch möglich, mit dem "abgemagerten" TM-Netzwerk ($\{V, P, F\}$, $\{J_1, J_2, J_4\}$) unter Hinzunahme von J_5 den Schluss "Tweety kann nicht fliegen" abzuleiten?   ■

JTMS bieten also eine im Wesentlichen regelbasierte Wissensrepräsentation, bei der durch die Einbeziehung nichtmonotoner Regeln (Begründungen) die strikten Konsistenzbedingungen klassischer Logiken gelockert werden und ein nichtmonotones Ableitungsverhalten ermöglicht wird.

Am Ende des Tweety-Beispiels hatten wir auf eine Möglichkeit hingewiesen, unsichere Regeln in einer allgemeinen und modularen Form zu codieren. Die gleiche Idee lässt sich auch für Diagnose-Aufgaben nutzen, denn beim Auftreten von Fehlern sollten zunächst einfache mögliche Ursachen abgeklärt werden, bevor mit aufwendigeren Untersuchungen begonnen wird.

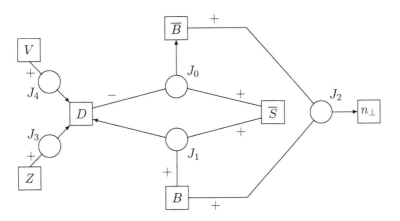

Abbildung 7.5 Truth Maintenance-Netzwerk zu Beispiel 7.24

Beispiel 7.24 (Autodiagnose) Wenn ein Auto bei drehendem Anlasser nicht startet, so liegt sicherlich die einfachste denkbare Fehlerursache darin, dass kein Benzin mehr im Tank ist. Bevor man also die Motorhaube öffnet, um nach Defekten zu fahnden, sollte man einen Blick auf die Tankuhr werfen. Erst wenn man sich überzeugt hat, dass der Tank nicht leer ist, kann der Verdacht auf einen Defekt als begründet angesehen werden. Weitere mögliche Fehlerursachen sind dann z.B. verschlissene Zündkerzen oder ein defekter Vergaser.

Diese Überlegungen lassen sich in einem TMN wie folgt formalisieren:

Knoten:	$\overline{S}$	:	Auto startet nicht
	$\overline{B}$	:	zu wenig Benzin im Tank
	B	:	genug Benzin im Tank
	D	:	Defekt liegt vor
	Z	:	Zündkerzen defekt
	V	:	Vergaser defekt
Begründungen:	J_0	:	$\langle \overline{S} | D \to \overline{B} \rangle$
	J_1	:	$\langle \overline{S}, B | \emptyset \to D \rangle$
	J_2	:	$\langle B, \overline{B} | \emptyset \to n_\perp \rangle$
	J_3	:	$\langle Z | \emptyset \to D \rangle$
	J_4	:	$\langle V | \emptyset \to D \rangle$

Dieses TMN ist in Abbildung 7.5 graphisch dargestellt. Die Begründung J_0 ("Wenn das Auto nicht startet und nicht bekannt ist, dass ein Defekt vorliegt, nimm an, dass zu wenig Benzin im Tank ist") ist ähnlich allgemein gehalten wie J_2' im Tweety-Beispiel 7.22.   □

Bei Diagnosen in komplexeren Bereichen (z.B. in der Medizin) kommt es kaum vor, dass eine Diagnose auf der Basis vorliegender Symptome klar ausgeschlossen werden kann. Hier geht es eher darum, dass Diagnosen relativ oder absolut sicherer werden oder auch nicht. Daher bieten sich hier quantitative Methoden an, wie sie z.B. in MYCIN implementiert wurden. In Kapitel 13 werden wir mit den sog.

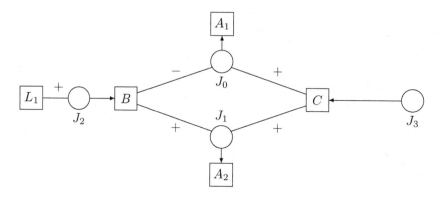

Abbildung 7.6 Truth Maintenance-Netzwerk zu Beispiel 7.25

Bayesschen Netzen eine moderne und effiziente Methode vorstellen, um quantifizierte Abhängigkeiten zwischen Aussagen umzusetzen.

Ein weiteres Beispiel soll die mögliche Rolle eines JTMS im Rahmen eines Fertigungsprozesses illustrieren.

Beispiel 7.25 (Fertigung) In einer Fabrik werde ein Produkt C gefertigt. Zu seiner Herstellung werden alternativ die beiden Rohstoffe A_1 und A_2 eingesetzt, wobei im Normalfall A_1 gewählt wird. Liegen jedoch besondere, zunächst nicht näher spezifizierte Umstände vor, so wird C mit A_2 produziert. Ein solcher "besonderer Umstand" tritt z.B. bei Lieferproblemen für A_1 ein.

Hier bietet sich folgendes TMN an (vgl. Abbildung 7.6):

Knoten:	C	:	Endprodukt
	B	:	besondere Umstände
	A_1, A_2	:	Rohstoffe
	L_1	:	Lieferprobleme für A_1
Begründungen:	J_0	:	$\langle C \mid B \to A_1 \rangle$
	J_1	:	$\langle C, B \mid \emptyset \to A_2 \rangle$
	J_2	:	$\langle L_1 \mid \emptyset \to B \rangle$
	J_3	:	$\langle \emptyset \mid \emptyset \to C \rangle$

In diesem Zustand ist $M = \{C, A_1\}$ das einzige zulässige Modell. Wird die Begründung $\langle \emptyset \mid \emptyset \to L_1 \rangle$ hinzugefügt, so ergibt sich $M' = \{C, L_1, B, A_2\}$ als Folgemodell. □

Selbsttestaufgabe 7.26 (Mordverdacht) *Wenn jemand Nutznießer eines Mordes ist und kein Alibi hat, so ist er verdächtig. Wenn jemand zur Tatzeit bei Freunden war und die Freunde weit enfernt vom Tatort wohnen und es angenommen werden kann, dass die Freunde nicht lügen, so hat er ein Alibi für den Mord. Es steht fest, dass Anton Nutznießer des Mordes an seiner Tante ist.*

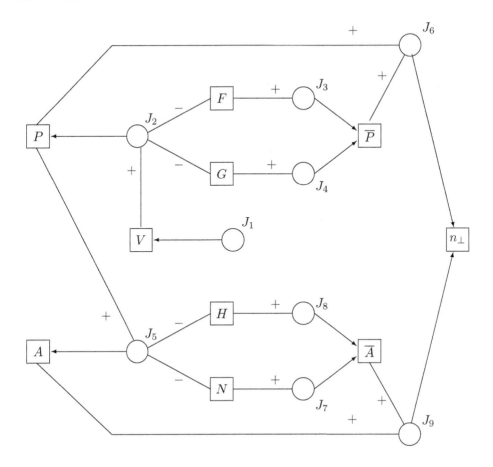

Abbildung 7.7 Netzwerk zu Bibliotheksausleihe (Selbsttestaufgabe 7.27)

1. Entwerfen Sie ein TMN, das die obigen Zusammenhänge bzw. Sachverhalte beschreibt und zeichnen Sie das Diagramm des TMN.

2. Bestimmen Sie ein fundiertes Modell des TMN. Gibt es mehrere?

3. Nun erhalte man die zusätzliche Information, daß Anton sich zur Tatzeit bei seinen weit entfernt lebenden Freunden aufhielt. Fügen Sie dem TMN die entsprechenden Begründungen hinzu und berechnen Sie mit Hilfe des TMS-Verfahrens ein neues fundiertes Modell. ∎

Selbsttestaufgabe 7.27 (Bibliotheksausleihe) Betrachten Sie das in Abbildung 7.7 dargestellte JTMS. Es beschreibt Aussagen über die Ausleihbarkeit von Büchern in einer Bibliothek, wobei die Knoten wie folgt zu interpretieren sind:

V	"als verfügbar gekennzeichnet"	G	"gestohlen"
P	"am angegebenen Platz vorhanden"	F	"falsch einsortiert "
$\overline{P}$	"nicht am angegebenen Platz vorhanden"	A	"ausleihbar"
N	"Nachschlagewerk"	$\overline{A}$	"nicht ausleihbar"
H	"im Handapparat einer Veranstaltung"	$n_\perp$	Widerspruchsknoten

1. Formulieren Sie die Begründungen $J_1, \ldots, J_9$ in diesem JTMS und identifizieren Sie monotone Begründungen, nicht-monotone Begründungen und Prämissen.

2. Deuten Sie die in diesem TMS dargestellten Aussagen umgangssprachlich.

3. Bestimmen Sie ein zulässiges Modell M bzgl. $\mathcal{T}$. Geben Sie eine mögliche Fundierungs-Ordnung der Elemente von M an und zu jedem Element eine stützende Begründung.

4. Bestimmen Sie zu jedem Knoten n von $\mathcal{T}$ die Mengen $\mathcal{J}(n)$, $Supp(n)$, $Supp^*(n)$, $Ant(n)$, $Ant^*(n)$, $Cons(n)$, $ACons(n)$, $ACons^*(n)$ sowie die stützende Begründung $SJ(n)$.

5. Die Prämisse H werde hinzugefügt. Bestimmen Sie mit Hilfe des TMS-Verfahrens ein neues zulässiges Modell.

6. Durch Einführen einer Begründung der Form $\langle \emptyset | \emptyset \to X \rangle$ wird gewährleistet, dass der Knoten X in jedem existierenden Modell enthalten ist. Kann man in ähnlicher Weise erzwingen, dass ein Knoten in *keinem* Modell enthalten ist? ∎

7.4.4 Die JTMS-Inferenzrelation

Mit Hilfe der JTMS sind nichtmonotone Ableitungen möglich. Damit haben wir in operationaler Weise eine nichtmonotone Inferenzbeziehung (vgl. Abschnitt 7.2) beschrieben. Wir wollen diese nun konkretisieren.

Bei allen bisher vorgestellten Beispielen eines TMN gab es zwei Arten von Begründungen: Prämissen und Begründungen mit nichtleerer *in*- oder *out*-Liste. Doch insbesondere in den Beispielen aus Abschnitt 7.4.3 erschien es unbefriedigend, Prämissen genauso als festen Bestandteil eines TMN zu betrachten wie die übrigen Begründungen, oder andersherum betrachtet, instantiierte Aussagen als Prämissen in das TMN integrieren zu müssen. Näher liegend ist hier eine Trennung in (allgemeines) Regelwissen und (fallspezifisches) Faktenwissen, wie wir es auch schon bei den regelbasierten Systemen vorgenommen haben und wie es bereits in Abbildung 2.3 (siehe S. 18) skizziert wurde. Dabei wird allerdings nicht ausgeschlossen, dass auch Prämissen als fixe Vorgaben regelhaftes Wissen repräsentieren.

Sei also N eine Menge von Knoten und $\mathcal{J}$ eine Menge von Begründungen, wie wir sie in Abschnitt 7.4.1 eingeführt haben. Diesmal nehmen wir aber an, dass $\mathcal{J}$ nur das regelhafte Hintergrundwissen enthält. Mit $\mathcal{T} = (N, \mathcal{J})$ bezeichnen wir das zugehörige TMN. Ein Modell ist auch weiterhin eine Menge von Knoten aus N, und auch der Begriff der Abgeschlossenheit bleibt unverändert. Lediglich der Begriff der Fundiertheit wird modifiziert, um *Fundiertheit bzgl. eines gegebenen Faktenwissens* ausdrücken zu können. Dieses Faktenwissen wird durch eine Menge A von Knoten repräsentiert.

Definition 7.28 (Fundiertheit in einer Faktenmenge) Ein Modell M heißt *fundiert in einer Knotenmenge A bzgl. $\mathcal{J}$*, wenn M = $\emptyset$, oder wenn es anderenfalls eine vollständige Ordnung $n_1 < \ldots < n_k$ der Elemente in M gibt, so dass für jedes $n_j \in M$ gilt: es ist $n_j \in A$, oder es gibt eine in M gültige Begründung $\langle I|O \to n_j \rangle \in \mathcal{J}$ von n_j derart, dass $I \subseteq \{n_1, \ldots, n_{j-1}\}$. □

Fakten werden also als temporäre Prämissen des TMN betrachtet. Man macht sich leicht klar, dass Definition 7.28 den bisherigen Fundiertheitsbegriff aus Definition 7.9 erweitert: Offensichtlich ist M eine fundierte Knotenmenge genau dann, wenn M fundiert in der leeren Knotenmenge $\emptyset$ ist.

Definition 7.29 (zulässiges Modell) Ein Modell M heißt *zulässiges Modell (admissible model) von A bzgl. $\mathcal{J}$*, wenn es die folgenden drei Bedingungen erfüllt:

(1) $A \subseteq M$;
(2) M ist abgeschlossen bzgl. $\mathcal{J}$;
(3) M ist fundiert in A bzgl. $\mathcal{J}$.

Die Menge aller zulässigen Modelle einer Faktenmenge A wird bezeichnet mit $ad_{\mathcal{J}}(A)$ oder einfacher mit $ad(A)$, wenn die Begründungsmenge $\mathcal{J}$ als fix vorausgesetzt werden kann. □

In der Literatur werden die Begriffe "zulässig" und "fundiert" manchmal synonym verwendet, d.h. Fundiertheit umfasst dann alle drei in Definition 7.29 angegebenen Eigenschaften.

Zur Definition einer Inferenzrelation gibt es nun zwei typische Möglichkeiten: Ist A eine Menge elementarer Aussagen, so kann man definieren, dass die von einem Knoten repräsentierte elementare Aussage b nichtmonoton aus A folgt, wenn b in *irgendeinem* zulässigen Modell von A liegt. Dies ist die *leichtgläubige (credulous)* Version der Ableitungsoperation, die aber meist selbst für nichtmonotone Verhältnisse ein zu willkürliches Verhalten zeigt. Meistens entscheidet man sich für die folgende *skeptische (sceptical)* Variante, bei der *alle* zulässigen Modelle von A betrachtet werden:

Definition 7.30 (TMS-Inferenzrelation) Sei $\mathcal{T} = (N, \mathcal{J})$ ein TMN, sei $A \subseteq N$ eine Menge elementarer Aussagen, und sei $b \in N$ ebenfalls eine elementare Aussage. Wir sagen, dass b *nichtmonoton aus A folgt bzgl. $\mathcal{J}$*,

$$A \mathrel{\vdash\!\sim}_{\mathcal{J}} b$$

gdw.

- $b \in \bigcap ad_{\mathcal{J}}(A)$ falls $ad_{\mathcal{J}}(A) \neq \emptyset$
- $b \in A$ falls $ad_{\mathcal{J}}(A) = \emptyset$

Die Relation $\mathrel{\vdash\!\sim}_{\mathcal{J}}$ wird als eine *TMS-Inferenzrelation* bezeichnet. □

Beispiel 7.31 (Tweety 2) Wir wollen die Relation $\mathrel{\vdash\!\sim}_{\mathcal{J}}$ im Tweety-Beispiel 7.22 untersuchen, wobei $\mathcal{J} = \{J_0, J_1, J_2, J_3\}$ nun allerdings nur die regelhaften Begründungen enthält (siehe S. 227). Wir betrachten die Faktenmengen $A_0 = \emptyset$, $A_1 = \{V\}$ und $A_2 = \{V, P\}$.

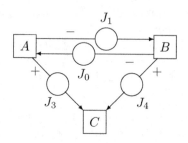

Abbildung 7.8 Truth Maintenance-Netzwerk zu Beispiel 7.32

$A_0 = \emptyset$: Da $\mathcal{J}$ keine Begründungen mit leerer *in*-Liste enthält, ist keine der Begründungen gültig in A_0. Jedes zulässige Modell M von A_0 bzgl. $\mathcal{J}$ muss daher leer sein (Elemente von M können weder aus A_0 sein, noch durch gültige Begründungen aus A_0 gefolgert werden). Andererseits ist die leere Menge aber auch abgeschlossen bzgl. $\mathcal{J}$ und enthält A_0. Daher ist $ad_{\mathcal{J}}(\emptyset) = \{\emptyset\}$. Wir können also nur auf Basis der Begründungen bei leerer Faktenmenge keine Aussagen über die Knoten aus N ableiten.

$A_1 = \{V\}$: In diesem Fall gibt es genau ein zulässiges Modell von A_1, nämlich $M = \{V, F\}$, also $A_1 \vdash_{\mathcal{J}} V, F$.

$A_2 = \{V, P\}$: In Beispiel 7.22 hatten wir mittels JTMS-Verfahren das zulässige Modell $M' = \{V, P, \overline{F}\}$ berechnet, und man prüft leicht nach, dass M' das einzige zulässige Modell von A_2 ist. Wir erhalten also $A_2 \vdash_{\mathcal{J}} V, P, \overline{F}$. □

Im Tweety-Beispiel gab es in jedem der betrachteten Fälle höchstens ein zulässiges Modell. Wir wollen nun noch ein Beispiel vorstellen, bei dem es mehrere Modelle gibt, bei dem also die Inferenzrelation durch einen echten Schnitt bestimmt wird.

Beispiel 7.32 Die Knotenmenge N bestehe aus den drei Knoten A, B, C, und $\mathcal{J}$ enthalte – wie in Abbildung 7.8 dargestellt – die Begründungen

$$
\begin{aligned}
J_0 &: \quad \langle \emptyset | B \to A \rangle \\
J_1 &: \quad \langle \emptyset | A \to B \rangle \\
J_2 &: \quad \langle A | \emptyset \to C \rangle \\
J_3 &: \quad \langle B | \emptyset \to C \rangle
\end{aligned}
$$

$ad_{\mathcal{J}}(\emptyset)$ hat zwei Elemente, nämlich $\{A, C\}$ und $\{B, C\}$. Deren Schnitt ist

$$
\bigcap ad_{\mathcal{J}}(\emptyset) = \{C\}
$$

und damit gilt

$$
\emptyset \vdash_{\mathcal{J}} C
$$

□

Selbsttestaufgabe 7.33 (zulässige Modelle und TMN)

1. Begründen Sie, dass es im obigen Beispiel 7.32 die beiden angegebenen zulässigen Modelle von $\emptyset$ bzgl. $\mathcal{J}$ gibt.

2. Welche Aussagen könnten in Beispiel 7.32 sinnvollerweise den Knoten A, B, C zugeordnet werden? ∎

Selbsttestaufgabe 7.34 (TMS-Inferenzrelation) Die Knoten $N = \{A, B, C\}$ und die Begründungen $\mathcal{J} = \{\langle \emptyset | B \rightarrow A \rangle,\ \langle A | \emptyset \rightarrow C \rangle,\ \langle C | A \rightarrow B \rangle\}$ seien gegeben.

1. Sei $\mathbf{A}_0 = \emptyset$. Bestimmen Sie alle Knoten n, für die $\mathbf{A}_0 \mathrel{\vdash\!\sim}_{\mathcal{J}} n$ gilt.

2. Nun werde der Menge $\mathbf{A}_0$ der Knoten C hinzugefügt: $\mathbf{A}_1 = \{C\}$. Zeigen Sie: $\mathbf{A}_1 \not\mathrel{\vdash\!\sim}_{\mathcal{J}} A$.

3. Wie beurteilen Sie dieses Ableitungsverhalten? ∎

Selbsttestaufgabe 7.35 (TMS-Inferenzrelation) Zeigen Sie, dass für alle in Definition 7.30 definierten Inferenzrelationen $\mathrel{\vdash\!\sim}_{\mathcal{J}}$ gilt: $A \mathrel{\vdash\!\sim}_{\mathcal{J}} a$ für alle $a \in A$. ∎

Selbsttestaufgabe 7.36 (TMS und Schnitteigenschaft) Es seien $\mathcal{J}$ eine Menge von Begründungen und $\mathbf{A}$ eine Menge von Knoten eines TMN. Ferner seien m, n Knoten des TMN. Zeigen Sie:

$$\text{Aus } \mathbf{A} \mathrel{\vdash\!\sim}_{\mathcal{J}} n \text{ und } \mathbf{A} \cup \{n\} \mathrel{\vdash\!\sim}_{\mathcal{J}} m \quad \text{folgt} \quad \mathbf{A} \mathrel{\vdash\!\sim}_{\mathcal{J}} m. \qquad ∎$$

In den letzten beiden Aufgaben haben wir allgemeine Eigenschaften der TMS-Inferenzrelationen nachgewiesen, nämlich die *Reflexivität* (Selbsttestaufgabe 7.35) und die *Schnitteigenschaft* (Selbsttestaufgabe 7.36). Weitere Kriterien zur Beurteilung nichtmonotoner Inferenzrelationen stellen wir in Abschnitt 9.12 vor.

7.5 Assumption-based Truth Maintenance-Systeme – ATMS

7.5.1 Grundbegriffe

Die Terminologie eines ATMS ist ähnlich der eines JTMS: Es gibt Knoten (*nodes*), die Aussagen repräsentieren, und Begründungen (*justifications*), mit Hilfe derer Aussagen abgeleitet werden können.

Jeder Knoten entspricht einer atomaren Aussage. Ähnlich wie beim JTMS ist auch für das ATMS (nicht jedoch für den zugehörigen Theorembeweiser) die logische Struktur dieser Aussage unsichtbar. Insbesondere müssen für eine Aussage und deren Negation zwei verschiedene Knoten eingerichtet werden.

Eine Begründung hat in einem ATMS die Form

$$n_1, n_2, \ldots \rightarrow n$$

und entspricht einer materialen Implikation

$$n_1 \wedge n_2 \wedge \ldots \Rightarrow n$$

Die Knoten $n_1, n_2, \ldots$ werden als *Antezedenzen* bezeichnet, und n ist die *Konsequenz* der obigen Begründung. Anders als in Begründungen für JTMS wird hier nicht zwischen *in-* und *out*-Knoten unterschieden.

Annahmen (assumptions) sind für ein ATMS von zentraler Bedeutung. Es handelt sich dabei allerdings nicht, wie bei einem JTMS, um Aussagen mit schwächerem Status, sondern um den *Vorgang, eine Aussage bzw. den zugehörigen Knoten als wahr anzunehmen.* Annahmen werden ebenfalls durch Knoten repräsentiert. Betrifft die Annahme A den Knoten n, so wird dies in der Begründung

$$A \to n$$

notiert. Eine Menge von Annahmen wird als *Umgebung (environment)* bezeichnet. Logisch entspricht eine Umgebung der Konjunktion ihrer Elemente. Ein Knoten n ist in einer Umgebung E *gültig*, wenn er aus den Annahmen dieser Umgebung und den Begründungen $\mathcal{J}$ (klassisch) abgeleitet werden kann:

$$n \text{ ist gültig in } E \quad \text{gdw.} \quad E, \mathcal{J} \vdash n$$

Eine Umgebung ist *inkonsistent*, wenn aus ihr auf diese Weise das Falsum $\perp$ abgeleitet werden kann. Inkonsistente Umgebungen werden als *nogoods* bezeichnet. Ein *Kontext* ist eine Menge von Knoten, die in einer (konsistenten) Umgebung gültig sind, die also aus den Annahmen der Umgebung und den Begründungen abgeleitet werden können. Eine solche Umgebung wird als *charakterisierende Umgebung des Kontextes* bezeichnet. Kontexte spielen in einem ATMS eine den zulässigen Modellen eines JTMS vergleichbare Rolle.

7.5.2 Arbeitsweise eines ATMS

Die Aufgabe eines ATMS kann nun konkretisiert werden:

- Bestimme alle Kontexte!

Aus Effizienzgründen wird dieser Auftrag jedoch nicht wörtlich erfüllt. Ein ATMS konzentriert sich vielmehr auf relevante Teilaufgaben:

- Aufdeckung von Inkonsistenzen in Kontexten;

- Entscheidung, ob ein Knoten in einem bestimmten Kontext enthalten ist.

Zu diesen Zwecken benutzt das ATMS für Knoten eine spezielle Datenstruktur, die eine effiziente Beschreibung der Kontexte liefert, in denen ein Knoten gültig ist.

Intern wird ein Knoten n in der folgenden Form dargestellt:

$$n = \langle \textit{Aussage, Label, Begründungen} \rangle$$

Dabei ist *Begründungen* die Menge aller Begründungen, die n als Konsequenz enthalten. *Label* ist eine Menge von Umgebungen und beschreibt, von welchen (Mengen von) Annahmen die *Aussage* letztendlich abhängt. Das Label wird vom ATMS berechnet und verwaltet und besitzt die folgenden Eigenschaften:

- es ist *konsistent*, d.h., alle seine Umgebungen sind konsistent;

- es ist *korrekt (sound)* für den Knoten n, d.h., n ist aus jeder der Umgebungen des Labels (zusammen mit allen Begründungen) ableitbar;

- es ist *vollständig*, d.h., jede konsistente Umgebung, in der n gültig ist, ist eine Obermenge einer der Labelmengen;

- es ist *minimal*, d.h., keine der Labelmengen ist in einer anderen enthalten.

Ein Knoten ist in einem Kontext enthalten, wenn er in der entsprechenden charakterisierenden Umgebung gültig ist. Wegen der Vollständigkeit des Labels ist das genau dann der Fall, wenn die charakterisierende Umgebung eine Obermenge einer der Labelmengen ist. Umgekehrt definiert jede konsistente Umgebung, die eine Obermenge einer der Labelmengen ist, einen Kontext, in dem n enthalten ist. Mit Hilfe des Labels lässt sich also die Frage, in welchen Kontexten ein Knoten enthalten ist, auf die einfache Überprüfung einer Teilmengenbeziehung reduzieren. Zur Bestimmung von Labels und zur Illustration von Umgebungen und den zugehörigen Kontexten nutzt man aus, dass Umgebungen einen Mengenverband bilden, der durch die Teilmengenbeziehung (partiell) geordnet ist.

Abbildung 7.9 zeigt einen solchen Verband aller Teilmengen der Menge $\{A, B, C, D\}$, wobei wir zunächst sowohl die eckigen und ovalen Markierungen als auch die Durchstreichungen ignorieren wollen. Dabei symbolisieren aufwärts gerichtete Kanten eine Teilmengenbeziehung. Alle Obermengen einer Menge lassen sich also bestimmen, indem man den Kanten nach oben folgt. In umgekehrter Richtung findet man alle Teilmengen einer Menge. Die Labelmengen eines Knotens lassen sich dann als die größten unteren Schranken derjenigen Umgebungen charakterisieren, in denen der Knoten gültig ist.

Ein weiterer Vorteil der Verbandsdarstellung ist die übersichtliche Verfolgung inkonsistenter Umgebungen, also von nogoods: Ist eine Umgebung inkonsistent, so offensichtlich auch jede ihrer Obermengen. Alle diese Mengen sind zur Bestimmung von Kontexten irrelevant. Wir wollen diese Ideen an einem Beispiel illustrieren.

Beispiel 7.37 Nehmen wir an, dem ATMS stehen die beiden Knoten

$$n_1 = \langle a, \{\{A, B\}, \{C, D\}\}, \ldots \rangle$$
$$n_2 = \langle b, \{\{A, C\}, \{D\}\}, \ldots \rangle$$

zur Verfügung mit atomaren Aussagen a, b, aus denen die Aussage c abgeleitet werden kann (die Begründungen von n_1 und n_2 sind bei Kenntnis der Labels von untergeordneter Bedeutung und werden deshalb hier nicht näher spezifiziert). Weiterhin sei $\{B, C\}$ ein nogood (z.B. weil eine Annahme die Negation der anderen ist). Wir wollen das Label des der Aussage c zugeordneten Knotens n_3 bestimmen. Die klassisch-logische Deduktion $a, b \vdash c$ wird in die Begründung $n_1, n_2 \rightarrow n_3$ übersetzt.

Abbildung 7.9 zeigt den Umgebungsverband für dieses Beispiel. Die vier mit einem Oval versehenen Mengen zeigen die konsistenten Umgebungen für den Knoten n_1 an, die sieben mit einem Rechteck versehenen Mengen diejenigen für den Knoten n_2. Die Labelmengen der Knoten n_1 und n_2 sind jeweils die "am weitesten unten angesiedelten" dieser Mengen. Alle Mengen oberhalb des nogoods $\{B, C\}$ werden

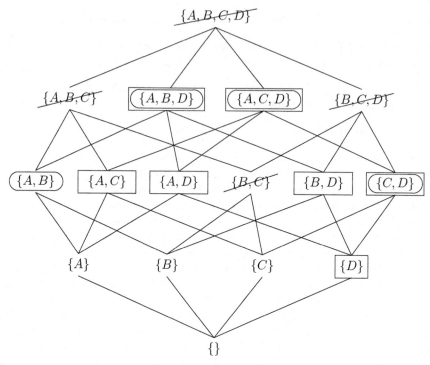

Abbildung 7.9 Umgebungsverband

ignoriert und sind mit Durchstreichung markiert. In jeder Umgebung, in der n_1 und n_2 gültig sind, ist auch n_3 wegen der Begründung $n_1, n_2 \rightarrow n_3$ gültig. Dies sind demnach die Mengen in Abbildung 7.9, die sowohl mit einem Rechteck als auch mit einem Oval gekennzeichnet sind. Die Labelmengen von n_3 sind die kleinsten dieser Mengen, nämlich $\{C, D\}$ und $\{A, B, D\}$:

$$n_3 = \langle c, \{\{C, D\}, \{A, B, D\}\}, \{n_1, n_2 \rightarrow n_3\}\rangle \qquad \square$$

Die Hierarchie des Umgebungsverbandes ermöglicht es, Labelmengen abgeleiteter Knoten einfach aus den Labels der Antezedenzknoten in der folgenden Weise zu bestimmen:

- Man bildet die Vereinigung aus je einer Labelmenge eines jeden Antezedenzknoten und berücksichtigt dabei alle möglichen Kombinationen. Auf diese Weise sichert man Korrektheit und Vollständigkeit des neuen Labels. Im obigen Beispiel 7.37 erhält man für die Antezedenzknoten n_1 und n_2 die Mengen $\{A, B, C\}, \{A, B, D\}, \{A, C, D\}, \{C, D\}$.

- Minimalität und Konsistenz des neuen Labels werden dadurch erreicht, dass man inkonsistente Umgebungen streicht und nur kleinste Teilmengen übernimmt. Im Beispiel 7.37 ist $\{A, B, C\}$ ein nogood, und wegen $\{C, D\} \subseteq \{A, C, D\}$ wird auch $\{A, C, D\}$ aus dem Label entfernt. Übrig bleiben die beiden im Beispiel genannten Mengen $\{A, B, D\}$ und $\{C, D\}$.

Besitzt ein Knoten mehrere Begründungen, so entsteht sein Label aus allen sich aus den einzelnen Begründungen ergebenden Labelmengen, wobei Obermengen anderer Labelmengen entfernt werden.

Ein ATMS macht die aufwendige Suche nach (neuen) Modellen wie im JTMS, insbesondere das *dependency directed backtracking*, unnötig. Aufgrund der vorliegenden Information lässt sich an den Labels ablesen, welche Knoten gültig sind und welche nicht. Wir wollen das Prinzip eines ATMS noch einmal an einem umfangreicheren Beispiel erläutern.

Beispiel 7.38 ("Die üblichen Verdächtigen") Wir vereinfachen das Beispiel in Selbsttestaufgabe 4.23, um die Menge der Annahmen übersichtlich zu halten, und fassen kurz die wesentlichen Fakten zusammen:

Dieter P., Inhaber einer Baufirma, wurde in seinem Büro tot aufgefunden, erschossen mit seiner eigenen Pistole. Es könnte Selbstmord gewesen sein, doch auch Mord kann nicht ausgeschlossen werden. Die Ermittlungen ergeben, dass drei Personen für die Tat in Frage kommen: Albert, der ehemalige Prokurist, wurde von Dieter P. vor kurzem entlassen; Bruno, Dieter P.'s Bruder, ist einziger Erbe des Toten und in ständigen Geldproblemen. Carlos, der Teilhaber der Firma, hatte in letzter Zeit häufig Auseinandersetzungen mit Dieter P. Alle drei weisen ein – mehr oder weniger stichhaltiges – Alibi vor: Albert behauptet, zur fraglichen Zeit bei einem Fußballspiel gewesen zu sein; Bruno hat Freunde besucht und gibt diese als Zeugen an, und Carlos gibt an, erst kürzlich von einer Flugreise zurückgekehrt zu sein. Die Überprüfung der Passagierliste des entsprechenden Fluges bestätigt seine Aussage.

Wir betrachten Knoten mit den folgenden Aussagen:

$$
\begin{array}{lll}
HA, HB, HC & : & \text{Albert, Bruno, Carlos ist Hauptverdächtiger} \\
\overline{HA}, \overline{HB}, \overline{HC} & : & \text{Albert, Bruno, Carlos ist kein Hauptverdächtiger} \\
MA, MB, MC & : & \text{Albert, Bruno, Carlos hat ein Motiv} \\
AA, AB, AC & : & \text{Albert, Bruno, Carlos hat ein Alibi} \\
FB, FR, FL & : & \text{Alibi Fußball, Freunde, Flug ist okay} \\
S, \overline{S} & : & \text{Es war Selbstmord/kein Selbstmord} \\
H & : & \text{Albert, Bruno und Carlos sind die einzigen Verdächtigen}
\end{array}
$$

Die Begründungen folgen den Argumentationen:

Wer ein glaubhaftes Alibi hat, ist kein Hauptverdächtiger.
Wer ein Motiv hat und als einziger Verdächtiger in Frage kommt, ist Hauptverdächtiger.

Außerdem benutzen wir die folgenden Annahmen:

$$
\begin{array}{llll}
A_1 & : & MA & \quad A_5 & : & FR \\
A_2 & : & MB & \quad A_6 & : & FL \\
A_3 & : & MC & \quad A_7 & : & \overline{S} \\
A_4 & : & FB & \quad A_8 & : & S
\end{array}
$$

Knoten	Aussage	Begründungen	Labels
n_1	FB	$\{A_4\}$	$\{A_4\}$
n_2	AA	$n_1 \to n_2$	$\{A_4\}$
n_3	FR	$\{A_5\}$	$\{A_5\}$
n_4	AB	$n_3 \to n_4$	$\{A_5\}$
n_5	FL	$\{A_6\}$	$\{A_6\}$
n_6	AC	$n_5 \to n_6$	$\{A_6\}$
n_7	MA	$\{A_1\}$	$\{A_1\}$
n_8	HA	$n_7, n_{15}, n_{17}, n_{18} \to n_8$	$\{A_1, A_7, A_5, A_6\}$
n_9	MB	$\{A_2\}$	$\{A_2\}$
n_{10}	HB	$n_9, n_{15}, n_{16}, n_{18} \to n_{10}$	$\{A_2, A_7, A_4, A_6\}$
n_{11}	MC	$\{A_3\}$	$\{A_3\}$
n_{12}	HC	$n_{11}, n_{15}, n_{16}, n_{17} \to n_{12}$	$\{A_3, A_7, A_4, A_5\}$
n_{13}	$\overline{S}$	$\{A_7\}$	$\{A_7\}$
n_{14}	S	$\{A_8\}$	$\{A_8\}$
n_{15}	H	$n_{13} \to n_{15}$	$\{A_7\}$
n_{16}	$\overline{HA}$	$n_2 \to n_{16}$	$\{A_4\}, \{A_8\}$
		$n_{14} \to n_{16}$	
		$n_{15}, n_{10} \to n_{16}$	
		$n_{15}, n_{12} \to n_{16}$	
n_{17}	$\overline{HB}$	$n_4 \to n_{17}$	$\{A_5\}, \{A_8\}$
		$n_{14} \to n_{17}$	
		$n_{15}, n_8 \to n_{17}$	
		$n_{15}, n_{12} \to n_{17}$	
n_{18}	$\overline{HC}$	$n_6 \to n_{18}$	$\{A_6\}, \{A_8\}$
		$n_{14} \to n_{18}$	
		$n_{15}, n_8 \to n_{18}$	
		$n_{15}, n_{10} \to n_{18}$	

Abbildung 7.10 Knoten, Begründungen und Labels im Beispiel 7.38

Beachten Sie, dass $\{A_7, A_8\}$ ein nogood ist. In Abbildung 7.10 listen wir die Knoten mit den entsprechenden Aussagen, Begründungen und Labels auf. Wird ein Knoten durch eine Annahme A_i begründet, so notieren wir dies als $\{A_i\}$.

Aus dieser Auflistung lassen sich Umgebungen und Kontexte leicht ablesen. In der Umgebung $\{A_4, A_5\}$ beispielsweise – d.h. die Alibis "Fußball" und "Freunde" seien in Ordnung – gelten die Knoten $n_1, n_2, n_3, n_4, n_{16}, n_{17}$; insbesondere sind in diesem Kontext Albert und Bruno keine Hauptverdächtigen. Durch Hinzunahme von A_3 unterstellen wir nun außerdem Carlos ein Motiv, so dass auch der Knoten n_{11} gültig wird. An diesem Punkt ist nun entscheidend, ob wir von einem Mord (Annahme A_7) oder von einem Selbstmord (Annahme A_8) ausgehen. Im ersten Fall ist in dem durch $\{A_3, A_4, A_5, A_7\}$ charakterisierten Kontext $\{n_1, n_2, n_3, n_4, n_{11},$ $n_{12}, n_{13}, n_{15}, n_{16}, n_{17}\}$ Carlos der Hauptverdächtige. Im zweiten Fall hingegen sind

n_{16}, n_{17}, n_{18} gültige Knoten in der Umgebung $\{A_3, A_4, A_5, A_8\}$, d.h. die Selbstmord-
annahme A_8 entlastet alle drei Verdächtigen. Beachten Sie, dass ein solcher, durch
unterschiedliche Annahmen induzierter Kontextwechsel keine weiteren Berechnungen notwendig macht, da die Ergebnisse unmittelbar zur Verfügung stehen. □

Selbsttestaufgabe 7.39 (ATMS) Begründen Sie die Labelzuweisungen im obigen Beispiel 7.38. ■

7.6 Verschiedene TMS im Vergleich

Beide Typen des Truth Maintenance-Ansatzes, Justification-based und Assumption-
based, haben ihre Vor- und Nachteile. Die Entscheidung, welches der beiden Systeme
für eine bestimmte Anwendung geeigneter ist, hängt meistens davon ab, wieviele
Lösungen ein Problem überhaupt besitzt und an wievielen dieser Lösungen man
interessiert ist. Ist die Lösungsmenge beträchtlich und möchte man einen Überblick
über alle möglichen Lösungen haben, so bietet sich ein ATMS an. Ist man hingegen
überhaupt nur an einer Lösung interessiert, so erscheint der Aufwand eines ATMS
zu hoch, und man wird ein JTMS einsetzen.

Die Arbeitsweise eines ATMS entspricht einer Breitensuche, während diejenige
eines JTMS einer Tiefensuche entspricht. Dies führt zu den folgenden signifikanten
Unterschieden:

- Das Hinzufügen von Annahmen führt bei einem ATMS zu aufwendigen Untersuchungen, da alle Kombinationen mit anderen Annahmen betrachtet werden
  müssen. Der entsprechende Vorgang bei einem JTMS ist weniger problematisch.

- Der Modellwechsel bei einem JTMS kann, insbesondere bei Durchführung des
  DDB, recht aufwendig sein. Bei einem ATMS können die Ergebnisse eines
  Kontextwechsels sofort präsentiert werden (vgl. Beispiel 7.38).

- Ein ATMS merzt alle Inkonsistenzen von vorne herein aus und muss sie
  nicht erst mühsam durch DDB entfernen. Andererseits bietet Backtracking
  die Chance, die Ursache von Inkonsistenzen aufzuspüren.

- Die Darstellung und Behandlung nichtmonotoner Zusammenhänge gehört zu
  den Spezialitäten eines JTMS und ist bei einem ATMS nur über Umwege
  möglich (vgl. [52]).

Weder JTMS noch ATMS analysieren die logische Struktur von Aussagen. Sie erkennen z.B. nicht, wenn die Aussage eines Knotens gerade die Negation der Aussage
eines anderen Knotens ist. Ein *logikbasiertes TMS (LTMS)* ist das von McAllester
[146]. Als ideal erscheint die Kombination aller drei TMS-Typen. Ein Schritt in
diese Richtung ist das *RMS (Reason Maintenance System)* von McDermott [150];
diese Arbeit gibt auch einen guten Überblick über Entwicklungen im Bereich der
Truth Maintenance-Systeme. Einige Autoren präsentieren die TM-Systeme in einer
abstrakteren und eleganteren Form (s. hier insbesondere [111]).

7.7 Ausblicke

Der Truth Maintenance-Ansatz weist nicht nur zur Default-Logik, sondern auch zum Logischen Programmieren enge Beziehungen auf (vgl. z.B. [29]). Hier wird ein nichtmonotones Ableitungsverhalten durch die Methode des *negation as failure* ermöglicht – solange die Negation einer Aussage nicht explizit aus dem Programm bewiesen werden kann, darf die Aussage als wahr angenommen werden. Wird durch das Hinzufügen neuer Information jedoch die negierte Aussage zu faktischem Wissen, so können bisherige Schlussfolgerungen nicht mehr abgeleitet werden (siehe auch Kapitel 9).

Wie Abschnitt 7.4.4 deutlich macht, erreicht man die Nichtmonotonie der Ableitung im Wesentlichen dadurch, dass man die Inferenz nicht mehr auf *alle* Modelle, sondern nur auf bestimmte, *besonders gute* Modelle stützt. Diese Idee wird in vielen nichtmonotonen Logiken verfolgt. Speziell mit der Nichtmonotonie in TMS beschäftigen sich z.B. [151, 111, 63, 29].

Das JTMS von Doyle berücksichtigt aber nicht nur explizit nichtmonotone Regeln, sondern vollzieht auch einen Wechsel des Wissens- oder Glaubenszustandes (eines maschinellen oder humanen Agenten). Einen solchen Wechsel bezeichnet man als *Wissensrevision (belief revision)*. Heute sind die beiden Bereiche der nichtmonotonen Logiken und der Wissensrevision parallele, aber eng miteinander verwandte Fachgebiete, die sich eines großen Interesses und reger Forschungsaktivitäten erfreuen (vgl. z.B. die beiden Übersichtsartikel [143] und [78]; siehe auch [114, 115]). Die Arbeit von J. Doyle [56] leistete zu beiden einen frühen Beitrag.

Das JTMS-Verfahren, so wie es hier vorgestellt wurde, kann allerdings nur angewendet werden, wenn einem TM-Netzwerk Begründungen hinzugefügt werden, nicht aber, wenn Begründungen entfernt oder modifiziert werden. Um diese Fälle zu behandeln, sind andere Methoden der Wissensrevision notwendig.

Auch das DDB-Verfahren kann nur dann erfolgreich durchgeführt werden, wenn *Annahmen*, also nichtmonoton etablierte Knoten, zurückgesetzt werden können. Dadurch wird eine sehr vorsichtige, möglichst geringfügige Änderung ermöglicht. Damit nimmt das JTMS von Doyle ein Paradigma vorweg, das auch heute noch eine zentrale Bedeutung für die Wissensrevision besitzt: das Paradigma der *minimalen Änderung (minimal change)*.

8 Default-Logiken

Während bei Truth Maintenance-Systemen die nichtmonotone Ableitung im Vordergrund steht und nichtmonotone Regeln hier – eher unscheinbar – als ein Mittel zum Zweck eingesetzt werden, rücken diese *unsicheren Regeln (defeasible rules)* in der Default-Logik in den Mittelpunkt des Geschehens. Sie bekommen einen eigenen Namen, *Default-Regel* oder einfach *Default*, und ein ganz spezielles Aussehen. Es handelt sich dabei um

- Regeln mit Ausnahmen, oder

- Regeln, die im Allgemeinen, meistens oder typischerweise gelten, oder

- Regeln, die gelten, solange nicht das Gegenteil explizit bewiesen worden ist.

Alle diese verschiedenen Nuancen unsicherer Regeln können mit Hilfe der Default-Logik dargestellt und bearbeitet werden. Solche Regeln machen einen Großteil des *Allgemeinwissens (commonsense knowledge)* aus und bilden eine Grundlage unseres Denkens und Handelns. Dies gilt in besonderer Weise für Experten: Die Kenntnis allgemeiner Beziehungen ebenso wie das Wissen um Ausnahmefälle stellt den Kern des *Expertenwissens* dar. Ein zentrales Problem beim Aufbau von Wissensbasen ist daher die Repräsentation unsicherer Regeln und ihre adäquate Verarbeitung.

Wir werden im Wesentlichen die Default-Logik von Reiter [193] präsentieren, der sich von klassisch-logischen Darstellungsweisen löste und die heute gebräuchliche spezielle Schreibweise für Default-Regeln einführte. Weiterhin werden wir die Poole'sche Default-Logik vorstellen und allgemein auf nichtmonotone Inferenzrelationen für Default-Logiken und deren Eigenschaften eingehen.

8.1 Default-Logik nach Reiter

Zentraler Punkt der Default-Logik nach Reiter [193] ist die Bestimmung einer *Extension zu einer Default-Theorie* (beide Begriffe werden später genau definiert). Diese Extensionen repräsentieren das aus Fakten und Default-Regeln ableitbare Wissen und wurden von Reiter als Lösungen einer Fixpunktgleichung charakterisiert. Es ist wichtig, diese formalen Eigenschaften einer Extension zu kennen und zu verstehen, doch zunächst werden wir einen intuitiven und operationalen Weg in die Default-Logik nehmen.

8.1.1 Aussehen und Bedeutung eines Defaults

Wir hatten in Abschnitt 7.1 behauptet, dass Default-Regeln leicht verständlich sind und in unserem täglichen Leben eine große Rolle spielen. Beginnen wir also mit alltäglichen Beispielen, z.B. mit dem Weg zur Arbeit.

© Springer Fachmedien Wiesbaden GmbH, ein Teil von Springer Nature 2019
C. Beierle und G. Kern-Isberner, *Methoden wissensbasierter Systeme*,
Computational Intelligence, https://doi.org/10.1007/978-3-658-27084-1_8

Angenommen, der Programmierer Hans Lisp wird gefragt, wie er morgens zur Arbeit kommt. Hans ist engagierter Umweltschützer, also nimmt er *normalerweise* den Bus. Diese Einstellung spiegelt sich in dem Default

$$\frac{Weg\_zur\_Arbeit \;:\; nehme\_Bus}{nehme\_Bus} \qquad (8.1)$$

wider, der gelesen werden kann als *"Wenn ich morgens zur Arbeit gehe, und es spricht nichts dagegen, dass ich den Bus nehme, so nehme ich den Bus"*. Da Hans es mit dem Umweltschutz sehr genau nimmt, ist er vielleicht sogar versucht, seine Haltung durch die sichere Regel

$$Weg\_zur\_Arbeit \to nehme\_Bus \qquad (8.2)$$

auszudrücken. Doch eines Morgens findet er ein Schild an der Haltestelle: "Heute keine Busse! Streik!" Nun ist es Hans gar nicht möglich, mit dem Bus zu fahren, und er muss auf andere Weise ins Büro gelangen. Während diese seltene Situation die gesamte sichere Regel (8.2) falsifiziert, bleibt der Default (8.1) weiterhin richtig, nur ist er jetzt eben *nicht anwendbar*.

Hans, der in festen Prinzipien denkt, mag darauf erwidern, dass seine Maxime sich nun, nach der Streik-Erfahrung, durch die revidierte sichere Regel

$$Weg\_zur\_Arbeit \wedge kein\_Streik \to nehme\_Bus$$

ausdrücken lässt. Doch damit hat er nicht alle denkbaren Ausnahmen mit eingeschlossen:[1] Busse fahren auch nicht, wenn die Straßen vollkommen vereist sind. Oder Hans hat verschlafen, will aber einen sehr wichtigen Termin nicht versäumen und nimmt zähneknirschend das Auto. Demgegenüber ist der Default viel flexibler: Er ist anwendbar, solange nicht explizite Gründe dafür vorliegen, dass man den Bus nicht nehmen kann.

Der obige Default beschreibt also ein *typisches* oder *normales* Verhalten, im Fall von Hans sogar auch ein *normatives* Verhalten (schließlich handelt Hans nicht aus Bequemlichkeit, sondern aus Überzeugung).

Ein Beispiel für einen normativen Default, der *nicht* typischerweise oder normalerweise gilt, ist der folgende:

$$\frac{Angeklagt \;:\; unschuldig}{unschuldig}$$

mit der Bedeutung: *"Solange die Schuld eines Angeklagten nicht bewiesen ist, hat er als unschuldig zu gelten"*. Da ein Verfahren nicht ohne triftige Gründe eröffnet wird, sagt uns unsere Erfahrung, dass normalerweise die Unschuld eines Angeklagten zumindest in Zweifel gezogen werden kann. Dennoch fordert der Default ebenso wie das Gesetz, dass die Schuld eindeutig *bewiesen* werden muss.

Im nächsten Default wird eine prädikatenlogische Ausdrucksweise zur Formulierung eines üblichen gesellschaftlichen Verhaltens benutzt:

$$\frac{Geburtstag(X) \wedge Freund(Y,X) \;:\; gibt\_Geschenk(Y,X)}{gibt\_Geschenk(Y,X)}$$

---

[1] Beachten Sie hier die Parallelen zum Qualifikationsproblem (vgl. Abschnitte 3.1.1 und 11.4.2).

"Wenn X Geburtstag hat und Y ein Freund von X ist, so wird er ihm wohl etwas schenken."

Regeln mit (definitiven) Ausnahmen finden sich besonders leicht in biologischen Klassifikationen. Die Aussage "Vögel können typischerweise fliegen" lautet in Default-Schreibweise

$$\frac{Vogel(X) \; : \; kann\_Fliegen(X)}{kann\_Fliegen(X)}$$

Wählen wir für X jedoch unseren Freund Tweety, den Pinguin, so kann aus dem zusätzlichen Wissen

$$Pinguin(Tweety)$$
$$Pinguin(X) \to \neg kann\_Fliegen(X)$$

abgeleitet werden, dass Tweety nicht fliegen kann. Hier können jedoch Default- und klassisch-logisches Wissen nebeneinander bestehen, ohne dass sich Inkonsistenzen ergeben. Tweety's Unfähigkeit zu fliegen ändert andererseits auch nichts an dem typischen Zusammenhang zwischen "Vogel" und "Fliegen".

Ähnlich harmonisch fügen sich auch Flipper, der Delphin, und Karl, der Karpfen, in die Default-Landschaft ein. Der Default

$$\frac{Wassertier \; : \; Fisch}{Fisch}$$

ordnet Karl korrekt als Fisch ein, macht aber Flipper weder zum Fisch noch zum Landbewohner, denn auf Flipper ist der obige Default gar nicht anwendbar, da wir wissen, dass er zwar ein Wassertier ist, aber eben kein Fisch. Angesichts der Vielfalt der Lebewesen im Wasser kann auch bei diesem Default angezweifelt werden, ob wirklich die *meisten* Wassertiere Fische sind. Dieser Default gibt vielmehr eine *Erwartungshaltung* wieder, die wir typischerweise mit dem Begriff Wassertier verbinden.

8.1.2 Die Syntax der Default-Logik

Nachdem die Defaultschreibweise nun schon ein wenig vertraut geworden ist, wollen wir in diesem Abschnitt die Syntax der Default-Logik in formalen Definitionen festlegen.

Definition 8.1 (Default) Ein *Default* δ ist ein Ausdruck der Form

$$\delta = \frac{\varphi \; : \; \psi_1, \ldots, \psi_n}{\chi} \tag{8.3}$$

wobei $\varphi, \psi_1, \ldots, \psi_n, \chi$ aussagenlogische oder geschlossene prädikatenlogische Formeln sind und $n > 0$ vorausgesetzt wird. Die einzelnen Komponenten von δ werden wie folgt bezeichnet:

$$
\begin{array}{lll}
pre(\delta) & := & \varphi & \quad \textit{(Default)Voraussetzung (prerequisite)} \\
just(\delta) & := & \{\psi_1, \ldots, \psi_n\} & \quad \textit{(Default)Begründungen (justifications)} \\
cons(\delta) & := & \chi & \quad \textit{(Default)Konsequenz (consequent)} \qquad \square
\end{array}
$$

Die Bezeichnung "Begründung" wird hier also für *Teile* eines Defaults verwendet, nicht – wie bei den TMS – für den ganzen Default selbst. Für beide Begriffe wird im Englischen derselbe Terminus *justification* benutzt. In diesem Kapitel ist mit "Begründung" immer eine Defaultbegründung gemeint, solange nicht ausdrücklich etwas anderes gesagt wird. Im Allgemeinen sollte aus dem Kontext hervorgehen, auf welche Art von Begründung abgestellt wird.

Der Begriff *Default* lässt sich wohl am einfachsten, aber nicht sehr griffig mit *unsichere Regel* übersetzen. Er hat sich mittlerweile jedoch in seiner Originalbezeichnung eingebürgert und wird darüber hinaus meistens mit der obigen speziellen Schreibweise verbunden. Auch wir werden es daher bei der englischen Bezeichnung belassen.

Voraussetzung, Begründungen und Konsequenz eines Defaults werden in Definition 8.1 als aussagenlogische oder geschlossene prädikatenlogische Formeln vorausgesetzt. In dem in Abschnitt 8.1.1 vorgestellten Default

$$
\frac{Vogel(X) \; : \; kann\_Fliegen(X)}{kann\_Fliegen(X)}
$$

kommen jedoch Variablen vor. Ein solcher Default wird *offener Default* genannt und ist kein Default im herkömmlichen Sinne, sondern repräsentiert ein *Default-Schema*, also eine *Menge von Defaults* mit entsprechend instantiierten Variablen. Enthält das betrachtete Universum z.B. zwei Individuen *Tweety* und *Sam*, so steht das obige Defaultschema für die zwei Defaults

$$
\frac{Vogel(Tweety) \; : \; kann\_Fliegen(Tweety)}{kann\_Fliegen(Tweety)}
$$

und

$$
\frac{Vogel(Sam) \; : \; kann\_Fliegen(Sam)}{kann\_Fliegen(Sam)}
$$

Defaults repräsentieren allgemeines regelhaftes Wissen. Daneben wollen wir wie üblich – und wie wir dies auch bei den regelbasierten Systemen und bei den Truth Maintenance-Systemen getan haben – aber auch faktisches Wissen berücksichtigen. Beides zusammen macht eine *Default-Theorie* aus.

Definition 8.2 (Default-Theorie) Eine *Default-Theorie* T ist ein Paar $T = (W, \Delta)$, bestehend aus einer Menge W von prädikatenlogischen Formeln (genannt die *Fakten* oder *Axiome* von T) und einer Menge Δ von Defaults. $\qquad \square$

Die Bezeichnung W für die Fakten einer Default-Theorie geht auf Reiter [193] zurück und symbolisiert die *Welt (world)*, die von den gegebenen Fakten (unvollständig) beschrieben wird.

Im Rahmen dieses Buches werden wir nur Default-Theorien mit endlichen Fakten- und Default-Mengen betrachten.

8.1.3 Die Semantik der Default-Logik

Während die Syntax das formale Aussehen von Formeln (in diesem Fall also von Defaults) festlegt, verleiht die Semantik den Formeln Bedeutung. Im logischen Sinne ist damit eine Charakterisierung der *Interpretationen* bzw. *Modelle* einer Theorie gemeint. Darüber hinaus interessiert aber immer auch die informelle, verständnis-orientierte Bedeutung einer Formel. Die Beispiele in Abschnitt 8.1.1 gaben schon einen ersten Eindruck von der intuitiven Bedeutung eines Defaults. Hier wollen wir dies nun konkretisieren.

Ein Default $\dfrac{\varphi \; : \; \psi_1, \ldots, \psi_n}{\chi}$ kann in der folgenden Weise interpretiert werden:

Wenn φ bekannt ist, und wenn $\psi_1, \ldots, \psi_n$ konsistent angenommen werden können, dann folgere χ.

Um diese Beziehungen formelmäßig umzusetzen, müssen zwei Dinge geklärt werden, die die grundlegende Problemstellung der Reiter'schen Default-Logik betreffen:

- Was heißt "φ *ist bekannt*"?

- Wann können $\psi_1, \ldots, \psi_n$ *konsistent angenommen* werden?

Da zu einer Default-Theorie immer eine (evtl. leere) Menge von Fakten gehört, liegt es nahe, beide Fragen vor dem Hintergrund dieser Faktenmenge zu beantworten, also φ als bekannt vorauszusetzen, wenn es aus den Fakten (klassisch-logisch) gefolgert werden kann, und weiterhin die Konsistenz von $\psi_1, \ldots, \psi_n$ mit den Fakten zu fordern. Das folgende Beispiel zeigt, dass dieser Ansatz nicht weitreichend genug ist.

Beispiel 8.3 Wir betrachten das Default-Schema

$$\frac{Freund(X,Y) \land Freund(Y,Z) \; : \; Freund(X,Z)}{Freund(X,Z)} \qquad (8.4)$$

zusammen mit den faktischen Informationen

$$Freund(tom,bob), \; Freund(bob,sally), \; Freund(sally,tina)$$

Mit Hilfe des Default-Schemas können wir (nichtmonoton) folgern, dass auch *Freund(tom,sally)* und *Freund(bob,tina)* gilt. Den naheliegenden Schluss *Freund(tom,tina)* können wir jedoch nicht ziehen, da *Freund(tom,sally)* und *Freund(bob,tina)* nur unsicher geschlossen wurden, also nicht zu den Fakten gehören.
□

Selbsttestaufgabe 8.4 (Default-Interpretation) Interpretieren Sie das Default-Schema (8.4) in natürlicher Sprache. ∎

Wir möchten also auch als *bekannt* voraussetzen, was mit Hilfe der Defaults geschlossen wurde. Zu diesem Zweck könnten wir nun vorsichtig unser faktisches Wissen auf eine Menge von Formeln erweitern, die – zunächst noch etwas diffus – als *aktuelle Wissensbasis E* in den Folgerungsprozess eingeht:

> *Wenn φ zur aktuellen Wissensbasis gehört, und alle $\psi_1, \ldots, \psi_n$ konsistent mit dieser aktuellen Wissensbasis sind, dann folgere χ. Die aktuelle Wissensbasis E entsteht aus den Fakten und aus den Konsequenzen bereits angewandter Defaults.*

Eine solche aktuelle Wissensbasis erweitert also die Menge der Fakten um "akzeptable" Thesen, die auf den zur Verfügung stehenden Defaults basieren, und wird daher als *Extension (extension)* bezeichnet. Extensionen repräsentieren mögliche Versionen der durch die gegebene Default-Theorie beschriebenen Welt und bestimmen die Semantik dieser Default-Theorie. Für das Folgende wichtig ist die formale Definition der Anwendbarkeit eines Defaults:

Definition 8.5 (Anwendbarkeit von Defaults) Sei $\delta = \dfrac{\varphi \; : \; \psi_1, \ldots, \psi_n}{\chi}$ ein Default, und sei E eine deduktiv abgeschlossene Menge von Formeln.

δ ist *anwendbar auf E*   gdw. $\varphi \in E$ und $\neg\psi_1 \notin E, \ldots, \neg\psi_n \notin E$

($\psi_1, \ldots, \psi_n$ können also konsistent mit E angenommen werden).   □

Bevor wir in den nächsten Abschnitten Extensionen formal einführen, wollen wir einige wünschenswerte Eigenschaften von Extensionen E zusammentragen:

- Eine Extension sollte die Menge der Fakten enthalten: $W \subseteq E$.

- Eine Extension sollte deduktiv abgeschlossen sein, d.h., sie sollte abgeschlossen sein gegenüber klassisch-logischer Folgerung. Schließlich wollen wir mit Hilfe der Defaults *mehr* Wissen ableiten als auf klassische Weise und nicht etwa *weniger*.

- Eine Extension E sollte aber auch gegenüber der Anwendung von Defaults abgeschlossen sein, d.h., ist $\delta = \dfrac{\varphi \; : \; \psi_1, \ldots, \psi_n}{\chi}$ ein Default aus Δ und ist δ anwendbar auf E, so ist auch $\chi \in E$.

Das Problem liegt nun darin, dass wir eine korrekte Formalisierung des Begriffs einer Extension E (und damit der Default-Ableitung) nicht auf der *Konsistenz mit E* aufbauen können, da E zunächst ja noch gar nicht zur Verfügung steht (vielmehr ist es gerade das Ziel dieser Überlegungen, es zu definieren!). Dies macht es notwendig, zunächst zwischen der Menge, bzgl. der ein Default δ hinsichtlich seiner Voraussetzung $pre(\delta)$ überhaupt anwendbar ist, und der Menge, bzgl. der die *konsistente* Anwendung von δ geprüft wird (dem sog. *Kontext*), zu trennen. Durch die Definition von E als *Fixpunkt* wird diese Unterscheidung wieder aufgehoben und eine adäquate Realisierung des Begriffs einer Extension ermöglicht. Dies motiviert die folgende Definition:

Definition 8.6 (Anwendbarkeit bzgl. eines Kontextes) Sei F eine deduktiv abgeschlossene Menge von Formeln, sei K eine beliebige Formelmenge (der *Kontext*).

Ein Default $\delta = \dfrac{\varphi \; : \; \psi_1, \ldots, \psi_n}{\chi}$ heißt *anwendbar auf F bzgl. K* gdw. $\varphi \in F$ und $\neg\psi_1, \ldots, \neg\psi_n \notin K$.   □

Der Fall $K = F$ beschreibt die normale Anwendbarkeit eines Defaults (vgl. Definition 8.5).

Zunächst werden nun die obigen Forderungen durch einen Operator Λ_T umgesetzt, der zusätzlich noch den Aspekt der Minimalität berücksichtigt:

Definition 8.7 (Operator Λ_T) Es sei $T = (W, \Delta)$ eine Default-Theorie. Für jede Menge geschlossener Formeln S sei $\Lambda_T(S)$ die kleinste Formelmenge F, die die folgenden drei Bedingungen erfüllt:

1. $W \subseteq F$;

2. $Cn(F) = F$;

3. Ist $\dfrac{\varphi \ : \ \psi_1, \ldots, \psi_n}{\chi}$ ein Default aus Δ, der auf F bzgl. S anwendbar ist, dann ist auch $\chi \in F$. $\qquad\square$

$\Lambda_T(S)$ ist also die kleinste deduktiv abgeschlossene Formelmenge, die die Menge der Fakten W enthält und die unter Default-Anwendung bzgl. des Kontextes S abgeschlossen ist.

Definition 8.8 (Extension) Eine Menge geschlossener Formeln E heißt *Extension einer Default-Theorie* $T = (W, \Delta)$, wenn gilt

$$\Lambda_T(E) = E$$

wenn also E ein *Fixpunkt* des Operators Λ_T ist. $\qquad\square$

Dies ist die originale Definition eines Defaults, so wie man sie bei Reiter [193] und üblicherweise in der Literatur findet. Sie ist jedoch *nicht konstruktiv*, da schon in der Definition des Operators Λ_T die Anwendbarkeit des Defaults vor dem Hintergrund einer zunächst nicht bekannten Menge $\Lambda_T(S)$ geprüft werden muss.

Beispiel 8.9 Wir betrachten die Default-Theorie

$$T = (\{ Wassertier \}, \{ \frac{Wassertier \ : \ Fisch}{Fisch} \})$$

Sie besitzt, wie erwartet und wie man leicht anhand der obigen Definitionen nachprüft,

$$E = Cn(\{ Wassertier, Fisch \})$$

als Extension. Die Menge

$$E' = Cn(\{ Wassertier, \neg Fisch \})$$

hingegen ist keine Extension, obwohl sie alle drei Bedingungen der Definition 8.7 erfüllt und sogar minimal mit dieser Eigenschaft ist ($\neg Fisch$ ist notwendig, um den Default zu blockieren). Doch es ist

$$\Lambda_T(E') = Cn(\{ Wassertier \}) \neq E'$$

d.h. E' ist kein Fixpunkt des Operators Λ_T. Hier werden die Unterschiede zwischen Kontext, Faktenmenge und Extension deutlich. $\qquad\square$

Selbsttestaufgabe 8.10 (Reiter'sche Extensionen) Betrachten Sie die folgende Reiter'sche Default-Theorie $T = (W, \Delta)$ mit

- $W = \{Hai(Harald), \ \forall X \, (Hai(X) \Rightarrow Fisch(X))\}$,
- $\Delta = \{\delta_1, \delta_2, \delta_3\}$ mit

$$\delta_1 \ = \ \frac{Fisch(X) \ : \ \neg Hai(X)}{\neg Hai(X)},$$

$$\delta_2 \ = \ \frac{Fisch(X) \wedge \neg Hai(X) \ : \ Eierlgend(X)}{Eierlgend(X)},$$

$$\delta_3 \ = \ \frac{Hai(X) \ : \ Eierlgend(X)}{Katzenhai(X)}.$$

Entscheiden Sie, ob es sich bei den folgenden Formelmengen um Extensionen für T handelt. Argumentieren Sie dabei mit Hilfe des Λ_T-Operator.

- $E_1 = \{Hai(Harald), Fisch(Harald)\}$
- $E_2 = Cn(\{Hai(Harald), Katzenhai(Harald)\})$
- $E_3 = Cn(\{Hai(Harald), \forall X \, (Hai(X) \Rightarrow Fisch(X)), Katzenhai(Harald)\})$
- $E_4 = Cn(\{Hai(Harald), \forall X \, (Hai(X) \Rightarrow Fisch(X)), Katzenhai(Harald),$
  $Eierlgend(Harald)\})$ ∎

Reiter schlug die folgende iterative Charakterisierung von Extensionen vor:

Theorem 8.11 *Sei E eine Menge geschlossener Formeln, und sei $T = (W, \Delta)$ eine Default-Theorie. Definiere eine Folge von Formelmengen E_i, $i \geq 0$, in der folgenden Weise:*

$$E_0 = W$$

und für $i \geq 0$

$$E_{i+1} = Cn(E_i) \cup \left\{ \chi \mid \frac{\varphi \ : \ \psi_1, \ldots, \psi_n}{\chi} \in \Delta, \varphi \in E_i \text{ and } \neg\psi_1, \ldots, \neg\psi_n \notin E \right\}$$

Dann ist E eine Extension von T genau dann, wenn

$$E = \bigcup_{i=0}^{\infty} E_i$$

gilt.

Ein Beweis dieses Theorems findet sich in [193].

Auch hiermit ist keine konstruktive Bestimmung von E möglich, da E selbst in der Definition der E_i vorkommt (!), praktisch also zunächst *geraten* werden muss, bevor man es als Extension bestätigen kann.

Die obigen Definitionen stellen die Umsetzung des Begriffs einer Extension in einer formal korrekten und eleganten Weise dar. Im nächsten Abschnitt werden wir dagegen eine *konstruktive Methode zur Berechnung von Extensionen* vorstellen.

8.1.4   Ein operationaler Zugang zu Extensionen

"*Operational*" bedeutet hier die Einbettung des Begriffs der Extension in einen Prozess. Wir werden ein Verfahren beschreiben, mit dem sich Extensionen explizit berechnen lassen. Die grundlegende Idee dabei ist, Defaults so lange wie möglich anzuwenden. Kommt es dabei zu Inkonsistenzen (was bei der unsicheren Natur von Defaults nichts Ungewöhnliches ist), so muss eine Rücksetzung (*backtracking*) erfolgen, und andere Alternativen müssen verfolgt werden. Wir werden hier im Wesentlichen der Darstellung von [4] folgen.

Sei also $T = (W, \Delta)$ eine Default-Theorie. Mit $\Pi = (\delta_0, \delta_1, \ldots)$ bezeichnen wir eine eventuell leere, endliche Folge von Defaults aus Δ ohne Wiederholungen. Π repräsentiert eine gewisse *Ordnung*, in der die Defaults aus Δ angewendet werden sollen. Da die wiederholte Anwendung eines Defaults nicht zu neuen Erkenntnissen führt, schließen wir Wiederholungen aus. Mit $\Pi[k]$ bezeichnen wir die Teilfolge der ersten k Elemente von Π, wobei immer angenommen wird, dass die Länge von Π mindestens k beträgt. Es gilt also $\Pi[k] = (\delta_0, \delta_1, \ldots, \delta_{k-1})$, wobei $\Pi[0] = ()$ die leere Folge ist.

Da wir nur endliche Defaultmengen Δ betrachten werden, wird auch jedes Π endlich sein. Es ist jedoch notationsmäßig einfacher, die tatsächliche Länge von Π nicht immer explizit aufzuführen.

Definition 8.12 (*In*(Π), *Out*(Π)) Sei $T = (W, \Delta)$ eine Default-Theorie. Zu einer Folge Π von Defaults aus Δ definieren wir die Formelmengen $In(\Pi)$ und $Out(\Pi)$ wie folgt:

$$In(\Pi) \quad := \quad Cn(W \cup \{cons(\delta) \mid \delta \text{ kommt in } \Pi \text{ vor}\})$$
$$Out(\Pi) \quad := \quad \{\neg\psi \mid \psi \in just(\delta) \text{ für ein } \delta, \text{ das in } \Pi \text{ vorkommt}\} \qquad \square$$

Insbesondere ergibt sich daraus für die leere Folge $\Pi = ()$:

$$In(\Pi) = In(()) = Cn(W)$$
$$Out(\Pi) = Out(()) = \emptyset$$

Die Begriffe *in* und *out* sind schon von den Truth Maintenance-Systemen her bekannt und werden hier in einer ähnlichen Bedeutung benutzt:

- $In(\Pi)$ sammelt das Wissen, das durch Anwendung der Defaults in Π gewonnen wird und repräsentiert folglich die *aktuelle Wissensbasis* nach der Ausführung von Π. Da Wissensbasen im Allgemeinen als deduktiv abgeschlossen angenommen werden, wird diese Eigenschaft auch für die *In*-Menge vorausgesetzt.

- $Out(\Pi)$ hingegen sammelt Formeln, die sich nicht als wahr erweisen sollen, die also nicht in die aktuelle Wissensbasis aufgenommen werden sollen. Hier wird die deduktive Abgeschlossenheit nicht gefordert, da es sich gerade um *fehlendes* Wissen handelt. Logische Konsequenzen von *Out*-Formeln können also durchaus in der aktuellen Wissensbasis enthalten sein.

Aktuelle Wissensbasen bzw. Extensionen in der Default-Logik entsprechen also in etwa den Modellen bei den TMS. Beachten Sie jedoch die Unterschiede in der Notation: Ein Default

$$\frac{\varphi \; : \; \psi_1, \ldots, \psi_n}{\chi}$$

lässt sich mit der TMS-Begründung

$$\langle \varphi \, | \, \{\neg\psi_1, \ldots, \neg\psi_n\} \to \chi \rangle$$

vergleichen.

Beispiel 8.13 (_In-_ und _Out_-Mengen) Die Default-Theorie $T = (W, \Delta)$ sei gegeben durch $W = \{a\}$ und

$$\Delta = \{\delta_1 = \frac{a \; : \; \neg b}{\neg b}, \quad \delta_2 = \frac{b \; : \; c}{c}\}$$

Für $\Pi_1 = (\delta_1)$ ist

$$
\begin{aligned}
In(\Pi_1) &= Cn(\{a, \neg b\}) \quad \text{und} \\
Out(\Pi_1) &= \{b\}.
\end{aligned}
$$

Für $\Pi_2 = (\delta_2, \delta_1)$ ist

$$
\begin{aligned}
In(\Pi_2) &= Cn(\{a, c, \neg b\}) \quad \text{und} \\
Out(\Pi_2) &= \{\neg c, b\}.
\end{aligned}
$$
□

Zur Bestimmung der Mengen $In(\Pi)$ und $Out(\Pi)$ ist die Reihenfolge der Defaults in Π unerheblich. Für die sukzessive Anwendung von Defaults spielt die Reihenfolge jedoch eine große Rolle.

Betrachten wir $\Pi_2 = (\delta_2, \delta_1)$ im obigen Beispiel. Vor der Anwendung von Defaults – also für $\Pi = ()$ – ist $In(()) = Cn(W) = Cn(\{a\})$ die aktuelle Wissensbasis. Auf diese kann δ_2, der erste Default von Π_2, nicht angewendet werden, da $b \notin Cn(\{a\})$ (vgl. Definition 8.5). Π_2 ist also in dieser Reihenfolge gar nicht anwendbar.

Anders verhält es sich mit $\Pi_1 = (\delta_1)$: Hier ist $a \in Cn(\{a\})$ und $b \notin Cn(\{a\})$, δ_1 kann also auf $In(()) = Cn(W) = Cn(\{a\})$ angewendet werden. Solche Default-Folgen wollen wir _Prozesse_ nennen.

Definition 8.14 (Prozess) Eine (evtl. leere) Default-Folge $\Pi = (\delta_0, \delta_1, \ldots)$ heißt ein _Prozess_ der Default-Theorie $T = (W, \Delta)$, wenn jedes Folgenelement δ_k von Π auf $In(\Pi[k])$ angewendet werden kann. □

Beachten Sie, dass eine Default-Folge $\Pi = (\delta_0, \delta_1, \ldots)$ mit dem 0-ten Default δ_0 beginnt, δ_k also bereits der $(k+1)$-te Default der Folge ist. Insbesondere muss bei einem Prozess der erste Default δ_0 auf $In(\Pi[0]) = Cn(W)$ anwendbar sein.

Selbsttestaufgabe 8.15 (Prozess) Ist $\Pi_3 = (\delta_1, \delta_2)$ ein Prozess für die Default-Theorie T aus Beispiel 8.13? Begründen Sie Ihre Antwort. ■

Definition 8.16 (erfolgreiche, fehlgeschlagene, geschlossene Prozesse)
Sei Π ein Prozess einer Default-Theorie $T = (W, \Delta)$. Π wird *erfolgreich* genannt, wenn $In(\Pi) \cap Out(\Pi) = \emptyset$; anderenfalls ist Π *fehlgeschlagen*.

Π heißt *geschlossen*, wenn jedes $\delta \in \Delta$, das auf $In(\Pi)$ angewendet werden kann, auch in Π vorkommt. $\qquad\qquad\qquad\qquad\qquad\qquad\qquad\qquad\qquad\qquad$ □

Ein erfolgreicher Prozess zeigt an, dass – im intuitiven Sinne – bei der sukzessiven Anwendung der Defaults "nichts schief geht": Keine Formel $\neg\psi$ der *Out*-Menge wurde in die aktuelle Wissensbasis, also die *In*-Menge, aufgenommen. Die Annahme der Begründungen der angewandten Defaults hat sich also als konsistent erwiesen.

Die Eigenschaft der Geschlossenheit eines Prozesses zielt auf die Forderung ab, dass Extensionen gegenüber Default-Anwendungen abgeschlossen sein sollen.

Mit Hilfe von Prozessen lässt sich nun der zentrale Begriff einer Extension in operationaler Weise charakterisieren:

Theorem 8.17 *Eine Formelmenge E ist genau dann eine Extension einer Default-Theorie T, wenn es einen geschlossenen und erfolgreichen Prozess von T mit $E = In(\Pi)$ gibt.*

Bevor wir diesen Satz beweisen, wollen wir anhand eines kleinen Beispiels die obigen Definitionen illustrieren.

Beispiel 8.18 (erfolgreiche und geschlossene Prozesse; Extension) T sei die Default-Theorie $T = (W, \Delta)$ mit $W = \{a\}$ und

$$\Delta = \{\delta_1 = \frac{a \ : \ \neg b}{d}, \quad \delta_2 = \frac{\top \ : \ c}{b}\}$$

wobei $\top$ eine tautologische Formel ist (also z.B. $a \vee \neg a$).

Der Prozess $\Pi_1 = (\delta_1)$ ist erfolgreich, denn es ist

$$In(\Pi_1) \quad = \quad Cn(\{a, d\}) \quad \text{und}$$
$$Out(\Pi_1) \quad = \quad \{b\}.$$

Π_1 ist jedoch nicht geschlossen, da δ_2 auf $In(\Pi_1)$ angewendet werden kann.

Der Prozess $\Pi_2 = (\delta_1, \delta_2)$ zeigt ein genau entgegengesetztes Verhalten: Hier ist

$$In(\Pi_2) \quad = \quad Cn(\{a, d, b\}) \quad \text{und}$$
$$Out(\Pi_2) \quad = \quad \{b, \neg c\}.$$

Π_2 ist also nicht erfolgreich, da $In(\Pi_2)$ und $Out(\Pi_2)$ beide b enthalten. Π_2 ist jedoch geschlossen: Der Default δ_2 aus der Defaultmenge kann auf $In(\Pi_2)$ angewendet werden und kommt auch in Π_2 vor.

Ein Prozess, der sowohl erfolgreich als auch geschlossen ist, ist der Prozess $\Pi_3 = (\delta_2)$. Damit ist $E = In(\Pi_3) = Cn(\{a, b\})$ eine Extension von T. $\qquad\qquad$ □

Überzeugen Sie sich bitte davon, dass es sich bei allen drei Default-Folgen im obigen Beispiel auch wirklich um Prozesse handelt!

Selbsttestaufgabe 8.19 (erfolgreiche und geschlossene Prozesse) Zeigen
Sie, dass Π_3 im obigen Beispiel 8.18 ein erfolgreicher und geschlossener Prozess ist.
∎

Beweis:(zu Theorem 8.17) Sei $T = (W, \Delta)$ eine Default-Theorie.

Wir beweisen zunächst, dass wir aus einem geschlossenen und erfolgreichen
Prozess eine Extension erhalten.

Sei Π ein geschlossener und erfolgreicher Prozess von T mit $E = In(\Pi)$. Wir
bestimmen $\Lambda_T(E)$.

Nach Definition 8.12 ist $In(\Pi)$ deduktiv abgeschlossen und enthält die Faktenmenge W. Damit erfüllt E die ersten beiden Bedingungen aus Definition 8.7. Da es
sich bei Π um einen geschlossenen Prozess handelt, ist E auch abgeschlossen bzgl.
der Anwendung von Defaults, erfüllt also auch die dritte Bedingung aus Definition
8.7. Da $\Lambda_T(E)$ die kleinste solcher Formelmengen ist, gilt $\Lambda_T(E) \subseteq E$.

Um nun noch $E \subseteq \Lambda_T(E)$ zu beweisen, zeigen wir mit einem Induktionsbeweis

$$In(\Pi[k]) \subseteq \Lambda_T(E) \tag{8.5}$$

für alle k. Für $k = 0$ ist $\Pi[0] = ()$, also $In(\Pi[0]) = Cn(W) \subseteq \Lambda_T(E)$. Nehmen wir
nun an, (8.5) sei bewiesen für k, und sei $\delta = \dfrac{\varphi \ : \ \psi_1, \ldots, \psi_n}{\chi}$ der $(k+1)$-te Default in
Π. Da Π ein Prozess ist, kann δ auf $In(\Pi[k])$ angewendet werden, insbesondere ist da-
mit $\varphi \in In(\Pi[k]) \subseteq \Lambda_T(E)$. Weiterhin sind $\neg\psi_1, \ldots, \neg\psi_n \in Out(\Pi[k+1]) \subseteq Out(\Pi)$.
Π ist nach Voraussetzung erfolgreich, daher folgt $\neg\psi_1, \ldots, \neg\psi_n \notin In(\Pi) = E$. Nach
Definition von $\Lambda_T(E)$ ist dann auch $\chi \in \Lambda_T(E)$. Zusammen mit der Induktionsvor-
aussetzung (8.5) erhalten wir

$$In(\Pi[k + 1]) = Cn(In(\Pi[k]) \cup \{\chi\}) \subseteq \Lambda_T(E)$$

also (8.5) für $k + 1$.

Damit ist insgesamt $E = In(\Pi) \subseteq \Lambda_T(E)$ und folglich $E = \Lambda_T(E)$. E ist also
ein Fixpunkt des Operators Λ_T und damit Extension von T.

Nehmen wir nun umgekehrt an, $E = \Lambda_T(E)$ sei eine Extension von T. Wir legen
eine beliebige, aber feste Nummerierung der Defaults in Δ fest: $\Delta = \{\delta_0, \delta_1, \ldots\}$
(wobei Δ wie üblich als endlich vorausgesetzt wird). Wir werden im Folgenden einen
Prozess Π von T mit den folgenden Eigenschaften konstruieren:

(i) $In(\Pi[k]) \subseteq E$
(ii) $Out(\Pi[k]) \cap E = \emptyset$

Wir gehen dabei algorithmisch vor und beginnen mit dem leeren Prozess $\Pi[0] = ()$.
Ausgehend von $\Pi[k]$ erweitern wir den Prozess in der folgenden Weise:

   if Jeder Default $\delta \in \Delta$, der anwendbar ist auf $In(\Pi[k])$ bzgl. E, ist schon in $\Pi[k]$
   enthalten.

   then Setze $\Pi := \Pi[k]$, HALT.

else Wähle aus den auf $In(\Pi[k])$ bzgl. E anwendbaren Defaults in Δ denjenigen Default $\hat{\delta}$ mit der kleinsten Nummer aus, der nicht bereits in $\Pi[k]$ enthalten ist, und setze $\Pi[k+1] := (\Pi[k], \hat{\delta})$.

Es ist leicht zu sehen, dass der so konstruierte Prozess die obigen beiden Bedingungen erfüllt: Jeder hinzugefügte Default $\delta = \dfrac{\varphi \; : \; \psi_1, \ldots, \psi_n}{\chi}$ ist anwendbar auf $In(\Pi[k])$ bzgl. E, also $\neg\psi_1, \ldots, \neg\psi_n \notin E$. Daher ist die Bedingung (ii) erfüllt. Wegen $\varphi \in In(\Pi[k]) \subseteq E$ ist δ anwendbar auf E. Als Extension ist E unter der Anwendung von Defaults abgeschlossen, folglich $\chi \in E$. Dies zeigt (i).

Wir werden nun zeigen, dass für den fertigen Prozess Π

$$E = In(\Pi)$$

gilt. Nach Konstruktion (Eigenschaft (i)) ist $In(\Pi) \subseteq E = \Lambda_T(E)$. Jede In-Menge eines Prozesses enthält W und ist deduktiv abgeschlossen, d.h. $W \subseteq In(\Pi)$ und $Cn(In(\Pi)) = In(\Pi)$. Jeder Default δ, der auf $In(\Pi)$ bzgl. E anwendbar ist, wurde im Konstruktionsvorgang angesprochen. Damit gehört auch die Konsequenz eines jeden solchen Defaults zu $In(\Pi)$. Insgesamt erfüllt also $In(\Pi)$ alle drei Bedingungen der Definition 8.7. Wegen der Minimalität von $\Lambda_T(E)$ folgt $\Lambda_T(E) \subseteq In(\Pi)$ und daher, wie gewünscht, $E = In(\Pi)$.

Hieraus ergibt sich nun schließlich auch, dass Π ein erfolgreicher und geschlossener Prozess ist. ∎

Die Suche nach Extensionen zu einer Default-Theorie reduziert sich damit auf die Bestimmung erfolgreicher und geschlossener Prozesse. Dabei geht man folgendermaßen vor: Ausgehend von der Faktenmenge W wendet man sukzessive anwendbare Defaults an und vergrößert so die aktuelle Wissensbasis. Erreicht man dabei eine Situation, in der In- und Out-Menge einen nichtleeren Schnitt haben, so muss man einen *Fehlschlag* verzeichnen und *Backtracking* vornehmen. Ist schließlich die Default-Menge ausgeschöpft, so hat man entweder einen erfolgreichen und geschlossenen Prozess gefunden, oder es ist offenbar geworden, dass es für die vorliegende Default-Theorie keine solchen Prozesse gibt und damit auch keine Extension.

8.1.5 Prozessbäume

In diesem Abschnitt werden wir ein systematisches Verfahren zur Berechnung aller Extensionen einer Default-Theorie $T = (W, \Delta)$ vorstellen. Die Idee dabei ist, alle möglichen Prozesse in einer Baumstruktur anzuordnen, dem sog. *Prozessbaum* von T. Jeder Knoten dieses Baumes wird mit zwei Formelmengen als Label gekennzeichnet, nämlich links die In-Menge und rechts die Out-Menge. Die Kanten entsprechen Default-Anwendungen und tragen das Label des jeweils angewandten Defaults. Die im Wurzelknoten beginnenden Pfade im Prozessbaum definieren dann in natürlicher Weise Prozesse von T.

Der Wurzelknoten des Prozessbaumes entspricht somit dem leeren Prozess $()$ und trägt daher die Label $Cn(W) = In(())$ als In-Menge und $\emptyset = Out(())$ als Out-Menge. Hier ist automatisch $In \cap Out = \emptyset$.

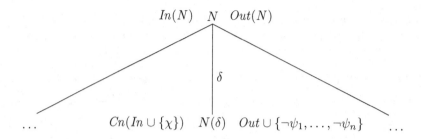

Abbildung 8.1   Knoten und Nachfolgeknoten in einem Prozessbaum mit $\delta = \dfrac{\varphi \;:\; \psi_1, \ldots, \psi_n}{\chi}$

Betrachten wir nun einen beliebigen Knoten N im Prozessbaum mit den Labelmengen $In(N)$ und $Out(N)$. Es gibt hier zwei Möglichkeiten:

- $In(N) \cap Out(N) \neq \emptyset$: In diesem Fall hat N keinen Nachfolger. Der Knoten wird als *Fehlschlag* markiert und zu einem Blatt des Prozessbaumes.

- $In(N) \cap Out(N) = \emptyset$: Hier haben wir es mit einem bis zu diesem Punkt erfolgreichen Prozess zu tun, der – wenn möglich – fortgesetzt wird:

  – Für jeden Default $\delta = \dfrac{\varphi \;:\; \psi_1, \ldots, \psi_n}{\chi} \in \Delta$, der noch nicht in dem Pfad von der Wurzel bis zu N vorkommt und der auf die Menge $In(N)$ angewendet werden kann, erhält N einen Nachfolgeknoten $N(\delta)$. N und $N(\delta)$ werden dabei mit einer Kante mit Label δ verbunden, und die Labelmengen von $N(\delta)$ sind dann (vgl. Abbildung 8.1)

$$
\begin{aligned}
In(N(\delta)) &= Cn(In(N) \cup \{\chi\}) \quad \text{und} \\
Out(N(\delta)) &= Out(N) \cup \{\neg\psi_1, \ldots, \neg\psi_n\}
\end{aligned}
$$

  – Gibt es keine noch nicht verwendeten und anwendbaren Defaults mehr, ist also die Defaultmenge ausgeschöpft, so wird N als *erfolgreich und geschlossen* markiert. Auch in diesem Fall ist N ein Blatt des Prozessbaumes. Die Menge $In(N)$ stellt dann eine Extension der Default-Theorie dar.

Wir wollen die Methode der Prozessbäume zunächst an einigen formalen Beispielen illustrieren. Wir beginnen mit einem einfachen, aber pathologischen Beispiel.

Beispiel 8.20 (Prozessbaum, Extensionen) Sei $T = (W, \Delta)$ die durch $W = \emptyset$ und

$$
\Delta = \{\delta = \frac{\top \;:\; a}{\neg a}\}
$$

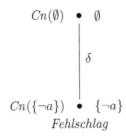

$$Cn(\emptyset) \quad \bullet \quad \emptyset$$

$$\delta$$

$$Cn(\{\neg a\}) \quad \bullet \quad \{\neg a\}$$
$$Fehlschlag$$

Abbildung 8.2 Prozessbaum zu Beispiel 8.20

gegebene Default-Theorie. Abbildung 8.2 zeigt den zugehörigen Prozessbaum.

Der Wurzelknoten hat das *In*-Label $Cn(\emptyset)$ und das *Out*-Label $\emptyset$. Damit ist der Default $\dfrac{\top \,:\, a}{\neg a}$ anwendbar auf die *In*-Menge, was zu einer Expansion des Wurzelknotens um genau einen Nachfolger führt. Dieser Nachfolgeknoten erhält jedoch das *In*-Label $Cn(\{\neg a\})$ und das *Out*-Label $\{\neg a\}$ – die Anwendung des Defaults zieht seine Nicht-Anwendbarkeit nach sich! Beide Mengen enthalten $\neg a$, daher ist ihr Schnitt nicht leer, und der Prozessbaum endet folglich mit einem Fehlschlag. In diesem Fall gibt es also überhaupt keine Extension. $\qquad\square$

Selbsttestaufgabe 8.21 (klassische Deduktion) Zur Wiederholung: Welcher Typ Formeln ist in $Cn(\emptyset)$ enthalten? $\qquad\blacksquare$

Beispiel 8.22 (Prozessbaum, Extensionen) Sei $T = (W, \Delta)$ die Default-Theorie mit $W = \emptyset$ und

$$\Delta = \{\delta_1 = \frac{\top \,:\, p}{\neg q}, \quad \delta_2 = \frac{\top \,:\, q}{r}\}$$

Abbildung 8.3 zeigt den zugehörigen Prozessbaum. Beginnen wir mit δ_1, so endet der Pfad bereits nach einem Schritt mit einem erfolgreichen und geschlossenen Prozess (linker Ast). δ_2 ist hier nicht mehr anwendbar.

Der rechte Ast illustriert den Prozess (δ_2, δ_1). δ_1 ist nach δ_2 zwar noch anwendbar, doch seine Konsequenz $\neg q$ ist inkonsistent mit der Begründung q von δ_2, daher endet dieser Prozess mit einem Fehlschlag.

Als einzige Extension besitzt T also die Menge $Cn(\neg q)$. $\qquad\square$

Beispiel 8.23 (Prozessbaum, Extensionen) Sei T die Default-Theorie mit Faktenmenge $W = \emptyset$ und Defaultmenge

$$\Delta = \{\delta_1 = \frac{\top \,:\, \neg a}{b}, \quad \delta_2 = \frac{\top \,:\, \neg b}{a}\}$$

Wie der Prozessbaum in Abbildung 8.4 zeigt, hat diese Default-Theorie zwei Extensionen, nämlich $Cn(\{a\})$ und $Cn(\{b\})$. $\qquad\square$

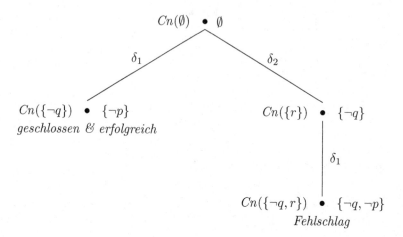

Abbildung 8.3 Prozessbaum zu Beispiel 8.22

Default-Theorien können also eine einzige, gar keine oder mehrere Extensionen besitzen. Gibt es genau eine Extension, so gibt sie die möglichen, nichtmonotonen Folgerungen aus der Default-Theorie in kompakter Weise an. Existiert überhaupt keine Extension, so ist die Theorie auch im nichtmonotonen Sinn widersprüchlich. Mehrere Extensionen entsprechen mehreren möglichen Weltansichten, von denen jede sich durch die Default-Theorie begründen lässt, die aber echte Alternativen darstellen – innerhalb des bisherigen Rahmens kann nicht entschieden werden, welche von ihnen *die beste* ist.

Selbsttestaufgabe 8.24 (Prozessbaum, Extensionen) Sei $T = (W, \Delta)$ die Default-Theorie mit $W = \{\neg p, q\}$ und

$$\Delta = \{\frac{q \ : \ \neg r}{p}\}$$

Bestimmen Sie mit Hilfe eines Prozessbaumes die vorhandenen Extensionen. ■

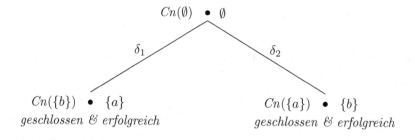

Abbildung 8.4 Prozessbaum zu Beispiel 8.23

Selbsttestaufgabe 8.25 (Default-Theorie, Prozessbaum, Extensionen)
Formulieren Sie das folgende Wissen als Default-Theorie:

> *Mitglieder von Automobilklubs mögen normalerweise Autos.*
> *Umweltschützer mögen normalerweise keine Autos.*
> *Als Fakten sind bekannt, dass Hans Umweltschützer und Mitglied eines*
> *Automobilklubs ist.*

Bestimmen Sie mit Hilfe eines Prozessbaumes die Extensionen dieser Default-Theorie. Wie lässt sich das Ergebnis interpretieren? ∎

Selbsttestaufgabe 8.26 (Fernstudium) Gegeben sei die folgende kleine Betrachtung über das Fernstudium der Informatik:

- Wer Informatik an der FernUni studiert (S), interessiert sich normalerweise auch für sein Studienfach (I).
- Wer sich nicht für sein Fach interessiert, wird kaum erfolgreich studieren können (E).
- Wer sich für sein Fach interessiert und genügend Zeit investiert (Z), wird erfolgreich sein, wenn er nicht gerade völlig unbegabt (U) ist.
- Wer Interesse aufbringt, nimmt sich normalerweise auch die Zeit zu studieren, und
- wer kein Interesse hat, findet die Zeit zum Studium auch nicht.
- Interesse kann aber nur gedeihen, wenn man sich Zeit nimmt.
- Wer einen Job in der IT-Branche hat (J), macht normalerweise auch Überstunden (UE).
- Wer Überstunden macht, hat keine Zeit zum Studieren –
- wer jedoch feste Zeiten für das Studium eingeplant hat, lehnt Überstunden von vorne herein ab.

Karla studiert Informatik an der FernUni und hat einen Job in der IT-Branche. Mit einer Defaulttheorie $T_0 := (W_0, \Delta)$ könnte man dies wie folgt ausdrücken:

$$W_0 = \{\, UE \Rightarrow \neg Z,\ Z \Rightarrow \neg UE,\ S,\ J \,\} \qquad \Delta = \{\delta_1, \ldots, \delta_7\}$$

$$\delta_1 = \frac{S : I}{I}, \qquad \delta_2 = \frac{\neg I : \neg E}{\neg E}, \qquad \delta_3 = \frac{I \wedge Z : \neg U}{E}, \qquad \delta_4 = \frac{I : Z}{Z},$$

$$\delta_5 = \frac{\neg I : \neg Z}{\neg Z}, \qquad \delta_6 = \frac{\neg Z : \neg I}{\neg I}, \qquad \delta_7 = \frac{J : UE}{UE}$$

Aus dieser Default-Theorie sollen Aussagen über Karlas Studienerfolg abgeleitet werden. Geben Sie jeweils eine Möglichkeit an, E abzuleiten bzw. $\neg E$ abzuleiten. ∎

```
extension(W,D,E) :- process(D,[ ],W,[ ],_,E,_).

process(D,Pcurrent,InCurrent,OutCurrent,P,In,Out) :-
    getNewDefault(default(A,B,C),D,Pcurrent),
    sequent(InCurrent,[A]),
    not sequent(InCurrent,[~B]),
    process(D,[default(A,B,C) | Pcurrent],
        [C  | InCurrent],
        [~B | OutCurrent], P, In, Out).

process(D,P,In,Out,P,In,Out) :-
    closed(D,P,In),
    successful(In,Out).

closed(D,P,In) :-
    not(getNewDefault(default(A,B,C),D,P),
        sequent(In,[A]),
        not sequent(In,[~B])).

successful(In,Out) :- not(member(B,Out),sequent(In,[B])).

getNewDefault(default(A,B,C),D,P) :-
    member(default(A,B,C),D),
    not member(default(A,B,C),P).
```

Abbildung 8.5 Prolog-Implementation zur Berechnung von Extensionen (nach [4])

8.1.6 Berechnung von Prozessbäumen

Die Prozessbäume liefern ein Verfahren zur Berechnung von Extensionen, das in einen Algorithmus umgesetzt werden kann. Zur Illustration zeigen wir in Abbildung 8.5 eine Prolog-Implementation, wie sie in [4] zu finden ist. Das Programm benutzt einen Theorem-Beweiser sequent, ist sonst aber vollständig angegeben. Aus Gründen der Vereinfachung können nur Defaults mit einer Begründung berücksichtigt werden, was jedoch leicht verallgemeinert werden kann.

Defaults werden repräsentiert in der Form default(A,B,C) mit A als Voraussetzung, B als Begründung und C als Konsequenz. Die logische Negation ¬ wird durch das Symbol ~ dargestellt. Das Prologprogramm wird mit extension(W,D,E) aufgerufen, wobei (W,D) die gegebene Default-Theorie repräsentiert und W und D jeweils Listen sind. Die Berechnung einer Extension E, die zurückgeliefert wird, erfolgt durch Aufruf des Prädikats process. Das Prädikat process nimmt als Eingaben die Default-Menge D (als Liste), den aktuellen Prozess Pcurrent mit der zugehörigen *In*-Menge InCurrent und der *Out*-Menge OutCurrent (ebenfalls Listen), und versucht, PCurrent zu einem geschlossenen und erfolgreichen Prozess P mit *In*-Menge

In und *Out*-Menge Out fortzusetzen. Zu diesem Zweck wählt es einen neuen Default aus, testet ihn auf Anwendbarkeit und erweitert PCurrent und die zugehörigen Mengen gegebenenfalls. Schließlich wird process rekursiv aufgerufen. Da die Auswahl des nächsten Defaults in getNewDefault nichtdeterministisch erfolgt, werden über Backtracking alle Pfade des Prozessbaumes generiert.

8.1.7 Eigenschaften der Reiter'schen Default-Logik

Die Extensionen einer Default-Theorie sind Mengen von Formeln, die sinnvolle und mögliche Realisationen dieser Theorie repräsentieren. Ebenso wie die Modelle der klassischen Logiken stellen sie eine Basis für Inferenzen dar. Damit nehmen Extensionen eine zentrale Stellung in diesen nichtmonotonen Folgerungsprozessen ein. Allerdings haben wir bereits an Beispielen gesehen, dass es mehr als eine Extension geben kann, und dass verschiedene Extensionen sehr unterschiedliche, ja widersprüchliche Informationen enthalten können (siehe Beispiel 8.23 und Selbsttestaufgabe 8.24). Anzahl und Aussehen der Extensionen einer Default-Theorie sind also von großem Interesse für das Inferenzverhalten der Default-Logik.

Zeigen die Defaults einer Default-Theorie ein ähnlich pathologisches Verhalten wie in Beispiel 8.20, so gibt es gar keine Extensionen, d.h., es sind keine sinnvollen nichtmonotonen Folgerungen auf der Basis dieser Theorie möglich. Eine andere problematische Situation liegt vor, wenn es zwar eine Extension gibt, diese aber in sich widersprüchlich (inkonsistent) ist. In diesem Fall ist $E = Form$ – die Menge aller (aussagenlogischen oder prädikatenlogischen) Formeln, die natürlich in sich widersprüchlich ist, da sie z.B. Formeln der Art $a \wedge \neg a$ enthält – eine Extension, die allerdings beliebige Ableitungen gestattet. Der folgende Satz nennt ein Kriterium zur frühzeitigen Feststellung dieses unerwünschten Verhaltens:

Proposition 8.27 *Eine Default-Theorie $T = (W, \Delta)$ besitzt genau dann eine inkonsistente Extension, wenn die Faktenmenge W selbst inkonsistent ist.*

Beweis: Überzeugen Sie sich, dass $F = Form$ für jede Formelmenge S alle drei Bedingungen der Definition 8.7 erfüllt; sie ist jedoch in der Regel nicht minimal.

Sei W inkonsistent, und sei E eine beliebige Extension von T. Aus $W \subseteq E$ und $Cn(E) = E$ folgt dann bereits $E = Form$.

Umgekehrt setzen wir nun voraus, dass $E = Form$ eine inkonsistente Extension von T ist. Nach Theorem 8.17 gibt es einen erfolgreichen und geschlossenen Prozess Π von T mit $E = In(\Pi)$. Da Π erfolgreich ist, gilt $\emptyset = In(\Pi) \cap Out(\Pi) = Form \cap Out(\Pi)$, $Out(\Pi)$ ist also leer. Dann muss Π der leere Prozess sein, $\Pi = ()$, da wir für Defaults vorausgesetzt haben, dass sie keine leeren Defaultbegründungen haben (s. Definition 8.1). Folglich ist $Form = E = In(()) = Cn(W)$. Dies ist aber nur möglich, wenn W inkonsistent ist. ∎

Der obige Beweis zeigt noch mehr:

Folgerung aus Proposition 8.27: *Hat eine Default-Theorie T eine inkonsistente Extension E, so ist E die einzige Extension von T.*

Wenigstens ist in diesem Fall die Frage der Anzahl vorhandener Extensionen eindeutig geklärt. In unseren Beispielen tauchten mehrfache Extensionen immer dann auf, wenn es in Konflikt stehende Defaults in der Default-Menge gab. Das nächste Theorem zeigt, dass solche Konflikte notwendig für das Entstehen unterschiedlicher Extensionen sind.

Theorem 8.28 *Sei $T = (W, \Delta)$ eine Default-Theorie, und sei die Menge*

$$W \cup \{\psi_1 \wedge \ldots \wedge \psi_n \wedge \chi \mid \frac{\varphi \ : \ \psi_1, \ldots, \psi_n}{\chi} \in \Delta\}$$

(klassisch) konsistent. Dann besitzt T genau eine Extension.

Für den Beweis dieses Theorems verweisen wir auf [4], S. 43f.

Bisher stand die Bestimmung von Extensionen zu einer *gegebenen* Default-Theorie im Mittelpunkt. Damit rückte die Nichtmonotonie an den Rand, denn diese zeigt sich erst bei einer *Veränderung* der zugrunde liegenden Theorie. Die folgenden Beispiele werden zeigen, dass sich bei einer Erweiterung einer Default-Theorie Anzahl und Aussehen von Extensionen drastisch und unvorhersehbar ändern können.

Beispiel 8.29 (Erweiterung der Default-Menge einer Default-Theorie)
Sei $T = (W, \Delta)$ die Default-Theorie mit $W = \emptyset$ und $\Delta = \{\delta_0 = \frac{\top \ : \ a}{a}\}$. T besitzt genau eine Extension, nämlich $E = Cn(\{a\})$. Wir erweitern nun Δ auf vier verschiedene Weisen:

1. Sei $\Delta_1 = \{\delta_0, \delta_1 = \frac{\top \ : \ b}{\neg b}\}$. $T_1 = (W, \Delta_1)$ hat keine Extensionen.

2. Sei $\Delta_2 = \{\delta_0, \delta_2 = \frac{b \ : \ c}{c}\}$. $T_2 = (W, \Delta_2)$ hat immer noch E als einzige Extension.

3. Sei $\Delta_3 = \{\delta_0, \delta_3 = \frac{\top \ : \ \neg a}{\neg a}\}$. $T_3 = (W, \Delta_3)$ hat zwei Extensionen, nämlich E und $Cn(\{\neg a\})$.

4. Sei $\Delta_4 = \{\delta_0, \delta_4 = \frac{a \ : \ b}{b}\}$. $T_4 = (W, \Delta_4)$ besitzt die Extension $Cn(\{a, b\})$, die E enthält. □

Selbsttestaufgabe 8.30 (Prozessbäume und Extensionen) Zeichnen Sie für die Default-Theorien T_1, T_3 und T_4 in Beispiel 8.29 Prozessbäume und kennzeichnen Sie darin die Extensionen, falls vorhanden. Begründen Sie, warum T_2 dieselbe Extension besitzt wie T. ∎

Eine Erweiterung der Default-Menge kann also bisherige Extensionen zunichte machen oder nur modifizieren oder auch zu ganz neuen Extensionen führen. Ebenso verhält es sich, wenn die Faktenmenge W vergrößert wird.

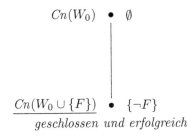

$$Cn(W_0) \quad \bullet \quad \emptyset$$

$$\underline{Cn(W_0 \cup \{F\})} \quad \bullet \quad \{\neg F\}$$
geschlossen und erfolgreich

Abbildung 8.6 Prozessbaum zu Beispiel 8.31

Wenn man von der *Nichtmonotonie der Default-Logik* spricht, so meint man im Allgemeinen die Nichtmonotonie bzgl. der Faktenmenge W. Defaults werden oft als (relativ fixes) Allgemeinwissen verstanden, das auf Fakten angewendet wird. Während nichtmonotones Verhalten bzgl. der Fakten erwünscht und wesentlich für Default-Logiken ist, schätzt man die sprunghaften Veränderungen bei den Extensionen unter Erweiterungen der Default-Mengen (also des repräsentierten Allgemeinwissens) nicht so sehr. Hier hätte man oft gerne eine Eigenschaft, die als *Semi-Monotonie* bezeichnet wird: Sind $T = (W, \Delta)$ und $T' = (W, \Delta')$ zwei Default-Theorien mit gleicher Faktenmenge W und Default-Mengen $\Delta \subseteq \Delta'$, so ist jede Extension von T in einer Extension von T' enthalten. Semi-Monotonie meint also eine gewisse Monotonie bzgl. der Default-Menge. Beispiel 8.29 zeigt, dass dies im Allgemeinen nicht erwartet werden kann. In den nächsten beiden Abschnitten werden wir jedoch mit den *normalen Defaults* und der *Poole'schen Default-Logik* zwei Default-Varianten kennenlernen, die ein solches "gutartiges" Extensionsverhalten zeigen.

Zum Abschluss der Behandlung der Reiter'schen Default-Logik in ihrer allgemeinen Form wollen wir Tweety, den Pinguin, in dieser Umgebung betrachten.

Beispiel 8.31 (Tweety 3) Die Aussagen

> *Vögel können im Allgemeinen fliegen.*
> *Pinguine sind Vögel.*
> *Pinguine können nicht fliegen.*
> *Tweety ist ein Vogel.*

können durch die Default-Theorie $T_0 = (W_0, \Delta)$ mit

$$W_0 = \{P \Rightarrow V, \ P \Rightarrow \neg F, \ V\} \quad \text{und} \quad \Delta = \{\frac{V \ : \ F}{F}\}$$

repräsentiert werden, wobei wir die Abkürzungen

V : Vogel sein
P : Pinguin sein
F : fliegen können

verwenden. T_0 hat genau eine Extension, nämlich $Cn(W_0 \cup \{F\})$ (s. Abbildung 8.6). Aus W_0 und Δ können wir also nichtmonoton schließen, dass Tweety fliegen kann.

Erweitert man jedoch W_0 zu $W_1 := W_0 \cup \{P\}$, d.h. erfährt man, dass Tweety auch Pinguin ist, so ist $Cn(W_1)$ die einzige Extension von $T_1 = (W_1, \Delta)$. In diesem Fall ist der Default nicht anwendbar, da $\neg F \in Cn(W_1)$.   □

Übrigens ist Tweety ein gutes Beispiel dafür, wie tief Default-Schließen in unserem Alltagsleben verwurzelt ist. Auch die Aussage $P \Rightarrow V$, die bislang unbezweifelt als Faktum behandelt wurde, ist im Grunde genommen ein Default – sie ist nur gültig unter der stillschweigenden Annahme, dass es sich bei den betrachteten Pinguinen um Tiere handelt. Plüschpinguine sind biologisch keine Vögel. Selbst wenn man die Erweiterung der Aussage auf Plüsch- und Plastiktiere zulässt, so machen doch die Spieler der Eishockeymannschaft "Pinguine" ganz deutlich, dass es sich letztlich doch um einen Default-Schluss handelt. Und die mutigen Pinguine der folgenden Abbildung lassen vielleicht erste Zweifel an der Allgemeingültigkeit der Aussage *"Pinguine können nicht fliegen"* aufkommen . . . .

8.1.8 Normale Defaults

Normale Defaults sind Defaults, deren Konsequenz auch ihre einzige Begründung darstellt.

Definition 8.32 (normaler Default) Ein Default der Form

$$\frac{\varphi \; : \; \psi}{\psi}$$

heißt ein *normaler Default*.   □

So ist z.B.

$$\frac{Vogel \; : \; Fliegen}{Fliegen}$$

ein normaler Default (s. auch oben Beispiel 8.31). Alle Beispiele in Abschnitt 8.1.1 sind normale Defaults.

Ein normaler Default erlaubt den nichtmonotonen Schluss auf ψ, wenn ψ konsistent angenommen werden kann. Das ist intuitiv sehr einleuchtend und schließt viele problematische und pathologische Defaults aus. *Normale Default-Theorien*, d.h. Default-Theorien mit ausschließlich normalen Defaults, zeigen denn auch ein sehr angenehmes Verhalten.

Betrachten wir die Prozesse einer normalen Default-Theorie $T = (W, \Delta)$. Wir wollen W als konsistent voraussetzen, denn anderenfalls ist die Frage der Extensionen bereits geklärt (vgl. Proposition 8.27). Jeder solche Prozess $\Pi = (\delta_0, \delta_1, \ldots)$ besteht nur aus normalen Defaults $\delta_k = \frac{\varphi_k \; : \; \psi_k}{\psi_k}$. Es ist dann $In(\Pi) = Cn(W \cup \{\psi_k\}_k)$ und $Out(\Pi) = \{\neg\psi_k\}_k$. Da Π ein Prozess ist, konnte jeder vorkommende Default angewendet werden. Insbesondere ist also $\neg\psi_k \notin In(\Pi)$, also $In(\Pi) \cap Out(\Pi) = \emptyset$. Dies zeigt die Richtigkeit der folgenden Proposition:

Proposition 8.33 *Jeder Prozess einer normalen Default-Theorie ist erfolgreich.*

Damit kann jeder Prozess einer normalen Default-Theorie so lange erweitert werden, bis schließlich ein geschlossener und nach Proposition 8.33 auch erfolgreicher Prozess vorliegt, der eine Extension liefert. Damit gilt das folgende wichtige Theorem:

Theorem 8.34 (Existenz von Extensionen) *Normale Default-Theorien besitzen immer Extensionen.*

Das nächste Theorem zeigt, dass nicht nur die Existenz von Extensionen bei normalen Default-Theorien gesichert ist, sondern auch, dass ihre Extensionen von kontinuierlicherer Natur sind als allgemein üblich in der Default-Logik: Normale Default-Logik ist *semi-monoton*, d.h. monoton in Bezug auf die Default-Menge (vgl. die Bemerkungen auf Seite 263).

Theorem 8.35 (Semi-Monotonie) *Seien $T = (W, \Delta)$ und $T' = (W, \Delta')$ normale Default-Theorien mit gleicher Faktenmenge W und $\Delta \subseteq \Delta'$. Dann ist jede Extension von T in einer Extension von T' enthalten.*

Beweisidee: Jeder erfolgreiche und geschlossene Prozess von T lässt sich zu einem erfolgreichen und geschlossenen Prozess von T' fortsetzen. ∎

Die Verwendung normaler Defaults garantiert also ein recht gutartiges Extensionsverhalten. Das geht sogar soweit, dass man eine *Beweis-Theorie* für normale Default-Theorien entwickeln kann, mit der man deduktiv zeigen kann, ob eine Formel in einer Extension liegt oder nicht (s. [4], Kapitel 5.3).

Leider sind normale Defaults *zu* harmlos – Konflikte zwischen Defaults lassen sich nicht angemessen mit ihnen behandeln, sie sind zu ausdrucksschwach (siehe folgendes Beispiel). Normale Defaults stellen also ein vernünftiges und empfehlenswertes, jedoch kein erschöpfendes Mittel zur Repräsentation unsicheren Wissens dar.

Beispiel 8.36 (Student 1) Wir betrachten die folgende normale Default-Theorie $T = (W, \Delta)$, dessen Hauptakteur der Student *Paul* ist:

$$W \quad = \quad \{Student(Paul)\};$$

$$\Delta \quad : \quad \delta_1 = \frac{Student(Paul) \; : \; \neg Arbeitet(Paul)}{\neg Arbeitet(Paul)}$$

$$\delta_2 = \frac{Erwachsen(Paul) \; : \; Arbeitet(Paul)}{Arbeitet(Paul)}$$

$$\delta_3 = \frac{Student(Paul) \; : \; Erwachsen(Paul)}{Erwachsen(Paul)}$$

Diese Default-Theorie hat zwei Extensionen, nämlich

$$E_1 \quad = \quad Cn(\{Student(Paul), \; Erwachsen(Paul), \; \neg Arbeitet(Paul)\}) \quad \text{und}$$
$$E_2 \quad = \quad Cn(\{Student(Paul), \; Erwachsen(Paul), \; Arbeitet(Paul)\})$$

Die zweite Extension stimmt jedoch nicht mit der Intuition überein, da ja Studenten normalerweise nicht arbeiten.

Das Problem liegt hier in einem Konflikt zwischen den Defaults δ_1 und δ_2. Die Anwendung von δ_1 müsste eigentlich den Default δ_2 blockieren, da δ_1 *spezifischer* als δ_2 ist (Studenten sind ein spezieller Typ Erwachsener). Dies kann man erreichen durch eine Modifizierung von δ_2:

$$\delta_2' = \frac{Erwachsen(Paul) \; : \; Arbeitet(Paul) \wedge \neg Student(Paul)}{Arbeitet(Paul)}$$

womit δ_2 allerdings die Eigenschaft der Normalität verliert (was auch notwendig ist, um den Konflikt zwischen beiden Defaults aufzulösen). δ_2' kann nun nach δ_3 nicht mehr angewendet werden, und daher hat die (nicht-normale) Default-Theorie $T' = (W, \{\delta_1, \delta_2', \delta_3\})$ E_1 als einzige (und intuitiv richtige) Extension. $\quad\square$

Selbsttestaufgabe 8.37 (Kurzschluss) Es gelte Folgendes: *Kommt es in einem elektrischen System zu einem Kurzschluss und kann angenommen werden, dass die Sicherung nicht defekt ist, so kann man folgern, dass die Sicherung intakt ist und den Stromkreis unterbrechen wird. In diesem Fall kommt es (sicher) nicht zu einer Beschädigung der Anlage. Es liegt ein Kurzschluss vor.*

1. Konzipieren Sie eine Default-Theorie $T = (W, \Delta)$, die dieses Szenarium modelliert.

2. Handelt es sich bei Ihrer Default-Theorie um eine normale Default-Theorie? Begründen Sie Ihre Antwort.

3. Bestimmen Sie unter Verwendung eines Prozessbaumes alle Extensionen von T.

4. Die Faktenmenge von T werde um die Information, dass die Sicherung defekt ist, erweitert. Bezeichne $T_1 = (W_1, \Delta)$ die so entstandene Default-Theorie. Bestimmen Sie auch hier wieder alle Extensionen.

5. Nach Theorem 7.48 sind normale Default-Theorien semi-monoton. Liefert dieses Theorem neue Erkenntnisse für die Extensionen der Default-Theorien T und T_1?

∎

8.2 Die Poole'sche Default-Logik

Reiters Realisierung einer Default-Logik beruht wesentlich auf dem Gebrauch eines vollkommen neuartigen Werkzeugs, nämlich des Defaults der Form, wie er in Definition 8.1 (Seite 245) eingeführt worden ist. Reiter verlässt damit auch schon syntaktisch den Rahmen der klassischen Logiken und betont so die – aus seiner Sicht – gravierende Unzulänglichkeit der klassisch-logischen Formalismen.

Diese These blieb nicht unwidersprochen. Viele Logiker der klassischen Schule kritisierten die allzu sprunghafte Natur der Reiter'schen Default-Logik (vgl. die Bemerkungen auf S. 263), für einige war es sogar ein Widerspruch in sich, überhaupt von einer nichtmonotonen *Logik* zu sprechen. Diese Kontroversen gaben wichtige Anstöße in zwei Richtungen: Einerseits versuchte man, die Reiter'sche Default-Logik so zu modifizieren, dass sie beständigere und "vernünftigere" Ableitungen erlaubte. Die Betrachtung normaler Defaults war ein Schritt in diese Richtung, einige andere alternative Ansätze werden wir in Abschnitt 8.4 vorstellen.

Poole [183] verfolgte einen anderen Weg: Die Philosophie seines Ansatzes bestand darin, nicht die klassische Logik selbst (z.B. durch Einführung Reiter'scher Defaults oder von Modaloperatoren) zu erweitern, sondern vielmehr die Art und Weise, in der sie zum Schlussfolgern genutzt wird, der Grundidee des Defaultschließens anzupassen. Als wichtigstes Kriterium für die Zulässigkeit einer Ableitung dient hier das Konzept der *Maxikonsistenz*. Intuitiv heißt das, dass man soviele Defaults wie möglich in den Schlussfolgerungsprozess mit einbezieht. Defaults haben bei Poole die Funktion von *Hypothesen*, die evidentielle Fakten erklären können, ohne allgemeingültig zu sein. Pooles Default-Logik realisiert also *abduktives* und *hypothetisches Schließen* und wurde als System THEORIST implementiert (vgl. [184]).

Trotz der konzeptionellen Unterschiede haben die Default-Logiken von Poole und Reiter viel gemeinsam: Die Poole'schen Defaults lassen sich als spezielle normale Reiter'sche Defaults auffassen, und auch der Begriff der Extension wird in gleicher Weise benutzt (obwohl Poole ohne Fixpunkt-Definition auskommt). Wir werden daher weitestgehend die gleiche Notation und Bezeichnung wie für die Reiter'sche Default-Logik verwenden, wobei allerdings gewisse syntaktische und definitionsmäßige Unterschiede nicht vernachlässigt werden dürfen. So bevorzugt Poole für die Darstellung seiner Defaults die Prädikatenlogik und verwendet Default-Schemata.

Definition 8.38 (Default-Theorie) Eine *(Poole'sche) Default-Theorie* ist ein Paar $T = T^{Poole} = (\mathcal{F}, \mathcal{D})$, wobei $\mathcal{F}$ eine konsistente Menge geschlossener Formeln ist und $\mathcal{D}$ eine Menge von Formeln. Die Elemente aus $\mathcal{F}$ heißen *Fakten*, und die Elemente aus $\mathcal{D}$ werden *(mögliche) Hypothesen* genannt.   □

Beispiel 8.39 (Polly 1) Wir repräsentieren Wissen über *Polly*, ein Tier, das entweder Vogel oder Fledermaus ist, mittels einer Poole'schen Default-Theorie $T_{Polly} = (\mathcal{F}, \mathcal{D})$:

$$\mathcal{F} \quad = \quad \{\, Vogel(Polly) \vee Fledermaus(Polly)\,\}$$

$$\mathcal{D} \quad : \quad Vogel(X) \Rightarrow Fliegt(X)$$
$$Fledermaus(X) \Rightarrow Fliegt(X) \qquad \qquad □$$

Fakten sollen gesicherte Erkenntnisse repräsentieren, eine stabile Basis für nichtmonotone Schlussfolgerungen. Daher setzen wir voraus, dass die Menge der Fakten konsistent ist. Für die Menge der Defaults wird dies gerade nicht vorausgesetzt. $\mathcal{D}$ ist ein Vorrat möglicher Hypothesen und besteht meistens aus nichtgeschlossenen Formeln mit freien Variablen, deren Grundinstanzen zum Ableiten eingesetzt werden.

Definition 8.40 (Szenario) Ein *Szenario* der Poole'schen Default-Theorie $(\mathcal{F}, \mathcal{D})$ ist eine *konsistente* Menge $D \cup \mathcal{F}$, wobei D eine Menge von Grundinstanzen (über einem gewissen Universum) von Formeln in $\mathcal{D}$ ist. Ein Szenario $D \cup \mathcal{F}$ heißt *maximal*, wenn es kein Szenario $D' \cup \mathcal{F}$ mit $D \subseteq D'$ und $D \neq D'$ gibt.   □

Maximalität bezieht sich hier also auf die durch Mengeninklusion gegebene Ordnung. Ein maximales Szenario wird manchmal auch eine *maxikonsistente Menge* genannt.

Beispiel 8.41 (Polly 2) Das Universum der Default-Theorie aus Beispiel 8.39 bestehe nur aus $\{Polly\}$. Dann ist

$$\mathcal{F} \cup D_{Polly}$$

mit

$$D_{Polly} = \{\, Vogel(Polly) \Rightarrow Fliegt(Polly),\ Fledermaus(Polly) \Rightarrow Fliegt(Polly)\,\}$$

ein Szenario der Poole'schen Default-Theorie T_{Polly}.   □

Definition 8.42 (Extension) Unter einer *Extension* E einer Poole'schen Default-Theorie $(\mathcal{F}, \mathcal{D})$ versteht man die Menge der (klassisch) logischen Folgerungen eines maximalen Szenarios $D \cup \mathcal{F}$ von $(\mathcal{F}, \mathcal{D})$, d.h.

$$E = Cn(D \cup \mathcal{F})$$

□

Beispiel 8.43 (Polly 3) $\mathcal{F} \cup D_{Polly}$ aus Beispiel 8.41 ist ein maximales Szenario der Theorie T_{Polly}, da keine weiteren Instanzen eines Defaults zu D_{Polly} hinzugefügt werden können. Damit ist

$$E_{Polly} = Cn(\mathcal{F} \cup D_{Polly})$$

eine Extension (und zwar die einzige) von T_{Polly}. □

Definition 8.44 (Erklärbarkeit) Eine geschlossene Formel ϕ heißt *erklärbar durch die Poole'sche Default-Theorie* $(\mathcal{F}, \mathcal{D})$, wenn ϕ in einer Extension von $(\mathcal{F}, \mathcal{D})$ liegt. □

ϕ ist damit genau dann erklärbar auf der Basis der Poole'schen Default-Theorie $(\mathcal{F}, \mathcal{D})$, wenn es ein maximales Szenario $D \cup \mathcal{F}$ von $(\mathcal{F}, \mathcal{D})$ gibt mit $D \cup \mathcal{F} \models \phi$. Dies zeigt den abduktiven (d.h. erklärenden) Charakter der Poole'schen Default-Logik.

Selbsttestaufgabe 8.45 (Erklärbarkeit) Zeigen Sie, dass die Formel $Fliegt(Polly)$ durch die Poole'sche Default-Theorie T_{Polly} aus Beispiel 8.39 erklärt werden kann. ■

Sehen wir uns an, wie die Poole'sche Default-Theorie der nichtfliegenden Pinguine aussehen könnte:

Beispiel 8.46 (Tweety und Polly 1) Die Menge $\mathcal{F}$ der Fakten bestehe aus den folgenden Formeln:

$$\mathcal{F} = \{\ \forall X\, Pinguin(X) \Rightarrow Vogel(X),$$
$$\forall X\, Pinguin(X) \Rightarrow \neg Fliegt(X),$$
$$Pinguin(Tweety),$$
$$Vogel(Polly)\ \}$$

$\mathcal{F}$ repräsentiert also unser sicheres Wissen. Die Menge der Defaults $\mathcal{D}$ enthalte ein einziges Element:

$$\mathcal{D} = \{\, Vogel(X) \Rightarrow Fliegt(X)\}$$

Unser Universum bestehe aus $\{Tweety,\ Polly\}$. Dann ist

$$\mathcal{F} \cup \{\, Vogel(Polly) \Rightarrow Fliegt(Polly)\} \tag{8.6}$$

ein Szenario. Hingegen ist

$$\mathcal{F} \cup \{\, Vogel(Tweety) \Rightarrow Fliegt(Tweety)\} \tag{8.7}$$

kein Szenario, denn $Vogel(Tweety) \Rightarrow Fliegt(Tweety)$ ist nicht konsistent mit $\mathcal{F}$. Folglich ist (8.6) sogar ein maximales Szenario. Damit ist

$$Cn(\mathcal{F} \cup \{\, Vogel(Polly) \Rightarrow Fliegt(Polly)\}) = Cn(\mathcal{F} \cup \{Fliegt(Polly)\})$$

eine Extension von $(\mathcal{F}, \mathcal{D})$, und zwar die einzige. □

Selbsttestaufgabe 8.47 ((maximale) Szenarien) Zum obigen Beispiel 8.46: Begründen Sie, warum (8.7) kein Szenario ist und wieso (8.6) maximal ist. ∎

Ebenso wie die auf normale Defaults eingeschränkte Reiter'sche Default-Logik (siehe Abschnitt 8.1.8) ist auch die Poole'sche Default-Logik semi-monoton (vgl. Theorem 8.35):

Theorem 8.48 (Semi-Monotonie) *Seien* $T = (\mathcal{F}, \mathcal{D})$ *und* $T' = (\mathcal{F}, \mathcal{D}')$ *zwei (Poole'sche) Default-Theorien mit* $\mathcal{D} \subseteq \mathcal{D}'$. *Dann liegt jede Extension von* T *in einer Extension von* T'.

Beweisidee: Jedes maximale Szenario $D \cup \mathcal{F}$ von T lässt sich zu einem maximalen Szenario $D' \cup \mathcal{F}$ von T' erweitern. Die Behauptung folgt nun aus der Monotonie von Cn. ∎

Selbsttestaufgabe 8.49 (Monotonie) Man betrachte zwei Poole'sche Default-Theorien $T_1 = (\mathcal{F}_1, \mathcal{D})$ und $T_2 = (\mathcal{F}_2, \mathcal{D})$ mit $\mathcal{F}_1 \subseteq \mathcal{F}_2$. Für jede Menge D von Grundinstanzen von $\mathcal{D}$ gilt dann auch $D \cup \mathcal{F}_1 \subseteq D \cup \mathcal{F}_2$. Lässt sich damit auch die Monotonie der Poole'schen Default-Logik bzgl. der Faktenmenge begründen, d.h. gilt der Satz: *Jede Extension von* T_1 *ist auch Extension von* T_2 ? ∎

Im Beispiel 8.46 gab es genau ein maximales Szenario und damit auch nur eine Extension. Im Allgemeinen kann es aber genau wie in der Reiter'schen Default-Logik mehrere Extensionen geben, wie das folgende Beispiel zeigt.

Beispiel 8.50 (Nixon-Raute) Betrachten wir die folgende Poole'sche Default-Theorie

$$\mathcal{D} = \{\ Qu\ddot{a}ker(X) \Rightarrow Pazifist(X),$$
$$\qquad Republikaner(X) \Rightarrow \neg Pazifist(X)\}$$
$$\mathcal{F} = \{\ Qu\ddot{a}ker(Nixon),$$
$$\qquad Republikaner(Nixon)\ \}$$

über dem Universum $\{Nixon\}$. Die beiden Defaults besagen, dass Quäker normalerweise Pazifisten sind, während man im Allgemeinen bei Republikanern annimmt, dass sie *keine* Pazifisten sind. Nun weiß man von Nixon, dass er sowohl Quäker als auch Republikaner ist. Wendet man die Defaults auf Nixon an, so führt das zu widersprüchlichen Ergebnissen: Dem ersten Default zufolge ist Nixon ein Pazifist, der zweite Default besagt gerade das Gegenteil. Also gibt es zwei (maximale) Szenarien und damit auch zwei Extensionen

$$E_1 \;=\; Cn(\mathcal{F} \cup \{Qu\ddot{a}ker(Nixon) \Rightarrow Pazifist(Nixon)\})$$
$$E_2 \;=\; Cn(\mathcal{F} \cup \{Republikaner(Nixon) \Rightarrow \neg Pazifist(Nixon)\})$$

Dieses Beispiel ist unter dem Namen "Nixon-Raute" (*Nixon diamond*) in die Annalen der nichtmonotonen Logiken eingegangen. Es symbolisiert das Problem widersprüchlicher Default-Informationen, die zu mehrfachen, gleichrangigen Lösungen führen, von denen aber nur eine richtig sein kann. (Damit behandelt dieses Beispiel die gleiche Problematik wie Selbsttestaufgabe 8.25.) Die Bezeichnung "Diamant" rührt von der graphischen Darstellung des Problems her (vgl. Abbildung 8.7). □

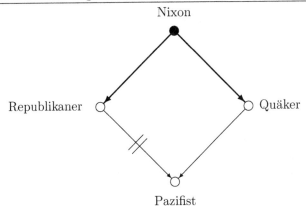

Abbildung 8.7 Die Nixon-Raute

Poole sieht in seiner Default-Logik vorrangig eine Möglichkeit zur Realisierung *abduktiven Schließens*: E_1 *erklärt Pazifist(Nixon)*, während E_2 ¬*Pazifist(Nixon) erklärt*. Die Suche nach – irgendeiner – Erklärung könnte den Standpunkt einer *leichtgläubigen Inferenz* rechtfertigen: Ableitbar soll alles sein, was in *einer* möglichen Extension liegt (vgl. Abschnitt 7.4.4). Unter diesem Aspekt wären also sowohl *Pazifist(Nixon)* als auch ¬*Pazifist(Nixon)* ableitbar, was allerdings nicht sonderlich befriedigend ist. Deshalb bezieht man auch hier meistens den Standpunkt einer *skeptischen Inferenz*: Ableitbar soll nur das sein, was in *allen* möglichen Extensionen liegt. In diesem Fall könnte man über Nixon nur das sagen, was schon durch die Fakten belegt ist.

Wir haben hier die Poole'sche Default-Logik nur in einer sehr einfachen Form behandelt. Darüber hinaus gibt es noch die Möglichkeit, die Anwendung von Defaults gezielt zu blockieren, und durch die Einführung von "Constraints" kann die Menge möglicher Szenarien eingeschränkt werden. Wir wollen dies hier nicht weiter vertiefen und verweisen auf den Artikel von Poole [183].

Selbsttestaufgabe 8.51 (Tierwelt) Gegeben sei folgendes Wissen aus der Tierwelt: *Säugetiere leben normalerweise nicht im Meer. Die meisten Delphine leben im Meer. Zoo-Tiere leben im Allgemeinen nicht im Meer. Alle Delphine gehören zu den Säugetieren. Flipper ist ein Delphin. Flipper gehört dem Miami Zoo.*

1. Formulieren Sie eine Poole'sche Default-Theorie, die dieses Wissen darstellt.

2. Bestimmen Sie alle Extensionen zu der Default-Theorie.

3. Lassen sich aus der Default-Theorie in Teil 1 Aussagen über den Lebensraum des Delphins Flipper erklären, und wenn ja, in welcher Weise? ∎

Selbsttestaufgabe 8.52 (Arbeitsmanagement) Stellen Sie das folgende Fakten- und Defaultwissen in einer Poole'schen Default-Theorie $(\mathcal{F}, \mathcal{D})$, dar:

Fakten: • Ich kann nur eine Aufgabe jetzt sofort erledigen.

               • Aufgabe a_1 ist lästig, aber dringend.

               • Aufgabe a_2 ist dringend und wichtig.

               • Aufgabe a_3 ist lästig, dringend und wichtig.

Defaults: • Lästige Aufgaben erledige ich nicht sofort.

               • Was wichtig und dringend ist, sollte sofort erledigt werden.

               • Aufgaben, die zwar lästig, aber dringend sind, sollten sofort erledigt werden.

Benutzen Sie dazu die Signatur

$$\Sigma = (\{a_1/0, a_2/0, a_3/0\}, \{\textit{lästig}/1, \ \textit{dringend}/1, \ \textit{wichtig}/1, \ \textit{sofort}/1, \ \textit{gleich}/2\})$$

Dabei soll das Prädikatensymbol *gleich* verwendet werden, um die erste Aussage des sicheren Wissens zu formalisieren: Wird die Aufgabe X sofort erledigt, dann werden alle Aufgaben Y, für die nicht $gleich(X, Y)$ gilt, nicht sofort erledigt. Die Nicht-Gleichheit der aufgeführten Aufgaben a_1, a_2, a_3 muss dafür ebenfalls formalisiert werden. Bestimmen Sie anschließend alle Extensionen der Default-Theorie. ∎

Im nächsten Abschnitt wollen wir die durch die Default-Logiken von Reiter und Poole induzierten skeptischen Inferenzrelationen betrachten.

8.3   Nichtmonotone Inferenzrelationen für Default-Logiken

Bei den Default-Theorien spielt die Menge der Defaults in der Regel die Rolle eines (fixen) Hintergrundwissens, das man auf verschiedene, durch die Fakten beschriebene Situationen anwendet. Dies führt zur Definition von Inferenzrelationen $\vdash\!\!\!\sim_{\Delta}^{Reiter}$ und $\vdash\!\!\!\sim_{\mathcal{D}}^{Poole}$, die von Δ bzw. $\mathcal{D}$ abhängen.

Definition 8.53 (Inferenzrelationen und Inferenzoperationen)

• Sei (W, Δ) eine Reiter'sche Default-Theorie. Eine Formel ϕ ist *(nichtmonoton)* aus W *(unter Verwendung der Defaults Δ) ableitbar*, in Zeichen

$$W \ \vdash\!\!\!\sim_{\Delta}^{Reiter} \ \phi$$

wenn ϕ in allen Extensionen der Default-Theorie (W, Δ) liegt. Zu $\vdash\!\!\!\sim_{\Delta}^{Reiter}$ gehört die *Inferenzoperation* C_{Δ}^{Reiter}:

$$C_{\Delta}^{Reiter}(W) = \{\phi \mid W \vdash\!\!\!\sim_{\Delta}^{Reiter} \phi\}$$

• Sei $(\mathcal{F}, \mathcal{D})$ eine Poole'sche Default-Theorie. Eine Formel ϕ ist *(nichtmonoton)* aus $\mathcal{F}$ *(unter Verwendung der Defaults $\mathcal{D}$) ableitbar*, in Zeichen

$$\mathcal{F} \ \vdash\!\!\!\sim_{\mathcal{D}}^{Poole} \ \phi$$

wenn ϕ in allen Extensionen der Default-Theorie $(\mathcal{F}, \mathcal{D})$ liegt. Zu $\vdash_{\mathcal{D}}^{Poole}$ gehört die *Inferenzoperation* $C_{\mathcal{D}}^{Poole}$:

$$C_{\mathcal{D}}^{Poole}(\mathcal{F}) = \{\phi \mid \mathcal{F} \vdash_{\mathcal{D}}^{Poole} \phi\} \qquad \Box$$

Wir wollen diese beiden Inferenzrelationen durch Beispiele illustrieren.

Beispiel 8.54 (Tweety und Polly 2) Wir betrachten die Aussagen über Tweety und Polly einmal als Poole'sche Default-Theorie wie in Beispiel 8.46:

$$T_{Tweety}^{Poole}: \qquad \mathcal{F} = \{\forall X\, Pinguin(X) \Rightarrow Vogel(X),$$
$$\forall X\, Pinguin(X) \Rightarrow \neg Fliegt(X),$$
$$Pinguin(Tweety),$$
$$Vogel(Polly)\,\}$$

$$\mathcal{D} = \{\,Vogel(X) \Rightarrow Fliegt(X)\,\}$$

und auch als Reiter'sche (prädikatenlogische) Default-Theorie (vgl. Beispiel 8.31):

$$T_{Tweety}^{Reiter}: \qquad W = \{\forall X\, Pinguin(X) \Rightarrow Vogel(X),$$
$$\forall X\, Pinguin(X) \Rightarrow \neg Fliegt(X),$$
$$Pinguin(Tweety),$$
$$Vogel(Polly)\,\}$$

$$\Delta = \{\,\frac{Vogel(X)\ :\ Fliegt(X)}{Fliegt(X)}\}$$

Es ist also $W = \mathcal{F}$, während die Default-Mengen sich wie üblich in der Darstellung unterscheiden.

Wir zeigten in Beispiel 8.46, dass $Cn(\mathcal{F} \cup \{Fliegt(Polly)\})$ die einzige Extension von T_{Tweety}^{Poole} ist, und ebenso wie in Beispiel 8.31 zeigt man, dass es die einzige Extension von T_{Tweety}^{Reiter} ist. In diesem Fall ist also

$$C_{\mathcal{D}}^{Poole}(\mathcal{F}) \ = \ Cn(\mathcal{F} \cup \{Fliegt(Polly)\}) \ = \ C_{\Delta}^{Reiter}(W) \qquad \Box$$

Im Allgemeinen sind $C_{\mathcal{D}}^{Poole}$ und C_{Δ}^{Reiter} jedoch verschieden, wie das folgende Beispiel zeigt:

Beispiel 8.55 (Student 2) In Beispiel 8.36 hatten wir die folgende Reiter'sche Default-Theorie betrachtet:

$$T_{Student}^{Reiter}: \qquad W \quad = \quad \{Student(Paul)\}$$

$$\Delta \quad : \quad \delta_1 = \frac{Student(Paul)\ :\ \neg Arbeitet(Paul)}{\neg Arbeitet(Paul)}$$

$$\delta_2 = \frac{Erwachsen(Paul)\ :\ Arbeitet(Paul)}{Arbeitet(Paul)}$$

$$\delta_3 = \frac{Student(Paul)\ :\ Erwachsen(Paul)}{Erwachsen(Paul)}$$

und festgestellt, dass sie die Extensionen

$$E_1 = Cn(\{Student(Paul),\ Erwachsen(Paul),\ \neg Arbeitet(Paul)\})\quad \text{und}$$
$$E_2 = Cn(\{Student(Paul),\ Erwachsen(Paul),\ Arbeitet(Paul)\})$$

besitzt. Es ist also

$$C_\Delta^{Reiter}(\{Student(Paul)\}) = Cn(\{Student(Paul),\ Erwachsen(Paul)\})$$

Formulieren wir dies als Poole'sche Default-Theorie

$$T_{Student}^{Poole}: \qquad \mathcal{F} = \{\,Student(Paul)\,\}$$

$$\mathcal{D} = \{\,Student(X) \Rightarrow \neg Arbeitet(X),$$
$$Erwachsen(X) \Rightarrow Arbeitet(X),$$
$$Student(X) \Rightarrow Erwachsen(X)\,\}$$

wobei das Universum nur aus $\{Paul\}$ besteht, so gibt es drei maximale Szenarien, nämlich $\mathcal{F} \cup D_i$, $i = 1, 2, 3$ mit:

$$D_1 = \{Student(Paul) \Rightarrow \neg Arbeitet(Paul),\ Erwachsen(Paul) \Rightarrow Arbeitet(Paul)\}$$
$$D_2 = \{Student(Paul) \Rightarrow Erwachsen(Paul),\ Erwachsen(Paul) \Rightarrow Arbeitet(Paul)\}$$
$$D_3 = \{Student(Paul) \Rightarrow \neg Arbeitet(Paul),\ Student(Paul) \Rightarrow Erwachsen(Paul)\}$$

Wir erhalten also die drei Extensionen $E_i' = Cn(\mathcal{F} \cup D_i)$, $i = 1, 2, 3$ (zur Berechnung der ersten Extension beachten Sie, dass $\neg Erwachsen(Paul)$ aus $Erwachsen(Paul) \Rightarrow Arbeitet(Paul)$ und $\neg Arbeitet(Paul)$ mittels *modus tollens* folgt):

$$E_1' = Cn(\{Student(Paul),\ \neg Arbeitet(Paul),\ \neg Erwachsen(Paul)\})$$
$$E_2' = Cn(\{Student(Paul),\ Arbeitet(Paul),\ Erwachsen(Paul)\})$$
$$E_3' = Cn(\{Student(Paul),\ \neg Arbeitet(Paul),\ Erwachsen(Paul)\})$$

Damit ist

$$C_{\mathcal{D}}^{Poole}(\{Student(Paul)\}) = Cn(\{Student(Paul)\})$$

Mit Hilfe der Reiter'schen Default-Logik können wir also aus $Student(Paul)$ nicht-monoton auch $Erwachsen(Paul)$ folgern. Mit der Poole'schen Default-Logik ist dies nicht möglich.   □

Selbsttestaufgabe 8.56 (Reiter - Inferenzen) Harald hatte einen schweren Unfall und kann sich nicht mehr recht erinnern, ob er ein Fisch oder ein Amphibium ist. Er weiß noch, dass er ein Hai ist, und kann sich ebenfalls an gewisse Regeln erinnern. Es sei folgende Reiter'sche Default-Theorie $T = (W, \Delta)$ gegeben mit:

- $W = \{Hai(Harald)\}$,
- $\Delta = \{\delta_1, \delta_2, \delta_3\}$ mit

$$\delta_1 = \frac{Fisch(X) \vee Amphibium(X)\ :\ \neg Fisch(X)}{\neg Fisch(X)},$$

$$\delta_2 = \frac{Fisch(X)\ :\ \neg Amphibium(X)}{\neg Amphibium(X)},$$

$$\delta_3 = \frac{Hai(X)\ :\ Fisch(X)}{Fisch(X)}.$$

1. Bestimmen Sie die einzige Extension E der Default-Theorie T. Lässt sich für Harald mittels skeptischer Inferenz $\mathrel{|\!\!\!\sim}_{\Delta}^{Reiter}$ klären, ob er ein Fisch oder ein Amphibium ist?

2. Aus zuverlässiger Quelle erfährt Harald, dass er kein Amphibium ist, sodass er seine Wissensmenge W zu $W' = \{Hai(Harald), \neg Amphibium(Harald)\}$ erweitern kann. Bestimmen Sie die Extension E' der Default-Theorie $T' = (W', \Delta)$ und beurteilen Sie E' in Hinsicht auf die berechnete Extension E der ersten Teilaufgabe.

3. Da Harald mit seinen Überlegungen nicht zufrieden ist, zweifelt er nun doch an seiner Wissensquelle. Ihm fällt jedoch ein, dass er sicher ist, dass er ein Fisch oder ein Amphibium ist. Erweitern Sie dieses Mal die Wissensmenge W zu $W'' = \{Hai(Harald), Fisch(Harald) \vee Amphibium(Harald)\}$ und bestimmen Sie die Extensionen der Default-Theorie $T'' = (W'', \Delta)$. Lässt sich nun für Harald mittels skeptischer Inferenz $\mathrel{|\!\!\!\sim}_{\Delta}^{Reiter}$ immer noch klären, ob er entweder ein Fisch oder ein Amphibium ist? Beurteilen Sie das Ableitungsverhalten der skeptischen Inferenz. ∎

Selbsttestaufgabe 8.57 (Poole'sche Default-Logik und Inferenzen)

1. Stellen Sie folgendes Wissen als Poole'sche Default-Theorie $\mathcal{T} = (\mathcal{F}, \mathcal{D})$ mit einer geeigneten Faktenmenge $\mathcal{F}$ und einer geeigneten Default-Menge $\mathcal{D}$ dar.

   - *Typ_XJS* bezeichnet ein Automobil.
   - Ein Automobil ist in der Regel kein Wildtier.
   - Ein Jaguar bezeichnet in der Regel ein Wildtier.
   - *Typ_XJS* ist ein Jaguar.
   - Kein Wildtier hat einen Motor.
   - Automobile haben in der Regel einen Motor.

2. Bestimmen Sie alle maximalen Szenarien sowie die zugehörigen Extensionen aus Ihrer Poole'schen Default-Theorie.

3. Lässt sich anhand der Poole'schen Inferenzrelation $\mathrel{|\!\!\!\sim}_{\mathcal{D}}^{Poole}$ eine Aussage darüber treffen, ob *Typ_XJS* einen Motor hat? ∎

Die Unterschiede zwischen Reiter'scher und Poole'scher Default-Logik lassen sich vor allen Dingen durch zwei Umstände erklären:

- Die Defaults bei Reiter und Poole sind nicht bedeutungsgleich: So besagt der Reiter'sche Default

$$\frac{Erwachsen(Paul) \ : \ Arbeitet(Paul)}{Arbeitet(Paul)}$$

nicht genau das Gleiche wie der Poole'sche Default $Erwachsen(X) \Rightarrow Arbeitet(X)$. Genau genommen müsste jeder Poole'sche Default

$$A(X) \Rightarrow B(X)$$

in den Reiter'schen Default

$$\frac{\top \ : \ A(X) \Rightarrow B(X)}{A(X) \Rightarrow B(X)}$$

transformiert werden.

- In der Poole'schen Default-Logik wird stärker die klassische Deduktion eingesetzt. So kann in Beispiel 8.55 auch $\neg Erwachsen(Paul)$ durch die Extension E_1' erklärt werden, was höchst unintuitiv ist. Der Grund liegt hierin, dass ein Poole'scher Default $A(X) \Rightarrow B(X)$ auch in der kontrapositiven Form $\neg B(X) \Rightarrow \neg A(X)$ aktiv werden kann.

8.4 Probleme und Alternativen

Ein großes Problem der Reiter'schen Default-Logik ist die meist unbefriedigende Behandlung von disjunktiv verknüpftem Wissen. Man kann zwar definitiv wissen, dass $A \vee B$ wahr ist, doch keine der beiden Aussagen lässt sich daraus als wahr ableiten. Für die Anwendung oder Blockierung von Defaults ist aber gerade die deduktive Ableitbarkeit wichtig.

Beispiel 8.58 (Roboter) Ein Roboter habe die beiden mechanischen Arme a_r und a_l. Solange diese nicht gebrochen sind, kann man annehmen, dass sie auch brauchbar sind. Dies besagen gerade die beiden folgenden Defaults

$$\delta_1 \ = \ \frac{\top \ : \ \neg gebrochen(a_r)}{brauchbar(a_r)}$$

$$\delta_2 \ = \ \frac{\top \ : \ \neg gebrochen(a_l)}{brauchbar(a_l)}$$

Nehmen wir nun an, wir wüssten, dass einer der beiden Arme des Roboters gebrochen ist:

$$W = \{gebrochen(a_r) \vee gebrochen(a_l)\}$$

Dann ist $E = Cn(W \cup \{brauchbar(a_r), brauchbar(a_l)\})$ eine Extension der Reiter'schen Default-Theorie $T = (W, \Delta)$ – obwohl wir wissen, dass mindestens einer der beiden Arme des Roboters gebrochen ist, können wir nichtmonoton folgern, dass beide Arme brauchbar sind! □

Selbsttestaufgabe 8.59 (Reiter'sche Default-Logik) Zeigen Sie, dass im obigen Beispiel 8.58 E die einzige Extension der betrachteten Default-Theorie ist.

∎

Ein Grund für dieses unerwünschte Ableitungsergebnis ist, dass nicht explizit die *gemeinsame* Konsistenz beider Default-Begründungen $\neg gebrochen(a_r)$ und $\neg gebrochen(a_l)$ mit dem Faktum $gebrochen(a_r) \vee gebrochen(a_l)$ gefordert wird.

Selbsttestaufgabe 8.60 (Inkonsistenz von Default-Begründungen) Die Reiter'sche Default-Theorie $T = (W, \Delta)$ sei durch $W = \emptyset$ und

$$\Delta = \{\delta_1 = \frac{\top : p}{q}, \ \delta_2 = \frac{\top : \neg p}{r}\}$$

gegeben. Zeigen Sie: Die einzige Extension von T ist $Cn(\{q, r\})$, d.h., trotz der klassischen Inkonsistenz der Default-Begründungen p und $\neg p$ sind beide Konsequenzen nichtmonoton ableitbar. ∎

Abhilfe schafft hier die *Default-Logik mit Beschränkungen (constrained default logic)* (vgl. [4], Kapitel 7.3), in der durch die Überprüfung zusätzlicher Bedingungen Defaults blockiert werden können.

Allerdings ist auch die Forderung nach gemeinsamer Konsistenz der Default-Begründungen nicht immer sinnvoll, wie das folgende Beispiel zeigt:

Beispiel 8.61 (Inkonsistenz von Default-Begründungen) Die folgenden beiden Sätze repräsentieren eine durchaus sinnvolle Default-Theorie, obwohl die Begründungen der unsicheren Regeln sich gegenseitig ausschließen:

Wenn ich annehme, dass das Wetter schlecht ist, dann nehme ich einen Pullover mit.
Wenn ich annehme, dass das Wetter gut ist, dann nehme ich Schwimmsachen mit.

In diesem Fall ist die Folgerung

Am besten nehme ich beides mit – Pullover und Schwimmsachen!

durchaus vernünftig, solange ich keine verlässliche Information über das Wetter habe. Hier deckt sich also die Intuition mit den Resultaten der Reiter'schen Default-Logik. □

Im Gegensatz zur Default-Logik mit Beschränkungen erlaubt die *begründete Default-Logik (justified default logic)* unter Umständen *mehr* Extensionen als die normale Default-Logik (vgl. [4]). Um Konflikte zwischen Defaults in einer eleganten und flexiblen Weise zu behandeln, bietet sich schließlich die *priorisierte Default-Logik (prioritized default logic)* von Brewka [27] an.

9 Logisches Programmieren und Anwortmengen

Kein anderes Gebiet im gesamten Bereich der Deduktions- und Inferenzsysteme ist so erfolgreich in praktische Anwendungen vorgedrungen wie das logische Programmieren. Beim klassischen logischen Programmieren handelt es sich um einen normalen Resolutionskalkül mit einer syntaktisch sehr einfach zu charakterisierenden Restriktion: Es werden nur Hornklauseln zugelassen, das sind Klauseln, die höchstens ein nicht negiertes Literal enthalten. Hornklauseln entsprechen Regeln, die in ihrem Bedingungsteil nur Atome enthalten und deren Folgerungsteil aus höchstens einem Atom besteht. Diese Restriktion hat weitreichende Folgen für die Ableitungsmöglichkeiten und die dabei erzielbare Effizienz, aber auch auf das Antwortverhalten. Bei einem Inferenzsystem, das auf einem allgemeinen PL1-Kalkül basiert, können wir im Prinzip nur eine der drei folgenden Antworten erhalten: *"Ja"*, *"Nein"*, *"Ich weiß nicht"*, wobei die dritte Möglichkeit einer nicht terminierenden, unendlichen Ableitung entspricht. Beim klassischen logischen Programmieren sind alle Anfragen, die man an das Inferenzsystem stellt, existentiell quantifizierte Anfragen und die Antworten im positiven Fall sehr viel informativer als nur *"Ja"*. Solche Anfragen werden nämlich konstruktiv im Sinne von *"Ja, und zwar gilt dies für ..."* beantwortet.

Die syntaktische Einschränkung auf Hornklauseln, d.h. auf Regeln ausschließlich mit Atomen, wird im erweiterten logischen Programmieren aufgehoben. Nun werden auch logische Negation und eine weichere *Default-Negation* zur Darstellung nichtmonotoner Annahmen in den Regeln zugelassen. Damit kann auch unvollständige Information angemessen dargestellt und verarbeitet werden und wird nicht mit definitivem Nichtwissen verwechselt. Diese Erweiterung ist für eine realistische Behandlung von Wissen in wissensbasierten Systemen von großer Wichtigkeit und ordnet zudem das logische Programmieren explizit in die Klasse der nichtmonotonen Formalismen ein.

Der Zugewinn an Ausdrucksfähigkeit logischer Programme wird allerdings durch eine wesentlich kompliziertere Semantik erkauft. Wir werden hier die *Antwortmengensemantik* als einen der erfolgreichsten Ansätze zur Festlegung einer Semantik für erweiterte logische Programme vorstellen. Zwar knüpft der Begriff der Antwortmenge an den der Antwortsubstitution an, jedoch handelt es sich bei Antwortmengen um Modelle eines logischen Programms und nicht nur um Ausschnitte eines solchen Modells. Zudem kann es mehrere Antwortmengen geben, so dass die Antwort auf eine Anfrage nicht mehr unbedingt eindeutig bestimmt werden kann. Auch dadurch wird der nichtklassische Charakter dieser Methode der Wissensdarstellung und -verarbeitung deutlich.

© Springer Fachmedien Wiesbaden GmbH, ein Teil von Springer Nature 2019
C. Beierle und G. Kern-Isberner, *Methoden wissensbasierter Systeme*,
Computational Intelligence, https://doi.org/10.1007/978-3-658-27084-1_9

9.1   Klassische logische Programme

Wir verwenden im Folgenden als Basis zur Definition logischer Programme die Prädikatenlogik (s. Kapitel 3.5), die zu jeder Signatur Σ eine Menge von Funktions- und Prädikatensymbolen $Func(\Sigma)$ und $Pred(\Sigma)$ zur Verfügung stellt.

Ein logisches Programm $\mathcal{P}$ zur Spezifikation von Verwandschaftsbeziehungen und eine zugehörige Anfrage G könnten wie folgt aussehen:

$\mathcal{P}$: $Vater(hans, franz)$.
$Vater(sabine, franz)$.
$Geschwister(v, w) \leftarrow Vater(v, q), Vater(w, q)$.

G: $\leftarrow Geschwister(sabine, x)$.

wobei q, v, w, x Variablen, $Vater$, $Geschwister$ binäre Prädikatensymbole und $hans$, $franz$, $sabine$ Konstantensymbole sind.

Definition 9.1 (logisches Programm, definite Klausel, Hornklausel) Eine *Hornklausel* ist eine Klausel, die maximal ein nicht negiertes Literal enthält. Eine *definite Klausel* ist eine Hornklausel, $\{H, \neg B_1, \ldots, \neg B_n\}$, die genau ein positives Literal H enthält; sie wird notiert als

$$H \leftarrow B_1, \ldots, B_n. \tag{9.1}$$

wobei $\leftarrow$ als Implikationspfeil von rechts nach links zu lesen ist: "H gilt, falls B_1 und ... und B_n gelten."[1] Eine Formel der Form (9.1) heißt *Regel*; H ist der *Kopf* *(head)* und $B_1, \ldots, B_n$ der *Rumpf* *(body)* der Regel. Für $n = 0$ schreiben wir H. und nennen dies *Fakt*.

Ein *(klassisches) logisches Programm* ist eine Menge von definiten Klauseln. Eine *Anfrage* (oder *Zielklausel*, *Ziel*; *query*) ist eine Hornklausel ohne ein positives Literal, notiert als $\leftarrow B_1, \ldots, B_n$. $\qquad \square$

9.2   Anfragen und Antwortsubstitutionen

Wesentlich bei den folgenden Ausführungen ist die Tatsache, dass es sich bei Fakten und Regeln, also den Hornklauseln, die ein logisches Programm ausmachen, um *definite Klauseln* handelt. Mit definiten Klauseln kann man nur *positive* Informationen ausdrücken, nicht jedoch die Negation eines Literals, da der Kopf einer Klausel immer ein positives Literal ist.

Die Einschränkung auf Hornklauseln hat den Effekt, dass sich alle Anfragen – wenn sie denn überhaupt gelten – auf konstruktive Weise beantworten lassen. Zweck einer Anfrage

$$\leftarrow B_1, \ldots, B_n.$$

an ein logisches Programm $\mathcal{P}$ ist die Beantwortung der Frage, ob die logische Folgerung

---

[1] In Prolog wird ":-" anstelle des hier verwendeten Pfeils "$\leftarrow$" geschrieben.

$$\mathcal{P} \models \exists x_1 \ldots \exists x_r (B_1 \wedge \ldots \wedge B_n) \tag{9.2}$$

gilt, wobei $x_1, \ldots, x_r$ die in $B_1, \ldots, B_n$ auftretenden Variablen sind. Mit dem Deduktionstheorem gilt die Beziehung (9.2) genau dann, wenn

$$\mathcal{P} \Rightarrow \exists x_1 \ldots \exists x_r (B_1 \wedge \ldots \wedge B_n)$$

allgemeingültig ist. Diese Implikation wird im logischen Programmieren *konstruktiv* in dem Sinne bewiesen, dass dabei Terme $t_1, \ldots, t_r$ konstruiert werden, die als Belegungen oder *Zeugen (witness)* für die existenzquantifizierten Variablen $x_1, \ldots, x_r$ diese Formel allgemeingültig machen.

Definition 9.2 (Antwortsubstitution, korrekte Antwortsubstitution) Sei $\mathcal{P}$ ein logisches Programm und G die Anfrage $\leftarrow B_1, \ldots, B_n$. mit den Variablen $x_1, \ldots, x_r$. Eine *Antwortsubstitution* für $\mathcal{P}$ und G ist eine Substitution σ mit Definitionsbereich $dom(\sigma) \subseteq \{x_1, \ldots, x_r\}$. σ ist eine *korrekte Antwortsubstitution* genau dann, wenn die Formel

$$\mathcal{P} \Rightarrow \forall y_1 \ldots \forall y_r \ \sigma(B_1 \wedge \ldots \wedge B_n)$$

allgemeingültig ist, wobei $y_1, \ldots, y_r$ die in $\sigma(B_1 \wedge \ldots \wedge B_n)$ auftretenden Variablen sind. $\qquad\square$

Im Bildbereich einer korrekten Antwortsubstitution können also durchaus noch Variable auftreten. Aus der Definition folgt unmittelbar, dass *jede* Instanz einer korrekten Antwortsubstitution wieder eine korrekte Antwortsubstitution ist.

Definition 9.3 (korrekte Antwort) Für ein logisches Programm $\mathcal{P}$ und eine Anfrage G ist eine *korrekte Antwort* entweder eine korrekte Antwortsubstitution σ – Sprechweise: Die Anfrage G *gelingt* (mit σ) – oder die Antwort *"no"*, falls

$$\mathcal{P} \not\models \exists x_1 \ldots \exists x_r (B_1 \wedge \ldots \wedge B_n)$$

gilt – Sprechweise: Die Anfrage G *scheitert*. $\qquad\square$

Beispiel 9.4 (Antwortsubstitution) In Abbildung 9.1 sind für verschiedene Programme und Anfragen die korrekten Antworten angegeben. Für das Programm $\mathcal{P}_4$ gibt es auf die Anfrage $\leftarrow$ *Weg(a,c)*. genau eine korrekte Antwortsubstitution, nämlich die identische Substitution $id = \{\ \}$. Auf die Anfrage $\leftarrow$ *Weg(c,a)*. gibt es dagegen *keine* korrekte Antwortsubstitution, die einzige korrekte Anwort ist also *"no"*. $\qquad\square$

Im Beispielprogramm $\mathcal{P}_4$ markiert *Kante(x,y)* eine (gerichtete) Kante von x nach y und *Weg(x,y)* entsprechend einen Pfad von x nach y. In $\mathcal{P}_4$ gibt es offensichtlich keinen Weg von c nach a, daher ist *no* die einzig korrekte Antwort auf die Frage nach einem Weg von c nach a. Gelingt es einem logischen Programmiersystem (wie Prolog) nicht, einen Beweis für ein Atom A zu finden, so könnte man dies daher

Programm und Anfrage	Antwortsubstitutionen
$\mathcal{P}_1$: $Even(zero)$. $Even(succ(succ(y))) \leftarrow Even(y)$. G_1: $\leftarrow Even(x)$.	$\sigma_1 = \{x/zero\}$ $\sigma_2 = \{x/succ(succ(zero))\}$ $\sigma_3 = \{x/succ(succ(succ(succ(zero))))\}$ $\vdots$
$\mathcal{P}_2$: $P(a)$. $P(y) \leftarrow P(y)$. G_2: $\leftarrow P(x)$.	$\sigma_1 = \{x/a\}$
$\mathcal{P}_3$: $P(a)$. $P(y) \leftarrow R(b)$. $R(b)$. G_3: $\leftarrow P(x)$.	$\sigma_1 = \{x/a\}$ $\sigma_2 = \{x/b\}$ $\sigma_3 = \{\ \}$ $\sigma_4 = \{x/t\}$ (für jeden Term t)
$\mathcal{P}_4$: $Kante(a,b)$. $Kante(b,c)$. $Kante(b,d)$. $Weg(v,w) \leftarrow Kante(v,w)$. $Weg(v,w) \leftarrow Kante(v,z),\ Weg(z,w)$. G_4: $\leftarrow Weg(a,x)$.	$\sigma_1 = \{x/b\}$ $\sigma_2 = \{x/c\}$ $\sigma_3 = \{x/d\}$

Abbildung 9.1 Anwortsubstitutionen zu Beispiel 9.4

als einen Beweis des Gegenteils ansehen. Dies wird *Negation als Fehlschlag* (*negation as failure*) genannt. Entsprechend kann man das logische Programmieren um einen Operator *not* erweitern, so dass *not A* als bewiesen gilt, wenn der Beweis von *A* scheitert. Dieser Operator ist in Prolog vorhanden und begründet ein nichtmonotones Inferenzverhalten: Fügt man z.B. in $\mathcal{P}_4$ die Programmklauseln *Kante(c,d)* und *Kante(d,a)* hinzu, gilt anschließend *Weg(c,a)* und ist beweisbar. Ab Abschnitt 9.5 werden wir ausführlich auf die Rolle der Negation im logischen Programmieren eingehen.

Selbsttestaufgabe 9.5 (Antwortsubstitution) Seien das Programm $\mathcal{P}$ und die Anfrage G gegeben durch:

$P(1) \leftarrow P(2),P(3)$.
$P(2) \leftarrow P(4)$.
$P(4)$.

$\leftarrow P(x)$.

Wieviele korrekte Antwortsubstitutionen gibt es, und welche sind dies? ∎

Wenn man – wie im folgenden Beispiel – für $\mathcal{P}$ nicht nur Hornformeln, sondern beliebige Formeln zulässt, so gibt es im Allgemeinen keine entsprechende korrekte Antwortsubstitution, obwohl die betreffende Folgerung allgemeingültig ist.

Beispiel 9.6 (indefinite Antworten) Das "Nicht-Hornklauselprogramm"

$$P(a) \lor P(b).$$

und die Hornanfrage $\leftarrow P(x).$ seien gegeben. Dann ist die Formel

$$P(a) \lor P(b) \Rightarrow \exists x \ P(x).$$

allgemeingültig, aber es gibt *keine* Substitution σ, so dass die Formel

$$P(a) \lor P(b) \Rightarrow \sigma(P(x)).$$

allgemeingültig ist.   □

Für Hornklauselprogramme gilt jedoch immer, dass eine Hornanfrage gültig ist genau dann, wenn es eine entsprechende korrekte Antwortsubstitution gibt.

Theorem 9.7 (Existenz korrekter Antwortsubstitutionen) *Sei $\mathcal{P}$ ein Hornklauselprogramm und G die Anfrage $\leftarrow B_1, \ldots, B_n$. mit den Variablen $x_1, \ldots, x_r$. Dann ist*

$$\mathcal{P} \Rightarrow \exists x_1 \ldots \exists x_r (B_1 \land \ldots \land B_n)$$

allgemeingültig gdw. es eine korrekte Antwortsubstitution für $\mathcal{P}$ und G gibt.

Selbsttestaufgabe 9.8 (Hornformeln und definite Antworten) Folgendes kann man leicht zeigen:

$P(a) \lor P(b) \Rightarrow \exists x\, P(x)$ ist allgemeingültig, aber:

Es existiert kein Term t, so dass $P(a) \lor P(b) \Rightarrow P(t)$ ebenfalls allgemeingültig ist.

Theorem 9.7 sagt hingegen aus, dass bei Hornprogrammen diese Unbestimmtheit nicht auftritt, es also immer ein entsprechendes t gibt. Zu $P(a) \lor P(b)$ kann man eine intuitiv ähnliche Formel $\neg N(a) \lor \neg N(b)$ angeben, wobei N als Verneinung von P gedacht ist. Nun ist $\neg N(a) \lor \neg N(b)$ eine Hornformel, aber es gilt wiederum:

$\neg N(a) \lor \neg N(b) \Rightarrow \exists x\, \neg N(x)$ ist allgemeingültig, aber:

Es existiert kein Term t, so dass $\neg N(a) \lor \neg N(b) \Rightarrow \neg N(t)$ ebenfalls allgemeingültig ist.

Ist dies ein Widerspruch zu Theorem 9.7?   ■

Auf die Behandlung disjunktiver Information in logischen Programmen werden wir noch in Abschnitt 9.10 eingehen.

9.3   Resolution von Hornklauseln

Im Folgenden wollen wir uns damit beschäftigen, wie man Anfragen an ein logisches Programm mittels SLD-Ableitungen, einem zielorientierten Inferenzverfahren (vgl. Abschnitt 4.3.3), beantworten und welche Antwortsubstitution man dabei generieren kann.

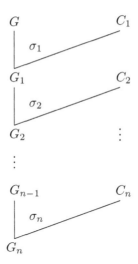

Abbildung 9.2 SLD-Resolution

9.3.1 SLD-Ableitungen

Jede Programmklausel (d.h. Fakt oder Regel) enthält genau ein positives Literal, während die Zielklausel (Anfrage) nur negative Literale enthält. Resolution zwischen zwei Programmklauseln allein kann daher niemals zur leeren Klausel führen. Andererseits führt ein Resolutionsschritt zwischen einer Zielklausel und einer definiten Klausel immer wieder zu einer neuen Zielklausel (bzw. zur leeren Klausel). Die SLD-Resolution beruht gerade auf diesen Eigenschaften. Der Name SLD-Resolution steht für "*SL*-Resolution for *D*efinite clauses", wobei SL-Resolution für "*L*inear resolution with *S*election function" steht.

Bei der SLD-Resolution erfolgt jeder Resolutionsschritt zwischen einer definiten Klausel und einer Zielklausel. Für eine Menge $\mathcal{P}$ von definiten Klauseln und eine Zielklausel G als Anfrage muss eine SLD-Resolution aus $\mathcal{P}$ und G daher wie in Abbildung 9.2 skizziert aussehen. Dabei sind die C_i *Varianten* von Klauseln aus $\mathcal{P}$ mit jeweils *neuen Variablen* (d.h. variablen-umbenannte Klauseln von $\mathcal{P}$, so dass kein C_i einen Variablennamen enthält, der schon vorher einmal benutzt wurde, und daher insbesondere alle Elternklauseln variablendisjunkt sind), und die G_i sind Zielklauseln.

Anstelle der allgemeinen Resolutionsregel wird für die SLD-Resolution die *SLD-Resolutionsregel* im Allgemeinen wie folgt angegeben, wobei $\mathcal{P}$ wieder eine Menge von definiten Klauseln ist:

$$\frac{\leftarrow A_1, \ldots, A_{k-1}, A_k, A_{k+1}, \ldots, A_n.}{\sigma(\leftarrow A_1, \ldots, A_{k-1}, B_1, \ldots, B_m, A_{k+1}, \ldots, A_n.)}$$
falls $H \leftarrow B_1, \ldots, B_m$ eine Variante einer Klausel aus $\mathcal{P}$ ist und σ der allgemeinste Unifikator von A_k und H.

In dieser Notation der SLD-Resolutionsregel kommt zum Ausdruck, dass ein Atom A_k der Anfrage nur mit dem Kopf einer Klausel aus $\mathcal{P}$ resolviert werden kann. A_k selbst wird dann gerade durch den Rumpf $B_1, \ldots, B_m$ der betreffenden Klausel ersetzt. Dabei muss auf die resultierende Resolvente noch die Substitution $\sigma = mgu(A_k, H)$ angewandt werden. A_k heißt dabei das *ausgewählte Atom* (*selektiertes Atom, selected atom*).

Achten Sie auf die notwendige *Variablenumbenennung*: Bevor mit einer Programmklausel resolviert werden darf, muss diese mit neuen Variablen variablendisjunkt zur vorliegenden Zielklausel umbenannt werden!

Selbsttestaufgabe 9.9 (Resolution und SLD-Resolution) Geben Sie die SLD-Resolutionsregel in der Form der vollen Resolutionsregel für PL1 (Seite 66) an. ∎

Definition 9.10 (abgeleitete Zielklausel) In der Zielklausel

$$G = {\leftarrow} A_1, \ldots, A_{k-1}, A_k, A_{k+1}, \ldots, A_n.$$

sei A_k das selektierte Atom. Sei

$$C = H \leftarrow B_1, \ldots, B_m.$$

eine (zu G variablendisjunkte Variante einer) Klausel aus $\mathcal{P}$, so dass A_k und H unifizierbar sind. Dann ist die Zielklausel

$$G' = \sigma({\leftarrow} A_1, \ldots, A_{k-1}, B_1, \ldots, B_m, A_{k+1}, \ldots, A_n.)$$

abgeleitet aus G *und* $\mathcal{P}$ *mit der Klausel* C *und der Substitution* σ, wobei $\sigma = mgu(A_k, H)$. □

Definition 9.11 (SLD-Ableitung, SLD-Beweis) Eine *SLD-Ableitung* für ein Hornklauselprogramm $\mathcal{P}$ und eine Hornanfrage G_0 ist eine endliche oder unendliche Folge

$$G_0, G_1, G_2, \ldots$$

von Zielklauseln, so dass G_i (für $i \geq 1$) aus G_{i-1} und $\mathcal{P}$ (mit der Substitution σ_i) abgeleitet ist. Diese Folge ist ein *SLD-Beweis*, falls sie endlich ist und das letzte Element G_l der Folge die leere Klausel ist. □

9.3.2 Berechnete Antwortsubstitutionen

Bei jeder SLD-Ableitung fällt eine Folge von Substitutionen an. Die Komposition dieser Substitutionen bei einem SLD-Beweis können wir als Antwort zu der gegebenen Anfrage interpretieren.

Definition 9.12 (berechnete Antwortsubstitution) Sei $G_0, G_1, \ldots, G_l$ ein SLD-Beweis wie in Definition 9.11. Dann heißt die Komposition der verwendeten Substitutionen eingeschränkt auf die in G_0 auftretenden Variablen $Vars(G_0)$

$$\sigma_l \circ \ldots \circ \sigma_2 \circ \sigma_1 |_{Vars(G_0)}$$

berechnete Antwortsubstitution für $\mathcal{P}$ und G_0. □

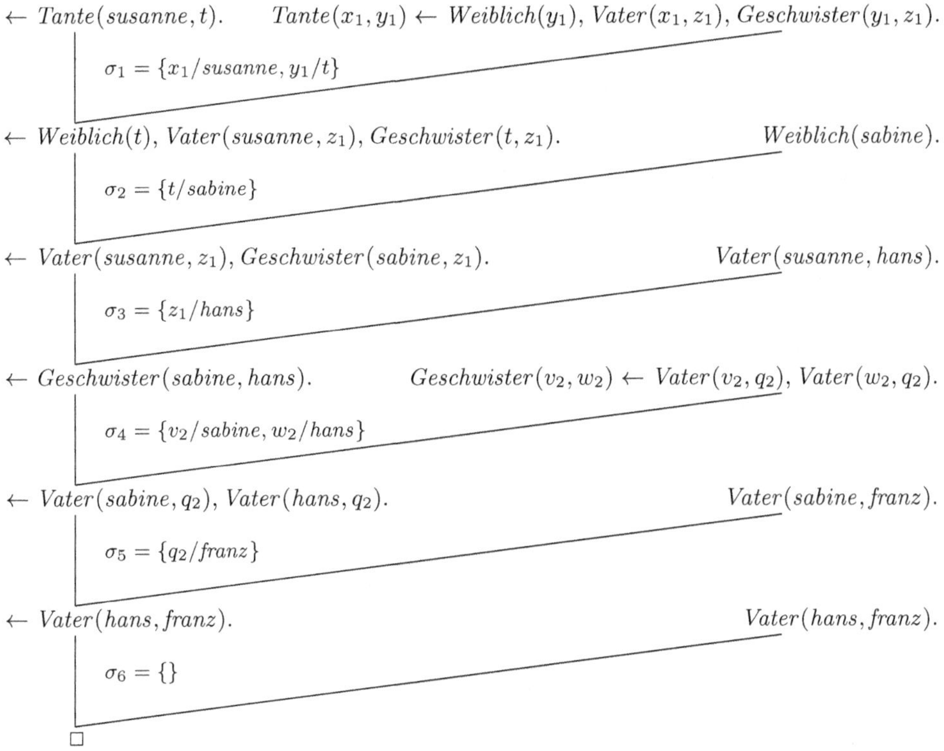

$\leftarrow Tante(susanne, t).$ $Tante(x_1, y_1) \leftarrow Weiblich(y_1), Vater(x_1, z_1), Geschwister(y_1, z_1).$

$\quad\sigma_1 = \{x_1/susanne, y_1/t\}$

$\leftarrow Weiblich(t), Vater(susanne, z_1), Geschwister(t, z_1).$ $Weiblich(sabine).$

$\quad\sigma_2 = \{t/sabine\}$

$\leftarrow Vater(susanne, z_1), Geschwister(sabine, z_1).$ $Vater(susanne, hans).$

$\quad\sigma_3 = \{z_1/hans\}$

$\leftarrow Geschwister(sabine, hans).$ $Geschwister(v_2, w_2) \leftarrow Vater(v_2, q_2), Vater(w_2, q_2).$

$\quad\sigma_4 = \{v_2/sabine, w_2/hans\}$

$\leftarrow Vater(sabine, q_2), Vater(hans, q_2).$ $Vater(sabine, franz).$

$\quad\sigma_5 = \{q_2/franz\}$

$\leftarrow Vater(hans, franz).$ $Vater(hans, franz).$

$\quad\sigma_6 = \{\}$

$\square$

Abbildung 9.3 SLD-Ableitung zu Beispiel 9.13

Beispiel 9.13 (SLD-Resolution) Programm und Anfrage seien wie folgt:

$\mathcal{P}$: $Vater(hans, franz).$
        $Vater(sabine, franz).$
        $Vater(susanne, hans).$
        $Weiblich(sabine).$
        $Weiblich(susanne).$
        $Geschwister(v, w) \leftarrow Vater(v, q), Vater(w, q).$
        $Tante(x, y) \leftarrow Weiblich(y), Vater(x, z), Geschwister(y, z).$

G: $\leftarrow Tante(susanne, t).$

Dabei sind q, t, v, w, x, y, z Variablen, *Vater*, *Geschwister*, *Tante* binäre Prädikatensymbole, *Weiblich* ist unäres Prädikatensymbol und *hans*, *franz*, *sabine*, *susanne* sind Konstantensymbole.

Wir leiten nun die leere Klausel mittels SLD-Resolution aus der gegebenen Klauselmenge ab. Für jeden Resolutionsschritt erzeugen wir eine Variante der verwendeten Programmklausel, indem wir durch Indizieren die darin auftretenden Variablen zu neuen Variablen umbenennen (s. Abbildung 9.3). Wendet man die dabei verwendeten Unifikatoren $\sigma_1, \ldots \sigma_6$ auf das Literal in der Anfrage an, so erhält man

$$\sigma_6 \circ \cdots \circ \sigma_1(Tante(susanne, t)) = Tante(susanne, sabine)$$

d.h., $\sigma_6 \circ \cdots \circ \sigma_1(t) = sabine$ lässt sich als Antwort auf die Frage "Wer ist eine Tante von Susanne" interpretieren. Die folgende Tabelle enhält einige weitere Anfragen an das Programm und die zugehörigen Antwortsubstitutionen:

verbale Formulierung	Anfrage	Antwortsubstitutionen
"Wessen Tante ist Sabine?"	$\leftarrow Tante(n, sabine).$	$n = susanne$
"Wer ist Vater von Sabine?"	$\leftarrow Vater(sabine, p).$	$p = franz$
"Wessen Vater ist Franz?"	$\leftarrow Vater(k, franz).$	$k = hans$ $k = sabine$
"Wer ist Vater von wem?"	$\leftarrow Vater(k, p).$	$k = hans, \quad p = franz$ $k = sabine, \ p = franz$ $k = susanne, \ p = hans$ □

Beachten Sie, dass auf alle Anfragen in diesem Beispiel ein PL1-Kalkül wie etwa das Resolutionsverfahren lediglich die Antwort "Ja" generieren würde, während mittels SLD-Resolution die sehr viel informativeren konstruktiven Antworten gegeben werden.

Ist A ein Grundatom über der Signatur eines logischen Programms $\mathcal{P}$, dann ist A eine logische Folgerung von $\mathcal{P}$ genau dann, wenn es eine SLD-Ableitung für $\mathcal{P}$ und $G = \leftarrow A$. gibt. Damit ist die SLD-Resolution korrekt und vollständig. Die Korrektheit und Vollständigkeit der SLD-Resolution gilt aber auch hinsichtlich der Antwortsubstitutionen. Jede berechnete Antwortsubstitution ist eine korrekte Antwortsubstitution, und für jede korrekte Antwortsubstitution σ gibt es eine berechnete Antwortsubstitution σ_b, so dass σ_b allgemeiner als oder gleich σ ist; diese letztgenannte Eigenschaft wird *Antwortvollständigkeit* der SLD-Resolution genannt.

Wegen der Äquivalenz der logischen Semantik eines Programms, die durch die Menge seiner Modelle definiert ist, und der operationalen Semantik, die durch die SLD-Resolution gegeben ist, wird das logische Programmieren auch als *deklaratives Programmieren* bezeichnet.

9.3.3 Suchraum bei der SLD-Resolution

In diesem Abschnitt führen wir aus, dass die zuletzt aufgeführten Eigenschaften der SLD-Resolution selbst dann noch gelten, wenn man den aufgespannten Suchraum bei der Auswahl des zu resolvierenden Anfrageatoms einschränkt.

Bei der SLD-Resolutionsregel gibt es zwei Indeterminismen:

1. Auswahl des Atoms A_k

2. Auswahl der Programmklausel $H \leftarrow B_1, \ldots, B_m$.

Diese beiden Auswahlmöglichkeiten bestimmen den Suchraum bei der SLD-Resolution. Ein wichtiges Theorem besagt, dass es für *jede* Auswahlmöglichkeit für A_k immer noch eine erfolgreiche SLD-Ableitung gibt – falls es denn überhaupt eine erfolgreiche SLD-Ableitung gibt (*don't care nondeterminism*). Die Auswahl von A_k

kann damit unter dem Gesichtspunkt der Vollständigkeit fest vorgegeben werden durch eine so genannte *Selektionsfunktion*; in allen Prolog-Implementierungen wird als Selektionsfunktion das erste Atom A_1 ausgewählt. Die Selektionsfunktion hat also keinen Einfluss auf die Vollständigkeit des Suchverfahrens, wohl aber auf die Größe des Suchraums und damit auf die Effizienz.

Problematischer ist die zweite Form von Indeterminismus: Die Auswahl der Programmklausel, mit der resolviert wird. Hier gilt, dass man im Allgemeinen jede Klausel berücksichtigen muss (*don't know nondeterminism*). Der dadurch aufgespannte Suchraum ist baumartig strukturiert: An jedem Knoten gibt es so viele Nachfolgeknoten, wie es Programmklauseln gibt, deren Kopf mit dem ausgewählten Atom unifizierbar ist. Für die Definition dieses so genannten SLD-Baumes wird daher eine vorgegebene Selektionsfunktion benötigt.

Die Vollständigkeit der SLD-Resolution bezüglich der Selektionsfunktion besagt dann, dass es für alle Anfragen, für die es überhaupt eine Ableitung gibt, in *jedem* SLD-Baum dazu eine Ableitung gibt. Die Antwortvollständigkeit bezüglich der Selektionsfunktion besagt darüber hinaus, dass es für jede korrekte Antwortsubstitution σ für $\mathcal{P}$ und G in *jedem* SLD-Baum für $\mathcal{P}$ und G einen Pfad zu einer leeren Klausel gibt, so dass die in diesem Pfad berechnete Antwortsubstitution σ_b allgemeiner als σ ist (d.h., es gibt eine Substitution σ' mit $\sigma = \sigma' \circ \sigma_b$) [6].

Ein SLD-Baum spannt also den gesamten Suchraum bezüglich eines Programms und einer Anfrage bei gegebener Selektionsfunktion auf. Die Suchstrategie, die festlegt, welche Programmklausel als nächstes ausgewählt werden soll, bestimmt, wie der SLD-Baum durchsucht wird. Daher hängt auch die Reihenfolge, in der die einzelnen Blätter erreicht, also die verschiedenen Lösungen ausgegeben werden, von der verwendeten Suchstrategie ab. Die in Prolog übliche Tiefensuche versucht die alternativen Programmklauseln in der Reihenfolge, wie sie im Programm aufgeschrieben sind (eben "von oben nach unten"). Sobald eine Sackgasse erreicht ist (das erste Atom der abgeleiteten Zielklausel kann mit keinem Kopfliteral des Programms unifiziert werden – dieser Fall entspricht einem erfolglosen, endlichen Pfad in dem SLD-Baum) wird zur zuletzt ausgewählten Alternative zurückgesetzt. Dieser Vorgang wird *Backtracking* genannt.

Falls der SLD-Baum unendliche Pfade enthält, könnte eine Tiefensuche in dem Baum erfolglos bleiben, obwohl es (endliche) erfolgreiche Pfade in dem Baum gibt. Eine Breitensuche dagegen würde einen vorhandenen erfolgreichen Pfad auch immer finden. Da in Prolog-Systemen aus Effizienzgründen die Tiefensuche als Suchstrategie verwendet wird, spielt daher die Anordnung der Klauseln, die von oben nach unten durchsucht werden, eine entscheidende Rolle. Da auch die Selektionsfunktion in Prolog fest vorgegeben ist (immer das am weitesten links stehende Literal der Zielklausel), ist auch die Reihenfolge der Literale in einem Klauselrumpf wesentlich. Als generelle Richtschnur kann man z.B. sagen, dass bei rekursiv definierten Prädikaten die Basisfälle vor den rekursiv definierten Fällen aufgeführt werden sollen.

Noch ein weiterer Hinweis zu Prolog: Die hier vorgestellten Hornklauseln und die SLD-Resolution bilden den so genannten "logischen Kern" von Prolog. Prolog selbst enthält darüber hinaus eine Vielzahl von weiteren Elementen, wie z.B. die bereits erwähnte Form der Negation als Fehlschlag, eingebaute Arithmetik, Seiteneffekte, etc. [44, 227].

9.4   Fixpunktsemantik logischer Programme

Während wir in Abschnitt 9.1 die Semantik logischer Programme modelltheoretisch über den Begriff der korrekten Antwortsubstitutionen definiert haben, liefert die SLD-Resolution in Abschnitt 9.3.1 eine operationale Semantik. Aus der Korrektheit und Vollständigkeit der SLD-Resolution folgt die Äquivalenz beider Semantiken. In diesem Abschnitt wollen wir noch kurz die Fixpunktsemantik für logische Programme vorstellen, die ebenfalls äquivalent zur modelltheoretischen und zur operationalen Semantik ist.

Zu einem logischen Programm $\mathcal{P}$ sei Σ die Menge der in $\mathcal{P}$ auftretenden Funktions- und Prädikatensymbole. Die Menge der Grundterme über Σ wird auch als das *Herbranduniversum* bezeichnet. Die *Herbrandbasis* $\mathcal{H}(\mathcal{P})$ von $\mathcal{P}$ ist die Menge aller Grundatome über Σ. Jede Teilmenge $M \subseteq \mathcal{H}(\mathcal{P})$ ist eine *Herbrandinterpretation* von $\mathcal{P}$; M ist ein *Herbrandmodell*, falls $M \models_\Sigma \mathcal{P}$ gilt. $\mathcal{M}(\mathcal{P})$ bezeichnet die Menge aller Herbrandmodelle von $\mathcal{P}$. Für Herbrandmodelle gilt die *Schnitteigenschaft*: Der Durchschnitt zweier Herbrandmodelle ist wieder ein Herbrandmodell, und $\bigcap \mathcal{M}(\mathcal{P}) \in \mathcal{M}(\mathcal{P})$ ist das *kleinste* Herbrandmodell von $\mathcal{P}$.

Der Operator $T_\mathcal{P}$ ist auf $\mathcal{H}(\mathcal{P})$ definiert durch

$$
\begin{aligned}
A \in T_\mathcal{P}(M) \quad &\text{gdw.} \quad \text{es gibt eine Klausel } H \leftarrow B_1, \ldots, B_n. \text{ in } \mathcal{P} \\
&\text{und eine Substitution } \sigma, \text{ so dass} \\
&A = \sigma(H) \text{ und } \{\sigma(B_1), \ldots, \sigma(B_n)\} \subseteq M
\end{aligned}
$$

Man kann leicht zeigen, dass $T_\mathcal{P}$ ein monotoner Operator ist. Für alle monotonen Operatoren F auf Mengen definieren wir die wiederholte Anwendung von F wie folgt:

$$
\begin{aligned}
F \uparrow 0 \quad &:= \quad \emptyset \\
F \uparrow (k+1) \quad &:= \quad F(F \uparrow k) \qquad (k \in \mathbb{N}) \\
F \uparrow \infty \quad &:= \quad \bigcup_{k \in \mathbb{N}} F \uparrow k
\end{aligned}
$$

Der kleinste Fixpunkt von F ist $\mathit{lfp}(F) := F \uparrow \infty$. Für ein logisches Programm $\mathcal{P}$ gilt

$$
\mathit{lfp}(T_\mathcal{P}) = \bigcap \mathcal{M}(\mathcal{P})
$$

Der kleinste Fixpunkt von $T_\mathcal{P}$ ist also das kleinste Herbrandmodell von $\mathcal{P}$.

Ein Beweis für das folgende Theorem ist z.B. in [6] zu finden.

Theorem 9.14 (Fixpunktsemantik vs. SLD-Resolution) *Für jedes logische Programm $\mathcal{P}$ und jedes Atom A (über der Signatur von $\mathcal{P}$) gilt:*

1. *Wenn es eine mittels SLD-Resolution berechnete Antwortsubstitution σ zu $\mathcal{P}$ und $\leftarrow A$. gibt, dann ist jede Grundinstanz von $\sigma(A)$ in $\mathit{lfp}(T_\mathcal{P})$ enthalten.*

2. *Wenn $A \in \mathit{lfp}(T_\mathcal{P})$ gilt, dann gibt es eine SLD-Ableitung für $\mathcal{P}$ und $\leftarrow A$.*

Damit ist die Semantik eines logischen Programms $\mathcal{P}$, die durch den kleinsten Fixpunkt von $T_\mathcal{P}$ definiert wird, äquivalent zur operationalen Semantik der SLD-Resolution und damit auch zur modelltheoretischen Semantik.

9.5 Erweiterte logische Programme

Das klassische logische Programmieren verdankt seinen Erfolg im Wesentlichen zwei typischen Besonderheiten, nämlich einer klaren, deklarativen Semantik in Form des kleinsten Herbrandmodells und der SLD-Resolution, die aussagekräftige Antwortsubstitutionen effizient berechnet. Seine Ausdrucksfähigkeit ist jedoch beschränkt dadurch, dass Atome nur in positiver Form in den Regeln auftreten dürfen. Zwar stellt Prolog einen *not*-Operator zur Verfügung, der eine Aussage als wahr annimmt, wenn ihre Ableitung scheitert (*negation as failure*), doch wird negative Information hier rein prozedural behandelt. Zudem möchte man die Möglichkeit haben, auch die strenge, logische Negation zur Modellierung von Problemen benutzen zu können. Beispielsweise könnte dann eine angemessene Darstellung des Pinguin-Problems mit Default-Negation *not* und logischer Negation ¬ wie folgt aussehen:

$$Vogel(x) \leftarrow Pinguin(x).$$
$$Fliegt(x) \leftarrow Vogel(x), not\ \neg Fliegt(x).$$
$$\neg Fliegt(x) \leftarrow Pinguin(x).$$

Die Lösung des Negationsproblems rührt an die Grundlagen des logischen Programmierens, denn ein Auftreten von Negation hat im Allgemeinen zur Folge, dass nicht mehr ein eindeutiges Modell die Semantik eines logischen Programms bestimmt. Logische Programme mit Negation haben möglicherweise mehrere Modelle oder auch gar kein sinnvolles Modell. Hier sind nicht nur technische Modifikationen notwendig, sondern eine echte Erweiterung des Paradigmas des logischen Programmierens.

Erste, grundlegende Ansätze zur Erarbeitung einer deklarativen Semantik für logische Programme mit Default-Negation wurden von Clark [43] und Reiter [192] unternommen und brachten prinzipielle Gemeinsamkeiten zwischen dem logischen Programmieren und nichtmonotonen Formalismen ans Licht. Unter den in den Folgejahren vorgeschlagenen Ansätzen wie z.B. der *wohl-fundierten Semantik* (*well-founded semantics*) war die *stabile Semantik* (*stable model semantics*) [83] besonders erfolgreich. Wir werden sie daher als geeignete Semantik für logische Programme mit Default-Negation vorstellen. Für logische Programme mit beiden Arten der Negation ist die *Antwortmengensemantik* (*answer set semantics*, [82]) eine passende Erweiterung der stabilen Semantik. Im Unterschied zur klassischen logischen Semantik ist eine Antwortmenge nun nicht mehr ein durch das logische Programm eindeutig spezifiziertes Objekt, sondern eine von möglicherweise mehreren Lösungen eines Problems, das durch das logische Programm beschrieben wird.

Wir werden zunächst die Erweiterung der Syntax logischer Programme festlegen und dann die Semantik erweiterter logischer Programme stufenweise definieren.

In Definition 9.1 wurden logische Programme als Mengen definiter Klauseln eingeführt. In den Regeln klassischer logischer Programme dürfen daher nur Atome auftreten. Die folgende Definition erweitert die Syntax logischer Programme, indem sie sowohl strenge (logische) Negation als auch die Modellierung von fehlendem Wissen mittels einer Default-Negation zulässt. Wie zuvor werden wir annehmen, dass zu jedem logischen Programm immer eine passende Signatur Σ gegeben ist.

Definition 9.15 (erweiterte und normale logische Programme) Ein *erweitertes logisches Programm* $\mathcal{P}$ ist eine Menge von Regeln der Form

$$r : \quad H \leftarrow A_1, \dots, A_n, not\ B_1, \dots, not\ B_m. \tag{9.3}$$

wobei $H, A_1, \dots, A_n, B_1, \dots, B_m$ Literale sind und *not* einen einstelligen logischen Junktor bezeichnet, der *Default-Negation (default negation)* oder *Negation als Fehlschlag (negation as failure)* genannt wird. H heißt der *Kopf (head)* von r:

$$head(r) = \{H\}$$

und $A_1, \dots, A_n, not\ B_1, \dots, not\ B_m$ bilden den *Rumpf* der Regel r. Die Mengen

$$pos(r) = \{A_1, \dots, A_n\} \quad \text{und} \quad neg(r) = \{B_1, \dots, B_m\}$$

werden als *positive* und *negative Rumpfliterale* der Regel r bezeichnet. Regeln, die keine Rumpfliterale enthalten, heißen *Fakten* und werden auch einfach als H. geschrieben. Regeln ohne Kopfliteral ($head(r) = \emptyset$) heißen *Constraints*.

Regeln der Form (9.3) werden *(erweiterte) logische Regeln* genannt. *Normale logische Programme* sind erweiterte logische Programme, in deren Regeln nur (positive) Atome auftreten. □

Beachten Sie, dass Regeln ohne Kopfliteral nicht mehr (wie in Abschnitt 9.1) Anfragen kennzeichnen, sondern als Constraints Teile des logischen Programms sind. Constraints (auch *integrity constraints* genannt) haben die Aufgabe, unerwünschte Modelle von der Semantik eines erweiterten logischen Programms auszuschließen (siehe auch Abschnitt 9.7).

Nachdem wir in Definition 9.15 die Syntax erweiterter logischer Programme festgelegt haben, müssen wir uns nun über ihre formale Semantik Gedanken machen, d.h., wir müssen der Frage nachgehen: Was sind sinnvolle Modelle erweiterter logischer Programme? Analog zu Herbrandmodellen klassischer logischer Programme wird die Semantik normaler logischer Programme durch Mengen von Grundatomen (die sog. stabilen Modelle) definiert. Bei erweiterten logischen Programmen bieten sich wegen des Auftretens der Negation Mengen von Grundliteralen als geeignete Kandidaten für die Definition solcher Modelle an (die sog. Antwortmengen). Abbildung 9.4 dient zur Orientierung und gibt einen Überblick über die Komponenten klassischer, normaler und erweiterter logischer Programme.

Definition 9.16 (komplementäre Literale, Zustand) Die beiden Literale $P(t_1, \dots, t_n)$ und $\neg P(t_1, \dots, t_n)$ werden *komplementär* genannt. Ist l ein Literal, so wird das dazu komplementäre Literal mit $\bar{l}$ bezeichnet.

Eine Menge S von Grundliteralen heißt *konsistent*, wenn sie keine komplementären Literale enthält. Eine konsistente Menge von Grundliteralen wird als *Zustand (state)* bezeichnet. □

Erweiterte logische Programme verallgemeinern klassische logische Programme in zweierlei Hinsicht: Zum einen erlauben sie Literale an Stelle von Atomen, und zum anderen berücksichtigen sie explizit die Default-Negation. Damit sind bei der

	logische Programme:		
	klassische	*normale*	*erweiterte*
Syntax	Atome	Atome *not* (Defaultnegation)	Literale *not* (Defaultnegation) ¬ (logische Negation)
Beispiele	$P(a)$. $P(b) \leftarrow P(c)$.	$P(a) \leftarrow not\ Q(a)$. $\leftarrow Q(a)$.	$F(a) \leftarrow V(a), not\ \neg F(a)$. $\neg F(a) \leftarrow P(a)$.
Semantik	kleinstes Herbrandmodell	stabile Modelle (Atommengen)	Antwortmengen (Literalmengen)

Abbildung 9.4 Komponenten klassischer, normaler und erweiterter logischer Programme

Festlegung ihrer Bedeutung, also ihrer Semantik und ihres Antwortverhaltens, gleich zwei Hürden zu nehmen. Während sich positive und negative Atome erfreulicherweise recht symmetrisch behandeln lassen und Literale daher kein schwerwiegendes Problem für die Semantik logischer Programme aufwerfen, stellt die Einbindung der Default-Negation jedoch eine echte Herausforderung dar.

Logische Programme haben eine intuitive epistemische Bedeutung: Sie werden häufig als Repräsentation des Wissens eines rationalen Agenten aufgefasst. Vor diesem Hintergrund lassen sich klassische logische Negation und Default-Negation gut auseinander halten: Ist für ein Literal A das komplementäre Literal $\neg A$ in einem Modell enthalten, so "weiß"[2] der Agent, dass A falsch ist; *not A* hingegen ist dann wahr, wenn der Agent A nicht explizit weiß, wenn A also nicht in seinem Modell enthalten ist.

Die Modelle eines logischen Programms $\mathcal{P}$ entsprechen also (unter Umständen verschiedenen) *Wissenszuständen*, die ein rationaler Agent aus den Regeln von $\mathcal{P}$ ableiten kann. Wir nehmen an, dass er dabei zwei grundsätzlichen Prinzipien folgt:

- Hält der Agent den Rumpf einer Regel aus $\mathcal{P}$ für wahr, so muss er auch ihr Kopfliteral als wahr akzeptieren.

- Andererseits soll der Agent nichts glauben, was sich nicht auf das in $\mathcal{P}$ ausgedrückte Wissen zurückführen lässt.

Das erste dieser Prinzipien lässt sich formal unmittelbar für Modelle logischer Programme ohne Default-Negation umsetzen:

---

[2] "Wissen" wird hier immer im Sinne von "subjektivem Wissen" gesehen, ist also nicht zwangsläufig mit dem logischen Wissen identisch; insbesondere muss das, was man weiß, nicht unbedingt logisch richtig sein. Im Englischen benutzt man für diese Art des Wissens den Ausdruck *belief*. Wir werden im Folgenden Wissen immer in dieser subjektiven Variante benutzen und synonym dazu auch von "glauben", "für wahr halten" etc. sprechen.

Definition 9.17 (geschlossener Zustand) Sei $\mathcal{P}$ ein erweitertes logisches Programm, in dessen Regeln keine Default-Negation auftritt, und sei S ein Zustand. S heißt *geschlossen unter* $\mathcal{P}$, wenn für jede Regel r aus $\mathcal{P}$ gilt: Ist $pos(r) \subseteq S$, so ist $head(r) \cap S \neq \emptyset$. $\qquad\square$

Für Regeln $H \leftarrow A_1, \ldots, A_n$ eines logischen Programms $\mathcal{P}$ ohne Default-Negation und unter $\mathcal{P}$ geschlossene Zustände S gilt also: Ist $\{A_1, \ldots, A_n\} \subseteq S$, so folgt $H \in S$. Ist hingegen $r \; : \leftarrow A_1, \ldots, A_n$ ein Constraint von $\mathcal{P}$, so kann wegen $head(r) = \emptyset$ niemals $head(r) \cap S \neq \emptyset$ gelten, und daher darf die Voraussetzung $pos(r) \subseteq S$ nicht erfüllt sein – ein geschlossener Zustand darf also nicht die positiven Rumpfliterale eines Constraints enthalten.

Der Durchschnitt zweier geschlossener Zustände ist wieder geschlossen. Zu einem erweiterten logischen Programm $\mathcal{P}$ ohne Default-Negation gibt es also höchstens einen minimalen geschlossenen Zustand, den wir (im Falle der Existenz) mit $Cl(\mathcal{P})$ bezeichnen.

Bei erweiterten logischen Programmen, in denen auch die Default-Negation auftritt, sind – wie bei Truth Maintenance-Systemen und Default-Theorien – komplizertere Konstruktionen notwendig. Von zentraler Bedeutung dafür sind gewisse syntaktische Modifikationen von erweiterten logischen Programmen, die so genannten *Redukte*, deren Ziel die Elimination der Default-Negation ist.

Definition 9.18 (Redukt) Sei $\mathcal{P}$ ein erweitertes logisches Programm mit Regeln der Form (9.3). Für einen Zustand S definieren wir das *Redukt* $\mathcal{P}^S$ *von* $\mathcal{P}$ *bzgl.* S wie folgt:

$$\mathcal{P}^S := \{H \leftarrow A_1, \ldots, A_n. \mid H \leftarrow A_1, \ldots, A_n, not\ B_1, \ldots, not\ B_m. \in \mathcal{P},$$
$$\{B_1, \ldots, B_m\} \cap S = \emptyset\} \tag{9.4}$$

$\qquad\square$

Diese Reduktion wird nach ihren Erfindern auch *Gelfond-Lifschitz-Reduktion* genannt (siehe [83]). Das Redukt $\mathcal{P}^S$ entsteht also aus $\mathcal{P}$ in zwei Schritten:

1. Alle Regeln, deren Rumpf ein *not* B mit $B \in S$ enthält, werden entfernt.

2. In den verbleibenden Regeln werden alle negativen Rumpfliterale (mit den zugehörigen *not*-Ausdrücken) entfernt.

Damit ist in jedem Fall $\mathcal{P}^S$ ein logisches Programm ohne Default-Negation. Beachten Sie, dass seine Form entscheidend von dem Zustand S abhängt, auf den es sich bezieht. In jedem Fall enthält ein Redukt aber alle Fakten eines logischen Programms sowie alle Regeln ohne Default-Negation.

Beispiel 9.19 Es sei $\mathcal{P}$ das (normale) logische Programm

$$\mathcal{P}: \qquad P(a) \leftarrow not\ Q(a).$$
$$Q(a) \leftarrow not\ P(a).$$

Für $S_1 = \{P(a)\}$ ist $\mathcal{P}^{S_1} = \{P(a).\}$, während wir für $S_2 = \{Q(a)\}$ das Programm $\mathcal{P}^{S_2} = \{Q(a).\}$ erhalten.

Für jedes logische Programm $\mathcal{P}$ ergibt sich als Redukt bzgl. der leeren Menge $\mathcal{P}^{\emptyset} = \{H \leftarrow A_1, \ldots, A_n. \mid H \leftarrow A_1, \ldots, A_n, not\ B_1, \ldots, not\ B_m. \in \mathcal{P}\}$. $\qquad\square$

Wir werden in den folgenden Abschnitten die Semantik erweiterter logischer Programme schrittweise entwickeln, indem wir zunächst nur normale logische Programme betrachten und uns damit auf die Behandlung der Default-Negation konzentrieren. Als passende Modelle werden wir hier die *stabilen Modelle* definieren. In einem zweiten Schritt werden wir dann auch negative Atome in Regeln zulassen und die Semantik für den erweiterten Fall behandeln. Dies wird zur Einführung der *Antwortmengen* führen. Obwohl für beide Fälle die gleichen Techniken verwendet werden, werden wir doch sehen, dass die explizite Berücksichtigung der klassischen Negation zu einer signifikant anderen semantischen Sichtweise führen kann.

Zunächst treffen wir aber noch eine wichtige Vereinbarung hinsichtlich der Schreibweise für logische Programme: Alle Regeln und Programme werden im Folgenden als grundiert angenommen. Regeln mit Variablen werden lediglich als kompakte Darstellung ihrer Grundinstanzen (über dem Herbranduniversum) verwendet. Damit nehmen wir stillschweigend die *domain closure assumption (DCA)* an: *Alle Objekte im Diskursbereich haben Namen in der Sprache des logischen Programms* (vgl. [192]). Da wir hier nur logische Programme ohne echte Funktionssymbole (d.h. mit einer Stelligkeit ≥ 1) betrachten, führt die Grundinstantiierung tatsächlich immer auf endliche logische Programme.

9.6 Die stabile Semantik normaler logischer Programme

Normale logische Programme sind Mengen von Regeln der Form (9.3), wobei alle $H, A_1, \ldots, A_n, B_1, \ldots, B_m$ Atome sind. Dies hat für ihre möglichen Modelle wichtige Konsequenzen: Da in den Regeln keine negativen Atome vorkommen, gibt es – nach den obigen Rationalitätsprinzipien – auch keinen Grund, solche in die Modelle aufzunehmen. Tritt in einem normalen logischen Programm $\mathcal{P}$ keine Default-Negation auf, so haben wir es im Wesentlichen (bis auf das mögliche Auftreten von Constraints) mit einem klassischen logischen Programm zu tun, dessen Modelle sich in einfacher, intuitiver Weise als Mengen von Atomen definieren lassen.

Definition 9.20 (stabile Modelle klassischer logischer Programme) Sei $\mathcal{P}$ ein klassisches logisches Programm. Das *stabile Modell von* $\mathcal{P}$ ist die kleinste Menge S von Atomen der Herbrandbasis $\mathcal{H}(\mathcal{P})$, die unter $\mathcal{P}$ geschlossen ist. □

Klassische logische Programme besitzen genau ein stabiles Modell, nämlich das kleinste Herbrandmodell (vgl. Abschnitt 9.4).

Betrachten wir nun den allgemeinen Fall, dass das normale logische Programm $\mathcal{P}$ auch Default-Negationen enthält. Für eine Menge S von Atomen ist das Redukt $\mathcal{P}^S$ ein klassisches logisches Programm und besitzt daher ein wohldefiniertes stabiles Modell.

Definition 9.21 (stabile Modelle normaler logischer Programme) Sei $\mathcal{P}$ ein normales logisches Programm, und sei S eine Menge von Atomen. Ist S das stabile Modell von $\mathcal{P}^S$, so heißt S *stabiles Modell von* $\mathcal{P}$. □

Beispiel 9.22 Wir nehmen an, dass unsere Signatur (genau) die beiden Objekt-konstanten a und b enthält, und betrachten das logische Programm

$$\mathcal{P}_0: \quad \begin{aligned} P(x) &\leftarrow \ \textit{not } Q(x). \\ Q(a). \end{aligned}$$

d.h., in ausgeschriebener Form gilt

$$\mathcal{P}_0: \quad \begin{aligned} P(a) &\leftarrow \ \textit{not } Q(a). \\ P(b) &\leftarrow \ \textit{not } Q(b). \\ Q(a). \end{aligned}$$

Man sieht leicht, dass $S = \{Q(a), P(b)\}$ ein stabiles Modell von $\mathcal{P}$ ist: Das Redukt $\mathcal{P}^S$ besteht aus den Regeln $P(b).,Q(a).$, und S ist minimal geschlossen unter $\mathcal{P}^S$.

□

Während klassische logische Programme genau ein stabiles Modell haben, ist dies bei normalen logischen Programmen nicht mehr so: Tatsächlich können normale logische Programme mehrere oder auch gar kein stabiles Modell haben. Zwar hat jedes Redukt $\mathcal{P}^S$ genau ein stabiles Modell, aber die Wahl unterschiedlicher Mengen S kann zu unterschiedlichen Modellen führen.

Selbsttestaufgabe 9.23 (stabile Modelle) Zeigen Sie:

1. Das normale logische Programm $\mathcal{P}_1 = \{P(a) \leftarrow \textit{not } P(a).\}$ hat kein stabiles Modell.

2. Das normale logische Programm

$$\mathcal{P}_2 = \{P(a) \leftarrow \textit{not } Q(a)., \ Q(a) \leftarrow \textit{not } P(a).\}$$

hat zwei stabile Modelle, nämlich $S_1 = \{P(a)\}$ und $S_2 = \{Q(a)\}$. ∎

Da stabile Modelle S normaler logischer Programme lediglich Grundatome enthalten, gibt es für jedes Grundatom A der Sprache nur zwei Möglichkeiten: Entweder ist $A \in S$, oder $A \notin S$. Im ersten Fall heißt A *wahr in S*, im zweiten Fall *falsch in S*. Ist A falsch in S, so sagt man – der zweiwertigen Tradition folgend –, dass $\neg A$ wahr in S ist. Dies lässt sich in der gewohnten Weise auf Formeln fortsetzen. So erhalten wir auf der Basis der stabilen Modelle eine skeptische Inferenzrelation zwischen (normalen) logischen Programmen $\mathcal{P}$ und (prädikatenlogischen) Formeln F:

$$\mathcal{P} \models^{stab} F \quad \text{gdw.} \quad F \text{ ist wahr in allen stabilen Modellen von } \mathcal{P}$$

Wenn nicht $\mathcal{P} \models^{stab} F$ gilt, so schreiben wir $\mathcal{P} \not\models^{stab} F$. Beachten Sie aber, dass es einen Unterschied zwischen $\mathcal{P} \not\models^{stab} F$ und $\mathcal{P} \models^{stab} \neg F$ gibt, und zwar auch schon für Grundatome P. $\mathcal{P} \not\models^{stab} P$ bedeutet, dass P nicht in allen stabilen Modellen von $\mathcal{P}$ enthalten ist, während $\mathcal{P} \models^{stab} \neg P$ gilt, wenn P in keinem stabilen Modell von $\mathcal{P}$ enthalten ist. Da es mehrere stabile Modelle eines normalen logischen Programms geben kann, ist dies nicht dasselbe.

Dieser Unterschied führt zu einem dreiwertigen Antwortverhalten, das normale logische Programme bei Anfragen zeigen können. Für eine Grundanfrage Q an ein normales logisches Programm $\mathcal{P}$ lautet die Antwort (auf der Basis der stabilen Semantik)

- *yes*, wenn $\mathcal{P} \models^{stab} Q$ gilt;

- *no*, wenn $\mathcal{P} \models^{stab} \neg Q$ gilt;

- *unknown* in allen anderen Fällen.

Beispiel 9.24 Wir erweitern das logische Programm $\mathcal{P}_2$ aus Selbsttestaufgabe 9.23:

$$\mathcal{P}_3: \quad P(a) \leftarrow not\ Q(a). \quad Q(a) \leftarrow not\ P(a).$$
$$P(c). \quad P(a) \leftarrow R(a).$$

Aus den Ergebnissen der Selbsttestaufgabe 9.23 folgt sofort, dass $\mathcal{P}_3$ zwei stabile Modelle hat, nämlich $S_1' = \{P(a), P(c)\}$ und $S_2' = \{Q(a), P(c)\}$. Es gilt also $\mathcal{P}_3 \models^{stab} P(c)$ und $\mathcal{P}_3 \models^{stab} \neg R(a)$, aber $\mathcal{P}_3 \not\models^{stab} P(a)$ und $\mathcal{P}_3 \not\models^{stab} Q(a)$. Die Antworten zu den Anfragen $P(c)$ bzw. $R(a)$ lauten also *yes* bzw. *no*, während die Anfragen $P(a)$ und $Q(a)$ beide mit *unknown* beantwortet werden. □

Die stabile Semantik verwendet implizit die *closed world assumption (CWA)* – wenn es keinen Grund gibt, eine Aussage zu glauben, so wird angenommen, dass sie definitiv falsch ist.

Die Bestimmung der Semantik und des Antwortverhaltens eines normalen logischen Programms vereinfachen sich entscheidend, wenn man weiß, dass das Programm genau ein stabiles Modell hat. Letzteres muss nicht notwendig so sein, wie die obigen Beispiele zeigen. Wir werden nun eine Eigenschaft vorstellen, die dies erzwingt. Wichtig hierfür ist der Begriff der Niveau-Abbildungen.

Definition 9.25 (Niveau-Abbildung) Sei $\mathcal{P}$ ein normales logisches Programm. Abbildungen

$$|| \cdot || : \mathcal{H}(\mathcal{P}) \to \mathbb{N}$$

von der Menge der Grundatome $\mathcal{H}(\mathcal{P})$ in die natürlichen Zahlen heißen *Niveau-Abbildungen (level mappings)* von $\mathcal{P}$. □

Niveau-Abbildungen ordnen also die Grundatome in Schichten an, wobei jede Schicht aus denjenigen Grundatomen besteht, die der gleichen Zahl zugeordnet sind, und auch mehrere Grundatome enthalten kann. Ist diese Schichtung mit den Regeln in einem logischen Programm verträglich, so liegt ein (lokal) stratifiziertes Programm vor:

Definition 9.26 ((lokal) stratifiziert) Ein normales logisches Programm $\mathcal{P}$ heißt *(lokal) stratifiziert ((locally) stratified)*, wenn es eine Niveau-Abbildung $|| \cdot ||$ von $\mathcal{P}$ gibt, so dass für jede Regel r von $\mathcal{P}$ gilt:

1. für jedes $A \in pos(r)$, und für $H \in head(r)$ gilt $||A|| \leq ||H||$;

2. für jedes $B \in neg(r)$, und für $H \in head(r)$ gilt $||B|| < ||H||$. □

Ein normales logisches Programm ist also genau dann stratifiziert, wenn keines der in einem Regelrumpf vorkommenden Atome in einer höheren Schicht liegt als der jeweilige Regelkopf, wobei die negativen Rumpfatome in einer echt niedrigeren Schicht liegen müssen. Damit wird sichergestellt, dass Schlussfolgerungen auf fundiertem Boden stehen, zyklische Schlüsse sind beispielsweise nicht verträglich mit Stratifizierungen.

Theorem 9.27 ([5]) *Ein stratifiziertes normales logisches Programm besitzt genau ein stabiles Modell.*

Die Semantik und das Antwortverhalten eines stratifizierten normalen logischen Programms sind also relativ einfach: Da es nur ein stabiles Modell S gibt, bestimmt sich die Antwort auf eine Grundanfrage Q danach, ob Q in S liegt oder nicht; im ersten Fall ist die Antwort *yes*, im zweiten Fall *no*.

Beispiel 9.28 In Beispiel 9.22 zeigten wir, dass $S = \{Q(a), P(b)\}$ ein stabiles Modell des Programms $\mathcal{P}_0$ ist. Gemäß Theorem 9.27 ist dies auch das einzige stabile Modell, denn $\mathcal{P}_0$ ist stratifiziert; eine passende Niveau-Abbildung ist z.B. $||Q(a)|| = ||Q(b)|| = 1$ und $||P(a)|| = ||P(b)|| = 2$. Es gilt also $\mathcal{P}_0 \models^{stab} Q(a)$ und $\mathcal{P}_0 \models^{stab} P(b)$, aber $\mathcal{P}_0 \models^{stab} \neg Q(b)$. ☐

Selbsttestaufgabe 9.29 Zeigen Sie, dass die in Selbsttestaufgabe 9.23 definierten normalen logischen Programme $\mathcal{P}_1$ und $\mathcal{P}_2$ beide nicht stratifiziert sind. ∎

Beispiel 9.30 Wir formalisieren das Tweety-Beispiel als normales logisches Programm mit den Prädikaten $F(x)$ (*x fliegt*), $P(x)$ (*x ist ein Pinguin*), $V(x)$ (*x ist ein Vogel*) und $A(x)$ (*x ist ein Ausnahmevogel* in Bezug auf die Eigenschaft *Fliegen*):

$$\mathcal{P}_4: \quad \begin{aligned} &V(x) \leftarrow P(x).\\ &F(x) \leftarrow V(x), not\ A(x).\\ &A(x) \leftarrow P(x).\\ &P(\mathit{Tweety}).\\ &V(\mathit{Polly}). \end{aligned}$$

Man sieht leicht, dass $S = \{P(\mathit{Tweety}), V(\mathit{Tweety}), A(\mathit{Tweety}), V(\mathit{Polly}), F(\mathit{Polly})\}$ ein stabiles Modell von $\mathcal{P}_4$ ist. Da $\mathcal{P}_4$ stratifiziert ist (siehe Selbsttestaufgabe 9.31), ist S auch das einzige stabile Modell. Wir können also $\mathcal{P}_4 \models^{stab} V(\mathit{Tweety}), \neg F(\mathit{Tweety})$ und $\mathcal{P}_4 \models^{stab} F(\mathit{Polly}), \neg P(\mathit{Polly})$ folgern – *Tweety* ist ein Vogel, kann aber nicht fliegen, und *Polly* kann fliegen und ist kein Pinguin. ☐

Selbsttestaufgabe 9.31 Zeigen Sie, dass das logische Programm $\mathcal{P}_4$ aus Beispiel 9.30 stratifiziert ist. ∎

Selbsttestaufgabe 9.32 (Stratifikationen)

1. Sind die logischen Programme

$$\mathcal{P}_1 = \{P(a) \leftarrow not\ P(a).\}$$

$$\mathcal{P}_2 = \{Q(a) \leftarrow P(a)., P(a) \leftarrow not\ Q(a).\}$$

stratifiziert? Begründen Sie Ihre Antwort.

2. Betrachten Sie das folgende logische Programm $\mathcal{P}$ über dem Universum $U = \{a, b\}$ und mit der Variablen X:

$$\mathcal{P} = \{ \begin{array}{rcl} U(X) & \leftarrow & V(X), Q(X)., \\ S(X) & \leftarrow & U(X), not\ W(X), not\ P(X)., \\ V(X) & \leftarrow & not\ W(X). \\ P(X) & \leftarrow & not\ Q(X)., \\ Q(b). & & \} \end{array}$$

(a) Geben Sie die Grundierung von $\mathcal{P}$ an.

(b) Zeigen Sie, dass $\mathcal{P}$ stratifiziert ist.

(c) Bestimmen Sie das stabile Modell und verifizieren Sie dieses formal. ∎

9.7 Die Antwortmengen-Semantik erweiterter logischer Programme

Auf der Basis eines stabilen Modells kann ein Atom nur wahr oder falsch sein, je nachdem, ob es Element des Modells ist oder nicht. Weiterhin beantwortet ein normales logisches Programm unter der stabilen Semantik eine Anfrage mit einem klaren "*no*", wenn kein stabiles Modell das entsprechende Atom enthält. Auf diese Weise wird die *closed world assumption* implementiert – was nicht irgendwie ableitbar ist, wird als definitiv falsch angenommen. Das gestattet zwar recht aussagekräftige Antworten, verwischt aber den Unterschied zwischen sicherem Nichtwissen und purer Unwissenheit. In normalen logischen Programmen wird negative Information nur implizit ausgedrückt, und es ist nicht möglich, unvollständige Information adäquat darzustellen.

Diesen Mangel beheben erweiterte logische Programme. Neben der Default-Negation wird hier auch die explizite, klassisch-logische Negation zugelassen durch Verwendung von Literalen statt Atomen in den Regeln. In erweiterten logischen Programmen wird es also möglich sein, zwischen einer Anfrage, die fehlschlägt, weil sie nicht bewiesen werden kann, und einer Anfrage, die in einem stärkeren Sinne fehlschlägt, weil nämlich ihre Negation bewiesen werden kann, zu unterscheiden.

Antwortmengen sind Modelle erweiterter logischer Programme. Sie sind konsistente Mengen von Literalen, also Zustände, die ihrer Intention nach das Wissen eines rationalen Agenten ausdrücken, das er aus dem jeweiligen logischen Programm ableiten kann. Zustände S entsprechen *partiellen Interpretationen* der Grundatome in folgendem Sinne:

$$[\![P(c_1, \ldots, c_n)]\!]_S = \begin{cases} true, & \text{falls } P(c_1, \ldots, c_n) \in S \\ false, & \text{falls } \neg P(c_1, \ldots, c_n) \in S \\ undefiniert, & \text{sonst} \end{cases}$$

Da Zustände konsistent sind, ist dies wohldefiniert. Die zu S gehörige partielle Interpretation weist also allen in S vorkommenden Grundliteralen die passenden Wahrheitswerte zu, bleibt jedoch für alle anderen Grundatome undefiniert.

Es lassen sich die gleichen Definitionen und Denkansätze, auf deren Basis die stabile Semantik definiert wurde, auch für die Antwortmengen verwenden. Allerdings ergeben sich durch die allgemeinere Form der Regeln neue Perspektiven. Wie bei den stabilen Modellen erfolgt die Definition der Antwortmengen in zwei Schritten (vgl. Definitionen 9.20 und 9.21).

Definition 9.33 (Antwortmengen log. Progr. ohne Default-Negation)
Seien $\mathcal{P}$ ein erweitertes logisches Programm ohne Default-Negation und S ein Zustand. S heißt *Antwortmenge (answer set) von* $\mathcal{P}$, wenn S eine minimale, unter $\mathcal{P}$ geschlossene Menge ist (wobei Minimalität bzgl. Mengeninklusion gemeint ist).

□

Das Redukt $\mathcal{P}^S$ ist ein logisches Programm ohne Default-Negation, für $\mathcal{P}^S$ ist der Begriff der Antwortmenge also bereits definiert.

Definition 9.34 (Antwortmengen log. Progr. mit Default-Negation)
Seien $\mathcal{P}$ ein erweitertes logisches Programm und S ein Zustand. S heißt *Antwortmenge (answer set) von* $\mathcal{P}$, wenn S Antwortmenge des Reduktes $\mathcal{P}^S$ ist.

□

Beispiel 9.35 Wir erweitern das normale logische Programm $\mathcal{P}_0$ aus Beispiel 9.22 um die Regel(n)

$$\neg Q(x) \leftarrow not \ Q(x).$$

und erhalten $\mathcal{P}_5 := \mathcal{P}_0 \cup \{\neg Q(x) \leftarrow not \ Q(x).\}$. Wir wollen zeigen, dass $S_1 = \{Q(a), \neg Q(b), P(b)\}$ eine Antwortmenge zu $\mathcal{P}_5$ ist: Wegen $Q(a) \in S$ sind weder $P(a).$ noch $\neg Q(a).$ im Redukt $\mathcal{P}_5^S$. Andererseits impliziert $Q(b) \notin S$, dass $P(b)., \neg Q(b). \in \mathcal{P}_5^S$ gilt, insgesamt also $\mathcal{P}_5^S = \{Q(a)., P(b)., \neg Q(b).\}$. S ist trivialerweise Antwortmenge zu $\mathcal{P}_5^S$ und damit zu $\mathcal{P}_5$.

□

Im Unterschied zu der stabilen Semantik gibt es allerdings nun für ein Literal A und eine Antwortmenge S drei Möglichkeiten: A ist *wahr in* S, wenn $A \in S$, und *falsch in* S, wenn $\overline{A} \in S$; liegt jedoch weder A noch $\overline{A}$ in S, so repräsentiert das den Zustand des Nichtwissens. Die Antwortmengensemantik (*answer set semantics*) wird in der gewohnten Weise durch die Inferenzrelation $\models^{as}$ definiert:

$$\mathcal{P} \models^{as} A \quad \text{gdw.} \quad A \text{ ist wahr in allen Antwortmengen von } \mathcal{P}$$

wobei $\mathcal{P}$ ein erweitertes logisches Programm und A ein Literal ist. Entsprechend werden die Antworten auf (literale) Anfragen Q an ein erweitertes logisches Programm $\mathcal{P}$ unter der Antwortmengensemantik definiert:

- *yes*, wenn $\mathcal{P} \models^{as} Q$;

- *no*, wenn $\mathcal{P} \models^{as} \overline{Q}$;

- *unknown* in allen anderen Fällen.

Das *no* der Antwortmengensemantik bedeutet also nun, dass man die entsprechende Anfrage definitiv widerlegen kann.

Die folgende Proposition stellt die Verbindung zwischen Antwortmengen einerseits und klassischen bzw. stabilen Modellen andererseits her:

Proposition 9.36 *Ist $\mathcal{P}$ ein klassisches logisches Programm, so stimmt seine Antwortmenge mit seinem kleinsten Herbrandmodell überein. Ist $\mathcal{P}$ ein normales logisches Programm, so sind seine stabilen Modelle identisch mit seinen Antwortmengen.*

Die Semantik der Antwortmengen ist also eine Verallgemeinerung der klassischen und der stabilen Semantik.

Für das Antwortverhalten ist die Anzahl der Antwortmengen von Bedeutung. Am einfachsten fällt die Beantwortung einer Anfrage, wenn man weiß, dass es genau eine Antwortmenge gibt. Wie bei den normalen logischen Programmen ist auch hier das Auftreten der Default-Negation verantwortlich für das Vorhandensein mehrerer Modelle, denn ein erweitertes logisches Programm $\mathcal{P}$ ohne Default-Negation besitzt wegen $\mathcal{P}^S = \mathcal{P}$ für jeden Zustand S höchstens eine Antwortmenge.

Leider erweist sich das Instrument der Stratifizierung bei erweiterten logischen Programmen als nicht so wirkungsvoll wie bei normalen logischen Programmen. Zwar lassen sich Stratifizierungen analog zu Definition 9.26 auch für erweiterte logische Programme definieren, indem man fordert, dass ein negiertes Atom dasselbe Niveau hat wie sein positives Gegenstück. Dann ist z.B. $\{A., \neg A.\}$ ein stratifiziertes Programm, das allerdings keine Antwortmenge hat.

Die folgenden beiden Propositionen erweisen sich oft als recht nützlich für die Bestimmung von Antwortmengen. Die erste Proposition formuliert notwendige Bedingungen, die Antwortmengen erfüllen müssen.

Proposition 9.37 *Sei S Antwortmenge eines erweiterten logischen Programms $\mathcal{P}$.*

1. *Sei $r \in \mathcal{P}$ eine Regel der Form (9.3). Ist $pos(r) \subseteq S$ und $neg(r) \cap S = \emptyset$, dann ist $head(r) \in S$.*

2. *Jedes Literal $L \in S$ wird von $\mathcal{P}$ gestützt, d.h., es gibt eine Regel $r \in \mathcal{P}$ mit $pos(r) \subseteq S$, $neg(r) \cap S = \emptyset$, und $head(r) = L$.*

Eine direkte Konsequenz von Proposition 9.37(1) ist die folgende Proposition:

Proposition 9.38 *Jede Antwortmenge eines erweiterten logischen Programms $\mathcal{P}$ enthält alle Fakten von $\mathcal{P}$.*

Aus Proposition 9.37(2) folgt ferner, dass Antwortmengen von $\mathcal{P}$ nur Literale enthalten können, die als Kopf mindestens einer Regel in $\mathcal{P}$ auftreten.

Die nächste Proposition zeigt, dass Antwortmengen auch als solche minimal sind.

Proposition 9.39 *Sei $\mathcal{P}$ ein erweitertes logisches Programm. Sind S_0 und S_1 Antwortmengen von $\mathcal{P}$ mit $S_0 \subseteq S_1$, so gilt $S_0 = S_1$.*

Beispiel 9.40 Als Anwendung der Propositionen 9.37 und 9.39 wollen wir direkt (also ohne Theorem 9.27) zeigen, dass $\mathcal{P}_0$ in Beispiel 9.22 genau eine Antwortmenge hat. $S = \{Q(a), P(b)\}$ ist stabiles Modell und damit Antwortmenge von $\mathcal{P}_0$. Sei S_1 eine beliebige Antwortmenge von $\mathcal{P}_0$. Dann enthält S_1 das Faktum $Q(a)$ (siehe Proposition 9.38), $Q(a) \in S_1$. Da $Q(b)$ nicht als Kopf einer Regel von $\mathcal{P}_0$ auftritt, ist $Q(b) \notin S_1$. Damit ist $P(b). \in \mathcal{P}_0^{S_1}$, und da S_1 abgeschlossen ist, ist auch $P(b) \in S_1$. Folglich gilt $S \subseteq S_1$, und mit Proposition 9.39 folgt $S = S_1$.   □

Beispiel 9.41 Wir modellieren nun das Tweety-Beispiel 9.30 als erweitertes logisches Programm, indem wir die nicht fliegenden Ausnahmevögel durch ein negatives Prädikat darstellen:
$$\mathcal{P}_6: \quad \begin{aligned} &V(x) \leftarrow P(x).\\ &F(x) \leftarrow V(x), not \ \neg F(x).\\ &\neg F(x) \leftarrow P(x).\\ &P(\textit{Tweety}).\\ &V(\textit{Polly}). \end{aligned}$$

Jede Antwortmenge S von $\mathcal{P}_6$ enthält $P(\textit{Tweety})$ und $V(\textit{Polly})$ und damit auch $V(\textit{Tweety})$ und $\neg F(\textit{Tweety})$. $\neg F(\textit{Polly})$ hingegen kann nicht in S sein, denn es gibt keine Regel in $\mathcal{P}_6$, die es stützen könnte (Proposition 9.37 (2)). Mit Proposition 9.37 (1) folgt nun $F(\textit{Polly}) \in S$. Wir sammeln diese Erkenntnisse in S_0 auf:

$$S_0 = \{P(\textit{Tweety}), V(\textit{Polly}), V(\textit{Tweety}), \neg F(\textit{Tweety}), F(\textit{Polly})\}$$

Es ist
$$\mathcal{P}_6^{S_0}: \quad \begin{aligned} &V(x) \leftarrow P(x).\\ &\neg F(x) \leftarrow P(x).\\ &P(\textit{Tweety}).\\ &V(\textit{Polly}).\\ &F(\textit{Polly}) \leftarrow V(\textit{Polly}). \end{aligned}$$

Beachten Sie, dass die mit *Tweety* instantiierte, reduzierte Version der Regel $F(x) \leftarrow V(x), not \ \neg F(x).$ wegen $\neg F(\textit{Tweety}) \in S_0$ gerade *nicht* zu $\mathcal{P}_6^{S_0}$ gehört. Man sieht nun leicht, dass S_0 eine minimale, geschlossene Menge zu $\mathcal{P}_6^{S_0}$ ist und damit eine Anwortmenge zu $\mathcal{P}_6$. Die obigen Überlegungen zeigen, dass jede Antwortmenge von $\mathcal{P}_6$ S_0 als Teilmenge enthält, und aus Proposition 9.39 folgt, dass S_0 die einzige Antwortmenge von $\mathcal{P}_6$ ist. Wir können damit $\mathcal{P}_6 \models^{as} V(\textit{Tweety}), \neg F(\textit{Tweety}), F(\textit{Polly})$ folgern.

Wir modifizieren nun das Programm $\mathcal{P}_6$, indem wir fliegende Super-Pinguine $(SP(x))$ zulassen:

$$\mathcal{P}_7: \quad \begin{aligned} &V(x) \leftarrow P(x).\\ &F(x) \leftarrow V(x), not \ \neg F(x).\\ &\neg F(x) \leftarrow P(x), not \ F(x).\\ &P(x) \leftarrow SP(x).\\ &F(x) \leftarrow SP(x).\\ &P(\textit{Tweety}).\\ &V(\textit{Polly}).\\ &SP(\textit{Supertweety}). \end{aligned}$$

Für jede Antwortmenge S von $\mathcal{P}_7$ enthält das Redukt $\mathcal{P}_7^S$ die Regeln $V(x) \leftarrow P(x).$, $P(x) \leftarrow SP(x).$, $F(x) \leftarrow SP(x).$, $P(Tweety).$, $V(Polly).$ und $SP(Supertweety).$ Damit enthält jede Antwortmenge S von $\mathcal{P}_7$ die Literale $P(Tweety)$, $V(Polly)$, $SP(Supertweety)$, $V(Tweety)$, $P(Supertweety)$, $V(Supertweety)$, $F(Supertweety)$. $P(Polly) \notin S$, denn es gibt keine Regel, die dieses Literal stützen könnte. Folglich ist auch $\neg F(Polly) \notin S$ und daher $F(Polly) \in S$. Ist $F(Tweety) \notin S$, so ist $\neg F(Tweety) \in S$ und umgekehrt. Es gibt daher zwei Antwortmengen

$$
\begin{aligned}
S_1 &= \{P(Tweety), V(Polly), SP(Supertweety), V(Tweety), P(Supertweety), \\
&\quad V(Supertweety), F(Supertweety), F(Polly), F(Tweety)\} \\
S_2 &= \{P(Tweety), V(Polly), SP(Supertweety), V(Tweety), P(Supertweety), \\
&\quad V(Supertweety), F(Supertweety), F(Polly), \neg F(Tweety)\}
\end{aligned}
$$

Wir können also ableiten, dass *Polly* und *Supertweety* fliegen können, während über die Flugkünste von *Tweety* gegensätzliche Informationen vorliegen und als Antwort auf eine entsprechende Frage lediglich *unknown* gegeben werden kann. $\square$

Mittels Constraints kann man Antwortmengen mit unerwünschten Eigenschaften gezielt eliminieren. Fügt man beispielsweise dem Programm $\mathcal{P}_3$ aus Beispiel 9.24 noch den Constraint $\leftarrow Q(a)$ hinzu, so ist $S_1' = \{P(a), P(c)\}$ die einzige Antwortmenge des neuen Programms. Die zweite Antwortmenge $S_2' = \{Q(a), P(c)\}$ wurde eliminiert. Allgemein bilden die Antwortmengen eines um Constraints erweiterten Programms eine Teilmenge der Antwortmengen des ursprünglichen Programms, so dass das Hinzufügen von Constraints immer einen einschränkenden, *monotonen* Effekt auf die Menge der Antwortmengen hat. Dieser Zusammenhang lässt sich noch genauer beschreiben:

Selbsttestaufgabe 9.42 (Constraints) Sei $\mathcal{P}$ ein erweitertes logisches Programm, und sei $\mathcal{P}'$ das aus $\mathcal{P}$ durch Hinzufügen des Constraints

$$\leftarrow A_1, \ldots, A_n, not B_1, \ldots, not B_m.$$

entstandene Programm. Zeigen Sie: Ein Zustand S ist genau dann eine Antwortmenge von $\mathcal{P}'$, wenn S eine Antwortmenge von $\mathcal{P}$ ist derart, dass nicht gleichzeitig $\{A_1, \ldots, A_n\} \subseteq S$ und $\{B_1, \ldots, B_m\} \cap S = \emptyset$ gilt. $\blacksquare$

Um bei mehreren möglichen Antwortmengen die "passendste" auswählen zu können, kann man (ähnlich wie bei Default-Logiken) die Regeln in logischen Programmen mit Prioritäten versehen und aus diesen Prioritäten Präferenzen für die Antwortmengen ableiten. Aktuelle Ansätze dazu werden z.B. in [28, 204] vorgestellt.

Selbsttestaufgabe 9.43 (Antwortmengenprogrammierung) Betrachten Sie das folgende logische Programm $\mathcal{P}$ über dem Universum $U = \{a, b, c, d\}$ und mit der Variablen X:

$$\begin{aligned}
\mathcal{P} = \{\ F(b) &\leftarrow\ not\ \neg G(a)., \\
\neg G(a) &\leftarrow\ not\ G(b)., \\
G(c) &\leftarrow\ not\ F(c)., \\
F(c) &\leftarrow\ G(b)., \\
G(X) &\leftarrow\ F(b)., \\
F(d) &\leftarrow\ \neg G(a), G(b).\ \}
\end{aligned}$$

1. Geben Sie die Grundinstanziierung von $\mathcal{P}$ an.

2. Geben Sie zu jeder der folgenden Aussagen an, ob sie zutrifft oder nicht zutrifft. Begründen Sie jeweils Ihre Antwort.

   (a) $\mathcal{P}$ ist ein klassisches logisches Programm.

   (b) $\mathcal{P}$ ist ein erweitertes logisches Programm.

   (c) $\mathcal{P}$ ist ein normales logisches Programm.

   (d) $\mathcal{P}$ ist ein disjunktives logisches Programm.

3. Bestimmen Sie alle Antwortmengen von $\mathcal{P}$. Verifizieren Sie jeweils mit Hilfe des Gelfond-Lifschitz-Redukts formal, dass es sich um eine Antwortmenge handelt.

4. Welche Antworten ergeben sich für die folgenden Anfragen an $\mathcal{P}$ entsprechend der Antwortmengensemantik? Begründen Sie Ihre Antworten.

   (a) $F(b)$?

   (b) $\neg G(a)$?

   (c) $G(c)$?   ∎

Selbsttestaufgabe 9.44 (Antwortmengenprogrammierung) Anna plant eine Party mit ihren Freunden. Ehe sie von einem ihrer Freunde eine Zusage bekommen hat, überlegt sie, in welcher Zusammensetzung sie letztlich sein könnten. Anna weiß das Folgende:

- Da Inga und Hanna beste Freundinnen sind, kommen sie nur gemeinsam zur Party. Somit kommt Inga nicht, wenn sie nicht weiß, dass Hanna kommt.

- Umgekehrt kommt Hanna nicht, wenn sie nichts über das Erscheinen von Inga weiß.

- Hanna und Sven hatten einen Streit, würden aber beide gerne zu Annas Party kommen. Obwohl Hanna Sven nicht begegnen möchte, würde sie zur Party gehen, wenn sie nichts über das Erscheinen von Sven weiß. Ganz sicher geht sie zur Party, wenn Sven nicht kommt.

- Sven hat auch keine Lust, auf Hanna zu treffen. Er kommt zu Annas Party, wenn er nicht weiß, dass Hanna kommt.

- Hanna bringt auf jeden Fall ihren Freund Paul mit, wenn sie kommt.

- Da Anna die Gastgeberin der Party ist, kommt Anna auch zur Party.

1. Modellieren Sie die Aussagen zur Party durch ein erweitertes logisches Programm $\mathcal{P}$ unter Benutzung der Aussagevariablen H (Hanna kommt zur Party), I (Inga kommt zur Party), S (Sven kommt zur Party), P (Paul kommt zur Party) und A (Anna kommt zur Party).

2. Untersuchen Sie formal, ob es sich bei den folgenden Mengen um Antwortmengen des Programms $\mathcal{P}$ handelt:

   (a) $S_1 = \{\neg I, S, \neg H, A\}$
   (b) $S_2 = \{S, P, A\}$
   (c) $S_3 = \{\neg H, P, H, A\}$

3. Wie lauten die Antworten der Antwortmengensemantik auf folgende Anfragen? Begründen Sie Ihre Antworten. Gehen Sie davon aus, dass Sie in Aufgabenteil (2.) alle Antwortmengen bestimmt haben.

   (a) ? $\neg S$
   (b) ? P ∎

9.8 Stabile Semantik und Antwortmengensemantik

Syntaktisch gesehen stellen normale logische Programme eine Unterklasse der erweiterten logischen Programme dar, und stabile Modelle sind insbesondere Antwortmengen. Tatsächlich sind erweiterte Programme nicht wirklich ausdrucksstärker als normale logische Programme, denn jedes erweiterte logische Programm kann auf ein normales logisches Programm reduziert werden, und zwar in der folgenden Weise:

Für jedes Prädikat P, das in $\mathcal{P}$ auftritt, führen wir ein Duplikat P' der gleichen Stelligkeit ein. Das Atom $P'(t_1, \ldots, t_n)$ hat die Aufgabe, das negierte Literal $\neg P(t_1, \ldots, t_n)$ zu repräsentieren und wird als seine *positive Form* bezeichnet. Die *positive Form* eines Atoms $P(t_1, \ldots, t_n)$ ist das Atom selbst. Generell wird die positive Form eines Literals L mit L^+ notiert. Die *positive Form* $\mathcal{P}^+$ eines erweiterten logischen Proramms $\mathcal{P}$ entsteht aus $\mathcal{P}$ in zwei Schritten:

- In allen Regeln werden die Literale durch ihre positiven Formen ersetzt, d.h. jede Regel der Form (9.3) (s. Seite 290) wird ersetzt durch die Regel

$$H^+ \leftarrow A_1^+, \ldots, A_n^+, not\ B_1^+, \ldots, not\ B_m^+.$$

- Die Unverträglichkeit komplementärer Literale wird durch das Hinzufügen der Constraints

$$\leftarrow P(t_1, \ldots, t_n),\ P'(t_1, \ldots, t_n).$$

  für jedes in $\mathcal{P}$ auftretende Atom $P(t_1, \ldots, t_n)$ implementiert.

$\mathcal{P}^+$ ist ein normales logisches Programm, und die positiven Formen der Antwortmengen von $\mathcal{P}$ entsprechen gerade den Antwortmengen (stabilen Modellen) von $\mathcal{P}^+$ [8, 84].

Dennoch gibt es Unterschiede zwischen der normalen und der Antwortmengen-Semantik, die im Antwortverhalten deutlich werden: Wird eine (atomare) Anfrage Q an ein normales logisches Programm $\mathcal{P}$ unter der stabilen Semantik mit *no* beantwortet, so bedeutet das, dass Q in keinem stabilen Modell liegt; unter der Antwortmengensemantik lautet die Antwort auf dieselbe Anfrage daher *unknown*.

Beispiel 9.45 Betrachten wir noch einmal das normale logische Programm $\mathcal{P}_0$ aus Beispiel 9.22. $\mathcal{P}_0$ besitzt genau ein stabiles Modell $S = \{Q(a), P(b)\}$ (vgl. auch Beispiel 9.28), und damit auch genau eine Antwortmenge. Die Antworten auf die Anfragen $Q(a)$ bzw. $Q(b)$ lauten unter der stabilen Semantik *yes* bzw. *no*, während sie unter der Antwortmengensemantik mit *yes* bzw. *unknown* beantwortet werden.

□

Wir wollen an diesem Beispiel zeigen, wie sich stabile und Antwortmengensemantik aneinander angleichen lassen.

Beispiel 9.46 Wir betrachten die in Beispiel 9.35 vorgenommene Erweiterung des logischen Programms $\mathcal{P}_0$ aus Beispiel 9.22 zu

$$\mathcal{P}_5 = \mathcal{P}_0 \cup \{\neg Q(a) \leftarrow not\ Q(a)., \quad \neg Q(b) \leftarrow notQ(b).\}$$

Durch die Erweiterung wird hier die *closed world assumption*, die implizit in der stabilen Semantik codiert ist, explizit formuliert. $S_1 = \{Q(a), P(b), \neg Q(b)\}$ ist eine Antwortmenge von $\mathcal{P}_5$, und wie in Beispiel 9.40 zeigt man, dass dies die einzige Antwortmenge von $\mathcal{P}_5$ ist.

Wir wollen nun das Antwortverhalten von $\mathcal{P}_0$ und $\mathcal{P}_5$ miteinander vergleichen. Es gilt:

$$\mathcal{P}_0 \models^{as} Q(a), \quad \mathcal{P}_0 \not\models^{as} Q(b), \quad \mathcal{P}_0 \not\models^{as} \neg Q(b)$$

Die Antworten auf die Anfragen $Q(a)$ bzw. $Q(b)$ lauten also *yes* bzw. *unknown*. Durch die explizite Formulierung der *closed world assumption* in $\mathcal{P}_5$ erhalten wir

$$\mathcal{P}_5 \models^{as} Q(a), \quad \mathcal{P}_5 \models^{as} \neg Q(b)$$

Während die Anfrage $Q(a)$ ebenso beantwortet wird wie von $\mathcal{P}_0$, ändert sich jetzt die Antwort auf die Anfrage $Q(b)$ zu *no*. Dies entspricht den Antworten von $\mathcal{P}_0$ unter der stabilen Semantik (vgl. Beispiel 9.28).

□

Wir haben im obigen Beispiel gezeigt, wie man für ein normales logisches Programm die Antwortmengensemantik an die stabile Semantik angleichen kann, nämlich durch explizite Formulierung der *closed world assumption*. Man überlegt sich leicht, dass das auch ganz allgemein funktioniert:

Sei *Pred$_\mathcal{P}$* die Menge der Prädikate, die in dem normalen logischen Programm $\mathcal{P}$ auftreten. Wir erweitern $\mathcal{P}$ zu einem erweiterten logischen Programm, indem wir die explizite *closed world assumption* für jedes dieser Prädikate formulieren:

$$CWA(\mathcal{P}) := \mathcal{P} \cup \{\neg P(x_1, \ldots, x_n) \leftarrow not\ P(x_1, \ldots, x_n).\ |\ P \in Pred_\mathcal{P}\}$$

wobei die Anzahl n der auftretenden Variablen jeweils der Stelligkeit des Prädikats entspricht. Die folgende Proposition stellt eine genaue Beziehung her zwischen den stabilen Modellen eines normalen logischen Programms und den Antwortmengen seiner *CWA*-Erweiterung.

Proposition 9.47 ([8]) *Sei $\mathcal{P}$ ein normales logisches Programm. Ist S ein stabiles Modell von $\mathcal{P}$, so ist*

$$S \cup \{\neg A \mid A \in \mathcal{H}(\mathcal{P}) \backslash S\} \tag{9.5}$$

eine Antwortmenge von CWA($\mathcal{P}$), wobei $\mathcal{H}(\mathcal{P})$ die Herbrandbasis zu $\mathcal{P}$ ist. Umgekehrt lässt sich jede Antwortmenge von CWA($\mathcal{P}$) als Erweiterung der Form (9.5) eines stabilen Modells S von $\mathcal{P}$ darstellen.

Dank dieses engen Zusammenhangs lassen sich nun auch stabile und Antwortmengensemantik normaler logischer Programme zueinander in Beziehung setzen.

Proposition 9.48 *Sei $\mathcal{P}$ ein normales logisches Programm. Für jedes Grundliteral L gilt:*

$$\mathcal{P} \models^{stab} L \quad gdw. \quad CWA(\mathcal{P}) \models^{as} L$$

Selbsttestaufgabe 9.49 (closed world assumption) Beweisen Sie Proposition 9.48 mit Hilfe von Proposition 9.47. ∎

Abschließend weisen wir noch darauf hin, dass Antwortmengen im Allgemeinen und stabile Modelle im Besonderen sich als Fixpunkte eines passenden Operators darstellen lassen: Zu einem erweiterten logischen Programm $\mathcal{P}$ definieren wir einen Operator $\gamma_{\mathcal{P}}$ auf den Zuständen S von $\mathcal{P}$ durch

$$\gamma_{\mathcal{P}}(S) = Cl(\mathcal{P}^S)$$

wobei $Cl(\mathcal{P}^S)$ den minimalen, unter $\mathcal{P}^S$ geschlossenen Zustand bezeichnet (vgl. Abschnitt 9.5). Dann ist S Antwortmenge von $\mathcal{P}$ genau dann, wenn gilt:

$$S = \gamma_{\mathcal{P}}(S)$$

Selbsttestaufgabe 9.50 (Stabile Semantik und ASP-Semantik) Gegeben sei das folgende *normale* logische Programm $\mathcal{P}$:

$$\mathcal{P} = \{\ r_1 : P(c) \ \leftarrow \ P(d).,$$
$$r_2 : P(d) \ \leftarrow \ \text{not } P(e).,$$
$$r_3 : P(b) \ \leftarrow \ P(c), \text{not } P(a).,$$
$$r_4 : P(a) \ \leftarrow \ P(c), \text{not } P(b).,$$
$$r_5 : P(c) \ \leftarrow \ \text{not } P(a), \text{not } P(b).,$$
$$r_6 : P(f). \}$$

1. Untersuchen Sie mit Hilfe des Gelfond-Lifschitz Reduktes für jeden der folgenden Zustände S_1 und S_2, ob es sich bei diesem um ein stabiles Modell für das Programm $\mathcal{P}$ handelt:

   (a) $S_1 = \{P(c), P(d), P(f)\}$
   (b) $S_2 = \{P(a), P(c), P(d), P(f)\}$

2. Geben Sie ein weiteres stabiles Modell für $\mathcal{P}$ an.

3. Welche Antworten ergeben sich für die folgenden Anfragen an $\mathcal{P}$ sowohl unter Verwendung der stabilen Semantik als auch unter Verwendung der Antwortmengensemantik? Gehen Sie hierbei davon aus, dass die in Aufgabenteil 1 und 2 gefundenen stabilen Modelle die einzigen stabilen Modelle von $\mathcal{P}$ sind. Begründen Sie Ihre Antworten.

(a) $P(c)$?

(b) $P(a)$?

(c) $P(e)$?

4. Ergänzen Sie das *normale* logische Programm $\mathcal{P}$ derart zu einem *erweiterten* logischen Programm $\mathcal{P}'$, dass jede Anfrage an $\mathcal{P}'$ unter der Antwortmengen-semantik genau so beantwortet wird wie an $\mathcal{P}$ unter der stabilen Semantik. (Hinweis: Der Einsatz von Variablen ist erlaubt.) ■

9.9   Truth Maintenance-Systeme und Default-Theorien

Die Ähnlichkeit zwischen Justification-based Truth Maintenance-Systemen und normalen logischen Programmen ist auffallend. Jede Begründung

$$\langle \{A_1, \ldots, A_n\} \mid \{B_1, \ldots, B_m\} \to H \rangle$$

eines JTMS $\mathcal{T} = (N, \mathcal{J})$ mit Knoten $A_1, \ldots, A_n, B_1, \ldots, B_m, H \in N$ lässt sich als Regel

$$H \leftarrow A_1, \ldots, A_n, not\ B_1, \ldots, not\ B_m.$$

auffassen (wobei die Knoten als Atome gesehen werden). Die Default-Negation *not* entspricht offensichtlich in ihrer Bedeutung der Kennzeichnung eines Atoms als *out*-Knoten. Damit lassen sich JTMS leicht in die Form normaler logischer Programme bringen, und tatsächlich sind die zulässigen Modelle des JTMS (siehe Definition 7.12) identisch mit den stabilen Modellen des entsprechenden normalen logischen Programms.

Theorem 9.51 *Sei $\mathcal{T} = (N, \mathcal{J})$ ein JTMS, und sei $\mathcal{P}_\mathcal{T}$ das normale logische Programm, das entsteht, wenn man jede Begründung $\langle \{A_1, \ldots, A_n\} \mid \{B_1, \ldots, B_m\} \to H \rangle$ aus $\mathcal{T}$ in die Regel $H \leftarrow A_1, \ldots, A_n, not\ B_1, \ldots, not\ B_m.$ transformiert. Eine Menge S von Atomen aus N ist ein zulässiges Modell bzgl. $\mathcal{T}$ genau dann, wenn S ein stabiles Modell von $\mathcal{P}_\mathcal{T}$ ist.*

Ein Beweis dieses Theorems findet sich z.B. in [63].

Es ist wichtig zu beachten, dass die in Theorem 9.47 festgestellte Korrespondenz von zulässigen Modellen und stabilen Modellen nur bei gegebenem JTMS und dem zugehörigen normalen logischen Programm gilt. Wird das JTMS mit dem JTMS-Algorithmus (eventuell inklusive DBB) aktualisiert, so müssen diese Veränderungen auch in dem normalen logischen Programm nachvollzogen werden, damit die Korrespondenz zwischen den Modellen gewährleistet ist. Über eine aktuelle Anwendung dieser Verbindung zwischen stabilen Modellen und zulässigen Modellen unter Ausnutzung der Aktualisierungen im JTMS-Algorithmus wird in der Arbeit [10][3] berichtet.

---

[3] Wir danken Harald Beck (TU Wien) für diese Hinweise

Auch zwischen erweiterten logischen Programmen und Reiter'schen Default-Theorien gibt es eine nahe liegende Transformation. Diesmal ist allerdings die Default-Theorie das allgemeinere Konzept, in das logische Programme sich einbetten lassen.

Definition 9.52 Sei $\mathcal{P}$ ein erweitertes logisches Programm. Zu jeder Regel

$$r : \quad H \leftarrow A_1, \ldots, A_n, not\ B_1, \ldots, not\ B_m.$$

von $\mathcal{P}$ definiere man den Default

$$\alpha(r) := \quad \frac{A_1 \wedge \ldots \wedge A_n \ : \ \overline{B_1}, \ldots, \overline{B_m}}{H}$$

Dann ist $\Delta_\mathcal{P} := \{\alpha(r) \mid r \in \mathcal{P}\}$ eine Menge Reiter'scher Defaults, und $\alpha(\mathcal{P}) := (\emptyset, \Delta_\mathcal{P})$ ist die Reiter'sche Default-Theorie zu $\mathcal{P}$. □

Zwischen den Antwortmengen erweiterter logischer Programme und den Extensionen der entsprechenden Default-Theorien besteht der folgende Zusammenhang:

Theorem 9.53 ([84]) *Sei $\mathcal{P}$ ein erweitertes logisches Programm.*

(i) *Ist S eine Antwortmenge von $\mathcal{P}$, so ist ihr deduktiver Abschluss $Cn(S)$ eine Extension von $\alpha(\mathcal{P})$.*

(ii) *Ist E eine Extension von $\alpha(\mathcal{P})$, so gibt es genau eine Antwortmenge S von $\mathcal{P}$ mit $E = Cn(S)$.*

Es ist klar, dass es Defaults gibt, die sich nicht als Regeln logischer Programme ausdrücken lassen, denn Voraussetzung, Begründung und Konsequenz eines Defaults können beliebige Formeln sein. Selbst bei entsprechender Erweiterung der Syntax logischer Programme (z.B. Disjunktionen im Regelkopf, siehe Abschnitt 9.10) lässt sich Theorem 9.53 nicht einfach verallgemeinern (vgl. [82]).

9.10 Erweiterungen der Antwortmengensemantik

Wir haben in den vorangegangenen Abschnitten die Syntax klassischer logischer Programme schrittweise um Default-Negation und strenge logische Negation erweitert und damit eine ausdrucksfähigere Wissensrepräsentation vorgestellt. In diesem Abschnitt wollen wir noch kurz auf zwei weitere Verallgemeinerungen eingehen, nämlich auf das Auftreten disjunktiver Information und der Default-Negation im Regelkopf.

Ein *disjunktives logisches Programm* enthält Regeln der Form

$$r : \quad H_1\ or \ldots or\ H_k \leftarrow A_1, \ldots, A_n, not\ B_1, \ldots, not\ B_m. \tag{9.6}$$

mit Literalen $A_1, \ldots, A_n, B_1, \ldots, B_m, H_1, \ldots, H_k$. Für solche Regeln wird die Menge der Kopfliterale definiert als $head(r) = \{H_1, \ldots, H_k\}$. Die Verknüpfung *or* im Regelkopf wird *epistemische Disjunktion* genannt und darf nicht mit der klassisch-logischen Disjunktion $\vee$ verwechselt werden: Während $A \vee B = true$ ausdrückt, dass A *wahr* ist oder B *wahr* ist, muss die Aussage "A *or* B ist wahr" in dem Sinne verstanden werden, dass der Agent *glaubt*, A sei wahr oder B sei wahr. Insbesondere ist für jedes Literal A die Formel $A \vee \neg A$ eine Tautologie, also immer wahr, wohingegen es vorkommen kann, dass A *or* $\neg A$ nicht wahr ist – nämlich dann, wenn der Agent keins von beiden glaubt.

Bei logischen Programmen ohne Disjunktion sind Antwortmengen minimale geschlossene Zustände bzgl. der zugehörigen Redukte. Auch für den Fall, dass die Regelköpfe disjunktive Information enthalten, liefert Definition 9.17 eine schlüssige Festlegung des Begriffs der Geschlossenheit. Demnach enthalten geschlossene Zustände disjunktiver logischer Programme ohne Default-Negation also mindestens ein Kopfliteral von jeder Regel in $\mathcal{P}$, deren Rumpfliterale sie enthalten. *Antwortmengen* solcher Programme sind (wie bisher) minimale geschlossene Zustände, und entsprechend definiert man Antwortmengen allgemeiner disjunktiver logischer Programme wie folgt:

Definition 9.54 (Antwortmengen disjunktiver logischer Programme) Sei $\mathcal{P}$ ein disjunktives logisches Programm, und sei S ein Zustand. S heißt *Antwortmenge (answer set) von* $\mathcal{P}$, wenn S Antwortmenge des Reduktes $\mathcal{P}^S$ ist (wobei $\mathcal{P}^S$ analog zu (9.4) unter Beibehaltung der Regelköpfe definiert wird).   □

Nun ist nicht mehr die Default-Negation allein verantwortlich für das Auftreten mehrerer Antwortmengen. Auch ein disjunktives logisches Programm ohne Default-Negation kann mehrere Antwortmengen haben. Beispielsweise besitzt das Programm $\mathcal{P} = \{P(a) or\ P(b).\}$ die beiden Antwortmengen $\{P(a)\}$ und $\{P(b)\}$. Proposition 9.39 jedoch gilt auch für disjunktive logische Programme, und Proposition 9.37 kann leicht verallgemeinert werden:

Proposition 9.55 *Sei S Antwortmenge eines disjunktiven logischen Programms $\mathcal{P}$.*

1. *Sei $r \in \mathcal{P}$ eine Regel der Form (9.6). Ist $pos(r) \subseteq S$ und $neg(r) \cap S = \emptyset$, dann ist $head(r) \cap S \neq \emptyset$.*

2. *Jedes Literal $L \in S$ wird von $\mathcal{P}$ gestützt, d.h., es gibt eine Regel $r \in \mathcal{P}$ mit $pos(r) \subseteq S$, $neg(r) \cap S = \emptyset$, und $head(r) \cap S = \{L\}$.*

Beispiel 9.56 Wir greifen das Roboter-Beispiel 8.58 (S. 276) auf, das Ungereimtheiten der Reiter'schen Default-Logik bei disjunktiver Information aufzeigte. Die beiden mechanischen Arme a_l und a_r eines Roboters sind brauchbar, wenn man davon ausgehen kann, dass sie nicht gebrochen sind. Sind sie aber gebrochen, so sind sie definitiv unbrauchbar. Wir wissen, dass einer der Arme des Roboters NR-5 gebrochen ist, wir wissen jedoch nicht welcher. Dieses Wissen wird durch das folgende disjunktive logische Programm repräsentiert:

$$\mathcal{P}_8: \quad brauchbar(X) \leftarrow not\ gebrochen(X).$$
$$\neg brauchbar(X) \leftarrow gebrochen(X).$$
$$gebrochen(a_l)\ or\ gebrochen(a_r).$$

Jede Antwortmenge von $\mathcal{P}_8$ muss eines der Literale $gebrochen(a_l), gebrochen(a_r)$ enthalten. Damit ergeben sich die beiden Antwortmengen

$$S_1 = \{gebrochen(a_r), brauchbar(a_l), \neg brauchbar(a_r)\}$$
$$S_2 = \{gebrochen(a_l), brauchbar(a_r), \neg brauchbar(a_l)\}$$

Insbesondere können wir nun nicht mehr – wie bei der Default-Logik – schließen, dass beide Arme brauchbar sind. □

Eine andere naheliegende Erweiterung der Syntax logischer Programme ist das Auftreten der Default-Negation im Kopf. Die zulässige Form allgemeiner logischer Regeln ist nun durch

$$r: \quad H_1\ or \ldots or\ H_k\ or\ not\ G_1\ or \ldots or\ not\ G_l \atop \leftarrow A_1, \ldots, A_n, not B_1, \ldots, not B_m. \tag{9.7}$$

gegeben. Für die Definition passender Antwortmengen muss die Definition der Reduktion solcher logischer Programme angepasst werden.

Sei $\mathcal{P}$ ein logisches Programm mit Regeln der Form (9.7), und sei S ein Zustand. Das *Redukt von $\mathcal{P}$ bzgl. S* wird definiert durch

$$\mathcal{P}^S \quad := \quad \{r': H_1\ or \ldots or\ H_k \leftarrow A_1, \ldots, A_n. \mid r\ \text{ist Regel der Form (9.7) in } \mathcal{P},$$
$$G_1, \ldots, G_l \in S, \{B_1, \ldots, B_m\} \cap S = \emptyset\}$$

S ist *Antwortmenge* von $\mathcal{P}$, wenn S Antwortmenge von $\mathcal{P}^S$ ist.

Selbsttestaufgabe 9.57 Zeigen Sie, dass das logische Programm $\mathcal{P}_9 = \{P(a)\ or\ not\ P(a)., Q(a)\ or\ not\ Q(a).\}$ die Antwortmengen $\emptyset, \{P(a)\}, \{Q(a)\}, \{P(a), Q(a)\}$ hat, und vergleichen Sie diese mit den Antwortmengen des logischen Programms $\mathcal{P}_{10} = \{P(a)\ or\ \neg P(a)., Q(a)\ or\ \neg Q(a).\}$. ■

9.11 Implementationen und Anwendungen

In den letzten 10 Jahren sind mehrere Systeme zur Berechnung von Antwortmengen implementiert worden, von denen DLV [61] und SMODELS [172, 217] die bekanntesten sind; in Abschnitt 11.8.2 gehen wir noch näher auf Details von SMODELS ein. DeReS [42] ist eigentlich ein System zum Schließen mit Default-Logik, unterstützt mittlerweile aber auch die Antwortmengensemantik. Hinweise auf weitere Implementierungen findet man z.B. in [82, 217].

Im Gegensatz zur klassischen logischen Programmierung basiert die Antwortmengenprogrammierung nicht auf der SLD-Resolution, sondern auf einer Suche im
Raum aller möglichen Zustände, also in den Teilmengen der Herbrandbasis. Um
der exponentiellen Komplexität dieser Aufgabe zu begegnen, sind intelligente Suchstrategien durch Beschneiden des Suchraumes unumgänglich. Von essentieller Bedeutung sind effiziente Grundierungsmethoden, um von vorne herein irrelevante
Grundinstanzen auszuschließen und damit den Suchraum relativ klein zu gestalten.
Details zur Umsetzung dieser Techniken sind z.B. in [64, 82, 217] nachzulesen. DLV
und SMODELS benutzen zur Implementation der klassischen Negation die in Abschnitt 9.8 skizzierte Methode der Reduktion erweiterter logischer Programme auf
normale logische Programme.

Antwortmengen bieten sich als Lösungen genereller Such- oder Entscheidungsprobleme an, die sich durch logische Programme beschreiben lassen [144]. Insbesondere gehören dazu Probleme in den Bereichen Planung und Konfiguration, aber auch allgemeine kombinatorische und graphentheoretische Probleme (vgl.
[3, 31, 62, 99, 141, 172, 217, 223]). In [13] wird ein Entscheidungsunterstützungssystem für die Rechnungsprüfung in einer Krankenversicherungsgesellschaft vorgestellt, das mit Antwortmengenprogrammierung realisiert worden ist. Für die Akti-
onsplanung in der sog. Blockwelt werden wir in Abschnitt 11.8 eine Implementierung
in SMODELS im Detail beschreiben.

9.12 Kriterien zur Beurteilung nichtmonotoner Inferenz-operationen

In diesem und den beiden vorausgehenden Kapiteln haben wir verschiedene Ansätze
vorgestellt, um die Idee des am Anfang des Kapitels 7 skizzierten nichtmonotonen
Schließens zu konkretisieren und zu realisieren. So unterschiedlich die jeweilige Syntax von Truth Maintenance-Systemen, Default-Logiken und logischen Programmen
auch ist, so bieten doch die zugehörigen Inferenzrelationen (bzw. Inferenzoperationen) ein rudimentäres Instrument, um einen Eindruck von dem logischen Potential
der Methoden zu gewinnen und auch Vergleiche zwischen verschiedenen Ansätzen
ziehen zu können. Schon bei einfachen Beispielen zeigten sich hier essentielle Unterschiede, beispielsweise zwischen der Reiter'schen und der Poole'schen Defaultlogik,
und zwischen der stabilen und der Antwortmengensemantik bei logischen Programmen. Ferner gibt es noch eine ganze Reihe anderer nichtmonotoner Formalismen,
wie z.B. die Zirkumskription oder die autoepistemischen Logiken. Einen gewissen
Überblick verschafft hier [224].

Um diese Vielzahl verschiedenartiger Ansätze miteinander vergleichen und ihre
Qualität beurteilen zu können, bedarf es *formaler Kriterien* ähnlich denen, die man
in der klassischen Logik kennt.

Die deduktive Folgerungsoperation Cn der klassischen Logik erfüllt drei zentrale Bedingungen, wobei $\mathcal{A}, \mathcal{B} \subseteq Form$ Mengen von Formeln sind:

- *Inklusion* bzw. *Reflexivität*: $\mathcal{A} \subseteq Cn(\mathcal{A})$;

- *Schnitteigenschaft*: $\mathcal{A} \subseteq \mathcal{B} \subseteq Cn(\mathcal{A})$ impliziert $Cn(\mathcal{B}) \subseteq Cn(\mathcal{A})$;

- *Monotonie:* $\mathcal{A} \subseteq \mathcal{B}$ impliziert $Cn(\mathcal{A}) \subseteq Cn(\mathcal{B})$.

Wenn man die Monotonie nicht mehr garantieren kann und die Reflexivität als eine selbstverständliche und daher allzu schwache Forderung ansieht, so kommt der Schnitteigenschaft eine besondere Bedeutung zu. Sie besagt, dass die Vergrößerung einer Formelmenge durch ableitbares Wissen nicht zu einer echten Erweiterung des Wissens führen darf. Formal ausgedrückt: Alles, was aus $\mathcal{B}$ mit $\mathcal{A} \subseteq \mathcal{B} \subseteq Cn(\mathcal{A})$ gefolgert werden kann, kann auch schon aus $\mathcal{A}$ gefolgert werden. Gabbay [75] bemerkte, dass es in der klassischen Logik ein Gegenstück zur Schnitteigenschaft gibt, das allerdings von der Monotonie überdeckt wird. Es handelt sich hier um die Eigenschaft der *vorsichtigen Montonie*:

$$\mathcal{A} \subseteq \mathcal{B} \subseteq Cn(\mathcal{A}) \quad \text{impliziert} \quad Cn(\mathcal{A}) \subseteq Cn(\mathcal{B})$$

In der nichtmonotonen Logik wurde die vorsichtige Monotonie als Eigenschaft wieder interessant. Gemeinsam mit der Schnitteigenschaft macht sie die *Kumulativität* einer Inferenzoperation aus:

$$\mathcal{A} \subseteq \mathcal{B} \subseteq Cn(\mathcal{A}) \quad \text{impliziert} \quad Cn(\mathcal{B}) = Cn(\mathcal{A})$$

Kumulativität besagt also, dass *die Hinzunahme ableitbaren Wissens die Menge der Inferenzen nicht verändert.* Sie verleiht dem Inferenzprozess daher eine verlässliche Stabilität, die im Bereich des nichtmonotonen Schließens sehr geschätzt wird.

Wir wollen nun der Frage nachgehen, ob die bisher vorgestellten Inferenzrelationen das Kriterium der Kumulativität erfüllen. Wir beginnen mit der Reiter'schen Defaultlogik und betrachten das folgende Beispiel:

Beispiel 9.58 (Kumulativität) $T = (W, \Delta)$ sei die Reiter'sche Default-Theorie mit $W = \emptyset$ und

$$\Delta = \{\delta_1 = \frac{\top \,:\, a}{a}, \ \delta_2 = \frac{a \vee b \,:\, \neg a}{\neg a}\}$$

Die einzige Extension ist hier $Cn(\{a\})$, da nur δ_1 angewendet werden kann. Also ist

$$C_\Delta^{Reiter}(\emptyset) = Cn(\{a\})$$

und insbesondere $a \vee b \in C_\Delta^{Reiter}(\emptyset)$. Wir erweitern nun $W = \emptyset$ um diese nichtmonotone Folgerung $a \vee b$ zu $W' = \{a \vee b\}$ und betrachten die Default-Theorie $T' = (W', \Delta)$. Hier können nun beide Defaults (jeder für sich!) angewendet werden, und wir erhalten daher die zwei Extensionen

$$
\begin{aligned}
E_1 &= Cn(\{a \vee b, \ a\}) = Cn(\{a\}) \quad \text{und} \\
E_2 &= Cn(\{a \vee b, \ \neg a\}) = Cn(\{\neg a, \ b\})
\end{aligned}
$$

Dann ist $C_\Delta^{Reiter}(W') = E_1 \cap E_2 \neq Cn(\{a\}) = C_\Delta^{Reiter}(W)$, da $a \notin E_1 \cap E_2$. □

Dieses Beispiel zeigt, dass die Reiter'sche Default-Logik nicht kumulativ ist. Genauer gesagt, erfüllt sie nicht die Eigenschaft der vorsichtigen Monotonie. Es gilt nämlich:

Proposition 9.59 *Die Reiter'sche Inferenzoperation C_Δ^{Reiter} erfüllt die Schnitt-eigenschaft.*

Ein Beweis findet sich in [193] und in [143]. Da C_Δ^{Reiter} nachgewiesenermaßen nicht kumulativ ist, kann sie daher nicht vorsichtig monoton sein.

Auch die JTMS-Inferenzoperation ist nicht kumulativ. Die Übertragung des Beispiels 9.58 in die Sprache der JTMS liefert das entsprechende Gegenbeispiel. Eine kumulative Version eines JTMS wird in [29] vorgestellt.

Die Antwortmengensemantik logischer Programme ist ebenfalls nicht vorsichtig monoton. Ein Gegenbeispiel lässt sich hier mit Hilfe des Programms

$$\mathcal{P}: \quad \begin{aligned} P(a) &\leftarrow \; not \; P(b). \\ P(b) &\leftarrow \; P(c), \; not \; P(a). \\ P(c) &\leftarrow \; P(a). \end{aligned}$$

konstruieren. Die einzige Antwortmenge von $\mathcal{P}$ ist $S_1 = \{P(a), P(c)\}$, also gilt $\mathcal{P} \models^{as} P(a), P(c)$. Wir erweitern nun $\mathcal{P}$ um das Faktum $P(c).$, das ja eine Folgerung von $\mathcal{P}$ ist. Das neue Programm $\mathcal{P}'$ besitzt neben S_1 noch eine weitere Antwortmenge $S_2 = \{P(b), P(c)\}$. Wir haben also nun $\mathcal{P}' \not\models^{as} P(a)$, d.h. die Hinzunahme des abgeleiteten $P(c)$ hat die bisherige Folgerung $P(a)$ ungültig gemacht.

Die Poole'sche Inferenzoperation $C_\mathcal{D}^{Poole}$ hingegen genügt sowohl der Schnitteigenschaft als auch der vorsichtigen Monotonie:

Theorem 9.60 $C_\mathcal{D}^{Poole}$ *ist kumulativ.*

Für den Beweis hierzu verweisen wir wieder auf Makinsons Übersichtsartikel [143], der einen Katalog weiterer formaler Kriterien für nichtmonotone Inferenzoperationen enthält und einige wichtige Ansätze ausführlich diskutiert.

9.13   Rückblick

Die Techniken des nichtmonotonen Schließens werden immer dann notwendig, wenn es sich um die Verarbeitung unsicheren oder unvollständigen Wissens handelt. Mit der detaillierten Vorstellung der Truth Maintenance-Systeme, zweier Default-Logiken und sowohl der stabilen als auch der Antwortmengensemantik logischer Programme haben wir drei typische Paradigmen zur Realisierung des nichtmonotonen Schließens präsentiert:

- Die Beschränkung auf Modelle mit besonderen Eigenschaften (*"besonders gute Modelle"*) ist fast für den gesamten Bereich der nichtmonotonen Logiken grundlegend und findet sich in allen vorgestellten Methoden.

- Der *Fixpunkt-Gedanke* beinhaltet die Vorstellung einer formalen Abgeschlossenheit, die die deduktive Abgeschlossenheit verallgemeinern soll.

- Der Begriff der *Maxikonsistenz* entspringt der Idee, nichtmonotones Schließen in weitestgehender Verträglichkeit mit den klassischen Logiken zu verwirklichen.

Neben dem Wunsch, nichtmonotone und damit zunächst unvorhersehbare Ableitungen zu ermöglichen (*"jumping to conclusions"*), wird in allen Ansätzen damit
auch das Bedürfnis nach Plausibilität und allgemein-logischer Sinnhaftigkeit der Ableitungen deutlich. Formale Kriterien setzen Maßstäbe, an denen diese Ansprüche
gemessen werden können. Allerdings geht eine angenehme formal-logische Qualität
einer nichtmonotonen Logik nicht selten auf Kosten ihrer Ausdrucksfähigkeit, wie
z.B. die normalen Default-Theorien zeigen. Daher sind auch die Kriterien selbst
immer wieder das Thema von Kontroversen. Eine Eigenschaft, die oft als zentrale
Forderung für nichtmonotone Inferenzrelationen angesehen wird, ist die Eigenschaft
der *Kumulativität*.

10 Argumentation

10.1 Motivation und Einführung

Der Bereich der Argumentation hat eine lange Tradition. Historisch gesehen ist Argumentation eine Teildisziplin der Philosophie, die sich mit der Analyse von Diskursen und mit Rhetorik beschäftigt. Dabei wird Argumentation zur dialektischen Erörterung benutzt, in der ein Sachverhalt unter unterschiedlichen Gesichtspunkten beleuchtet wird. Andererseits sind vielfältige Argumentationsformen Teil des wissenschaftlichen und auch des alltäglichen Lebens, die z.B. in Diskussionen, Streitigkeiten etc. zu Tage treten. In allen möglichen Situationen, in denen etwas entschieden werden muss, ist Argumentation daher eine wichtige Hilfe bei der Entscheidungsfindung. Argumentation kann gewissermaßen als eine verbale Form eines Beweises angesehen werden, wobei die einzelnen Schlussfolgerungen nur "vernünftig" sein müssen. Im einfachsten Fall ist Argumentation dabei eine Schlussfolgerungskette.

Die Bedeutung von Argumentation für Wissensrepräsentation und -verarbeitung und für die Modellierung menschlichen Schließens ist darin begründet, dass Argumentation eine der fundamentalsten Formen des *Commonsense Reasoning* ist. So kann man auch argumentieren, wenn man die Gesetzmäßigkeiten der Logik (noch) nicht kennt, wie das folgende Beispiel eines argumentierenden Kindergartenkindes zeigt: "Du musst mir Gummibärchen geben, weil Du mir Gummibärchen versprochen hast, wenn ich ganz lieb bin, und ich war ganz lieb!" Auch auf einer formalen Ebene verhalten sich Argumentation und Logik eher orthogonal zueinander. So ist Argumentation z.B. weniger strikt als Logik, weil die Schlussfolgerungen in der Regel nicht zwingend sind und es keine so klare Semantik gibt. Andererseits sind die Anforderungen an Argumentation teilweise höher als in der Logik, weil es nicht nur darum geht, ob Aussagen wahr oder falsch sind, sondern auch darum, ob und gegebenenfalls wie sie begründet werden können.

Es gibt daher eine Reihe von Gründen, sich bei der Untersuchung von Methoden wissensbasierter Systeme mit Argumentation zu beschäftigen. So sind Typen von Alltagsinferenzen für die Modellierung realer Szenarien und für die Mensch-Maschine-Interaktion ebenso wichtig wie Alltagswissen. Weiterhin ermöglicht Argumentation nichtmonotone Inferenzen, und insbesondere für Multiagentensysteme stellt Argumentation eine natürliche Basis für die Gestaltung von Kommunikationen und Verhandlungen dar. Eine argumentative Architektur eines wissensbasierten Systems erlaubt besonders überzeugende Erklärungen und kann damit eine gute Akzeptanz sichern.

So gehört seit der Jahrtausendwende die Argumentation auch zu den wichtigsten Themen in der Wissensrepräsentationsforschung. Zum einen mag das dadurch begründet sein, dass mit dem zunehmenden Interesse an Multiagentensystemen Methoden verteilter Wissensbildung und Entscheidungsfindung immer wichtiger wer-

© Springer Fachmedien Wiesbaden GmbH, ein Teil von Springer Nature 2019
C. Beierle und G. Kern-Isberner, *Methoden wissensbasierter Systeme*,
Computational Intelligence, https://doi.org/10.1007/978-3-658-27084-1_10

den, und für diesen Kontext bietet die Argumentation mit ihrer inhärenten Aufar-
beitung unterschiedlicher Standpunkte beste Voraussetzungen. Zum anderen bietet
sie eine Alternative zur Logik als formale Basismethodik, so dass gerade in den
letzten Jahren Untersuchungen zu ihren Verbindungen zu anderen Ansätzen der
Wissensrepräsentation stark zugenommen haben.

Einige einführende Beispiele sollen die Bandbreite von Argumentation und Ar-
gumentationssituationen illustrieren.

Beispiel 10.1 (Crash auf der Kreuzung) Nach einem Zusammenstoß zweier
PKW könnte der folgende Dialog zwischen zwei Zeugen A und B entstehen:

A: Wer war denn schuld an dem Unfall?

B: Ich glaube, der Mercedes war schuld, der VW kam von rechts.

A: Schon, aber es gibt eine Ampel, und der Mercedes hatte grün!

B: Stimmt, aber die Ampel ist doch defekt, sie blinkt auf der VW-Seite gelb! □

Auch das folgende Beispiel illustriert die Vielfalt möglicher Argumente, die wir
in Gesprächen und Auseinandersetzungen vorbringen.

Beispiel 10.2 (Studiengebühren) Aus einem Gespräch über Studiengebühren:

A: Ich finde, Studiengebühren sollten abgeschafft werden.

B: Und woher soll dann das Geld für unsere kleinen Übungsgruppen und Seminare
   kommen?

A: Na, vom Staat! Der Gesellschaft ist doch ein guter Bildungsstandard wichtig!

B: Ist ihr nicht! Ein dummes Volk lässt sich leichter regieren, das wussten schon
   die alten Römer – damals gab es "Brot und Spiele", heute heißt das "Burger
   und Superstar".

A: Mag sein ... aber es sollte nicht so sein!

B: Und was willst Du daran ändern?

A: Studiengebühren abschaffen!

B: ...   □

Ein aktiver Forschungsbereich der wissensbasierten Systeme sind juristische
Systeme, zu denen Argumentationstheorie besonders gut passt (vgl. z.B. [16]). Die
in dem folgenden Beispiel beschriebene Situation wird in [14] im Rahmen eines auf
Argumentation basierenden Unterstützungssystems für das Zivilrecht behandelt.

Beispiel 10.3 (Autokauf) Bobby Buyer (B) hat bei Sally Seller (S), dem größten
Autohändler in der Stadt, einen Neuwagen bestellt. Am vereinbarten Termin liefert
S den Wagen aber nicht aus. Kann B die Herausgabe des Wagens von S verlangen?

Die juristische Beurteilung dieses Falls hängt von den jeweils geltenden Rechts-
vorschriften ab. Wenn wir annehmen, dass B und S in einem Land leben, in dem die
Prinzipien der UNIDROIT-Organisation (*Institut international pour l'unification du
droit; International Institute for the Unification of Private Law*) gelten, müsste der
Fall nach dem folgenden Artikel 7.2.2 der UNIDROIT-Prinzipien beurteilt werden
[105]:

Artikel 7.2.2 *(Erfüllung einer nicht auf Geld gerichteten Leistungspflicht)*
Erfüllt eine Partei nicht, die zu einer anderen Leistung als einer Geldzahlung verpflichtet ist, so kann die andere Partei Erfüllung fordern, es sei denn,

(a) die Erfüllung ist rechtlich oder tatsächlich unmöglich;

(b) die Erfüllung oder, sofern erheblich, die Durchsetzung ist unzumutbar beschwerlich oder teuer;

(c) die Partei mit Anspruch auf Erfüllung kann vernünftigerweise die Leistung aus anderer Quelle erlangen;

(d) die Leistung hat höchstpersönlichen Charakter; oder

(e) die Partei mit Anspruch auf Erfüllung fordert die Erfüllung nicht binnen angemessener Zeit, nachdem sie der Nichterfüllung gewahr wurde oder hätte werden sollen.   □

Um Situationen wie in Beispiel 10.3 zu klären, müssen Argumente vorgebracht und gegeneinander abgewogen werden. Insgesamt kann Argumentation als ein *Evaluations- und Folgerungsprozess* mit den folgenden Schritten betrachtet werden:

- Konstruktion von Argumenten mit Hilfe einer Wissensbasis (oft aus Regeln):

  - unterstützend für eine Behauptung (*Pro-Argumente*),

  - gegen eine Behauptung (*Gegenargumente*),

- Bestimmung von Konflikten zwischen Argumenten,

- Evaluierung der Akzeptanz von Argumenten,

- Bestimmung der gerechtfertigten Folgerungen.

Für die Argumentationstheorie sind Regeln wichtige Bausteine, um Argumente aufzubauen. Argumente basieren typischerweise auf unsicheren, plausiblen Regeln, sie können aber auch strikte Regeln verwenden. Argumente, die wohlbegründet sind, bei denen also eine Behauptung auf der anderen aufbaut und bei der man die einzelnen Schlussfolgerungen nachvollziehen kann, werden im Alltagsleben als intuitiv logisch empfunden. In der KI realisieren moderne formale Argumentationssysteme das, was frühe regelbasierte Systeme ohne Logik anstrebten, z.B. Truth Maintenance Systeme (Kapitel 7.3) oder Vererbungsnetze.

Argumentationssysteme erlauben nichtmonotone Schlussfolgerungen, aber die Konstruktion von Argumenten ist in der Regel monoton: Neues Wissen zerstört kein Argument, sondern kann neue Argumente entstehen lassen, die mit anderen Argumenten interagieren und sie evtl. entkräften. Argumente $\mathcal{A}_1, \mathcal{A}_2$ können in der folgenden Form interagieren:

- $\mathcal{A}_1$ *greift* $\mathcal{A}_2$ *an* ($\mathcal{A}_1$ *bedroht* $\mathcal{A}_2$) ist eine nicht symmetrische Relation; $\mathcal{A}_1$ ist dann ein *Gegenargument* zu $\mathcal{A}_2$. Bei Angriffen unterscheidet man:

  - $\mathcal{A}_1$ *widerlegt* $\mathcal{A}_2$, wenn $\mathcal{A}_1$ das Gegenteil von $\mathcal{A}_2$ behauptet;

  - $\mathcal{A}_1$ *untergräbt* $\mathcal{A}_2$, wenn $\mathcal{A}_1$ einen Teil der Schlussfolgerungskette angreift, auf der $\mathcal{A}_2$ basiert;

- $\mathcal{A}_1$ *schlägt* $\mathcal{A}_2$, wenn $\mathcal{A}_1$ $\mathcal{A}_2$ angreift und *besser* als $\mathcal{A}_2$ ist; dies erfordert also eine *Vergleichsrelation* zwischen Argumenten.

Ein Argument ist ein *Garant*, wenn es nach einem vollständigen dialektischen Erörterungsprozess letztendlich ungeschlagen bleibt.

Wir werden in diesem Kapitel zwei Argumentationssysteme vorstellen, die die oben skizzierten Konzepte formalisieren: Zum einen den stark dialektischen, proceduralen DeLP-Ansatz [76], zum anderen das vollkommen abstrakte Argumentationssystem nach Dung [59]. Weiterhin behandeln wir Labelingfunktionen, mit denen sich viele wichtige Eigenschaften abstrakter Argumentationssysteme sehr gut charakterisieren lassen, und zeigen, wie auf der Basis von Labelingfunktionen erweiterte logische Programme und deren Antwortmengensemantik (vgl. Kapitel 9) für Berechnungen in abstrakten Argumentationssystemen genutzt werden können.

10.2 DeLP – Argumentieren mit Regeln

In diesem Abschnitt werden wir uns mit einem Ansatz beschäftigen, der Argumentieren mit Regeln auf eine sehr intuitive und grundsätzliche Art ermöglicht. Dazu stellen wir Syntax und Semantik der Sprache DeLP (*Defeasible Logic Programming*) [76] vor, die Elemente des logischen Programmierens verwendet und Argumente durch Regelverkettungen aufbaut. Die Schlussfolgerung eines solchen Argumentes ist erst einmal eine Hypothese, der widersprochen werden kann. Durch dialektische Analyse aller Argumente, die für oder gegen eine als Anfrage gestellte Hypothese sprechen, wird die Akzeptabilität der Hypothese bzw. Anfrage entschieden. Der Aufbau dieses Abschnitts 10.2 folgt dabei der Arbeit [76]; auch die Beispiele und Abbildungen in diesem Abschnitt sind [76] entnommen oder daran angelehnt.

10.2.1 DeLP-Programme und Ableitungen

Ein DeLP-Programm besteht aus Fakten und Regeln, wobei es zwei unterschiedliche Arten von Regeln gibt. Ähnlich wie beim erweiterten logischen Programmieren nehmen wir auch hier immer an, dass eine passende logische Sprache, die dem betrachteten DeLP-Programm zugrunde liegt, gegeben ist.

Definition 10.4 (DeLP-Fakt, Regel, Programm) Ein *DeLP-Fakt*, geschrieben als $L.$, besteht aus einem Grundliteral L, also einem nicht negierten Atom A oder einem negierten Atom $\neg A$. Sind $L_0, L_1, \ldots, L_n$ Grundliterale, $n \geq 1$, so ist

$$L_0 \leftarrow L_1, \ldots, L_n.$$

eine *sichere Regel* und

$$L_0 \prec L_1, \ldots, L_n.$$

eine *unsichere Regel*. Ein *DeLP-Programm*

$$\mathcal{P} = (\Pi, \Delta)$$

besteht aus einer Menge Π von Fakten und sicheren Regeln und einer Menge Δ von unsicheren Regeln. $\qquad\square$

Wie im logischen Programmieren üblich, wird L_0 *Kopf* und $L_1, \ldots, L_n$ *Rumpf* der Regel genannt. Ein typisches Beispiel für eine sichere Regel aus der schon mehrfach bemühten Vogelwelt ist *bird* ← *penguin.*, während *flies* ≺ *bird.* eine unsichere Regel ist.

Da zwischen den Elementen von Π und Δ keine Verwechslungsgefahr besteht, werden wir manchmal für ein DeLP-Programm $\mathcal{P} = (\Pi, \Delta)$ das Symbol $\mathcal{P}$ auch für die Menge $\Pi \cup \Delta$ verwenden. So können wir beispielsweise für zwei DeLP-Programme $\mathcal{P}$ und $\mathcal{P}'$ durch $\mathcal{P} \subseteq \mathcal{P}'$ ausdrücken, dass $\mathcal{P}'$ eine Erweiterung von $\mathcal{P}$ ist.

Grundsätzlich sind die in Def. 10.4 eingeführten DeLP-Fakten und -Regeln und damit auch DeLP-Programme variablenfrei. In Beispielen werden wir aber oft Regeln mit Variablen wie in einer prädikatenlogischen Sprache verwenden. Diese sind dann als Regelschemata zu verstehen, die jeweils als Abkürzung für die Menge aller Grundinstanzen der Regel stehen.

Im folgenden Beispiel aus [76] bekommt der uns schon vertraute Pinguin Twee-ty Gesellschaft vom Huhn Tina, und Tina wird uns in weiteren Beispielen und Selbsttestaufgaben dieses Abschnitts immer wieder begegnen.

Beispiel 10.5 (DeLP-Programm – Tina 1 [76]) Das DeLP-Programm $\mathcal{P}_{tina}$ $= (\Pi, \Delta)$ besteht aus den beiden Mengen

$$\Pi = \left\{ \begin{array}{l} bird(x) \leftarrow chicken(x). \\ bird(x) \leftarrow penguin(x). \\ \neg flies(x) \leftarrow penguin(x). \\ chicken(tina). \\ penguin(tweety). \\ scared(tina). \end{array} \right\}, \quad \Delta = \left\{ \begin{array}{l} flies(x) \prec bird(x). \\ \neg flies(x) \prec chicken(x). \\ flies(x) \prec chicken(x), scared(x). \\ nests\_in\_trees(x) \prec flies(x). \end{array} \right\}$$

Beachten Sie, dass in diesem Beispiel Pinguine definitiv nicht fliegen, während Hühner nur unsicher nicht fliegen.   □

Wie im logischen Programmieren auch, werden in DeLP Schlussfolgerungen durch Verkettung von Regeln erzielt. Da dabei auch unsichere Regeln verwendet werden können, sprechen wir in DeLP von anfechtbaren Ableitungen.

Definition 10.6 ((anfechtbare) Ableitung) Sei $\mathcal{P} = (\Pi, \Delta)$ ein DeLP-Programm, L ein Literal. Eine *(anfechtbare) Ableitung* (engl. *defeasible derivation*) von L aus $\mathcal{P}$, geschrieben

$$\mathcal{P} \hspace{0.1em}|\hspace{-0.3em}\sim L,$$

ist eine endliche Folge von Literalen $L_1, L_2, \ldots, L_n$ mit $L_n = L$, so dass für jedes Literal L_i gilt:

- L_i ist ein Fakt in Π, oder

- es gibt eine Regel r in $\mathcal{P}$ mit Kopf L_i und Rumpf $B_1, B_2, \ldots, B_k$, und jedes Rumpfliteral B_j kommt in der Folge $L_1, \ldots, L_{i-1}$ vor.   □

Das folgende Beispiel und die anschließende Selbsttestaufgabe zeigen, dass es Ableitungen eines DeLP-Programms für komplementäre Literale geben kann.

Beispiel 10.7 (Tina 2) Für das DeLP-Programm $\mathcal{P}_{tina}$ aus Beispiel 10.5 betrachten wir die Menge der Grundinstanzen der darin enthaltenen Regeln über den in $\mathcal{P}_{tina}$ auftretenden Konstanten. Dann ist $\mathcal{P}_{tina} \mathrel{|\!\!\sim} Flies(tina)$ mit der Literalkette

$$chicken(tina),\ bird(tina),\ flies(tina)$$

eine Ableitung von *flies(tina)* aus $\mathcal{P}_{tina}$. □

Selbsttestaufgabe 10.8 (anfechtbare Ableitung) Begründen Sie, warum nach Beispiel 10.7 $\mathcal{P}_{tina} \mathrel{|\!\!\sim} flies(tina)$ gilt. Zeigen Sie außerdem, dass auch $\mathcal{P}_{tina} \mathrel{|\!\!\sim} \neg flies(tina)$ gilt. ■

Ein DeLP-Programm $\mathcal{P}$ heißt *widersprüchlich*, wenn man aus ihm komplementäre Literale ableiten kann. Ein Beispiel für ein widersprüchliches DeLP-Programm ist $\mathcal{P}_{tina}$, weil $\mathcal{P}_{tina} \mathrel{|\!\!\sim} flies(tina)$ und $\mathcal{P}_{tina} \mathrel{|\!\!\sim} \neg flies(tina)$ gilt. Den Fall, dass bereits die Fakten und die sicheren Regeln eines DeLP-Programms widersprüchlich sind, wollen wir aber ausschließen. Für alle im Folgenden betrachteten DeLP-Programme $\mathcal{P} = (\Pi, \Delta)$ nehmen wir daher an, dass das DeLP-Programm $\mathcal{P} = (\Pi, \emptyset)$ nicht widersprüchlich ist. Das Programm $\mathcal{P}_{tina}$ erfüllt offensichtlich diese Bedingung.

Definition 10.9 (sichere Ableitung) Eine Ableitung eines Literals L aus einem DeLP-Programm $\mathcal{P} = (\Pi, \Delta)$ heißt *sicher*, notiert als $\mathcal{P} \vdash L$, wenn sie keine Regeln aus Δ verwendet. □

Während anfechtbare Ableitungen sowohl sichere als auch unsichere Regeln enthalten können, darf eine sichere Ableitung also nur Fakten und sichere Regeln verwenden. Ist in $\mathcal{P}$ kein Fakt enthalten, dann kann es keine Ableitungen aus $\mathcal{P}$ geben. Weiterhin kann es zu einem Literal im Allgemeinen mehrere Ableitungen aus $\mathcal{P}$ geben.

Selbsttestaufgabe 10.10 (Monotonie von DeLP-Ableitungen) Seien $\mathcal{P}$ und $\mathcal{P}'$ zwei DeLP-Programme, für die $\mathcal{P} \subseteq \mathcal{P}'$ gilt. Begründen Sie, warum $\mathcal{P} \vdash L$ auch $\mathcal{P}' \vdash L$ impliziert und warum $\mathcal{P} \mathrel{|\!\!\sim} L$ auch $\mathcal{P}' \mathrel{|\!\!\sim} L$ impliziert. ■

10.2.2 Argumente und Gegenargumente

Ist ein DeLP-Programm $\mathcal{P}$ widersprüchlich, so basiert diese Widersprüchlichkeit auf anfechtbaren Ableitungen, die unsichere Regeln verwenden. Abgeleitete Literale können noch nicht direkt geglaubt werden, sie haben eher den Charakter von Hypothesen. Wenn es aus $\mathcal{P}$ sowohl eine Ableitung für eine Hypothese h als auch eine Ableitung für $\neg h$ gibt (vgl. Selbsttestaufgabe 10.8), so könnte man argumentieren, dass die Ableitung von h schlagkräftiger ist als die von $\neg h$; andererseits könnte es eine andere Ableitung für $\neg h$ geben, die wiederum schlagkräftiger ist als die verwendete Ableitung von h, usw. Um in solchen Fällen Ableitungen miteinander vergleichen und bewerten zu können, stellt DeLP einen Argumentationsformalismus zur Verfügung. Das zentrale Element dieses Formalismus ist das Konzept eines DeLP-Arguments, das eine minimale, in sich nicht widersprüchliche Menge von Regeln darstellt, die in einer Ableitung verwendet werden.

Definition 10.11 (DeLP-Argument) Sei $\mathcal{P} = (\Pi, \Delta)$ ein DeLP-Programm, sei h ein Literal und sei $\mathcal{A} \subseteq \Delta$ eine Menge von unsicheren Regeln. Das Paar $\langle \mathcal{A}, h \rangle$ ist ein *DeLP-Argument für h*, wenn gilt:

- $\Pi \cup \mathcal{A}$ ist nicht widersprüchlich,

- $\Pi \cup \mathcal{A} \mathrel{|\!\!\!\sim} h$ und

- $\mathcal{A}$ ist minimal mit dieser Eigenschaft, d.h., es gibt keine (echte) Teilmenge $\mathcal{A}' \subsetneq \mathcal{A}$ mit $\Pi \cup \mathcal{A}' \mathrel{|\!\!\!\sim} h$.

Ist $\langle \mathcal{A}, h \rangle$ ein DeLP-Argument für h, so ist h die *Schlussfolgerung*, die von $\mathcal{A}$ unterstützt wird.   □

Beachten Sie, dass Fakten und sichere Regeln nicht Teil eines DeLP-Arguments sind; diese werden vielmehr als Basiswissen angesehen, die in allen Ableitungen verwendet werden können.

Beispiel 10.12 (Tina 3) Aus dem in Beispiel 10.5 definierten $\mathcal{P}_{tina}$ kann $\neg flies(tweety)$ sicher abgeleitet werden. Daher ist $\langle \emptyset, \neg flies(tweety) \rangle$ ein DeLP-Argument für $\neg flies(tweety)$.   □

Selbsttestaufgabe 10.13 (DeLP-Argument bei sicheren Ableitungen)
Sei h sicher aus einem DeLP-Programm $\mathcal{P}$ ableitbar. Zeigen Sie, dass $\langle \emptyset, h \rangle$ ein Argument für h ist und dass es kein anderes Argument für h geben kann.   ■

Gilt $\mathcal{P} \vdash h$, so ist $\langle \emptyset, h \rangle$ also ein eindeutiges Argument für h. Weiterhin kann in diesem Fall auch kein Argument für das komplementäre Literal $\neg h$ existieren.

Selbsttestaufgabe 10.14 (sichere DeLP-Ableitungen nicht angreifbar)
Sei h sicher aus einem DeLP-Programm $\mathcal{P}$ ableitbar. Zeigen Sie, dass es dann kein Argument für $\neg h$ gibt.   ■

In Selbsttestaufgabe 10.10 wurde gezeigt, dass sowohl sichere als auch unsichere Ableitungen aus einem DeLP-Programm $\mathcal{P}$ in dem Sinne monoton sind, dass für jede Erweiterung $\mathcal{P}'$ von $\mathcal{P}$ um Fakten oder Regeln die Ableitung auch aus $\mathcal{P}'$ möglich ist. Im Gegensatz dazu ist die Konstruktion von DeLP-Argumenten grundsätzlich nichtmonoton, denn das Hinzufügen von Fakten und sicheren Regeln kann ein Argument widersprüchlich machen.

Beispiel 10.15 (Nichmonotonie von DeLP-Argumenten) Sei $\mathcal{P} = (\Pi, \Delta)$ mit $\Pi = \{a\}$ und $\Delta = \{h \prec a.\}$ ein DeLP-Programm. Dann ist $\langle \mathcal{A}, h \rangle$ mit $\mathcal{A} = \{h \prec a.\}$ ein Argument. In dem DeLP-Programm $\mathcal{P}' = (\Pi \cup \{\neg h\}, \Delta)$, für das $\mathcal{P} \subseteq \mathcal{P}'$ gilt, ist $\langle \mathcal{A}, h \rangle$ jedoch kein Argument mehr.   □

Ein Argument liefert mit Hilfe von Regeln eine Begründung für eine Hypothese, die angegriffen werden kann. Um die Regelkette eines Argumentes anzugreifen, reicht es aus, einen Teil dieser Regelkette anzugreifen. Für die Präzisierung dieses Sachverhalts wird das Konzept eines Subarguments benötigt.

Definition 10.16 (Subargument) Ein Argument $\langle \mathcal{A}', h' \rangle$ heißt *Subargument* von $\langle \mathcal{A}, h \rangle$, wenn $\mathcal{A}' \subseteq \mathcal{A}$ gilt. □

Subargumente können leicht aus Argumenten gewonnen werden, aber die Vereinigung von zwei Argumenten $\langle \mathcal{A}, h \rangle$ und $\langle \mathcal{B}, q \rangle$ liefert nicht automatisch wieder ein Argument, da $\mathcal{A} \cup \mathcal{B}$ nicht minimal oder $\mathcal{A} \cup \mathcal{B} \cup \Pi$ widersprüchlich sein könnte.

Beispiel 10.17 (Vereinigung von Argumenten kein Argument) Für   das DeLP-Programm $\mathcal{P} = (\Pi, \Delta)$ mit

$$\Pi = \left\{ \begin{array}{ll} c. & h \leftarrow h_1, h_2. \\ d. & p \leftarrow h_1. \\ h_1 \leftarrow b_1. & \neg p \leftarrow h_2. \\ h_2 \leftarrow b_2. \end{array} \right\}, \quad \Delta = \left\{ \begin{array}{l} b_1 \prec c. \\ b_2 \prec d. \end{array} \right\}$$

gelten:

- $\langle \mathcal{A}_1, h_1 \rangle$ mit $\mathcal{A}_1 = \{b_1 \prec c.\}$ ist ein Argument für h_1.
- $\langle \mathcal{A}_2, h_2 \rangle$ mit $\mathcal{A}_2 = \{b_2 \prec d.\}$ ist ein Argument für h_2.
- Sei $\mathcal{A} = \mathcal{A}_1 \cup \mathcal{A}_2 = \{b_1 \prec c., b_2 \prec d.\}$. Dann gilt zwar $\Pi \cup \mathcal{A} \hspace{0.5mm}\vdash\hspace{-1mm}\sim h$, aber $\langle \mathcal{A}, h \rangle$ ist kein Argument, da wegen $\Pi \cup \mathcal{A} \hspace{0.5mm}\vdash\hspace{-1mm}\sim p$ und $\Pi \cup \mathcal{A} \hspace{0.5mm}\vdash\hspace{-1mm}\sim \neg p$ die Menge $\Pi \cup \mathcal{A}$ widersprüchlich ist. □

Eine Antwort, die für eine Anfrage an ein DeLP-Programm geliefert wird, muss mit Argumenten unterstützt werden. Eine Anfrage q wird gelingen, wenn es ein Argument für q gibt und es weiterhin kein erfolgreiches Gegenargument gibt. Ein Gegenargument ist dabei ein Argument für einen strittigen Punkt in der benutzten Argumentation für q.

Definition 10.18 (strittig) Für das DeLP-Programm $\mathcal{P} = (\Pi, \Delta)$ sind zwei Literale h, h' *strittig* gdw. die Menge $\Pi \cup \{h, h'\}$ widersprüchlich ist. □

Zwei komplementäre Literale p und $\neg p$ sind damit trivialerweise für jedes DeLP-Programm strittig, aber auch nicht komplementäre Literale können strittig sein. So sind für $\mathcal{P} = (\Pi, \Delta)$ aus Beispiel 10.17 die Literale h_1 und h_2 strittig, da $\Pi \cup \{h_1, h_1\}$ widersprüchlich ist.

Definition 10.19 (Gegenargument) Sei $\mathcal{P} = (\Pi, \Delta)$ ein DeLP-Programm. Ein Argument $\langle \mathcal{A}_1, h_1 \rangle$ heißt *Gegenargument zu* $\langle \mathcal{A}_2, h_2 \rangle$ *am Punkt* h genau dann, wenn es ein Subargument $\langle \mathcal{A}, h \rangle$ von $\langle \mathcal{A}_2, h_2 \rangle$ gibt, so dass h und h_1 strittig sind. Dann heißt h *Gegenargumentationspunkt* und $\langle \mathcal{A}, h \rangle$ heißt *strittiges Subargument*. □

Je nachdem, ob ein Gegenargument die Schlussfolgerung des angegriffenen Arguments oder einen inneren Punkt angreift, spricht man von einem *direkten* oder einem *indirekten* Angriff.

Beispiel 10.20 (direkter und indirekter Angriff – Tina 4) Für $\mathcal{P}_{tina}$ aus Beispiel 10.5 ist $\langle \neg flies(tina) \prec chicken(tina)., \neg flies(tina) \rangle$ ein Gegenargument zu $\langle flies(tina) \prec bird(tina)., flies(tina) \rangle$ und umgekehrt. Hier liegt also ein direkter Angriff vor. Für das Argument $\langle \mathcal{A}_4, nests\_in\_trees(tina) \rangle$ mit

$$\mathcal{A}_4 = \{\,nests\_in\_trees(tina) \prec flies(tina)., \; flies(tina) \prec bird(tina).\,\}$$

ist das Argument $\langle\{\neg flies(tina) \prec chicken(tina).\}, \neg flies(tina)\rangle$ dagegen ein indirekter Angriff, da es das strittige Subargument $\langle\{flies(tina) \prec bird(tina).\}, flies(tina)\rangle$ angreift. Die folgende Abbildung veranschaulicht diesen Sachverhalt, wobei $nests\_in\_tr$ für $nests\_in\_trees$ steht:

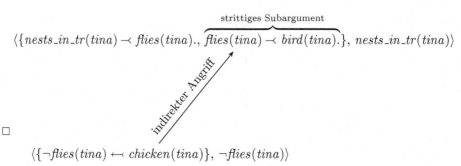

$$\langle\{nests\_in\_tr(tina) \prec flies(tina)., \; \overbrace{flies(tina) \prec bird(tina).}^{\text{strittiges Subargument}}\}, \; nests\_in\_tr(tina)\rangle$$

$$\langle\{\neg flies(tina) \leftarrowtail chicken(tina)\}, \neg flies(tina)\rangle$$

□

Um die Struktur von Argumenten sowie ihre Beziehungen untereinander zu visualisieren, wird in [76] eine graphische Darstellung verwendet. Argumente werden durch Dreiecke symbolisiert, wobei die Spitze des Dreiecks mit der Schlussfolgerung des Arguments markiert wird und Subargumente als kleine innere Dreiecke dargestellt werden. In Abbildung 10.1(a) ist auf der linken Seite die Illustration eines Arguments $\langle\mathcal{A}_2, h_2\rangle$ mit dem Subargument $\langle\mathcal{A}, h\rangle$ angegeben. Weiterhin werden in Abbildung 10.1 die Situationen bei einem indirekten und einem direkten Angriff graphisch veranschaulicht.

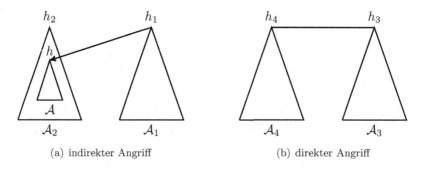

(a) indirekter Angriff   (b) direkter Angriff

Abbildung 10.1 Argument und Subargument; direkter und indirekter Angriff [76]

Sichere Ableitungen garantieren sichere, unstrittige Argumente, für die es weder direkte noch indirekte Gegenargumente gibt. Andererseits kann ein sicheres Argument auch niemals als Gegenargument verwendet werden. Diese Beobachtungen sind Gegenstand der beiden folgenden Propositionen.

Proposition 10.21 *Wenn $\langle\emptyset, q\rangle$ ein sicheres Argument bzgl. $\mathcal{P} = (\Pi, \Delta)$ ist, kann es dazu kein Gegenargument geben.*

Beweis: Wir nehmen an, dass es ein Gegenargument $\langle \mathcal{A}, h \rangle$ zu $\langle \emptyset, q \rangle$ gibt. Dann muss $\Pi \cup \{h, q\}$ inkonsistent sein. Da $\Pi \vdash q$, muss daher auch $\Pi \cup \{h\}$ inkonsistent sein. Daraus folgt, dass $\Pi \cup \mathcal{A}$ widersprüchlich ist, im Widerspruch zu der Annahme, dass $\langle \mathcal{A}, h \rangle$ ein Argument ist. ∎

Proposition 10.22 *Wenn $\langle \emptyset, q \rangle$ ein sicheres Argument bzgl. $\mathcal{P} = (\Pi, \Delta)$ ist, kann es kein Gegenargument zu irgendeinem Argument sein.*

Beweis: Wir nehmen an, dass es ein Argument $\langle \mathcal{A}_1, h_1 \rangle$ gibt, so dass $\langle \emptyset, q \rangle$ das Argument $\langle \mathcal{A}_1, h_1 \rangle$ angreift. Dann muss es ein Subargument $\langle \mathcal{A}, h \rangle$ von $\langle \mathcal{A}_1, h_1 \rangle$ geben, so dass $\Pi \cup \{h, q\}$ inkonsistent ist. Da $\Pi \vdash q$, muss daher auch $\Pi \cup \{h\}$ inkonsistent sein. Daraus folgt, dass $\Pi \cup \mathcal{A}$ widersprüchlich ist, im Widerspruch zu der Annahme, dass $\langle \mathcal{A}, h \rangle$ ein Argument ist. ∎

10.2.3 Qualitätskriterien für Argumente

Wenn ein Argument ein anderes angreift, kann eine Pattsituation entstehen. Andererseits kann ein Argument auch besser als das andere sein und das andere Argument schlagen. Man könnte sagen, dass ein Argument besser ist als ein anderes, wenn es genauere Informationen benutzt oder wenn es direkter ist, d.h., wenn es weniger Regeln benutzt. Die *(verallgemeinerte) Spezifität (generalized specificity)* versucht, diese beiden Gesichtspunkte zu berücksichtigen. Zur Vereinfachung der Darstellung verwenden wir folgende **Notation:**

Sei $\mathcal{P} = (\Pi, \Delta)$ ein DeLP-Programm. Dann ist:

Π_R die Menge der sicheren Regeln in Π

$\mathcal{F}_\mathcal{P}$ die Menge aller Literale L mit $\mathcal{P} \mathrel{|\!\sim} L$

In Π_R sind also keine Fakten enthalten, und in $\mathcal{F}_\mathcal{P}$ sind insbesondere alle Fakten und die Schlussfolgerungen aller sicheren Ableitungen enthalten.

Definition 10.23 (Spezifität, "Spezieller-als"-Relation) Seien $\langle \mathcal{A}_1, h_1 \rangle$ und $\langle \mathcal{A}_2, h_2 \rangle$ Argumente bzgl. $\mathcal{P} = (\Pi, \Delta)$. $\langle \mathcal{A}_1, h_1 \rangle$ ist *spezifischer* als $\langle \mathcal{A}_2, h_2 \rangle$, geschrieben

$$\langle \mathcal{A}_1, h_1 \rangle \succ_{spec} \langle \mathcal{A}_2, h_2 \rangle,$$

wenn die folgenden Punkte gelten:

1. Für alle $H \subseteq \mathcal{F}_\mathcal{P}$, wenn $\Pi_R \cup H \cup \mathcal{A}_1 \mathrel{|\!\sim} h_1$ und $\Pi_R \cup H \not\vdash h_1$, dann auch $\Pi_R \cup H \cup \mathcal{A}_2 \mathrel{|\!\sim} h_2$.

2. Es gibt $H' \subseteq \mathcal{F}_\mathcal{P}$, so dass $\Pi_R \cup H' \cup \mathcal{A}_2 \mathrel{|\!\sim} h_2$ und $\Pi_R \cup H' \not\vdash h_2$, aber $\Pi_R \cup H' \cup \mathcal{A}_1 \mathrel{|\!\!\not\sim} h_1$. □

Wenn wie im ersten Punkt von Definition 10.23 für eine Menge H die Aussage $\Pi_R \cup H \cup \mathcal{A}_1 \mathrel{|\!\sim} h_1$ gilt, dann sagt man, dass H das Argument $\langle \mathcal{A}_1, h_1 \rangle$ *aktiviert*. Zur Überprüfung der Spezifität ist es oft hilfreich, sich die minimalen Aktivierungsmengen von Argumenten anzuschauen.

Definition 10.24 (Aktivierungsmenge, minimale Aktivierungsmenge)
Sei $\mathcal{P} = (\Pi, \Delta)$ ein DeLP-Programm. Eine Menge $H \subseteq \mathcal{F}_{\mathcal{P}}$ heißt *Aktivierungsmenge* für das Argument $\langle \mathcal{A}, h \rangle$, wenn $\Pi_R \cup H \cup \mathcal{A} \hspace{1pt}|\!\!\sim h$ gilt. H ist *minimale Aktivierungsmenge* für $\langle \mathcal{A}, h \rangle$, wenn H Aktivierungsmenge für $\langle \mathcal{A}, h \rangle$ ist und keine echte Teilmenge von H das Argument $\langle \mathcal{A}, h \rangle$ aktiviert. $\qquad\square$

Die folgende Proposition ist einfach zu beweisen:

Proposition 10.25 (minimale Aktivierungsmenge) *Es gilt* $\langle \mathcal{A}_1, h_1 \rangle \succ_{spec}$ $\langle \mathcal{A}_2, h_2 \rangle$ *genau dann, wenn es für alle minimalen Aktivierungsmengen* H_1 *von* $\langle \mathcal{A}_1, h_1 \rangle$ *mit* $\Pi_R \cup H_1 \not\vdash h_1$ *eine minimale Aktivierungsmenge* H_2 *von* $\langle \mathcal{A}_2, h_2 \rangle$ *mit* $H_2 \subseteq H_1$ *gibt, es aber umgekehrt eine minimale Aktivierungsmenge* H_2' *von* $\langle \mathcal{A}_2, h_2 \rangle$ *mit* $\Pi_R \cup H_2' \not\vdash h_2$ *gibt, die keine (minimale) Aktivierungsmenge von* $\langle \mathcal{A}_1, h_1 \rangle$ *enthält.*

Beispiel 10.26 (Spezifität – Tina 5) Wir betrachten wieder $\mathcal{P}_{tina}$ aus Beispiel 10.5 und die drei folgenden Argumente:

$$\langle \mathcal{A}_1, h_1 \rangle = \langle \{\neg flies(tina) \prec chicken(tina).\}, \qquad\qquad \neg flies(tina) \rangle$$
$$\langle \mathcal{A}_2, h_2 \rangle = \langle \{flies(tina) \prec bird(tina).\}, \qquad\qquad flies(tina) \rangle$$
$$\langle \mathcal{A}_3, h_3 \rangle = \langle \{flies(tina) \prec chicken(tina), scared(tina).\}, \quad flies(tina) \rangle$$

Die minimalen Aktivierungsmengen dieser drei Argumente sind:

Argument	minimale Aktivierungsmengen
$\langle \mathcal{A}_1, h_1 \rangle$	$\{chicken(tina)\}$
$\langle \mathcal{A}_2, h_2 \rangle$	$\{bird(tina)\}, \{chicken(tina)\}$
$\langle \mathcal{A}_3, h_3 \rangle$	$\{chicken(tina), scared(tina)\}$

Für alle Argumente $\langle \mathcal{A}_i, h_i \rangle, i = 1, 2, 3$, und für alle zugehörigen minimalen Aktivierungsmengen H gilt $\mathcal{P}_{tina,R} \cup H \not\sim h_i$. Durch Anwendung von Proposition 10.25 findet man $\langle \mathcal{A}_1, h_1 \rangle \succ_{spec} \langle \mathcal{A}_2, h_2 \rangle$, da jede (minimale) Aktivierungsmenge H von $\langle \mathcal{A}_1, h_1 \rangle$ auch $\langle \mathcal{A}_2, h_2 \rangle$ aktiviert, doch die Menge $H = \{bird(tina)\}$ aktiviert $\langle \mathcal{A}_2, h_2 \rangle$, nicht aber $\langle \mathcal{A}_1, h_1 \rangle$. Tatsächlich argumentiert $\langle \mathcal{A}_1, h_1 \rangle$ direkter als das Argument $\langle \mathcal{A}_2, h_2 \rangle$, das auch die Regel $bird(tina) \leftarrow chicken(tina)$. verwendet.

Weiterhin gilt $\langle \mathcal{A}_3, h_3 \rangle \succ_{spec} \langle \mathcal{A}_1, h_1 \rangle$, da $\langle \mathcal{A}_3, h_3 \rangle$ mit den Literalen $chicken(tina)$ und $scared(tina)$ mehr Informationen verwendet als $\langle \mathcal{A}_1, h_1 \rangle$. $\qquad\square$

Selbsttestaufgabe 10.27 (Spezifität) Begründen Sie, warum im Beispiel 10.26 die Beziehung $\langle \mathcal{A}_3, h_3 \rangle \succ_{spec} \langle \mathcal{A}_1, h_1 \rangle$ gilt. $\qquad\blacksquare$

Beispiel 10.28 (Spezifität) Für das DeLP-Programm $\mathcal{P} = (\Pi, \Delta)$ mit

$$\Pi = \{a., b.\}, \quad \Delta = \{(c \prec a, b., \neg c \prec a., d \prec a., c \prec a., \neg d \prec c.\}$$

ist $\Pi_R = \emptyset$ und $\mathcal{F}_{\mathcal{P}} = \{a, b, c, \neg c, d, \neg d\}$. Für die beiden Argumente

$$\langle \mathcal{A}_1, h_1 \rangle = \langle \{c \prec a, b.\}, c \rangle$$
$$\langle \mathcal{A}_2, h_2 \rangle = \langle \{\neg c \prec a.\}, \neg c \rangle$$

sind die minimalen Aktivierungsmengen $\{a, b\}$ bzw. $\{a\}$. Damit ergibt sich sofort die Beziehung $\langle \mathcal{A}_1, h_1 \rangle \succ_{spec} \langle \mathcal{A}_2, h_2 \rangle$. □

Selbsttestaufgabe 10.29 (Spezifität) Untersuchen Sie, ob in Beispiel 10.28 die Argumentbeziehung

$$\langle \{d \prec a.\}, d \rangle \ \succ_{spec} \ \langle \{\neg d \prec c., \ c \prec a.\}, \neg d \rangle$$

besteht, und begründen Sie Ihre Antwort. ∎

Die Relation $\succ_{spec}$ definiert lediglich eine partielle Ordnung auf den Argumenten, denn Argumente können auch *unvergleichbar* sein, wie eine Fortführung des Beispiels 10.28 zeigt:

Beispiel 10.30 ($\succ_{spec}$ ist partielle Ordnung) Sei das DeLP-Programm $\mathcal{P} = (\Pi, \Delta)$ wie in Beispiel 10.28 gegeben. Da das Argument $\langle \{d \prec a.\}, d \rangle$ nur von einer Menge H mit $a \in H$ aktiviert wird und das Argument $\langle \{\neg d \prec c.)\}, \neg d \rangle$ nur von einer Menge H mit $c \in H$, sind die Argumente unvergleichbar:

$$\langle \{d \prec a.\}, d \rangle \ \not\succ_{spec} \ \langle \{\neg d \prec c.\}, \neg d \rangle$$
$$\langle \{\neg d \prec c.\}, \neg d \rangle \ \not\succ_{spec} \ \langle \{d \prec a.\}, d \rangle$$

□

10.2.4 Schlagende und blockierende Angriffe

Nach der Definition von Argumenten und Gegenargumenten kann auf der Basis einer Vergleichsrelation wie $\succ_{spec}$ auf Argumenten definiert werden, wann ein Gegenargument $\langle \mathcal{A}_1, h_1 \rangle$ schlagkräftiger ist als ein Argument $\langle \mathcal{A}_2, h_2 \rangle$ und dieses damit schlägt.

Definition 10.31 (schlagendes Gegenargument) Ein Argument $\langle \mathcal{A}_1, h_1 \rangle$ heißt *schlagendes Gegenargument* (engl. *proper defeater*) zu $\langle \mathcal{A}_2, h_2 \rangle$ *im Punkt* h genau dann, wenn die folgenden Punkte gelten:

1. Es gibt ein Subargument $\langle \mathcal{A}, h \rangle$ von $\langle \mathcal{A}_2, h_2 \rangle$, so dass $\langle \mathcal{A}_1, h_1 \rangle$ das Argument $\langle \mathcal{A}_2, h_2 \rangle$ in h angreift und

2. $\langle \mathcal{A}_1, h_1 \rangle \succ_{spec} \langle \mathcal{A}, h \rangle$. □

Beachten Sie, dass die Spezifität des Gegenarguments nur mit der Spezifität desjenigen Subarguments verglichen wird, das von diesem Gegenargument direkt angegriffen wird.

Beispiel 10.32 (schlagendes Gegenargument – Tina 6) Für die Argumente aus Beispiel 10.20 gilt: $\langle \mathcal{A}_1, h_1 \rangle$ ist ein Gegenargument zu $\langle \mathcal{A}_2, h_2 \rangle$ im Punkt h_2, und wegen $\langle \mathcal{A}_1, h_1 \rangle \succ_{spec} \langle \mathcal{A}_2, h_2 \rangle$ ist damit $\langle \mathcal{A}_1, h_1 \rangle$ ein schlagendes Gegenargument zu $\langle \mathcal{A}_2, h_2 \rangle$. □

Selbsttestaufgabe 10.33 (schlagendes Gegenargument) Untersuchen Sie in Erweiterung von Beispiel 10.32, ob für weitere Paare aus den drei Argumenten aus Beispiel 10.20 die Beziehung *schlagendes Gegenargument* vorliegt. ∎

Wenn ein Gegenargument ein Argument in einem Subargument angreift, aber gemäß $\succ_{spec}$ weder spezifischer noch unspezifischer als dieses Subargument ist, wird das angegriffene Argument zwar nicht geschlagen, aber blockiert. Die Bedingungen der folgenden Definition unterscheiden sich daher von denen in Definition 10.31 nur in dem zweiten Punkt.

Definition 10.34 (blockierendes Gegenargument) Ein Argument $\langle \mathcal{A}_1, h_1 \rangle$ heißt *blockierendes Gegenargument* (engl. *blocking defeater*) *zu* $\langle \mathcal{A}_2, h_2 \rangle$ *im Punkt h* gdw. die folgenden Punkte gelten:

1. Es gibt ein Subargument $\langle \mathcal{A}, h \rangle$ von $\langle \mathcal{A}_2, h_2 \rangle$, so dass $\langle \mathcal{A}_1, h_1 \rangle$ das Argument $\langle \mathcal{A}_2, h_2 \rangle$ in h angreift und

2. $\langle \mathcal{A}_1, h_1 \rangle$ und $\langle \mathcal{A}, h \rangle$ sind unvergleichbar bzgl. $\succ_{spec}$. □

Beispiel 10.35 (blockierendes Gegenargument) Eine typische Situation für zwei sich gegenseitig blockierende Argumente liefert die Modellierung von Beispiel 8.50 in einem DeLP-Programm $\mathcal{P} = (\Pi, \Delta)$ mit:

$$\Pi = \left\{ \begin{array}{l} qu\ddot{a}ker(nixon). \\ pazifist(nixon). \end{array} \right\}, \qquad \Delta = \left\{ \begin{array}{l} pazifist(x) \prec qu\ddot{a}ker(x). \\ \neg pazifist(x) \prec republikaner(x). \end{array} \right\}$$

Die beiden Argumente

$$\langle \mathcal{A}_1, h_1 \rangle = \langle \{pazifist(nixon) \prec qu\ddot{a}ker(nixon).\}, \qquad pazifist(nixon) \rangle$$
$$\langle \mathcal{A}_2, h_2 \rangle = \langle \{\neg pazifist(nixon) \prec republikaner(nixon).\}, \neg pazifist(nixon) \rangle$$

blockieren sich gegenseitig. □

Um ein Argument erfolgreich zu entkräften, benötigt man ein Gegenargument, das das angegriffene Argument schlägt oder zumindest blockiert.

Definition 10.36 (erfolgreiches Gegenargument) Ein *erfolgreiches Gegenargument* (engl. *defeater*), auch *erfolgreicher Angreifer* genannt, ist entweder ein schlagendes oder ein blockierendes Gegenargument. □

10.2.5 Argumentationsfolgen

Um zu prüfen, ob ein Argument letztendlich ungeschlagen bleibt, müssen alle Gegenargumente überprüft werden. Aber selbst wenn es z.B. ein schlagendes Gegenargument gibt, könnte es zu diesem auch wieder ein erfolgreiches Gegenargument geben. Letzteres könnte wiederum durch ein weiteres Gegenargument entkräftet werden usw. Dadurch entstehen Folgen von Argumenten, die schließlich über Erfolg oder Misserfolg des ersten Arguments entscheiden. In einer solche Folge von Argumenten wechseln sich die Argumente, die bezüglich des ersten Arguments interferierenden bzw. unterstützenden Charakter haben, jeweils ab.

Definition 10.37 (Argumentationsfolge) Sei $\mathcal{P} = (\Pi, \Delta)$ ein DeLP-Programm und sei $\langle \mathcal{A}_0, h_0 \rangle$ ein Argument aus $\mathcal{P}$. Eine *Argumentationsfolge für* $\langle \mathcal{A}_0, h_0 \rangle$ ist eine Folge von Argumenten

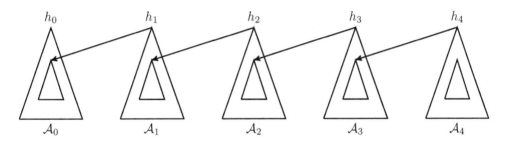

Abbildung 10.2 Eine Argumentationsfolge für das Argument $\langle \mathcal{A}_0, h_0 \rangle$ [76]

$$\Lambda = [\langle \mathcal{A}_0, h_0 \rangle, \langle \mathcal{A}_1, h_1 \rangle, \langle \mathcal{A}_2, h_2 \rangle, \ldots],$$

so dass für jedes $i \geq 1$ das Argument $\langle \mathcal{A}_i, h_i \rangle$ seinen Vorgänger $\langle \mathcal{A}_{i-1}, h_{i-1} \rangle$ erfolgreich angreift. Dabei ist

$$\Lambda_S = \{\langle \mathcal{A}_0, h_0 \rangle, \langle \mathcal{A}_2, h_2 \rangle, \ldots\}$$

die Menge der *unterstützenden Argumente* und

$$\Lambda_I = \{\langle \mathcal{A}_1, h_1 \rangle, \langle \mathcal{A}_3, h_3 \rangle, \ldots\}$$

die Menge der *interferierenden Argumente*.   □

Abbildung 10.2 veranschaulicht eine Argumentationsfolge für das Argument $\langle \mathcal{A}_0, h_0 \rangle$. Für jeden weiteren erfolgreichen Angreifer $\langle \mathcal{A}_1', h_1' \rangle$ von $\langle \mathcal{A}_0, h_0 \rangle$ gibt es eine weitere, mit $\langle \mathcal{A}_0, h_0 \rangle, \langle \mathcal{A}_1', h_1' \rangle$ startende Argumentationsfolge. Entsprechend gibt es für jeden erfolgreichen Angreifer $\langle \mathcal{A}_2'', h_2'' \rangle$ von $\langle \mathcal{A}_1', h_1' \rangle$ eine mit $\langle \mathcal{A}_0, h_0 \rangle, \langle \mathcal{A}_1', h_1' \rangle, \langle \mathcal{A}_2'', h_2'' \rangle$ startende Argumentationsfolge usw. Prinzipiell müssen daher alle Argumentationsfolgen für $\langle \mathcal{A}_0, h_0 \rangle$ berücksichtigt werden. Im Folgenden werden einige Einschränkungen an Argumentationsfolgen formuliert, die einige unerwünschte Situationen und unendliche Argumentationsfolgen verhindern.

Es ist denkbar, dass Argumente sich selbst (erfolgreich) angreifen. In DeLP erhielte man dann unmittelbar eine unendliche Argumentationsfolge. Die nächste Proposition zeigt, dass dies jedoch nicht passieren kann.

Proposition 10.38 *In DeLP kann ein Argument sich nicht selbst (erfolgreich) angreifen.*

Beweis: Wir nehmen an, dass es ein Argument $\langle \mathcal{A}, h \rangle$ gibt, das sich selbst angreift. Dann muss es ein Subargument $\langle \mathcal{A}', h' \rangle$ von $\langle \mathcal{A}, h \rangle$ geben, so dass $\Pi \cup \{h, h'\}$ widersprüchlich ist. Daraus folgt, dass $\Pi \cup \mathcal{A}$ widersprüchlich ist, im Widerspruch zu der Annahme, dass $\langle \mathcal{A}, h \rangle$ ein Argument ist. ∎

Allerdings kann es sein, dass ein Argument ein anderes Argument erfolgreich angreift, aber gleichzeitig selbst auch von diesem erfolgreich angegriffen wird.

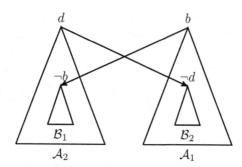

Abbildung 10.3 Reziproker Angriff: $\langle\mathcal{A}_1, b\rangle$ greift erfolgreich $\langle\mathcal{A}_2, d\rangle$ an und umgekehrt [76]

Beispiel 10.39 (reziproke erfolgreiche Angriffe) Für das DeLP-Programm $\mathcal{P} = (\Pi, \Delta)$ mit

$$\Pi = \left\{ \begin{array}{c} a. \\ c. \end{array} \right\}, \quad \Delta = \left\{ \begin{array}{cc} d \prec \neg b, c. & \neg b \prec a. \\ b \prec \neg d, a. & \neg d \prec c. \end{array} \right\}$$

betrachten wir die folgenden Argumente $\langle\mathcal{A}_i, \ldots\rangle$ mit ihren Subargumenten $\langle\mathcal{B}_i, \ldots\rangle$:

$$\langle\mathcal{A}_1, b\rangle = \langle\{b \prec \neg d, a., \neg d \prec c.\}, b\rangle \qquad \langle\mathcal{B}_1, \neg d\rangle = \langle\{\neg d \prec c.\}, \neg d\rangle$$
$$\langle\mathcal{A}_2, d\rangle = \langle\{d \prec \neg b, c., \neg b \prec a.\}, d\rangle \qquad \langle\mathcal{B}_2, \neg b\rangle = \langle\{\neg b \prec a.\}, \neg b\rangle$$

Wir listen wieder die minimalen Aktivierungsmengen aller Argumente auf:

Argument	min. Aktivierungsmengen
$\langle\mathcal{A}_1, b\rangle$	$\{a, \neg d\}, \{a, c\}$
$\langle\mathcal{B}_1, \neg d\rangle$	$\{c\}$
$\langle\mathcal{A}_2, d\rangle$	$\{\neg b, c\}, \{a, c\}$
$\langle\mathcal{B}_2, \neg b\rangle$	$\{a\}$

Damit gilt $\langle\mathcal{A}_2, d\rangle \succ_{spec} \langle\mathcal{B}_1, \neg d\rangle$, und daher ist $\langle\mathcal{A}_2, d\rangle$ ein erfolgreiches Gegenargument zu $\langle\mathcal{A}_1, b\rangle$ im Punkt $\neg d$. Es gilt weiterhin $\langle\mathcal{A}_1, b\rangle \succ_{spec} \langle\mathcal{B}_2, \neg b\rangle$, und folglich ist $\langle\mathcal{A}_1, b\rangle$ ein erfolgreiches Gegenargument zu $\langle\mathcal{A}_2, d\rangle$ im Punkt $\neg b$ (vgl. Abbildung 10.3).   □

Eine zirkuläre Argumentation entsteht, wenn in einer Argumentationsfolge ein Argument später noch einmal benutzt wird, um sich selbst zu verteidigen (vgl. Argument $\mathcal{A}_1$ in Abbildung 10.4); dies führt zu unendlichen Argumentationsfolgen. Ebenso will man vermeiden, dass Argumente, die zuvor bereits als Subargumente verwendet wurden, erneut vorgebracht werden.

Eine weitere unerwünschte Situation liegt vor, wenn ein Argument $\mathcal{A}_1$ sowohl als unterstützendes als auch als interferierendes Argument auftritt. So etwas kann zum Beispiel eintreten, wenn sich eine von zwei miteinander argumentierenden Parteien in Widersprüche verwickelt.

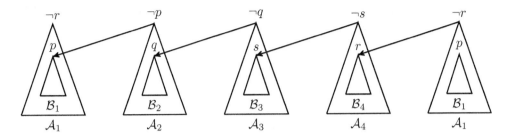

Abbildung 10.4 Beispiel für eine zirkuläre Argumentation [76]

Beispiel 10.40 (widersprüchliche Argumentationsfolge) Für das DeLP-Programm $\mathcal{P} = (\Pi, \Delta)$ mit

$$\Pi = \left\{ \begin{array}{c} a. \\ b. \\ c. \end{array} \right\}, \quad \Delta = \left\{ \begin{array}{ll} p \prec a. & \neg p \prec q. \\ \neg r \prec p. & r \prec c. \\ q \prec b. & \neg q \prec r. \end{array} \right\}$$

betrachten wir die folgenden Argumente $\langle \mathcal{A}_i, \ldots \rangle$ mit den Subargumenten $\langle \mathcal{B}_i, \ldots \rangle$:

$$\langle \mathcal{A}_1, \neg r \rangle = \langle \{ \neg r \prec p., \ p \prec a. \}, \neg r \rangle \qquad \langle \mathcal{B}_1, p \rangle = \langle \{ p \prec a. \}, p \rangle$$
$$\langle \mathcal{A}_2, \neg p \rangle = \langle \{ \neg p \prec q., \ q \prec b. \}, \neg p \rangle \qquad \langle \mathcal{B}_2, q \rangle = \langle \{ q \prec b. \}, q \rangle$$
$$\langle \mathcal{A}_3, \neg q \rangle = \langle \{ \neg q \prec r., \ r \prec c. \}, \neg q \rangle \qquad \langle \mathcal{B}_3, r \rangle = \langle \{ r \prec c. \}, r \rangle$$

Das Argument $\langle \mathcal{A}_2, \neg p \rangle$ greift $\langle \mathcal{A}_1, \neg r \rangle$ im Punkt p an, $\langle \mathcal{A}_3, \neg q \rangle$ greift $\langle \mathcal{A}_2, \neg p \rangle$ im Punkt q an, und $\langle \mathcal{A}_1, \neg r \rangle$ greift $\langle \mathcal{A}_3, \neg q \rangle$ im Punkt r an. Graphisch ist diese Situation in Abbildung 10.5 dargestellt. Hier argumentiert das Argument $\langle \mathcal{A}_1, \neg r \rangle$ gegen sich selbst – es taucht sowohl als unterstützendes als auch als interferierendes Argument auf. Das Problem liegt in der Verwendung des Arguments $\langle \mathcal{A}_3, \neg q \rangle$, das insofern nicht mit $\langle \mathcal{A}_1, \neg r \rangle$ verträglich ist, da sich aus $\mathcal{A}_1$ und $\mathcal{A}_3$, die beide $\mathcal{A}_1$ unterstützen, zusammen mit Π wegen

$$\Pi \cup \mathcal{A}_1 \cup \mathcal{A}_3 \mathrel{\mid\!\sim} p$$
$$\Pi \cup \mathcal{A}_1 \cup \mathcal{A}_3 \mathrel{\mid\!\sim} \neg p$$

ein Widerspruch ableiten lässt.   □

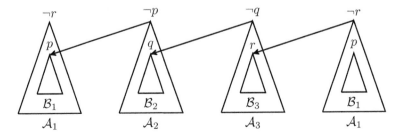

Abbildung 10.5 Widersprüchliche Argumentationsfolge aus Beispiel 10.40 [76]

Um zu verhindern, dass eine Situation wie in Beispiel 10.40 auftreten kann, wird gefordert, dass alle von einer Seite vorgebrachten Argumente miteinander verträglich oder *konkordant* sind.

Definition 10.41 (konkordante Argumente) Sei $\mathcal{P} = (\Pi, \Delta)$ ein DeLP-Programm und $M = \{\langle \mathcal{A}_1, h_1 \rangle, \ldots, \langle \mathcal{A}_n, h_n \rangle\}$ eine Menge von Argumenten zu $\mathcal{P}$. M heißt *konkordant* gdw. $\Pi \cup \bigcup_{i=1,\ldots,n} \mathcal{A}_i$ nicht widersprüchlich ist.   □

Eine weitere Situation, die man beim Argumentieren vermeiden möchte, ergibt sich, wenn man auf ein blockierendes Argument wieder mit einem blockierenden Gegenargument reagiert. In Beispiel 10.35 hatten wir zwei sich gegenseitig blockierende Argumente $\langle \mathcal{A}_1, h_1 \rangle$ und $\langle \mathcal{A}_2, h_2 \rangle$, woraus sich die beiden Argumentationsfolgen $\Lambda_1 = [\langle \mathcal{A}_1, h_1 \rangle, \langle \mathcal{A}_2, h_2 \rangle]$ und $\Lambda_2 = [\langle \mathcal{A}_1, h_1 \rangle, \langle \mathcal{A}_2, h_2 \rangle]$ ergeben. Eine Verlängerung von Λ_1 um $\langle \mathcal{A}_1, h_1 \rangle$ bzw. von Λ_2 um $\langle \mathcal{A}_2, h_2 \rangle$ würde jeweils unmittelbar eine zirkuläre Argumentationsfolge ergeben. Das folgende Beispiel gibt aber eine Situation an, in der ein blockierendes Argument von einem ebenfalls blockierenden Gegenargument gefolgt wird, ohne dass eine zirkuläre Argumentationsfolge entsteht.

Beispiel 10.42 (Tiger Hobbes) Das DeLP-Programm $\mathcal{P}_{hobbes} = (\Pi, \Delta)$ [76] und die drei Argumente $\langle \mathcal{A}_1, h_1 \rangle$, $\langle \mathcal{A}_2, h_2 \rangle$ und $\langle \mathcal{A}_3, h_3 \rangle$ seien wie folgt gegeben:

$$\Pi = \left\{ \begin{array}{l} tiger(hobbes). \\ baby(hobbes). \\ pet(hobbes). \end{array} \right\}, \quad \Delta = \left\{ \begin{array}{l} dangerous(x) \prec tiger(x). \\ \neg dangerous(x) \prec baby(x). \\ \neg dangerous(x) \prec pet(x). \end{array} \right\}$$

$$\langle \mathcal{A}_1, h_1 \rangle = \langle \{\neg dangerous(hobbes) \prec baby(hobbes).\}, \neg dangerous(hobbes) \rangle$$
$$\langle \mathcal{A}_2, h_2 \rangle = \langle \{dangerous(hobbes) \prec tiger(hobbes).\}, dangerous(hobbes) \rangle$$
$$\langle \mathcal{A}_3, h_3 \rangle = \langle \{\neg dangerous(hobbes) \prec pet(hobbes).\}, \neg dangerous(hobbes) \rangle$$

Zu dem Argument $\langle \mathcal{A}_1, h_1 \rangle$ ist $\langle \mathcal{A}_2, h_2 \rangle$ ein blockierendes Gegenargument. Andererseits ist $\langle \mathcal{A}_3, h_3 \rangle$ ein blockierendes Gegenargument zu $\langle \mathcal{A}_2, h_2 \rangle$. Würde man nun die Argumentationsfolge

$$\Lambda = [\langle \mathcal{A}_1, h_1 \rangle, \langle \mathcal{A}_2, h_2 \rangle, \langle \mathcal{A}_3, h_3 \rangle]$$

mit zwei aufeinanderfolgenden blockierenden Gegenargumenten zulassen, so würde das dazu führen, dass der Hypothese $h_1 = \neg dangerous(hobbes)$ nur deswegen der Vorzug gegeben würde, weil zwei Argumente dafür sprechen, aber nur eines dagegen, obwohl es sich um eine blockierte Situation handelt.   □

Die obigen Beobachtungen zeigen, dass es sinnvoll ist, nicht alle Argumentationsfolgen zuzulassen, da Argumentationen gewissen Regeln folgen sollten. Wir fassen diese Überlegungen in einer Definition zusammen.

Definition 10.43 (akzeptable Argumentationsfolge) Sei $\mathcal{P} = (\Pi, \Delta)$ ein DeLP-Programm und $\Lambda = [\langle \mathcal{A}_0, h_0 \rangle, \langle \mathcal{A}_1, h_1 \rangle, \langle \mathcal{A}_2, h_2 \rangle, \ldots]$ eine Argumentationsfolge zu $\mathcal{P}$. Λ heißt *akzeptable Argumentationsfolge*, wenn gilt:

1. Λ ist endlich.

2. Die Menge Λ_S der unterstützenden Argumente ist konkordant und die Menge Λ_I der interferierenden Argumente ist konkordant.

3. Kein Argument $\langle \mathcal{A}_k, h_k \rangle$ in Λ ist ein Subargument eines vorhergehenden Arguments $\langle \mathcal{A}_i, h_i \rangle$ (mit $i < k$), das früher in Λ auftritt.

4. Λ enthält keine zwei direkt aufeinanderfolgenden blockierenden Angriffe.   □

Damit ist die Argumentationsfolge Λ aus Beispiel 10.42 nicht akzeptabel, da die Angriffe $\langle \mathcal{A}_3, h_3 \rangle$ auf $\langle \mathcal{A}_2, h_2 \rangle$ und $\langle \mathcal{A}_2, h_2 \rangle$ auf $\langle \mathcal{A}_1, h_1 \rangle$ jeweils blockierend sind. Folgt in einer akzeptablen Argumentationsfolge auf ein blockierendes Argument $\langle \mathcal{A}_i, h_i \rangle$ als Nächstes noch ein weiteres Argument $\langle \mathcal{A}_{i+1}, h_{i+1} \rangle$, so muss nämlich $\langle \mathcal{A}_{i+1}, h_{i+1} \rangle$ gemäß Definition 10.43 auf jeden Fall ein schlagendes Gegenargument sein.

Beispiel 10.44 (akzeptable Argumentationsfolge – Tina 7) Für $\mathcal{P}_{tina}$ aus Beispiel 10.5 ist

$$
\begin{aligned}
\Lambda^{tf} = [&\langle \{flies(tina) \prec bird(tina).\}, flies(tina) \rangle, \\
&\langle \{\neg flies(tina) \prec chicken(tina).\}, \neg flies(tina) \rangle, \\
&\langle \{flies(tina) \prec chicken(tina), scared(tina).\}, flies(tina) \rangle]
\end{aligned}
$$

eine akzeptable Argumentationsfolge.   □

Selbsttestaufgabe 10.45 (akzeptable Argumentationsfolge) Zeigen Sie, dass die Argumentationsfolge Λ^{tf} aus Beispiel 10.44 akzeptabel ist.   ■

Selbsttestaufgabe 10.46 (DeLP) Gegeben sei das DeLP-Programm $P = (\Pi, \Delta)$ mit:

$$
\Pi = \left\{ \begin{array}{l} b. \\ c. \\ d. \end{array} \right\}, \quad
\Delta = \left\{ \begin{array}{ll} \neg q \prec b. & \neg p \prec \neg a, b, d. \\ q \prec p, b. & a \prec b, c. \\ p \prec a, b. & \neg a \prec c. \end{array} \right\}
$$

Erklären Sie die folgenden Begriffe, indem Sie Beispiele dafür in P finden:

1. Argument

2. Subargument

3. Gegenargument

4. Verallgemeinerte Spezifität

5. Erfolgreiches Gegenargument

6. Konkordanz

7. Akzeptable Argumentationsfolge   ■

10.2.6 Evaluation von Argumentationen

Um evaluieren zu können, ob ein Argument $\langle \mathcal{A}_0, h_0 \rangle$ sich letztendlich durchsetzen kann oder nicht, genügt es nicht, nur eine Argumentationsfolge für $\langle \mathcal{A}_0, h_0 \rangle$ zu betrachten – man muss *alle* Argumentationsfolgen für $\langle \mathcal{A}_0, h_0 \rangle$ berücksichtigen und sie miteinander vergleichen. Eine passende Struktur hierfür sind dialektische Bäume.

Definition 10.47 (dialektischer Baum) Sei $\langle \mathcal{A}_0, h_0 \rangle$ ein Argument zu einem DeLP-Programm $\mathcal{P}$. Der *dialektische Baum* $\mathcal{T}_{\langle \mathcal{A}_0, h_0 \rangle}$ für $\langle \mathcal{A}_0, h_0 \rangle$ ist wie folgt definiert:

1. Die Wurzel des Baumes ist mit $\langle \mathcal{A}_0, h_0 \rangle$ markiert.

2. Sei N ein Knoten mit der Markierung $\langle \mathcal{A}_n, h_n \rangle$ und sei $\Lambda = [\langle \mathcal{A}_0, h_0 \rangle, \ldots, \langle \mathcal{A}_n, h_n \rangle]$ die Folge der Knotenmarkierungen des Pfades von der Wurzel zu N. Dann gilt:

   (a) Für jeden erfolgreichen Angreifer $\langle \mathcal{B}, q \rangle$ von $\langle \mathcal{A}_n, h_n \rangle$ mit der Eigenschaft, dass die Argumentationsfolge $[\langle \mathcal{A}_0, h_0 \rangle, \ldots, \langle \mathcal{A}_n, h_n \rangle, \langle \mathcal{B}, q \rangle]$ akzeptabel ist, hat der Knoten N einen Kindknoten, der mit $\langle \mathcal{B}, q \rangle$ markiert ist.

   (b) Gibt es keinen solchen erfolgreichen Angreifer für $\langle \mathcal{A}_n, h_n \rangle$, so ist N ein Blattknoten. $\qquad\square$

Nicht jeder erfolgreiche Angriff führt also zu einer Verlängerung des Baumes. Ein erfolgreicher Angreifer muss auch die akzeptable Argumentationsfolge zulässig fortsetzen können, um berücksichtigt zu werden.

Beispiel 10.48 (dialektischer Baum) Für das DeLP-Programm $\mathcal{P} = (\Pi, \Delta)$ mit

$$\Pi = \left\{ \begin{array}{ll} c. & i. \\ d. & j. \\ e. & k. \\ g. & \end{array} \right\}, \quad \Delta = \left\{ \begin{array}{llll} a \prec b. & b \prec c. & \neg f \prec i. & h \prec j. \\ & \neg b \prec c, f. & \neg f \prec g, h. & \neg h \prec k. \\ & \neg b \prec c, d. & f \prec g. & \\ & \neg b \prec e. & & \end{array} \right\}$$

ist

$$\mathcal{F}_\mathcal{P} = \{a, b, \neg b, c, d, e, f, \neg f, g, h, \neg h, i, j, k\}$$

die Menge der ableitbaren Literale. Wir betrachten die folgenden Argumente und Subargumente (diese sind mit ' markiert) zu $\mathcal{P}$, wobei auf der rechten Seite jeweils die zugehörigen minimalen Aktivierungsmengen (Definition 10.24) angegeben sind:

$$\langle \mathcal{A}, a \rangle \quad = \quad \langle \{a \prec b., \ b \prec c.\}, a \rangle \qquad\qquad\qquad \{b\}, \{c\}$$

$$\langle \mathcal{B}_1, \neg b \rangle \quad = \quad \langle \{\neg b \prec c, d.\}, \neg b \rangle \qquad\qquad\qquad \{c, d\}$$

$$\langle \mathcal{B}_2, \neg b \rangle \quad = \quad \langle \{\neg b \prec c, f., \ f \prec g.\}, \neg b \rangle \qquad\quad \{g, c\}, \{c, f\}$$

$$\langle \mathcal{B}_3, \neg b \rangle \quad = \quad \langle \{\neg b \prec e.\}, \neg b \rangle \qquad\qquad\qquad\quad \{e\}$$

$$\langle \mathcal{C}_1, \neg f \rangle \quad = \quad \langle \{\neg f \prec g, h., \ h \prec j.\}, \neg f \rangle \qquad\quad \{j, g\}, \{g, h\}$$

$$\langle \mathcal{C}_2, \neg f \rangle \quad = \quad \langle \{\neg f \prec i.\}, \neg f \rangle \qquad\qquad\qquad\quad \{i\}$$

$$\langle \mathcal{D}, \neg h \rangle \quad = \quad \langle \{\neg h \prec k.\}, \neg h \rangle \qquad\qquad\qquad\quad \{k\}$$

$$\langle \mathcal{A}', b \rangle \quad = \quad \langle \{b \prec c.\}, b \rangle \qquad\qquad\qquad\qquad \{c\}$$

$$\langle \mathcal{B}_2', f \rangle \quad = \quad \langle \{f \prec g.\}, f \rangle \qquad\qquad\qquad\qquad \{g\}$$

$$\langle \mathcal{C}_1', h \rangle \quad = \quad \langle \{h \prec j.\}, h \rangle \qquad\qquad\qquad\qquad \{j\}$$

Mit Hilfe der minimalen Aktivierungsmengen können wir die erfolgreichen Angriffs-beziehungen zwischen den Argumenten bestimmen (vgl. Proposition 10.25).

Das Argument $\langle \mathcal{A}, a \rangle$ kann nur am Punkt b angegriffen werden, da es weder eine Regel noch ein Fakt mit dem Kopf $\neg a$ gibt. Für $\neg b$ gibt es die Argumente $\langle \mathcal{B}_1, \neg b \rangle$, $\langle \mathcal{B}_2, \neg b \rangle$ und $\langle \mathcal{B}_3, \neg b \rangle$, diese müssen mit $\langle \mathcal{A}', b \rangle$ verglichen werden. Davon sind $\langle \mathcal{B}_1, \neg b \rangle$ und $\langle \mathcal{B}_2, \neg b \rangle$ schlagende Angriffe auf $\langle \mathcal{A}, a \rangle$, während $\langle \mathcal{B}_3, \neg b \rangle$ ein blockierender Angriff ist (Proposition 10.25). In allen drei Fällen bilden diese Angreifer mit

$$[\langle \mathcal{A}, a \rangle, \langle \mathcal{B}_i, \neg b \rangle]$$

eine akzeptable Argumentationsfolge.

Das Argument $\langle \mathcal{A}', b \rangle = \langle \{b \prec c.\}, b \rangle$ ist zwar ein Angriff auf $\langle \mathcal{B}_1, \neg b \rangle$, $\langle \mathcal{B}_2, \neg b \rangle$ und $\langle \mathcal{B}_3, \neg b \rangle$, aber es ist ein Subargument von $\langle \mathcal{A}, a \rangle$; außerdem sind $\langle \mathcal{B}_1, \neg b \rangle$ und $\langle \mathcal{B}_2, \neg b \rangle$ spezifischer.

Damit kann nur $\langle \mathcal{B}_2, \neg b \rangle$ und nur am Punkt f angegriffen werden; hier lassen sich die folgenden Argumente finden: Von den beiden Argumenten $\langle \mathcal{C}_1, \neg f \rangle$ und $\langle \mathcal{C}_2, \neg f \rangle$ ist $\langle \mathcal{C}_1, \neg f \rangle$ ein schlagender Angriff, während $\langle \mathcal{C}_2, \neg f \rangle$ ein blockierender Angriff auf $\langle \mathcal{B}_2, \neg b \rangle$ ist. Da $\Pi \cup \mathcal{A} \cup \mathcal{C}_1$ und $\Pi \cup \mathcal{A} \cup \mathcal{C}_2$ nicht widersprüchlich sind, ist in beiden Fällen Konkordanz gegeben. Insgesamt ergibt sich in beiden Fällen mit

$$[\langle \mathcal{A}, a \rangle, \langle \mathcal{B}_2, \neg b \rangle, \langle \mathcal{C}_j, \neg f \rangle]$$

für $j = 1, 2$ eine akzeptable Argumentationsfolge.

Da ein Angriff auf $\neg f$ nur durch $\langle \mathcal{B}_2', f \rangle = \langle \{f \prec g.\}, f \rangle$ erfolgen könnte, dies jedoch bereits ein Subargument von $\mathcal{B}_2$ ist, scheidet $\neg f$ als Angriffspunkt in $\langle \mathcal{C}_1, \neg f \rangle$ und $\langle \mathcal{C}_2, \neg f \rangle$ aus. Also kann nur $\langle \mathcal{C}_1, \neg f \rangle$ und nur in h angegriffen werden. Dies ist nur durch $\langle \mathcal{D}, \neg h \rangle$ möglich, wobei der Angriff von $\langle \mathcal{D}, \neg h \rangle$ auf das Subargument $\langle \mathcal{C}_1', h \rangle$ von $\langle \mathcal{C}_1, \neg f \rangle$ das Argument $\langle \mathcal{C}_1, \neg f \rangle$ blockiert. Wir erhalten also mit

$$[\langle \mathcal{A}, a \rangle, \langle \mathcal{B}_2, \neg b \rangle, \langle \mathcal{C}_1, \neg f \rangle, \langle \mathcal{D}, \neg h \rangle]$$

wieder eine akzeptable Argumentationsfolge. Das Argument $\langle \mathcal{D}, \neg h \rangle$ kann nur noch von $\langle \mathcal{C}_1', h \rangle = \langle \{h \prec j.\}, h \rangle$ angegriffen werden; hier ergibt sich jedoch keine akzeptable Argumentationsfolge mehr, weil $\langle \mathcal{C}_1', h \rangle$ ein Subargument von $\langle \mathcal{C}_1, \neg f \rangle$ ist. Insgesamt erhalten wir für das Argument $\langle \mathcal{A}, a \rangle$ damit den in Abbildung 10.6 gezeigten dialektischen Baum. □

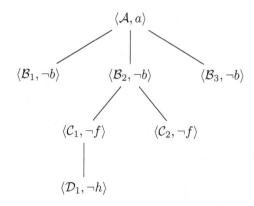

Abbildung 10.6 Dialektischer Baum $\mathcal{T}_{\langle \mathcal{A}, a\rangle}$ zu Beispiel 10.48 [76]

In dem dialektischen Baum $\mathcal{T}_{\langle \mathcal{A}, h\rangle}$ für das Argument $\langle \mathcal{A},\ h\rangle$ stellt jeder Kindknoten ein erfolgreiches Gegenargument zu seinem Elternknoten dar. Die Menge aller mit $\langle \mathcal{A},\ h\rangle$ startenden, akzeptablen Argumentationsfolgen entspricht genau der Menge aller Pfadmarkierungen von der Wurzel zu einem Blattknoten. Daher spannt $\mathcal{T}_{\langle \mathcal{A}, h\rangle}$ den Suchraum auf, der für eine dialektische Analyse des Arguments $\langle \mathcal{A},\ h\rangle$ genutzt werden kann. Mit Hilfe eines dialektischen Baumes lässt sich nun die Qualität eines Argumentes systematisch evaluieren, in dem man jeden Knoten entweder mit D (für *defeated*) oder mit U (für *undefeated*) markiert.

Definition 10.49 (markierter dialektischer Baum) Sei $\mathcal{T}_{\langle \mathcal{A}, h\rangle}$ der dialektische Baum für $\langle \mathcal{A},\ h\rangle$. Der *markierte dialektische Baum* $\mathcal{T}^*_{\langle \mathcal{A}, h\rangle}$ entsteht aus $\mathcal{T}_{\langle \mathcal{A}, h\rangle}$ durch zusätzliche Knotenmarkierungen wie folgt:

- Jedes Blatt ist mit U markiert.

- Ein innerer Knoten ist mit U markiert gdw. jeder seiner Kindknoten mit D markiert ist. Ein innerer Knoten ist mit D markiert gdw. mindestens einer seiner Kindknoten mit U markiert ist.   □

Beispiel 10.50 (markierter dialektischer Baum) Zu Beispiel 10.48 zeigt Abbildung 10.7 den markierten dialektischen Baum $\mathcal{T}^*_{\langle \mathcal{A}, h\rangle}$.   □

Definition 10.51 (garantiertes Literal, Garant) Sei $\mathcal{P} = (\Pi, \Delta)$ ein DeLP-Programm. Ein Literal h heißt *garantiert* (bzgl. $\mathcal{P}$) gdw. es ein Argument $\langle \mathcal{A},\ h\rangle$ gibt, so dass die Wurzel des markierten dialektischen Baums $\mathcal{T}^*_{\langle \mathcal{A}, h\rangle}$ mit U markiert ist. $\mathcal{A}$ heißt dann ein *Garant* für h.   □

Um für ein Argument $\langle \mathcal{A},\ h\rangle$ zu entscheiden, ob $\mathcal{A}$ ein Garant für h ist, muss also die Markierung der Wurzel von $\mathcal{T}^*_{\langle \mathcal{A}, h\rangle}$ berechnet werden. Dafür muss im Allgemeinen aber nicht der komplette Baum $\mathcal{T}^*_{\langle \mathcal{A}, h\rangle}$ aufgebaut werden, da die Markierung eines einzelnen Kindknotens mit U bereits dafür sorgt, dass der zugehörige

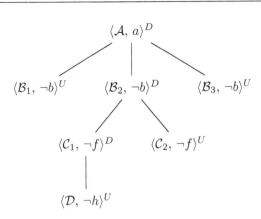

Abbildung 10.7 Markierter dialektischer Baum $\mathcal{T}^*_{\langle \mathcal{A}, a \rangle}$ zu Beispiel 10.48 [76]

Elternknoten mit D markiert sein muss. So reicht es beispielsweise für $\mathcal{T}^*_{\langle \mathcal{A}, h \rangle}$ aus Abbildung 10.7 aus, lediglich den Teilbaum mit dem Wurzelknoten $\langle \mathcal{A}, a \rangle$ und dem Kindknoten $\langle \mathcal{B}_1, \neg b \rangle$ zu erzeugen, da durch die Markierung U von $\langle \mathcal{B}_1, \neg b \rangle$ bereits sichergestellt ist, dass der Wurzelknoten $\langle \mathcal{A}, a \rangle$ die Markierung D hat.

10.2.7 Antwortverhalten von DeLP-Programmen

Zu einem gegebenen DeLP-Programm $\mathcal{P}$ können Anfragen in Form eines Literals gestellt werden. Mittels der in den vorigen Abschnitten dargestellten dialektischen Analyse von Argumenten ermittelt der DeLP-Interpreter, ob es ein letztendlich erfolgreiches Argument für das angefragte Literal gibt. Dabei hat der DeLP-Interpreter das folgende Antwortverhalten auf eine Anfrage $?h$:

yes	wenn h garantiert ist,
no	wenn $\neg h$ garantiert ist,
undecided	wenn weder h noch $\neg h$ garantiert ist.

Als eine weitere Antwortmöglichkeit kann auch noch *unknown* für den Fall genommen werden, dass das in h verwendete Symbol gar nicht in der Sprache von $\mathcal{P}$ auftritt; diesen Fall werden wir aber nicht weiter berücksichtigen.

Um entscheiden zu können, ob ein Literal h von $\mathcal{P}$ garantiert wird, muss versucht werden, ein Argument $\langle \mathcal{A}, h \rangle$ zu finden, so dass die Wurzel von $\mathcal{T}^*_{\langle \mathcal{A}, h \rangle}$ mit U markiert ist. Die Konstruktion eines Arguments für ein gegebenes h ist einfach, da man sich an den Regeln in $\mathcal{P}$ mit h als Regelkopf orientieren kann. Wenn es mehrere Argumente $\langle \mathcal{A}_1, h \rangle$, ..., $\langle \mathcal{A}_n, h \rangle$ für h gibt, werden diese sequentiell überprüft; wird ein Garant für h gefunden, dann ist die Antwort *yes*. Wird kein Garant für h gefunden, so wird überprüft, ob $\neg h$ garantiert ist. Wenn dies der Fall ist, wird als Antwort *no* ausgegeben. Ist auch $\neg h$ nicht garantiert, dann ist die ausgegebene Antwort *undecided*. Man kann zeigen (s. [233]), dass nicht gleichzeitig h und $\neg h$ garantiert sein können, somit ist das Antwortverhalten eindeutig. In [233] wird auch das Antwortverhalten von DeLP-Programmen mit der Antwortmengensemantik verglichen; dieses entspricht im Allgemeinen etwa einer leichtgläubigen Inferenz auf der Basis von Antwortmengen.

Im Folgenden geben wir einige Beispiele an, die das Antwortverhalten von DeLP-Programmen und die Bestimmung der jeweiligen Antworten illustrieren.

Beispiel 10.52 (Tina 8) Für $\mathcal{P}_{tina} = (\Pi, \Delta)$ aus Beispiel 10.5 mit

$$\Pi = \left\{ \begin{array}{l} bird(x) \leftarrow chicken(x). \\ bird(x) \leftarrow penguin(x). \\ \neg flies(x) \leftarrow penguin(x). \\ chicken(tina). \\ penguin(tweety). \\ scared(tina). \end{array} \right\}, \quad \Delta = \left\{ \begin{array}{l} flies(x) \prec bird(x). \\ \neg flies(x) \prec chicken(x). \\ flies(x) \prec chicken(x), scared(x). \\ nests\_in\_trees(x) \prec flies(x). \end{array} \right\}$$

ist die Menge der ableitbaren Literale gegeben durch:

$$\mathcal{F}_{\mathcal{P}_{tina}} = \{ chicken(tina), penguin(tweety), scared(tina), bird(tina), bird(tweety),$$
$$\neg flies(tweety), flies(tina), flies(tweety), \neg flies(tina),$$
$$nests\_in\_trees(tina), nests\_in\_trees(tweety) \}$$

Wir untersuchen nun, wie DeLP auf Fragen nach den Flugfähigkeiten und dem Nistverhalten bezogen auf Tina und Tweety auf der Basis von $\mathcal{P}_{tina}$ antwortet.

1. Für die Anfrage ?*flies(tina)* können wir mit der Regel *flies(x)* $\prec$ *bird(x)*. aus Δ das Argument $\langle\{flies(tina) \prec bird(tina).\}, flies(tina)\rangle$ bilden. Dazu gibt es mit $\langle\{\neg flies(tina) \prec chicken(tina).\}, \neg flies(tina)\rangle$ genau ein erfolgreiches Gegenargument, was wiederum von $\langle\{flies(tina) \prec chicken(tina), scared(tina).\}, flies(tina)\rangle$ geschlagen wird (vgl. Beispiel 10.26). Damit erhalten wir den markierten dialektischen Baum:

$$\langle\{flies(tina) \prec bird(tina).\}, flies(tina)\rangle^U$$

$$|$$

$$\langle\{\neg flies(tina) \prec chicken(tina).\}, \neg flies(tina)\rangle^D$$

$$|$$

$$\langle\{flies(tina) \prec chicken(tina), scared(tina).\}, flies(tina)\rangle^U$$

Da die Wurzel mit U (*undefeated*) markiert ist, ist $\langle\{flies(tina) \prec bird(tina).\}, flies(tina)\rangle$ ein Garant für das Literal *flies(tina)*. Die Antwort auf die Anfrage *flies(tina)*? lautet entsprechend *yes*.

2. Für die Anfrage ?*flies(tweety)* versuchen wir, mit der Regel *flies(tweety)* $\prec$ *bird(tweety)*. ein Argument für *flies(tweety)* zu bilden. Dies gelingt jedoch nicht, da bereits $\Pi \cup \{flies(tweety) \prec bird(tweety).\}$ widersprüchlich ist. Auch mit der Regel *flies(tweety)* $\prec$ *chicken(tweety), scared(tweety)*. kann kein Argument für *flies(tweety)* gebildet werden, da z.B. *chicken(tweety)* nicht ableitbar ist.

Für die Anfrage $?\neg flies(tweety)$ gibt es dagegen das sichere Argument $\langle\emptyset, \neg flies(tweety)\rangle$, das von keinem erfolgreichen Angreifer zu einer akzeptablen Argumentationsfolge erweitert werden kann (vgl. Proposition 10.21). Der markierte dialektische Baum sieht also wie folgt aus

$$\langle\emptyset, \neg flies(tweety)\rangle^U$$

und folglich wird die Anfrage $flies(tweety)?$ mit *no* beantwortet.

3. Für das Literal $nests\_in\_trees(tina)$ können wir mit den beiden Regeln $nests\_in\_trees(tina) \prec flies(tina).$ und $flies(tina) \prec chicken(tina), scared(tina).$ ein Argument bilden, welches von keinem erfolgreichen Angreifer zu einer längeren akzeptablen Argumentationsfolge erweitert werden kann. Der markierte dialektische Baum hat daher nur einen Wurzelknoten

$$\left\langle \left\{ \begin{array}{l} nests\_in\_trees(tina) \prec flies(tina)., \\ flies(tina) \prec chicken(tina), scared(tina). \end{array} \right\}, \; nests\_in\_trees(tina) \right\rangle^U$$

und die Anfrage $?nests\_in\_trees(tina)$ wird entsprechend mit *yes* beantwortet.

4. Um das Literal $nests\_in\_trees(tweety)$ zu garantieren, muss in jedem Fall die unsichere Regel $nests\_in\_trees(tweety) \prec flies(tweety).$ verwendet werden, da dies die einzige Möglichkeit darstellt, $nests\_in\_trees(tweety)$ zu schlussfolgern. Dafür muss im Vorfeld abgeleitet werden, dass *tweety* fliegen kann, was nur mit $flies(tweety) \prec bird(tweety).$ möglich ist. Da jedes Argument für $nests\_in\_trees(tweety)$ also

$$\mathcal{A} = \{nests\_in\_trees(tweety) \prec flies(tweety)., flies(tweety) \prec bird(tweety).\}$$

enthalten müsste, $\Pi \cup \mathcal{A}$ aber widersprüchlich ist, gibt es kein Argument für $nests\_in\_trees(tweety)$ (vgl. Definition 10.11).

Da für das komplementäre Literal $\neg nests\_in\_trees(tweety)$ keine Regel existiert, welche dieses ableitet, gibt es auch kein Argument für $\neg nests\_in\_trees(tweety)$. Die Antwort auf die Anfrage $?nests\_in\_trees(tweety)$ lautet folglich *undecided*, da weder $nests\_in\_trees(tweety)$ noch $\neg nests\_in\_trees(tweety)$ garantiert ist.

Die folgende Tabelle fasst die erhaltenen Antworten noch einmal zusammen:

$?flies(tina)$	*yes*	$?\neg flies(tina)$	*no*
$?flies(tweety)$	*no*	$?\neg flies(tweety)$	*yes*
$?nests\_in\_trees(tina)$	*yes*	$?\neg nests\_in\_trees(tina)$	*no*
$?nests\_in\_trees(tweety)$	*undecided*	$?\neg nests\_in\_trees(tweety)$	*undecided* □

Selbsttestaufgabe 10.53 (DeLP-Garanten für Tina) In Beispiel 10.52 (1) wurde das Argument $\langle\{flies(tina) \prec bird(tina).\}, flies(tina)\rangle$ als Garant für $flies(tina)$ bestimmt. Finden Sie noch einen anderen Garanten für $flies(tina)$ in diesem Beispiel. ∎

Selbsttestaufgabe 10.54 (DeLP-Antworten für Nixon-Raute) Bestimmen Sie für das DeLP-Programm $\mathcal{P} = (\Pi, \Delta)$ aus Beispiel 10.35 die Antworten für $?pazifist(nixon)$ und für $?\neg pazifist(nixon)$. ∎

Selbsttestaufgabe 10.55 (Aktienmarkt) Das DeLP-Programm $\mathcal{P}_{stock}$ = (Π, Δ) [76] mit

$$\Pi = \left\{ \begin{array}{l} good\_price(acme). \\ in\_fusion(acme, steel). \\ strong(steel). \end{array} \right\},$$

$$\Delta = \left\{ \begin{array}{l} buy\_stock(x) \prec good\_price(x). \\ \neg buy\_stock(x) \prec good\_price(x), risky\_company(x). \\ risky\_company(x) \prec closing(x). \\ risky\_company(x) \prec in\_fusion(x, y). \\ \neg risky\_company(x) \prec in\_fusion(x, y), strong(x). \end{array} \right\}$$

modelliert Aspekte des Aktienmarktes. Bestimmen Sie die Antwort auf die Frage $?buy\_stock(acme)$. ∎

Selbsttestaufgabe 10.56 (Ameisenigel) Gegeben sei die folgendes Beispiel:

- Säugetiere (s) legen normalerweise keine Eier (e).
- Ameisenigel (a) sind Säugetiere.
- Ameisenigel legen normalerweise Eier.
- Ameisenigel haben keine Kiemen (k).
- Männliche (m) Ameisenigel legen keine Eier.
- Tiere mit Kiemen legen normalerweise Eier.
- Ben (ben) ist männlich und ein Ameisenigel.
- Anna ($anna$) ist ein Ameisenigel.
- Emma ($emma$) ist ein Säugetier.
- Nemo ($nemo$) hat Kiemen.

1. Erstellen Sie aus allen angegebenen Regeln ein DeLP-Programm $\mathcal{P}$.

2. Konstruieren Sie zunächst Regelketten für die folgenden Behauptungen:

   (a) Anna legt keine Eier.
   (b) Ben legt Eier.
   (c) Anna legt Eier.
   (d) Ben legt keine Eier.

3. Versuchen Sie, aus den Regelketten des Aufgabenteils (2.) Argumente zu gewinnen. Ist das in jedem Fall möglich?

4. Bestimmen Sie mit DeLP die Antworten auf die folgenden Anfragen für $c \in \{anna, ben, nemo\}$ und geben Sie jeweils (mindestens) einen markierten dialektischen Baum an, der Ihre Antwort begründet:

   - $e(c)$?
   - $\neg e(c)$? ∎

DeLP realisiert einen Ansatz für das Argumentieren mit strikten und nicht-strikten Regeln, der als eine Erweiterung des logischen Programmierens angesehen werden kann. Mit der Implementierung von DeLP [76] steht ein System zur Verfügung, das Anfragen mittels dialektischer Analyse aller relevanten Argumentationsfolgen beantwortet und das in entprechenden Anwendungen eingesetzt werden kann. Beispiele dafür sind etwa der Einsatz von DeLP in einer Roboterumgebung [69] oder für Planungsaufgaben [77]. In [14] wird eine Anwendung beschrieben, in der DeLP für ein argumentatives Entscheidungsunterstützungssystem im Zivilrecht verwendet wird, das u.a. für Situationen genutzt werden kann, wie sie in Beispiel 10.3 beschrieben wurden. Neben den in diesem Abschnitt beschriebenen Eigenschaften von DeLP gibt es auch verschiedene Erweiterungen wie die Verwendung von Default-Negation oder von Annahmen. Die Arbeit [76] eignet sich gut als Einstieg, um sich mit Erweiterungen von DeLP vertraut zu machen.

10.3 Abstrakte Argumentationstheorie

Im vorigen Abschnitt haben wir mit DeLP ausführlich einen konkreten Ansatz für die Formalisierung des Argumentierens vorgestellt, der sichere und unsichere Regeln benutzt und in der Art einer logischen Programmiersprache implementiert ist. Daneben gibt es aber viele andere Argumentationssysteme. Diese unterscheiden sich voneinander z.B. dadurch, dass sie unterschiedliche Formalismen verwenden, dass sie auf klassischer oder unsicherer Ableitung basieren oder dass sie für allgemeine Zwecke oder für bestimmte Anwendungen wie Rechtswissenschaft, das Verstehen natürlicher Sprache oder das *Semantic Web* konzipiert sind. Im Folgenden geben wir mit den *abstrakten Argumentationssystemen* zunächst einen allgemeinen Vergleichsrahmen für Argumentationsformalismen an (Abschnitte 10.3.1 und 10.3.2), wenden diesen anschließend auf ein komplexeres Beispiel an (Abschnitt 10.3.3) und gehen schließlich auf die Zusammenhänge zwischen abstrakten Argumentationssystemen und der Reiter'schen Default-Logik ein (Abschnitt 10.3.4). Wesentliche Inhalte dieses Abschnitts orientieren sich an der grundlegenden Arbeit [59].

10.3.1 Abstrakte Argumentationssysteme

Um die verschiedenen Ansätze besser miteinander vergleichen zu können, ist es nützlich, einen gemeinsamen Rahmen für Argumentation nutzen zu können. Einen solchen Rahmen bieten die abstrakten Argumentationssysteme, wie sie von P. M. Dung [59] eingeführt wurden. Sie stellen formale Container für die wesentlichen Objekte und Relationen von Argumentationssystemen zur Verfügung.

Definition 10.57 (abstraktes Argumentationssystem, Angriffsrelation)
Ein *abstraktes Argumentationssystem* ist ein Paar $\mathsf{AF} = (\mathcal{A}, \hookrightarrow)$ mit:

- $\mathcal{A}$ ist eine Menge von *Argumenten*;

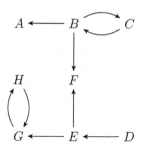

Abbildung 10.8 Darstellung des abstrakten Argumentationssystems aus Beispiel 10.58

- $\hookrightarrow \subseteq \mathcal{A} \times \mathcal{A}$ ist eine binäre Relation zwischen Argumenten, die *Angriffsrelation* genannt und in Infixnotation geschrieben wird. Gilt $A \hookrightarrow B$, dann sagen wir: *A greift B an.*   □

Beachten Sie, dass für ein abstraktes Argumentationssystem überhaupt nichts darüber gesagt wird, was Argumente sind, wie diese aufgebaut sind oder was es bedeutet, wenn ein Argument ein anderes angreift. Von allen diesen Aspekten abstrahiert Definition 10.57 vollständig. Abstrakte Argumentationssysteme lassen sich daher gut als gerichtete Graphen darstellen, wobei die Knoten des Graphen die Argumente sind und eine Kante (A, B) dem Angriff $A \hookrightarrow B$ entspricht.

Beispiel 10.58 Der Graph in Abbildung 10.8 repräsentiert das abstrakte Argumentationssystem $(\mathcal{A}, \hookrightarrow)$ mit den Argumenten $\mathcal{A} = \{A, B, C, D, E, F, G, H\}$ und der Angriffsrelation $\hookrightarrow$, die den gerichteten Kanten in dem Graphen entsprechen. □

Für DeLP hatten wir in Abschnitt 10.2 genau angegeben, wie Argumente aufgebaut sein müssen und was ein Angriff ist. So kann $A \hookrightarrow B$ in DeLP verschiedene Bedeutungen haben: A greift B direkt an, A greift B direkt oder indirekt an, A greift B erfolgreich an, A ist ein schlagender Angriff auf B usw. Während ein abstraktes Argumentationssystem davon abstrahiert, illustriert das folgende Beispiel, wie ein DeLP-Programm als abstraktes Argumentationssystem gesehen werden kann.

Beispiel 10.59 (DeLP-Programm als abstraktes Argumentationssystem)
Für $\mathcal{P}_{tina}$ aus Beispiel 10.52 betrachten wir die folgenden Argumente:

$A_1 : \quad \langle \emptyset, \; chicken(tina). \rangle$

$A_2 : \quad \langle \emptyset, \; penguin(tweety). \rangle$

$A_3 : \quad \langle \emptyset, \; scared(tina). \rangle$

$A_4 : \quad \langle \emptyset, \; bird(tina). \rangle$

$A_5 : \quad \langle \emptyset, \; bird(tweety). \rangle$

$A_6 : \quad \langle \emptyset, \; \neg flies(tweety). \rangle$

$A_7 : \quad \langle \{flies(tina) \prec bird(tina).\}, \; flies(tina) \rangle$

$A_8 : \quad \langle \{\neg flies(tina) \prec chicken(tina).\}, \; \neg flies(tina) \rangle$

$A_9 : \quad \langle \{flies(tina) \prec chicken(tina), scared(tina).\}, \; flies(tina) \rangle$

$A_{10} : \quad \langle \{nests\_in\_trees(tina) \prec flies(tina)., \; flies(tina) \prec bird(tina).\},$

$\qquad\qquad\qquad\qquad\qquad\qquad\qquad\qquad nests\_in\_trees(tina) \rangle$

$A_{11}:$ $\langle\{nests\_in\_trees(tina) \prec flies(tina).,$
$flies(tina) \prec chicken(tina), scared(tina).\}, nests\_in\_trees(tina)\rangle$

Auf dieser Menge $\mathcal{A}_{tina} = \{A_1, \ldots, A_{11}\}$ von Argumenten sei die Relation $\hookrightarrow$ definiert durch:

$A \hookrightarrow B$ gdw. A ist in DeLP ein erfolgreicher Angriff auf B

Dann gilt für diese Relation $\hookrightarrow = \{A_8 \hookrightarrow A_7, A_8 \hookrightarrow A_{10}, A_9 \hookrightarrow A_8\}$, und das Paar $(\mathcal{A}_{tina}, \hookrightarrow)$ ist ein abstraktes Argumentationssystem, das durch den gerichteten Graphen

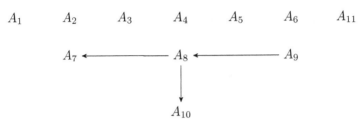

repräsentiert wird. □

Von zentraler Wichtigkeit für die Argumentation ist es herauszufinden, welche Argumente letztlich *akzeptabel* sind. Mengen von akzeptablen Argumenten werden als *Extensionen* bezeichnet, wobei Akzeptabilität nach unterschiedlichen Kriterien beurteilt werden kann, auf die wir im Folgenden eingehen werden. Eine Grundforderung für Extensionen ist die Konfliktfreiheit.

Definition 10.60 (konfliktfrei) Sei $(\mathcal{A}, \hookrightarrow)$ ein abstraktes Argumentationssystem. Eine Menge $\mathcal{S} \subseteq \mathcal{A}$ ist *konfliktfrei*, wenn es keine Argumente $A, B \in \mathcal{S}$ gibt mit $A \hookrightarrow B$. □

Beispiel 10.61 (konfliktfrei) In Beispiel 10.58 sind $\{A, C, F\}$ und $\{A, C, F, D\}$ konfliktfrei, während $\{B, C, D\}$ und $\{B, F, D\}$ nicht konfliktfrei sind. □

Es ist günstig, die Angriffsrelation auch für eine Menge von Argumenten zu definieren und eine Bezeichnung für die von einer Menge von Argumenten angegriffenen Argumente zu haben.

Definition 10.62 (Angriff einer Menge $\mathcal{S}$, angegriffene Menge $\mathcal{S}^+$) Sei $(\mathcal{A}, \hookrightarrow)$ ein abstraktes Argumentationssystem und $\mathcal{S} \subseteq \mathcal{A}$.

- $\mathcal{S}$ *greift ein Argument* $A \in \mathcal{A}$ *an*, notiert als $\mathcal{S} \hookrightarrow A$, wenn es ein Argument $B \in \mathcal{S}$ gibt mit $B \hookrightarrow A$.

- $\mathcal{S}^+ = \{A \in \mathcal{A} \mid \mathcal{S} \hookrightarrow A\}$ ist die *von $\mathcal{S}$ angegriffene Menge von Argumenten.* □

Damit ist eine Menge $\mathcal{S}$ von Argumenten offensichtlich genau konfliktfrei, wenn $\mathcal{S} \cap \mathcal{S}^+ = \emptyset$ gilt.

Selbsttestaufgabe 10.63 (Konfliktfreiheit und angegriffene Mengen)
Bestimmen Sie zu $(\mathcal{A}, \hookrightarrow)$ aus Beispiel 10.58 einige konfliktfreie Argumentmengen mit vier oder fünf Elementen und die davon jeweils angegriffenen Mengen.   ■

Ob ein Argument akzeptabel ist oder nicht, stellt sich erst durch durch den Evaluationsprozess im Wechselspiel mit den anderen Argumenten heraus. Dabei ist ein Argument, das angegriffen wird, nicht automatisch geschlagen, da es noch verteidigt werden kann.

Definition 10.64 (Verteidigung) Sei $(\mathcal{A}, \hookrightarrow)$ ein abstraktes Argumentationssystem und sei $\mathcal{S} \subseteq \mathcal{A}$. $\mathcal{S}$ *verteidigt ein Element* $A \in \mathcal{A}$ gdw. jedes Element $B \in \mathcal{A}$, das A angreift, von $\mathcal{S}$ angegriffen wird.   □

In Beispiel 10.58 verteidigt die Menge $\mathcal{S} = \{C, D\}$ den Knoten F, der von B und E angegriffen wird, denn C greift B und D greift E an. Die leere Menge verteidigt offensichtlich genau alle die Argumente, die überhaupt nicht angegriffen werden; in Beispiel 10.58 verteidigt $\emptyset$ also den Knoten D.

Der Begriff der Verteidigung liefert die Grundlage für die Definition der charakteristischen Eigenschaften der Akzeptabilität von Argumenten, die mit Hilfe der charakteristischen Funktion eines Argumentationssystems formalisiert werden könnennen.

Definition 10.65 (charakteristische Funktion) Die *charakteristische Funktion* $\mathbf{F}$ eines abstrakten Argumentationssystems $(\mathcal{A}, \hookrightarrow)$ ist definiert durch:

$$\mathbf{F} : 2^{\mathcal{A}} \to 2^{\mathcal{A}}$$

$$\mathbf{F}(\mathcal{S}) = \{A \in \mathcal{A} \mid \mathcal{S} \text{ verteidigt } A\}$$ □

Offensichtlich ist $\mathbf{F}$ eine monotone Funktion, denn aus $\mathcal{S}_1 \subseteq \mathcal{S}_2$ folgt $\mathbf{F}(\mathcal{S}_1) \subseteq \mathbf{F}(\mathcal{S}_2)$. Allerdings gilt nicht notwendigerweise $\mathcal{S} \subseteq \mathbf{F}(\mathcal{S})$, in Beispiel 10.58 ist z.B. $\mathbf{F}(\{A\}) = \{D\}$.

Selbsttestaufgabe 10.66 (charakteristische Funktion) Bestimmen Sie zu $(\mathcal{A}, \hookrightarrow)$ aus Beispiel 10.58 die Menge $\mathbf{F}(\mathcal{S})$ für $\mathcal{S} = \emptyset$ und für die fünf Mengen $\mathcal{S}$, die sich aus der leeren Menge durch sukzessive Hinzunahme der Elemente A, C, D, F, G (in dieser Reihenfolge) ergeben.   ■

10.3.2 Extensionen

Extensionen als Mengen von akzeptablen Argumenten sind von zentraler Bedeutung für abstrakte Argumentationssysteme. Mit Hilfe der charakteristischen Funktion lassen sich unterschiedliche Typen von Extensionen definieren.

Definition 10.67 (Extension) Sei $(\mathcal{A}, \hookrightarrow)$ ein abstraktes Argumentationssystem und $\mathcal{S} \subseteq \mathcal{A}$ eine konfliktfreie Menge von Argumenten.

- $\mathcal{S}$ ist eine *zulässige Extension*, wenn $\mathcal{S}$ jedes Element in $\mathcal{S}$ verteidigt, d.h., wenn $\mathcal{S} \subseteq \mathbf{F}(\mathcal{S})$ gilt.

- $\mathcal{S}$ ist eine *bevorzugte Extension*, wenn $\mathcal{S}$ eine zulässige Extension ist und zudem bzgl. Mengeninklusion maximal ist, d.h., wenn für jede zulässige Extension $\mathcal{S}'$ mit $\mathcal{S} \subseteq \mathcal{S}'$ auch $\mathcal{S} = \mathcal{S}'$ gilt.

- $\mathcal{S}$ ist eine *vollständige Extension*, wenn $\mathcal{S}$ eine zulässige Extension ist und jedes Element, das von $\mathcal{S}$ verteidigt wird, auch zu $\mathcal{S}$ gehört, d.h., wenn $\mathcal{S} = \mathbf{F}(\mathcal{S})$ gilt. $\qquad\square$

Beispiel 10.68 (Extension) Sei $(\mathcal{A}, \hookrightarrow)$ wie in Beispiel 10.58 und Abbildung 10.8.

1. Da $\mathbf{F}(\{A, C\}) = \{A, C, D\}$ und somit $\{A, C\} \subseteq \mathbf{F}(\{A, C\})$, ist $\{A, C\}$ eine zulässige Extension.

2. Da $\mathbf{F}(\{A, C, D\}) = \{A, C, D, F\}$ und somit $\{A, C, D\} \subseteq \mathbf{F}(\{A, C, D\})$, ist auch $\{A, C, D\}$ eine zulässige Extension.

3. Wegen $\mathbf{F}(\{A, C, D, F\}) = \{A, C, D, F\}$ ist $\{A, C, D, F\}$ eine vollständige Extension.

4. Ebenso ist $\mathcal{S} = \{A, C, D, F, G\}$ wegen $\mathbf{F}(\{A, C, D, F, G\}) = \{A, C, D, F, G\}$ eine zulässige Extension. Die Menge $\mathcal{S}$ ist auch maximal unter den zulässigen Extensionen, weil wegen der Konfliktfreiheit keines der übrigen Argumente B, E, H zusätzlich dazu gehören darf. Daher ist $\mathcal{S}$ eine bevorzugte Extension. Wegen $\mathcal{S} = \mathbf{F}(\mathcal{S})$ ist $\mathcal{S}$ außerdem auch eine vollständige Extension. $\qquad\square$

Beispiel 10.69 (Nixon) Wenn A für die Aussage *"Nixon ist kein Pazifist, da er Republikaner ist"* und B für die Aussage *"Nixon ist Pazifist, da er Quäker ist"* steht, können wir die Situation aus Beispiel 10.35 wie folgt in einem abstrakten Argumentationssystem $(\mathcal{A}, \hookrightarrow)$ darstellen:

$$\mathcal{A} = \{A, B\}$$
$$A \hookrightarrow B, \ B \hookrightarrow A.$$

Die folgende Tabelle gibt für alle Teilmengen $\mathcal{S} \subseteq \mathcal{A}$ an, ob es sich dabei um eine konfliktfreie Menge handelt und ob eine zulässige, vollständige oder bevorzugte Extension vorliegt:

$\mathcal{S}$	$\mathbf{F}(\{\mathcal{S}\})$	konfliktfrei	zulässig	vollständig	bevorzugt
$\emptyset$	$\emptyset$	×	×	×	-
$\{A\}$	$\{A\}$	×	×	×	×
$\{B\}$	$\{B\}$	×	×	×	×
$\{A, B\}$	$\{A, B\}$	-	-	-	-

Hier gibt es also zwei bevorzugte Extensionen, nämlich $\{A\}$ und $\{B\}$, und mit $\emptyset, \{A\}$ und $\{B\}$ drei vollständige Extensionen. $\qquad\square$

In Beispiel 10.68 konnte die Extension $\mathbf{F}(\{A, C\})$ zu $\mathbf{F}(\{A, C, D\})$ erweitert werden. Die folgende Proposition liefert ein wichtiges Kriterium für die Erweiterung von zulässigen Extensionen.

Proposition 10.70 (Erweiterung von Extensionen) *Seien* $(\mathcal{A}, \hookrightarrow)$ *ein abstraktes Argumentationssystem, $\mathcal{S}$ eine zulässige Extension und A, A' Argumente, die von $\mathcal{S}$ verteidigt werden. Dann gelten:*

1. $\mathcal{S}' = \mathcal{S} \cup \{A\}$ *ist zulässig.*

2. A' *wird von $\mathcal{S}'$ verteidigt.*

Beweis: Da $\mathcal{S}$ konfliktfrei ist, kann die Konfliktfreiheit von $\mathcal{S} \cup \{A\}$ nur durch ein $B \in \mathcal{S}$ mit $B \hookrightarrow A$ oder mit $A \hookrightarrow B$ verhindert werden:

- Wenn $B \hookrightarrow A$ gilt, muss es ein $B' \in \mathcal{S}$ mit $B' \hookrightarrow B$ geben, da $\mathcal{S}$ das Argument A verteidigt; wegen $\{B, B'\} \subseteq \mathcal{S}$ kann $\mathcal{S}$ dann aber nicht konfliktfrei sein.

- Wenn $A \hookrightarrow B$ gilt, muss es ein $B' \in \mathcal{S}$ mit $B' \hookrightarrow A$ geben, da $\mathcal{S}$ eine zulässige Extension ist und damit jedes Element von $\mathcal{S}$ verteidigt. Da $\mathcal{S}$ auch A verteidigt, muss es dann ein $B'' \in \mathcal{S}$ mit $B'' \hookrightarrow B'$ geben, was aber wegen $\{B', B''\} \subseteq \mathcal{S}$ und der Konfliktfreiheit von $\mathcal{S}$ nicht sein kann.

Da beide Fälle zu einem Widerspruch führen, folgt die Konfliktfreiheit von $\mathcal{S} \cup \{A\}$. Da weiterhin $\mathcal{S} \cup \{A\}$ jedes Element von $\mathcal{S} \cup \{A\}$ verteidigt, gilt (1), und (2) ergibt sich unmittelbar aus den Voraussetzungen. ∎

Zulässige Extensionen können also um Elemente erweitert werden, die von ihnen verteidigt werden. Durch zulässige Hinzunahme maximal vieler Argumente ergibt sich das folgende Theorem.

Theorem 10.71 *Für jede zulässige Extension $\mathcal{S}$ gibt es eine bevorzugte Extension $\mathcal{E}$ mit $\mathcal{S} \subseteq \mathcal{E}$.*

Da die leere Menge $\emptyset$ immer zulässig ist, gilt damit auch:

Theorem 10.72 *Jedes abstrakte Argumentationssystem besitzt mindestens eine bevorzugte Extension.*

Insgesamt liefern die verschiedenen Typen von Extensionen unterschiedliche Argumentmengen. Diese unterschiedlichen Argumentmengen spiegeln verschiedene Umgehensweisen mit Argumenten und den dazwischen bestehenden Angriffen wider. So können wir die verschiedenen Arten von Extensionen unterschiedlichen Typen von Agenten (vgl. Kapitel 12) zuordnen:

1. Dem *vorsichtig-unsicheren Agenten* genügt es, wenn er das, was er glaubt, auch irgendwie verteidigen kann; ein solcher Agent wird bevorzugte Extensionen verwenden.

2. Der *selbstbewusst-rationale Agent* glaubt genau das, was er selbst auch verteidigen kann; ein solcher Agent wird vollständige Extensionen verwenden.

Zusätzlich betrachten wir noch zwei weitere Agententypen, denen wir zwei weitere Arten von Extensionen zuordnen werden:

3. Der *konservative Agent* glaubt nur das, was sich aus der Menge aller nicht angegriffenen Argumente durch iterative Hinzunahme aller verteidigten Argumente ergibt; für diesen Typ von Agent gibt es die grundierten Extensionen.

4. Die Haltung eines *aggressiven Agenten* ist es, alles zu glauben mit Ausnahme dessen, was er selbst widerlegen kann; dies entspricht den stabilen Extensionen.

Definition 10.73 (grundierte und stabile Extensionen) Sei $(\mathcal{A}, \hookrightarrow)$ ein abstraktes Argumentationssystem.

- Die *grundierte Extension* von $(\mathcal{A}, \hookrightarrow)$ ist der kleinste Fixpunkt $\mathbf{F}_{lfp}$ von $\mathbf{F}$, d.h. $\mathbf{F}_{lfp} = \mathbf{F}^n(\emptyset)$, wobei $n \in \mathbb{N}$ die kleinste Zahl ist, für die $\mathbf{F}^n(\emptyset) = \mathbf{F}^{n+1}(\emptyset)$ gilt.

- Eine Menge $\mathcal{S} \subseteq \mathcal{A}$ ist eine *stabile Extension*, wenn $\mathcal{S}$ konfliktfrei ist und jedes Argument in $\mathcal{A} \setminus \mathcal{S}$ angreift, d.h. $\mathcal{S}^+ = \mathcal{A} \setminus \mathcal{S}$. □

Während es für jedes Argumentationssystem eine grundierte Extension gibt und diese sogar eindeutig ist, muss es nicht immer eine stabile Extension geben.

Beispiel 10.74 (grundierte und stabile Extensionen) Sei $(\mathcal{A}, \hookrightarrow)$ wie in Beispiel 10.58 und Abbildung 10.8 (s. auch Beispiel 10.68). Dann gelten die folgenden Beobachtungen:

- Da $\mathbf{F}(\emptyset) = \{D\}$ und $\mathbf{F}(D) = \{D\}$, ist $\{D\}$ der kleinste Fixpunkt von $\mathbf{F}$ und damit grundierte Extension von $(\mathcal{A}, \hookrightarrow)$.

- Die Menge $\mathcal{S} = \{E, H, B\}$ greift zwar alle Elemente der Menge $\{F, G, A, C\}$ an, aber es gilt nicht $\mathcal{S} \hookrightarrow D$. Daher ist $\mathcal{S}$ keine stabile Extension, da $D \notin \mathcal{S}$.

- Da die konfliktfreie Menge $\mathcal{S} = \{B, D, H\}$ alle Elemente der Menge $\{A, F, C, E, G\} = \mathcal{A} \setminus \mathcal{S}$ angreift, ist $\{B, D, H\}$ eine stabile Extension von $(\mathcal{A}, \hookrightarrow)$. □

Proposition 10.75 (stabile Extension) *Sei $(\mathcal{A}, \hookrightarrow)$ ein abstraktes Argumentationssystem und $\mathcal{S} \subseteq \mathcal{A}$. $\mathcal{S}$ ist eine stabile Extension gdw. $\mathcal{S} = \mathcal{A} \setminus \mathcal{S}^+$.*

Beweis: Wir nehmen zunächst an, dass $\mathcal{S}$ eine stabile Extension ist. Für $\mathcal{S}_1 = \mathcal{A} \setminus \mathcal{S}^+ = \{A \in \mathcal{A} \mid \mathcal{S} \not\hookrightarrow A\}$ müssen wir $\mathcal{S} = \mathcal{S}_1$ zeigen. Wegen der Stabilität von $\mathcal{S}$ gilt $\mathcal{S}_1 \subseteq \mathcal{S}$. Für $A \notin \mathcal{S}_1$ gilt $\mathcal{S} \hookrightarrow A$ und damit wegen der Konfliktfreiheit von $\mathcal{S}$ auch $A \notin \mathcal{S}$; daher ist $\mathcal{S} \subseteq \mathcal{S}_1$ und somit $\mathcal{S} = \mathcal{S}_1$.

Für die Gegenrichtung nehmen wir an, dass $\mathcal{S}$ eine Menge mit $\mathcal{S} = \mathcal{A} \setminus \mathcal{S}^+ = \{A \in \mathcal{A} \mid \mathcal{S} \not\hookrightarrow A\}$ ist. Damit ist $\mathcal{S}$ konfliktfrei, und da aus $A \notin \mathcal{S}$ die Beziehung $\mathcal{S} \hookrightarrow A$ folgt, ist $\mathcal{S}$ eine stabile Extension. ∎

Selbsttestaufgabe 10.76 (Extensionen) Bestimmen Sie zu $(\mathcal{A}_{tina}, \hookrightarrow)$ aus Beispiel 10.59 alle zulässigen, bevorzugten, grundierten, vollständigen und stabilen Extensionen. ∎

Die Klassen von Extensionen desselben Typs werden als *Semantik* eines abstrakten Argumentationssystems AF aufgefasst, d.h., die zulässigen Extensionen bilden die zulässige Semantik, die bevorzugten Extensionen bilden die bevorzugte Semantik usw. Wir führen für diese Klassen formale Abkürzungen ein:

Adm(AF)	Menge der zulässigen Extensionen von AF
Pref(AF)	Menge der bevorzugten Extensionen von AF
Comp(AF)	Menge der vollständigen Extensionen von AF
Stab(AF)	Menge der stabilen Extensionen von AF

Da es immer genau eine grundierte Extension gibt, bestimmt diese die grundierte Semantik. Beachten Sie, dass die stabile Semantik leer sein kann. Das folgende Theorem setzt die verschiedenen Semantiken zueinander in Beziehung:

Theorem 10.77 *Zwischen stabilen, bevorzugten, vollständigen und grundierten Extensionen bestehen die folgenden Zusammenhänge:*

1. *Jede stabile Extension ist eine bevorzugte Extension, aber nicht umgekehrt:* $Stab(\mathsf{AF}) \subsetneq Pref(\mathsf{AF})$.

2. *Jede bevorzugte Extension ist eine vollständige Extension, aber nicht umgekehrt:* $Pref(\mathsf{AF}) \subsetneq Comp(\mathsf{AF})$.

3. *Die grundierte Extension ist die kleinste vollständige Extension.*

Beweis: Wir geben Beweise für die ersten beiden Punkte.

1. Sei $\mathcal{S}$ eine stabile Extension. Dann ist $\mathcal{S}$ (a) zulässig und (b) bevorzugt aufgrund der folgenden Ableitungen:

   (a) Sei $A \in \mathcal{S}$ und $B \in \mathcal{A}$ mit $B \hookrightarrow A$. Dann ist $B \notin \mathcal{S}$, da $\mathcal{S}$ konfliktfrei ist. Da $\mathcal{S}$ stabil ist, gibt es $C \in \mathcal{S}$ mit $C \hookrightarrow B$. $\mathcal{S}$ verteidigt also alle seine Elemente, woraus die Zulässigkeit von $\mathcal{S}$ folgt.

   (b) Wenn $\mathcal{S}$ nicht maximal wäre, müsste es eine zulässige Extension $\mathcal{S}' \subseteq \mathcal{A}$ und $A \in \mathcal{A}$ geben mit $\mathcal{S} \subseteq \mathcal{S}'$ und $A \in \mathcal{S}' \setminus \mathcal{S}$. Da $\mathcal{S}$ stabil ist, gälte dann $\mathcal{S} \hookrightarrow A$, im Widerspruch dazu, dass $\mathcal{S}'$ konfliktfrei ist.

   Für die andere Richtung reicht es aus, ein Gegenbeispiel anzugeben. Für das abstrakte Argumentationssystem $\mathsf{AF} = (\{A\}, \{A \hookrightarrow A\})$ ist $\mathcal{S} = \emptyset$ zulässig und maximal und damit eine bevorzugte Extension. $\mathcal{S}$ ist aber nicht stabil, da $\mathcal{S} \not\hookrightarrow A$.

2. Sei $\mathcal{S}$ eine bevorzugte Extension. Da $\mathcal{S}$ zulässig ist, gilt $\mathcal{S} \subseteq \mathbf{F}(\mathcal{S})$. Wir nehmen an, dass es ein $A \in \mathcal{A}$ mit $A \notin \mathcal{S}$ und $A \in \mathbf{F}(\mathcal{S})$ gibt. Aus der Definition von $\mathbf{F}(\mathcal{S})$ folgt, dass A von $\mathcal{S}$ verteidigt wird. Mit Proposition 10.70 folgt, dass $\mathcal{S} \cup \{A\}$ zulässig ist, im Widerspruch zur Maximalität von $\mathcal{S}$. Daher kann es ein solches A nicht geben. Da also $\mathcal{S} = \mathbf{F}(\mathcal{S})$ gilt, ist $\mathcal{S}$ eine vollständige Extension.

Für die andere Richtung reicht es wiederum aus, ein Gegenbeispiel anzugeben. Sei $(\mathcal{A}, \hookrightarrow)$ das abstrakte Argumentationssystem aus Beispiel 10.69. Wie in diesem Beispiel angegeben, ist $\mathcal{S} = \emptyset$ eine vollständige, aber keine bevorzugte Extension. ■

Selbsttestaufgabe 10.78 (grundierte Extension) Beweisen Sie Punkt (3.) von Theorem 10.77. ■

Selbsttestaufgabe 10.79 (maximale vollständige Extensionen) Zeigen Sie: Jede maximale vollständige Extension ist bevorzugt. ■

Es kann sein, dass der Schnitt aller bevorzugten Extensionen eines Argumentationssystems mit der grundierten Extension zusammenfällt; im Allgemeinen kann man das aber nicht erwarten. Für Argumentationssysteme ist es darüber hinaus wünschenswert, wenn die bevorzugten und die stabilen Extensionen zusammenfallen.

Definition 10.80 (relativ grundiert, kohärent) Sei $(\mathcal{A}, \hookrightarrow)$ ein abstraktes Argumentationssystem.

- $(\mathcal{A}, \hookrightarrow)$ heißt *relativ grundiert*, wenn die grundierte Extension der Schnitt aller bevorzugten Extensionen ist.

- $(\mathcal{A}, \hookrightarrow)$ heißt *kohärent*, wenn jede bevorzugte Extension auch eine stabile Extension ist. □

Ursache für fehlende Kohärenz sind Argumente, die in Argumentationsfolgen sowohl als indirekt angreifende als auch als indirekt verteidigende Argumente auftreten. Dabei greift ein Argument A ein Argument B indirekt an, wenn es eine endliche Angriffsfolge $A = A_0, A_1, \ldots, A_{2n+1} = B$ gibt, d.h., jedes A_i greift seinen Nachfolger A_{i+1} an. A verteidigt B indirekt, wenn es eine endliche Angriffsfolge $A = A_0, A_1, \ldots, A_{2n} = B$ gibt. A heißt *kontrovers*, wenn es ein Argument gibt, das von A sowohl indirekt angegriffen als auch indirekt verteidigt wird.

Kontroverse Argumente führen in DeLP zu Argumentationsfolgen, die nicht konkordant sind (vgl. Definition 10.41). In der dialektischen Analyse von DeLP wird fehlende Konkordanz der Argumente dadurch verhindert, dass nur akzeptable Argumentationsfolgen betrachtet werden, in denen sowohl die Menge der unterstützenden Argumente als auch die Menge der interferierenden Argumente konkordant ist (vgl. Definition 10.43).

Das folgende Theorem zeigt auf, dass die Abwesenheit von kontroversen Argumenten dazu führt, dass das Argumentationssystem die oben genannten wünschenswerten Eigenschaften der relativen Grundiertheit und der Kohärenz besitzt.

Theorem 10.81 ([59]) *Besitzt ein Argumentationssystem keine kontroversen Argumente, so ist es kohärent und relativ grundiert.*

In abstrakten Argumentationssystemen wird von der inneren Struktur der Argumente abstrahiert. Die abstrakten Semantiken sind allerdings zur Anwendung auf konkrete Argumentationssysteme gedacht, bei denen Argumente oft Schlussfolgerungen oder Behauptungen (*claims*) stützen. Ist ein solches Argumentationssystem relativ grundiert, so entsprechen die Behauptungen der grundierten Extension einem skeptischen Schlussfolgerungsverhalten auf der Basis der bevorzugten Semantik.

Selbsttestaufgabe 10.82 (Abstraktes Argumentationssystem) Betrachten Sie einen Gerichtsfall, in dem der Angeklagte John entweder unschuldig (I) oder schuldig ist (G), den Mord an Frank begangen zu haben. Das Video einer Überwachungskamera am Tatort (S_1) zeigt an, dass eine Person, die wie John aussieht, zum Zeitpunkt des Verbrechens anwesend war, was somit ein Grund dafür sein kann, dass John nicht unschuldig ist. Allerdings zeigt die Aufnahme von einer anderen, weit vom Tatort entfernten, Überwachungskamera (S_2), dass ein Mensch, der wie John aussieht, zum Zeitpunkt des Verbrechens nicht am Tatort war, und somit ist dies ein Grund dafür, dass John nicht schuldig ist.

Modellieren Sie den dargestellten Fall als abstraktes Argumentationssystem. ∎

Selbsttestaufgabe 10.83 (Anwendung abstrakter Argumentationstheorie) Seien $\mathcal{A} = \{A, B, C, D, E, F, G, H\}$ eine Menge von Argumenten und $\hookrightarrow$ eine Angriffsrelation auf $\mathcal{A} \times \mathcal{A}$, die definiert ist über die Tupel

$$\{(A \hookrightarrow E), (E \hookrightarrow D), (D \hookrightarrow E), (B \hookrightarrow C), (C \hookrightarrow E),$$
$$(C \hookrightarrow H), (C \hookrightarrow F), (E \hookrightarrow H), (F \hookrightarrow G), (G \hookrightarrow B)\}.$$

1. Zeichnen Sie den Graphen zum Argumentationssystem $\langle \mathcal{A}, \hookrightarrow \rangle$.
2. Bestimmen Sie die grundierte Extension von $\langle \mathcal{A}, \hookrightarrow \rangle$.
3. Ist die in Aufgabenteil (2.) bestimmte Extension konfliktfrei, zulässig, stabil, bevorzugt und/oder vollständig? Begründen Sie Ihre Antworten.
4. Bestimmen Sie zum Argumentationssystem $\langle \mathcal{A}, \hookrightarrow \rangle$ aus Aufgabenteil (1.) die
   (a) vollständigen Extensionen,
   (b) bevorzugten Extensionen,
   (c) stabilen Extensionen (sofern es welche gibt). ∎

10.3.3   Beispielanwendung: Das stabile Heiratsproblem

Das *stabile Heiratsproblem* (engl. *stable marriage problem, SMP*) beschreibt eine Situation, bei der eine bijektive Zuordnung zwischen zwei Mengen gefunden werden soll, die eine Reihe von Präferenzbedingungen erfüllt. Als Illustration dient ein Szenario mit einer Menge W von n Frauen und einer Menge M von n Männern. Wir nehmen an, dass jede Frau aus W alle Männer aus M linear entsprechend ihrer Vorlieben anordnen kann. Entsprechend kann auch jeder Mann seine Präferenzen bzgl. der Frauen in einer linearen Reihenfolge angeben. Eine Heirat zwischen einer Frau w und einem Mann m ist *stabil*, wenn alle Frauen, die m seiner Ehefrau w vorzieht, ihrerseits verheiratet sind mit einem Mann, den sie m vorziehen. Das SMP besteht nun darin, alle Frauen aus W und alle Männer aus M stabil miteinander zu verheiraten.

Um ein solches SMP formal darzustellen, nehmen wir an, dass für jede Frau $w \in W$ die Relation

$$\succ_w \subseteq M \times M$$

ihre Präferenzen bzgl. aller Männer angibt, d.h., $m_1 \succ_w m_2$ drückt aus, dass w den Mann m_1 dem Mann m_2 vorzieht. Entsprechend drückt für jeden Mann $m \in M$ die Relation

$$\succ_m \subseteq W \times W$$

die Vorlieben von m bzgl. der Frauen in W aus. Eine *Lösung des SMP* ist eine bijektive Abbildung $S : M \to W$, die für alle $m \in M$ und für alle $w \in W$ angibt, dass m mit $S(m)$ und w mit $S^{-1}(w)$ verheiratet ist. Weiterhin muss gelten, dass kein Paar $(m, w) \in M \times W$ existiert, so dass

$$w \succ_m S(m) \quad \text{und} \quad m \succ_w S^{-1}(w)$$

gilt, d.h., dass der Mann m die Frau w seiner Ehefrau $S(m)$ vorzieht und w den Mann m ihrem Ehemann $S^{-1}(w)$ vorzieht. Dann werden alle Ehen als stabil betrachtet.

Ein solches SMP kann auch durch das Argumentationssystem AS_{SMP} mit den folgenden Komponenten repräsentiert werden:

$$AS_{SMP} = (\mathcal{A}_{SMP}, \hookrightarrow)$$
$$\mathcal{A}_{SMP} = M \times W, \quad \hookrightarrow \subseteq \mathcal{A}_{SMP} \times \mathcal{A}_{SMP}$$
$$(m_1, w_1) \hookrightarrow (m_2, w_2) \quad \text{gdw.} \qquad m_1 = m_2 \quad \text{und} \quad w_1 \succ_{m_1} w_2$$
$$\text{oder} \quad w_1 = w_2 \quad \text{und} \quad m_1 \succ_{w_1} m_2$$

Wie das folgende Theorem aufzeigt, besteht zwischen den (im oben ausgeführten Sinn) stabilen Eheverbindungen des SMP und den stabilen Extensionen des Argumentationssystems AS_{SMP} ein eineindeutiger Zusammenhang.

Theorem 10.84 (SMP und stabile Extensionen) *Eine Menge $\mathcal{S} \subseteq \mathcal{A}_{SMP}$ ist genau dann eine Lösung des SMP, wenn $\mathcal{S}$ eine stabile Extension von AS_{SMP} ist.*

Beweis: Wir nehmen zunächst an, dass $\mathcal{S} = \{(m, S(m)) \mid m \in M\}$ eine Lösung des Heiratsproblems wie oben angegeben ist. Zu zeigen ist dann, dass $\mathcal{S}$ konfliktfrei und eine stabile Extension von AS_{SMP} ist. Wenn $\mathcal{S}$ nicht konfliktfrei wäre, müsste es $(m_1, S(m_1)), (m_2, S(m_2)) \in \mathcal{S}$ mit $(m_1, S(m_1)) \hookrightarrow (m_2, S(m_2))$ geben. Dies stünde aber im Widerspruch zur Definition von AS_{SMP}, da $\mathcal{S}$ eine Bijektion ist und $S(m_1) \not\succ_{m_1} S(m_1)$ bzw. $m_1 \not\succ_{S(m_1)} m_1$ gilt.

Um zu zeigen, dass $\mathcal{S}$ eine stabile Extension von AS_{SMP} ist, sei $(m, w) \notin \mathcal{S}$. Dann ist $(m, S(m)) \in \mathcal{S}$ und $(S^{-1}(w), w) \in \mathcal{S}$, und es gilt $S(m) \succ_m w$ oder $S^{-1}(w) \succ_w m$, sonst wären die Ehen $(m, S(m))$ und $(S^{-1}(w), w)$ nicht stabil. Also gilt nach Definition von AS_{SMP} $(m, S(m)) \hookrightarrow (m, w)$ oder $(S^{-1}(w), w) \hookrightarrow (m, w)$ und damit $\mathcal{S} \hookrightarrow (m, w)$. $\mathcal{S}$ greift also jedes Paar außerhalb von $\mathcal{S}$ an und ist daher eine stabile Extension.

Für den Beweis der Gegenrichtung sei nun umgekehrt $\mathcal{S}$ eine stabile Extension von AS_{SMP}. Da $\mathcal{S}$ konfliktfrei ist, kann es zu jedem $m \in M$ nach Definition von $\hookrightarrow$ höchstens ein $w' \in W$ mit $(m, w') \in \mathcal{S}$ und zu jedem $w \in W$ höchstens ein $m' \in M$ mit $(m', w) \in \mathcal{S}$ geben. Damit definiert $\mathcal{S}$ partielle Funktionen

$$S : M \to W \quad \text{und} \quad T : W \to M$$

mit $S(m) = w'$, falls $(m, w') \in \mathcal{S}$, und $T(w) = m'$, falls $(m', w) \in \mathcal{S}$. Da die Annahme, es gäbe ein $(m, w) \in M \times W$, so dass für alle $w' \in W$ und für alle $m' \in M$ sowohl $(m, w') \notin \mathcal{S}$ als auch $(m', w) \notin \mathcal{S}$ gilt, im Widerspruch zur Stabilität von $\mathcal{S}$ steht, ist $\mathcal{S}$ sogar eine totale, bijektive Abbildung und es gilt $S^{-1} = T$. Um zu zeigen, dass S eine Lösung des SMP ist, machen wir die Widerspruchsannahme, dass es ein instabiles Paar gibt, d.h.

$$\exists\, (m, w) \in M \times W \ \text{mit} \ w \succ_m S(m) \ \text{und} \ m \succ_w S^{-1}(w).$$

Aus $(m, S(m)) \in \mathcal{S}$ und $(S^{-1}(w), w) \in \mathcal{S}$ folgt $(m, w) \notin \mathcal{S}$ wegen der Konfliktfreiheit von $\mathcal{S}$. Da $\mathcal{S}$ eine stabile Extension ist, muss $\mathcal{S} \hookrightarrow (m, w)$ gelten. Die beiden einzig möglichen Angriffe von $\mathcal{S}$ auf (m, w) sind $(m, S(m)) \hookrightarrow (m, w)$ und $(S^{-1}(w), w) \hookrightarrow (m, w)$. Der erste Angriff steht aber im Widerspruch zu $w \succ_m S(m)$ und der zweite Angriff im Widerspruch zu $m \succ_m S^{-1}(w)$. Die Zuordnung S ist damit stabil und daher eine Lösung des SMP. ∎

Wenn man im SMP gleichgeschlechtliche Ehen zulässt, gibt es keine stabile Extension im entsprechenden Argumentationssystem; eine Lösung des stabilen Heiratsproblems entspricht dann einer bevorzugten Extension (s. [59]).

10.3.4   Beziehungen zur Reiter'schen Default-Logik

Der Begriff der Extension als eine ausgezeichnete Menge von Objekten taucht auch in den Default-Logiken (Kapitel 8) auf. Im Folgenden wollen wir zeigen, dass Extensionen einer Reiter'schen Default-Theorie als Extensionen eines Argumentationssystems aufgefasst werden können.

Sei $T = (W, \Delta)$ eine Reiter'sche Default-Theorie; wir nehmen außerdem im Folgenden an, dass W konsistent ist. Für $\Delta = \{\delta_1, \ldots, \delta_n\}$ bezeichnet

$$Just(\Delta) = just(\delta_1) \cup \ldots \cup just(\delta_n)$$

die Menge aller Begründungen, die in den Defaults aus Δ vorkommen (vgl. Definition 8.3).

Sei $K \subseteq Just(\Delta)$ eine Menge von Begründungen. Eine (klassische) Formel F heißt *unsichere Konsequenz aus T und K*, wenn es eine Folge $L_0, L_1, \ldots, L_n$ von Formeln mit $L_n = F$ gibt, so dass für jedes L_i eine der folgenden Aussagen zutrifft:

- $L_i \in W$ oder

- $L_i \in Cn(\{L_0, L_1, \ldots, L_{i-1}\})$ oder

- $L_i = cons(\delta)$ mit $pre(\delta) \in \{L_0, L_1, \ldots, L_{i-1}\}$ und $just(\delta) \subseteq K$.

K heißt dann ein *Support von F bzgl. T* und enthält die Menge aller Annahmen, auf die sich die Ableitung von F stützt.

Zu der Default-Theorie $T = (W, \Delta)$ definieren wir ein passendes Argumentationssystem $AS(T) = (\mathcal{A}_T, \hookrightarrow)$ wie folgt:

$$\mathcal{A}_T = \{(K, F) \mid F \text{ ist eine Formel und}$$
$$K \subseteq Just(\Delta) \text{ ist ein Support für } F \text{ bzgl. } T\}$$

$$(K_1, F_1) \hookrightarrow (K_2, F_2) \quad \text{gdw.} \quad \neg F_1 \in K_2$$

Beispiel 10.85 (Tweety) Sei $T = T_{tweety} = (W, \Delta)$ die Default-Theorie mit $W = \{P,\ P \Rightarrow B\}$ und $\Delta = \{\delta_1, \delta_2\}$ mit $\delta_1 = \frac{B : F}{F}$ und $\delta_2 = \frac{P : \neg SP}{\neg F}$, wobei die Atome P, B, F und SP die Prädikate *Penguin, Bird, Fly* und *SuperPenguin* bezeichnen. Der Prozessbaum zu T sieht dann wie folgt aus (beachten Sie, dass $Cn(W) = Cn(\{P, B\})$ ist):

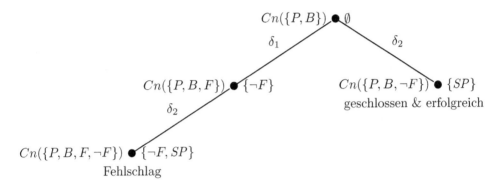

Es ist $Just(\Delta) = \{F, \neg SP\}$ und für $AS(T) = (\mathcal{A}_T, \hookrightarrow)$ gilt:

- $(\{F\}, F) \in \mathcal{A}_T$, da aufgrund der Folge von Formeln $P, P \Rightarrow B, B, F$ mit $F = cons(\delta_1)$, $pre(\delta_1) = B$ und $just(\delta_1) = \{F\}$ die Menge $\{F\}$ ein Support von F bzgl. T ist.

- $(\{\neg SP\}, \neg F) \in \mathcal{A}_T$, da aufgrund der Folge von Formeln $P, \neg F$ mit $\neg F = cons(\delta_2)$, $pre(\delta_2) = P$ und $just(\delta_2) = \{\neg SP\}$ die Menge $\{\neg SP\}$ ein Support von $\neg F$ bzgl. T ist. $\qquad\square$

Theorem 10.86 (Support-Mengen zulässiger Extensionen) *Sei $T = (W, \Delta)$ eine Default-Theorie, $\mathcal{S}$ eine zulässige Extension in $AS(T) = (\mathcal{A}_T, \hookrightarrow)$ und $H = \bigcup\{K \mid (K, F) \in \mathcal{S}\} \subseteq Just(\Delta)$ die Vereinigung aller Support-Mengen von $\mathcal{S}$. Dann lässt sich aus T und H kein Widerspruch ableiten.*

Beweis: Wir machen die Widerspruchsannahme, dass sich aus T und H ein Widerspruch ableiten lässt. Dann ist für alle Formeln F das Paar $(H, F) \in \mathcal{A}_T$.

Sei $(K, F) \in \mathcal{S}$ mit $K \neq \emptyset$, und sei $G \in K$. Dann gilt $(H, \neg G) \hookrightarrow (K, F)$. Da $\mathcal{S}$ zulässig ist, muss es $(K', F') \in \mathcal{S}$ mit $(K', F') \hookrightarrow (H, \neg G)$ geben; daraus folgt $\neg F' \in H$. Daher gibt es $(K'', F'') \in \mathcal{S}$ mit $\neg F' \in K''$. Damit gilt aber $(K', F') \hookrightarrow (K'', F'')$, im Widerspruch zur Konfliktfreiheit von $\mathcal{S}$. $\blacksquare$

Definition 10.87 ($arg, flat$) Sei $T = (W, \Delta)$ eine Default-Theorie und $AS(T) = (\mathcal{A}_T, \hookrightarrow)$. Sei $\mathcal{F}$ eine deduktiv abgeschlossene Formelmenge und sei $\mathcal{S}$ eine Menge von Argumenten aus $AS(T)$. Dann definieren

$$arg(\mathcal{F}) = \{(K, F) \in \mathcal{A}_T \mid \text{für alle } k \in K \text{ ist } \mathcal{F} \cup \{k\} \text{ konsistent}\}$$
$$\mathit{flat}(\mathcal{S}) = \{F \mid \text{es gibt ein } K \text{ mit } (K, F) \in \mathcal{S}\}$$

die mit $\mathcal{F}$ verträglichen Argumente $arg(\mathcal{F})$ und die aus $\mathcal{S}$ gewonnenen Schlussfolgerungen $\mathit{flat}(\mathcal{S})$.   □

Mit den Funktionen arg und flat lassen sich nun die Extensionen einer Default-Theorie charakterisieren.

Proposition 10.88 *Sei $T = (W, \Delta)$ eine Default-Theorie. $\mathcal{E}$ ist eine (Default-)Extension von T genau dann, wenn $\mathcal{E} = \mathit{flat}(arg(\mathcal{E}))$.*

Diese Beziehung kann man sich informell folgendermaßen klarmachen: Nach Konstruktion gilt $arg(\mathcal{E}) = \{(K, F) \in \mathcal{A}_T \mid \text{für alle } k \in K \text{ ist } \neg k \notin \mathcal{E}\}$. Wenn für alle $k \in K$ auch $\neg k \notin \mathcal{E}$ gilt, sind alle Defaults zur Ableitung von F anwendbar, und die Menge $\mathit{flat}(arg(\mathcal{E})) = \{F \mid \text{es gibt ein } K \text{ mit } (K, F) \in arg(\mathcal{E})\}$ enthält alle Schlussfolgerungen, die man deduktiv aus W und zulässiger Default-Anwendung bzgl. $\mathcal{E}$ ziehen kann. Dies entspricht aber genau den Anforderungen, die $\mathcal{E}$ als Extension erfüllen muss.

Reiter'sche Extensionen von T lassen sich also als *Projektionen* von Argumenten aus $AS(T)$ auffassen.

Beispiel 10.89 (Fortsetzung Tweety) Sei $T = (W, \Delta)$ und $AS(T) = (\mathcal{A}_T, \hookrightarrow)$ wie in Beispiel 10.85. $\mathcal{E} = Cn(P, B, \neg F)$ ist eine Default-Extension von T. Die Menge $arg(\mathcal{E})$ enthält $\{(\emptyset, P), (\emptyset, B), (\{\neg SP\}, \neg F)\}$ und weitere Argumente, die durch klassische Ableitungen gebildet werden können, und es gilt $\mathit{flat}(arg(\mathcal{E})) = Cn(P, B, \neg F) = \mathcal{E}$.   □

Genau genommen entsprechen die Extensionen von T den stabilen Extensionen von $AS(T)$:

Theorem 10.90 ([59]) *Sei $\mathcal{E}$ eine (Default-)Extension einer Default-Theorie T und $\mathcal{S}$ eine stabile Extension von $AS(T)$. Dann gilt:*

- *$arg(\mathcal{E})$ ist eine stabile Extension von $AS(T)$.*

- *$\mathit{flat}(\mathcal{S})$ ist eine Extension von T.*

Beispiel 10.91 (Fortsetzung Tweety) Mit den Bezeichnungen aus Beispiel 10.89 enthält $AS(T)$ die Argumente $(\{F\}, F)$, $(\{F, \neg SP\}, \bot)$, die Argumente in $arg(\mathcal{E})$ sowie weitere Argumente, die durch klassische Ableitungen gebildet werden können. Die Argumente $(\{F\}, F)$, $(\{F, \neg SP\}, \bot)$ sind nicht in $arg(\mathcal{E})$ enthalten, werden aber wegen $(\{\neg SP\}, \neg F) \hookrightarrow (\{F\}, F)$ und $(\{\neg SP\}, \neg F) \hookrightarrow (\{F, \neg SP\}, \bot)$ von $arg(\mathcal{E})$ angegriffen, daher ist $arg(\mathcal{E})$ stabil.   □

Da jede stabile Extension auch eine bevorzugte Extension ist (vgl. Theorem 10.77), verallgemeinert die bevorzugte Semantik von $AS(T)$ die normale/stabile Semantik von T: Eine bevorzugte Extension $\mathcal{E}$ von T entsteht als Projektion einer bevorzugten Extension $\mathcal{S}$ von $AS(T)$:

$$\mathcal{E} = flat(\mathcal{S})$$

Beispiel 10.92 Wir betrachten die Default-Theorie $T = (\{q\}, \{\delta_1\})$ mit $\delta_1 = \frac{\top : \neg p}{p}$. Da der Prozessbaum

$$Cn(\{q\}) \bullet \emptyset$$
$$\delta_1 \mid$$
$$Cn(\{q, p\}) \bullet \{p\}$$
$$\text{Fehlschlag}$$

nur einen fehlgeschlagenen Prozess enthält, gibt es keine Default-Extension zu T.

Es gibt jedoch eine bevorzugte Extension. Es gilt $just(\Delta) = \{\neg p\}$, und zu dem Argument $A = (\{\neg p\}, p)$ gibt es den Angriff $A \hookrightarrow A$, da $\neg p \in \{\neg p\}$. Die Argumente $\mathcal{A}_T = \{(\emptyset, F), F \in Cn(q)\}$ werden jedoch nicht angegriffen. Also ist

$$\mathcal{S} = \{(\emptyset, F) \mid F \in Cn(q)\}$$

mit $flat(\mathcal{S}) = Cn(q)$ eine bevorzugte Extension. Der widersprüchliche Default δ_1 führt also hier, anders als bei der Bildung von Extensionen in der Reiter'schen Default-Logik, nicht zur Aufgabe des Weltwissens q. □

10.4 Labelings für abstrakte Argumentationssysteme

Die abstrakten Argumentationssysteme sind eine vielgenutzte Basis, um Argumentationsansätze aller Art zu formalisieren und "gute" Mengen von Argumenten unter Verwendung einer der vorgestellten Semantiken zu bestimmen. Tatsächlich gibt es allerdings noch eine ganze Reihe weiterer Semantiken für Argumentationssysteme [9], die der Argumentation noch mehr Facetten hinzufügen. Das Nachhalten der Unterschiede zwischen den verschiedenen Argumentationssemantiken kann bei konkreten Beispielen recht mühsam sein, zumal es ja auch jeweils verschiedene Extensionen eines Argumentationssystems innerhalb einer Semantik geben kann. Zumindest für erste Untersuchungen ist es oft sehr hilfreich, sich mit Hilfe einer "typischen" Argumentationssemantik einen Überblick über die Qualität der Argumente zu verschaffen. Theorem 10.77 zeigt, dass sowohl fundierte als auch bevorzugte Extensionen vollständig sind. Damit sind zwei der wichtigsten Semantiken, die in jedem Argumentationssystem anwendbar sind, Instanzen der vollständigen Semantik. Mit der charakterisierenden Gleichung $\mathcal{S} = \mathbf{F}(\mathcal{S})$ (vgl. Definition 10.67) drückt die vollständige Semantik eine konsequente und in sich geschlossene Nutzung der Argumentationstopologie aus und wird daher neben der fundierten und der bevorzugten Semantik häufig als eine der grundlegenden Argumentationssemantiken verwendet. Hat man einmal eine bestimmte Semantik gewählt, so ist es wünschenswert, einen einfachen Überblick über die verschiedenen Extensionen innerhalb einer Semantik zu bekommen, um z.B. auch erkennen zu können, welche Argumente in allen Extensionen vorkommen und daher besonders "stark" sind und welche Argumente vielleicht unter günstigen Umständen nutzbar sein könnten.

Labelingfunktionen, die von Caminada und Gabbay [38, 37] in die moderne Argumentationstheorie eingeführt wurden, versehen jedes Argument mit einem Status-Label, das nicht nur angibt, ob ein Argument in einer Extension liegt, sondern auch weitergehende Information zur Frage liefert, warum ein Argument nicht in einer Extension liegt. Ähnlich wie beim JTMS-Algorithmus (s. Abschnitt 7.3) vergibt eine Labelingfunktion die Label *in*, *out*, *undec*, wobei das Label *undec* Unsicherheiten beim Einschätzen des Status eines Argumentes ausdrückt. Labelingfunktionen können allgemeine Grundsätze des Argumentierens in einer kompakten Form erfassen und erlauben einfache Charakterisierungen der Argumentationssemantiken.

Definition 10.93 (Labelingfunktion) Sei $\mathsf{AF} = (\mathcal{A}, \hookrightarrow)$ ein abstraktes Argumentationssystem. Eine *Labelingfunktion für* AF ist eine Funktion $\ell : \mathcal{A} \to \{in, out, undec\}$. Jede Labelingfunktion definiert die folgenden drei Mengen:

$$in(\ell) = \{A \in \mathcal{A} \mid \ell(A) = in\},$$
$$out(\ell) = \{A \in \mathcal{A} \mid \ell(A) = out\},$$
$$undec(\ell) = \{A \in \mathcal{A} \mid \ell(A) = undec\}.$$

□

Labelingfunktionen müssen nun sinnvoll mit der Topologie des abstrakten Argumentationssystems (als gerichteter Graph betrachtet) verbunden werden. Dies leistet die folgende Definition der Zulässigkeit; aus der Vervollständigung der Idee der Zulässigkeit unter Verwendung des dritten Labels *undec* entsteht die Vollständigkeit.

Definition 10.94 (zulässige und vollständige Labelingfunktionen) Eine Labelingfunktion ℓ für $\mathsf{AF} = (\mathcal{A}, \hookrightarrow)$ heißt *zulässig*, wenn sie die folgenden beiden Bedingungen für alle $A \in \mathcal{A}$ erfüllt:

1. Wenn $\ell(A) = out$, dann gibt es $B \in \mathcal{A}$ mit $B \hookrightarrow A$ und $\ell(B) = in$.

2. Wenn $\ell(A) = in$, dann ist $\ell(B) = out$ für alle $B \in \mathcal{A}$ mit $B \hookrightarrow A$.

Eine zulässige Labelingfunktion ℓ für $\mathsf{AF} = (\mathcal{A}, \hookrightarrow)$ heißt *vollständig*, wenn $\ell(A) = undec$ impliziert, dass es kein $B \in \mathcal{A}$ mit $B \hookrightarrow A$ und $\ell(B) = in$ gibt, aber es ein $C \in \mathcal{A}$ mit $C \hookrightarrow A$ und $\ell(C) \neq out$ gibt.

Die Menge aller zulässigen Labelingfunktionen von AF bezeichnen wir mit $\mathcal{LAB}(\mathsf{AF})$, die Menge aller vollständigen Labelingfunktionen mit $\mathcal{LAB}^{compl}(\mathsf{AF})$.

□

Zulässige Labelingfunktionen vergeben die Label *in* und *out* nur in Übereinstimmung mit der Angreifersituation: Für das Label *in* müssen alle Angreifer *out* sein, und für das Label *out* muss es mindestens einen Angreifer mit Label *in* geben. Dies impliziert jedoch noch nicht die Notwendigkeit, diese Label auch so zu vergeben, da das Label *undec* auch möglich ist. Vollständige Labelingfunktionen vergeben auch dieses Label nur begründet, d.h., dieser dritte Fall tritt nur als Komplementfall zu den ersten beiden Fällen auf, was die folgende Proposition explizit formuliert:

Proposition 10.95 *Sei ℓ eine vollständige Labelingfunktion für $AF = (\mathcal{A}, \hookrightarrow)$. Dann gilt für $A \in \mathcal{A}$:*

$\ell(A) = out$ gdw.   *es gibt $B \in \mathcal{A}$ mit $B \hookrightarrow A$ und $\ell(B) = in$.*

$\ell(A) = in$ gdw.   *$\ell(B) = out$ für alle $B \in \mathcal{A}$ mit $B \hookrightarrow A$.*

$\ell(A) = undec$ gdw.   *es gibt kein $B \in \mathcal{A}$ mit $B \hookrightarrow A$ und $\ell(B) = in$,*
aber es gibt ein $C \in \mathcal{A}$ mit $C \hookrightarrow A$ und $\ell(C) \neq out$.

Selbsttestaufgabe 10.96 (vollständige Labelingfunktion) Beweisen Sie Proposition 10.95.   ∎

Beispiel 10.97 (vollständige Labelingfunktionen) Wir betrachten das Argumentationssystem aus Beispiel 10.58 und Abbildung 10.8 und bestimmen hier alle vollständigen Labelingfunktionen.

D wird überhaupt nicht angegriffen, folglich muss $\ell(D) = in$ sein für alle vollständigen Labelingfunktionen, entsprechend muss $\ell(E) = out$ sein. Weiterhin ist $\ell(G) = in$ genau dann, wenn $\ell(H) = out$ und umgekehrt, es können aber auch beide Label *undec* sein. Das Gleiche gilt für die Argumente B und C. Ist $\ell(B) = in$, so müssen A und F die Label *out* haben, ist hingegen $\ell(B) = out$, so müssen A und F die Label *in* haben. Auch hier besteht wieder die Möglichkeit, dass A, B, F alle das Label *undec* haben. Damit ergeben sich die folgenden neun vollständigen Labelingfunktionen $\ell_1, \ldots, \ell_9$:

	A	B	C	D	E	F	G	H
ℓ_1	out	in	out	in	out	out	in	out
ℓ_2	out	in	out	in	out	out	out	in
ℓ_3	out	in	out	in	out	out	undec	undec
ℓ_4	in	out	in	in	out	in	in	out
ℓ_5	in	out	in	in	out	in	out	in
ℓ_6	in	out	in	in	out	in	undec	undec
ℓ_7	undec	undec	undec	in	out	undec	in	out
ℓ_8	undec	undec	undec	in	out	undec	out	in
ℓ_9	undec	undec	undec	in	out	undec	undec	undec

Beachten Sie, dass man zulässige Labelingfunktionen, die keine vollständigen Labelingfunktionen sind, z.B. dadurch erhalten kann, dass man in der obigen Tabelle in den ersten sechs Zeilen das Label von F auf *undec* setzt.   □

Die Übereinstimmung der Charakterisierungen der Labelingfunktionen mit den Attributen für Extensionen ist nicht zufällig – die Eigenschaft des Labelings charakterisiert die entsprechende Eigenschaft der Menge der *in*-Knoten.

Proposition 10.98 *Sei $AF = (\mathcal{A}, \hookrightarrow)$ ein abstraktes Argumentationssystem. Ist ℓ eine zulässige (bzw. vollständige) Labelingfunktion für AF, so ist $in(\ell) = \mathcal{E}_\ell$ eine zulässige (bzw. vollständige) Extension von AF. Ist umgekehrt $\mathcal{E} \subseteq \mathcal{A}$ eine zulässige (bzw. vollständige) Extension von AF, so wird durch*

$$in(\ell_\mathcal{E}) = \mathcal{E},$$
$$out(\ell_\mathcal{E}) = \mathcal{E}^+, \tag{10.1}$$
$$undec(\ell_\mathcal{E}) = \mathcal{A}\backslash(\mathcal{E} \cup \mathcal{E}^+)$$

eine zulässige (bzw. vollständige) Labelingfunktion $\ell_\mathcal{E}$ definiert.

Beweis: Sei zunächst ℓ eine zulässige Labelingfunktion für AF, sei $\mathcal{E}_\ell = in(\ell)$. Wir müssen zeigen, dass $\mathcal{E}_\ell$ konfliktfrei ist und jedes seiner Elemente verteidigt. Für jedes Argument $A \in \mathcal{E}_\ell$ ist also $\ell(A) = in$, nach Definition 10.94 müssen dann alle seine Angreifer das Label *out* haben, können also nicht in $\mathcal{E}_\ell$ liegen. Damit ist $\mathcal{E}_\ell$ konfliktfrei. Sei nun $B \in \mathcal{A}$ ein Angreifer, d.h. $B \hookrightarrow A$. Wegen $\ell(A) = in$ und der Zulässigkeit von ℓ muss dann $\ell(B) = out$ sein, wiederum wegen der Zulässigkeit muss es dann ein $C \in \mathcal{A}$ geben mit $C \hookrightarrow B$ und $\ell(C) = in$, d.h. $C \in \mathcal{E}_\ell$. Damit verteidigt $\mathcal{E}_\ell$ jedes seiner Argumente A und ist damit zulässig.

Ist ℓ vollständig, so müssen wir noch zeigen, dass jedes von $\mathcal{E}_\ell$ verteidigte Element auch zu $\mathcal{E}_\ell$ gehört. Sei also $A \in \mathbf{F}(\mathcal{E}_\ell)$ (vgl. Definition 10.65), dann gilt für alle $B \in \mathcal{A}$ mit $B \hookrightarrow A$, dass es ein $C \in \mathcal{E}_\ell$ gibt mit $C \hookrightarrow B$. Dann ist $\ell(C) = in$, und aus der Vollständigkeit von ℓ folgt wegen Proposition 10.95 damit $\ell(B) = out$ für alle Angreifer von A, und wieder wegen Proposition 10.95 ist $\ell(A) = in$, d.h. $A \in \mathcal{E}_\ell$. Damit ist $\mathcal{E}_\ell$ eine vollständige Extension.

Wir gehen nun von Extensionen in $\mathcal{A}$ aus und zeigen, dass passende Labelingfunktionen durch (10.1) konstruiert werden können. Sei $\mathcal{E} \subseteq \mathcal{A}$ eine zulässige Extension und $\ell_\mathcal{E}$ wie in (10.1) definiert. Für die Zulässigkeit von $\ell_\mathcal{E}$ müssen wir die Bedingungen (1) und (2) von Definition 10.94 nachweisen. Sei also $\ell_\mathcal{E}(A) = out$. Nach (10.1) wird A dann von $\mathcal{E}$ angegriffen, d.h., es gibt ein $B \in \mathcal{E}$ mit $B \hookrightarrow A$, und $B \in \mathcal{E}$ ist gleichbedeutend mit $\ell_\mathcal{E}(B) = in$. Ist $\ell_\mathcal{E}(A) = in$, so ist $A \in \mathcal{E}$ und wird daher von $\mathcal{E}$ verteidigt. Alle Angreifer B von A liegen folglich in $\mathcal{E}^+$ (vgl. Def. 10.62) und bekommen unter $\ell_\mathcal{E}$ das Label *out*. Damit ist $\ell_\mathcal{E}$ zulässig.

Sei $\mathcal{E}$ nun auch vollständig und sei $\ell_\mathcal{E}(A) = undec$, d.h. $A \notin \mathcal{E} \cup \mathcal{E}^+$. Wegen $\mathcal{E} = \mathbf{F}(\mathcal{E})$ wird damit A auch nicht von $\mathcal{E}$ verteidigt, d.h., es muss ein $B \in \mathcal{A}$ geben mit $B \hookrightarrow A$, das nicht von $\mathcal{E}$ angegriffen wird. Dann ist $B \notin \mathcal{E}^+$ und daher $\ell(B) \neq out$. Da A auch nicht in $\mathcal{E}^+$ liegt, kann es kein $B \in \mathcal{A}$ mit $B \hookrightarrow A$ und $\ell(B) = in$ geben. Damit ist $\ell_\mathcal{E}$ vollständig. ∎

Um die Beziehungen zwischen (zulässigen) Labelingfunktionen und Extensionen kompakt darstellen zu können, definieren wir Abbildungen

$$\Lambda_{\mathsf{AF}} : \mathcal{LAB}(\mathsf{AF}) \to Adm(\mathsf{AF})$$
$$\ell \mapsto \mathcal{E}_\ell = in(\ell)$$

und $\quad \Lambda'_{\mathsf{AF}} : Adm(\mathsf{AF}) \to \mathcal{LAB}(\mathsf{AF})$
$$\mathcal{E} \mapsto \ell_\mathcal{E}, \tag{10.2}$$

wobei $\ell_\mathcal{E}$ wie in (10.1) definiert ist.

Proposition 10.99 *Für die in (10.2) definierten Abbildungen Λ_{AF} und Λ'_{AF} gilt:*

1. Λ_{AF} ist surjektiv, Λ'_{AF} ist injektiv.

2. $\Lambda_{AF} \circ \Lambda'_{AF} = Id_{Adm(AF)}$, d.h. $\Lambda_{AF} \circ \Lambda'_{AF}(\mathcal{E}) = \mathcal{E}$ für alle $\mathcal{E} \in Adm(AF)$.

3. $\Lambda_{AF}^{compl} := \Lambda_{AF|\mathcal{LAB}^{compl}(AF)}$ ist bijektiv.

Beweis: Nach Proposition 10.98 sind Λ_{AF} und Λ'_{AF} wohldefiniert.

1. Sei $\mathcal{E} \in Adm(AF)$ und sei $\ell_{\mathcal{E}}$ wie in (10.1) definiert. Dann ist $\ell_{\mathcal{E}}$ nach Proposition 10.98 in $\mathcal{LAB}(AF)$ und $\Lambda_{AF}(\ell_{\mathcal{E}}) = in(\ell_{\mathcal{E}}) = \mathcal{E}$, also ist Λ_{AF} surjektiv. Gilt für zwei Extensionen $\mathcal{E}$ und $\mathcal{E}'$ in $Adm(AF)$ nun $\Lambda'_{AF}(\mathcal{E}) = \ell_{\mathcal{E}} = \ell_{\mathcal{E}'} = \Lambda'_{AF}(\mathcal{E}')$, so ist natürlich auch $in(\ell_{\mathcal{E}}) = in(\ell_{\mathcal{E}'})$ und daher $\mathcal{E} = \mathcal{E}'$, Λ'_{AF} ist also injektiv.

2. Sei $\mathcal{E} \in Adm(AF)$. Dann ist

$$\Lambda_{AF} \circ \Lambda'_{AF}(\mathcal{E}) = \Lambda_{AF}(\Lambda'_{AF}(\mathcal{E})) = \Lambda_{AF}(\ell_{\mathcal{E}}) = in(\ell_{\mathcal{E}}) = \mathcal{E}.$$

3. Ebenso wie unter 1. zeigt man mit Hilfe von Proposition 10.98, dass Λ_{AF}^{compl} surjektiv ist. Um die Injektivität zu zeigen, wählen wir $\ell_1, \ell_2 \in \mathcal{LAB}^{compl}(AF)$ mit $\Lambda_{AF}(\ell_1) = \Lambda_{AF}(\ell_2)$, d.h. $in(\ell_1) = \mathcal{E} = in(\ell_2)$. Wir zeigen, dass die beiden Labelingfunktionen auch auf ihren *out*- und *undec*-Mengen übereinstimmen und damit gleich sind. Dazu genügt es, die *out*-Mengen zu betrachten, da die *undec*-Mengen die Komplemente der Vereinigungen von *in*- und *out*-Mengen sind.

   Sei $A \in \mathcal{A}$ ein Argument mit $\ell_i(A) = out$ für $i \in \{1, 2\}$. Wegen der Zulässigkeit von ℓ_i gibt es ein $B \in \mathcal{A}$ mit $B \hookrightarrow A$ und $B \in in(\ell_i) = \mathcal{E}$, also $A \in \mathcal{E}^+$. Damit ist zunächst $out(\ell_i) \subseteq \mathcal{E}^+$ für $i \in \{1, 2\}$. Für jedes $A \in \mathcal{E}^+$ gibt es umgekehrt ein $B \in \mathcal{E}$ mit $B \hookrightarrow A$. Wegen $in(\ell_1) = \mathcal{E} = in(\ell_2)$ gilt dann $\ell_1(B) = \ell_2(B) = in$. Wegen der Vollständigkeit von ℓ_1 und ℓ_2 muss dann $\ell_1(A) = \ell_2(A) = out$ gelten, also auch $\mathcal{E}^+ \subseteq out(\ell_i)$ und daher $out(\ell_i) = \mathcal{E}^+$ für $i \in \{1, 2\}$. Damit stimmen auch die *out*-Mengen überein und folglich ist $\ell_1 = \ell_2$. ∎

Auch die anderen in Kapitel 10.3 eingeführten Argumentationssemantiken lassen sich durch Labelingfunktionen einfach realisieren.

Definition 10.100 (grundierte, bevorzugte, stabile Labelingfunktionen)
Sei $AF = (\mathcal{A}, \hookrightarrow)$ ein abstraktes Argumentationssystem, sei ℓ eine vollständige Labelingfunktion für AF.

1. ℓ heißt *grundiert*, falls $in(\ell)$ minimal ist, d.h., für jede (andere) vollständige Labelingfunktion ℓ' von AF gilt: $in(\ell) \subseteq in(\ell')$.

2. ℓ heißt *bevorzugt*, falls $in(\ell)$ maximal ist, d.h., es gibt keine (andere) vollständige Labelingfunktion ℓ' von AF mit $in(\ell) \subsetneq in(\ell')$.

3. ℓ heißt *stabil*, falls $undec(\ell) = \emptyset$ ist. □

Aus der Definition einer grundierten Labelingfunktion ergibt sich damit sofort, dass diese eindeutig ist. Tatsächlich entsprechen die Labeling-Eigenschaften aus Definition 10.100 wieder den Eigenschaften der durch die *in*-Mengen definierten Extensionen, wie die folgende Proposition zeigt.

Proposition 10.101 *Sei $AF = (\mathcal{A}, \hookrightarrow)$ ein abstraktes Argumentationssystem, sei ℓ eine vollständige Labelingfunktion für AF.*

Ist ℓ eine grundierte/bevorzugte/stabile Labelingfunktion für AF, so ist $\mathcal{E}_\ell = in(\ell)$ eine grundierte/bevorzugte/stabile Extension von AF. Ist umgekehrt $\mathcal{E} \subseteq \mathcal{A}$ eine grundierte/bevorzugte/stabile Extension von AF, so wird durch $\ell_\mathcal{E}$ wie in (10.1) eine grundierte/bevorzugte/stabile Labelingfunktion definiert.

Beweis: Für grundierte und bevorzugte Extensionen bzw. Labelingfunktionen ist dies eine einfache Konsequenz aus Proposition 10.99 (3), da sich vollständige Extensionen und vollständige Labelingfunktionen eineindeutig entsprechen und grundierte bzw. bevorzugte Extensionen nach Theorem 10.77 und Selbsttestaufgabe 10.79 minimal bzw. maximal unter den vollständigen Extensionen sind.

Wir müssen nun noch die Behauptung für stabile Extensionen bzw. Labelingfunktionen zeigen. Sei $\mathcal{E}$ eine stabile Extension, d.h. $\mathcal{E}^+ = \mathcal{A}\backslash\mathcal{E}$, dann ist $\mathcal{E}$ nach Theorem 10.77 insbesondere vollständig, also ist auch $\ell_\mathcal{E}$ vollständig. Nach (10.1) ist dann $undec(\ell_\mathcal{E}) = \mathcal{A}\backslash(\mathcal{E} \cup \mathcal{E})^+ = \emptyset$, also ist $\ell_\mathcal{E}$ eine stabile Labelingfunktion. Ist umgekehrt ℓ eine stabile Labelingfunktion, so ist $\mathcal{E}_\ell = in(\ell)$ eine vollständige und damit konfliktfreie Extension, für die wegen $undec(\ell) = \emptyset$ die Gleichung $\mathcal{E}_\ell^+ = \mathcal{A}\backslash\mathcal{E}$ gilt, also ist $\mathcal{E}_\ell$ auch stabil. ∎

Beispiel 10.102 (grundierte, bevorzugte, stabile Labelingfunktionen)
Wir greifen Beispiel 10.97 wieder auf. In der dortigen Tabelle finden wir vier stabile und bevorzugte Extensionen, nämlich ℓ_1, ℓ_2, ℓ_4 und ℓ_5, die den stabilen und bevorzugten Extensionen $\{B, D, G\}, \{B, D, H\}, \{A, C, D, F, G\}$ und $\{A, C, D, F, H\}$ entsprechen. Weiterhin ist ℓ_9 die grundierte Labelingfunktion, zu der die Extension $\{D\}$ gehört (vgl. auch Beispiel 10.74). □

Mit Hilfe der Labelingfunktionen kann man den möglichen Status eines Argumentes in einem abstrakten Argumentationssystem innerhalb einer Semantik angeben, indem man einfach die möglichen Labels des Argumentes auflistet [249]. Wir schauen uns hier die vollständige Semantik an, aber es ist klar, dass dies für andere Labeling-basierte Semantiken auch möglich ist.

Definition 10.103 (Status unter Vollständigkeit) Sei $AF = (\mathcal{A}, \hookrightarrow)$ ein abstraktes Argumentationssystem. Der *Status eines Argumentes A unter Vollständigkeit* ist definiert als:

$$Stat^{compl}(A) = \{\ell(A) \mid \ell \text{ ist eine vollständige Labelingfunktion für AF}\} \qquad \square$$

Beispiel 10.104 (Status unter Vollständigkeit) Aus der Tabelle in Beispiel 10.97 erhalten wir die folgenden Angaben zum Status unter Vollständigkeit der Argumente in Abbildung 10.8:

Argumente	$Stat^{compl}$
A	$\{in, out, undec\}$
B	$\{in, out, undec\}$
C	$\{in, out, undec\}$
D	$\{in\}$
E	$\{out\}$
F	$\{in, out, undec\}$
G	$\{in, out, undec\}$
H	$\{in, out, undec\}$

$\square$

Für jedes Argument A ist $Stat^{compl}(A) \subseteq \{in, out, undec\}$, aber nicht jede Teilmenge ist tatsächlich auch als Statusmenge eines Argumentes möglich. Beispielsweise ist $\emptyset$ nicht möglich, da vollständige Labelingfunktionen immer existieren und ein Argument mindestens ein Label haben muss. Aber auch andere Teilmengen erweisen sich als unmöglich. So zeigt die nächste Proposition, dass kein Argument unter Vollständigkeit den Status $\{in, out\}$ haben kann.

Proposition 10.105 *Sei $AF = (\mathcal{A}, \hookrightarrow)$ ein abstraktes Argumentationssystem und sei $A \in \mathcal{A}$. Wenn es vollständige Labelingfunktionen ℓ_1 und ℓ_2 für AF gibt mit $\ell_1(A) = in$ und $\ell_2(A) = out$, dann gibt es auch eine vollständige Labelingfunktion ℓ_3 mit $\ell_3(A) = undec$.*

Beweis: Seien ℓ_1, ℓ_2 vollständige Labelingfunktionen mit $\ell_1(A) = in$ und $\ell_2(A) = out$. Seien $\mathcal{E}_1$ und $\mathcal{E}_2$ die zugehörigen in-Mengen, d.h. $\mathcal{E}_1 = in(\ell_1)$ und $\mathcal{E}_2 = in(\ell_2)$; beide sind nach Proposition 10.98 vollständige Extensionen. Wegen $\ell_2(A) = out$ ist A nicht in $\mathcal{E}_2$ und daher auch nicht in der grundierten Extension $\mathcal{E}_g$ von AF. A kann auch nicht in $\mathcal{E}_g^+$ sein, denn für jeden Angreifer B von A muss wegen $\ell_1(A) = in$ ja $\ell_1(B) = out$ gelten, und damit kann B nicht in $\mathcal{E}_g$ sein. Sei $\ell_3 = \Lambda'_{\mathsf{AF}}(\mathcal{E}_g)$ die zur grundierten Extension gehörige Labelingfunktion. Wegen $A \notin \mathcal{E}_g$ und $A \notin \mathcal{E}_g^+$ gilt nach (10.2) $\ell_3(A) = undec$. $\blacksquare$

Für den Beweis der vorigen Proposition war die Labelingfunktion der grundierten Extension wichtig. Mit deren Hilfe lassen sich nun auch die beiden Statusmengen $\{in\}$ und $\{out\}$ leicht charakterisieren:

Proposition 10.106 (Status unter Vollständigkeit) *Sei $AF = (\mathcal{A}, \hookrightarrow)$ ein abstraktes Argumentationssystem und sei $A \in \mathcal{A}$. Dann ist $Stat^{compl}(A) = \{in\}$ genau dann, wenn A in der grundierten Extension von AF liegt, und es ist $Stat^{compl}(A) = \{out\}$ genau dann, wenn A von der grundierten Extension von AF angegriffen wird.*

Selbsttestaufgabe 10.107 (Status unter Vollständigkeit) Beweisen Sie Proposition 10.106. $\blacksquare$

In [249] werden auch die anderen möglichen Fälle für die vollständige Semantik charakterisiert.

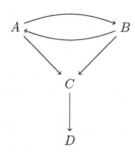

Abbildung 10.9 Argumentationsgraph zu Selbsttestaufgabe 10.108

Selbsttestaufgabe 10.108 (Status unter Vollständigkeit) Bestimmen Sie zu dem abstrakten Argumentationssystem, das durch den Graphen in Abbildung 10.9 dargestellt wird, den Status aller Argumente unter Vollständigkeit. ∎

Selbsttestaufgabe 10.109 (Labeling) Gegeben sei das abstrakte Argumentationssystem $\langle \mathcal{A}, \hookrightarrow \rangle$ aus Selbsttestaufgabe 10.83 mit dem folgenden Graphen:

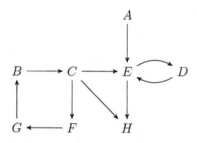

Bestimmen Sie zu $\langle \mathcal{A}, \hookrightarrow \rangle$ alle (1) zulässigen, (2) grundierten, (3) vollständigen und (4) stabilen Labelingfunktionen. ∎

Der deklarative Ansatz der Labelingfunktionen zur Darstellung der Semantik von Argumentationssystemen ermöglicht eine logikbasierte Behandlung von Argumentationsproblemen und damit die Benutzung etablierter Tools für deren Lösung. Diese Möglichkeit wollen wir im nächsten Abschnitt aufzeigen.

10.5 Extensionen als Antwortmengen

Im vorherigen Abschnitt 10.4 wurden Labelingfunktionen benutzt, um Angriff und Verteidigung in abstrakten Argumentationssystemen deklarativ darzustellen und informative Überblicke über den Status von Argumenten in unterschiedlichen Semantiken zu gewinnen. Den Extensionen einer bestimmten Semantik entsprechen gerade die Mengen der mit *in* markierten Argumente von Labelingfunktionen derselben Semantik. Die in Definition 10.94 spezifizierten Bedingungen für zulässige

bzw. vollständige Labelingfunktionen drücken dabei die grundlegenden Intuitionen
für sinnvolle Argumentmengen aus.

Dieser deklarative Ansatz erlaubt nun auch die Bestimmung von Extensionen
mit Hilfe erweiterter logischer Programme, wobei die Besonderheiten der Argumentationssemantiken geschickt durch Mengen erweiterter logischer Regeln codiert
werden. Wir beschreiben dieses Vorgehen unter Verwendung der Originalarbeit [60].

Die wichtigsten Begriffe und Gegebenheiten in einem Argumentationssystem
können durch wenige Prädikate beschrieben werden:

$arg(x)$	: x ist Argument
$attack(x, y)$	: x greift y an
$in(x)$	: x ist in (der Extension)
$out(x)$	: x ist nicht in der Extension
$defeated(x)$	: x ist geschlagen, d.h. wird von einem Argument der Ex- tension angegriffen
$not\_defended(x)$	: x hat keine Verteidiger in der Extension, d.h., x wird von einem Argument angegriffen, das von keinem Argument der Extension angegriffen wird

Um aus den Antwortmengen die Extensionen herauszufiltern, werden diejenigen
Argumente A selektiert, für die $in(A)$ in der Antwortmenge liegt. Genauer definieren
wir zu einer Menge S von Literalen über den obigen Prädikaten die zugehörige
Extension durch

$$Ext(S) = \{A \in \mathcal{A} \mid in(A) \in S\}.$$

Damit stehen uns die nötigen Ausdrücke zur Verfügung, um Extensionen der zulässigen, stabilen und vollständigen Semantik und außerdem konfliktfreie Mengen von
Argumenten berechnen zu lassen.

Ein abstraktes Argumentationssystem $\mathsf{AF} = (\mathcal{A}, \hookrightarrow)$ lässt sich zunächst durch
das Programm $\mathcal{P}_{\mathsf{AF}}$ beschreiben:

$$\mathcal{P}_{\mathsf{AF}} = \{arg(A). \mid A \in \mathcal{A}\} \cup \{attack(A, B). \mid A, B \in \mathcal{A}, A \hookrightarrow B\}$$

Mit dem erweiterten logischen Programm $\mathcal{P}_{\mathsf{AF}} \cup \mathcal{P}_{cf}$ lassen sich alle konfliktfreien
Teilmengen von Argumenten in $\mathcal{A}$ bestimmen, wobei $\mathcal{P}_{cf}$ gegeben ist durch:

$$\mathcal{P}_{cf} = \{in(x) \leftarrow not\ out(x), arg(x).$$
$$out(x) \leftarrow not\ in(x), arg(x).$$
$$\leftarrow in(x), in(y), attack(x, y).\}$$

Dabei erzeugen die ersten beiden Regeln im Prinzip alle Teilmengen, während der
Constraint in der dritten Zeile diejenigen mit Konflikten eliminiert. Insbesondere
bekommt jedes Argument genau eines der Labels in oder out und ist demnach in
der betrachteten Extension oder nicht.

Proposition 10.110 *Zu einem abstrakten Argumentationssystem* $\mathsf{AF} = (\mathcal{A}, \hookrightarrow)$ *berechnet* $\mathcal{P}_{\mathsf{AF}} \cup \mathcal{P}_{cf}$ *genau alle konfliktfreien Teilmengen von Argumenten: Zu jeder
Antwortmenge* S *von* $\mathcal{P}_{\mathsf{AF}} \cup \mathcal{P}_{cf}$ *liefert* $Ext(S)$ *eine konfliktfreie Menge von Argumenten in* AF, *und umgekehrt lässt sich zu jeder konfliktfreien Menge* $\mathcal{E} \subseteq \mathcal{A}$ *von
Argumenten eine Antwortmenge* S *von* $\mathcal{P}_{\mathsf{AF}} \cup \mathcal{P}_{cf}$ *finden mit* $\mathcal{E} = Ext(S)$.

Beweis: Das Programm $\mathcal{P}_{\mathsf{AF}} \cup \mathcal{P}_{cf}$ ist übersichtlich aufgebaut, seine Antwortmengen sind genau die folgenden, zu konfliktfreien Extensionen $\mathcal{E}$ gehörigen Literalmengen $S = \mathcal{F}_{\mathsf{AF}} \cup IO(\mathcal{E})$. Dabei enthält $\mathcal{F}_{\mathsf{AF}}$ die zu den Fakten aus $\mathcal{P}_{\mathsf{AF}}$ gehörigen Atome, d.h.

$$\mathcal{F}_{\mathsf{AF}} = \{\, arg(A) \mid A \in \mathcal{A} \,\} \cup \{\, attack(A,B) \mid A, B \in \mathcal{A}, A \hookrightarrow B \,\},$$

und $IO(\mathcal{E})$ bezeichnet die zu $\mathcal{E}$ gehörige Aufteilung der Argumente aus $\mathcal{A}$ in *in*- und *out*-Argumente, also

$$IO(\mathcal{E}) = \{\, in(A) \mid A \in \mathcal{E} \,\} \cup \{\, out(A) \mid A \notin \mathcal{E} \,\}.$$

Der Constraint in $\mathcal{P}_{cf}$ filtert dabei genau die konfliktfreien Extension heraus. ∎

Unter Verwendung von $\mathcal{P}_{\mathsf{AF}} \cup \mathcal{P}_{cf}$ lassen sich nun auch zulässige (*adm*), vollständige (*comp*) und stabile (*stable*) Extensionen berechnen; wir geben die einzelnen allgemeinen Teilprogramme dazu an:

$$\mathcal{P}_{adm} = \mathcal{P}_{cf} \quad \cup \{\, defeated(x) \leftarrow in(y), attack(y,x).$$
$$not\_defended(x) \leftarrow attack(y,x), not\ defeated(y).$$
$$\leftarrow in(x), not\_defended(x).\}$$

$$\mathcal{P}_{comp} = \mathcal{P}_{adm} \cup \{\, \leftarrow out(x), not\ not\_defended(x).\}$$

$$\mathcal{P}_{stable} = \mathcal{P}_{cf} \quad \cup \{\, defeated(x) \leftarrow in(y), attack(y,x).$$
$$\leftarrow out(x), not\ defeated(x).\}$$

Grundsätzlich sind Argumente, die von *in*-Argumenten angegriffen werden, (erfolgreich) geschlagen. Beachten Sie dabei, dass die *in*- und *out*-Label vom Programm $\mathcal{P}_{cf}$ zunächst mehr oder weniger zufällig verteilt werden; es wird nur ausgeschlossen, dass sich zwei *in*-Argumente angreifen. Für die zulässigen Extensionen kommt es nun hauptsächlich auf die Verteidigung an, jedes Element einer zulässigen Extension muss auch von der Extension (also von den *in*-Argumenten) verteidigt werden. Dazu müssen alle Angreifer wiederum angegriffen werden. Hier wird das implizit negierte Atom $not\_defended(x)$ benutzt, weil eine fehlende Verteidigung schon durch den Angriff eines einzigen (ungeschlagenen) Angreifers festgestellt werden kann. Durch den letzten Constraint in $\mathcal{P}_{adm}$ wird sichergestellt, dass alle Argumente der Extension verteidigt werden. $\mathcal{P}_{comp}$ und $\mathcal{P}_{stable}$ unterscheiden sich durch die Constraints bzgl. der Kriterien für die *out*-Elemente: In $\mathcal{P}_{comp}$ kann ein Argument nicht *out* sein, wenn man annehmen kann, dass es verteidigt wird, während $\mathcal{P}_{stable}$ dafür sorgt, dass Argumente, für die man keinen erfolgreichen Angriff findet, nicht *out* sein können (also in der Extension sein müssen).

Die folgende Proposition stellt sicher, dass das Gewünschte von den Programmen für ein abstraktes Argumentationssystem geleistet wird:

Proposition 10.111 *Sei* $AF = (\mathcal{A}, \hookrightarrow)$ *ein abstraktes Argumentationssystem. Dann gelten die folgenden Beziehungen:*

$$Adm(AF) = \{\, Ext(S) \mid S \text{ ist Antwortmenge von } \mathcal{P}_{\mathsf{AF}} \cup \mathcal{P}_{adm} \,\}$$
$$Comp(AF) = \{\, Ext(S) \mid S \text{ ist Antwortmenge von } \mathcal{P}_{\mathsf{AF}} \cup \mathcal{P}_{comp} \,\}$$
$$Stab(AF) = \{\, Ext(S) \mid S \text{ ist Antwortmenge von } \mathcal{P}_{\mathsf{AF}} \cup \mathcal{P}_{stable} \,\}$$

Beweis: Wie im Beweis von Proposition 10.110 machen wir uns die zu den jeweiligen Programmen gehörigen Antwortmengen klar und verdeutlichen die Filterungsfunktion der auftretenden Constraints; wir benutzen dabei die dort eingeführten Notationen $\mathcal{F}_{\mathsf{AF}}$ und $IO(\mathcal{E})$.

Die Antwortmengen von $\mathcal{P}_{\mathsf{AF}} \cup \mathcal{P}_{adm}$ sind genau die zu zulässigen Extensionen $\mathcal{E}$ gehörigen Literalmengen

$$S = \mathcal{F}_{\mathsf{AF}} \cup IO(\mathcal{E})$$
$$\cup \{defeated(A) \mid A \in \mathcal{E}^+\} \cup \{not\_defended(A) \mid A \in (\mathcal{A}\backslash\mathcal{E}^+)^+\}.$$

Dabei ist $(\mathcal{A}\backslash\mathcal{E}^+)^+ = \mathcal{A}\backslash\mathbf{F}(\mathcal{E})$ gerade die Menge der von $\mathcal{E}$ nicht verteidigten Argumente, d.h., der Constraint in $\mathcal{P}_{adm}$ stellt sicher, dass $\mathcal{E} \cap \mathcal{A}\backslash\mathbf{F}(\mathcal{E}) = \emptyset$ ist und daher $\mathcal{E} \subseteq \mathbf{F}(\mathcal{E})$ gilt.

Die Antwortmengen von $\mathcal{P}_{\mathsf{AF}} \cup \mathcal{P}_{comp}$ sind genauso aufgebaut wie die von $\mathcal{P}_{\mathsf{AF}} \cup \mathcal{P}_{adm}$, allerdings stellt der Constraint von $\mathcal{P}_{comp}$ nun zusätzlich sicher, dass Argumente nicht gleichzeitig *out* (d.h. nicht in $\mathcal{E}$) und von $\mathcal{E}$ verteidigt sind, also müssen alle von $\mathcal{E}$ verteidigten Argumente in $\mathcal{E}$ liegen: $\mathbf{F}(\mathcal{E}) \subseteq \mathcal{E}$. Gemeinsam mit dem Constraint aus $\mathcal{P}_{adm}$, der $\mathcal{E} \subseteq \mathbf{F}(\mathcal{E})$ impliziert, muss damit $\mathcal{E} = \mathbf{F}(\mathcal{E})$ gelten, d.h., $\mathcal{E}$ muss vollständig sein.

Die Antwortmengen von $\mathcal{P}_{\mathsf{AF}} \cup \mathcal{P}_{stable}$ sind genau die zu stabilen Extensionen $\mathcal{E}$ gehörigen Literalmengen

$$S = \mathcal{F}_{\mathsf{AF}} \cup IO(\mathcal{E})$$
$$\cup \{defeated(A) \mid A \in \mathcal{E}^+\}.$$

Der Constraint in $\mathcal{P}_{stable}$ bewirkt, dass alle *out*-Argumente von Argumenten aus $\mathcal{E}$ angegriffen werden. ∎

Selbsttestaufgabe 10.112 (Codierung für vollständige Extension) Stellen Sie das erweiterte logische Programm für die Berechnung vollständiger Extensionen des abstrakten Argumentationssystems aus Beispiel 10.58 auf und geben Sie dazu die Antwortmenge S mit $Ext(S) = \{A, C, D, F\}$ an. ∎

Auch für die grundierte und die bevorzugte Semantik lassen sich erweiterte logische Programme finden, die genau diese Extensionen berechnen. Da die grundierte Extension allerdings iterativ gefunden wird und bevorzugte Extensionen mit anderen Extensionen verglichen werden müssen, sind die zugehörigen Programme komplizierter. Wir verweisen hier den interessierten Leser auf [60].

Die DeLP-Semantik der garantierten Argumente lässt sich nicht direkt auf die Antwortmengensemantik der erweiterten logischen Programme abbilden, genauere Untersuchungen dazu findet man in [233]. In den letzten Jahren ist das stärker deklarative Rahmenwerk ASPIC+ für Argumentationen mit revidierbaren Regeln entwickelt worden (s. z.B. [186]).

11 Aktionen und Planen

Wie das Ziehen von Schlussfolgerungen und das Lernen ist das zielgerichtete Planen etwas, in dem sich intelligentes Verhalten in besonderer Weise manifestiert. Während es aber beim Schließen darum geht festzustellen, ob ein bestimmter Sachverhalt vorliegt oder nicht, ist das Ziel des Planens ein anderes. Gegeben sei ein vorliegender Zustand und die Beschreibung eines erwünschten Zielzustands. Die Planungsaktivität besteht dann darin, eine Folge von Aktionen zu erstellen, deren Ausführung den vorliegenden Zustand in einen Zustand überführt, in der die Zielbeschreibung zutrifft.

Um welche Art von Zuständen und möglichen Aktionen es sich dabei handelt, ist zunächst noch völlig offen. Es kann z.B. darum gehen, den leeren Kühlschrank für das nächste Wochenende wieder aufzufüllen, einen defekten PC zu reparieren oder einen mobilen Roboter Führungen in einem Museum durchführen zu lassen.

11.1 Planen in der Blockwelt

Um Aspekte der Planungsmethoden, die in der KI entwickelt wurden, zu illustrieren, werden wir auf einen klassischen Beispielbereich zurückgreifen, die Blockwelt (*blocks world*). Wenn es sich hierbei auch um eine zunächst sehr einfach anmutende Anwendungsdomäne zu handeln scheint, lassen sich an ihr doch gut viele der allgemein auftretenden Planungsschwierigkeiten und -methoden erklären.

Auf einem Tisch befinden sich eine Reihe von Blöcken, die auch aufeinander gestapelt werden können; Abbildung 11.1 zeigt Beispielzustände aus der Blockwelt. Ein Agent (z.B. ein Roboter) kann einen einzelnen Block hochheben und an anderer Stelle wieder absetzen, z.B. auf dem Tisch oder auf einem anderen Würfel. Eine mögliche Zielbeschreibung besteht etwa darin, dass die Würfel A, B und C übereinander stehen.

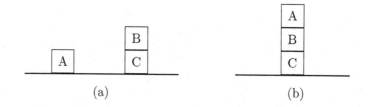

(a)   (b)

Abbildung 11.1 Zustände in der Blockwelt

© Springer Fachmedien Wiesbaden GmbH, ein Teil von Springer Nature 2019
C. Beierle und G. Kern-Isberner, *Methoden wissensbasierter Systeme*,
Computational Intelligence, https://doi.org/10.1007/978-3-658-27084-1_11

Wie der gewünschte Zielzustand erreicht werden kann, hängt natürlich entscheidend davon ab, welche einzelnen Aktionen dem Agenten zur Verfügung stehen. Dabei gehen wir im Folgenden zunächst davon aus, dass unser Agent nur die beiden folgenden Aktionen durchführen kann:

- Einen Block x von einem anderen Block y herunternehmen und auf den Tisch setzen (UNSTACK(x,y)).

- Einen Block x vom Tisch aufnehmen und auf einen anderen Block y setzen (STACK(x,y)).

Der Block, der bewegt werden soll, darf dabei keinen anderen Block auf sich haben. Des Weiteren nehmen wir an, dass immer genügend Platz auf dem Tisch vorhanden ist, um alle Blöcke nebeneinander zu stellen.

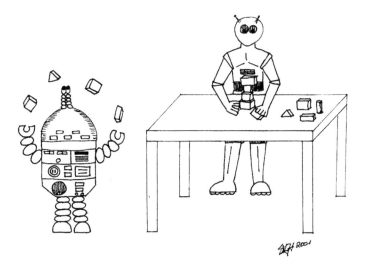

11.2 Logische Grundlagen des Planens

Die Zustände der Blockwelt wollen wir durch prädikatenlogische Formeln beschreiben. Wir verwenden dabei die folgenden Prädikate:

ON(x,y)	:	Block x befindet sich auf Block y
ONTABLE(x)	:	Block x befindet sich auf dem Tisch
CLEAR(x)	:	Es befindet sich kein anderer Block auf x

In dem Zustand in Abbildung 11.1(a) gelten die Formeln ONTABLE(A), ON(B,C), ONTABLE(C), CLEAR(A) und CLEAR(B), während in dem Zustand in Abbildung 11.1(b) die Formeln ON(A,B), ON(B,C), ONTABLE(C) und CLEAR(A) erfüllt sind.

Hat man die Zustände in der Blockwelt durch prädikatenlogische Formeln beschrieben, so ist es eine naheliegende Idee, die Schlussfolgerungsmöglichkeiten der Logik für das Planen zu nutzen. So beschreiben z. B. die Formeln

$$\forall x \; \forall y \;\; \texttt{ON(x,y)} \quad \Rightarrow \quad \neg \; \texttt{CLEAR(y)}$$
$$\forall x \; \forall y \;\; \texttt{ON(x,y)} \quad \Rightarrow \quad \neg \; \texttt{ONTABLE(x)}$$

gültige Beziehungen in der Blockwelt, und wir können sie für Ableitungen benutzen. Aus der zweiten Implikation und der obigen Formelmenge für den Ausgangszustand in Abbildung 11.1(a) können wir z. B. $\neg$ $\texttt{ON(A,B)}$ ableiten.

Können wir aber durch Schlussfolgerungen auch erreichen, dass die Zielbeschreibung erfüllt ist? Dies ist so unmittelbar nicht möglich. Ist in einem Zustand die Zielbeschreibung nicht erfüllt, kann man dies auch durch keinerlei Ableitungen erreichen. Wenn in dem Ausgangszustand $\neg$ $\texttt{ON(A,B)}$ gilt, wird auch nach beliebigen Ableitungsschritten niemals $\texttt{ON(A,B)}$ gelten. Was hier nicht erfasst wird, ist die Veränderung eines Zustands mit der Zeit. Das Durchführen von Aktionen verändert die Menge der gültigen Fakten; so befindet sich z.B. nach dem Stapeln des Blocks A auf den Block B der Block A nicht mehr auf dem Tisch, während in dem neuen Zustand die Aussage, dass Block A sich auf Block B befindet, wahr ist.

11.3   Der Situationskalkül

Um der Beobachtung Rechnung zu tragen, dass der Wahrheitswert von Aussagen mit den Veränderungen, die im Laufe der Zeit stattfinden, variieren kann, wurde der sog. *Situationskalkül* (*situation calculus*) entwickelt, der zuerst von John McCarthy vorgeschlagen wurde [148]. Darin erhalten alle Prädikate, die Merkmale des Problembereichs beschreiben, als letztes Argument die Situation, auf die sich die betreffende Formel bezieht.

11.3.1   Aktionen

Aktionen werden im Situationskalkül durch funktionale Ausdrücke dargestellt. In der Blockwelt sind Aktionen Funktionen über den Blöcken, die bei einer Aktion beteiligt sind. Der Ausdruck

$$\texttt{STACK(A,B)}$$

bezeichnet die Aktion, die A vom Tisch auf B setzt. Im Allgemeinen werden Aktionen parametrisiert sein wie in $\texttt{STACK(x,y)}$, wobei x und y für Blöcke stehen. Ein solches *Schema* $\texttt{STACK(x,y)}$ wird durch Belegung der Variablen durch z.B. Konstantensymbole zu einem Ausdruck, der eine Instanz der Aktion beschreibt.

11.3.2   Situationen

Während in den frühen Arbeiten zum Situationskalkül die Begriffe "Situation" und "Zustand" oft gleichbedeutend verwendet wurden, wird in den neueren Arbeiten eine Situation sehr genau von einem Weltzustand unterschieden. Formal sind Situationen demnach Terme, die Aktionsfolgen entsprechen. Die Konstante S0 bezeichnet immer die initiale Situation, in der noch keine Aktion durchgeführt wurde. Daneben gibt es ein spezielles binäres Funktionssymbol do, das aus einer Aktion a und einer Situation s eine neue Situation do(a,s) bildet.

Für die initiale Situation S0 und den in Abbildung 11.1(a) beschriebenen Ausgangszustand gelten:

ONTABLE(A,S0), ON(B,C,S0), ONTABLE(C,S0), CLEAR(A,S0), CLEAR(B,S0)

Für die Aktion STACK(A,B) bezeichnet der Term

$$do(STACK(A,B),S0)$$

die Nachfolgesituation, die aus der Situation S0 entsteht, wenn man A vom Tisch auf B setzt. Auf eine Nachfolgesituation kann man wieder eine Aktion anwenden. Daher bezeichnet der Term

$$do(STACK(B,A),do(STACK(A,C),do(UNSTACK(B,C),S0)))$$

die Situation, die der Aktionensequenz [UNSTACK(B,C), STACK(A,C), STACK(B,A)] entspricht. (Beachten Sie, dass sich in einem Situationsterm die Reihenfolge der Aktionen von rechts nach links ergibt!) Eine Situation wird daher auch als *Historie* bezeichnet.

11.3.3 Veränderungen zwischen Situationen

Der Wahrheitswert einer Formel ONTABLE(A,s) hängt nun entsprechend von dem Situationsargument s ab; ONTABLE(A,s') kann in einer anderen Situation s' durchaus einen anderen Wahrheitswert haben. Eine solche Relation, deren Wert von einer Situation abhängig ist, wird *relationaler Fluent (relational fluent)* genannt. Beispielsweise besagt die Formel

$$ON(B,C,s)$$

dass sich in der Situation s Block B auf C befindet. Die Formel

$$CLEAR(C,do(UNSTACK(B,C),s))$$

besagt, dass sich in der Situation, die sich aus s durch Herunternehmen des Blocks B von C ergibt, kein Block auf C befindet.

11.3.4 Ausführungsbedingungen und Effektaxiome

Eine Aktion a kann in einer Situation s nur ausgeführt werden, wenn bestimmte Vorbedingungen erfüllt sind; z.B. darf sich kein anderer Block auf dem zu bewegenden Block befinden. Im Situationskalkül werden diese Vorbedingungen für jede Aktion a durch eine Formel Poss(a,s) über den in a auftretenden Variablen und einer Situationsvariablen s definiert. Poss(a,s) besagt, dass es in der Situation s möglich ist, die Aktion a auszuführen. Die Ausführungsbedingungen für die Aktionen STACK(x,y) und UNSTACK(x,y) sind z.B.

$$\text{Poss}(\text{STACK}(x,y),s) \quad \equiv \quad \text{ONTABLE}(x,s) \land \text{CLEAR}(x,s) \land \text{CLEAR}(y,s) \land x \neq y$$
$$\text{Poss}(\text{UNSTACK}(x,y),s) \equiv \text{ON}(x,y,s) \land \text{CLEAR}(x,s)$$

Entscheidend für die Darstellung von Aktionen sind die dynamischen Veränderungen, die die Durchführung einer Aktion bewirkt. Diese Veränderungen werden durch sog. *Effektaxiome* (*effect axioms*) spezifiziert. Für die Aktion STACK(x,y) betrachten wir zunächst das Effektaxiom

$$\text{Poss}(\text{STACK}(x,y),s) \Rightarrow \text{ON}(x,y,\text{do}(\text{STACK}(x,y),s))$$

wobei hier wie im Folgenden bei sämtlichen Axiomen des Situationskalküls alle auftretenden freien Variablen implizit allquantifiziert sind. Die Prämisse der Implikation drückt die Ausführungsbedingungen für die Aktion aus. In der Konklusion steht der Effekt, den die Ausführung der Aktion STACK(x,y) auf den relationalen Fluent ON hat.

Die Effekte einer Aktion geben wir für jeden relationalen Fluent wie ON und CLEAR einzeln an, wobei zusätzlich zwischen positiven und negativen Effekten unterschieden wird. Für das Aktion-Fluent-Paar (STACK, ON) ist das gerade angegebene Axiom ein *positives Effektaxiom*. Für das Paar (STACK, CLEAR) ist

$$\text{Poss}(\text{STACK}(x,y),s) \Rightarrow \neg \text{CLEAR}(y,\text{do}(\text{STACK}(x,y),s))$$

ein *negatives Effektaxiom*, während

$$\text{Poss}(\text{STACK}(x,y),s) \Rightarrow \neg \text{ONTABLE}(x,\text{do}(\text{STACK}(x,y),s))$$

ein negatives Effektaxiom für das Paar (STACK, ONTABLE) ist. Da eine STACK-Operation nur Blöcke, die auf dem Tisch stehen, bewegen kann, kann dadurch kein Block frei und kein Block zusätzlich auf dem Tisch plaziert werden; für die Paare (STACK, CLEAR) und (STACK, ONTABLE) gibt es daher keine positiven Effektaxiome.

Selbsttestaufgabe 11.1 (Effektaxiome) Formulieren Sie Effektaxiome bzgl. der relationalen Fluents CLEAR, ON, ONTABLE.   ■

An dieser Stelle wollen wir noch einmal auf die Unterscheidung zwischen *Zustand* und *Situation* eingehen. In Abschnitt 11.2 haben wir Zustände der Blockwelt durch prädikatenlogische Formeln beschrieben, ein solcher "Weltzustand" entspricht der Menge aller Formeln, die in ihm gelten. Im Situationskalkül wird ein Zustand für eine Situation s durch die Menge aller Fluents $P(\ldots,s)$ beschrieben, die für die Situation s gelten. Die Situation s selbst ist aber *kein* Zustand, sondern eine Historie, d.h. eine Aktionsfolge.

Verschiedene Aktionsfolgen führen daher immer zu verschiedenen Situationen. Sie können allerdings zum gleichen (Welt-)Zustand führen. Ein Beispiel dafür liefert eine Blockwelt mit vier Blöcken A,B,C,D, die sich alle auf dem Tisch befinden. Dann sind $s_1 = \text{do}(\text{STACK}(C,D),\text{do}(\text{STACK}(A,B),S0))$ und $s_2 = \text{do}(\text{STACK}(A,B),\text{do}(\text{STACK}(C,D),S0))$ zwei unterschiedliche Situationen, die aber zum gleichen Zustand führen.

11.3.5 Zielbeschreibungen

Als Zielbeschreibungen lassen wir existentiell quantifizierte Konjunktionen wie

$$\exists t \ \texttt{ON(A,B,t)} \ \land \ \texttt{ON(B,C,t)}$$

zu. Man beachte, dass eine solche Zielbeschreibung im Allgemeinen nicht eindeutig ist. So wird im gegebenen Beispiel die Zielbeschreibung erfüllt, wenn A auf B und B auf C steht, unabhängig davon, wo C steht, ob noch ein weiterer Block auf A steht oder wo sich eventuell noch zusätzliche Blöcke befinden.

Gegeben sei der in Abbildung 11.1(a) skizzierte Zustand. Wenn nun eine von S0 ausgehende, konstruktive Beschreibung von t gefunden wird, in der die obige Zielbeschreibung gilt, so können wir daraus einen Plan erstellen, der den Ausgangszustand in einen gewünschten Zielzustand überführt. Wenn wir im vorliegenden Fall die Variablen x, y und s der im vorigen Abschnitt angegebenen Ausführungsbedingung für STACK ersetzen durch A, B und S0, so erhalten wir die Formel

$$\texttt{Poss(STACK(A,B),S0)} \ \equiv \ \texttt{ONTABLE(A,S0)} \ \land \ \texttt{CLEAR(A,S0)} \ \land \ \texttt{CLEAR(B,S0)}$$

die offensichtlich in S0 gilt. Damit ist die Instanz STACK(A,B) des STACK-Operators in S0 anwendbar. Als Nachbedingungen für die in Abschnitt 11.3.4 angegebenen Effektaxiome für STACK(A,B) erhalten wir

$$\texttt{ON(A,B,do(STACK(A,B),S0))}$$
$$\neg \ \texttt{CLEAR(B,do(STACK(A,B),S0))}$$
$$\neg \ \texttt{ONTABLE(A,do(STACK(A,B),S0))}$$

Damit haben wir eine Situation $t = \texttt{do(STACK(A,B),S0)}$ gefunden, so dass ON(A,B,t) gilt. Dabei ist $t = \texttt{do(STACK(A,B),S0)}$ insofern eine konstruktive Beschreibung, als dass man daraus den Plan "Staple in der Situation S0 Block A auf Block B" direkt ablesen kann. Einsetzen von t in die ursprüngliche Zielformel ergibt

$$\texttt{ON(A,B,do(STACK(A,B),S0))} \land \texttt{ON(B,C,do(STACK(A,B),S0))}$$

Selbsttestaufgabe 11.2 (Situationskalkül) Ist mit den bisherigen Formalisierungen sichergestellt, dass in der Situation $t = \texttt{do(STACK(A,B),S0)}$ immer noch Block B auf Block C liegt? Mit anderen Worten, kann mit dem bisher Gesagten die Formel ON(B,C,do(STACK(A,B),S0)) abgeleitet werden? ∎

Auf der einen Seite ist zu beachten, dass sich eine Operatoranwendung im Situationskalkül nur auf die Formeln der Nachfolgesituation auswirkt, aber nicht auf die der Ausgangssituation. Wenn in Situation S0 Block A auf B gesetzt wurde, so gilt immer noch, dass sich A in S0 auf dem Tisch befand; die Formel ONTABLE(A,S0) ist immer noch wahr und steht auch nicht im Widerspruch zu der Formel ON(A,B,do(STACK(A,B),S0)), die ebenfalls wahr ist. Auf der anderen Seite überträgt sich die Gültigkeit einer Formel in einer Situation *nicht* ohne weiteres auf eine Nachfolgesituation: Aus ON(B,C,S0) können wir (bisher) nicht ON(B,C,do(STACK(A,B),S0)) schließen.

11.4   Probleme

11.4.1   Das Rahmenproblem

Die am Ende des vorigen Abschnitts erläuterte Schwierigkeit, Gültigkeit von Formeln auf nachfolgende Situationen zu übertragen, ist als das sog. *Rahmenproblem* (*frame problem*) bekannt. Die Vorstellung dabei ist, dass sich alles, was sich gewissermaßen als Rahmen um die betrachtete Operatoranwendung befindet, auf die neue Situation überträgt. Um zu formalisieren, dass sich zwei Blöcke, die beide bei einer STACK-Operation nicht bewegt wurden, noch aufeinander befinden, wenn dies vorher der Fall war, benutzen wir folgende Formel:

$$\texttt{ON(x,y,s)} \land x \neq u \;\Rightarrow\; \texttt{ON(x,y,do(STACK(u,v),s))}$$

Umgekehrt müssen wir auch noch formalisieren, dass sich ein Block nach einer STACK-Operation nicht auf einem anderen befindet, wenn dies vorher nicht der Fall war und er bei der Operation nicht darauf gesetzt wurde:

$$\neg\,\texttt{ON(x,y,s)} \land (x \neq u \lor y \neq v) \;\Rightarrow\; \neg\,\texttt{ON(x,y,do(STACK(u,v),s))}$$

Diese Art von Formeln werden *Rahmenaxiome* (*frame axioms*) genannt. In Analogie zu positiven und negativen Effektaxiomen ist das zuerst angeführte Rahmenaxiom ein *positives*, das zweite ein *negatives* Rahmenaxiom. Zu allem Überfluss reichen aber die beiden angegebenen Rahmenaxiome für den STACK-Operator selbst in unserer einfachen Blockwelt immer noch nicht aus. Neben dem Nicht-Effekt auf die Relation ON müssen wir auch noch Rahmenaxiome bzgl. der anderen relationalen Fluents ONTABLE und CLEAR angeben.

Ein Block befindet sich auch nach einer STACK-Operation auf dem Tisch bzw. nicht auf dem Tisch, wenn er bei der Operation nicht bewegt wurde:

$$\texttt{ONTABLE(x,s)} \land x \neq u \;\Rightarrow\; \texttt{ONTABLE(x,do(STACK(u,v),s))}$$
$$\neg\,\texttt{ONTABLE(x,s)} \land x \neq u \;\Rightarrow\; \neg\,\texttt{ONTABLE(x,do(STACK(u,v),s))}$$

Selbsttestaufgabe 11.3 (Rahmenaxiome) Formulieren Sie zunächst verbal und dann in Prädikatenlogik Rahmenaxiome für den STACK-Operator bzgl. der Relation CLEAR.   ∎

Auch für den UNSTACK-Operator (vgl. Selbsttestaufgabe 11.1) müssen wir explizite Rahmenaxiome angeben. Analog zur Situation bei STACK sind das jeweils Rahmenaxiome für die relationalen Fluents ON, ONTABLE und CLEAR:

$$
\begin{array}{lcl}
\texttt{ON(x,y,s)} \land x \neq u & \Rightarrow & \texttt{ON(x,y,do(UNSTACK(u,v),s))} \\
\neg\,\texttt{ON(x,y,s)} & \Rightarrow & \neg\,\texttt{ON(x,y,do(UNSTACK(u,v),s))} \\
\texttt{ONTABLE(x,s)} & \Rightarrow & \texttt{ONTABLE(x,do(UNSTACK(u,v),s))} \\
\neg\,\texttt{ONTABLE(x,s)} \land x \neq u & \Rightarrow & \neg\,\texttt{ONTABLE(x,do(UNSTACK(u,v),s))} \\
\texttt{CLEAR(x,s)} & \Rightarrow & \texttt{CLEAR(x,do(UNSTACK(u,v),s))} \\
\neg\,\texttt{CLEAR(x,s)} \land x \neq v & \Rightarrow & \neg\,\texttt{CLEAR(x,do(UNSTACK(u,v),s))}
\end{array}
$$

Da man also typischerweise für jede Kombination von Operator und Prädikat Rahmenaxiome benötigt, kann man sich leicht klarmachen, dass dies in realistischen Anwendungen schnell zu einer nicht mehr zu bewältigenden Fülle von Formeln führt.

Das Rahmenproblem stellt damit eine zentrale Schwierigkeit beim Planen und überhaupt beim Schließen mit Veränderungen über eine Zeitachse dar. Wird es in der Prädikatenlogik erster Stufe durch explizite Angabe und Verwendung der Rahmenaxiome gelöst, ist dies im Allgemeinen äußerst ineffizient. Andererseits muss jeder Planungsformalismus eine – möglichst effiziente – Lösung des Rahmenproblems zur Verfügung stellen; in Abschnitt 11.6 werden wir als Beispiel dazu den STRIPS-Ansatz vorstellen. Wenn auch der Situationskalkül als direkte Anwendung durch Ansätze wie STRIPS oftmals verdrängt worden ist, stellt es eine hervorragende Basis dar, die logischen Grundlagen des Planens und der dynamischen Veränderungen durch die Ausführung von Aktionen zu untersuchen.

11.4.2 Das Qualifikationsproblem

Ein weiteres Problem des Planens liegt darin, die Vorbedingungen zum Ausführen einer Aktion genau anzugeben. So hatten wir für die Operatoranwendung UNSTACK(A,B) verlangt, dass A auf B steht und A frei ist. In einer realen Anwendung könnte A zu schwer zum Hochheben sein, der Greifarm des Roboters könnte defekt sein, A könnte auf B festgeschraubt sein usw. Zwar kann man solche Bedingungen als Vorbedingung in die Operatorbeschreibung aufnehmen, es wird aber niemals gelingen, *alle* Bedingungen für einen Zustand der realen Welt vollständig anzugeben. Dies entspricht genau dem *Qualifikationsproblem (qualification problem)*, nämlich, alle Bedingungen für eine gültige Schlussfolgerung in der realen Welt angeben zu können (vgl. Abschnitt 3.1.1). Es gibt verschiedene Ansätze, das Qualifikationsproblem mit nichtmonotonem Schließen in den Griff zu bekommen. Die Idee dabei ist, Standardannahmen als Defaults zu formalisieren, um so Schließen unter "normalen Umständen" zu ermöglichen (vgl. Kapitel 7 und 8).

11.4.3 Das Verzweigungsproblem

Ein weiteres Planungsproblem entsteht bei der Berücksichtigung von impliziten Konsequenzen einer Operatoranwendung. Wenn ein Roboter ein Paket von einem Raum R1 in einen Raum R2 bringt, so könnte in der entsprechenden Operatorbeschreibung explizit stehen, dass sich die Position des Pakets von Raum R1 in Raum R2 geändert hat. Aber auch der Aufkleber, der sich auf dem Paket befindet, ist dann in Raum R2, ohne dass dies explizit als Veränderung angegeben wurde. In diesem Fall ist es vermutlich auch sinnvoller, bei Bedarf aus der Position des Pakets auf die implizit veränderte Position des Aufklebers zu schließen. Hier könnten allerdings Konflikte mit den Rahmenaxiomen, die gerade die generelle Bewahrung gültiger Formeln sicherstellen sollen, entstehen. Dieses Problem, die indirekten Effekte von Aktionen zu bestimmen, wird *Verzweigungsproblem (ramification problem)* genannt. Für die effiziente Lösung dieses Problems werden spezielle Inferenzverfahren benötigt; verschiedene Ansätze dazu basieren auf Methoden der Truth Maintenance-Systeme (vgl. Kapitel 7).

11.5 Plangenerierung im Situationskalkül

Wir wollen nun demonstrieren, wie mit Hilfe von prädikatenlogischen Ableitungen im Situationskalkül Pläne generiert werden können. Gegeben seien Ausgangszustand und Ziel wie in Abbildung 11.2 skizziert. (Worauf B und C stehen, wird für den Zielzustand also nicht festgelegt.) In Abbildung 11.3 sind alle Effekt- und Rah-

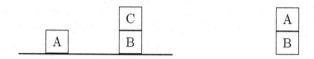

Abbildung 11.2 Ausgangszustand (links) und Ziel (rechts)

```
  1.   {¬ ONTABLE(x,s), ¬ CLEAR(x,s), ¬ CLEAR(y,s),
                          ON(x,y,do(STACK(x,y),s))}
  2.   {¬ ONTABLE(x,s), ¬ CLEAR(x,s), ¬ CLEAR(y,s),
                          ¬ CLEAR(y,do(STACK(x,y),s))}
  3.   {¬ ONTABLE(x,s), ¬ CLEAR(x,s), ¬ CLEAR(y,s),
                          ¬ ONTABLE(x,do(STACK(x,y),s))}
  4.   {¬ ON(x,y,s), x = u, ON(x,y,do(STACK(u,v),s))}
  5.   {ON(x,y,s), x = u, ¬ ON(x,y,do(STACK(u,v),s))}
  6.   {ON(x,y,s), y = v, ¬ ON(x,y,do(STACK(u,v),s))}
  7.   {¬ ONTABLE(x,s), x = u, ONTABLE(x,do(STACK(u,v),s))}
  8.   {ONTABLE(x,s), x = u, ¬ ONTABLE(x,do(STACK(u,v),s))}
  9.   {¬ CLEAR(x,s), x = v, CLEAR(x,do(STACK(u,v),s))}
 10.   {CLEAR(x,s), ¬ CLEAR(x,do(STACK(u,v),s))}
 11.   {¬ ON(x,y,s), ¬ CLEAR(x,s), ¬ ON(x,y,do(UNSTACK(x,y),s))}
 12.   {¬ ON(x,y,s), ¬ CLEAR(x,s), ONTABLE(x,do(UNSTACK(x,y),s))}
 13.   {¬ ON(x,y,s), ¬ CLEAR(x,s), CLEAR(y,do(UNSTACK(x,y),s))}
 14.   {¬ ON(x,y,s), x = u, ON(x,y,do(UNSTACK(u,v),s))}
 15.   {ON(x,y,s), ¬ ON(x,y,do(UNSTACK(u,v),s))}
 16.   {¬ ONTABLE(x,s), ONTABLE(x,do(UNSTACK(u,v),s))}
 17.   {ONTABLE(x,s), x = u, ¬ ONTABLE(x,do(UNSTACK(u,v),s))}
 18.   {¬ CLEAR(x,s), CLEAR(x,do(UNSTACK(u,v),s))}
 19.   {CLEAR(x,s), x = v, ¬ CLEAR(x,do(UNSTACK(u,v),s))}
 20.   {ONTABLE(A,S0)}
 21.   {ONTABLE(B,S0)}
 22.   {ON(C,B,S0)}
 23.   {CLEAR(A,S0)}
 24.   {CLEAR(C,S0)}
 25.   {¬ ON(A,B,t)}
```

Abbildung 11.3 Effektaxiome (1-3 und 11-13), Rahmenaxiome (4-10 und 14-19), Ausgangszustand (20-24) und negierte Zielbeschreibung (25) in Klauselform

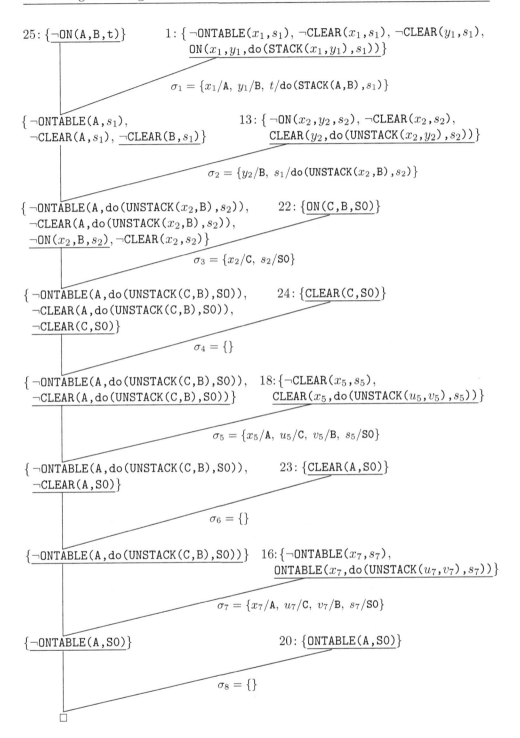

Abbildung 11.4 Plangenerierung im Situationskalkül mittels SLD-Resolution

menaxiome für STACK und UNSTACK aus den vorigen Abschnitten, der Ausgangszustand sowie die negierte Zielbeschreibung in Klauselform angegeben, wobei wir
die Ausführungsbedingungen Poss(a,s) durch die jeweilige Definition ersetzt haben. Bei der Ableitung der leeren Klausel mittels Resolution in Abbildung 11.4
haben wir die Variablen in den Klauseln der benutzten Effekt- und Rahmenaxiome jeweils systematisch durch neue Variablen ersetzt, um – wie für die Resolution
erforderlich – variablenfremde Elternklauseln zu erhalten. Da es sich bei dieser Ableitung um eine SLD-Ableitung (vgl. Abschnitt 3.6) handelt, liefert die Komposition
$\sigma = \sigma_8 \circ \sigma_7 \circ \ldots \circ \sigma_1$ der bei der Ableitung benutzten Unifikatoren mit

$$\sigma(\texttt{t}) = \texttt{do(STACK(A,B),do(UNSTACK(C,B),S0))}$$

eine Situation, aus der der Plan "Setze C von B herunter und staple A auf B" abge-
lesen werden kann.

Selbsttestaufgabe 11.4 (Situationskalkül - Warenkontrolle) Der Roboter
iXDHL arbeitet für die Firma Giggle. Seine Aufgabe ist es, Waren nach ihrem Min-
desthaltbarkeitsdatum (MHD) zu überprüfen und gegebenenfalls auszusortieren
oder zu rabattieren. Die Zustände *Fast Abgelaufen* und *Abgelaufen* schließen sich
aus, der Zustand *Rabattiert* ist davon aber nicht betroffen. Wir nehmen an, dass
sich iXDHL in der folgenden Ausgangssituation befindet, die Waren w_1, w_2, w_3 und
w_4 in einem Regal beschreibt:

Ware	Fast Abgelaufen	Abgelaufen	Rabattiert
w_1	✓		✓
w_2			
w_3	✓		
w_4		✓	✓

Betrachten Sie die folgenden Prädikate:

ABGEL(x)   Ware x ist abgelaufen (MHD überschritten).
F_ABGEL(x)   Ware x ist fast abgelaufen (kurz vor MHD).
AUSS(x)   Ware x wurde aussortiert.
RAB(x)   Ware x ist rabattiert.

iXDHL kann die folgenden Aktionen ausführen:

S_AUS(x)   Wenn Ware x abgelaufen ist, sortiere sie aus.
RAB_IERE(x)   Wenn Ware x fast abgelaufen ist, rabattiere sie.

Ziel: Ware w_3 ist rabattiert und Ware w_4 aussortiert.

1. Beschreiben Sie im Situationskalkül den Zustand in der Anfangssituation s_0
   vollständig durch Angabe der (positiven) Atome unter (ausschließlicher) Verwendung der relationalen Fluents ABGEL, F_ABGEL und RAB. Benutzen
   Sie dazu passend die relationalen Fluents aus den o.g. Prädikaten ABGEL/1,
   F_ABGEL/1 und RAB/1.

2. Geben Sie

   (a) passende Ausführungsbedingungen für die Aktion S_AUS,

(b) passende Effektaxiome für die Aktion RAB_IERE und

(c) für die Aktion S_AUS ein passendes Rahmenaxiom für das Fluent AUSS an.

3. Geben Sie eine Zielbeschreibung für das oben genannte Ziel im Situationskalkül an.

4. Geben Sie im Situationskalkül unter Verwendung des do-Operators eine Situation an, in der das Ziel ausgehend von der Anfangssituation s_0 erreicht wird. ∎

11.6   Planen mit STRIPS

Bereits Anfang der siebziger Jahre wurde das Planungssystem STRIPS (STanford Research Institute Problem Solver) [71, 70] entwickelt. Dieses System hat sehr großen Einfluss auf die Entwicklung des Planens in der KI gehabt, und viele der Planungssysteme, die in der Folgezeit entstanden sind, bauen mehr oder weniger direkt auf Ideen auf, die erstmals in STRIPS realisiert wurden. Als Hauptmotivation für die Entwicklung von STRIPS kann man die Vermeidung der in Abschnitt 11.4 genannten Probleme des Situationskalküls ansehen, ohne dass man jedoch die Logik als Basis für die Zustandsrepräsentation aufgeben wollte [72].

11.6.1   Zustände und Zielbeschreibungen

STRIPS geht von der Idee aus, Zustände als *Mengen von Formeln* zu repräsentieren. Eine solche Formelmenge werden wir im Folgenden eine (STRIPS-)*Datenbasis* nennen. Zur Vereinfachung der Darstellung werden wir uns hier darauf beschränken, nur Mengen von Grundliteralen als Datenbasis zu betrachten. In der Blockwelt ist eine STRIPS-Datenbasis z.B. die Menge

$$\{\mathtt{ONTABLE(A)},\ \mathtt{ON(B,C)},\ \mathtt{ONTABLE(C)},\ \mathtt{CLEAR(A)},\ \mathtt{CLEAR(B)}\}^1$$

Sie trifft auf alle Zustände in der Blockwelt zu, in denen A und C auf dem Tisch stehen, B auf C steht und A und B frei sind, also z.B. auf den Zustand in Abbildung 11.1(a).

Auch für die Formulierung von Zielbeschreibungen werden wir uns zur Vereinfachung auf Konjunktionen von Grundliteralen beschränken. Eine Zielbeschreibung betrachten wir daher ebenfalls als eine Menge von Grundliteralen. Die Zielbeschreibung

$$\{\mathtt{ON(A,B)},\ \mathtt{ON(B,C)}\}$$

ist in jeder Datenbasis S, die diese beiden Literale enthält, erfüllt. Darüber hinaus kann S natürlich auch noch weitere Angaben etwa zu anderen Blöcken enthalten.

---

[1] Beachten Sie, dass es sich bei einer STRIPS-Datenbasis um eine Menge von Formeln handelt, die alle gleichzeitig gelten. Dies entspricht einer *Konjunktion* der enthaltenen Formeln, während die Literale in einer Klausel, die ebenfalls als Menge von Formeln dargestellt wird (vgl. z.B. Abbildung 11.3), *disjunktiv* verknüpft sind.

11.6.2 STRIPS-Operatoren

Im Situationskalkül beschreiben Effekt- und Rahmenaxiome die Auswirkungen von Operatoranwendungen. Diese Auswirkungen kommen dann bei der Plangenerierung durch logische Ableitungen zum Tragen. In STRIPS wirken Operatoren dagegen durch *direkte* Veränderungen der Datenbasis.

Die Darstellung eines STRIPS-*Operators* besteht aus drei Teilen, die wir mehr oder weniger unmittelbar aus der jeweiligen Formulierung im Situationskalkül gewinnen können:

1. eine Menge C von Grundliteralen als *Vorbedingungen* für den Operator; ein Operator kann auf eine Datenbasis nur angewandt werden, wenn alle Vorbedingungen darin enthalten sind;

2. eine Menge D von Grundliteralen, genannt D-Liste (*delete list*);

3. Eine Menge A von Grundliteralen, genannt A-Liste (*add list*).

Die Ausführung des Operators auf eine Datenbasis S, die alle Vorbedingungen enthält – sonst wäre der Operator ja nicht anwendbar – besteht aus zwei Schritten. Zunächst werden alle Literale der D-Liste aus S entfernt. Dann werden alle Literale der A-Liste zu S hinzugefügt. Insbesondere verbleiben alle Literale aus S, die nicht in D enthalten sind, in S.

In einer STRIPS-*Regel* bestehen die Vorbedingungen, die D-Liste und die A-Liste nicht unbedingt aus Grundliteralen, sondern sie können freie Variablen enthalten. Die Grundinstanzen einer solchen Regel bilden dann die eigentlichen Operatoren. Allerdings wollen wir im Folgenden sprachlich nicht immer streng zwischen Regel und Operator (= Regelinstanz) unterscheiden; aus dem Kontext wird immer klar sein, was gemeint ist.

Für STACK und UNSTACK aus der Blockwelt haben wir die beiden folgenden STRIPS-Regeln:

$$\text{STACK(x,y):} \quad \begin{aligned} &C\text{: ONTABLE(x), CLEAR(x), CLEAR(y)} \\ &D\text{: ONTABLE(x), CLEAR(y)} \\ &A\text{: ON(x,y)} \end{aligned}$$

$$\text{UNSTACK(x,y):} \quad \begin{aligned} &C\text{: ON(x,y), CLEAR(x)} \\ &D\text{: ON(x,y)} \\ &A\text{: ONTABLE(x), CLEAR(y)} \end{aligned}$$

Eine Grundinstanz einer STRIPS-Regel ist auf eine Datenbasis S anwendbar, wenn die Literale der Vorbedingung in S enthalten sind. Eine solche Instanz erhält man, wenn es gelingt, eine Substitution σ zu finden, die jedes Literal aus den Vorbedingungen C der Regel mit einem Literal aus S unifiziert. Die vollständige Regelinstanz erhält man, indem man σ auch auf die D- und die A-Liste anwendet. Damit sichergestellt ist, dass unter σ auch die D-Liste und die A-Liste keine freien Variablen mehr enthalten, dürfen in einer STRIPS-Regel in D oder A keine freien Variablen auftreten, die nicht auch in C auftreten. Abbildung 11.5 zeigt die Anwendung eines STRIPS-Operators.

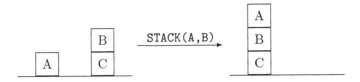

Vorbedingung:

```
ONTABLE(A)
CLEAR(A)
CLEAR(B)
```

Datenbasis vorher: Datenbasis nachher:

$$\left.\begin{array}{l}\texttt{ONTABLE(A)}\\ \texttt{CLEAR(B)}\end{array}\right\}D\text{-Liste}\qquad A\text{-Liste}\left\{\texttt{ON(A,B)}\right.$$

$$\left.\begin{array}{l}\texttt{CLEAR(A)}\\ \texttt{ON(B,C)}\\ \texttt{ONTABLE(C)}\end{array}\right\}\xrightarrow[\text{unverändert}]{}\left\{\begin{array}{l}\texttt{CLEAR(A)}\\ \texttt{ON(B,C)}\\ \texttt{ONTABLE(C)}\end{array}\right.$$

Abbildung 11.5 Anwendung eines STRIPS-Operators

Wenn ein Operator Op auf eine Datenbasis S_1 anwendbar ist und S_1 in S_2 überführt, schreiben wir dafür

$$S_2 = Op(S_1)$$

Ein *Plan* ist eine Operatorliste P = $[Op_1,\ldots,Op_n]$. Das Ergebnis einer Anwendung von P auf eine Datenbasis S ist

$$P(S) = Op_n(\ldots (Op_1(S)) \ldots)$$

Für zwei Pläne P und P' ist P + P' der Plan, der durch Hintereinanderschaltung von P und P' – zuerst P, dann P' – entsteht. Mit [ ] bezeichnen wir den leeren Plan.

Planen kann man nun als Suchproblem auffassen. Der Suchraum enthält dabei alle STRIPS-Datenbasen. Zwischen zwei Datenbasen S_1 und S_2 besteht ein mit einem Operator Op markierter Übergang, wenn $Op(S_1) = S_2$ gilt. Diesen Suchraum kann man entweder in Vorwärtsrichtung, ausgehend von der Startdatenbasis, oder in Rückwärtsrichtung, von der Zielbeschreibung ausgehend zur Startdatenbasis hin, durchsuchen.

11.6.3 Planen mit Vorwärtssuche

Bei der Vorwärtssuche geht man von der Startdatenbasis aus und erzeugt durch Operatorenanwendungen Nachfolgedatenbasen, bis man eine Datenbasis erreicht, die die Zielbeschreibung erfüllt. Der Anfangsteil eines durch dieses Vorgehen erzeugten Suchraums ist in Abbildung 11.6 skizziert. Wie man sich leicht klarmachen

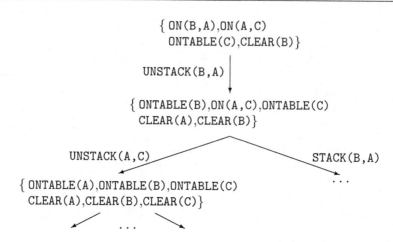

Abbildung 11.6 Suchraum bei Vorwärtssuche

kann, ist in realistischen Anwendungsszenarien diese Methode nicht praktikabel, wenn man nicht starke Heuristiken anwenden kann, die die Anzahl der anwendbaren Operatoren einschränken.

11.6.4 Planen mit Rückwärtssuche

Während bei der Vorwärtssuche das zu erreichende Ziel zunächst nicht beachtet wird, geht die Rückwärtssuche zielorientiert vor. Man nimmt sich ein noch nicht erfülltes Teilziel vor und sucht einen Operator, der dieses Ziel erzeugt. Dieser Prozess wird *Mittel-Ziel-Analyse* (*means-ends analysis*) genannt.

Bezogen auf STRIPS-Operatoren müssen wir dann noch sicherstellen, dass die Vorbedingungen des gefundenen Operators erfüllt sind. Dies geschieht dadurch, dass diese Vorbedingungen als Unterziele aufgestellt und durch wiederum denselben Prozess der Mittel-Ziel-Analyse erreicht werden.

Damit haben wir bereits ein Planungsverfahren skizziert, das den wesentlichen Kern des STRIPS-Systems bildet. Einen entsprechenden rekursiven Algorithmus, den wir in Abbildung 11.7 skizziert haben, nennen wir daher R-STRIPS. R-STRIPS erwartet ein Ziel G und eine Datenbasis Start. Die lokalen Variablen P und S werden zum leeren Plan [ ] bzw. zu Start initialisiert. Die anschließende while-Schleife bricht erst ab, wenn alle Ziele in S erreicht sind. Zur Erinnerung: Als vereinfachende Annahme hatten wir festgelegt, dass sowohl STRIPS-Datenbasen als auch Ziele nur durch Mengen von Grundliteralen beschrieben werden, die jeweils konjunktiv zu verknüpfen sind. Daher reduziert sich der Test, ob alle Ziele aus G in S erfüllt sind, auf die Mengeninklusion $G \subseteq S$ (Zeile (3.)).

In der Zeile (4.) von R-STRIPS findet eine Auswahl statt. Führt die getroffene Wahl von g nicht zum Erfolg, so muss hierher zurückgesetzt werden, um auch die anderen Wahlmöglichkeiten für g zu berücksichtigen. Zeile (5.) stellt ebenfalls einen

---

R-STRIPS (G, Start)

  Eingabe: G   Ziel (Menge von Grundliteralen)

        Start   Datenbasis (Menge von Grundliteralen)

  Ausgabe: P   Plan (Liste von Operatoren)

1. P := [   ]   % leerer Plan als Initialisierung
2. S := Start
3. **while** $G \not\subseteq S$ **do**
4.   g := ein Element aus G, das nicht in S enthalten ist
5.   Op := eine Grundinstanz (C,D,A) einer Regel R, so dass $g \in A$
6. P_C := R-STRIPS(C,S)
7.   S := Op(P_C(S))
8.   P := P + P_C + [Op]
   end while
9. return(P)

Abbildung 11.7   Rekursiver STRIPS-Algorithmus

Rücksetzpunkt dar, da es verschiedene Regeln R und für jedes solche R auch verschiedene Operatoren Op (Grundinstanzen von R) mit (C, D, A) geben kann, die g in der A-Liste haben. Da Op das Ziel g erzeugt, kann es als "Mittel für den Zweck" g verwendet werden. In (6.) wird durch rekursiven Aufruf von R-STRIPS ein Plan P_C – von der augenblicklichen Datenbasis S ausgehend – erzeugt, der die Vorbedingungen C von Op generiert. Auf S können wir dann zunächst P_C und anschließend Op anwenden (7.). Der bisher erzeugte Plan P wird entsprechend zunächst um P_C und dann um [Op] erweitert (8.). Anschließend wird in der Abfrage der while-Schleife wieder überprüft, ob nun alle Ziele in der erreichten Datenbasis S gelten. Ist dies der Fall, wird der so erzeugte Plan P zurückgegeben.

  Die Arbeitsweise von R-STRIPS wollen wir an einem Beispiel erläutern. Dazu erweitern wir unsere Blockwelt um eine zusätzliche Operation MOVE(x,y,z), die Block x von Block y herunternimmt und auf Block z setzt (und damit der Sequenz [UNSTACK(x,y), STACK(x,z)] entspricht). Die entsprechende STRIPS-Regel für MOVE ist:

     MOVE(x,y,z): C: ON(x,y), CLEAR(x), CLEAR(z)

            D: ON(x,y), CLEAR(z)

            A: ON(x,z), CLEAR(y)

  Gegeben seien Ausgangsdatenbasis Start und Ziel G wie in Abbildung 11.8 dargestellt. Wenn wir nun annehmen, dass R-STRIPS als erstes Teilziel ON(A,B) und als Operator dafür MOVE(A,C,B) auswählt, könnte R-STRIPS folgenden Plan erzeugen:

P = [UNSTACK(B,A), MOVE(A,C,B), UNSTACK(A,B), STACK(B,C), STACK(A,B)]

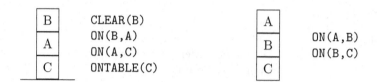

Abbildung 11.8 Ausgangszustand (links) und Ziel (rechts)

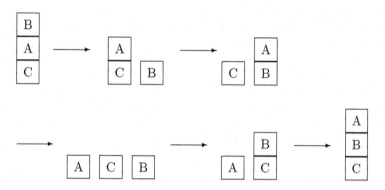

Abbildung 11.9 Ausführung des von R-STRIPS erzeugten Plans

Selbsttestaufgabe 11.5 (R-STRIPS) Wenden Sie R-STRIPS auf die gegebene Ausgangsdatenbasis und Zielbeschreibung an und zeigen Sie, wie der Plan P erzeugt wird.   ∎

In Abbildung 11.9 ist die Ausführung des erzeugten Plans skizziert. Dieses Beispiel macht deutlich, dass R-STRIPS die zu erreichenden Ziele gemäß einer Kellerstruktur bearbeitet. Wird ein Ziel g und ein dieses Ziel erzeugender Operator Op ausgewählt, werden zunächst vollständig alle Vorbedingungen für Op und dann g erzeugt. Da zuerst ON(A,B) ausgewählt wurde, wird dieses Ziel erzeugt, obwohl es später zur Erreichung von ON(B,C) wieder zerstört und danach erneut erzeugt werden muss. Es stellt sich die Frage, ob man diesen Effekt durch geschickte Auswahl in Zeile (4.) von R-STRIPS vermeiden kann. Sussman hat an dem folgenden Beispiel aufgezeigt, dass das im Allgemeinen nicht so ist [229].

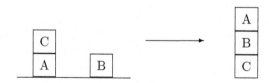

Abbildung 11.10 Die Sussman-Anomalie

Gegeben seien Start- und Zielzustand wie in Abbildung 11.10. Um das Ziel

{ON(A,B), ON(B,C)} zu erreichen, werde zunächst ON(A,B) ausgewählt. Das führt dazu, dass C auf den Tisch und A auf B gesetzt wird. Um dann aber ON(B,C) zu erzielen, muss das bereits erreichte Ziel ON(A,B) wieder zerstört und nachträglich erneut erzeugt werden. Wird umgekehrt zuerst das Ziel ON(B,C) ausgewählt, wird B auf C gesetzt. Auch hier führt dann das Verfolgen des zweiten Ziels ON(A,B) dazu, dass ein bereits erreichtes Ziel wieder zerstört wird und erneut erzeugt werden muss.

Diese sog. Sussman-Anomalie lässt sich daher nicht durch eine optimierte Auswahl in (4.) von R-STRIPS lösen. Das Problem liegt vielmehr darin, dass R-STRIPS ein einmal ausgewähltes Ziel vollständig realisieren will, bevor ein anderes Ziel berücksichtigt wird. Dies entspricht einer Tiefensuche durch den aufgespannten Suchraum.

Hinter der Zeile (4.) in R-STRIPS verbirgt sich eine Annahme, die den ersten KI-Planungssystemen gemeinsam war und die man später *Linearitätsannahme* (*linear assumption*) nannte. Die Annahme besteht darin, dass es immer eine Linearisierung der Teilziele gibt, in der man sie sequentiell nacheinander erreichen kann. Diese Art der Planung wird als *lineare Planung* (*linear planning*) bezeichnet.

Eine starre lineare Anordnung von Operatoren bei der Erstellung eines Plans ist aber oft gar nicht notwendig. Vielmehr sollte man die Festlegung der Reihenfolge soweit wie möglich nach hinten verschieben, damit man noch möglichst viele Freiheiten hat. Dies ist ein Beispiel für das Planen mit der "geringsten Verpflichtung" (*least commitment*), das ganz allgemein besagt, einschränkende Entscheidungen erst dann zu treffen, wenn es notwendig ist.

Einschränkende Entscheidungen werden in der hier vorgestellten Version von R-STRIPS übrigens nicht nur bzgl. der Reihenfolge der Zielerreichung und damit bzgl. der Operatoren früher als notwendig getroffen, sondern auch bzgl. der Instantiierung von Regeln zu Operatoren. In der Blockwelt lässt sich das an dem oben eingeführten MOVE-Operator verdeutlichen: Wird MOVE(x,y,z) bei Vorliegen von ON(A,B) ausgewählt, um CLEAR(B) zu erreichen, so könnte die Entscheidung, wie z zu instantiieren ist, noch offen bleiben und zunächst der nur teilinstantiierte Operator MOVE(A,B,z) eingeplant werden.

11.6.5 Behandlung des Rahmenproblems in STRIPS

Wenn man vom Situationskalkül ausgeht und das dort explizit auftretende Rahmenproblem betrachtet, so kann man sich fragen, wo dieses Problem in dem STRIPS-Ansatz geblieben ist. Die Antwort auf diese Frage ergibt sich wie folgt: Kernpunkt von STRIPS ist die Art und Weise der Operatorbeschreibung. Zwar wird die Prädikatenlogik 1. Stufe als Grundlage für die Datenbasis- und Operatorspezifikation benutzt, die Problemlösung selbst erfolgt aber nicht mittels logischer Inferenzmechanismen, sondern mittels eines heuristischen Suchverfahrens, wie es in R-STRIPS realisiert ist. Das Rahmenproblem wird durch die so genannte STRIPS-*Annahme* (STRIPS *assumption*) behandelt, die der Operatordefinition und -ausführung implizit zugrunde liegt:

Alle Elemente einer STRIPS-*Datenbasis, die nicht in der Nachbedingung eines Operators aufgeführt sind, bleiben bei der Anwendung des Operators unverändert.*

Die Repräsentation von Operatoren und die Beschreibung ihrer Effekte unter Berücksichtigung der STRIPS-Annahme kann man als den Hauptbeitrag von STRIPS zum Planungsbereich bezeichnen. Allerdings lässt sich die STRIPS-Annahme nicht in der Prädikatenlogik 1. Stufe ausdrücken. Lange Zeit war sogar die Semantik von STRIPS-Operatoren lediglich durch heuristische Suchverfahren wie R-STRIPS definiert; die ersten Ansätze für eine logische Semantik von STRIPS sind in [140] und [179, 180] zu finden.

Selbsttestaufgabe 11.6 (Türme von Hanoi) Es sei n eine beliebige, aber fest gewählte Zahl ≥ 3. Es gibt n Scheiben $D_1, \ldots, D_n$ mit jeweils unterschiedlichem Durchmesser: D_1 ist kleiner als D_2, D_2 ist kleiner als $D_3, \ldots, D_{n-1}$ ist kleiner als D_n. Die Scheiben haben in der Mitte ein Loch, so dass sie auf einem Stab gestapelt werden können. Es gibt drei solche Stäbe, die mit A, B und C bezeichnet werden.

In der Ausgangssituation (hier für $n = 4$) befinden sich alle Scheiben der Größe nach sortiert auf dem ersten Stab A, wobei die größte Scheibe zuunterst liegt:

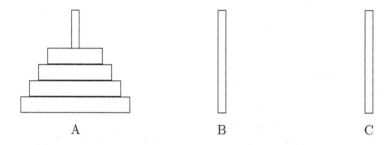

Ziel ist es, eine Folge von Zügen durchzuführen, so dass schließlich alle Scheiben auf dem Stab C sind. Dabei sind folgende Bedingungen zu beachten:

- Bei jedem Zug wird die oberste Scheibe von einem Stab entfernt und als neue oberste Scheibe auf einen anderen Stab gelegt.

- Zu keinem Zeitpunkt darf eine größere Scheibe auf einer kleineren liegen.

Beschreiben Sie dieses Planungsproblem mit einem STRIPS-Ansatz:

1. Bestimmen Sie Prädikate zum Aufbau einer geeigneten STRIPS-Datenbasis.

2. Geben Sie die initiale STRIPS-Datenbasis sowie die Zielbeschreibung unter Verwendung der gewählten Prädikate an.

3. Definieren Sie einen oder mehrere STRIPS-Operatoren, die jeweils einen einzelnen Spielzug realisieren.

4. Es sei nun $n = 3$, d.h. es gibt drei Scheiben D_1, D_2, D_3. Wenden Sie den R-STRIPS-Algorithmus auf die dazugehörige initiale STRIPS-Datenbasis und die entsprechende Zielbeschreibung an. Welches Ergebnis erhalten Sie? ∎

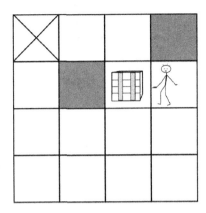

Abbildung 11.11 Sokoban-Startzustand zu Selbsttestaufgabe 11.7

Selbsttestaufgabe 11.7 (Sokoban) Bei dem Spiel *Sokoban* sollen mit Hilfe einer Spielfigur („Lagerarbeiter") Kisten in Zielfelder gebracht werden (vgl. Abbildung 11.11). Gekreuzte Felder sind die Zielfelder, d. h., ein Zielzustand ist erreicht, wenn alle Kisten auf diesen Feldern stehen. Die Kisten dürfen von der Figur nur *geschoben* werden: Liegen die Felder 1, 2 und 3 in einer Linie neben- oder untereinander, steht die Kiste auf Feld 2, der Arbeiter auf Feld 3 und ist Feld 1 frei, dann kann er die Kiste auf das Feld 1 schieben, wobei er sich selbst auf Feld 2 bewegt. Der Arbeiter kann sich auf den freien weißen Feldern senkrecht und waagerecht bewegen (er darf auch die Zielfelder benutzen, jedoch nicht die dunklen Felder), darf aber das Feld mit der Kiste nicht überschreiten, ohne die Kiste zu schieben. Die in Abbildung 11.11 dargestellte Konstellation ist ein möglicher Startzustand.

1. Modellieren Sie die Bewegungen der Spielfigur (gehen, schieben) und der Kiste (geschoben werden) mit STRIPS, und modellieren Sie die in Abbildung 11.11 dargestellte Situation. Formulieren Sie also eine Datenbasis und Zielbeschreibung entsprechend der dargestellten Situation in der Abbildung und definieren Sie entsprechende STRIPS-Operatoren.

2. Skizzieren Sie den Suchraum zur Lösung des Problems bei Vorwärtssuche.

3. Überlegen Sie sich eine Sokoban-Situation mit mehreren Kisten, in der eine lineare Zielabarbeitung (erst Kiste 1 auf ein Zielfeld bringen, dann Kiste 2) in eine Sackgasse führt (vgl. Sussman-Anomalie). ∎

Selbsttestaufgabe 11.8 (STRIPS - Gebäudereinigung) Ein Putzroboter befindet sich in einem Gebäude und erhält den Auftrag, einen Bereich des Gebäudes zu putzen. Dabei muss er zunächst den sich im Gebäude befindenden Eimer in den richtigen Bereich transportieren, um anschließend den Bereich putzen zu können. Über mehrere automatische Lifts ist der Roboter in der Lage, jeden Bereich des Erdgeschosses (*EG*) und des Untergeschosses (*UG*) auf kurzen Wegen zu erreichen.

Zu Beginn befindet sich der Roboter im Erdgeschoss im Bereich *EG.2* und der Eimer befindet sich im Erdgeschoss im Bereich *EG.1*. Der Roboter soll nun im Untergeschoss den Bereich *UG.3* putzen und danach den Eimer zum Bereich *EG.1* zurückbringen und selbst zum Bereich *EG.2* zurückkehren. Die folgende Abbildung zeigt den Startzustand des hier betrachteten Szenarios:

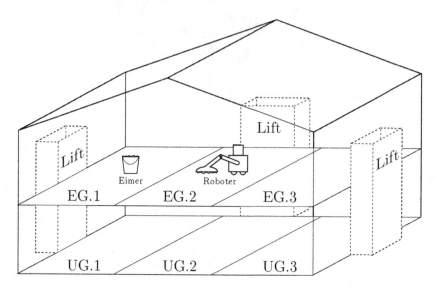

Jeder Zustand wird durch folgende Prädikate beschrieben (die Lifts werden nicht gesondert modelliert und gewährleisten lediglich, dass der Roboter jeden Bereich b aus der Menge $\{UG.1, UG.2, UG.3, EG.1, EG.2, EG.3\}$ erreichen kann):

ROB_BER/1　　　Gibt den Bereich an, in dem sich der Roboter befindet.

EIMER_BER/1　　Gibt den Bereich an, in dem sich der Eimer befindet.

ZIEL_BER/1　　Gibt den zu putzenden Bereich an.

FERTIG/0　　　Gibt an, ob der zu putzende Bereich geputzt wurde.

Außerdem gibt es folgende passend spezifizierte Operatoren:

FAHREN(b_1,b_2)　　Der Roboter bewegt sich von Bereich b_1 nach Bereich b_2 ($\neq b_1$).

PUTZEN(b)　　Der Roboter taucht den Wischer in Bereich b in den Eimer und putzt den Bereich.

TRANSPORT(b_1,b_2)　　Der Roboter transportiert den Eimer von Bereich b_1 nach Bereich b_2 ($\neq b_1$), sofern sich der Roboter auf der gleichen Position wie der Eimer befindet (der Roboter bewegt sich dabei mit).

1. Spezifizieren Sie TRANSPORT vollständig als STRIPS-Operator.

2. Geben Sie eine Sequenz von Operatoren an, durch die der Roboter den Eimer vom Bereich *EG.1* zum Bereich *UG.3* transportiert und diesen Bereich putzt.

3. Definieren Sie einen STRIPS-Operator PUTZE_BER(b_1,b_2,b_3), der den im Bereich b_3 befindlichen Eimer nach b_1 transportiert, wenn sich der Roboter im Bereich b_2 befindet und der Bereich b_1 geputzt werden soll ($b_1 \neq b_3$ und $b_2 \neq b_3$ kann angenommen werden). Am Ende befinden sich der Roboter und der Eimer in Bereich b_1 und der Bereich b_1 wurde geputzt. ∎

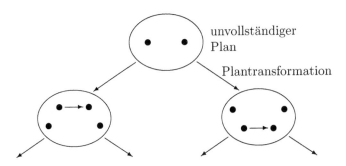

Abbildung 11.12 Suchraum mit unvollständigen Plänen

11.7 Nichtklassische Planungssysteme

Während die STRIPS-basierten Planungsverfahren klassische Verfahren genannt werden, wurden in der Folge verschiedene Erweiterungen entwickelt, um die STRIPS anhaftenden Nachteile zu beseitigen, wobei als erstes die oben schon erwähnte Linearitätsannahme zu nennen ist. Wie in Abbildung 11.6 angedeutet, besteht der Suchraum bei STRIPS aus einem Graphen, dessen Knoten STRIPS-Datenbasen sind und dessen Kanten Operatoranwendungen entsprechen.

Eine andere Vorgehensweise zur Planung besteht darin, *unvollständige Pläne* zu betrachten. Während wir bisher davon ausgegangen waren, dass die Operatoren in einem Plan linear geordnet sind, besteht ein unvollständiger Plan aus einer Menge von Operatoren, die nur partiell geordnet sind; derartige Pläne werden daher auch *nichtlineare Pläne* genannt. In dem nichtlinearen Plan

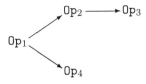

gibt es z.B. vier Operatoren, von denen Op_1 vor Op_2 und vor Op_4 und Op_2 vor Op_3 ausgeführt werden soll; ob aber Op_4 vor oder nach Op_2 oder Op_3 ausgeführt wird, ist noch offen.

Der Suchraum beim Planen enthält nun unvollständige Pläne, die durch Plantransformationen miteinander verknüpft sind (vgl. Abbildung 11.12). Die wichtigsten Plantransformationsschritte, die einen unvollständigen Plan in einen erweiterten Plan überführen, sind:

1. Hinzufügen eines Operators;

2. Anordnung eines Operators vor oder nach einem anderen Operator;

3. Instantiierung eines noch nicht vollständig instantiierten Operators.

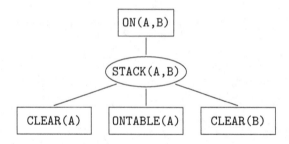

Abbildung 11.13 Repräsentation eines STRIPS-Operators beim nichtlinearen Planen

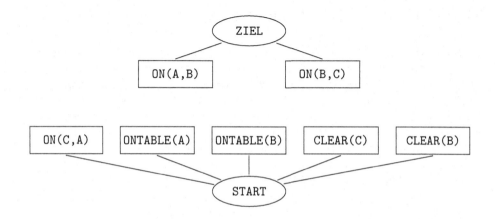

Abbildung 11.14 Initialer, nichtlinearer Plan zur Lösung der Sussman-Anomalie

Die Operatoren in einem unvollständigen Plan wollen wir wie in Abbildung 11.13 skizziert darstellen. Die Kästchen unterhalb des ovalen Operatorknotens sind die Vorbedingungen und die oberhalb des Operatorknotens die Elemente der A-Liste des Operators; die Elemente der D-Liste werden nicht explizit dargestellt.

Um auch die Ausgangssituation und die Zielbeschreibung in einem nichtlinearen Plan zu repräsentieren, führen wir die speziellen Operatoren START und ZIEL ein. Der spezielle Operator START ist immer implizit der erste Operator eines Plans und hat die leere Vorbedingung und die Ausgangsdatenbasis als Nachbedingung in der A-Liste. Der Operator ZIEL hat das zu erreichende Ziel als Vorbedingung und leere A- und D-Listen; ZIEL ist immer der letzte Operator eines Plans. Ein initialer (und noch sehr unvollständiger) Plan zur Lösung der Sussmann-Anomalie ist in Abbildung 11.14 angegeben; er enthält lediglich den START- und den ZIEL-Operator.

Durch Plantransformationsschritte wollen wir nun diesen initialen Plan weiter verfeinern. Dabei müssen natürlich Randbedingungen berücksichtigt werden; z.B.

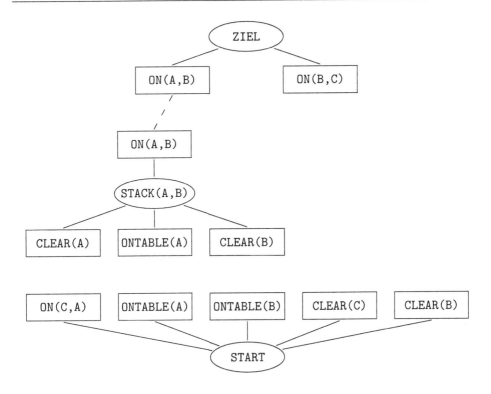

Abbildung 11.15 Nichtlinearer Plan zur Lösung der Sussman-Anomalie (Forts.)

darf ein Operator Op_1 mit einer Vorbedingung c_1 nicht unmittelbar nach einem Operator Op_2 eingeplant werden, der c_1 in seiner D-Liste hat. Op_1 und Op_2 bilden in diesem Fall einen *Zielkonflikt*. Um Zielkonflikte möglichst frühzeitig zu vermeiden, werden z.B. Reihenfolgebedingungen in einen Plan eingefügt.

Als Beispiel nehmen wir an, dass wir den initialen Plan aus Abbildung 11.14 durch Hinzufügen des Operators STACK(A,B) erweitern, um das Teilziel ON(A,B) zu erreichen. Der resultierende Plan ist in Abbildung 11.15 dargestellt. Die gestrichelte Linie zeigt die Verbindung zwischen dem A-Listen Element ON(A,B) und dem Teilzeil, das damit erreicht wird.

Als nächste Plantransformation fügen wir den Operator UNSTACK(C,A) ein, um die Vorbedingung CLEAR(A) von STACK(A,B) zu erreichen; als Reihenfolgebedingung ergibt sich folglich, dass UNSTACK(C,A) *vor* STACK(A,B) kommen muss. Um das Teilziel ON(B,C) zu erreichen, fügen wir anschließend den Operator STACK(B,C) in den Plan ein. Außer der standardmäßigen Einordnung zwischen START und ZIEL haben wir dafür zunächst keine weitere Reihenfolgebedingung. Der sich damit ergebende nichtlineare Plan ist in Abbildung 11.16 skizziert.

Eine Analyse dieses Plans fördert nun die bestehenden Zielkonflikte zu Tage. Der Operator STACK(A,B) bedroht die Vorbedingung CLEAR(B) von STACK(B,C); dieser Konflikt ist in Abbildung 11.16 durch die fett eingezeichnete Linie dargestellt.

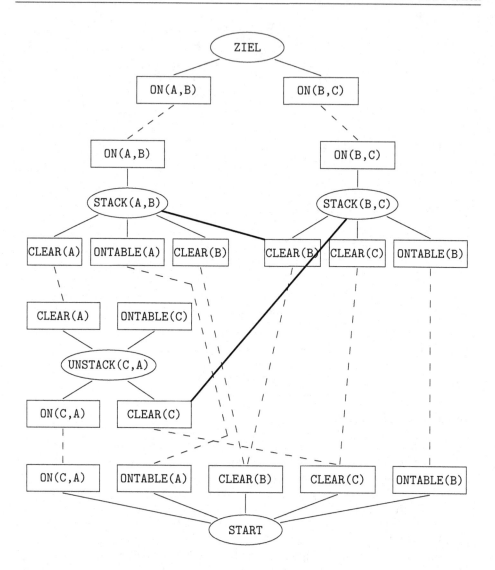

Abbildung 11.16   Nichtlinearer Plan zur Lösung der Sussman-Anomalie (Forts.)

Um diesen Konflikt zu lösen, muss deshalb STACK(A,B) *nach* STACK(B,C) erfolgen.

Damit ist immer noch keine Reihenfolge zwischen STACK(B,C) und UNSTACK(C,A) festgelegt; da jedoch STACK(B,C) die Vorbedingung CLEAR(C) von UNSTACK(C,A) bedroht, muss zur Lösung dieses Konflikts STACK(B,C) *nach* UNSTACK(C,A) erfolgen. Das Einfügen dieser Reihenfolgebedingungen in den Plan in Abbildung 11.16 lässt dann nur noch den Plan [UNSTACK(C,A), STACK(B,C), STACK(A,B)] zu, der das gegebene Problem in (optimaler) Weise löst.

Nichtlineares Planen mit partiell geordneten Operatoren wurde erstmals in den Systemen *NOAH* [201, 202] und *INTERPLAN* [231] realisiert. Eine detaillierte Darstellung nichtlinearen Planens ist in [100] zu finden; kürzere Darstellungen sind z.B. in [200] und [173] enthalten.

Eine weitere wichtige Erweiterung des Planens ist das Planen mit mehreren Abstraktionsstufen. Wenn jemand eine Reise von seinem Büro in Köln zu einem Konferenzort in London plant, wird er sich zunächst nur darum kümmern, wie er die Hauptstrecke von Köln nach London zurücklegen soll, z.B. mit welcher Bahn- oder Flugverbindung. Erst wenn dies feststeht, kümmert man sich um den Weg zum Bahnhof oder Flughafen. So kann man sich leicht verschiedene Planungsstufen vorstellen, so dass alle Planungsschritte einer höheren Stufe eine größere Wichtigkeit als die einer niedrigeren Stufe haben und daher zuerst geplant werden müssen. Man abstrahiert also von zunächst unwichtigen Details. Dies kann dadurch geschehen, dass man von Details einer Datenbasis abstrahiert (sog. *Situationsabstraktion*); Planen mit Situationsabstraktion ist in dem (linearen) Planungssystem *ABSTRIPS* [201] realisiert worden. Eine andere Art der Abstraktion bietet die sog. *Operatorabstraktion*, wobei man neben den elementaren, direkt ausführbaren Operatoren abstrakte Operatoren einführt, die man sich analog zu Makros oder Unterprogrammen vorstellen kann ("baue einen Turm aus vier Blöcken"). Die Idee der Operatorabstraktion wurde erstmals in dem Planungssystem *NOAH* [202] verwendet.

11.8 Planen mit Antwortmengen

Ein aktueller Ansatz zum Planen, der in den letzten Jahren immer mehr an Bedeutung gewonnen hat, basiert auf dem Paradigma der Antwortmengen, das wir in Kapitel 9 vorgestellt haben. Die Idee dabei ist, ein Planungsproblem als ein erweitertes logisches Programm $\mathcal{P}$ darzustellen, wobei die Antwortmengen von $\mathcal{P}$ den Lösungen des Planungsproblems – also Plänen – entsprechen. Diesen Ansatz wollen wir im Folgenden vorstellen und demonstrieren, wie dabei z.B. das Rahmenproblem gelöst wird; bei der Darstellung werden wir uns dabei an der Arbeit von Lifschitz [142] orientieren.

11.8.1 Systeme zur Berechnung von Antwortmengen

Die beiden bekanntesten Systeme zur Berechnung von Antwortmengen sind DLV [61] und SMODELS [172, 217]. DLV berechnet Antwortmengen für endliche Programme, in denen keine Defaultnegation im Regelkopf auftritt. SMODELS verlangt, dass das Eingabeprogramm keine disjunktiven Regeln enthält, wobei allerdings auf zweierlei Weise Disjunktion in SMODELS unterstützt wird. Da wir im Folgenden ein Planungsbeispiel mit SMODELS angeben wollen, stellen wir hier diese Disjunktionsmöglichkeiten sowie einige weitere Besonderheiten der Eingabesprache von SMODELS kurz vor.

In SMODELS kann die Disjunktion eines Literals L mit seiner Defaultnegation *not* L im Kopf einer Regel der Form

$$L \quad or \quad not\, L.$$

durch

$$\{L\}$$

ausgedrückt werden. Entsprechend wird eine Liste von Regeln der Form

$$L_i \;\; or \;\; not \, L_i \;\; \leftarrow \;\; Body.$$

in SMODELS durch

$$\{L_1, \ldots, L_n\} \; \texttt{:- Body.}$$

repräsentiert. Wie in Prolog werden Kopf und Rumpf einer Regel in SMODELS durch `:-` getrennt. Die logische Negation $\neg L$ wird in SMODELS durch `-L` ausgedrückt.

Ein SMODELS-Ausdruck der Form

$$\{\texttt{atom(X)} \; : \; \texttt{predicate(X)}\}$$

denotiert die Menge aller Atome der Form `atom(X)`, so dass `predicate(X)` gilt. Gelten beispielsweise `block(1)`, `block(2)` und `block(3)`, so steht der Ausdruck $\{\texttt{on(B, table)} \; : \; \texttt{block(B)}\}$ für $\{\texttt{on(1, table)}, \texttt{on(2, table)}, \texttt{on(3, table)}\}$.

Eine natürliche Zahl j am Anfang einer Regel ist eine Kardinalitätseinschränkung, die die Antwortmengen auf solche Mengen einschränkt, deren Mächtigkeit mindestens j ist [217]. Entsprechend ist j rechts von einem geklammerten Ausdruck eine obere Schranke für die Mächtigkeit der Antwortmengen. Beispielsweise steht

$$2 \, \{\texttt{on(B, table)} \; : \; \texttt{block(B)}\} \, 5$$

für solche Literalmengen S, die mindestens 2 und höchstens 5 Literale der Form `on(B, table)` enthalten, so dass `block(B)` gilt.

11.8.2 Planen mit SMODELS

Zur Illustration verwenden wir wieder ein Beispiel aus der Blockwelt. Dabei erweitern wir das Szenario so, dass der Roboter, der die Blöcke bewegt, mehrere Greifarme hat, so dass auch mehrere Blöcke gleichzeitig bewegt werden können. Werden zwei Blöcke gleichzeitig bewegt, so können diese dabei allerdings nicht aufeinander gestapelt werden.

Die Zustände dieser Blockwelt werden durch Mengen von Literalen beschrieben. Ein Zustand enthält insbesondere Literale über den Standort der einzelnen Blöcke zu einem Zeitpunkt. So soll im Ausgangszustand die Verteilung der Blöcke durch die sechs Regeln

```
on(1,2,0).              % Initialzustand:
on(2,table,0).          %
on(3,4,0).              %
on(4,table,0).          %    1   3   5
on(5,6,0).              %    2   4   6
on(6,table,0).          %  -------------
```

gegeben sein. Dabei sind in einem Literal der Form `on(B,L,T)` B ein Block, L eine Ortsangabe (*location*) und T ein Zeitpunkt. Mögliche Ortsangaben sind ein Block oder der Tisch. Die betrachtete Zeitskala soll von 0 bis zu einer Obergrenze gehen, die wir mit der Konstanten `lasttime` bezeichnen. Das Planungsprogramm arbeitet (prinzipiell) nach dem "Generiere-und-Teste"-Prinzip, indem zunächst potentielle Lösungen generiert und diese dann auf Zulässigkeit überprüft werden. Es muss sicher gestellt sein, dass im Zielzustand die Zielanforderungen erfüllt sind. Daher filtern die folgenden Regeln alle Zustände heraus, in denen ein Block zum Zeitpunkt `lasttime` nicht an dem gewünschten Ort platziert ist:

```
:- not on(3,2,lasttime).       %  Ziel:
:- not on(2,1,lasttime).       %
:- not on(1,table,lasttime).   %       3    6
:- not on(6,5,lasttime).       %       2    5
:- not on(5,4,lasttime).       %       1    4
:- not on(4,table,lasttime).   %     --------------
```

Gilt beispielsweise on(3,2,lasttime) $\notin S$ für eine Literalmenge S, so erfüllt S nicht das Constraint `:- not on(3,2,lasttime)`. Ein solches S kann daher nicht Antwortmenge für ein Programm sein, dass die obigen Regeln enthält.

Die Abbildungen 11.17 - 11.19 zeigen ein komplettes Programm zur Planung in der erweiterten Blockwelt, wobei Ausgangs- und Zielzustand wie gerade angegeben sind. Das Programm ist in der Eingabesprache des SMODELS-Systems geschrieben. In Abbildung 11.17 benutzt das Programm die drei einstelligen Prädikate `time`, `block` und `location`, mit denen Wertebereiche festgelegt werden.

Wie schon erwähnt, legt die Konstante `lasttime` eine Obergrenze für die Länge der Pläne fest, die betrachtet werden sollen. Eine `location` ist ein Block oder der

---

```
time(0..lasttime).

location(B) :- block(B).
location(table).

% GENERATE
{move(B,L,T) : block(B) : location(L)} grippers :- time(T),
                                                    T < lasttime.

% DEFINE

% Effekt, wenn ein Block bewegt wird
on(B,L,T+1) :- move(B,L,T),
               block(B), location(L), time(T), T < lasttime.

% was sich nicht verändert
on(B,L,T+1) :- on(B,L,T), not -on(B,L,T+1),
               block(B), location(L), time(T), T < lasttime.

% Eindeutigkeit des Ortes
-on(B,L1,T) :- on(B,L,T), L ≠ L1,
               block(B), location(L), location(L1), time(T).
```

Abbildung 11.17 Planen mit SMODELS, Teil 1 (nach [142])

Tisch. `block` und `lasttime` werden ebenso wie die Konstante `grippers`, die die Anzahl der Greifarme festlegt, im Programmteil in Abbildung 11.19 definiert. Dabei ist `block(1..6).` als eine Abkürzung für die sechs Regeln `block(1).`, `block(2).`, `block(3).`, `block(4).`, `block(5).`, `block(6).` zu verstehen; entsprechendes gilt für die Regel `time(0..lasttime).` in Abbildung 11.17.

Die Regel unter GENERATE in Abbildung 11.17 verwendet die in Abschnitt 11.8.1 skizzierten SMODELS-Sprachelemente und spezifiziert Antwortmengen der Form

$$\{\texttt{move}(\texttt{B}_1, \texttt{L}_1, \texttt{T}), \dots, \texttt{move}(\texttt{B}_n, \texttt{L}_n, \texttt{T})\}$$

wobei die Anzahl der enthaltenen `move`-Atome durch die Konstante `grippers` nach oben beschränkt ist. Dabei muss $\texttt{B}_i$ ein Block, $\texttt{L}_i$ eine Ortsangabe und `T` eine Zahl kleiner als `lasttime` sein. Diese Regel spezifiziert eine mögliche Lösung als eine beliebige Menge von `move`-Aktionen, die vor `lasttime` ausgeführt werden, so dass für jeden Zeitpunkt `T` die Anzahl der `move`-Aktionen zu diesem Zeitpunkt die Anzahl der vorhandenen Greifarme nicht übersteigt. Eine Literalmenge S, die die GENERATE-Regel erfüllt, könnte z.B. die Literale `move(3,5,0)` und `move(1,table,0)` enthalten. Enthielte S jedoch noch zusätzlich das Literal `move(5,table,0)`, wäre das Kardinalitätskriterium wegen `grippers = 2` verletzt.

Während die bereits vorgestellten sechs DEFINE-Regeln in Abbildung 11.19 die initialen Positionen aller Blöcke zum Zeitpunkt 0 wiedergeben, beschreiben die drei Regeln unterhalb von DEFINE in Abbildung 11.17 die Zustände, die der Ausführung eines potentiellen Plans entsprechen.

Die ersten beiden DEFINE-Regeln in Abbildung 11.17 spezifizieren die positiven `on`-Literale, die die Positionen aller Blöcke zum Zeitpunkt `T+1` in Relation zu ihrer Position zum Zeitpunkt `T` beschreiben. Enthält beispielsweise eine Literalmenge S die Literale `move(3,5,0)`, `block(3)`, `location(5)` und `time(0)`, so muss S auch

---

```
% TEST

% zwei verschiedene Blöcke können nicht auf demselben Block sein
:- 2 {on(B1,B,T) : block(B1)},
   block(B), time(T).

% ein Block, der nicht frei ist, kann nicht bewegt werden
:- move(B,L,T), on(B1,B,T),
   block(B), block(B1), location(L), time(T), T < lasttime.

% ein Block kann nicht auf einen Block gestellt werden, der
% zur gleichen Zeit bewegt wird
:- move(B,B1,T), move(B1,L,T),
   block(B), block(B1), location(L), time(T), T < lasttime.

% DISPLAY

hide.
show move(B,L,T).
```

Abbildung 11.18 Planen mit SMODELS, Teil 2 (nach [142])

on(3,5,1) enthalten, um die erste DEFINE-Regel aus Abbildung 11.17 zu erfüllen.

Die dritte DEFINE-Regel in Abbildung 11.17 nutzt die Eindeutigkeit des Ortes eines Gegenstandes zu jedem Zeitpunkt. Sie spezifiziert negative on-Literale, die im Hinblick auf die positiven on-Literale in einer Antwortmenge ebenfalls enthalten sein sollen.

Auf die Form und Wirkungsweise dieser DEFINE-Regeln werden wir im nächsten Abschnitt 11.8.3 noch genauer eingehen.

Die Regeln unter TEST in den Abbildungen 11.18 und 11.19 sind Constraints, die die durch die GENERATE-Regel spezifizierten möglichen Lösungen einschränken. Die erste TEST-Regel in Abbildung 11.18 verhindert Antwortmengen, in denen zwei Blöcke auf demselben Block stehen würden. So kann eine Literalmenge S, die on(1,2,1) und on(3,2,1) enthält, die erste Regel nicht erfüllen. Die zweite Regel fordert, dass ein Block nur bewegt werden kann, wenn kein anderer auf ihm steht. Enthält S on(1,2,0) und move(2,3,0), so ist diese Regel nicht erfüllt. Die dritte Regel spezifiziert die Einschränkung, dass ein Block nicht auf einen Block gesetzt werden kann, der ebenfalls bewegt wird; enthält S move(1,3,0), und move(3,5,0), so wird diese dritte Regel nicht erfüllt.

Die bereits vorgestellten fünf TEST-Regeln aus Abbildung 11.19 eliminieren alle Antwortmengen, die nicht zu dem gewünschten Zielzustand zum Zeitpunkt lasttime führen.

Insgesamt bewirken diese Constraints, dass genau die Antwortmengen übrig bleiben, die einer Menge von move-Aktionen entsprechen, die den Anfangszustand in den gewünschten Zielzustand überführen.

```
const grippers = 2.
const lasttime = 3.

block(1..6).

% DEFINE

on(1,2,0).                      %   Initialzustand:
on(2,table,0).                  %
on(3,4,0).                      %
on(4,table,0).                  %       1   3   5
on(5,6,0).                      %       2   4   6
on(6,table,0).                  %   --------------

% TEST

:- not on(3,2,lasttime).        %   Ziel:
:- not on(2,1,lasttime).        %
:- not on(1,table,lasttime).    %       3       6
:- not on(6,5,lasttime).        %       2       5
:- not on(5,4,lasttime).        %       1       4
:- not on(4,table,lasttime).    %   --------------
```

Abbildung 11.19 Planen mit SMODELS, Teil 3 (nach [142])

Die beiden Regeln unter DISPLAY (Abbildung 11.18) bewirken, dass SMODELS nur die move-Atome einer Antwortmenge anzeigt. Bei dem Programm, das in den Abbildungen 11.17 - 11.19 angegeben ist, erzeugt SMODELS das stabile Modell

$$\{\text{move}(3, \text{table}, 0), \ \text{move}(1, \text{table}, 0), \ \text{move}(5, 4, 1),$$
$$\text{move}(2, 1, 1), \ \text{move}(6, 5, 2), \ \text{move}(3, 2, 2)\}$$

das einem Plan zur Lösung des Problems entspricht.

Selbsttestaufgabe 11.9 (SMODELS) Begründen Sie, warum eine Antwortmenge zu dem gegebenen SMODELS-Programm jeweils keine der folgenden Mengen als Teilmenge enthalten kann:

1. {move(5,table,0), move(6,3,0), move(5,3,1)}
2. {move(5,table,0), -move(6,3,0), move(5,3,1)}
3. {move(5,3,0), move(3,table,1)}
4. {move(5,3,0), move(1,6,0), not on(2,1,0)}
5. {move(3,2,2), move(5,6,2)}
6. {on(5,6,1), -on(6,table,0)}   ■

11.8.3   Behandlung des Rahmenproblems

Die Blockwelt des obigen SMODELS-Programms ist komplexer als die Version der Blockwelt, die wir in den vorhergehenden Abschnitten zur Illustration des Situationskalküls und STRIPS verwendet haben, da es mehrere Greifarme gibt und mehrere Blöcke gleichzeitig bewegt werden können. Im Situationskalkül und auch in STRIPS wird die Vorbedingung, dass ein Block nur auf einen anderen Block gestellt werden kann, wenn der Zielblock frei ist, explizit angegeben. Können mehrere Blöcke gleichzeitig bewegt werden, ist diese Vorbedingung in dieser Form nicht mehr zutreffend. So ist z.B. in dem in Abbildung 11.19 angegebenen Ausgangszustand die Aktion move(3,6,0) möglich, wenn gleichzeitig Block 5 bewegt wird.

In dem SMODELS-Programm wird dieses Problem dadurch gelöst, dass nicht alle Vorbedingungen explizit angegeben werden müssen, sondern auch implizit spezifiziert werden können. So verhindert das allgemeine Constraint, dass zwei verschiedene Blöcke nicht auf demselben Block sein können (erste Regel in Abbildung 11.18), Aktionen, bei denen ein Block auf einen Block gestellt würde, der nicht frei ist.

Auch die Effekte einer Aktion werden im Paradigma der Antwortmengen nicht alle explizit, sondern auch implizit spezifiziert. Dazu betrachten wir die Aktion move(1,table,0). Diese Aktion hat Einfluss auf die relationalen Fluents on(1,table), der *true* wird, und on(1,2), der *false* wird. Der erste dieser beiden Effekte wird explizit durch die erste DFINE-Regel in Abbildung 11.17 beschrieben. Der zweite Effekt dagegen wird indirekt beschrieben. Mit der dritten DFINE-Regel in Abbildung 11.17 ("Eindeutigkeit des Ortes") ist es nämlich möglich abzuleiten, dass sich Block 1 zum Zeitpunkt T = 1 nicht mehr auf Block 2 befindet, da er jetzt auf dem Tisch steht. Dies ist ein Beispiel dafür, dass indirekte Effekte von Aktionen (vgl. Abschnitt 11.4.3) beim Planen mit Antwortmengen auch indirekt spezifiziert werden können.

Bei der Behandlung des Rahmenproblems wird in dem SMODELS-Programm die Fähigkeit des logischen Programmierens mit Antwortmengen, nichtmonotone Schlussweisen zu unterstützen, ausgenutzt. Die zweite DEFINE-Regel in Abbildung 11.17 repräsentiert einen normalen Default (vgl. Definition 8.32)

$$\frac{on(b, l, t) \; : \; on(b, l, t+1)}{on(b, l, t+1)}$$

der wie folgt zu lesen ist: Wenn konsistent angenommen werden kann, dass Block b zum Zeitpunkt $t+1$ an derselben Position ist, an der er zum Zeitpunkt t war, dann ist er auch an derselben Position. Zur Lösung des Rahmenproblems reicht es im Kontext des gegebenen Programms also aus, eine einzige Default-Regel anzugeben.

Im Gegensatz zu einem vergleichbaren STRIPS-Programm zeichnet sich das SMODELS-Programm insgesamt durch einen hohen Grad an Deklarativität aus; gegenüber einer entsprechenden Darstellung im Situationskalkül ist es sehr viel kompakter. Auf den ersten Blick scheinen diese Vorteile aber auf Kosten der Effizienz zu gehen. Würde mann das SMODELS-Programm tatsächlich so ausführen, dass zunächst alle potentiellen Lösungen generiert werden, um sie anschließend auf die zu erfüllenden Bedingungen zu überprüfen, ergäbe sich in der Tat ein unvertretbar hoher Aufwand.[2] Demgegenüber verwenden SMODELS und auch das DLV-System ausgefeilte Suchstrategien, die effizienten Erfüllbarkeits- und Constraintlöseverfahren entsprechen. Für umfangreiche Problemstellungen ergibt sich aber die Notwendigkeit, darüber hinaus spezifisches Wissen aus dem jeweiligen Problembereich bei der Kontrolle der Suche zu verwenden (vgl. [102]).

11.9 Ausblick und Anwendungen

Alle bisher vorgestellten Planungsansätze haben gemeinsam, dass der resultierende Plan aus einer Sequenz von Operatoren besteht, die bei Ausführung des Plans auch genau so und in dieser Reihenfolge zur Anwendung kommen. Komplexere Zusammenhänge und Aktionen wie z.B. die folgenden sind damit in den Plänen nicht ausdrückbar:

1. Bedingte Aktionen: "Falls A auf C steht, nimm A herunter."

2. While-Schleifen: "Solange noch ein Block auf einem anderen steht, nimm einen Block herunter und setze ihn auf den Tisch."

3. Nicht-deterministische Auswahl: "Wähle einen Block aus und setze ihn auf A."

4. Sensordaten aus der Umgebung: "Lies die Anzahl auf der Anzeigetafel und staple entsprechend viele Blöcke übereinander."

---

[2] Dies wäre ungefähr so, als wenn ein Programm zur Überprüfung der Erfüllbarkeit einer Menge von aussagenlogischen Formeln zuerst alle überhaupt möglichen Wahrheitswertzuweisungen generieren würde, um dann jeweils zu überprüfen, ob jede einzelne Formel erfüllt ist.

Es gibt Ansätze, im Rahmen des Situationskalküls eine logische Semantik für derartige Planungserweiterungen zu definieren (z.B. [205, 138]). Ein Beispiel dafür ist die Programmiersprache GOLOG [137, 91]. GOLOG realisiert eine Erweiterung des Situationskalküls, in der komplexe Aktionen unter anderem mit if-then-else-Strukturen oder rekursiven Prozeduren ausgedrückt werden können. Einen guten Überblick über aktuelle Planungmethoden und -anwendungen ist in [88] zu finden.

Insbesondere für autonome Agenten, die ihre Umwelt mit Sensoren wahrnehmen und in Abhängigkeit von empfangenen Sensordaten planen müssen, sind die oben beschriebenen Handlungsspielräume unerlässlich. Auf die Modellierung solcher autonomen Agenten werden wir in Kapitel 12 ausführlich eingehen.

Zur Illustration der Leistungsfähigkeit aktueller Planungssysteme möchten wir zum Abschluss dieses Kapitels auf die Realisierung des autonomen Roboters RHINO eingehen. Im "Deutschen Museum Bonn" war es während der Dauer von sechs Tagen RHINOs Aufgabe, Museumsbesucher selbständig durch verschiedene Räume zu gewünschten Ausstellungsstücken zu führen [35, 36]. Die Steuerungssoftware von RHINO integriert sowohl probabilistisches Schließen (z.B. für Positionsbestimmung) als auch Problemlösungsmethoden, die auf Prädikatenlogik 1. Stufe aufsetzen. Für die Aufgabenplanung wird GOLOG eingesetzt. In Abhängigkeit von Anforderungen der Museumsbesucher generiert GOLOG eine Sequenz von (symbolischen) Aktionen, die diese Anforderungen erfüllen. Diese symbolischen Aktionen werden dann in bedingte Pläne mit verschiedenen Abstraktionsstufen transformiert. Die Bedingungen in den Plänen machen die Auswahl des nächsten Schrittes abhängig von dem Ergebnis von Sensoroperationen (z.B. Ergebnis der Entfernungsmessung).

Die Autoren berichten in [35], dass RHINO während der sechs Tage, die er in dem Museum im Einsatz war, ca. 2400 Anforderungen für eine Führung erfolgreich erledigt und dabei 18,6 km zurückgelegt hat. Während der 47stündigen Einsatzzeit gab es lediglich sechs (leichtere) Kollisionen mit Hindernissen, wobei nur eine davon durch einen Softwarefehler ausgelöst wurde, da das Modul zur Positionsbestimmung nicht mit der notwendigen Präzision gearbeitet hatte. Lediglich sechs Anforderungen konnten nicht erfolgreich bearbeitet werden (meistens wegen notwendigen Wechsels der Batterien); dies entspricht einer Erfolgsrate von 99,75%. Weitere Informationen zum RHINO-Projekt sind in [12] zu finden.

Ein weiteres Beispiel für den erfolgreichen Einsatz von Planungsmethoden in autonomen Agenten, das ebenfalls von einer breiteren Öffentlichkeit wahrgenommen wird, sind die fußballspielenden Roboter, die im RoboCup-Wettbewerb gegeneinander antreten [7, 235, 117, 168, 169].

Die Nützlichkeit indirekter Beschreibungen von Aktionen, wie sie beim Planen mit Antwortmengen verwendet werden, ist beeindruckend in Anwendungen demonstriert worden. So wird in [241] die Modellierung des Reaktionskontrollsystems (*Reaction Control System, RCS*) des Space Shuttle beschrieben. Dabei sind Steuerungselemente, Treibstoffbehälter, Heliumtanks, Leitungen, Ventile und viele andere Komponenten zu berücksichtigen. Das Umlegen eines Schalters wird nur durch einen einzigen direkten Effekt beschrieben (der Schalter befindet sich anschließend in einer neuen Position); alle anderen Effekte werden indirekt beschrieben [241]. Nach [142] führt dies zu einer wohl strukturierten und einfach zu verstehenden formalen Beschreibung der Operationen des RCS.

12 Agenten

Kaum ein anderes Paradigma hat die Entwicklung der Künstlichen Intelligenz in den letzten Jahren so beeinflusst und vorangetrieben wie das Konzept des Agenten. Ein Agent ist letztendlich das Zielobjekt, in dem alle Forschungsrichtungen der KI zusammenlaufen und zu einem integrierten, in seine Umgebung eingebetteten und mit ihr kommunizierenden System beitragen. S. Russell und P. Norvig haben den Agenten in ihrem Buch *Artificial Intelligence* [200] konsequent als Paradigma und Perspektive genutzt, um die einzelnen Themen ihres Buches miteinander zu verbinden.

Der Blickwinkel unseres Buches ist deutlich stärker fokussiert: Wir konzentrieren uns im Wesentlichen auf die Wissenskomponente eines Agenten, in der Methoden und Prozesse zur Repräsentation und intelligenten Verarbeitung von Informationen umgesetzt werden. Diese Komponente spielt eine zentrale Rolle für das überlegte Handeln eines Agenten, für seine Robustheit, Flexibilität und Autonomie, da er auf der Basis des aktuellen Wissens und möglicher Schlussfolgerungen seine Entscheidungen trifft (vgl. z.B. [232]).

Einsatz- und Leistungsfähigkeit eines Agenten hängen jedoch natürlich ebenso von der Qualität seiner anderen Komponenten und von seiner Gesamtarchitektur ab. In diesem Kapitel wollen wir daher den (maschinellen) Agenten als Gesamtkonzept vorstellen, in dem die in diesem Buch behandelten Methoden prinzipiell zur Anwendung kommen könnten. So sind z.B. die in Kapitel 11 entwickelten Ansätze zu *Aktionen und Planen* geradezu prädestiniert für den Einsatz in der Roboter- und Agentenwelt. Aber auch die verschiedenen Varianten des logischen und plausiblen Schlussfolgerns, die wir in diesem Buch ausführlich besprechen, stellen Basismethoden oder mögliche Ansätze für die Gestaltung und Implementation der Wissenskomponente eines Agenten dar. Allerdings muss man realistischerweise einräumen, dass die praxisorientierte Bestimmung der meisten Agenten und die oft besonders hohen Ansprüche an Effizienz und Schnelligkeit zur Zeit nur in sehr begrenztem Rahmen komplexere Wissensrepräsentation und -verarbeitung erlauben. Wir werden jedoch sehen, dass auch Standard-Architekturmodelle für Agenten hier durchaus Raum für weitergehende Visionen lassen.

12.1 Das Konzept des Agenten

Auf der Suche nach einer eindeutigen Definition oder Charakterisierung des Begriffes "Agent" findet man in der einschlägigen Literatur (hier sind vor allen Dingen die empfehlenswerten und oft zitierten Bücher von Wooldridge [248] und Weiss [242] zu nennen) allenfalls Übereinstimmung darüber, dass es keine klar umrissene Übereinstimmung gibt. Vielmehr wird *Agent* als ein Konzept benutzt, dem man gewisse

© Springer Fachmedien Wiesbaden GmbH, ein Teil von Springer Nature 2019
C. Beierle und G. Kern-Isberner, *Methoden wissensbasierter Systeme*,
Computational Intelligence, https://doi.org/10.1007/978-3-658-27084-1_12

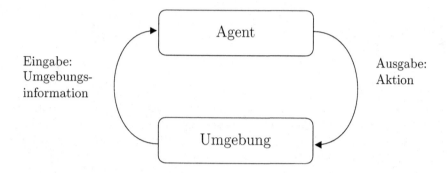

Abbildung 12.1 Ein Agent und seine Umgebung (nach [248])

Eigenschaften zuschreibt, die man für unerlässlich hält im Hinblick auf die Realisierung gewisser Ziele oder Aufgaben. Abgesehen davon, dass ein Agent offensichtlich ein *Handelnder* ist (vom lat. *agere* = tun, handeln), sind dies vor allen Dingen Eigenschaften wie *Intelligenz*, *Interaktivität*, *Autonomie* und *Zielorientiertheit*. Eine Definition, die wesentliche Aspekte eines Agenten auf den Punkt bringt, ist die folgende (s. z.B. [247]):

> Ein *Agent* ist ein Computer-System in einer *Umgebung*, das in der Lage ist, in dieser Umgebung *autonom zu agieren*, um seine Ziele zu realisieren.

Die meisten Agentenarchitekturen sind daher im Prinzip Architekturen für Systeme, die in eine Umgebung eingebettet sind und in der Lage sind, Entscheidungen zu treffen. Ein einfaches Agenten-Modell ist in Abbildung 12.1 skizziert.

Agenten sind also üblicherweise maschinelle Systeme. Wir werden dennoch auch die Vorstellung menschlicher Agenten zulassen, da wir am menschlichen Verhalten orientierte Modellierungsansätze von Agenten verfolgen.

Die obige Definition hebt drei zentrale Aspekte des Agentenkonzepts hervor:

- *Interaktivität mit der Umgebung:* Ein Agent ist grundsätzlich kein isoliertes System, sondern interagiert kontinuierlich mit seiner Umgebung durch Wahrnehmungen und Aktionen. Er besitzt in der Regel nur partielle Kontrolle über seine Umgebung, die er durch Aktionen beeinflussen kann; das bedeutet insbesondere, dass dieselbe Aktion in zwei scheinbar gleichen Umgebungen völlig unterschiedliche Effekte haben kann. Weiterhin kann es passieren, dass Aktionen fehlschlagen, der Agent also nicht die gewünschten Ziele erreicht.

- *Zielgerichtetes Handeln:* Ein Agent dient einem Zweck; er hat eine Aufgabe zu erfüllen und verfolgt mit seinen Handlungen gewisse Ziele, die ihm von einem anderen Agenten vorgegeben werden oder die er selbst generiert.

- *Autonomie:* Einem Agenten wird eine gewisse Selbständigkeit zugeschrieben, d.h. er trifft Entscheidungen und kann so sein Verhalten ohne Interventionen von außen kontrollieren. In [54] wird Autonomie wesentlich enger gefasst und zwingend mit *Motivationen* verknüpft, die zur Erzeugung von Zielen führen (vgl. die Diskussion am Ende von Abschnitt 12.5.2). Wir folgen hier dem weicheren Autonomiebegriff z.B. von [242, 248].

Wir geben im Folgenden einige Beispiele für Agenten mit unterschiedlich komplexen Aufgaben in realen und virtuellen Umgebungen an.

Beispiel 12.1 (Thermostat 1) Ein Thermostat ist ein einfacher Kontroll-Agent, der über einen Sensor die Temperatur des Raumes (seiner Umgebung) feststellt und zwei Aktionen vornehmen kann: Heizung an – Heizung aus. Diese Aktionen können erfolgreich verlaufen, also das gesetzte Ziel, die Raumtemperatur auf dem gewünschten Niveau zu halten, erfüllen. Allerdings kann dies nicht garantiert werden, beispielsweise könnte jemand Tür oder Fenster geöffnet haben, so dass die Heizungswärme nicht ausreicht. Entscheidungen trifft der Thermostat-Agent nach den folgenden einfachen Produktionsregeln:

> **if** Temperatur zu kalt **then** Heizung an
> **if** Temperatur okay **then** Heizung aus □

Beispiel 12.2 (Software-Dämon) Software-Dämonen sind Agenten, die in einer Software-Umgebung (im Gegensatz zu einer physischen Umgebung) angesiedelt sind und sich im Hintergrund um die Erledigung von Standard-Aufgaben kümmern. Ein typisches Beispiel ist hier ein Email-Melde-Programm, das den Email-Eingang überwacht und bei neuen Emails ein akustisches oder visuelles Signal ausgibt. □

Beispiel 12.3 (DJames 1) Im Haushalt des Informatikers Hans Lisp leben Personen, denen es schwer fällt, Ordnung zu halten. Aufgabe des Butler-Roboters DJames ist es, liegengelassene CDs und DVDs sowie deren Hüllen einzusammeln und in ein entsprechendes Regal einzusortieren. Er muss also die verschiedenen Räume nach CDs, DVDs und Hüllen absuchen, diese einsammeln, zum Regal bringen und einsortieren. DJames muss sich selbständig in einer physischen Welt fortbewegen, diese Welt z.B. über Kameras und Sensoren wahrnehmen und mit ihr durch Aktionen wie das Hochheben einer CD interagieren können. □

Die Umgebungen, in denen Agenten tätig werden, können ganz unterschiedlich beschaffen sein. Es kann sich um reale Umgebungen handeln, wie beispielsweise ein Raum für ein Thermostat oder eine Wohnung für unseren Butler-Roboter DJames, oder um Software-Umgebungen, in denen Software-Dämonen diskret ihre Dienste leisten. Russell und Norvig [200] haben die Einteilung von Umgebungen nach folgenden Kriterien vorgeschlagen:

- *Zugänglich vs. unzugänglich:* In einer zugänglichen Umgebung kann der Agent jederzeit vollständige und korrekte Information über den aktuellen Zustand der Umgebung erhalten.

- *Deterministisch vs. nicht-deterministisch:* In einer deterministischen Umgebung hat jede Aktion einen wohldefinierten, garantierten Effekt – es gibt also keine Unsicherheit über den Zustand der Umgebung nach einer Aktion.

- *Statisch vs. dynamisch:* Eine statische Umgebung kann nur durch Aktionen des Agenten verändert werden; eine dynamische Umgebung hingegen kann sich ohne Zutun des Agenten – beispielsweise durch Aktionen anderer Agenten – verändern.

- *Diskret vs. kontinuierlich:* Eine diskrete Umgebung mit nur endlich vielen, festgelegten und deutlich gegeneinander abgrenzbaren Zuständen gibt es z.B. bei Spielen wie Schach oder Skat. Ein Beispiel für eine kontinuierliche Umgebung findet man beim Fußballspiel.

- *Episodisch vs. nicht-episodisch:* Eine episodische Umgebung lässt sich in diskrete Episoden unterteilen, in denen der Agent jeweils seine Aufgaben erfüllt, ohne dass Verbindungen zwischen den einzelnen Episoden bestehen. Der Agent trifft seine Entscheidungen allein auf Grundlage der Vorgänge der aktuellen Episode, ohne darüber hinaus Vergangenheit und Zukunft berücksichtigen zu müssen. Episodische Umgebungen sind z.B. solche, in denen tägliche Routineaufgaben wie Postverteilung erledigt werden müssen.

Die Komplexität der Umgebung wächst jeweils in dem Maße, wie die entsprechende Eigenschaft *nicht* erfüllt ist. Eine Umgebung, die unzugänglich, nicht-deterministisch, dynamisch, kontinuierlich und nicht-episodisch ist, wird oft als *offene Umgebung* bezeichnet. So ist der Raum, dessen Temperatur der Thermostat regelt, sicherlich eine nicht-deterministische und dynamische Umgebung. Die reale, physische Welt ist eine offene Umgebung, ebenso wie die virtuelle Welt des Internets.

Eine Eigenschaft, die nicht notwendigerweise mit dem Agententum verbunden ist, die aber generell und gerade im Kontext dieses Buches von Bedeutung ist, ist *Intelligenz.* Ohne auf Diskussionen um eine genaue Definition von Intelligenz einzugehen, folgen wir allgemeinen Konventionen und verstehen darunter die Eigenschaft, *flexibel* auf seine Umgebung zu reagieren, um mit den vorhandenen Informationen unter Ausnutzung seiner Fähigkeiten möglichst erfolgreich zu agieren. Ein *intelligenter Agent* sollte nach [247, 242, 248] die folgenden Charakteristika besitzen:

- *Reaktivität:* Intelligente Agenten sind in der Lage, Veränderungen in ihrer Umgebung wahrzunehmen und darauf in angemessener Weise zu reagieren. Dabei wird meistens auch vorausgesetzt, dass der Agent innerhalb einer "vernünftigen Zeitspanne" reagiert.

- *Proaktivität:* Intelligente Agenten zeigen zielgerichtetes Verhalten und entwickeln Initiative, um ihre Ziele zu erreichen.

- *Soziale Kompetenz:* Intelligente Agenten sind in der Lage, mit anderen (maschinellen oder menschlichen) Agenten in Interaktion zu treten. Idealerweise sollte dies auch Verhandlungen und Kooperationen mit einschließen.

Isoliert betrachtet ist jede einzelne dieser Eigenschaften auch für maschinelle Systeme nichts Ungewöhnliches: Der Thermostat reagiert auf seine Umgebung (durch Wahrnehmung der Umgebungstemperatur) und hat ein Ziel (die eingestellte Temperatur zu halten). Ein Programm realisiert (hoffentlich!) die Ziele, die der Programmierer beabsichtigt hat, und jeder PC interagiert mit seinem Benutzer über

Tastatur, Maus und Bildschirm. Für die intelligente Bewältigung komplexer Aufgabenstellungen ist jedoch eine *flexible* Kombination der genannten Fähigkeiten notwendig. So besteht ein zentrales Problem bei der Implementierung von Agenten darin, eine effektive Balance und Integration von proaktivem und reaktivem Verhalten zu schaffen. Proaktivität in einer offenen Umgebung bedeutet nicht das blindwütige Verfolgen eines festen Zieles durch einmal begonnene Handlungen, sondern vielmehr das angemessene Reagieren auf Veränderungen in der Umgebung, die die Effekte der Handlungen verändern, eine Modifizierung des Zieles erfordern oder die Gründe, die das Ziel motivierten, hinfällig machen.

Ein zentraler Begriff im Design eines Agenten ist dabei die Idee eines *kognitiven inneren Zustands*, in dem der Agent nicht nur Erinnerungen speichert, Informationen verarbeitet und Entscheidungen trifft, sondern auch Meinungen, Wünsche, Erwartungen, Absichten, Hoffnungen etc. hegt, die sein Verhalten und seine Ziele ganz wesentlich beeinflussen können. Man findet in diesem Zusammenhang oft die Bezeichnungen *intentional stance* (übersetzt etwa *Absichtshaltung*, *intentionale Haltung*) [149] oder *knowledge-level* [171], manchmal auch *internal store* [54] oder einfach *mental state*.

Auf der Repräsentationsebene ist der Begriff des *epistemischen Zustandes* (vgl. z.B. [93]) wohl am ehesten geeignet, um den inneren Zustand eines Agenten zu beschreiben. Auf der Architekturebene mündet dieser Ansatz in das sog. BDI-Modell eines Agenten ($B = belief$, $D = desire$, $I = intention$), die wohl wichtigste und erfolgreichste Agentenarchitektur, auf die wir in Abschnitt 12.5 näher eingehen werden. Teil eines solchen internen kognitiven Zustands ist die *Wissenskomponente*, in die die Herzstücke eines wissensbasierten Systems – Wissensbasis und Inferenzkomponente – eingebettet sind.

Praktisch jedem Automaten könnte man eine intentionale Haltung zuschreiben, auch jenseits der Grenzen des Sinnvollen:

> Ludwig, der Lichtschalter, ist ein willfähriger Diener des Menschen. Nichts hofft er mehr, als dass man ihn betätige und er in Aktion treten kann. Sein innigster Wunsch ist es, den Raum nach dem Willen seines Benutzers zu erhellen oder zu verdunkeln ...

Bei so einfachen Konstruktionen wie einem Lichtschalter ist die Zuschreibung einer Absicht daher nicht sinnvoll. Bei komplexen technischen Systemen mag eine "Absichtshaltung" ebenfalls unangemessen erscheinen, doch ist für das Design und die Implementierung maschineller Agenten die Sichtweise der intentionalen Haltung (mit den zentralen Begriffen *Glauben*, *Wünschen* und *Absichten*) vor allen Dingen ein äußerst nützliches Abstraktionswerkzeug, mit dessen Hilfe man Agentenverhalten präzise vorgeben, beschreiben und erklären kann, ohne sich (schon) um technische Details kümmern zu müssen.

Die Motivation für Veränderungen in seinem reaktiven und proaktiven Verhalten sollte der Agent auch aus der Wahrnehmung einer sozialen Rolle sowohl in kooperativen als auch in kompetitiven Interaktionen mit anderen Agenten beziehen können. Dieser Punkt macht deutlich, warum Agenten oft als Teil eines *Multiagentensystems* betrachtet werden. Wir werden im Rahmen dieses Kapitels auf diesen Aspekt jedoch nur kurz in Abschnitt 12.6 eingehen und uns ansonsten auf die *Mikro-*

Sicht des einzelnen Agenten konzentrieren. Zunächst wollen wir im folgenden Abschnitt das sehr einfache Agentenmodell aus Abbildung 12.1 weiterentwickeln und formalisieren.

12.2 Abstrakte Agentenmodelle

Die Skizze in Abbildung 12.1 zeigt deutlich elementare Ansatzpunkte für ein formales Agentenmodell. Neben dem Agenten selbst müssen auch seine *Umgebung* sowie die *Informationsflüsse*, die auf ihn einwirken, und die *Handlungen*, mit denen er seine Umgebung verändert, modelliert werden. Bei der Entwicklung passender formaler Abstraktionen orientieren wir uns an [242, 248].

12.2.1 Umgebungen, Aktionen und Läufe eines Agenten

Der Zustand der Umgebung eines Agenten wird durch (irgend)ein Element einer Menge

$$E = \{e_1, e_2, \ldots\}$$

von Zuständen beschrieben. Die möglichen *Aktionen* eines Agenten Ag können den Umgebungszustand verändern und sind enthalten in einer (endlichen) Menge

$$Ac = \{a_1, a_2, \ldots\}$$

Dieses Repertoire von Aktionen repräsentiert die *effektorische Fähigkeit* des Agenten.

Beispiel 12.4 (McClean 1) Auf einer Etage mit sechs Büros B_1, ..., B_6 gibt es einen Büroreinigungsroboter McClean, der Mülleimer leeren, Fenster putzen, Fußböden reinigen und sich von einem Büro zu einem anderen begeben kann:

$$Ac_{MC} = \{a_{müll}, a_{fenster}, a_{boden}\} \cup \{a_{geh}(x, y) \mid x, y \in \{B_1, \ldots, B_6\}\}$$

In jedem der Büros befindet sich ein Mülleimer, der Müll enthalten (m^+) oder leer (m^-) sein kann, der Schreibtisch kann unordentlich (s^+) oder aufgeräumt (s^-) sein und die Fenster eines Büros können ebenso wie dessen Boden schmutzig (f^+ bzw. b^+) oder sauber (f^- bzw. b^-) sein. Der Zustand eines einzelnen Büros B_i kann daher durch ein 4-Tupel der Art $(m^\oplus, s^\oplus, f^\oplus, b^\oplus)$ mit $\oplus \in \{+, -\}$ beschrieben werden. Beispielsweise besagt (m^+, s^-, f^-, b^+), dass in dem Büro der Mülleimer voll und der Schreibtisch aufgeräumt ist, während die Fenster sauber sind und der Fußboden schmutzig ist. Der Zustand der Etage wird durch ein 6-Tupel $ze = (zb_1, \ldots, zb_6)$ repräsentiert, wobei zb_i für den Zustand des Büros B_i steht. Der Zustand der gesamten Umgebung enthält zusätzlich noch die Position des Agenten McClean und wird durch ein Paar $e = \langle B_k, ze \rangle$ beschrieben, wobei B_k das Büro angibt, in dem sich McClean im Zustand e befindet. □

Selbsttestaufgabe 12.5 (McClean 2) Geben Sie zu Beispiel 12.4 die Anzahl der möglichen Umgebungszustände an. ∎

Die Verbindung zwischen Umgebung und Aktionen stellt gerade der Agent dar. Er entscheidet sich in jedem Umgebungszustand für (genau) eine Aktion, und die Umgebung befindet sich nach der Aktion in genau einem Zustand. Ein *Lauf* *r (run)* eines Agenten in einer Umgebung ist also eine abwechselnde Folge von Umgebungszuständen und Aktionen

$$r : e_0 \xrightarrow{a_0} e_1 \xrightarrow{a_1} \ldots \xrightarrow{a_{n-1}} e_n \xrightarrow{a_n} e_{n+1} \xrightarrow{a_{n+1}} \ldots$$

die wir auch als $r = (e_0, a_0, e_1, a_1 \ldots, a_n, e_{n+1}, a_{n+1}, \ldots)$ schreiben. e_0 ist der Startzustand, und $a_n \in Ac$ ist die Handlung, für die sich der Agent im Zustand e_n entscheidet und die in diesem Lauf zum Zustand e_{n+1} führt. Wir führen die folgenden Bezeichnungen für Mengen von Läufen ein:

$\mathcal{R}$	Menge aller Läufe (über E und Ac)
$\mathcal{R}^{Ac}$	Menge aller Läufe, die mit einer Aktion enden
$\mathcal{R}^{E}$	Menge aller Läufe, die mit einem Umgebungszustand enden

Eine *Zustandstransformationsfunktion*

$$\tau : \mathcal{R}^{Ac} \to 2^E$$

ordnet einem Lauf, der mit einer Aktion endet, eine Menge möglicher resultierender Umgebungszustände zu. Die resultierenden Umgebungszustände hängen im Allgemeinen nicht nur von der letzten Aktion, sondern von dem gesamten bisherigen Lauf ab. Für einen Lauf $r : e_0 \xrightarrow{a_0} e_1 \xrightarrow{a_1} \ldots \xrightarrow{a_{n-1}} e_n \xrightarrow{a_n} \in \mathcal{R}^{Ac}$ enthält $\tau((e_0, a_0, \ldots, e_n, a_n))$ die möglichen Zustände, die aus der Ausführung von Aktion a_n in Zustand e_n in diesem Lauf resultieren können; es besteht also Unsicherheit über den tatsächlich resultierenden Folgezustand. Die Zustandstransformationsfunktion modelliert daher grundsätzlich *Non-Determinismus*, da mehrere mögliche Folgezustände zugelassen sind. Ist $\tau((e_0, a_0, \ldots, e_n, a_n)) = \emptyset$, so gilt der Lauf als *beendet*.

Eine *Umgebung* ist nun ein Tripel

$$Env = \langle E, e_0, \tau \rangle$$

mit einer Menge E von Umgebungszuständen, einem Anfangszustand $e_0 \in E$ und einer Zustandstransformationsfunktion τ. Enthalten alle $\tau(r)$ maximal ein Element, so ist die Umgebung *Env* deterministisch, ansonsten nicht-deterministisch.

Selbsttestaufgabe 12.6 (McClean 3) Geben Sie zwei verschiedene, zu Beispiel 12.4 passende Zustandstransformationsfunktionen an, so dass mit der ersten Funktion eine deterministische und mit der zweiten eine nicht-deterministische Umgebung entsteht.   ∎

Während die Umgebungsänderung nicht-deterministisch erfolgen kann, wählt ein Agent in jedem Umgebungszustand immer genau eine Aktion aus. Einen Agenten Ag können wir daher zunächst als Funktion

$$Ag : \mathcal{R}^E \to Ac$$

modellieren; mit $\mathcal{AG}$ bezeichnen wir die Menge aller Agenten. Ein Lauf $r : e_0 \xrightarrow{a_0} e_1 \xrightarrow{a_1} \dots \xrightarrow{a_{n-1}} e_n \xrightarrow{a_n} \dots$ ist nun der Lauf eines Agenten Ag in der Umgebung $Env = \langle E, e_0, \tau \rangle$, wenn die folgenden Bedingungen gelten:

- e_0 ist der initiale Zustand von *Env*;

- $a_0 = Ag(e_0)$;

- für $l > 0$ ist $e_l \in \tau((e_0, a_0, \dots, a_{l-1}))$ und $a_l = Ag((e_0, a_0, \dots, e_l))$.

Die Menge aller Läufe des Agenten Ag in der Umgebung *Env* wird mit $\mathcal{R}(Ag, Env)$ bezeichnet. Zwei Agenten Ag_1 und Ag_2 sind *bezüglich einer Umgebung Env verhaltensmäßig äquivalent*, wenn die Menge ihrer Läufe bezüglich *Env* übereinstimmen, d.h. $\mathcal{R}(Ag_1, Env) = \mathcal{R}(Ag_2, Env)$. Weiterhin sind Ag_1 und Ag_2 *verhaltensmäßig äquivalent*, wenn sie dies bezüglich aller Umgebungen sind.

12.2.2 Wahrnehmungen

Mit dem oben angegebenen Konzept eines Agenten als Funktion $Ag : \mathcal{R}^E \to Ac$ hängt die vom Agenten ausgewählte Aktion prinzipiell von der gesamten Entstehungsgeschichte des aktuellen Umgebungszustandes ab. Will man einen Agenten als (Computer-)System realisieren, so ist eine direkte Umsetzung einer solchen Funktion offensichtlich wenig realistisch. Des Weiteren vernachlässigt dieses Konzept weitere wichtige Aspekte eines Agenten, wie z.B. die Wahrnehmung seiner Umwelt. Unter Beibehaltung der Sichtweise eines Agenten als "Aktionen-Finder" können wir einem Agenten Ag allgemeiner eine Funktion

$$action : \textit{<information>} \to Ac \qquad\qquad (Ac\text{-}1)$$

zuschreiben, wobei die Domäne *<information>*, von der die Entscheidung für eine Aktion abhängt, sehr allgemein zu verstehen ist. Sie kann z.B. für den aktuellen

Umgebungszustand, für eine Folge von Beobachtungen von Umgebungszuständen oder (wie in Abschnitt 12.2.1) für einen kompletten Lauf des Agenten stehen. Im Folgenden werden wir *<information>* in *Ac-1* schrittweise verfeinern und damit einhergehend komplexere Modellierungen eines Agenten entwickeln, bis hin zu Modellierungen, in denen *<information>* Hintergrundwissen und den kognitiven, internen Zustand des Agenten umfasst.

Rein *reaktive Agenten* treffen ihre Entscheidung ohne Berücksichtigung der Historie, d.h. nur auf Grundlage des aktuellen Zustands; sie lassen sich also modellieren durch eine Funktion, bei der *<information>* = E gilt:

$$action : E \to Ac \qquad (Ac\text{-}2)$$

Beispiel 12.7 (Thermostat 2) Der Thermostat ist ein Beispiel eines rein reaktiven Agenten:

$$action_{Th}(e) = \begin{cases} \text{Heizung aus} & \text{wenn } e = \text{Temperatur okay} \\ \text{Heizung an} & \text{sonst} \end{cases} \qquad \square$$

Die Umgebung ist im Thermostat-Beispiel denkbar einfach repräsentiert – sie wird auf die Messung ihrer Temperatur reduziert, bei der wiederum auch nur die relative Größe bzgl. eines Schwellenwertes interessiert.

Im Allgemeinen wird die Modellierung der Umgebung wesentlich komplexer und detaillierter ausfallen, wobei es allerdings wenig Sinn macht, Details zu repräsentieren, die für die Aktionen des Agenten belanglos sind. Um dies zu entscheiden, müssen wir die rein deskriptive Sicht der Wechselwirkung zwischen Agent und Umgebung verlassen und uns mit dem Innenleben des Agenten beschäftigen.

Die Handlungsentscheidungen eines Agenten basieren nicht direkt auf der Umgebung, sondern auf seinen *Wahrnehmungen* der Umgebung; sei *Per* (= *percepts*) die Menge der möglichen Wahrnehmungen. Der Prozess der Wahrnehmung selbst wird durch eine Funktion

$$see : E \to Per$$

modelliert. Die Bestimmung der Handlung hängt dann nicht mehr direkt von den Zuständen der Umgebung ab, sondern von den Wahrnehmungen des Agenten. Für einen rein reaktiven Agenten erhalten wir damit beispielsweise

$$action : Per \to Ac \qquad (Ac\text{-}3)$$

Da ein Agent nun nicht mehr nur ein Aktionen-Finder ist, sondern auch explizit seine Umgebung wahrnimmt, kann man sich einen Agenten *Ag* als Paar bestehend aus den beiden Funktionen *see* und *action* vorstellen (vgl. Abbildung 12.2).

Es ist möglich, dass $e_1 \neq e_2$ für $e_1, e_2 \in E$, aber $see(e_1) = see(e_2)$ gilt – aus der Sicht des Agenten sind die Zustände e_1, e_2 dann *ununterscheidbar*. Dies definiert eine Äquivalenzrelation auf der Menge der Umgebungszustände. Je kleiner die Äquivalenzklassen sind, umso feiner ist die Wahrnehmung des Agenten. Andererseits sollte die Wahrnehmungsfunktion des Agenten irrelevante Details der Umgebung herausfiltern. Beispielsweise macht es für den Thermostat-Agenten wenig Sinn, die Farbe der Vorhänge wahrzunehmen, da dies keinen Einfluss auf die Erfüllung seiner Aufgabe hat bzw. haben sollte.

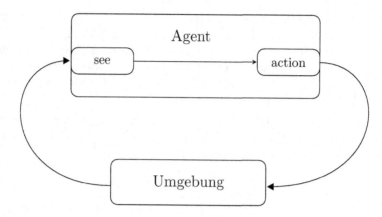

Abbildung 12.2 Agent mit Teilsystemen für Wahrnehmung und Handlungsfindung (nach [248])

Selbsttestaufgabe 12.8 (McClean 4) Welche Details der Umgebung muss McClean (Beispiel 12.4) offensichtlich nicht wahrnehmen, ohne dass dadurch seine Aktionsfähigkeit eingeschränkt wird? ∎

Beispiel 12.9 (McClean 5) Für unseren Agenten McClean nehmen wir an, dass er von seiner Umwelt wahrnimmt, in welchem Büro er gerade ist und in welchem Zustand sich der Mülleimer, die Fenster und der Boden in diesem Büro befinden. Entsprechend sei

$$Per_{MC} = \{(B_k, p) \mid k \in \{1, \dots, 6\} \text{ und } p \subseteq \{\textit{müll}, \textit{f\_schmutzig}, \textit{b\_schmutzig}\}\,\}$$

die Menge der Wahrnehmungen. Beispielsweise spiegelt $(B_3, \{\textit{müll}, \textit{f\_schmutzig}\})$ die Wahrnehmung wider, dass McClean sich gerade in Büro B_3 befindet und in B_3 der Mülleimer voll ist und die Fenster schmutzig sind. Für die Modellierung von McClean als rein reaktiven Agenten könnten wir nun die Funktion

$$action_{MC} : Per_{MC} \rightarrow Ac_{MC}$$

so definieren, dass zunächst der Mülleimer geleert, dann die Fenster geputzt und anschließend der Fußboden gereinigt wird; wenn alles erledigt ist, soll McClean sich reihum in das nächste Büro begeben:

$$action_{MC}((B_k, p)) = \begin{cases} a_{\textit{müll}} & \text{falls } \textit{müll} \in p \\ a_{\textit{fenster}} & \text{falls } \textit{f\_schmutzig} \in p \text{ und } \textit{müll} \notin p \\ a_{\textit{boden}} & \text{falls } \textit{b\_schmutzig} \in p \\ & \quad \text{und } \textit{müll} \notin p, \textit{f\_schmutzig} \notin p \\ a_{\textit{geh}}(B_k, B_{k'}) & \text{falls } k' = k + 1 \bmod 6 \text{ und } p = \emptyset \end{cases}$$ □

Selbsttestaufgabe 12.10 (McClean 6) Wie verhält sich der Agent in Beispiel 12.9, wenn jemand etwas in den Mülleimer des Büros wirft, nachdem McClean diesen soeben geleert hat und er jetzt die Fenster putzt? ∎

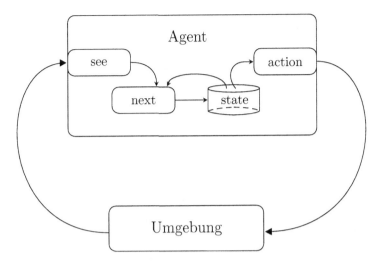

Abbildung 12.3 Agent mit innerem Zustand (nach [248])

12.2.3 Innerer Zustand

Nachdem wir den Zusammenhang zwischen Wahrnehmung und Aktionsfindung über die Funktion *see* hergestellt haben, wollen wir dieses Modell noch weiter verfeinern, so dass die Aktionsfindung nicht direkt von der komplexen Entstehungsgeschichte eines Umgebungszustandes (an der Aktionsfolgen und Wahrnehmungssequenzen beteiligt sind) abhängig ist. Vielmehr soll der Agent über einen *inneren mentalen Zustand* verfügen, den wir im Folgenden explizit repräsentieren werden. Dies ist die Grundlage für die Modellierung von *Intelligenz* und *Autonomie*. Der Agent trifft seine Entscheidungen über zukünftige Handlungen aus seinem inneren Zustand heraus, wobei Wahrnehmungen eine Aktualisierung dieses Zustandes bewirken, so dass der Agent flexibel auf Änderungen der Umgebung reagieren kann.

Ist $\mathcal{I}$ die Menge aller solchen internen Zustände des Agenten, so lässt sich die Handlungsfindung durch

$$action : \mathcal{I} \to Ac \qquad (Ac\text{-}4)$$

und die Verarbeitung von Wahrnehmungen als *Änderungsfunktion des internen Zustands* durch

$$next : \mathcal{I} \times Per \to \mathcal{I}$$

darstellen (vgl. Abbildung 12.3). Damit kann das Verhalten des Agenten nun folgendermaßen zyklisch beschrieben werden:

Der Agent befindet sich in einem internen Zustand i_0. Er beobachtet seinen Umgebungszustand e und nimmt ihn durch $see(e)$ wahr. Der Agent aktualisiert seinen internen (Wissens)Zustand zu $next(i_0, see(e))$. Der Agent wählt die Handlung $action(next(i_0, see(e)))$ aus, die zu einem neuen Umgebungszustand führt, der wiederum vom Agenten wahrgenommen werden kann.

Beispiel 12.11 (McClean 7) Die in Beispiel 12.9 verwendete Aufgabenbeschreibung für den Agenten McClean erlaubte eine rein reaktive Modellierung. Wir erweitern diese Aufgabenbeschreibung nun um die folgende, zusätzliche Anforderung:

Nachdem McClean in ein Büro hineingegangen ist, soll er die Tätigkeiten Mülleimer leeren, Fenster putzen und Fußboden reinigen weiterhin in genau dieser Reihenfolge ausführen, aber maximal jeweils nur einmal, bevor er in das nächste Büro geht. Wenn McClean z.B. die Fenster geputzt hat (nachdem er zuvor entweder den Mülleimer geleert hat oder der Mülleimer leer war) und danach feststellt, dass der Mülleimer (evtl. wieder) voll ist, soll er den Mülleimer *nicht* (evtl. noch einmal) leeren, bevor er nicht in den anderen Büros war.

Die Funktion $action_{MC} : \mathcal{I}_{MC} \to Ac_{MC}$ ist auf der Menge $\mathcal{I}_{MC}$ die folgenden neun internen Zustände des Agenten definiert:

$s_{müll}$	"als nächstes muss der Mülleimer geleert werden"
$s_{fenster}$	"als nächstes müssen die Fenster geputzt werden"
s_{boden}	"als nächstes muss der Fußboden gereinigt werden"
$s_{verlass}(B_i)$	"als nächstes verlasse das Büro B_i" (für $i \in \{1, \ldots, 6\}$)

$$
action_{MC}(s) = \begin{cases}
a_{müll} & \text{falls } s = s_{müll} \\
a_{fenster} & \text{falls } s = s_{fenster} \\
a_{boden} & \text{falls } s = s_{boden} \\
a_{geh}(B_k, B_{k'}) & \text{falls } s = s_{verlass}(B_k) \text{ und } k' = k + 1 \bmod 6
\end{cases}
$$

Für die Wahrnehmungen unseres Agenten verwenden wir die Menge Per_{MC} wie in Beispiel 12.9, so dass wir für die Zustandsänderungsfunktion die Funktionalität $next_{MC} : \mathcal{I}_{MC} \times Per_{MC} \to \mathcal{I}_{MC}$ erhalten. □

Selbsttestaufgabe 12.12 (McClean 8) Geben Sie eine Definition für die Funktion $next_{MC}$ aus Beispiel 12.11 an. ■

Die explizite Repräsentation eines inneren Zustands bringt nicht nur eine komplexere Modellierung der Entscheidungsfindung des Agenten mit sich, sondern auch eine Unterscheidung zwischen dem tatsächlichen Umgebungszustand und dem subjektiven Wissen des Agenten über diesen Umgebungszustand. Insbesondere ist es möglich, dass beides nicht übereinstimmt. So kann es passieren, dass das Wissen des Agenten über die Umgebung nicht mehr aktuell und daher eventuell falsch ist. Ein weiterer Grund für die Diskrepanz zwischen subjektivem Wissen und dem tatsächlichen Umgebungszustand könnte in fehlerhaften Sensorinformationen liegen.

Bevor wir das Agentenmodell aus Abbildung 12.3 noch weiter verfeinern und konkretisieren, wollen wir uns im nächsten Abschnitt damit beschäftigen, wie man die Aufgaben eines Agenten beschreiben und seinen Erfolg bei der Bewältigung dieser Aufgaben messen kann.

12.2.4 Aufgabe und Erfolg eines Agenten

Agenten werden in der Regel geschaffen, um gewisse Aufgaben zu erfüllen; diese Aufgaben müssen spezifiziert werden. Dabei ist die Grundidee, dem Agenten zu sagen, *was* er tun soll, ohne genau festzulegen, *wie* er die Aufgabe erfüllen soll.

Abstrakt könnte man die Aufgabe eines Agenten wie folgt formulieren: Führe Umgebungszustände herbei, die den *Nutzen maximieren*. Der *Nutzen u* kann dabei eine auf den Umgebungszuständen E definierte *lokale Funktion*

$$u : E \to \mathbb{R}$$

oder eine auf den Läufen $\mathcal{R}$ definierte *globale Funktion*

$$u : \mathcal{R} \to \mathbb{R}$$

sein. Eine lokal definierte Nutzenfunktion könnte im Thermostat-Beispiel etwa auf dem Abstand zwischen der Raumtemperatur und der Zieltemperatur basieren: Je kleiner der Abstand, desto größer der Nutzen. Zur Illustration einer globalen Nutzenfunktion greifen wir das Beispiel unseres Agenten DJames wieder auf.

Beispiel 12.13 (DJames 2) Die Tätigkeit von DJames (vgl. Beispiel 12.3) könnte man nach einem Bonuspunktesystem bewerten, wobei es für jede eingesammelte CD, DVD oder Hülle einen Punkt gibt. Da mehrere Personen diese immer wieder im Haushalt herumliegen lassen (und manchmal sogar auch wieder wegräumen!), ist die Umgebung für den Agenten DJames eine offene, dynamische Umgebung.

Die Erfolgsquote von DJames für einen Lauf r könnte man durch

$$u(r) = \frac{\text{Anzahl der von DJames in } r \text{ eingesammelten CDs, DVDs und Hüllen}}{\text{Anzahl der von anderen in } r \text{ liegengelassenen CDs, DVDs und Hüllen}}$$

messen. Auch wenn dies ein recht einfacher Ansatz ist, so kann man damit schon wichtige Verhaltensweisen von Agenten studieren:

- Kann der Agent auf Änderungen in seiner Umgebung reagieren?
  Wenn DJames auf dem Weg ins Arbeitszimmer ist und feststellt, dass dort gerade alle herumliegenden CDs und DVDs weggeräumt worden sind, sollte er sich einem anderen Raum zuwenden.

- Kann der Agent günstige Gelegenheiten erkennen und nutzen?
  Werden zu einem Zeitpunkt etwa gerade eine ganze Reihe von CDs z.B. im Wohnzimmer liegengelassen, so wäre es unter Umständen sinnvoll, den aktuell bestehenden Aufräumplan zu ändern und zunächst im Wohnzimmer für Ordnung zu sorgen.

In beiden Fällen deckt sich der subjektive Eindruck eines sinnvollen, angemessenen Verhaltens von DJames mit einer objektiv messbaren Steigerung des Nutzens $u(r)$. Natürlich könnte die Nutzenfunktion u noch weiter verfeinert werden, etwa durch eine höhere Bewertung von CDs und DVDs gegenüber Hüllen oder durch Zusatzpunkte für eingesammelte Paare von CDs/DVDs und den zugehörigen Hüllen. □

Ein *optimaler Agent* ist nun ein Agent, der den (erwarteten) Nutzen über die Menge der möglichen Läufe maximiert. Sei $P(r|Ag, Env)$ die Wahrscheinlichkeit, dass der Lauf r in der Umgebung Env vom Agenten Ag absolviert wird. Dann gilt:

$$\sum_{r \in \mathcal{R}(Ag, Env)} P(r|Ag, Env) = 1$$

Ein optimaler Agent Ag_{opt} ergibt sich dann als Lösung der Optimierungsaufgabe:

$$Ag_{opt} = \arg\max_{Ag\,\in\,\mathcal{AG}} \sum_{r\in\mathcal{R}(Ag,Env)} u(r)P(r|Ag,Env)$$

Realistischerweise betrachtet man bei dieser Optimierung nur Agenten, die mit den vorhandenen Ressourcen implementiert werden können.

Der Ansatz, die Aufgabe eines Agenten via Nutzenfunktionen zu spezifizieren, hat allerdings auch Nachteile. So ist die Spezifikation einer passenden Nutzenfunktion bei realen Problemen in der Regel sehr schwierig. Darüber hinaus ist Nutzenmaximierung sehr abstrakt – die Beschreibung der Aufgabe des Agenten erfolgt hier nur implizit. Besser ist es oft, die Aufgabe des Agenten anhand expliziter Ziele zu spezifizieren.

Eine vereinfachte Version einer globalen Nutzenfunktion wird von sogenannten *Prädikatenspezifikationen* verwendet. In einer Prädikatenspezifikation einer Aufgabe hat die Nützlichkeitsfunktion u die Form eines Wahrheitswertes:

$$u : \mathcal{R} \to \{0,1\}$$

Ein Lauf $r \in \mathcal{R}$ *erfüllt die Spezifikation* u, wenn $u(r) = 1$, anderenfalls erfüllt er sie nicht. Die zugehörige Prädikatenspezifikation in einer passenden prädikatenlogischen Sprache wird mit Ψ bezeichnet, d.h. es gilt

$$\Psi(r) \text{ ist } true \quad \text{gdw.} \quad u(r) = 1$$

Eine *Aufgabenumgebung* ist ein Paar $\langle Env, \Psi \rangle$ mit einer Umgebung Env und einer Spezifikation $\Psi : \mathcal{R} \to \{true, false\}$. In einer solchen Aufgabenumgebung bezeichnet

$$\mathcal{R}_\Psi(Ag, Env) = \{r \mid r \in \mathcal{R}(Ag, Env) \text{ und } \Psi(r) = true\}$$

die Menge aller erfolgreichen Läufe des Agenten Ag in Env. Den Erfolg eines Agenten kann man in diesem Zusammenhang dann grundsätzlich aus zwei (extremen) Perspektiven beurteilen:

- *Pessimistische Sicht:* Ein Agent Ag ist in $\langle Env, \Psi \rangle$ erfolgreich, wenn gilt:

$$\forall\, r \in \mathcal{R}(Ag, Env) \text{ gilt } \Psi(r) = true$$

- *Optimistische Sicht:* Ein Agent Ag ist in $\langle Env, \Psi \rangle$ erfolgreich, wenn gilt:

$$\exists\, r \in \mathcal{R}(Ag, Env), \text{ so dass gilt: } \Psi(r) = true$$

Darüber hinaus könnte man sich bei der Beurteilung des Erfolgs eines Agenten auch an dem Anteil der erfolgreichen Läufe orientieren und etwa von einem "meistens erfolgreichen Agenten" sprechen.

Mit den in Abschnitten 12.1 und 12.2 vorgestellten Konzepten steht nun ein abstrakter Rahmen zur Verfügung, der den Agenten in seine Umgebung einbettet und eine formale Beschreibung der Vorgänge, die im Agenten ablaufen, ermöglicht. Charakteristische Aspekte des Agenten werden in seinem inneren Zustand gekapselt, in dem die Entscheidungen über sein zukünftiges Verhalten getroffen werden. Mit der Realisierung dieses internen Zustandes, die wesentlich die gesamte Architektur des Agenten beeinflusst, werden sich die nächsten Abschnitte beschäftigen.

Dabei werden wir verschiedene Agentenarchitekturen in der Reihenfolge zunehmender Komplexität ihrer Wissensrepräsentation vorstellen: Reaktive Agenten, die keine symbolische Repräsentation von Wissen verwenden (Abschnitt 12.3), logikbasierte Agenten (Abschnitt 12.4) und die sogenannten BDI-Agenten mit einer komplexen Modellierung intelligenten Verhaltens (Abschnitt 12.5).

12.3 Reaktive Agenten und Schichtenarchitekturen

Die Probleme logischer Wissensrepräsentation insbesondere in Bezug auf die Komplexität der Verarbeitung führte dazu, den symbolischen Ansätzen für Agenten nicht-symbolische Vorgehensweisen entgegenzusetzen. Wenn es auch keine einheitliche Charakterisierung dieser Vorgehensweisen gibt, so basieren alle Agentenarchitekturen dieses Typs im Wesentlichen auf den folgenden Annahmen:

- Symbolische Repräsentation von Wissen und deren Nutzung für die Entscheidungsfindung ist unnötig und eher kontraproduktiv;

- intelligentes Verhalten entsteht erst durch die Interaktion eines Agenten mit der Umgebung (*emergente Intelligenz*).

Demzufolge lassen sich Ansätze dieser Art gut durch die Attribute *behavioristisch (verhaltensorientiert)* und *situiert (in die Umgebung eingebettet)* beschreiben. Da keine symbolische Wissensverarbeitung stattfindet, handelt der Agent auch nicht aufgrund eines Denk- und Schlussfolgerungsprozesses – im Prinzip *reagiert* er lediglich auf seine Umgebung, so dass sein Verhalten durch eine Menge von Regeln der Form

if *Wahrnehmung der Situation* **then do** *Aktion*

gesteuert werden kann. Dieser Idee folgt die *Subsumptionsarchitektur* von Brooks [30], eines der bekanntesten und wichtigsten Beispiele für eine reaktive Agentenarchitektur. Solche Regeln ähneln den Produktionsregeln, mit denen wir uns in Kapitel 4 beschäftigt haben, allerdings mit einem wesentlichen Unterschied: Regeln für reaktive Agenten können nicht einfach verkettet werden, da vor jeder Anwendung einer solchen Regel die Wahrnehmung der Umgebung, die sich durch die letzte Aktion verändert hat, erfolgt. Immer, wenn das Ergebnis der Wahrnehmung den Bedingungsteil einer Regel erfüllt, kann die Regel potentiell feuern. Konflikte zwischen mehreren anwendbaren Regeln werden durch Zuweisung von Prioritäten zu den Regeln gelöst, wobei Regeln höherer Priorität solche mit niedriger Priorität blockieren. Um zu eindeutigen, konfliktfreien Entscheidungen zu kommen, wird die Prioritätsrelation als eine lineare Ordnung realisiert, d.h., als eine totale, irreflexive, antisymmetrische und transitive Relation. Damit ergibt sich eine Schichtenarchitektur, die das Verhalten des Agenten bestimmt, wobei Verhaltensregeln in unteren Schichten die höchsten Prioritäten haben. Typischerweise sind dies Regeln, die direkte Beschädigungen des Agenten oder seiner Umgebung verhindern sollen (z.B. Vermeiden von Hindernissen und Gefahrenstellen) und damit die Grundvoraussetzungen seines Handelns sicherstellen. In den höheren Schichten können dann abstraktere Verhaltensmuster implementiert werden.

Beispiele für reaktive Agenten, die in einer Schichtenarchitektur implementiert sind, sowie Hinweise auf weitere Arbeiten sind z.B. in [226] oder in [246] zu finden.

Die Stärke des reaktiven Ansatzes liegt vor allen Dingen in seiner geringen Komplexität (Abarbeitung und Vergleich der Regeln benötigen maximal $O(n^2)$ Operationen, wobei n die Anzahl der Regeln ist), die schnelle und agile und oft kostengünstige Agenten hervorbringt. Damit wird ein großes Problem logikbasierter Agenten gelöst. Werden Teile des Entscheidungsprozesses sogar in der Hardware codiert, so erreicht man fast konstante Reaktionszeiten. Als weiterer Vorteil kann die direkte Kontrolle über das Verhalten des Agenten gesehen werden, denn grundsätzlich lässt sich jedes Verhalten des Agenten direkt aus der implementierten Schichtenarchitektur ableiten.

Letzteres kann aber auch als Nachteil reaktiver Architekturen verstanden werden. Im Umkehrschluss bedeutet dies nämlich, dass jedes Verhaltensmuster des Agenten vorhergesehen und vom Programmierer konsistent in die Schichtenarchitektur implementiert werden muss. Abgesehen vom nicht unerheblichen Aufwand muss man sich zudem die Frage stellen, ob dies wirklich verlässlich möglich ist. Denn der Verzicht auf symbolische Wissensrepräsentation unter Verwendung des Emergenz-Prinzips bedeutet letztendlich die Aufgabe eines vollständig verstehbaren (und damit kontrollierbaren!) Agenten-Verhaltens.

Mit ähnlichen Problemen muss man bei allen Schichtenarchitekturen rechnen, deren Grundidee in der Implementierung von Basis-Funktionalitäten in separaten Schichten besteht. Die nach diesem sehr populären Konzept gestalteten Agenten verfügen in der Regel z.B. sowohl über reaktive und proaktive Schichten als auch über Schichten, die für die sozialen Kontakte des Agenten zuständig sind. Allerdings fehlt auch hier ein klares semantisches Modell, das das Agentenverhalten beschreibt, insbesondere in Bezug auf den Ablauf der Interaktionen zwischen Schichten. Jede Schicht stellt ja eine weitgehend unabhängige Komponente dar, für ein optimales Verhalten des Agenten müssen die Funktionalitäten der Schichten jedoch koordiniert werden.

12.4   Logikbasierte Agenten

Der Einfachheit und Direktheit von Problemlösungen, die bei reaktiven Agenten im Vordergrund stehen, steht der Wunsch nach komplexeren, selbständigeren Handlungsfolgen der Agenten entgegen, die eine abstraktere, deklarative Problembewältigung ermöglichen und dem Modellierer somit Arbeit abnehmen. Damit die erwünschte und eingeräumte größere Selbständigkeit eines Agenten nicht zum Verlust seiner Verlässlichkeit führt, müssen seine Entscheidungen durch eine Logik kontrolliert werden.

Der traditionelle Ansatz der KI, intelligentes Verhalten lasse sich grundsätzlich durch Verarbeitung von symbolisch repräsentiertem Wissen implementieren, findet ihren Niederschlag im Konzept des logikbasierten Agenten [85, 136]. Der interne Zustand eines solchen Agenten besteht aus einer Menge (prädikaten-)logischer Formeln. So könnte *locked(door42)* das Wissen des Agenten, Tür Nr. 42 sei abgeschlossen, ausdrücken. Zu beachten ist allerdings, dass die Formeln des inneren Zustands in einer durch die Umgebung definierten Semantik falsch sein können, da diese Formeln ja das subjektive, in der Regel unsichere Wissen des Agenten wiedergeben (vgl. Abschnitt 12.2.3, Seite 408). Im Beispiel wäre es durchaus möglich, dass Tür Nr. 42 nicht abgeschlossen ist, obwohl der Agent dies glaubt.

Im Idealfall spiegeln die Formeln des inneren Zustands des Agenten nicht nur sein Wissen über die Welt wider, sondern sie spezifizieren auch in allgemeiner Form Regeln für intelligentes Verhalten. Die Handlungsentscheidungen des Agenten basieren auf Wissen, das sich deduktiv aus diesen Formeln ableiten lässt. Im Folgenden konkretisieren wir diesen Ansatz anhand des Agentenmodells aus Abbildung 12.3.

Für eine geeignete Signatur legen wir eine prädikatenlogische Sprache mit Formelmenge $\mathcal{F}$ fest. Die internen Agentenzustände sind dann Teilmengen von $\mathcal{F}$. Für die Handlungsfindung wird ein einstelliges Prädikat Do verwendet. Für eine Aktion a soll $Do(a)$ genau dann ableitbar sein, wenn sich der Agent in dem aktuellen Zustand für die Aktion a entscheiden soll. Bevor wir die Handlungsfindung und Wahrnehmung eines logikbasierten Agenten allgemein definieren, illustrieren wir diesen Ansatz zunächst an einem Beispiel.

Beispiel 12.14 (McClean 9) Für eine logikbasierte Modellierung des Agenten McClean wollen wir jetzt eine etwas reichhaltigere Modellierung der von der Umwelt aufgenommenen Informationen verwenden, als wir das in Beispiel 12.9 getan haben: Es soll nicht nur der Zustand des aktuellen Büros, in dem sich der Agent gerade befindet, berücksichtigt werden, sondern auch der Zustand der anderen Büros. Dazu verwenden wir die prädikatenlogische Formelmenge $\mathcal{F}_{MC}$, in der die folgenden Prädikate zur Repräsentation dieser Zustandsaspekte verwendet werden, wobei als Argument $B_i \in \{B_1, \ldots, B_6\}$ auftritt:

$In(B_i)$	der Agent ist im Büro B_i
$Müll(B_i)$	der Mülleimer in Büro B_i ist voll
$Fenster\_schmutzig(B_i)$	die Fenster in Büro B_i sind schmutzig
$Boden\_schmutzig(B_i)$	der Boden in Büro B_i ist schmutzig

Als Argument für das Prädikat Do werden die Aktionen aus der Menge $Ac_{MC} = \{a_{müll}, a_{fenster}, a_{boden}\} \cup \{a_{geh}(x,y) \mid x,y \in \{B_1, \ldots, B_6\}\}$ verwendet. Wie in Beispiel 12.9 soll McClean zunächst, falls notwendig, den Mülleimer leeren, danach die Fenster putzen und anschließend den Fußboden reinigen; ist in einem Büro nichts mehr zu tun, soll der Agent in das nächste Büro gehen.[1] Dieses Wissen über die Vorgehensweise muss ebenfalls im internen Zustand des Agenten gespeichert werden. Die Handlungsanweisungen könnten in der folgenden Form codiert werden, wobei die Variablen x und y implizit allquantifiziert sind:

$$R_1 : \quad In(x) \wedge Müll(x) \qquad\qquad\quad \Rightarrow Do(a_{müll})$$
$$R_2 : \quad In(x) \wedge Fenster\_schmutzig(x) \Rightarrow Do(a_{fenster})$$
$$R_3 : \quad In(x) \wedge Boden\_schmutzig(x) \;\; \Rightarrow Do(a_{boden})$$
$$R_4 : \quad In(x) \wedge nächstes\_Büro(x,y) \;\, \Rightarrow Do(a_{geh}(x,y))$$

Das zweistellige Prädikat $nächstes\_Büro$ wird definiert durch die sechs Formeln:

---

[1] Die zusätzliche Anforderung aus Beispiel 12.11, dass die Arbeiten in einem Büro maximal einmal pro Bürobesuch durchgeführt werden, soll hier also noch nicht gelten.

$$nächstes\_Büro(B_1, B_2) \qquad nächstes\_Büro(B_2, B_3)$$
$$nächstes\_Büro(B_3, B_4) \qquad nächstes\_Büro(B_4, B_5)$$
$$nächstes\_Büro(B_5, B_6) \qquad nächstes\_Büro(B_6, B_1)$$

Werden die Regeln $R_1 - R_4$ in dieser Reihenfolge abgearbeitet, so verhält sich der Agent grundsätzlich wie beabsichtigt – bevor er die Fenster putzt, leert er (wenn nötig) den Mülleimer, und erst, wenn die Fenster sauber sind, kümmert er sich um den Fußboden, um sich danach reihum dem nächsten Büro zuzuwenden.   □

Selbsttestaufgabe 12.15 (McClean 10) Damit in dem vorangegangenen Beispiel 12.14 die "richtige" Aktion abgeleitet wird, muss bei der Deduktion die Reihenfolge der Regeln $R_1 - R_4$ berücksichtigt werden. Geben Sie eine alternative Menge von Formeln an, bei dem der Deduktionsprozess ohne explizites Wissen über eine Regelreihenfolge auskommt.   ∎

Allgemein wird die Handlungsfindung eines logikbasierten Agenten als eine Funktion

$$action : 2^{\mathcal{F}} \to Ac \qquad\qquad (Ac\text{-}5)$$

realisiert, die zu jedem internen Zustand $F \subseteq \mathcal{F}$ eine (optimale) Aktion a dadurch auswählt, dass überprüft wird, ob $Do(a)$ aus F mittels einer Menge von Ableitungsregeln ρ ableitbar ist: $F \vdash_\rho Do(a)$. Die von dem Agenten verwendeten Ableitungsregeln ρ könnten dabei übliche PL1-Ableitungsregeln sein oder z.B. auch die Reihenfolge von Regeln explizit mit berücksichtigen, wie dies etwa in Prolog [44, 227] der Fall ist (vgl. Abschnitt 9.3.3).

Dabei wird angenommen, dass in die Struktur der Wissensbasis F bereits Optimalitätsüberlegungen eingeflossen sind. Im Beispiel 12.14 könnte dies bedeuten: Erst die Fenster und dann den Boden putzen, weil beim Fensterputzen vielleicht Wasser auf den Boden tropft. Scheitert die Anfrage $F \vdash_\rho Do(a)$ für jedes $a \in Ac$, so könnte der Agent eine Aktion a auswählen, die zumindest nicht explizit verboten ist, für die also $F \nvdash_\rho \neg Do(a)$ gilt. Die Realisierung der Funktion $action$ unter Verwendung der Ableitungsrelation $\vdash_\rho$ ist in Abbildung 12.4 angegeben.

Auch die Wahrnehmungen des Agenten könnten durch logische Formeln repräsentiert werden. Sei $\mathcal{F}_{Per} \subseteq \mathcal{F}$ die Menge aller den möglichen Wahrnehmungen zugeordneten Formeln. Die Funktion see hat dann die Form

$$see : E \to 2^{\mathcal{F}_{Per}}$$

Die $next$-Funktion (vgl. Abbildung 12.3) bildet interne Zustände des Agenten (Menge von Formeln) und Wahrnehmungen (Formeln als Repräsentationen der Wahrnehmungen) auf einen neuen internen Zustand ab und hat damit die Form

$$next : 2^{\mathcal{F}} \times 2^{\mathcal{F}_{Per}} \to 2^{\mathcal{F}}$$

Für $next(S, P) = S'$ entsteht S' aus S, indem die Wahrnehmungen P in S eingearbeitet werden. Für den Agenten McClean bedeutet dies z.B., dass für eine Formel $Müll(B_3) \in P$ auch $Müll(B_3) \in S'$ gilt. Zusätzlich müssen aber auch alte, nicht

---

function action(F)

    Eingabe: Formelmenge $F \subseteq \mathcal{F}$,

    Ausgabe: Aktion aus Ac oder die leere Aktion *null*

        for each $a \in Ac$ **do**

            if $F \vdash_\rho Do(a)$

                then return(a)

            endif

        endfor

        for each $a \in Ac$ **do**

            if $F \nvdash_\rho \neg Do(a)$

                then return(a)

            endif

        endfor

        return$(null)$

Abbildung 12.4 Handlungsfindung eines logikbasierten Agenten (nach [246])

mehr zutreffende Formeln gelöscht werden. Gilt in Beispiel 12.14 etwa $In(B_2) \in S$ und $In(B_3) \in P$ so muss $In(B_3) \in S'$ und $In(B_2) \notin S'$ gelten. Diese Veränderungen des internen Zustands könnten beispielsweise in STRIPS-Manier passieren (s. Kapitel 11.6), indem also bei einer Menge vorher spezifizierter Prädikate alte durch neue Werte ersetzt werden. Mit allgemeineren Methoden der Änderung von Wissen durch neue Information beschäftigt sich die Wissensrevision (vgl. z.B. [78, 112]).

Selbsttestaufgabe 12.16 (McClean 11) Wir erweitern die logikbasierte Spezifikation für McClean aus Beispiel 12.14, indem wir die Menge $\mathcal{F}_{Per,MC} \subseteq \mathcal{F}_{MC}$ so definieren, dass sie alle Atome der Form $In(B_i)$ und alle Literale der Form $M\ddot{u}ll(B_i)$, $\neg M\ddot{u}ll(B_i)$, $Fenster\_schmutzig(B_i)$, $\neg Fenster\_schmutzig(B_i)$, $Boden\_schmutzig(B_i)$, $\neg Boden\_schmutzig(B_i)$ enthält. Für jeden Umgebungszustand e gehen wir davon aus, dass $see(e) \subseteq \mathcal{F}_{Per,MC}$ konsistent ist und außerdem genau ein Atom der Form $In(B_i)$ enthält. Geben Sie eine Definition der Funktion

$$next_{MC} : 2^{\mathcal{F}_{MC}} \times 2^{\mathcal{F}_{Per,MC}} \rightarrow 2^{\mathcal{F}_{MC}}$$

an, wobei gelten soll, dass der Agent die Informationen aus seiner jeweiligen Wahrnehmung $see(e)$ in seinen inneren Zustand übernimmt, er aber bei fehlender Information – wenn z.B. $M\ddot{u}ll(B_3) \notin see(e)$ und $\neg M\ddot{u}ll(B_3) \notin see(e)$ gilt – bei seinem diesbezüglichen bisherigen Wissen bleibt. ■

Im Wesentlichen werden beim logikbasierten Agenten alle Aktivitäten auf die deduktive Verarbeitung von Formeln zurückgeführt. Dies ist theoretisch elegant und liefert insbesondere eine präzise und klar definierte Semantik. Allerdings gibt es bei diesem Ansatz in der Praxis aber auch eine Reihe von Problemen:

Benutzt der Agent rein logische Schlussfolgerungen zur Handlungsfindung (also ohne auf Heuristiken oder fest verdrahtete Re-Aktionen zurückzugreifen), so ist er kaum fähig, in Echtzeit zu handeln. Immerhin ist die Prädikatenlogik prinzipiell unentscheidbar, auch wenn man durch Einschränkungen der Sprachen durchaus zu vernünftigen Komplexitäten gelangen kann. In offenen Umgebungen muss man zudem damit rechnen, dass sich in der Zeit zwischen dem Zeitpunkt t_1 der Wahrnehmung der Umgebung und der Entscheidungsfindung zum Zeitpunkt t_2 die Umgebung möglicherweise ändert. Zum Zeitpunkt t_2 könnten also Bedingungen herrschen, die die dann beschlossene Handlung suboptimal oder sogar unsinnig und schädlich machen. Auch die Annahme, eine Umgebung oder ein Wissenszustand ließe sich als eine Sammlung prädikatenlogischer Formeln repräsentieren, ist stark vereinfachend und wird vielen Problemstellungen nicht gerecht.

Logikbasierte Ansätze werden daher mit anderen Problemlösungsmethoden kombiniert. Ähnlich wie der STRIPS-Ansatz zum Planen Logik verwendet, sich dabei aber nicht z.B. auf rein logikbasierte Schlussweisen beschränkt, beschreiten auch die im nächsten Abschnitt vorgestellten BDI-Architekturen den Weg, Logik in einem erweiterten Rahmen zu verwenden.

12.5   Belief-Desire-Intention-(BDI)-Agenten

Logik und Schlussfolgerungen spielen eine wichtige Rolle in der Modellierung von Agenten, reichen jedoch – in ihrer üblichen Form – nicht aus. Ein Agent muss vor allen Dingen *praktisch denken* können. Unter *praktischem Denken (practical reasoning)* versteht man Denkprozesse, die auf Handlungen ausgerichtet sind – im Gegensatz zum *theoretischen Denken*, das auf Wissen ausgerichtet ist. Praktisches Denken ist auf die Lösung zweier zentraler Entscheidungsprobleme ausgerichtet: *Was* will man erreichen, und *wie* will man das Gewünschte erreichen? Damit beinhaltet praktisches Denken sowohl Prozesse der Überlegung und Abwägung (*Deliberation*) als auch solche zur Bestimmung einer realistischen Umsetzung von Zielen (Mittel-Ziel-Denken, *means-ends reasoning*. Die systematische Analyse dieser beiden miteinander verzahnten Fragestellungen führt auf die Begriffe *Wünsche* (*desires*) und *Intentionen* (*intentions*), die gemeinsam mit dem Begriff des *subjektiven Wissens* oder *Glaubens* (*belief*) die Basis für die sog. *BDI-Architektur* [25, 26, 191, 246, 219] bilden.

12.5.1   Praktisches Denken

Bei der Klärung der Frage, *was* er eigentlich *möchte* bzw. erreichen will, muss der Agent sich zunächst einmal über seine Wünsche klar werden. Nach [219] können Wünsche auch unrealistisch (also Träume) und miteinander unverträglich (inkonsistent) sein, haben jedoch das Potential, den Agenten zu bestimmten Handlungen zu bewegen, ohne dass der Agent wissen muss, wie er den Wunsch realisiert. Auf der Basis seines subjektiven Wissens über die Welt konkretisiert der Agent die Handlungsmöglichkeiten, die sich ihm bieten, und erzeugt damit eine Menge eventuell realisierbarer Wünsche, die manchmal auch schlichter als *Optionen* oder *mögliche Ziele* bezeichnet werden. Schließlich wählt der Agent eine dieser Optionen aus, die seinen Wünschen oder Zielen am besten entspricht, und legt sich damit auf ein *Ziel* fest. Die Absicht (oder Intention), dieses Ziel zu erreichen, bestimmt sein weiteres Handeln. Dieser Prozess der Erzeugung einer bestimmten Intention aus einer Menge möglicher Handlungsalternativen auf der Grundlage des aktuellen Wissens und der persönlichen Neigungen wird als *Deliberation* bezeichnet.

Nach Abschluss der Deliberation folgt der zweite Teil des praktischen Denkprozesses: Der Agent muss überlegen, *wie* er seine Absicht realisieren und seine gesetzten Ziele erreichen kann. Das Ergebnis dieses *Mittel-Ziel-Denkens (means-ends reasoning)* ist ein Plan.

Die Intentionen sind eine wesentliche Komponente des BDI-Modells, da sie einerseits Ergebnis des Deliberationsprozesses sind und andererseits das Mittel-Ziel-Denken, also das Finden konkreter Pläne, in Gang setzen und somit die beiden Aspekte des praktischen Denkens miteinander verbinden. Sie spielen eine wichtige Rolle für die Entscheidung, welche Aktionen der Agent ausführen wird, und sind darin stärker als andere zukunftsgerichtete mentale Haltungen wie z.B. Wünsche. Der Agent geht Intentionen gegenüber eine *(Selbst-)Verpflichtung* ein, d.h. Intentionen sind mit einer gewissen Beharrlichkeit bei der Verfolgung von Zielen verbunden (*persistent*). Diese Persistenz endet erst, wenn das Ziel erreicht ist, wenn der Agent das Erreichen des Ziels vor dem Hintergrund seines Wissens für unmöglich hält, oder wenn der Zweck der Intention nicht mehr gegeben ist. Hier ist es schwierig, eine gute Balance zu halten zwischen der Beharrlichkeit und der Bereitschaft zum Umdenken, also zwischen proaktivem (zielgerichtetem) und reaktivem (ereignisgetriebenem) Verhalten. Der Agent sollte von Zeit zu Zeit seine Intentionen überdenken, doch liegt die Schwierigkeit darin festzulegen, wie oft er dies tun sollte. Als Faustregel kann hier gelten, dass eine solche Überlegungsphase in den Handlungsablauf des Agenten umso öfter eingeschoben werden sollte, je schneller sich die Umgebung ändert (s. auch [116]).

Intentionen veranlassen den Agenten nicht nur im positiven Sinn zu Aktionen, sondern implizieren darüberhinaus gewisse Constraints für das zukünftige praktische Denken. Sie schließen Handlungen aus, die mit den Zielen unverträglich sind, beschränken also zukünftige Deliberationen und damit den Suchraum für geeignete Handlungen. Wenn ein (menschlicher) Agent beispielsweise sein Studium erfolgreich abschließen will, dann kann er nicht nur die Tage mit Sonnenbaden und die Nächte auf Parties verbringen.

Beispiel 12.17 (McClean 12) Unsere bisherigen Modellierungen der Welt des Agenten McClean ließen Konflikte und sich widersprechende Zielsetzungen weitgehend unberücksichtigt. Wenn man weitere Restriktionen wie "Die Büros müssen bis 22 Uhr gereinigt sein" oder "VIP-Büros und Besprechungsräume dürfen nicht gereinigt werden, wenn sie noch besetzt sind" berücksichtigt, können sich Zielkonflikte ergeben, die vom Agenten intelligent gelöst werden müssen: Darf man in VIP-Büros wirklich den Fußboden ungeputzt lassen? Wie geht man mit einem neuen, nicht eingeplanten Reinigungsauftrag um, dessen Ausführung den zur Verfügung stehenden Zeitrahmen sprengen würde?   □

Beispiel 12.18 (Urlaub) Die Urlaubsplanung wird oft von Wunschträumen geleitet. Realistische Wünsche werden durch Finanzen und eingeschränkte Zeiträume bestimmt. Hat der Agent sich für ein Urlaubsziel entschieden (Intention), so versucht er, dafür die besten Angebote einzuholen. Er wird typischerweise bei mehreren Reiseveranstaltern nachfragen und nicht gleich nach der ersten negativen Auskunft sein (Urlaubs-)Ziel ändern (dies zeigt seine Beharrlichkeit). Möglicherweise muss er seine Wünsche modifizieren, um seine Intentionen zu realisieren; so kann die Absicht, Urlaub am Palmenstrand zu verbringen, dazu führen, dass der Agent seine Abneigungen gegen das Fliegen aufgibt und eine Flugreise bucht. Günstige Angebote können den Wissenszustand des Agenten modifizieren und ihm zu einer Nutzensteigerung verhelfen.   □

Intentionen schließlich sind eng verbunden mit dem Glauben, den der Agent über die Zukunft hegt. Üblicherweise glaubt der rationale Agent, dass es in der Zukunft einen Zustand geben wird, in dem er seine Intentionen verwirklicht haben wird. Andererseits beeinflussen Intentionen auch den Glauben über die Zukunft und damit die weiteren Pläne des Agenten. In [219] werden Intentionen mit Pfaden assoziiert, die der Agent zu einem gegebenen Zeitpunkt kennt und verfolgen kann. Ein Ziel, das auf allen Pfaden vorkommt, wird als eine Intention des Agenten interpretiert. Dort wird auch gefordert, dass Intentionen untereinander und mit dem Wissen konsistent sein müssen. In [54] sind Intentionen Mengen von Plänen, zu deren Ausführung der Agent sich verpflichtet hat. Weitere grundlegende Arbeiten über Intentionen findet man z.B. in [45, 86, 122, 218]. Sinnvollerweise wird man Intentionen mit Prioritäten versehen; eine einfache Möglichkeit wäre es, sie in einem Stack zu organisieren (um damit die Prioritäten linear zu ordnen).

12.5.2 BDI-Architektur

Im Folgenden wollen wir die obigen Überlegungen durch eine entsprechende Verfeinerung des Agentenmodells aus Abbildung 12.3 konkretisieren. Dafür fassen wir die drei Mengen *Bel, Des, Intent*, die subjektives Wissen, Wünsche und Intentionen repräsentieren, als Mengen logischer Formeln auf. So können die Denkprozesse des Agenten mit Hilfe einer Logik modelliert werden, wobei insbesondere auf den Begriff der (logischen) Konsistenz zurückgegriffen werden kann. Auf der Basis der Mengen *Bel, Des* und *Intent* werden wir die Hauptkomponenten eines BDI-Agenten als Weiterentwicklung des inneren Zustands *state* und der Zustandsänderungsfunktion *next* zusammen mit der Handlungsfindung *action* beschreiben (vgl. Abbildung 12.3).

Innerer Zustand eines BDI-Agenten

Der innere Zustand eines BDI-Agenten zu einer gegebenen Zeit wird durch ein Tripel (B, D, I) dargestellt:

- $B \subseteq Bel$ ist das subjektive Wissen, das der Agent zum gegenwärtigen Zeitpunkt hat.

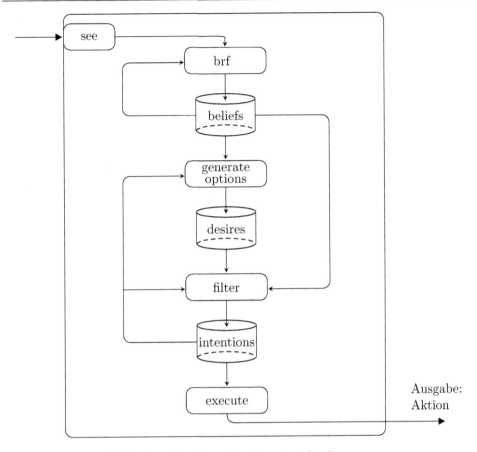

Abbildung 12.5 Architektur eines BDI-Agenten (nach [246])

- $D \subseteq Des$ ist die Menge der aktuellen Wünsche (oder Optionen) des Agenten.

- $I \subseteq Intent$ ist die Menge aktueller Intentionen, die den Fokus des Agenten repräsentieren, also diejenigen Ziele, zu deren Erreichen er sich verpflichtet hat.

Zustandsänderung und Handlungsfindung

Die Änderung des inneren Zustands eines BDI-Agenten und seine Handlungsfindung basieren auf mehreren internen Funktionen, deren Zusammenspiel in Abbildung 12.5 illustriert ist:

- Eine Wissensrevisionsfunktion (*belief revision function*) modelliert die Aktualisierung des Wissenszustandes des Agenten in Folge von Wahrnehmungen:

$$brf : 2^{Bel} \times Per \rightarrow 2^{Bel}$$

- Eine Funktion, die aus dem aktuellen Wissen des Agenten und seinen Intentionen mögliche, günstige Optionen oder Wünsche generiert:

$$options : 2^{Bel} \times 2^{Intent} \to 2^{Des}$$

- Eine *Filterfunktion*, die die "beste" Option für den Agenten auswählt und als Intention übernimmt:

$$filter : 2^{Bel} \times 2^{Des} \times 2^{Intent} \to 2^{Intent}$$

Diese Funktion dient zum Aktualisieren von Intentionen. Insbesondere sollen Intentionen, die nicht mehr erreicht werden können, aufgegeben, noch erreichbare Intentionen aber weiter verfolgt werden. Eventuell sollen auch neue Intentionen aufgenommen werden, die der Menge der Wünsche entstammen. Beschreibt (B, D, I) den Zustand eines Agenten, so genügt die *filter*-Funktion also der folgenden Bedingung:

$$filter((B, D, I)) \subseteq I \cup D$$

- eine Aktionsselektionsfunktion, die eine Aktion auf der Basis der aktuellen Intentionen (und des aktuellen Wissens) auswählt:

$$execute : 2^{Intent} \to Ac$$

Die Aktionsfindungsfunktion eines BDI-Agenten, die sich als eine Funktion auffassen lässt, die einer Wahrnehmung in Abhängigkeit vom inneren Zustand des Agenten eine Aktion zuordnet, kann mit Hilfe dieser vier internen Funktionen nun wie in Abbildung 12.6 dargestellt spezifiziert werden. Beachten Sie, dass diese Spezifikation von *action* auch die Änderung des inneren Zustands des BDI-Agenten vornimmt.

---

function action

    Eingabe: Wahrnehmung $p \in Per$,
                innerer Zustand (B, D, I)
    Ausgabe: Aktion aus Ac,
                Berechnung eines neuen inneren Zustands
           begin
                    $B := brf(B, p)$
                    $D := options(B, I)$
                    $I := filter(B, D, I)$
                    return$(execute(I))$
           end

Abbildung 12.6 Zustandsänderung und Handlungsfindung eines BDI-Agenten (nach [246])

Im Wechselspiel werden in diesem BDI-Basismodell Wünsche aus Intentionen und Wissen erzeugt, und diese werden zu Intentionen konkretisiert. Somit können Intentionen verfeinert und modifiziert werden bis hinunter auf die Ebene, in der sie durch eine einzige, mit *execute* ausgesuchte Aktion realisiert werden können. Auf diese Weise greifen Deliberation und Mittel-Ziel-Denken ineinander, um erfolgreiches praktisches Denken unter Berücksichtigung günstiger Gelegenheiten umzusetzen.

Das oben beschriebene Modell stellt eine allgemeine Basis dar, auf der BDI-Architekturen implementiert werden. Diese gehören zu den erfolgreichsten Agenten-Architekturen, die zur Zeit realisiert werden. Allerdings wird in diesem Modell angenommen, dass Wissen, Wünsche und Intentionen des Agenten bereits in irgendeiner Form vorliegen. Zwar kann man sich leicht vorstellen, dass das Wissen dem Agenten im Startzustand eingegeben wurde und dann im Laufe der Zeit durch Lern- oder Revisionsprozesse aktualisiert wird, jedoch bleibt unklar, woher Wünsche und Intentionen stammen. In den obigen Beispielen hatten die Agenten Aufgaben, die die Rolle der (initialen) Intentionen übernahmen und aus denen sie Ziele ableiten konnten. Auch hier kann man noch einen Schritt weitergehen und sich von der Vorstellung konkreter Aufgabenbeschreibungen lösen. Nach [54] ist ein Agent erst dann autonom, wenn seine primären Ziele sich durch *Motivationen* bestimmen.

Motivationen sind abstrakte mentale Haltungen des Agenten, die sich – im Unterschied zu Zielen – nicht durch Eigenschaften eines Umgebungszustands beschreiben lassen [129, 216, 220]. In [194] wird Motivation als "wiederkehrendes Anliegen" beschrieben, das in konkreten Ausprägungen allerdings erst durch passende Umgebungsreize ausgelöst wird. So ist z.B. Kontaktfreudigkeit eine Motivation, die einen Agenten veranlassen kann, die Kommunikation mit anderen Agenten zu suchen, und Zielstrebigkeit kann bewirken, dass der Agent – ohne lange Deliberationsphasen – schnelle, direkte Pläne favorisiert. Motivationen gehören zu den primitiven (d.h. nicht ableitbaren) Typen für die Modellierung von Agenten. Sie beeinflussen Wahrnehmung und Handlungsfindung des Agenten und damit sein ganzes Verhalten. Erst durch Motivationen ist der autonome Agent in der Lage, selbst Ziele zu erzeugen und seine eigene Agenda zu verfolgen. Er wird damit unabhängig von den Anweisungen anderer Agenten. Ein autonomer Agent ist diesem Ansatz zufolge also notwendigerweise ein Agent mit Motivationen. Er folgt seinen Motivationen, indem er Aktionen ausführt, um ein bereits existierendes Ziel zu erreichen, oder ein neues Ziel aus einer Menge möglicher Ziele auszuwählen. Dabei wählt er solche Ziele, die seinen Motivationen am besten dienen, seinen Nutzen im Hinblick auf seine Motivationen also maximieren.

12.5.3 Procedural Reasoning System (PRS)

Das *Procedural Reasoning System (PRS)* [87] war das erste System, das das BDI-Modell implementierte. Die dem PRS zugrunde liegende Architektur ist in Abbildung 12.7 skizziert.

Zu Beginn besitzt der PRS-Agent Wissen über die Umgebung (z.B. in Form eines logischen Programms) und eine Sammlung vorkompilierter Pläne in seinem *Plan-Modul*. Das (Haupt-)Ziel, das aus der Aufgabenbeschreibung resultiert, wird

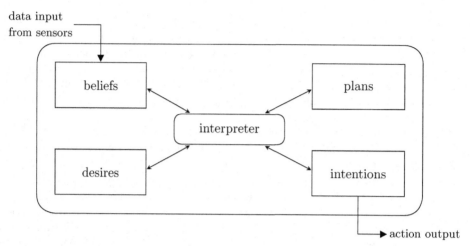

Abbildung 12.7 Architektur des PRS-Systems (nach [246])

auf dem *intention stack* abgelegt. Die Plan-Library wird durchsucht nach Plänen, die das Ziel verwirklichen und deren Vorbedingungen erfüllt (bzw. erfüllbar) sind. Alle solchen Pläne werden zu Optionen. Unter den Optionen wird – z.B. mit einer Nutzen-Funktion – die beste herausgesucht. Die Ausführung des gewählten Plans führt in der Regel zu Zwischenzielen, die ebenfalls auf dem *intention stack* abgelegt werden und den Prozess des Finden eines geeigneten Plans erneut anstoßen.

12.6 Multiagentensysteme

Wir haben mehrfach betont, welche entscheidende Rolle die Umgebung für den Agenten spielt, von konkreten Eigenschaften der Umgebung jedoch abstrahiert und uns bisher mit dem Agenten selbst beschäftigt. Ein wichtiger Faktor, der die Umgebung für den Agenten dynamisch, unzugänglich und nicht-deterministisch macht, ist die Anwesenheit anderer Agenten. Interaktivität mit der Umgebung bedeutet also meistens auch Interaktivität mit anderen Agenten, mit denen der Agent kooperieren kann oder die sich ihm als Gegenspieler erweisen [104].

In einem Multiagentensystem können Aufgaben im Allgemeinen effektiver und kreativer bearbeitet werden, indem Fähigkeiten verschiedener Agenten kombiniert, Wissen geteilt und Aufgaben verteilt werden. Das Konzept eines Multiagentensystems erweitert damit die klassische Perspektive der KI auf Fragestellungen *verteilter künstlicher Intelligenz (distributed artificial intelligence, DAI)* [80]. In einer kompetitiven Agentengesellschaft, in der die Agenten primär ihre eigenen Ziele verfolgen, treten zwar üblicherweise Interessenskonflikte auf, die jedoch durch Verhandlungen im Sinne einer für beide Seiten akzeptablen Lösung beigelegt werden können. Auf diese Weise kann eine für das ganze System optimale Situation herbeigeführt werden.

Das verlangt allerdings eine Koordination der Handlungen der verschiedenen

Agenten. Typischerweise wird dies in dezentraler Weise durch *Kommunikation* realisiert. Damit die Interaktionen zwischen den Agenten erfolgreich verlaufen, muss jeder Agent über Wissen bezüglich der Modelle und Rollen anderer Agenten verfügen. Dieses Wissen reduziert die Unsicherheit, die sich aus der Existenz anderer Agenten in derselben Umgebung zwangsläufig ergibt. Darüber hinaus muss der Agent darauf vertrauen können, dass seine Mit-Agenten sich an gewisse Spielregeln halten, die durch *Konventionen* festgelegt werden [108].

Auch das Design des einzelnen Agenten wird durch das Paradigma des Multiagentensystems beeinflusst. Die Notwendigkeit des Austausches von Informationen durch Kommunikation erfordert eine explizite Behandlung von Wissen und führt damit eher zu deklarativen, transparenten Ansätzen als zu prozeduralen. Der Wissenszustand eines einzelnen Agenten in einem Multiagentensystem muss jedoch nicht nur an die Änderungen der Umgebung angepasst werden, die sich durch die Handlungen der Agenten ergeben. Auch das kommunizierte Wissen der anderen Agenten führt in der Regel zu Wissensänderungen, und zwar im Hinblick sowohl auf den Inhalt der Information selbst als auch auf die Tatsache, dass diese Information kommuniziert und damit anderen Agenten des Systems zugänglich gemacht wurde. Daraus ergibt sich die Notwendigkeit, nicht nur die Aktionen, sondern auch das Wissen der einzelnen Agenten zu koordinieren und miteinander konsistent zu halten. In [103] wird ein Truth Maintenance-System (vgl. Kapitel 7) für Multiagentensysteme vorgestellt.

Das in Abschnitt 12.5 vorgestellte BDI-Modell eines Agenten erfüllt mit seiner expliziten Repräsentation von subjektivem Wissen, Absichten und Präferenzen (in Form von Wünschen) wichtige Voraussetzungen, die ein für ein Multiagentensystem geeignetes Agentenmodell haben sollte. Über diesen individuellen Kontext hinaus bestimmt jedoch auch der *soziale Kontext* das Verhalten eines Agenten in einem Multiagentensystem. Dieser soziale Kontext wird durch die Gruppe definiert, zu der ein Agent gehört und die den Spielraum seiner Handlungen mitbestimmt [79, 107]. Als Angehöriger unterschiedlicher Gruppen kann ein Agent verschiedene Rollen in einer Agentengesellschaft spielen und dabei vielschichtige Zielsetzungen verfolgen. Um diese komplexen sozialen Beziehungen modellieren zu können, werden auch Erkenntnisse aus der Soziologie und der Organisationstheorie verwendet [104, 40].

Mit diesem Ausblick auf Multiagentensysteme schließen wir das Kapitel über Agenten ab, in dem wir wichtige Basiseigenschaften von Agentenmodellen vorgestellt und insbesondere die Rolle von Wissen und Logik angesprochen haben. Zu diesem aktiven Gebiet existiert eine überaus umfangreiche Literatur; hier stellen z.B. [248, 242] lesenswerte Standardwerke dar, die bezüglich Themen und Veröffentlichungen einen guten Überblick vermitteln. Aktuelle Entwicklungen lassen sich auf zahlreichen Konferenzen zum Thema Agenten und Multiagentensysteme verfolgen (z.B. [55]). Prominente Beispiele für Multiagentensysteme sind die Mannschaften der Fußballroboter, die in realen Umgebungen Pläne erstellen, ausführen und ändern und darüber mit ihren Teamkollegen kommunizieren [169].

13 Quantitative Methoden I – Probabilistische Netzwerke

Neben den symbolischen Methoden zur Repräsentation unsicheren Wissens verfolgte man von Anfang an auch quantitative Ansätze zur Repräsentation und Verarbeitung von Wissen. Ein wegweisendes Beispiel hierfür war MYCIN, eines der ersten namhaften Expertensysteme (siehe Kapitel 4.7). Im Allgemeinen werden dabei den Aussagen bzw. Formeln numerische Größen zugeordnet, die den Grad ihrer Gewissheit, die Stärke ihrer Einflussnahme, ihren Zugehörigkeitsgrad zu einer gewissen Menge o.Ä. ausdrücken. Außerdem müssen Verfahren zur Verfügung gestellt werden, die diese Größen verarbeiten, um neues – quantifiziertes – Wissen abzuleiten.

Die dadurch gegebene Möglichkeit, zahlenmäßig repräsentiertes Wissen zu verrechnen bzw. zu berechnen, stellt im Rahmen der automatischen Wissensverarbeitung sicherlich einen großen Vorteil dar. Insbesondere in den Ingenieurwissenschaften besitzt diese numerische Vorgehensweise eine lange Tradition. Dennoch dürfen die Nachteile bzw. Schwierigkeiten nicht übersehen werden: Durch die Komplexität vieler realer Probleme gerät man leicht an die Grenzen des Berechenbaren. Hier helfen grundlegende vereinfachende Annahmen, die geschickt in die Inferenzverfahren eingebaut sind.

Ein anderes Problem taucht schon bei der Konzeption eines solchen wissensbasierten Systems auf: Zum Aufbau einer Wissensbasis benötigt man eine Menge Zahlenmaterial. Liegen gesicherte statistische Daten vor, greift man in der Regel gerne auf sie zurück. Möglich ist aber auch die Aufnahme subjektiver Quantifizierungen. Gerade auf diese Weise findet das so oft bemühte Expertenwissen tatsächlich Eingang ins System. Allerdings sollte die Schwierigkeit einer konsistenten Spezifizierung unsicheren subjektiven Wissens nicht unterschätzt werden.

Schließlich ist es unbedingt notwendig, die Semantik einer "quantitativen Logik" zu kennen, um einerseits eine problemadäquate Modellierung zu gewährleisten und um andererseits den errechneten Zahlen die richtige Bedeutung beimessen zu können. Umgekehrt sollte man sich z.B. darüber im Klaren sein, ob die zu quantifizierende Unsicherheit ihren Ursprung in unvollständiger Information hat oder durch eine probleminhärente Unbestimmtheit bedingt ist. Die sorgfältige Auseinandersetzung mit diesen Problemen wird jedoch im Allgemeinen mit einem System belohnt, das gegenüber zweiwertigen symbolischen Ansätzen wesentlich ausdrucksstärker ist.

Die älteste und immer noch am besten entwickelte Methode zur quantitativen Darstellung der Unsicherheit ist nach wie vor die Wahrscheinlichkeitstheorie. Sie nimmt im Rahmen der quantitativen unsicheren Ansätze eine ähnlich zentrale Rolle ein wie die klassische Logik unter den symbolischen Ansätzen. Im Allgemeinen ist probabilistisches Schließen jedoch nur in einem sehr begrenzten Maße möglich. So lässt sich beispielsweise die Wahrscheinlichkeit einer Konjunktion $P(A \wedge B)$ im Allgemeinen nicht aus den Wahrscheinlichkeiten der einzelnen Konjunkte $P(A)$ und $P(B)$ berechnen – probabilistische Logik ist nicht wahrheitsfunktional (vgl. Abschnitt 3.3.1).

© Springer Fachmedien Wiesbaden GmbH, ein Teil von Springer Nature 2019
C. Beierle und G. Kern-Isberner, *Methoden wissensbasierter Systeme*,
Computational Intelligence, https://doi.org/10.1007/978-3-658-27084-1_13

Daher fügt man einem probabilistischen System in der Regel Wissen in Form von Unabhängigkeitsannahmen hinzu. Diese Unabhängigkeiten lassen sich sehr gut mittels Graphen veranschaulichen. Die graphische Modellierung ermöglicht ferner effiziente Verfahren zur Berechnung von Wahrscheinlichkeiten. Für wissensbasierte Systeme werden vor allen Dingen die sog. *Markov-* und *Bayes-Netze* verwendet, für die es auch schon eine Reihe wirtschaftlicher Einsätze gibt und die wir in den Abschnitten 13.1 - 13.5 ausführlich vorstellen werden. Für diese Abschnitte wird die Kenntnis graphentheoretischer und probabilistischer Grundlagen vorausgesetzt, wie sie in Anhang A und B angegeben sind.

Eine alternative Methode zur Anreicherung probabilistischen Wissens bietet die Anwendung des Prinzips der maximalen Entropie, das auf eine möglichst informationstreue Darstellung verfügbaren Wissens abzielt (Abschnitt 13.6).

Zur Illustration werden wir in dem ganzen Kapitel immer wieder auf Anwendungen aus der medizinischen Informatik und der Bioinformatik zurückgreifen, zwei der zur Zeit wohl aktuellsten Anwendungsgebiete der Informatik. In Abschnitt 13.4 geben wir außerdem eine Reihe von Systemen an, in denen Bayessche Netze zur Wissensrepräsentation und Inferenz eingesetzt werden. In Abschnitt 13.7 stellen wir schließlich detailliert verschiedene reale Anwendungsszenarien vor, bei denen probabilistische Verfahren zur Proteinklassifikation, bei der medizinischen Diagnose und zur Repräsentation psychosozialer Zusammenhänge eingesetzt werden.

13.1 Ungerichtete Graphen – Markov-Netze

Wahrscheinlichkeitsverteilungen können hochkomplexe Abhängigkeiten zwischen Aussagenvariablen repräsentieren und stellen daher eine ausgezeichnete Basis für unsichere Inferenzen dar. Sie haben jedoch zwei entscheidende Nachteile:

- Die Größe von Wahrscheinlichkeitsverteilungen wächst exponentiell mit der Zahl der behandelten Variablen. Das diskreditiert sie als Wissensbasis realistischer Systeme.

- Wahrscheinlichkeitsverteilungen sind unübersichtlich. Selbst für Fachleute ist es schwierig, sich einen Überblick über wichtige Beziehungen in einer Wahrscheinlichkeitsverteilung zu verschaffen, und die Spezifikation kompletter Verteilungen durch einen Experten ist fast unmöglich.

Andererseits haben die meisten Menschen recht gute intuitive Vorstellungen davon, wie die Dinge – unsicher – zusammenhängen, was voneinander abhängig und was unabhängig ist. Diese Zusammenhänge lassen sich graphisch repräsentieren, und die Kombination solcher Graphen mit wahrscheinlichkeitstheoretischen Ansätzen führt auf die probabilistischen Netzwerke.

13.1.1 Separation in Graphen und probabilistische Unabhängigkeit

Sei $\mathbf{V} = \{A_1, \ldots, A_n\}$ eine endliche Menge von Aussagenvariablen. Wir wollen zu $\mathbf{V}$ einen Graphen $\mathcal{G} = \mathcal{G}_{\mathbf{V}}$ assoziieren, der die Abhängigkeiten zwischen den Variablen in $\mathbf{V}$ widerspiegelt. Die Knoten von $\mathcal{G}$ seien gerade die Elemente von $\mathbf{V}$. Wir werden im Folgenden die Variablen aus $\mathbf{V}$ mit den entsprechenden Knoten identifizieren.

Ein naiver Ansatz zur Darstellung von Abhängigkeiten und Unabhängigkeiten zwischen den Variablen in $\mathbf{V}$ ist der folgende:

- Verbinde zwei Knoten genau dann, wenn die zugehörigen Variablen voneinander abhängen.

Dies wirft jedoch eine Reihe von Fragen und Problemen auf: Was genau bedeutet hier Abhängigkeit? Interpretiert man diesen Begriff in seiner vollen Allgemeinheit, so wird man als Ergebnis einen Graphen erhalten, dessen Zusammenhangskomponenten aus vollständigen Teilgraphen bestehen. Besser ist es, die Abhängigkeiten zu strukturieren und zwischen *direkter* und *indirekter Abhängigkeit* zu unterscheiden. Direkt abhängige Variablen sollen auch direkte Nachbarn im Graphen sein, während indirekt abhängige Variablen durch Wege einer Länge ≥ 2 miteinander verbunden sein sollen. Das Phänomen der indirekten Abhängigkeit lässt sich durch das graphentheoretische Konzept der Separation präzisieren:

Für disjunkte Teilmengen $\mathbf{A}, \mathbf{B}, \mathbf{C} \subseteq \mathbf{V}$ separiert $\mathbf{C}$ die Mengen $\mathbf{A}$ und $\mathbf{B}$, in Zeichen

$$\mathbf{A} \perp\!\!\!\perp_{\mathcal{G}} \mathbf{B} \mid \mathbf{C}$$

wenn jeder Weg zwischen einem Knoten in $\mathbf{A}$ und einem Knoten in $\mathbf{B}$ mindestens einen Knoten aus $\mathbf{C}$ enthält (vgl. Definition B.27 in Anhang B).

Proposition 13.1 *Die Relation* $\perp\!\!\!\perp_{\mathcal{G}}$ *auf den Teilmengen von* $\mathbf{V}$ *besitzt für paarweise disjunkte Teilmengen* $\mathbf{A}, \mathbf{B}, \mathbf{C}, \mathbf{D} \subseteq \mathbf{V}$ *in ungerichteten Graphen* $\mathcal{G}$ *die folgenden Eigenschaften (da es sich um abstrakte Formulierungen handelt, lassen wir das Subskript* $\mathcal{G}$ *weg):*

- Symmetrie:

$$\mathbf{A} \perp\!\!\!\perp \mathbf{B} \mid \mathbf{C} \quad \textit{gdw.} \quad \mathbf{B} \perp\!\!\!\perp \mathbf{A} \mid \mathbf{C} \tag{13.1}$$

- Zerlegbarkeit:

$$\mathbf{A} \perp\!\!\!\perp (\mathbf{B} \cup \mathbf{D}) \mid \mathbf{C} \quad \textit{impliziert} \quad \mathbf{A} \perp\!\!\!\perp \mathbf{B} \mid \mathbf{C} \textit{ und } \mathbf{A} \perp\!\!\!\perp \mathbf{D} \mid \mathbf{C} \tag{13.2}$$

- Schwache Vereinigung:

$$\mathbf{A} \perp\!\!\!\perp (\mathbf{B} \cup \mathbf{D}) \mid \mathbf{C} \quad \textit{impliziert} \quad \mathbf{A} \perp\!\!\!\perp \mathbf{B} \mid (\mathbf{C} \cup \mathbf{D}) \tag{13.3}$$

- Kontraktion:

$$\mathbf{A} \perp\!\!\!\perp \mathbf{B} \mid \mathbf{C} \textit{ und } \mathbf{A} \perp\!\!\!\perp \mathbf{D} \mid (\mathbf{C} \cup \mathbf{B}) \quad \textit{impliziert} \quad \mathbf{A} \perp\!\!\!\perp (\mathbf{B} \cup \mathbf{D}) \mid \mathbf{C} \tag{13.4}$$

- Schnitt:

$$\mathbf{A} \perp\!\!\!\perp \mathbf{B} \mid (\mathbf{C} \cup \mathbf{D}) \textit{ und } \mathbf{A} \perp\!\!\!\perp \mathbf{D} \mid (\mathbf{C} \cup \mathbf{B}) \quad \textit{impliziert} \quad \mathbf{A} \perp\!\!\!\perp (\mathbf{B} \cup \mathbf{D}) \mid \mathbf{C} \tag{13.5}$$

Zerlegbarkeit:

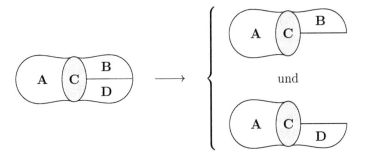

Schwache Vereinigung:

Kontraktion:

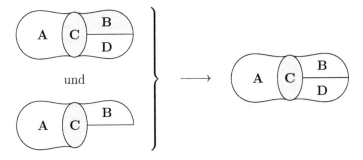

Schnitt:

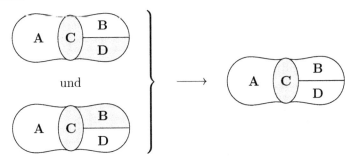

Abbildung 13.1 Separationseigenschaften in Graphen

Diese Eigenschaften sind einleuchtend und leicht anhand der Abbildung 13.1 nachzuvollziehen. Offenbar ist $\perp\!\!\!\perp_{\mathcal{G}}$ symmetrisch (13.1): Wenn $\mathbf{C}$ $\mathbf{A}$ und $\mathbf{B}$ separiert, so separiert es natürlich auch $\mathbf{B}$ und $\mathbf{A}$. Zerlegbarkeit (13.2) bedeutet, dass, wenn $\mathbf{C}$ $\mathbf{A}$ von einer Menge $\mathbf{E} = \mathbf{B} \cup \mathbf{D}$ separiert, so separiert es $\mathbf{A}$ auch von jeder Teilmenge von $\mathbf{E}$. Mit Hilfe der schwachen Vereinigung (13.3) kann die separierende Menge $\mathbf{C}$ durch Teile der separierten Mengen vergrößert werden. Umgekehrt nennt die Kontraktion (13.4) Bedingungen, wann man eine separierende Menge verkleinern kann. Auch durch Anwendung des Schnittes (13.5) lässt sich die separierende Menge verkleinern, d. h. verbessern: Kann $\mathbf{A}$ auf zwei verschiedene Arten vom Rest der Menge $\mathbf{F} = \mathbf{B} \cup \mathbf{C} \cup \mathbf{D}$ separiert werden (nämlich durch die Mengen $\mathbf{F}_1 = \mathbf{C} \cup \mathbf{B}$ und $\mathbf{F}_2 = \mathbf{C} \cup \mathbf{D}$), so kann $\mathbf{A}$ durch den Schnitt dieser Mengen $\mathbf{F}_1 \cap \mathbf{F}_2 = \mathbf{C}$ vom Rest von $\mathbf{F}$ separiert werden.

Graphische Separation bietet sich an als ein adäquates Mittel, um indirekte Abhängigkeit – oder bedingte Unabhängigkeit – von Variablenmengen zu visualisieren. Sind die Variablen in $\mathbf{A}$ von denen in $\mathbf{B}$ unabhängig, wenn man die Werte der Variablen in $\mathbf{C}$ kennt, so möchte man dies in $\mathcal{G}$ durch $\mathbf{A} \perp\!\!\!\perp_{\mathcal{G}} \mathbf{B} \mid \mathbf{C}$ ausdrücken.

Das wahrscheinlichkeitstheoretische Konzept der bedingten Unabhängigkeit (siehe Definition A.32 auf S. 514) definiert die Relation $\perp\!\!\!\perp_P$ durch

$$\mathbf{A} \perp\!\!\!\perp_P \mathbf{B} \mid \mathbf{C} \quad \text{gdw.} \quad P(\mathbf{A}, \mathbf{B} \mid \mathbf{C}) = P(\mathbf{A} \mid \mathbf{C}) \cdot P(\mathbf{B} \mid \mathbf{C})$$

bzw.

$$\mathbf{A} \perp\!\!\!\perp_P \mathbf{B} \mid \mathbf{C} \quad \text{gdw.} \quad P(\mathbf{A} \mid \mathbf{C}, \mathbf{B}) = P(\mathbf{A} \mid \mathbf{C})$$

wobei P eine Wahrscheinlichkeitsverteilung ist. Bedingte Unabhängigkeit und graphentheoretische Separation passen tatsächlich gut zusammen. Auch die Relation $\perp\!\!\!\perp_P$ erfüllt alle obigen Eigenschaften (13.1) - (13.5) (beim Schnitt muss die zugehörige Verteilung P allerdings strikt positiv sein, d.h. $P(\omega) > 0$ für alle $\omega \in \Omega$).

Selbsttestaufgabe 13.2 (Eigenschaften der bedingten Unabhängigkeit)
Sei P eine Wahrscheinlichkeitsverteilung über $\mathbf{V}$. Zeigen Sie:

1. $\perp\!\!\!\perp_P$ erfüllt die Eigenschaften der Symmetrie (13.1), der Zerlegbarkeit (13.2), der schwachen Vereinigung (13.3) und der Kontraktion (13.4).

2. Ist P strikt positiv, d. h. $P(\omega) > 0$ für alle Elementarereignisse $\omega \in \Omega$, so erfüllt $\perp\!\!\!\perp_P$ auch die Schnitteigenschaft (13.5). ∎

Die Voraussetzung der strikten Positivität von P ist für den Nachweis der Schnitteigenschaft notwendig, wie das folgende Beispiel zeigt:

Beispiel 13.3 (Ausflug) In diesem Beispiel ist die trennende Menge $\mathbf{C}$ leer, $\mathbf{A}, \mathbf{B}$ und $\mathbf{D}$ bestehen jeweils aus einer Aussage(nvariablen):

A Wir machen einen Ausflug.
B Das Wetter ist schön.
D Es ist warm und sonnig.

B und D werden als gleichwertig in ihrer Bedeutung angesehen, was die folgende Verteilung P widerspiegelt:

A	B	D	$P(\omega)$	A	B	D	$P(\omega)$
0	0	0	0.7	1	0	0	0.01
0	0	1	0	1	0	1	0
0	1	0	0	1	1	0	0
0	1	1	0.09	1	1	1	0.2

Es ist $P(\dot{b} \mid \dot{d}) = P(\dot{d} \mid \dot{b}) = 1$, wenn beide Aussagen entweder wahr oder falsch sind, und $P(\dot{b} \mid \dot{d}) = P(\dot{d} \mid \dot{b}) = 0$ sonst. Damit rechnet man leicht nach, dass $A \perp\!\!\!\perp_P B \mid D$ und $A \perp\!\!\!\perp_P D \mid B$ gelten – wenn man die Ausprägung einer der Variablen B oder D kennt, vermittelt die andere keine zusätzliche Information mehr. Eine Anwendung der Schnitteigenschaft würde aber nun implizieren, dass die Mengen $\{A\}$ und $\{B, D\}$ voneinander unabhängig sind: $\{A\} \perp\!\!\!\perp_P \{B, D\} \mid \emptyset$; das gilt aber wegen

$$P(abd) = 0.2, \quad P(a)P(bd) = 0.21 \cdot 0.29 = 0.0609$$

und daher $P(abd) \neq P(a)P(bd)$ nicht. Dies deckt sich auch mit unserer Intuition, da die Entscheidung für einen Ausflug in hohem Maße vom Wetter bestimmt wird.

$\square$

Pearl und Paz ([177], S. 88) vermuteten sogar, dass die probabilistische bedingte Unabhängigkeit durch die Eigenschaften (13.1) - (13.5) charakterisiert werden könnte. Diese Vermutung wurde jedoch später von Studeny [228] widerlegt.

13.1.2 Markov-Eigenschaften und Markov-Graphen

Idealerweise möchte man probabilistische bedingte Unabhängigkeit äquivalent durch graphische Separation repräsentieren:

$$\mathbf{A} \perp\!\!\!\perp_P \mathbf{B} \mid \mathbf{C} \quad \Leftrightarrow \quad \mathbf{A} \perp\!\!\!\perp_{\mathcal{G}} \mathbf{B} \mid \mathbf{C}$$

Man macht sich jedoch leicht klar, dass dies nicht möglich ist, da die Eigenschaft der graphischen Separation ausdrucksstärker ist als die der bedingten Unabhängigkeit. Eine graphisch separierende Knotenmenge kann man z. B. beliebig vergrößern, während die bedingte Unabhängigkeit von Variablen bei Berücksichtigung neuer Variablen verloren gehen kann.

Definition 13.4 (Abhängigkeitsgraph, Unabhängigkeitsgraph) Sei $\mathcal{G}$ ein (ungerichteter) Graph mit Knotenmenge $\mathbf{V}$, sei P eine Wahrscheinlichkeitsverteilung über $\mathbf{V}$.

- $\mathcal{G}$ heißt *Abhängigkeitsgraph (dependency map, D-map) zu* P, wenn die bedingten Unabhängigkeiten in P durch $\mathcal{G}$ repräsentiert werden:

$$\mathbf{A} \perp\!\!\!\perp_P \mathbf{B} \mid \mathbf{C} \quad \text{impliziert} \quad \mathbf{A} \perp\!\!\!\perp_{\mathcal{G}} \mathbf{B} \mid \mathbf{C} \qquad (13.6)$$

- $\mathcal{G}$ heißt *Unabhängigkeitsgraph (independence map, I-map) zu* P, wenn graphisch separierte Variablenmengen auch probabilistisch bedingt unabhängig sind:

$$\mathbf{A} \perp\!\!\!\perp_{\mathcal{G}} \mathbf{B} \mid \mathbf{C} \quad \text{impliziert} \quad \mathbf{A} \perp\!\!\!\perp_P \mathbf{B} \mid \mathbf{C} \qquad (13.7)$$

(13.7) wird *globale Markov-Eigenschaft* genannt. Ist $\mathcal{G}$ ein Unabhängigkeitsgraph zu P, so heißt P *Markov-Feld (Markov field) bzgl. $\mathcal{G}$*.

- $\mathcal{G}$ heißt *perfekter Graph (perfect map) zu P*, wenn $\mathcal{G}$ sowohl ein Abhängigkeitsgraph als auch ein Unabhängigkeitsgraph zu P ist, wenn also gilt:

$$\mathbf{A} \perp\!\!\!\perp_{\mathcal{G}} \mathbf{B} \mid \mathbf{C} \quad \text{gdw.} \quad \mathbf{A} \perp\!\!\!\perp_P \mathbf{B} \mid \mathbf{C}$$

□

Nicht jede Wahrscheinlichkeitsverteilung besitzt einen zugehörigen perfekten Graphen. Als typisches Beispiel führen wir hier den Fall einer *induzierten Abhängigkeit* an, bei dem ursprünglich unabhängige Variable durch Einführung einer weiteren Variablen bedingt abhängig werden.

Beispiel 13.5 (Münzen und Glocke) A und B bezeichnen die Ergebnisse der Würfe zweier gleicher, fairer Münzen; eine Glocke C klingelt genau dann, wenn die Münzen nach dem Wurf das gleiche Bild zeigen. A und B sind natürlich unabhängig, jedoch bedingt abhängig unter C:

$$A \perp\!\!\!\perp_P B \mid \emptyset, \quad \text{aber } \textit{nicht } A \perp\!\!\!\perp_P B \mid C$$

Ein perfekter Graph müsste gleichzeitig die Unabhängigkeit zwischen A und B und die Abhängigkeit zwischen allen drei Variablen zum Ausdruck bringen. Dies aber ist unmöglich. □

Das Problem liegt in der relativen Ausdrucksschwäche ungerichteter Graphen, die keine einseitigen Abhängigkeiten repräsentieren können. Dies ist nur in gerichteten Graphen, den *Bayesschen Netzwerken* (siehe Abschnitt 13.2), möglich. Auf die Motivation gerichteter Abhängigkeiten werden wir in Abschnitt 13.2 noch ausführlich eingehen (vgl. insbesondere die Beispiele 13.23 und 13.24).

Doch immerhin lassen sich mittels (ungerichteter) Unabhängigkeitsgraphen allgemeine Abhängigkeiten ganz brauchbar darstellen. Die kontrapositive Form der Eigenschaft (13.7) in Definition 13.4 besagt ja gerade, dass jede (bedingte) Abhängigkeit graphisch zu erkennen ist. Allerdings kann es vorkommen, dass der Graph zu viele Abhängigkeiten darstellt, dass also einige (bedingte) Unabhängigkeiten nicht repräsentiert werden. Unabhängigkeitsgraphen, die dieses Fehlverhalten auf ein Minimum reduzieren, sind von besonderem Interesse.

Definition 13.6 (minimaler Unabhängigkeitsgraph, Markov-Netz) Ein Unabhängigkeitsgraph $\mathcal{G}$ heißt *minimaler Unabhängigkeitsgraph (minimal I-map) zu einer Wahrscheinlichkeitsverteilung P*, wenn $\mathcal{G}$ keine überflüssigen Kanten enthält, d. h., wenn $\mathcal{G}$ nach Entfernen einer beliebigen Kante kein Unabhängigkeitsgraph zu P mehr ist.

Minimale Unabhängigkeitsgraphen werden auch *Markov-Graphen* oder *Markov-Netze* genannt. □

13.1.3 Konstruktion von Markov-Graphen

Um die Verbindung zwischen Wahrscheinlichkeitsverteilungen und Unabhängigkeitsgraphen bzw. Markov-Graphen tragbar zu machen, müssen die folgenden beiden Punkte geklärt werden:

- Gibt es zu einer beliebigen Wahrscheinlichkeitsverteilung P einen Markov-Graphen?

- Kann man zu einem beliebigen Graphen $\mathcal{G}$ eine Wahrscheinlichkeitsverteilung P definieren, so dass $\mathcal{G}$ ein Unabhängigkeitsgraph zu P ist?

Beide Fragen können im Wesentlichen positiv beantwortet werden.

Die Idee zur Lösung des ersten Problems ist einfach: Ausgehend von einem vollständigen Graphen auf $\mathbf{V}$ entfernt man alle Kanten (A, B), für die $A \perp\!\!\!\perp_P B \mid (\mathbf{V} - \{A, B\})$ gilt, für die also die zugehörigen Variablen bedingt unabhängig sind, wenn die restlichen Variablen gegeben sind. (Umgekehrt kann man natürlich auch von einem leeren Graphen starten und nur die Knoten verbinden, bei denen $A \perp\!\!\!\perp_P B \mid (\mathbf{V} - \{A, B\})$ für die entsprechenden Variablen *falsch* ist.) Diese Prozedur liefert für alle strikt positiven Wahrscheinlichkeitsverteilungen einen Markov-Graphen, der sogar eindeutig bestimmt ist:

Theorem 13.7 ([178]) *Jede strikt positive Wahrscheinlichkeitsverteilung P besitzt einen eindeutig bestimmten Markov-Graphen $\mathcal{G}_0 = \langle \mathbf{V}, \mathcal{E}_0 \rangle$ mit*

$$(A, B) \notin \mathcal{E}_0 \quad gdw. \quad A \perp\!\!\!\perp_P B \mid (\mathbf{V} - \{A, B\}) \tag{13.8}$$

(13.8) wird die *paarweise Markov-Eigenschaft* genannt.

Zum Nachweis dieses Theorems benötigt man, dass $\perp\!\!\!\perp_P$ die Eigenschaften Symmetrie, Zerlegbarkeit und Schnitt erfüllt (vgl. [177]). Das folgende Beispiel zeigt, dass auf die Voraussetzung der strikten Positivität von P nicht verzichtet werden kann.

Beispiel 13.8 Wir betrachten ein Modell mit vier binären Variablen A_1, A_2, A_3, A_4, die durch Gleichheit miteinander gekoppelt sind, d. h.

$$P(\dot{a}_1 \dot{a}_2 \dot{a}_3 \dot{a}_4) = \begin{cases} 0.5 & \text{wenn } \dot{a}_1 = \dot{a}_2 = \dot{a}_3 = \dot{a}_4 \\ 0 & \text{sonst} \end{cases}$$

Jedes Paar von Variablen A_i, A_j ist bedingt unabhängig, wenn das andere Variablenpaar gegeben ist:

$$A_i \perp\!\!\!\perp_P A_j \mid \{A_k, A_l\}$$

Der gemäß Theorem 13.7 konstruierte Graph $\mathcal{G}_0$ besitzt also gar keine Kanten, besteht folglich aus vier isolierten Knoten. Dies ist jedoch kein Unabhängigkeitsgraph für P, da die vier Variablen natürlich nicht unabhängig voneinander sind. □

Definition 13.9 (Markov-Decke, Markov-Rand) Sei $A \in \mathbf{V}$ eine Variable. Als *Markov-Decke (Markov blanket) bl(A) von A* wird jede Variablenmenge $\mathbf{B} \subseteq \mathbf{V}$ bezeichnet, für die gilt:

$$A \perp\!\!\!\perp_P [\mathbf{V} - (\mathbf{B} \cup \{A\})] \mid \mathbf{B} \tag{13.9}$$

Ein *Markov-Rand (Markov boundary)* $br(A)$ *von* A ist eine minimale Markov-Decke von A, d. h., keine echte Teilmenge von $br(A)$ erfüllt (13.9).   □

Da trivialerweise $A \perp\!\!\!\perp_P \emptyset \mid (\mathbf{V} - \{A\})$ gilt, ist die Existenz von Markov-Decken und damit auch von Markov-Rändern gesichert. Markov-Ränder stellen die kleinsten Variablenmengen dar, die A gegen alle (restlichen) Variablen abschirmen. Für strikt positive Verteilungen besitzen Markov-Ränder eine anschauliche graphische Interpretation:

Theorem 13.10 ([178]) *Ist P eine strikt positive Wahrscheinlichkeitsverteilung, so besitzt jedes Element $A \in \mathbf{V}$ einen eindeutig bestimmten Markov-Rand $br(A)$, der gerade aus den Nachbarknoten $nb(A)$ von A im Markov-Graphen $\mathcal{G}_0$ besteht; es gilt also*

$$A \perp\!\!\!\perp_P [\mathbf{V} - (nb(A) \cup \{A\})] \mid nb(A) \tag{13.10}$$

(13.10) wird die *lokale Markov-Eigenschaft* genannt.

Im Allgemeinen sind die drei Markov-Eigenschaften (13.7) (global), (13.8) (paarweise) und (13.10) (lokal) unterschiedlich, wobei allerdings die Implikationskette

$$\text{global Markov} \Rightarrow \text{lokal Markov} \Rightarrow \text{paarweise Markov} \tag{13.11}$$

besteht.

Selbsttestaufgabe 13.11 (Markov-Eigenschaften) Beweisen Sie die Implikationskette (13.11).   ∎

In vielen Fällen besteht in der Implikationskette (13.11) sogar Äquivalenz:

Theorem 13.12 ([178]) *Erfüllt eine Verteilung P die Schnitteigenschaft (13.5), so sind alle drei Markov-Eigenschaften (13.7), (13.8) und (13.10) äquivalent.*

Insbesondere gilt dies also für alle strikt positiven Verteilungen.

Mit Hilfe der Markov-Eigenschaften lässt sich daher gut nachprüfen, ob ein bestimmter Graph ein Markov- bzw. ein Unabhängigkeitsgraph für eine gegebene Verteilung ist.

Selbsttestaufgabe 13.13 (Markov-Graph)

1. Es sei P eine Wahrscheinlichkeitsverteilung über den binären Variablen X, Y, Z. Zeigen Sie: X und Y sind genau dann bedingt unabhängig bei gegebenem Z in P, $X \perp\!\!\!\perp_P Y \mid Z$, wenn gilt:

$$P(xy|z) = P(x|z)P(y|z) \quad \text{und} \quad P(xy|\bar{z}) = P(x|\bar{z})P(y|\bar{z})$$

2. Es sei P die folgende Wahrscheinlichkeitsverteilung über den Variablen A, B, C:

A	B	C	$P(A,B,C)$	A	B	C	$P(A,B,C)$
0	0	0	$\frac{3}{20}$	1	0	0	$\frac{3}{20}$
0	0	1	$\frac{1}{20}$	1	0	1	$\frac{1}{20}$
0	1	0	$\frac{1}{30}$	1	1	0	$\frac{1}{6}$
0	1	1	$\frac{1}{15}$	1	1	1	$\frac{1}{3}$

Bestimmen Sie den Markov-Graphen zu P. ■

Selbsttestaufgabe 13.14 (Pharma-Test) Ein Pharmakonzern entwickelt ein Vitaminpräparat, das insbesondere vor Atemwegserkrankungen schützen soll. Das Präparat wird an 95 Personen getestet; 50 Personen erhalten das Präparat, als Kontrollgruppe beobachtet man 45 Personen, die das Präparat nicht erhalten. In einem Beobachtungszeitraum von einem Jahr ergeben sich folgende Daten: Von den 50 Personen, die das Präparat erhielten, haben 10 eine Atemwegserkrankung durchgemacht; in der Kontrollgruppe erkrankten 17 von den 45 Personen.

Bei näherem Auswerten der Daten stellt sich heraus, dass von den 95 beobachteten Personen 35 starke Raucher waren. Schlüsselt man die Daten nun nach Rauchern und Nichtrauchern auf, ergibt sich das folgende Bild:

R - Raucher	V - Vitamingabe	A - Atemwegserkrankung	Anzahl
1	1	1	6
1	1	0	4
1	0	1	15
1	0	0	10
0	1	1	4
0	1	0	36
0	0	1	2
0	0	0	18

Beispielsweise gibt es also 6 Personen in der Stichprobe, die rauchen, das Präparat erhalten haben und die eine Atemwegserkrankung durchmachten.

1. Bestimmen Sie die Wahrscheinlichkeitsverteilung P über V, R und A und die Randverteilung P' über V und A.

2. Zeigen Sie: V und A sind statistisch abhängig, jedoch bedingt unabhängig bei gegebenem R. Benutzen Sie dabei die in Selbsttestaufgabe 13.13(1) formulierte Charakterisierung bedingter Unabhängigkeit für eine Verteilung über drei binären Variablen.

3. Bestimmen Sie den Markov-Graphen von P. ■

13.1.4 Potential- und Produktdarstellungen

Schließlich müssen wir noch der Frage nachgehen, ob und wie man zu einem beliebigen Graphen $\mathcal{G}$ eine Verteilung angeben kann, zu der $\mathcal{G}$ ein Unabhängigkeitsgraph ist. Diese Frage ist für den Aufbau einer Wissensbasis von besonderer Bedeutung, da mittels eines Graphen zunächst ein Gerüst qualitativer Abhängigkeiten repräsentiert werden kann, die dann durch eine Verteilung passend quantifiziert werden können. Das folgende Theorem löst dieses Problem in konstruktiver Weise.

Theorem 13.15 *Sei $\mathcal{G}$ ein Graph mit den Cliquen $\mathbf{C}_1, \ldots, \mathbf{C}_m$. Jeder dieser Cliquen sei eine nichtnegative Funktion $\psi_i(\mathbf{C}_i)$ auf den Vollkonjunktionen der entsprechenden Variablen zugeordnet, wobei $\sum_{\mathbf{V}} \prod_{i=1}^m \psi_i(\mathbf{C}_i) \neq 0$ ist. Man definiert eine Wahrscheinlichkeitsverteilung P durch*

$$P(\mathbf{V}) := K \prod_{i=1}^m \psi_i(\mathbf{C}_i) \tag{13.12}$$

wobei K ein Normierungsfaktor ist, so dass $\sum_{\mathbf{V}} P(\mathbf{V}) = 1$ ist. Dann ist $\mathcal{G}$ ein Unabhängigkeitsgraph zu P.

Beweis: Wir beweisen Theorem 13.15 für den Fall, dass alle ψ_i strikt positive Funktionen sind. Dann ist auch die durch (13.12) definierte Verteilung positiv, und alle drei Markov-Eigenschaften sind äquivalent (vgl. Theorem 13.12). Wir zeigen die lokale Markov-Eigenschaft

$$A \perp\!\!\!\perp_P [\mathbf{V} - (nb(A) \cup \{A\})] \mid nb(A)$$

d. h.

$$P(A \mid \mathbf{V} - \{A\}) = P(A \mid nb(A))$$

für jede Variable $A \in \mathbf{V}$, wobei $nb(A)$ die Menge der Nachbarn von A im Graphen $\mathcal{G}$ ist. Nach der definierenden Gleichung (13.12) in Theorem 13.15 ist

$$
\begin{aligned}
P(A, \mathbf{V} - \{A\}) &= P(\mathbf{V}) = K \prod_{i=1}^m \psi_i(\mathbf{C}_i) \\
&= K \prod_{i: A \in \mathbf{C}_i} \psi_i(\mathbf{C}_i) \prod_{i: A \notin \mathbf{C}_i} \psi_i(\mathbf{C}_i)
\end{aligned}
$$

Da die Cliquen $\mathbf{C}_i$ vollständige Graphen sind, gehören alle im Produkt $\prod_{i: A \in \mathbf{C}_i} \psi_i(\mathbf{C}_i)$ auftretenden, von A verschiedenen Knoten zu den Nachbarn von A:

$$\prod_{i: A \in \mathbf{C}_i} \psi_i(\mathbf{C}_i) =: F_1(A, nb(A))$$

im zweiten Produkt kommt A definitionsgemäß nicht vor:

$$\prod_{i: A \notin \mathbf{C}_i} \psi_i(\mathbf{C}_i) =: F_2(\mathbf{V} - \{A\})$$

also

$$P(A, \mathbf{V} - \{A\}) = K \cdot F_1(A, nb(A)) \cdot F_2(\mathbf{V} - \{A\})$$

Dann ist $P(\mathbf{V} - \{A\}) = K \cdot (\sum_A F_1(A, nb(A))) \cdot F_2(\mathbf{V} - \{A\})$ und daher

$$P(A \mid \mathbf{V} - \{A\}) = \frac{F_1(A, nb(A))}{\sum_A F_1(A, nb(A))}$$

Andererseits erhält man durch Aufsummieren

$$
\begin{aligned}
P(A, nb(A)) &= K \cdot \sum_{\mathbf{V} - (nb(A) \cup \{A\})} F_1(A, nb(A)) F_2(\mathbf{V} - \{A\}) \\
&= K \cdot F_1(A, nb(A)) \cdot \left(\sum_{\mathbf{V} - (nb(A) \cup \{A\})} F_2(\mathbf{V} - \{A\}) \right)
\end{aligned}
$$

und

$$
\begin{aligned}
P(nb(A)) &= K \cdot \sum_A \sum_{\mathbf{V} - (nb(A) \cup \{A\})} F_1(A, nb(A)) F_2(\mathbf{V} - \{A\}) \\
&= K \cdot \left(\sum_A F_1(A, nb(A)) \right) \left(\sum_{\mathbf{V} - (nb(A) \cup \{A\})} F_2(\mathbf{V} - \{A\}) \right)
\end{aligned}
$$

folglich

$$P(A \mid nb(A)) = \frac{F_1(A, nb(A))}{\sum_A F_1(A, nb(A))}$$

Insgesamt folgt $P(A \mid \mathbf{V} - \{A\}) = P(A \mid nb(A))$, d.i. die lokale Markov-Eigenschaft.
∎

Es gelten sogar noch die beiden folgenden, stärkeren Resultate:

Theorem 13.16 ([177]) *Zu jedem ungerichteten Graphen $\mathcal{G}$ gibt es eine Verteilung P, so dass $\mathcal{G}$ ein perfekter Graph zu P ist.*

Besitzt eine Wahrscheinlichkeitsverteilung P eine Darstellung der Form (13.12) bzgl. eines Graphen $\mathcal{G}$, so sagt man, P *faktorisiert* über den Cliquen von $\mathcal{G}$.

Theorem 13.17 ([130]) *Eine strikt positive Verteilung P erfüllt die Markov-Eigenschaften bzgl. eines Graphen $\mathcal{G}$ genau dann, wenn sie über den Cliquen von $\mathcal{G}$ faktorisiert.*

Die Funktionen ψ_i in (13.12) werden als *Potentialfunktionen* bezeichnet, und (13.12) nennt man *Potentialdarstellung*, wobei dieser Begriff etwas allgemeiner definiert wird:

Definition 13.18 (Potentialdarstellung) Sei $\mathbf{V}$ eine (endliche) Menge von Aussagenvariablen, und sei P eine gemeinsame Verteilung über $\mathbf{V}$. Sei $\{\mathbf{W}_i \mid 1 \leq i \leq p\}$ eine Menge von Teilmengen von $\mathbf{V}$ mit $\bigcup_{i=1}^{p} \mathbf{W}_i = \mathbf{V}$, und sei

$$\psi \quad : \quad \{\mathbf{w}_i \mid \mathbf{w}_i \text{ ist Vollkonjunktion über } \mathbf{W}_i, 1 \leq i \leq p\} \to \mathbb{R}^{\geq 0}$$

eine Funktion, die jeder Vollkonjunktion von Variablen in $\mathbf{W}_i$ ($1 \leq i \leq p$) eine nicht-negative reelle Zahl zuordnet. Gilt nun

$$P(\mathbf{V}) = K \cdot \prod_{i=1}^{p} \psi(\mathbf{W}_i) \qquad (13.13)$$

so heißt $\{\mathbf{W}_1, \ldots, \mathbf{W}_p; \psi\}$ eine *Potentialdarstellung von P*. □

Markov-Felder besitzen also eine handliche Potentialdarstellung. Ein Problem ist jedoch die Bestimmung bzw. Interpretation der Potentialfunktionen – wie sehen bei einer konkreten Fragestellung die Funktionen ψ_i in (13.12) aus? Selbst im folgenden einfachen Beispiel[1] erweist sich dieses Problem als unerwartet schwierig.

Beispiel 13.19 (Infektion) Wir betrachten eine aus vier Personen A, B, C, D bestehende Gruppe, von denen jeder nur mit genau zwei der drei anderen direkten Kontakt hat, und zwar in der in Abbildung 13.2 symbolisierten Weise.

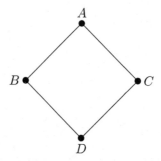

Abbildung 13.2 Der Graph $\mathcal{G}$ zu Beispiel 13.19

Wir wollen die Wahrscheinlichkeit einer Infektion mit einer Krankheit, die nur durch direkten Kontakt übertragen werden kann, innerhalb dieser Gruppe bestimmen. Für jede der Personen interpretieren wir den entsprechenden Buchstaben daher als binäre Aussagenvariable mit den Ausprägungen

$$x \ (\bar{x}) \qquad \text{Person } X \text{ hat sich (nicht) infiziert.}$$

Der Graph $\mathcal{G}$ in der Abbildung 13.2 besitzt vier Cliquen:

$$\mathbf{C}_1 = \{A, B\}, \ \mathbf{C}_2 = \{A, C\}, \ \mathbf{C}_3 = \{B, D\}, \ \mathbf{C}_4 = \{C, D\}$$

---

[1] Dieses Beispiel ist angelehnt an [177].

Ein Markov-Feld P zu $\mathcal{G}$ ist also von der Form

$$P(A, B, C, D) = K \cdot \psi_1(A, B)\psi_2(A, C)\psi_3(B, D)\psi_4(C, D)$$

mit passenden Funktionen $\psi_1, \psi_2, \psi_3, \psi_4$. Als passablen Ansatz könnten die ψ_i die Möglichkeit einer gegenseitigen Ansteckung innerhalb des entsprechenden Paares repräsentieren, etwa in der Art

$$\psi_i(X, Y) = \begin{cases} \alpha_i, \text{ wenn } X \text{ und } Y \text{ entweder beide infiziert oder} \\ \quad \text{beide nicht infiziert sind} \\ \beta_i, \text{ wenn genau einer von } X \text{ und } Y \text{ infiziert ist} \end{cases}$$

Die Faktoren α_i und β_i spiegeln z. B. die Kontakthäufigkeit des entsprechenden Paares wider. Mit diesem Ansatz erhält man beispielsweise

$$\begin{aligned} P(abcd) &= K \cdot \alpha_1\alpha_2\alpha_3\alpha_4 \\ P(a\bar{b}c\bar{d}) &= K \cdot \beta_1\alpha_2\alpha_3\beta_4 \end{aligned}$$

Selbst wenn die Verteilung P bekannt ist, ist die Bestimmung von α_i und β_i aus allen solchen Gleichungen nicht einfach. Umgekehrt ist die probabilistische Interpretation der ψ_i und der entsprechenden Faktoren nicht klar – in welcher Beziehung stehen sie zu absoluten und bedingten Wahrscheinlichkeiten?

Dieses Beispiel unterstreicht übrigens gut die Existenzberechtigung ungerichteter Markov-Graphen: Wegen der vollständigen Gegenseitigkeit der Ansteckungsgefahr ließe sich hier eine azyklische Richtung der Kanten aus der Problemstellung heraus nur schwerlich motivieren. $\square$

Die korrekte Deutung und Spezifikation der Potentialfunktionen wirft im allgemeinen Fall erhebliche Probleme auf. Für Unabhängigkeitsgraphen einer speziellen Bauart lässt sich jedoch noch eine einfachere Produktdarstellung angeben:

Theorem 13.20 ([177]) *Ist $\mathcal{G}$ ein triangulierter Unabhängigkeitsgraph zur Verteilung P, so faktorisiert P in der Form*

$$P(\mathbf{V}) = \frac{\prod_{\mathbf{C}_i} P(\mathbf{C}_i)}{\prod_{\mathbf{S}_j} P(\mathbf{S}_j)} \tag{13.14}$$

wobei die $\mathbf{C}_i$ und $\mathbf{S}_j$ die Cliquen und Separatoren eines Cliquenbaumes von $\mathcal{G}$ sind (siehe Anhang B, S. 534).

Die Produktdarstellung (13.14) ist von grundlegender Bedeutung für die maschinelle Handhabung von Wahrscheinlichkeiten, da sie die globale Verteilung in kleinere, lokale Verteilungen aufspaltet und so die gefürchtete Komplexität einer Verteilung aufbricht.

Beispiel 13.21 Wir betrachten den triangulierten Graphen $\mathcal{G}$ in Abbildung 13.3; $\mathcal{G}$ besitzt die Cliquen $\{B, C, D\}, \{B, D, E\}, \{A, B, E\}, \{D, E, G\}, \{E, F, G\}, \{D, H\}$ und die Separatoren $\{B, D\}, \{B, E\}, \{D, E\}, \{E, G\}, \{D\}$ (vgl. Beispiel B.39, S. 534). Ein Markov-Feld P zu $\mathcal{G}$ hat dann die folgende Darstellung:

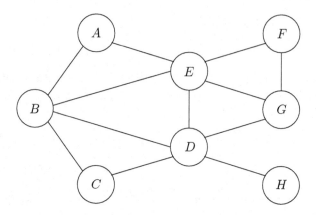

Abbildung 13.3 Graph zu Beispiel 13.21

$$P(A, B, C, D, E, F, G, H)$$
$$= \frac{P(B, C, D)P(B, D, E)P(A, B, E)P(D, E, G)P(E, F, G)P(D, H)}{P(B, D)P(B, E)P(D, E)P(E, G)P(D)}$$ □

Theorem 13.20 setzt nicht voraus, dass $\mathcal{G}$ ein minimaler Unabhängigkeitsgraph zu P ist. Ein triangulierter Unabhängigkeitsgraph lässt sich immer aus dem Markov-Graphen von $\mathcal{G}$ durch Einfügen von Kanten (sog. *Fill-in*, vgl. Definition B.19, S. 528) gewinnen. Diese zusätzlichen Kanten vereiteln möglicherweise die graphische Repräsentation gewisser bedingter Unabhängigkeiten, doch der entstehende triangulierte Graph ist immer noch ein Unabhängigkeitsgraph zu P, aus dem sich die obige Produktdarstellung (13.14) ableiten lässt.

Beispiel 13.22 Der Graph in Abbildung 13.2 zu Beispiel 13.19 ist nicht trianguliert, kann aber beispielsweise durch Einfügen der Kante (B, C) trianguliert werden (s. Abbildung 13.4).

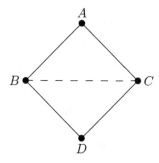

Abbildung 13.4 Triangulation des Graphen aus Abbildung 13.2

Der triangulierte Graph besitzt zwei Cliquen: $\{A, B, C\}$ und $\{B, C, D\}$ mit Separator $\{B, C\}$. Eine dazu passende Verteilung hat demnach die Gestalt

$$P(A, B, C, D) = \frac{P(A, B, C)P(B, C, D)}{P(B, C)}$$

Aus dieser Darstellung lässt sich die vorher bestehende bedingte Unabhängigkeit $B \perp\!\!\!\perp C \mid \{A, D\}$ nicht mehr ableiten. Für eine korrekte Modellierung des Beispiels muss dies bei der Spezifikation der marginalen Verteilungen über $\{A, B, C\}, \{B, C, D\}$ und $\{B, C\}$ zur Gewinnung von P aus der Produktdarstellung extra berücksichtigt werden. □

13.2 Gerichtete Graphen – Bayessche Netze

Wie das einfache Münzen-Glocke-Beispiel 13.5 deutlich macht, wird der Abhängigkeitsbegriff in ungerichteten Graphen nicht allen Problemstellungen gerecht: Die beiden Münzwürfe sind unabhängig voneinander, aber bedingt abhängig bei gegebenem Glockensignal. Dies lässt sich nicht durch einen Markov-Graphen darstellen.

Die Verwendung gerichteter Kanten zur Repräsentation solcher einseitigen, nicht-transitiven Abhängigkeiten ist nahe liegend. Die Richtung symbolisiert dabei die Einflussnahme von Variablen auf ihre Kinder bzw. Nachkommen. Die Würfe der beiden Münzen bestimmen den Status der Glocke, nicht aber umgekehrt – allenfalls lässt das Klingeln der Glocke Rückschlüsse auf den Ausgang der Münzwürfe zu. Ein passender gerichteter Graph zum Münzen-Glocke-Beispiel ist folglich der in Abbildung 13.5 abgebildete.

Abbildung 13.5   DAG zum Münze-Glocken-Beispiel 13.5

Im Allgemeinen schließt man das Vorhandensein zyklischer Wirkungen aus und schreibt somit eine strenge Richtung des Schließens vor. Das Konzept der *azyklischen gerichteten Graphen (directed acyclic graphs, DAG)* (s. auch Anhang B.1, Definition B.5) ist grundlegend für die *Bayes-Netze*.

Vor den formalen Definitionen wollen wir das Vorgehen durch Beispiele motivieren und veranschaulichen. Die beiden folgenden Beispiele sind mittlerweile Klassiker und finden sich so oder in ähnlicher Form in vielen Literaturstellen (vgl. z. B. [109]).

Beispiel 13.23 (Holmes & Watson in London) Ein Winterabend in London. Mr. Holmes und Dr. Watson werden von Polizei-Inspektor Smith ungeduldig erwartet. Beide haben sich bereits verspätet, und Smith, der an diesem Abend noch eine Verabredung hat, überlegt, ob sein Warten noch einen Sinn hat. Denn Holmes und

Watson sind beide schlechte Fahrer, und wenn die Straßen zudem noch glatt sind, ist es gut möglich, dass sie einen Unfall hatten und gar nicht mehr kommen.

Da erhält Inspektor Smith von seinem Sekretär die Nachricht, dass Dr. Watson tatsächlich mit dem Wagen verunglückt ist. Smith sieht seine böse Vorahnung bestätigt: "Natürlich, diese glatten Straßen sind ja auch gefährlich! Dann hat wahrscheinlich auch Holmes einen Unfall gehabt, und beide werden nicht mehr kommen. Ich werde jetzt gehen."

Doch sein Sekretär hält ihn auf: "Glatte Straßen?! Es friert doch gar nicht, und außerdem werden die Straßen gestreut!" Inspektor Smith ist erleichtert und beschließt, nun doch noch auf Mr. Holmes zu warten.

Um dies zu formalisieren, fügen wir drei zweiwertige Aussagenvariable ein:

G : *glatte Straßen*
H_u : *Holmes hat Unfall*
W_u : *Watson hat Unfall*

Wenn die Straßen glatt sind, G also wahr ist, so erhöhen sich die Wahrscheinlichkeiten, dass auch H_u und W_u wahr sind. G übt also eine Wirkung auf H_u und W_u aus, was durch den den folgenden Graphen symbolisiert wird:

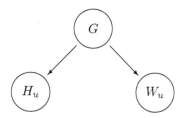

Die gerichteten Kanten veranschaulichen die Wirkung von G auf H_u bzw. W_u. Wenn Inspektor Smith die Nachricht von Watson's Unfall erhält, schließt er jedoch zunächst in umgekehrter Richtung der Pfeile: Er hält es nun auch für wahrscheinlicher, dass die Straßen glatt sind. Dies hat nun zur Folge, dass er auch vermutet, Mr. Holmes habe einen Unfall. Über die Variable G sind also W_u und H_u miteinander verbunden.

Als Smith allerdings hört, dass die Straßen gar nicht glatt sind, wird diese Verbindung unterbrochen. Unter dieser Voraussetzung lässt die Nachricht von Watson's Unfall keinen probabilistischen Schluss mehr auf die Ausprägung von H_u zu. Doch auch wenn Smith's Vorahnung bestätigt würde und die Straßen tatsächlich glatt wären, hätte Watson's Unfall keinen (indirekten) Einfluss mehr auf H_u. Die Wahrscheinlichkeit, dass Holmes auch einen Unfall hatte, wäre nur erhöht aufgrund der Bestätigung von G.

Hat man also keine Information über G, so sind H_u und W_u voneinander abhängig. Liegt jedoch konkretes Wissen über G vor, so wird diese Abhängigkeit aufgelöst – H_u und W_u sind also *bedingt unabhängig bei gegebenem G*. □

Im nächsten Beispiel tritt das umgekehrte Phänomen auf: Zwei Variablen, die anfangs als unabhängig angesehen werden, werden durch das Hinzufügen von Information abhängig.

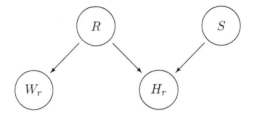

Abbildung 13.6 DAG zu Beispiel 13.24

Beispiel 13.24 (Holmes & Watson in Los Angeles) Mr. Holmes und Dr. Watson halten sich für einige Zeit in Los Angeles auf und bewohnen dort zwei nebeneinander liegende Häuser. Eines Morgens, als Holmes sein Haus verlässt, bemerkt er, dass der Rasen im Vorgarten seines Hauses nass ist. Holmes stutzt – hat es geregnet, oder hat sich der Rasensprenger versehentlich eingeschaltet? Ein Blick in den Vorgarten seines Nachbarn zeigt ihm, dass auch Dr. Watson's Rasen nass ist. Nun ist Holmes fast sicher, dass es geregnet hat.

Wir formalisieren dies mit Hilfe der zweiwertigen Aussagenvariablen:

$$
\begin{array}{lll}
R & : & \textit{es hat geregnet} \\
S & : & \textit{der Rasensprenger hat sich eingeschaltet} \\
H_r & : & \textit{Holmes' Rasen ist nass} \\
W_r & : & \textit{Watson's Rasen ist nass}
\end{array}
$$

deren Abhängigkeiten wie in Abbildung 13.6 graphisch dargestellt werden können.

Sowohl Regen als auch der Betrieb des Sprengers führen dazu, dass Holmes' Rasen nass ist. Als Holmes dies feststellt, wächst also seine Erwartung bzgl. R und S. Doch nur die erhöhte vermutete Sicherheit von R lässt auch die Wahrscheinlichkeit ansteigen, dass Watson's Rasen nass ist. Daher führt die zusätzliche Information, dass Watson's Rasen tatsächlich nass ist, zu einer drastischen Erhöhung der Wahrscheinlichkeit von R, während die Wahrscheinlichkeit von S sich wieder auf das normale Maß einstellt.

Diese Rücknahme einer zwischenzeitlich erhöhten Wahrscheinlichkeit wird als *Wegdiskutieren (explaining away)* bezeichnet: Die fast sichere Annahme, es habe geregnet, liefert eine befriedigende Erklärung für den Zustand von Holmes' Rasen, und folglich gibt es keinen Grund mehr, den Betrieb des Sprengers in Erwägung zu ziehen.   □

In den obigen Beispielen 13.23 und 13.24 wird deutlich, dass gerichtete Kanten nicht nur eine Einflussnahme ausdrücken, sondern auch Inferenzen blockieren können. Besondere Bedeutung kommt dabei der Eltern-Kind-Beziehung von Knoten zu: Eltern-Knoten repräsentieren *direkte Ursachen*, die die Einflussnahme anderer, indirekter Ursachen verhindern können.

Definition 13.25 (Bayessches Netzwerk) Sei $\mathbf{V} = \{A_1, \ldots, A_n\}$ eine Menge von Aussagenvariablen, sei P eine gemeinsame Verteilung über $\mathbf{V}$, und sei $\mathcal{G} = \langle \mathbf{V}, \mathcal{E} \rangle$ ein DAG. Für jedes $A_i \in \mathbf{V}$ bezeichne $pa(A_i) \subseteq \mathbf{V}$ die Menge aller Eltern(knoten), $de(A_i) \subseteq \mathbf{V}$ die Menge aller Nachkommen und $nd(A_i) \subseteq \mathbf{V}$ die Menge aller Nicht-Nachkommen von A_i (siehe Definitionen B.6 und B.7 in Anhang B.1).

$\mathcal{B} = \langle \mathbf{V}, \mathcal{E}, P \rangle$ wird *Bayessches Netzwerk (Bayesian network)* genannt, wenn für jede Variable A_i gilt

$$A_i \perp\!\!\!\perp_P nd(A_i) \mid pa(A_i) \tag{13.15}$$

wenn also jede Variable A_i bedingt unabhängig ist von ihren Nicht-Nachkommen $nd(A_i)$ bei gegebenen Werten ihrer Elternknoten $pa(A_i)$.   □

Statt *Bayesschem Netzwerk* findet man manchmal auch die Bezeichnung *kausales Netzwerk*. Tatsächlich werden gerichtete Netzwerke gerne zur Modellierung kausaler Beziehungen eingesetzt, während ungerichtete Netze eher der Repräsentation allgemeinerer Beziehungen dienen. Es muss angemerkt werden, dass gerichtete probabilistische Netzwerke zwar für zahlreiche Anwendungen besser geeignet sind als ungerichtete, jedoch im Allgemeinen nicht unbedingt ausdrucksstärker sind. So lassen sich die bedingten Unabhängigkeiten in Beispiel 13.19 nicht durch ein DAG perfekt modellieren.

Wir werden im Folgenden aus technischen Gründen voraussetzen, dass die einem Bayesschen Netz zugeordnete Verteilung P positiv ist, d.h. $P(\mathbf{v}) > 0$ für alle $\mathbf{v}$ über $\mathbf{V}$. Auf diese Weise umgehen wir langwierige Fallunterscheidungen, die nichts zum Verständnis des Vorgehens beitragen.

Die Unabhängigkeitsvoraussetzungen (13.15) eines Bayesschen Netzes besagen, dass jeder Knoten nur direkt von seinen Elternknoten beeinflusst werden kann, diese ihn also gegen die anderen Knoten im Netz abschirmen, sofern es sich dabei nicht um Nachkommen des betrachteten Knotens handelt. Bei gerichteten Netzwerken übernehmen also die Elternknoten eine ähnliche Funktion wie die Markov-Ränder bei ungerichteten Graphen (vgl. Theorem 13.10). Die Bedingung (13.15) wird daher auch *lokale gerichtete Markov-Bedingung* genannt. Die dazu passende *globale gerichtete Markov-Bedingung* ist die folgende:

$$\text{Wenn } \mathbf{C} \text{ } \mathbf{A} \text{ und } \mathbf{B} \text{ d-separiert, so gilt } \mathbf{A} \perp\!\!\!\perp_P \mathbf{B} \mid \mathbf{C} \tag{13.16}$$

für disjunkte Teilmengen $\mathbf{A}, \mathbf{B}, \mathbf{C}$ von $\mathbf{V}$ (vgl. Definition B.31). Beide gerichteten Markov-Bedingungen sind in DAG's äquivalent.

Wendet man auf P die Kettenregel (Proposition A.21 in Anhang A) an und lässt in sie die Unabhängigkeitsannahmen (13.15) einfließen, so zerfällt die gemeinsame Verteilung P in ein handliches Produkt *lokaler Wahrscheinlichkeiten*.

Proposition 13.26 *Sei* $\mathcal{B} = \langle \mathbf{V}, \mathcal{E}, P \rangle$ *ein Bayessches Netz. Dann lässt sich die gemeinsame Verteilung* P *wie folgt berechnen:*

$$P(\mathbf{V}) = \prod_{V \in \mathbf{V}} P(V \mid pa(V)) \tag{13.17}$$

Ein Beweis dieses Satzes findet sich z. B. in [170]. Beachten Sie, dass $P(\mathbf{V} \mid \emptyset) = P(\mathbf{V})$ ist (siehe auch Anhang A.5).

Beispiel 13.27 (Medizin 1) Wir betrachten ein Bayessches Netz über den folgenden medizinischen Variablen:

$$\begin{array}{lll}
A & : & \text{metastatischer Krebs} \\
B & : & \text{erhöhter Calcium-Serum-Wert} \\
C & : & \text{Gehirntumor} \\
D & : & \text{Koma} \\
E & : & \text{heftige Kopfschmerzen}
\end{array}$$

Der in Abbildung 13.7 gezeigte Graph repräsentiert die probabilistischen Abhängigkeiten zwischen diesen Variablen: A stellt eine (mögliche) direkte Ursache für B und C dar, eine Bestätigung von A erhöht also die Wahrscheinlichkeit, dass sowohl B als auch C wahr sind. B und C werden wiederum als (mögliche) direkte Ursachen für D angesehen, doch nur C kann auch E auslösen.

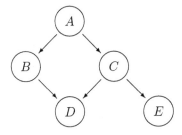

Abbildung 13.7 DAG zu Beispiel 13.27

Die gemeinsame Verteilung $P(A, B, C, D, E)$ wird bestimmt durch einzelne bedingte Verteilungen, wie es sich gemäß Proposition 13.26 aus der Struktur des Bayesschen Netzes ergibt:

$$P(A, B, C, D, E) = P(A)\, P(B \mid A)\, P(C \mid A)\, P(D \mid B, C)\, P(E \mid C) \tag{13.18}$$

Durch die folgenden (bedingten) Wahrscheinlichkeiten wird P also vollständig festgelegt:

$$P(a) = 0.20$$

$$P(b \mid a) = 0.80 \qquad P(b \mid \bar{a}) = 0.20$$

$$P(c \mid a) = 0.20 \qquad P(c \mid \bar{a}) = 0.05$$

$$P(e \mid c) = 0.80 \qquad P(e \mid \bar{c}) = 0.60$$

$$P(d \mid bc) = 0.80 \qquad P(d \mid b\bar{c}) = 0.90$$

$$P(d \mid \bar{b}c) = 0.70 \qquad P(d \mid \bar{b}\bar{c}) = 0.05$$

Beachten Sie, dass sich die bedingten Wahrscheinlichkeiten negierter Variablen als Differenz zu 1 ergeben:

$$P(\bar{v} \mid \cdot) = 1 - P(v \mid \cdot)$$

Die Produktdarstellung (13.17) verschafft (hier und im Allgemeinen) einen großen Effizienzvorteil: Man benötigt nur 11 Wahrscheinlichkeiten, um die $2^5 = 32$ Werte der Verteilung $P(A, B, C, D, E)$ zu bestimmen. □

Selbsttestaufgabe 13.28 (Bayessches Netz) Berechnen Sie im obigen Beispiel 13.27 die folgenden Wahrscheinlichkeiten: $P(abcde)$, $P(a\bar{b}\bar{c}de)$ und $P(\bar{a}b\bar{c})$.   ∎

Selbsttestaufgabe 13.29 (Bayessches Netz) In Beispiel 13.23 wurde ein DAG angegeben. Welche (bedingten) Wahrscheinlichkeiten sind nötig, um die Verteilung des zugehörigen Bayes-Netzes zu bestimmen, und wie lautet Formel (13.17) in Proposition 13.26 in diesem Fall?   ∎

13.3   Inferenz in probabilistischen Netzen

Mittels Produkt- und Potentialdarstellungen wie in den Gleichungen (13.17), (13.13) und (13.14) lassen sich Wahrscheinlichkeitsverteilungen nicht nur sehr kompakt angeben, sondern die Formeln erweisen sich auch als überaus wertvoll für eine effiziente maschinelle Inferenz in probabilistischen Netzen. Die *Methode von Lauritzen und Spiegelhalter*, die wir im Folgenden vorstellen wollen, setzte in puncto Eleganz und Effizienz neue Maßstäbe und trug entscheidend dazu bei, probabilistischen Systemen zu einer breiteren Akzeptanz zu verhelfen. Sie nimmt als Ausgangspunkt ein Bayessches Netz, arbeitet aber auf der Triangulierung des zugehörigen moralen Graphen unter Verwendung eines Cliquenbaumes und stellt allgemein ein Inferenzverfahren für triangulierte ungerichtete Netzwerke dar.

13.3.1   Bayes-Netze und Potentialdarstellungen

Ein wichtiges Beispiel einer Potentialdarstellung erhält man aus der Repräsentationsformel (13.17) bei Bayesschen Netzen:

Proposition 13.30 *Sei* $\mathcal{B} = \langle \mathbf{V}, \mathcal{E}, P \rangle$ *ein Bayessches Netzwerk mit DAG* $\mathcal{G} = \langle \mathbf{V}, \mathcal{E} \rangle$. *Sei* $\mathcal{G}_u$ *eine Triangulierung des moralen Graphen* $\mathcal{G}_m$ *von* $\mathcal{G}$, *und seien* $\{\mathbf{C}_i \mid 1 \leq i \leq p\}$ *die Cliquen von* $\mathcal{G}_u$ *(s. Anhang B).*

Für jedes $V \in \mathbf{V}$ wähle eine Clique $clq(V) \in \{\mathbf{C}_i \mid 1 \le i \le p\}$ so, dass $V \cup pa(V) \subseteq clq(V)$ gilt (dies ist immer möglich, da durch die Moralisierung von $\mathcal{G}$ alle Elternknoten eines gemeinsamen Kindknotens miteinander verbunden sind). Definiere für $1 \le i \le p$

$$\psi(\mathbf{C}_i) = \prod_{V:clq(V)=C_i} P(V \mid pa(V)) \qquad (13.19)$$

Dann ist $\{\mathbf{C}_1, \ldots, \mathbf{C}_p; \psi\}$ eine Potentialdarstellung von P.

Beweis: Die Verteilung P besitzt nach Proposition 13.26 die Darstellung

$$P(\mathbf{V}) = \prod_{V \in \mathbf{V}} P(V \mid pa(V))$$

Jedes $V \in \mathbf{V}$ ist genau einer Clique $clq(V)$ zugeordnet, und diese Clique enthält auch die Elternknoten $pa(V)$. Durch Aufsplittung des obigen Produkts erhalten wir mit

$$
\begin{aligned}
P(\mathbf{V}) &= \prod_{V \in \mathbf{V}} P(V \mid pa(V)) \\
&= \prod_{i=1}^{p} \prod_{V:clq(V)=C_i} P(V \mid pa(V)) \\
&= \prod_{i=1}^{p} \psi(\mathbf{C}_i)
\end{aligned}
$$

also eine Potentialdarstellung unter Verwendung der Gleichung (13.19). ■

Beispiel 13.31 (Medizin 2) Wir setzen Beispiel 13.27 fort. Das Bayessche Netz aus Abbildung 13.7 muss zunächst moralisiert und trianguliert werden. In diesem Fall ist der morale Graph (Abbildung 13.8) bereits trianguliert.

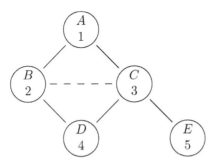

Abbildung 13.8 Moraler Graph zu Abbildung 13.7. Die neue Kante ist gestrichelt eingezeichnet. Die Knoten sind bereits nach dem MCS-Kriterium geordnet.

Der morale Graph besitzt die folgenden Cliquen:

$$\begin{aligned} \mathbf{C}_1 &= \{A, B, C\} \\ \mathbf{C}_2 &= \{B, C, D\} \\ \mathbf{C}_3 &= \{C, E\} \end{aligned}$$

Die Eltern der einzelnen Knoten sind

$$\begin{aligned} pa(A) &= \emptyset \\ pa(B) &= \{A\} \\ pa(C) &= \{A\} \\ pa(D) &= \{B, C\} \\ pa(E) &= \{C\} \end{aligned}$$

Wir wählen folgende Zuordnung:

$$\begin{aligned} clq(A) &= clq(B) = clq(C) = \mathbf{C}_1 \\ clq(D) &= \mathbf{C}_2 \\ clq(E) &= \mathbf{C}_3 \end{aligned}$$

Die Funktion ψ berechnet sich also zu

$$\begin{aligned} \psi(A, B, C) &= P(A)P(B \mid A)P(C \mid A) \\ \psi(B, C, D) &= P(D \mid B, C) \\ \psi(C, E) &= P(E \mid C) \end{aligned}$$

und wir erhalten die Potentialdarstellung

$$P(A, B, C, D, E) = \psi(A, B, C)\psi(B, C, D)\psi(C, E)$$

die identisch ist mit der Darstellung in Gleichung (13.18). $\square$

Selbsttestaufgabe 13.32 (Potentialdarstellung) Berechnen Sie die Potential-werte $\psi(\mathbf{C}_i)$ für die drei Cliquen in Beispiel 13.31. $\blacksquare$

Die folgenden (technischen) Sätze sind wesentlich zum Verständnis des Lauritzen-Spiegelhalter-Algorithmus; sie gelten nicht nur für Cliquen, sondern allgemeiner für ein System von Teilmengen von V.

Proposition 13.33 *Sei* $\mathbf{V}$ *eine (endliche) Menge von Aussagenvariablen, und sei* P *eine gemeinsame Verteilung über* $\mathbf{V}$. *Sei* $\{\mathbf{W}_i \mid 1 \leq i \leq p\}$ *eine Menge von Teilmengen von* $\mathbf{V}$. *Für* $1 \leq i \leq p$ *seien die Mengen* $\mathbf{R}_i$ *(Residuum) und* $\mathbf{S}_i$ *(Separator) wie folgt definiert:*

$$\mathbf{S}_i = \mathbf{W}_i \cap (\mathbf{W}_1 \cup \ldots \cup \mathbf{W}_{i-1}) \tag{13.20}$$

$$\mathbf{R}_i = \mathbf{W}_i - \mathbf{S}_i \tag{13.21}$$

Dann gilt für $1 \leq i \leq p$:

$$P(\mathbf{W}_i \mid \mathbf{S}_i) = P(\mathbf{R}_i \mid \mathbf{S}_i) \tag{13.22}$$

Der Beweis dieses Satzes ist eine einfache Anwendung bedingter Wahrscheinlichkeiten.

Selbsttestaufgabe 13.34 (bedingte Wahrscheinlichkeiten) Beweisen Sie Proposition 13.33. ∎

Der folgende Satz beschreibt einen Zusammenhang zwischen bedingten Wahrscheinlichkeiten und Potentialdarstellungen:

Proposition 13.35 *Sei $\mathbf{V}$ eine (endliche) Menge von Aussagenvariablen, und sei P eine gemeinsame Verteilung über $\mathbf{V}$ mit Potentialdarstellung $\{\mathbf{W}_1, \ldots, \mathbf{W}_p; \psi\}$. Dann gilt für die letzte Menge $\mathbf{W}_p = \mathbf{R}_p \cup \mathbf{S}_p$*

$$P(\mathbf{R}_p | \mathbf{S}_p) = \frac{\psi(\mathbf{W}_p)}{\sum_{\mathbf{R}_p} \psi(\mathbf{W}_p)} \qquad (13.23)$$

wobei die Mengen $\mathbf{R}_p, \mathbf{S}_p$ wie in Proposition 13.33 definiert sind.

Ein Beweis hierzu findet sich in [170], S. 254. Bitte beachten Sie, dass für Proposition 13.35 die Reihenfolge der $\mathbf{W}_i$ nicht entscheidend ist.

Beispiel 13.36 (Medizin 3) Im Beispiel 13.31 haben wir drei Cliquen, also ist $p = 3$. Die Mengen $\mathbf{W}_i$ sind die Cliquen $\mathbf{C}_i$, und für $\mathbf{R}_i, \mathbf{S}_i$ gilt

$$
\begin{aligned}
\mathbf{S}_1 &= \emptyset & \mathbf{R}_1 = \mathbf{C}_1 &= \{A, B, C\} \\
\mathbf{S}_2 &= \mathbf{C}_2 \cap \mathbf{C}_1 = \{B, C\} & \mathbf{R}_2 &= \{D\} \\
\mathbf{S}_3 &= \mathbf{C}_3 \cap (\mathbf{C}_1 \cup \mathbf{C}_2) = \{C\} & \mathbf{R}_3 &= \{E\}
\end{aligned}
$$

Die rechte Seite von Formel (13.23) berechnet sich zu

$$
\begin{aligned}
\frac{\psi(\mathbf{C}_3)}{\sum_{\mathbf{R}_3} \psi(\mathbf{C}_3)} &= \frac{\psi(C, E)}{\sum_E \psi(C, E)} \\
&= \frac{P(E \mid C)}{\sum_E P(E \mid C)} \\
&= P(E \mid C) \\
&= P(\mathbf{R}_3 \mid \mathbf{S}_3)
\end{aligned}
$$

denn es ist

$$\sum_E P(E \mid C) = P(e \mid C) + P(\bar{e} \mid C) = 1 \qquad \square$$

Mengen der Form $\mathbf{S}_i$ spielen für die fortlaufende Schnitteigenschaft RIP (s. Anhang B, Definition B.36), eine Rolle, und genau diese Eigenschaft wird für die nächste Proposition benötigt:

Proposition 13.37 *Sei $\mathbf{V}$ eine (endliche) Menge von Aussagenvariablen, und sei P eine gemeinsame Verteilung über $\mathbf{V}$ mit Potentialdarstellung $\{\mathbf{W}_1, \ldots, \mathbf{W}_p; \psi\}$. Nehmen wir weiterhin an, dass die Ordnung $(\mathbf{W}_1, \mathbf{W}_2, \ldots, \mathbf{W}_p)$ die RIP besitzt. Dann gibt es ein $j < p$ derart, dass*

$$\mathbf{S}_p = \mathbf{W}_p \cap (\mathbf{W}_1 \cup \mathbf{W}_2 \cup \ldots \cup \mathbf{W}_{p-1}) \subseteq \mathbf{W}_j \qquad (13.24)$$

Die Funktion $\psi^{(1)}$ sei wie folgt definiert:

$$\psi^{(1)}(\mathbf{W}_i) = \begin{cases} \psi(\mathbf{W}_i) & \text{wenn } 1 \leq i \leq p-1 \text{ und } i \neq j \\ \psi(\mathbf{W}_j) \sum_{\mathbf{R}_p} \psi(\mathbf{W}_p) \text{ wenn} & i = j \end{cases} \qquad (13.25)$$

Dann ist $\{\mathbf{W}_1, \ldots, \mathbf{W}_{p-1}; \psi^{(1)}\}$ eine Potentialdarstellung der Randverteilung von P auf $\mathbf{W}_1 \cup \mathbf{W}_2 \cup \ldots \cup \mathbf{W}_{p-1}$.

Auch diese Proposition wird in [170], S. 255, bewiesen.

Beispiel 13.38 (Medizin 4) Wir setzen Beispiel 13.36 fort. Die Knoten im moralen Graph in Abbildung 13.8 sind bereits entsprechend dem MCS-Kriterium nummeriert, und die Cliquen-Ordnung $\mathbf{C}_1, \mathbf{C}_2, \mathbf{C}_3$ folgt dieser Nummerierung. Also besitzt sie die RIP (vgl. Theorem B.38). Es ist (z.B.)

$$\mathbf{S}_3 = \{C\} \subset \mathbf{C}_2$$

Dann ist $(\mathbf{C}_1, \mathbf{C}_2, \psi^{(1)})$ eine Potentialdarstellung der Randverteilung von P auf $\mathbf{C}_1 \cup \mathbf{C}_2 = \{A, B, C, D\}$, wobei $\psi^{(1)}$ in der folgenden Form gegeben ist:

$$\psi^{(1)}(\mathbf{C}_1) = \psi(\mathbf{C}_1)$$

also

$$\psi^{(1)}(A, B, C) = P(A)P(B \mid A)P(C \mid A)$$

und

$$\begin{aligned} \psi^{(1)}(\mathbf{C}_2) &= \psi(\mathbf{C}_2) \sum_{\mathbf{R}_3} \psi(\mathbf{C}_3) \\ &= \psi(B, C, D) \sum_E \psi(C, E) \end{aligned}$$

also

$$\begin{aligned} \psi^{(1)}(B, C, D) &= P(D \mid B, C) \sum_E P(E \mid C) \\ &= P(D \mid B, C) \qquad \qquad \square \end{aligned}$$

Damit lässt sich nun sukzessive eine Darstellung der gemeinsamen Verteilung P mittels bedingter Wahrscheinlichkeiten gewinnen:

Proposition 13.39 *Sei $\mathbf{V}$ eine (endliche) Menge von Aussagenvariablen, und sei P eine gemeinsame Verteilung über $\mathbf{V}$ mit Potentialdarstellung $\{\mathbf{W}_1, \ldots, \mathbf{W}_p; \psi\}$. Wir nehmen weiterhin an, dass die Ordnung $(\mathbf{W}_1, \ldots, \mathbf{W}_p)$ der fortlaufenden Schnitteigenschaft RIP genügt. Dann gilt*

$$P(\mathbf{V}) = P(\mathbf{W}_1) \prod_{i=2}^p P(\mathbf{R}_i | \mathbf{S}_i) \qquad (13.26)$$

wobei die Mengen $\mathbf{R}_i, \mathbf{S}_i$ wie in Proposition 13.33 definiert sind.

Ein Beweis hierzu findet sich in [170], S. 256.

13.3.2 Der permanente Cliquenbaum als Wissensbasis

Durch Proposition 13.39 haben wir eine handliche Darstellung der gemeinsamen Verteilung gewonnen. Die Rolle des Teilmengensystems $\mathbf{W}_1, \ldots, \mathbf{W}_p$ übernimmt bei Bayesschen Netzwerken die Menge der Cliquen. Wir fassen im Folgenden kurz das Verfahren zusammen, das zu einem Bayesschen Netzwerk einen *Cliquenbaum* eines ungerichteten, triangulierten Graphen konstruiert und eine Potentialdarstellung von P auf den Cliquen bereitstellt (vgl. Anhang B.2). Cliquenbaum und Potentialdarstellung bilden zusammen die Wissensbasis (entspricht dem regelhaften Wissen in Abbildung 2.3).

Erzeugung des permanenten Cliquenbaums mit Potentialdarstellung:

Sei $(\mathbf{V}, \mathcal{E}, P)$ ein Bayessches Netzwerk.

1. Bilde den moralen Graph $\mathcal{G}_m$ von $(\mathbf{V}, \mathcal{E})$.

2. Triangulation von $\mathcal{G}_m$: Bestimme mittels MCS eine (lineare) Ordnung α auf den Knoten in $\mathbf{V}$ und berechne den Fill-in-Graphen $\mathcal{G}' = \mathcal{G}(\alpha)$ von $\mathcal{G}_m$.

3. Ordnung der Cliquen: Bestimme die Cliquen $\mathbf{C}_i$ von $\mathcal{G}'$ und ordne sie nach dem jeweils größten (gemäß der Ordnung α) in ihnen vorkommenden Knoten. Sei $(\mathbf{C}_1, \ldots, \mathbf{C}_p)$ diese Ordnung. Sie erfüllt die fortlaufende Schnitteigenschaft RIP.

4. Bestimmung der Mengen $\mathbf{R}_i$ und $\mathbf{S}_i$ für $1 \leq i \leq p$:

$$\begin{aligned}
\mathbf{S}_i &= \mathbf{C}_i \cap (\mathbf{C}_1 \cup \ldots \cup \mathbf{C}_{i-1}) \\
\mathbf{R}_i &= \mathbf{C}_i - \mathbf{S}_i
\end{aligned}$$

Bestimme für jedes $i > 1$ ein $j < i$ so, dass $\mathbf{S}_i \subseteq \mathbf{C}_j$ (möglich wegen RIP). Gibt es mehrere mögliche j, wähle eines von ihnen (beliebig, aber fest). $\mathbf{C}_j$ wird dann *Elternclique* von $\mathbf{C}_i$ genannt.

5. Bilde anhand der im vorigen Punkt festgelegten Eltern-Kind-Beziehungen einen *Cliquenbaum*.

6. Bestimme zu jedem $V \in \mathbf{V}$ eine Clique $clq(V)$ mit $\{V\} \cup pa(V) \subseteq clq(V)$.

7. Definiere für $1 \leq i \leq p$

$$\psi(\mathbf{C}_i) = \prod_{clq(V) = \mathbf{C}_i} P(V \mid pa(V)) \tag{13.27}$$

Der auf diese Weise gewonnene Cliquenbaum ist ein gerichteter Graph, der als Knoten die Cliquen $\mathbf{C}_i$ des moralen, triangulierten Graphen besitzt. Zwischen zwei Knoten $\mathbf{C}_j$ und $\mathbf{C}_i$ gibt es genau dann eine Kante $(\mathbf{C}_j, \mathbf{C}_i)$, wenn $\mathbf{C}_j$ Elternclique von $\mathbf{C}_i$ ist; eine notwendige Bedingung hierfür ist, dass $\mathbf{S}_i \subseteq \mathbf{C}_j$ gilt. Jede Kante kann außerdem mit einem Label versehen werden, das aus dem entsprechenden Separator $\mathbf{S}_i$ besteht, wie es in Beispiel 13.40 gezeigt wird.

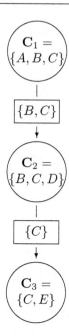

Abbildung 13.9 Cliquenbaum zu Beispiel 13.40; die Kanten tragen die Separatoren als Label

Beispiel 13.40 (Medizin 5) Wir konstruieren den Cliquenbaum für Beispiel 13.38 bzw. Beispiel 13.36. Hier ist

$$\begin{aligned}
\mathbf{S}_1 &= \emptyset & \mathbf{R}_1 &= \mathbf{C}_1 = \{A, B, C\} \\
\mathbf{S}_2 &= \mathbf{C}_2 \cap \mathbf{C}_1 = \{B, C\} & \mathbf{R}_2 &= \{D\} \\
\mathbf{S}_3 &= \mathbf{C}_3 \cap (\mathbf{C}_1 \cup \mathbf{C}_2) = \{C\} & \mathbf{R}_3 &= \{E\}
\end{aligned}$$

also

$$\mathbf{S}_2 \subseteq \mathbf{C}_1 \quad \text{und} \quad \mathbf{S}_3 \subseteq \mathbf{C}_2$$

$\mathbf{C}_1$ ist also Elternclique von $\mathbf{C}_2$, und diese ist wiederum Elternclique von $\mathbf{C}_3$. Wir erhalten damit den Cliquenbaum in Abbildung 13.9. ☐

Der Cliquenbaum und die dazu gehörige Potentialdarstellung der gemeinsamen Verteilung stellen einen permanenten Teil der Wissensbasis dar. Zu jedem Knoten des Baumes werden die entsprechenden Mengen $\mathbf{C}_i, \mathbf{S}_i, \mathbf{R}_i$ und die Funktion $\psi(\mathbf{C}_i)$ gespeichert. Das ursprüngliche Bayessche Netzwerk wird nun nicht mehr benötigt.

In der schematischen Darstellung in Abbildung 2.3 entsprechen Cliquenbaum und Potentialdarstellung also den Regeln in der Wissensbasis eines wissensbasierten Systems. Die Wissensverarbeitung erfolgt z.B. nach dem Propagationsalgorithmus von Lauritzen und Spiegelhalter, den wir im nächsten Abschnitt 13.3.3 vorstellen werden. Die Berücksichtigung fallspezifischer Fakten (vgl. Abbildung 2.3) entspricht der Instantiierung einzelner Variablen zu konkreten Werten (Abschnitt 13.3.4).

Selbsttestaufgabe 13.41 (Cliquenbaum) Wir betrachten den DAG G aus dem Los Angeles-Beispiel 13.24 (vgl. Abbildung 13.6). Die Wahrscheinlichkeiten für R und S seien gegeben durch

$$P(r) = 0.2 \quad \text{und} \quad P(s) = 0.1$$

und die bedingten Verteilungen $P(W_r \mid R)$ und $P(H_r \mid R, S)$ liegen in der folgenden Form vor:

W_r	R	$P(W_r \mid R)$	H_r	R	S	$P(H_r \mid R,S)$	H_r	R	S	$P(H_r \mid R,S)$
0	0	0.8	0	0	0	1	1	0	0	0
0	1	0	0	0	1	0.1	1	0	1	0.9
1	0	0.2	0	1	0	0	1	1	0	1
1	1	1	0	1	1	0	1	1	1	1

1. Berechnen Sie die gemeinsame Verteilung P über R, S, H_r, W_r.
2. Bestimmen Sie die Verteilungen $P(W_r)$ und $P(H_r)$.
3. Bilden Sie den permanenten Cliquenbaum mit Potentialdarstellung zu G und P. ∎

Selbsttestaufgabe 13.42 (Bayes-Netze und Cliquenordnung) Zeigen Sie: Wenn bei der Erstellung des Cliquenbaums die Moralisierung, die MCS und die Triangulation korrekt durchgeführt wurden, dann kann es nicht vorkommen, dass zwei verschiedene Cliquen denselben höchstnummerierten Knoten haben. ∎

Selbsttestaufgabe 13.43 (Bayes-Netze) Es sei das folgende Bayes-Netz mit passender Verteilung P gegeben:

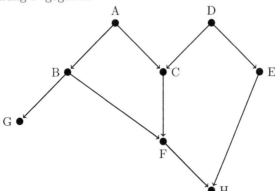

1. Welche Potentialdarstellung für P läßt sich direkt aus dem Netz ableiten?
2. Bestimmen Sie für den Knoten F *alle* bedingten Unabhängigkeiten, die sich nach der Definition eines Bayes-Netzes aus der lokalen gerichteten Markov-Bedingung direkt ableiten lassen.
3. Bestimmen Sie zu diesem Bayes-Netz den permanenten Cliquenbaum und geben Sie die Potentialfunktionen auf den einzelnen Cliquen an. Starten Sie bei der MCS mit dem Knoten A und entscheiden Sie im Folgenden bei Gleichberechtigung von Knoten zu Gunsten der alphabetischen Reihenfolge. ∎

13.3.3   Der Algorithmus von Lauritzen und Spiegelhalter

Durch die Zerlegung der gemeinsamen Verteilung in ein Produkt gewisser Funktionen wird eine Darstellung der Verteilung im Rechner oft erst möglich. Jede benötigte Wahrscheinlichkeit lässt sich aus der Potentialdarstellung bestimmen. Dennoch kann die Berechnung einzelner Wahrscheinlichkeiten sehr aufwendig sein. Gerade die Wahrscheinlichkeiten der Werte der Aussagenvariablen selbst, die meistens von besonders großem Interesse sind, erfordern das Aufsummieren einer großen Anzahl von Elementarwahrscheinlichkeiten, von denen jede einzelne erst einmal aus der Potentialdarstellung berechnet werden muss.

Der *(Propagations)Algorithmus von Lauritzen und Spiegelhalter* nutzt die Struktur eines Cliquenbaumes, um sukzessive die Randverteilungen der einzelnen Cliquen $P(\mathbf{C}_i)$ zu berechnen. Dann lassen sich die Wahrscheinlichkeiten einer Aussagenvariablen $V \in \mathbf{V}$ aus den Randverteilungen (die im Allgemeinen sehr viel kleiner als die globale Verteilung sind) einer jeden Clique $\mathbf{C}_j$, zu der V gehört, durch Marginalisieren über $\mathbf{C}_j - \{V\}$ bestimmen:

$$P(V) = \sum_{\mathbf{C}_j - \{V\}} P(\mathbf{C}_j)$$

Wir gehen von dem permanenten Cliquenbaum als Wissensbasis aus: Sei $\{\mathbf{C}_1, \ldots, \mathbf{C}_p; \psi\}$ eine Potentialdarstellung der gemeinsamen Verteilung P auf $\mathbf{V}$, wobei die Cliquen-Ordnung $(\mathbf{C}_1, \mathbf{C}_2, \ldots, \mathbf{C}_p)$ die fortlaufende Schnitteigenschaft RIP besitze. Aus Proposition 13.33 folgt

$$P(\mathbf{C}_i | \mathbf{S}_i) = P(\mathbf{R}_i | \mathbf{S}_i)$$

und wegen $\mathbf{S}_i \subseteq \mathbf{C}_i$ erhalten wir

$$P(\mathbf{C}_i) = P(\mathbf{R}_i | \mathbf{S}_i) P(\mathbf{S}_i) \tag{13.28}$$

Das reduziert das Problem der Bestimmung von $P(\mathbf{C}_i)$ auf die Bestimmung der Wahrscheinlichkeiten $P(\mathbf{R}_i | \mathbf{S}_i)$ und $P(\mathbf{S}_i)$ für jedes $i \in \{1, \ldots, p\}$.

Wir beginnen dabei mit der letzten Clique $\mathbf{C}_p$. Nach Proposition 13.35 ist

$$P(\mathbf{R}_p | \mathbf{S}_p) = \frac{\psi(\mathbf{C}_p)}{\sum_{\mathbf{R}_p} \psi(\mathbf{C}_p)}$$

Diese bedingte Wahrscheinlichkeit lässt sich also leicht aus der Potentialdarstellung gewinnen. Proposition 13.37 zeigt nun, wie man eine Potentialdarstellung der Randverteilung auf $\mathbf{C}_1 \cup \ldots \cup \mathbf{C}_{p-1}$ durch Modifikation von ψ erhält. Dann aber lässt sich Proposition 13.35 auf die Mengenkette $\mathbf{C}_1, \ldots, \mathbf{C}_{p-1}$ anwenden, und man erhält $P(\mathbf{R}_{p-1} | \mathbf{S}_{p-1})$. Durch wiederholtes Anwenden der obigen beiden Sätze kann man also alle erforderlichen bedingten Wahrscheinlichkeiten $P(\mathbf{R}_i | \mathbf{S}_i)$ berechnen.

Diese Prozedur lässt sich folgendermaßen veranschaulichen: Ausgehend von den Blättern des Cliquenbaumes werden "Nachrichten" aufwärts zu den Elterncliquen gesandt. Die Elternclique passt ihre lokale Potentialfunktion entsprechend den empfangenen Nachrichten an, und wenn die Nachrichten aller Kindcliquen auf diese Weise berücksichtigt worden sind, gibt sie selbst eine Nachricht an ihre Elternclique weiter.

Dabei ist es wichtig, nach Abschluss der Propagationen wieder auf eine Potenti-aldarstellung zurückgreifen zu können. Sobald $\mathbf{C}_i$ ihre Nachricht an ihre Elternclique geschickt hat, wird daher

$$\psi^{(neu)}(\mathbf{C}_i) := P(\mathbf{R}_i \mid \mathbf{S}_i)$$

gesetzt, und nach Beendigung des gesamten Anpassungsprozesses ist dann

$$\psi^{(neu)}(\mathbf{C}_1) := P(\mathbf{R}_1 \mid \mathbf{S}_1) = P(\mathbf{C}_1)$$

wegen $\mathbf{R}_1 = \mathbf{C}_1$ und $\mathbf{S}_1 = \emptyset$. Gemäß Satz 13.39 liefert $\psi^{(neu)}$ wieder eine Potenti-aldarstellung von P.

Damit ist unser Problem aber noch nicht ganz gelöst. Wir haben gezeigt, wie man alle bedingten Wahrscheinlichkeiten $P(\mathbf{R}_i \mid \mathbf{S}_i)$ für jedes i bestimmt. Was noch fehlt, sind die Wahrscheinlichkeiten $P(\mathbf{S}_i)$.

Für die Wurzelclique $\mathbf{C}_1$ ist $\mathbf{S}_1 = \emptyset$ und daher $P(\mathbf{C}_1) = \psi^{(neu)}(\mathbf{C}_1)$ (s.o.). Für die zweite Clique erhalten wir

$$P(\mathbf{C}_2) = P(\mathbf{R}_2 \mid \mathbf{S}_2)P(\mathbf{S}_2) = \psi^{(neu)}(\mathbf{C}_2)P(\mathbf{S}_2)$$

Da $S_2 \subseteq \mathbf{C}_1$ gilt, kann in dieser Gleichung $P(\mathbf{S}_2)$ aus der bereits bestimmten Rand-verteilung $P(\mathbf{C}_1)$ durch Aufsummieren berechnet werden:

$$P(\mathbf{S}_2) = \sum_{\mathbf{C}_1 - \mathbf{S}_2} P(\mathbf{C}_1)$$

Analoge Schritte führen nun zur Bestimmung der Randverteilungen von P auf $\mathbf{C}_3, \dots, \mathbf{C}_p$, also auf allen Cliquen und damit auf allen Mengen $\mathbf{S}_i$. Wichtig ist dabei die fortlaufende Schnitteigenschaft, die sicherstellt, dass jedes $\mathbf{S}_i$ ganz in einer der vorher berechneten Cliquen enthalten ist.

Wieder lässt sich dieser Berechnungsprozess im Cliquenbaum veranschaulichen: Diesmal werden, beginnend von der Wurzelclique aus, Nachrichten abwärts im Baum zu den Kindern geschickt. Die empfangende Clique berechnet ihre margi-nalen Wahrscheinlichkeiten durch Multiplikation der lokalen Potentialfunktion mit den empfangenen Werten und sendet ihrerseits Nachrichten zu ihren Kindcliquen.

Beispiel 13.44 (Medizin 6) Wir wollen bei unserem medizinischen Beispiel 13.27 (und folgende) die Wahrscheinlichkeiten der Cliquen berechnen. Zu diesem Zweck haben wir unsere bisherigen Informationen in der Tabelle in Abbildung 13.10 zu-sammengestellt.

Wir bestimmen zunächst die neue Potentialverteilung $\psi^{(neu)}(\mathbf{C}_i) = P(\mathbf{R}_i \mid \mathbf{S}_i)$: Aus Beispiel 13.36 wissen wir

$$\psi^{(neu)}(\mathbf{C}_3) = P(\mathbf{R}_3 \mid \mathbf{S}_3) = P(E \mid C) = \psi(\mathbf{C}_3)$$

Nach Proposition 13.37 ist $\{\mathbf{C}_1, \mathbf{C}_2; \psi^{(1)}\}$ mit $\psi^{(1)} = \psi$ (vgl. Beispiel 13.38) eine Potentialdarstellung der Randverteilung auf $\mathbf{C}_1 \cup \mathbf{C}_2 = \{A, B, C, D\}$. Wir wenden nun Proposition 13.35 auf diese verkürzte Potentialdarstellung an:

i	$\mathbf{C}_i$	$\mathbf{R}_i$	$\mathbf{S}_i$	Konjunktion	$\psi(\mathbf{C}_i)$
1	$\{A, B, C\}$	$\{A, B, C\}$	$\emptyset$	abc	0.032
				$ab\bar{c}$	0.128
				$a\bar{b}c$	0.008
				$a\bar{b}\bar{c}$	0.032
				$\bar{a}bc$	0.008
				$\bar{a}b\bar{c}$	0.152
				$\bar{a}\bar{b}c$	0.032
				$\bar{a}\bar{b}\bar{c}$	0.608
2	$\{B, C, D\}$	$\{D\}$	$\{B, C\}$	bcd	0.8
				$bc\bar{d}$	0.2
				$b\bar{c}d$	0.9
				$b\bar{c}\bar{d}$	0.1
				$\bar{b}cd$	0.7
				$\bar{b}c\bar{d}$	0.3
				$\bar{b}\bar{c}d$	0.05
				$\bar{b}\bar{c}\bar{d}$	0.95
3	$\{C, E\}$	$\{E\}$	$\{C\}$	ce	0.8
				$c\bar{e}$	0.2
				$\bar{c}e$	0.6
				$\bar{c}\bar{e}$	0.4

Abbildung 13.10 Cliquen, Residuen und Separatoren zu Beispiel 13.44

$$
\begin{aligned}
P(\mathbf{R}_2 \mid \mathbf{S}_2) &= \frac{\psi^{(1)}(\mathbf{C}_2)}{\sum_{\mathbf{R}_2} \psi^{(1)}(\mathbf{C}_2)} \\
&= \frac{\psi(B, C, D)}{\sum_D \psi(B, C, D)} \\
&= \frac{P(D \mid B, C)}{\sum_D P(D \mid B, C)} \\
&= P(D \mid B, C) \\
&= \psi(B, C, D)
\end{aligned}
$$

also auch hier wieder

$$
\psi^{(neu)}(\mathbf{C}_2) = P(\mathbf{R}_2 \mid \mathbf{S}_2) = \psi(\mathbf{C}_2)
$$

Schließlich ist $\{\mathbf{C}_1; \psi^{(2)}\}$ mit $\psi^{(2)}(\mathbf{C}_1) = \psi(\mathbf{C}_1)$ eine Potentialdarstellung der Randverteilung auf $\mathbf{C}_1$ (gemäß Proposition 13.37), und aus Proposition 13.35 folgt

$$
\psi^{(neu)}(\mathbf{C}_1) := P(\mathbf{R}_1 \mid \mathbf{S}_1) = P(\mathbf{C}_1) = \psi(\mathbf{C}_1)
$$

Die Potentialfunktion $\psi^{(neu)}$ ist also in diesem Fall identisch mit dem ursprünglichen ψ.

Wir wollen nun die Cliquenwahrscheinlichkeiten berechnen: $P(\mathbf{C}_1) = \psi(\mathbf{C}_1)$ ist bereits bekannt. Daraus lässt sich wegen $\mathbf{S}_2 = \{B, C\} \subset \mathbf{C}_1$ auch $P(\mathbf{S}_2)$ bestimmen:

$$\begin{aligned}
P(bc) &= 0.032 + 0.008 = 0.04 \\
P(b\bar{c}) &= 0.128 + 0.152 = 0.28 \\
P(\bar{b}c) &= 0.04 \\
P(\bar{b}\bar{c}) &= 0.64
\end{aligned}$$

Nun erhalten wir $P(\mathbf{C}_2)$ aus $P(\mathbf{C}_2) = \psi(\mathbf{C}_2)P(\mathbf{S}_2)$, z.B.

$$P(bcd) = \psi(bcd)P(bc) = 0.8 \cdot 0.04 = 0.032$$

Ebenso gehen wir bei der Berechnung von $P(\mathbf{C}_3) = \psi(\mathbf{C}_3)P(\mathbf{S}_3)$ vor. $\square$

Selbsttestaufgabe 13.45 (Propagationsalgorithmus) Berechnen Sie die fehlenden Cliquenwahrscheinlichkeiten in Beispiel 13.44. $\blacksquare$

Selbsttestaufgabe 13.46 (Erdbeben) Mr Holmes erhält in seinem Büro in Los Angeles einen Anruf von Dr Watson, der ihm mitteilt, dass die Alarmanlage (A) in seinem Haus ausgelöst wurde. Holmes vermutet Einbrecher (Diebe, D) am Werk und macht sich eilends auf den Weg nach Hause. Unterwegs hört er im Radio (R), dass es im Gebiet von Los Angeles wieder einmal ein kleines Erdbeben (E) gegeben habe. Holmes weiß aus Erfahrung, dass die Alarmanlage auch auf solche Beben reagiert und folgert nun, dass das Erdbeben die Ursache für den Alarm ist. Erleichtert kehrt er in sein Büro zurück.

Das Bayessche Netz G in Abbildung 13.11 gibt die geschilderten Zusammenhänge zwischen den benutzten Variablen E, D, A und R wieder. Die Wahrscheinlichkeiten für E und D seien gegeben durch $P(E) = 0.001$ und $P(D) = 0.01$, und die bedingten Wahrscheinlichkeiten $P(R \mid E)$ und $P(A \mid D, E)$ liegen in der folgenden Form vor:

E	R	$P(R\mid E)$	A	D	E	$P(A\mid D,E)$	A	D	E	$P(A\mid D,E)$
0	0	0.9	0	0	0	0.99	1	0	0	0.01
0	1	0.1	0	0	1	0.5	1	0	1	0.5
1	0	0	0	1	0	0.1	1	1	0	0.9
1	1	1	0	1	1	0.01	1	1	1	0.99

E : Erdbeben
D : Einbruch (Diebe)
A : Alarm
R : Radio-Nachricht

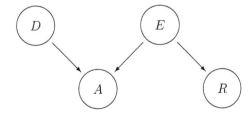

Abbildung 13.11 Variablen und Bayessches Netz G zu Selbsttestaufgabe 13.46

1. Wie lautet die Produktdarstellung der gemeinsamen Verteilung über A, D, E, R? Welche bedingten Unabhängigkeiten gelten in diesem Bayesschen Netz G? Geben Sie zu jedem Knoten ein Beispiel an.

2. Bilden Sie den permanenten Cliquenbaum mit Potentialdarstellung zu G und P (mit Zeichnung).

3. Bestimmen Sie daraus die Wahrscheinlichkeitsverteilungen über den Cliquen; geben Sie insbesondere die Wahrscheinlichkeiten $P(A)$ und $P(R)$ an.   ■

13.3.4   Berücksichtigung fallspezifischer Daten

Während der (permanente) Cliquenbaum die regelhafte, nicht fallspezifische Wissensbasis bildet, ergeben sich fallspezifische Fakten z.B. durch Untersuchungen oder Beobachtungen (vgl. Abbildung 2.3). Wenn in Beispiel 13.27 bei einem Patienten durch eine Untersuchung ein erhöhter Calcium-Serum-Wert festgestellt worden ist, kann dies durch die Belegung der Variablen B mit dem Wert b modelliert werden. Welche Konsequenzen hat die Festlegung $B = b$ nun für die anderen Wahrscheinlichkeiten?

Um die Auswirkungen solcher fallspezifischer Daten zu berechnen, werden die Variablen in den permanenten Cliquenbaum mit den vorliegenden Werten instantiiert und der Propagationsalgorithmus von Lauritzen und Spiegelhalter auf die sich ergebende Instanz des permanenten Cliquenbaums angewandt.

Definition 13.47 (Instantiierung) Sei $\mathbf{V}$ eine (endliche) Menge von Aussagenvariablen, und sei $\mathbf{U} \subseteq \mathbf{V}$ eine Teilmenge von $\mathbf{V}$. $\mathbf{U}^*$ enthalte zu jeder Variablen aus $\mathbf{U}$ genau einen Wert aus dem jeweiligen Wertebereich der Variablen. Dann heißt $\mathbf{U}^*$ eine *Instantiierung* von $\mathbf{U}$; dies wird mit $\mathbf{U} := \mathbf{U}^*$ bezeichnet.   □

Der folgende Satz zeigt, wie man eine Potentialverteilung einer instantiierten Verteilung aus der Potentialverteilung der ursprünglichen Verteilung bestimmen kann:

Proposition 13.48 *Sei $\mathbf{V}$ eine (endliche) Menge von Aussagenvariablen, und sei P eine gemeinsame Verteilung über $\mathbf{V}$ mit Potentialdarstellung $\{\mathbf{W}_1, \ldots, \mathbf{W}_p; \psi\}$. Sei $\mathbf{U}^*$ eine Instantiierung einer Teilmenge $\mathbf{U} \subseteq \mathbf{V}$ von $\mathbf{V}$. Es bezeichne*

$$\psi_{\mathbf{U}:=\mathbf{U}^*}(\mathbf{W}_i)$$

das Ergebnis der Auswertung von ψ auf $\mathbf{W}_i$, wobei die Variablen in $\mathbf{W}_i \cap \mathbf{U}$ mit ihren Werten aus $\mathbf{U}^*$ instantiiert sind.

Dann ist $\{\mathbf{W}_1 - \mathbf{U}, \ldots, \mathbf{W}_p - \mathbf{U}; \psi_{\mathbf{U}:=\mathbf{U}^*}\}$ eine Potentialdarstellung der auf $\hat{\mathbf{V}} = \mathbf{V} - \mathbf{U}$ definierten Verteilung $\hat{P}(\hat{\mathbf{V}}) = P(\hat{\mathbf{V}} \mid \mathbf{U}^*)$.

Beispiel 13.49 (Medizin 7) Angenommen, die Variable B in Beispiel 13.27 sei positiv instantiiert worden, d.h., es ist ein erhöhter Calcium-Serum-Wert festgestellt worden: $B = b$. Hier ist

$$\mathbf{U} = \{B\} \quad \text{und} \quad \mathbf{U}^* = \{b\}$$

$\hat{P}$ ist dann eine Verteilung auf $\{A, C, D, E\}$ und wird gegeben durch

$$\hat{P}(A, C, D, E) = P(A, C, D, E \mid b)$$

Zu bestimmen ist eine Potentialdarstellung von $\hat{P}$. Die ursprüngliche Potentialdarstellung von P wird gegeben durch

$$\begin{aligned}
\mathbf{C}_1 &= \{A, B, C\} \\
\mathbf{C}_2 &= \{B, C, D\} \\
\mathbf{C}_3 &= \{C, E\}
\end{aligned}$$

und

$$\begin{aligned}
\psi(A, B, C) &= P(A)P(B \mid A)P(C \mid A) \\
\psi(B, C, D) &= P(D \mid B, C) \\
\psi(C, E) &= P(E \mid C)
\end{aligned}$$

Die neuen Mengen $\hat{\mathbf{C}}_i = \mathbf{C}_i - \{B\}$ sind folglich

$$\begin{aligned}
\hat{\mathbf{C}}_1 &= \{A, C\} \\
\hat{\mathbf{C}}_2 &= \{C, D\} \\
\hat{\mathbf{C}}_3 &= \{C, E\}
\end{aligned}$$

und ψ wird modifiziert zu $\hat{\psi} = \psi_{B=b}$:

$$\begin{aligned}
\hat{\psi}(A, C) &= P(A)P(b \mid A)P(C \mid A) \\
\hat{\psi}(C, D) &= P(D \mid b, C) \\
\hat{\psi}(C, E) &= P(E \mid C)
\end{aligned}$$

$\{\hat{\mathbf{C}}_1, \hat{\mathbf{C}}_2, \hat{\mathbf{C}}_3; \hat{\psi}\}$ ist dann eine Potentialdarstellung von $\hat{P}$. $\qquad\square$

Wir wollen anhand unseres Beispiels beschreiben, wie Instantiierungen von Variablen im Propagationsalgorithmus behandelt werden.

Beispiel 13.50 (Medizin 8) Nehmen wir an, die Variable D in unserem medizinischen Beispiel sei positiv instantiiert worden, d.h., der betreffende Patient liegt im Koma: $D = d$. Eine Potentialdarstellung der bedingten Verteilung

$$\hat{P}(A, B, C, E) := P(A, B, C, E \mid d)$$

ist nach Proposition 13.48 gegeben durch

$$\begin{aligned}
\hat{\mathbf{C}}_1 &= \mathbf{C}_1 - \{D\} = \{A, B, C\} \\
\hat{\mathbf{C}}_2 &= \mathbf{C}_2 - \{D\} = \{B, C\} \\
\hat{\mathbf{C}}_3 &= \mathbf{C}_3 - \{D\} = \{C, E\}
\end{aligned}$$

und

$$\hat{\psi} = \psi_{D:=d}$$

Da D weder in $\mathbf{C}_1$ noch in $\mathbf{C}_3$ liegt und dort also auch nicht instantiiert werden kann, folgt

$$\hat{\psi}(\hat{\mathbf{C}}_1) = \psi(\mathbf{C}_1) \quad \text{und} \quad \hat{\psi}(\hat{\mathbf{C}}_3) = \psi(\mathbf{C}_3)$$

Für $\hat{\psi}(\hat{\mathbf{C}}_2)$ erhalten wir

$$\hat{\psi}(\hat{\mathbf{C}}_2) = \hat{\psi}(B, C) = \psi(B, C, d)$$

also z.B.

$$\hat{\psi}(bc) = \psi(bcd) = 0.8$$

Damit lassen sich auch die Werte von $\hat{\psi}(\hat{\mathbf{C}}_2)$ direkt aus der obigen Tabelle in Abbildung 13.10 ablesen. Wir setzen

$$\begin{aligned}
\hat{\mathbf{R}}_1 &= \mathbf{R}_1 - \{D\} = \{A, B, C\} \\
\hat{\mathbf{R}}_2 &= \mathbf{R}_2 - \{D\} = \emptyset \\
\hat{\mathbf{R}}_3 &= \mathbf{R}_3 - \{D\} = \{E\}
\end{aligned}$$

und

$$\begin{aligned}
\hat{\mathbf{S}}_1 &= \mathbf{S}_1 - \{D\} = \emptyset \\
\hat{\mathbf{S}}_2 &= \mathbf{S}_2 - \{D\} = \{B, C\} \\
\hat{\mathbf{S}}_3 &= \mathbf{S}_3 - \{D\} = \{C\}
\end{aligned}$$

Wir berechnen nun die Wahrscheinlichkeiten $\hat{P}(\hat{\mathbf{R}}_i \mid \hat{\mathbf{S}}_i)$ wieder durch Anwendung der Propositionen 13.35 und 13.37: Es ist zunächst

$$\begin{aligned}
\hat{P}(\hat{\mathbf{R}}_3 \mid \hat{\mathbf{S}}_3) &= \frac{\hat{\psi}(\hat{\mathbf{C}}_3)}{\sum_{\hat{\mathbf{R}}_3} \hat{\psi}(\hat{\mathbf{C}}_3)} \\
&= \frac{\psi(\mathbf{C}_3)}{\sum_{\mathbf{R}_3} \psi(\mathbf{C}_3)} \\
&= P(\mathbf{R}_3 \mid \mathbf{S}_3) \\
&= \psi(\mathbf{C}_3)
\end{aligned}$$

und daher

$$\hat{\psi}^{(neu)}(\hat{\mathbf{C}}_3) = \hat{P}(\hat{\mathbf{R}}_3 \mid \hat{\mathbf{S}}_3) = \psi(\mathbf{C}_3)$$

Dann ist $\{\hat{\mathbf{C}}_1, \hat{\mathbf{C}}_2; \hat{\psi}^{(1)}\}$ mit

$$\begin{aligned}
\hat{\psi}^{(1)}(\hat{\mathbf{C}}_1) &= \hat{\psi}(\hat{\mathbf{C}}_1), \\
\hat{\psi}^{(1)}(\hat{\mathbf{C}}_2) &= \hat{\psi}(\hat{\mathbf{C}}_2) \sum_{\hat{\mathbf{R}}_3} \hat{\psi}(\hat{\mathbf{C}}_3) \\
&= \hat{\psi}(\hat{\mathbf{C}}_2)
\end{aligned}$$

eine Potentialdarstellung von $\hat{P}$ auf $\hat{\mathbf{C}}_1 \cup \hat{\mathbf{C}}_2 = \{A, B, C\}$. Daher ist

$$\hat{P}(\hat{\mathbf{R}}_2 \mid \hat{\mathbf{S}}_2) = \frac{\hat{\psi}^{(1)}(\hat{\mathbf{C}}_2)}{\sum_{\hat{\mathbf{R}}_2} \hat{\psi}^{(1)}(\hat{\mathbf{C}}_2)}$$

Da $\hat{\mathbf{R}}_2 = \emptyset$ und folglich

$$\sum_{\hat{\mathbf{R}}_2} \hat{\psi}^{(1)}(\hat{\mathbf{C}}_2) = \hat{\psi}^{(1)}(\hat{\mathbf{C}}_2)$$

ist, gilt

$$\hat{P}(\hat{\mathbf{R}}_2 \mid \hat{\mathbf{S}}_2) = 1$$

Bevor wir uns $\hat{\mathbf{C}}_1$ zuwenden, setzen wir wieder

$$\hat{\psi}^{(neu)}(\hat{\mathbf{C}}_2) = \hat{P}(\hat{\mathbf{R}}_2 \mid \hat{\mathbf{S}}_2) = 1$$

Wir erhalten eine Potentialdarstellung von $\hat{P}$ auf $\hat{\mathbf{C}}_1 = \{A, B, C\}$ mittels $\{\hat{\mathbf{C}}_1; \hat{\psi}^{(2)}\}$, wobei $\hat{\psi}^{(2)}$ definiert ist durch

$$\begin{aligned}
\hat{\psi}^{(2)}(\hat{\mathbf{C}}_1) &= \hat{\psi}^{(1)}(\hat{\mathbf{C}}_1) \sum_{\hat{\mathbf{R}}_2} \hat{\psi}^{(1)}(\hat{\mathbf{C}}_2) \\
&= \hat{\psi}^{(1)}(\hat{\mathbf{C}}_1)\hat{\psi}^{(1)}(\hat{\mathbf{C}}_2)
\end{aligned}$$

also z.B.

$$\begin{aligned}
\hat{\psi}^{(2)}(abc) &= \hat{\psi}^{(1)}(abc)\hat{\psi}^{(1)}(bc) \\
&= 0.032 \cdot 0.8 \\
&= 0.0256
\end{aligned}$$

$\hat{\psi}^{(2)}$ ist vollständig gegeben durch

$$\begin{array}{ll}
\hat{\psi}^{(2)}(abc) = 0.0256 & \hat{\psi}^{(2)}(ab\bar{c}) = 0.1152 \\
\hat{\psi}^{(2)}(a\bar{b}c) = 0.0056 & \hat{\psi}^{(2)}(a\bar{b}\bar{c}) = 0.0016 \\
\hat{\psi}^{(2)}(\bar{a}bc) = 0.0064 & \hat{\psi}^{(2)}(\bar{a}b\bar{c}) = 0.1368 \\
\hat{\psi}^{(2)}(\bar{a}\bar{b}c) = 0.0224 & \hat{\psi}^{(2)}(\bar{a}\bar{b}\bar{c}) = 0.0304
\end{array} \qquad (13.29)$$

Wir setzen wieder

$$\begin{aligned}
\hat{\psi}^{(neu)}(\hat{\mathbf{C}}_1) &= \hat{P}(\hat{\mathbf{R}}_1 \mid \hat{\mathbf{S}}_1) \\
&= \hat{P}(\hat{\mathbf{C}}_1)
\end{aligned}$$

Damit lassen sich nun sukzessive die Wahrscheinlichkeiten der einzelnen Cliquen berechnen. Diese können der Tabelle in Abbildung 13.12 entnommen werden. $\square$

Selbsttestaufgabe 13.51 (Propagationsalgorithmus bei Instantiierung)
Führen Sie Beispiel 13.50 zu Ende und berechnen Sie die Wahrscheinlichkeiten $\hat{P}(\hat{\mathbf{C}}_i)$ für $i = 1, 2, 3$. $\blacksquare$

Mit einer Variante des Propagationsalgorithmus kann man auch die Wahrscheinlichkeit $P(V_{i_1} = v_{i_1}^*, V_{i_2} = v_{i_2}^*, \ldots)$ einer bestimmten Kombination von Variableninstanzen berechnen (siehe z. B. [222]).

Der Propagationsalgorithmus von Lauritzen und Spiegelhalter wurde später von Jensen, Lauritzen und Oleson [110] (*JLO-Algorithmus*) verbessert (s. auch [222]). Ähnlich wie das ursprüngliche Verfahren baut der JLO-Algorithmus einen Cliquenbaum als permanenten Teil seiner Wissensbasis auf, basiert jedoch auf einer Darstellung der Form (13.14) (s. Theorem 13.20, S. 437). Im Anwendungsfall erfolgt die Berechnung von Wahrscheinlichkeiten wieder durch sukzessive Propagation

i	$\hat{\mathbf{C}}_i$	Konjunktion	$\hat{\psi}^{(neu)}(\hat{\mathbf{C}}_i)$	$\hat{P}(\hat{\mathbf{C}}_i)$
1	$\{A, B, C\}$	abc	0.074	0.074
		$ab\bar{c}$	0.335	0.335
		$a\bar{b}c$	0.016	0.016
		$a\bar{b}\bar{c}$	0.005	0.005
		$\bar{a}bc$	0.019	0.019
		$\bar{a}b\bar{c}$	0.398	0.398
		$\bar{a}\bar{b}c$	0.065	0.065
		$\bar{a}\bar{b}\bar{c}$	0.088	0.088
2	$\{B, C\}$	bc	1.0	0.093
		$b\bar{c}$	1.0	0.733
		$\bar{b}c$	1.0	0.081
		$\bar{b}\bar{c}$	1.0	0.093
3	$\{C, E\}$	ce	0.8	0.139
		$c\bar{e}$	0.2	0.035
		$\bar{c}e$	0.6	0.496
		$\bar{c}\bar{e}$	0.4	0.330

Abbildung 13.12 Potentialwerte und Wahrscheinlichkeiten für die Cliquen $\hat{\mathbf{C}}_i$ in Beispiel 13.50

von Information durch den Cliquenbaum, wobei sich einer informationssammelnden Phase eine informationsverteilende Phase anschließt, bis der Cliquenbaum in einem neuen Gleichgewichtszustand ist. Dieses Prinzip des Flusses probabilistischer Information durch Botschaftentransfer zwischen Eltern- und Kindknoten wurde von Pearl in seiner grundlegenden Arbeit [176] vorgestellt.

13.4 Bayessche Netzwerke in praktischen Anwendungen

Bayessche Netze gehören derzeit zu den erfolgreichsten quantitativen Methoden überhaupt und werden in zahlreichen Systemen zur Wissensrepräsentation und Inferenz eingesetzt. Die nachfolgenden Beispiele stellen nur eine kleine, illustrative Auswahl dar.

- *HUGIN* [109] ist ein Tool, das Bayessche Netze editieren und in diesen Wissenspropagation durchführen kann.

- *BOBLO* ist ein System, das zur Bestimmung von Stammbäumen bei Jersey-Vieh eingesetzt wird. Künstliche Befruchtungen und Embryonentransfer erschweren oftmals den Nachweis einer genauen Abstammung, und BOBLO hilft hier mit probabilistischen Argumenten. Das System wird in [109] beschrieben.

- *VISTA* ist ein System, das von der NASA beim Start von Raumfähren zur Steuerung des Antriebssystems eingesetzt wird (vgl. [101]).

- *CHILD* [109] hilft bei der Diagnose angeborener Herzfehler. Dieses System stellen wir in Abschnitt 13.7.2 eingehender vor.

- *MUNIN* wird zur Diagnose neuromuskulärer Erkrankungen eingesetzt (s. hier auch [131]).

- *SWAN* macht Vorschläge zur Anpassung der Insulin-Dosierung von Diabetes-Patienten.

- Das PC-Betriebssystem *Windows* setzt ein Bayessches Netzwerk zur Behebung von Druckerproblemen ein (vgl. [97]).

- *FRAIL* ist ein automatisches System zur Konstruktion Bayesscher Netzwerke (s. [89]). Es wurde entwickelt, um literarische Prosa zu interpretieren.

- *Hailfinder* macht Unwettervorhersagen im Gebiet des nordöstlichen Colorado.

- Von einer Anwendung Bayesscher Netze im Bereich des Electronic Commerce berichtet [155]. Im Rahmen einer Projektkooperation zwischen der Daimler-Benz Forschung, Berlin, und dem Deutschen Forschungszentrum für Künstliche Intelligenz (DFKI), Saarbrücken und Kaiserslautern, wurde untersucht, wie sich individuelle Kundenprofile im Online-Betrieb mit Hilfe von Bayes-Netzen erstellen lassen.

Nähere Informationen zu den meisten dieser Systeme und noch weitere Beispiele finden sich in [109] und in [47].

13.5 Erlernen Bayesscher Netze aus Daten

Die Spezifikation eines Bayesschen Netzes erfordert sorgfältige qualitative Überlegungen und quantitative Berechnungen, die man gerne auf statistische Daten stützt. Es ist daher nahe liegend, nach Methoden zu suchen, mit denen man Bayessche Netze automatisch aus Daten ableiten kann. Dies ist ein schwieriges Problem, da nicht nur die numerischen Parameter (d. h. die bedingten Wahrscheinlichkeiten) eines solchen Netzes berechnet werden sollen, sondern auch die Struktur des Netzes (d. h. die bedingten Unabhängigkeiten) aus den Daten herausgearbeitet werden soll. Durch diese beiden Komponenten, nämlich die Struktur $\mathcal{B}_s$ und die bedingten Wahrscheinlichkeiten $\mathcal{B}_P = \{P(V \mid pa(V)) \mid V \in \mathbf{V}\}$, wird ein Bayessches Netz $\mathcal{B}$ eindeutig bestimmt:

$$\mathcal{B} = (\mathcal{B}_s, \mathcal{B}_P)$$

Der schwierigste Teil besteht in der Suche nach einer "besten" Struktur. Hat man erst einmal eine passende Struktur gefunden, so lassen sich die Parameter durch Erwartungswerte geeignet bestimmen (vgl. [96]). Als Gütekriterium für Bayessche Strukturen wird üblicherweise die *maximum likelihood* verwendet, d. h., man wählt diejenige Struktur $\mathcal{B}_s$ aus, die bei gegebener Datenbasis $\mathcal{D}$ am wahrscheinlichsten ist:

$$maximiere \quad Prob(\mathcal{B}_s \mid \mathcal{D})$$

Sind $\mathcal{B}_{si}$ und $\mathcal{B}_{sj}$ zwei verschiedene Bayessche Strukturen, so gilt

$$\frac{Prob(\mathcal{B}_{si} \mid \mathcal{D})}{Prob(\mathcal{B}_{sj} \mid \mathcal{D})} = \frac{\dfrac{Prob(\mathcal{B}_{si}, \mathcal{D})}{Prob(\mathcal{D})}}{\dfrac{Prob(\mathcal{B}_{sj}, \mathcal{D})}{Prob(\mathcal{D})}} = \frac{Prob(\mathcal{B}_{si}, \mathcal{D})}{Prob(\mathcal{B}_{sj}, \mathcal{D})}$$

Zu berechnen ist also $Prob(\mathcal{B}_s, \mathcal{D})$ für alle möglichen Strukturen $\mathcal{B}_s$. Da man es hier mit einem immensen Suchraum zu tun hat, trifft man einige Annahmen, um die Komplexität der Berechnungen zu reduzieren. Typischerweise nimmt man z. B. an, dass die Fälle der Datenbasis alle bei gegebener Struktur bedingt unabhängig voneinander sind, d.h.

$$Prob(\mathcal{D} \mid \mathcal{B}_s) = \prod_{c \in \mathcal{D}} Prob(c \mid \mathcal{B}_s)$$

und dass die betrachteten Fälle alle vollständig durch die Variablen beschrieben sind. In der Realität hat man es allerdings oft mit unvollständigen Datensätzen zu tun, so dass auch Vorkehrungen zu treffen sind, wie man solche Datenlücken behandelt. Unter idealisierten Bedingungen lässt sich $Prob(\mathcal{B}_s, \mathcal{D})$ jedoch in geschlossener Form berechnen und abschätzen. Ein entsprechendes Verfahren stellen Cooper und Herskovits in [46] vor. Eine Einführung in die Problematik, Bayessche Netzwerke aus Daten zu berechnen, findet man in [95, 96]. Einen Überblick über das Lernen allgemeiner probabilistischer Netzwerke aus Daten mit ausführlichen Literaturangaben gibt [34].

13.6   Probabilistische Inferenz unter informationstheoretischen Aspekten

Probabilistische Netzwerke, insbesondere Bayessche Netze, gehören zu den attraktivsten Methoden des quantitativen Schließens. Sie gestatten eine effiziente Berechnung von Wahrscheinlichkeiten durch lokale Berechnungen auf passenden marginalen Verteilungen. Dabei ist die bedingte Unabhängigkeit das fundamentale und entscheidende Prinzip der probabilistischen Netze. Mit einem Bayes- oder Markov-Netz modelliert man also in erster Linie Unabhängigkeiten. Diese jedoch sind in der Realität oft gar nicht so einfach zu verifizieren. In vielen Fällen ist es so, dass die bedingte Unabhängigkeit nicht für alle Ausprägungen der Variablen vorliegt, sondern nur für einige Ausprägungen sinnvoll ist. So bewirkt die Information, dass jemand, der *Grippe* (=G) hat, auch über *Kopfschmerzen* (=S) klagt, nichts mehr in Bezug auf die Tatsache, dass er *krank* (=K) ist:

$$P(k|g) = P(k|gs) = 1$$

Nun sind aber *Kranksein* und *Kopfschmerzen haben* nicht etwa bedingt unabhängig, wenn *Grippe* gegeben ist: Im Allgemeinen wird man vielmehr erwarten, dass

$$P(k|\bar{g}) < P(k|\bar{g}s)$$

gilt, da *Kopfschmerzen* ein Symptom einer (ernsthaften) Erkrankung sein können. Ein passendes Bayessches Netz[2] besteht dann aus einem vollständigen Graphen, und die Produktdarstellung von P entspricht der Kettenregel (s. Anhang A.3, Proposition A.21), z. B.

$$P(\dot{g}\dot{k}\dot{s}) = P(\dot{g})P(\dot{k}|\dot{g})P(\dot{s}|\dot{g}\dot{k})$$

Es erfolgt also keine Reduktion der Komplexität, hier wie dort sind $1 + 2 + 4 = 7$ Wahrscheinlichkeiten zu bestimmen (die restlichen ergeben sich durch Aufsummieren zu 1).

Auch das Argument, bedingte Wahrscheinlichkeiten seien leichter zu spezifizieren als absolute, erweist sich oft genug als trügerisch. Probleme bringen in der Regel die negierten Evidenzen mit sich: Probabilistische Beziehungen zwischen Symptomen und Krankheiten beispielsweise lassen sich relativ gut formulieren, aber was kann man sagen, wenn ein Symptom *nicht* vorliegt? So ist $P(s|g) = 0.9$ im Grippebeispiel sicherlich eine realistische Aussage, wie jedoch soll man $P(s|\overline{g})$ schätzen? Im Allgemeinen muss man einen nicht unerheblichen statistischen Aufwand betreiben, um die bedingten Wahrscheinlichkeiten eines Bayesschen Netzes passend zu spezifizieren. Die Modellierung eines Bayesschen Netzes erfordert also einige Mühe und bringt ein sehr effektives, aber auch starres probabilistisches Gerüst hervor. Durch die Struktur des Netzes und die angegebenen Wahrscheinlichkeiten wird die Verteilung vollständig bestimmt.

Schließlich passt der kausale Grundgedanke Bayesscher Netze nicht gut zu Problembereichen, in denen man es eher mit Korrelationen denn mit kausalen Beziehungen zu tun hat, oder in denen kausale Einflüsse nicht klar zu erkennen sind (wie z. B. in sozio-ökonomischen Studien).

Wir wollen demgegenüber im Folgenden eine Methode vorstellen, die

- die Modellierung allgemeiner Abhängigkeiten (nicht notwendig kausaler Abhängigkeiten bzw. bedingter Unabhängigkeiten) in den Vordergrund stellt und

- auf der Basis des verfügbaren (auch unvollständigen!) probabilistischen Wissens

- selbständig ein probabilistisches Netz zu Inferenz- und Propagationszwecken aufbaut.

Die grundlegende Idee dabei ist, fehlende Information "informationstheoretisch optimal" aufzufüllen.

Die Wissensbasis besteht zunächst aus einer Menge probabilistischer Regeln, mit denen der Experte wichtige Zusammenhänge des zu behandelnden Problembereichs beschreibt. Unter einer *probabilistischen Regel* versteht man dabei ein Konstrukt der Form

$$A \rightsquigarrow B\,[x], \quad A, B \text{ aussagenlogische Formeln, } x \in [0,1]$$

---

[2] Es gibt allerdings auch Ansätze zur Verallgemeinerung Bayesscher Netze, um solche Fälle besser modellieren zu können; siehe z. B. [81].

mit der Bedeutung *"Wenn A wahr ist, dann ist auch B wahr mit Wahrscheinlichkeit x"* oder *"Ein A ist zu x · 100 % ein B"*. Interpretiert werden solche probabilistischen Regeln mittels bedingter Wahrscheinlichkeiten: Eine Verteilung P *erfüllt eine probabilistische Regel* $A \rightsquigarrow B\,[x]$,

$$P \models A \rightsquigarrow B\,[x] \quad \text{gdw.} \quad P(B|A) = x$$

Meistens fordert man, dass $P(A) > 0$ ist. Die vom Experten spezifizierte Wissensbasis hat dann also die Form einer Regelmenge

$$\mathcal{R} = \{A_1 \rightsquigarrow B_1\,[x_1], \ldots, A_n \rightsquigarrow B_n\,[x_n]\}$$

Im Allgemeinen wird durch $\mathcal{R}$ nicht eindeutig eine Wahrscheinlichkeitsverteilung bestimmt. Vielmehr wird es eine unübersehbar große Zahl von Verteilungen geben, die $\mathcal{R}$ erfüllen (d.h. jede Regel aus $\mathcal{R}$), und aus denen es nun eine bestimmte "beste" auszuwählen gilt. Die Philosophie ist hier, diejenige Verteilung P^* zu nehmen, die nur das Wissen in $\mathcal{R}$ und seine probabilistischen Konsequenzen darstellt *und sonst keine Information hinzufügt*. Dies geschieht durch ein Maximieren der zulässigen probabilistischen Unbestimmtheit, d.h. der *Entropie* $H(P) = -\sum_\omega P(\omega) \log_2 P(\omega)$, wobei $\log_2$ den dualen Logarithmus bezeichnet (vgl. Anhang A.8). Man wählt dann diejenige Verteilung, die die Entropie $H(P)$ maximiert unter der Nebenbedingung, dass $P \models \mathcal{R}$ gilt:

$$\arg \max_{P \models \mathcal{R}} H(P) = -\sum_\omega P(\omega) \log_2 P(\omega) \tag{13.30}$$

Diese klassische Optimierungsaufgabe ist für jede Regelmenge $\mathcal{R}$, für die es überhaupt eine darstellende Wahrscheinlichkeitsverteilung gibt, eindeutig lösbar (siehe z.B. [48]). Ihre Lösung P^* bezeichnen wir mit $ME(\mathcal{R})$,

$$P^* = ME(\mathcal{R})$$

wobei *ME maximale Entropie* abkürzt.

Beispiel 13.52 (Grippe) Die Zusammenhänge zwischen $G = Grippe$, $K = Kranksein$ und $S = Kopfschmerzen$ könnten in der folgenden Weise beschrieben sein:

$$\mathcal{R} = \{g \rightsquigarrow k\,[1],\ g \rightsquigarrow s\,[0.9],\ s \rightsquigarrow k\,[0.8]\}$$

Die ME-Verteilung P^* zu $\mathcal{R}$ ist die in Abbildung 13.13 angegebene (die Werte sind gerundet). Man rechnet nun leicht nach, dass $P(k|\overline{g}) \approx 0.57$ und $P(k|\overline{g}s) \approx 0.64$ gilt. Damit ist tatsächlich $P(k|\overline{g}) < P(k|\overline{g}s)$, was auch der Intuition entspricht. □

Die Berechnung der ME-Verteilung erfolgt mathematisch durch die Methode der *Lagrange-Multiplikatoren*, bei der die Elementarwahrscheinlichkeiten $P(\omega)$ als Variable aufgefasst werden und das Maximum als Nullstelle partieller Ableitungen bestimmt wird (Ausführlicheres dazu findet man z.B. in [106]).

K	G	S	$P^* = ME(\mathcal{R})$
0	0	0	0.1891
0	0	1	0.1185
0	1	0	0
0	1	1	0
1	0	0	0.1891
1	0	1	0.2125
1	1	0	0.0291
1	1	1	0.2617

Abbildung 13.13 *ME*-Verteilung P^* zum Grippe-Beispiel 13.52

Für die maschinelle Berechnung werden iterative Verfahren verwendet, die nicht auf der gesamten Verteilung, sondern auf einem Netz marginaler Verteilungen operieren. In dieser Art arbeitet SPIRIT, eine System-Shell zur Durchführung von *ME*-Inferenzen [199, 197, 198, 157]. SPIRIT erzeugt aus der Menge $\mathcal{R}$ eingegebener probabilistischer Regeln einen Hypergraphen bzw. einen Hyperbaum (vgl. hierzu Anhang B.4), auf dem es die *ME*-Verteilung durch lokale Iterationen berechnet. Zu diesem Zweck werden zunächst alle Variablen, die in einer Regel in $\mathcal{R}$ vorkommen, durch eine Hyperkante verbunden. Der entstandene Hypergraph wird dann durch einen Hyperbaum $\langle \mathbf{V}, \mathcal{C} \rangle$ überdeckt. Der zugehörige Verbindungsbaum mit der Knotenmenge $\mathcal{C}$ und der Separatorenmenge $\mathcal{S}$ stellt schließlich die passende Struktur für Propagation und Iteration dar. Dabei nutzt man aus, dass sich auch die entropie-maximale Verteilung $P^* = ME(\mathcal{R})$ in ein Produkt aus Randverteilungen des Verbindungsbaums zerlegen lässt:

$$P^*(\omega) = \frac{\prod_{\mathbf{C} \in \mathcal{C}} P^*(\mathbf{C})}{\prod_{\mathbf{S} \in \mathcal{S}} P^*(\mathbf{S})}$$

(s. [157], S. 95). Hyperkanten gemeinsam mit ihren Randverteilungen werden auch als *LEG (= local event groups)* bezeichnet. Daher nennt man die bei entropie-maximaler Repräsentation entstehenden probabilistischen Netze auch *LEG-Netze*. Der dynamische Abgleich benachbarter LEG's bei Propagation und Iteration erfolgt durch eine Variante des *Iterative Proportional Fitting-Verfahrens (IPF-Verfahrens)* (s. [157, 222]). Durch diese lokalen Berechnungen kann, ebenso wie bei den Bayes-schen Netzen, die probabilistische Komplexität drastisch reduziert werden.

Wir wollen den Aufbau des Hyperbaums an einem Beispiel kurz illustrieren. Eine ausführliche Beschreibung von SPIRIT findet sich in [157], eine kompakte Darstellung in [199].

Beispiel 13.53 (Hyperbaum) Die Menge der Regeln $\mathcal{R}$ über den Variablen A, B, C, D, E sei die folgende:

$$\mathcal{R} : \quad \begin{aligned} E & \rightsquigarrow C \ [0.8] \\ \neg E & \rightsquigarrow C \ [0.4] \\ E & \rightsquigarrow D \ [0.7] \\ \neg B \wedge C & \rightsquigarrow A \ [0.1] \\ D \wedge E & \rightsquigarrow B \ [0.9] \\ \neg D \wedge \neg E & \rightsquigarrow B \ [0.2] \end{aligned}$$

Der zugehörige Hypergraph ist in Abbildung 13.14 zu sehen. Ein überdeckender Hyperbaum dazu ist $\mathcal{H}' = \{\{A, B, C\}, \{B, C, E\}, \{B, D, E\}\}$, und der entsprechende Verbindungsbaum ist in Abbildung 13.15 abgebildet (vgl. auch Selbsttestaufgabe B.48 in B.4). □

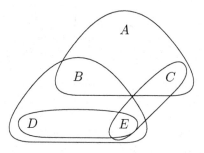

Abbildung 13.14 Hypergraph zum Beispiel 13.53

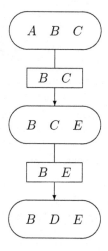

Abbildung 13.15 Verbindungsbaum zum Beispiel 13.53

Mit SPIRIT wurden verschiedene reale Problemstellungen behandelt, u.a. Tarifklassifikationen im Versicherungswesen und das in Abschnitt 13.7.2 vorgestellte

Blue Babies-Diagnose-Beispiel [157], außerdem Bonitätsprüfungen bei Bankkunden [128]. Eine Anwendung aus dem psychosozialen Bereich [158] wird in Abschnitt 13.7.3 ausführlich vorgestellt.

Eine weitere auf dem entropie-maximalen Prinzip basierende System-Shell ist PIT [73], auf der das *medizinische Diagnose-System* LEXMED [73, 208, 207] basiert. LEXMED wird zur Zeit in einem deutschen Krankenhaus zur Unterstützung der Appendizitis-Diagnose eingesetzt.

Das Prinzip der maximalen Entropie und das allgemeinere Prinzip der minimalen relativen Entropie (siehe Anhang A.8) stellen ein mächtiges Konzept in der Informations- und Wissensverarbeitung dar. Verschiedene Charakterisierungen machen die grundlegenden Inferenzstrukturen dieser Methodik transparent (siehe [212, 175, 113]). In [114, 115] wird die Bedeutung der *ME*-Prinzipien im allgemeinen Rahmen des unsicheren Schließens hervorgehoben. Ferner wird in [115] ein Verfahren für die Berechnung einer Regelmenge zur entropie-optimalen Repräsentation einer Verteilung vorgestellt; damit lassen sich geeignete Regelbasen für *ME*-Systeme aus Daten gewinnen.

13.7 Weitere Anwendungen

13.7.1 Proteinklassifikation mittels Hidden Markov Models (HMM)

Die so genannte Primärstruktur eines Proteins ist eine sequentielle Folge von Aminosäuren, die seine räumliche 3D-Struktur (*3D-Fold*) bestimmen. Teile dieser 3D-Struktur sind für die im Organismus zu erfüllende Aufgabe des Proteins verantwortlich. Ähnliche Sequenzen haben auch ähnliche 3D-Folds (das Umgekehrte gilt nicht immer), so dass eine Sequenzähnlichkeit auch eine ähnliche biologische Funktion der Proteine vermuten lässt.

Die Ähnlichkeit von Proteinsequenzen spielt also eine zentrale Rolle bei der Klassifikation von Proteinen, wobei Ähnlichkeit durch einen entsprechenden Score bestimmt wird. Ein Problem liegt nun darin, dass Proteine einer Familie (z. B. der Globine) in einigen Bereichen ihrer Sequenz starke Übereinstimmungen aufweisen, während die Aminosäuren in anderen Teilen sehr variieren können.

Abbildung 13.16 zeigt Ausschnitte aus Proteinsequenzen. Eine solche Auflistung mehrerer Proteinsequenzen mit einander zugeordneten Positionen nennt man *multiple alignment*. Allgemein versteht man unter einem *alignment* in der molekularen Biologie die Abbildung einer Sequenz auf eine andere oder auf ein Modell. Es gibt eine Vielzahl möglicher *alignments*, wobei die Optimalität der jeweiligen Zuordnung durch die Scoring-Parameter bestimmt wird.

Im mittleren Bereich der Tabelle in Abbildung 13.16 befinden sich die weniger sequenzkonservierten Bereiche der Sequenzen; hier sind die Aminosäuren mit kleinen Buchstaben gekennzeichnet. Man erkennt hier deutlich stärkere Variationen in den einzelnen Bausteinen und unterschiedliche Längen. Die äußeren Spalten der Sequenzen (mit Großbuchstaben) sind stärker konserviert. Diese Spalten sind für das *alignment* besonders wichtig, da sie funktionell wichtige Teile identifizieren, doch

G	G	W	W	R	G	d	y	.	g	g	k	k	q	L	W	F	P	S	N	Y	V
I	G	W	L	N	G	y	n	e	t	t	g	e	r	G	D	F	P	G	T	Y	V
P	N	W	W	E	G	q	l	.	.	n	n	r	r	G	I	F	P	S	N	Y	V
D	E	W	W	Q	A	r	r	.	.	d	e	q	i	G	I	V	P	S	K	-	-
G	E	W	W	K	A	q	x	.	.	t	g	q	e	G	F	I	P	F	N	F	V
G	D	W	W	L	A	r	x	.	.	s	g	q	t	G	Y	I	P	S	N	Y	V
G	D	W	W	D	A	e	l	.	.	k	g	r	r	G	K	V	P	S	N	Y	L
-	D	W	W	E	A	r	s	l	s	s	g	h	r	G	Y	V	P	S	N	Y	V

Abbildung 13.16 Ausschnitte aus Aminosäuresequenzen von Proteinen einer Familie. Die Aminosäuren werden durch einen standardisierten 1-Letter-Code repräsentiert, "-" bedeutet ein *gap* in der Sequenz; die Punkte dienen der Auffüllung der Tabelle.

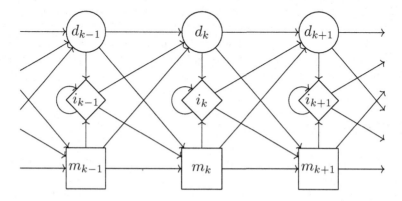

Abbildung 13.17 Topologie des Profil-HMM für eine Familie von Proteinen

auch hier können *gaps* eingefügt werden.

Um Proteinfamilien beschreiben zu können, erstellt man für sie geeignete statistische Modelle, sog. *Profile*, die Proteinsequenzen der entsprechenden Familie mit sehr viel höherer Wahrscheinlichkeit erzeugen als andere Sequenzen. Ein solches Modell stellt natürlich auf die Erfassung von Regelmäßigkeiten in den Sequenzen ab, soll andererseits aber auch Unregelmäßigkeiten (also *gaps* und weniger sequenzkonservierte Bereiche) geeignet berücksichtigen können.

Für diese Aufgabe haben sich die *Hidden Markov Models, HMM,* der in Abbildung 13.17 gezeigten Bauart hervorragend bewährt [125, 124]. Die HMM stellen allgemein einen Formalismus zur Modellierung von Symbolsequenzen dar. Sie werden vielfach bei der Spracherkennung eingesetzt (siehe z. B. [190, 222]), eignen sich aber auch zur Beschreibung biomolekularer Sequenzen.

Zu diesem Zweck modelliert man ein HMM mit drei verschiedenen Arten von Zuständen, *states*, in der Abbildung 13.17 durch Quadrate, Rauten und Kreise symbolisiert. In der untersten Reihe befinden sich die *match states* m_k, die die konservativen Hauptspalten eines *alignments* repräsentieren. Darüber liegen die *insert states* i_k. *Match states* und *insert states* erzeugen Buchstaben, ξ, des Aminosäurenalphabets mit einer bestimmten Wahrscheinlichkeit, $P(\xi|m_k)$ bzw. $P(\xi|i_k)$. Die oberste Reihe des HMM in Abbildung 13.17 besteht aus *delete states*, die keine Aminosäuren erzeugen, sondern lediglich die Funktion haben, einzelne Positionen in den *alignments* zu überspringen und damit die Modellierung von *gaps* ermöglichen. Im Prinzip bewegt man sich von links nach rechts durch das Modell, entlang der eingezeichneten Pfeile. Nur die *insert states* gestatten Schleifen (*loops*), um mehrfache Einfügungen zwischen *match states* modellieren zu können. Die Übergangswahrscheinlichkeit vom Zustand q zum Zustand q' wird mit $\mathcal{T}(q'|q)$ bezeichnet.

Ein Weg $q_1, \ldots, q_N$ durch dieses Modell erzeugt nun eine Sequenz von Aminosäuren $\xi_1, \ldots, \xi_L$ mit einer bestimmten Wahrscheinlichkeit. Im Allgemeinen ist $N \neq L$, da *insert states* mehrfach Aminosäuren produzieren können, während *delete states* gar keine Aminosäuren hervorbringen. Sei $\xi_{l(i)}$ die im Zustand q_i erzeugte Aminosäure. Die Wahrscheinlichkeit $Prob(\xi_1, \ldots, \xi_L, q_1, \ldots, q_N)$, dass der Weg $q_1, \ldots, q_N$ genommen wird und die Sequenz $\xi_1, \ldots, \xi_L$ generiert, berechnet sich dann zu[3]

$$Prob(\xi_1, \ldots, \xi_L, q_1, \ldots, q_N) = \mathcal{T}(m_{N+1}|q_N) \cdot \prod_{i=1}^{N} \mathcal{T}(q_i|q_{i-1}) P(\xi_{l(i)}|q_i)$$

wobei $q_0 = m_0$ bzw. $q_{N+1} = m_{N+1}$ ein fiktiver Anfangs- bzw. Endzustand ist und man $P(\xi_{l(i)}|q_i) = 1$ setzt, falls es sich bei q_i um einen *delete state* handelt.

Die Wahrscheinlichkeit, mit der eine Proteinsequenz $\xi_1, \ldots, \xi_L$ von einem solchen HMM erzeugt wird, ist dann

$$Prob(\xi_1, \ldots, \xi_L) = \sum_{\substack{q_1, \ldots, q_N \\ erzeugt\ \xi_1, \ldots, \xi_L}} Prob(\xi_1, \ldots, \xi_L, q_1, \ldots, q_N) \qquad (13.31)$$

Die Summation über alle möglichen Wege führt auf eine exponentielle Komplexität. Mit Hilfe von Hidden Markov Models einer einfacheren Topologie und dem Propagationsalgorithmus aus Abschnitt 13.3 lässt sich $Prob(\xi_1, \ldots, \xi_L)$ allerdings wesentlich effektiver berechnen.

Man behandelt die (unbekannten) Zustände als versteckte Zustände H_i, die beobachtbare Merkmale O_i – nämlich gerade die Aminosäuren einer Sequenz – mit gewissen Wahrscheinlichkeiten $P(o_i|h_i)$ erzeugen. Ein passendes Modell ist (ausschnittweise) in Abbildung 13.18 zu sehen. Dies ist ein sehr einfaches HMM und insbesondere ein Bayessches Netz, dessen Unabhängigkeitsstruktur durch die Relationen

$$H_i \perp\!\!\!\perp \{H_1, O_1, \ldots, H_{i-2}, O_{i-2}, O_{i-1}\} \mid H_{i-1}, \quad i \geq 3$$

und

$$O_i \perp\!\!\!\perp \{H_1, O_1, \ldots, H_{i-1}, O_{i-1}\} \mid H_i, \quad i \geq 2$$

beschrieben wird. Der zugehörige Verbindungsbaum hat die in Abbildung 13.19 gezeigte Form. Entlang dieses Baumes lassen sich nun die nötigen Propagationsschritte zur Berechnung der gesuchten Wahrscheinlichkeit $Prob(\xi_1, \ldots, \xi_L)$ mit einer Variante des Spiegelhalter-Lauritzen-Algorithmus (s. Abschnitt 13.3) bzw. des JLO-Algorithmus (siehe Seite 459) durchführen. Der JLO-Algorithmus entspricht in diesem Fall genau dem vorher schon für Hidden Markov Models der obigen Bauart entwickelten *Forward-Backward-Algorithmus* (siehe [190, 222]).

---

[3] Eigentlich müsste man hier und in den folgenden Formeln korrekt $Prob(\cdot \mid model)$ schreiben, da natürlich die Parameter des Modells hier ganz wesentlich eingehen.

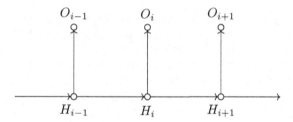

Abbildung 13.18 Topologie eines einfachen HMM für die Propagation von Sequenzen

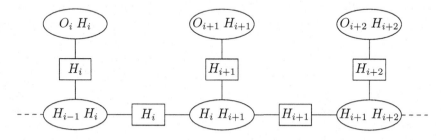

Abbildung 13.19 Topologie des Verbindungsbaums zum HMM in Abb. 13.18

Die Parameter eines HMM des in Abbildung 13.17 gezeigten Typs können in einem iterativen Adaptionsprozess aus einer Menge von Proteinsequenzen gelernt werden, um schließlich ein passendes Modell für eine Familie von Proteinen zu repräsentieren. Ein solches fertiges HMM kann dann dazu verwendet werden, um Proteine dieser Familie in einer Datenbasis zu identifizieren. Dazu wird für jede Sequenz s der Datenbasis (wieder mit dem Forward-Backward-Algorithmus bzw. mit dem JLO-Algorithmus) der *negative log likelihood (NLL)*-Wert, $-\log Prob(s|model)$, berechnet, der angibt, wie gut die Sequenz durch das Modell gestützt wird (s. [125]).

13.7.2 Herzerkrankungen bei Neugeborenen

Die medizinische Diagnose stellt für die wissensbasierten Systeme und allgemein für die gesamte Künstliche Intelligenz wegen ihrer Komplexität und ihrer Relevanz eine Herausforderung besonderer Art dar. So ist es kein Zufall, dass es immer wieder medizinische Diagnosesysteme sind, die Meilensteine in der Entwicklung wissensbasierter Systeme markieren. Ein solcher Meilenstein war MYCIN, das wir in Kapitel 4.7 vorstellten, und auch die praktische Anwendung probabilistischer Netzwerke wurde mit medizinischen Systemen eingeläutet. Der Propagationsalgorithmus von Lauritzen und Spiegelhalter wurde im System MUNIN implementiert, das zur Diagnose neurologischer Krankheiten mittels Elektromyographie (EMG) konzipiert wurde (s. [131]).

Einige Jahre später entwickelte die Lauritzen-Spiegelhalter-Gruppe in Zusammenarbeit mit dem Great Ormond Street Hospital in London das System CHILD zur Diagnose angeborener Herzkrankheiten bei Neugeborenen [132, 109, 47]. Solche Herzdefekte machen sich in der Regel durch Pulslosigkeit oder Blaufärbung der Haut (*Zyanose*) bemerkbar, was das Projekt auch unter dem Namen *Blue Babies* bekannt machte. Die betroffenen Kinder benötigen schnelle und gezielte fachärztliche Hilfe. Das Great Ormond Street Hospital hat sich auf die Behandlung solcher angeborenen Herzdefekte spezialisiert und unterhält ein Nottelefon, über das erste wichtige diagnostische und therapeutische Maßnahmen vor der Einlieferung der kleinen Patienten getroffen werden können. Zur Verbesserung dieser Ferndiagnose und zur Schulung künftiger Kinderärzte in der Behandlung dieser kritischen Fälle wurde CHILD entwickelt (vgl. [47]).

Das System benutzt die folgenden (z. T. mehrwertigen) Variablen:

Birth Asphyxia: Sauerstoffmangel bei der Geburt, Pulslosigkeit;

Age: Lebensalter, zwischen 0 und 30 Tagen in drei Unterteilungen;

Disease: hier wurde zwischen sechs möglichen Diagnosen unterschieden: Persistente fötale Circulation (*persistent foetal circulation*, PFC), Transposition der großen Arterien (*transposition of the great arteries*, TGA), Fallot'sche Tetralogie (die durch vier Symptome – u.a. rechte ventrikuläre Hypertrophie – bestimmt wird), pulmonale Atresie mit intaktem ventrikulären Septum (*pulmonary atresia with intact ventricular septum*, PAIVS, Verschluss der Lungenschlagader bei intakter Herzscheidewand), totale Lungenvenenfehleinmündung (*obstructed total anomalous pulmonary venous connection*, TAPVD) und Erkrankungen der Lunge (*Lung*);

Sick: zur Beschreibung des Allgemeinzustandes;

LVH = left ventricular hypertrophy: Vergrößerung der Muskulatur der linken Herzkammer;

LVH report: entsprechendes Untersuchungsergebnis;

Duct flow: Blutfluss durch den Ductus Botalli, der eine Verbindung zwischen Lungenkreislauf und arteriellem Kreislauf schafft und pränatal offen ist. Schließt sich der Ductus nicht nach der Geburt, so gelangt arterielles Blut in den Lungenkreislauf.

Hypoxia distribution: Verteilung der Sauerstoffunterversorgung im Körper;

Hypoxia in O2: Sauerstoffunterversorgung, wenn zusätzlich Sauerstoff zugeführt wird;

RUQ O2: Sauerstoffkonzentration im rechten oberen Quadranten (*right upper quadrant*);

Lower Body O2: Sauerstoffkonzentration im Unterleib;

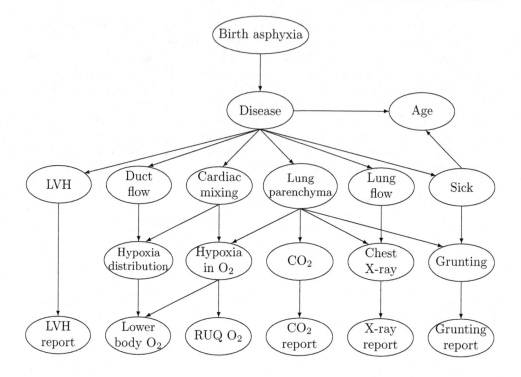

Abbildung 13.20 DAG zu CHILD

Cardiac mixing: Vermischung von arteriellem und venösem Blut durch Herzschei-
dewanddefekte;

Lung parenchyma: Zustand des Lungenfunktionsgewebes;

Lung flow: Blutfluss in der Lunge;

CO2: Kohlendioxidgehalt des Blutes;

CO2 report: entsprechendes Untersuchungsergebnis;

Chest X-ray: Röntgenaufnahme des Brustkorbes;

X-ray report: entsprechendes Untersuchungsergebnis;

Grunting: Lungengeräusche;

Grunting report: entsprechendes Untersuchungsergebnis.

Abbildung 13.20 zeigt das Bayessche Netz, auf dem CHILD basiert, und in Abbildung 13.21 ist der zugehörige morale Graph zu sehen. Aus den Graphen sind
bedingte Unabhängigkeiten klar herauszulesen. So ist z. B. die Variable *CO2* bei
gegebenem Wert von *Lung parenchyma* bedingt unabhängig von allen anderen Va-

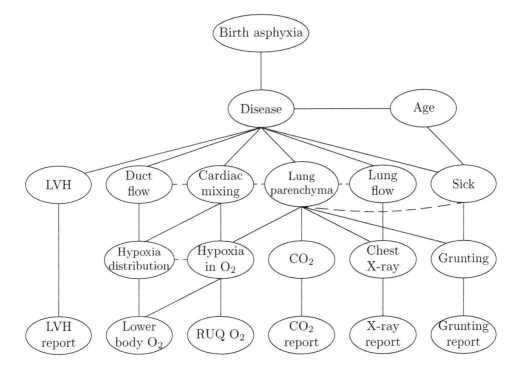

Abbildung 13.21 Moraler Graph zum CHILD-DAG

riablen außer ihrem direkten Nachkommen *CO2-Report*.

Oft wird zwischen dem eigentlichen Symptom und dem entsprechenden Untersuchungsergebnis unterschieden, um die kausalen Beziehungen klarer herauszustellen und mögliche Untersuchungsfehler zu berücksichtigen. Abbildung 13.22(a) zeigt die probabilistischen Zusammenhänge zwischen *LVH* und *LVH report*.

(a)

LVH	*P(LVH report | LVH)*
ja	0.90
nein	0.05

(b)

Disease	*P(LVH | Disease)*
PFC	0.10
TGA	0.10
Fallot	0.10
PAIVS	0.90
TAPVD	0.05
Lung	0.10

Abbildung 13.22 Bedingte Wahrscheinlichkeiten *P(LVH report \| LVH)* und *P(LVH \| Disease)* in CHILD

Insgesamt waren für die 20 Variablen 114 Verteilungen mit insgesamt 230 voneinander unabhängigen Werten zu spezifizieren. Abbildung 13.22(b) zeigt die Wahr-

scheinlichkeit des Auftretens des Symptoms *LVH* bei den verschiedenen Krankheits-
bildern.

13.7.3 Suchterkrankungen und psychische Störungen

Im Jahre 1993 wurde in einer westdeutschen Großstadt eine Studie durchgeführt,
bei der es um die Erfassung von Abhängigkeiten zwischen Suchterkrankungen und
psychischen Störungen einerseits und sozialen Faktoren wie z. B. Lebensalter, Fa-
milienstand und Schulbildung andererseits ging. Weiterhin wurden bisherige The-
rapiemaßnahmen und der HIV-Status erfragt. Mit Hilfe der System-Shell SPIRIT
(s. Abschnitt 13.6) sollte ein Modell erstellt werden, in dem das hypothetische Zusammenspiel mehrerer Merkmale beobachtet und zum Zwecke von Prognose und
Diagnose genutzt werden konnte.

Aus dem gewonnenen Datenmaterial wurden signifikante Beziehungen zwischen
Variablen extrahiert und bildeten als probabilistische Regeln den Grundstock für die
Wissensbasis. Diese Regeln wurden von einem medizinisch-psychologischen Experten überprüft und mit weiteren Abhängigkeiten angereichert. So entstand eine probabilistische Wissensbasis, aus der SPIRIT entropie-maximal ein Modell errechnete
und graphisch visualisierte. Wir wollen hier einen Ausschnitt aus diesem Modell
vorstellen. Dazu betrachten wir die folgenden Variablen:

Suchtmittel:
    (A)   *Alkohol*
    (O)   *Opioide*
    (K)   *Kokain*
    (C)   *Cannabinoide (Cannabis)*

Psychische Störungen:
    (D)   *Depressionen*
    (S)   *Suizidgefährdung (Suizid)*
    (N)   *Neurose*
    (P)   *Psychose*
    (PE)   *Psychosomatische Erkrankungen (Psychosoma)*

Andere Merkmale:
    (J)   *jung (bis ca. 35)*
    (H)   *HIV-Status (HIV)*
    (SF)   *Sucht-Folgeerkrankungen (Sucht_Folge)*

Alle Variablen werden hier als zweiwertig angenommen mit den naheliegenden Ausprägungen. Abbildung 13.23 zeigt die in diesem Beispiel verwendeten Regeln. Das
Originalmodell umfasst noch einige Merkmale mehr, lässt auch mehrwertige Variable zu und basiert insgesamt auf einer deutlich größeren Regelmenge (vgl. [158]).

Abbildung 13.24 zeigt den von SPIRIT aus den Regeln aufgebauten überdeckenden Verbindungsbaum. Alle in jeweils einer Regel vorkommenden Variablen
liegen vollständig in einem der LEG's. Innerhalb dieses Modells können nun Variable

Regel		Wahrscheinlichkeit
Alkohol	↝ Opioide	0.10
Opioide	↝ Alkohol	0.10
jung	↝ Opioide	0.60
¬ jung	↝ Alkohol	0.70
Alkohol	↝ Sucht_Folge	0.27
Sucht_Folge	↝ Alkohol	0.78
Alkohol	↝ Kokain	0.05
Alkohol	↝ Cannabis	0.14
Depression	↝ Alkohol	0.63
Suizid	↝ Opioide	0.41
Suizid	↝ Depression	0.40
Neurose	↝ Opioide	0.46
Neurose	↝ Depression	0.55
Psychose	↝ Suizid	0.32
Psychose	↝ Neurose	0.04
Psychosoma	↝ Opioide	0.41
Psychosoma	↝ Suizid	0.18
Psychosoma	↝ Depression	0.38
Psychosoma	↝ Neurose	0.09
HIV	↝ Opioide	0.93
Opioide	↝ Kokain	0.30
Cannabis	↝ Kokain	0.46
Kokain	↝ Cannabis	0.86
Opioide	↝ Cannabis	0.47
Cannabis	↝ Opioide	0.74
Kokain	↝ Opioide	0.88
Suizid ∧ Neurose	↝ Psychose	0.01
Opioide ∧ Depression	↝ Psychosoma	0.28
Opioide ∧ Neurose	↝ Psychosoma	0.40
Suizid ∧ Depression	↝ Psychosoma	0.26
Psychosoma ∧ Opioide	↝ Depression	0.64
Psychosoma ∧ Suizid	↝ Opioide	0.67
Alkohol ∧ Opioide	↝ Kokain	0.45
Alkohol ∧ Opioide	↝ Cannabis	0.76

Abbildung 13.23 Regelbasis zur psychosozialen Anwendung

instantiiert bzw. Anfragen gestellt werden. Abbildung 13.25 zeigt einige von SPIRIT bearbeitete Anfragen. Die angegebenen Wahrscheinlichkeiten entsprechen den bedingten Wahrscheinlichkeiten der zugehörigen entropie-maximalen Verteilung.

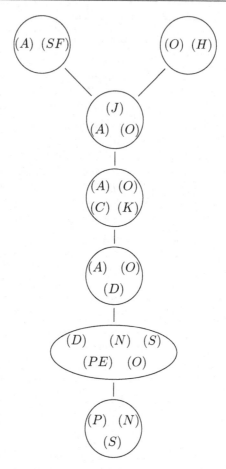

Abbildung 13.24 Der Verbindungsbaum zur psychosozialen Anwendung

Anfrage		Wahrscheinlichkeit
Alkohol ∧ Kokain	↝ *Opioide*	0.90
Alkohol ∧ Kokain	↝ *Cannabis*	0.91
Alkohol	↝ *Depression*	0.61
jung	↝ *Alkohol*	0.31
¬ jung	↝ *Opioide*	0.31
jung ∧ Opioide	↝ *Alkohol*	0.05
jung ∧ ¬ Opioide	↝ *Alkohol*	0.70
¬ jung ∧ Opioide	↝ *Alkohol*	0.22
jung ∧ Alkohol	↝ *Opioide*	0.10
jung ∧ ¬ Alkohol	↝ *Opioide*	0.82
¬ jung ∧ Alkohol	↝ *Opioide*	0.10

Abbildung 13.25 Einige von SPIRIT bearbeitete Anfragen (die Werte wurden gerundet)

14 Quantitative Methoden II – Dempster-Shafer-Theorie, Fuzzy-Theorie und Possibilistik

Ein Nachteil des üblichen probabilistischen Ansatzes ist die Erfordernis präziser Wahrscheinlichkeitswerte. Zum einen ist oft die Spezifikation solcher exakten Werte problematisch, zum anderen lässt sich probabilistische Unsicherheit nicht von der durch fehlendes Wissen bedingten Unsicherheit unterscheiden. Werfen wir eine Münze, so schätzen wir die Wahrscheinlichkeit, dass "Kopf" erscheint, in der Regel mit 0.5 ein, unabhängig davon, ob wir wissen, dass es sich um eine ideale Münze handelt. In diesem Fall erscheint tatsächlich – bei beliebig häufigen Versuchen – in 50% aller Würfe "Kopf", d.h. der Wert 0.5 beruht auf einer gesicherten statistischen Erkenntnis. Doch selbst wenn wir unsicher sind, ob die Münze wirklich ideal ist, werden wir als Wahrscheinlichkeit 0.5 angeben und drücken damit unser vollkommenes Unwissen über den Ausgang des Münzwurfs aus. Wahrscheinlichkeitswerte können also ganz unterschiedliche kognitive Hintergründe haben, die sich durch eine Wahrscheinlichkeitsverteilung nicht mehr ausdrücken lassen.

Mit der Dempster-Shafer-Theorie stellen wir in Abschnitt 14.2 ein Konzept zur expliziten Modellierung von Unwissenheit vor. Die Zielsetzung der Fuzzy-Theorie (siehe Abschnitt 14.3) hingegen ist die adäquate Beschreibung ungenauer ("unscharfer") Begriffe. Eine Anwendung der Fuzzy-Theorie auf unscharfe Wissenszustände führt auf die Possibilistik.

Sowohl Dempster-Shafer- als auch Fuzzy-Theorie lassen sich als Verallgemeinerung des wahrscheinlichkeitstheoretischen Ansatzes auffassen.

14.1 Verallgemeinerte Wahrscheinlichkeitstheorie

Das folgende einführende Beispiel zeigt, wie leicht ein naiver Ansatz zur Modellierung von Nicht-Wissen mit den Gesetzen der Wahrscheinlichkeit in Konflikt kommen kann:

Beispiel 14.1 (Die Peter, Paul & Mary-Story 1) Ein oft verwandtes Szenario in der KI ist die Geschichte, in der Peter, Paul und Mary verdächtigt werden, einer von ihnen habe Mr. Jones ermordet. Inspektor Smith ist bisher noch vollkommen ratlos, wer von den dreien die Tat begangen hat. Wenn er sein Nicht-Wissen bezüglich der Aussage "*Mary* = Mary war die Mörderin" durch eine Wahrscheinlichkeit ausdrücken will, so hängt die allerdings wesentlich von der gewählten Modellierung ab: Ist Smith vollkommen unentschieden im Hinblick auf die drei Personen Peter, Paul und Mary, so wird er $P(Mary) = \frac{1}{3}$ wählen; weiß er jedoch einfach nicht, ob der Mörder ein Mann oder eine Frau war, so resultiert bei einer korrekten probabilistischen Modellierung $P(Mary) = \frac{1}{2}$. Bei der Verwendung von

© Springer Fachmedien Wiesbaden GmbH, ein Teil von Springer Nature 2019
C. Beierle und G. Kern-Isberner, *Methoden wissensbasierter Systeme*,
Computational Intelligence, https://doi.org/10.1007/978-3-658-27084-1_14

Wahrscheinlichkeiten geht auch immer Wissen über die Population bzw. über die Grundgesamtheit betrachteter Merkmale mit ein.   □

Eine Möglichkeit, sich bei der Modellierung mit Wahrscheinlichkeiten mehr Raum zu verschaffen, ist die Betrachtung von Wahrscheinlichkeitsintervallen anstelle präziser Werte (vgl. z. B. [174, 65]). Allerdings wird damit das ohnehin schon komplexe probabilistische Kalkül noch aufwendiger, und in vielen interessanten Anwendungen erhält man uninformative (weil zu große) Intervalle als Ergebnis einer Inferenz.

Eine Alternative ist, das Konzept der Wahrscheinlichkeit selbst zu verallgemeinern, um insbesondere die starke Forderung $P(A \cup B) = P(A) + P(B)$ für disjunkte Mengen zu umgehen. Ein naheliegender Ansatz ist dann der folgende:

Definition 14.2 (Kapazität) Sei $F : 2^{\Omega} \rightarrow [0, 1]$ eine Funktion von der Potenzmenge einer Menge Ω ins Einheitsintervall. F heißt *(normalisierte) Kapazität*, wenn sie die folgenden Bedingungen erfüllt:

1. *Normalisierung*: $F(\Omega) = 1$;

2. *Monotonie*: Für alle $A, B \subseteq \Omega, A \subseteq B$, gilt: $F(A) \leq F(B)$.   □

Kapazitäten werden in der Literatur auch als *Fuzzy-Maße* bezeichnet (auf die Beziehungen zur Fuzzy-Logik gehen wir in Abschnitt 14.3 ein). Wahrscheinlichkeitsfunktionen sind auch Kapazitäten, nicht jedoch umgekehrt: Es wird nicht gefordert, dass Kapazitäten additiv sind. Insbesondere ist bei einer Kapazität im Allgemeinen $F(\overline{A}) \neq 1 - F(A)$.

Definition 14.3 (Dualität) Zwei reellwertige Funktionen F, G auf 2^{Ω} heißen *dual* zueinander, wenn für jedes $A \subseteq \Omega$ gilt

$$F(A) = 1 - G(\overline{A}) \quad \text{und} \quad G(A) = 1 - F(\overline{A})$$

□

Eine Wahrscheinlichkeitsfunktion ist offensichtlich dual zu sich selbst.

Statt Wahrscheinlichkeitsintervallen, also Mengen möglicher Wahrscheinlichkeitswerte, kann man auch Mengen von Wahrscheinlichkeitsfunktionen betrachten; sie liefern wichtige Beispiele für Kapazitäten:

Definition 14.4 (untere/obere Wahrscheinlichkeitsschranke) Sei Π eine nichtleere Menge von Wahrscheinlichkeitsfunktionen über derselben Menge Ω. Wir definieren die *untere Wahrscheinlichkeitsschranke*, Π_u, und die *obere Wahrscheinlichkeitsschranke*, Π_o, für alle $A \subseteq \Omega$ durch

$$\Pi_u(A) = \inf\{P(A) \mid P \in \Pi\}$$
$$\Pi_o(A) = \sup\{P(A) \mid P \in \Pi\}$$

wobei $\inf(M)$ das Infimum und $\sup(M)$ das Supremum einer Menge M bezeichnet.

□

Beispiel 14.5 (Die Peter, Paul & Mary-Story 2) Inspektor Smith hat in der Mordsache Jones (s. Beispiel 14.1) ermittelt und Mary (mit einer Täterwahrscheinlichkeit von mindestens 0.5) und Paul (mit einer Täterwahrscheinlichkeit von mindestens 0.4) als Hauptverdächtige ausgemacht. Die gesuchte Wahrscheinlichkeitsfunktion ist also eine aus der Menge

$$\Pi = \{P \mid P \text{ Wahrscheinlichkeitsfunktion}, \ P(Mary) \geq 0.5, \ P(Paul) \geq 0.4\}$$

Als untere und obere Wahrscheinlichkeitsschranken ergeben sich dann

$$
\begin{array}{ll}
\Pi_u(Mary) = 0.5 & \Pi_o(Mary) = 0.6 \\
\Pi_u(Paul) \ = 0.4 & \Pi_o(Paul) \ = 0.5 \\
\Pi_u(Peter) = 0.0 & \Pi_o(Peter) = 0.1
\end{array}
$$

$\square$

Selbsttestaufgabe 14.6 (untere und obere Wahrscheinlichkeitsschranke)
Zeigen Sie, dass die zu einer nichtleeren Menge von Wahrscheinlichkeitsfunktionen Π gehörigen unteren und oberen Wahrscheinlichkeitsschranken, Π_u und Π_o, zueinander duale Kapazitäten sind. ■

Kapazitäten sind natürlich in ihrer allgemeinsten Form recht schwache Mittel für eine vernünftige Problemmodellierung. Wir werden in den folgenden Abschnitten spezielle, aussagekräftigere Kapazitäten und zugehörige Techniken der Wissensverarbeitung behandeln.

14.2 Die Dempster-Shafer-Theorie

Die Dempster-Shafer-Theorie (*DS-Theorie*) ist eine Theorie des *plausiblen Schließens*, die auf dem Begriff der *Evidenz* beruht. Sie wird daher manchmal auch *Evidenztheorie* genannt. Zentrales Konzept der DS-Theorie ist das der *Glaubensfunktion (belief function)*, die eine explizite Repräsentation von *Unwissenheit* erlaubt. Dies ist eine der bedeutendsten Eigenschaften der DS-Theorie. Der zweite attraktive Vorzug dieser Theorie ist die Verfügbarkeit einer Regel zur Kombination von Evidenzeinflüssen. Eine solche Kombinationsregel kann die Wissensverarbeitung erheblich vereinfachen. In der Wahrscheinlichkeitstheorie selbst kann es eine solche externe Regel nicht geben (s. [238]), da sich die Wahrscheinlichkeit einer Konjunktion im Allgemeinen nicht aus den Wahrscheinlichkeiten der einzelnen Konjunkte bestimmen lässt.

14.2.1 Basismaße und Glaubensfunktionen

Das Universum Ω aller möglichen und sich gegenseitig ausschließenden (Elementar)Ereignisse wird in der DS-Theorie als *Wahrnehmungsrahmen (frame of discernment)* oder einfach als *Rahmen (frame)* bezeichnet. Jedes Ereignis lässt sich als eine Teilmenge von Ω darstellen. Wie in der Wahrscheinlichkeitstheorie lassen sich Ereignisse mit aussagenlogischen Formeln identifizieren. In der Dempster-Shafer-Theorie wird jedoch im Allgemeinen eine mengentheoretische Schreibweise bevorzugt.

Definition 14.7 (Basismaß) Ein *Basismaß (basic probability assignment, bpa)* über dem Rahmen Ω ist eine Funktion $m : 2^\Omega \to [0,1]$, die den folgenden beiden Bedingungen genügt:

$$m(\emptyset) = 0$$
$$\sum_{A \subseteq \Omega} m(A) = 1$$

□

Die numerische Größe $m(A)$ ist das Maß an Glauben, das man exakt der Menge (bzw. der Aussage) A – und nicht etwa einer Teilmenge davon – zuweist. Ein Basismaß ist weder ein Wahrscheinlichkeitsmaß noch eine Kapazität, da es im Allgemeinen weder monoton noch additiv ist. Die obigen beiden Bedingungen stellen lediglich sicher, dass dem unmöglichen Ereignis bzw. der leeren Menge vernünftigerweise keinerlei Glauben geschenkt wird, und dass die Gesamtmasse des Glaubens 1 beträgt.

Definition 14.8 (fokale Elemente) Ist $m : 2^\Omega \to [0,1]$ ein Basismaß, so heißt jede Teilmenge $A \subseteq \Omega$ mit $m(A) > 0$ *fokales Element von m*.   □

Basismaße liefern die Bausteine für die zentralen *Glaubensfunktionen*:

Definition 14.9 (Glaubensfunktion) Sei m ein Basismaß über dem Rahmen Ω. Die durch m induzierte *Glaubensfunktion (belief function)*, *Bel*, wird definiert durch

$$Bel : 2^\Omega \to [0,1], \qquad Bel(A) := \sum_{B \subseteq A} m(B)$$

□

Beispiel 14.10 (Peter, Paul & Mary 3) Mit Hilfe einer Glaubensfunktion bzw. eines Basismaßes kann man in der Peter, Paul & Mary-Story vollkommenes Nichtwissen ausdrücken, indem man setzt

$$m(A) = \begin{cases} 1 & \text{wenn } A = \{Peter,\ Paul,\ Mary\} \\ 0 & \text{sonst} \end{cases}$$

Dann ist auch

$$Bel(A) = \begin{cases} 1 & \text{wenn } A = \{Peter,\ Paul,\ Mary\} \\ 0 & \text{sonst} \end{cases}$$

□

Bel(A) ist also das totale Maß an Glauben, das mit Sicherheit der Menge (bzw. der Aussage) A zugewiesen wird. Demgegenüber kann man auch das totale Maß an Glauben betrachten, das möglicherweise A zugewiesen werden könnte, wenn nur die Umstände entsprechend günstig wären. Dies wird als *Plausibilität* bezeichnet.

Definition 14.11 (Plausibilitätsfunktion) Sei m ein Basismaß über dem Rahmen Ω. Die durch m induzierte *Plausibilitätsfunktion (plausibility function)*, *Pl*, wird definiert durch

$$Pl : 2^\Omega \to [0,1], \qquad Pl(A) := \sum_{A \cap B \neq \emptyset} m(B)$$

□

Eine Plausibilitätsfunktion bezieht also auch jeglichen Glauben an Mengen mit ein, die mit A konsistent sind.

Sowohl Bel als auch Pl sind monotone Funktionen und damit insbesondere Kapazitäten.

Selbsttestaufgabe 14.12 (Glaubens- und Plausibilitätsfunktionen)
Zeigen Sie, dass Bel und Pl zueinander dual sind.   ■

Man kann zeigen, dass sich jede Glaubensfunktion darstellen lässt als eine untere Wahrscheinlichkeitsschranke spezieller Bauart (s. [210]). Solche Funktionen wurden zuerst von Arthur Dempster untersucht [53]. Dempster leitete mit Hilfe zweier Wahrscheinlichkeitsmodelle, die in passender Weise durch eine Abbildung verbunden waren, aus verfügbarer probabilistischer Information in dem einen Modell untere (und obere) Wahrscheinlichkeitsschranken in dem anderen Modell ab (vgl. auch [238]). Shafer [210] führte dann den Begriff der Glaubensfunktion – unabhängig von probabilistischen Grundlagen – als ∞-*monotone Kapazität* ein, d.h. als Kapazität Bel mit der Eigenschaft

$$Bel(\bigcup_{i=1}^{n} A_i) \geq \sum_{\emptyset \neq I \subseteq \{1,\ldots,n\}} (-1)^{|I|+1} Bel(\bigcap_{i \in I} A_i)$$

für alle $n \geq 1$. Für $n = 2$ bedeutet das beispielsweise

$$Bel(A \cup B) \geq Bel(A) + Bel(B) - Bel(A \cap B)$$

Für Vereinigungen mehrerer Mengen ergeben sich entsprechend kompliziertere Abschätzungen.

Untere Wahrscheinlichkeitsschranken im Sinne von Dempster, die Shafer'schen Glaubensfunktionen (siehe Definition 14.9) und ∞-monotone Kapazitäten sind äquivalente Konzepte. Jedoch ist nicht jede *beliebige* untere Wahrscheinlichkeitsschranke auch eine Glaubensfunktion (vgl. auch [238]).

Selbsttestaufgabe 14.13 (Untere Wahrscheinlichkeitsschranken) Es seien A, B binäre Aussagenvariable und $\Omega = \{ab, a\bar{b}, \bar{a}b, \bar{a}\bar{b}\}$ die Menge der möglichen Ausprägungen von A und B. Ferner sei Π die folgende Menge von Wahrscheinlichkeitsfunktionen über Ω:

$$\Pi = \{P \mid P \text{ Wahrscheinlichkeitsfunktion über } \Omega,$$
$$P(\{ab\}) = 0.6 - 0.35p, \ P(\{a\bar{b}\}) = 0.25p = P(\{\bar{a}b\}),$$
$$P(\{\bar{a}\bar{b}\}) = 0.4 - 0.15p, \ p \in [0,1]\}$$

Zeigen Sie, dass die untere Wahrscheinlichkeitsschranke Π_u von Π keine Glaubensfunktion ist. (*Hinweis*: Benutzen Sie, dass Glaubensfunktionen insbesondere ∞-monotone Kapazitäten sind.)   ■

Wir stellen einige einfache, aber grundlegende Beziehungen für Glauben und Plausibilität zusammen:

$$
\begin{aligned}
Bel(\emptyset) &= 0 = Pl(\emptyset) \\
Bel(\Omega) &= 1 = Pl(\Omega) \\
Pl(A) &\geq Bel(A) \\
Bel(A) + Bel(\neg A) &\leq 1 \\
Pl(A) + Pl(\neg A) &\geq 1
\end{aligned}
$$

Dabei kann man sowohl A als auch $\neg A$ das Glaubensmaß 0 zuweisen:

$$
Bel(A) = Bel(\neg A) = 0 \quad \text{ist möglich!} \tag{14.1}
$$

(14.1) drückt aus, dass man über A eigentlich überhaupt nichts weiß, ja vielleicht sogar mit dem Problem selbst noch nicht einmal etwas anfangen kann. Innerhalb der Wahrscheinlichkeitstheorie hingegen ist (14.1) nicht möglich, da $P(A) = 0$ $P(\neg A) = 1$ erzwingt. Im Falle der Unwissenheit setzt man gewöhnlich $P(A) = P(\neg A) = 0.5$, um seine Indifferenz zwischen den beiden möglichen Alternativen auszudrücken. Dies ist allerdings nicht ganz unproblematisch. Tatsächlich ist die angemessene Darstellung von Indifferenz in der Wahrscheinlichkeitstheorie schon seit ihren Anfängen ein überaus kontrovers diskutiertes Thema.

Diesem Problem versucht die DS-Theorie daher aus dem Wege zu gehen. Der tatsächliche ("wahre") Glauben an A liegt irgendwo im Intervall $[Bel(A), Pl(A)]$, wobei der Abstand $Pl(A) - Bel(A)$ der beiden Intervall-Enden als ein Maß der Unwissenheit bzgl. A angesehen wird. Vollständige Unwissenheit bzgl. des Rahmens Ω wird durch die sog. *nichtssagende Glaubensfunktion* dargestellt, die wie in Beispiel 14.10 durch das Basismaß m mit $m(\Omega) = 1$ und $m(A) = 0$ für alle $A \neq \Omega$ induziert wird.

Wahrscheinlichkeitsfunktionen sind genau diejenigen Glaubensfunktionen, die mit ihren dualen Plausibilitätsfunktionen übereinstimmen. Sie werden auch als *Bayessche Glaubensfunktionen* bezeichnet.

Selbsttestaufgabe 14.14 (Wahrscheinlichkeitsfunktionen) Zeigen Sie:

1. Ist P eine Wahrscheinlichkeitsfunktion auf Ω, so wird durch

$$
m(A) = \begin{cases} P(A) & \text{wenn } A = \{\omega\},\ \omega \in \Omega \\ 0 & \text{sonst} \end{cases}
$$

ein Basismaß definiert, und für die induzierte Glaubensfunktion Bel und die zugehörige Plausibilitätsfunktion Pl gilt: $Bel = Pl = P$.

2. Ist eine Glaubensfunktion Bel identisch mit ihrer zugehörigen Plausibilitätsfunktion Pl, so ist Bel eine Wahrscheinlichkeitsfunktion. ∎

14.2.2 Dempsters Kombinationsregel

Häufig liegt der Fall vor, dass verschiedene Anhaltspunkte, also verschieden gewichtete Evidenzen (man spricht hier auch von *pieces of evidence* oder *bodies of evidence*) bei der Bewertung einer Hypothese in Betracht gezogen werden müssen, wie im folgenden Beispiel.

Beispiel 14.15 (Der Safeknacker 1 [238]) Der Safe einer Firma wurde aufgebrochen und ausgeräumt. Die Indizien sprechen mit einer Sicherheit von 70 % dafür, dass der Diebstahl von einer Person begangen wurde, die Linkshänder ist. Da außerdem die Tür zu dem Raum, in dem der Safe steht, nicht beschädigt wurde, vermutet die Polizei (zu 80 %), dass der Räuber unter den Firmenangehörigen zu finden ist. Nach Lage der Dinge betrachtet man in diesem Fall die beiden Aussagenvariablen

L : Linkshänder sein
F : Firmenangehöriger sein

und wählt als Rahmen $\Omega = \{lf, l\overline{f}, \overline{l}f, \overline{l}\overline{f}\}$. Für jede der beiden Evidenzen bestimmt man ein eigenes Basismaß:

$$m_L(A) = \begin{cases} 0.7 & \text{wenn } A = \{lf, l\overline{f}\} \\ 0.3 & \text{wenn } A = \Omega \\ 0 & \text{sonst} \end{cases}$$

und

$$m_F(A) = \begin{cases} 0.8 & \text{wenn } A = \{lf, \overline{l}f\} \\ 0.2 & \text{wenn } A = \Omega \\ 0 & \text{sonst} \end{cases}$$

Man möchte nun diese beiden Erkenntnisse kombinieren und erwartet, dass sich für die Hypothese "*der Täter ist ein linkshändiger Firmenangehöriger*" eine vernünftige Sicherheit ergibt. □

Die DS-Theorie kennt für solche Fälle eine recht praktikable Berechnungsregel, die *Dempster'sche Kombinationsregel*.

Definition 14.16 (Dempster'sche Kombinationsregel) Seien Bel_1 und Bel_2 zwei Glaubensfunktionen über demselben Rahmen Ω, die von zwei Basismaßen m_1 und m_2 induziert werden. Ferner nehmen wir an, dass $\sum_{X \cap Y \neq \emptyset} m_1(X)m_2(Y) \neq 0$ ist. Die *DS-Kombination von Bel_1 und Bel_2* ist diejenige Glaubensfunktion $Bel_1 \oplus Bel_2$, die durch das wie folgt definierte Basismaß $m_1 \oplus m_2$ definiert wird:

$$m_1 \oplus m_2(A) = \begin{cases} 0 & \text{wenn } A = \emptyset \\ \dfrac{\sum_{X \cap Y = A} m_1(X)m_2(Y)}{\sum_{X \cap Y \neq \emptyset} m_1(X)m_2(Y)} & \text{wenn } \emptyset \neq A \subseteq \Omega \end{cases} \qquad (14.2)$$

$Bel_1 \oplus Bel_2$ wird manchmal auch als *orthogonale Summe* von Bel_1 und Bel_2 bezeichnet. Der Faktor $[\sum_{X \cap Y \neq \emptyset} m_1(X)m_2(Y)]^{-1}$ heißt *normalisierende Konstante*. Ist $\sum_{X \cap Y \neq \emptyset} m_1(X)m_2(Y) = 0$, so ist $Bel_1 \oplus Bel_2$ nicht definiert, und Bel_1 und Bel_2 werden als *unvereinbar* oder *nicht kombinierbar* bezeichnet. □

Bei der Berechnung der Summen in (14.2) genügt es, jeweils die Schnitte fokaler Elemente zu betrachten. Da es vorkommen kann, dass zwei fokale Elemente der beteiligten Basismaße leeren Schnitt haben, muss man explizit $m_1 \oplus m_2(\emptyset) = 0$ setzen, um sicherzustellen, dass die orthogonale Summe wieder ein Basismaß darstellt. Zu dem gleichen Zweck wird normalisiert. Wenn es keine fokalen Elemente der beiden Basismaße gibt, die einen nichtleeren Schnitt haben, so werden die beiden Evidenzen als unvereinbar angesehen.

Die Bildung der orthogonalen Summe ist – wie man leicht nachrechnet – kommutativ und assoziativ. Damit können endlich viele Glaubensfunktionen in eindeutiger Weise miteinander kombiniert werden. Die DS-Kombinationsregel stellt also eine Methode zur Fusionierung von Wissen aus unterschiedlichen Quellen dar. Das Vorhandensein dieser externen Regel ist dabei ein wichtiger Vorteil der Dempster-Shafer-Theorie gegenüber der Wahrscheinlichkeitstheorie. Ein ähnliches Ziel verfolgt auch der MYCIN zugrunde liegende Ansatz mit Hilfe von Sicherheitsgraden. Anders als bei der Dempster-Shafer-Theorie gibt es für die MYCIN-Grade jedoch keine klare wahrscheinlichkeitstheoretische Fundierung, was zu probabilistisch unintuitiven Resultaten führen kann (vgl. [238]).

Beispiel 14.17 (Der Safeknacker 2) Wir kombinieren die beiden Evidenzen aus Beispiel 14.15 mit Hilfe der obigen Kombinationsregel. Fokale Elemente von m_L bzw. m_F sind $\{lf, l\overline{f}\}$ und Ω bzw. $\{lf, \overline{l}f\}$ und Ω. Die Normalisierungskonstante ist daher

$$m_L(\{lf, l\overline{f}\})m_F(\{lf, \overline{l}f\}) + m_L(\{lf, l\overline{f}\})m_F(\Omega) + m_L(\Omega)m_F(\{lf, \overline{l}f\})$$
$$+ m_L(\Omega)m_F(\Omega)$$
$$= 0.7 \cdot 0.8 + 0.7 \cdot 0.2 + 0.3 \cdot 0.8 + 0.3 \cdot 0.2 = 1$$

Damit ergibt sich für das kombinierte Basismaß $m_L \oplus m_F$

$$m_L \oplus m_F(\{lf\}) = m_L(\{lf, l\overline{f}\})m_F(\{lf, \overline{l}f\}) = 0.56$$
$$m_L \oplus m_F(\{lf, l\overline{f}\}) = m_L(\{lf, l\overline{f}\})m_F(\Omega) = 0.14$$
$$m_L \oplus m_F(\{lf, \overline{l}f\}) = m_L(\Omega)m_F(\{lf, \overline{l}f\}) = 0.24$$
$$m_L \oplus m_F(\Omega) = m_L(\Omega)m_F(\Omega) = 0.06$$

für alle anderen Teilmengen $A \subseteq \Omega$ ist $m_L \oplus m_F(A) = 0$. Wie gewünscht erhalten wir nun $Bel_L \oplus Bel_F(\{lf\}) = m_L \oplus m_F(\{lf\}) = 0.56$, also das Produkt der einzelnen Glaubensgrade. Der Glauben daran, dass es sich um einen Linkshänder oder um einen Firmenangehörigen handelt, hat sich jedoch nicht verändert:

$$Bel_L \oplus Bel_F(\{lf, l\overline{f}\}) = m_L \oplus m_F(\{lf\}) + m_L \oplus m_F(\{lf, l\overline{f}\})$$
$$= 0.56 + 0.14 = 0.7$$
$$Bel_L \oplus Bel_F(\{lf, \overline{l}f\}) = m_L \oplus m_F(\{lf\}) + m_L \oplus m_F(\{lf, \overline{l}f\})$$
$$= 0.56 + 0.24 = 0.8 \qquad \square$$

Die Kombinationsregel (14.2) muss jedoch mit Bedacht eingesetzt werden, denn eine wichtige implizite Voraussetzung für ihre Anwendung ist die unterstellte Unabhängigkeit der verschiedenen Evidenzen. Nur in diesem Fall liefert das kombinierte Basismaß verlässliche, intuitiv richtige Glaubensgrade. Ein einfaches Beispiel für die Nichtanwendbarkeit der DS-Kombinationsregel erhält man durch die Kombination einer Glaubensfunktion mit sich selbst.

Beispiel 14.18 Wir betrachten im Beispiel 14.15 die Glaubensfunktion B_L mit dem induzierenden Basismaß m_L. Kombinieren wir diese mit sich selbst, so erhalten wir

$$B_L \oplus B_L(\{lf, l\overline{f}\}) = 0.91 \neq 0.7 = B_L(\{lf, l\overline{f}\}) \qquad \square$$

Selbsttestaufgabe 14.19 (Kombinationsregel) Vollziehen Sie im obigen Beispiel 14.18 ausführlich die Kombination von B_L mit sich selbst.   ∎

Die orthogonale Summe ist also nicht *idempotent*, d.h., im Allgemeinen ist $Bel \oplus Bel \neq Bel$. Durch die mehrfache Kombination einer Evidenz mit sich selbst lässt sich der betreffende Glaubensgrad beliebig vergrößern, was natürlich nicht vertretbar ist. Anders verhält es sich jedoch, wenn verschiedene Quellen (z.B. unabhängige Experten) dieselbe Glaubensfunktion liefern. In diesem Fall ist es zulässig, diese miteinander zu kombinieren, und die resultierende Erhöhung des Glaubensgrades lässt sich als eine intuitiv angemessene Verstärkung deuten. Vor diesem Hintergrund erscheint die fehlende Idempotenz gerechtfertigt. Eine ausführliche Auseinandersetzung mit dem Problem unabhängiger Evidenzen liefert [236].

Smets setzte die Dempster-Shafer-Theorie in seinem *transferable belief model* [221] um, in dem der durch Glaubensfunktionen repräsentierte subjektive Glauben eines Agenten durch neue Information aktualisiert und zur Entscheidungsfindung genutzt werden kann.

14.2.3 Sensorenauswertung in der mobilen Robotik mittels Dempster-Shafer-Theorie

Das folgende Anwendungsbeispiel ist eine stark vereinfachte Darstellung eines realen Problems in der mobilen Robotik, das in [237] in unterhaltsamer Form behandelt wird.

Für eine namhafte Automarke soll der Prototyp eines autonomen Fahrzeugs konzipiert werden. Unter anderem soll dieses Fahrzeug auch selbständig einparken können. Eine wesentliche Fähigkeit des Autoroboters besteht in der verlässlichen Ermittlung seines Abstands zu anderen Objekten. Zu diesem Zweck ist das Auto mit einer Reihe von Sensoren ausgestattet worden, die bei Stillstand des Fahrzeuges hervorragende Messergebnisse liefern. Ständige Fahrtunterbrechungen sind jedoch inakzeptabel, daher ist eine Auswertung der Sensoren während der Fahrt notwendig. Hierbei sind die Anzeigen der Sensoren allerdings nur leidlich verlässlich. Um die Zuverlässigkeit zu verbessern, werden mehrere Sensoren zusammengeschaltet. Wir wollen untersuchen, wie sich mit Hilfe der Dempster-Shafer-Theorie die Sicherheit gemeinsamer Messergebnisse in Abhängigkeit von der Verlässlichkeit der einzelnen Sensoren bestimmen lässt.

Nehmen wir an, es sind jeweils drei Sensoren S_1, S_2, S_3 zusammengeschaltet. Jeder der Sensoren liefert als Messergebnis eine ganze Zahl zwischen 0 und 999, die der Entfernung zu einem Objekt in Zentimetern entspricht. Objekte, die 10 m oder mehr entfernt sind, können die Sensoren nicht erkennen. Der Wahrnehmungsrahmen ist hier also $\Omega = \{0, \ldots, 999\}$. Die Zuverlässigkeit der Sensoren ist unterschiedlich. Sensor S_1 arbeitet zu 50 % richtig, d.h., in 50 % der Zeit entspricht die angegebene Zahl der korrekten Entfernung, während der Sensor in der übrigen Zeit gestört ist und Messergebnis und Entfernung allenfalls zufällig übereinstimmen. Die Sensoren S_2 und S_3 arbeiten zu 40 % zuverlässig.

Betrachten wir zunächst den Fall, dass alle drei Sensoren dasselbe Messergebnis liefern, z.B. 333. Wir definieren für jeden der drei Sensoren ein passendes Basismaß durch

$$m_1(\{333\}) = 0.5 \quad m_1(\Omega) = 0.5$$
$$m_2(\{333\}) = 0.4 \quad m_2(\Omega) = 0.6$$
$$m_3(\{333\}) = 0.4 \quad m_3(\Omega) = 0.6$$

Wir kombinieren zunächst m_1 und m_2 nach der DS-Kombinationsregel. Fokale Elemente sind die Mengen $\{333\}$ und Ω, die Normalisierungskonstante ist 1. Man erhält

$$
\begin{aligned}
m_1 \oplus m_2(\{333\}) &= m_1(\{333\})m_2(\{333\}) + m_1(\{333\})m_2(\Omega) + m_1(\Omega)m_2(\{333\}) \\
&= 0.7 \\
m_1 \oplus m_2(\Omega) &= m_1(\Omega)m_2(\Omega) = 0.3
\end{aligned}
$$

und weiter

$$
\begin{aligned}
m_1 \oplus m_2 \oplus m_3(\{333\}) &= m_1 \oplus m_2(\{333\})m_3(\{333\}) + m_1 \oplus m_2(\{333\})m_3(\Omega) \\
&\quad + m_1 \oplus m_2(\Omega)m_3(\{333\}) = 0.82 \\
m_1 \oplus m_2 \oplus m_3(\Omega) &= m_1 \oplus m_2(\Omega)m_3(\Omega) = 0.18
\end{aligned}
$$

Das Messergebnis 333 kann also mit einer Sicherheit von 82 % geglaubt werden.

In einer anderen Situation liefern die drei Sensoren unterschiedliche Messwerte:

$$S_1 : 424, \quad S_2, S_3 : 429$$

Diesmal soll außerdem ein Unsicherheitsintervall von 3 cm berücksichtigt werden, d.h. wir betrachten

$$D_1 := \{421, \ldots, 427\}, \quad D_2 := \{426, \ldots, 432\}$$

und setzen

$$
\begin{aligned}
m_1(D_1) &= 0.5 & m_1(\Omega) &= 0.5 \\
m_2(D_2) &= 0.4 & m_2(\Omega) &= 0.6 \\
m_3(D_2) &= 0.4 & m_3(\Omega) &= 0.6
\end{aligned}
$$

Wir kombinieren zunächst m_2 und m_3 mit denselben fokalen Elementen D_2 und Ω. Die Normalisierungskonstante ist 1, und wir erhalten

$$
\begin{aligned}
m_2 \oplus m_3(D_2) &= m_2(D_2)m_3(D_2) + m_2(D_2)m_3(\Omega) + m_2(\Omega)m_3(D_2) = 0.64 \\
m_2 \oplus m_3(\Omega) &= m_2(\Omega)m_3(\Omega) = 0.36
\end{aligned}
$$

Bei der Kombination von m_1 mit $m_2 \oplus m_3$ ergeben sich als fokale Elemente D_1, D_2, Ω und $D_3 := D_1 \cap D_2 = \{426, 427\}$. Die Werte des kombinierten Basismaßes sind

$$
\begin{aligned}
m_1 \oplus m_2 \oplus m_3(D_1) &= m_1(D_1)m_2 \oplus m_3(\Omega) = 0.5 \cdot 0.36 = 0.18 \\
m_1 \oplus m_2 \oplus m_3(D_2) &= m_1(\Omega)m_2 \oplus m_3(D_2) = 0.5 \cdot 0.64 = 0.32 \\
m_1 \oplus m_2 \oplus m_3(D_3) &= m_1(D_1)m_2 \oplus m_3(D_2) = 0.5 \cdot 0.64 = 0.32 \\
m_1 \oplus m_2 \oplus m_3(\Omega) &= m_1(\Omega)m_2 \oplus m_3(\Omega) = 0.5 \cdot 0.36 = 0.18
\end{aligned}
$$

Damit berechnen sich die kombinierten Glaubensgrade der Mengen D_1, D_2, D_3 wie folgt:

$$
\begin{aligned}
Bel_1 \oplus Bel_2 \oplus Bel_3(D_3) &= 0.32 \\
Bel_1 \oplus Bel_2 \oplus Bel_3(D_1) &= 0.32 + 0.18 = 0.5 \\
Bel_1 \oplus Bel_2 \oplus Bel_3(D_2) &= 0.32 + 0.32 = 0.64
\end{aligned}
$$

Selbsttestaufgabe 14.20 (Dempster-Shafer-Theorie) Es sei das folgende Basismaß über dem Wahrnehmungsrahmen $\Omega = \{k_1, \ldots, k_{10}\}$ gegeben, wobei die k_i Komponenten eines technischen Systems seien:

$$m(X) = \begin{cases} 0.4, & \text{wenn } X = \{k_1, k_2, k_3\} \\ 0.3, & \text{wenn } X = \{k_2, k_6\} \\ 0.1, & \text{wenn } X = \{k_7, k_8, k_9\} \\ 0.2, & \text{wenn } X = \Omega \\ 0, & \text{sonst} \end{cases}$$

Dabei gibt $m(X)$ die Gewissheit an, mit der man einen Fehler im Bereich X vermutet.

1. Bestimmen Sie die fokalen Elemente von m.

2. Berechnen Sie $Bel(A)$ und $Pl(A)$ für $A = \{k_1, k_2, k_3, k_4, k_6, k_8\}$.

3. Kann die aus m abgeleitete Glaubensfunktion Bel eine Wahrscheinlichkeitsfunktion sein? Begründen Sie Ihre Antwort. ∎

Selbsttestaufgabe 14.21 (Dempster-Shafer-Theorie - Handysuche) Max sucht wieder mal sein Handy, er hat keine Ahnung, in welchem der möglichen Zimmer (Küche (K), Diele (D), Bad (B), Wohnzimmer (W) und Schlafzimmer (S)) er es liegen gelassen hat, es kann auch genauso gut in seinem Auto ($C = $ car) oder im Garten (G) sein. Daher fragt er seine beiden Freunde Christoph und Bianca, ob sie das Handy irgendwo gesehen haben. Bianca weiß mit einer Sicherheit von 0.9, dass sie das Handy in der Küche, im Wohnzimmer oder im Garten gesehen hat. Christoph hingegen ist sich nur mit einer Sicherheit von 0.6 sicher, dass das Handy in der Küche, im Schlafzimmer, im Garten oder im Auto ist.

Das (unsichere) Wissen von Bianca und Christoph ist also durch die folgenden Basismaße m_B und m_C über dem Wahrnehmungsrahmen $\Omega = \{K, D, B, W, S, C, G\}$ gegeben:

$$m_B(A) = \begin{cases} 0.9, & \text{wenn } A = \{K, W, G\} \\ 0.1, & \text{wenn } A = \Omega \\ 0, & \text{sonst} \end{cases} \qquad m_C(A) = \begin{cases} 0.6, & \text{wenn } A = \{K, S, C, G\} \\ 0.4, & \text{wenn } A = \Omega \\ 0, & \text{sonst} \end{cases}$$

1. Geben Sie die fokalen Mengen von m_B und m_C an.

2. Kombinieren Sie nun das Wissen von Bianca und Christoph mit Hilfe der Dempster'schen Kombinationsregel

$$m_1 \oplus m_2(A) = \begin{cases} 0 & \text{wenn } A = \emptyset \\ \dfrac{\sum_{X \cap Y = A} m_1(X) m_2(Y)}{\sum_{X \cap Y \neq \emptyset} m_1(X) m_2(Y)} & \text{wenn } \emptyset \neq A \subseteq \Omega \end{cases}$$

Welche Menge bekommt unter $m_B \oplus m_C$ das größte Maß an Sicherheit?

3. Berechnen Sie $Bel_B \oplus Bel_C(\{K, S, C, G, W\})$ und $Pl_B \oplus Pl_C(\{W, S\})$. ∎

14.3   Fuzzy-Theorie und Possibilistik

Fuzzy-Theorie und possibilistische Logik haben gemeinsame Wurzeln – beide gehen auf Arbeiten von Zadeh [250, 251] zurück, die sich mit *vagen Konzepten* und *approximativem Schließen* beschäftigen. Die Entstehung von Possibilitätsmaßen aus Fuzzy-Ansätzen wird ausführlich in [58] beschrieben. Tatsächlich haben *Fuzzy-Mengen* und *Possibilitätsverteilungen* (s.u.) die gleiche syntaktische Form, sie werden jedoch zu unterschiedlichen Zwecken verwendet: Während Fuzzy-Mengen als "verallgemeinerte Mengen" häufig zur Modellierung unscharfer Begriffe eingesetzt werden, hat die possibilistische Logik einen stark epistemischen Charakter und dient zur Repräsentation eines Wissenszustandes. Sie eignet sich daher besonders gut für die Modellierung von Wissensbasen.

Da es bereits umfangreiche Literatur zu diesen Themen auch in deutscher Sprache gibt (vgl. hier insbesondere [127]; in diesem Buch wird auch auf Possibilitätstheorie und Implementationen eingegangen), beschränken wir uns auf eine kurze Einführung.

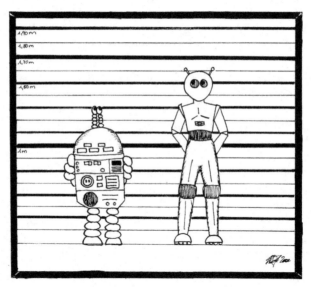

14.3.1   Fuzzy-Theorie

Üblicherweise werden Mengen durch die Angabe ihrer Elemente oder durch sie charakterisierende Eigenschaften beschrieben; z.B. sind $M = \{11, 12, 13, 14, 15, 16, 17, 18, 19\}$ und $M = \{n \in \mathbb{N} \mid 10 < n < 20\}$ Darstellungen der Menge aller natürlichen Zahlen zwischen 10 und 20. Eine äquivalente Darstellung erhält man durch die sog. *charakteristische Funktion* $\mathbf{1}_M : \mathbb{N} \to \{0, 1\}$:

$$\mathbf{1}_M(x) = \left\{ \begin{array}{ll} 1 & \text{wenn } 10 < x < 20 \\ 0 & \text{sonst} \end{array} \right.$$

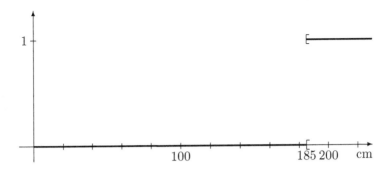

Abbildung 14.1 Die scharfe Menge $\mathbf{1}_{\geq 185}$

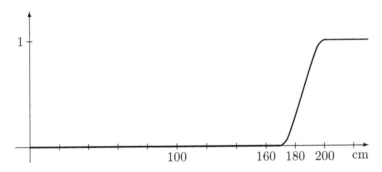

Abbildung 14.2 Die Fuzzy-Menge $\mu_{groß}$

So lassen sich z. B. durch

$$\mathbf{1}_{\geq 185}(x) = \begin{cases} 1 & \text{wenn } x \geq 185 \\ 0 & \text{sonst} \end{cases}$$

alle Körpergrößen charakterisieren, die mindestens 185 cm betragen (siehe Abbildung 14.1). Allerdings würde $\mu_{\geq 185}$ nur in unbefriedigender Weise das modellieren, was man allgemein unter einer "großen menschlichen Köpergröße" versteht: Während der Mensch den Unterschied zwischen den Größen 184.9 cm und 185.1 cm nicht wahrnimmt und beide vermutlich als "groß" bezeichnen würde, klassifiziert $\mu_{\geq 185}$ ganz klar das eine als "nicht groß" und das andere als "groß". "Groß" ist jedoch ein unscharfes linguistisches Konzept, ebenso wie "schnell", "jung" oder "dunkel", und widersetzt sich einer klaren Abgrenzung. Adäquater erscheint hier die Modellierung eines weichen, gleitenden ("fuzzy") Übergangs in der Art "jemand, der 180 cm groß ist, ist schon ziemlich groß". Dies lässt sich hier mit einer Funktion $\mu_{groß}$ etwa wie in Abbildung 14.2 bewerkstelligen. $\mu_{groß}$ bezeichnet man als unscharfe Menge oder Fuzzy-Menge.

Definition 14.22 (Fuzzy-Menge) Sei X eine Menge. Eine *Fuzzy-Menge* μ *von* X ist eine Abbildung

$$\mu : X \to [0, 1]$$

von X in das Einheitsintervall. Die Menge X wird auch als *Grundmenge* oder *Universum* bezeichnet. μ heißt *normiert*, wenn es ein $x \in X$ mit $\mu(x) = 1$ gibt. Die Menge aller Fuzzy-Mengen einer Menge X wird mit $\mathcal{F}(X)$ abgekürzt.   □

Mit Hilfe von Fuzzy-Mengen lassen sich vage linguistische Ausdrücke und graduelle Abstufungen (z. B. die Grauwertstufen eines Röntgenbildes) hervorragend darstellen. Auch Ungenauigkeiten bei Messergebnissen kann man in einem Fuzzy-Ansatz berücksichtigen.

Die Normiertheitsbedingung bedeutet, dass es im Universum X mindestens ein Element mit maximalem Zugehörigkeitsgrad gibt. Ist μ eine normierte Fuzzy-Menge, so definiert

$$F_\mu : 2^X \to [0,1], \qquad F_\mu(A) := \sup_{x \in A} \mu(x) \ (A \subseteq X)$$

eine Kapazität. Umgekehrt induziert jede Kapazität $F : 2^X \to [0,1]$ mittels $\mu(x) := F(\{x\})$ trivialerweise eine Fuzzy-Menge.

Unter der *vertikalen Repräsentation* einer Fuzzy-Menge $\mu : X \to [0,1]$ versteht man die anschauliche Darstellung einer Fuzzy-Menge als Graph einer Funktion, bei der jedem x der Grundmenge der Zugehörigkeitsgrad $\mu(x)$ zugeordnet wird. Für die maschinelle Repräsentation von μ ist häufig die *horizontale Repräsentation* wichtiger, bei der für (endlich viele) $\alpha \in [0,1]$ die Menge aller Elemente angegeben wird, deren Zugehörigkeitsgrad mindestens α ist. Dies führt auf die Definition des α-Schnittes:

Definition 14.23 (α-Schnitt) Für $\mu \in \mathcal{F}(X)$ und $\alpha \in [0,1]$ heißt die Menge

$$[\mu]_\alpha := \{x \in X \mid \mu(x) \geq \alpha\}$$

der α-*Schnitt von* μ.   □

Jede Fuzzy-Menge $\mu \in \mathcal{F}(X)$ lässt sich durch ihre α-Schnitte charakterisieren: Für jedes $x \in X$ gilt nämlich $\mu(x) = \sup_{\alpha \in [0,1]}\{\min(\alpha, \mathbf{1}_{[\mu]_\alpha}(x))\}$, denn es ist

$$\min(\alpha, \mathbf{1}_{[\mu]_\alpha}(x)) = \begin{cases} \alpha, & \text{wenn } \mu(x) \geq \alpha \\ 0, & \text{wenn } \mu(x) < \alpha \end{cases}$$

also $\sup_{\alpha \in [0,1]}\{\min(\alpha, \mathbf{1}_{[\mu]_\alpha}(x))\} = \sup\{\alpha \mid \alpha \leq \mu(x)\} = \mu(x)$.

Dies kann man benutzen, um z.B. die Teilmengenbeziehung von klassischen Mengen auf Fuzzy-Mengen zu übertragen: Seien $\mu, \mu' \in \mathcal{F}(X)$ zwei Fuzzy-Mengen von X. μ' heißt *Teilmenge* von μ, wenn für alle $\alpha \in [0,1]$ gilt: $[\mu']_\alpha \subseteq [\mu]_\alpha$. Die Teilmengenbeziehung zwischen Fuzzy-Mengen lässt sich leicht überprüfen:

Proposition 14.24 *Seien* $\mu, \mu' \in \mathcal{F}(X)$ *zwei Fuzzy-Mengen. Dann ist* μ' *genau dann eine Teilmenge von* μ, *wenn für alle* $x \in X$ *gilt:* $\mu'(x) \leq \mu(x)$.

Beweis: Sei $\mu' \subseteq \mu$, also $[\mu']_\alpha \subseteq [\mu]_\alpha$ für alle $\alpha \in [0,1]$. Sei $x \in X$, und setze $\alpha := \mu'(x)$. Dann ist $\mu'(x) \geq \alpha$, folglich $x \in [\mu']_\alpha$ und daher auch $x \in [\mu]_\alpha$, d.h. $\mu(x) \geq \alpha = \mu'(x)$.

Sei umgekehrt $\mu'(x) \leq \mu(x)$ für alle $x \in X$. Sei $\alpha \in [0,1]$, und sei $x \in [\mu']_\alpha$. Dann ist $\mu'(x) \geq \alpha$, und wegen $\mu(x) \geq \mu'(x)$ auch $\mu(x) \geq \alpha$, d.h. $x \in [\mu]_\alpha$. Folglich gilt $[\mu']_\alpha \subseteq [\mu]_\alpha$ für alle $\alpha \in [0,1]$, also $\mu' \subseteq \mu$. ∎

Auf Fuzzy-Mengen werden mittels *t-Normen* und *t-Conormen* weiterhin verallgemeinerte Schnitt- und Vereinigungsoperatoren definiert:

Definition 14.25 (t-Norm) Eine Abbildung $T : [0,1] \times [0,1] \to [0,1]$ heißt *t-Norm*, wenn sie die folgenden Bedingungen erfüllt:

1. Assoziativität: $T(a, T(b,c)) = T(T(a,b), c)$;

2. Kommutativität: $T(a,b) = T(b,a)$;

3. Monotonie: aus $a \leq b$ folgt $T(a,c) \leq T(b,c)$ für beliebiges $c \in [0,1]$;

4. Neutrales Element: $T(a,1) = a$ für alle $a \in [0,1]$.   □

Aus der Kommutativität und der Monotonie folgt, dass eine t-Norm monoton nicht-fallend in beiden Argumenten ist.

Selbsttestaufgabe 14.26 (t-Norm) Zeigen Sie, dass für jede t-Norm T gilt: $T(a,0) = 0$ für alle $a \in [0,1]$.   ∎

Definition 14.27 (t-Conorm) Eine Abbildung $T^* : [0,1] \times [0,1] \to [0,1]$ heißt *t-Conorm*, wenn sie assoziativ, kommutativ und monoton nicht-fallend ist und 0 als neutrales Element besitzt, d.h. $T^*(a,0) = a$ für alle $a \in [0,1]$ gilt.   □

t-Normen und t-Conormen sind zueinander dual: Ist T eine t-Norm, so ist $T^*(a,b) = 1 - T(1-a, 1-b)$ eine t-Conorm und umgekehrt. Die Bezeichnung t-Norm leitet sich von *triangular norm (Dreiecksnorm)* ab und resultiert aus der Tatsache, dass eine t-Norm eine dreiecksähnliche Fläche im $\mathbb{R}^3$ beschreibt (vgl. [209]). Mit Hilfe von t-Normen und t-Conormen lassen sich dann Schnitt und Vereinigung von Fuzzy-Mengen $\mu, \mu' \in \mathcal{F}(X)$ wie folgt definieren:

$$\begin{aligned}
(\mu \cap \mu')(x) &:= T(\mu(x), \mu'(x)) \\
(\mu \cup \mu')(x) &:= T^*(\mu(x), \mu'(x))
\end{aligned}$$

Die gebräuchlichste t-Norm und t-Conorm in der Fuzzy-Theorie sind die Funktionen

$$T_{min}(a,b) = \min\{a,b\} \quad \text{und} \quad T^*_{max}(a,b) = \max\{a,b\}.$$

Man definiert also für zwei Fuzzy-Mengen $\mu, \mu' : X \to [0,1]$ ihren Schnitt und ihre Vereinigung im Allgemeinen durch

$$\begin{aligned}
(\mu \cap \mu')(x) &= \min\{\mu(x), \mu'(x)\} \\
(\mu \cup \mu')(x) &= \max\{\mu(x), \mu'(x)\}
\end{aligned}$$

Aussagenlogisch betrachtet entspricht die Minimierung der konjunktiven und die Maximierung der disjunktiven Verknüpfung von Aussagen; so lassen sich auch komplexere aussagenlogische Formeln fuzzy-logisch interpretieren (zum Thema *Fuzzy-Logik* vgl. auch [127]). Für dieses so definierte Paar von Norm und Conorm gelten die Distributivgesetze

$$\mu_1 \cap (\mu_2 \cup \mu_3) \; = \; (\mu_1 \cap \mu_2) \cup (\mu_1 \cap \mu_3)$$

$$\mu_1 \cup (\mu_2 \cap \mu_3) \; = \; (\mu_1 \cup \mu_2) \cap (\mu_1 \cup \mu_3)$$

Selbsttestaufgabe 14.28 (t-Norm, t-Conorm) Es seien die Funktionen $T_{min}, T_{Luka}, T_{prod} : [0,1] \times [0,1] \rightarrow [0,1]$ wie folgt definiert:

$$T_{min}(a,b) \; := \min\{a,b\}$$
$$T_{Luka}(a,b) := \max\{0, a+b-1\} \quad \text{(benannt nach J. Lukasiewicz)}$$
$$T_{prod}(a,b) \; := a \cdot b$$

1. Zeigen Sie, dass T_{min}, T_{Luka} und T_{prod} t-Normen sind.

2. Zeigen Sie, dass den t-Normen aus Teil 1 die folgenden t-Conormen entsprechen:

$$T^*_{min}(a,b) \; = \max\{a,b\}$$
$$T^*_{Luka}(a,b) = \min\{a+b, 1\}$$
$$T^*_{prod}(a,b) \; = a+b-ab$$ ∎

Selbsttestaufgabe 14.29 (Distributivgesetze) Gelten die Distributivgesetze auch, wenn Schnitt und Vereinigung durch die Paare (T_{Luka}, T^*_{Luka}) und (T_{prod}, T^*_{prod}) definiert werden? Begründen Sie Ihre Antwort jeweils durch einen Beweis oder durch ein Gegenbeispiel.   ∎

Nicht nur mengentheoretische Operationen wie Durchschnitt und Vereinigung lassen sich auf Fuzzy-Mengen verallgemeinern, auch Abbildungen $\phi : X^n \rightarrow Y$ kann man "fuzzifizieren". Dies geschieht durch das *Extensionsprinzip*:

Definition 14.30 (Extensionsprinzip) Es seien X, Y zwei Mengen, und $\phi : X^n \rightarrow Y$ eine Abbildung. Die *Extension von ϕ*,

$$\hat{\phi} : (\mathcal{F}(X))^n \rightarrow \mathcal{F}(Y)$$

wird definiert durch

$$\hat{\phi}(\mu_1, \ldots, \mu_n)(y) \; := \; \sup\{\min\{\mu_1(x_1), \ldots, \mu_n(x_n)\} \mid$$
$$(x_1, \ldots, x_n) \in X^n \text{ und } y = \phi(x_1, \ldots, x_n)\}   □$$

$\hat{\phi}$ modelliert die vage Aussage "y gehört zum Bild von $(\mu_1, \ldots, \mu_n)$". Dabei korrespondiert $\min\{\mu_1(x_1), \ldots, \mu_n(x_n)\}$ zur Konjunktion der Aussagen "x_i gehört zu μ_i", während die Supremumsbildung die Disjunktion über alle passenden $(x_1, \ldots, x_n)$ mit $y = \phi(x_1, \ldots, x_n)$ berücksichtigt.

Das Extensionsprinzip ist grundlegend für die Übertragung klassischer Konzepte auf Fuzzy-Mengen. Wir werden in Abschnitt 14.3.3 skizzieren, wie mit seiner Hilfe Fuzzy-Inferenzregeln interpretiert und der *modus ponens* für solche Regeln verallgemeinert werden kann.

Selbsttestaufgabe 14.31 (Extensionsprinzip) Wenden Sie das Extensionsprinzip auf die Abbildung

$$\phi : \mathbb{R} \to \mathbb{R}, \quad \phi(x) := x^2$$

und auf die Fuzzy-Menge $\mu \in \mathcal{F}(\mathbb{R})$,

$$\mu(x) = \begin{cases} x - 1, & \text{falls } 1 \leq x \leq 2 \\ 3 - x, & \text{falls } 2 < x \leq 3 \\ 0, & \text{sonst} \end{cases}$$

an, d.h. berechnen Sie $\hat{\phi}(\mu)$. ∎

Selbsttestaufgabe 14.32 (Fuzzy-Theorie) Die folgende Abbildung ist eine t-Norm:

$$T_H : [0,1] \times [0,1] \to [0,1], \quad T_H(a,b) = \frac{2ab}{1 + a + b - ab}$$

1. Zeigen Sie, dass die zu T_H duale t-Conorm gegeben ist durch

$$T_H^*(a,b) = \frac{2a + 2b - 3ab}{2 - ab}.$$

2. Es seien die Fuzzy-Zahl

$$\mu_3(x) = \begin{cases} 0 & : x \leq 2 \\ x - 2 & : 2 \leq x \leq 3 \\ 4 - x & : 3 \leq x \leq 4 \\ 0 & : x \geq 4 \end{cases}$$

und das Fuzzy-Intervall

$$\mu_{[4,6]}(x) = \begin{cases} 0 & : x \leq 3 \\ x - 3 & : 3 \leq x \leq 4 \\ 1 & : 4 \leq x \leq 6 \\ 7 - x & : 6 \leq x \leq 7 \\ 0 & : x \geq 7 \end{cases}$$

gegeben. Der Fuzzy-Schnitt $\cap_H$ soll mit Hilfe der t-Norm T_H gebildet werden. Berechnen Sie $\mu_3 \cap_H \mu_{[4,6]}$.

3. Zeigen Sie, dass für beliebige t-Normen T und beliebige Fuzzy-Mengen μ_1, μ_2 gilt:

$$\mu_1 \cap_T \mu_2 \subseteq \mu_1$$

∎

14.3.2 Possibilitätstheorie

Wir haben Fuzzy-Mengen eingeführt als Repräsentationen von Zugehörigkeitsgraden, mit denen die Elemente des Universums einem vagen Konzept (z. B. *groß*) zuzuordnen waren. Eine etwas andere Sichtweise ergibt sich, wenn man $\mu(x)$ als *Möglichkeitsgrad* interpretiert, mit dem $x \in X$ einem tatsächlich existierenden, aber unbekannten Wert entspricht. Hierbei geht es also um die vage Beschreibung eines bestimmten Weltzustandes, über den wir keine vollständige Information besitzen. In diesem Fall nennt man eine (normierte) Fuzzy-Menge eine *Possibilitätsverteilung*. Üblicherweise bezeichnet man das Universum, über dem eine Possibilitätsverteilung definiert ist, mit Ω und betrachtet es als eine Menge möglicher Zustände oder möglicher Welten.

Definition 14.33 (Possibilitätsverteilung) Eine *Possibilitätsverteilung* über dem Universum Ω ist eine Funktion

$$\pi : \Omega \to [0,1]$$

mit $\pi(\omega) = 1$ für mindestens ein $\omega \in \Omega$. Die Menge aller Possibilitätsmaße auf Ω wird mit $Poss(\Omega)$ bezeichnet. □

Possibilitätsverteilungen sind also (im Allgemeinen) normiert, was einer Konsistenzforderung an das modellierte Wissen entspricht: Mindestens ein Wert des Universums muss als uneingeschränkt möglich angesehen werden. Werte bzw. Zustände ω, für die $\pi(\omega) = 0$ gilt, werden als unmöglich eingeschätzt.

Definition 14.34 (Spezifität) Seien π_1, π_2 zwei Possibilitätsverteilungen über demselben Universum Ω. Dann ist π_1 *mindestens so spezifisch wie* π_2, in Zeichen

$$\pi_1 \sqsubseteq \pi_2$$

wenn $\pi_1(\omega) \leq \pi_2(\omega)$ für alle $\omega \in \Omega$ gilt. □

Mit wachsender Spezifität nimmt das durch eine Possibilitätsverteilung repräsentierte Wissen immer konkretere, d. h. schärfere Formen an. So ist die Verteilung π mit $\pi(\omega) = 1$ für alle $\omega \in \Omega$ am wenigsten spezifisch ("alles ist möglich"), während die einelementigen, scharfen Mengen

$$\pi_0(\omega) = \left\{ \begin{array}{ll} 1 & \text{falls } \omega = \omega_0 \\ 0 & \text{sonst} \end{array} \right.$$

maximal spezifisch sind. (Beachten Sie, dass es wegen der Normiertheit von Possibilitätsverteilungen mindestens ein $\omega \in \Omega$ mit $\pi(\omega) = 1$ geben muss.)

Jede Possibilitätsverteilung induziert ein Possibilitätsmaß auf 2^Ω:

Definition 14.35 (Possibilitätsmaß) Sei $\pi \in Poss(\Omega)$ eine Possibilitätsverteilung. Dann heißt

$$\Pi : 2^\Omega \to [0,1]$$

mit

$$\Pi(A) := \sup_{\omega \in A} \pi(\omega)$$

das *Possibilitätsmaß zu* π. □

Jedes Possibilitätsmaß ist eine Kapazität. Die dazu duale Kapazität wird Notwendigkeitsmaß genannt:

Definition 14.36 (Notwendigkeitsmaß) Sei $\pi \in Poss(\Omega)$ eine Possibilitätsverteilung. Dann heißt

$$N_\pi : 2^\Omega \to [0,1]$$

mit

$$N_\pi(A) := \inf_{\omega \in (\Omega - A)} (1 - \pi(\omega)) = 1 - \Pi(\Omega - A)$$

das *Notwendigkeitsmaß zu* π. □

Possibilitäts- und Notwendigkeitsmaße haben die folgenden Eigenschaften:

Proposition 14.37 *Sei* $\pi \in Poss(\Omega)$, *und seien* $A, B \subseteq \Omega$. *Dann gelten die folgenden Aussagen:*

1. $\Pi(\emptyset) = N_\pi(\emptyset) = 0$

2. $\Pi(\Omega) = N_\pi(\Omega) = 1$

3. $\Pi(A \cup B) = \max\{\Pi(A), \Pi(B)\}$

4. $N_\pi(A \cap B) = \min\{N_\pi(A), N_\pi(B)\}$

5. $\Pi(A \cap B) \leq \min\{\Pi(A), \Pi(B)\}$

6. $N_\pi(A \cup B) \geq \max\{N_\pi(A), N_\pi(B)\}$

7. $N_\pi(A) \leq \Pi(A)$

Selbsttestaufgabe 14.38 (Possibilitäts- und Notwendigkeitsmaß)
Beweisen Sie die Aussagen in Proposition 14.37. ∎

Wie in der Probabilistik kann man durch die Äquivalenz von Aussagen mit Mengen von Vollkonjunktionen auch Wissen über Möglichkeit und Notwendigkeit von *Aussagen* formulieren. In diesem Fall ist Ω die Menge aller solcher Vollkonjunktionen. So gelangt man zur *possibilistischen Logik*. Hier werden klassisch-logische Aussagen mit Möglichkeits- oder Notwendigkeitsgraden quantifiziert. Bei der Verwendung von Notwendigkeitsgraden kann man ein *possibilistisches Resolutionsverfahren* nutzen, um aus einer Menge possibilistischer Formeln (einer *possibilistischen Wissensbasis*) neue possibilistische Aussagen abzuleiten (vgl. [57]). Wir wollen dies hier nicht weiter ausführen, sondern uns im nächsten Abschnitt mit der Fuzzifizierung von Inferenzregeln beschäftigen.

14.3.3 Expertensysteme mit Fuzzy-Regeln

In der Fuzzy-Theorie können Prämisse und Konklusion einer Regel *"Wenn A dann B"* unscharfe Konzepte sein oder vages Wissen ausdrücken. Z. B. stellt die Regel *"Große Leute sind meistens schwer"* einen unscharfen Zusammenhang zwischen der Körpergröße und dem Gewicht von Menschen her.

Die Grundidee bei Fuzzy-Regeln ist, das durch die Regel

$$R \ : \ Wenn \ \mu \ dann \ \nu, \quad (\mu : \Omega_1 \to [0,1], \ \nu : \Omega_2 \to [0,1])$$

repräsentierte Wissen in eine unscharfe Relation bzw. Possibilitätsverteilung

$$\pi_R : \Omega_1 \times \Omega_2 \to [0,1]$$

umzusetzen. Mittels eines geeigneten Inferenzmechanismus möchte man so aus (unscharfem) evidentiellem Wissen $\pi_1 : \Omega_1 \to [0,1]$ über die Prämisse (z. B. "Hans ist ziemlich groß") eine Possibilitätsverteilung $\pi_2 : \Omega_2 \to [0,1]$ erhalten. Dieses Vorgehen entspricht einer Übertragung des *modus ponens* in die Fuzzy-Theorie:

$$\frac{\begin{array}{l} \pi_R : \Omega_1 \times \Omega_2 \to [0,1] \\ \pi_1 \ : \Omega_1 \to [0,1] \end{array}}{\pi_2 \ : \Omega_2 \to [0,1]}$$

Einen solchen Inferenzmechanismus erhalten wir durch die Anwendung des Extensionsprinzips auf die Abbildung

$$infer \ : \ \Omega_1 \times (\Omega_1 \times \Omega_2) \to \Omega_2$$

$$infer\,(\omega_1, (\omega'_1, \omega'_2)) := \begin{cases} \omega'_2 & \text{falls } \omega'_1 = \omega_1 \\ undefiniert & \text{sonst} \end{cases}$$

Zusammen mit der gesuchten Verteilung π_R erzeugt die extendierte Abbildung $\widehat{infer}$ eine Possibilitätsverteilung über Ω_2:

$$\widehat{infer}\,(\pi_1, \pi_R) = \pi_2$$

mit

$$
\begin{aligned}
\widehat{infer}\,(\pi_1, \pi_R)(\omega_2) \ = \ & \sup\{\min\{\pi_1(\omega_1), \pi_R(\omega'_1, \omega'_2)\} \mid \\
& \quad \omega_1, \omega'_1 \in \Omega_1, \ \omega'_2 \in \Omega_2, \ \omega_2 = infer\,(\omega_1, (\omega'_1, \omega'_2))\} \\
= \ & \sup\{\min\{\pi_1(\omega_1), \pi_R(\omega_1, \omega_2)\} \mid \omega_1 \in \Omega_1\}
\end{aligned}
$$

Um die gewünschte regelhafte Beziehung herzustellen, soll für die spezielle Verteilung μ aus unserer Ausgangsregel *Wenn μ dann ν* gelten

$$\widehat{infer}\,(\mu, \pi_R) = \nu$$

Kombiniert mit der Forderung nach *minimaler Spezifität* bestimmt dies eindeutig die Verteilung π_R zu

$$\pi_R(\omega_1, \omega_2) = \begin{cases} \nu(\omega_2) & \text{falls } \mu(\omega_1) > \nu(\omega_2) \\ 1 & \text{falls } \mu(\omega_1) \leq \nu(\omega_2) \end{cases} \qquad (14.3)$$

(vgl. [127], S. 110). Die *Forderung nach minimaler Spezifität* besagt, dass das durch π_R ausgedrückte Wissen möglichst wenig beschränkt werden darf. Sie ist damit der probabilistischen Maxime von der maximalen Unbestimmtheit, die zum *Prinzip der maximalen Entropie* führt, vergleichbar (s. Kapitel 13.6).

Selbsttestaufgabe 14.39 (Possibilitätsverteilung) Zeigen Sie, dass für die in (14.3) definierte Possibilitätsverteilung π_R gilt: $\widehat{infer}(\mu, \pi_R) = \nu$. ∎

Ist $\pi_1 : \Omega_1 \to [0,1]$ eine die vorliegende Evidenz (unscharf) beschreibende Possibilitätsverteilung, so erhält man mittels

$$\pi_2 = \widehat{infer}(\pi_1, \pi_R)$$

Erkenntnisse über die Konklusion der Regel R.

Beispiel 14.40 (Entzündung) Nehmen wir an, der Zusammenhang zwischen der Schwere einer vorliegenden Entzündung und der Höhe des Fiebers werde durch die vage Regel

$$R \quad : \quad \textit{Wenn Entzündung = schwer, dann Fieber = hoch}$$

repräsentiert. Beurteilungsgrundlage für die Schwere der Entzündung sei die festgestellte Leukozytenzahl (angegeben in Tausend pro mm^3), und die Höhe des Fiebers werde anhand der gemessenen Körpertemperatur (angegeben in Grad Celsius) beurteilt. Die beteiligten Fuzzy-Mengen bzw. Possibilitätsverteilungen werden wie folgt modelliert:

$$\mu : \Omega_1 = [0, \infty) \to [0,1], \qquad \mu(\omega_1) = \begin{cases} 0 & \text{falls } \omega_1 \leq 10 \\ \frac{1}{10}(\omega_1 - 10) & \text{falls } 10 < \omega_1 < 20 \\ 1 & \text{falls } \omega_1 \geq 20 \end{cases}$$

und

$$\nu : \Omega_2 = [36, 42] \to [0,1], \qquad \nu(\omega_2) = \begin{cases} 0 & \text{falls } \omega_2 \leq 37 \\ \frac{1}{2}(\omega_2 - 37) & \text{falls } 37 < \omega_2 < 39 \\ 1 & \text{falls } \omega_2 > 39 \end{cases}$$

Die zu R gehörige Possibilitätsverteilung ist gegeben durch

$$\pi_R(\omega_1, \omega_2) = \begin{cases} \nu(\omega_2) & \text{falls } \mu(\omega_1) > \nu(\omega_2) \\ 1 & \text{falls } \mu(\omega_1) \leq \nu(\omega_2) \end{cases}$$

Bei dem Patienten *Hans* sei die Leukozytenzahl exakt bekannt und mit $18.000 \ mm^3$ angegeben; das evidentielle Wissen wird folglich durch die Verteilung

$$\pi_1(\omega_1) = \begin{cases} 0 & \text{falls } \omega_1 \neq 18 \\ 1 & \text{falls } \omega_1 = 18 \end{cases}$$

repräsentiert. Aus π_1 und π_R kann dann die Verteilung $\pi_2 = \widehat{infer}(\pi_1, \pi_R)$ abgeleitet werden, die unscharfes Wissen über die Höhe des Fiebers von Hans repräsentiert. π_2 wird in diesem Fall gegeben durch

$$\pi_2(\omega_2) = \begin{cases} 0 & \text{falls } \omega_2 \leq 37 \\ \frac{1}{2}(\omega_2 - 37) & \text{falls } 37 < \omega_2 < 38.6 \\ 1 & \text{falls } \omega_2 \geq 38.6 \end{cases} \qquad (14.4)$$

$\square$

Selbsttestaufgabe 14.41 (Entzündung) Zeigen Sie, dass im Beispiel 14.40 die abgeleitete Verteilung π_2 die Form (14.4) hat.   ∎

Im Allgemeinen liegt eine Menge von Regeln R_j : *Wenn μ_j dann ν_j* vor, die Informationen über gewisse Universen $\Omega_1, \ldots, \Omega_n$ beinhalten. Dieses Regelwissen wird gemeinsam repräsentiert durch $\min_j \pi_{R_j}$, wobei das Minimum wieder der konjunktiven Verknüpfung der Regeln entspricht. Ebenso fließen mehrere Evidenzen im Bedarfsfall durch das Minimum der beteiligten Verteilungen in die Inferenz ein. Dieses wird ausführlich z. B. in [127] behandelt.

Selbsttestaufgabe 14.42 (Gesundheitsrisiko) In einer privaten Krankenversicherung werden Personen nach einer Gesundheitsprüfung manchmal mit einem Risikozuschlag belegt. Unter anderem gehören Übergewicht und Bluthochdruck zu den Risikofaktoren für Herz-Kreislauferkrankungen. Übergewicht kann mit dem Body-Mass-Index berechnet werden: Dieser berechnet sich nach der Formel

$$\frac{\text{Gewicht in Kilogramm}}{(\text{Größe in m})^2}$$

d.h. ist x die Variable für das Körpergewicht (in kg) und y die Variable für die Körpergröße (in m), dann ist

$$bmi(x, y) := \frac{x}{y^2}$$

Liegt der Body-Mass-Index über 30, ist das Gewicht gesundheitlich bedenklich hoch. Bluthochdruck liegt vor, wenn die Blutdruckwerte 160 mm Quecksilbersäule systolisch und 95 mm Quecksilbersäule diastolisch dauernd erreichen oder überschreiten[1]. Seien nun (x_1, x_2, x_3, x_4) Versichertendaten, wobei

$$x_1 = \text{Körpergröße in m} \qquad x_3 = \text{Blutdruckwert systolisch in mmHg}$$
$$x_2 = \text{Körpergewicht in kg} \qquad x_4 = \text{Blutdruckwert diastolisch in mmHg}$$

Dann kann man den Grad des Übergewichts durch die Zugehörigkeitsfunktion μ_1 modellieren, wobei

$$\mu_1(x_1, x_2, x_3, x_4) = \mu(x_1, x_2) = \begin{cases} 0 & \text{falls } bmi(x_2, x_1) \leq 29 \\ \frac{1}{2}bmi(x_2, x_1) - \frac{29}{2} & \text{falls } 29 \leq bmi(x_2, x_1) \leq 31 \\ 1 & \text{sonst} \end{cases}$$

und den Grad der Gefährdung durch Bluthochdruck durch μ_2 mit

---

[1] Definition der Weltgesundheitsorganisation

$$\mu_2(x_1, x_2, x_3, x_4) = \nu(x_3, x_4) = \begin{cases} \min\{\frac{1}{10}x_3 - 15, \frac{1}{10}x_4 - 8.5, 1\} & \text{falls } x_3 \geq 150 \\ & \text{und } x_4 \geq 85 \\ 0 & \text{sonst} \end{cases}$$

Gegeben seien die folgenden Datensätze von Versicherungskunden:

$$\mathbf{v}_1 = (1.70, 78, 150, 94) \qquad \mathbf{v}_3 = (1.45, 65, 158, 92)$$
$$\mathbf{v}_2 = (1.80, 88, 160, 94) \qquad \mathbf{v}_4 = (1.90, 120, 166, 96)$$

1. Berechnen Sie $\rho(\mathbf{v}_1), \ldots, \rho(\mathbf{v}_4)$, wobei

$$\begin{aligned} &\text{(a)} \quad \rho(\mathbf{v}) = T_{Luka}(\mu_1(\mathbf{v}), \mu_2(\mathbf{v})) \\ &\text{(b)} \quad \rho(\mathbf{v}) = T^*_{Luka}(\mu_1(\mathbf{v}), \mu_2(\mathbf{v})) \\ &\text{(c)} \quad \rho(\mathbf{v}) = T_{prod}(\mu_1(\mathbf{v}), \mu_2(\mathbf{v})) \\ &\text{(d)} \quad \rho(\mathbf{v}) = T^*_{prod}(\mu_1(\mathbf{v}), \mu_2(\mathbf{v})) \end{aligned}$$

2. Übergewicht ist ein Risikofaktor für Bluthochdruck, was sich durch die unscharfe Regel

$$R: \textit{Wenn } \mu \textit{ dann } \nu$$

ausdrücken lässt, wobei $\mu(x_1, x_2)$ und $\nu(y_1, y_2)$ wie oben definiert sind.

Von Paul Mächtig seien nur Körpergröße (1 Meter 80) und Gewicht (98 kg) bekannt. Schließen Sie unscharf auf Herrn Mächtigs Bluthochdruckgefährdung, das heißt, berechnen Sie $\pi_2 = \widehat{infer}(\pi_1, \pi_R)$, wobei

- $\Omega_1 = \Omega_2 = (\mathbb{R}^{\geq 0})^2$,

- $\pi_1(x_1, x_2) = \begin{cases} 0 & \text{falls } (x_1, x_2) \neq (1.8, 98) \\ 1 & \text{falls } (x_1, x_2) = (1.8, 98) \end{cases}$ ∎

A Wahrscheinlichkeit und Information

A.1 Die Wahrscheinlichkeit von Formeln

Üblicherweise führt man den Wahrscheinlichkeitsbegriff mit Hilfe von Wahrscheinlichkeitsmaßen über Wahrscheinlichkeitsräumen – im Wesentlichen also über Mengenalgebren – ein. Wir werden hier nur spezielle Mengenalgebren betrachten, nämlich Potenzmengen (= Mengen aller Teilmengen) einer Menge Ω. Diese sind trivialerweise bzgl. Vereinigung, Durchschnitt und Komplementbildung abgeschlossen, so dass die Frage der *Messbarkeit* einer Menge (formal lediglich ihre Zugehörigkeit zur betrachteten Mengenalgebra) nicht ausdrücklich diskutiert werden muss: Alle Teilmengen von Ω sind Elemente der Potenzmenge 2^Ω und daher messbar im wahrscheinlichkeitstheoretischen Sinne.

Überdies werden wir voraussetzen, dass die betrachtete Menge Ω endlich ist, so dass wir insgesamt hier nur einen kleinen, für Anwendungen aber durchaus ausreichenden Ausschnitt der Wahrscheinlichkeitstheorie präsentieren.

Definition A.1 (Wahrscheinlichkeitsfunktion) Eine *Wahrscheinlichkeitsfunktion über einer (endlichen) Menge* Ω ist eine Abbildung

$$P : 2^\Omega \to [0,1]$$

die den folgenden Eigenschaften genügt:

(P1) $P(\Omega) = 1$

(P2) Sind M_1 und M_2 disjunkte Mengen, so gilt für ihre Vereinigung

$$P(M_1 \cup M_2) = P(M_1) + P(M_2), \quad \text{wenn} \quad M_1 \cap M_2 = \emptyset$$

□

Die obige Eigenschaft (P2) verlangt nur die endliche Additivität einer Wahrscheinlichkeitsfunktion. Dies ist sicherlich im Hinblick auf die vorausgesetzte Endlichkeit von Ω ausreichend. Für Wahrscheinlichkeitsmaße im Allgemeinen wird die sog. σ-*Additivität* gefordert, d.h. die Additivität über abzählbar unendliche Vereinigungen. Für den Bereich der Wissensrepräsentation benötigt man im Allgemeinen nur die endliche Additivität, und deswegen wollen wir es hier dabei belassen.

Definition A.2 (Elementarereignis, Ereignis) Sei Ω eine Menge, auf der eine Wahrscheinlichkeitsfunktion gegeben ist.

Ein Element $\omega \in \Omega$ wird als *Elementarereignis* bezeichnet, eine Teilmenge $M \subseteq \Omega$ als *Ereignis*. □

© Springer Fachmedien Wiesbaden GmbH, ein Teil von Springer Nature 2019
C. Beierle und G. Kern-Isberner, *Methoden wissensbasierter Systeme*,
Computational Intelligence, https://doi.org/10.1007/978-3-658-27084-1

Eine wichtige und oft benutzte Eigenschaft von Wahrscheinlichkeitsfunktionen ist die, dass jede Wahrscheinlichkeitsfunktion eindeutig bestimmt ist durch ihre Werte auf den Elementarereignissen $\omega \in \Omega$. Alle diese Elementarereignisse sind paarweise disjunkt, d.h. es ist $\{\omega\} \cap \{\omega'\} = \emptyset$ für $\omega \neq \omega'$. Also folgt mit der obigen Eigenschaft (P2) für jede Teilmenge M von Ω:

$$P(M) = \sum_{\omega \in M} P(\omega) \tag{A.1}$$

wobei der Einfachheit halber $P(\omega) := P(\{\omega\})$ für $\omega \in \Omega$ gesetzt wird.

In der Wissensrepräsentation betrachtet man allerdings im Allgemeinen keine Mengen, sondern Aussagen, Eigenschaften, Merkmale, Prädikate o.Ä. Mit Hilfe des Wahrscheinlichkeitsbegriffes werden wir im Folgenden eine *probabilistische Logik* definieren, bei der nicht Mengen, sondern aussagenlogischen Formeln Wahrscheinlichkeiten zugewiesen werden.

Wir betrachten eine aussagenlogische Sprache $\mathcal{L}$ über einer Signatur $\Sigma = \{N_1, N_2, N_3, \ldots\}$. Jeder Name N_i von Σ repräsentiert eine Aussage, die wahr oder falsch sein kann. Es bezeichne *Form* = *Formel*(Σ) die Menge aller aussagenlogischen Formeln von $\mathcal{L}$. Jede Formel stellt wieder eine Aussage dar, nämlich entweder eine *atomare Formel* (also eine Aussage aus Σ) oder eine zusammengesetzte Formel; ein *Literal* ist eine atomare Formel entweder in positiver oder in negierter Form (vgl. Definition 3.23). Mit $\top$ werde eine beliebige tautologische Formel bezeichnet (z.B. $A \vee \neg A$) und mit $\bot$ eine beliebige widersprüchliche Formel (z.B. $A \wedge \neg A$).

Vollkonjunktionen sind Konjunktionen, die jeden Buchstaben des Alphabets von $\mathcal{L}$ in positiver oder negierter Form enthalten. Sie dienen der vollständigen Klassifizierung von Objekten, stellen also Elementarereignisse im wahrscheinlichkeitstheoretischen Sinne dar.

Im Folgenden werde mit Ω immer die Menge aller Vollkonjunktionen einer logischen Sprache $\mathcal{L}$ bezeichnet. Eine Wahrscheinlichkeitsfunktion P über Ω nennen wir auch *Wahrscheinlichkeitsfunktion über $\mathcal{L}$*.

Beispiel A.3 (Vollkonjunktionen 1) Die Signatur einer Sprache bestehe aus den Buchstaben $\{R, W, G\}$, die beispielsweise die folgenden Bedeutungen haben können:

$$
\begin{array}{lcl}
R & : & \textit{rund} \\
W & : & \textit{weiß} \\
G & : & \textit{groß}
\end{array}
$$

und damit zur Klassifikation von Gegenständen benutzt werden können. Es gibt hier $2^3 = 8$ Vollkonjunktionen:

$$
\begin{array}{ll}
R \wedge W \wedge G & \neg R \wedge W \wedge G \\
R \wedge W \wedge \neg G & \neg R \wedge W \wedge \neg G \\
R \wedge \neg W \wedge G & \neg R \wedge \neg W \wedge G \\
R \wedge \neg W \wedge \neg G & \neg R \wedge \neg W \wedge \neg G
\end{array}
$$

$\square$

Umfasst das Vokabular der Sprache n (zweiwertige) Aussagen, so gibt es 2^n Vollkonjunktionen.

Die kanonische disjunktive Normalform einer Formel A besteht aus genau denjenigen Vollkonjunktionen ω, die Implikanten von A sind, d.h. für die die Formel $\omega \Rightarrow A$ allgemeingültig ist; man schreibt dafür auch $A(\omega) = 1$:

$$A \equiv \bigvee_{\omega : A(\omega)=1} \omega \qquad\qquad (A.2)$$

Die Schreibweise

$$A(\omega) = 1 \quad \text{für} \quad \models \omega \Rightarrow A$$

entstammt dem Ansatz, Formeln als sog. logische Funktionen und Vollkonjunktionen als Tupel atomarer Wahrheitswerte zu betrachten.

Beispiel A.4 (Vollkonjunktionen 2) Wir setzen das Beispiel A.3 fort. Die Formel R hat hier die kanonische disjunktive Normalform

$$R \equiv (R \wedge W \wedge G) \vee (R \wedge W \wedge \neg G) \vee (R \wedge \neg W \wedge G) \vee (R \wedge \neg W \wedge \neg G) \qquad \square$$

Eine Formel A repräsentiert also eine Menge von Vollkonjunktionen

$$\Omega_A := \{\omega \in \Omega \mid A(\omega) = 1\} \qquad\qquad (A.3)$$

und damit ein wahrscheinlichkeitstheoretisches Ereignis, und wir setzen

$$P(A) := P(\Omega_A)$$

Die Mengenoperationen Vereinigung und Schnitt entsprechen nun den logischen Operationen Disjunktion und Konjunktion, und aus der Komplementbildung wird die Negation:

$$\begin{aligned}
A \vee B &\quad \text{entspricht} \quad \Omega_A \cup \Omega_B \\
A \wedge B &\quad \text{entspricht} \quad \Omega_A \cap \Omega_B \\
\neg A &\quad \text{entspricht} \quad \Omega - \Omega_A
\end{aligned}$$

Aus der obigen Formel (A.2) erhalten wir also das aussagenlogische Gegenstück zu Gleichung (A.1):

$$P(A) = \sum_{\omega : A(\omega)=1} P(\omega) \qquad\qquad (A.4)$$

Ausgehend von einer Wahrscheinlichkeitsfunktion P auf Ω kann auf diese Weise jeder Formel $A \in Form$ eine Wahrscheinlichkeit $P(A)$ zugeordnet werden. $P(A)$ symbolisiert den Grad der Gewissheit, mit der A – in einer realen oder fiktiven Population – wahr ist.

Die Wahrscheinlichkeit einer Formel wird folglich eindeutig bestimmt durch die Wahrscheinlichkeit ihrer zugehörigen Vollkonjunktionen. Manchmal werden Wahrscheinlichkeitsfunktionen daher auch in der Form

$$\{P(\omega) \mid \omega \in \Omega\} \qquad\qquad (A.5)$$

angegeben, wobei jedes $P(\omega) \in [0, 1]$ und $\sum_{\omega \in \Omega} P(\omega) = 1$ ist. Umgekehrt definiert jede solche Zuweisung mittels der Gleichung (A.4) eine Wahrscheinlichkeitsfunktion. Da in (A.5) angegeben wird, wie sich die Wahrscheinlichkeitsmasse von 1 auf die Vollkonjunktionen verteilt, spricht man auch von einer *Wahrscheinlichkeitsverteilung (probability distribution)*.

Definition A.5 (Gleichverteilung) Eine Wahrscheinlichkeitsverteilung, die jeder Vollkonjunktion ω die gleiche Wahrscheinlichkeit $P(\omega)$ zuordnet, heißt *Gleichverteilung* und wird mit P_0 bezeichnet. Wegen $P(\Omega) = 1$ und der Gleichung (A.1) gilt $P_0(\omega) = \frac{1}{n}$ für $|\Omega| = n$. $\qquad\square$

Definition A.6 (Exklusivität) Zwei Formeln $A, B \in Form$ heißen *exklusiv (exclusive)*, wenn ihre Konjunktion widersprüchlich ist, wenn also $A \wedge B \equiv \bot$ ist.
$\qquad\square$

Je zwei verschiedene Vollkonjunktionen sind exklusiv. Allgemein lassen sich viele interessante Eigenschaften und Beziehungen von Formeln durch die mit ihnen assoziierten Mengen von Vollkonjunktionen beschreiben:

Proposition A.7 *Zu einer Formel $A \in Form$ sei die Menge Ω_A wie in der Formel (A.3) definiert.*

1. *Zwei Formeln $A, B \in Form$ sind genau dann exklusiv, wenn die mit ihnen assoziierten Mengen von Vollkonjunktionen disjunkt sind, d.h.*

$$A, B \text{ exklusiv} \quad gdw. \quad \Omega_A \cap \Omega_B = \emptyset$$

2. *Eine Formel A ist genau dann tautologisch, wenn $\Omega_A = \Omega$ ist.*

3. *Zwei Formeln $A, B \in Form$ sind genau dann logisch äquivalent, wenn die mit ihnen assoziierten Mengen von Vollkonjunktionen gleich sind, d.h.*

$$A \equiv B \quad gdw. \quad \Omega_A = \Omega_B$$

4. *Eine Formel A impliziert genau dann logisch eine Formel B, wenn $\Omega_A \subseteq \Omega_B$ gilt:*

$$\models A \Rightarrow B \quad gdw. \quad \Omega_A \subseteq \Omega_B$$

Damit lässt sich eine Wahrscheinlichkeitsfunktion P über $\mathcal{L}$ wie folgt charakterisieren:

Proposition A.8 *Eine Abbildung $P : Form \to [0,1]$ ist genau dann eine Wahrscheinlichkeitsfunktion über $\mathcal{L}$, wenn gilt:*

(P0) Sind A und B logisch äquivalente Formeln, $A \equiv B$, so gilt $P(A) = P(B)$.

(P1) $P(\top) = 1$ für jede tautologische Formel $\top$.

(P2) Sind $A, B \in Form$ zwei exklusive Formeln, so gilt für ihre Disjunktion

$$P(A \vee B) = P(A) + P(B)$$

Aus diesem Satz lassen sich einige wichtige und grundlegende Eigenschaften von Wahrscheinlichkeitsfunktionen ableiten:

Proposition A.9 *Sei P eine Wahrscheinlichkeitsfunktion über $\mathcal{L}$, seien $A, B \in$ Form.*

1. $P(A) = P(A \wedge B) + P(A \wedge \neg B);$

2. $P(\neg A) = 1 - P(A);$

3. $P(\bot) = 0$ *für jede widersprüchliche Formel $\bot$;*

4. $\models A \Rightarrow B$ *impliziert* $P(A) \leq P(B);$

5. $P(A \vee B) = P(A) + P(B) - P(A \wedge B).$

Für die Eigenschaft (P2) in Proposition A.8 ist wichtig, dass die durch A und B repräsentierten Aussagen sich gegenseitig ausschließen. Demgegenüber gilt Proposition A.9 (5) für beliebige Formeln A und B, schließt aber (P2) mit ein: Sind A und B exklusiv, so ist $A \wedge B \equiv \bot$, also $P(A \wedge B) = 0$ wegen Proposition A.9 (3), und man erhält (P2).

Die Aussage in Proposition A.9 (4) besagt, dass die Wahrscheinlichkeit einer Formel B mindestens so groß ist wie die einer Formel A, wenn B logisch aus A folgt. Dem entspricht in der mengentheoretischen Formulierung gerade die Monotonie einer Wahrscheinlichkeitsfunktion (vgl. Proposition A.7(4)).

Selbsttestaufgabe A.10 (Wahrscheinlichkeitsfunktion) Beweisen Sie die Aussagen der Proposition A.9. ∎

Statistische Häufigkeitsverteilungen sind spezielle, in der Praxis aber oft auftretende Wahrscheinlichkeitsverteilungen. Aus ihnen erhält man daher leicht Wahrscheinlichkeitsfunktionen, wie das folgende Beispiel zeigt.

Beispiel A.11 (Wahrscheinlichkeitsverteilung) Wir nehmen an, der Zusammenhang zwischen einer Krankheit D (= *Diagnose*) und zwei Symptomen S_1, S_2 sei bei hundert Patienten statistisch erfasst und in der folgenden Häufigkeitsverteilung festgehalten worden:

D	S_1	S_2	abs. Häufigkeit	rel. Häufigkeit
0	0	0	19	0.19
0	0	1	8	0.08
0	1	0	11	0.11
0	1	1	2	0.02
1	0	0	15	0.15
1	0	1	14	0.14
1	1	0	20	0.20
1	1	1	11	0.11

Dabei liest sich z.B. die dritte Zeile wie folgt: Bei 11 Patienten (also 11 %) wurde zwar Symptom S_1, nicht aber Symptom S_2 festgestellt; die Diagnose war negativ. Jeder Zeile entspricht eine Vollkonjunktion (der dritten Zeile also die Vollkonjunktion $\neg D \wedge S_1 \wedge \neg S_2$), dessen Wahrscheinlichkeit durch die zugehörige relative Häufigkeit gegeben wird:

$$P(\neg D \wedge S_1 \wedge \neg S_2) = 0.11$$

Die letzte Spalte der obigen Tabelle zeigt die Wahrscheinlichkeiten aller Vollkonjunktionen an. Damit lassen sich nun alle anderen Wahrscheinlichkeiten berechnen; wir erhalten z. B.

$$
\begin{aligned}
P(S_1) &= 0.11 + 0.02 + 0.20 + 0.11 = 0.44 \\
P(S_2) &= 0.08 + 0.02 + 0.14 + 0.11 = 0.35 \\
P(D) &= 0.15 + 0.14 + 0.20 + 0.11 = 0.60 \\
P(D \wedge S_1) &= 0.20 + 0.11 = 0.31 \qquad\qquad \square
\end{aligned}
$$

A.2 Randverteilungen

Durch das Aufsummieren elementarer Wahrscheinlichkeiten lassen sich auch Verteilungen über Teilmengen der betrachteten Aussagen aus einer gegebenen Verteilung ableiten. Das ist immer dann sinnvoll, wenn man die Zusammenhänge nur zwischen bestimmten, ausgewählten Aussagen untersuchen will, gewisse Aussagen also gezielt ausblenden möchte.

Definition A.12 (Randverteilung) Sei $\Sigma' \subseteq \Sigma$ eine Teilmenge der Signatur der Sprache $\mathcal{L}$, und sei $\mathcal{L}'$ die durch Σ' definierte Sprache mit Menge Ω' der Vollkonjunktionen und Formelmenge *Form'*. Sei P eine Wahrscheinlichkeitsverteilung über Σ. Jede Vollkonjunktion $\omega' \in \Omega'$ lässt sich sowohl als eine Formel über Σ als auch als eine Formel über Σ' auffassen. Durch

$$P'(\omega') := P(\omega') = \sum_{\omega : \omega'(\omega) = 1} P(\omega)$$

wird eine Wahrscheinlichkeitsverteilung über Σ' definiert. P' wird *Randverteilung* oder *marginale Verteilung* (*marginal distribution*) von P (über Σ') genannt, und den Vorgang ihrer Berechnung nennt man *Marginalisieren*. $\square$

Die Randverteilung P' stimmt also in allen Formeln aus *Form* $\cap$ *Form'* mit P überein.

Beispiel A.13 (Marginalisieren, Randverteilung) Wir setzen das obige Beispiel A.11 fort und berechnen eine Randverteilung P' über D und S_1. Dazu müssen entsprechende Wahrscheinlichkeiten aus Beispiel A.11 aufsummiert werden. Für die Vollkonjunktion $D \wedge S_1$ (über der Menge $\{D, S_1\}$!) errechneten wir bereits oben

$$P'(D \wedge S_1) = P(D \wedge S_1) = 0.31$$

Die folgende Tabelle enthält die komplette Randverteilung P'.

D	S_1	P'
0	0	0.27
0	1	0.13
1	0	0.29
1	1	0.31

$\square$

Selbsttestaufgabe A.14 (Marginalisieren, Randverteilung) Berechnen Sie zu der in Beispiel A.11 gegebenen Verteilung die Randverteilung P'' über D und S_2. ∎

A.3 Bedingte Wahrscheinlichkeiten

Ein wichtiges Konzept für Wahrscheinlichkeitstheorie und Wissensrepräsentation gleichermaßen ist die *bedingte Wahrscheinlichkeit*:

Definition A.15 (bedingte Wahrscheinlichkeit) Sei P eine Wahrscheinlichkeitsfunktion auf $\mathcal{L}$, und seien $A, B \in Form$ zwei Formeln, wobei $P(A)$ als positiv vorausgesetzt wird: $P(A) > 0$. Die *bedingte Wahrscheinlichkeit von B gegeben A* wird definiert durch

$$P(B \mid A) = \frac{P(A \wedge B)}{P(A)}$$ □

$P(B \mid A)$ gibt die Wahrscheinlichkeit an, dass, wenn A erfüllt ist, auch B wahr ist.

Beispiel A.16 (bedingte Wahrscheinlichkeit) Für Beispiel A.11 berechnen wir bedingte Wahrscheinlichkeiten:

$$P(D \mid S_1) = \frac{P(D \wedge S_1)}{P(S_1)} = \frac{0.31}{0.44} = 0.705$$

$$P(D \mid S_2) = \frac{P(D \wedge S_2)}{P(S_2)} = \frac{0.14 + 0.11}{0.35} = 0.714$$

Die Wahrscheinlichkeit, dass die Krankheit D vorliegt, wenn Symptom S_1 auftritt, beträgt also ungefähr 70 %. Die entsprechende Wahrscheinlichkeit für Symptom S_2 ist nur unwesentlich höher, nämlich ca. 71 %. □

Selbsttestaufgabe A.17 (bedingte Wahrscheinlichkeit) Berechnen Sie in Beispiel A.11 die bedingten Wahrscheinlichkeiten $P(S_1 \mid D)$ und $P(S_2 \mid D)$ und interpretieren Sie diese. ∎

Proposition A.18 *Sei P eine Wahrscheinlichkeitsfunktion auf $\mathcal{L}$, sei $A \in Form$ mit $P(A) > 0$. Dann erfüllt die Funktion*

$$P_A \; : \; Form \rightarrow [0,1], \quad P_A(B) := P(B \mid A)$$

die Eigenschaften (P0), (P1), (P2) der Proposition A.8. P_A ist daher eine Wahrscheinlichkeitsfunktion auf $\mathcal{L}$.

Selbsttestaufgabe A.19 (bedingte Wahrscheinlichkeitsfunktion) Berechnen Sie in Beispiel A.11 die Wahrscheinlichkeitsfunktion P_{S_2}. ∎

Es gibt also zwei Möglichkeiten, um aus einer Wahrscheinlichkeitsfunktion P neue Wahrscheinlichkeitsfunktionen zu gewinnen: die Marginalisierung und die *Konditionalisierung*, also die Bildung einer bedingten Wahrscheinlichkeitsfunktion. Von beiden wird sehr häufig Gebrauch gemacht. Obwohl in beiden Methoden Aussagen scheinbar eliminiert werden, dürfen sie nicht verwechselt werden: Wenn über eine Aussagenvariable A marginalisiert wird, so bedeutet dies, dass sie für die folgenden Betrachtungen keine Rolle spielt. So wurde in Beispiel A.13 beim Übergang zu P' über die Variable S_2 marginalisiert; P' lässt nur noch die Untersuchung der Beziehungen zwischen D und S_1 zu. Eine Konditionalisierung nach der Variablen A hingegen konzentriert die Betrachtungen auf die Fälle, in denen A wahr ist und lässt alle anderen außer Acht. Die Wahrscheinlichkeitsfunktion P_{S_2} in Aufgabe A.19 gibt die Beziehungen zwischen D und S_1 *unter der Annahme, dass S_2 wahr ist*, wieder.

Mit Hilfe des Konzeptes der bedingten Wahrscheinlichkeit lassen sich einige wichtige Resultate ableiten:

Theorem A.20 (Satz von der totalen Wahrscheinlichkeit) *Es seien $A, B_1, \ldots, B_n$ Formeln. Es sei weiterhin vorausgesetzt, dass $B_1, \ldots, B_n$ paarweise exklusiv und überdies ausschöpfend sind, d.h., es gilt $B_i \wedge B_j \equiv \bot$ für $i \neq j$ und $B_1 \vee \ldots \vee B_n \equiv \top$. Außerdem sei $P(B_i) > 0$ für alle $i \in \{1, \ldots, n\}$. Dann gilt*

$$P(A) = \sum_{i=1}^{n} P(A \mid B_i) \cdot P(B_i) \qquad (A.6)$$

Beweis: Es ist

$$\sum_{i=1}^{n} P(A|B_i) \cdot P(B_i) \quad = \quad \sum_{i=1}^{n} \frac{P(A \wedge B_i)}{P(B_i)} \cdot P(B_i) \quad = \quad \sum_{i=1}^{n} P(A \wedge B_i) \quad =$$

$$P(\bigvee_{i=1}^{n} (A \wedge B_i)) \quad = \quad P(A \wedge (\bigvee_{i=1}^{n} B_i)) \quad = \quad P(A \wedge \top) \quad = \quad P(A) \quad \blacksquare$$

Häufig wird der Satz von der totalen Wahrscheinlichkeit für den Fall $n = 2$ angewendet. Eine Aussage B und ihre Negation $\neg B$ sind exklusiv und ausschöpfend, und Formel (A.6) lautet in diesem Fall

$$P(A) = P(A \mid B) \cdot P(B) + P(A \mid \neg B) \cdot P(\neg B)$$

Beachten Sie, dass in der obigen Formel die beiden bedingten Wahrscheinlichkeiten noch mit den absoluten Wahrscheinlichkeiten von B bzw. $\neg B$ multipliziert werden müssen, um eine korrekte wahrscheinlichkeitstheoretische Beziehung zu liefern.

Die nächste Formel wird oft auch als *Kettenregel* bezeichnet:

Proposition A.21 (Kettenregel) *Sei P eine Wahrscheinlichkeitsfunktion über $\mathcal{L}$, und es seien $A_1, \ldots, A_n$ Formeln, so dass $P(\bigwedge_{i=1}^{n-1} A_i) > 0$ ist. Dann gilt:*

$$P(\bigwedge_{i=1}^{n} A_i) = P(A_1) \cdot P(A_2|A_1) \cdot P(A_3|A_1 \wedge A_2) \cdot \ldots \cdot P(A_n| \bigwedge_{i=1}^{n-1} A_i)$$

Beweisidee: Der Beweis ist eine einfache Multiplikationsaufgabe. $\blacksquare$

A.4   Der Satz von Bayes

Bedingte Wahrscheinlichkeiten spielen für wissensbasierte Systeme eine besonders
wichtige Rolle, da sie es erlauben, einer Regel in konsistenter Weise ein Maß der
(Un)Sicherheit zuzuordnen. Regeln in Wenn-dann-Form gehören zu den elementar-
sten, gleichzeitig aber auch wichtigsten und populärsten Instrumenten, um Wissen
zu formalisieren. Als sichere "Produktionsregeln" werden sie in deterministischen
Systemen verwendet. Doch erst die Möglichkeit, mit Unsicherheit behaftete Regeln
zu formulieren und zu verarbeiten, erlaubt eine realistische Nähe zum menschlichen
Schließen.

Betrachten wir hierzu die folgende Problemstellung aus dem Bereich der medizinischen Diagnose: Hier geht es grundsätzlich darum, aus einem Symptom S auf
das Vorhandensein einer Krankheit (Diagnose) D zu schließen. Gesucht ist also die
bedingte Wahrscheinlichkeit $P(D \mid S)$. Ist sie "groß" genug, wird man die entsprechende Krankheit als mögliche Diagnose in Betracht ziehen. Für einen medizinischen
Experten ist es jedoch oft sehr viel leichter, die "umgekehrte" bedingte Wahrscheinlichkeit $P(S \mid D)$ anzugeben, also die Wahrscheinlichkeit, dass ein Patient mit der
Krankheit D das Symptom S zeigt.

Die folgende, unter dem Namen "Bayessche Regel" bekannte und berühmte
Formel erlaubt es, die eine bedingte Wahrscheinlichkeit aus der anderen zu berechnen:

Theorem A.22 (Satz von Bayes) *Sei P eine Wahrscheinlichkeitsfunktion über*
$\mathcal{L}$, *und seien A, B zwei Formeln mit $P(A), P(B) > 0$. Dann gilt*

$$P(B \mid A) = \frac{P(A \mid B)P(B)}{P(A)} \tag{A.7}$$

Beweis: Es ist

$$\frac{P(A \mid B)P(B)}{P(A)} \quad = \quad \frac{\frac{P(A \wedge B)}{P(B)}P(B)}{P(A)} \quad = \quad \frac{P(A \wedge B)}{P(A)} \quad = \quad P(B \mid A) \quad \blacksquare$$

Der Beweis dieser Regel ist also sehr einfach, fast trivial. Dennoch hat die
Bayessche Regel weitreichende Konsequenzen für die praktische Anwendung probabilistischen Schließens, wie das Beispiel A.24 zeigen wird. Zuvor wollen wir die
Bayes´sche Regel noch etwas verallgemeinern, denn in der obigen Form ist sie noch
zu einfach, um für reale Anwendungen von Bedeutung zu sein. In der Realität hat
man es mit mehreren möglichen Diagnosen und mit einer ganzen Reihe von Symptomen zu tun. Außerdem wirft die obige Formel noch ein Problem auf: Während
die Bestimmung der Wahrscheinlichkeit $P(D)$ einer Krankheit für Mediziner häufig
noch akzeptabel ist, macht die Prognose der Wahrscheinlichkeit des Auftretens eines
Symptoms $P(S)$ (oder einer Symptomkombination) in der Regel große Schwierigkeiten. Nimmt man an, dass die Diagnosemöglichkeiten exklusiv und ausschöpfend
gewählt sind, so lassen sich mit Hilfe des Satzes von der totalen Wahrscheinlichkeit
A.6 die Symptomwahrscheinlichkeiten eliminieren, und man erhält die Bayessche
Formel in ihrer allgemeinen Form:

Theorem A.23 (Satz von Bayes (allgemein)) *Sei* $\{B_i \mid i \in \{1, \ldots, n\}\}$ *eine Menge exklusiver und ausschöpfender Aussagen in der Menge aller Formeln, d.h.,* $B_i \wedge B_j \equiv \bot$ *für* $i \neq j$ *und* $B_1 \vee \ldots \vee B_n \equiv \top$. *Für alle* $i \in \{1, \ldots, n\}$ *gelte* $P(B_i) > 0$, *und ferner sei* A *eine Aussage mit* $P(A) > 0$. *Dann gilt für alle* $i \in \{1, \ldots, n\}$

$$P(B_i \mid A) = \frac{P(A \mid B_i)P(B_i)}{\sum_{j=1}^{n}(P(A \mid B_j)P(B_j))} \tag{A.8}$$

Beweisidee: Formel (A.8) ergibt sich leicht aus Formel (A.7) durch Anwendung des Satzes A.20 von der totalen Wahrscheinlichkeit. ■

Beispiel A.24 (medizinische Diagnose) Wir betrachten wieder zwei Symptome S_1, S_2, die zur Diagnose einer Krankheit D beitragen können. Ein Arzt schätze die folgenden bedingten Wahrscheinlichkeiten:

$$P(D) = 0.3 \quad P(S_1 \mid D) \ = 0.6 \quad P(S_1 \wedge S_2 \mid D) \ = 0.4$$
$$P(S_1 \mid \neg D) = 0.2 \quad P(S_1 \wedge S_2 \mid \neg D) = 0.1$$

Aus dem Satz A.20 von der totalen Wahrscheinlichkeit können wir nun die Wahrscheinlichkeiten von S_1 und $S_1 \wedge S_2$ berechnen:

$$\begin{aligned} P(S_1) &= P(S_1 \mid D)P(D) + P(S_1 \mid \neg D)P(\neg D) \\ &= 0.6 \cdot 0.3 + 0.2 \cdot 0.7 \ = \ 0.32 \end{aligned}$$

$$\begin{aligned} P(S_1 \wedge S_2) &= P(S_1 \wedge S_2 \mid D)P(D) + P(S_1 \wedge S_2 \mid \neg D)P(\neg D) \\ &= 0.4 \cdot 0.3 + 0.1 \cdot 0.7 \ = \ 0.19 \end{aligned}$$

Mit dem Satz von Bayes können wir jetzt auf die Wahrscheinlichkeit für die Diagnose D schließen, wenn das Symptom S_1 oder die Symptomkombination $S_1 \wedge S_2$ festgestellt werden:

$$\begin{aligned} P(D \mid S_1) &= \frac{P(S_1 \mid D)P(D)}{P(S_1)} \\ &= \frac{0.6 \cdot 0.3}{0.32} \approx 0.563 \end{aligned}$$

$$\begin{aligned} P(D \mid S_1 \wedge S_2) &= \frac{P(S_1 \wedge S_2 \mid D)P(D)}{P(S_1 \wedge S_2)} \\ &= \frac{0.4 \cdot 0.3}{0.19} \approx 0.632 \quad\quad \square \end{aligned}$$

An dieser Stelle sei allerdings kritisch bemerkt, dass die Annahme einer exklusiven und ausschöpfenden Menge von Diagnosemöglichkeiten nicht unproblematisch ist. Lässt sich die ausschöpfende Eigenschaft noch relativ leicht durch die Aufnahme der Diagnose "*Diagnose = andere*" herstellen, so kann die geforderte Ausschließlichkeit der Diagnosen ein echtes Problem darstellen: Natürlich können konkurrierende Krankheiten gemeinsam auftreten, auch wenn dies nur selten vorkommen mag.

So gehört die Ausschließlichkeitsannahme zu jenen *vereinfachenden Annahmen*, die man trifft, um überhaupt (meist in vertretbarer Weise) probabilistisch schließen zu können.

A.5 Mehrwertige Aussagenvariable

Bisher haben wir Aussagenvariable immer als zweiwertig vorausgesetzt, da eine Aussage in der klassischen Logik entweder wahr oder falsch sein kann. Eine Aussagenvariable stand im Wesentlichen also für *eine Aussage*. Eine *mehrwertige Aussagenvariable* hingegen fasst mehrere Aussagen zusammen, von denen jede wie gewohnt wahr oder falsch sein kann, die aber in einem inneren Zusammenhang stehen: Sie sind alternative Ausprägungen eines Merkmals, das von der Aussagenvariablen repräsentiert wird.

Beispiel A.25 (Aussagenvariable) Beispiele für mehrwertige Aussagenvariablen und die alternativen Ausprägungen der Merkmale, die sie repräsentieren, sind:

$$Geschlecht \; : \; \{Frau, \, Mann\}$$
$$Fieber \qquad : \; \{niedrig, \, hoch, \, kein\} \qquad\qquad \square$$

Hier gibt es z.B. drei Ausprägungen von *Fieber*, von denen immer genau eine zutrifft. Um solche mehrwertigen Aussagenvariablen zuzulassen, erweitern wir in der folgenden Definition die vier Komponenten des logischen Systems der Aussagenlogik (vgl. Abschnitte 3.4.1 und 3.4.2).

Definition A.26 (Aussagenlogik mit mehrwertigen Aussagenvariablen)

1. Eine aussagenlogische Signatur (vgl. Def. 3.22) kann nun auch *mehrwertige Aussagenvariablen* V enthalten. Für jedes solche V gibt es einen endlichen Wertebereich $dom(V) = \{v_1, \ldots v_n\}$, notiert als $V : dom(V)$. Für eine binäre Aussagenvariable V setzen wir $dom(V) = \{true, false\}$.

2. Die Menge der atomaren Formeln gemäß Def. 3.23 werden für mehrwertige Aussagenvariablen V um die Formeln $V = v_i$ mit $v_i \in dom(V)$ erweitert.

3. Eine aussagenlogische Interpretation I für eine Signatur mit mehrwertigen Aussagenvariablen ist eine Abbildung

$$I : \Sigma \to \bigcup_{V \in \Sigma} dom(V)$$

mit $I(V) \in dom(V)$ für alle $V \in \Sigma$ (vgl. Def. 3.26).

4. Die Erfüllungsrelation für die Aussagenlogik mit mehrwertigen Aussagenvariablen wird dadurch definiert, dass für eine Interpretation I die Wahrheitswertefunktion $[\![\_]\!]_I$ aus Def. 3.27 durch den Fall

$$[\![V = v_i]\!]_I \;=\; \begin{cases} true & \text{falls } I(V) = v_i \\ false & \text{sonst} \end{cases}$$

für mehrwertige Aussagenvariablen erweitert wird. $\qquad\qquad \square$

Vollkonjunktionen einer Signatur Σ mit mehrwertigen Aussagenvariablen sind
Konjunktionen, in denen jede Variable $V \in \Sigma$ genau einmal mit einem Wert aus
$dom(V)$ auftritt. Für eine binäre Aussagenvariable bedeutet dies wie zuvor auch
(vgl. Beispiel A.3, Seite 501), dass diese entweder negiert oder nicht negiert auftritt,
da die Notation $V = true$ und $V = false$ genau der Notation V und $\neg V$ entspricht.

Beispiel A.27 (Vollkonjunktionen) Besteht Σ aus den beiden Aussagenvariablen *Geschlecht* und *Fieber* aus Beispiel A.25, so gibt es sechs Vollkonjunktionen:

$Geschlecht = Frau \wedge Fieber = niedrig \quad Geschlecht = Frau \wedge Fieber = hoch$
$Geschlecht = Frau \wedge Fieber = kein \quad\quad Geschlecht = Mann \wedge Fieber = niedrig$
$Geschlecht = Mann \wedge Fieber = hoch \quad Geschlecht = Mann \wedge Fieber = kein$ $\quad\square$

Üblicherweise bezeichnet man mehrwertige Aussagenvariablen mit Großbuchstaben und ihre Werte mit Kleinbuchstaben und schreibt dann auch

$$A : \{a^{(1)}, \ldots, a^{(n)}\},$$

wobei $dom(A) = \{a^{(1)}, \ldots, a^{(n)}\}$. Der Wertebereich einer mehrwertigen Aussagenvariablen A wird auch mit $\mathcal{A}$ bezeichnet, und einen beliebigen Wert von A bezeichnen wir mit a oder manchmal auch mit $\dot{a}$ (insbesondere bei zweiwertigen Aussagenvariablen):

$$a, \dot{a} \in \mathcal{A} = \{a^{(1)}, \ldots, a^{(n)}\}$$

Mehrwertige Aussagenvariable können auch zweiwertig sein, wie im obigen Beispiel die Variable *Geschlecht*. Oft wird der Wertebereich einer zweiwertigen Variablen A in der Form $\{a, \bar{a}\}$ angegeben, wobei

$$\bar{a} = \neg a$$

ist. Ist die Wertigkeit einer Aussagenvariablen A allerdings größer als 2, so entspricht
die Negation eines ihrer Werte a der Disjunktion der übrigen Werte.

Wir werden im Folgenden annehmen, dass die Buchstaben $A_1, A_2, \ldots, A_n$ unseres logischen Vokabulars mehrwertige Aussagenvariable mit entsprechenden Wer-
tebereichen $\mathcal{A}_1, \mathcal{A}_2, \ldots, \mathcal{A}_n$ repräsentieren. Die Vollkonjunktionen haben dann die
Form

$$(A_1 = a_1) \wedge (A_2 = a_2) \wedge \ldots \wedge (A_n = a_n), \quad a_i \in \mathcal{A}_i$$

und werden oft einfach nur mit den Ausprägungen

$$a_1 a_2 \ldots a_n$$

bezeichnet, sofern die Ausprägungen jeweils eindeutig einer Variablen zugeordnet
werden können; die Aussagenvariablen und das Konjunktionszeichen $\wedge$ werden also
in der Regel weggelassen. Wenn wir auf die Aussagenvariablen selbst und nicht
nur auf bestimmte Ausprägungen Bezug nehmen, dann verwenden wir weiterhin
Großbuchstaben. So bezeichnet

$$A_1 A_2 \ldots A_n := A_1 \wedge A_2 \wedge \ldots \wedge A_n := \{a_1 a_2 \ldots a_n \mid a_i \in \mathcal{A}_i, \ i = 1, \ldots, n\}$$

die *Menge* aller Vollkonjunktionen über $A_1, A_2, \ldots, A_n$.

Beispiel A.28 (Kartenspiel) Die 52 Karten eines handelsüblichen, vollständigen Kartenspiels (ohne Joker) können durch die beiden Aussagenvariablen

$$F \quad : \quad Spielkartenfarbe \quad = \quad \{Karo, \ Herz, \ Pik, \ Kreuz\}$$
$$W \quad : \quad Spielkartenwert \quad = \quad \{2, 3, \ldots, \ 10, \ Bube, \ Dame, \ König, \ Ass\}$$

beschrieben werden. Die Menge der Vollkonjunktionen Ω ist dann

$$\Omega = FW = \{\dot{f}\dot{w} \mid \dot{f} \in Spielkartenfarbe, \ \dot{w} \in Spielkartenwert\}. \qquad \square$$

Für jeden möglichen Wert $a^{(i)} \in dom(A)$ einer Aussagenvariablen A kann man unmittelbar eine logische Formel definieren, die genau dann von einer Interpretation erfüllt wird, wenn in der Interpretation die Aussagenvariable A den Wert $a^{(i)}$ hat. So erhalten wir in Beispiel A.28 für $F = Karo$ die folgende Formel:

$$F = Karo \quad \equiv$$
$$(F = Karo \wedge W = 2) \vee (F = Karo \wedge W = 3) \vee \ldots \vee (F = Karo \wedge W = Ass)$$

In der oben eingeführten, abkürzenden Schreibweise, in der die Aussagenvariablen selbst und das Konjunktionszeichen weglassen und nur die Ausprägungen der Aussagenvariablen angegeben werden, erhalten wir somit für F die folgenden vier Formeln:

$$\begin{aligned}
Karo \quad &\equiv \quad (Karo \ 2) \vee (Karo \ 3) \vee \ldots \vee (Karo \ Ass) \\
Herz \quad &\equiv \quad (Herz \ 2) \vee (Herz \ 3) \vee \ldots \vee (Herz \ Ass) \\
Pik \quad &\equiv \quad (Pik \ 2) \vee (Pik \ 3) \vee \ldots \vee (Pik \ Ass) \\
Kreuz \quad &\equiv \quad (Kreuz \ 2) \vee (Kreuz \ 3) \vee \ldots \vee (Kreuz \ Ass)
\end{aligned}$$

Da für jedes A die Menge der so erhaltenen Formeln $\{A = a^{(i)} \mid a^{(i)} \in dom(A)\} \subset$ *Form* exklusiv und ausschöpfend ist, kann man eine mehrwertige Aussagenvariable A auch als eine Funktion ansehen, die die Vollkonjunktionen Ω in eine endliche Menge *exklusiver und ausschöpfender Formeln* abbildet, die gerade den Ausprägungen von A zugeordnet sind. So definiert in Beispiel A.28 die Aussagenvariable F eine Abbildung

$$F \ : \ \Omega \to \{Karo, \ Herz, \ Pik, \ Kreuz\},$$

die jeder Vollkonjunktion (also jeder Karte) $\dot{f}\dot{w}$ diejenige der vier möglichen Formeln zuordnet, die aus ihr logisch folgt; es gilt also z.B. $F(Pik\,3) = Pik$ und $F(Karo\,Ass) = Karo$.

Entsprechend dieser Sichtweise einer mehrwertigen Aussagenvariablen als einer Abbildung von Vollkonjunktionen in eine Menge exklusiver und ausschöpfender Formeln kann man für eine gegebene Signatur Σ auch *abgeleitete Aussagenvariablen* betrachten. Die Menge der Vollkonjunktionen über Σ wird durch das Einführen einer abgeleiteten Aussagenvariablen aber nicht verändert. Da für Beispiel A.28 die beiden Formeln *rot* und *schwarz* mit

$$rot \equiv Karo \vee Herz \qquad\qquad schwarz \equiv Pik \vee Kreuz$$

exklusiv und ausschöpfend sind, ist *Farbe* : $\Omega \rightarrow \{rot, schwarz\}$ eine solche abgeleitete Aussagenvariable. Für diese gilt z.B. *Farbe*(*Pik3*) = *schwarz* und *Farbe*(*Karo Ass*) = *rot*. Ein weiteres Beispiel für eine abgeleitete Aussagenvariable, die für jede Spielkarte angibt, ob es sich bei der Karte in dem Spiel Doppelkopf um eine Trumpfkarte handelt, ist die abgeleitete Aussagenvariable *Trumpf* : $\Omega \rightarrow \{tr, \overline{tr}\}$, wobei $tr \equiv Karo \vee Bube \vee Dame \vee (Herz\,10)$ ist.

Analog zur Notation für mehrwertige Aussagenvariablen verwenden wir eine entsprechende Notation auch für Wahrscheinlichkeiten. Eine Wahrscheinlichkeitsfunktion P über $\mathbf{A} = \{A_1, A_2, \ldots, A_n\}$ nennt man auch eine *gemeinsame Verteilung (joint probability distribution)* über $A_1, A_2, \ldots, A_n$; wir bezeichnen sie mit $P(A_1, A_2, \ldots, A_n)$ oder $P(\mathbf{A})$, und $\mathbf{a}$ repräsentiert eine (beliebige) Vollkonjunktion über $\mathbf{A}$.

$P(A_i \mid A_1, \ldots, A_{(i-1)}, A_{(i+1)}, \ldots, A_n)$ ist die Menge aller bedingten Wahrscheinlichkeiten der genannten Aussagenvariablen:

$$P(A_i \mid A_1, \ldots, A_{(i-1)}, A_{(i+1)}, \ldots, A_n) :=$$
$$\{P(a_i \mid a_1 \ldots a_{(i-1)} a_{(i+1)} \ldots a_n) \mid a_1 \in \mathcal{A}_1, \ldots, a_n \in \mathcal{A}_n\}$$

und mittels

$$P(a_1 \ldots a_{(i-1)} a_{(i+1)} \ldots a_n) = \sum_{A_i} P(a_1 \ldots a_{(i-1)} A_i a_{(i+1)} \ldots a_n) :=$$
$$\sum_{a_i \in \mathcal{A}_i} P(a_1 \ldots a_{(i-1)} a_i a_{(i+1)} \ldots a_n)$$

wird über eine (oder mehrere) Variable marginalisiert.

Diese vereinfachenden Notationen werden im Folgenden von Nutzen sein. So steht z.B. mit den obigen Bezeichnungen

$$P(\mathbf{A}) > 0$$

dafür, dass für alle Vollkonjunktionen $a_1 \ldots a_n$ über $\mathbf{A}$ $P(a_1 \ldots a_n) > 0$ gilt. Weiterhin ist z.B. $P(A_1)$ die Randverteilung von P über (der Variablen) A_1. Allgemeiner wird für eine Teilmenge $\mathbf{A}' \subseteq \mathbf{A}$ die durch Aufsummieren über alle Variablen in $\mathbf{A} - \mathbf{A}'$ entstehende Randverteilung von P über den in $\mathbf{A}'$ auftretenden Variablen mit $P(\mathbf{A}')$ bezeichnet:

$$P(\mathbf{A}') = \sum_{\mathbf{A} - \mathbf{A}'} P(\mathbf{A})$$

Sind $\mathbf{A}', \mathbf{A}''$ zwei (disjunkte) Teilmengen von $\mathbf{A}$, so schreiben wir oft $P(\mathbf{A}', \mathbf{A}'')$ für $P(\mathbf{A}' \cup \mathbf{A}'')$; $\mathbf{a} = \mathbf{a}'\mathbf{a}''$ ist dann eine Vollkonjunktion über alle Variablen in $\mathbf{A}' \cup \mathbf{A}''$. Sind $\mathbf{A}, \mathbf{B}$ Mengen von Variablen, so steht $P(\mathbf{A} \mid \mathbf{B})$ stellvertretend für beliebige bedingte Wahrscheinlichkeiten $P(\mathbf{a} \mid \mathbf{b})$. Insbesondere sei $P(\mathbf{A} \mid \emptyset) = P(\mathbf{A})$.

A.6 Abhängigkeiten und Unabhängigkeiten

Zu den wichtigsten und angenehmsten Eigenschaften, die Symptome, Krankheiten, Aussagen oder allgemeiner Aussagenvariable vom probabilistischen Standpunkt aus haben können, und die ebenfalls oft als vereinfachende Annahmen in das Design eines Systems eingehen, gehören *probabilistische Unabhängigkeiten*.

Definition A.29 ((statistische) Unabhängigkeit) Seien $\mathbf{A}, \mathbf{B}$ Mengen von Aussagenvariablen aus $\mathcal{L}$. $\mathbf{A}$ und $\mathbf{B}$ heißen *(statistisch) unabhängig*, wenn gilt

$$P(\mathbf{A}, \mathbf{B}) = P(\mathbf{A}) \cdot P(\mathbf{B})$$

d.h., wenn

$$P(\mathbf{ab}) = P(\mathbf{a})P(\mathbf{b})$$

für alle Vollkonjunktionen $\mathbf{a}, \mathbf{b}$ über $\mathbf{A}$ bzw. $\mathbf{B}$. Gilt diese Beziehung nicht, so heißen $\mathbf{A}$ und $\mathbf{B}$ *abhängig*. □

$\mathbf{A}$ und $\mathbf{B}$ sind also (statistisch) unabhängig, wenn die Randverteilung über (den Variablen in) $\mathbf{A}$ und $\mathbf{B}$ sich als Produkt der Randverteilungen über $\mathbf{A}$ und $\mathbf{B}$ ergibt.

Proposition A.30 *Seien* $\mathbf{A}, \mathbf{B}$ *Mengen von Aussagenvariablen aus* $\mathcal{L}$, *und es sei* $P(\mathbf{B}) > 0$. $\mathbf{A}$ *und* $\mathbf{B}$ *sind genau dann unabhängig, wenn gilt*

$$P(\mathbf{A} \mid \mathbf{B}) = P(\mathbf{A})$$

Selbsttestaufgabe A.31 (Unabhängigkeit) Beweisen Sie Proposition A.30. ∎

Die statistische Unabhängigkeit von Aussagen oder Aussagenvariablen lässt sich leider nur in relativ wenigen Fällen zeigen bzw. annehmen. Sehr viel realistischer erscheinen hingegen meistens Unabhängigkeiten "unter gewissen Annahmen".

Definition A.32 (bedingte Unabhängigkeit) Es seien $\mathbf{A}, \mathbf{B}, \mathbf{C}$ Mengen von Aussagenvariablen, und es sei $P(\mathbf{C}) > 0$. $\mathbf{A}$ und $\mathbf{B}$ heißen *bedingt unabhängig bei gegebenem* $\mathbf{C}$, in Zeichen

$$\mathbf{A} \perp\!\!\!\perp_P \mathbf{B} \mid \mathbf{C}$$

wenn gilt

$$P(\mathbf{A}, \mathbf{B} \mid \mathbf{C}) = P(\mathbf{A} \mid \mathbf{C}) \cdot P(\mathbf{B} \mid \mathbf{C}) \tag{A.9}$$

d.h.

$$P(\mathbf{ab} \mid \mathbf{c}) = P(\mathbf{a} \mid \mathbf{c}) \cdot P(\mathbf{b} \mid \mathbf{c}), \quad \text{wenn } P(\mathbf{c}) > 0$$

für alle entsprechenden Vollkonjunktionen $\mathbf{a}, \mathbf{b}, \mathbf{c}$. Sind diese Gleichungen nicht erfüllt, so heißen $\mathbf{A}$ und $\mathbf{B}$ *bedingt abhängig bei gegebenem* $\mathbf{C}$. □

Aus der Definition ergibt sich sofort, dass die Relation der bedingten Unabhängigkeit symmetrisch ist: Ist $\mathbf{A}$ bedingt unabhängig von $\mathbf{B}$ bei gegebenem $\mathbf{C}$, so ist auch $\mathbf{B}$ bedingt unabhängig von $\mathbf{A}$ bei gegebenem $\mathbf{C}$:

$$\mathbf{A} \perp\!\!\!\perp_P \mathbf{B} \mid \mathbf{C} \quad \Rightarrow \quad \mathbf{B} \perp\!\!\!\perp_P \mathbf{A} \mid \mathbf{C}$$

Es sei allerdings schon hier darauf hingewiesen, dass (statistische) Unabhängigkeit und bedingte Unabhängigkeit einander nicht implizieren; siehe hierzu auch Beispiel A.34. Dennoch sind die beiden Begriffe miteinander verwandt: Die statistische Unabhängigkeit ergibt sich als Spezialfall aus der bedingten Unabhängigkeit, wenn man $\mathbf{C} = \emptyset$ setzt. In diesem Fall ist die zu $\mathbf{C}$ gehörige Vollkonjunktion leer und entspricht damit einer Tautologie, d.h. $P(\mathbf{C}) = 1$.

Bevor wir den wichtigen Begriff der bedingten Unabhängigkeit an einem Beispiel erläutern, wollen wir eine äquivalente und sehr gebräuchliche Charakterisierung der bedingten Unabhängigkeit angeben:

Proposition A.33 *Es seien* $\mathbf{A}, \mathbf{B}, \mathbf{C}$ *Mengen von Aussagenvariablen, und es sei weiterhin* $P(\mathbf{C}, \mathbf{B}) > 0$. $\mathbf{A}$ *und* $\mathbf{B}$ *sind genau dann bedingt unabhängig bei gegebenem* $\mathbf{C}$, *wenn gilt*

$$P(\mathbf{A} \mid \mathbf{C}, \mathbf{B}) = P(\mathbf{A} \mid \mathbf{C}) \tag{A.10}$$

$\mathbf{A}$ und $\mathbf{B}$ sind also genau dann bedingt unabhängig bei gegebenem $\mathbf{C}$, wenn bei festliegenden Werten der Variablen aus $\mathbf{C}$ die Variablen aus $\mathbf{B}$ keinen Einfluss mehr auf die Variablen in $\mathbf{A}$ haben.

Beweis:[von Proposition A.33] $\mathbf{A}$ und $\mathbf{B}$ sind genau dann bedingt unabhängig bei gegebenem $\mathbf{C}$, wenn für alle Vollkonjunktionen $\mathbf{a}, \mathbf{b}, \mathbf{c}$ der Variablen aus $\mathbf{A}, \mathbf{B}, \mathbf{C}$ gilt

$$P(\mathbf{ab} \mid \mathbf{c}) = P(\mathbf{a} \mid \mathbf{c}) \cdot P(\mathbf{b} \mid \mathbf{c})$$

$$\Leftrightarrow \quad \frac{P(\mathbf{abc})}{P(\mathbf{c})} = \frac{P(\mathbf{ac})}{P(\mathbf{c})} \cdot \frac{P(\mathbf{bc})}{P(\mathbf{c})}$$

$$\Leftrightarrow \quad \frac{P(\mathbf{ac})}{P(\mathbf{c})} = \frac{P(\mathbf{abc})P(\mathbf{c})}{P(\mathbf{c})P(\mathbf{bc})} = \frac{P(\mathbf{abc})}{P(\mathbf{bc})}$$

$$\Leftrightarrow \quad P(\mathbf{a} \mid \mathbf{c}) = P(\mathbf{a} \mid \mathbf{cb})$$

also genau dann, wenn die Gleichung (A.10) gilt. ∎

Beispiel A.34 (gemischte Population) Wir betrachten eine Population erwachsener Personen unter folgenden Gesichtspunkten:

$$
\begin{aligned}
G &= \{f, m\} & \text{\textit{Geschlecht (f = Frau, m = Mann)}} \\
R &= \{r, \bar{r}\} & \text{\textit{Raucher sein}} \\
H &= \{h, \bar{h}\} & \text{\textit{verheiratet sein}} \\
S &= \{s, \bar{s}\} & \text{\textit{schwanger sein}}
\end{aligned}
$$

Die folgende Tabelle enthalte die Wahrscheinlichkeiten der $2^4 = 16$ Vollkonjunktionen:

		\multicolumn{2}{c}{m}		\multicolumn{2}{c}{f}	
		r	$\bar{r}$	r	$\bar{r}$
h	s	0.00	0.00	0.01	0.05
	$\bar{s}$	0.04	0.16	0.02	0.12
$\bar{h}$	s	0.00	0.00	0.01	0.01
	$\bar{s}$	0.10	0.20	0.07	0.21

Aus dieser gemeinsamen Verteilung errechnen wir:

$$P(f) = 0.5 = P(m) \qquad P(r) = 0.25$$
$$P(s) = 0.08 \qquad\qquad P(h) = 0.4$$

Die Population enthält also gleich viele Frauen wie Männer, ein Viertel der Personen sind Raucher und 40 % sind verheiratet; die Quote der schwangeren Personen in der Gesamtpopulation beträgt 8 %.

Schauen wir uns nun bedingte Wahrscheinlichkeiten an: Wie erwartet ist

$$P(s \mid m) = 0$$

(nur Frauen können schwanger sein); die Schwangerschaftswahrscheinlichkeit bei den Frauen berechnet sich zu

$$P(s \mid f) = \frac{P(sf)}{P(f)} = \frac{0.01 + 0.05 + 0.01 + 0.01}{0.5} = 0.16$$

Weiterhin ist

$$P(f \mid r) = \frac{P(rf)}{P(r)} = \frac{0.01 + 0.02 + 0.01 + 0.07}{0.25} = 0.44$$

d.h. 44 % der Raucher sind Frauen. Damit ist

$$P(f) \neq P(f \mid r)$$

Die Variablen G und R sind also nicht unabhängig (vgl. Proposition A.30).

Bei den Variablen G und H hingegen errechnen sich die folgenden marginalen Wahrscheinlichkeiten:

$\dot{g}$	$\dot{h}$	$P(GH)$	$P(G)$	$P(H)$	$P(G)P(H)$
f	h	0.2	0.5	0.4	0.2
f	$\bar{h}$	0.3	0.5	0.6	0.3
m	h	0.2	0.5	0.4	0.2
m	$\bar{h}$	0.3	0.5	0.6	0.3

Es ist also $P(\dot{g}\dot{h}) = P(\dot{g})P(\dot{h})$ für alle Ausprägungen der beiden Merkmale, und damit sind die Variablen G und H unabhängig. Wegen

$$P(fh \mid \bar{s}) = \frac{P(fh\bar{s})}{P(\bar{s})} = \frac{0.02 + 0.12}{0.92} \approx 0.152$$

und

$$P(f \mid \bar{s}) \cdot P(h \mid \bar{s}) = \frac{P(f\bar{s})}{P(\bar{s})} \cdot \frac{P(h\bar{s})}{P(\bar{s})}$$

$$= \frac{0.02 + 0.12 + 0.07 + 0.21}{0.92} \cdot \frac{0.04 + 0.16 + 0.02 + 0.12}{0.92}$$

$$= \frac{0.42}{0.92} \cdot \frac{0.34}{0.92} \approx 0.169$$

gilt aber

$$P(fh \mid \bar{s}) \neq P(f \mid \bar{s}) \cdot P(h \mid \bar{s})$$

Damit sind G und H bedingt abhängig bei gegebenem S, obwohl G und H (statistisch) unabhängige Variable sind.   □

Selbsttestaufgabe A.35 (Satz von Bayes) Berechnen Sie mit dem Satz von Bayes im Beispiel A.34 die bedingte Wahrscheinlichkeit $P(r \mid f)$.   ■

Selbsttestaufgabe A.36 (bedingte Unabhängigkeit) Sind im Beispiel A.34 die Variablen G und R bedingt unabhängig bei gegebenem S, d.h. gilt $G \perp\!\!\!\perp_P R \mid S$?
■

Selbsttestaufgabe A.37 (Wahrscheinlichkeitsverteilungen) Es sei die in folgender Tabelle aufgelistete Wahrscheinlichkeitsverteilung über die 3 (binären) Aussagevariablen X, Y, Z gegeben:

x	y	z	$P(x,y,z)$	x	y	z	$P(x,y,z)$
0	0	0	$\frac{1}{26}$	1	0	0	$\frac{4}{13}$
0	0	1	$\frac{1}{52}$	1	0	1	$\frac{1}{13}$
0	1	0	$\frac{1}{52}$	1	1	0	$\frac{2}{13}$
0	1	1	$\frac{1}{13}$	1	1	1	$\frac{4}{13}$

1. Berechnen Sie die Randverteilung über X und Y, $P(X,Y)$.

2. Berechnen Sie die bedingten Wahrscheinlichkeiten $P(X \mid Y)$.

3. Zeigen Sie, dass X und Y bedingt unabhängig sind bei gegebenem Z.   ■

A.7 Der Begriff der Information

Information ist einer der modernen Schlüsselbegriffe. Um richtige Entscheidungen zu treffen und Fehler zu vermeiden, ist es entscheidend, über "gute" Informationen zu verfügen. Verglichen mit dem eher statischen Begriff des Wissens hat Information eine starke dynamische Komponente – sie ist die *Neuigkeit*, die wir (aus Büchern, aus dem Internet oder von Freunden) erfahren und an andere weitergeben. Dementsprechend handelt dann auch die mathematische Informationstheorie von informationsemittierenden Quellen und informationstransportierenden Kanälen (vgl. z. B. [98]). Information wird dort allerdings in einem ganz formalen Rahmen gesehen. Im Folgenden wollen wir diesen abstrakten Informationsbegriff entwickeln und zeigen, wie sich mit Hilfe von Wahrscheinlichkeiten Information quantitativ messen lässt.

Am Anfang steht die Präzisierung des Begriffes: Es ist wichtig, zwischen einer *Nachricht* und dem mit ihr assoziierten *Informationsgehalt* zu unterscheiden. Wenn wir Nachrichten formal behandeln, sie also jeglicher semantischer Bedeutung entledigen, so stellt sich die Frage nach einem Kriterium, das uns Nachrichten interessant erscheinen lässt. Nun ist es so, dass wir überraschende Nachrichten im Allgemeinen als informativer empfinden als die Bestätigung offensichtlicher Vermutungen[1]. Unsere Überraschung ist dabei eng gekoppelt mit der Wahrscheinlichkeit, die wir dieser Nachricht (bzw. dem mit ihr verbundenen Ereignis) zuweisen. Es liegt also nahe, den Informationsgehalt einer Nachricht in Abhängigkeit von ihrer Wahrscheinlichkeit zu definieren:

$$Information(Nachricht) = Inf(P(Nachricht))$$

wobei

$$Inf : [0, 1] \to \mathbb{R}^{\geq 0} \cup \{\infty\}$$

eine stetige, monoton fallende Funktion ist. Der unmöglichen Nachricht wird dabei ein unendlicher Informationsgehalt zugewiesen, während bekannte Nachrichten den Informationsgehalt 0 haben. Zu Normierungszwecken legt man außerdem noch fest, welche Wahrscheinlichkeit mit dem Wert 1 assoziiert werden soll. Im Allgemeinen fixiert man

$$Inf(0.5) = 1 \tag{A.11}$$

Eine weitere, entscheidende Forderung an *Inf* ist die folgende: Der Informationsgehalt voneinander unabhängiger Nachrichten soll die Summe der einzelnen Informationsgehalte sein. Da die gemeinsame Wahrscheinlichkeit unabhängiger Nachrichten gerade das Produkt der einzelnen Wahrscheinlichkeiten ist, bedeutet dies

$$Inf(x_1 x_2) = Inf(x_1) + Inf(x_2)$$

Diese Funktionalgleichung bestimmt *Inf* nun eindeutig: Es ist

$$Inf(x) := -\log_2 x \tag{A.12}$$

also der negative duale Logarithmus[2]. Die Basis 2 wird durch die Normierung (A.11) bedingt. Der duale Logarithmus kann nach der folgenden Formel aus einem Logarithmus zur Basis b (z. B. $b = 10$ oder $b = e$) berechnet werden:

$$\log_2 x = \frac{\log_b x}{\log_b 2}$$

Die Maßeinheit der Information ist das *bit*. Die Fixierung der Basis spielt allerdings oft nur eine sekundäre Rolle, wir werden daher im Folgenden oft nur log statt $\log_2$ schreiben.

Der in *bit* gemessene Informationsgehalt einer Nachricht gibt die Anzahl der Ja/Nein-Antworten an, die bei einer optimalen Fragestrategie nötig sind, um diese Nachricht zu isolieren. 1 *bit* entspricht dabei dem Informationsgehalt einer Ja/Nein-Antwort (s. auch [234]).

---

[1] Die Betonung liegt hier auf "offensichtlich" – sicherlich war der Nachweis der berühmten *Fermat'schen Vermutung* ein Meilenstein in der modernen Mathematik und überaus informativ!

[2] Die Lösung solcher Funktionalgleichungen im Rahmen der Informationstheorie ist z.B. zu finden in [98], S. 110f.

Die Gleichung (A.12) liefert einen überaus griffigen Maßbegriff für Information. Bei dieser Quantifizierung der Information bleibt allerdings nicht nur ihr Inhalt unberücksichtigt, es fließen auch keinerlei Bewertungen oder Nutzenvorstellungen ein. Das heißt jedoch nicht, dass die formale Information einer Nachricht ein absolut objektiver Begriff ist (was unserer Intuition widerspräche). Durch die Zuordnung von Wahrscheinlichkeiten zu Nachrichten kann eine subjektive Komponente ins Spiel kommen. Im Allgemeinen werden wir es aber eher mit statistischen Wahrscheinlichkeiten zu tun haben, wie auch im folgenden Beispiel.

Beispiel A.38 In einer Urne befinden sich insgesamt 8 Kugeln, 4 weiße, 2 rote und je 1 blaue und grüne Kugel. In einem Zug werde jeweils 1 Kugel (mit Zurücklegen) gezogen. Die Wahrscheinlichkeit, eine weiße (rote, blaue, grüne) Kugel zu ziehen, beträgt dann $\frac{1}{2}$ ($\frac{1}{4}, \frac{1}{8}, \frac{1}{8}$). Folglich lässt sich die mit dem Ausgang eines Zuges verbundene Information berechnen als

$$Information(weiss) = Inf(\tfrac{1}{2}) = 1\,bit$$

$$Information(rot) = Inf(\tfrac{1}{4}) = 2\,bit$$

$$Information(blau) = Inf(\tfrac{1}{8}) = 3\,bit$$

$$Information(grün) = Inf(\tfrac{1}{8}) = 3\,bit \qquad \square$$

A.8 Entropie

Führt man die gedankliche Verbindung zwischen Wahrscheinlichkeiten und Information weiter, so ist nicht nur die mittels Wahrscheinlichkeitsverteilung P mit jedem einzelnen Elementarereignis ω assoziierte Information von Bedeutung. Um einen Gesamteindruck von der zu erwartenden Information zu bekommen, berechnet man ferner den *mittleren Informationsgehalt*

$$H(P) = - \sum_{\omega} P(\omega) \log_2 P(\omega)$$

wobei man für den eigentlich nicht definierten Ausdruck $0 \log_2 0$ aus Stetigkeitsgründen den Wert 0 nimmt. $H(P)$ heißt die *Entropie* der Verteilung P. Sie misst die *Unsicherheit* bezüglich eines zu erwartenden Elementarereignisses, die man in Kenntnis der Verteilung P empfindet.

Der Begriff "Entropie" wurde zuerst in der statistischen Mechanik in Verbindung mit thermodynamischen Systemen benutzt. Sie war diejenige physikalische Größe, die man maximierte, um eine möglichst indifferente Ausgangsverteilung zur Beschreibung des Systems zu erhalten (s. [106]). Shannon [211] erkannte später, dass die Entropie nichts anderes war als die Unbestimmtheit, die man dem System bei gegebenen Randbedingungen zubilligen musste, und benutzte Entropie als grundlegenden Begriff in der Informationstheorie.

An dieser Stelle ist es wichtig, sich noch einmal bewusst zu machen, dass unsere Information umso größer ist, je unsicherer wir über das Eintreffen eines bestimmten Ereignisses sind. Wenn wir bereits im Voraus hundertprozentig wissen, mit welchem Elementarereignis ω_0 wir zu rechnen haben, d. h. ist $P(\omega_0) = 1$ und $P(\omega) = 0$ für alle anderen $\omega \neq \omega_0$, so ist $H(P) = 0$. Ist hingegen P eine Gleichverteilung über den betrachteten Variablen, so haben wir offensichtlich überhaupt keine Vorstellung, was passieren wird. In diesem Fall ist $H(P)$ – ebenso wie unsere "mittlere Überraschung" – maximal, wie der folgende Satz zeigt:

Proposition A.39 *Bezeichne P_0 die Gleichverteilung über Ω, d. h. $P_0(\omega) = \frac{1}{n}$ für $\omega \in \Omega$, wobei $|\Omega| = n$.*

1. *Es ist $H(P_0) = \log_2 n$.*

2. *Für jede beliebige Wahrscheinlichkeitsverteilung P über Ω gilt $H(P) \leq H(P_0)$.*

Selbsttestaufgabe A.40 (Maximale Entropie) Beweisen Sie Proposition A.39. *Hinweis*: Verwenden Sie für den Nachweis des zweiten Teils die Ungleichung

$$\sum_{i=1}^{m} x_i \log_2 \frac{x_i}{y_i} \geq 0, \tag{A.13}$$

wobei $(x_1, \ldots, x_m), (y_1, \ldots, y_m)$ Tupel nichtnegativer reeller Zahlen mit $\sum_{i=1}^{m} x_i = \sum_{i=1}^{m} y_i$ sind. Für einen Beweis dieser Ungleichung siehe z. B. [98], S. 111. ∎

Die Entropie ist ein Maß, das auf Wahrscheinlichkeitsverteilungen angewendet wird. Dabei spielt es keine Rolle, ob es sich um die gemeinsame Verteilung mehrerer Aussagenvariablen handelt oder um die (marginale) Verteilung über eine bestimmte Aussagenvariable $A = \{a^{(1)}, \ldots, a^{(n)}\}$. In letzterem Fall bezeichnet man die Entropie der entsprechenden Verteilung auch als die Entropie von A, also

$$H(A) = -\sum_{i=1}^{n} P(a^{(i)}) \log_2 P(a^{(i)}) \tag{A.14}$$

wobei P als gegeben angenommen wird. $H(A)$ drückt unsere mittlere Unsicherheit darüber aus, welchen Wert die Variable A annehmen wird.

Betrachten wir zwei Aussagenvariable $A = \{a^{(1)}, \ldots, a^{(n)}\}$, $B = \{b^{(1)}, \ldots, b^{(m)}\}$ und eine gemeinsame Verteilung P über A und B. Dann lässt sich oft aus dem Wert der einen Variablen Information über den Wert der anderen gewinnen. Der *bedingte Informationsgehalt*, den $B = b^{(j)}$ für $A = a^{(i)}$ besitzt, wird gemessen durch $-\log_2 P(a^{(i)}|b^{(j)})$. Summiert man über alle Werte auf und berücksichtigt die entsprechenden bedingten Wahrscheinlichkeiten, so erhält man die *erwartete Unbestimmtheit von A nach der Beobachtung von B* als

$$H(A|B) = -\sum_{i,j} P(b^{(j)}) P(a^{(i)}|b^{(j)}) \log_2 P(a^{(i)}|b^{(j)})$$

$H(A|B)$ wird kurz als die *bedingte Entropie von A bezüglich B* bezeichnet. Die Unbestimmtheit bezüglich A *und* B wird als *Verbundentropie* bezeichnet und mit $H(A, B)$ bezeichnet:

$$H(A, B) = - \sum_{i,j} P(a^{(i)} b^{(j)}) \log_2 P(a^{(i)} b^{(j)})$$

Zwischen Verbund- und bedingter Entropie besteht der folgende Zusammenhang:

$$H(A, B) = H(B) + H(A|B) = H(A) + H(B|A) \tag{A.15}$$

(A.15) entspricht der Vorstellung, dass Information grundsätzlich additiv ist, und lässt sich leicht nachrechnen. Bereinigt man nun die Entropie von A um die bedingte Entropie von A bezüglich B, so erhält man ein Maß für die Information, die B für A bereithält:

$$Inf(A \parallel B) \quad = \quad H(A) - H(A|B) \tag{A.16}$$

$$= \quad - \sum_i P(a^{(i)}) \log_2 P(a^{(i)}) - \left(- \sum_{i,j} P(b^{(j)}) P(a^{(i)}|b^{(j)}) \log_2 P(a^{(i)}|b^{(j)}) \right)$$

$$= \quad \sum_{i,j} P(a^{(i)} b^{(j)}) \log_2 \frac{P(a^{(i)} b^{(j)})}{P(b^{(j)})} - \sum_i \left(\sum_j P(a^{(i)} b^{(j)}) \right) \log_2 P(a^{(i)})$$

$$= \quad \sum_{i,j} P(a^{(i)} b^{(j)}) \log_2 \frac{P(a^{(i)} b^{(j)})}{P(b^{(j)})} - \sum_{i,j} P(a^{(i)} b^{(j)}) \log_2 P(a^{(i)})$$

$$= \quad \sum_{i,j} P(a^{(i)} b^{(j)}) \left(\log_2 \frac{P(a^{(i)} b^{(j)})}{P(b^{(j)})} - \log_2 P(a^{(i)}) \right)$$

$$= \quad \sum_{i,j} P(a^{(i)} b^{(j)}) \log_2 \frac{P(a^{(i)} b^{(j)})}{P(a^{(i)}) P(b^{(j)})}$$

$Inf(A \parallel B)$ wird *gegenseitige Information (mutual information)* oder *eigentliche Information (information proper)* genannt. Sie ist symmetrisch in A und B. Wenn A und B unabhängig sind, d.h. $P(a^{(i)} b^{(j)}) = P(a^{(i)}) P(b^{(j)})$ für alle i, j, so ist $Inf(A \parallel B) = 0$ – in diesem Fall liefert keine der beiden Variablen irgendwelche Information über die andere.

Schließlich wollen wir uns mit dynamischen Veränderungen von Wahrscheinlichkeitsverteilungen, wie sie z. B. in Zeitreihenanalysen vorkommen, beschäftigen. Nehmen wir einmal an, die Verhältnisse, die zur Erstellung der Verteilung P geführt haben, ändern sich, und die der neuen Situation angemessene Verteilung sei Q. Es soll der Informationsgewinn berechnet werden, der sich daraus ergibt, dass man diese Änderung bemerkt hat. In diesem Fall benutzt man zur Bestimmung der Entropie korrekterweise die neuen Informationswerte $-\log_2 Q(\omega)$. Ist einem die Änderung jedoch verborgen geblieben, so rechnet man weiter mit $-\log_2 P(\omega)$. Die Gewichtsfaktoren werden in jedem Fall von der aktuellen Verteilung Q bestimmt, so dass sich der gesuchte Informationsgewinn als Differenz

$$R(Q, P) \quad := \quad - \sum_\omega Q(\omega) \log_2 P(\omega) - \left(- \sum_\omega Q(\omega) \log_2 Q(\omega) \right)$$

$$= \quad \sum_\omega Q(\omega) \log_2 \frac{Q(\omega)}{P(\omega)} \tag{A.17}$$

berechnet. $R(Q, P)$ wird als *relative Entropie (cross-entropy) von Q bzgl. P* bezeichnet. Sie misst den Informationsabstand zwischen P und Q auf der Basis von Q. Sie ist zwar nicht symmetrisch, d. h. im Allgemeinen gilt $R(Q, P) \neq R(P, Q)$, jedoch positiv definit, es ist also immer $R(Q, P) \geq 0$ (wegen der Ungleichung (A.13)), und $R(Q, P) = 0$ genau dann, wenn $P = Q$. Die relative Entropie ist eines der wichtigsten Grundkonzepte in der Informationstheorie, denn sowohl die gegenseitige Information (A.16) als auch die Entropie selbst lassen sich (bis auf eine Konstante) als relative Entropien auffassen. Bei der gegenseitigen Information sieht man das sofort aus der Definition von $Inf(A \parallel B)$; für die Entropie zeigt dies der folgende Satz:

Proposition A.41 *Sei $P = (p_1, \ldots, p_n)$ eine Wahrscheinlichkeitsverteilung, und sei $P_0 = (\frac{1}{n}, \ldots, \frac{1}{n})$ eine passende Gleichverteilung. Dann ist*

$$R(P, P_0) = \log_2 n - H(P)$$

Selbsttestaufgabe A.42 (Relative Entropie) Beweisen Sie Proposition A.41.

∎

Selbsttestaufgabe A.43 (Entropie) Sei $\Omega = \{\omega_1, \ldots, \omega_n\}$ die Menge der Elementarereignisse, und es sei P eine Wahrscheinlichkeitsverteilung auf Ω mit $P(\omega_i) = p_i$. $H(P) = H(p_1, \ldots, p_n) = -\sum_{i=1}^{n} p_i \log_2 p_i$ ist die Entropie von P.

1. Sei $2 \leq k \leq n - 1$ ein fester Index, und sei $s := p_1 + \ldots + p_k$. Zeigen Sie:

$$H(p_1, \ldots, p_n) = H(s, p_{k+1}, \ldots, p_n) + sH(\frac{p_1}{s}, \ldots, \frac{p_k}{s})$$

2. Sei $X \subset \Omega$ ein Ereignis mit $X \neq \emptyset, X \neq \Omega$. Sei $Y := \Omega - X$. (Wir wählen hier eine mengentheoretische Schreibweise für Ereignisse.) Mit P_X und P_Y bezeichnen wir die bedingten Verteilungen nach X und Y, d.h. $P_X = P(\cdot|X)$ und $P_Y = P(\cdot|Y)$. Zeigen Sie (unter Verwendung von Teil 1):

$$H(P) = H(P(X), P(Y)) + P(X)H(P_X) + P(Y)H(P_Y)$$

∎

B   Graphentheoretische Grundlagen

Soweit wir sie für die Behandlung probabilistischer Netzwerke benötigen, stellen wir hier die graphentheoretischen Grundlagen vor. Neben den grundlegenden Definitionen von gerichteten und ungerichteten Graphen sind dies insbesondere die Konzepte moraler und triangulierter Graphen, die sog. *running intersection property* (fortlaufende Schnitteigenschaft) sowie Hypergraphen.

B.1   Graphen und Cliquen

Definition B.1 (gerichteter Graph) Ein *gerichteter Graph* ist ein Paar $\mathcal{G} = \langle \mathbf{V}, \mathcal{E} \rangle$, wobei $\mathbf{V}$ eine Menge von *Ecken (vertices)* oder *Knoten (nodes)* ist und $\mathcal{E} \subseteq \mathbf{V} \times \mathbf{V}$ eine Menge von Knotenpaaren (v, w) ist, den *Kanten (edges)* von $\mathcal{G}$. $\square$

Wir werden im Folgenden stets annehmen, dass die Menge $\mathbf{V}$ der Knoten eines Graphen endlich ist. Weiterhin setzen wir voraus, dass $\mathcal{E}$ keine Schlingen enthält, d.h., für alle $v \in \mathbf{V}$ ist $(v, v) \notin \mathcal{E}$.

Während Kanten in in einem ungerichteten Graphen oft als zweielementige Knotenmengen dargestellt werden, führt die folgende Definition ungerichtete Graphen als Spezialfall gerichteter Graphen ein (wie z.B. auch in [92]), so dass wir für viele Konzepte dieselbe Notation für beide Arten von Graphen verwenden können.

Definition B.2 (ungerichteter Graph) Ein *ungerichteter Graph* ist ein gerichteter Graph $\mathcal{G} = \langle \mathbf{V}, \mathcal{E} \rangle$, in dem die Relation $\mathcal{E}$ symmetrisch ist, d.h., für alle $v, w \in \mathbf{V}$ gilt:

$$(v, w) \in \mathcal{E} \;\Rightarrow\; (w, v) \in \mathcal{E} \qquad\qquad \square$$

Wir fassen also $\{(v, w), (w, v)\}$ als *eine* Kante des ungerichteten Graphen auf.[1] In Abbildungen werden wir die Kanten in einem gerichteten Graphen durch Pfeile und die Kanten in einem ungerichteten Graphen durch Linien zwischen den beteiligten Knoten darstellen (vgl. Abbildungen B.1 – B.3). Weiterhin treffen wir folgende Vereinbarung: Wenn wir davon sprechen, in einem ungerichteten Graphen eine Kante zwischen den Knoten v und w einzufügen, so meinen wir damit immer das Hinzufügen der Kanten (v, w) und (w, v) zur Kantenmenge; das Entfernen einer Kante zwischen v und w entspricht dem Entfernen der Kanten (v, w) und (w, v).

---

[1] Diese Sichtweise einer Kante eines ungerichteten Graphen als die Kombination von (v, w) *und* (w, v) entspricht also in eindeutiger Weise der Darstellung $\{v, w\}$ einer Kante eines ungerichteten Graphen als zweielementige Menge. Formal kann man die Kanten (v, w) und (w, v) mit Hilfe der Äquivalenzrelation $(v, w) \sim (w, v)$ identifizieren.

© Springer Fachmedien Wiesbaden GmbH, ein Teil von Springer Nature 2019
C. Beierle und G. Kern-Isberner, *Methoden wissensbasierter Systeme*,
Computational Intelligence, https://doi.org/10.1007/978-3-658-27084-1

Definition B.3 ((einfacher) Weg, Zyklus) Sei $\mathcal{G} = \langle \mathbf{V}, \mathcal{E} \rangle$ ein Graph (gerichtet oder ungerichtet). Ein *Weg (path)* der Länge $n(\geq 1)$ zwischen zwei Knoten $v, v' \in \mathbf{V}$ ist eine Folge von Knoten

$$v_0, v_1, \ldots, v_n$$

so dass $v = v_0, v' = v_n$ gilt und für jedes $i \in \{1, \ldots, n\}$ $(v_{i-1}, v_i) \in \mathcal{E}$ ist.

Ein Weg $v_0, v_1, \ldots, v_n$ heißt *einfach*, falls alle Knoten paarweise verschieden sind (außer evtl. $v_0 = v_n$), d.h., falls folgende zwei Bedingungen gelten:

- $v_i \neq v_j$ für $i \neq j$ und $0 \leq i, j \leq n - 1$ (keine zwei Kanten des Weges haben denselben Anfangsknoten)

- $v_i \neq v_j$ für $i \neq j$ und $1 \leq i, j \leq n$ (keine zwei Kanten des Weges haben denselben Endknoten)

Ein *Zyklus (cycle)* der Länge n ist ein Weg $v_0, v_1, \ldots, v_{n-1}, v_n$ mit $v_0 = v_n$, d.h. mit identischem Anfangs- und Endpunkt; für einen ungerichteten Graphen verlangen wir zusätzlich, dass der Weg mindestens drei verschiedene Knoten enthält.[2]

□

Definition B.4 (Adjazenz, Nachbar) Zwei Knoten $u, v \in \mathbf{V}$ eines ungerichteten Graphen $\mathcal{G} = \langle \mathbf{V}, \mathcal{E} \rangle$ heißen *adjazent (adjacent)* oder *benachbart*, wenn sie durch eine Kante verbunden sind. Die Menge der Nachbarn eines Knoten u ist

$$nb(u) := \{v \in \mathbf{V} \mid (u, v) \in \mathcal{E}\}$$

□

Definition B.5 (azyklisch, DAG) Ein Graph heißt *azyklisch*, wenn er keinen Zyklus enthält. Ein gerichteter, azyklischer Graph wird mit dem Kürzel *DAG (directed acyclic graph)* bezeichnet.

□

Definition B.6 (Elternknoten, Kindknoten) Sei $\mathcal{G} = \langle \mathbf{V}, \mathcal{E} \rangle$ ein DAG, seien $v, w \in \mathbf{V}$ Knoten. w heißt *Elternknoten (parent) von v*, wenn $(w, v) \in \mathcal{E}$. v heißt in diesem Falle *Kindknoten (child) von w*. Die Menge der Elternknoten eines Knotens v wird mit $pa(v)$ bezeichnet:

$$pa(v) = \{w \in \mathbf{V} \mid (w, v) \in \mathcal{E}\}$$

□

Der transitive Abschluss dieser Relationen liefert die Begriffe *Vorfahren* und *Nachkommen*:

Definition B.7 (Vorfahren, Nachkommen) Sei $\mathcal{G} = \langle \mathbf{V}, \mathcal{E} \rangle$ ein DAG, seien $v, w \in \mathbf{V}$ Knoten. w heißt *Vorfahr (ancestor) von v* und v heißt *Nachkomme (descendant) von w*, wenn es in $\mathcal{G}$ einen Weg von w nach v gibt. Für die Menge der Vorfahren bzw. Nachkommen eines Knoten v führen wir die folgenden Bezeichnungen ein:

---

[2] Damit ist sichergestellt, dass in einem ungerichteten Graphen nicht schon eine einzelne ungerichtete Kante ein Zyklus ist.

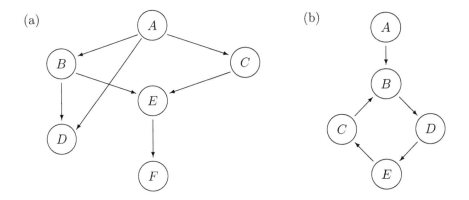

Abbildung B.1 DAG mit 6 Knoten (a) und ein gerichteter Graph, der kein DAG ist (b)

$$an(v) = \{u \in \mathbf{V} \mid u \text{ ist Vorfahre von } v\}$$
$$de(v) = \{u \in \mathbf{V} \mid u \text{ ist Nachkomme von } v\}$$

Eine *Vorfahrenmenge (ancestral set)* ist eine Menge $\mathbf{A} \subseteq \mathbf{V}$, die abgeschlossen ist bzgl. der Vorfahrenrelation, d.h. $an(v) \subseteq \mathbf{A}$ für alle $v \in \mathbf{A}$. Für eine Knotenmenge $\mathbf{W} \subseteq \mathbf{V}$ bezeichnet

$$An(\mathbf{W}) = \mathbf{W} \cup \bigcup_{w \in \mathbf{W}} an(w)$$

die kleinste Vorfahrenmenge, die $\mathbf{W}$ enthält. Weiterhin bezeichne

$$nd(v) = \mathbf{V} - (de(v) \cup \{v\})$$

die Menge aller Knoten, die von v verschieden und auch keine Nachkommen von v sind (*non-descendants*).   □

Beispiel B.8 (gerichtete Graphen, DAG) Abbildung B.1(a) zeigt einen DAG mit 6 Knoten. Der Graph in Abbildung B.1(b) ist gerichtet, aber kein DAG, da er den Zyklus B, D, E, C, B enthält. Für den Graphen in Abbildung B.1(a) ist $pa(B) = \{A\}$ und $de(B) = \{D, E, F\}$.   □

Aus einem gerichteten Graphen entsteht auf einfache Weise ein ungerichteter Graph durch Ignorieren der Richtungen:

Definition B.9 (ungerichteter Graph eines gerichteten Graphen) Sei $\mathcal{G} = \langle \mathbf{V}, \mathcal{E}^d \rangle$ ein gerichteter Graph. Der *zu $\mathcal{G}$ gehörige (ungerichtete) Graph* $\mathcal{G}'$ ist der Graph $\mathcal{G}' = \langle \mathbf{V}, \mathcal{E} \rangle$ mit

$$\mathcal{E} = \mathcal{E}^d \cup \{(w, v) \mid (v, w) \in \mathcal{E}^d\}$$ □

Die folgende Definition dient dazu, beim Übergang von einem gerichteten Graphen zu einem ungerichteten Graphen die Information, die in den Richtungen der Kanten steckt, nicht völlig aufzugeben. Dabei wird nicht einfach der zu einem DAG gehörige ungerichtete Graph als Ausgangspunkt genommen, sondern ein modifizierter Graph.

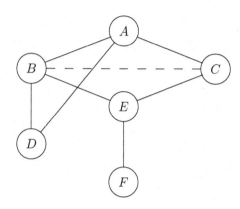

Abbildung B.2   Moraler Graph zu Abb. B.1(a); die gestrichelte Linie wurde hinzugefügt

Definition B.10 (moraler Graph) Sei $\mathcal{G} = \langle \mathbf{V}, \mathcal{E} \rangle$ ein DAG. Der *morale Graph* *(moral graph)* $\mathcal{G}_m$ entsteht aus $\mathcal{G}$ in zwei Schritten:

- Sind zwei Knoten u, v Elternknoten eines gemeinsamen Kindknotens, d.h., gibt es ein $w \in \mathbf{V}$ mit $u, v \in pa(w)$, und sind diese noch nicht durch eine Kante verbunden, so füge eine Kante (u, v) oder (v, u) zu $\mathcal{E}$ hinzu. So entsteht ein (gerichteter) Graph $\mathcal{G}_m^d$, in dem alle Eltern eines gemeinsamen Kindes durch eine Kante verbunden sind.

- $\mathcal{G}_m$ ist der zu $\mathcal{G}_m^d$ gehörige ungerichtete Graph.   □

Tatsächlich wäre es korrekt und auch angemessen, das englische "moral" mit "moralisch" zu übersetzen, also vom "moralischen Graphen" zu sprechen. Denn die Idee, die der Konstruktion dieses Graphen zugrunde liegt, ist nichts anderes als diejenige, eine "Heirat" von Elternpaaren gemeinsamer Kinder – graphentheoretisch(!) – zu erzwingen. Um einer sachlicheren Darstellung willen ziehen wir es jedoch vor, das Kunstwort "moraler Graph" zu benutzen. Der kuriose Moralisierungsgedanke darf dennoch als intuitive Beschreibung der Aufgabe dieses Graphen bestehen bleiben.

Beispiel B.11 (moraler Graph) Abbildung B.2 zeigt den moralen Graphen zu Abbildung B.1(a).   □

Definition B.12 (vollständiger Graph, leerer Graph) Ein   ungerichteter Graph $\mathcal{G} = \langle \mathbf{V}, \mathcal{E} \rangle$ heißt *vollständig (complete)*, wenn je zwei Knoten aus $\mathbf{V}$ durch eine Kante verbunden sind, d.h., wenn gilt $(v, w) \in \mathcal{E}$ für alle $v, w \in \mathbf{V}$. $\mathcal{G}$ heißt *leerer Graph*, wenn seine Kantenmenge leer ist: $\mathcal{E} = \emptyset$.   □

Definition B.13 (Clique) Sei $\mathcal{G} = \langle \mathbf{V}, \mathcal{E} \rangle$ ein ungerichteter Graph. Eine Teilmenge $\mathbf{C} \subseteq \mathbf{V}$ heißt *Clique* von $\mathcal{G}$, wenn $\mathbf{C}$ eine *maximale vollständige* Menge ist, d.h., wenn jedes Paar verschiedener Knoten aus $\mathbf{C}$ durch eine Kante aus $\mathcal{E}$ miteinander

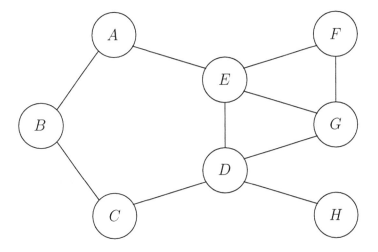

Abbildung B.3 Ungerichteter Graph mit 8 Knoten

verbunden ist, und wenn $\mathbf{C}$ bzgl. dieser Eigenschaft maximal unter den Teilmengen von $\mathbf{V}$ ist, wenn es also keine andere vollständige Teilmenge von $\mathbf{V}$ gibt, die $\mathbf{C}$ echt enthält. □

Beispiel B.14 (Cliquen) Abbildung B.3 zeigt einen ungerichteten Graphen mit Knotenmenge $\mathbf{V} = \{A, B, C, D, E, F, G, H\}$. Hier gibt es 7 Cliquen:

$$\mathbf{C}_1 = \{A, B\} \qquad \mathbf{C}_2 = \{B, C\} \qquad \mathbf{C}_3 = \{C, D\} \quad \mathbf{C}_4 = \{D, H\}$$
$$\mathbf{C}_5 = \{D, E, G\} \quad \mathbf{C}_6 = \{E, F, G\} \quad \mathbf{C}_7 = \{A, E\}$$

□

B.2 Triangulierte Graphen

Definition B.15 (Sehne) Sei $\mathcal{G} = \langle \mathbf{V}, \mathcal{E} \rangle$ ein ungerichteter Graph. Eine *Sehne* eines einfachen Weges oder Zyklus' $v_0, v_1, \ldots, v_n$ in $\mathcal{G}$ ist eine Kante zwischen zwei nicht aufeinanderfolgenden Knoten $v_i, v_j, |i - j| > 1$. □

Definition B.16 (triangulierter Graph) Ein ungerichteter Graph heißt *trianguliert*, wenn jeder einfache Zyklus der Länge > 3 eine Sehne besitzt. □

Beispiel B.17 (Sehne eines Zyklus) Abbildung B.3 zeigt einen ungerichteten Graphen. Die Kante $\{E, G\}$ ist eine Sehne des Zyklus E, F, G, D, E der Länge 4. Dennoch ist dieser Graph nicht trianguliert, denn der Zyklus A, B, C, D, E, A der Länge 5 besitzt keine Sehne. □

Selbsttestaufgabe B.18 (triangulierte Graphen) Entscheiden Sie für jeden der beiden Graphen in Abbildung B.4, ob er trianguliert ist. ■

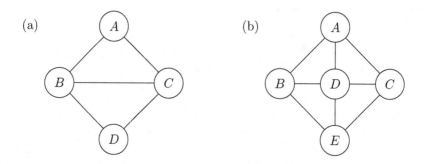

Abbildung B.4 Graphen zu Aufgabe B.18

Um einen beliebigen ungerichteten Graphen $\mathcal{G} = \langle \mathbf{V}, \mathcal{E} \rangle$ zu triangulieren, werden ihm Kanten hinzugefügt. Diesen Vorgang bzw. die entsprechende Kantenmenge nennt man *Fill-in*. Zu seiner Konstruktion nimmt man eine lineare Ordnung α auf der Knotenmenge $\mathbf{V}$ an.

Definition B.19 (Fill-in, Fill-in-Graph) Sei $\mathcal{G} = \langle \mathbf{V}, \mathcal{E} \rangle$ ein ungerichteter Graph, und sei α eine lineare Ordnung auf den Knoten von $\mathcal{G}$.

- Der *Fill-in von $\mathcal{G}$ bzgl. α* ist die Kantenmenge $\mathcal{F}(\alpha)$, wobei

  $(v, w) \in \mathcal{F}(\alpha)$ gdw. $(v, w) \notin \mathcal{E}$ und es gibt einen Weg zwischen v und w, der außer v und w nur Knoten enthält, die bzgl. der Ordnung α v und w nachgeordnet sind. D.h., ist $u \notin \{v, w\}$ ein Knoten auf diesem Weg, so gilt $v < u$ und $w < u$ bzgl. α.

- Der *Fill-in-Graph von $\mathcal{G}$ bezüglich α* ist der Graph

$$\mathcal{G}(\alpha) = \langle \mathbf{V}, \mathcal{E} \cup \mathcal{F}(\alpha) \rangle \qquad \qquad \square$$

Der Fill-in-Graph wird in der Literatur – ein wenig irreführend – als *Eliminationsgraph* bezeichnet. Diese Namensgebung spielt auf ein Triangulationsverfahren an, das mittels sukzessiver Knotenelimination arbeitet; vgl. z. B. [170].

Proposition B.20 *Sei $\mathcal{G} = \langle \mathbf{V}, \mathcal{E} \rangle$ ein ungerichteter Graph, und sei α eine Ordnung auf den Knoten von $\mathcal{G}$. Der Fill-in-Graph von $\mathcal{G}$ bezüglich α, $\mathcal{G}(\alpha)$, ist trianguliert.*

Beispiel B.21 (Fill-in, Fill-in-Graph) Wir betrachten wieder den Graphen aus Abbildung B.3 und legen die folgende Ordnung auf den Knoten fest:

$$\alpha \quad : \quad C < D < B < E < A < G < F < H$$

In Abbildung B.5 ist diese Ordnung durch eine Nummerierung der Knoten angezeigt. Wir bestimmen den Fill-in $\mathcal{F}(\alpha)$:

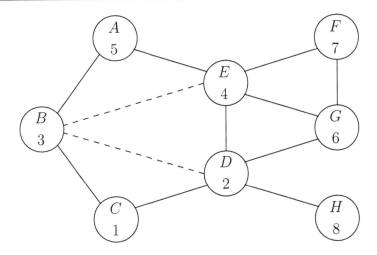

Abbildung B.5 Triangulierter Graph mit nummerierten Knoten

Es ist $(B, D) \in \mathcal{F}(\alpha)$, da die Knoten durch den Weg B, A, E, D miteinander verbunden sind und $B, D < A, E$ sind. Ebenso ist $(B, E) \in \mathcal{F}(\alpha)$. Dies sind die einzigen beiden Kanten in $\mathcal{F}(\alpha)$. Abbildung B.5 zeigt den Fill-in-Graphen, wobei die Kanten des Fill-ins gestrichelt eingezeichnet sind. Der Fill-in-Graph ist offensichtlich trianguliert. □

Selbsttestaufgabe B.22 (Fill-in) Warum enthält im obigen Beispiel B.21 die Menge $\mathcal{F}(\alpha)$ nicht die Kante (A, D)? ∎

Fill-in und Fill-in-Graph eines ungerichteten Graphen hängen entscheidend von der gewählten Ordnung α auf den Knoten ab. Dabei wäre eine Ordnung optimal, die bei einem bereits triangulierten Graphen zu einem leeren Fill-in führt, so dass der Graph mit seinem Fill-in-Graphen übereinstimmt. Eine solche Ordnung kann durch die sog. *maximum cardinality search (Maximalzahl-Suche, MCS)* gefunden werden: Einem beliebigen Knoten wird die Zahl 1 zugewiesen, und der jeweils nächste Knoten wird so ausgewählt, dass er zu der größtmöglichen Zahl bereits nummerierter Knoten adjazent ist. Gibt es dabei mehrere Möglichkeiten, so wird eine davon ausgewählt.

Selbsttestaufgabe B.23 (maximum cardinality search) Handelt es sich bei der Ordnung der Knoten in Abbildung B.5 um eine Ordnung nach dem MCS-Kriterium (bzgl. des nicht-triangulierten Graphen aus Abbildung B.3)? ∎

Proposition B.24 *Sei* $\mathcal{G} = \langle \mathbf{V}, \mathcal{E} \rangle$ *ein ungerichteter Graph, und es sei* α *eine Ordnung auf den Knoten* $\mathbf{V}$. *Ist* α *aus einer MCS entstanden und ist* $\mathcal{G}$ *bereits trianguliert, so ist* $\mathcal{G}(\alpha) = \mathcal{G}$.

Selbsttestaufgabe B.25 (Moralisierung und Triangulierung) Betrachten Sie den folgenden Graphen auf der Knotenmenge $\{A, B, C, D, E, F, G, H, I, J\}$:

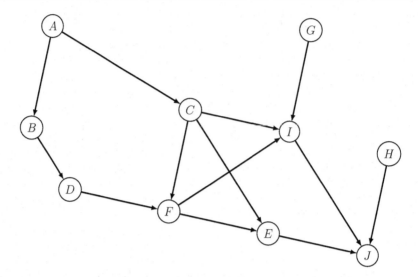

1. Zeichnen Sie hierzu den moralen Graphen.

2. Bestimmen Sie eine korrekte Knotenordnung mittels Maximum Cardinality Search (MCS). Verwenden Sie dabei im Falle von Wahlfreiheit denjenigen Knoten mit kleinster Ordung gemäß alphabetischer Sortierung der Kandidaten.

3. Triangulieren Sie den moralen Graphen auf Basis der MCS.

4. Bilden Sie auf dem triangulierten, moralen Graphen alle (inklusionsmaximalen) Cliquen.   ∎

Verwendet man also zur Bestimmung einer Ordnung α die MCS, so lässt sich das obige Triangulationsverfahren auch als Testverfahren benutzen.

Doch nicht nur für Triangulationen ist die *maximum cardinality search* wichtig. Auch im Hinblick auf die Cliquen eines Graphen liefert dieses Verfahren nützliche Ordnungen. Jede Knoten-Ordnung induziert nämlich eine Cliquen-Ordnung, indem man sich nach dem maximalen Knoten einer jeden Clique richtet.

Beispiel B.26 (Cliquen-Ordnung) Der triangulierte Graph in Abbildung B.5 besitzt die folgenden Cliquen und die angegebene, von der Knoten-Ordnung induzierte Cliquen-Ordnung:

Clique	max. Knoten	Knoten-Nr.	Cliquen-Ordnung
$\{C, D, B\}$	B	(3)	1
$\{B, D, E\}$	E	(4)	2
$\{B, E, A\}$	A	(5)	3
$\{E, F, G\}$	F	(7)	5
$\{E, D, G\}$	G	(6)	4
$\{D, H\}$	H	(8)	6

□

Definition B.27 (Separation in ungerichteten Graphen) $\mathcal{G} = \langle \mathbf{V}, \mathcal{E} \rangle$ sei ein ungerichteter Graph, und $\mathbf{A}, \mathbf{B}, \mathbf{C} \subseteq \mathbf{V}$ seien paarweise disjunkte Teilmengen von $\mathbf{V}$. $\mathbf{C}$ separiert $\mathbf{A}$ und $\mathbf{B}$ in $\mathcal{G}$, geschrieben

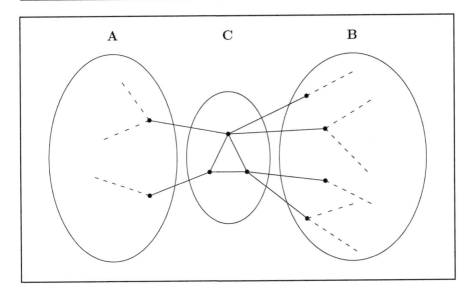

Abbildung B.6 **C** separiert **A** und **B**

$$\mathbf{A} \perp\!\!\!\perp_{\mathcal{G}} \mathbf{B} \mid \mathbf{C}$$

wenn jeder Weg zwischen einem Knoten in **A** und einem Knoten in **B** mindestens einen Knoten aus **C** enthält (vgl. Abbildung B.6). □

Definition B.28 (Zerlegung) Es sei $\mathcal{G} = \langle \mathbf{V}, \mathcal{E} \rangle$ ein ungerichteter Graph, und sei $\mathbf{V} = \mathbf{A} \cup \mathbf{B} \cup \mathbf{C}$ mit paarweise disjunkten Teilmengen $(\mathbf{A}, \mathbf{B}, \mathbf{C})$. Das Tripel $(\mathbf{A}, \mathbf{B}, \mathbf{C})$ heißt *Zerlegung (decomposition) von* $\mathcal{G}$, wenn gilt:

1. **C** separiert **A** und **B** in $\mathcal{G}$;

2. der durch **C** beschriebene Teilgraph von $\mathcal{G}$ ist vollständig.

Sind **A** und **B** beide nichtleer, so wird die Zerlegung $(\mathbf{A}, \mathbf{B}, \mathbf{C})$ *eigentlich* genannt. □

Definition B.29 (Zerlegbarer Graph) Ein ungerichteter Graph $\mathcal{G}$ heißt *zerlegbar (decomposable)*, wenn er entweder vollständig ist, oder wenn er eine eigentliche Zerlegung $(\mathbf{A}, \mathbf{B}, \mathbf{C})$ besitzt, für die jeder der beiden durch $\mathbf{A} \cup \mathbf{C}$ und $\mathbf{B} \cup \mathbf{C}$ aufgespannten Teilgraphen von $\mathcal{G}$ wieder zerlegbar ist. □

Diese rekursive Definition eines zerlegbaren Graphen ist wohldefiniert, da jeder der genannten Teilgraphen weniger Knoten hat als $\mathcal{G}$.

Zerlegbare Graphen lassen sich leicht charakterisieren:

Proposition B.30 *Ein ungerichteter Graph* $\mathcal{G}$ *ist genau dann zerlegbar, wenn er trianguliert ist.*

Ein Beweis dieses Satzes findet sich z. B. in [47], S. 51.

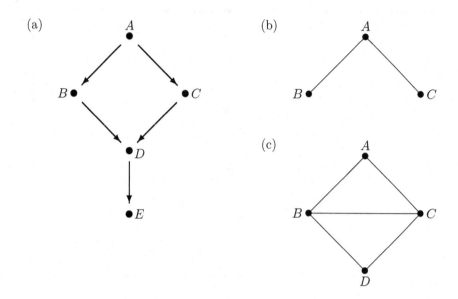

Abbildung B.7 DAG (a) und morale Graphen (b) und (c) zu Beispiel B.32

Auch bei gerichteten Graphen gibt es den Begriff der Separation, hier als *d-Separation* bezeichnet. Die ursprüngliche Definition von Pearl (s. [177], S. 117) baute explizit auf den Richtungen der Kanten auf. Eine äquivalente Definition führt die d-Separation auf die Separation im zugehörigen moralen Graphen zurück und benutzt daher die Richtungen nur implizit (vgl. [47], S. 72).

Definition B.31 (d-Separation) Sei $\mathcal{G}^d = \langle \mathbf{V}, \mathcal{E}^d \rangle$ ein DAG, seien $\mathbf{A}, \mathbf{B}, \mathbf{C}$ disjunkte Teilmengen von $\mathbf{V}$. $\mathbf{C}$ *d-separiert* $\mathbf{A}$ und $\mathbf{B}$ in $\mathcal{G}^d$, wenn $\mathbf{C}$ die beiden Mengen $\mathbf{A}$ und $\mathbf{B}$ in dem moralen Graphen, der durch die kleinste Vorfahrenmenge $An(\mathbf{A} \cup \mathbf{B} \cup \mathbf{C})$ aufgespannt wird, separiert. □

Beispiel B.32 (d-Separation) Wir betrachten den DAG $\mathcal{G}^d$ in Abbildung B.7(a). Es ist klar, dass A die einelementigen Mengen $\{B\}$ und $\{C\}$ d-separiert: Die kleinste Vorfahrenmenge von $\{A, B, C\}$ ist $\{A, B, C\}$ selbst, und der entsprechende morale Graph hat die einfache, in Abbildung B.7(b) gezeigte Form. Hier führt jeder Weg zwischen B und C über A.

Die Knotenmenge $\{A, D\}$ jedoch d-separiert $\{B\}$ und $\{C\}$ nicht. Die kleinste Vorfahrenmenge von $\{A, B, C, D\}$ ist wieder die Menge selbst. Bei der Moralisierung des Teilgraphen wird jedoch eine Kante zwischen B und C eingefügt, die die Separationseigenschaft von $\{A, D\}$ untergräbt (s. Abbildung B.7(c)). □

Selbsttestaufgabe B.33 (d-Separation) Klären Sie die folgenden beiden Fragen zum DAG in Abbildung B.7(a):

1. d-separiert $\{B, C\}$ A und D?

2. d-separiert $\{A, E\}$ B und C? ∎

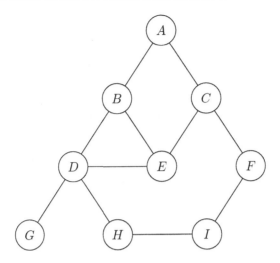

Abbildung B.8 Ausgangsgraph zu Selbsttestaufgabe B.34

Selbsttestaufgabe B.34 (Triangulation) Sei $\mathcal{G}$ wie in Abbildung B.8 gegeben.

1. Geben Sie eine lineare Ordnung α der Knoten von $\mathcal{G}$ nach dem Maximalzahl-Kriterium an.

2. Triangulieren Sie $\mathcal{G}$ durch Berechnen des Fill-ins $\mathcal{F}(\alpha)$, wobei α die in Teil 1 bestimmte MCS-Ordnung ist. ∎

Selbsttestaufgabe B.35 (d-Separation) Es sei P eine (positive) Wahrscheinlichkeitsverteilung über den Variablen A, B, C, in der $A \perp\!\!\!\perp_P C \mid B$ gilt.

Geben Sie alle (zusammenhängenden) DAG's an, die diese bedingte Unabhängigkeit graphisch repräsentieren, d.h. in denen gilt: B d-separiert A und C. ∎

B.3 Die running intersection property RIP

Definition B.36 (running intersection property, RIP) Sei $\mathcal{G} = \langle \mathbf{V}, \mathcal{E} \rangle$ ein ungerichteter Graph mit q Cliquen. Eine (lineare) Ordnung $(\mathbf{C}_1, \ldots, \mathbf{C}_q)$ dieser Cliquen hat die *running intersection property, RIP (fortlaufende Schnitteigenschaft)*, wenn es für jedes $i \in \{2, \ldots, q\}$ ein $j < i$ gibt, so dass

$$\mathbf{C}_i \cap (\mathbf{C}_1 \cup \ldots \cup \mathbf{C}_{i-1}) \subseteq \mathbf{C}_j \qquad (\text{B.1})$$

gilt. □

Selbsttestaufgabe B.37 (running intersection property) Prüfen Sie, ob die Ordnung $(\mathbf{C}_1, \mathbf{C}_2, \ldots, \mathbf{C}_7)$ der Cliquen in Beispiel B.14 die RIP besitzt. ∎

Nicht in jedem Fall kann eine Cliquen-Ordnung mit der *running intersection property* gefunden werden. Bei triangulierten Graphen ist das jedoch immer möglich, wobei eine passende Cliquen-Ordnung durch eine MCS-Ordnung bestimmt werden kann.

Theorem B.38 (MCS und RIP) Sei $\mathcal{G} = \langle \mathbf{V}, \mathcal{E} \rangle$ ein triangulierter ungerichteter Graph. Sei α eine Ordnung auf $\mathbf{V}$, die dem MCS-Kriterium folgt, und die Cliquen von $\mathcal{G}$ seien gemäß ihrer maximalen Knoten geordnet. Dann besitzt diese Cliquen-Ordnung die *running intersection property*. □

Ein Beweis dieses Theorems findet sich z. B. in [170].

Die *running intersection property* ermöglicht die Anordnung der Cliquen eines Graphen in einer Baumstruktur, dem sog. *Cliquen-* oder *Verbindungsbaum (junction tree)*, dessen Knoten gerade die Cliquen sind:

Sei also $\mathbf{C}_1, \ldots, \mathbf{C}_q$ eine RIP-Ordnung der Cliquen eines triangulierten Graphen $\mathcal{G}$. Für $i \in \{2, \ldots, q\}$ definiere die Menge

$$\mathbf{S}_i := \mathbf{C}_i \cap (\mathbf{C}_1 \cup \ldots \cup \mathbf{C}_{i-1})$$

Wegen der *running intersection property* gibt es zu jedem solchen i ein $j < i$ so, dass $\mathbf{S}_i \subseteq \mathbf{C}_j$ ist; gibt es mehrere solcher j, so wähle man eines, $j(i)$, aus. $\mathbf{C}_{j(i)}$ wird dann als Elternclique zu $\mathbf{C}_i$ bestimmt. Auf diese Weise entsteht ein Baum mit Knotenmenge $\{\mathbf{C}_1, \ldots, \mathbf{C}_q\}$. Die Mengen $\mathbf{S}_i$ sind Separatoren des zerlegbaren Graphen $\mathcal{G}$ (im Sinne von Definition B.27) und werden auch als *Separatoren* des Cliquenbaumes bezeichnet. Häufig notiert man sie als Label an den Kanten des Cliquenbaumes.

Beispiel B.39 (Cliquenbaum) Nach Theorem B.38 besitzt die in Beispiel B.26 angegebene Cliquen-Ordnung die RIP. Wir konstruieren dazu einen passenden Cliquenbaum. In der folgenden Tabelle sind Cliquen, Separatoren und mögliche Elterncliquen angegeben, und Abbildung B.9 zeigt den fertigen Cliquenbaum.

Cliquen	$\mathbf{S}_i$	Elternclique
$\mathbf{C}_1 = \{B, C, D\}$	$--$	$--$
$\mathbf{C}_2 = \{B, D, E\}$	$\{B, D\}$	$\mathbf{C}_1$
$\mathbf{C}_3 = \{A, B, E\}$	$\{B, E\}$	$\mathbf{C}_2$
$\mathbf{C}_4 = \{D, E, G\}$	$\{D, E\}$	$\mathbf{C}_2$
$\mathbf{C}_5 = \{E, F, G\}$	$\{E, G\}$	$\mathbf{C}_4$
$\mathbf{C}_6 = \{D, H\}$	$\{D\}$	$\mathbf{C}_4$

□

Selbsttestaufgabe B.40 (Cliquenbaum) Geben Sie zum Beispiel B.39 noch einen anderen möglichen Cliquenbaum an. ∎

B.4   Hypergraphen

Hypergraphen sind verallgemeinerte Graphen, deren Kanten mehr als zwei Knoten verbinden können.

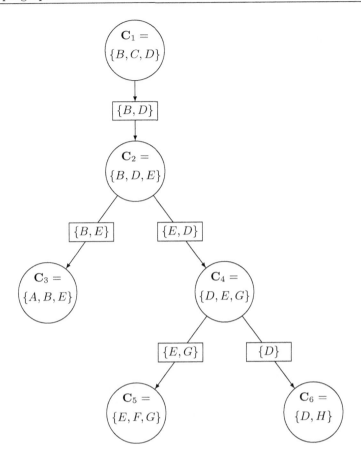

Abbildung B.9 Cliquengraph mit Separatoren zu Beispiel B.39

Definition B.41 (Hypergraph, Hyperkante) Sei $\mathbf{V}$ eine (endliche) Menge von Knoten und $\mathcal{E} = \{\mathbf{E}_1, \ldots, \mathbf{E}_m\}, \emptyset \neq \mathbf{E}_i \subseteq \mathbf{V}, 1 \leq i \leq m$, eine Menge von Teilmengen[3] von $\mathbf{V}$ mit $\mathbf{V} = \cup_{i=1}^m \mathbf{E}_i$. Dann heißt $\mathcal{H} = \langle \mathbf{V}, \mathcal{E} \rangle$ *Hypergraph*. Die Elemente von $\mathcal{E}$ werden *Hyperkanten* genannt.

Ein Hypergraph heißt *reduziert*, wenn keine Hyperkante echt in einer anderen Hyperkante enthalten ist. □

Beispiel B.42 (Hypergraph) Abbildung B.10(a) zeigt einen Hypergraphen mit der Knotenmenge $\mathbf{V} = \{A, B, C, D, E\}$ und den Hyperkanten $\mathcal{E} = \{\{A, B, C\}, \{B, D, E\}, \{C, E\}, \{D, E\}\}$. Der Hypergraph ist nicht reduziert, da die Hyperkante $\{D, E\}$ in der Hyperkante $\{B, D, E\}$ enthalten ist. □

---

[3] Auch die Menge der Hyperkanten wird – wie die Menge der Kanten bei Graphen – mit $\mathcal{E}$ bezeichnet; diese Bezeichnungsweise ist konsistent, da sich ein ungerichteter Graph (ohne isolierte Knoten) auch als Hypergraph mit $|\mathbf{E}| = 2$ für alle (Hyper)Kanten $\mathbf{E}$ auffassen lässt.

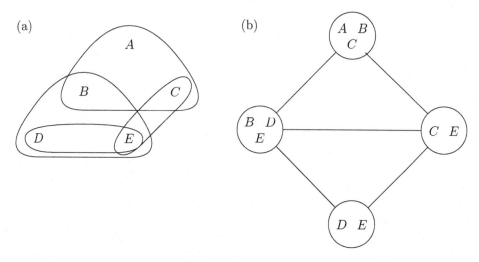

Abbildung B.10 Hypergraph (a) und zugehöriger Verbindungsgraph (b)

Hyperkanten, die einen nichtleeren Schnitt besitzen, schaffen Verbindungen zwischen den beteiligten Knoten:

Definition B.43 (Verbindungsgraph) Sei $\mathcal{H} = \langle \mathbf{V}, \mathcal{E} \rangle$ ein Hypergraph. Der $\mathcal{H}$ zugeordnete *Verbindungsgraph (junction graph)* $J(\mathcal{H})$ ist ein ungerichteter Graph mit den Hyperkanten $\mathcal{E}$ als Knoten. Zwei solcher Knoten sind genau dann durch eine Kante verbunden, wenn die zugehörigen Hyperkanten nichtleeren Schnitt besitzen.
$\square$

Der Verbindungsgraph zu dem Hypergraphen aus Beispiel B.42 ist in Abbildung B.10(b) zu sehen.

Wie bei den Cliquenbäumen spielt auch bei allgemeinen Hypergraphen die Baumeigenschaft eine wichtige Rolle für gute Berechnungseigenschaften.

Definition B.44 (Hyperbaum) Ein Hypergraph $\mathcal{H} = \langle \mathbf{V}, \mathcal{E} \rangle$ heißt *azyklisch* oder *Hyperbaum*, wenn es eine (lineare) Anordnung seiner Hyperkanten gibt, die die RIP (s. Definition B.36) besitzt.
$\square$

Beispiel B.45 (Hyperbaum) Wir wollen zeigen, dass der Hypergraph aus Beispiel B.42 kein Hyperbaum ist. Wir versuchen, eine lineare Anordnung der Hyperkanten zu konstruieren, die die RIP besitzt, d.h., der Schnitt jeder Hyperkante mit allen Vorgängern muss in einer Vorgängerhyperkante enthalten sein. Insbesondere muss für die letzte Hyperkante in der linearen Anordnung gelten, dass ihr Schnitt mit allen anderen Hyperkanten in einer Vorgängerclique enthalten ist. Diese Anforderung erfüllt nur die Hyperkante $\{D, E\}$: Hier ist $\{D, E\} \cap (\{A, B, C\} \cup \{B, D, E\} \cup \{C, E\}) = \{D, E\} \subseteq \{B, D, E\}$. $\{D, E\}$ muss also die letzte Hyperkante in der linearen Anordnung sein. Die vorletzte Hyperkante muss dann eine der Hyperkanten $\{A, B, C\}$, $\{B, D, E\}$ oder $\{C, E\}$ sein. Jede dieser Hyperkanten enthält aber zwei

Knoten, die in unterschiedlichen (anderen) Hyperkanten liegen, d.h., der Schnitt jeder dieser Hyperkanten mit den anderen beiden ist in keiner der anderen ganz enthalten. Damit gibt es keine Hyperkante, die als vorletzte in der linearen Anordnung die RIP erfüllt, und daher kann es eine solche lineare Anordnung nicht geben. Der Hypergraph in Abbildung B.10(a) ist also kein Hyperbaum.   □

Bei der Überprüfung der Baumeigenschaft eines Hypergraphen $\mathcal{H} = \langle \mathbf{V}, \mathcal{E} \rangle$ kann man sich auf Anordnungen beschränken, die durch eine Variante des *maximum cardinality search* entstanden sind:

- Man ordnet einer beliebigen Hyperkante $\mathbf{E} \in \mathcal{E}$ den Index 1 zu und nummeriert die Knoten in $\mathbf{E}$ in beliebiger, aufsteigender Reihenfolge.

- Als nächste Hyperkante wählt man nun sukzessive jeweils eine derjenigen Hyperkanten aus, die eine Maximalzahl bereits nummerierter Knoten enthält. Die noch nicht nummerierten Knoten der neuen Hyperkante werden weiter in aufsteigender Reihenfolge nummeriert.

Es gilt der folgende Satz von Tarjan und Yannakakis [230]:

Proposition B.46 *Ein Hypergraph $\mathcal{H} = \langle \mathbf{V}, \mathcal{E} \rangle$ ist genau dann ein Hyperbaum, wenn es eine MCS-Nummerierung der Hyperkanten von $\mathcal{H}$ gibt, die die RIP besitzt.*

Aus einem beliebigen Hypergraphen $\mathcal{H} = \langle \mathbf{V}, \mathcal{E} \rangle$ kann man durch eine Fill-in-Technik einen überdeckenden Hyperbaum $\mathcal{H}' = \langle \mathbf{V}, \mathcal{E}' \rangle$ gewinnen. Überdeckend bedeutet, dass jede Hyperkante $\mathbf{E} \in \mathcal{E}$ Teilmenge einer Hyperkante $\mathbf{E}' \in \mathcal{E}'$ ist. Zu diesem Zweck betrachtet man den *Schnittgraphen (cut graph)* $\mathcal{H}_s = \langle \mathbf{V}, \mathcal{E}_s \rangle$ von $\mathcal{H}$ mit

$$(v, w) \in \mathcal{E}_s \quad \text{gdw.} \quad \exists \, \mathbf{E} \in \mathcal{E} \text{ mit } v, w \in \mathbf{E}$$

Zwei Knoten aus V werden im Schnittgraphen $\mathcal{H}_s$ also genau dann durch eine (normale) Kante verbunden, wenn es eine Hyperkante von $\mathcal{H}$ gibt, in der beide liegen.

Der Schnittgraph $\mathcal{H}_s$ wird nun durch Einfügen von Kanten aufgefüllt. Hierbei geht man von einer MCS-Ordnung bzw. -Nummerierung der Knoten aus und verbindet die Menge $\{v_i \mid (v_i, v_j) \in \mathcal{E}_s, i < j\}$ aller "kleineren" Nachbarn eines jeden Knoten v_j zu einem vollständigen Graphen. Sind $\mathbf{C}_1, \ldots, \mathbf{C}_q$ die Cliquen des Fill-in-Graphen von $\mathcal{H}_s$, so ist $\mathcal{H}' = \langle \mathbf{V}, \{\mathbf{C}_1, \ldots, \mathbf{C}_q\} \rangle$ ein überdeckender Hyperbaum zu $\mathcal{H}$. Der Hyperbaum $\mathcal{H}'$ schließlich bietet eine gute Grundlage für effiziente Berechnungen.

Beispiel B.47 (Überdeckender Hyperbaum) Wir setzen die Beispiele B.42 und B.45 fort und gehen von der alphabetischen Ordnung der Knoten A, B, C, D, E aus. Der Schnittgraph $\mathcal{H}_s$ von $\mathcal{H} = \langle \{A, B, C, D, E\}, \{\{A, B, C\}, \{B, D, E\}, \{C, E\}, \{D, E\}\} \rangle$ ist in Abbildung B.11(a) zu sehen.

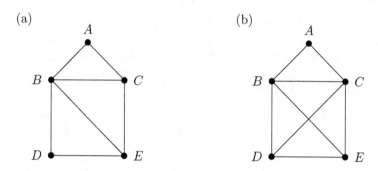

Abbildung B.11   Schnittgraph $\mathcal{H}_s$ (a) und Fill-in-Graph (b) zum Hypergraphen in Abbildung B.10(a)

Die kleineren Nachbarn der Knoten sind:

Knoten	kleinere Nachbarn
A	$--$
B	A
C	A, B
D	B
E	B, C, D

   Um den Schnittgraphen zu vervollständigen, muss also noch die Kante (C, D) eingefügt werden (s. Abbildung B.11(b)). Ein überdeckender Hyperbaum zu $\mathcal{H}$ ist dann $\mathcal{H}' = \langle \mathbf{V}, \{\{A, B, C\}, \{B, C, D, E\}\}\rangle$; dies lässt sich leicht mit einer MCS-Nummerierung überprüfen.   □

Selbsttestaufgabe B.48 (überdeckender Hyperbaum) Geben Sie eine Ordnung der Knoten des Hypergraphen $\mathcal{H}$ aus Beispiel B.42, für die der Schnittgraph $\mathcal{H}_s$ (s. Abbildung B.11(a)) nicht mehr vervollständigt werden muss. Wie sieht der zugehörige überdeckende Hyperbaum aus?   ■

Literaturverzeichnis

[1] A. Aamodt and E. Plaza. Case-based reasoning: Foundational issues, methodological variations, and system approaches. *AICom – Artificial Intelligence Communications*, 7(1), March 1996.

[2] R. Agrawal, H. Mannila, R. Srikant, H. Toivonen, and A.I. Verkamo. Fast discovery of association rules. In U.M. Fayyad, G. Piatetsky-Shapiro, P. Smyth, and R. Uthurusamy, editors, *Advances in knowledge discovery and data mining*, pages 307–328. MIT Press, Cambridge, Mass., 1996.

[3] L.C. Aiello and F. Massacci. Verifying security protocols as planning in logic programming. *ACM Trans. Comput. Logic*, 2(4):542–580, 2001.

[4] G. Antoniou. *Nonmonotonic reasoning*. MIT Press, Cambridge, Mass., 1997.

[5] K. Apt, H. Blair, and A. Walker. Towards a theory of declarative knowledge. In J. Minker, editor, *Foundations of Deductive Databases and Logic Programming*, pages 89–148. Morgan Kaufmann, San Mateo, CA, 1988.

[6] K. R. Apt and M. H. van Emden. Contributions to the theory of logic programming. *Journal of the ACM*, 29(3):841–862, 1982.

[7] M. Asada and H. Kitano, editors. *RoboCup-98: Robot Soccer World Cup II*. Springer-Verlag, 1999.

[8] C. Baral and M. Gelfond. Logic programming and knowledge representation. *J. Logic Programming*, 19,20:73–148, 1994.

[9] P. Baroni, M. Caminada, and M. Giacomin. An introduction to argumentation semantics. *The Knowledge Engineering Review*, 26(4):365–410, 2011.

[10] Harald Beck, Minh Dao-Tran, and Thomas Eiter. Answer update for rule-based stream reasoning. In Q. Yang and M. Wooldridge, editors, *Proceedings of the 24th International Joint Conference on Artificial Intelligence, IJCAI 2015*, Palo Alto, CA., 2015. AAAI Press.

[11] Harald Beck, Minh Dao-Tran, Thomas Eiter, and Michael Fink. Lars: A logic-based framework for analyzing reasoning over streams. In *Proceedings of the 29th AAAI Conference on Artificial Intelligence, AAAI 2015*, Palo Alto, CA., 2015. AAAI Press.

[12] M. Beetz, T. Arbuckle, T. Belker, M. Bennewitz, A.B. Cremers, D. Hähnel, and D. Schulz. Enabling autonomous robots to perform complex tasks. *Künstliche Intelligenz*, (4/00):5–10, 2000.

[13] C. Beierle, O. Dusso, and G. Kern-Isberner. Using answer set programming for a decision support system. In C. Baral, G. Greco, N. Leone, and G. Terracina, editors, *8th International Conference on Logic Programming and Non Monotonic Reasoning (LPNMR 2005)*, volume 3662 of *LNAI*, pages 374–378. Springer-Verlag, 2005.

[14] C. Beierle, B. Freund, G. Kern-Isberner, and M. Thimm. Using defeasible logic programming for argumentation-based decision support in private law. In P. Baroni, F. Cerutti, M. Giacomin, and G. R. Simari, editors, *Computational Models of Argument. Proceedings of COMMA 2010*, pages 87–98. IOS Press, 2010.

[15] C. Beierle, U. Hedtstück, U. Pletat, P. H. Schmitt, and J. Siekmann. An order-sorted logic for knowledge representation systems. *Artificial Intelligence*, 55(2–3):149–191, 1992.

© Springer Fachmedien Wiesbaden GmbH, ein Teil von Springer Nature 2019
C. Beierle und G. Kern-Isberner, *Methoden wissensbasierter Systeme*,
Computational Intelligence, https://doi.org/10.1007/978-3-658-27084-1

[16] T. J. M. Bench-Capon, M. Araszkiewicz, K. D. Ashley, K. Atkinson, F. Bex, F. Borges, D. Bourcier, P. Bourgine, J. G. Conrad, E. Francesconi, T. F. Gordon, G. Governatori, J. L. Leidner, D. D. Lewis, R. Prescott Loui, L. T. McCarty, H. Prakken, F. Schilder, E. Schweighofer, P. Thompson, A. Tyrrell, B. Verheij, D. N. Walton, and A. Z. Wyner. A history of AI and Law in 50 papers: 25 years of the international conference on AI and Law. *Artif. Intell. Law*, 20(3):215–319, 2012.

[17] R. Bergmann, K.-D. Althoff, S. Breen, M. Göker, M. Manago, R. Traphöner, and S. Wess, editors. *Developing Industrial Case-Based Reasoning Applications*. Number 1612 in LNAI. Springer, Berlin Heidelberg New York, 2nd edition, 2003.

[18] R. Bergmann and W. Wilke. Towards a new formal model of transformational adaptation in case-based reasoning. In H. Prade, editor, *Proceedings 13th European Conference on Artificial Intelligence, ECAI'98*, pages 53–57, Chichester, 1998. John Wiley & Sons.

[19] W. Bibel. *Deduktion*. Oldenbourg Verlag, München, Wien, 1992.

[20] W. Bibel, S. Hölldobler, and T. Schaub. *Wissensrepräsentation und Inferenz: Eine grundlegende Einführung*. Vieweg & Sohn Verlagsgesellschaft mbH, Braunschweig/Wiesbaden, 1993.

[21] K. H. Bläsius and H.-J. Bürckert, editors. *Deduktionssysteme – Automatisierung des logischen Denkens*. Oldenbourg Verlag, München, 1992.

[22] T. Bollinger. Assoziationsregeln – Analyse eines Data Mining Verfahrens. *Informatik-Spektrum*, 19:257–261, 1996.

[23] R. J. Brachman and J. G. Schmolze. An overview of the KL-ONE knowledge representation system. *Cognitive Science*, 9(2):171–216, April 1985.

[24] R.J. Brachman and H.J. Levesque. *Knowledge representation and reasoning*. Morgan Kaufmann Publishers, San Francisco, California, 2004.

[25] M. E. Bratman. *Intentions, Plans, and Practical Reason*. Harvard University Press, Cambridge, MA, 1987.

[26] M.E. Bratman, D.J. Israel, and M.E. Pollack. Plans and resource-bounded practical reasoning. *Computational Intelligence*, 4:349–355, 1988.

[27] G. Brewka. Reasoning about priorities in default logic. In *Proceedings of the 12th National Conference on Artificial Intelligence (AAAI'94)*, pages 940–945. AAAI/MIT Press, 1994.

[28] G. Brewka and T. Eiter. Preferred answer sets for extended logic programs. *Artificial Intelligence*, 109(1-2):297–356, 1999.

[29] G. Brewka, D. Makinson, and K. Schlechta. Cumulative inference relations for JTMS and logic programming. In J. Dix, K.P. Jantke, and P.H. Schmitt, editors, *Nonmonotonic and inductive logic, Proc. 1st International Workshop, Karlsruhe,1990*, pages 1–12, Berlin, 1991. Springer.

[30] R. A. Brooks. Intelligence without reason. In *Proceedings of the Twelfth International Joint Conference on Artificial Intelligence (IJCAI-91)*, pages 569–595, Sydney, Australia, 1991.

[31] F. Buccafurri, N. Leone, and P. Rullo. Strong and weak constraints in disjunctive datalog. In *Proceedings 4th International Conference on Logic Programming and Non-Monotonic Reasoning*, volume 1265 of *Lecture Notes in Computer Science*, pages 2–17, Berlin, 1997. Springer.

[32] B.G. Buchanan and E.H. Shortliffe. *Rule-based expert systems. The MYCIN experiments of the Stanford Heuristic Programming Project*. Addison-Wesley, Reading, MA, 1984.

[33] B.G. Buchanan, G.L. Sutherland, and E.A. Feigenbaum. Heuristic DENDRAL: A program for generating explanatory hypotheses in organic chemistry. In B. Meltzer, D. Michie, and M. Swann, editors, *Machine Intelligence 4*, pages 209–254. Edinburgh University Press, Edinburgh, 1969.

[34] W. Buntine. A guide to the literature on learning probabilistic networks from data. *IEEE Transactions on Knowledge and Data Engineering*, 8(2):195–210, 1996.

[35] W. Burgard, A. B. Cremers, D. Fox, D. Hähnel, G. Lakemeyer, D. Schulz, W. Steiner, and S. Thrun. The interactive museum tour-guide robot. In *Proc. 15th National Conference on Artificial Intelligence (AAAI'98)*, 1998.

[36] W. Burgard, A. B. Cremers, D. Fox, D. Hähnel, G. Lakemeyer, D. Schulz, W. Steiner, and S. Thrun. Experiences with an interactive museum tour-guide robot. *Artificial Intelligence*, 114(1-2), 2000.

[37] M. Caminada and D. Gabbay. A logical account of formal argumentation. *Studia Logica*, 93(2-3):109–145, 2009.

[38] Martin Caminada. On the issue of reinstatement in argumentation. In M. Fischer, W. van der Hoek, B. Konev, and A. Lisitsa, editors, *Logics in Artificial Intelligence, Proceedings of the Tenth European Conference, JELIA 2006*, pages 111–123. Springer, 2006.

[39] J.G. Carbonell, R.S. Michalski, and T.M. Mitchell. An overview of machine learning. In R.S. Michalski, J.G. Carbonell, and T.M. Mitchell, editors, *Machine Learning: An Artificial Intelligence Approach*. Tioga Publishing Company, Palo Alto, 1983.

[40] K. M. Carley and L. Gasser. Computational organization theory. In G. Weiss, editor, *Multiagent Systems - A Modern Approach to Distributed Artificial Intelligence*, pages 299–330. The MIT Press, Cambridge, Massachusetts, 1999.

[41] E. Castillo, J. M. Gutierrez, and A. S. Hadi. *Expert systems and probabilistic network models*. Springer, 1997.

[42] P. Cholewinski, W. Marek, and M. Truszczynski. Default reasoning system DeReS. In *Proceedings International Conference on Principles of Knowledge Representation and Reasoning*, pages 518–528, San Mateo, CA, 1996. Morgan Kaufman.

[43] K. Clark. Negation as failure. In H. Gallaire and J. Minker, editors, *Logic and Data Bases*, pages 293–322. Plenum Press, New York, 1978.

[44] W. F. Clocksin and C. S. Mellish. *Programming in Prolog*. Springer-Verlag, Berlin, Heidelberg, New York, 4. edition, 1994.

[45] P. R. Cohen and H. J. Levesque. Intention is choice with commitment. *Artificial Intelligence*, 42:213–261, 1990.

[46] G.F. Cooper and E. Herskovits. A bayesian method for the induction of probabilistic networks from data. *Machine learning*, 9:309–347, 1992.

[47] R.G. Cowell, A.P. Dawid, S.L. Lauritzen, and D.J. Spiegelhalter. *Probabilistic networks and expert systems*. Springer, New York Berlin Heidelberg, 1999.

[48] I. Csiszár. I-divergence geometry of probability distributions and minimization problems. *Ann. Prob.*, 3:146–158, 1975.

[49] P. Cunningham, R. Bergmann, S. Schmitt, R. Traphöner, S. Breen, and B. Smyth. WEBSELL: Intelligent sales assistants for the World Wide Web. *Künstliche Intelligenz*, 1/01:28–32, 2001.

[50] J. de Kleer. An assumption-based TMS. *Artificial Intelligence*, 28:127–162, 1986.

[51] J. de Kleer. Extending the ATMS. *Artificial Intelligence*, 28:163–196, 1986.

[52] J. de Kleer. Problem solving with the ATMS. *Artificial Intelligence*, 28:197–224, 1986.

[53] A.P. Dempster. Upper and lower probabilities induced by a multivalued mapping. *Ann. Math. Stat.*, 38:325–339, 1967.

[54] M. d'Inverno and M. Luck. *Understanding Agent Systems*. Springer Series on Agent Technology. Springer-Verlag, second edition, 2003.

[55] J. Dix and J. Leite, editors. *Computational Logic in Multi-Agent Systems: 4th International Workshop, CLIMA IV*. Number 3259 in LNCS. Springer, Berlin Heidelberg New York, 2004.

[56] J. Doyle. A truth maintenance system. *Artificial Intelligence*, 12:231–272, 1979.

[57] D. Dubois, J. Lang, and H. Prade. Possibilistic logic. In D.M. Gabbay, C.H. Hogger, and J.A. Robinson, editors, *Handbook of Logic in Artificial Intelligence and Logic Programming*, volume 3. Oxford University Press, 1994.

[58] D. Dubois and H. Prade. Belief change and possibility theory. In P. Gärdenfors, editor, *Belief revision*, pages 142–182. Cambridge University Press, 1992.

[59] P.M. Dung. On the acceptability of arguments and its fundamental role in nonmonotonic reasoning, logic programming and n-person games. *Artificial Intelligence*, 77:321–357, 1995.

[60] U. Egly, S.A. Gaggl, and S. Woltran. Answer set programming encodings for argumentation frameworks. *Argument and Computation*, 1(2):147–177, 2010.

[61] T. Eiter, W. Faber, N. Leone, and G. Pfeifer. Declarative problem solving using the DLV system. In J. Minker, editor, *Logic-Based Artificial Intelligence*, pages 79–103. Kluwer Academic Publishers, Dordrecht, 2000.

[62] T. Eiter, G. Gottlob, and H. Mannila. Disjunctive datalog. *ACM Trans. Database Systems*, 22(3):364–418, 1997.

[63] C. Elkan. A rational reconstruction of nonmonotonic truth maintenance systems. *Artificial Intelligence*, 43:219–234, 1990.

[64] W. Faber, N. Leone, and G. Pfeifer. Experimenting with heuristics for answer set programming. In *Proceedings International Joint Conference on Artificial Intelligence*, pages 635–640, San Mateo, CA, 2001. Morgan Kaufman.

[65] R. Fagin, J.Y. Halpern, and N. Megiddo. A logic for reasoning about probabilities. *Information and Computation*, 87:78–128, 1990.

[66] U. Fayyad, G. Piatetsky-Shapiro, P. Smyth, and R. Uthurusamy. *Advances in knowledge discovery and data mining*. MIT Press, Cambridge, Mass., 1996.

[67] U. Fayyad and R. Uthurusamy. Evolving data mining into solutions for insights. *Communications of the ACM*, 45(8):28–61, 2002.

[68] U. Fayyad, R. Uthurusamy, et al. Data mining and knowledge discovery in databases. *Communications of the ACM*, 39(11):24–64, 1996.

[69] E. Ferretti, M. Errecalde, A. J. García, and G. R. Simari. An application of defeasible logic programming to decision making in a robotic environment. In C. Baral, G. Brewka, and J. S. Schlipf, editors, *Logic Programming and Nonmonotonic Reasoning, 9th International Conference (LPNMR 2007)*, volume 4483 of *LNCS*, pages 297–302. Springer, 2007.

[70] R. E. Fikes, P. E. Hart, and N. J. Nilsson. Learning and executing generalized robot plans. *Artificial Intelligence*, 3(4):251–288, 1972.

[71] R. E. Fikes and N. J. Nilsson. STRIPS: A new approach to the application of theorem proving to problem solving. *Artificial Intelligence*, 2(3-4):189–208, 1971.

[72] R. E. Fikes and N. J. Nilsson. STRIPS, a retrospective. *Artificial Intelligence*, 59:227–232, 1993.

[73] V.G. Fischer and M. Schramm. Tabl – a tool for efficient compilation of probabilistic constraints. Technical Report TUM-19636, Technische Universität München, 1996.

[74] G. Friedrich and M. Stumptner. Einführung. In G. Gottlob, Th. Frühwirth, and W. Horn, editors, *Expertensysteme*, Springers Angewandte Informatik, pages 1–19. Springer-Verlag, 1990.

[75] D. Gabbay. Theoretical foundations for nonmonotonic reasoning in expert systems. In K. Apt, editor, *Logics and models of concurrent systems*. Springer, Berlin, 1985.

[76] A. J. García and G. R. Simari. Defeasible logic programming: An argumentative approach. *Theory and Practice of Logic Programming*, 4(1):95–138, 2004.

[77] D. R. García, A. J. García, and G. R. Simari. Defeasible reasoning and partial order planning. In S. Hartmann and G. Kern-Isberner, editors, *Foundations of Information and Knowledge Systems, 5th International Symposium (FoIKS 2008)*, volume 4932 of *LNCS*, pages 311–328. Springer, 2008.

[78] P. Gärdenfors and H. Rott. Belief revision. In D.M. Gabbay, C.H. Hogger, and J.A. Robinson, editors, *Handbook of Logic in Artificial Intelligence and Logic Programming*, pages 35–132. Oxford University Press, 1994.

[79] L. Gasser. Social conceptions of knowledge and action: DAI foundations and open system semantics. *Artificial Intelligence*, 47:107–138, 1991.

[80] L. Gasser and M. N. Huhns, editors. *Distributed Artificial Intelligence, Volume II*. Pitman Publishing, London, 1989.

[81] D. Geiger and D. Heckerman. Knowledge representation and inference in similarity networks and bayesian multinets. *Artificial Intelligence*, 82:45–74, 1996.

[82] M. Gelfond and N. Leone. Logic programming and knowledge representation – the A-prolog perspective. *Artificial Intelligence*, 138:3–38, 2002.

[83] M. Gelfond and V. Lifschitz. The stable model semantics for logic programming. In *Logic Programming: Proceedings Fifth International Conference and Symposium*, pages 1070–1080, Cambridge, Mass., 1988. MIT Press.

[84] M. Gelfond and V. Lifschitz. Classical negation in logic programs and disjunctive databases. *New Generation Comput.*, pages 365–387, 1991.

[85] M.R. Genesereth and N.J. Nilsson. *Logical foundations of Artificial Intelligence*. Morgan Kaufmann, Palo Alto, Ca., 1987.

[86] M. P. Georgeff and A. S. Rao. The semantics of intention maintenance for rational agents. In *Proceedings of the International Joint Conference of Artificial Intelligence (IJCAI)*, pages 704–710, 1995.

[87] M.P. Georgeff and A.L. Lansky. Reactive reasoning and planning. In *Proceedings of the Sixth National Conference on Artificial Intelligence (AAAI-87)*, pages 677–682, Seattle, WA, 1987.

[88] M. Ghallab, D. Nau, and P. Traverso. *Automated planning – theory and practice*. Elsevier, San Francisco, 2004.

[89] R. Goldman and E. Charniak. A language for construction of belief networks. *IEEE Transactions on Pattern Analysis and Machine Intelligence*, 15(3):196–208, 1993.

[90] G Görz, C.-R. Rollinger, and J. Schneeberger, editors. *Handbuch der Künstlichen Intelligenz*. Oldenbourg, 4., korr. Auflage, 2003.

[91] H. Grosskreutz and G. Lakemeyer. Towards more realistic logic-based robot controllers in the GOLOG framework. *Künstliche Intelligenz*, (4/00):11–15, 2000.

[92] R. H. Güting and S. Dieker. *Datenstrukturen und Algorithmen.* Leitfäden der Informatik. Teubner-Verlag, Stuttgart, 3. Auflage, 2004.

[93] J.Y. Halpern. *Reasoning about uncertainty.* MIT Press, Cambridge, Mass., 2003.

[94] C. *et al.* Hartshorn, editor. *Collected Papers of C. Sanders Peirce, Band 2.* Harvard University Press, Cambridge, 1931.

[95] D. Heckerman. A tutorial on learning bayesian networks. Technical report, Microsoft Research, Advanced Technology Division, 1995. Technical Report MSR-TR-95-06.

[96] D. Heckerman. Bayesian networks for knowledge discovery. In U.M. Fayyad, G. Piatetsky-Shapiro, P. Smyth, and R. Uthurusamy, editors, *Advances in knowledge discovery and data mining.* MIT Press, Cambridge, Mass., 1996.

[97] D. Heckerman, J. Breese, and K. Rommelse. Decision-theoretic troubleshooting. *Communications of the ACM*, 38(3):49–56, 1995.

[98] W. Heise and P. Quattrocchi. *Informations- und Codierungstheorie.* Springer, Berlin Heidelberg New York, 1995.

[99] K. Heljanko. Using logic programs with stable model semantics to solve deadlock and reachability problems for 1-safe Petri nets. In *Proceedings 5th International Conference on Tools and Algorithms for the Construction and Analysis of Systems*, pages 240–254, Amsterdam, 1999.

[100] J. Hertzberg. *Planen – Einführung in die Planerstellungsmethoden der Künstlichen Intelligenz.* Reihe Informatik. BI Wissenschaftsverlag, Mannheim-Wien-Zürich, 1989.

[101] E. Horvitz and B. Barry. Display of information for time-critical decision making. In Besnard and Hanks, editors, *Proceedings of the Eleventh Conference on Uncertainty in Artificial Intelligence*, pages 296–305, San Francisco, CA., 1995. Morgan Kaufmann.

[102] Y.-C. Huang, B. Selman, and H. Kautz. Control knowledge in planning: benefits and tradeoffs. In *Proc. AAAI-99*, pages 511–517, Orlando, FL, 1999.

[103] M. N. Huhns and D. M. Bridgeland. Multiagent truth maintenance. *IEEE Transactions on Systems, Man, and Cybernetics*, 21(6):1437–1445, December 1991.

[104] M. N. Huhns and L. M. Stephens. Multiagent systems and the societies of agents. In G. Weiss, editor, *Multiagent Systems - A Modern Approach to Distributed Artificial Intelligence*, pages 79–120. The MIT Press, Cambridge, Massachusetts, 1999.

[105] International Institute for the Unification of Private Law. *UNIDROIT Principles of International Commercial Contracts.* UNIDROIT, Rome, 2nd edition, 2004.

[106] E.T. Jaynes. *Papers on Probability, Statistics and Statistical Physics.* D. Reidel Publishing Company, Dordrecht, Holland, 1983.

[107] N. R. Jennings. Commitments and conventions: The foundation of coordination in multi-agent systems. *The Knowledge Engineering Review*, 2(3):223–250, 1993.

[108] N. R. Jennings. Coordination techniques for distributed artificial intelligence. In G. M. P. O'Hare and N. R. Jennings, editors, *Foundations of Distributed Artificial Intelligence*, pages 187–210. John Wiley & Sons, Inc., New York, 1996.

[109] F.V. Jensen. *Introduction to Bayesian networks.* UCL Press, London, 1996.

[110] F.V. Jensen, S.L. Lauritzen, and K.G. Olesen. Bayesian updating in recursive graphical models by local computations. *Computational Statistics Quarterly*, 4:269–282, 1990.

[111] U. Junker and K. Konolige. Computing the extensions of autoepistemic and default logics with a truth maintenance system. In *Proceedings 8th National Conference on Artificial Intelligence, AAAI'90*, pages 278–283, Boston, Mass., 1990.

[112] H. Katsuno and A.O. Mendelzon. On the difference between updating a knowledge base and revising it. In *Proceedings Second International Conference on Principles of Knowledge Representation and Reasoning, KR'91*, pages 387–394, San Mateo, Ca., 1991. Morgan Kaufmann.

[113] G. Kern-Isberner. Characterizing the principle of minimum cross-entropy within a conditional-logical framework. *Artificial Intelligence*, 98:169–208, 1998.

[114] G. Kern-Isberner. *A unifying framework for symbolic and numerical approaches to nonmonotonic reasoning and belief revision.* Fachbereich Informatik der FernUniversität Hagen, 1999. Habilitationsschrift.

[115] G. Kern-Isberner. *Conditionals in nonmonotonic reasoning and belief revision.* Springer, Lecture Notes in Artificial Intelligence LNAI 2087, 2001.

[116] D. Kinney and M. Georgeff. Commitment and effectiveness of situated agents. In *Proceedings of the Twelfth International Joint Conference on Artificial Intelligence (IJCAI-91)*, pages 82–88, Sydney, Australia, 1991.

[117] H. Kitano et al. Special issue on RoboSoccer. *Artificial Intelligence*, 110, 1999.

[118] H. Kitano and H. Shimazu. The experience-sharing architecture: A case study in corporate-wide case-based software quality control. In D.B. Leake, editor, *Case-based reasoning*, pages 235–268. AAAI Press, Menlo Park, Ca., 1996.

[119] Y. Kodratoff and P. Langley, editors. *Proc. ECML-93 Workshop on Real-World Applications of Machine Learning.* Wien, 1993.

[120] Y. Kodratoff and R.S. Michalski, editors. *Machine Learning: An Artificial Intelligence Approach*, volume III. Morgan Kaufmann, San Mateo, Calif., 1990.

[121] J. Kolodner. *Case-based reasoning.* Morgan Kaufmann, San Mateo, Ca., 1993.

[122] K. G. Konolige and M. E. Pollack. A representationalist theory of intentions. In *Proceedings of the International Joint Conference on Artificial Intelligence (IJCAI)*, 1989.

[123] D. Krahl, U. Windheuser, and F.K. Zick. *Data Mining.* Addison Wesley, 1998.

[124] A. Krogh. An introduction to Hidden Markov Models for biological sequences. In S.L. Salzberg, D.B. Searls, and S. Kasif, editors, *Computational methods in molecular biology*, pages 45–63. Elsevier, 1998.

[125] A. Krogh, M. Brown, I.S. Mian, K. Sjölander, and D. Haussler. Hidden markov models in computational biology. *J. Mol. Biol.*, 235:1501–1531, 1994.

[126] A. Krüger et al. *Die große GU Nährwert-Kalorien-Tabelle 2002/03.* Gräfe & Unzer, 2002.

[127] R. Kruse, J. Gebhardt, and F. Klawonn. *Fuzzy-Systeme.* Teubner, Stuttgart, 1993.

[128] F. Kulmann and E. Reucher. Computergestützte Bonitätsprüfung bei Banken und Handel. *DBW - Die Betriebswirtschaft*, 60:113–122, 2000.

[129] Z. Kunda. The case for motivated reasoning. *Psychological Bulletin*, 108(3):480–498, 1990.

[130] S.L. Lauritzen. *Graphical Models.* Clarendon Press, Oxford, UK, 1996.

[131] S.L. Lauritzen and D.J. Spiegelhalter. Local computations with probabilities in graphical structures and their applications to expert systems. *Journal of the Royal Statistical Society B*, 50(2):415–448, 1988.

[132] S.L. Lauritzen, B. Thiesson, and D.J. Spiegelhalter. Diagnostic systems by model selection: a case study. In P. Cheeseman and R.W. Oldford, editors, *Selecting models from data*, number 89 in Lecture Notes in Statistics, pages 143–152. Springer, New York Berlin Heidelberg, 1994.

[133] D.B. Leake, editor. *Case-based reasoning: Experiences, Lessons, and Future Directions*. AAAI Press, Menlo Park, Ca., 1996.

[134] D.B. Leake, A. Kinley, and D. Wilson. Learning to improve case adaptation by introspective reasoning and CBR. In D.B. Leake, editor, *Case-based reasoning: Experiences, Lessons, and Future Directions*, pages 185–197. AAAI Press, Menlo Park, Ca., 1996.

[135] D.B. Lenat and R.V. Guha. *Building Large Knowledge-Based Systems: Representation and Inference in the CYC Project*. Addison-Wesley, Massachusetts, 1990.

[136] Y. Lésperance, H. J. Levesque, F. Lin, D. Marcu, R. Reiter, and R. B. Scherl. Foundations of a logical approach to agent programming. In M. Wooldridge, J. P. Müller, and M. Tambe, editors, *Intelligent Agents II: Agent Theories, Architectures, and Languages*, volume 1037 of *LNAI*, pages 331–346. Springer-Verlag, 1996.

[137] H. Levesque, R. Reiter, Y. Lesperance, F. Lin, and R. Scherl. GOLOG: A logic programming language for dynamic domains. *Journal of Logic Programming. Special Issue on Actions*, 31(1-3):59–83, 1997.

[138] H. J. Levesque. What is planning in the presence of sensing? In *Proc. of the National Conference on Artificial Intelligence (AAAI'96)*, pages 1139–1146, 1996.

[139] J. Lieber and A. Napoli. Correct and complete retrieval for case-based problem-solving. In H. Prade, editor, *Proceedings 13th European Conference on Artificial Intelligence, ECAI'98*, pages 68–72, Chichester, 1998. John Wiley & Sons.

[140] V. Lifschitz. On the semantics of STRIPS. In *Reasoning about Actions and Plans: Proc. of the 1986 Workshop*, pages 1–9. Morgan Kaufmann, 1986.

[141] V. Lifschitz. Answer set planning. In *Proceedings 16th International Conference on Logic Programming*, pages 25–37, Cambridge, MA, 1999. MIT Press.

[142] V. Lifschitz. Answer set programming and plan generation. *Artificial Intelligence*, 138:39–54, 2002.

[143] D. Makinson. General patterns in nonmonotonic reasoning. In D.M. Gabbay, C.H. Hogger, and J.A. Robinson, editors, *Handbook of Logic in Artificial Intelligence and Logic Programming*, volume 3, pages 35–110. Oxford University Press, 1994.

[144] V.W. Marek and M. Truszczynski. Stable models and an alternative logic programming paradigm. In *The Logic Programming Paradigm: A 25-Year Perspective*, pages 375–398. Springer, Berlin, 1999.

[145] W. Mark, E. Simoudis, and D. Hinkle. Case-based reasoning: Expectations and results. In D.B. Leake, editor, *Case-based reasoning*, pages 269–294. AAAI Press, Menlo Park, Ca., 1996.

[146] D. McAllester. Reasoning utility package user's manual. Technical report, MIT, Cambridge, Ma., 1982. AI Lab Report 667.

[147] J. McCarthy. Circumscription - a form of nonmonotonic reasoning. *Artificial Intelligence*, 13:27–39, 1980.

[148] J. McCarthy and P. Hayes. Some philosophical problems from the standpoint of Artificial Intelligence. In B. Meltzer and D. Michie, editors, *Machine Intelligence 4*. Edinburgh University Press, Edinburgh, 1969.

[149] John McCarthy. Ascribing mental qualities to machines. In Martin Ringle, editor, *Philosophical Perspectives in Artificial Intelligence*. Harvester Press, 1979.

[150] D. McDermott. A general framework for reason maintenance. *Artificial Intelligence*, 50:289–329, 1991.

[151] D. McDermott and J. Doyle. Non-monotonic logic I. *Artificial Intelligence*, 13:41–72, 1980.

[152] J. McDermott. R1: A rule-based configurer of computer systems. *Artificial Intelligence*, 19(1):39–88, 1982.

[153] J. McDermott. R1 ("XCON") at age 12: lessons from an elementary school achiever. *Artificial Intelligence*, 59:214–247, 1993.

[154] N. Megiddo and R. Srikant. Discovering predictive association rules. In *Proceedings of the 4th International Conference on Knowledge Discovery in Databases and Data Mining*, 1998.

[155] O. Mehlmann, J. Landvogt, A. Jameson, T. Rist, and R. Schäfer. Einsatz Bayes'scher Netze zur Identifikation von Kundenwünschen im Internet. *KI*, 3:43–48, 1998.

[156] P. Mertens, V. Borkowski, and W. Geis. *Betriebliche Expertensystem-Anwendungen*. Springer-Verlag, Berlin-Heidelberg-New York, 3 edition, 1993.

[157] C.-H. Meyer. *Korrektes Schließen bei unvollständiger Information*. Peter Lang Verlag, 1998.

[158] C.-H. Meyer, G. Kern-Isberner, and W. Rödder. Analyse medizinisch-soziologischer Daten mittels eines probabilistischen Expertensystems. In *Proceedings Symposium on Operations Research SOR'95*, pages 347–352. Springer, 1995.

[159] R.S. Michalski. Understanding the nature of learning: Issues and research directions. In R.S. Michalski, J.G. Carbonell, and T.M. Mitchell, editors, *Machine Learning: An Artificial Intelligence Approach*, volume II. Morgan Kaufmann, San Mateo, Calif., 1986.

[160] R.S. Michalski, J.G. Carbonell, and T.M. Mitchell, editors. *Machine Learning: An Artificial Intelligence Approach*, volume II. Morgan Kaufmann, San Mateo, Calif., 1986.

[161] R.S. Michalski and Y. Kodratoff. Research in machine learning; recent progress, classification of methods, and future directions. In Y. Kodratoff and R. S. Michalski, editors, *Machine Learning: An Artificial Intelligence Approach*, volume III. Morgan Kaufmann, San Mateo, Calif., 1990.

[162] D. Michie. Current developments in expert systems. In *Proc. 2nd Australian Conference on Applications of Expert Systems*, pages 163–182, Sydney, Australia, 1986.

[163] J. Mingers. An empirical comparison of selection measures of decision-tree induction. *Machine Learning Journal*, 3(4):319–342, 1989.

[164] M. Minor and M. Lenz. Textual CBR im E-Commerce. *Künstliche Intelligenz*, 1/01:12–16, 2001.

[165] T.M. Mitchell. Generalization as search. *Artificial Intelligence*, 18(2):203–226, 1982.

[166] T.M. Mitchell. *Machine learning*. McGraw-Hill, New York, 1997.

[167] T. Munakata. Knowledge discovery. *Communications of the ACM*, 42(11):26–67, 1999.

[168] D. Nardi. Artificial Intelligence in RoboCup. In *Proceedings of the 14th European Conference on Artificial Intelligence (ECAI'2000)*, pages 756–762. IOS Press, 2000.

[169] D. Nardi, M. Riedmiller, C. Sammut, and J. Santos-Victor, editors. *RoboCup 2004: Robot Soccer World Cup VIII*. Number 3276 in LNAI. Springer, Berlin Heidelberg New York, 2005.

[170] R.E. Neapolitan. *Probabilistic Reasoning in expert systems*. Wiley, New York, 1990.

[171] Allen Newell. The knowledge level. *Artificial Intelligence*, 18(1):87–127, 1982.

[172] I. Niemelä. Logic programming with stable model semantics as a constraint programming paradigm. *Ann. Math. Artificial Intelligence*, 25(3–4):241–273, 1999.

[173] N. J. Nilsson. *Artificial Intelligence: A New Synthesis*. Morgan Kaufmann, 1998.

[174] N.J. Nilsson. Probabilistic logic. *Artificial Intelligence*, 28:71–87, 1986.

[175] J.B. Paris and A. Vencovská. A note on the inevitability of maximum entropy. *International Journal of Approximate Reasoning*, 14:183–223, 1990.

[176] J. Pearl. Fusion, propagation and structuring in belief networks. *Artificial Intelligence*, 29:241–288, 1986.

[177] J. Pearl. *Probabilistic Reasoning in Intelligent Systems*. Morgan Kaufmann, San Mateo, Ca., 1988.

[178] J. Pearl and A. Paz. Graphoids: A graph based logic for reasoning about relevancy relations. In B.D. Boulay, D. Hogg, and L. Steel, editors, *Advances in Artificial Intelligence II*, pages 357–363. North-Holland, Amsterdam, 1986.

[179] E.P.D. Pednault. *Toward a Mathematical Theory of Plan Synthesis*. PhD thesis, Department of Electrical Engineering, Stanford University, 1986.

[180] E.P.D. Pednault. ADL: Exploring the middle ground between STRIPS and the situation calculus. In R.J. Brachman, H. Levesque, and R. Reiter, editors, *Proc. of the First International Conference on Principles of Knowledge Representation and Reasoning (KR'89)*, pages 324–332. Morgan Kaufmann, San Francisco, CA, 1989.

[181] E. Plaza. Semantics and experience in the future web. In K.-D. Althoff, R. Bergmann, M. Minor, and A. Hanft, editors, *ECCBR*, volume 5239 of *LNCS*, pages 44–58. Springer, 2008.

[182] E. Plaza. On reusing other people's experiences. *KI*, 23(1):18–23, 2009.

[183] D. Poole. A logical framework for default reasoning. *Artificial Intelligence*, 36:27–47, 1988.

[184] D.L. Poole, R.G. Goebel, and R. Aleliunas. Theorist: A logical reasoning system for defaults and diagnosis. In N. Cercone and G. McCalla, editors, *The Knowledge Frontier: Essays in the representation of knowledge*, pages 331–352. Springer, New York, 1987.

[185] W. Poundstone. *Im Labyrinth des Denkens*. Rowohlt Taschenbuch Verlag, Reinbek bei Hamburg, 4. edition, 2000.

[186] H. Prakken and S. Modgil. Clarifying some misconceptions on the ASPIC+ framework. In *Proceedings of the Fourth International Conference on Computational Models of Argument, COMMA-2012*, pages 442–453. IOS Press, 2012.

[187] F. Puppe. *Problemlösungsmethoden in Expertensystemen*. Springer-Verlag, Berlin-Heidelberg, 1990.

[188] J.R. Quinlan. Learning efficient classification procedures and their application to chess end games. In R. S. Michalski, J. Carbonell, and T. M. Mitchell, editors, *Machine Learning: An Artificial Intelligence Approach*. Morgan Kaufmann, 1983.

[189] J.R. Quinlan. *C4.5: Programs for Machine Learning*. Morgan Kaufmann, San Mateo, California, 1993.

[190] L.R. Rabiner. A tutorial on Hidden Markov Models and selected applications in speech recognition. In *Proceedings IEEE*, volume 77(2), pages 257–286, 1989.

[191] A. S. Rao and M. P. Georgeff. Modeling rational agents within a BDI-architecture. In M. N. Huhns and M. P. Singh, editors, *Readings in Agents*, pages 317–328. Morgan Kaufmann, San Francisco, 1997. (Reprinted from Proceedings of the International Conference on Principles of Knowledge Representation and Reasoning, 1991).

[192] R. Reiter. On closed world data bases. In H. Gallaire and J. Minker, editors, *Logic and Data Bases*, pages 119–140. Plenum Press, New York, 1978.

[193] R. Reiter. A logic for default reasoning. *Artificial Intelligence*, 13:81–132, 1980.

[194] F. Rheinberg. *Motivation*. Kohlhammer, Stuttgart, fünfte, überarbeitete und erweiterte Auflage, 2004.

[195] M. M. Richter and R. O. Weber. *Case-Based Reasoning. A Textbook*. Springer-Verlag, Berlin, Heidelberg, New York, 2013.

[196] M.M. Richter and S. Wess. Similarity, uncertainty and case-based reasoning in PATDEX. In R.S. Boyer, editor, *Automated reasoning, essays in Honor of Woody Bledsoe*. Kluwer Acad. Publ., 1991.

[197] W. Rödder and G. Kern-Isberner. Léa Sombé und entropie-optimale Informationsverarbeitung mit der Expertensystem-Shell SPIRIT. *OR Spektrum*, 19(3):41–46, 1997.

[198] W. Rödder and G. Kern-Isberner. Representation and extraction of information by probabilistic logic. *Information Systems*, 21(8):637–652, 1997.

[199] W. Rödder and C.-H. Meyer. Coherent knowledge processing at maximum entropy by SPIRIT. In E. Horvitz and F. Jensen, editors, *Proceedings 12th Conference on Uncertainty in Artificial Intelligence*, pages 470–476, San Francisco, Ca., 1996. Morgan Kaufmann.

[200] S. Russell and P. Norvig. *Artificial Intelligence – A Modern Approach*. Prentice Hall, New Jersey, 2nd edition, 2003.

[201] E. Sacerdoti. The non-linear nature of plans. In *Proceedings of the Fourth International Joint Conference on Artificial Intelligence (IJCAI-75)*, pages 206–214. Morgan Kaufmann, 1975. (Reprinted in J. Allen, J. Hendler, and A. Tate (eds.): Readings in Planning, pp. 162-170, San Francisco: Morgan Kaufmann, 1990).

[202] E. Sacerdoti. *A Structure for Plans and Behavior*. American Elsevier, New York, 1977.

[203] C. Sammut, S. Hurst, D. Kedzier, and D. Michie. Learning to fly. In *Proc. of the Ninth International Conference on Machine Learning*, Aberdeen, 1992. Morgan Kaufmann.

[204] T. Schaub and K. Wang. Towards a semantic framework for preference handling in answer set programming. *Theory and Practice of Logic Programming, special issue on Answer Set Programming*, 3(4-5):569–607, 2003.

[205] R. Scherl and H.J. Levesque. The frame problem and knowledge producing actions. In *AAAI-93*, pages 689–695, Washington, DC, 1993.

[206] P. H. Schmitt. *Theorie der logischen Programmierung*. Springer-Lehrbuch. Springer-Verlag, Berlin, Heidelberg, New York, 1992.

[207] M. Schramm and W. Ertel. Reasoning with probabilities and maximum entropy: the system PIT and its application in LEXMED. In *Symposium on Operations Research, SOR'99*, 1999.

[208] M. Schramm and V. Fischer. Probabilistic reasoning with maximum entropy – the system PIT. In *Proceedings of the 12th Workshop on Logic Programming*, 1997.

[209] B. Schweizer and A. Sklar. *Probabilistic metric spaces*. North-Holland, Elsevier, Amsterdam, 1983.

[210] G. Shafer. *A mathematical theory of evidence*. Princeton University Press, Princeton, NJ, 1976.

[211] C.E. Shannon and W. Weaver. *Mathematische Grundlagen der Informationstheoric*. Oldenbourg, München, Wien, 1976.

[212] J.E. Shore and R.W. Johnson. Axiomatic derivation of the principle of maximum entropy and the principle of minimum cross-entropy. *IEEE Transactions on Information Theory*, IT-26:26–37, 1980.

[213] J. Siekmann and G. Wrightson, editors. *Automation of Reasoning, Classical Papers on Computational Logic 1957-1966*. Springer-Verlag, Berlin, 1983.

[214] J. Siekmann and G. Wrightson, editors. *Automation of Reasoning, Classical Papers on Computational Logic 1967-1970*. Springer-Verlag, Berlin, 1983.

[215] H. A. Simon. Why should machines learn? In R.S. Michalski, J.G. Carbonell, and T.M. Mitchell, editors, *Machine Learning: An Artificial Intelligence Approach*. Tioga Publishing Company, Palo Alto, 1983.

[216] H. A. Simon. Motivational and emotional controls of cognition. In *Models of Thought*, pages 29–38. Yale University Press, 1997.

[217] P. Simons, I. Niemelä, and T. Soininen. Extending and implementing the stable model semantics. *Artificial Intelligence*, 138:181–234, 2002.

[218] M. P. Singh. Semantical considerations on intention dynamics for BDI agents. *Journal of Experimental and Theoretical Artificial Intelligence*, 10(4):551–564, 1998.

[219] M. P. Singh, A. S. Rao, and M. P. Georgeff. Formal methods in DAI: Logic-based representation and reasoning. In G. Weiss, editor, *Multiagent Systems - A Modern Approach to Distributed Artificial Intelligence*, pages 331–376. The MIT Press, Cambridge, Massachusetts, 1999.

[220] A. Sloman. Motives, mechanisms, and emotions. *Cognition and Emotion*, 1(3):217–233, 1987.

[221] P. Smets and R. Kennes. The transferable belief model. *Artificial Intelligence*, 66:191–234, 1994.

[222] P. Smyth, D. Heckerman, and M.I. Jordan. Probabilistic independence networks for hidden Markov probability models. Technical report, Microsoft Research, 1996. MSR-TR-96-03.

[223] T. Soininen and I. Niemelä. Developing a declarative rule language for applications in product configuration. In *Proceedings First International Workshop on Practical Aspects of Declarative Languages*, volume 1551 of *Lecture Notes in Computer Science*, pages 305–319, Berlin, 1998. Springer.

[224] Léa Sombé. *Schließen bei unsicherem Wissen in der Künstlichen Intelligenz*. Vieweg, Braunschweig, 1992.

[225] R. Srikant and R. Agrawal. Mining generalized association rules. In *Proceedings of the 21st VLDB Conference*, Zürich, Switzerland, 1995.

[226] L. Steels. Cooperation between distributed agents through self organization. In Y. Demazeau and J.-P. Müller, editors, *Decentralized AI – Proceedings of the First European Workshop on Modelling Autonomous Agents in a Multi-Agent World (MAAMAW-89)*, pages 175–196, Amsterdam, The Netherlands, 1990. Elsevier Science Publishers.

[227] L. Sterling and E. Shapiro. *The Art of Prolog – Advanced programming techniques.* The MIT Press, Cambridge, Massachusetts, 2. edition, 1994.

[228] M. Studený. Conditional independence relations have no finite characterization. In *Proceedings of the 11th Prague Conference on Information Theory, Statistical Decision Functions and Random Processes*, Prag, 1990.

[229] G. Sussman. *A Computer Model of Skill Acquisition.* Elsevier/North Holland, Amsterdam, 1975.

[230] R.E. Tarjan and M. Yannakakis. Simple linear-time algorithms to test chordality of graphs, test acyclity of hypergraphs, and selectively reduce acyclic hypergraphs. *SIAM Journal of Computing*, 13:566–579, 1984.

[231] A. Tate. Generating project networks. In *Proc. of the Fifth International Joint Conference on Artificial Intelligence (IJCAI-77)*, pages 888–893, San Francisco, 1977. Morgan Kaufmann. (Reprinted in J. Allen, J. Hendler and A. Tate (eds): *Readings in Planning*, Morgan Kaufmann, 1990).

[232] M. Thielscher. *Reasoning Robots*, volume 33 of *Applied Logic Series*. Springer, 2005.

[233] M. Thimm and G. Kern-Isberner. On the relationship of defeasible argumentation and answer set programming. In Philippe Besnard, Sylvie Doutre, and Anthony Hunter, editors, *Proceedings of the 2nd International Conference on Computational Models of Argument COMMA'08*, pages 393–404. IOS Press, 2008.

[234] F. Topsøe. *Informationstheorie.* B. G. Teubner, Stuttgart, 1973.

[235] M. Veloso, E. Pagello, and H. Kitano, editors. *RoboCup-99: Robot Soccer World Cup III.* Springer-Verlag, 2000.

[236] F. Voorbraak. On the justification of Dempster's rule of combination. *Artificial Intelligence*, 48:171–197, 1991.

[237] F. Voorbraak. Combining unreliable pieces of evidence. Technical Report LP-95-07, Institute for Logic, Language and Computation, University of Amsterdam, 1995.

[238] F. Voorbraak. Reasoning with uncertainty in AI. In L. Dorst, M. van Lambalgen, and F. Voorbraak, editors, *Proceedings Reasoning with Uncertainty in Robotics (RUR'95)*, LNCS/LNAI 1093, pages 52–90, Berlin, 1996. Springer.

[239] C. Walther. A mechanical solution of Schubert's steamroller by many-sorted resolution. *Artificial Intelligence*, 26:217–224, 1985.

[240] C. Walther. *A Many-Sorted Calculus Based on Resolution and Paramodulation.* Research Notes in Artificial Intelligence. Pitman, London, and Morgan Kaufmann, Los Altos, Calif., 1987.

[241] R. Watson. An application of action theory to the space shuttle. In G. Gupta, editor, *Proc. First Internat. Workshop on Practical Aspects of Declarative Languages*, volume 1551 of *Lecture Notes in Computer Science*, pages 290–304, Berlin, Heidelberg, New York, 1998. Springer-Verlag.

[242] G. Weiss, editor. *Multiagent systems: a modern approach to distributed artificial intelligence.* MIT Press, Cambridge, Massachusetts, 1999.

[243] T. Winograd. Understanding natural language. *Cognitive Psychology*, 3(1), 1972.

[244] W. A. Woods and J. G. Schmolze. The KL-ONE family. *Computers & Mathematics with Applications*, 23(2–5):133–177, 1992. Special issue on Semantic Networks in Artificial Intelligence.

[245] W.A. Woods. Progress in natural languages understanding: An application to lunar geology. *AFIPS Conference Proceedings*, 42:441–450, 1973.

[246] M. Wooldridge. Intelligent agents. In G. Weiss, editor, *Multiagent Systems - A Modern Approach to Distributed Artificial Intelligence*, pages 27–78. The MIT Press, Cambridge, Massachusetts, 1999.

[247] M. Wooldridge and N. R. Jennings. Intelligent agents: Theory and practice. *The Knowledge Engineering Review*, 10(2):115–152, 1995.

[248] M.J. Wooldridge. *An Introduction to Multiagent Systems*. John Wiley & Sons Ltd., West Sussex, England, 2002.

[249] Y. Wu and M. Caminada. A labelling-based justification status of arguments. *Studies in Logic*, 3(4):12–29, 2010.

[250] L.A. Zadeh. Fuzzy sets. *Information and Control*, 8:338–353, 1965.

[251] L.A. Zadeh. Fuzzy sets as a basis for a theory of possibility. *Fuzzy Sets and Systems*, 1(1):3–28, 1978.

Index

© Springer Fachmedien Wiesbaden GmbH, ein Teil von Springer Nature 2019
C. Beierle und G. Kern-Isberner, *Methoden wissensbasierter Systeme*,
Computational Intelligence, https://doi.org/10.1007/978-3-658-27084-1

Printed in the United States
By Bookmasters